未讀 | 探索家

进化通史

Evolution

[英]史蒂夫·帕克 主编

邢立达 译

The Whole Story

General Editor

Steve Parker

天津出版传媒集团

天津科学技术出版社

著作权合同登记号：图字 02-2021-217

Original title: *Evolution: The Whole Story*
First Published in 2015 by Quintessence Editions Ltd.
an imprint of The Quarto Group
The Old Brewery, 6 Blundell Street,London N7 9BH, United Kingdom

图书在版编目（CIP）数据

进化通史 / (英) 史蒂夫·帕克主编；邢立达译
. -- 天津：天津科学技术出版社，2022.4
书名原文：Evolution：The Whole Story
ISBN 978-7-5576-9767-9

Ⅰ. ①进… Ⅱ. ①史… ②邢… Ⅲ. ①生物 - 进化 - 生物学史 Ⅳ. ①Q11

中国版本图书馆CIP数据核字(2021)第257262号

审图号：GS（2022）418号

进化通史
JINHUA TONGSHI
选题策划：联合天际
责任编辑：吴　頔
出　　版：天津出版传媒集团 / 天津科学技术出版社
地　　址：天津市西康路35号
邮　　编：300051
电　　话：（022）23332695
网　　址：www.tjkjcbs.com.cn
发　　行：未读（天津）文化传媒有限公司
印　　刷：北京华联印刷有限公司

未读 | 探索家

关注未读好书

未读 CLUB
会员服务平台

开本 787 × 1092　　1/16　　印张 35.75　　字数 730 000
2022年4月第1版第1次印刷
定价：299.00元

目录

前言

1860年，牛津大学自然博物馆举办了一场辩论会。当时的辩论大厅至今依然存在，只不过已经被夹层分割成了上面的“赫胥黎厅”和下面的“威尔伯福斯厅”，以纪念当时的两位辩论主角。

辩论由一位美国学者的进化论演说引发，很快就发展成了科学与宗教的全面对抗。牛津教区的大主教塞缪尔·威尔伯福斯痛斥以自然选择为基础的进化理论，强烈表达了自己对物种随时间变化的怀疑。参与辩论的科学家包括托马斯·亨利·赫胥黎，他后来被人称为“达尔文的斗犬”。威尔伯福斯不断挑衅赫胥黎：他哪边的家系是猴子后代，是他祖母那边还是祖父那边？

而赫胥黎当时对威尔伯福斯嘲讽的回应可谓众说纷纭。他自己回忆道：“我说过，我宁愿让可怜的猿猴当祖父，也不希望自己的祖父是一位天赋异禀且极具影响力的人，而且那人却只会将非凡的才能和影响力用于严肃的科学论战中奚落他人。”

一位评论者记录下了赫胥黎的反击，这可能也是赫胥黎心中最完美的回答。赫胥黎先喃喃自语：“主已将他交予我手。”随后就发出了致命一击：“我宁愿自己的祖先是两只猿猴，也不希望他们是害怕面对真相的人。”

无论他们实际上说了什么，赫胥黎的这场辩论都已然成了传奇。我认为原因之一便是进化论在我们心中所激起的某种挥之不去的焦虑。我们人类一直都热衷将自己置于神坛之上，不断强调自己和其他生命之间的鸿沟。对相信“人类是经过设计的特殊产物”这个概念的人而言，“我们源自随机的自然选择”这个理论简直大逆不道。其实我们的进化过程和地球上的其他物种并无不同，接受进化理论就代表着承认人类也是动物。赫胥黎公开承认自己卑微的血统，表明他愿意接受科学真理，即使这意味着他必须让自己和其他人走下神坛。

人类无疑是不寻常的动物，是不寻常的猿类。你只要观察身边的证据就会发现：我们并不是特殊的生物。我们的身体和基因同其他哺乳动物非常相似，尤其是灵长类。与其他原始生物一样，原始人类也留下了大量化石。

在那场著名的牛津大学辩论开始的5周前，威尔伯福斯针对达尔文的《物种起源》写下了非常恶毒的评论。他认为没有化石证据可以证明一个物种会逐渐变为其他物种。从某种意义上来说，他并没有错，19世纪中叶的化石记录十分零落，而且存在很多未解之谜，毕竟死去的生物很难形成化石，但自从达尔文的时代以来，人们已经开始发现大量化石。例如，我们现在发现了早期两栖动物从水生向陆生过渡的化石证据、最终完全失去后肢的古代鲸类、作为鸟类祖先的披羽恐龙，还有人——包括所有能直立行走的古代猿人以及智人。

这些类人猿化石还表明，人类的特性并不是突然出现的。我们认为明确的甚至独一无二的人类特征，也是在漫长的时间里以零散的方式累积起来的。实际上，我们只能通过事后分析才能判断，这些特征积累到哪种程度时我们才可以说“这是一个人”。

我们可通过类似的方式追踪所有物种的进化历史，而且会发现同样的结果：零碎的特征慢慢累积，最终产生我们所熟悉的物种。追踪进化的历史也会让我们发现自己和其他物种的共同祖先，最终追溯到所有生物的源头，绘制出地球上庞大的进化分支图。进化不仅解释了某个物种的出现，而且解释了所有地球生命的多样性。

无论是在生物遗传学还是在外在形态上，进化都是一个循序渐进的过程。虽然只有在事后才有可能确定进化史上的关键点，但这些关键点对生物体继续进化的方式有着巨大的影响。这样的关键时刻包括为复杂生物进化开辟道路的真核细胞的诞生、陆生动物的出现、开花植物及授粉昆虫的进化。读者可以在这些章节中关注植物和动物的具体特征，也可以退后一步，着眼于更广阔的背景，将种种生物放入大环境中思考。书中提供了关键事件的时间表，以备不时之需。

本书将展示出生物多样性古往今来的壮美和惊人之处，带领你步入引人入胜的生命之旅。这趟旅程从岩石中最古老的生物遗骸开始，随后走向植物与主要的动物族群。读者不仅能够了解现生物种的特征，还能知晓它们的起源。书中还会展示每个物种与其他物种之间的联系，比如远古祖先和其现生表亲，人类也不例外，我们都只不过是伟大生命之树上的小小树枝。

爱丽丝·罗伯茨

解剖学家、体质人类学家、作家和广播员

于英国布里斯托

引言

如今的世界上至少生活着800万种动植物和其他生物，可能还有数以百万计的物种尚不为人所知。在45亿年以前地球才刚刚冷却下来时，环境对生命也并不友好。但只过了不到10亿年的时间，地球上就诞生了原始的单细胞微生物，生命的进化就此拉开帷幕。简而言之，进化就是生物在时间的推移中逐渐发生改变。又至少经过了20亿年时间，生命才不再是漂浮在海洋上的微生物。本书将记录生命从诞生之初进化到今天的历程。如“地质年代表”所示（见20页），前寒武纪是地球的第一个纪元，也是历史最长的纪元，当时“生命处于漫长的融合之中”。第1章会讲述生命是如何从只有简单内部结构的单细胞原核生物（见36页）进化成更复杂的多细胞真核生物，还会介绍在极端环境遍布早期地球的条件下依然欣欣向荣的现生单细胞生物。

大约23亿年前，因为早期微生物越来越多，氧气开始在大气和海洋中蓄积并引发了大氧化事件，由此，进化出现了新的方向。相似的细胞聚集在一起形成松散的聚生体或聚落，它们随后又进化出各种专门的功能并相互依赖，形成了集合体。而集合体进化成了真正的多细胞植物（见56页）、动物和其他生物。这些事件全都是在海洋中发生的。

本书会大致介绍关键的已灭绝物种和现生物种，它们都在进化研究中占有特殊的地位。其中有些生物在漫长的时间里一直没有太大变化，而另一些生物具有两大类群之间的过渡特征，或者属于EDGE濒危物种（进化方式独特且全球濒危）。每个物种的关键信息都包括正式的学名、类群、大小（通常指体长）和栖息地。以现生生物为例，《世界自然保护联盟濒危物种红色名录》中受到保护的生物便是EDGE濒危物种。本书中介绍的关键物种前面的信息包括其所属类群的外观、多样化历程和历史，以及关键事件的时间表。这些内容都按时间顺序排列，参照物是以代划分的标准地质年代表，其中的时间跨度可细分为纪和世。

化石是已灭绝物种最重要的证据。早期生物的化石包括层状岩丘，也就是今天依然会形成的叠层石（见42页），以及神秘的埃迪卡拉生物群（见45页）。造迹者主要是软体动物和底栖生物，这些多姿多彩的原始生物之间的关系让科学界争论不休。科学家正在努力将它们和现生类群联系起来，但很难找到准确的定位。它们可能是进化历史中某些主要类群昙花一现的残余，这些类群并没有留下后裔。

5.41亿年前的地球即将从前寒武纪迈入寒武纪，此时的进化似乎开始加速。部分原因可能是贝类等硬壳生物开始出现，而它们更容易变成化石。加拿大伯吉斯页岩化石床（见50页）和中国澄江化石群产出了大量化石，针对它们的详细研究表明，海洋生物多样性（海洋生物的数量和种

▶ 45亿年前地球和内太阳系的其他3个岩态行星刚刚形成时，环境都非常严酷。这些原行星的引力捕获了大量太空岩石，体形也越来越大。

▼ 这具钙性藻类化石拍摄于美国科罗拉多矿业大学，可以追溯到5.41亿— 4.85亿年前的寒武纪。

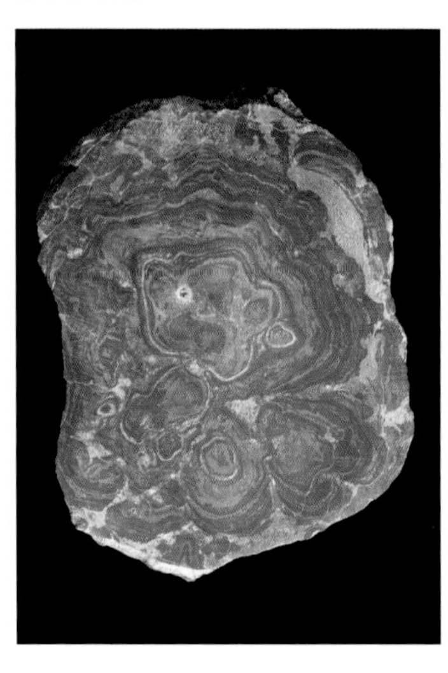

类）已经达到了现代水平。这驳斥了旧的“进化树”观念，这种进化树始于少数几种生命形式，随后种类和数量逐渐增加，最后达到今天的水平。德国生物学家恩斯特·海克尔（1834—1919）对用树来展现进化的方式格外青睐，而进化树也从此以诸多形式不断出现，但它们并没有反映出现实情况。

如第2章所述，植物是地球上大多数生命的保障。它们通过光合作用从阳光中接收能量，再将能量转化成化学物质，融入自己的组织中，最终成为动物的食物。4亿多年前发生过一场重大的生物转变，当时的植物从简单的水生植物进化成了陆生植物，随后又进化出了输送液体的维管，苏格兰莱尼燧石岩层中的化石证明了这个过程（见62页）。于是，在陆地上开始冒险之旅的动物既有了食物又有了栖身之处。植物的种类不断增多，出现了诸如苔藓、蕨类和其他孢子植物。

种子繁殖也是植物进化中的一个关键环节，种子里含有小小的植物胚芽和所需的营养储备，而不是简单的孢子。这催生了产生松果的松柏及它们的表亲——苏铁和银杏、已经灭绝的海生蕨类以及最晚诞生于1.5亿年前的开花植物（被子植物）。开花植物、草本植物、匍匐植物、灌木和阔叶树是如今地球上的优势植物，在所有已知的植物中占80%以上。

随着多种水生和陆生植物的出现，植食性动物也出现了，它们以植物为食，在植物的庇护下栖身。如第3章所述，最初的动物是海洋无脊椎动物，其中形态最简单的成员是海绵（多孔动物门），它们没有肌肉、神经、心脏、血液、大脑。海绵延续至今，缔造了第一批大型化石的造礁珊瑚亦是如此。珊瑚和其亲戚——海葵，以及水母组成了刺胞动物门。另一个庞大的无脊椎动物类群是软体动物，其中包括8.5万个现生物种。例如，现

▼蕨类植物出现于3.5亿年前。岩石中的蕨叶化石可以追溯到3.23亿—2.99亿年前的晚石炭世。蕨类植物是当时的优势陆生植物之一，它们的遗体后来形成了极厚的煤层（碳的一种形式），这就是“石炭纪”一名的由来。

▲ 宝石海葵（*Corynactis viridis*）生活在英吉利海峡萨克岛的基由莫斯海岸。和其他海葵一样，宝石海葵也可以通过分裂来无性繁殖，创造出一大片颜色相同的克隆海葵。不同颜色的海葵群交错在一起，仿佛是艳丽的“被面”。

生双壳类、腹足类、已灭绝的菊石以及鹦鹉螺等。同曾经繁荣昌盛的祖先相比，残留至今的鹦鹉螺显得微不足道。海星、海胆和海百合等棘皮动物也留下了大量化石，并且依然繁盛。今天的海洋里生活着7 000多种棘皮动物。

5亿年前也出现了多种不同的蠕虫。现生蠕虫中的栉蚕（栉蚕，有爪动物门）就是一个奇特的例子（见112页）。研究者认为它们可能体现了无腿蠕虫真正进化出四肢，成为第一批节肢动物的过程。庞大的节肢动物类群包括曾经极尽繁荣但已灭绝的三叶虫（见118页）和虾、蟹等甲壳类动物。随着动物从水中登陆，部分节肢动物祖先进化出了第一批昆虫——目前数量最多的现生物种，有记录的昆虫物种数超过100万。这类动物里也包括千足虫、蜈蚣以及蛛形纲的蜘蛛、蝎子、螨和蜱。蛛形纲的鲎（马蹄蟹）和它们早已灭绝的表亲——广翅鲎（见136页）都得到了深入研究，因为它们在数亿年间都没有太大变化。

脊椎动物的进化似乎十分复杂。如第4章所述，最初的脊椎动物或许可以被称为“鱼”。但在此之前还有类似蠕虫的脊索动物，例如皮卡虫（*Pikaia*，见176页），它们的身体里有一条被称为脊索的坚硬结构，可能正是脊柱的前身。被我们称为“鱼”的脊椎动物并不完全是自然类群。许多鱼都属于无颌类（见178页），即没有下颌，如今的盲鳗和七鳃鳗就是其中的典型，它们最多只有少量的鳍用来控制行动。鱼类很快就进化出了下颌和鳍，它们在泥盆纪的海洋顶级掠食者身上登峰造极——3.6亿年前，盾皮鱼群里出现了身长10米的邓氏鱼（*Dunkleosteus*，见188页）。

鱼类还进化出了具有软骨骨架的软骨鱼。其中包括板鳃类（鲨类和鳐类）和全头类（银鲛）。鲨鱼是众所周知的史前幸存者，在约4亿年的时

▲ 哥斯达黎加的科科斯群岛附近有一群路氏双髻鲨（*Sphyrna lewini*）出没。这种锤形头部作为水翼形态进化，即“头翼”，用于为穿梭在水中的锤头鲨提供升力。其头部里也生长有化学感受器和电感受器，它们和相隔甚远的双眼一道探测猎物。

间里鲜有变化。鱼类进化的另一个方向是出现真正的骨骼，即硬骨鱼。硬骨鱼中的主要亚群是辐鳍鱼类（见202页），如今鱼类绝大多数都是辐鳍鱼类，从微小的虾虎鱼到庞大的旗鱼、剑鱼和翻车鲀无一例外。它们具有被称为“鳍条”的坚硬杆状支撑结构，用于展开或折叠鱼鳍，以便在游泳时实现精确控制。

硬骨鱼中的肉鳍鱼类（见196页）远少于辐鳍鱼类，但它们在进化中的重要地位不容忽视。肉鳍鱼类包括能在空气中长时间生存的肺鱼及腔棘鱼。人们本以为腔棘鱼早已灭绝，但1938年有人在非洲附近发现了活体腔棘鱼，这是20世纪进化学界最重大的事件之一。腔棘鱼等肉鳍鱼类会用类似残肢且肌肉发达的肉质鳍基来支撑鱼鳍。在经历了提塔利克鱼（*Tiktaalik*）、棘螈（*Acanthostega*）、鱼石螈（*Ichthyostega*）和彼得普斯螈（*Pederpes*）等化石中展示出的一系列进化阶段后，这种结构进化成了四足动物的肢体。四足动物是拥有四条肢体的脊椎动物，包括两栖动物、爬行动物、鸟类和哺乳动物。但要是将现生腔棘鱼当作这些四足动物群的祖先，那就大错特错了。它们真正的祖先生活在更遥远的时代，可能尚不为人所知。

最初的四足动物主要是两栖动物。它们的生活依然离不开水，必须去水里产卵。3亿年前，引螈（*Eryops*）等两栖动物已经成了强壮的大型掠食者，且生活习性与鳄鱼相似。所以2.99亿— 2.52亿年前的二叠纪也被称作“两栖类时代”，而4.19亿— 3.58亿年前的泥盆纪被称为“鱼类时代”。这样的名称大致指出了某个进化时期的性质，而同一时期还经历了其他重要的变化。紧随二叠纪和三叠纪之后，两栖动物的几个主要类群均告灭绝，留下了如今的滑体类，即蛙、蟾蜍、鲵、蝾螈和蚓螈。

在大型两栖动物主宰陆地之前，其中的某些成员进化成了最早的爬行动物。第5章就是从这些过渡物种以及最早为人所知的爬行动物化石开始讲起。3.12亿年前的地球上生活着形似蜥蜴的林蜥（*Hylonomus*，见232页），然而自然界中表里不一的生物比比皆是，林蜥实际上属于另一个爬行动物类群。爬行类的种类丰富并且分布广泛，包括龟鳖类（海龟和陆龟）、有鳞类（蜥蜴和蛇），以及鳄类，即鳄鱼、短吻鳄、凯门鳄和它们已经灭绝的同类。爬行类里也包括十分有趣的楔齿蜥（见234页），这是一类形似蜥蜴的新西兰生物。它们在爬行类里自成一派，与其亲缘关系最近的生物已在大约1亿年前灭绝。就像水杉、鲎、腔棘鱼及本书中的其他关键物种一样，喙头蜥有时也被称为“活化石”。这个既不正式也不确切的称谓，暗示它们还保留着化石先祖的特征，但实际上它们在历史长河中经历了漫长的进化。

灭绝已久的爬行动物类群还有很多，特别是海生爬行类，例如幻龙类、蛇颈龙类、上龙类、鱼龙类和沧龙类，而空中主要是翼龙类。陆地上有一类爬行动物也成了史无前例的地球霸主，那就是恐龙。这些爬行类动物大多都在6 600万年前的白垩纪末期大灭绝中消失（见364页），这正是历史上的五次大灭绝事件之一。但从现代生物分类的角度来看，恐龙中的亚群——鸟类依然在我们身边。

如第6章所述，1.5亿年前，在小型肉食性蜥臀目恐龙中已经进化出了鸟类，其中包括“早期的鸟儿”——始祖鸟（*Archaeopteryx*，见376页），它们可谓是最著名的史前生物之一。鸟类第一个分化阶段的情况尚不明确，在1.45亿— 6 600万年前的白垩纪里，似乎有很多类群诞生又灭绝。在过去的5 000万年中，鸟类进化出了几类巨型种，包括不能飞的肉食性“恐鸟”，例如恐鹤（*Phorusrhacos*,见410页）。新西兰的巨恐鸟（见412页）和马达加斯加的巨型象鸟（见414页）都在过去的1 000年之内灭亡于人类之手。

第7章则描述了一种截然不同的进化途径，可能始于类似两栖类四足动物，进化成被称作“下孔类”的似爬行动物，其中包括著名的异齿龙

◄ 斑点楔齿蜥（*Sphenodon punctatus*）正在破壳而出，这是新西兰特有的爬行动物。尽管和大多数蜥蜴相似，但它们其实属于喙头目，喙头目只有两个现生种。喙头蜥、蛇、蜥蜴拥有共同祖先，因此可以为这些类群和其他双孔类的进化过程提供一些线索。双孔类包括恐龙（也包括鸟类）和鳄类。

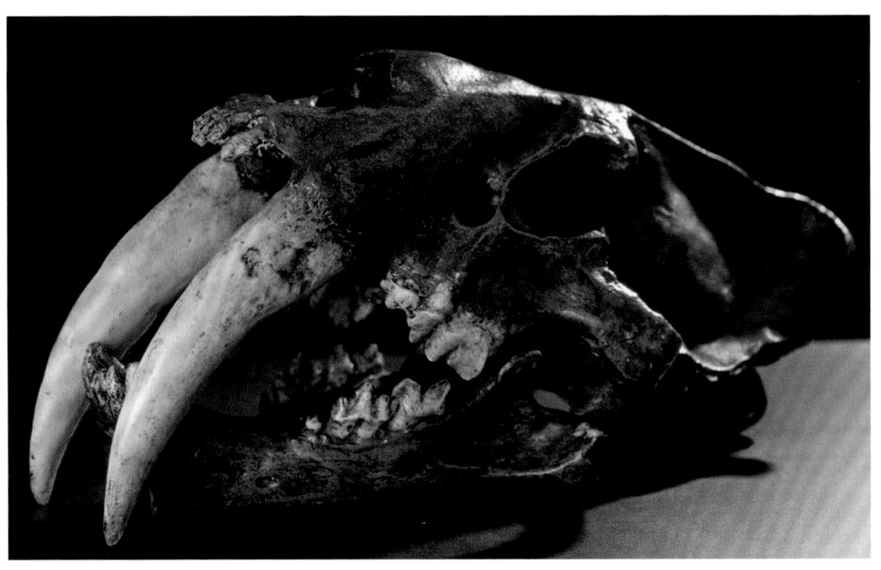

▲ 这颗化石头骨属于剑齿虎——一类已经灭绝的剑齿虎亚科肉食动物。在2 500万年前到1万年前的末次大冰期里，欧洲、亚洲、非洲以及南北美洲都生活着多种多样的剑齿类动物。剑齿虎的嘴可以大张开来，用巨大的上犬齿捕食猎物。

（见238页）以及此后出现的所谓“似哺乳类爬行动物”，即兽孔目（见418页）。2.2亿年前，这些动物中诞生了最初的真哺乳动物（见424页）。它们在伟大的恐龙时代里微不足道，但在白垩纪末的大灭绝后繁盛起来，而且迅速分化出诸多类群，其中一部分只延续了数千万年。单孔类当时是哺乳类中的一大分支，如今仍有产卵的鸭嘴兽和针鼹存留于世。另一大分支是后兽类，其中包括有袋类（约340个现生种），它们的幼崽出生之前在母体内发育，由胎盘维持生命。

灵长类在过去的5 000多万年里都算不上引人注目的哺乳动物。从大约600万年前开始，这类动物里有一个分支进化成了人属（*Homo*，见530页）。在过去的20万年中，智人（*Homo sapiens*，见536页）成为前所未有的地球主宰。

地球变化多端的环境和生物构成了一段漫长而复杂的历史，烙印在岩石之中，这就是所谓的化石记录。200多年来，古生物学家和地质学家都致力于发掘和阐释化石记录，最终得出了如今的理论，但这些还远远不能勾勒出历史的原貌。化石的形成（见28页）在时间和空间上都相当多变、复杂且不统一。而且在岩石循环中，地质作用会大幅改变、削弱、破坏过往生物及其生存环境留下的痕迹。化石化作用更容易在浅海和湖泊中发生，而深海和高地的生物很难保存。可以持久存在的坚硬成分也更容易形成化石，例如树干、树皮、球果、根系、种子、花粉、贝壳、骨头、牙齿、爪和角。软体生物的残骸只能在非常特殊的环境下才能保存。但即使是坚硬的身体成分也有可能遭到损坏或改变，例如骨骼就会发生移位、破碎和磨损，而且有时候难以察觉。因此，化石化会使大量信息湮灭无踪，导致记录存在严重偏差。

了解这些局限性对理解过去和今天的自然界和进化至关重要。在命名动植物以及其他生物时，生命科学界会采用国际通用的双名命名法，即属名加种名。因此，大冰期长毛象的学名是真猛犸——*Mammuthus*（属名）

primigenius（种名）。种名用于区分该物种和同属的其他猛犸，例如草原猛犸（*M. trogontherii*）和哥伦比亚猛犸（*M. columbi*）。这个命名系统显示了生物学界是如何将生物类群中相似的生物区分开来的。

基本命名法和分类法的形成经历了漫长的历史。希腊哲学家亚里士多德（公元前384—前322年）根据动物的繁殖方式创造出了第一套命名法，以及“物种”和“属”这两个术语。但是，瑞典植物学家卡尔·林奈（1708—1778）才是现代分类学真正的奠基人。他在《自然系统》（1735年第一版出版，1766—1768年出版最后一版）中尝试为所有已知的生命形态和一些化石分类。林奈将1万多种动植物纳入书中，并根据结构相似性进行归类，从而分出了范围依次减小的界、门、纲、目、科、属、种这几个类别。

林奈的分类系统没有考虑到进化，他却似乎很有“先见之明”地切合了一个世纪之后的事件。尽管古希腊和古罗马的哲学家与博物学家已经提出了生命逐渐发生进化改变的概念，但主流观点一直都是植物和动物“固定不变”。法国博物学家让－巴蒂斯特·拉马克（1744—1829）在自己的《动物哲学》一书中提出，生物的起源十分简单，是经过越来越复杂的过程才有了如今的模样，这就是“复杂化之力”的结果。拉马克主张：生物在生活中获得有用的特性之后，会将其加强并传递给下一代，而不常使用的能力就会弱化消失，这个概念常被归纳成“用进废退”。

50年后，英国博物学家查尔斯·达尔文在1859年出版了《论依据自然选择即在生存斗争中保存优良族的物种起源》（简称《物种起源》）。他在1831—1836年乘坐“小猎犬号”勘察船环游世界。他发现所到之处都有类似的物种，于是对此产生了极大的兴趣。这些动物包括嘲鸫、巨型陆

▼查尔斯·达尔文的《物种起源》第一版（1859年），其中阐明了现代生物进化理念的基础。

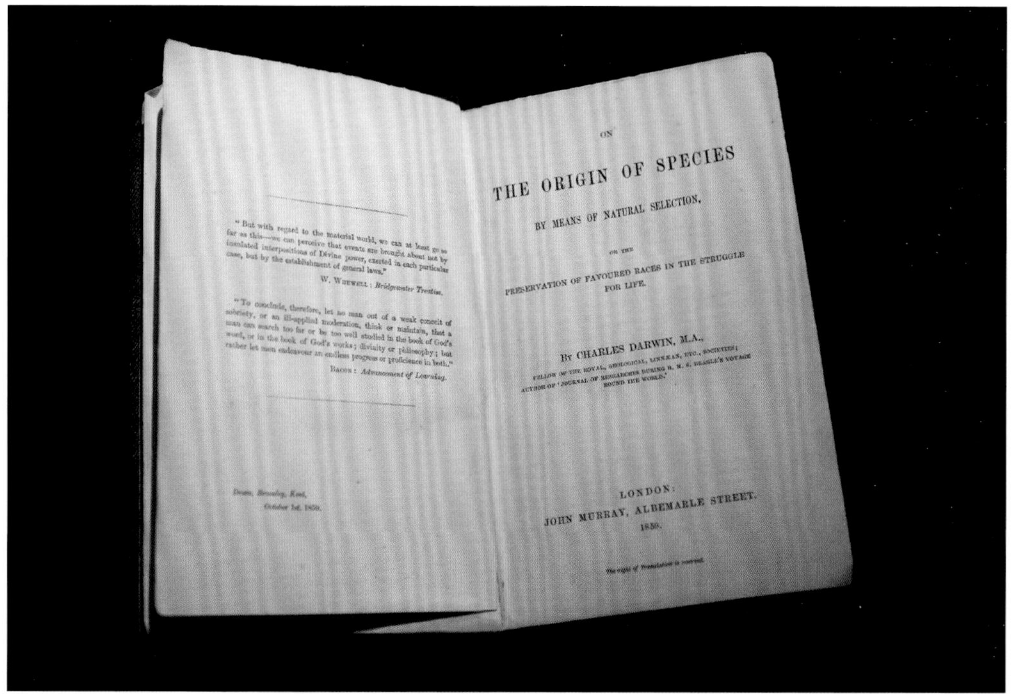

▲ 冠嘲鸫（*Mimus macdonaldi*）是加拉帕戈斯群岛上几个明显具有种间相似性的物种之一。也正是它们启发了查尔斯·达尔文，让他提出物种会进化出让自己在特定环境中具有优势性状的观点。

龟和太平洋加拉帕戈斯群岛的雀类。

达尔文在归途中已经深入了解过拉马克的进化观点，也接受了生物逐渐改变的概念，但他提出了一个截然不同的机制：自然选择。简而言之，生物的后代通常略有不同，而且大多数生物体的后代里都只有一部分可以存活。如果某个生物拥有有利于生存挑战的特性或适应性改变，就更容易找到食物和栖身之处，也能更从容地应对不利因素，例如环境变换、竞争对手、掠食者和疾病，那么这个“具有优势”的生物就更有可能存活到繁殖年龄并产下拥有同样优势的后代。

说来凑巧，另一位英国博物学家、探险家和收藏家，阿尔弗雷德·罗素·华莱士（1823—1913）的观点和达尔文不谋而合。两人在1856—1857年通过信，达尔文对华莱士为自然选择学说做出的贡献大加赞赏。

达尔文认为进化是一个缓慢的渐进过程，需要历经许多世代和漫长的时间。他还认识到环境隔离会对正在进化的种群产生影响，这类种群随后会成为新的物种，与亲本完全分离。而亲本可能会保留祖先的形态，朝另一个方向进化成另一个新物种，或者彻底灭绝。达尔文也知道有很多人都反对进化学说，主要是因为缺乏主要类群之间过渡形态的化石证据，即“缺失的环节”，而且当时也没发现催生出多种生物的共同祖先。此外，他并不知道上一代是如何将某种特性或性状遗传给下一代的，也不知道新性状的产生机制。

达尔文和当时的大部分科学家都还不知道，一位奥地利修道士格雷戈·孟德尔（1822—1884）一直在尝试豌豆的选育。1866年，孟德尔提出遗传特性或特征是由父母体内一对独立的“遗传粒子”所控制，也就是后来发现的基因。1900年，荷兰的植物学家雨果·德弗里斯（1848—1935）也进行了类似的实验，并获得了相似的结果。他发现自己正在重复孟德尔的实验，于是孟德尔的实验一时间广为人知。与此同时，对细胞的微观研究揭示了被称为染色体的线状结构，它携带着孟德尔所推测的“遗传粒子”。随后在不到10年的时间里，美国遗传学家托马斯·亨特·摩尔根（1866—1945）就开始了果蝇实验，以检测孟德尔的“遗传粒子”和染色体之间的联系。自20世纪30年代开始，美国的遗传学家芭芭拉·麦克林托克（1902—1992）发现了染色体交换和改变遗传信息的机制。一对染色体形成“X”形结构时，基因重新组合（基因重组）产生新的性状，并在后代中产生更多的基因多样性。

20世纪50年代，携带遗传信息的化学物质有了“DNA”（脱氧核糖核酸）一名。1953年，英国生物物理学家和X射线专家罗莎琳德·富兰克林（1920—1958）得出了新的DNA图像，图像质量大幅提高，其中的DNA样本引起了美国生物学家詹姆斯·沃森（1928—）和英国科学家弗朗西斯·克里克（1916—2004）的注意。他们发现DNA分子具有双螺旋结构，形似旋转的楼梯。其中的“阶梯”就是被称为碱基的亚基，它们携带着以化学编码形式储存的遗传信息。细胞分裂时，双螺旋会“解开”，每一条单链都会成为构建新互补链的模板，最终形成两个完全相同的复制品。基因信息就是通过这种方式在体细胞之间传递，而卵细胞和精子生殖细胞也是这样将遗传信息传递给下一代的。复制过程中发生的变化或突变可能会改变基因，使后代出现新的性状。到20世纪60年代，孟德尔、后世的遗传学家、沃森、克里克及其他分子生物学家的研究都与达尔文的自然选择进化学说相契合，因此，达尔文的理论和支持性证据共同构成了现代进化论的基础。

分子遗传学在“分子时钟”（基因或进化钟）理论的发展中发挥着重要作用。1967年，美国生物化学家艾伦·威尔逊（1934—1991）和文森特·萨里奇（1934—2012）提出，人类和其他灵长类动物分开的时间可以用细微的分子结构估算，尤其是蛋白质和DNA。每次DNA的复制都有微小的差异，差异逐渐累积引起变化，使物种出现不同的分支。此时，两个分支的蛋白质和DNA的分子就会出现明显差异，或者说是偏差。物种分化的时间越长，差异就越大。威尔逊和萨里奇估算了人类是从什么时候开始和关系最近的现生近亲黑猩猩分道扬镳的，得出的结果是600万—400万年前。这要远短于化石记录展示的结果，导致学术界开始争论“时钟”的速度以及“时钟”能否加速或减速。如今的研究会综合化石、DNA等分子、自然特征和其他信息来估算时间。

与此同时，德国昆虫学家维利·亨尼希（1913—1976）提出了另一种生物分类方法。他以共源性状作为分类基础，即一个群体里所有成员都具有的特征，该特性不存在于其他族群，而且是来源于这个族群的共同祖先。这样一个族群分支就是进化支。这就是系统分类，也称遗传分类学，

◀ 达尔文提出，各类物种都是从共同祖先中逐渐进化而来的，进化动力都是在环境压力下产生的自然选择。

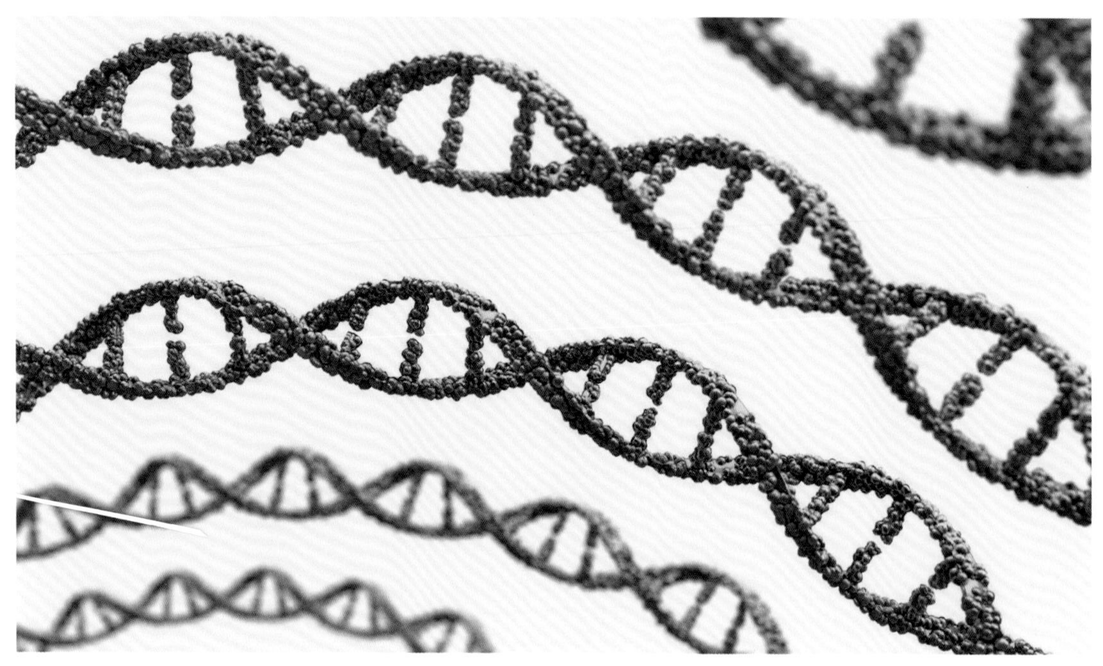

▲DNA的电脑图解，清晰地体现出了双螺旋结构。DNA自我复制的时候，“梯子”就从中间“解开”。两条单链成为下一个双螺旋的模板。“楼梯”上的碱基相互配对，合成新的双螺旋。

专门用于重建进化历史。这个系统有利于进行电脑分析，最终可以得出系统树或进化分支图（见91页）。此类图表可以显示出亲缘关系，但不涉及时间要素，例如何时发生的分化。和大多数进化图示一样，这种图示也会为了条理清晰而做出修改，例如省略很多分级和分叉。

物种形成的对立面便是灭绝。据估计，曾经出现在地球上的物种有99%以上都已经灭绝了。进化使物种适应周遭条件，但环境时常变化，例如气候改变、大规模地质运动、大陆漂移、冰河时代与热带气候交替出现等。每个物种周围的生物也都在进化，包括它们的猎物、竞争对手、天敌、寄生虫和病原体。在这场永不停息的适应性竞赛中，只有一部分物种获得了成功。例如，一个物种可能会到达新形成的群岛，那里食物丰富、罕有天敌，于是它们在各个条件略有不同的岛屿上休养生息。每座岛上的生物都迅速适应了自己的环境，开始了被称为“进化爆发”的适应性辐射，并成为单独的物种（达尔文在加拉帕戈斯群岛上发现的这种现象促使他研究进化机制）。随后可能会有其他物种来到岛上，并在竞争中打败当地物种，导致后者灭绝，并自己开始了适应性辐射……如此往复。

现代进化论的内容很多，比如自然选择中的一环是性选择，即只有一个性别出现某种特征，而且通常是雄性。这种特征用于繁殖季节里作为适应性和生育力强的标志吸引异性。在已经灭绝的大角鹿中，雄性具有庞大的鹿角；在现生天堂鸟中，雄性拥有艳丽的羽毛。这种性选择特征可能非常极端，甚至会严重影响生存能力。

进化论中有一个术语叫“趋同进化”，是指完全不同的生物进化出相似的特征，其原因通常是这些生物有类似的生活方式或身处相近的环境。例如，蝙蝠、鸟类和已灭绝的翼龙都有翅膀。从表面上看，它们的翅膀十分相似，都具有表面宽大的前肢，通过肌肉拍打飞行。但它们翅膀的内部骨骼和其他结构差异很大。蝙蝠翅膀主要由第3～5指支撑，翼龙的翅膀由第4指支撑。鸟翼的骨骼更少，主要依靠羽毛飞行。进化使翅膀的形态“趋同”，以实现同样的功能。

另一个进化术语是“扩展适应”，有时也称“预适应”，这里是指生物出于某种目的而出现的特征具有了其他的功能。例如，羽毛可能最初是某些恐龙的保暖结构，或者视觉展示工具，但在它们的鸟类后裔中却成为飞行工具。

进化的研究结果正在不断变化。遗传、分子分析以及DNA测序都还是新兴技术，但极具影响力。逐渐兴起的系统分类学正在取代传统的林奈分类学。作为“生命图书馆”的化石记录越来越多，很多已知的标本都得到了新解释。越来越先进的技术正在改变进化研究，例如新的显微镜、改进的化石发掘和观察方法、化学同位素分析、CT（电子计算机断层扫描）等X射线扫描。

这本书提出了一个问题：进化科学最后会走向何方？进化知识突飞猛进，让我们不断深入了解生命的特性，以及进化对地球历史到底产生了什么影响，在气候变化、污染、潜在食物短缺、疾病流行、野生栖息地减少等条件下，自然界和我们会有怎样的未来。相关研究可能表明灭绝可以在一定程度上逆转，例如斑驴的故事（见558页），研究者通过选育重新创造出了这种动物，它具有100多年前就已经消失的特征。

▼和已经灭绝的大角鹿一样，加拿大马鹿（*Cervus canadensis*）也具有巨大的鹿角，主要用来吸引异性，号令其他雄性。马鹿会在繁殖期做出仪式性求偶行为，包括故作姿态、鹿角对打，以及发出一连串响亮的鸣叫。

地球地质年代

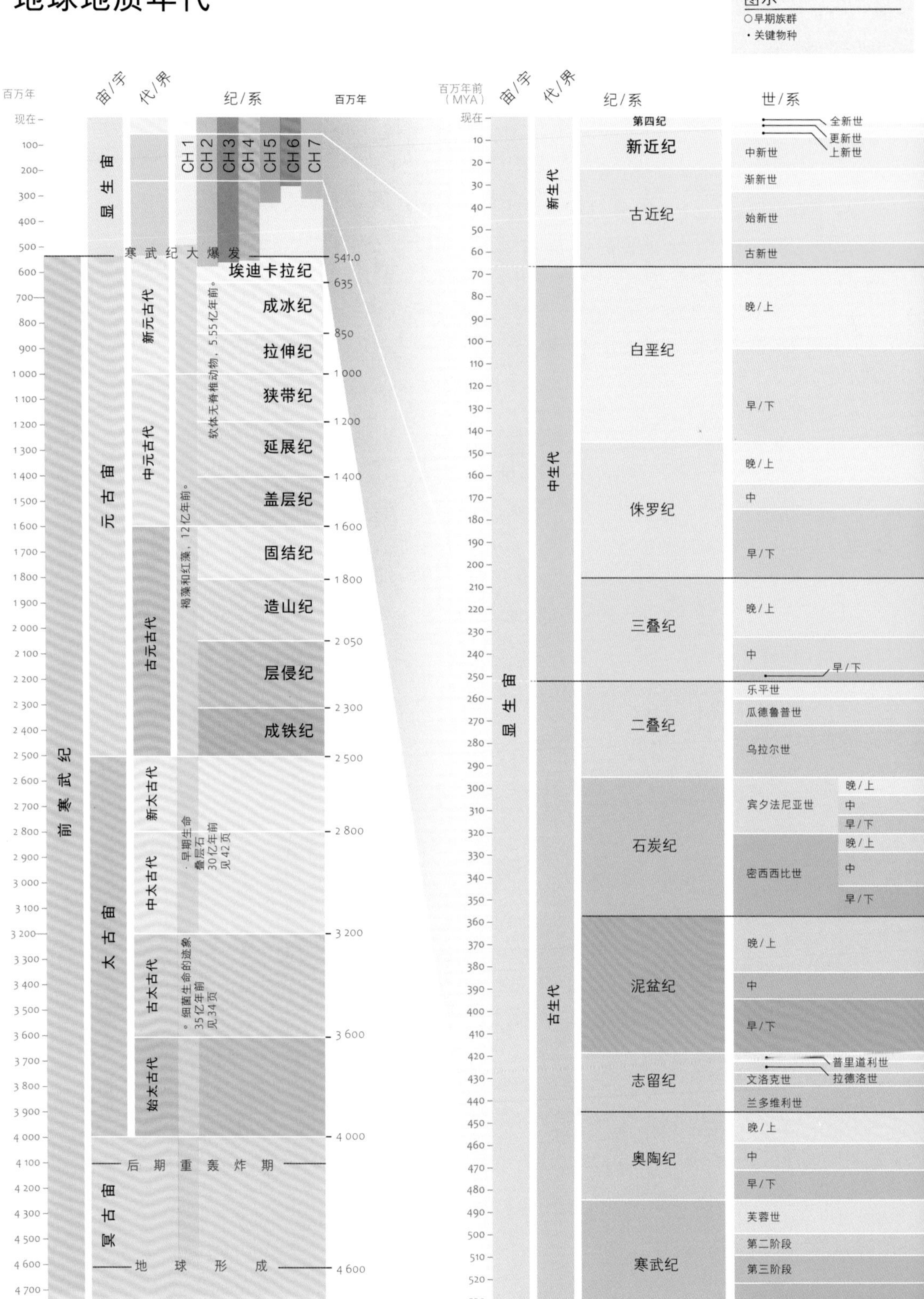

图示
○早期族群
・关键物种
百万年
宙/宇
代/界
纪/系
百万年
现在
100
200
300
400
500
600
700
800
900
1 000
1 100
1 200
1 300
1 400
1 500
1 600
1 700
1 800
1 900
2 000
2 100
2 200
2 300
2 400
2 500
2 600
2 700
2 800
2 900
3 000
3 100
3 200
3 300
3 400
3 500
3 600
3 700
3 800
3 900
4 000
4 100
4 200
4 300
4 500
4 600
4 700
显生宙
CH 1
CH 2
CH 3
CH 4
CH 5
CH 6
CH 7
寒武纪大爆发
541.0
埃迪卡拉纪
635
新元古代
成冰纪
850
拉伸纪
1 000
狭带纪
1 200
中元古代
延展纪
1 400
盖层纪
1 600
元古宙
固结纪
1 800
造山纪
2 050
古元古代
层侵纪
2 300
成铁纪
2 500
软体无脊椎动物，5.55亿年前。
褐藻和红藻，12亿年前。
前寒武纪
新太古代
2 800
中太古代
・早期生命
叠层石
30亿年前
见42页
3 200
太古宙
古太古代
。细菌生命的迹象
35亿年前
见34页
3 600
始太古代
4 000
后期重轰炸期
冥古宙
地球形成
4 600
百万年前（MYA）
宙/宇
代/界
纪/系
世/系
现在
10
20
30
40
50
60
70
80
90
100
110
120
130
140
150
160
170
180
190
200
210
220
230
240
250
260
270
280
290
300
310
320
330
340
350
360
370
380
390
400
410
420
430
440
450
460
470
480
490
500
510
520
530
540
第四纪
全新世
更新世
上新世
新近纪
中新世
新生代
渐新世
古近纪
始新世
古新世
白垩纪
晚/上
早/下
侏罗纪
晚/上
中
早/下
中生代
三叠纪
晚/上
中
早/下
显生宙
乐平世
二叠纪
瓜德鲁普世
乌拉尔世
宾夕法尼亚世
晚/上
中
早/下
石炭纪
密西西比世
晚/上
中
早/下
泥盆纪
晚/上
中
早/下
古生代
志留纪
普里道利世
拉德洛世
文洛克世
兰多维利世
奥陶纪
晚/上
中
早/下
寒武纪
芙蓉世
第二阶段
第三阶段
纽芬兰世

最初的生命早在前寒武纪（见最左）就已出现，延续时间几乎占据地球历史的90%。本表中的其余时间从寒武纪延续到现在的第四纪（见最左边上方），详细内容会在下面的正文中介绍。不同的地质时间对应着不同的岩层、重大事件、各种生命的诞生和关键物种。

1 最初的生命

- 白垩纪末期大灭绝 6 600万年前
- 三叠纪—侏罗纪大灭绝 2.01亿年前
- 大消亡事件 2.52亿年前
- 晚泥盆世大灭绝 3.59亿年前
- 奥陶纪—志留纪大灭绝 4.43亿年前
- 怪诞虫，5.05亿年前，见52页
- 海口虫，5.25亿年前

2 植物

- 水杉，500万年前，见82页
- 开花植物，1.25亿年前，见86页
- 银杏树，3亿年前，见78页
- 合囊蕨祖先，3亿年前，见68页
- 鳞木，3.59亿年前，见72页
- 莱尼蕨，4.1亿年前，见62页
- 植物开始向陆地迁徙，4.5亿年前，见60页

3 无脊椎动物

- 指菊石，菊石，1.9亿年前，见158页
- 早期"魔鬼的趾甲"，卷嘴蛎，2.25亿年前，见128页
- 节胸类，3亿年前，见132页
- 海蕾，3.3亿年前，见165页
- 昆虫繁盛，3.3亿年前，见166页
- 四足动物（有四肢的脊椎动物），3.8亿年前
- 鲎，4.5亿年前，见140页
- 海百合演化出多个种类，4.7亿年前，见164页
- 鹦鹉螺，5亿年前，见156页
- 云南头虫，三叶虫，5.16亿年前，见122页
- 蠕虫，5.25亿年前，见108页

4 鱼类和两栖动物

- 巨齿鲨，1 600万年前，见192页
- 剑射鱼，8 000万年前，见204页
- 灰六鳃鲨，1.9亿年前，见194页
- 早期蛙类祖先，2.5亿年前，见222页
- 两栖类西蒙螈，2.8亿年前，见210页
- 生物踏上陆地，3.75亿年前，见206页
- 腔棘鱼，4亿年前，见200页
- 伯肯鱼，4.3亿年前，见180页
- 早期鱼类，4.8亿年前
- 八目鳗发展壮大，5亿年前，见182页
- 皮卡虫，5.05亿年前，见176页

5 爬行类

- 科莫多龙，375万年前，见336页
- 三角龙，6 800万年前，见344页
- 伶盗龙，7 500万年前，见308页
- 无齿翼龙，8 600万年前，见290页
- 美颌龙，1.5亿年前，见262页
- 龟类，2.2亿年前，见292页
- 恐龙，2.3亿年前，见260页
- 大型爬行类陆生掠食者，2.8亿年前
- 早期爬行类林蜥，3.12亿年前，见232页

6 鸟类

- 恐鸟，1 700万年前，见404页
- 雀形类，5 500万年前，见390页
- 孔子鸟，1.25亿年前，见382页
- 始祖鸟，1.5亿年前，见376页
- 早期"龙鸟"，1.6亿年前，见372页

7 哺乳动物

- 智人，20万年前，见550页
- 巨犀，2 500万年前，见484页
- 埃及猿，3 400万年前，见510页
- 早期蝙蝠伊神蝠，5 200万年前，见448页
- 似泰坦兽，6 000万年前，见436页
- 爬兽，1.25亿年前，见426页
- 哺乳动物中分化出有袋类和有胎盘类，1.5亿年前，见430页
- 早期哺乳动物化石，2.2亿年前，见424页
- 三尖叉齿兽，2.5亿年前，见422页
- 早期兽孔类，2.7亿年前，见418页

百万年

0.0117 / 2.58 / 5.33 / 23.03 / 33.9 / 56.0 / 66.0 / 100.5 / 145.0 / 163.5 / 174.1 / 201.3 / 237 / 247 / 252.17 / 259.8 / 272.3 / 298.8 / 307.0 / 315.2 / 323.2 / 330.9 / 346.7 / 358.9 / 382.7 / 393.3 / 419.2 / 423.0 / 427.4 / 433.4 / 443.8 / 458.4 / 470.0 / 485.4 / 497 / 509 / 521 / 541.0

寒武纪生命大爆发

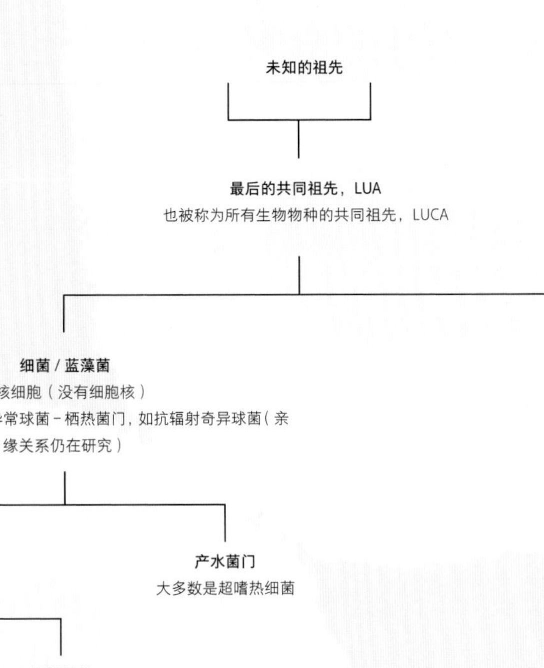

未知的祖先
最后的共同祖先，LUA
也被称为所有生物物种的共同祖先，LUCA
细菌 / 蓝藻菌
原核细胞（没有细胞核）
30 ~ 50 个门类，例如异常球菌－栖热菌门，如抗辐射奇异球菌（亲缘关系仍在研究）

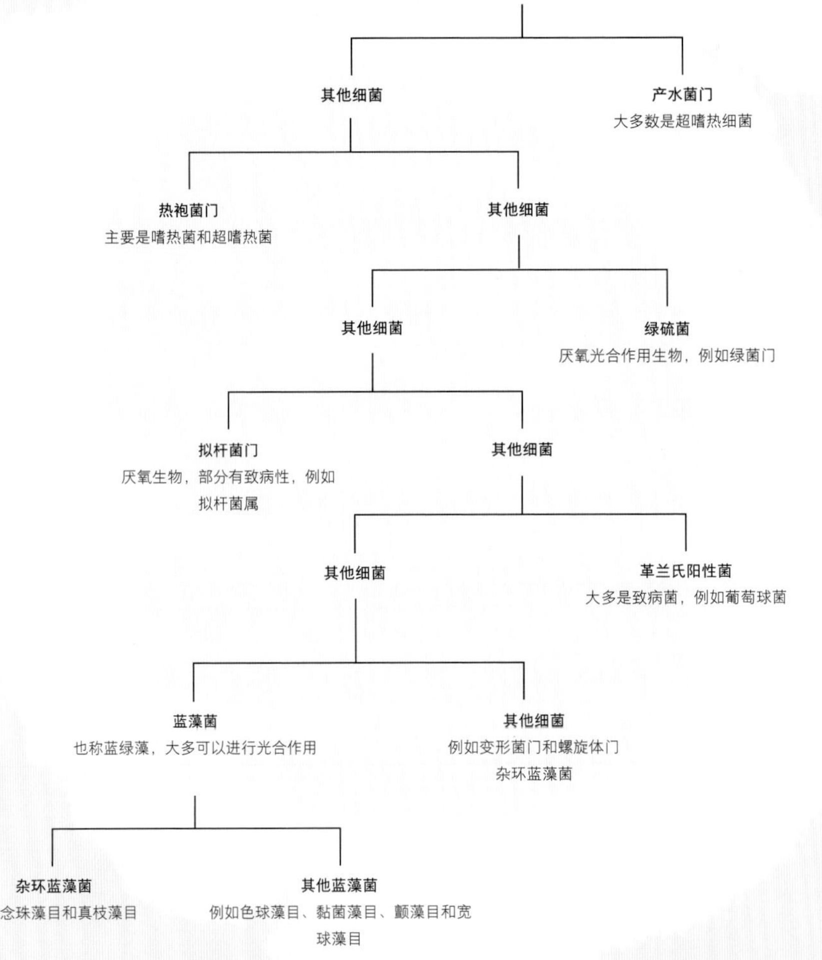

其他细菌
产水菌门
大多数是超嗜热细菌
热袍菌门
主要是嗜热菌和超嗜热菌
其他细菌
其他细菌
绿硫菌
厌氧光合作用生物，例如绿菌门
拟杆菌门
厌氧生物，部分有致病性，例如拟杆菌属
其他细菌
其他细菌
革兰氏阳性菌
大多是致病菌，例如葡萄球菌
蓝藻菌
也称蓝绿藻，大多可以进行光合作用
其他细菌
例如变形菌门和螺旋体门
杂环蓝藻菌
杂环蓝藻菌
例如念珠藻目和真枝藻目
其他蓝藻菌
例如色球藻目、黏菌藻目、颤藻目和宽球藻目

1 最初的生命

所有生命都起源于半微生物，其通常被称为所有生物的最后共同祖先（LUA）。生命多样化的初始阶段里活跃着简单的原核细胞，包括如今依然无处不在的庞大细菌家族，以及大多数成员都是极端生物的古生菌。其中一些成员获得了有膜的细胞器，进化成真核生物，随后聚集成最初的多细胞生物，这就是动物和植物的前身。

探寻远古

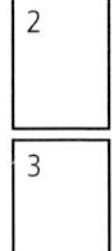

1 挪威峡湾的侏罗纪地层（所有侏罗纪时期形成的层组成侏罗纪）。

2 尼古拉斯·斯丹诺对比鲨鱼牙齿化石和现生鲨鱼牙齿。

3 西班牙安特克拉的托尔卡尔山自然保护区侏罗纪石灰岩景观是大自然数十亿年来不断侵蚀造成的结果。

大多数文明都对史前时代做出了自己的想象，这个时代通常由神灵、精灵和神话人物占据着。但自从15世纪，科学推断和质疑就在整个欧洲传播，人们开始怀疑传统观念。地球的年龄让学者和科学家争论不休，最终逐渐累积起来的知识逐渐让人意识到地球的历史远比人们想象的更久远，因此人们希望能制定出时间表。如今应用最广的史前时间科学划分方法便是国际地质年代表，它由国际地质科学联盟下属的国际地层学委员会制定，且定期根据新的发现修订。国际地质年代表旨在将最新发现和各个学科结合起来，特别是地质学、古生物学和进化学。其中最大的时间跨度是宙（一个宙里形成的所有岩石称为宇），宙又细分为代（界）、纪（系，见20页）、世（统）和期（阶）。

几个世纪以来，人们都认为动植物化石是岩石中自然出现的产物，和生命没有关系，和燧石结核、贵重的宝石、蔓延的矿脉及金银块没有太大区别。“化石”一词来自拉丁文，意为“来自挖掘”，原本的意思是从土里

关键事件

2 750年前

古巴比伦学者根据传说中帝王的时代估算出了各种创世时间，有些达到了40万年之遥。

公元50—100年

中国汉代的学者认为宇宙处于毁灭和重建的循环中，这个过程持续了2.35亿年。

325年

古罗马历史学家尤西比乌斯根据神话中国王统治的年代推算地球年龄为3万年。

1650年

大主教厄谢尔根据《圣经》中的创世纪推算地球是在公元前4004年10月诞生的。

1669年

尼古拉斯·斯丹诺创建了重要的地理原则，包括叠覆律和原始水平原理。

1779年

乔治·路易斯·勒克莱尔（1707—1788）执着于模拟地球的球体，以测量冷却速度，最后计算出地球历史为7.5万年。

挖出来的所有物件，和生物遗骸并无关系。人们曾经认为化石是从空中掉落到地上的，来自星星或月亮；也可能是神明特意嵌在岩石中的，以展示自己的力量和伟大，或者是为了诱骗不信神的人露出马脚。

丹麦科学家尼古拉斯·斯丹诺（1638—1686）开始思考为何化石可以嵌入另一块岩石中，也就是“岩中岩”问题。他发现化石与现生生物的某些部位十分相似，例如鲨鱼的牙齿（见图2），并怀疑这就是化石的起源。差不多在同一时期，其他勤于思考的人也在沿着这种想法探索。1692年，英国博物学家约翰·雷（1627—1705）写道：“这些‘化石’原本是海洋鱼类和其他动物的外壳和骨头。”思维灵活的英国自然科学家罗伯特·胡克（1635—1703）也有类似的看法，他认为菊石壳和树木化石本来都是生物，它们在富含矿物质的水中石化。斯丹诺扩大了化石研究的范围，将保存化石的岩石以及岩石的产生和沉积过程都包括在内。他创建了地质学中的地层学：岩石分层，特别是沉积岩（见图1）和岩浆岩。17世纪60年代，斯丹诺提出了地层学的三大原则，如同很多学科飞跃发展一样，今天看起来似乎显而易见的事物在当时都是巨大的创新。这三大原则首先是叠覆律，即在一系列地层中，最古老的地层位于最深处，上覆地层的年龄层层递减，根据形成时间形成了一定的序列。第二个是原始水平原理，即地层形成是在重力作用下沉积，所以呈平坦的水平状态，角度改变、倾斜或折叠都是地壳运动的结果。第三个是横向连续性原理，岩石层会在形成时向各个方向扩展。所以如果类似的岩层被侵蚀谷、地震或火山力量分裂，那就可以推测它们曾经是连续的一体。

18世纪80年代，苏格兰地质科学家詹姆斯·赫顿（1726—1797）提出了均变论。均变论是指如今能在自然界中见到的过程和事件从古至今都在发生并逐渐塑造着地球，例如风蚀（见图3）、冰蚀、浪蚀以及沉积物固结成岩，即“现在就是发掘过去的钥匙”。19世纪30年代，英国地质学家查尔斯·莱伊尔（1797—1875，见图4和233页）通过《地质学原理》让更多人了解到了均变论，他在书中尝试通过正在发生的现象来解释地表过去的改变。这个理论暗指地球的历史远长于此前估计的数千年到数百万年。法国博物学家乔治·居维叶（1769—1832）深受这些理论的影响，他也在让科学界开始接受生物灭绝的理论，此前大部分信教者都不承认这个说法。1813年，居维叶在论文《地球理论随笔》中提出化石的确

19世纪60年代

威廉·汤姆森（1824—1907）计算出地球的年龄在2000万年到4亿年，后来又更改到了4000万年。

1900年

大多数科学家接受了物理学家们的估算结果，认为地球大约有1亿年的年龄，一些地质学家认为地球的历史要更长。

1907年

伯特伦·博尔特伍德（1870—1927）发表了关于矿物放射性衰变定年的研究，如铀衰变为铅。

20世纪20年代

更多的放射定年技术表明，地球的历史为几十亿年，而不是几百万或几万亿年。

1974年

国际地层学委员会开始了一项长期研究，旨在得出全球地质年代表。

2006年

第三纪拆分为古近纪和新近纪，因此必须调整第四纪。

是早已灭绝的生物的遗骸，不过他认为灭绝原因是《圣经》里的大灾难，尤其是洪水，生物没有必要发生进化。但人们逐渐发现地质时代极其漫长，化石是穿越了时间的生物遗骸，因此我们需要为跨度巨大的史前时期制定出年代表。

此外，欧洲的地质学家也在研究和命名各个独立的岩层及其中具有代表性的化石。他们的成就得益于工业时代的大规模建筑工程，例如运河建设、采矿、采石、采煤、挖掘水井，以及从19世纪30年代开始快速建设的新型铁路。1822年，英国地质学家、神职人员威廉·科尼比尔（1787—1857）和英国矿物学家威廉·菲利普斯（1775—1828）出版了《英国和威尔士地质概要》，并在其中创造了“石炭纪（Carboniferous）”一词，用以指代厚厚的含煤岩层（“石炭纪”一词来自拉丁文*carbo*，意为“煤”）。石炭纪开创了以纪为名的时代划分，这也是地质年代表里的一大度量单位。同年，比利时地质学家J. B. J. 德奥马利乌斯·德哈洛伊（1783—1875，见图5）将巴黎的一个独立地层命名为“白垩纪”（Cretaceous，来源于拉丁文*creta*，意为“白垩”）。1829年，法国地质学家、化学家亚历山大·布隆尼亚尔（1770—1847）又创造了“侏罗纪”一名，用于指代法国和瑞士侏罗山脉里广阔的石灰岩层。

19世纪30年代早期，英国地质学家亚当·塞奇威克（1785—1873）和苏格兰地质学家罗德里克·默奇森（1792—1871）在威尔士从事研究工作。前者曾在1831年担任过青年查尔斯·达尔文的野外地质学导师。默奇森记录了含有多种三叶虫和腕足类化石的岩石，但岩石里几乎没有鱼类。根据古罗马时期统治该地的凯尔特部落“志留”，他将这个地层命名为“志留纪”。而塞奇威克在威尔士中部发现了形成时间早于志留纪的岩层，并且命名它为“寒武纪”（意为“威尔士”）。他和默奇森在1835年的论文中正式提出了这两个名字。同时，德国地质学家弗里德里希·冯·阿尔伯提（1795—1878）在1834年创造了“三叠纪”一名：底部为红色砂岩层，上覆白垩岩层，最上部为黑色页岩。1839年，塞奇威克和默奇森根据英国西南部德文郡的岩石和化石体系提出了“泥盆纪”一名。第二年，默奇森根据在俄罗斯的彼尔姆州发现的岩层创造出了“二叠纪”一名。但直到1879年，英国地质学家查尔斯·拉普华兹（1842—1920）才根据凯尔特“奥陶”部落创造出了“奥陶纪”一名，给北威尔士岩层的争议画上了句号。此前，部分专家将当地岩层归入寒武纪，也有人认为它们属于志留纪。

“第三纪”一词诞生于1759年，当时意大利的地质学家乔瓦尼·阿杜伊诺（1714—1795）正在研究托斯卡纳的岩石，他认为史前时期应分为四大阶段：第一纪、第二纪、第三纪及火山时代或第四纪。1828年，莱伊尔新出版的《年代学》中纳入了“第三纪”一名，并将其细分为上新世、中新世和始新世。从此地质年代里有了以世划分的年代尺度，其依据是化石的改变或进化。在这段频开先河的时代里，科学界出现了很多重复的名称和异名，研究者花费了数十年的时间才在基本术语上取得了共识。例如，在欧洲人看来，美国人用“密西西比”和“宾夕法尼亚”命名的岩层其实分别属于下石炭纪和上石炭纪。

国际地质年代表本身就在不断发展。人们从20世纪80年代起开始质疑第三纪的合理性，并提出这个时期也可以像其他时期一样准确划分。进入21世纪之后，地质学家和其他科学家提出废除“第三纪”，并代之以古近纪和新近纪。阿杜伊诺在1759年提出的第四纪也由此产生了问题。第四纪被降级为非正式名称，但综合考虑世界各地的岩石和化石数据之后，第四纪在2009年又被重新定义为新近纪之后的时期，大约在258万年前开始并延续至今，而不是此前定义的180万年前。

扩展了斯丹诺的地层学基本原理之后，人们在1900—1920年对地质时期及时间顺序达成了广泛共识，地质测绘的准确性也由此而提高（见图6）。研究者可以将特定的岩石和其中的化石加以比较和关联，尤其是借助标准化石（见159页）。但这些数百万年前的时期到底真正处于哪个年代（绝对年代）？解决这个问题的计算方法包括估算特定深度的沉积物需要多长时间沉积并固化成岩石。1907年左右，放射性测年法的出现提高了估算的精确度（见25页）。这项技术的最新进展进一步细化了史前年代的划分。2004年，地质年代里又多了一个超过1.2亿年的时期：埃迪卡拉纪，大约从6.35亿年前延续至5.41亿年前，命名依据是澳大利亚的埃迪卡拉山的化石（见46页）。最近随着元古宙中的一系列时代得到命名（见20页），前寒武纪也备受关注。SP

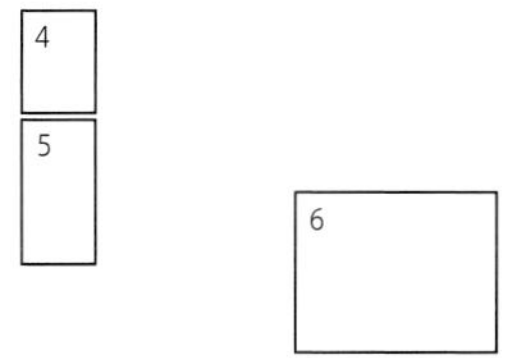

4 查尔斯·莱伊尔拥护均变论，这个概念广泛适用，就连宇宙演变也不例外。

5 J. B. J. 德奥马利乌斯·德哈洛伊在法国测绘了白垩纪岩石。查尔斯·达尔文在他发表“经过改变的继承”（进化的早期说法）这一观点的时候也注意到了他的研究成果。

6 自19世纪早期以来，地质地图有过很多改进，但仍然会使用花纹、符号或颜色编码来表示不同时期的岩石。

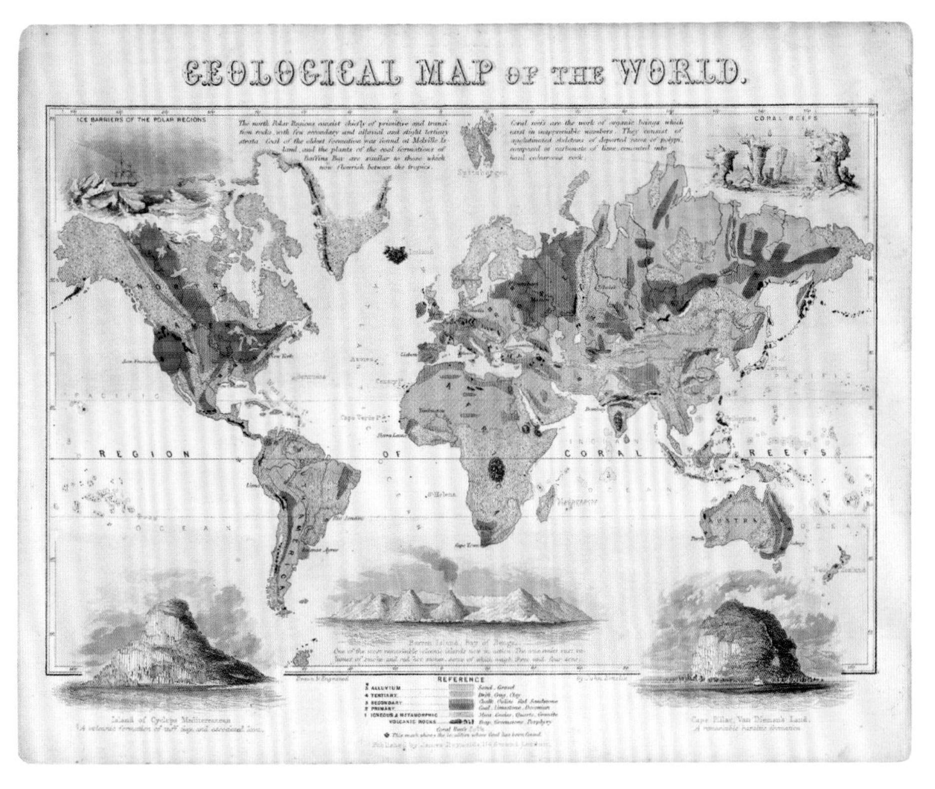

化石的由来

太古宙—全新世

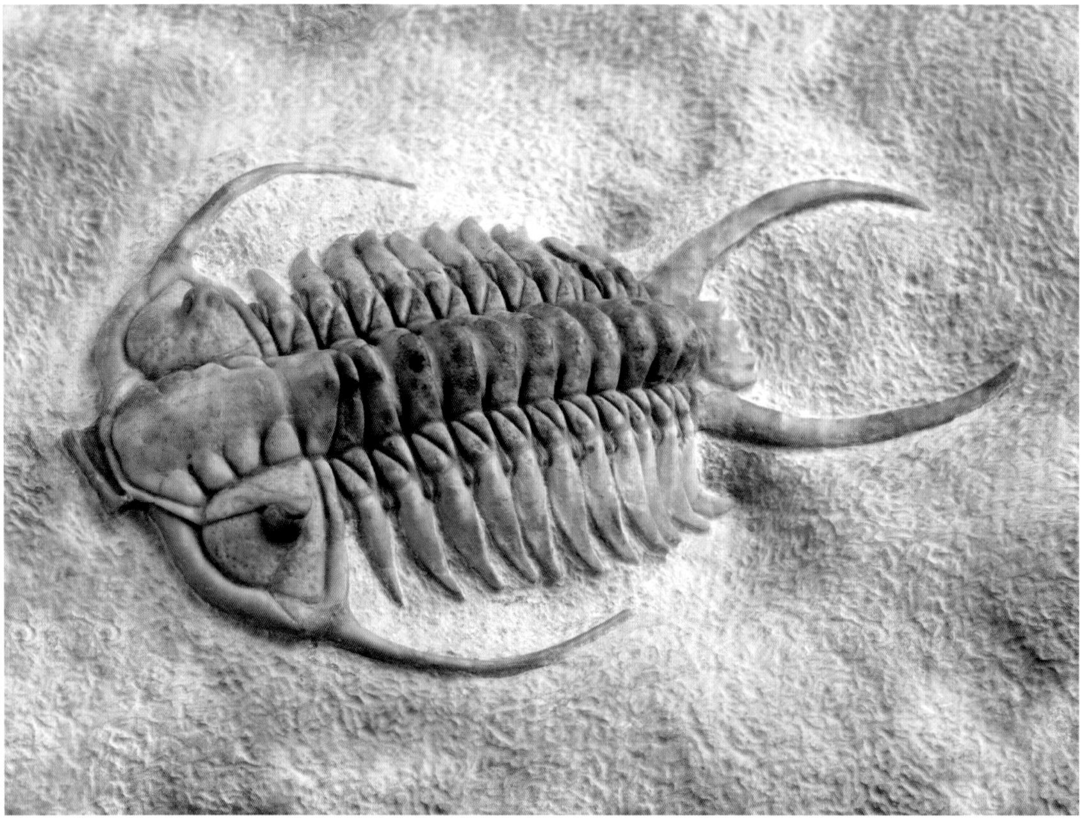

种：副希若拉虫
（*Paraceraurus exsul*）
族群：镜眼虫目（Phacopida）
体长：16厘米
发现地：俄罗斯

这枚复杂的三叶虫化石既是美丽诱人的造物也是宝贵的研究材料，它为地球生命在时间长河中的改变和进化提供了证据。化石是生物的残骸，通常保存在岩石中，但曾经的生物组织，例如动物骨骼或树皮等物质，往往已经被矿物质或其他岩石成分所取代。也就是说，原本的骨骼或树皮已经消失，但它们的形状依然留了下来。化石形成是一个十分漫长的过程，通常需要数百万年。按照规定，历史至少达到1万年的样本才能被称为化石。

大多数化石都是坚固的生物组织：植物的根、树皮、松果、种子、叶脉和微小的花粉粒，以及动物的外壳、牙齿、骨骼、角、爪子和棘刺。这些部位更有可能躲过以尸体为食的腐食动物，也更能抵抗蠕虫、真菌和微生物造成的腐烂，因此成为化石的机会更大。此外，大多数化石都是在含水环境中（如海洋、湖泊、河流和沼泽）形成的。尸体需要被沉积物覆盖，如沙子、泥沙、淤泥或黏土，以免进一步腐烂和分解，同时开始长时间的矿化过程。所以化石记录中有大量水生壳类动物，例如三叶虫和菊石。沉积物不断堆积，压力和温度逐渐上升，化石周围的沉积物和矿物（基质）也慢慢固化成了坚硬的岩石。因此，化石会被保存在砂岩、沉积物、泥岩和页岩等沉积岩中。火成岩是在高温下熔化的岩石，例如火山的岩浆；变质岩也会在高温和高压下改变，但还不足以成为熔融态。所以，高温与高压都会破坏已经存在的化石。SP

图片导航

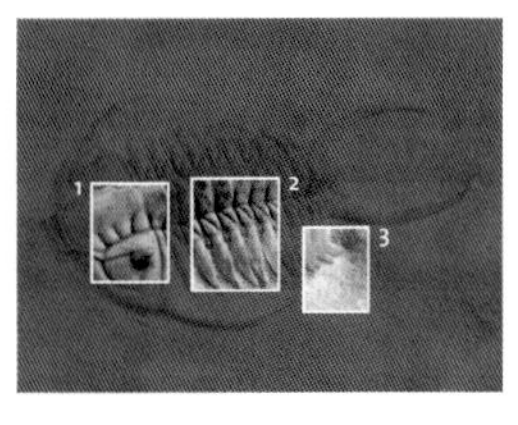

要点

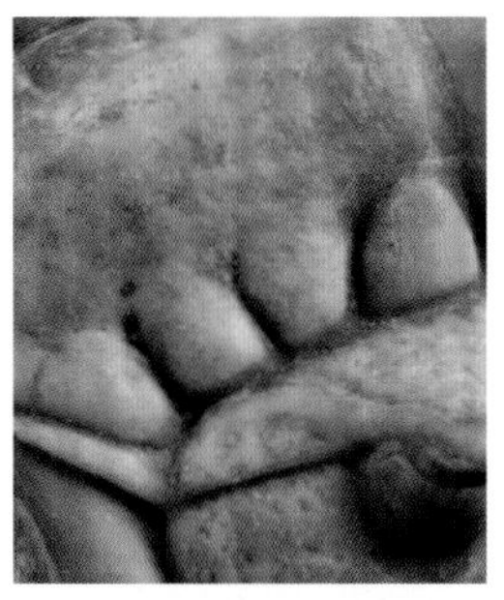

1 替代

生物组织中的天然矿物质可能会存留、扩增或被同一矿物的分子所取代。三叶虫会在生长的各个阶段里蜕下硬壳，并在新壳变硬之前长大。许多三叶虫化石都是虫蜕，而不是整个动物。

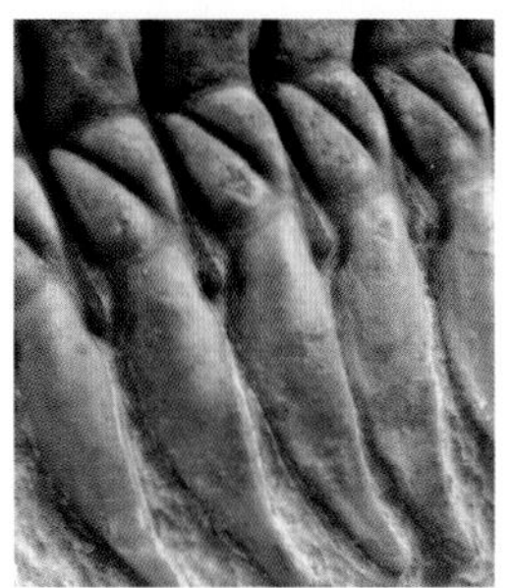

2 完全矿化

图中可以看到骨板之间的接合处。这是因为地下水渗入埋葬的组织，其中的矿物质充满了原本由空气或水所占据的空间，这就是所谓的完全矿化。当矿化作用缓慢而均匀地发生时，化石中可以保存微小组织的形状，例如细胞和它们的内含物。

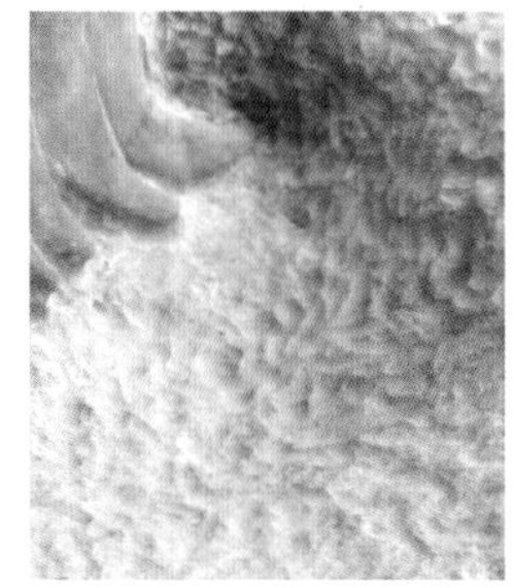

3 基质

化石周围的矿物和岩石被称为“基质”。它们可能含有与化石相同的矿物质，所以颜色和质地也有可能和化石非常相似，因此要依靠细致的手艺才能取出化石。这枚副希若拉虫化石形成于奥陶纪。

化石类型

尽管所有化石都是生物留下的遗迹，但化石也分为几种不同的类型。通常简称为“化石”的身体化石是货真价实的身体结构。标准化石是普遍存在的常见生物，它们会在时间推移中迅速变化，可以作为进化时间的标志。痕迹化石（遗迹化石）是生物留下的痕迹或残余物，例如脚印和粪化石、树皮印痕和根茎留下的通道。印模化石是生物残骸毁坏后留下的空洞。而铸型化石是生物空腔中填充了另一种矿物形成的。碳质压膜化石是生物受热受压的结果，此时大部分物质都已遭到破坏，只有碳原子存留下来，仿佛一抹黑色的剪影（见上图）。

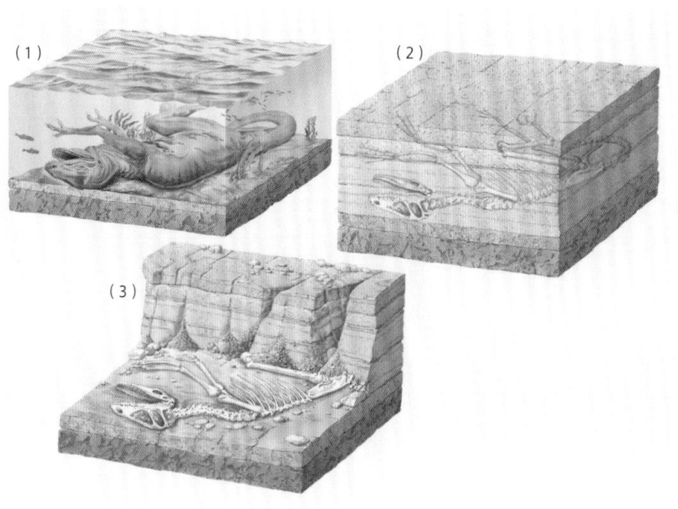

◀ 最佳的化石化方式是死亡之后（1）只发生轻微的腐烂或腐食动物啃咬，之后迅速被覆之以沉积物。上覆沉积物越来越多，将残骸埋得更深（2）。温度和压力上升，含矿物质的地下水也在缓慢渗透，让化石化过程继续进行。化石最终可能会因为大型地壳运动和侵蚀而暴露到地表（3）。

岩石和化石定年

1 钾－氩定年需要使用电子炉，通过分析岩石自然产生的放射性同位素来给岩石定年。

2 因为对自发辐射的研究，亨利·贝克勒尔于1903年和皮埃尔·居里以及玛丽·居里共同获得诺贝尔物理学奖。

3 在放射性衰变过程中，铀原子的原子核分裂成更小的同位素。

几个世纪以来，我们都知道向下挖掘犹如让时光倒流：挖得越深，岩层就越古老。丹麦地质学家和解剖学家尼古拉斯·斯丹诺用科学方式将这个现象归纳成了叠覆律：在一系列地层中，最古老的地层位于最深处，最年轻的地层位于表面（见24—25页）。地质学家和古生物学家开始摸索如何用含有特定化石的某类岩石来确定岩石和化石的相对时代。分布广泛且变化迅速的常见化石特别有助于这项工作的开展，这就是所谓的“标准化石”（见159页）。

英国地质学家威廉·史密斯（1769—1839）率先在大面积区域中将这些信息联系起来。作为采矿和河道建造工程的测量员，他记录下了大片地区中类似的岩石，特别是其中的化石。1815年，他绘制了一张英格兰、威尔士和苏格兰部分地区的地质图，这是第一张覆盖英国全境的地质地图。在史密斯之前，美国地质学家威廉·麦克卢尔（1763—1840）于1809年出版了一份类似的地质图，包括美国东部的部分地区和东南地区。

关键事件

1809年

威廉·麦克卢尔发表《美国地质学概览：对一份地质图的说明》。

1815年

威廉·史密斯绘制了英格兰、威尔士和苏格兰部分地区的地质地图，用颜色标出了形成于不同史前时期的岩石。

1896年

亨利·贝克勒尔发表了含铀的化学物质的“自发穿透辐射”（放射性）。

1904—1905年

欧内斯特·卢瑟福提出可以利用放射衰变来估计地球的年龄。此前人们推测的地球年龄最多4 000万年。

1907年

伯特伦·博尔特伍德公布了自己估算的地球年龄。根据铀－铅放射定年的结果，地球年龄最多20亿年。

1927年

英国地质学家亚瑟·霍尔姆斯（1890—1965）修正了一系列铀－铅定年的最新结果，将地球的年龄扩大到30亿年。

自从史密斯发表自己的成果之后，这类地质图就层出不穷，尤其是在法国、德国等欧洲国家。基于这些信息，19世纪出现了相对年代定年法，但当时还是无法将化石的绝对年龄精确到千年或百万年。绝对定年法源自19世纪末兴起的一系列科学研究。1896年，法国物理学家亨利·贝克勒尔（1852—1908，见图2）发现了放射性，促使人们开始研究物质和原子的本质，以及为什么有些原子天生不稳定。原子以射线和粒子的形式发出辐射，随着这个过程，原子自然就会从一种化学元素（纯净物）衰变为另一种化学元素。例如，沉重致密的金属元素铀自发放射并衰变，在这个过程中逐步变成一系列其他元素，最终成为稳定的铅。在含铀的矿物样品中，例如锆石，一半的铀以铀-238的形式存在，会在44.7亿年之后衰变为铅-206，另一半的铀以铀-235的形式存在，会在7.04亿年后衰变成铅-207。这些时间就是两个铀-铅衰变链的半衰期（见图3），也是用来确定矿物年龄的"时钟"。通过测定矿物样品中铀、铅和其他元素的种类及比例，我们就可以计算出矿物最初形成的时间。

1905年左右，因"核裂变"而享有盛名的新西兰裔英国物理学家欧内斯特·卢瑟福（1871—1937）提出，放射性衰变可以用来测定地球的年龄。1907年，他的学生、美国化学家伯特伦·博尔特伍德（1870—1927）发表了自己关于铀-铅的研究，提出地球的年龄介于4亿～20亿年之间。这比当时人们认为的地球只有数千万年历史更加久远。

铀-铅放射性定年法（见图1）是第一种绝对定年法，现在依然广泛使用。现代放射性定年法最适合确定45亿至100万年前的物质，精确度在1%以内。在碳同位素测年法下，碳-14衰变为碳-12的时间跨度可能要短得多。碳是生物的关键物质，例如植物需要空气中的二氧化碳来进行光合作用。因此，碳同位素测年法特别适合测定生物遗骸的年龄，例如树木、骨头、毛皮、鹿角和贝壳。

碳同位素测年法可能不适用于某些化石或岩石中的矿物质。事实上，化石和保存化石的沉积岩都很难用该法定年。但测定其上或其下地层或岩层的年代就可以估算出化石的年龄范围，特别是火成岩，它们是"捕获"了矿物质的冷却熔岩，而矿物质透露出了它们的形成时期。通过结合相对定年法、放射绝对定年法及分子时钟技术（见17页），我们才能得知过去生活着哪些生物、生物的变化速度以及进化过程。SP

岩石放射性定年

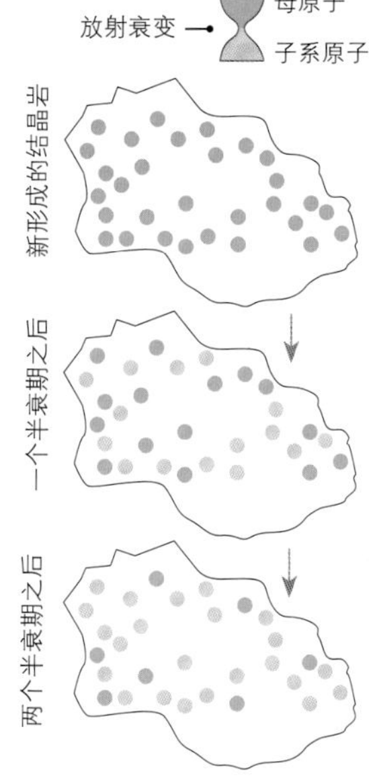

1938年	1948年	1949年	1953年	1992—1994年	2003年
一群德国化学家发明了铷-锶定年法。铷-87的半衰期极长，足有487.5亿年。	人们发现了钾-氩衰变体系，钾-氩放射定年法也随之出现。	芝加哥大学的维拉德·利比（1908—1980）和他的团队建立了碳同位素定年法，让考古学前进了一大步。	迪亚布洛峡谷陨石碎片的铀-铅定年法检测表明地球历史为45.5亿年，接近现代观点。	加州大学的科学家用氩-氩定年法测定直立人中的莫佐克托儿童来自175万年前，远比以前的看法古老。	氩-氩定年法将莫佐克托儿童的历史修订为150万年，凸显出了必须仔细选择和记录样本的重要性。

大峡谷

古元古代—早三叠世

位置：美国亚利桑那州
历史：18.5亿～2.5亿年
岩性：石灰岩和砂岩

亚利桑那州大峡谷是世界上最壮丽的自然奇观之一。峡谷的长度大约有440千米，部分地区的宽度超过25千米，最深的地方足有1 830米。在近乎垂直的侵蚀岩面上，岩石的形成记录一目了然，它们的历史比地球历史的1/3还要长。其中很多岩石都是沉积岩，含有大量化石，因此记录下了巨大时间跨度里的动植物进化过程。即使经历了如此漫长的时间，因为这个地区没有发生过明显的地壳运动，峡谷里的很多岩层依然几乎保持着水平状态，没有遭到破坏。

大峡谷里岩石和化石的年龄都经过相对和绝对定年法的测定。最古老的岩石形成于18亿年前的古元古代。直到21世纪，主流观点依然认为大峡谷是因为600万—100万年前的侵蚀而暴露出了3组主要岩石层。峡谷最深处的岩石历史最为悠久，被称为毗湿奴基岩（大约是在18.5亿—12.5亿年前形成的）。顶部某些部位的岩石是大峡谷超群岩，形成于12.5亿—6.5亿年前。在此之上是最新形成的古生代岩层。2008年，一项利用热年代学技术的放射性定年法研究表明，峡谷遭受侵蚀的历史要比此前的估算长得多，可能超过5 000万年。热年代学以磷灰石矿物为研究对象，利用因侵蚀而暴露的晶体来分析铀和钍的放射性衰变。2012年，一项研究利用这项技术将峡谷遭受侵蚀的时间追溯到了7 000万年前，这意味着恐龙可能见证过峡谷的雏形。2014年，另一项研究提出了一段更为复杂的历史，即大峡谷的侵蚀多集中在过去的几百万年间，这扩大并加深了多处形成于7 000万年前的侵蚀范围。SP

要点

1 侵蚀营力

河流切割造就了如今的大峡谷，这种侵蚀作用大多发生于600万—100万年前。当时的地壳运动抬起了周围的陆地，而且气候也更加湿润，水流大量涌入古老的科罗拉多河和周边的河流系统。而在今天，沙漠化环境让植物难以生长，所以岩石也得不到遮蔽。

3 古生代岩层

大部分这类岩层都是形成于古代海洋中的沉积岩，含有各种各样的化石。例如，5.2亿年前的塔皮茨砂岩中有三叶虫和腕足类化石。红墙石灰岩形成于3.4亿年前，厚度为245米，其中保存着更大的化石：更多进化的三叶虫和更多腕足类动物，以及海绵、珊瑚、鹦鹉螺和海百合。

2 毗湿奴基岩

这是位于峡谷最底部的岩石，历史最为悠久。毗湿奴基岩的绝对年龄为18.4亿～12.5亿年，主要由火成岩和变质岩构成，没有太多沉积岩，因此不含重要化石。其中含有多种岩石和矿物，包括花岗岩、伟晶岩、片麻岩和闪长岩。漫长的历史导致这片区域的形变最多，例如褶皱和移位。

4 最近的地层

形成于2.75亿—2.72亿年前的托洛维组高地由砂岩和石灰岩组成，其中含有海洋珊瑚、软体动物以及陆地植物的化石。这表明古代海洋时而扩张，时而退缩。该组高地上覆凯巴布石灰岩组，历史约为2.7亿年，富含珊瑚、三叶虫、虾、大型鹦鹉螺、牙形石和鲨鱼牙齿等化石。

时间断层

和众多其他地方一样，大峡谷的岩层也存在不整合面，即上下两个地层的年龄有时候相差极大，它们“缺失”了中间的过渡地层。例如，绝对定年法显示，在大峡谷的部分区域中，5.2亿年前的托洛维砂岩直接覆盖在历史超过12.5亿年的毗湿奴基岩上（左图）。在另一些区域里，塔皮茨砂岩和大峡谷超群岩相接，而它们形成的时间相差2.5亿年。这些不整合接触的成因是中间的岩石因侵蚀而“缺失”，于是形成时间更晚的地层直接覆盖在古老的岩层之上。由此产生的化石记录的断代可能会误导研究者，例如让人误以为曾发生过大灭绝，此后又骤然涌现出大量新生物。

早期的地球：生命的起源

借宇宙学、天体物理学、行星科学、新兴的古生物学和科学中其他分支之力，我们描绘出了诞生之初的地球，但依然无法重现生命起源的细节，以及最初简单的小生物是如何一步步进化到今天的。

地球与太阳系的其他行星、卫星、彗星、小行星、流星体，以及位于中心的恒星——太阳，是在同一时间形成的。各种放射性定年法（见31页）的计算结果都表明地球大约诞生于45.4亿年前。它由旋涡状的尘埃、气体和类似物质凝聚而成，在它们不断增加的集体引力下生长或积聚。主要的形成阶段历经1 000万～1 500万年，地球最初的模样同今天有天壤之别。当时它只有现在的一半大，而且自转速度要快得多，只要几个小时就能完成如今24小时一圈的自转。地球表面的火山活动此起彼伏（见图1），处处都是高热且剧烈的气体喷发。据推测，在其形成后不久，即大约45.3亿年前，一颗行星从侧面撞击了刚刚形成的地球。这颗名为忒伊亚的行星和火星一般大小，质量约为地球的10%。它的一部分留在了地球上，

1 描绘早期地球形象的艺术创作：包括炽热的岩石、水、火山爆发、风暴、陨石和早期的月亮。

2 晚期重轰炸的证据，包括月球的陨石坑，以及其他行星及其卫星上相似的痕迹。

3 石英矿脉在岩石中生长，但没有其他生命特征。

关键事件

45.4亿年前	45.3亿年前	44.4亿年前	41亿年前	41亿—38亿年前	40亿年前
地球在太阳系中形成。当时的地球非常炙热，遍地火山爆发、熔岩横流，还要遭受太阳系其他天体的轰击。	火星大小的星体忒伊亚撞击地球并解体。地球的引力捕获了星体的碎片，最后形成了月球。但是当时一昼夜只有3小时。	地球冷却下来，形成了第一层薄薄的岩石外壳，铁和镍等更重的物质形成了地核。	地表形成了最古老的真岩石。锆石晶体等部分矿物质的形成时间可能更早，可以追溯到44亿年前。	小行星在晚期重轰炸中撞击地球，留下了大量陨石坑。地壳遭到破坏，但地球获得了大量物质。	第一个地质年代冥古宙，始于地球形成，结束于第二个地质年代太古宙的开始。

而剩余部分破碎之后绕地球旋转，并在自身引力的作用下逐渐聚合在一起形成了月球。而月球的引力又对地球自转产生了曳引效应，从而延长了昼夜时间（该效应持续至今）。此时，太阳还处于幼年期，亮度只有如今的2/3。据研究，当时地球无生命迹象。

渐渐地，地球的外层（地壳）冷却，变得更加坚固。然而，大约在41亿年前，晚期重轰炸开始了。大量的小行星、陨石、彗星及类似的天体频繁撞击地球，这个过程持续了大约3亿年。地球上的痕迹都早已消失，但月球上保留着的陨石坑（见图2），依然展示着当时的创伤。美国的“阿波罗”号航天飞船从月球上带回了被称为“冲慧融物”的岩石，分析得出了轰击发生的时间。晚期重轰炸增加了地球的质量，但也破坏了新的地壳。轰击平息下来之后，地壳又开始重塑，慢慢出现了如今常见的地质特征，参差不齐的地壳构造板块形成了洋底和大陆。

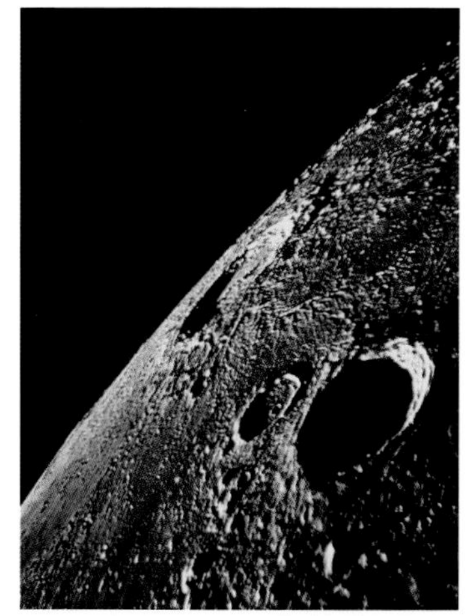

生命和最初的进化有无可能在晚期重轰炸之前就已出现，但在一连串灾难性撞击中毁灭，又在灾难之后东山再起？或者是否有生命在轰炸中幸存下来，此后便蓬勃发展？又或者生命是在38亿年前的晚期重轰炸终结之后才崭露头角？目前还没有决定性的证据。不过这些疑点提出了一个共同的问题：什么是生命？

生命（生物或有机体）具有某些关键特征。其中一个特征涉及化学变化，原子和分子在不同条件下移动、结合、分解和重组。生物需要能量来驱动这些变化，能量则通常来自植物利用太阳光进行的光合作用，以及动物通过消化来分解富含能量的食物。这种化学处理过程被称为代谢，会产生需要去除的副产物（废物），这也是生命的一个特征。此外，大多数生物都可以将非生物材料纳入自身结构，从而使身体增大。所有生物活动都由遗传物质的化学编码控制，此类遗传物质通常是DNA。生物最重要的特征是繁殖，或者说自我复制，通过复制遗传物质并将其传递给后代来创造更多同类。久而久之，遗传物质的突变让生物不断进化。这一系列过程将生物有机体同具有部分相同特征的非生物过程区分开来，但这样的鉴别方法也不一定可靠。例如，天然矿物晶体（见图3）会在吸纳更多原子和分子的过程中“生长”，它们还可以通过播种新的独立晶体来“繁殖”。

植物、动物、真菌和其他我们所熟悉的生物体都容易被辨别出生物特

37亿年前	35亿年前	34.8亿年前	23亿年前	20亿—15亿年前	7.2亿—6亿年前
岩石中可能出现了生命迹象，因为碳-13和碳-12的相对数量表明可能有某种生物“活动”。	最古老的单细胞生物留下了化石。	地壳重新形成，生命迹象出现。西澳大利亚的化石中可能记录了微生物活动。	大氧化事件让氧气开始在大气中积累，地球环境对生命更加有利（见39页）。	单细胞生物聚合在一起，进化出了多细胞生物。	“雪球”地球见证了地球上最漫长、波及范围最广的寒冷期。当时的一天有20小时。

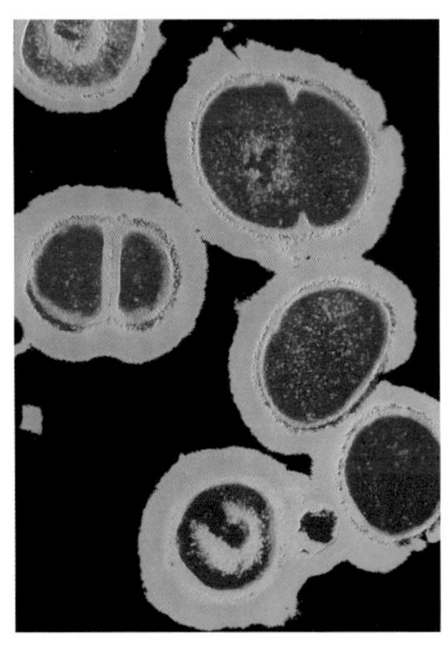

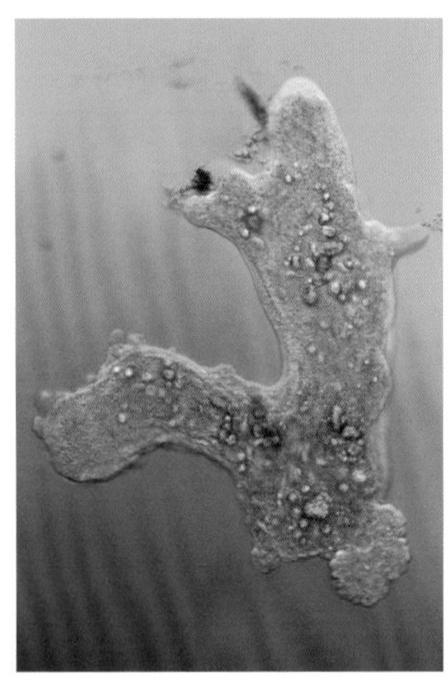

征。但最初的生命处于微观分子层面，这就比较棘手了。不管是细菌（见图4）还是形态不定的阿米巴虫（见图5），单细胞生物都具有关键的生物特征。但这两种生物的内部截然不同。阿米巴虫体内具有独立的细胞器，包括因为含有遗传物质而成为控制中心的细胞核、能量处理中心线粒体和消化单元溶酶体。这些结构都像包裹在薄膜里的小包，而且阿米巴虫全身都包绕着类似的“皮肤”，也就是细胞膜。细菌也有细胞膜，但内部没有覆膜细胞器，生命分子包括遗传物质自由漂浮在其中。而且细菌的遗传物质结构更为简单，通常是环状的，没有类似阿米巴虫的独立染色体。

有无覆膜细胞器、遗传物质的形态和细胞内部结构是整个生物王国中基本的区别之一。它区分开了早期的简单生物和日后更复杂的生命。细菌细胞是原核细胞，而阿米巴虫和几乎所有其他生物（不论是单细胞还是多细胞生物，是动物还是植物）都是真核生物。在形成胞内细胞器的进化过程中，真核细胞可能是将其他原核细胞吸纳到了体内，这就是“内共生”。

20世纪70年代晚期，原核生物和真核生物之间的区别及其进化史被两类甚至更基本的原核生物的证据所修正，这两类生物便是生命领域（基本群）中的细菌和古生菌（见图6），第三个域是真核生物。细菌和古生菌的区别在于rRNA（核蛋白体核糖核酸），它在细胞中发挥着将亚基组装成蛋白质的作用。除了作为核酸的DNA和rRNA，蛋白质也是生物体内占据主要地位的分子，它们具有多种功能，例如形成结构框架和作为酶控制化学反应。早期的古生菌研究表明，这类生物多为极端微生物（见40页），生活在极端条件下，如高热、极寒或高盐度环境，但后来的研究又发现了更多其他类型的古生菌。

地球上的早期生命可能是细菌样生物，在此之前是非生命物质中出现简单生命的过程，这也是“自然发生论”的观点。早期地球的环境和今天大不相同。鉴于早期的火山活动和气体喷发，大气中的氢气和水蒸气可能更多，氧气的含量更少，而二氧化碳、硫化氢、一氧化碳和甲烷的含量要高得多，这4种物质对大多数现生生物来说是有毒的。喷发气体中的水逐渐凝聚起来，彗星等太空星体可能也带来了水，它们一道形成了灼热甚至沸腾的早期海洋。溶解在水中的大气提高了水的酸性。这锅“原始热汤”仿佛巨大的化学实验室，随机发生着化学反应，各种漂浮其中的原子和分子无数次聚合、分离又重聚。它们的反应需要能量，而能量来自风暴中频繁又剧烈的闪电、地球内部的地热、猛烈的阳光、紫外线和其他射线，因为早期大气并没有像今天一样保护着地表。

最初的生命物质是如何聚集起来、利用能源吸纳原料并完成自我复制的呢？相关理论很多，其中有机化学、生物化学和分子生物学及进化生物学都占有很大比重。在各种理论中，RNA是比较受青睐的“最早的生命形式”。它与DNA类似，也是简单亚基（单体）不断重复形成的链条。它依靠不同的碱基排列方式携带了遗传信息，用以构建更多相同模式的RNA，这就是“RNA世界假说”。随着DNA取代RNA，蛋白质、细胞膜和其他复杂的结构也渐渐出现。这些变化以不同方式无数次发生之后，某个时刻里便出现了最后的共同祖先（LUA或最近普适共同祖先LUCA）。这是地球上所有生物最晚的一个共同祖先。

另一个截然不同的理论是：生命或构成生命的主要元素是通过彗星、小行星和陨石等太空天体来到地球上的。对极端微生物细菌的研究表明，其中某些成员可能战胜过深空里最恶劣的环境。这个观点将生命起源的问题转移到了宇宙中的其他地方，而且暗示生命可以在很多和地球一样具有适当条件的天体上生根发芽。

20世纪70年代，载人潜艇"阿尔文"号探索了太平洋加拉帕戈斯群岛附近的区域，并发现了深海热泉。此后又有很多深海热泉进入了研究者的视线。深海热泉的水温极高，有时超过400℃，水里溶解了大量矿物质，通过海底裂缝或泉口从地球深处喷涌而出。热泉水混入大约只有2℃的寒冷海水之后，溶解的矿物质就会呈颗粒状析出，使得海水一片混浊，这就是"海底烟囱"这一名称的由来（见图7）。这里的生物被称为化能自养细菌，它们以矿物质的能量为食，形成食物链的底层，为蠕虫、甲壳类动物、章鱼、虾、鱼和其他生命提供食物。和地球上的其他生命环境不同，热泉"居民"不需要以阳光作为能量来源。科学界认为深海化能自养细菌可以反映远古地球上的古老细菌的生存状况，因为在阳光亮度足以支持光合作用的水面附近，当时太阳强烈的紫外线反而会摧毁生命。SP

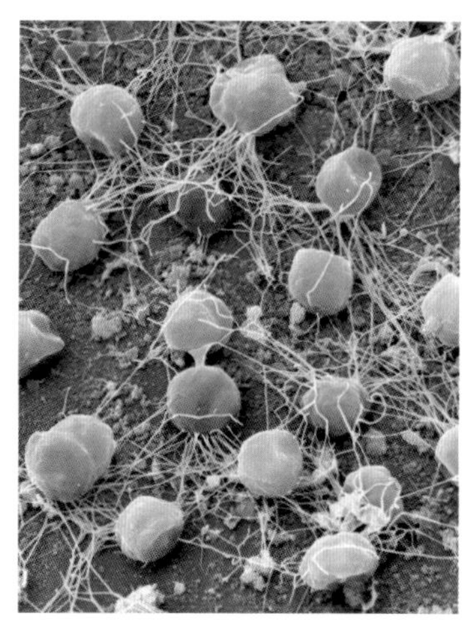

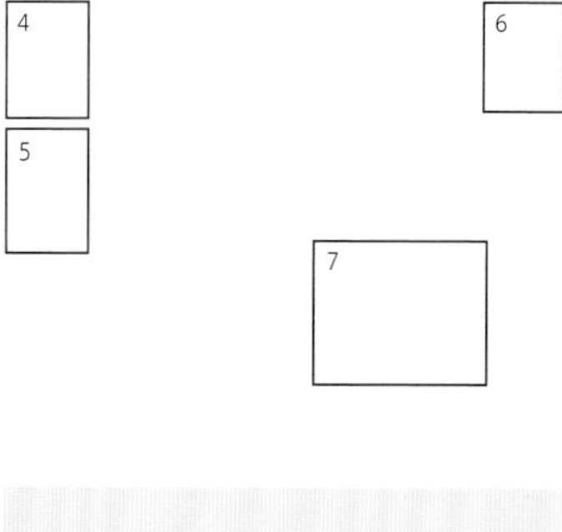

4 原核生物：典型的细菌有像皮肤一样的外膜，但是没有内膜，图中是葡萄球菌，其中一些分裂成了两半。

5 真核生物：具有多种内部结构的巨大阿米巴虫。

6 太古宙：极端微生物火球菌是嗜热菌，会在温度不足70℃的时候死亡。

7 在超过3 050米的大西洋深处，萨拉森头颅热泉口喷出富含硫的矿物质烟雾。地球上的早期生命可能就生活在这样的环境中。

最初的化石

太古宙

发现地：西澳大利亚的皮尔布拉
历史：348万年
族群：细菌、古生菌
（Bacteria, Archaea）
岩层深度：1米

代表着最古老生物的化石零零碎碎，能够形成也纯属偶然。很多因素都会让这些最古老的生物难以保存下来：它们微小、柔软、历史太过久远。不断生长和自我复制的RNA片段进化成了单细胞原核生物，类似今天的细菌和蓝藻（见56页）。大约2 500个原核生物排成一列才不过25毫米长，一个小小的印刷体字母“o”里能挤进2万多个原核生物。

即便如此，仍有亿万年前的化石可以让我们一窥最古老的生命，这实在令人心驰神往。格陵兰岛西南部片岩中的“痕迹”可能就是最初的生命。这种物质被称为生物石墨，由碳元素组成。生物石墨中具有独特的碳-13和碳-12比例，使其有别于非生物石墨（由不涉及生物活动的自然矿化过程形成）。在伊苏阿绿岩带出产的格陵兰片岩中，碳-13和碳-12的比例表明那里过去存在生物活动。留下生物石墨的造迹者的身份仍是个谜，但是科学界公认它们是简单、微小的似蓝藻生物。

大约2亿年之后（34.8亿年前）才形成的西澳大利亚砂岩也保留着微生物形成的沉积构造（MISS），这也是生命活动的证据。有迹象表明，形成MISS的微生物席类似蓝藻，或者就是蓝藻本身，它们通过光合作用利用阳光的能量，并排放包括硫化氢气体（有臭鸡蛋味）在内的废物。这种微生物席可能是一片黏糊糊的绿色、紫色或棕色的纤维状物。约有29亿年历史的南非化石也存在类似结构。这些化石也表明在20亿—15亿年前，最简单的单细胞原核生物已经开始向更复杂的真核细胞进化。它们最终会结合在一起携手合作，成为最早的多细胞生物。SP

要点

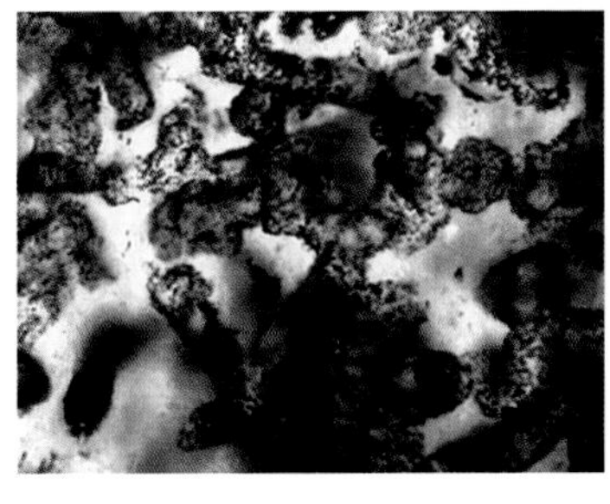

德莱赛组化石

西澳大利亚地区皮尔布拉的德莱赛组化石大约有34.8亿年的历史。成千上万的单细胞海洋生物曾以微生物席的形式在这里生活，形似叠层石。化石表面上的多边形震荡裂纹表明MISS的生长模式会受洪水、干旱等环境变化的影响。

石化的细胞

皮尔布拉砂岩位于可能曾是浅潟湖湖底的沙砾之中，岩石里保存着可能是由管状细菌样生物留下的化石。管状化石的直径大约为10微米。当时的大气里没有太多氧气，这些生物应该是聚集在浅水池中生活。

微生物席

德莱赛组生物的生长方式被称为微生物席或生物膜，即由多个活细胞薄层与无机物颗粒混杂在一起组成的结构。今天的潮滩、潟湖、浅海、盐湖和盐沼中依然可以发现这种结构，它们都是富含矿物质的季节性浅湖，经历着一次次洪水和干旱。

地球大气层演化

对今天的复杂生物而言，早期地球大气层中充满了致命的毒气。但古老的蓝藻通过光合作用产生了氧气，在数百万年间逐渐改变着大气构成。约23亿年前出现了大氧化事件，氧气浓度明显增加，为更多生命的诞生提供了有利条件。研究者最近发现了大氧化事件刚刚结束时的“皱曲奇”化石，它们来自西非加蓬的黑色页岩，形成于21亿年前（上图）。这种名为“卷曲藻”的生物长约10厘米，可能是大量单细胞生物聚集在一起的结果。不过详细的微扫描研究表明，它们也有可能是更大的多细胞生物，每个生物体内都有众多相互协作的细胞专注于不同的任务，以支持整个机体。

▲ 现存的古生菌可能和20亿年前的古生菌没有太大区别，例如图中产甲烷的甲烷八叠球菌。甲烷八叠球菌可以适应早期地球富含甲烷的大气。如今大气中的氧气水平反而对它们有害。它们生活在没有新鲜空气的地方，例如动物内脏、污水、垃圾填埋场和深海热泉口。

极端微生物

元古宙至今

大多数生物的生存条件都对环境有一定要求：温度、湿度、某些化学物质的浓度（氧气和二氧化碳）、食物的多寡和pH酸碱度。以温度为例，适当的温度是1℃～50℃，最低温仅略高于冰点，最高温达到热带地区最高的温度。但某些生物可以在常规范围之外的极端环境下繁荣昌盛，它们就是极端微生物。研究这类生物如何通过化学反应适应极端环境的过程有助于揭示早期生物的生存之道。嗜热微生物在高温下大量繁育，它们通常青睐60～120℃的环境，栖息地包括温泉、间歇泉和深海地热泉口。嗜冷微生物更喜欢低至-20℃的极地环境。嗜旱生物生存在最干旱的地方。嗜盐微生物需要盐湖等高盐浓度环境。寡营养菌生存在几乎没有营养物质的环境下。极端微生物几乎都是单细胞生物，许多都隶属古生菌群。例如里士满矿的古细菌嗜酸性纳米菌是从美国加利福尼亚州里士满铁山矿的酸性水排放中鉴定出来的。那里的水的pH值小于或等于1.5，可与汽车电池酸媲美。诸如此类的条件可能存在于地球早期富含矿物的缺氧水域中。嗜酸性纳米菌是检测到的最小的生物之一，尺寸是典型细菌的几百分之一。SP

图片导航

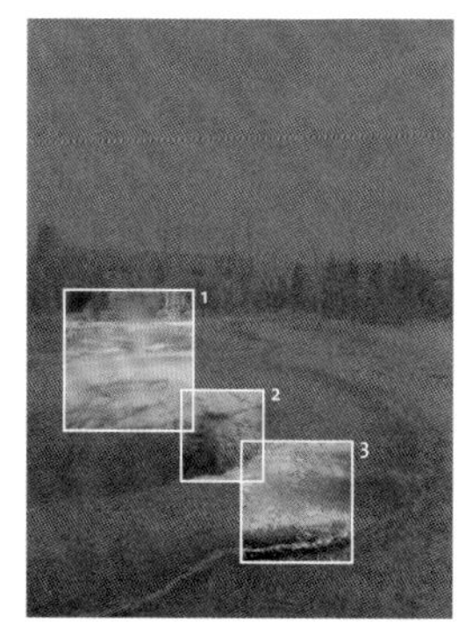

属：硫化叶菌属、火球菌属及其他（*Sulfolobus, Pyrococcus and others*）
族群：古生菌、细菌、藻类（Archaea, Bacteria, Algae）
大小：0.1毫米
发现地：美国黄石国家公园

要点

1 温泉
温泉底部岩石的热度可以让温泉和间歇泉的水温超过沸点（100℃）。其原因可能是靠近地面的地方有岩浆流淌，或地下水从炙热岩石的深处穿过岩缝。最终泉水会在蒸汽的压力下喷出地面。

2 嗜热古细菌
嗜热古细菌会长成色彩斑斓的生物席、菌膜、黏液状结构，常常爬满池塘边的岩石。具体生长出哪种嗜热菌取决于水的温度、酸碱度和养分。这类生物中的硫化叶菌能够忍受极高的酸度和高达90℃的温度。

3 嗜热藻类
藻类是一种以阳光为能源而生长的多样化植物类生物。嗜热的藻类包括转板藻（*Mougeotia*），它在适宜的温度下会长成为绿色毛发状的丝状物。蓝藻类也是其中的成员，例如颤藻，它们为温泉增添了绿色、蓝色和紫色区域。

极端微生物

抗辐射奇异球菌（下图）是“世界上最强韧的生物”。这是一种多重极端微生物：能够承受辐射、极端寒冷、缺水、强酸和真空环境。人们正在研究抗辐射奇异球菌的新陈代谢及它们如何修复受辐射后的DNA损伤。酷寒、高辐射、缺乏空气都是太空环境的特征，可见地球生命有可能源自太空（见34页）。最近发现的极端细菌生活在1 500米以下的深海海底，以热岩中的甲烷和硫化物为生，说明这些生物可以在其他星球或卫星上生存。

叠层石

太古宙至今

要点

1 矿物的积累

蓝藻的表面具有黏性，会黏附于漂浮在海洋或湖泊中的微小沉积物颗粒上，并逐渐累积起来。蓝藻繁殖的时候会产生新的表层，下方的旧表层则会逐渐固化成岩石状的物质，主要成分是石灰岩或白云岩。凝块石类似叠层石，但不呈条带状构造，而是更加随意的团块状外观。

2 微生物席

叠层状的蓝藻通常以层状结构生长，形成微生物席，其中通常混有细菌等其他微生物。有外壳的生物也会混入微生物席，例如海藻、简单的群居生物藻苔虫（苔藓虫）、珊瑚、水螅，以及幼小的藤壶和贻贝等固着海洋生物。

3 形状

在温度、潮汐、水深、水流、营养水平、微粒数量和阳光强度等诸多因素的塑造之下，每一块叠层石都会产生独特的形状，包括圆顶或平顶的丘状，通常类似一连串垫脚石，也有一些层叠石呈枝状和圆柱状。它们时常具有褶皱一样的条带外观，这是一层层薄碳酸钙矿物质层反复沉积的结果。

图片导航

族群：细菌、古生菌和藻类（Bacteria, Archaea，Algae）
大小：叠层石丘直径可达1.8米
发现地：西澳大利亚鲨鱼湾
年龄：最古老的叠层石丘有35亿年

地球上最古老的有机沉积结构（与生命有关）可能与如今的同类物质十分相似：叠层石，也被称为“活化石”或叠层混合岩。叠层石主要由简单微生物和岩石矿物构成，它们在数百年至数千年的时间里不断累积，形成具有条带特征的层状构造。层叠石形状各异，以圆形、圆盘状、圆顶丘状居多。蓝藻（也称蓝绿藻）是形成叠层石的主要来源，它们可能是地球的早期生物（见56页），蓝藻会在浅水中岩石的表面形成微生物席。随着其顶部不断生长出一层层新的蓝藻，矿物颗粒也在不断增多，这和珊瑚礁的形成有些类似，但规模更小。

叠层石化石可以追溯到距今30亿年前的太古宙。但有时候很难确定远古叠层石是由生物参与形成的（生物参与自然矿化过程，因此含有生物体），还是纯粹的无机物（非生物物质，仅由矿物质及类似物质构成，没有生物参与）。叠层石似乎在15亿—8亿年前广泛存在，为海水化学成分、温度、矿物丰度和其他条件的变化过程提供了宝贵线索。但随后的化石记录不断减少，主要原因可能是海洋的化学性质与组成发生了变化，新出现的似植物藻类和真性植物带来了竞争，以及地球上诞生了以叠层石为食的动物。现代的叠层石更加稀少，它们主要形成于盐度极高的浅水区（超咸水），很少有现代动物能在这种环境中存活。SP

带状铁岩

带状铁岩（右图）是沉积岩中的一个大类，有独特的条带状结构，可能是早期地球上蓝藻留下的岩性残余物。一般来说，带状铁岩具有多层泛红的硅酸盐矿物，例如燧石或页岩，夹杂银色或黑色的富铁层（其中通常为铁的氧化物，如磁铁矿或赤铁矿）。这些薄层的厚度从1毫米到几厘米不等。带状铁岩在大气还没有氧气或只有少许氧气的时候就已经形成。富铁岩石遭受侵蚀使溶解在海洋中的铁元素不断增多，它们与蓝藻产生的氧气结合，形成了固体氧化铁矿物，也就是“铁锈”。随着蓝藻的增多，氧气浓度上升，达到了对蓝藻有致命毒性的水平，蓝藻死后，硅酸盐矿物沉积下来。与此同时，溶解的铁元素继续增加，蓝藻也在氧浓度下降后再次繁衍，如此循环往复。带状铁岩主要在25亿—18亿年前发育。

早期无脊椎动物

1 温暖的埃迪卡拉纪浅海。当时的很多生物都很难和后来演化出的族群产生联系。

2 部分埃迪卡拉纪化石类似活软体珊瑚，例如海鳃。

3 环轮水母（*Cyclomedusa*）的直径可达到20厘米，可能是刺胞动物。

在5.41亿年之前的整个前寒武纪里，化石记录都很稀少，而且不一定能识别出造迹者。当时的许多生物可能都十分柔软，很难形成化石，而此后永不停息的岩石循环会将已有遗迹的大部分破坏掉。自20世纪50年代以来发现的可能是动物洞穴的痕迹化石，其历史可以追溯到大约7亿年前的前寒武纪晚期。美国大峡谷的丘尔群化石等证据表明，7.5亿年前就已经出现了一些软体动物。事实上，多细胞动物的诞生年代可能更早，因为有些痕迹化石可追溯到大约10亿年前，正值前寒武纪早期。此前的地球生命可能是细菌等无核细胞（原核生物）（见36页）。

无可争辩的化石证据表明，到5.6亿年前时已经出现了一大批无脊椎动物，当时距寒武纪还有很长一段时间。无脊椎动物的早期面貌一直让人困惑，直到1946年在南澳大利亚弗林德斯山脉国家公园的埃迪卡拉山中爆出惊人发现（见46页），这个重要进化阶段的神秘面纱才得以揭开。大

关键事件

35亿年前

地球上可能产生了原核生物，例如细菌。它们大多都是单细胞生物。

10亿年前

可能出现了早期的多细胞动物，留下了觅食痕迹和运动痕迹等痕迹化石。

7.5亿年前

美国大峡谷丘尔群的化石表明，软体动物可能已经出现。

7亿年前

可能是动物洞穴的痕迹化石表明，早期多细胞动物可能已经出现。

6.35亿—5.41亿年前

埃迪卡拉纪。该名称在2004年得到官方认可。

6亿年前

文德纪的开端，该名称出现于20世纪50年代，目前依然在非正式场合使用，等同于埃迪卡拉纪。

量神奇的生物重见天日，其中只有部分明显属于现生族群，该生物群被称为埃迪卡拉生物群（见图1），得名于最初的发现地。这些后生动物（多细胞动物）帮助古生物学家填补了进化历史上的一个重要空白。继这次重大发现之后，许多其他前寒武纪化石组合也在北美、俄罗斯、欧洲和非洲相继出土。它们的历史从5.75亿到5.42亿年不等。最初的发现地埃迪卡拉也成为一个地质时期的名称，即6.35亿—5.41亿年前的埃迪卡拉纪，代表着前寒武纪的结束。

来自澳大利亚埃迪卡拉纪岩石的软体动物化石种类繁多，它们显然还没有进化出坚硬的身体构造，例如硬壳。其中部分成员同现生无脊椎生物有明显的相似之处，另一些成员则异乎寻常，曾被人误认为是海藻（简单的植物）、地衣、巨大的原生生物（单细胞生物）、与生物毫无关系的自然岩层，或者已经灭绝的未知生物——一次走入死胡同的进化尝试。现已发现的化石，以及来自其他同时代化石点的化石包括“腔肠动物”和各种蠕虫。前者包括水母和海鳃（一种软体珊瑚，见图2）。蠕虫类动物中可能包括扁形虫、蠕虫或环节动物（见108页）。环轮水母属（见图3）可能是刺细胞动物，双羽蕨叶虫和兰吉海鳃等海笔状的属亦然。类似蠕虫的化石包括狄更逊水母和斯普里格蠕虫，它们都形似分段的蠕虫，不过也有人认为它们是早期的节肢动物（腿部具有关节的无脊椎动物），而三星盘虫与棘皮动物（见162页）有相似之处。来自埃迪卡拉山的其他化石更难和现生生物联系起来，也更难比较。

早期埃迪卡拉化石中包含比较简单的动物，这可能有重大意义。产出此类化石的化石点包括加拿大纽芬兰东南部的阿瓦隆半岛米斯特肯岬角，其中简单的动物包括水螅、水母和海鳃软体和类刺胞生物等，它们大约生活在5.65亿年前，可能是原始无脊椎动物进化阶段早期的代表。

科学家在对这些发现进行研究时产生了许多困惑，其中之一便是为什么它们如此丰富且分布广泛，而更近期的软体无脊椎动物化石却分散稀少。一个解释是，地球上出现了更复杂的栖息地和生态系统，动物类型更是大幅增加，早期的软体无脊椎动物成了同时代硬壳肉食者的猎物。软体动物往往比身体含有较硬组织的生物更难保存，而且分布稀疏的群体更难留下化石。MW

5.85亿—5.8亿年前	5.65亿年前	5.5亿年前	5.49亿—5.42亿年前	5.45亿年前	5.41亿年前
噶斯奇厄斯冰期，发生于埃迪卡拉纪中期。埃迪卡拉纪的化石大多都在这个时期之后形成。	加拿大纽芬兰阿瓦隆半岛的埃迪卡拉纪化石自这个时期开始形成。它们属于最古老的埃迪卡拉纪化石。	俄罗斯西北部白海海岸有大量该时期的化石，成为化石量最丰富的埃迪卡拉纪化石点之一。	非洲的纳米比亚和阿拉伯半岛的阿曼都发现了这个时期的埃迪卡拉纪纳玛群化石。	拜科努尔冰期可能开始对埃迪卡拉纪生物不利，这个冰期得名于哈萨克斯坦和吉尔吉斯斯坦的岩石组。	寒武纪的开端，化石数量激增，并且出现了很多新生物。

埃迪卡拉纪化石

埃迪卡拉纪（新元古代）

要点

加尼亚虫

这种形似蕨类植物叶片的生物体大约有15厘米高，附着在海床上（见44页背景中高大的叶状生物）。专家尚不确定该物种确切的亲缘关系，但它们可能隶属海鳃，甚至是一种海藻。

狄更逊水母

狄更逊水母呈椭圆形，大约有4厘米长，这个化石有一个中央沟，具有条纹状辐射特征（见44页海床上黑色的扁平状生物，身体前部中央）。狄更逊水母的亲缘关系不明确，可能是一种扁平的蠕虫。

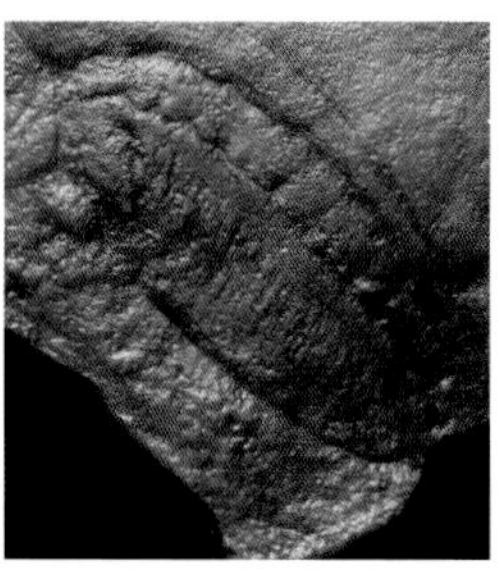

金伯拉虫

金伯拉虫的化石长15厘米，发现于埃迪卡拉山，以及俄罗斯白海的早期乌斯季皮涅加化石床上。金伯拉虫是最古老的已知的两侧对称的动物之一，其身体呈左右对称结构，并非圆形或放射状形态，可能是极早期的软体动物（见124页）。

莫森水母

该化石可能是似水母的生物（见44页中间的蓝色漂浮物）。莫森水母有一系列的中央盘，组成了类似花瓣和辐条的多边形。也有人认为这是微生物群落或潜穴系统。

发现地：南澳大利亚的埃迪卡拉山
年龄：5.6亿～5.5亿年
族群：藻类、腔肠动物、环节动物及其他
岩层深度：最深2.4千米

埃迪卡拉化石最初发现于南澳大利亚弗林德斯山脉的埃迪卡拉山，后来在全球各地的多个化石点也相继出土。此类化石都产生于埃迪卡拉纪，这也是新元古代的最后一个时期，距今6.35亿～5.41亿年。在埃迪卡拉纪（有时也被称为文德纪）生物群出现之前，地球上似乎有过一连串严酷的冰河期，即8.5亿—6.35亿年前的成冰纪。在保存尚可的后生动物化石记录中，埃迪卡拉化石的年代最为古老。早在1946年它们于澳大利亚出土之前，几乎没有证据表明这样复杂的生物具有如此漫长的历史。当时的科学界一致认为生命起源于寒武纪。澳大利亚地质学家瑞格·斯普里格（1919—1994）在埃迪卡拉山旧矿脉里探测铀矿的时候，偶然发现了这些化石。奇特的形状和花纹吸引了他的目光，他坚信这些化石具有漫长的历史和重大意义，于是为此耗费了两年多的时间来说服一个对此心存疑虑的科研机构。埃迪卡拉纪的动物大多生活在海底沉积物表面或附近、浅海或海底深处，有些成员还留下了潜穴的痕迹化石。当时诸多生物发生进化的原因可能是大气中氧含量上升，而氧气主要来自产生光合作用的蓝藻细菌（见56页）。部分化石的造迹者明显是动物，而且和现生群体有密切关系。它们的大小从几厘米到几十厘米不等，部分成员的身长可以达到1米。MW

米斯特肯岬角

位于加拿大纽芬兰阿瓦隆半岛南端的米斯特肯岬角，有一片裸露的海岸悬崖突入了北大西洋，这就是世界上最有价值的埃迪卡拉化石点之一。这里的化石似乎蚀刻进了岩石表面（右图），其中大部分都是软体生物留下的印记，形态多种多样，也包括大圆盘形状和一些长而尖形状类似蕨类植物的叶片。化石被火山灰覆盖，而这种物质是放射定年的好材料（见31页），能够准确地追溯到大约5.65亿年前，所以这里产出了最古老的埃迪卡拉生物群（植物和动物群落）。层状火山灰堆积物中保存着多个不同时期的组合，古生物学家认为这些动物生活在深海，而其他埃迪卡拉化石点的生物一般都生活在浅海。

寒武纪大爆发

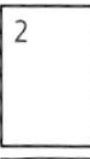

1 尖峰虫（*Jianfengia*）是多足节肢动物，发现于中国澄江，身长1.7厘米。

2 帕拉波利卡虫（*Parabolina*）是晚寒武世的三叶虫。有时被视为标准化石。

3 海口虫（*Haikouella*）身长约2.5厘米，可能属于脊索动物门，即脊椎动物的前身。

前寒武纪末期被称为元古宙，始于25亿年前，大约在5.41亿年前结束，随后便是早寒武世。“元古”意为“早期的生命”，因为地球生命就是在这段漫长的时间里诞生的。元古宙的化石表明，当时的生物几乎全部都是无核细胞（原核生物，见36页），例如细菌，其中大多都是单细胞生物。地球在寒武纪初期爆发了一场进化大辐射，生物为了适应新栖息地、新生活方式和新挑战而迅速改变并分化，它们的进化本身又在相互之间造成了竞争压力。所有变化都是在海洋中发生的，目前还没有证据表明当时是否出现了陆地生命。化石记录表明，无脊椎动物的多样化进程骤然爆发，最古老的似鱼生物和其他早期脊索动物也是在这个时期出现的（见图3和174页）。这次多样化进程速度惊人，所以寒武纪最初的3 000万～5 000万年通常被称为“寒武纪大爆发”。

但古生物学家尚不清楚变化的成因，寒武纪的化石之所以丰富，部分原因在于当时的动物进化出了具有坚硬组织的身体，有了骨骼支撑。含钙

关键事件

25亿—5.41亿年前	5.25亿—5.2亿年前	5.25亿—5.2亿年前	5.2亿年前	5.2亿—5.15亿年前	5.18亿年前
元古宙，生命开始从简单的原核生物演变成寒武纪之初的多种生命形式。	中国云南澄江的帽天山页岩和其他岩层里保存着这个时期的生物群。	中国澄江的海口虫（见174页）和类似的云南虫类显示了半索动物和脊索动物的特征。	中国云南关山动物群形成，包括海绵、腕足类和三叶虫。	格陵兰岛西里斯帕西特生物群化石点的化石形成，发现于1984年（与澄江的发现时间相同）。	*Halkiera*是一种8厘米长的“链纹蛞蝓”状的生物。是令人费解的西里斯帕西特生物群动物，可能与腕足动物或软体动物有亲缘关系。

骨骼、甲壳素（甲壳素蛋白）外骨骼（坚硬的外壳）和硬质贝壳都容易形成化石，为研究当时存在哪些动物提供了大量线索。此外，大多数寒武纪化石的造迹者都生活在海底或海底附近，并擅长游泳。化石中包括甲壳类和其他节肢动物（见图1）、腕足类、珊瑚、棘皮动物、软体动物和海绵，大多都具有坚硬的身体组织。和“爆发”理论不同，越来越多的埃迪卡拉纪化石表明，早在寒武纪之前软体动物就已经开始了多样化进程，今天我们所熟知的许多主要动物族群已经诞生。尽管如此，寒武纪早期的化石还是表明地球生命在较短的时间里迅速发生着变化，而且当时的动物与现生群体明确存在亲缘关系。这个过程持续了大约3 000万年，在生命出现之后的时间里不足1%。

研究者在19世纪40年代发现了早寒武世大爆发。达尔文从中看出了一个问题，他意识到这会成为反驳进化论的证据。达尔文认为多样化是在自然选择中缓慢发生的渐进过程，微小变化的累积渐渐稳定，进而引起了更明显的变化，而不是寒武纪里同时发生无数改变的“大爆发”。但后期的发现表明大爆发可能是一个更漫长的过程。

研究表明，是环境变化导致寒武纪时期形成了大量的化石。大气氧含量增加可能就是其中的一个关键因素。光合作用增多有助于胶原等分子的产生，而它们是很多动物组织中关键的蛋白结构。使海水中钙含量增加的火山活动和陆地侵蚀可能也产生了影响，这为坚硬骨骼的产生提供了必要物质。

化石如此完美地记录下了寒武纪的“大爆发”可谓一大幸事。加拿大伯吉斯页岩中保存着的动物组合最为明确（见50页），它们大约形成于5.1亿—5.05亿年前。中国云南澄江的帽天山页岩和附近的化石点保存着大量化石，其形成时间比伯吉斯动物群早1 000万～2 000万年。格陵兰岛西里斯帕西特生物群化石点也是形成于同一个时期，瑞典发现的晚寒武世化石也为这些生物提供了更多细节。20世纪80年代的澄江化石点发现了早期海绵、珊瑚、水母、蠕虫、节肢动物、三叶虫（见图2，118页）、腕足动物、棘皮动物和早期似鱼脊索动物的软硬身体组织，它们可能就是脊椎动物的前身。这些化石的所在地也产出了似乎与已知族群没有关系的古怪标本。它们可能是极早期的进化尝试，在后期没有进一步发展，最终消失在了历史中。MW

5.17亿—5.15亿年前	5.1亿年前	5.07亿年前	5.05亿年前	5亿年前	4.97亿—4.85亿年
早寒武世的波托米阶末期发生大灭绝，消灭了很大一部分有硬壳的动物。	一些早期伯吉斯页岩化石形成，位于加拿大不列颠哥伦比亚省的伯吉斯隘口。	惠勒页岩形成，这是一系列类似伯吉斯页岩的化石床，位于北美犹他州的豪斯山脉。	主要的伯吉斯页岩化石形成，包括早期节肢动物欧巴宾海蝎和怪诞虫类（见52页）。	犹他州的马尔尤姆地层形成，覆盖在惠勒页岩上方，保存着各种软体动物，包括三叶虫。	晚寒武世化石形成，例如瑞典各化石点的甲壳类化石，包括西约特兰的化石点。

伯吉斯页岩化石床

中寒武世—晚寒武世

发现地：加拿大和中国
历史：5.1亿～5.05亿年
族群：海绵动物门、环节动物门、节肢动物门、软体动物门和多种其他种类
化石床深度：2米

大约在5.1亿—5.05亿年前，热带浅海发生了某种事件，让许多动物都埋骨于伯吉斯页岩组，这也是加拿大落基山脉历史较短的岩层。当时整个动物世界和其他生物群落都被冻结在了时间里，因此让我们能够在一定程度上重建出5亿年前的生态系统。这一事件被认为是由水下的细泥崩塌引起的，这些细泥穿过礁石，裹挟了许多动物，并将它们埋在海底。这种埋葬条件下的氧含量很低，动物也没有时间腐烂，因此泥浆不仅保留了动物的坚硬组织，还填满了它们的身体，留下了软组织印痕（甚至整个软体动物），所以我们可以从化石中看到一些内脏细节。

后来的构造事件让这些富含化石的岩石成为现今化石点的一部分。其他地方同时代的沉积物中也产出了大量早期动物化石，其中格陵兰和中国的化石点尤其惊人。古生物学家也借此深化了自己对进化的了解。加拿大伯吉斯页岩中的含化石岩层约有2米厚，产出了6.5万余件标本，包括三叶虫和其他节肢动物、棘皮动物（如海百合和海参）、各种蠕虫，甚至早期脊索动物。一部分伯吉斯页岩动物与现生族群有明显关联，其他则差异很大，且可能代表着已经在进化中灭绝的族系。专家会定期重新检查化石，以便重新归类，并将多种标本合并为新的物种，如奇虾（见116页）。MW

要点

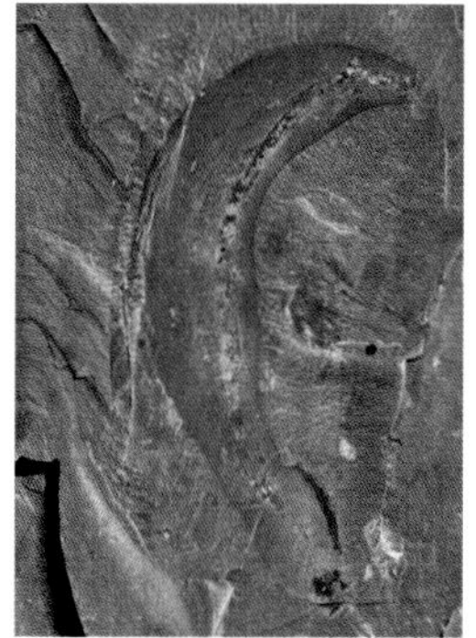

奥托虫（*Ottoia*）

奥托虫身长可达8厘米，形似蠕虫，具有可以移动且带钩状刺的吻部，钩状刺可以伸出。它可能是鳃曳动物（也称“丁丁虫”），和现生物种相近（见109页）。它可能是主动捕食的穴居动物，以小生物为食，证据是化石内脏中保存的动物碎片。

马尔三叶形虫（*Marrella*）

马尔三叶形虫是原始的节肢动物，也是伯吉斯页岩中最常见的动物之一，不过它们很难明确归入某种常见节肢动物类别，例如三叶虫或者甲壳类。它们的身体上覆盖有巨大而弯曲的棘，发挥着保护作用。它们可能是通过附肢来过滤食物的。马尔三叶形虫的长度仅有2厘米。

纳罗虫（*Naraoia*）

节肢动物纳罗虫的身体上覆盖着巨大坚硬的双节外壳，最初被归为甲壳类，列为蟹的同类。但生物学家后来仔细研究了它们腿部和软体部分，例如硬壳下的内脏，最终发现它们属于三叶虫。分为两部分的外壳不太寻常，三叶虫通常具有三段外壳。

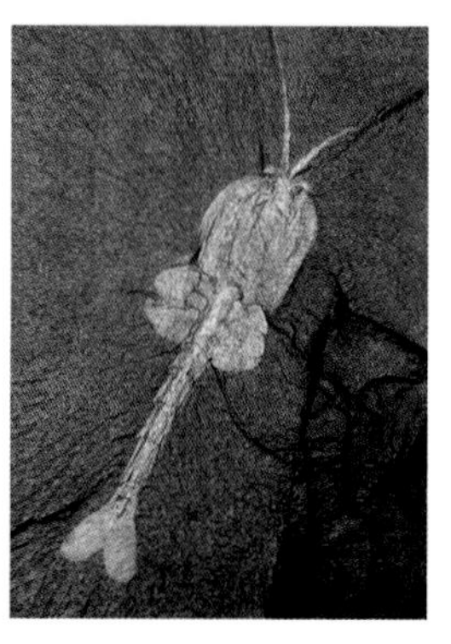

瓦普塔虾（*Waptia*）

这种甲壳类动物的身体和部分现生虾类十分相似，具有分为两瓣的外壳（甲壳）。它会用带有关节的肢体爬行，而且很可能能够像现代虾类一样高效地游动。瓦普塔虾由沃尔科特于1912年命名，得名于发现地附近的瓦普塔山。它们身长约8厘米，留下了数千具化石标本。

科学家简历

1850—1879

查尔斯·杜利特尔·沃尔科特出生于纽约的米尔斯。他从小就喜爱大自然，一直在收集矿物、鸟蛋和化石。高中毕业之后，他成了化石收藏商人，又在1876年成为纽约州立古生物学家的助理，并于1879年加入了美国地质勘探局。

1880—1908

沃尔科特一直在积极寻找新的化石点。到1894年，他已经担任起美国地质勘探局主任一职，同时他也是寒武纪沉积物研究领域的顶尖专家。1907年，他成了华盛顿特区史密森尼学会的秘书，现在这个机构开办着世界上最大的博物馆。

1909—1927

沃尔科特在1909年发现了伯吉斯页岩化石。听说加拿大太平洋铁路公司的工人在落基山脉发现了“石虫”之后，他来到伯吉斯隘口附近的地点挖掘化石，并根据附近的伯吉斯山将这个化石点命名为伯吉斯页岩。1910—1924年，他多次往返该地并收集到6.5万余件标本，这个发掘点现在是沃尔科特采石场。这些保存完好的标本大多收藏在史密森尼博物馆中。沃尔科特于1927年去世后，他的样本、笔记和照片被束之高阁，直到20世纪60年代末，新一代古生物学家才从故纸堆里发现了他的宝藏。

伯吉斯页岩动物群

伯吉斯页岩的石板和岩石中发现的诸多物种（下图），包括蠕虫，例如埃谢栉蚕（*Aysheaia*）和加拿大蠕虫（*Canadia*）。前者的肢体形似叶片，后者是多毛纲环节动物蠕虫，体长5厘米，身体分节并长有刚毛，头部有触角。当时可能也有软体动物居住在海洋里，例如有锥壳的单臂螺（*Haplophrentis*）、身体呈椭圆形并长有棘刺的微瓦霞虫（*Wixwaia*）。目前最大的标本是奇虾（*Anomalocaris*），它们可能是早期节肢动物，体长1米，在海底捕食。最古怪的标本是软体欧巴宾海蝎（*Opabinia*），它们至少有5只眼睛。

怪诞虫

中寒武世—晚寒武世

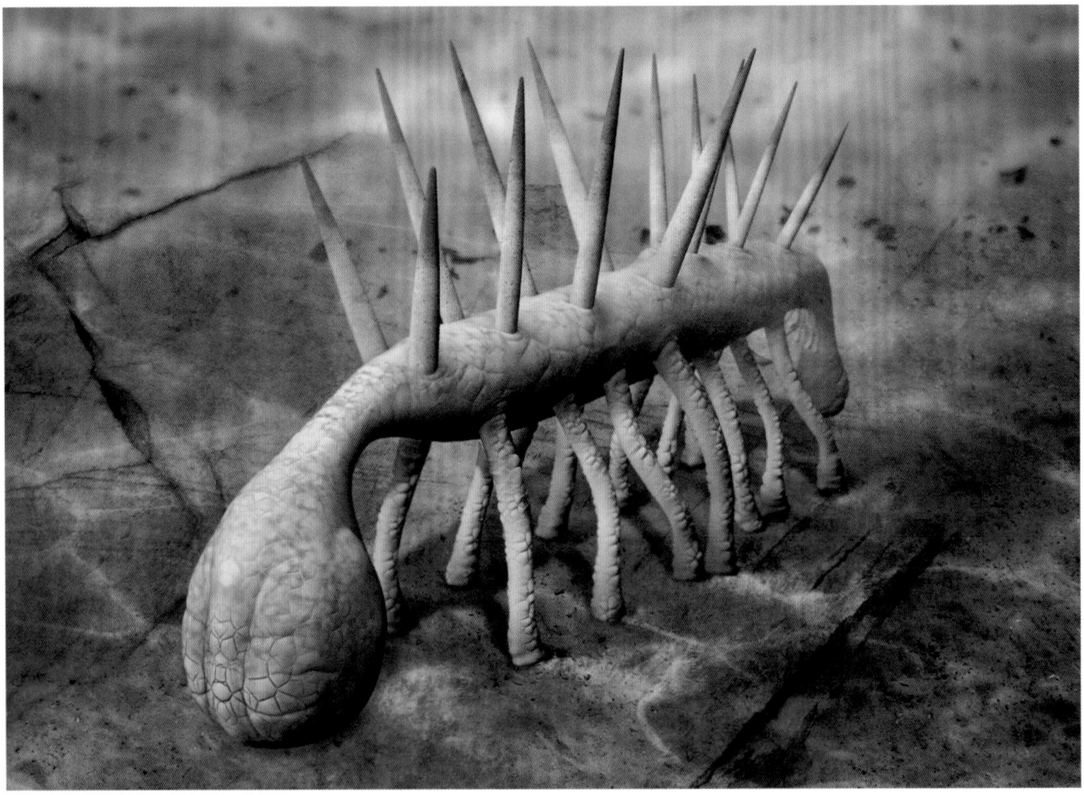

种：稀少怪诞虫
（*Hallucigenia sparsa*）
族群：叶足动物门
（Lobopodia）
身长：3厘米
发现地：中国和加拿大

伯吉斯页岩化石既包括许多人们熟悉的生物，也包括一些极其奇怪的标本，怪诞虫可能就是其中最古怪的生物之一。它最初由沃尔科特（1850—1927）在1911年发现并描述。沃尔科特将它归入环节蠕虫并命名为稀少加拿大虫，这个名字表明这种生物相当罕见。英国古生物学家西蒙·康威·莫里斯（1951—）详细研究了这种生物，并在1977年将其更名为稀少怪诞虫。莫里斯之所以要选择这个古怪的新属名，是因为怪诞虫具有超现实的外表和异乎寻常的混合特征。莫里斯的重新分类也曾受到质疑，有人认为这种化石可能是更大动物的一部分。但中国澄江生物群明确发现了更多稀少怪诞虫和类似动物的标本，包括同稀少怪诞虫有亲缘关系的强壮怪诞虫和微网虫属生物，这使研究者发现它们和现生栉蚕非常相似，例如有爪动物门的栉蚕。于是科学界认定稀少怪诞虫及其近亲于有爪动物的祖先类群，即叶足动物。

怪诞虫最长可达3厘米，虽然很难区分它们的头部和尾部，但其头侧可能有一条带有2～3对附器的长脖子，附器末端没有爪子。颈部顶端有一个小脑袋，嘴朝前。其背部有7对坚硬的长刺，身体下面有7对叶足，足末端都有1对爪子。多个中寒武世或晚寒武世化石点都发现了孤立的背部棘刺化石，甚至还有孤立的足爪化石。最近的爪部研究表明，怪诞虫爪子的细微构造类似栉蚕的足爪。怪诞虫及其近亲可能会在海底移动，以碎屑为食，例如腐烂的生物尸体。海绵的软组织可能也是它们的食物。MW

图片导航

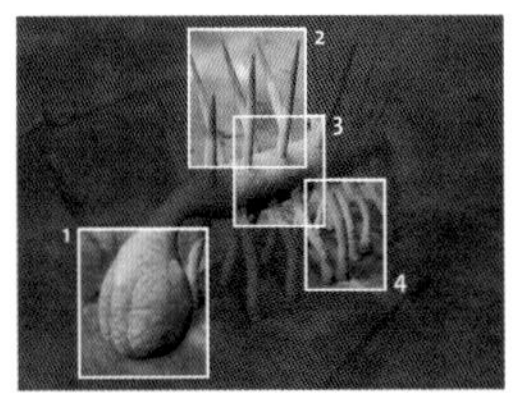

要点

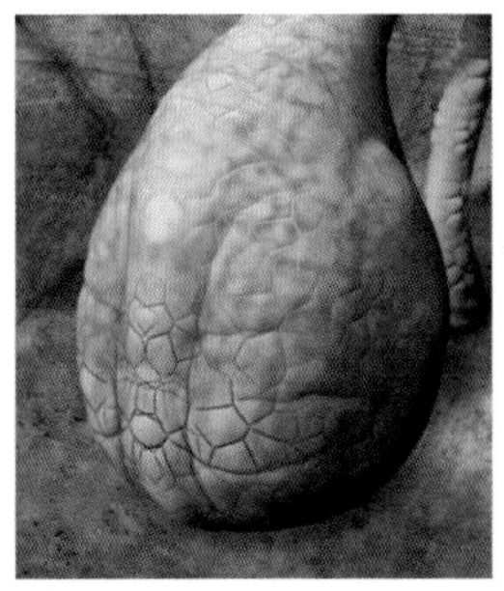

1 是头还是尾

稀少怪诞虫的头部和尾部最初很难区分。第一件化石的一端有一个黑色圆形区域，另一端有一个狭窄的黑色标记。一些科学家认为圆形区域其实是污点，并不是解剖学标志，所以尚未确定哪一端是头，哪一端是尾。

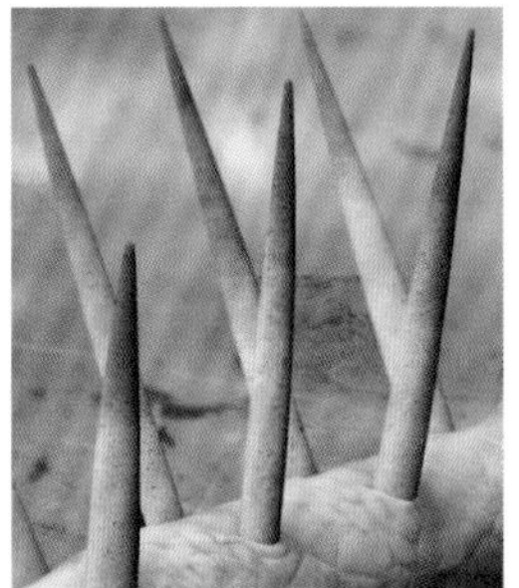

2 棘刺

稀少怪诞虫的化石清楚地展示出了两排平行的尖利长棘刺。这7对坚硬的棘刺或许可以对掠食者起到一定防御作用，类似海胆等动物的尖刺。目前尚不明确棘刺和身体之间的关节能否运动。

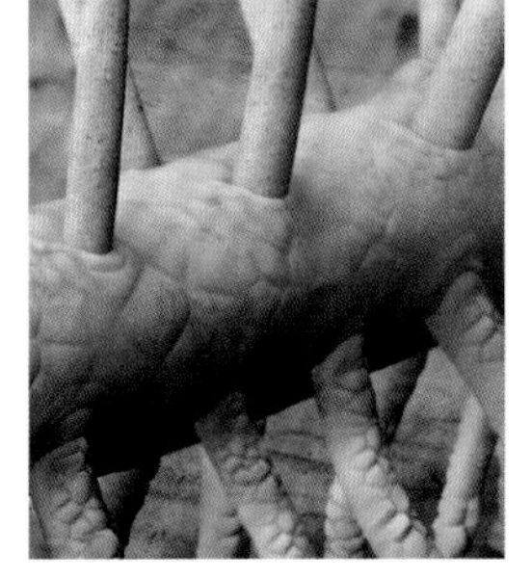

3 身体

稀少怪诞虫具有类似蠕虫的管状身体，由多个重复的节段组成，每段都有一对足部和一对棘刺，类似栉蚕和其他环节动物。它们的身体内部可能有一条简单的直型肠道，不过化石中没有明确记录。

4 足部

之后的伯吉斯页岩化石表明稀少怪诞虫具有7对（也有可能是8对）细长的叶足，末端有爪。这些特征类似有爪动物门中的现生栉蚕。怪诞虫腿部似乎没有节肢动物关节那种硬质外壳。

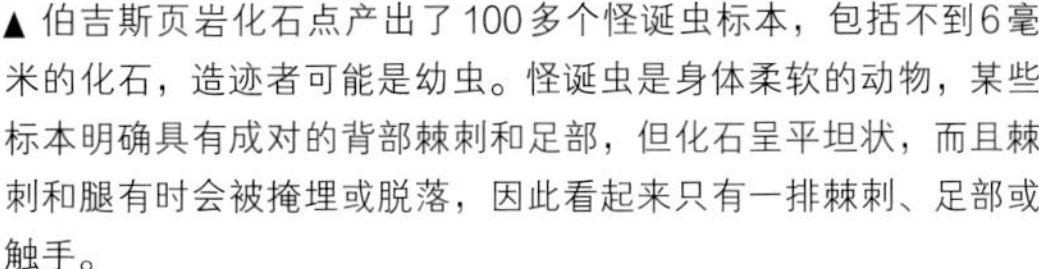

▲ 伯吉斯页岩化石点产出了100多个怪诞虫标本，包括不到6毫米的化石，造迹者可能是幼虫。怪诞虫是身体柔软的动物，某些标本明确具有成对的背部棘刺和足部，但化石呈平坦状，而且棘刺和腿有时会被掩埋或脱落，因此看起来只有一排棘刺、足部或触手。

被误解的怪诞虫

就最初的伯吉斯怪诞虫化石来看，这种生物似乎在身体一面有两排棘刺样突起，而另一面的中心有一排触角。1977年，科学家认为这种解剖学特征代表着用坚硬棘刺状腿部（右图）走路的动物。它们会用背部中心的柔软触角进食，每条触须的顶端都有一个微小的口器，可以吸收水里的营养。这听起来非常有创意。当时的化石诠释工作非常困难，因为标本通常都呈扁平状。后来保存更好的标本表明怪诞虫有着两排触角，末端没有口器，而是长着爪子，所以原先认为的触角实际上是足部。最开始解释化石的时候，科学家把标本看颠倒了。

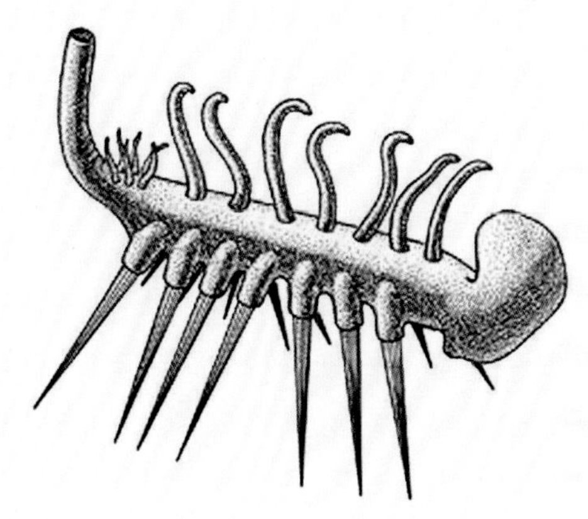

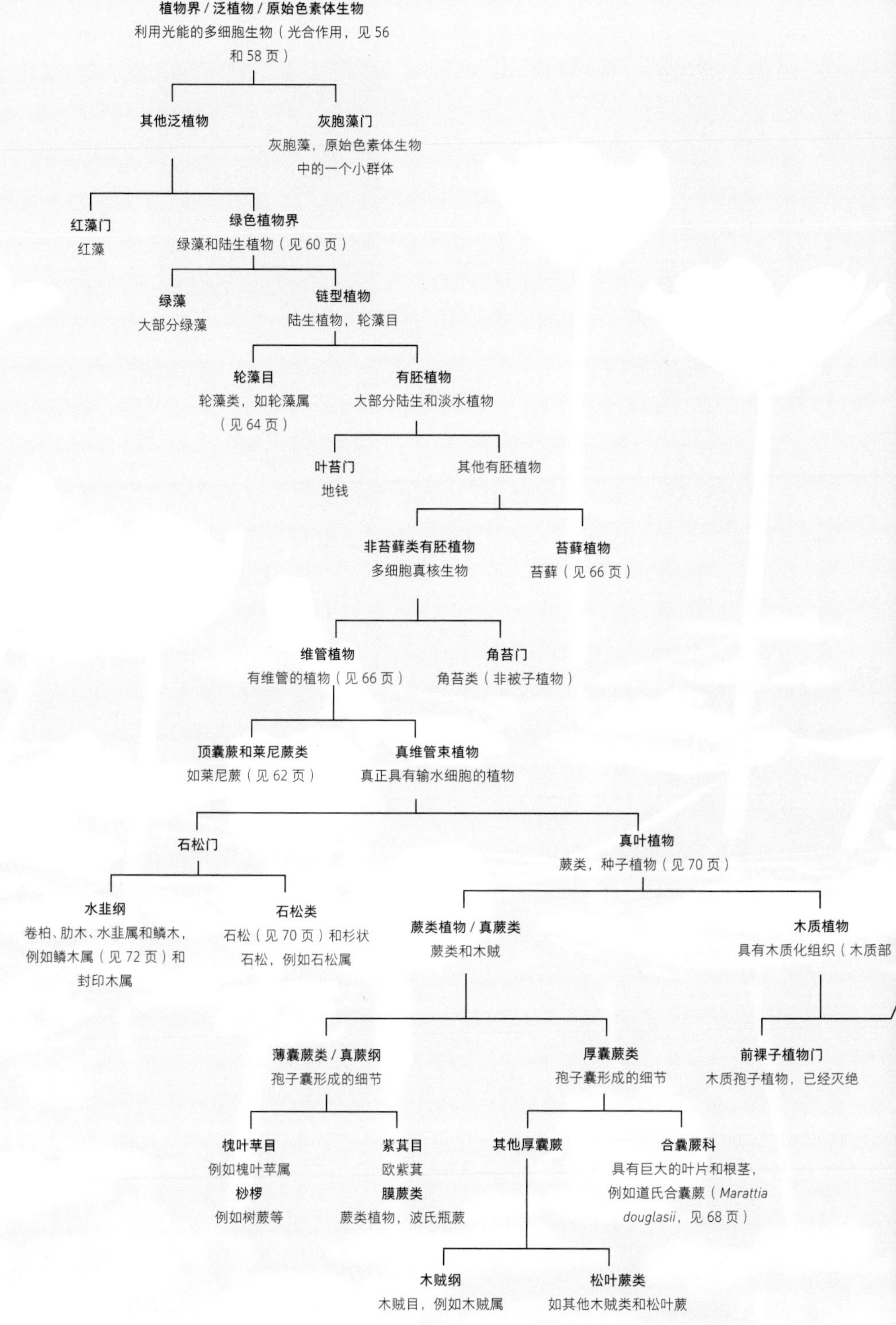
植物界 / 泛植物 / 原始色素体生物
利用光能的多细胞生物（光合作用，见 56 和 58 页）
其他泛植物
灰胞藻门
灰胞藻，原始色素体生物中的一个小群体
红藻门
红藻
绿色植物界
绿藻和陆生植物（见 60 页）
绿藻
大部分绿藻
链型植物
陆生植物，轮藻目
轮藻目
轮藻类，如轮藻属（见 64 页）
有胚植物
大部分陆生和淡水植物
叶苔门
地钱
其他有胚植物
非苔藓类有胚植物
多细胞真核生物
苔藓植物
苔藓（见 66 页）
维管植物
有维管的植物（见 66 页）
角苔门
角苔类（非被子植物）
顶囊蕨和莱尼蕨类
如莱尼蕨（见 62 页）
真维管束植物
真正具有输水细胞的植物
石松门
真叶植物
蕨类，种子植物（见 70 页）
水韭纲
卷柏、肋木、水韭属和鳞木，例如鳞木属（见 72 页）和封印木属
石松类
石松（见 70 页）和杉状石松，例如石松属
蕨类植物 / 真蕨类
蕨类和木贼
木质植物
具有木质化组织（木质部）
薄囊蕨类 / 真蕨纲
孢子囊形成的细节
厚囊蕨类
孢子囊形成的细节
前裸子植物门
木质孢子植物，已经灭绝
槐叶苹目
例如槐叶苹属
桫椤
例如树蕨等
紫萁目
欧紫萁
膜蕨类
蕨类植物，波氏瓶蕨
其他厚囊蕨
合囊蕨科
具有巨大的叶片和根茎，例如道氏合囊蕨（*Marattia douglasii*，见 68 页）
木贼纲
木贼目，例如木贼属
松叶蕨类
如其他木贼类和松叶蕨

2 植物

植物进化的一大关键便是通过光合作用捕获阳光的能量，即“通过光线成长”。早期植物生活在水里，很容易保留水分，而且可以轻松吸收溶解在水里的矿物质和营养物质。但占领陆地就需要进一步进化，例如出现维管。这个管道系统不仅能在体内输送水分和营养，还赋予了植物足以在空气中挺立起来的硬度。在繁殖的时候，种子也比孢子更有效。

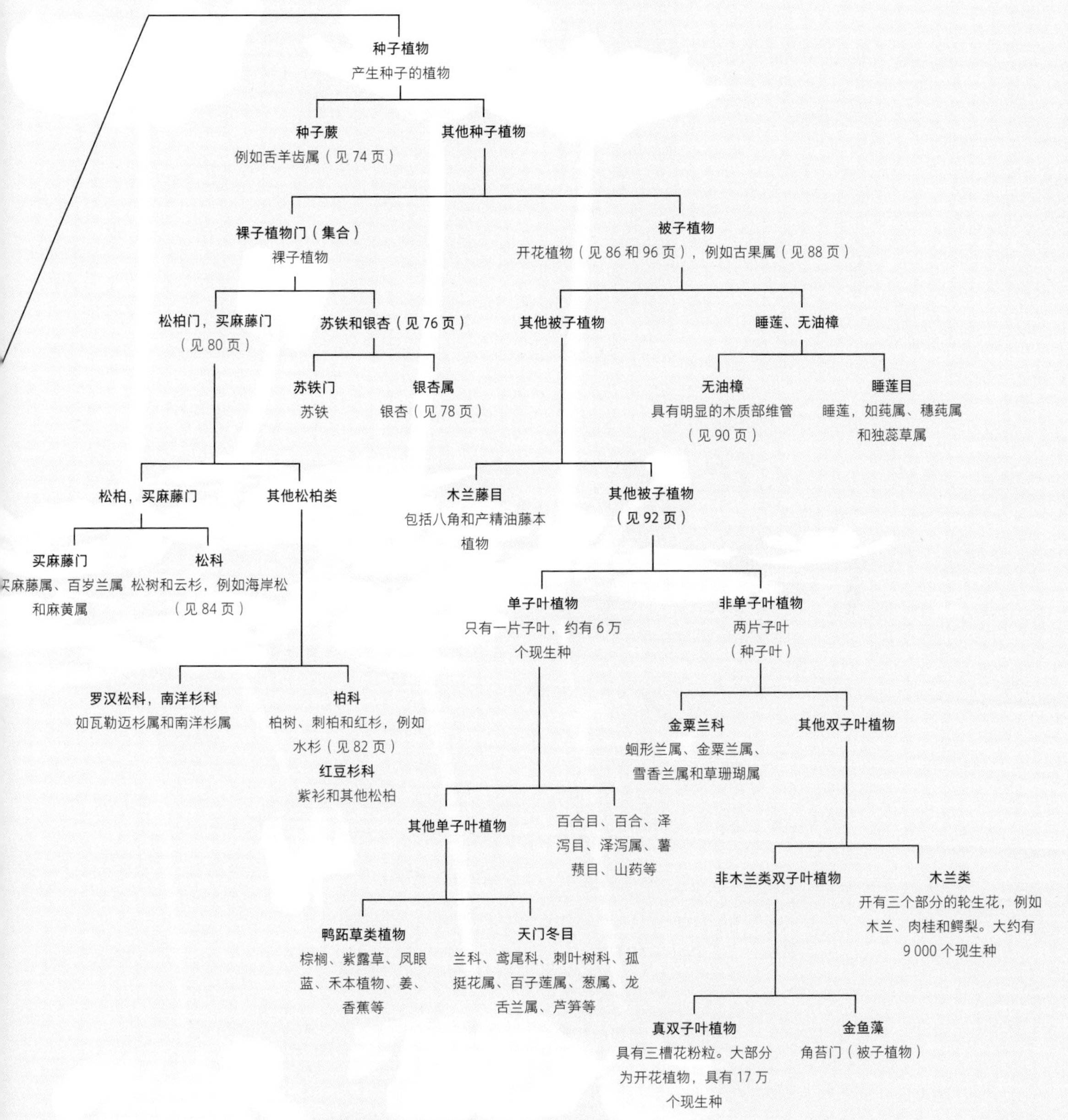

最古老的植物

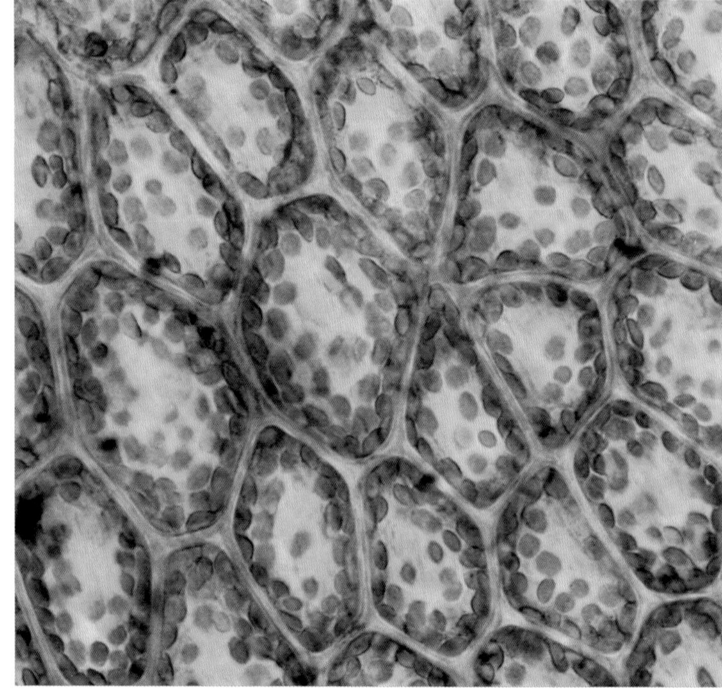

1 现生植物的叶片中具有盒子一样的细胞，里面含有小小的圆形细胞器——叶绿体，它们可能进化自蓝藻菌，现在成为光合作用的关键。

2 蓝藻菌中的蓝鼓藻属（*Gloeocapsa*）以裂变形式繁殖，即无性分裂成两个一样的细胞。蓝藻细菌是最早开始进行光合作用的生物，在20亿年前就拥有了这项能力。

3 在简单的似植物藻类中，巨藻（*Macrocystis*）的体形最为庞大。这是生长在美国加州海岸附近的巨藻。

植物遍布地球的第一步开始于20亿多年前，此时非常简单的单细胞生命开始携手合作，特别是蓝藻菌（蓝绿藻，见56页和图2）。它们彼此之间或者与细菌之间形成了互利关系，从而催生了叶绿体（见图1）。叶绿体可以完成光合作用，这个过程让植物能够利用阳光将二氧化碳和水转化为糖。

蓝藻是可以进行光合作用的群体，也是23亿年前大气氧含量快速上升的主要原因。即使是在今天，它们也在为大气贡献着一半的氧气。植物微化石（见58页）和叠层石（类似于岩石土丘，由一层层藻类和沉积物组成，见42页）表明它们的历史几乎可以追溯到30亿年前。蓝藻菌属于原核生物（见36页），即指简单的单细胞生物，不像更复杂的真核细胞那样具有细胞核来保存遗传物质，而且也缺少其他结构，例如植物的叶

关键事件

30亿年前	21亿年前	20亿年前	19亿年前	18亿年前	15亿年前
细菌微化石群落（见54页）和最古老的叠层石出现。在超过10亿年的时间里，地球上的生命只有细菌。	与最古老植物相关的化石出现，即发现于加蓬和北美密歇根州的卷曲藻（*Grypania*）。	最早的真核细胞通过内共生过程诞生，它们体内具有叶绿体和线粒体等细胞器。	依靠阳光生存的蓝藻菌使大气中的氧气占比增加到20%。	细菌病毒（噬菌体）在原核细胞和真核细胞开始分化的时候出现。	真核细胞继续分化成3个族群，分别进化出了植物、真菌和动物。

绿体。然而有确凿的证据表明，所有植物的叶绿体基因都与细胞核中的其他植物基因截然不同，它们实际上曾经是独立生活的蓝藻菌。举个例子，蓝藻中的光合作用色素和藻类（简单的水生植物）以及陆地植物的叶绿体色素相同，叶绿体内的微观结构内部也类似现代蓝藻。此外，叶绿体的大小和蓝藻相似，而且都是由二分裂方式增殖（一分为二）。这些相似之处表明蓝藻菌和叶绿体具有共同祖先。美国生物学家林恩·马古利斯（1938—2011）在20世纪60年代提出了内共生理论来解释这种关联。

内共生理论的产生可能是进化历史中最重要的事件之一。在这个过程中，一种生物进入另一种生物体内生活，最终两个机体为了共同的利益而有效地合二为一。真核细胞可能就是通过内共生进化而来的，即较大的原核细胞吞噬蓝藻菌等小细胞，但没有消化或破坏后者，后者继续在宿主细胞中进行光合作用并产生糖，于是宿主细胞获得了能量，而蓝藻菌有了相对稳定的生存环境。真核细胞中的线粒体也有可能是通过这种机制产生的，其祖先可能是独立生活的细菌。

简单的现代似植物藻类包括诸多成员，它们结构各异，但都具有光合作用色素。这可能是因为有各种不同的宿主都和具有光合作用的原核生物形成了内共生关系，从而产生了各种藻类。像这样通过结构相似性而不是共同祖先对生物进行归类的情况，我们将其定义为多源族群。现生藻类（这个名称虽然常见，但没有科学含量）没有真正的根和维管系统（内部管道），也没有生产种子的结构，例如球果或花。起源混杂也让藻类高度多样化，它们小到单细胞的硅藻（见59页），数以万亿计地徜徉于湖泊和海洋之中；大到绿色、红色和棕色的多细胞海藻，包括海莴苣（石莼）和巨大的海带（见图3），还有轮藻之类的淡水藻（见64页）。

这都是内共生的累累硕果，这个过程引领植物在进化中走向今日的丰富多彩。目前认为最初的多细胞绿色植物是在25亿—10亿年前通过内共生过程进化而来的。中国17亿年前的沉积岩保存着类似现生褐藻的真核生物化石。目前最古老的植物化石可能是发现于美国和加蓬的卷曲藻，它们保存在有21亿年历史的岩石中。不过现在还不能确定它们是藻类还是巨大的细菌。RS

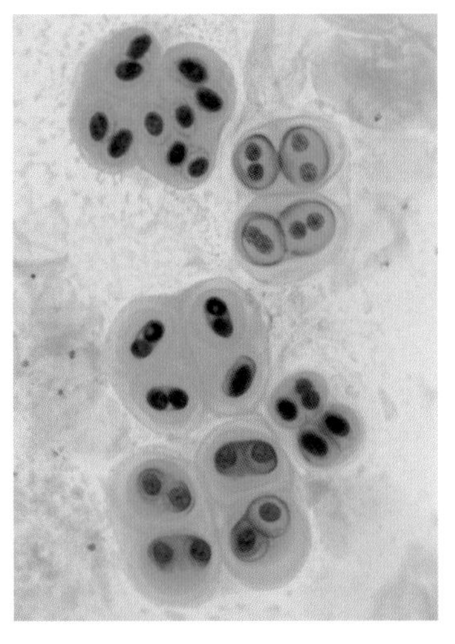

14亿年前

叠层石在进化中变得更加多样。

12亿年前

最早的红藻和褐藻诞生。它们是简单的似植物单细胞生物，也可能是相似细胞的聚集体，比蓝藻菌更复杂。

12亿年前

单细胞真核生物的化石记录显示有性生殖开始出现。

10亿年前

最早的无隔藻，包括古无隔藻（*Palaeovaucheria*）诞生。它们呈黄绿色，会在陆地和淡水中形成生物席。

9亿年前

最早的多细胞生物诞生，不过有一些证据表明它们早在21亿年前就已经出现。

7.2亿—6亿年前

大部分地球都覆盖着冰雪，处于雪球地球时期。这个时期进化出了各种微生物，包括似植物和似动物的生物。

早期植物微化石

古元古代

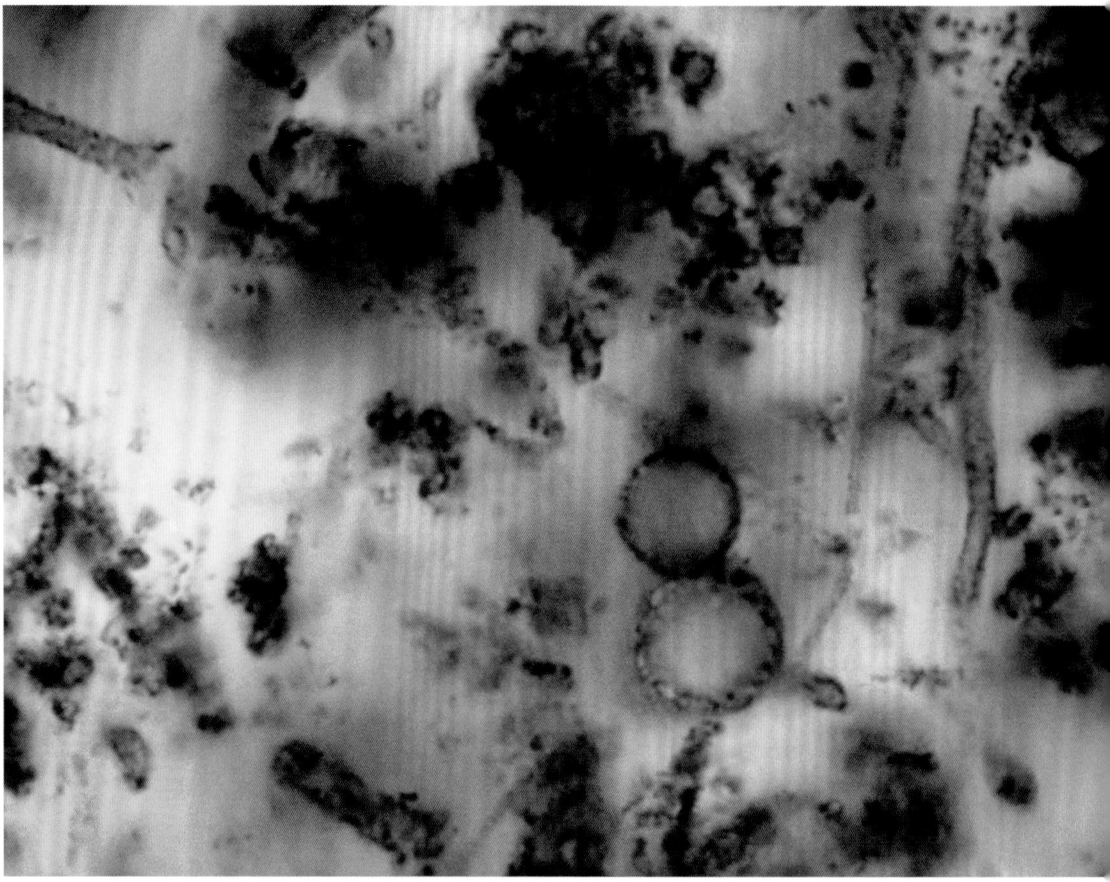

要点

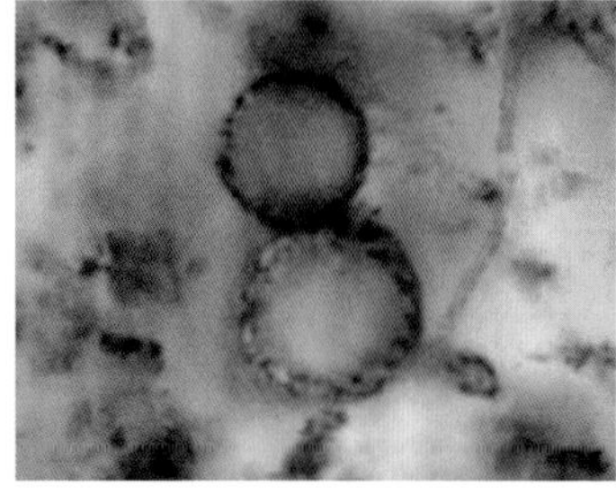

1 蓝藻菌

这件标本的碎片中有圆形结构，类似现生蓝藻菌。部分早期蓝藻菌会形成球形群落，大多中空。形成这类群落的现生生物包括绿藻中常见的淡水团藻（*Volvox*）。

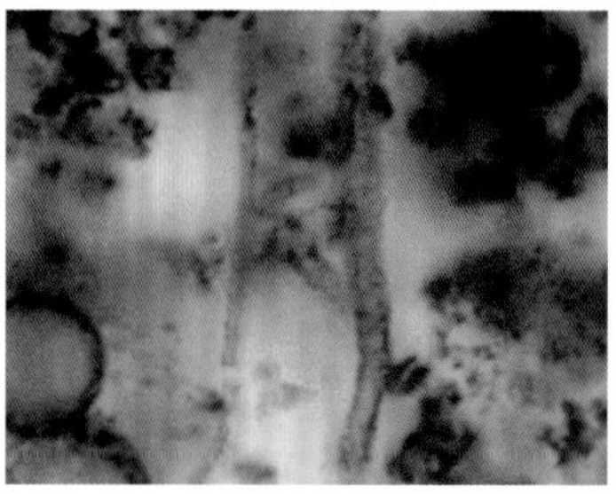

2 丝状藻类

这块微化石中半透明的长丝类似现生丝状蓝藻菌，即端端相连的简单似植物微生物。这件标本是极薄的切片，来自加拿大苏必利尔湖附近的冈弗林特燧石岩层，其历史可能有18亿年之久。

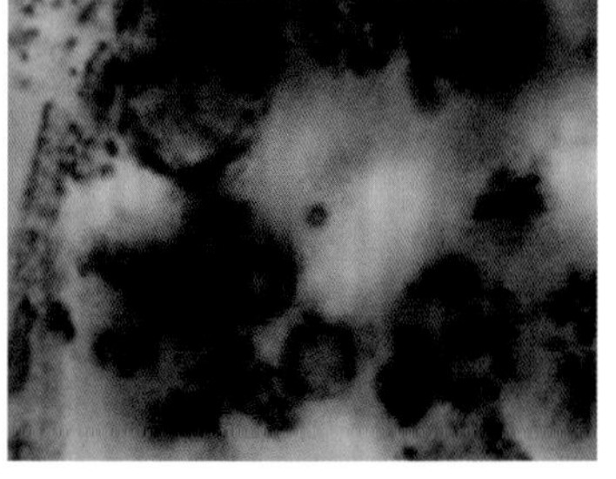

3 藻类群落

本章介绍的古元古代栖息地里生活着各种单细胞藻类，有的单独生活，有的群聚生活。这类样本中的混合化石体现出了生命已经经历过哪些进化，并且开始向许多不同的方向分化，而这一切有赖于太阳的能量。

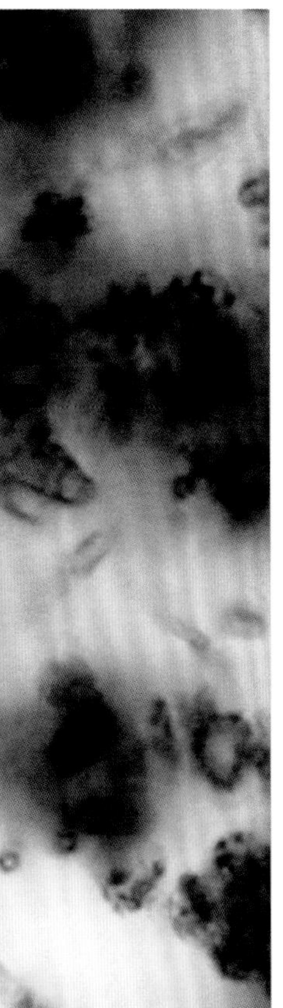

族群：蓝藻菌和各种藻类
大小：大多小于0.1毫米
发现地：加拿大安大略省冈弗林特燧石化石床
年龄：18亿年

图片导航

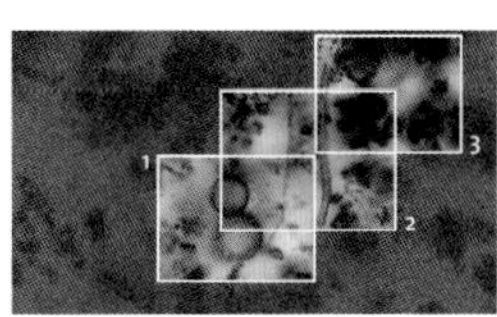

在研究进化过程时，一些最重要的化石几乎无法用肉眼查看。微化石是由细菌、硅藻和其他真核生物等各种单细胞现生生物、真菌细胞和孢子、花粉与植物碎片等组成的。它们主要存在于极细粒岩石中，化石周围的颗粒非常细小，保留下了最复杂的细节。

硅藻是常见的海洋和淡水藻类，可能已存在了数十亿年。现生硅藻含有多个叶绿体进行光合作用。这类生物高度多样化，种数高达20万。它们的化石骨骼（硅藻细胞壳）在2.01亿—1.45亿年前的侏罗纪岩石中十分常见。硅藻和类似的单细胞光合作用生物，如金藻和褐藻，在阳光可以穿透且营养丰富的温暖浅水中异常繁盛。它们的数量非常庞大，可能近百米的岩石几乎都由它们的化石组成。其他植物组织也留下了微化石，例如花粉粒、最细小的种子，以及树皮、球果和根的碎片。花粉粒尤为常见，可以在化石化过程中完好保存。它们会随时间推移发生形态变化，因此用作标准化石，以便确定岩石和周围其他化石的年龄。RS

硅藻

硅藻（右图）通常被视为单细胞藻类，可根据形态分为两大类。中心硅藻辐射对称，会从中心发出类似车轮辐条的花纹。羽纹硅藻两侧对称，左右两侧彼此呈镜像。硅藻的细胞壁由玻璃状的二氧化硅构成，它可以吸收营养物质并通过微孔排出废物。每个种都有独特的微孔结构，很多种还具有长长的开口或裂缝（壳缝），沿硅藻一侧的长轴分布。壳缝会分泌类似黏液的物质，让硅藻能够滑动。硅藻是如何进化出这样不寻常的结构还不得而知，因为化石记录中没有发现过它们的祖先。不过依据有无硅藻存在及它们的进化形式，研究者便可以确定淡水和海洋环境在数亿万年中经历了哪些养分变化、温度变化和其他变化。

植物向陆地的拓展

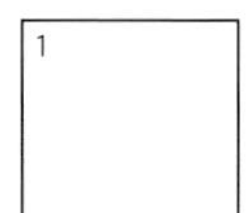

1 这具星木属（*Asteroxylon*）的化石大约形成于4亿年前的早泥盆世，它显示出了直立分支结构，高度可能超过35厘米。

2 顶囊蕨（*Cooksonia*）是最古老且分布最广泛的陆地植物之一，大多数大陆上都发现了多种顶囊蕨化石。

3 在这件水生蕨类苹属（*Marsilea vestita*）的标本中，维管组织就是内部的管道网络，发挥着输送水和养分的作用，同时也为植物提供了直立所需的硬度和支撑。

生命是何时踏出了从海洋到陆地第一步的？几乎没有化石可以精确定义出这个时间。进化改变经历了亿万年的时间，而形成化石不过是偶然事件，特别是精细的植物组织，例如星木属（见图1）。由于几乎没有确凿的证据，所以研究者只能推测植物是在4.85亿—4.43亿年前的奥陶纪时开始试探陆地，不过开始时间也有可能要早得多。

生命踏足陆地的前提是地球的大气必须先发生改变。大气中的氧气浓度起初非常低，可能还不到如今的1%。上层大气中的氧形成臭氧，这层气体在生命的发展历程中发挥着至关重要的作用，它吸收了太阳有害的紫外线辐射。要是没有臭氧层的保护，陆地上的生命就会完全暴露在紫外线下，导致DNA受损、突变和癌症发病率升高。在蓝藻菌和藻类等水生光合作用生物产生足够的氧气形成臭氧层之后，脆弱的生物才有了在

关键事件

6亿年前	5亿—4.5亿年前	4.73亿年前	4.43亿—4.19亿年前	4.2亿年前	4.1亿年前
大气的氧气水平增加，足以形成臭氧层，后者为陆地生命遮挡了太阳的紫外线辐射。	最早的孢子化石在陆地上出现，不过它们可能并不是来自陆生植物，而是被吹上岸的海洋藻类孢子。	似孢子结构出现，可能是来自地钱，或许是复杂陆生植物的早期证据。	志留纪岩层保留着第一批高质量陆生植物的化石证据，它们会在潮湿环境的岩石上形成薄薄的覆盖物。	石松科的巴拉曼蕨（*Baragwanathia*）出现，表明石松是最早进化出真叶的植物之一。	早期维管植物出现。顶囊蕨尺寸很小，茎干上没有叶片，顶端有产生孢子的结构。

陆地上生存的机会。这是一个漫长而缓慢的过程，耗费了上亿年时间。不过科学家大多都同意植物不是第一批走上陆地的生物。除了大气中无处不在的阳光和二氧化碳之外，植物还需要可以吸收的营养。针对古土壤（古老的化石土壤）的研究表明，真正的植物出现之前，土地里就已经出现了细菌席。蓝藻菌、藻类、真菌都在土壤最初的形成过程中发挥了作用，地衣可能也参与其中。今天的植物会从自己扎根的土壤中获取营养。绿藻中的轮藻是公认的陆地植物祖先（见56页）。轮藻门成员的生化成分和遗传物质表明，它们与第一批陆生植物的相似之处胜过了两者和现生植物的相似之处。第一件真正的陆生植物化石可以追溯到4.43亿—4.19亿年前的志留纪。志留纪的岩层中也保存着千足虫、蜈蚣和蜘蛛的痕迹，它们是以植物或彼此为食的。这表明陆地生态系统在不断发展。占据了土地之后，植物获得了巨大的进化推动力，造就了如今丰富多彩的植物世界。

海洋环境相对良好且稳定，而陆地上充满了危险和挑战。活细胞的成分大多是水，脱水对所有生物来说都是最可怕的厄运。有证据表明，植物走向陆地的时期正在发生气候变化，交替出现的大雨和干旱必然消灭了难以适应严酷陆地生活的植物。海岸的潮起潮落同样难以应付。为了减少水分流失，陆生植物进化出了蜡质覆盖物，也就是角质表皮用以阻止蒸发。植物也需要与大气交换气体，它们需要二氧化碳进行光合作用，并释放出副产物——氧气。因此植物进化出了位于角质层中的气孔，以便气体进出。

主要的适应性进化还包括出现维管组织。维管组织最初出现于4.1亿年前的植物化石中，如顶囊蕨等植物（见图2）。维管组织由负责为植物输送周围物质的细胞组成，功能类似动物血管。根部吸收的水和养分被输送到叶片，而叶片产生的糖在植物体内循环。从土壤中吸收水分的能力有助于植物在干燥的环境下生存。除了负责循环，维管组织还要提供结构支持，成为植物的“骨骼”，维持根、嫩枝和叶片的形态，使植物能够直立生长（见图3）。维管组织带来的优势使植物能够快速扩张，占领陆地。RS

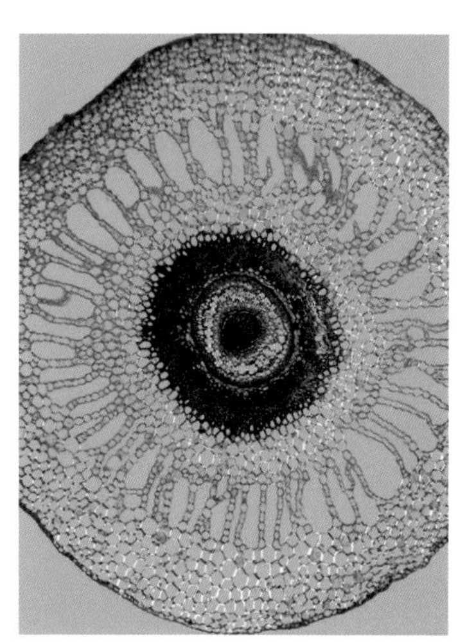

4.08亿年前	4.05亿年前	4亿年前	3.9亿年前	3.85亿—3.5亿年前	3.8亿年前
阿格劳蕨（*Aglaophyton major*），发现于莱尼燧石层的化石床（见62页），是无维管和维管植物之间的过渡植物。	哈氏蕨（*Halleophyton*），早期的维管植物，茎干上有简单的叶片，生长在中国云南省。	星木，早期陆生维管植物，有分支，长度可达35厘米。	镰蕨（*Drepanophycus*），也是分布广泛的早期陆生维管植物，属于石松类，茎干可达1米。	蕨类、木贼类和种子植物出现，部分成员逐渐生长到30米以上，形成了最初的森林。	瓦蒂萨属（*Wattieza*）出现，即早期的树木，具有木质茎干（由木质素强化），高度可达8米。

莱尼蕨与莱尼燧石层

早泥盆世

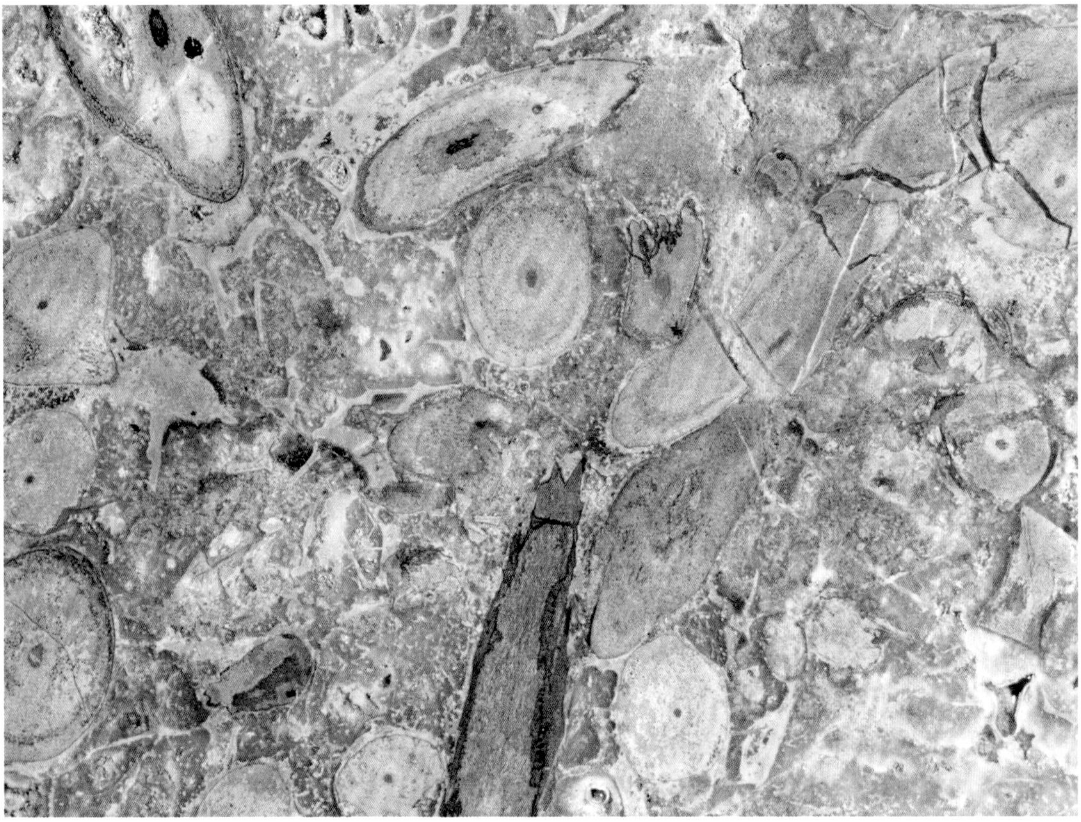

物种：莱尼蕨
（*Rhynia gwynne-vaughanii*）
族群：莱尼蕨纲
（Rhyniopsida）
尺寸：20 ~ 30厘米
发现地：苏格兰阿伯丁郡的莱尼村

位于苏格兰东北部莱尼村庄附近的莱尼燧石层保存着质量极高的化石群落，其中包括4.08亿年前的早泥盆世陆生和水生动植物。这里的一些植物化石纤毫可见，甚至可以研究其内部结构，这些化石成为解开植物进化之谜的关键。燧石是由各种石英和细粒二氧化硅晶体组成的沉积岩。莱尼燧石层是由溶解在远古温泉中的二氧化硅形成的，它们随着泉水的冷却在沉积物层上形成了结晶。一些二氧化硅覆盖住了陆地上或浅水塘里的动植物，将它们的细微结构都保留下来。在数百万年间，二氧化硅沉积物转化为晶体燧石岩。保存在燧石中的生物包括真菌、藻类、莱尼蕨和阿格劳蕨等植物，以及海洋和陆地无脊椎动物，如早期昆虫莱尼虫（*Rhyniognatha*，见134页）和弹尾虫莱尼古跳虫（*Rhyniella*）。早期的维管陆生植物在生长过程中硅化，因此化石保留了管道系统、脆弱的根状假根、具有绒毛的茎干、生殖结构和孢子。

莱尼燧石层中还发现了植物和真菌之间不断深化的关系。维管植物中保存着菌根真菌的化石。这类真菌进化出了双向互利关系，和植物根系互利共生。植物分享自己通过光合作用制造的高能糖类，而真菌帮助植物吸收矿物质和水。莱尼化石群落中有着截然相反的关系，形成了化石中的早期寄生记录。研究者发现盘菌属水生真菌侵入了古丽藻的细胞。RS

图片导航

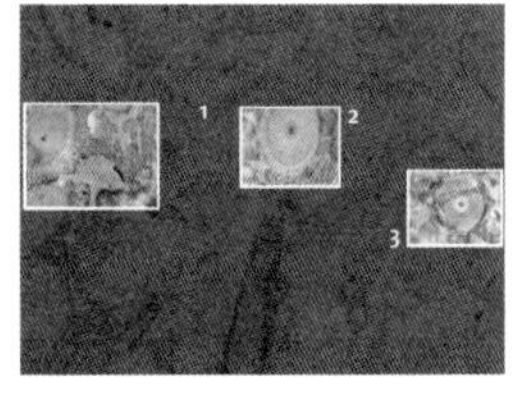

要点

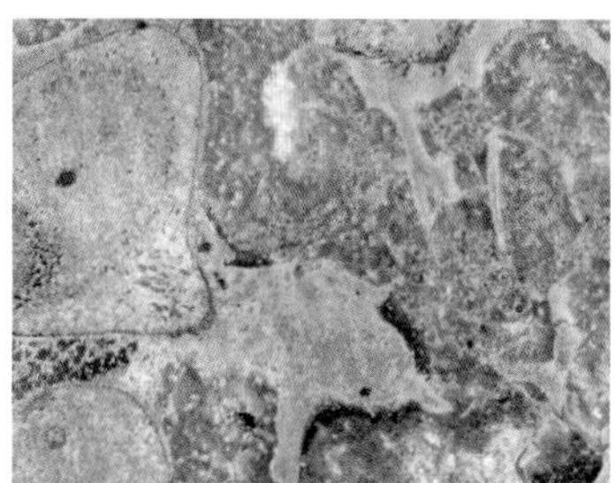

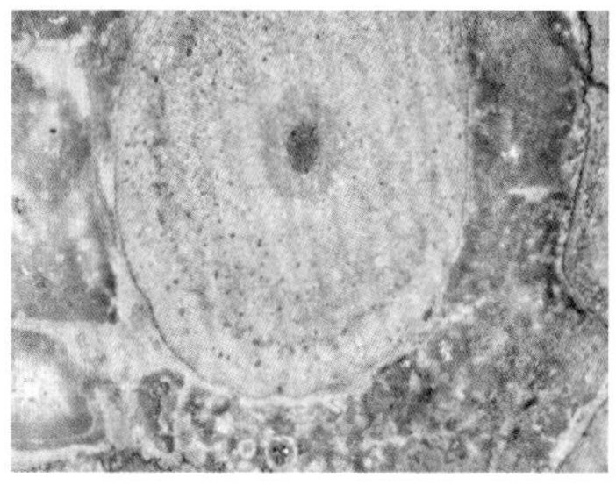

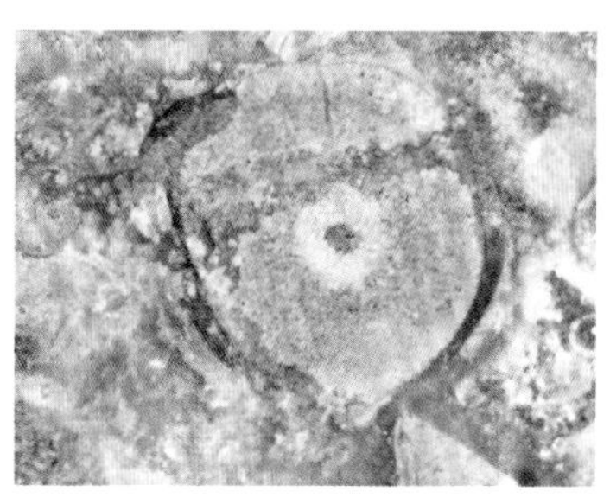

1茎

莱尼蕨是莱尼地区最常见的植物之一，它们似乎可以适应多种栖息地，并能够适应与其他植物的竞争。它们直立茎干的高度可以达到20～30厘米，并通过分支茎（根状茎）在地面扩张。

2外干层

围绕着核心的两部分，是一个宽阔的内皮层，一个深而窄的分界带和一个较浅的外皮层，外皮层由细胞和空气间隙组成。它们由表皮包裹，最后一层是表皮角质层，其中有让空气通过的微小气孔。

3内干层

维管组织是植物的管道系统。莱尼蕨化石有深色的中央区域，即木质部。其中包括长长的厚壁细胞，专门负责从根或类似的结构中输送水。木质部周围是颜色更浅的韧皮部细胞区域，负责输送树液和类似液体，这类液体中承载着光合作用产生的营养，如糖分。

◄ 莱尼燧石层中的阿格劳蕨曾经被视为最古老、最简单的维管植物之一。不过进一步的研究表明，它们并没有真正的维管组织，而是具有传输细胞，苔藓中也有类似的细胞。与大多数其他早期植物一样，阿格劳蕨没有真正的根或叶，它们的高度大概为30厘米。

发现燧石

莱尼燧石层由威廉·麦基博士（1856—1932）在1912年发现，发现地位于苏格兰的艾尔金。麦基当时正在克雷格伯格和奥德山进行地质研究。他在莱尼村附近的干石岩壁中发现了一些不寻常的岩石，于是采集了样品并制备了薄切片，结果发现这是细节保存完美的植物茎干。他意识到这个发现对进化研究有重大意义，于是告知了古生物学家。1912年10月，研究人员挖掘了一条探沟。1917年，苏格兰古植物学家罗伯特·基德斯顿（1852—1924）发表了莱尼燧石层植物的第一份报告。此后的数年又出现了更多发现，包括早期昆虫和似昆虫生物，1957年又出土了发芽的孢子。仍在进行的研究包括构建燧石层的生态学（右图）以及重建三维模型。

轮藻

中新世至今

属：轮藻属（*Chara*）
族群：轮藻科（Characeae）
大小：1米
栖息地：大部分大陆
世界自然保护联盟：未评估

植物从水中踏上陆地是最重要的进化事件之一。藻类是没有真根和叶片的简单植物，也不会开花。就初期陆生植物而言，轮藻可能是和它们关系最近的现生近亲，如今轮藻仍生活在淡水生态系统之中。和其他绿藻不同，轮藻类植物通过生殖器官产生的生殖细胞繁殖，雄性的精囊产生精子，雌性的卵原细胞产生卵子。它们结合产生的合子会发育成新的植物，这个过程有时需要耗费数年时间。奥陶纪的轮藻种类远超如今，现生轮藻都属于轮藻属，也称车轴藻。

现生轮藻也和遥远的祖先一样是水生植物，栖息在沼泽、河流、溪流和河口中。它们似乎有茎和叶，但这些结构实际上是主体（叶状体）的分支，和海藻的叶状体如出一辙。它们的表面会逐渐覆盖石灰岩外壳，变得易碎。现生轮藻可以为我们了解远古轮藻提供一些线索。轮藻化石通常来自类似石英的燧石沉积岩，其中也保存着其他水生生物，例如甲壳类动物。轮藻可能生活在碱性很高的淡水池塘浅处。有些轮藻化石的茎都朝向同一个方向生长，说明它们可以生活在水流平缓的环境里。RS

图片导航

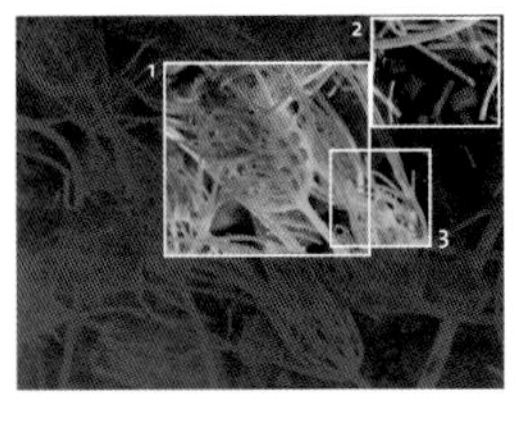

要点

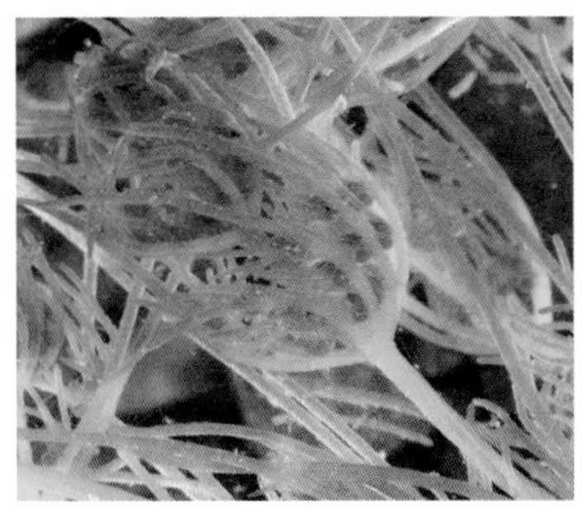

1 茎和分支

轮藻是轮藻门中最大且最复杂的成员。它们的主茎由巨大的多核细胞构成，这些细胞有多个细胞核（控制中心）。茎干会从多个节上发出轮生小枝。主茎尖端和小枝都会生长，小枝还会生出新的轮生小枝。

2 假根

轮藻主干通过类似毛发的无色假根固定在河道或者池塘底部。这种结构等同于更进步的植物的根。部分轮藻会在假根的节上形成珠芽。埋入沉积物的珠芽会通过营养生长产生新的植株，和真正的根茎别无二致。

3 有性繁殖

轮藻的生化研究表明它们和陆生植物存在共同特性，尤其是繁殖方法。它们通过生殖器官产生的配子进行有性繁殖。雄株通过精囊（上图红色部分）产生精子，雌株通过卵原细胞产生卵细胞。配子结合而成的种子（合子）最终发芽，产生新的植株。

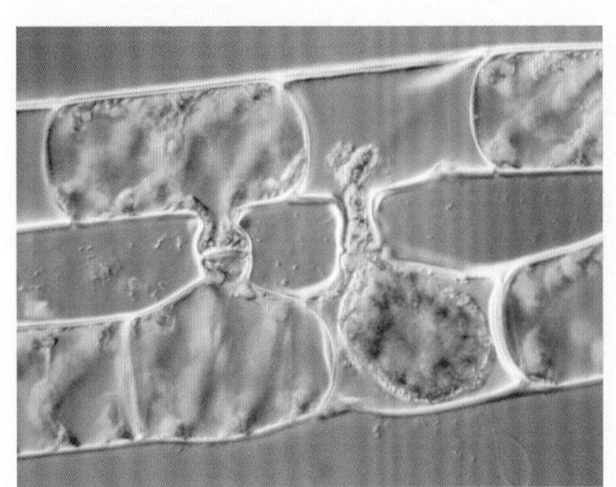

双星藻类

遗传分析支持轮藻类与陆地植物有紧密关联的理论，但2011年发表的另一项基因研究对这个观点提出了疑问。有一种藻类会采用接合生殖的方式，即大小相同的生殖细胞（精子和卵细胞）在受精管里接合（上图）。这就是双星藻类（*Spirogyra*），其中包括生活在池塘里的毛发状水绵。结合其他证据可以发现，双星藻类才是和陆生植物亲缘关系最近的生物。早期观点之所以认为轮藻类和现生植物关系最近，是因为它们的受精方法相近，都是卵式生殖，需要精子和巨大的卵细胞。在开花植物中，精子位于花粉粒内部。

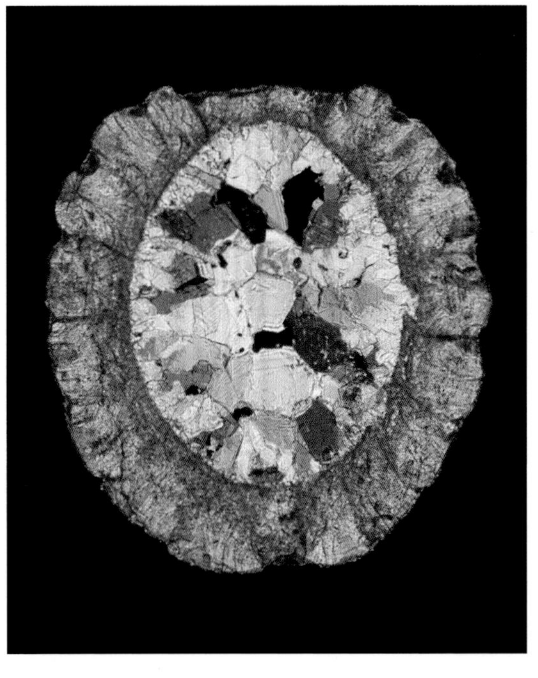

▲ 很多轮藻类都会在合子周围产生高耐度的有机外壳，这种结构被称为球卵，并留下了许多化石。这主要得益于合子外螺旋细胞的细胞内钙化。球卵是现生轮藻和化石轮藻之间唯一的联系，它们也表明轮藻类或许可以追溯到4.25亿年前的晚志留世。这类化石还表明化石点曾经淹没在淡水之下，而不是海水水域。

苔藓与蕨类

1 蕨类植物是最初的维管植物，可以在昏暗的环境中生长，例如图中生活在欧洲山毛榉树林中的蹄盖蕨（*Athyrium filix-femina*）。

2 葫芦藓（*Funaria*）的孢子囊，在苔藓生命周期的两个世代里，这是不太引人注目的一代。

3 形成于侏罗纪的蕨叶化石，来自葛伯特拟马通蕨（*Matonidium goeperti*）。

苔藓、地钱和角苔组成了苔藓植物，这是现生植物界中第二大族群。它们的历史比所有其他现生陆生植物的历史都要漫长。化石记录表明，它们的许多特征与某些早已灭绝的植物相似，后者正是肩负起向陆地过渡重任的植物。和早期开拓者一样，苔藓类植物没有发达的角质层（蜡质覆盖物）来限制水分流失，也没有维管系统（内部管道）来传输水分，它们只能依赖潮湿的环境生存。

移居到陆地上的古代动植物都要面临一个重大挑战——繁殖。水生动植物的有性繁殖形成了一套系统：雄性和雌性生殖细胞（配子）结合形成单细胞受精卵，受精卵一次次分裂，直至形成新的生物。无论是在池塘还是在海洋，水环境中的雄性配子（精子）都很容易游向等待受精的雌性配子（卵细胞），但这个过程很难在干燥的陆地上实现。有些族群始终没能

关键事件

4.73亿年前
藓类、苔类一同在阿根廷的隐孢子类（结构类似孢子）化石中出现，但它们很难被归入具体的种类。

4.7亿—4.5亿年前
植物在陆地上留下的第一个明确证据，可以追溯到这一时期，因为陆地岩石中存有形似藻垫和条带状的化石。

4.19亿—3.59亿年前
最古老的楔叶纲植物诞生。目前只剩下木贼属（*Equisetum*），即现代的木贼。

4.1亿年前
具有蕨类特征的植物在泥盆纪出现，主要生长在欧洲、东亚和澳大利亚。

4亿年前
角苔类的早期祖先开始出现不同于蕨类的特征。

3.9亿—3.2亿年前
类似树木木质的枝蕨类繁荣昌盛，它们可能是蕨类和木贼的祖先。

解决这个问题。例如，苔藓植物和两栖类动物依然要依赖水来完成生殖循环。

苔藓植物为此进化出了一种折中的繁殖方式，分为两个阶段，也可以说分为两个世代。第一个阶段是孢子体世代，苔藓通过类似种子的孢子繁殖（见图2）。第二个阶段是配子体世代，需要生殖细胞参与。这种模式被称为世代交替，在现生苔藓中很常见。在一年中的某个时期，一片片绿色苔藓上就会长出茎，并产生会被风吹走的孢子。如果孢子降落在适宜生长的地方，就会发育成新的苔藓植物，即配子体。配子体相当于动物的性器官，其中有产生雄性和雌性配子的结构。精子穿过水膜游向卵细胞，并完成受精。此后每一个有生长能力的卵细胞都会产生新的孢子体茎，过程不断重复。精子需要水才能接触到卵细胞，所以苔藓要生活在潮湿的环境中。

配子体世代是苔藓植物生命周期的主要阶段。后来出现的维管植物却恰好相反，例如蕨类植物（见图1）。对蕨类植物来说，孢子体世代或种子世代最为重要。维管组织不仅能在植物体内循环运输水和养分，而且还形成了支撑结构，这对陆生植物有重要意义。海藻等简单的水生植物有水支撑，不需要维管系统。最早进化出维管组织的植物是石松类（见70页），如今主要的石松类植物是由4.4亿年前的石松进化而成的。在泥盆纪和石炭纪（4.1亿—3.2亿年前）的大部分时期，石松类都是占据主要地位的陆生植物。

蕨类植物（见图3）也是古老的维管植物，它们特别适应阴凉森林中的生活，主要是因为它们存在产生新色素蛋白质的基因，可以感知红光并向红光生长。这之所以意义重大，是因为在林冠之下，许多其他波长的光都受到了树叶的过滤。2014年，研究人员发现角苔（产生角状孢子体的植物）也有蕨类的细胞色素。从进化的角度来看，合囊蕨（见68页）等蕨类植物和角苔在大约4亿年前分化。如果它们的共同祖先体内存在新色素，那其他植物族群中肯定也有这种色素，但事实并非如此。蕨类植物的新色素是在大约1.8亿年前从角苔中获得的，最可能的解释是，角苔基因以某种方式转移到了蕨类植物体内，即水平基因转移，介质可能是细菌或病毒。凭借这项本领，蕨类植物在和开花植物的竞争中依然欣欣向荣，变得更加多样。RS

3.85亿—3.59亿年前

类似蕨类的古羊齿属（*Archaeopteris*）在晚泥盆世中形成了早期的森林，证据是全球范围内的化石，虽然它们的木质茎较少。

3.7亿年前

古羊齿属这一时期进化出了木质树干，看上去与现代针叶树相似，但具有蕨类的叶子，产生孢子而不是种子。

3.5亿年前

第一批真正的蕨类植物在石炭纪出现，并进化出了诸多种类。

2.99亿—2.52亿年前

这个时期产生了第一批确凿的苔藓证据，保存在二叠纪的岩石里，主要来自亚洲和北美洲。

1.8亿年前

角苔的新色素基因可能转移到了蕨类植物体内，这有助于植物在昏暗环境下生长。

1.2亿年前

在与开花植物竞争中，许多蕨类植物逐渐灭绝，而具有新色素的蕨类植物赢得了这场战斗。

合囊蕨

石炭纪至今

种：道格拉斯合囊蕨
（*Marattia douglasii*）
族群：合囊蕨科
（Marattiaceae）
尺寸：1.8米高
发现地：夏威夷
世界自然保护联盟：尚未评估

合囊蕨是发现于中南美洲、亚洲、澳大利亚和非洲泛热带地区的一个属，它们在史前时期很早就分化出来，而且是化石记录中最古老的维管植物之一。3亿年前的石炭纪化石表明，蕨类植物与其现生后代没有太大差异，例如道格拉斯合囊蕨。

蕨类植物有根茎，即具有可以发芽并产生新植物根系的地下茎。这类植物既可以通过无性繁殖扩张，也可以通过孢子实现有性繁殖。根茎在地下受到保护，因此能够使植物在不利条件下生存。蕨类植物的根茎也在地上生长，一些蕨类植物的根茎占据了超过80%的生物量（生物的总重量），其余生物量大多来自地面上的叶片。

合囊蕨科中属的数量会随分类系统而异，包括莲座蕨属（*Angiopteris*）、原始莲座蕨属（*Archangiopteris*）、天星蕨属（*Christensenia*）、类丹蕨属（*Danaea*）、大叶莲座蕨属（*Macroglossum*）、合囊蕨属（*Marattia*）和尖叶原始观音座莲属（*Protomarattia*）。种的数量同样差异很大，从几十到几百不等。合囊蕨植物与祖先非常相似，而且没有关系亲密的现生近亲，因此被称为“活化石”。这个有争议的术语由查尔斯·达尔文提出，是指停止进化的物种或群体。合囊蕨确实依然存活，但完全算不上“化石”，不过它们依然可以为早石炭世的蕨类植物外观提供线索。RS

图片导航

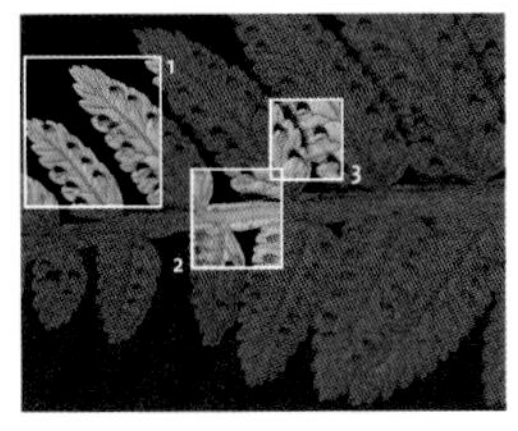

要点

1 叶片
蕨类植物的叶片通常称为蕨叶。每一片蕨叶的底面都有简单的无分支叶脉。部分道格拉斯近似种的蕨叶并不比人类手掌大太多，而在庞大的莲座蕨中，蕨叶可以达到7米。

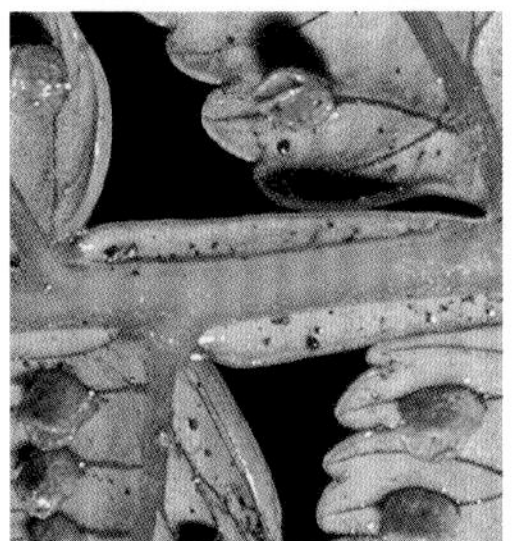

2 叶柄
叶柄是蕨叶垂直的似茎部分，它从地面的似根根茎中分出。叶柄又会变成叶脉。每一条叶脉都是叶轴（左图水平部分）。叶轴又分出多片小叶。道格拉斯合囊蕨的小叶边缘呈锯齿状。

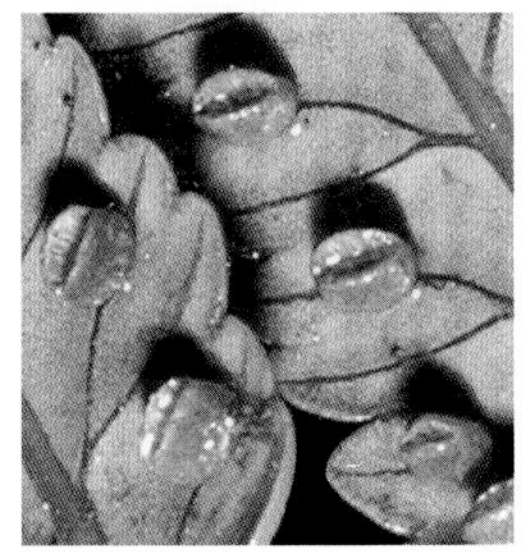

3 孢子囊
孢子囊是产生孢子的结构。道格拉斯合囊蕨的孢子囊生长在主叶脉两侧，具有厚壁。孢子囊具有被称为“绒毡层”的内层，负责滋养孢子。孢子囊在干燥环境中破裂时，孢子就会被释放出来。

合囊蕨的亲缘关系

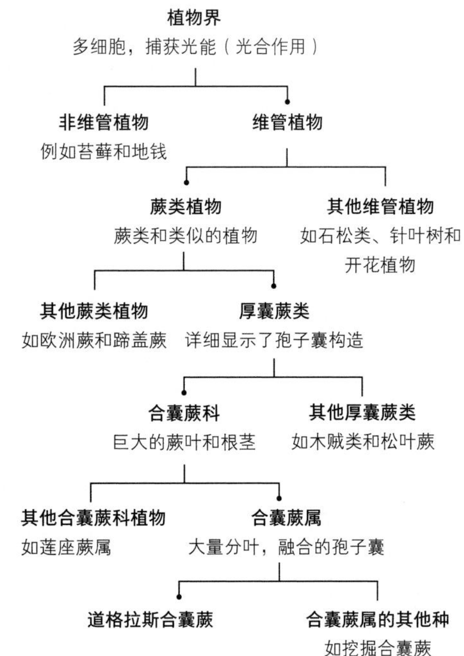

▲ 众多蕨类植物的分类都是依据蕨叶的细节和生殖特征，包括能育叶上孢子囊的发育特征。能育叶也称孢子叶，孢子囊中有用于繁殖的孢子。

化石蕨类植物细胞

2014年，瑞典的研究人员报告了一具1.8亿年前的蕨类化石。这具化石保存完美，细胞的细节也清晰可见，包括细胞核（控制中心），甚至是单个染色体（保存基因的“包裹”，右图）。蕨类植物之所以可以获得如此惊人的保存状态，是因为火山熔岩流突然将它埋葬了。X射线分析和各种显微技术还发现了处于不同分裂阶段的细胞。化石的造迹者来自紫萁科，即生存至今的西洋薇。通过比较化石及其现生近亲的细胞核大小，研究人员证实蕨类植物确实在几百万年来都没有太大变化。同一片岩石中的化石花粉和孢子表明当地曾有大量蕨类植物和针叶树，包括柏树和苏铁，还表明当时植被茂盛，气候可能比较炎热潮湿。

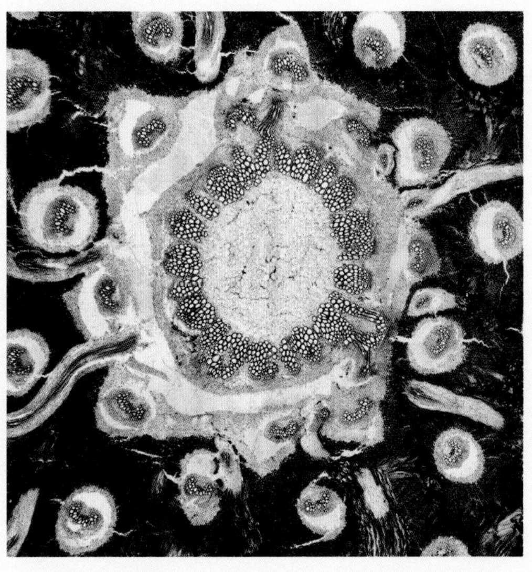

石松、鳞木和种子蕨

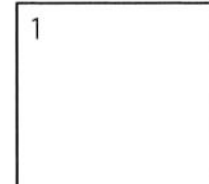

1 现生石松（*Lycopodium*）的祖先可以追溯到泥盆纪。

2 鳞木（*Lepidodendron*）化石的树干上具有树皮疤痕，表明曾长有特化叶或小叶。鳞木只在发育成熟后生长覆盖有树叶的分枝，并最终产生球果。

3 种子蕨类翅羊齿（*Neuropteris*）的蕨叶，这类化石在美国宾夕法尼亚的石炭纪煤层中十分常见。

现代石松（见图1）是最古老的现生孢子石松类植物，这类植物可能是最早的维管植物，能够通过叶脉输送水和矿物质。它们如今虽不起眼，但曾在3.5亿年前称霸石炭纪大地，并在4 000万年间形成了广袤的森林，高度可达35米。最古老的石松类化石来自大约4.1亿年前的早泥盆世。这类植物似乎很多都是从工蕨类演变而来的。工蕨类已经灭绝，但在陆地植物的进化中占据着重要地位。工蕨类没有真正的叶和根，茎干上生长的是鳞片状突起，其中没有真叶的维管。它们也有产生孢子的繁殖结构，成簇地生长在小茎上，沿茎干成枝分布。石松类植物也具有此类特点。

虽然石松类植物可以产生大量孢子，但较小的草本石松类很少能在化石记录中留下成熟形态的证据。不过它们和树一样高大的近亲留下了完好

关键事件

4.2亿年前	4.08亿—3.6亿年前	4亿年前	3.85亿—3.8亿年前	3.83亿—3.59亿年前	3.83亿—3.59亿年前
工蕨具有简单的分枝，茎干上覆盖棘突，很可能是生活在陆地上。	有证据表明，真菌里的菌根真菌和植物根部形成了共生关系。	始叶蕨在中国诞生。这是第一类真正具有叶脉叶片（巨型叶）的植物。	8米高的早期树木瓦蒂萨属具有蕨状叶而不是树叶。它们是现代蕨类植物和木贼类的近亲。	具有真叶和真根的植物在晚泥盆世里开始出现，包括鳞木类、木贼类、蕨类和原裸子植物。	最初的真正的树形成森林，古羊齿属在晚盆世诞生。

的化石，其中包括鳞木（见72页），它们的化石形成了煤层，推动了亿万年后的工业革命。石松类和鳞木最显著的特征便是它们的小叶（见图2），其进化过程似乎独立于其他维管植物群的叶片。小叶只有一条叶脉，而其他植物的叶片（巨型叶）有多条分支叶脉。在3.05亿—2.99亿年前的一次大灭绝事件（石炭纪雨林崩溃事件）中，冰川扩张，干旱降临，鳞木和其他大型石松类的时代就此终结。

种子植物堪称地球上最重要的生物。针叶树就是种子植物，例如松树和冷杉，我们所熟悉的低等植物（被子植物）也都是种子植物，无论是草、兰花还是橡树。种子和孢子之间存在明显差异。种子一般储备有营养物质，还有一个小小的植物胚胎，它们可以发芽到孢子体阶段。而孢子更小、更简单，只有一个会进入配子体（有性）阶段的活细胞。早期的种子植物和鳞木都生活在湿热的沼泽中，在统领沼泽的高大鳞木面前，种子植物显得不是非常耀眼。最古老的一种种子植物是种子蕨，属于艾尔肯斯属。艾尔肯斯属化石形成于3.65亿年前的泥盆纪末期。

种子蕨类植物属于分类不严格的产种子植物类群，繁盛于3.6亿—2.5亿年前的石炭纪和二叠纪（见图3）。种子蕨的名称可能会让人误会，因为它们实际上并不是蕨类植物，而是早期裸子植物，属于包括现生针叶树在内的产球果植物家族（见80页）。这个家族既有类似藤蔓的成员，也有高大树状的成员，例如舌羊齿（见74页）。这类植物的叶片都和蕨类植物十分相似，但与蕨类植物不同，种子蕨类植物通过种子而不是孢子繁殖。最早的种子植物没有现代种子植物的特化球果和花，它们的种子沿植物枝条单个或成对产生，外面包裹着坚硬的珠被。所有种子都保留了这个特征，在现代植物中进化成了种皮。种子存在于松散的肉质杯状结构中，即杯状体。珠被和杯状体都是叶片逐渐缩小并特化的结果。随着珠被继续进化并且更紧密地包裹种子，其中一端出现了珠孔，好让花粉进入，完成受精。种子蕨可能具有复杂的大花粉囊，有人认为它们是依靠动物授粉。一些物种的种子很大，长达8厘米，可能也要依靠动物传播。RS

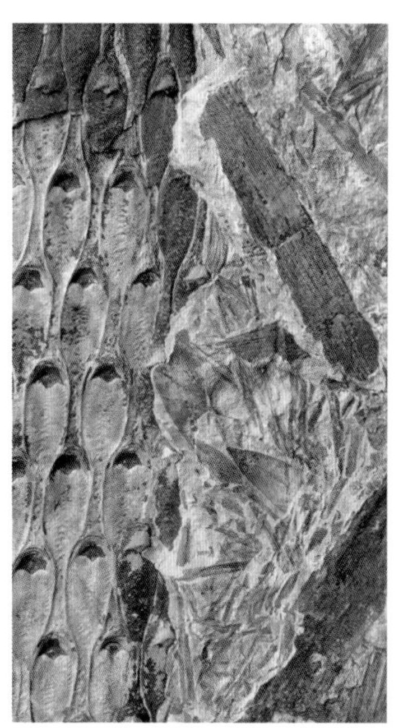

3.65亿年前

艾尔肯斯属（*Elkinsia*）在北美的西弗吉尼亚诞生，这是极早期的种子蕨，也是最初的种子植物。

3.59亿年前

早期种子植物从泥盆纪末期开始扩张。

3.59亿—2.99亿年前

在石炭纪里，广袤的沼泽森林化石形成了丰富的煤层。

3.59亿—2.99亿年前

鳞木类的鼎盛时期，它们的高度在这个时期突破了30米。

3.2亿—3亿年前

髓木类在热带湿地里欣欣向荣，这是和苏铁有亲缘关系的种子植物。它们有10米高，蕨状叶有7米长。

3.05亿—2.99亿年前

石炭纪雨林崩溃事件灭绝了鳞木和大型新生植物。

鳞木

石炭纪

PAISAJES DEL MUNDO PRIMITIVO. — CUADRO TERCERO: TIPOS LEPIDODENDROS.

石炭纪最繁荣的植物之一是3.59亿— 2.99亿年前的鳞木。它们是产孢子维管植物石松类的成员，泛指树状石松类化石。这类化石虽然外表相似，但很难划分具体的物种。鳞木没有分枝，由树干上的鳞状叶片实现光合作用。它们只有在发育成熟时才会产生长而薄的叶冠，叶冠会直接从靠近生长尖端的茎上长出来。鳞木的高度可以达到40米以上，直径足有2米。它们的长速惊人，只需10 ～ 15年就可以完全长成。鳞木植物在即将死亡的时候才会分出树枝，即使密集生长也不会互相阻挡阳光，所以形成了非常密集的林分。

生长迅速但寿命短让鳞木形成了一层层厚厚的枯木遗骸。它们在地下埋葬了亿万年，逐渐因压力、热量和化学反应而形成了煤。全球的煤矿来源大多都是鳞木残骸，但也有其他已经灭绝的石松类植物。不过这类植物在侏罗纪的时候就已经大为衰退，因为气候发生了改变，而且裸子植物开始崛起，例如针叶树和苏铁。RS

图片导航

属：鳞木属（*Lepidodendron*）
族群：石松门（Lycophyta）
高度：40米
发现地：全球

要点

1 叶
鳞木的叶片类似巨大的草叶，大约1米长，沿树干末端轮生。植物一边生长，一边脱掉下部的叶片，留下菱形叶基，所以被称为“鳞木”。

2 茎
石松类茎干具有维管组织构成的核心，其中输送营养的韧皮组织包裹着一条输送水分的木质部。茎干大部分都由一层层树皮组成，能有利于防止树干在潮湿环境中腐烂。

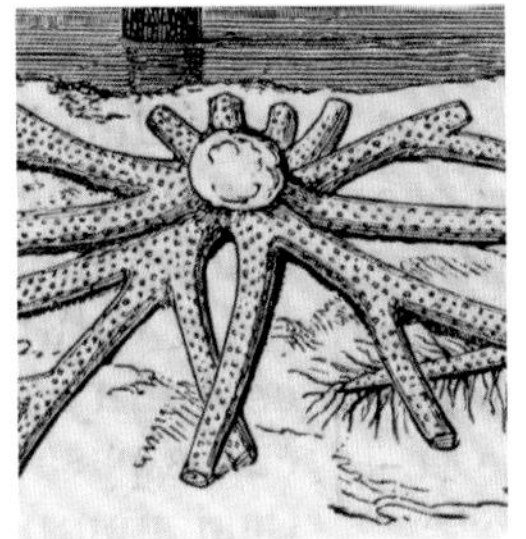

3 根
鳞木具有惊人的根系，包括至少4个辐射状根座，可以延伸12米长，但没有深入土壤。根座不是真正的根，而是介于根和茎之间的过渡形态。

煤炭沼泽

煤炭沼泽是石炭纪和二叠纪的主要陆地生态系统之一。在石炭纪里，后来成为欧洲和北美的大陆有很大一部分地区都处于赤道，大陆边缘的湿地地区出现了广阔的沼泽森林。它们大多数是由石松类植物组成的，如鳞木。这类植物生长迅速，寿命不长，于是大量积累，为煤层的形成打下了基础。森林里生活着原蜻蜓（见170页）等巨大的昆虫，以及巨大的节胸类（见132页）。分析表明，如今全球开采的多达70%煤矿的煤都来自鳞木属植物。

舌羊齿

二叠纪

属：舌羊齿属（*Glossopteris*）
族群：舌羊齿目
（Glossopteridales）
高度：8米
发现地：印度、南美、澳大利亚、非洲和南极

图片导航

已经灭绝的舌羊齿目属于种子蕨植物，诞生于2.99亿—2.52亿年前的二叠纪。舌羊齿属是舌羊齿目中体形最大、名声最响亮的成员，它们曾是南方冈瓦纳大陆植物群的重要组成部分，但是在2.01亿年前的三叠纪末期灭绝。目前发现的化石有70多个种，包括印度发现的舌羊齿叶化石和南美、澳大利亚、非洲以及南极洲的其他种，但北半球还没有明确发现这类化石。

舌羊齿得名于叶片的形状，但除了舌头形状的叶子，尚未发现完整的大型标本，因此目前还不明确舌羊齿属里其他多种多样的成员都是什么模样，它们可能是大灌木或是小乔木，可能类似玉兰和幼年银杏，某些成员的高度可达30米。许多化石都表明它们生活在半水生环境中，例如沼泽。大量厚厚的舌羊齿叶片堆成的化石表明这类植物是会在秋天脱叶的落叶植物；其他证据包括离区，即现生落叶植物叶片脱落的地方。有些种具有细小的鳞状叶，可能是叶芽。在舌羊齿的树干上还能见到年轮，这在随季节改变生长速度的树木中十分常见。RS

要点

1 生殖结构

雌性和雄性的生殖器官都位于叶片上，而花朵等独立生殖结构要在很久之后才会出现。在部分舌羊齿类植物中会出现叶缘翻卷的情况，以便为环绕叶片底部发育的种子提供封闭的腔室。

2 整体形态

目前还没有发现能够显示出舌羊齿属植物整体形态的化石。但在已发现的一具化石里，舌羊齿属植物是一株高大笔直的树，树干越往上越窄，最后形成一个尖端，类似寒冷地区的许多现生针叶树。也有理论认为它们具有更茂密的圆形树冠。

3 叶片

舌状的成熟叶片长度在10～100厘米不等。它们具有明显的中心叶脉和小叶脉网络，与当时其他种子植物的叶片差异很大，其他叶片具有平行的次脉但没有中心叶脉。

▲舌羊齿植物的根部结构十分独特，呈规则分布且有间隔分区，形似脊柱，因此它们被称为“脊椎植物”。根部中心也有木质束，具有裂片状间隔，这在植物中非比寻常。

大陆漂移

1912年，德国气象学家和地球物理学家阿尔弗雷德·魏格纳（1880—1930）提出了大陆漂移理论。他认为大陆并非固定在地球表面，而是在缓慢移动。他发现大西洋两岸都具有相似的岩石，也注意到有些化石遍布南部大陆，例如爬行动物中龙（见240页）的化石分布在非洲和南美洲，而舌羊齿化石遍布非洲、印度、澳大利亚和南极，在1911—1912年，命途多舛的斯科特探险队在南极横贯山脉中发现了含舌羊齿化石的岩石。很难想象这是独立进化的结果。魏格纳对此的解释是大陆曾经连接在一起，之后又缓慢分离开来（见右图），这个理论现在已经得到了认可。

苏铁、银杏树和针叶树

1 这些白垩纪苏铁叶片化石保存在细粒黏土岩中。

2 西米棕榈（*Cycas revoluta*）是一种现生观赏性苏铁（不是真正的棕榈，棕榈属于被子植物）。

3 松树等针叶树的针叶，花粉和种子都位于俗称“松果”的木质球果中。

苏铁是一类古老的植物。发现于中国的苏铁化石可以追溯到2.8亿—2.7亿年前的早二叠世。它们可能是从树蕨类植物演变而来，被公认为是当今所有其他种子植物的姐妹群：银杏、针叶树、开花植物（被子植物）和一些小族群。它们具有巨大的开裂叶片，形似棕榈或树蕨类植物。某些成员雌雄异株（纯雄性或纯雌性），通过种子繁殖，种子生长在雌株特殊的种叶上。

如今的苏铁是包括250 ~ 300个种的小类群，分布在全球的热带和亚热带地区。虽然现存种不多，但是在中生代的鼎盛时期，特别是2.52亿— 1.45亿年前的三叠纪和侏罗纪时期，苏铁种类繁多，占全球陆生植物的1/5。因为潮湿温暖的中生代气候让它们遍布世界，每一片大陆上都发现过苏铁化石（见图1），所以侏罗纪有时也被称为苏铁时代。虽然苏铁有时会被称为活化石，但是3个现生苏铁科都无法追溯到最古老的苏铁。大部分苏铁化石都是从6 000万到5 000万年前的早第三纪时期开始

关键事件

3.59亿—2.99亿年前	3亿年前	3亿年前	2.8亿年前	2.6亿—2.5亿年前	2.52亿年前
针叶树开始显示出取代既往优势植物（例如鳞木）的迹象。	几种裸子植物诞生，部分是从类似蕨类的前裸子植物进化而来的。	科达目，重要的早期裸子植物，生长在海岸微咸水的泥滩上。它们是苏铁和针叶树的近亲。	最早的苏铁诞生。它们在1亿多年后的侏罗纪里成为陆地上的优势植物。	大羽羊齿类开始蓬勃发展，它们可能是开花植物的祖先，也是当时最进步的陆生植物。	二叠纪末期“大消亡”（见224页）开辟了新的进化机会。

出现的，不过部分种（见图2）大约起源于1 000万年前。苏铁曾被归类为裸子植物，这类植物中还包括针叶树和银杏。裸子植物中的种子在发育中受到的包裹和保护都不及被子植物，后者的种子在子房内受到保护。不过最近的研究发现一些苏铁与被子植物的关系比裸子植物更为密切。

世界各地的公园和花园最常见到的裸子植物便是银杏（见78页）。它们遗世独立，没有现生近亲。化石记录表明，银杏在过去5 000万年几乎没有变化，而且和2亿年前繁茂生长于侏罗纪森林中的祖先十分相似。中国东北义县组和九佛堂组产出的1.21亿年历史的银杏化石表明现生银杏和早期的侏罗纪银杏仅有微小差别。如今野外珍贵的银杏近乎灭绝，它之所以能生存至今，多亏了中国人的呵护。银杏输送水分和树汁的维管系统（植物的内部管道）与针叶树十分相似（见80页），这表明它们具有共同的祖先。我们所熟悉的产松果针叶树（见图3），如紫杉、松树和雪松，是最常见、数量最多的裸子植物，也是有史以来最高大的生物。它们的祖先是科达目，这是已经灭绝的裸子植物，具有长长的带状叶子，一般生活在微咸水的泥滩上，生长方式可能类似现代的红树。最早的针叶树大约在3亿年前出现，并且具有类似现生南洋杉属的树枝和针叶。南洋杉属包括智利松（猴迷树），不过它们的球果要比现代针叶树紧密球果松散得多。

买麻藤目也是一类奇特的裸子植物，其中包括买麻藤属（*Gnetum*）、千岁兰属（*Welwitschia*，见85页）和麻黄属（*Ephedra*）。买麻藤是热带藤本植物（木质藤蔓），形似灌木或小树，具有宽阔且有光泽的常绿叶。麻黄是灌木状的裸子植物，分布广泛，尤喜海岸地区（俗名“海葡萄”），有几种是传统医学里的重要药物。而千岁兰是世界上最奇怪的植物之一，仅生长在非洲西南部的纳米比亚沙漠中，一生中只长两片叶子。

大多数现代针叶树的祖先都起源于2.52亿—6 600万年前的中生代，当时恐龙还统治着陆地。它们与苏铁和银杏一起构建起了森林。不过各种裸子植物之间的进化关系仍不明确。现生种的基因和化石种子的结构等证据表明，各类裸子植物可能来源于我们尚未发现的远古祖先。RS

2.5亿年前	2.5亿—2亿年前	2.4亿年前	1.5亿年前	7 000万年前	6 600万年前
本内苏铁目（见80页），曾被误认为是开花植物祖先的种子植物。	买麻藤目诞生，它具有被子植物的特征。现生成员包括千岁兰。	昙花一现的大羽羊齿类，一些成员有60厘米高。	银杏树达到鼎盛时期，在许多栖息地中大量繁衍，但现生种只有一个。	本内苏铁开始衰落，最终在白垩纪末期灭绝。	白垩纪末期大灭绝（见364页）累及许多陆生栖息地，为开花植物的崛起扫清了障碍。

银杏

白垩纪至今

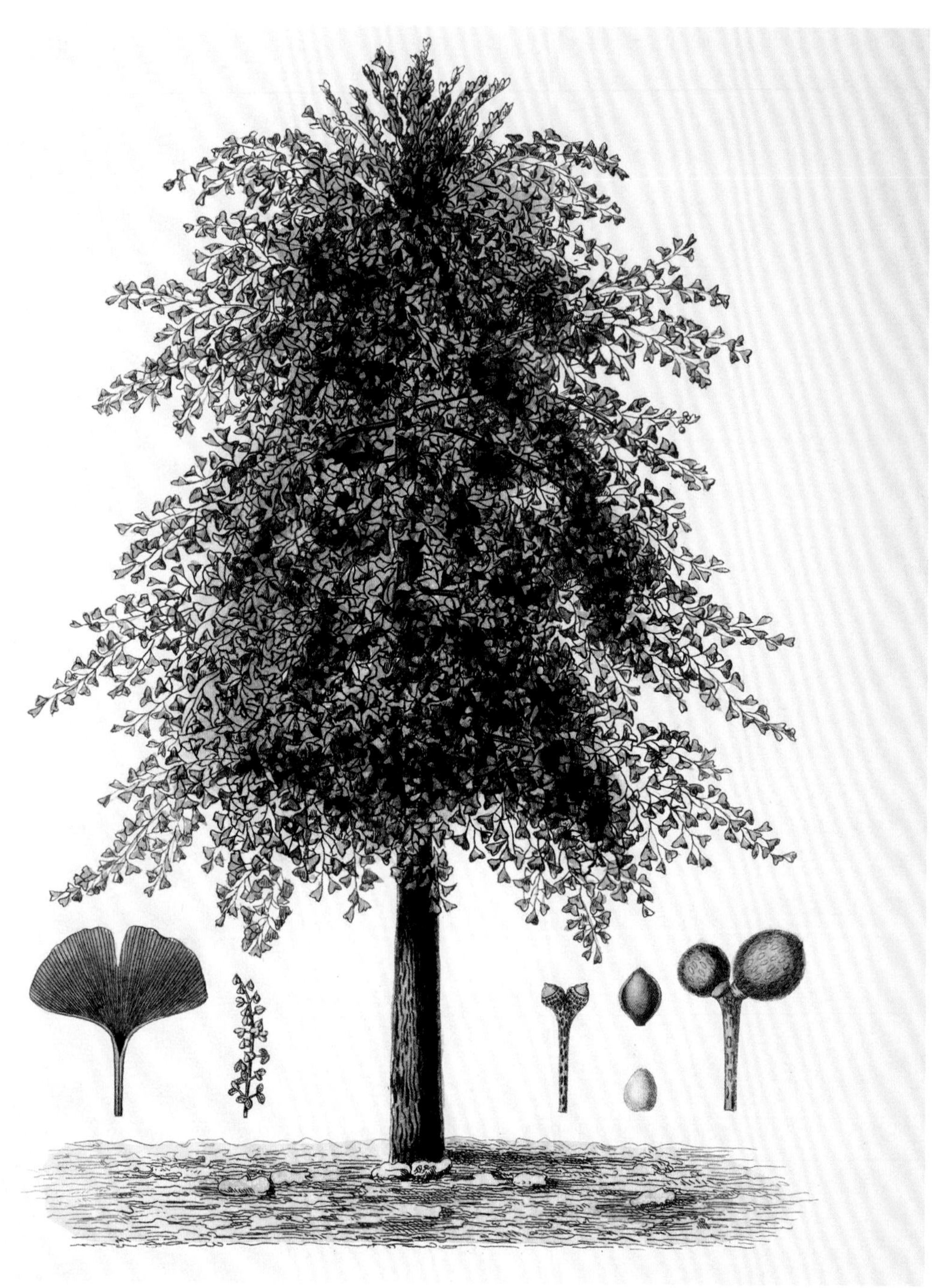

种：银杏（*Ginkgo biloba*）
科：银杏科（Ginkgoaceae）
高度：30米
栖息地：中国（有野外种）
世界自然保护联盟：濒危

图片导航

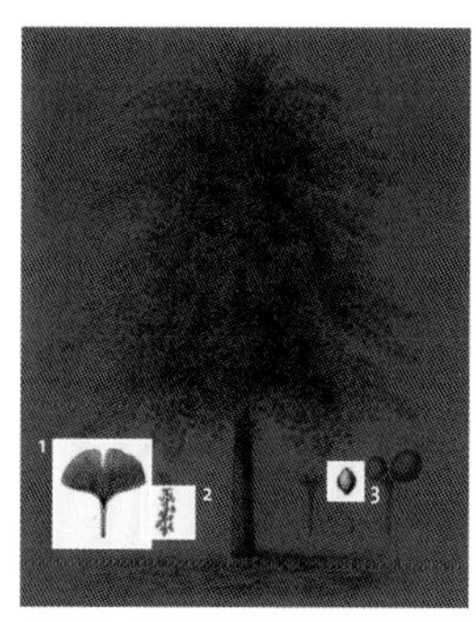

诞生于2.99亿—2.52亿年前二叠纪时期的银杏类植物目前只残存一个种。它们在1.9亿年前的侏罗纪早期达到多样性的顶峰，当时的银杏目至少有16个属，和苏铁、针叶树及蕨类植物组成了全球植被，而且银杏在其中占比很高。最近的研究指出，苏铁是银杏亲缘关系最近的现生类群，银杏的一个微观特征是精子具有鞭毛（尾巴），因此能够移动。在现生种子植物里，只有银杏和苏铁才具有这种特征。

种子形成方式的改变是银杏为数不多的进化之一。侏罗纪标本有分散开的种柄，每根种柄上都有一颗种子。而1.2亿年前的白垩纪标本在一根种柄上就有许多种子。如今银杏在一根种柄上生有多颗种子，但只有一颗成熟。到6 600万—6 000万年前的早古新世时，银杏就只剩下了一个种，其叶片几乎和现在的银杏相同，因此银杏也被称为活化石。古新世银杏在北半球很常见，但随着地球气候转冷，它们的分布不断向南移动，最终在北美和欧洲消失。RS

要点

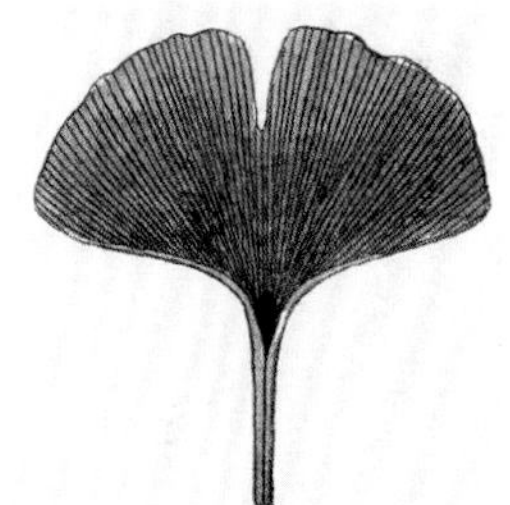

1 叶

银杏叶的形态在进化过程中发生过变化。侏罗纪的银杏拥有锯齿叶，类似现代的板栗叶。大约5 000万年后，银杏叶的锯齿融合形成了现在的扇形叶片。

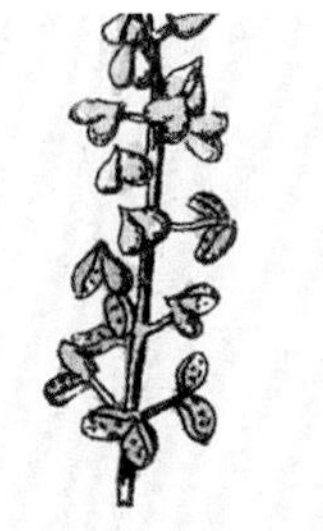

2 球果

银杏树雌雄异株，雄树球果中的花粉由风吹向雌树的繁殖结构，后者不是真正的球果，而是胚珠。受精在秋天完成，此时种子也会从树上落下，随后种皮慢慢腐烂。

3 种子

和其他树木相比，银杏的种子很大，看似黄樱桃，由肉质外层包裹木质坚果。它们在秋天落到地上，稍早于树叶脱落。种子对动物很有吸引力，例如松鼠，它们会帮助银杏散播种子。

逃脱灭绝

多亏中国人的栽培，银杏才逃过灭绝的命运。虽然它们在世界其他地方尽数灭绝，但中国人喜爱可入药食用的白果（上图），于是它们在中国幸存了下来。银杏种子也传到了日本和韩国，随后在18世纪进入了欧洲和美国。英语中的“ginkgo”一词源自日语的“ginkyo”，是指银白色的杏状果实。如今温带或亚热带的每座植物园里都至少栽种着一棵银杏树。中国尚存的一些古银杏树分子的证据表明它们可能具有自然起源，而非人为栽种。如果事实的确如此，那它们就是最后一批野生银杏树。

针叶树时代

1 威氏苏铁（*Williamsonia*）曾是世界上分布最广的一类本内苏铁，几乎每片大陆上都发现过它们的化石。

2 现生瓦勒迈杉（*Wollemia nobilis*），人们曾经认为它们所在的属已经在200多万年前灭绝，但1994年，人们在澳大利亚发现了这个现生种。它们是智利南洋杉的远亲。

3 柳叶罗汉松（*Podocarpus salignus*），属于罗汉松科，这类针叶树主要生长在南半球，其中许多成员都长有阔叶。

当第一批针叶树开始生长时，地球和今天的世界截然不同。在大约2.5亿年前的三叠纪之初，所有大陆都聚集在一起，形成了广阔的盘古超级大陆。这对三叠纪气候产生了巨大影响，盘古大陆跨越赤道，大部分高于海平面，几乎没有内陆海域和湖泊，内陆距离海洋太远，无法受到海水的冷却作用，也没有太多降雨。因此，远离海岸的地方普遍炎热干旱。

盘古大陆在接下来的亿万年里逐渐分离，在南部形成了冈瓦纳大陆（现在的南美洲、非洲、印度、南极洲和澳大利亚），在北部形成了劳亚大陆（北美和欧亚大陆）。随着大陆的漂移，海平面上升，河流和湖泊边出现了大片裸子植物森林（见77页）。森林中树木的遗骸形成了丰富的煤层，也指明了它们曾经的位置。三叠纪之初的北方森林以针叶树、银杏、

关键事件

3亿年前	2亿年前	2亿年前	2亿—1.5亿年前	1.5亿年前	1.5亿年前
盘古超级大陆形成，位于泛古洋之中。全球气候都受到了影响。	松树和红豆杉等现代针叶树诞生，并开始多样化。	瓦勒迈杉蓬勃繁衍。1994年瓦勒迈杉被确认为现生树种。	最初的红木或水杉（柏科的一个亚群）在北大陆诞生，北美洲尤多。	南半球的罗汉松开始进化出宽阔平坦的叶片，以便与开花植物竞争。	巨大的长颈蜥脚类（见264页）开始食用针叶树叶片，例如南洋杉。

苏铁为主，例如威氏苏铁（见图1），这是一种在白垩纪末期灭绝的种子植物。

大陆继续缓慢漂移，在6 600万年前的新生代之初进一步分离。北半球生物脱离了赤道和热带几乎没有变换的环境，必须适应寒冷的气候和四季变化。由此产生的压力刺激了进化。如今大多数针叶树的祖先都是在新生代诞生的。北方出现新物种的频率高于南方。冷杉、铁杉、落叶松、松树、水杉（松科）、杜松和柏树（柏科）现在遍布北半球，而7个现生针叶树科中历史最悠久的南洋杉科（见图2）和罗汉松科（见图3）主要生长在南半球，栖息地包括阿根廷、澳大利亚、新几内亚和新西兰。这些地区始终温和潮湿的环境有利于它们生存。

2012年，耶鲁大学的研究人员在600多种现生针叶树种里针对489个种调查了化石记录和基因构成。结果发现，虽然主要的针叶树科可以追溯到6 600万年前的中生代，但大多数南半球种的历史都只有500万年。

除了不断变化的气候，针叶树还要克服其他障碍。它们优势植物群的地位在白垩纪里受到了被子植物的挑战（开花植物，见86页）。阿德莱德大学于2011年发表的研究表明，被子植物的出现把针叶树逼迫到了更遥远的北部和山区。不过南半球的罗汉松在进化中适应了环境，它们将针叶树的典型针叶演变成了扁平的叶子，成为最成功的针叶树族群之一。化石和遗传证据表明，从针叶到扁平叶的变化始于1.5亿—9 000万年前，进化速度在开花植物出现时达到了顶峰。更宽大的罗汉松叶可以和新兴热带雨林中的开花植物竞争阳光。实际上，罗汉松的阔叶就是借鉴开花植物最成功的一个进化策略。

对针叶树的进化研究也有助于研究人员精确判断现代雨林的起源时间，这个问题在现在仍有争议。罗汉松的进化源自热带雨林带来的自然选择压力，因此确定一个事件的发生时间也有利于为另一起事件得出线索。那为什么其他针叶树没有出现这种适应性的变化呢？研究人员推测，这可能是因为它们的历史太过漫长，某些方面继续进化的潜力已经达到极限。RS

1.45亿年前	1.4亿—1.2亿年前	1.3亿年前	1亿年前	1亿年前	1 000万—500万年前
产种子的裸子植物开始占据主流地位，而种子蕨不断衰落，最终灭绝。	开花植物成为优势植物，开始在很多地区对针叶树造成威胁。	最古老的松树球果（孢子叶球）在早白垩世出现。一些针叶树进化出雄球果和雌球果（见84页）。	盘古超级大陆开始分裂成如今的各大洲，导致全球气候区域改变。	化石表明水杉（见82页）在加拿大西部生长。	许多北半球针叶树族群爆发进化，分化为许多至今存在的物种。

水杉

白垩纪中期至今

种：水杉
（*Metasequoia glyptostroboides*）
族群：柏科
（Cupressaceae）
高度：50米
发现地：中国（野外）
世界自然保护联盟：濒危

图片导航

水杉是原本以为已经灭绝的少数植物之一。它们隶属柏科，是杜松和红雪松的同类。最古老的水杉化石发现于加拿大西部，形成于大约1亿年前的白垩纪中期。1941年，日本古植物学家三木茂（1901—1974）研究了500万年前的上新世化石，并将它们归入新属水杉属。这些化石此前与落羽杉和红杉相混淆。1943年，一位林业学家在中国四川省的村庄附近发现了一棵落叶针叶树，他收集了样本，后来交给了当时重庆中央大学的一名研究助理。很明显，这个样本是新的。1946年，这棵树的样本被确认与三木茂于1941年建立的水杉属化石相匹配。

水杉目前是欧洲和北美的观赏树。中国的野生群数量极少，已归为濒危物种。它们偏爱潮湿的栖息地，例如河岸。有证据表明它们曾经是北方分布广泛的优势落叶树。但气候在6 500万年前开始变得更加干冷，迫使它们将栖息地缩小到了现在的范围。RS

要点

1 叶片形态

水杉比较柔软的针叶约2.5厘米长，在叶柄上成对排列，叶柄本身也成对生长。生长季节的叶呈鲜绿色，在秋天脱落之前变成红棕色。

2 球果

水杉雌雄同株，雌球果和雄球果在同一棵树的不同树枝上生长。一般来说，水杉在长到9 ~ 15米时开始长出雌球果，达到18 ~ 27米时开始长出雄球果。

3 落叶

水杉的落叶特性在针叶树中很不寻常。白垩纪的温度要比现在高得多，落叶特性可能是为了应对高纬度地区的光照变化，而不是温度变化。

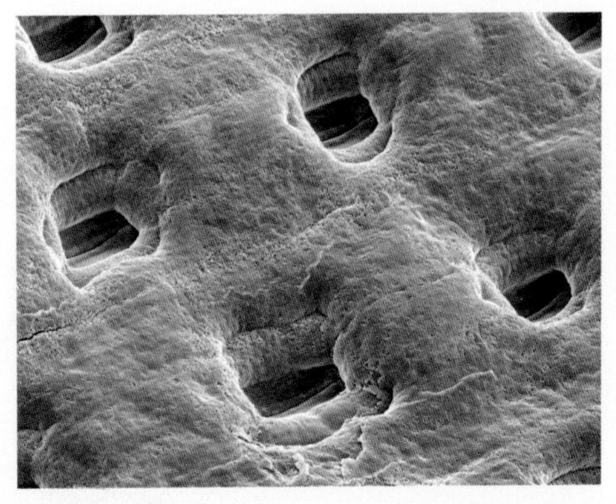

全球变暖

水杉化石为远古大气二氧化碳含量变化的测定提供了线索。二氧化碳含量越高，树叶上用于和大气换气的气孔数量越小（上图为云杉叶）。在几乎没有进化变化的植物中，可以将现生植物叶片的气孔数量和化石标本相比较，例如水杉和银杏（见78页），以评估过去的二氧化碳水平。这类研究意义重大，因为人气中的二氧化碳作为影响气候的因素，不仅有助于重建古环境，而且有助于预测人类引起的二氧化碳水平和未来的气候变化。

海岸松

新近纪至今

图片导航

种：海岸松（*Pinus pinaster*）
族群：松科（Pinaceae）
高度：30米
栖息地：欧洲和非洲
世界自然保护联盟：无危

裸子植物的生殖结构是球果，或称“球花”，本质上是一个经过进化而改变的枝条。裸子植物意为“种子裸露”，因为它们的种子不像开花植物的种子那样有果实包裹。松树、云杉、海岸松等针叶树具有木质球果，但其他针叶树，例如罗汉松、红豆杉和杜松则产生浆果状球果。这类浆果很受动物喜爱，有助于传播种子。而十分罕见的千岁兰（见下图）具有橙色的椭圆形雄球果和较大的雌球果。

产生种子是植物进化中的巨大飞跃，因为种子里是已经发育良好的幼小植物，具有由保护层包裹起来的胚根、茎、叶和营养组织。种子发芽后，幼小的植物由种子中储存的养料滋养，直到植物可以自给自足。种子让裸子植物具备了超越蕨类植物和其他早期孢子维管植物的优势（见70页），因此在中生代的大部分时间里（2.52亿—6 600万年前）裸子植物都是优势植物。海岸松至今依然保存着竞争优势，而且因为侵略性太强而臭名昭著。这在南非的灌木地区尤为明显，当地的生物多样性已经因为海岸松而受到了损害。RS

要点

1 雄球果

也称小孢子叶球，雄（花粉）球果一般都比较小，不太显眼，类似没有成熟的雌球果。它们在不同的植物中呈绿色或褐色，聚集成块状或管状。它们通常在释放花粉后掉落。

2 球果结构

海岸松的球果由大量被称为孢子叶的鳞片围绕中心轴形成。生殖结构包裹在鳞片下。松树雌雄同体，雌球果和雄球果长在同一棵树上。雌球果大多位于新枝的顶部，雄球果位于新枝的基部。

3 雌球果

海岸松的雌球果大于雄球果，也称大孢子叶（种子球果），具有木质鳞片。它们的形状和生长方式都有别于其他针叶树的球果。耗费至少两年时间干燥成熟后，球果的鳞片弯曲，以便释放种子。

千岁兰

奇异的千岁兰（*Welwitschia mirabilis*）自从在侏罗纪诞生之后就几乎没有发生变化，它们也是买麻藤目里唯一的幸存者。它们实在是非同寻常，所以它们于1859年在纳米布沙漠被发现的时候，奥地利植物学家弗雷德里克·韦尔维茨（1806—1872）简直不敢相信自己的眼睛，他几乎不敢碰触这种植物。它们只有两片皮革一样坚韧的叶子，能长到9米长、2米宽，但常会被沙漠里的风撕成很多条。它们还有一个茎基和根部。千岁兰可以存活1 500年之久，雌雄异株，雄球果和雌球果（上图）在不同的植株上产生。它们可能属于针叶树中的松科，但尚不清楚出现独特形态的原因。

最初的开花植物

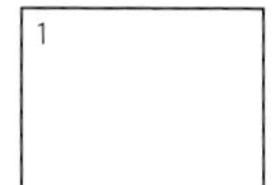

2

3

1 产生种子的威氏苏铁具有叶状苞片，排列形式类似花朵。

2 蔷薇科自白垩纪诞生以来，已经进化出了很多个种，目前种数接近3 000。

3 星花木兰（*Magnolia stellata*）等木兰属植物是最古老的被子植物之一。

查尔斯·达尔文认为开花植物（被子植物）的起源是一个“令人厌恶的谜团”。如今被子植物是分布广泛、种类最繁多、数量最大的植物群体，但我们仍不能确定它们的进化过程。虽然公认被子植物（种子受到包裹或保护）是由苏铁或针叶树等裸子植物（种子裸露，没有保护）进化而来的，但进化时间仍不明确。化石记录中开花植物的出现极为突然，似乎是凭空诞生的一般。最古老的开花植物化石是花粉粒。它们小而坚韧，数量庞大，而且比脆弱的叶和花更容易成为化石。确凿的花粉化石记录可追溯到1.4亿—1.3亿年前的早白垩世，开花植物可能就是在这段时间内出现的。最古老的被子植物无油樟（见90页）的存在支持这个理论。但在2011年，瑞士和德国的研究人员在2.4亿年前的三叠纪化石中发现了十分类似白垩纪花粉的标本。目前，人们还没有发现可以填补三叠纪与白垩纪之间1亿年空白的花粉化石。

关键事件

2.4亿年前	1.5亿—1.3亿年前	1.4亿年前	1.3亿年前	1.25亿年前	1.25亿年前
三叠纪出现了类似花产生的花粉粒。	最早的真双子叶植物诞生（见94页），花粉粒有凹槽。它们后来将分化成蔷薇科、山毛榉科等多个科。	开花植物中的单子叶植物，例如禾本科、兰科和棕榈科，从真双子叶植物中分化出来。	无油樟繁盛于东亚，一直持续到现代。	早期植物睡莲属开始扩张，诞生了睡莲、莼和水盾草。	古果属（*Archaefructus*）出现，这无疑是化石记录中最古老的开花植物。

在2002年，中国和美国佛罗里达州的古植物学家团队宣布发现古果科（见88页）。这是非常古老的开花植物，具有细长的茎和分裂的小叶片。他们在中国东北发现了5具几乎完整的化石，包括花、种子和果实。化石年龄在1.45亿～1.25亿年，是迄今为止最完整的早期被子植物化石，但研究人员认为它们不是最早的开花植物。

有证据表明，催生开花植物的进化适应开始于2.5亿年前。种子蕨可能就是它们的祖先（见70页），这类植物中有一部分会在专门的结构中安置种子，也具有类似开花植物花粉囊的产花粉结构。它们很有可能采用了风媒授粉的方式，不过有的种子蕨花粉较大，可能要依靠昆虫和其他动物传粉。部分苏铁的生殖器官也类似开花植物，它们有时有叶状苞片围绕，苞片科已经能进化出花朵形态来吸引授粉昆虫，例如本内苏铁目里的威氏苏铁属（见图1）。大羽羊齿类也有可能是被子植物的祖先。它们没有花，但具有类似花的叶和茎，可能也可以和被子植物一样产生可以驱虫的化学物质，以便自保。

花朵必然是从某种结构进化而来的，上文中的植物都有此潜力。分子和基因研究发现，参与花朵发育的基因与叶片和茎的发育基因同属一类，可见最古老的花朵是叶的变体。花状结构最初的适应性优势可能是对其他生物的吸引力，特别是昆虫，后者有助于授粉（见6页）。这体现出了进化中有关键作用的扩展适应，即为了某个功能而进化出一个结构。叶片首先作为捕获光能的光合器官进化，后来又为了其他功能而发生改变，例如繁殖。

昆虫授粉带来了健康的基因重组，动物也用自己的消化系统将种子带到新的地区，被子植物就这样被不断扩散，种类也越来越多。1.25亿—6 600万年前，地球上出现了许多木本被子植物，包括几个现生群体，例如蔷薇科（见图2）、木兰科（见图3）和悬铃木科。睡莲和草等草本植物可能也是在这个时期诞生的。约9 500万年以前，很多地方的被子植物就已经在竞争中打败了针叶树和其他裸子植物，一路向着植物霸主的地位高歌猛进。RS

1.15亿年前	1亿—9 000万年前	1亿—6 500万年前	9 500万年前	7 000万年前	4 000万—3 500万年前
澳大利亚的库恩瓦拉化石床保存了开花植物及许多其他生物。	被子植物开始占据陆地，超过了针叶树和其他裸子植物。	针叶树和双子叶被子植物占据着白垩纪沼泽。	木兰科诞生，即现代木兰的古代近亲。	恐龙粪化石表明，这个时期可能已经出现了草本植物。	气候变化让具有特化小花朵的草本开花植物开始广泛分布。

古果

白垩纪中期

虽然不太可能是最早的开花植物，但古果属目前是化石记录中最古老的开花植物。化石于2002年在富含化石的中国东北地区出土，定年研究表明它们形成于1.5亿年前的侏罗纪，这项发现顿时在植物学界引起了轰动。后来定年结果修改为1.25亿年前的白垩纪。化石显示这种植物具有细长的茎和开裂的小叶，属于已经灭绝的水生开花植物。发现古果属的古植物学家认为它们的形态和生态学都很接近最古老的开花植物，但也有人认为它们与现代睡莲相似，只是一个适应了水生栖息地的被子植物冠群。即使不是最古老的开花植物，古果属仍然是重要的化石记录，标本保存完好，完整显示出了根、芽、叶、花和种子。其属名来自最先出土的标本辽宁古果，发现地是著名的辽宁省义县。当地的岩层中发现过许多重要的化石，特别是羽化的非禽类恐龙。古果属中还有其他两个成员：始花古果和中华古果。RS

图片导航

种：辽宁古果
（*Archaefructus liaoningensis*）
族群：古果科
（Archaefructaceae）
高度：50厘米
发现地：中国

要点

1 花
辽宁古果及其姐妹种中华古果都具有单性花，雄花具有花粉，而雌性花具有胚珠。但是始花古果具有双性花，雌性和雄性器官都在同一朵花上。生殖器官可能会伸出水面。

2 果实
辽宁古果没有花瓣，但种子包裹在果实中，因此属于被子植物。每个果实含有2～4颗种子，可能是依靠水流散播，之后在浅水中发芽。

3 芽和茎
辽宁古果的草本芽长不超过50厘米，茎干细长弯曲，表明是由水支撑的。叶分裂成窄条，表明辽宁古果为水生植物，同一岩层中保存的鱼类化石也是证据。

被子植物的身份

早期关于被子植物最大的谜题之一是它们到底是哪种类型的植物。古果是和现代水毛茛（下图）一样脆弱的小草本植物，还是木本裸子植物和灌木的后裔？古草本假说表明，最古老的被子植物是寿命不长的热带草本开花植物，花朵简单且混合了单子叶植物和双子叶植物的特征（见94页）。而木本木兰假说提出，最初的被子植物是生命周期较短的树木，具有长阔叶和大型花。这些特征表明它们占据了黑暗的林下栖息地，而花朵的进化并不是被子植物迅速多样化的原因。

无油樟属

晚白垩世至今

图片导航

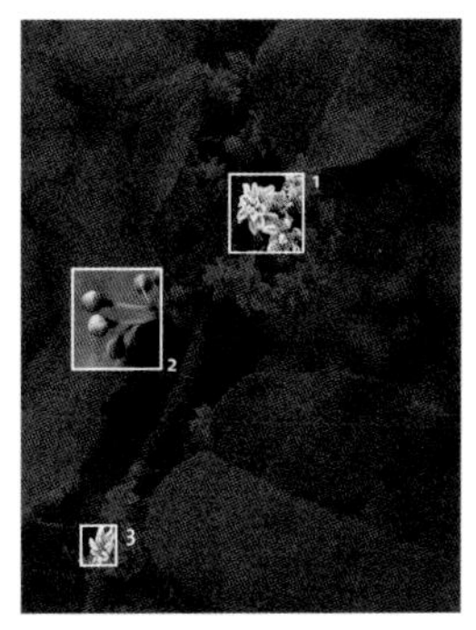

种：毛梗无油樟
（*Amborella trichopoda*）
族群：被子植物门（Angiosperms）
高度：8米
发现地：新喀里多尼亚
世界自然保护联盟：未评估

无油樟属可能是其他所有现生被子植物的姐妹群，因为它们的祖先比所有其他被子植物的祖先都古老。现生种只有毛梗无油樟，其形似低矮灌木，最高8米，叶片具有锯齿边缘，长约10厘米，开奶油色小花。

毛梗无油樟是无油樟属里唯一的现存种。这个古老的被子植物属是在最初的开花植物之后进化出来的。无油樟在进化分支中的位置较低，在1.3亿年前就从其他被子植物中分离出来。从某种意义上说，它是最接近裸子植物的被子植物，但科学家们并没有将它看作连接这两个群体的“缺失环节”。和大多数裸子植物一样，无油樟雌雄异株，所以单一植株必然是雌株或者雄株。对比无油樟和裸子植物的基因，研究者可以得出很多发现，例如控制松果发育的基因如何开始控制花朵发育。花的雌性生殖器官是心皮。在子房里发育的种子就被包裹在心皮中。无油樟具有心皮，但心皮并没有完全闭合，而是通过分泌物封闭。研究者认为这是一个重要发现，因为心皮可能是从扁平的叶状结构进化而来，这个结构最终向内卷曲成几乎闭合的中空子房。RS

要点

1 花
同许多被子植物一样，毛梗无油樟的花朵对昆虫等授粉动物很有吸引力，同时也通过风传粉。花朵要么是有心皮的雌花，要么是有雄蕊的雄花，每棵植株都只能拥有一种性别的花。

2 果实
具有心皮的雌花产生核果（杏仁和樱桃均为核果），直径约为6毫米。但同一个植株可以变换性，在一个开花季中只产生雄花，而在下一个开花季中只产生雌花。

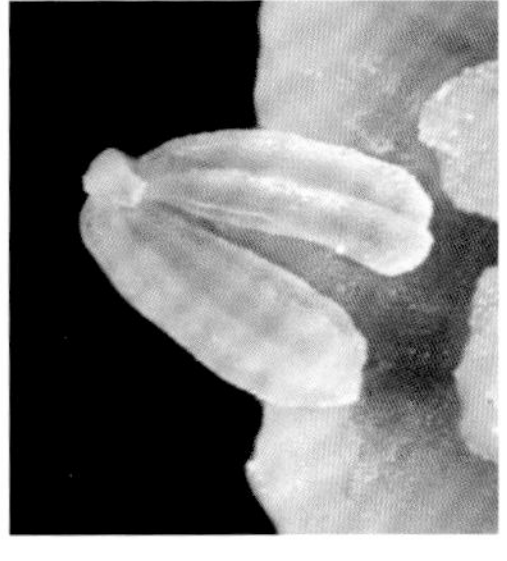

3 心皮
雌性生殖器官并没有完全闭合，可能处于原始的扁平叶状结构与被子植物进一步发展出的中空闭合子房之间。在最古老的被子植物中，心皮的闭合可能不及无油樟。

无油樟的亲缘关系

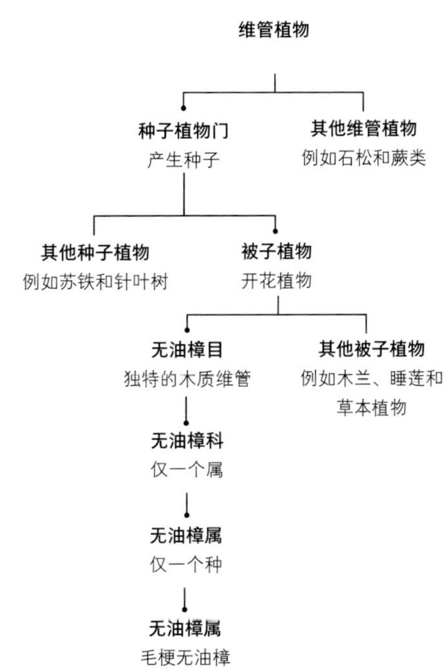

▲从这幅亲缘关系图中可以看出，无油樟是如何和被子植物里的其他开花植物在进化过程中分道扬镳的。一个关键的特性是它独特的“过渡态”导水组织，即木质部。

开花植物的扩张

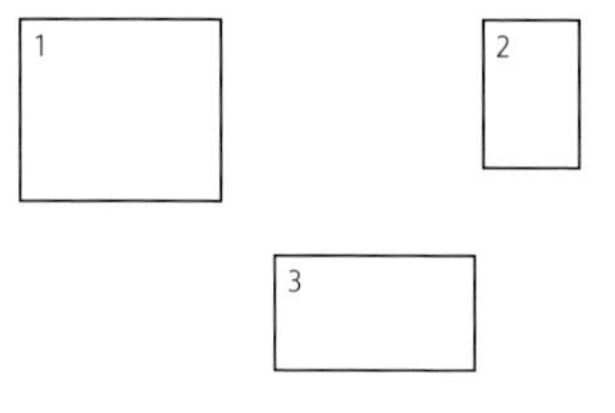

1 世界上最大的花朵，大花草（*Rafflesia*，大王花）适应了热带丛林地面昏暗的条件，依靠寄生在藤蔓上获取营养。

2 向日葵（*Helianthus*）的种子，其中有两片子叶在发育的关键时期提供营养。

3 风信子（*Hyacinthoides*）等林地地面的花朵都在春天生长开花，以免被树叶遮挡。

开花植物（被子植物）在全球快速扩散，而且适应了无数新栖息地（见图1），这就是所谓的适应辐射，堪称生命进化中最让人惊叹的过程。在1.05亿年前的白垩纪中期，只有20%的植物是被子植物，而到6 600万年前的白垩纪末期时，有些地区的被子植物已经达到80%以上。早期被子植物可能是林下层的草本植物、灌木和小型树木，它们生长迅速（见图2），而且可以在糟糕的环境中生存，如植食性恐龙、火灾或洪水在针叶林里开辟出来的空间。它们很可能是在蕨类、苏铁、针叶树稀疏的地方崛起，而且很快就挤走了那些裸子植物。

在1.25亿—1亿年前的这段时间里，风光一时的针叶林迅速消亡，被子植物取而代之。到白垩纪末期，部分裸子植物已经灭绝，例如本内苏铁目、某些银杏和几种针叶树。热带的优势裸子植物掌鳞杉科也全部消失。蕨类植物在针叶林林下层的大本营也被开花植物占据（见图3），于是蕨

关键事件

1.5亿—1.3亿年前	1.35亿—6 000万年前	1亿年前	8 000万年前	7 000万年前	6 600万年前
早期真双子叶植物出现，它们会分化成众多现生科，形成如今大部分的被子植物。	全球气候变冷，被子植物崛起，裸子植物逐渐衰落。	蜜蜂诞生，它们以被子植物的花粉为食，同时也会传粉，所以在开花植物的进化中发挥着重要作用。	气候继续变冷，森林开始接近今天的模样，生长有橡树、山核桃和木兰。	恐龙粪化石的研究表明，当时的草本植物都具有小型矿物结构（植硅体）。	近2亿年里一直是优势植物的掌鳞杉灭绝。

类植物渐渐衰退。如今的针叶树基本上都被驱赶至南北半球的高纬度地区，而赤道和中纬地区是被子植物的天下。

是什么使得进化的天平向被子植物倾斜呢？适应性改变可能是它们突然取得成功的原因之一，例如依靠动物授粉并传播种子。其他解释着眼于被子植物与环境之间的关系。被子植物生长快于裸子植物，因此需要更多的营养物质，而裸子植物可以在不肥沃的土壤中繁荣生长。但落叶层和其他被子植物的遗骸比裸子植物的针叶和球果更容易腐烂。随着开花植物的增长，土壤也越来越肥沃，形成了有利于被子植物但不利于裸子植物的循环。2009年的研究还发现树叶输送系统的进化也是产生被子植物的重要因素。输水效率与光合作用息息相关，提高对前者的适应也会加强光合作用，让植株更具竞争优势。估测表明，被子植物在1.4亿—1亿年前进化出了密集的叶脉网络，将光合作用提高了一倍。

被子植物的崛起可能还引起了另一个更难解释的现象。人们可能会以为开花植物的崛起为动物提供了新的食物来源和栖息地，尤其是对白垩纪中正在进化的哺乳动物。但印第安纳大学的研究者发现，哺乳动物的多样性在被子植物大辐射期间反而有所降低。大多数幸存下来的哺乳动物都是小型食虫动物。直到6 600万年前非鸟类恐龙在白垩纪末期灭绝后，植食性哺乳类才开始大规模涌现。所幸兽类在白垩纪中期幸存下来，它们是包括人类在内的大多数现代哺乳动物的祖先。

6 600万年前

白垩纪末期大灭绝（见364页）消灭了大约75%的物种，包括非鸟恐龙和很多植物。

6 000万年前

被子植物是大部分陆生栖息地里的优势植物，取代了针叶树和其他植物。

6 000万—5 500万年前

银杏（见78页）减少到只有几个种，也反映出其他裸子植物的衰落。

5 600万—3 400万年前

种子植物在始新世开始进化出更大的果实，对动物的吸引力更大了。

3 000万—2 000万年前

草地和大草原随着干燥的气候而扩张，草食动物越来越多，进化也更加迅速。

1万年前

人类在早期农业革命中驯化了很多植物。

花朵化石特别罕见（见图4），分子研究表明，最古老的被子植物有一个现生种，即毛梗无油樟（见90页）。这种灌木发现于南太平洋岛屿新喀里多尼亚的云雾林。无油樟的花具有与古代被子植物相似的特征，而且缺乏后期被子植物群的输水管。接着出现的被子植物是以木兰属为代表的木兰类植物。木兰类植物出现得较早，具有一些比较原始的特征。它们约占现有植物物种的3%，包括木兰、鹅掌楸和睡莲。但这是一个多源群，即各成员的进化起源不同，没有共同祖先。

目前最大的被子植物群是单子叶植物和双子叶植物。前者有大约6.5万个种，包括草、莎草、棕榈和兰花（见图5）；后者约有16.5万个种，包括蔷薇和天竺葵等常见植物，也有橡树和美国梧桐等树木。单子叶和双子叶之间传统区分方式是植物胚胎的子叶数量。单子叶植物有一片子叶，双子叶植物为两片。目前的理论认为双子叶植物先进化出来，随后从中产生了单子叶植物。一些基因研究认为这种分化是在1.5亿—1.4亿年前发生的，即晚侏罗世到早白垩世之间。但单子叶植物的进化过程尚不明确，因为它们的化石记录主要是花粉，没有成熟植株。棕榈等最古老的单子叶植物化石形成于白垩纪末期。

双子叶和单子叶之间的区别由来已久，但变得越来越令人疑惑，被称为古草本的植物混合了单子叶和双子叶植物的特征，而其他开花植物中都没有这个现象。可能的原因之一是古草本是在被子植物分出单子叶和双子叶成员之前就出现的古老代表，所以具有两种植物的特征。双子叶植物在进化上属于多源群（没有共同祖先）。实际上，许多双子叶植物似乎都与单子叶植物的关系更密切。植物学家更倾向于使用“真双子叶植物”进行分类，因为它们可以根据花粉化石的特征归类。真双子叶植物包括大多数树木、许多开花植物、豆类和土豆。在这个系统中，木兰类、睡莲、毛梗无油樟和其他一些群体都属于非真双子叶植物。

被子植物占据着地表，它们的栖息地比其他所有植物都大。它们也直接或间接地为无数无脊椎动物、鸟类和包括人类在内的哺乳动物提供了食物来源，还时常为他们提供栖身之所。被子植物的进化过程中有一个非常重要的因素：它们与其他生物存在复杂的关系。除了众所周知的花与昆虫传粉者的关系之外，还有根系与菌根真菌的联系，植物需要菌根真菌提供营养，豆类植物也和固氮菌进化出了紧密的互利关系（见图6）。

被子植物的果实和种子与动物之间也存在重要关联，在它们刚刚诞生的7 000万～8 000万年中，果实和种子都很小；但是在距今5 600万—3 400万年前的始新世时期，果实和种子变得更大、更富含能量，例如橡子、栗子、葡萄和最初的谷草。这类果实出现得比较迅速，以果实和种子为食的动物也同时变得越来越多样化。这就是典型的协同进化：一类生物的进化对另一类生物的进化产生强烈影响，后者也反过来影响前者（见96页）。因此，除了开花植物和授粉动物的互利，被子植物还长出吸引动物的果实和种子（见图7）。动物可以从植物身上轻松获得高能量食物，同时也担任起散播种子的角色，用自己的消化系统将种子带到远离母树的地方。种子排泄出来之后就占据了新的领土。

人类也与被子植物形成了密切的关系，人类几乎完全依赖它们获取植物性食物。被子植物是如今经济价值最高的植物，它们还能提供木材、纺织纤维和各种药物等商业产品。从某种意义上说，植物和人类的关系加快了它们进化的速度。我们不懈地寻找产量更高、口味更好、更能抵御虫害的植物，也让一些植物变得和野生祖先截然不同。

植物也对全球气候有至关重要的调节作用。首先，它们会进行光合作用，将二氧化碳转化为生物量并释放氧气。其次，植物会加快岩石风化的速度，这个过程也会从大气中去除二氧化碳。现在许多研究人员都认为，早在被子植物出现之前，植物于4.85亿—4.43亿年前奥陶纪时期踏上陆地时就通过减少大气中的二氧化碳而引发了一次全球性的冰期。现代社会大肆砍伐森林、排干湿地，导致全球植被遭到大面积毁损——其中大部分都是被子植物，于是二氧化碳水平增加，气候发生剧烈变化，最终导致与冰期相反的作用：全球变暖。RS

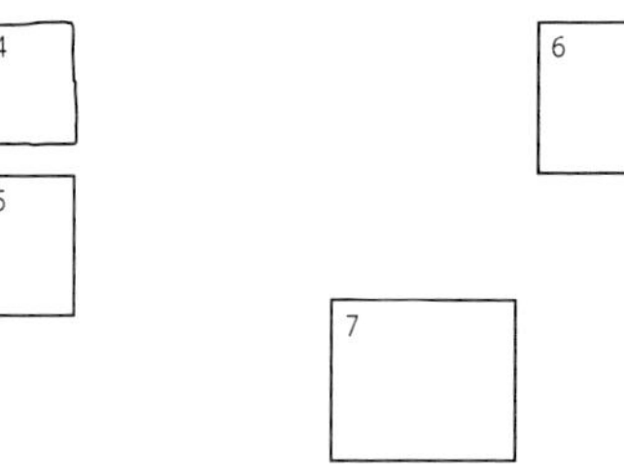

4 花朵十分娇嫩，因此高质量化石十分罕见，例如德国的中新世飞蛾藤（*Porana*）化石。

5 兰花是高度进化的花朵，如这丛猴子兰（*Orchis simia*），它们具有复杂的结构，而且和昆虫传粉者存在复杂关系。

6 豆科已经进化出了根（根瘤），图中是豌豆（*Pisum sativum*）的根，其中有益的细菌会从大气中获取氮并将氮转移给植物。

7 许多动物都通过传播种子为植物的成功繁衍出过力。图中切叶蚁收集的种子最终会在远离母树的地方发芽。

花朵与昆虫协同进化

白垩纪至今

族群：被子植物门，昆虫（Angiospermae，Insecta）
种：超过100万种
作用：提供花蜜和花粉，传粉者
栖息地：几乎所有陆地和诸多淡水水域

4.5亿年前植物开始征服陆地的时候，最初的植食者也不甘落后。在1亿年的时间里，进化和自然选择造就了一系列具有吮吸、穿刺和咀嚼口器的昆虫和其他无脊椎动物。种子植物开始产生花粉时，昆虫很快就开始以它们为食。虽然有些植物因此损失了一些花粉，但进化更加迅速。风媒授粉偶然性太大，但拥有能够在花朵间准确传递花粉的昆虫“空军”就是一个优势。花粉对昆虫的吸引力越大，就越有可能从一朵花的雄蕊传递到另一朵花的雌蕊上，从而产生更多种子。最早的蜜蜂、黄蜂、蝴蝶和飞蛾诞生于大约6 600万年前的新生代之初。它们成年之后就依赖花朵提供食物。这种互利关系就是协同进化的实例：两类生物因为密切的生态关系而共同进化。在自然选择中，对昆虫传粉者做出更有吸引力结构改变的植物更为有利，对迅速将花粉当作食物的昆虫也是如此。花朵中生殖器官的位置十分重要，金鱼草等植物形成了适合特定蜜蜂或其他昆虫的“着陆平台”，只有体重合适的蜜蜂到来时才会打开。结果是，具有独特花朵和气味的植物进化出了富含糖分的花蜜，而授粉者也学会了如何食用这种食物。如今，超过65%的被子植物依靠昆虫传粉，20%的昆虫会在生命的某个阶段依靠花朵获取食物。RS

图片导航

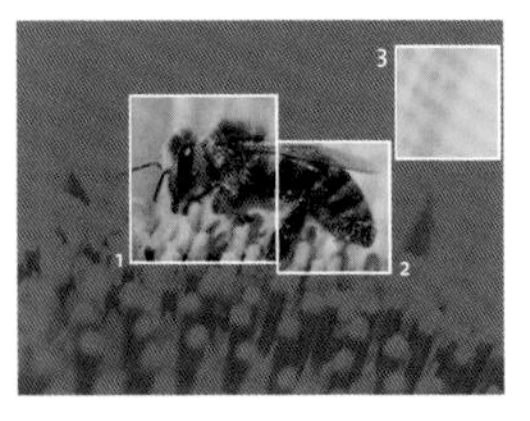

要点

1 高产的传粉者

蜂属（*Apis*）的蜜蜂可能是在3 000多万年前的东南亚诞生的。它们几乎完全依靠花朵提供的花粉和花蜜生存。夏季里，一只普通的工蜂每天可以造访5000朵花，飞行距离超过6千米。

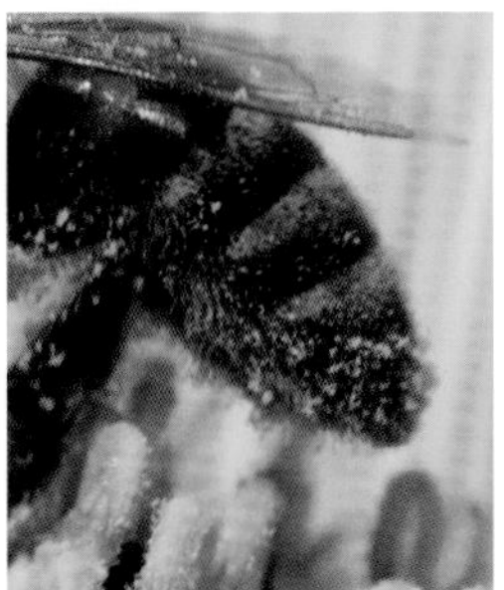

2 传粉

蜜蜂在花朵间飞舞，从蜜腺中采集花蜜、从雄蕊中采集花粉时，花粉就会沾染在它们的躯干上。等它们造访其他花朵时，一些花粉会擦在雌蕊上。正是这样的授粉方式让种子开始发育。

3 吸引信号

植物会利用各种视觉信号来吸引传粉者。蜜蜂对黄光、蓝光和紫外光很敏感，因此利用蜜蜂授粉的花朵大多呈黄色，例如向日葵；或者呈蓝色，用紫外线指引蜜蜂找到蜜腺。花的香味也是吸引蜜蜂的重要手段。

达尔文的飞蛾

1862年年初，查尔斯·达尔文收到了从马达加斯加寄来的兰花，其中一株的蜜腺接近30厘米深。他给一位朋友写信说道："天哪，什么虫子才能吸到它的花蜜啊。"达尔文认为，必然有一种飞蛾进化出了特别长的舌头或喙来给它授粉。鉴于这巨大的花，以及自己对兰花和昆虫进化、生态的了解，达尔文提出世界上存在着一种未知昆虫。在达尔文去世20多年后的1907年，马达加斯加的刚果蛾的一个亚种证明了他的理论。它有长达20厘米的喙，平时卷成一圈。1992年，研究者观察到了这种蛾子是以这种兰花为食并为它们传粉，此时距离达尔文提出假说已经过去了130多年。

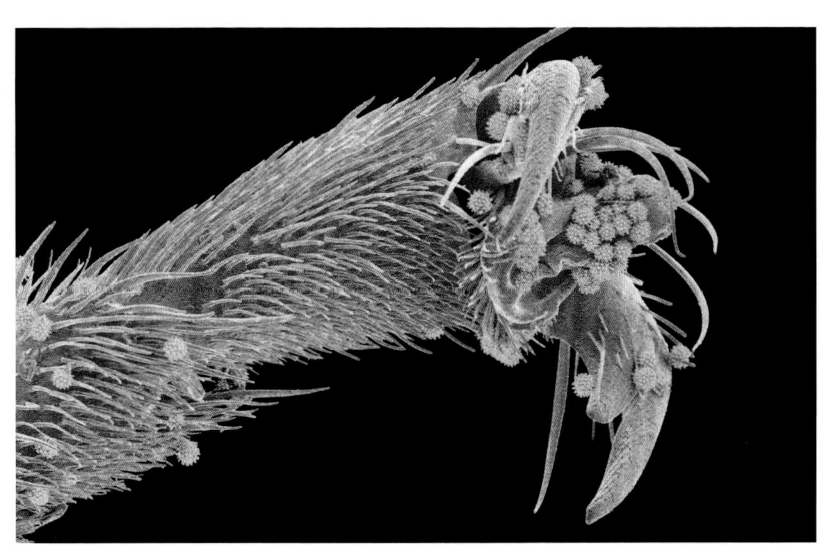

◀ 彩色扫描电子显微照片显示蜜蜂的腿上沾满了圆形的花粉粒。浓密的绒毛捕获的花粉随后又会擦在柱头上，这就是雌蕊接受花粉的区域。吸引特定传粉昆虫的花比其他被子植物更有优势，因为它们的花粉更有可能被带到另外一株同类的花朵里。

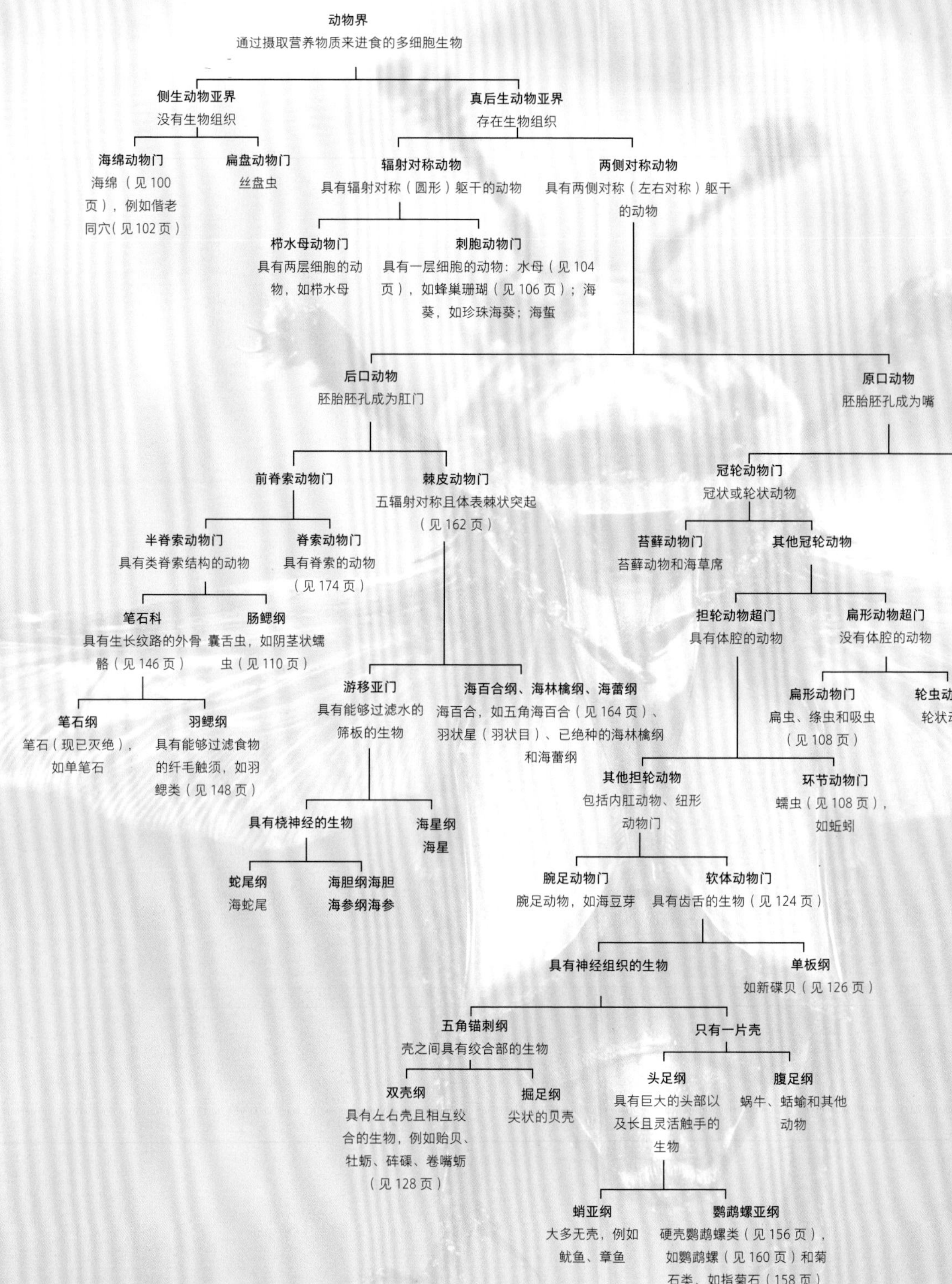
动物界
通过摄取营养物质来进食的多细胞生物
侧生动物亚界
没有生物组织
海绵动物门
海绵（见 100 页），例如偕老同穴（见 102 页）
扁盘动物门
丝盘虫
真后生动物亚界
存在生物组织
辐射对称动物
具有辐射对称（圆形）躯干的动物
栉水母动物门
具有两层细胞的动物，如栉水母
刺胞动物门
具有一层细胞的动物：水母（见 104 页），如蜂巢珊瑚（见 106 页）；海葵，如珍珠海葵；海蜇
两侧对称动物
具有两侧对称（左右对称）躯干的动物
后口动物
胚胎胚孔成为肛门
前脊索动物门
半脊索动物门
具有类脊索结构的动物
笔石科
具有生长纹路的外骨骼（见 146 页）
笔石纲
笔石（现已灭绝），如单笔石
羽鳃纲
具有能够过滤食物的纤毛触须，如羽鳃类（见 148 页）
肠鳃纲
囊舌虫，如阴茎状蠕虫（见 110 页）
脊索动物门
具有脊索的动物（见 174 页）
棘皮动物门
五辐射对称且体表棘状突起（见 162 页）
游移亚门
具有能够过滤水的筛板的生物
具有桡神经的生物
蛇尾纲
海蛇尾
海胆纲海胆
海参纲海参
海星纲
海星
海百合纲、海林檎纲、海蕾纲
海百合，如五角海百合（见 164 页）、羽状星（羽状目）、已绝种的海林檎纲和海蕾纲
原口动物
胚胎胚孔成为嘴
冠轮动物门
冠状或轮状动物
苔藓动物门
苔藓动物和海草席
其他冠轮动物
担轮动物超门
具有体腔的动物
其他担轮动物
包括内肛动物、纽形动物门
腕足动物门
腕足动物，如海豆芽
软体动物门
具有齿舌的生物（见 124 页）
具有神经组织的生物
五角锚刺纲
壳之间具有绞合部的生物
双壳纲
具有左右壳且相互绞合的生物，例如贻贝、牡蛎、砗磲、卷嘴蛎（见 128 页）
掘足纲
尖状的贝壳
只有一片壳
头足纲
具有巨大的头部以及长且灵活触手的生物
蛸亚纲
大多无壳，例如鱿鱼、章鱼
鹦鹉螺亚纲
硬壳鹦鹉螺类（见 156 页），如鹦鹉螺（见 160 页）和菊石类，如指菊石（158 页）
腹足纲
蜗牛、蛞蝓和其他动物
单板纲
如新碟贝（见 126 页）
环节动物门
蠕虫（见 108 页），如蚯蚓
扁形动物超门
没有体腔的动物
扁形动物门
扁虫、绦虫和吸虫（见 108 页）
轮虫动物
轮状动

3 | 无脊椎动物

从海绵这种最简单的生物中进化出了各司其职的组织，例如消化、支撑和感官。繁殖和胚胎发育的方式将棘皮动物和大多数无脊椎动物所在的族群区分开，后者中又诞生了脊索动物，最终进化出脊椎动物。而坚硬的外壳（外骨骼）和有关节的腿的进化催生了节肢动物，包括甲壳类。

海绵

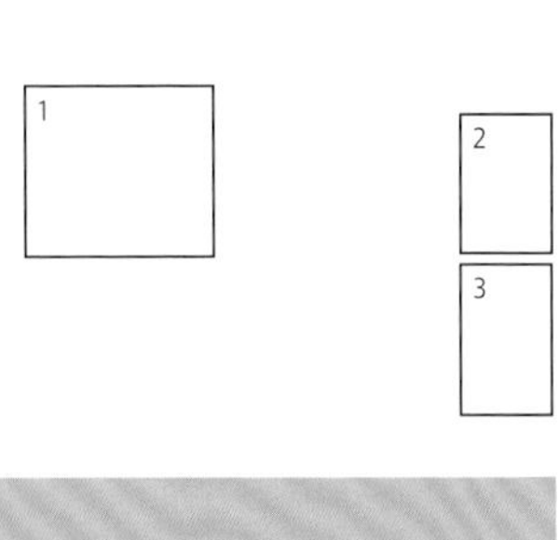

1 这种被命名为“*Peronidella furcata*”的海绵化石可追溯到大约1.36亿年前的白垩纪，发现于英国的伯克郡，它坚硬的骨骼结构有助于化石化保存。

2 皮革一样坚韧的桶状海绵（*Geodia neptuni*）属于寻常海绵纲，直径和高度可达1米。

3 骨针是海绵的重要结构，其性状有助于确定海绵的分类。

乍看之下，大多数海绵都不像活着的动物。它们没有大脑、心脏、消化道、废物处理系统和用于活动的肌肉，也没有循环的血管网络和具体的感官。但摄食方式、生长模式、结构细节和繁殖形式都表明它们属于动物界。海绵构成了海绵动物门（多孔动物门），它们通常被认为是最简单的动物。事实上，海绵和其他一些分类不明的物种构成了侧生动物亚界。而几乎所有其他动物都属于真后生动物亚界（真正的动物）。有证据表明，海绵的历史比其他动物都要长。6.4亿年前的蚀变岩保留下了海绵化学活动的特征——生物标志物。分子时钟（见17页）分析表明，海绵化石可以追溯到近6亿年前的埃迪卡拉纪早期。

所有的海绵都以底栖固着方式（固定）生活在水中。海绵有接近1万种，大部分是海洋生物。它们大量聚集在一起时，会形成类似珊瑚礁的巨大海绵礁（见104页）。化石海绵礁可追溯到5.4亿年前的早寒武世。一些海绵有固定的形状，而且就得名于自身的形态，例如桶（见图2）、杯、

关键事件

6.5亿年前

分子时钟（见17页）和类似的研究表明海绵在这个时期出现，但化石证据稀少，不足以得出结论。

5.6亿年前

寻常海绵纲的成员在中国贵州省的岩石中留下了化石，包括骨针、整体形状和体腔。

5.4亿年前

大量海绵组成海绵礁，这是动物第一次在地球上构建起大型结构。

5.3亿年前

玻璃海绵繁盛起来，并留下了二氧化硅骨针的痕迹，尤其是在澳大利亚和东亚。

5.3亿年前

钙质海绵在早寒武世里进入澳大利亚海域。它们的多样性在白垩纪里达到顶峰。

5.25亿年前

被称为“古杯”的海绵状生物出现，有些专家将它们归入多孔动物门。它们的分布范围和多样性都在迅速增加。

角、漏斗和花瓶海绵。其他海绵没有固定形状，而是长成一个巨大的平面。海绵的谋生方式是通过身体的孔和空腔吸入水，并排出其中的废物。大多数海绵都是雌雄同体，即每个个体都同时拥有雄性和雌性两种性征。

典型的海绵具有中空结构，其体壁类似三明治：内部为一层领细胞（漏斗状细胞），中间是被称为中胶层的胶状物质。中胶层是海绵的骨架，这是由各种微小结构硬化和强化的胶状物，包括构成海绵蛋白的胶原蛋白纤维和骨针（钙或硅酸盐矿物质的微小碎片，见图3）。这种骨骼结构保证了整个海绵的形状和坚固度（见图1）。外层可能也有领细胞，但主要是扁平细胞。领细胞具有长长的突起（鞭毛），它们会同时摆动，在内腔中产生水流。水通过遍布海绵基底或全身的小孔吸入海绵体内，随后通过靠近顶部的大出水口排出。当水流入流出时，领细胞就会捕获吸收漂浮在水中的营养物质微粒。

从进化上看，领细胞与领鞭虫非常相似，后者属于蜷丝动物的一个小类群，为单细胞生物，可以以个体的形式独自生活，有时也会聚集成松散的群落。这种相似性表明海绵可能是由自由游动的领鞭虫进化而来的。分子时钟分析表明领鞭虫可能在10亿年前出现。当有些领鞭虫形成了更复杂的群落，并开始以多细胞动物的形式开始协作时，就形成了四大类群海绵：钙质海绵纲、玻璃海绵纲、普通海绵纲和硬海绵纲。它们的典型结构、中胶质骨架、小孔网络的组成、内部通道和水通道都发生了一些改变。

钙质海绵具有由方解石骨针强化的中胶层，但最多只含些许海绵硬蛋白。它们既有可能呈管状或花瓶状，也有可能结出硬壳（在岩石等坚硬的表面上结壳）。偕老同穴（维纳斯花篮，见102页）等六放海绵也没有海绵硬蛋白，但具有二氧化硅骨针（二氧化硅也是砂粒和玻璃的成分），因此也被称为玻璃海绵。它们的形状也多种多样。普通海绵纲的成员同时具有二氧化硅骨针和海绵硬蛋白。大多数海绵物都属于这个类群（超过80%），包括花瓶、桶、小号、脑和蘑菇状海绵，有些个体的大小超过1米。硬海绵纲的成员最为稀少，不足100种。它们也同时具有石英骨针和海绵硬蛋白，而且许多都会结壳。PB

5.2亿年前

海绵和许多其他生物都留下化石，后来组成了中国云南省的罗平生物群（见266页）。

5.2亿年前

古杯生物在许多地方繁荣发展，创造出了类似海绵礁的古杯礁。

5亿年前

由于珊瑚等其他简单动物引起的竞争有限，所以海绵经历了快速进化，催生出了许多新成员。

4.85亿年前

在5.15亿年前开始衰退的古杯类生物在寒武纪末期灭绝。

1亿年前

玻璃海绵的多样性在白垩纪里达到顶峰，产生了300多个属。

4000万年前

海绵扩张到了加拿大的淡水水域，例如寻常海绵纲的淡水海绵（*Potamophloios*）。

偕老同穴（维纳斯花篮）

全新世至今

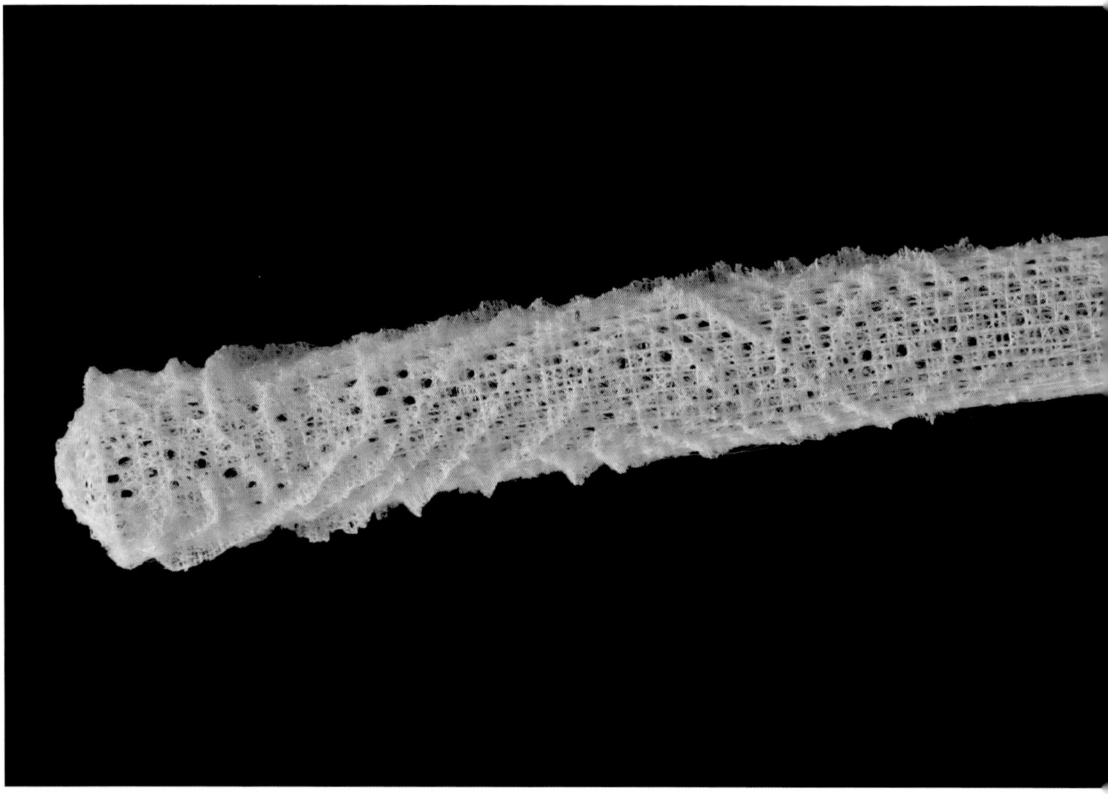

种：阿氏偕老同穴
（*Euplectella aspergillum*）
族群：六放海绵纲
（Hexactinellida）
体长：90厘米
栖息地：西太平洋
世界自然保护联盟：未评估

有人将六放海绵纲中的阿氏偕老同穴誉为世界上最美丽、最精致的生物。六放海绵纲的成员也被称为玻璃海绵，是最古老的族群之一。大多数标本约30厘米长，但是偶尔也有超过1米的“巨海绵”。阿氏偕老同穴在靠近菲律宾的西太平洋里小范围分布。偕老同穴属其他成员的分布范围北至日本，南至澳大利亚。

阿氏偕老同穴通常通过专门的纤维附着在海底500米以内的岩石上，但有时也可以生活在1 000米的深海中。同所有海绵一样，它们也会摆动内层领细胞的长鞭毛，制造出穿过身体的水流，并通过领细胞捕获并吸收悬浮在水中的营养微粒。它们的骨架是由微小的放射状二氧化硅骨针组成，玻璃中也具有这种矿物质。骨针呈分支网络排列，让脆弱的海绵更加强韧。强壮的骨骼能抵抗洋流和心怀不轨的捕食者，例如深海鱼类和海蟹。俪虾科的某些成员（也称玻璃海绵虾或连理虾）会在幼年时进入海绵的中央腔，并以宿主排泄的营养物质为食，同时为宿主打扫卫生。同一只偕老同穴中通常会居住一只雄虾和一只雌虾，最后因为长得太大而无法从排水口离开，于是结为终身伴侣。PB

图片导航

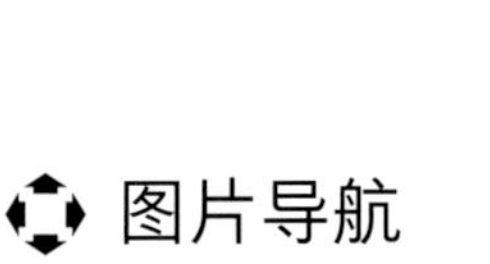

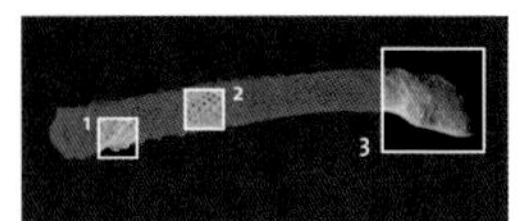

要点

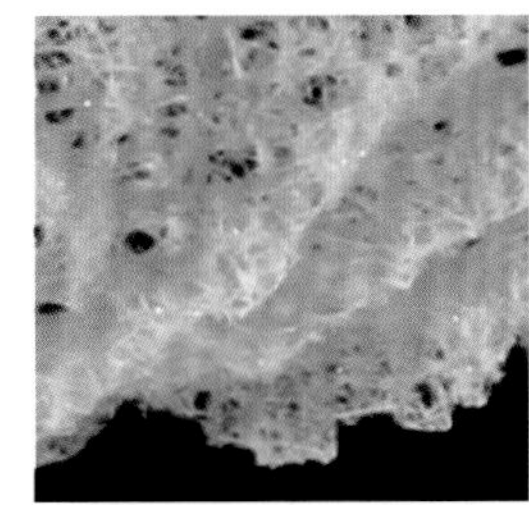

1 软组织

中胶质的玻璃质网格骨架内外面都覆有细胞层，组成了具有支撑能力的网状结构。细胞融合成“超级细胞”。网中有细长的腔室，向中央腔开口。这些腔室衬有负责产生水流的领细胞。

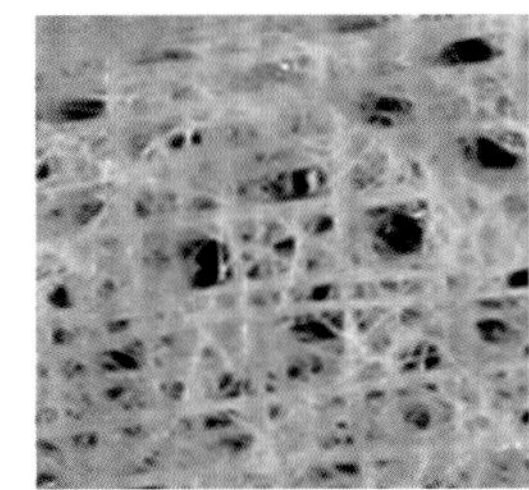

2 骨针

二氧化硅构成的玻璃质骨针既有可能呈乳白色，也有可能透明。它们有六根针脚，每根针脚都是由三条互相垂直的杆状物组成。这些结构融合成为一系列不同角度的网格，类似编织篮。

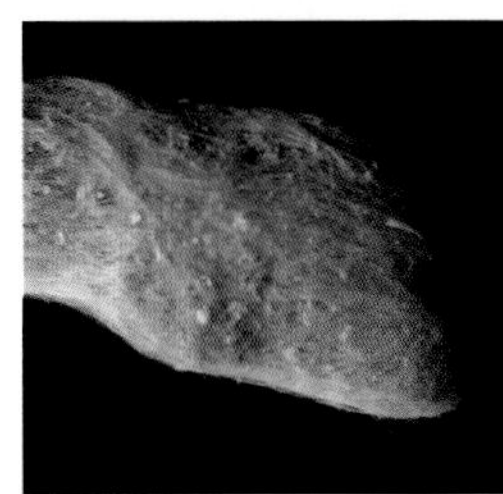

3 附着物

阿氏偕老同穴通过骨针结构固定在坚固的海床上。附着结构呈长纤维状，类似一绺头发，它们的长度可以和主海绵长度相等。它们覆盖在海底，深入小裂缝和缝隙生长，以便强化附着力。

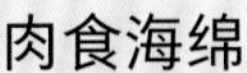

肉食海绵

肉食性的枝根海绵科进化出了捕捉虾、对虾和桡足类等大猎物的手段。发现于2012年的竖琴海绵（*Chondrocladia lyra*，下图）具有从固定中心放射出来的水平茎（匍匐茎），每根匍匐茎都有一排分支。分支上覆盖着弯曲的双端钩状棘刺，用以诱捕猎物。猎物越是挣扎，海绵就抓得越牢。一种类似一层薄膜的东西会在诱捕到的猎物身上生长，然后将猎物慢慢消化。

▲美国加州的戴维森海底山有裸露的火山岩和丰富的营养物质，因此成了大量珊瑚虫和海绵的家园，包括偕老同穴。这个标本生活在2 572米的深海里。

珊瑚

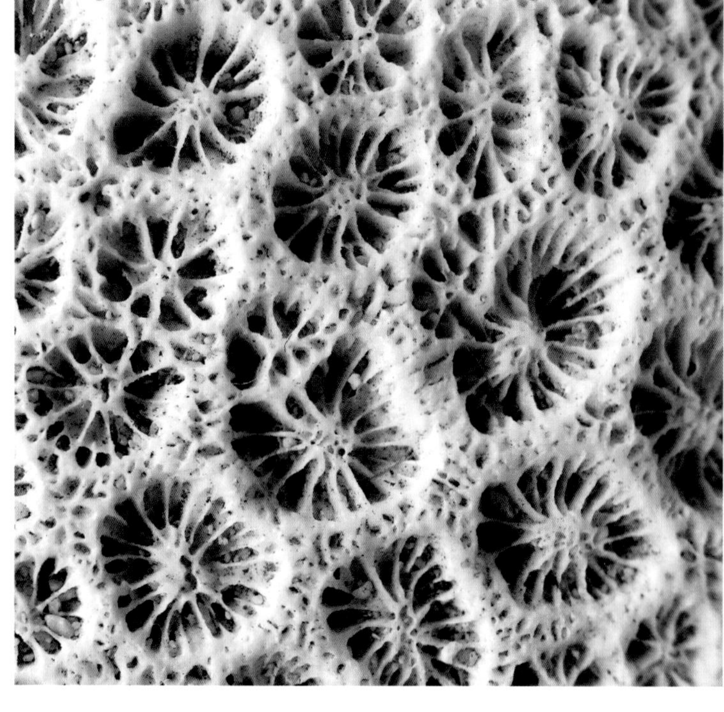

1 珊瑚虫死去之后，杯状的珊瑚石（外骨骼）就暴露出来。这是一株脑珊瑚，每个杯状骨架中都有辐射状的隔。

2 生产珊瑚礁的动物便是珊瑚虫。这些黄色杯状星珊瑚伸出了捕食触手，这种现象一般在夜间发生。

3 等指海葵等海葵是珊瑚的近亲。它们非常柔软，所以很少留下化石，某些海葵的进化过程可以借鉴珊瑚的进化过程。

在化石记录中，珊瑚是刺胞动物门的主要代表。现生珊瑚的祖先大约诞生于4.5亿年前，但刺胞动物的整体起源时间还不太明确。这类动物几乎都生活在海洋中，成员包括水母、海葵和类似的软体动物。刺胞动物的身体一般是柔软的囊状结构，包裹类似胃且充满水的空腔，还有一个开口作为口腔和肛门。其口部周围通常长有几条触手，在自由游动的水母型动物中触手下垂；而在海葵等静止不动的水螅型动物中触手向上。珊瑚属于水螅型（见图2），生活在海底。和同属刺胞动物的表亲不同，珊瑚会在身体基底部分泌出含钙硬质外壳（外骨骼，见图1）。珊瑚石的“杯”状结构是珊瑚虫坚固的庇护所。它们会在珊瑚死后保存很长时间，正是数以百万计的珊瑚石构成了珊瑚的化石记录。我们因此能够深入了解珊瑚的进化，而其他刺胞动物的传承只能依靠猜测。

关键事件

5.42亿年前

珊瑚形类和其他原始有壳海洋动物一起诞生于浅海。珊瑚形类具有最基本的珊瑚特征。

4.5亿年前

床板珊瑚出现，它们是附着在岩石上的硬壳，也会附着在其他动物的外壳和外骨骼上。

4.25亿年前

大片床板珊瑚形成了简单的珊瑚礁。海底也生长着一个个独居的四射珊瑚。

3.86亿年前

世界闻名的俄亥俄化石床在覆盖北美东部的浅海海底形成。

2.52亿年前

四射珊瑚和横板珊瑚在二叠纪末期的大灭绝中消失。

2.28亿年前

最早的石珊瑚出现。不过早期石珊瑚独自生活，并没有群聚，也不会制造珊瑚礁。

我们通常所说的“珊瑚”一般是指石珊瑚目成员。温暖浅海中露出的岩石就是它们累积在一起的外骨骼。这些珊瑚礁表面覆盖着由管状组织连接在一起的活的珊瑚虫群，它们也被称为共体。珊瑚虫死去后，又会有更多同类在它们的尸体上生长。石珊瑚与海葵和其他生物一起组成了珊瑚纲，其中大部分成员都没有钙质外骨骼，因此被称为“软珊瑚”（见图3）。

早期的珊瑚形类大约在5.42亿年前出现，正值埃迪卡拉纪和寒武纪交接之际。它们似乎与后来的珊瑚具有共同特征，但最古老的珊瑚化石大约是在4.5亿年前的晚奥陶世出现的，当时地球的海平面上升，大部分地区都是海洋。早期珊瑚属于床板珊瑚目。它们群居生活，独立的珊瑚体由横隔（钙质外骨骼壁）相互分开。床板珊瑚虫很小，大约有现代物种的一半大，直径平均只有0.5 ~ 0.8毫米。但在大约4.25亿年前的中志留世里，它们形成了大面积珊瑚礁。常见的床板珊瑚是圆形的蜂巢珊瑚属和柱状的链珊瑚属。此时另一个珊瑚家族也已经出现：得名于粗糙珊瑚墙的四射珊瑚目。泡沫板珊瑚属（*Ketophyllum*）等早期四射珊瑚是独居生物，具有锥形或角形外骨骼。群居四射珊瑚出现于泥盆纪。美国印第安纳州的俄亥俄瀑布珊瑚花园（见106页）就是一个绝佳的例子。四射珊瑚中角状的轴管丛珊瑚（*Eridophyllum*）也是群居动物，珊瑚虫之间相互连接。不过类似的化石也有可能显示的是并不相连的角珊瑚群集生长。

约2.25亿年前的二叠纪和三叠纪之交标志着地球从古生代进入中生代，以及地质历史上最具破坏性的大灭绝事件（见224页）。这次灭绝消灭了90%以上的海洋物种。尽管床板珊瑚和四射珊瑚等部分成员坚持了一小段时间，但最终还是全部灭绝了。又过了2 500万年的时间，唯一幸存下来的石珊瑚目成员才开始形成化石。它们可能是四射珊瑚的分支，也可能是在角珊瑚阴影中生活了数百万年的罕见群体。它们起初独居生活，但后来分化出了更大的结构，不过比现代珊瑚礁脆弱。

在1.7亿— 1.6亿年前的中侏罗世，巨大的珊瑚礁建造者开始繁盛起来，包括成员呈蘑菇状的蕈珊瑚科。6 600万年前的白垩纪末期发生的大灭绝（见364页），导致许多恐龙消失，而且影响了珊瑚的多样性。大约70%的珊瑚消失。蕈珊瑚科变得十分稀少，而在今天占据主要地位的蜂巢珊瑚科（“脑”珊瑚）和葵珊瑚科开始崭露头角。TJ

2亿年前	1.85亿年前	1.5亿年前	6 600万年前	3 000万年前	350万年前
最早的石珊瑚礁出现。它们分支众多，但没有现代珊瑚群那么庞大。	三叠纪的庞大珊瑚礁开始衰落，残骸上出现了很多新的珊瑚族群。	石珊瑚的多样性达到顶峰，全球至少有200个属。	珊瑚的多样性在白垩纪末期大灭绝中减少了70%。蜂巢珊瑚科和葵珊瑚科开始占据主导地位。	地中海珊瑚灭绝，珊瑚开始分为两大类，一类生活在印度洋—太平洋地区，另一类生活在大西洋地区。	巴拿马地峡关闭，连接起了北美和南美，永久分开了两大类珊瑚。

俄亥俄瀑布化石床

中泥盆世

地点：美国印第安纳州
时间：3.86亿年前
族群：见右
岩层深度：4 ~ 5米

在美国肯塔基州路易斯维尔和印第安纳州的克拉克斯维尔之间，靠近宽广的俄亥俄河最宽处有一片1 500平方米的暴露河床，其中含有泥盆纪珊瑚花园的遗骸。珊瑚在3.86亿年前无比繁盛，当时这片区域被淹没在浅海之下，这片浅海覆盖了现在北美东部的大部分地区。该地区也比现在更接近赤道，阳光普照的温暖海洋里处处都是古老的生命。除大量四射珊瑚和床板珊瑚外，化石床还含有海绵、腕足动物、苔藓虫（海草席）、海螺和其他软体动物（见124页），以及各种棘皮动物（见162页）。这些化石都保存在石灰岩中。有些地方的化石太多，都堆积在一起。

20世纪20年代末建造大坝之前，化石床都一直静静躺在俄亥俄瀑布下（见上图）。这片化石床举世闻名，奇迹般地将进化历程凝固在了岩石中，其产出的化石数量让其他同类化石点望尘莫及。这里最大的单个珊瑚化石来自独居的四射珊瑚，例如管沟珊瑚（*Siphonophrentis*），其中一些可达到30厘米长。因为形状弯曲，它们被当地人称为“象牙珊瑚”。该化石床是美国国家保护区，但公众可以在俄亥俄瀑布州立公园的协助下参观。此处水位全年都在变化，化石床只在水位低于4.1米时才会显露。游客最好携带一个水桶，冲走河水留下的淤泥，以便更清楚地观看下面的化石。水能够让化石更明显，因为灰岩打湿后会变暗。TJ

要点

肋网珊瑚

肋网珊瑚得名于网状结构，它具有多边形的杯状腔室，每个腔室都有多条几乎笔直的边，大部分都在5毫米以上。这种床板珊瑚属诞生于志留纪，在泥盆纪中蓬勃发展，但在大约3亿年前的石炭纪末期消失。

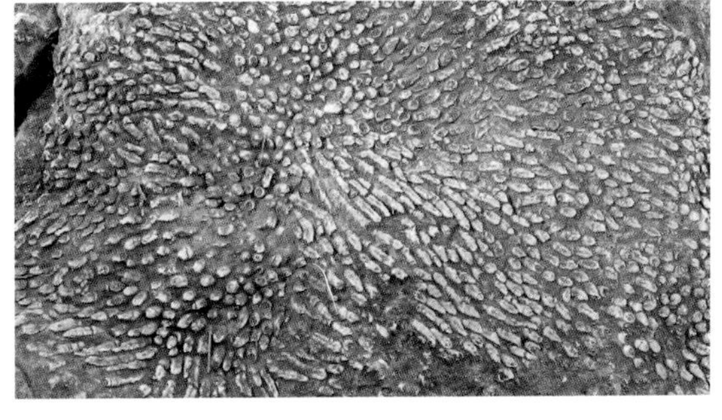

笙珊瑚

很多珊瑚都以长杆状或管状形态群集生长，因此得名笙珊瑚。其中呈扇形或放射状生长的轴管丛珊瑚由一小片地区开始扩展，延伸范围可以超过40厘米。而葡萄珊瑚属（*Acinophyllum*）的珊瑚石上有突起，可能是为了避免陷入沉积物。

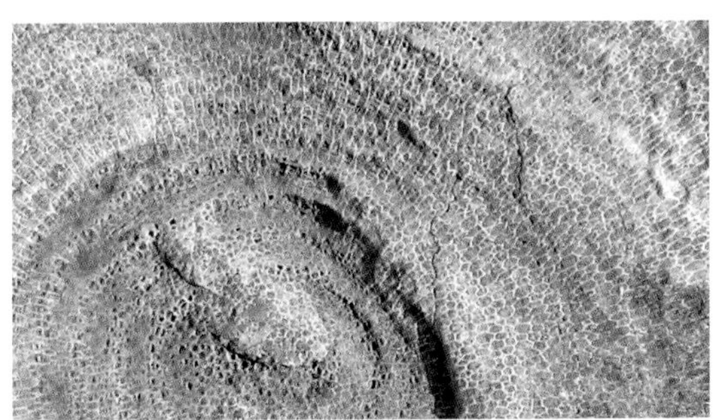

蜂巢珊瑚

俄亥俄瀑布化石床里最常见的珊瑚是床板珊瑚，它们在泥盆纪海床上的岩石和其他动物的外壳上结成硬壳，因为它们生前有多边形横隔将各个珊瑚虫分开，所以具有明显的蜂窝状外观。其中某些蜂巢珊瑚的腔室直径小于5毫米，有些甚至小于1毫米。

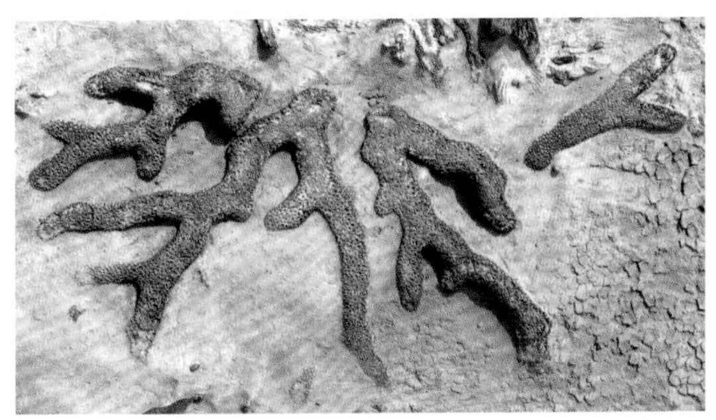

分支珊瑚

部分床板珊瑚会以大分支形态在海底生长，而其他床板珊瑚会形成扁平的扇状或叶状结构。通孔珊瑚（*Thamnopora*，曾被归为蜂巢珊瑚的一个种）具有类似分支树的经典形状。它的圆形杯状腔室直径约为2毫米。最后的床板珊瑚在二叠纪末的大灭绝中灭亡。

发现化石床

1803年，美国总统托马斯·杰斐逊派遣军官梅里韦瑟·刘易斯和威廉·克拉克去探索俄亥俄瀑布之外的土地。瀑布当时还是4千米长的无法通航的激流，水里布满岩石（右图）。刘易斯和克拉克的探险激发了商业界对这条河的兴趣。19世纪30年代，人们为绕过瀑布修建了一条运河。一个世纪后的1927年，在水闸和大坝的作用下，河流水位下降，暴露出了大面积布满化石的石灰岩，此前激流的侵蚀让化石从岩石中暴露出来。今天的野生动物保护区域集中在印第安纳侧瀑布顶端的河床上，多亏了20世纪的工程，它才为人所发现。

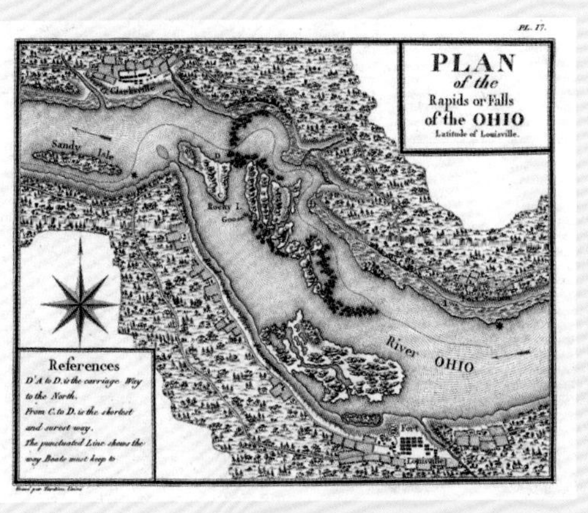

蠕虫

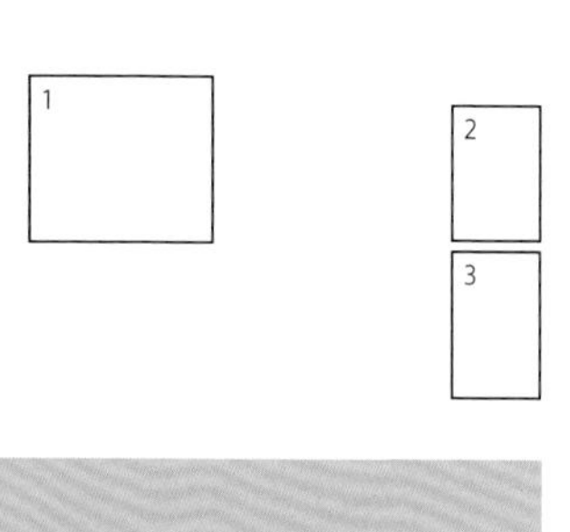

1 克劳德管虫（*Cloudina*）可能是细长的小型海底滤食性动物。几乎每个大洲都发现过它们的化石。

2 尾曳鳃虫（*Priapulus caudatus*），栖息在海底的鳃曳蠕虫，生活在北大西洋深处。

3 微瓦霞虫（*Wiwaxia*）背上的两排棘刺对掠食者有一定的抵御作用，它们上半身的其余部分都覆盖有硬板。

无论是在现生动物界中还是在化石记录中，蠕虫都没有形成连贯的群体。实际上进化树的许多分支上都有它们的身影。现生蠕虫可分为三大类。第一类是环节蠕虫（包括水蛭和蚯蚓）组成的环节动物门。第二类是线虫动物门，它们身体透明，通常只在显微镜下可见，在水和土壤中大量存在，人类的消化系统或身体的其他部位也会有一些线虫。第三类是扁形动物门，包括扁形虫、吸虫和绦虫，其中许多也是体内寄生虫。胚胎学（研究生物体的发育过程）表明蠕虫动物在进化树上占据着几根不同的枝条。环节动物和扁形动物的所属分支也包括软体动物。线虫与可以在生长中蜕皮的动物位于同一根枝条，后者包括节肢动物（腿部有关节的无脊椎动物，见114页），例如昆虫、蜘蛛和螃蟹，以及栉蚕（见112页）。栉蚕有长长的身体和许多对腿，它们经常被视为原始似蠕虫动物和节肢动物之间缺失的一环。

无论属于哪个门，蠕虫都是两侧对称动物——这个庞大的类群包括了

关键事件

5.4亿年前	5.25亿年前	5.2亿年前	5.05亿年前	4.65亿年前	3亿年前
克劳德管虫，钙质构成的小管状物，类似现在海生环节动物的管状结构。它们可能是向珊瑚过渡的生物。	晋宁环饰蠕虫在中国云南省页岩沉积物中形成了化石，这是最古老的线虫化石。科学家们认为它以沉积物为食。	鳃曳蠕虫是早寒武世最常见的伏击型掠食者之一。它们的身体大约有8厘米，甚至更长。	伯吉斯页岩里含有最古老的多毛纲蠕虫、叶足动物（栉蚕的祖先）和*Spartobranchus*（一种类似阴茎结构的动物化石）等肠鳃纲动物。	古蠕虫——中奥陶世的环节动物标本，它们可能是在海中进化的蚯蚓祖先。	多毛纲的*Fossundecima*进化出了可以从嘴里伸出的灵活捕食器官。它们所在的温暖海洋覆盖着如今的北美。

大多数动物。顾名思义，其中的成员身体两侧对称，左右两侧互为镜像，而且身体一端长有容纳脑部（或等同结构）的头部。这个特征有别于水母和海星（见162页）等辐射对称的动物或海绵等不对称性的生物。公认扁形动物是最接近基干（原始）两侧对称动物的现生代表。也就是说，如今的所有两侧对称动物都是从类似扁虫的生物进化而来的。此类蠕虫全身柔软，少量化石的历史也不太长。最古老的化石是约5 000万年前的扁形虫琥珀。有人提出历史超过5.5亿年的埃迪卡拉纪狄更逊水母可能是原始扁虫，不过它也可能是环节动物、水母，甚至真菌。另一个早期化石通常被称为蠕虫或蠕虫生物，即克劳德管虫（见图1），它们生活在大约5.4亿年前的海洋中，由壳状管组成，类似现生管虫。管虫是在海底钻洞的环节动物，第一具得到确认的管虫化石形成于约1.9亿年前的早侏罗世。

到早寒武世的时候，蠕虫类的进化已经出现了各种分支。最古老的线虫化石来自5.25亿年前的中国页岩。化石中间有一条明显的纵向黑色条带，可能是肠道。这表明肠道在生物死亡时充满了矿物质，可见这些早期的线虫有可能以沉积物为食。寒武纪页岩中十分常见的一种蠕虫属于今天看来十分“稀少”的似蠕虫门，这种似蠕虫门生物为数众多，但现生种较少。该门类就是鳃曳动物门，其中只有16个现生种。这类动物因为形似阴茎而被称为阴茎蠕虫（见图2）。它们是寒武纪里常见的掠食者，会从弯曲的洞穴中伸出尖刺状的吻部伏击猎物。

环节动物在加拿大的伯吉斯页岩中十分常见，其中包含了很多5.05亿年前的动物遗骸（见106页），例如加拿大蠕虫，这是身覆鬃毛的3厘米蠕虫，类似环节动物中的现生多毛纲成员。微瓦霞虫也有可能是寒武纪的多毛纲动物（见图3），它们形似长了鬃毛的鼻涕虫。除多毛纲外，环节动物中还包括寡毛纲。这个群体的成员有蚯蚓和水蛭，但它们的进化历程尚不明确。2.5亿年前的沉积物中留下了类似现代蚯蚓洞穴的化石管道，其中还有粪便的痕迹。如果这是早期蚯蚓的杰作，那就意味着它们是从海洋沉积物中进化而来的。此外，2.15亿年前的沉积物里留下了可能是水蛭蛋的坚硬茧状物。最古老的蚯蚓化石形成于6 500万年前的古新世。蚯蚓生活在陆地的土壤中，游走在开花植物的根系之间，开花植物当时正在成为主要的陆生植物。TJ

2.5亿年前	2.15亿年前	1.9亿年前	6 500万年前	5 000万年前	2 000年前
澳大利亚悉尼附近的三叠纪岩层中发现了生物潜穴，可能是由早期的蚯蚓挖掘的。	类似由水蛭产生的黏液构成的卵壳在南极洲的岩石中形成了化石。	环节动物中的管虫在早侏罗世里留下了化石。	最早的寡毛纲动物——包括蚯蚓在内的环节动物出现了。	已知最早的扁虫化石被埋葬在始新世时期的琥珀中。	埃及木乃伊的消化道内发现了包裹着坚韧囊包的绦虫卵。

Spartobranchus tenuis（一种类似阴茎结构的动物化石

中寒武世—晚寒武世

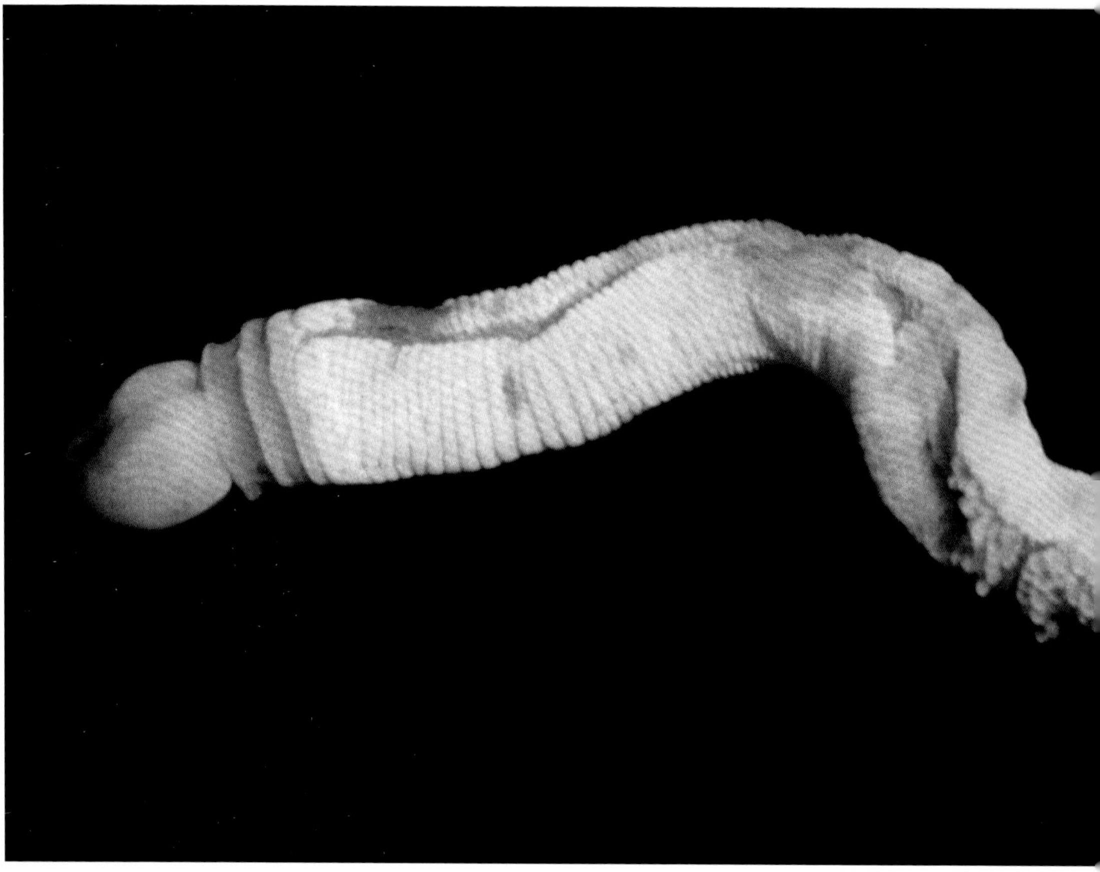

要点

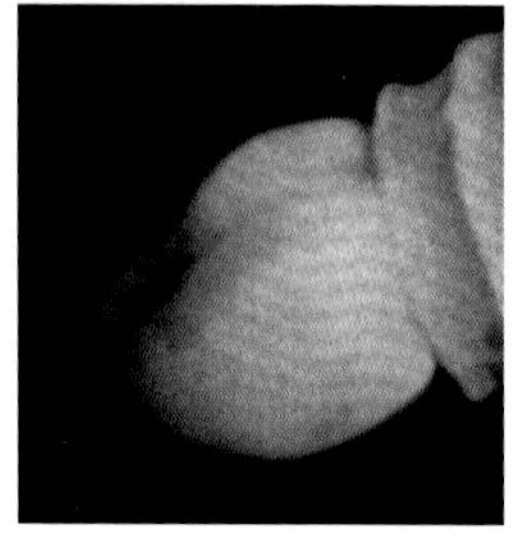

1 吻部

这类蠕虫的前端生长着饱满且肌肉发达的吻部，但这并不是它们的头部，而是挖掘工具。肠鳃纲蠕虫会慢慢移动，依靠肌肉有节奏地波动游泳。吻部下面有一个裂口，用于将食物吸入口中。

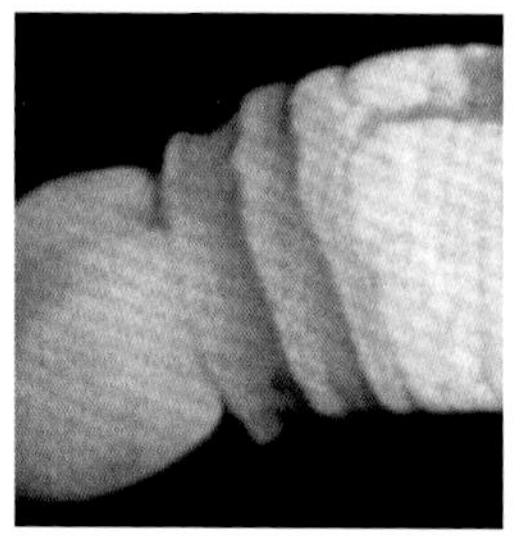

2 领部

它们的口部位于领部，是利用纤毛作用的简单管道。其内表面上的细小毛须不断挥动，将潮湿的沉积物吸入消化系统。水流也为鳃提供了溶解在海水中的氧气。

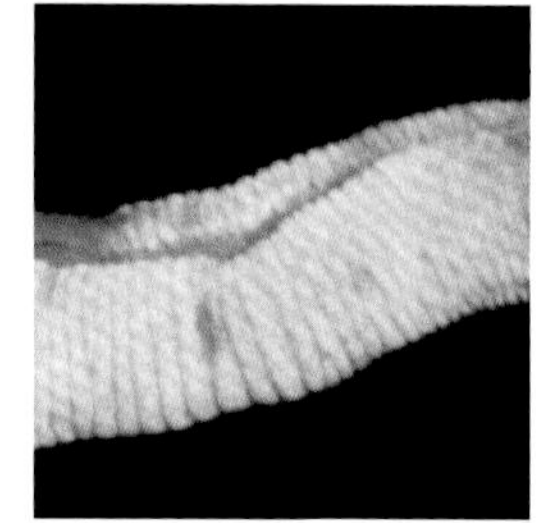

3 躯干

因为长而灵活的躯干，这种动物被归入“蠕虫”。躯干中有一条长长的肠道（但没有胃）、一颗心脏和一个循环系统。躯干尾部同现生生物尾部一样具有的膨大结构，可能用于将身体固定在管状住所里。

4 身体后部

“尾巴”中包含很多的肠道，末端是肛门。它们似乎会通过很多条“腿”将自己固定在洞穴里。潜穴具有分支，似乎衬有纤维管结构。现生肠鳃纲蠕虫不会挖掘洞穴。

图片导航

种：*Spartobranchus tenuis*（肠鳃纲蠕虫）
族群：肠鳃纲（Enteropneusta）
体长：10厘米
发现地：加拿大

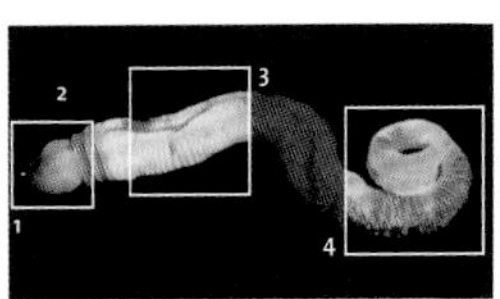

2013年，在5.05亿年前的伯吉斯页岩中发掘出了一种早已灭绝的肠鳃纲动物*Spartobranchus tenuis*，它类似图中的现生肠鳃纲蠕虫。多伦多大学的研究者们为其命名。肠鳃纲属于半索动物门，后者与海葵、海星和脊椎动物处于同一条进化线上。这个族群中大约有120个现生种，大部分都是取食碎屑的动物。它们和吃土的蚯蚓一样通过食用沉积物来获取有机物质，但半索动物食用的沉积物来自海底。研究者在2013年对伯吉斯页岩中的似蠕虫化石展开了新的探索，进一步揭示出了半索类动物的进化历程。这改变了我们对脊索类动物（最终演变为人类）祖先的认识。这个小门类可能是最接近脊索动物（包括脊椎动物）的族群。这种动物的发现将这些生物的化石记录向前推进了2亿多年，此前已知最古老的化石发现于加拿大的约霍国家公园，形成于晚三叠世。

数以百计的标本表明，这种蠕虫生活在寒武纪海底的洞穴中。它们身长10厘米，远小于现生肠鳃纲蠕虫，后者的身体呈圆柱形，没有足部。不同于其他蠕虫，它的身体有喙、领、躯干等3个部分，而且具有羽鳃（见148页）。这种结构在现生肠鳃纲蠕虫中已不复存在，但曾在其他半索动物中发现过。*Spartobranchus tenuis*小于其他肠鳃纲蠕虫，会分泌一种坚硬管状物包裹身体，自己在管道中吸入海水滤食。管状物经常连接成片。化石表明它们会在身体周围分泌纤维管，说明它们可能是两大半索动物之间缺失的一环，生活方式更接近现代羽鳃纲动物，而不是现生肠鳃纲蠕虫。TJ

生长模式

作为半索类动物，肠鳃纲蠕虫是后口动物的一员，这类动物还包括海星（右图）和海胆等棘皮动物，以及以脊椎动物为主的脊索动物。环节类、扁形类和线虫类蠕虫都是属于原口动物的现生非脊椎类动物。这类动物的差别从胚胎发育期就可以显现出来。原口动物首先长出嘴，随后是肛门，而后口动物正好相反。这个区别表明，即使控制嘴和肛门发育的基因一样，动物进化也会出现明显差异。

栉蚕

上新世至今

种：新西兰栉蚕
（*Peripatus novaezealandiae*）
族群：有爪动物门
（Onychophora）
体长：8厘米
发现地：新西兰
世界自然保护联盟：尚未评估

新西兰栉蚕等栉蚕也叫“天鹅绒虫”，它们通常被称为“行走的蠕虫”，可能是蠕虫和节肢动物之间的过渡环节。它们诞生于大约5亿年前的寒武纪，当时的成员包括叶足动物等。这个名字意为“钝脚”，是指它们的几对没分节段的足部。研究者最初认为现生种的足部类似毛虫的前足，但是进一步观察发现，它们每只脚的尖端都有一个弯爪。目前约有180种栉蚕组成了有爪动物门。它们只生活在热带地区潮湿的陆地上，栖息地大部分位于南半球。而它们的祖先——寒武纪时代的叶足动物——生活在海底。但在4.3亿年前的志留纪末期，它们就已经来到了陆地。不过尚不清楚栉蚕是不是叶足动物的直系后代。从怪诞虫（见52页）等成员的棘刺叶足来看，叶足动物似乎也和充分分节的节肢动物有关联。

栉蚕平均5厘米长，但也有身长20厘米的成员。它们是夜行性猎手，会用头部腺体发射出的黏液窒息蜗牛和蠕虫等地栖小虫。栉蚕多为胎生，所以幼虫出生前是在雌虫身体中发育。雌性栉蚕大于雄性，而且脚也更多。在栉蚕属等胎生成员中，雌性的生殖孔连接两个供胚胎发育的子宫。TJ

图片导航

要点

1 头部和感官
头部有一对触角，每根触角的基底部都有一只简单的眼睛。眼睛只能辨别明暗。触角的触觉很敏感，或许也能够探测化学物质。一些专家认为这些结构与节肢动物的口器有相同起源。

2 节段
它们的身体由重复的节段组成。皮肤会形成围绕身体的环节，所以各个节段的分界很模糊，形似蛞蝓。它们的每一个节段都有一对圆锥状的足部。新西兰栉蚕在行走时会有节奏地伸缩足部。

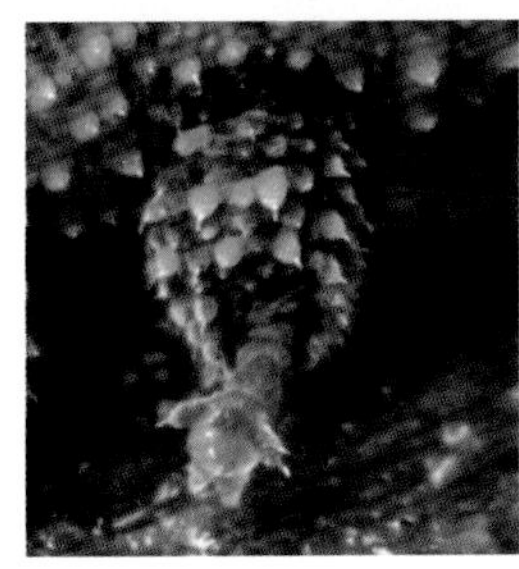

3 足部和身体
足部和身体都只有薄薄的一层壳多糖角质层，没有结构支撑。而身体的刚性来自内部的液体压力。身体上坚硬的结构只有壳多糖爪子，它们在休息时会缩进脚里，伸出时可以抓地紧靠地面。

缓步动物

缓步动物（意为“慢行者”，右图）是叶足动物的微观版本。它们可能和进化为栉蚕与节肢动物的族群互为姐妹群。它们的化石记录可以追溯到5.3亿年前，现存种超过1 000个。它们身体圆胖，因此俗称“水熊虫”。几乎没有哪种动物能和它们一样适应众多不同的栖息地，从深海到冰山融水都难不倒它们。面对不利环境时，它们会缩回腿部，蜷曲成坚硬的囊状形态。这份坚韧让它们顺利度过了5亿年的进化历程。缓步动物的身体最长只有0.5毫米，所以只能通过显微镜观看。它们有8条腿，每条腿都有4 ~ 8只爪子。

节肢动物的崛起

1 帝王伟蜓（*Anax imperator*）会蜕去外皮。节肢动物的外骨骼没有弹性，因此会在生长中通过定期蜕皮来改变形态。

2 圆形贫腿虫（*Paucipodia*），中国澄江化石群中的一种叶足动物，具有末端有爪子的四肢。

3 丰年虾（*Artemia salina*）是几乎能在所有水生环境中存活的小型甲壳类动物之一，数量庞大。

说到地球的史前历史，我们就常常会想到哺乳动物或者恐龙统治地球的时代。但要说是哪种生物真正统治着这个星球，那无疑是节肢动物（腿部有关节的无脊椎动物）。这个庞大的门类包括蛛形纲、甲壳类、倍足纲、蜈蚣目和一些更加不寻常的生物。现在地球上约有80%的动物都是节肢动物，而大名鼎鼎的三叶虫也只不过是一类已经灭绝的节肢动物。虽然形态和生活方式各异，但节肢动物仍有一些共同的基本特征。节肢动物是蜕皮动物总门中的主要群体，后者包括所有要在成长中蜕皮的生物（见图1）。它们的身体覆盖着由无数重复单元组成的甲壳素多聚体。甲壳素是防水的柔软外壳，但没有弹性，因此需定期更换才能保证这类生物正常生长。蜕皮动物总门中的其他动物包括线虫和栉蚕（见112页）。目前仍未发现蜕皮动物的共同祖先，但它们肯定在5.41亿年前的前寒武纪就已经存在了。

除了防水，甲壳素还能为节肢动物构建起更厚更坚硬的外壳，形成具有保护作用和支撑作用的外骨骼和肌肉附着点。外骨骼也是它们得名节肢

关键事件

5.4亿年前

海洋蠕虫开始进化出外骨骼，身体的节段中出现了短腿，节肢动物就此诞生于海底。

5.2亿年前

怪诞虫和圆形贫腿虫等叶足动物出现，它们同加拿大虫、奇虾和网面虫等原始三叶虫比邻而居。

5.05亿年前

欧巴宾海蝎和马尔三叶形虫成为常见的节肢动物。最早的颚足纲动物（藤壶等甲壳类动物）是一种藤壶化石（*Priscansermarinus*）。

4.8亿年前

海洋中出现了最古老的鳃足纲甲壳动物，其中的代表是生活在超盐湖泊中的仙女虾和丰年虾。

4.6亿年前

最早的广翅鲎出现，这是掠食性的螯肢动物，也称为“海蝎”。

4.43亿年前

奥陶纪末期的大灭绝将海洋生物的多样性减少了60%，受害者多为三叶虫。

动物（意为“有关节的腿”）的原因之一。它们的腿部和身体都由若干个连接在一起的节段组成。腿的数量随物种而异，某些蝴蝶只有四条腿（部分蛱蝶科昆虫前足退化收缩于胸前，不用于步行），而巨大的倍足纲动物可以拥有数百条腿。针对现生种的遗传学研究表明，生活在前寒武纪的节肢动物祖先可能是圆形贫腿虫（见图2），或者是“行走蠕虫”，栉蚕便是它们的现生代表。圆形贫腿虫属于叶足动物，可能具有由重复节段组成的简单身体，每个节段都拥有一双可以行走的肢体。它们简单的身体在进化中出现了一系列针对不同任务的附件，包括感觉触角、用于处理食物的下颌（口器）、用于呼吸的外鳃和有众多用途的钳形触须。

节肢动物分为3个互不相同的分支，或者包括三叶虫的第四个分支。第一个分支是螯肢类，以蛛形纲为主，其中的成员具有爪状口器。可能的祖先生活在5.2亿年前的早寒武世，但是第一个得到证实的螯肢类是广翅鲎（海蝎，见136页），它诞生于约4.6亿年前的中奥陶世。4.17亿年前的陆地上生活着形似虱子的古怖蛛（*Palaeotarbus*，一种蛛形纲化石），它们是早期真蛛形纲动物。第二个分支以多足类为主。顾名思义，这个族群里包括倍足纲和蜈蚣。最古老的多足类证据是4.5亿年前的痕迹化石，当时它们正在引领生命走上陆地。第三个分支是泛甲壳动物。这类动物中包括昆虫，后者是节肢动物中最大的族群，在祖先走上陆地之后才进化出来。它们的化石记录可以追溯到4亿年前的莱尼虫（见134页）。泛甲壳动物的其他成员统称甲壳动物，但实际上包含多种不同的群体。甲壳动物主要有海洋蟹类、藤壶和磷虾。它们的历史都非常悠久。

5.2亿—5亿年前的寒武纪化石层中，包含着许多加拿大虫标本（见144页）。这种生活在海底的动物可能是软甲纲的早期成员，后者属于甲壳类，包括螃蟹、潮虫和虾（见图3）。也有人提出加拿大虫属是基干（初始）节肢动物，这意味它可能类似从叶足动物中进化出来的共同祖先。加拿大虫只有5厘米长，凭借众多的腿在海底爬行，并使用触角来感知沉积物中的猎物，身体还受到盾状甲壳的保护。但奇虾会以它们为食，这种掠食者身长1米，带有两根布满尖刺或体毛的坚固触角（见116页）。寒武纪的马尔三叶形虫更像节肢动物，它们具有发挥着鳃和运动作用的肢体样附肢，还有长触须。一些化石表明它们能够蜕皮。即使在5亿年前，节肢动物也是地球上种类最繁多的动物群体之一。TJ

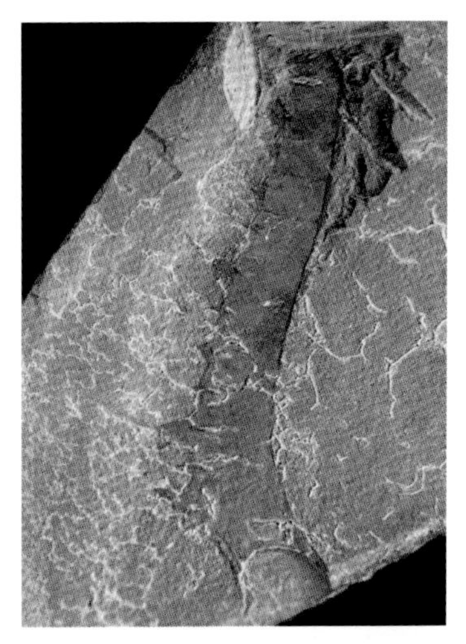

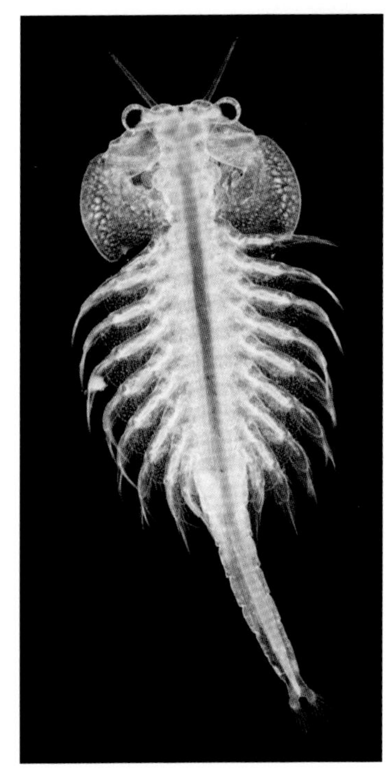

4.28亿年前

倍足纲中的呼气虫（*Pneumodesmus*）是最古老的多足类生物，栖息地为苏格兰。

4.17亿年前

英国生活着最古老的真蛛形纲动物古怖蛛。蜈蚣首次留下化石。

4亿年前

最早的昆虫莱尼虫诞生。它们可能拥有翅膀，表明昆虫已经高度进化。

3.7亿年前

这个时代生活着最古老的十足目动物古长臂虾。十足目包括螃蟹和虾（见142页）。

3.2亿年前

最早的桨足纲动物化石（*Tesnusocaris*）出现。桨足纲动物是生活在地下水中的无目甲壳类。

2.52亿年前

三叶虫曾是节肢类中最大的族群，但三叶虫末裔在二叠纪末期尽数灭绝。

奇虾

中寒武世—晚寒武世

要点

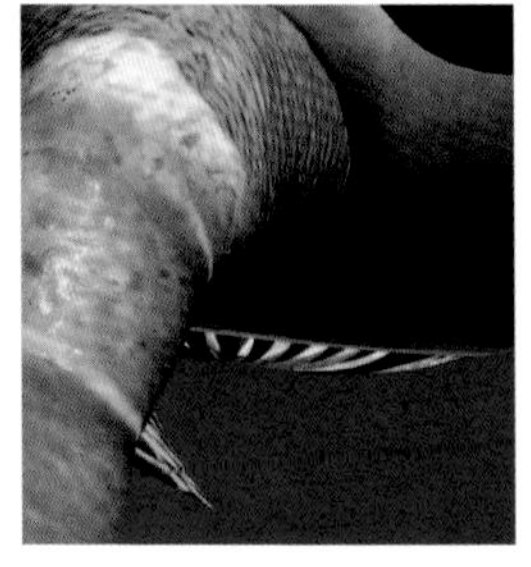

1 前附肢
前附肢（相当于手臂）几乎有20厘米长。它们是12个逐渐缩小且相互锁固在一起的节段。节段连接处有倒刺。它们的“手臂”或许有抓握能力（能够卷起来紧紧抓住物体）。

2 眼睛
布氏奇虾拥有一双巨大的成像复眼。它们位于头部两侧的眼柄上，具有宽阔的视野。每一只眼睛都拥有16 000个极小的独立晶状体，可见布氏奇虾的视野可以和所有寒武纪动物媲美。

3 游泳叶足
没有腿的布氏奇虾类似乌贼。它们具有十几条肉质叶足，可以通过波浪式的动作在水中推动身体。叶足形成了稳定滑行面，因此不需要复杂的控制系统来确保直线游动。

4 口器
口器由32个排列成环的节段组成，内表面布满锯齿状尖刺。口器的复原图表明它们能够为了抓捕猎物而伸出，甚至可以挤压柔软的猎物，但不能闭紧。

图片导航

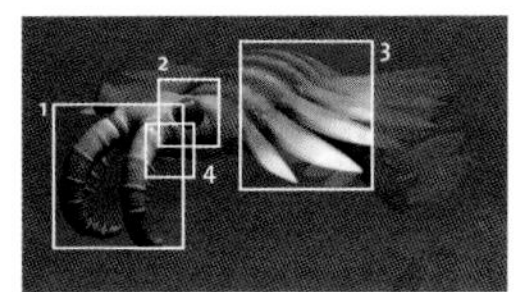

种：布氏奇虾（*Anomalocaris briggsi*）
族群：恐虾纲（Dinocaridida）
体长：1米
发现地：中国、澳大利亚和加拿大

形似外星生物的奇虾是寒武纪海洋中最大的掠食者。它们一般身长1米，有些标本还要长一倍。奇虾化石在寒武纪岩石中很常见，例如5.2亿年前的中国澄江岩层、5.15亿年前的澳大利亚的鸸鹋湾，以及5.05亿年前的加拿大伯吉斯页岩（见50页）。它们的身体有坚韧的甲壳素外壳保护，外壳必须定期蜕皮，这是奇虾及其近亲归入早期节肢动物的原因之一。布氏奇虾是恐虾纲的主要成员，这是节肢动物的一个进化侧支，在泥盆纪结束之前就已经灭绝，没有现生代表。

恐虾纲有时会被归为带有巨大附肢的节肢动物。奇虾的身体符合这一观点，因为其头部前方有两个布满倒刺的灵活附肢，可能是用于进食。20世纪80年代的研究者认为奇虾会使用附肢拾取三叶虫，然后放进嘴里咬碎。奇虾的肠道似乎很短，可见是肉食动物。粪化石证据表明奇虾会捕食三叶虫。但这个问题还有争议，因为最近的研究发现奇虾没有矿化的坚硬口器，也没有粉碎三叶虫硬壳的硬质结构。解释这种软嘴掠食者如何对付猎物硬壳的理论很多。其中一个解释是它们会用嘴咬住三叶虫，并用手臂弯着猎物，直到对方打开硬壳，类似人类给大虾剥壳。其他专家提出，奇虾并不是人们想象中的贪婪掠食者。相反，它可以利用灵活的附肢在淤泥沉积物里寻找蠕虫和胶状生物，这些生物很容易下口。TJ

海绵-水母化石

奇虾的发现过程中充斥着一连串误解。它的第一具化石于1892年在加拿大出土，但只是一节附肢。发现者约瑟夫·弗雷德里克·怀特弗斯（1835—1909）宣称它是龙虾或虾的尾巴，并创造了“奇虾”一词。查尔斯·杜利特尔·沃尔科特（1850—1927，见51页）发现的第二具化石是圆形的口器，结果被他归为水母。身体化石出土之后又被归为海绵。而发现的一块口器化石被认为是坐在海绵上变成化石的水母。一个个类似海绵或水母的化石重见天日，但直到20世纪80年代才出现了同时包括3个部分的化石（右图）。根据生物命名的科学公约，第一个名字“奇虾”享有优先权。

三叶虫

寒武纪大爆发（见48页）催生了大量奇妙的早期节肢动物，三叶虫就是其中一员。在至少1.7亿年的时间里，这类海洋节肢动物都是海生动物的中流砥柱。它们早寒武世的化石记录已经十分多样，目前确定的种多达1.7万。但3.59亿年前泥盆纪晚期大灭绝严重打击了它们的多样性，但此后还有一些三叶虫又延续了9 000万年，直到遭遇2.52亿年前的大灭绝才彻底消失。这场灭绝也标志着二叠纪和古生代的终结。三叶虫具有坚硬的白垩质或钙质甲壳，这是类似螃蟹壳的盾状外壳，非常有利于化石化，因此它们留下了大量化石记录。大多数三叶虫标本都只包括它们蜕下的坚硬甲壳。含有腿和鳃等壳下柔软身体的化石要罕见得多。三叶虫的身体包括三叶：中央轴叶和左右肋叶。令人惊奇的是，它的身体还可以分成3个部分：半圆形头部，分段的中央胸部，后部的圆形盾状尾板。标本显示出了三叶虫换壳时的形态，旧的外骨骼在头部边缘周围分裂，形成一个壳瓣。随后三叶虫用头部结构抓紧海底，并弯曲身体，向前钻出旧甲壳。

关键事件

5.4亿年前	5.25亿年前	5.16亿—5.13亿年前	5亿年前	4.8亿年前	4.7亿年前
三叶虫开始出现，但它们的直接祖先尚不明确。	早期的三叶虫，打鼓莱得利基虫（*Redlichia takooensis*）出现，最古老的三叶虫具有复眼（见120页）。	云南头虫（见122页）是罕见保留了软组织的三叶虫化石，为研究三叶虫的解剖学特征提供了线索。	椭圆头虫因为适应深海生活而失去了眼睛。	奥陶纪三叶虫的多样性增加，可以将身体团成球的镜眼三叶虫出现。	全球海洋中都出现了外形奇特的手尾虫，它们的头部有长棘刺，留下了很多化石。

古生代海洋中可能有上万种的三叶虫以你能想象到的所有生活方式生活着。它们是掠食者、腐食者、植食者。有的在开阔水域游动，有的在海底徘徊或在沉积物里打洞（尚未发现寄生三叶虫，但有可能存在）。三叶虫的口下板给了我们一条线索：它会形成坚硬的口器，口器在球状头鞍下围绕着通往胃部的口孔，头鞍是头部中央的轴叶结构。早期三叶虫的口下板表明它们食性广泛，也会食用碎屑。后期三叶虫的口下板更坚固、更靠前，紧靠头盾以加强咬力。奥陶纪时期有一类不寻常的三叶虫，它们几乎没有口下板，可能是依靠吸收身上硫细菌的营养成分存活。

三叶虫留下了大量化石记录。晚寒武世里出现了很多新种，而且差异很大（见图1）。当时的小油栉虫亚目头部光滑，而其他三叶虫具有缝合线——外壳在蜕皮时开裂的部位。小油栉虫亚目代表着埃迪卡拉纪的早期原始三叶虫。中国的早寒武世沉积物含有软体纳罗虫，它们可能是最原始三叶虫的姐妹群。到5.41亿年前的寒武纪时，地球上已经出现了4个主要的三叶虫类群。它们的种数在这个时期达到巅峰。不过奥陶纪又出现了新的族群，当时其他硬壳生物的出现推动了三叶虫的进化，例如软体动物（见124页）、棘皮动物（见162页）和笔石（见146页），它们对三叶虫构成了新的竞争，但也为其提供了新的机会，例如珊瑚礁环境。

奥陶纪里出现了镜眼三叶虫目。它们的化石大多呈现紧紧团起来的球状防御姿态（见图2）。大多数三叶虫可能都会在防御时团成球，但是镜眼三叶虫具有可以将身体固定成球的附肢。这个时期还出现了手尾虫（见图3）等其他新形态三叶虫。手尾虫具有从头部向后延伸的长刺，胸部也有类似的突起。三叶虫的多样化意味着它们安然度过了4.43亿年前的奥陶纪灭绝事件。虽然60%的地球生命遭到灭顶之灾，但3/4的三叶虫都幸存下来。志留纪三叶虫和其奥陶纪的祖先相比没有太大变化，但很多都进化出了多刺的甲壳，因为新出现的有颌类带来了不少压力（见184页）。泥盆纪大灭绝很可能是陨石撞击造成的，它改变了海水的化学成分，除砑头虫目外，所有的三叶虫都灭绝了。在海底游刃有余的砑头虫又延续了9 000万年。不过就连三叶虫也无法战胜二叠纪末期大灭绝，这场灭绝消灭了90%以上的海洋动物。TJ

1 古生代的一些岩石里挤满了三叶虫化石，堪称“大墓地”。例如图中欧洲的椭圆头虫（*Ellipsocephalus hoffi*），它们可能是滑坡等水下灾难的受害者。

2 镜眼三叶虫标本通常卷成类似犰狳的球状。

3 中奥陶世手尾虫（*Cheirurus*），长约8厘米，具有从头部延伸到尾板的后向长刺。

4.6亿年前

等尾虫（*Homotelus*）大量聚集在一起，表明三叶虫形成群落进行捕食或繁殖。

4.43亿年前

奥陶纪大灭绝消灭了1/4的三叶虫种，包括大多数寒武纪种。

4.2亿年前

志留纪海洋中的三叶虫种类众多，以大约2.5厘米长的隐头虫（*Calymene*）和达尔曼虫（*Dalmanites*）为主。

3.59亿年前

泥盆纪末期大灭绝几乎消灭了所有三叶虫，只有一个族群幸存。

3亿年前

砑头虫依然有数百个种，它们遍布全球，生活在深度不一的海底。

2.52亿年前

二叠纪末期大灭绝最终消灭了所有三叶虫，以及大量其他动植物。

最初的复眼

寒武纪

种：奥陶纪晚期镜眼三叶虫（*Trevoropyge prorotundifrons*）
族群：镜眼三叶虫目（Phacopida）
体长：5厘米
发现地：北非

化石记录中的三叶虫就已经出现了一对复眼（包含许多小眼），这种眼睛能够形成详细的图像。三叶虫和寒武纪大奇虾等恐虾纲动物率先进化出了复眼。这在一定程度上推动了被称为“寒武纪大爆发”的三叶虫适应性辐射（快速多样的进化，见92页）。同数百万年前就开始的大进化相比，早寒武世和中寒武世的大量物种不过是九牛一毛。即使只是比身体上的光感斑片稍有进步，简单的眼睛也能帮助动物寻找最合适的栖息地，从阳光普照的浅海到黑暗隐蔽的裂缝都不在话下。如今，眼睛结构简单的生物会通过阴影来判断有没有掠食者出现。在地球上开始出现主动捕食的动物时，三叶虫也需要眼睛来提防它们的接近。

在5.25亿年前，三叶虫留下化石记录时，这个过程就已经在有条不紊地进行。三叶虫的复眼具有数千个单独的晶状体，晶状体由方解石（一种碳酸钙）的透明晶体形成。它们有3种眼睛。无柄裂膜眼最为原始，只能在少数寒武纪种身上看到。它们大约由70个晶状体单元组成，每个单元都由角质层壁（巩膜）隔开。接下来是大多数寒武纪种都具有的全膜眼，表明这些三叶虫活跃在透光区中（海洋中阳光可以穿透的区域）。第三种眼睛是裂膜眼，也是奥陶纪晚期镜眼三叶虫的专属。它们的眼睛类似全膜眼，但晶状体更大更多，总数可高达700个。TJ

图片导航

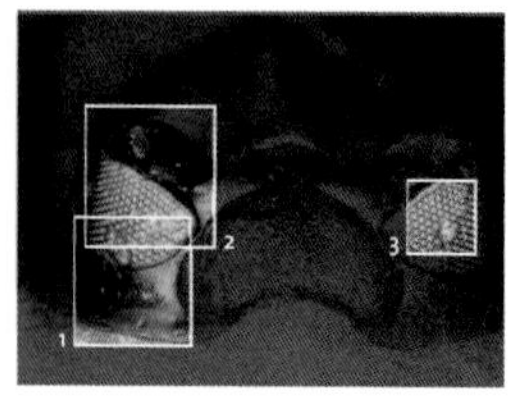

要点

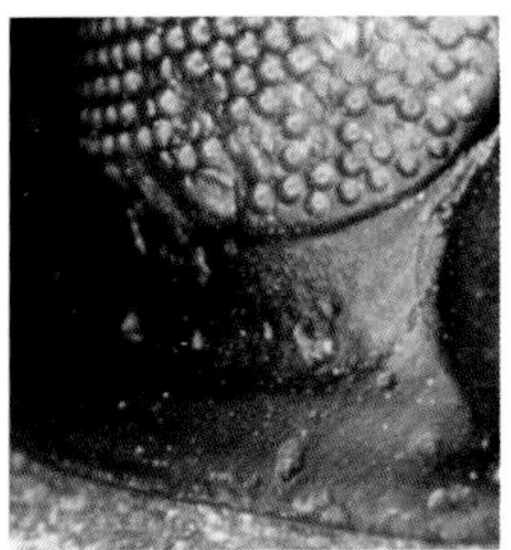

1 眼睛的位置

三叶虫的眼睛位于头鞍两侧的“固定颊”上，由一层透明的角质层保护。三叶虫会在蜕皮之时暂时失明，这段时间里旧角质层脱落、新角质层形成。

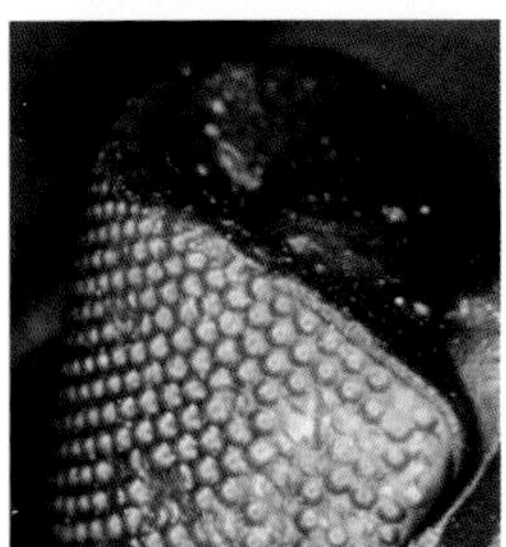

2 晶状体

复眼是由被称为小眼的成像单元聚集而成。三叶虫小眼有两个方解石晶状体，因为单一的方解石晶状体无法聚焦在一个图像上，所以需要两个一起使用。昆虫的眼睛也具有类似马赛克的形态。

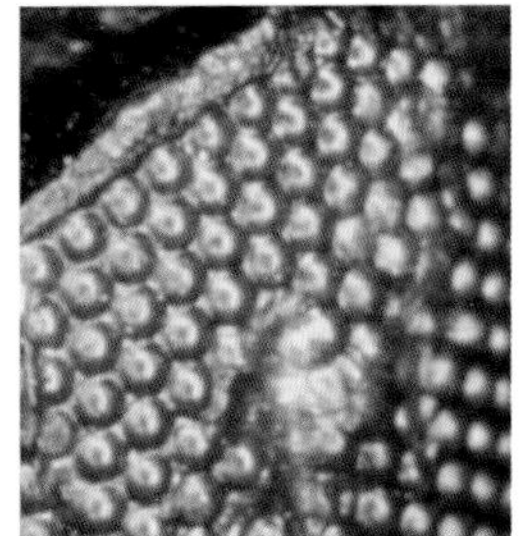

3 眼睛形态

单个晶状体的大小从1毫米到小于0.03毫米不等。一些聚合眼的晶状体单元多达700个。通过眼球的凸起程度和曲率，我们可以判断它们到底是移动缓慢的植食者，还是敏捷的掠食者。

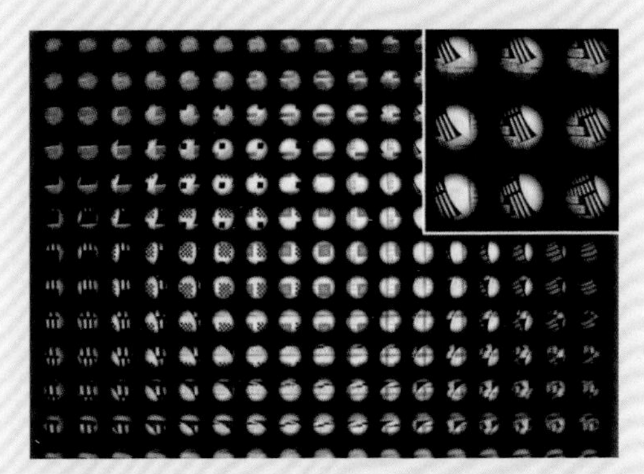

视野

在大多数三叶虫的复眼中，每个单元（小眼）都会检测并传输一小点前方景象，类似数码相机或电视屏幕上的一个像素（上图的主图）。这些类似马赛克的小点组合起来形成复合视图。裂膜眼的晶状体更大更少，每个晶体都与相邻的晶体完全分开，而且能检测得到的场景面积要大得多（上图的插入图）。在这个系统中，通过对比图像的重要参考点，例如线条和形状，众多的小图像就编织在了一起，形成整体视图。照相机或计算机也会通过类似的方式将多幅图像结合在一起产生整体图像。

◀ 三叶虫是第一批展现出动物感觉功能演变的生物。一些寒武纪三叶虫始终没有进化出眼睛，而后来的物种为了适应黑暗深水中的生活而降低了视力，例如这只副希若拉虫（*Paraceraurus*）。甚至还有三叶虫具有柄眼，或许是为了从覆盖在身体其他部位的软质沉积物中窥探出来。同样，部分三叶虫的尾须会在背后受到攻击时率先发出警告。研究发现有些种的头部末端周围有凹坑，这可能是化学探测器或水流感受器。还有些三叶虫的腹部有很多片薄的角质层。有一种理论认为，三叶虫会依靠这些角质层用于感受光线，好让其知道自己肚皮朝了天。

云南头虫

中寒武世

尽管三叶虫化石成千上万，但大约只有20个种全面呈现出了完整的解剖结构，因为很少有标本保留了身体的软组织。中国云南澄江化石群中的云南头虫就是这样一个例外，它们的化石几乎保持着三维状态。云南头虫身长接近2.5厘米，其历史可追溯到5.15亿年前。留下软组织化石的三叶虫一般在被埋葬时都是肚皮朝上。这些化石显示三叶虫的身体下侧有触角和20对附肢。附肢上的许多尖刺和丝毛其肢体具有触摸器官和抓握猎物的功能。三叶虫生活方式的生态学证据大多是痕迹化石，例如腿部在沉积物中留下的印迹和身体的拖痕。这类化石呈现出了三叶虫在海底静息和移动的方式。有些痕迹是海床上的深沟，可能是食碎屑三叶虫在进食沉积物，以便获取有机物质，就像蚯蚓食用土壤。云南头虫头部也附着着几条附肢，可能具有协助进食的作用，要么是用以清除沉积物寻找食物，要么是在吞咽之前抓住甚至搅碎猎物。在许多情况下，头鞍是弄清三叶虫食性的唯一方式。有证据表明，具有大头鞍的三叶虫是肉食者。TJ

图片导航

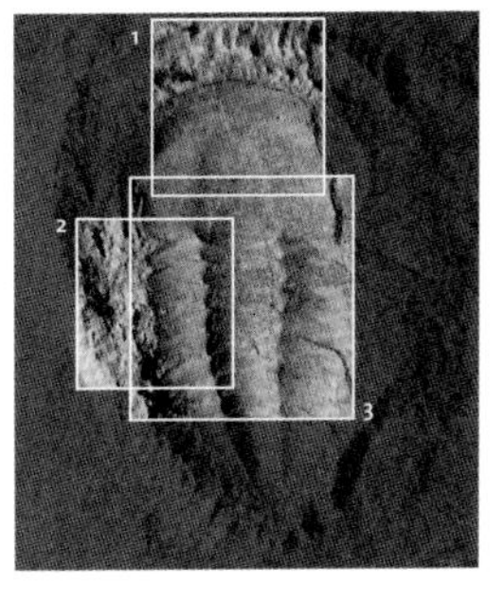

种：云南云南头虫
（*Yunnanocephalus yunnanensis*）
族群：云南头虫科
（Yunnanocephalidae）
体长：2.5厘米
发现地：中国

要点

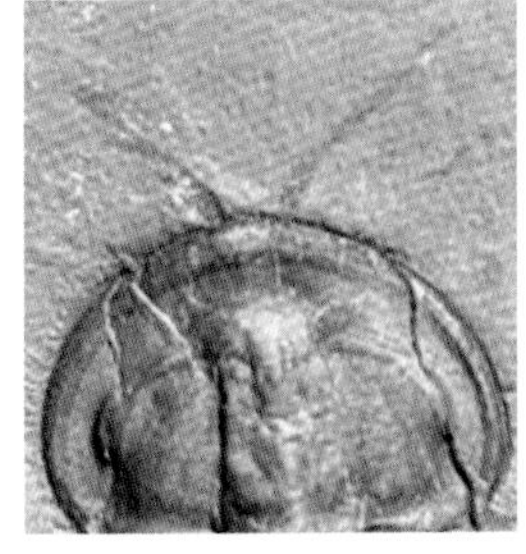

1 触角
三叶虫具有一对灵活的长触角，从头部下方向前伸出。一些化石标本显示，三叶虫也有朝后的附肢，也许也具有类似的感官功能。较晚期三叶虫的甲壳有角状突起和尖刺。

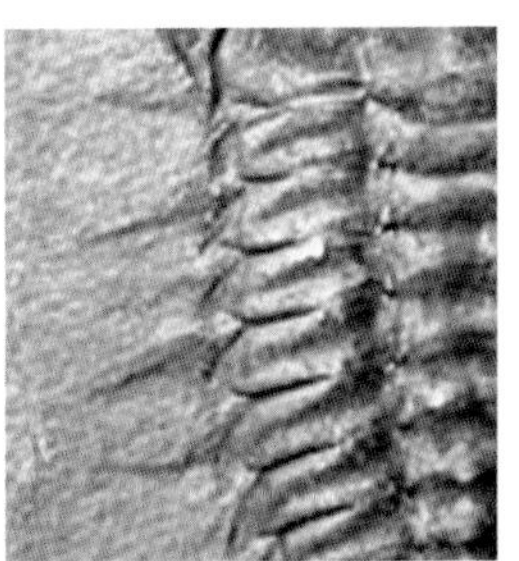

2 附肢
头部下方有3或4对附肢，中部的每个节段上都有一对附肢，尾板上还有几对附肢。它们的附肢为双枝型附肢。一个部分长而粗壮，用于行走和摆弄食物；另一个部分更细，可以当羽鳃或游泳工具。

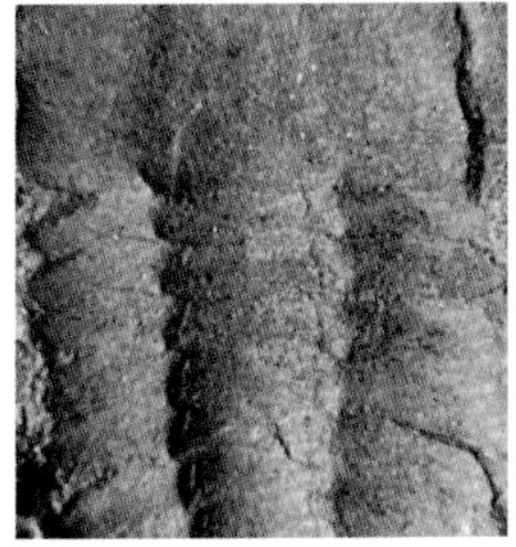

3 消化系统
口腔是没有牙齿的肌肉管，附着在坚硬的口下板上。口部在身体底部，朝向下方。吞下的食物输送到头鞍下的胃里，然后移动到后端的肛门。

周小姐虫

中国云南澄江的帽天山页岩是一系列5.2亿—5.15亿年前的早寒武世沉积物，完美地保存着大量化石。除了各种三叶虫，这里也产出了周小姐虫（*Misszhouia*）的遗骸（上图）。这种软体节肢动物可能和三叶虫的祖先有关联。周小姐虫属于纳罗虫科底栖节肢动物。它们只有两个身体节段：圆形的头部和分段的尾板。其他特征和三叶虫十分相似，包括两根触角（与大多数三叶虫不同，它没有眼睛）和25对双枝型附肢，可以用于觅食、呼吸和运动。三叶虫的埃迪卡拉纪祖先可能和周小姐虫有些相似。

软体动物

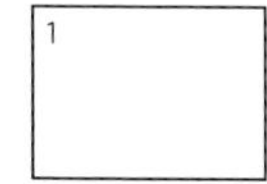

1 厚壳蛤类软体动物形成了巨大的礁石，在白垩纪里尤其繁盛。

2 蜗牛（*Helix*）等腹足类动物在进化过程中经历了一个扭转身体的阶段。

3 长砗磲（*Tridacna maxima*）属于软体动物中非常成功的双壳纲。

软体动物是地球上种类最多、分布最广泛的动物之一。从深海热泉口到山顶都有它们的身影。这类动物包括蛞蝓和蜗牛，蛤蜊、扇贝和牡蛎等甲壳类，还有长着大眼睛、动作迅捷的掠食性章鱼、鱿鱼和乌贼。目前科学界大约发现了10万种软体动物，可能还有两倍于此的物种尚未被发现，只有节肢动物（见114页）能在多样性上胜过软体动物。

建立软体动物的进化树困难重重。不过大多数软体动物都生活在水中（主要是海水），而且几乎都带有硬壳，这对古生物学家而言是一大幸事。水生环境比陆地环境更有利于遗骸保存和化石化，并且软体动物的硬壳很适合形成化石。于是各个时期的软体动物留下了数以百万计的化石，彰显着它们或许长达6亿年的历史。部分软体动物可能还是最古老的多细胞动物。20世纪40年代在南澳大利亚埃迪卡拉山上发现的化石（见46页）可以追溯到新元古代（晚前寒武纪），其中包括金伯拉虫。这是最古老的两侧对称动物，即明显具有头尾和两侧的动物。它们的一些特征类似曾被归入已灭绝动物的现生单板类（见126页）。

关键事件

5.4亿年前

单板类动物在早寒武世里繁盛起来，它们是最古老的软体动物之一。

5.4亿年前

喙壳纲出现。研究者曾经认为它们是早期双壳类动物，后来自成一纲。

5.3亿年前

阿达内拉螺（*Aldanella*，软体动物化石名）具有类似现代蜗牛的螺旋壳，生活在海床上。

5.3亿年前

坦努锥属（*Tannuella*）可能是最初的头足类动物，或者是头足类动物的近亲。

5.2亿年前

佛迪拉贝（*Fordilla*，一种古老的双壳化石）等早期双壳类出现，具有铰接在一起的两片贝壳。

5亿年前

齿谜虫（*Odontogriphus*）是具有齿舌且类似蛞蝓的生物，类似环节类蠕虫和软体动物的共同祖先。

第一批得到确认的软体动物化石是极小的海洋软体动物太阳女神螺纲，它们具有蜗牛状的壳，出现在约5.4亿年前的埃迪卡拉纪末期，并延续到4.8亿年前的早奥陶世。到5亿年前的中寒武世时，大多数我们所熟悉的族群就都留下了化石，包括腹足类动物（蜗牛及其近亲，见图2）、双壳类（牡蛎及其表亲）、单板类和已经灭绝的喙壳纲。头足类动物（章鱼及其近亲）最初是在中寒武世岩石中出现的。多板纲（石鳖）出现于晚寒武世。掘足纲（象牙贝）出现于大约4.6亿年前的中奥陶世。从进化的角度来看，这种多样化的发生迅速且广泛。

最初的双壳类早在寒武纪就已经出现，但直到早奥陶世才开始多样化，并大量化石化。它们的外壳由两部分（贝壳瓣）组成，通常在一侧铰接，这是牡蛎、蛤蜊（见图3）、扇贝、乌蛤、蛏等贝类的典型形态。二叠纪末期大灭绝（见224页）和白垩纪末期大灭绝（见364页）并没有阻止它们前进的步伐。如今几乎所有的海洋中都有大量双壳类。不过有些双壳类确实在白垩纪末期或之后灭绝，包括卷嘴蛎（魔鬼的趾甲，见128页）和厚壳蛤（见图1）。后者是晚侏罗世到晚白垩世前海礁石的主要组成部分。它们的化石在中东、地中海、加勒比地区和东南亚都有分布。它们具有两个不对称的贝壳瓣，其中一个固着在海底。厚壳蛤可以长出巨大的身体，并聚集在一起形成蔓延数百千米的“厚壳蛤礁”。

腹足动物是软体动物中最大的群体，其中包括陆地上的蛞蝓、螺壳蜗牛，水中的海螺、淡水螺和“没有扭转的”帽贝，共占现生种的80%。腹足动物的化石记录可以追溯到寒武纪，揭示了其主要群体会发生周期性灭绝，随后新的群体出现并多样化。头足类动物是最大、最聪明的软体动物。5亿年的进化催生了可以影响身边环境的吸盘触手、复杂的眼睛、改变颜色的能力，以及复杂的社交和学习技巧。乌贼、章鱼和墨鱼代表着大约800种现生头足类动物，但化石中已发现1.7万种头足类，多样性令人咋舌。已经灭绝群体中包括巨大的乌贼样生物——直壳鹦鹉螺，它们从奥陶纪畅游到了晚三叠世。这类动物是巨大的锥形生物，笔直的外壳一端长有触须，长度可达10米。作为当时的顶级掠食者，直壳鹦鹉螺通过沿锥壳长轴生长的管子喷水，以便推动自己。其他已灭绝的主要头足类动物包括其他鹦鹉螺和菊石类。RS

5亿年前

头足类动物蓄积起来的进化动力让它们在寒武纪末期分化出了更多种类。

4.9亿年前

大约2.5厘米长的绞盘锥属（*Strepsodiscus*）是最古老的北美似蜗牛软体动物之一。

4.8亿年前

双壳类生物抓住了奥陶纪海洋中各种新的机会开始进化和多样化。

4.6亿年前

中奥陶世，最古老的掘足类动物出现，贝壳为象牙状。

2亿年前

诞生于晚寒武世的直角鹦鹉螺作为顶级掠食者的漫长历史结束，它们也渐渐从海洋中消失。

1亿年前

英国南部的海洋里生活着相当于现生种5倍大的牡蛎。

单板类

早寒武世至今

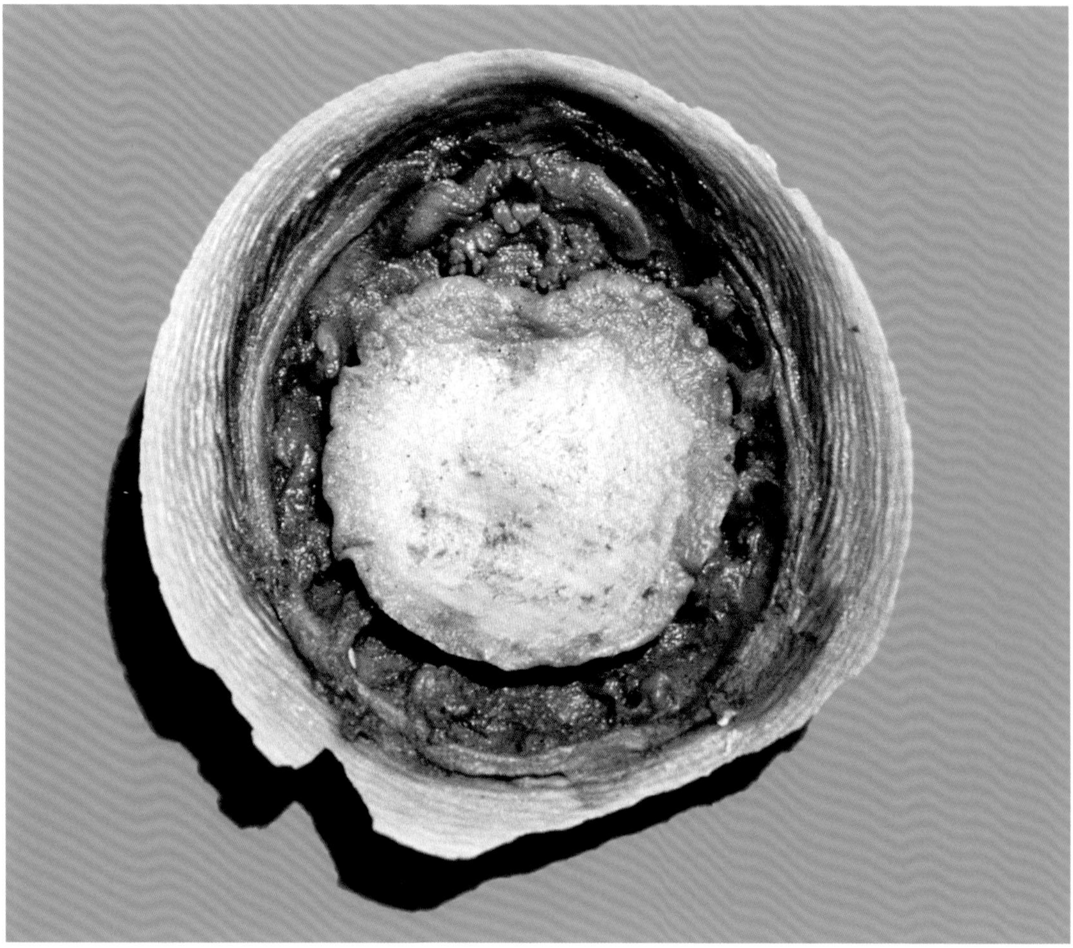

种：新碟贝
（*Neopilina galatheae*）
族群：单板纲
（Monoplacophora）
尺寸：4厘米
发现地：东太平洋
世界自然保护联盟：尚未评估

图片导航

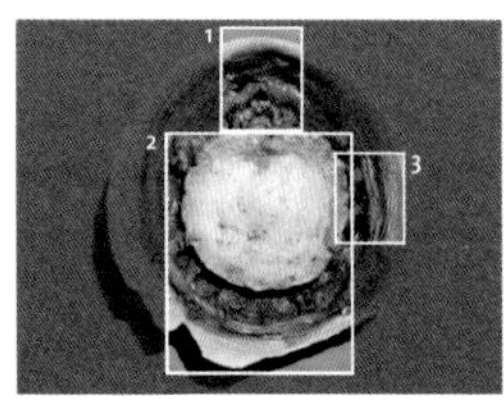

这个类似帽贝的神秘群体通常被视为最原始的软体动物。2007年，研究者分析了几种单板类的遗传物质，以确定它们在软体动物进化树中的位置。结果显示，它们是头足类动物（鹦鹉螺、菊石、章鱼及其近亲）的近亲，这似乎表明单板类和头足类这两个不同寻常的独特软体动物族群是姐妹群。这种密切的进化关系表明它们很可能拥有共同的祖先。20世纪70年代的古生物学家发现早期单板类和头足类都具有带腔室的外壳，于是提出它们之间存在亲缘关系。现生单板类依然有外壳，但已经失去了腔室。研究表明，单板类中进化出了多板类和早期头足类，但这还有待证实。人们曾经只在化石记录中发现过单板类，于是以为它们已经灭绝。但1950—1952年，丹麦深海考察船“瓜拉西亚号”在海洋调查中发现了现生标本。这次考察的目的本来是探究海龙是否真的存在。海龙没有现身，但是在1952年5月，船队发现了10个活体单板类标本，它们生活在3 590米深的哥斯达黎加太平洋海域中。这些标本被命名为“新碟贝”，全球的进化论者都为之沸腾。RS

要点

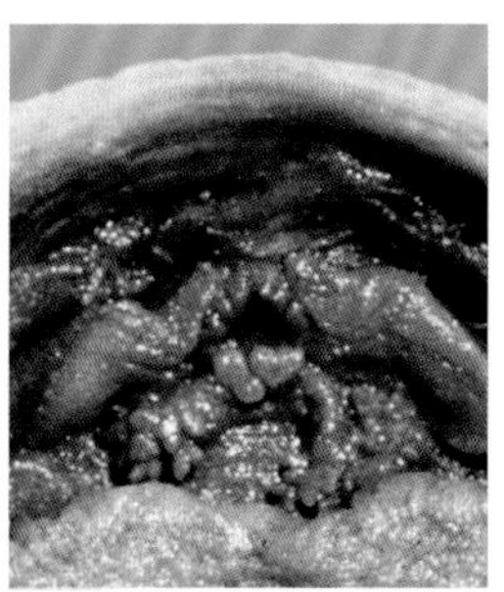

1 头部

新碟贝的头部边界不清，下面具有一个精细的口部结构。口部通常呈“V”字形，前方为厚嘴唇，后方为小触角，形态存在种间差异。这些软体动物可能是在海底爬行，以淤泥里或岩石上所有可以吃下去的东西为食。

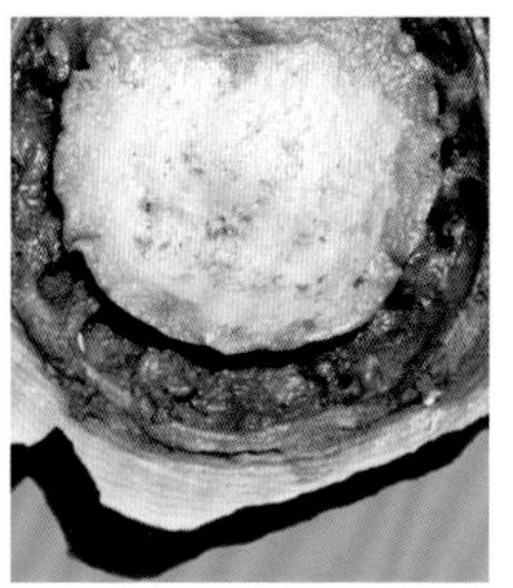

2 足部和外套膜

头部下面是用来固定身体的半圆形足部。足部和身体外套膜边缘之间有5 ~ 6对鳃。外套膜在大多数软体动物中都是非常重要的结构，可以包裹住身体的主要部分，发挥保护、伪装和运动的作用。

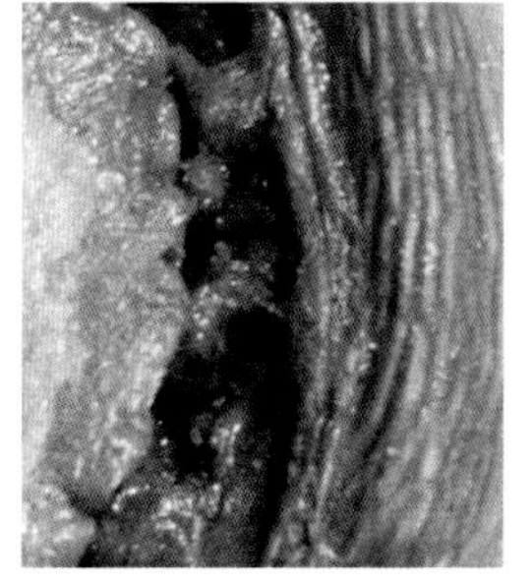

3 内部解剖

新碟贝具有一条长长的盘绕状消化系统、两对性器官和多个发挥着肾脏作用的成对排泄器官。心脏等器官遍布全身，因此有人认为单板类是节段动物（例如环节动物蠕虫与节肢动物）的近亲。

▲ 早期单板类具有一片帽状外壳。化石种的外壳开口有多种性状，从圆形到梨形不一而足。外壳既可能比较平坦，也可能高耸起来。无论是新碟贝等现生单板类，还是化石单板类，壳的顶点通常都位于前端，有时候还会伸出外壳的前缘。目前发现的30 ~ 35个种都生活在海中200米以下的深度，有的甚至达到6 000米深。

腕足类

腕足类（左图）在英文中也称“油灯贝”，得名于其类似古代油灯的外壳。它们看上去像双壳软体动物，而且很多成员也具有类似双壳类的生活方式，例如在海底滤食。不过详细的解剖学研究发现了这两个族群之间存在许多差异。例如腕足类的壳分别位于顶部和底部，不像双壳动物的壳位于左右两侧。现生腕足类生物大约有335种，但化石种超过1.2万。它们起源不明，有的亚群尝试过新的形态和多样化，最终灭绝，而海豆芽等其他成员对进化保持着“保守”态度，几乎没有什么大的变化。因此现生物种和5亿年前的近亲依然非常相似。

“魔鬼的趾甲”

侏罗纪

属：卷嘴蛎属（*Gryphaea*）
族群：牡蛎科（Ostreidae）
尺寸：10厘米
发现地：欧洲和北美

纵观历史，化石遗迹经常遭到误解，尤其是软体动物化石。例如，头足动物中已经灭绝的箭石类具有形似子弹的内壳，早期的欧洲人一直以为这是闪电击中地面的结果。中世纪的人认为菊石类动物盘曲的壳是变成石头的蛇，于是将它们称为“蛇石”。早期罗马人发现的菊石被人误认为是角，因此“菊石”（*ammonite*）一词就是指埃及公羊神阿蒙（*Ammon*）盘绕的角。卷嘴蛎是双壳类的一个属，也是牡蛎的近亲，诞生于侏罗纪。虽然大家不一定真的相信化石是魔鬼的趾甲，但也不难看出它们为什么会背负这样的名字。卷嘴蛎在侏罗纪岩层中相当常见。它们可能很薄，通常在黏土中染成了黑色。只要发挥一点想象力，这种有沟纹的贝壳看起来就会像粗糙的脚指甲。

卷嘴蛎这样的牡蛎属于双壳类，包括扇贝（扇贝科）、牡蛎（牡蛎科）、珠母贝（莺蛤科）和贻贝（贻贝科）。这些生物我们耳熟能详，可能是因为它们都能摆上餐桌。许多翼形类都被称为表栖动物，即将自己固定在海底等基底上，用可视为足部的肌肉器官前进。RS

图片导航

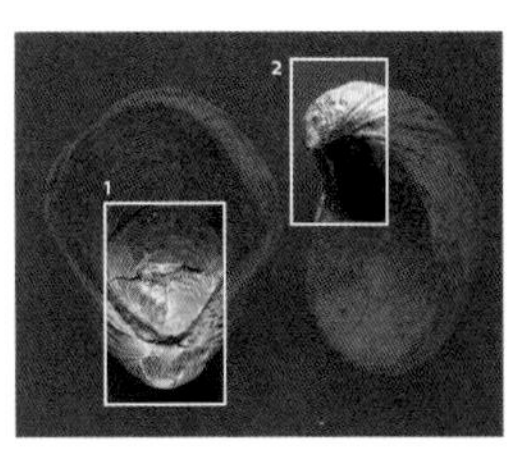

要点

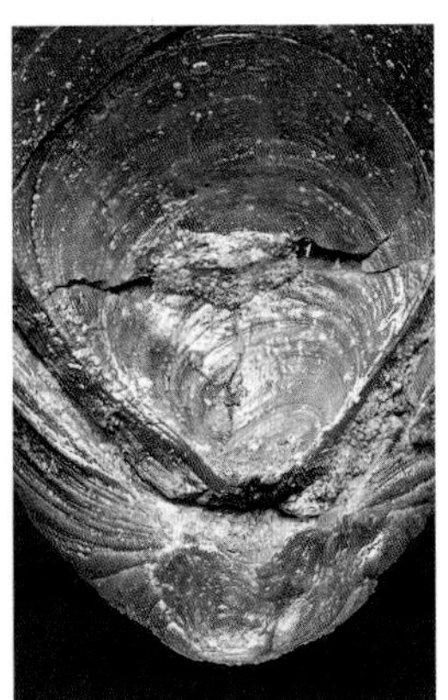

1 不对称的壳瓣

作为双壳类的一员，卷嘴蛎也具有两片壳瓣，而形状和大小明显不同。左侧（位于下方）壳瓣明显弯曲，而右侧（位于上方）壳瓣小而平坦。卷嘴蛎生活在海底，右侧扁平的壳瓣朝上方打开，让水流进壳内，过滤掉氧气和养分。大多数双壳类都是通过这样的滤食方式存活。

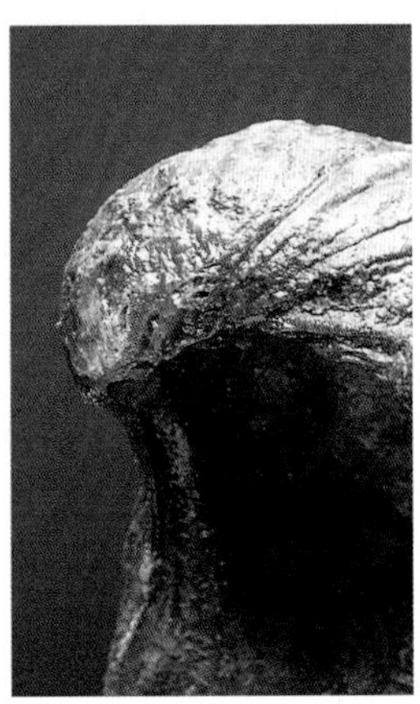

2 左侧壳瓣

位于下方的左侧壳瓣较厚，表面有一系列在成长过程中出现的同心脊突和沟槽，这些图案的形成表示着动物的成长情况。左侧壳瓣的弯曲似乎在卷嘴蛎的进化过程中不断增大。这个误会后来得到了澄清，因为研究发现壳上的螺旋实际上是在逐渐散开的。

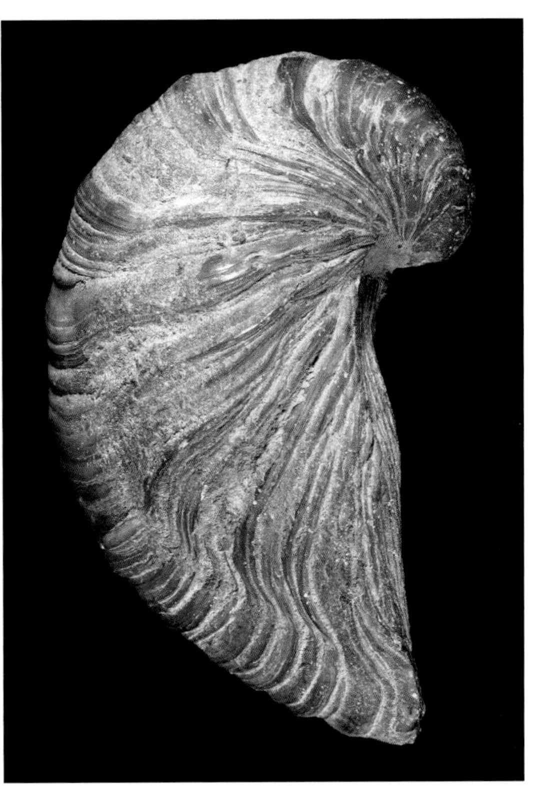

▲ 弓形卷嘴蛎化石具有随季节出现的年轮，化石中的年轮代表着气候改变。

耐受困境的牡蛎

2012年，研究人员成功测出了长牡蛎（右图）的基因组序列，为它们的进化过程提供了一些线索。长牡蛎大约有2.8万个基因，人类基因的数量为2万个左右，软体动物特有的基因大约有8 600种。基因研究表明长牡蛎的壳复杂到令人称奇，和简单的碳酸钙基质不同，它们的建成非常精妙，涉及200多种蛋白质，是亿万年进化历程交织而成的杰作。通过这项基因组分析，我们对牡蛎和其他软体动物为何能长久存在于浩瀚的海洋之中有了更深入的了解。例如，一些制造基因会编码热休克蛋白，使它们可以承受温度的变化。如果牡蛎在海水退潮后遭到暴晒，那这些基因会行动起来，让它们最高可以承受高达49℃的温度。其他的基因会帮助牡蛎应对盐分的变化。

陆地上的节肢动物

1 强壮双尾虫（*Diplura bristlctails*，双尾目中一种生物）是六足动物，但并不是真正的昆虫，只是昆虫的姐妹群。

2 节肢动物诞生于4.2亿年前的志留纪，延续了1.3亿年。图中显示了典型的倍足纲分段形态。

3 蚰蜒（*Scutigera coleoptrata*）是食虫动物，会捕食其他节肢动物，如昆虫和蛛形纲成员。它们的腿多达15对。

众所周知，生命开始于水中。复杂生命结构的演变需要长期稳定的环境，年轻的地球上只有水生栖息地可以担此重任。虽然可能让人大吃一惊，但动物很有可能早在植物之前就尝试着向陆地迁移了。节肢动物就是这群动物的先驱（具有外骨骼的无脊椎动物，见114页），有些多足生物在5.3亿年前的海岸线上留下了痕迹。它们很有可能是动头虫（*Euthycarcinoids*）。虽然和倍足纲有相似之处，但其口器分析表明它们可能是一个主要谱系的进化分支，这个系谱中进化出了昆虫和双翅类的无翼昆虫（见图1）、甲壳类、倍足类和蜈蚣。它们和其他节肢动物为什么要在寒武纪离开海洋尚不明确。很难想象这些生物拖着身子走过激浪线的模样。当时的陆地上没有植物，干涸的地面只有一片广阔的沙漠、黏土和岩石，环境非常不稳定。没有植物和土壤装点地表，陆地就是变化无常的严酷之地，四处狂风吹打、阳光暴晒、洪水肆虐。

动头虫可能是食碎屑动物，在受到遮挡的滩涂上啃食细菌和海藻薄层。诞生于奥陶纪的广翅鲎等节肢动物（见136页）后来可能是为了躲避掠食者而来到陆地。节肢动物的外骨骼从水中的铠甲变成了陆地上的防水

关键事件

5.3亿年前	4.6亿年前	4.4亿—4.2亿年前	4.28亿年前	4.17亿年前	4.08亿年前
动头虫在沙丘中留下了痕迹。它们大约和现生龙虾一样大，身长50厘米，有20条腿。	海蝎诞生于海中，但会定期离开海洋，可能是为了繁殖（如产卵）或躲避掠食者。	早期植物开始上岸，包括非维管类苔藓和地钱，它们的根、茎和叶还没有明确分化。	倍足纲的呼气虫率先踏上陆地，它们具有由气管网络组成的呼吸系统。	角怖蛛是早期陆生掠食者，以原始的植食性动物为食，例如倍足纲的节胸属。	莱尼燧石层出现陆生动物群体，包括螨类、甲壳类、节肢类、多足类和六足类。

外壳，用以保持身体中的水分，呼吸器官页鳃隐藏在身体底部的空腔内，以便保持充分的湿润，好呼吸空气里的氧气。

真正的陆生植物出现于约4.3亿年前的奥陶纪和志留纪之交。它们是紧贴地面的苔藓和地钱，在干旱的陆地上攫取着每一滴水。动物紧随其后。例如陆生呼气虫（*Pneumodesmus*）就留下了古老的化石证据，这是诞生于4.28亿年前的倍足纲成员。它们的化石碎片有1厘米长，全长估计为2.5厘米。呼气虫意为“空气带”，它们的外层角质上长有小孔，表明它们是使用气管系统呼吸，即通过呼吸孔和外界相通的气管网络，将空气输送到身体各处。现生昆虫和多足类都采用这种呼吸方式。

到志留纪末期时，陆生（虽然仍局限于沿海地区）植物进一步繁盛，为离开海洋的节肢类动物提供了数量和种类都更为丰富的食物。节胸类（Arthropleurideans）就是迁徙者中的一员（见图2），它是包括节胸属在内的原始植食性倍足纲的成员（见132页）。除植食性动物外，志留纪的陆地节肢动物中也包括掠食者角怖蛛，它们是微小的蛛形纲动物，形似螨或蜘蛛（但不会织网），大多只有几毫米长，会用尖牙捕食其他节肢动物。

在早泥盆世，野生动物群落已经突破了海洋，来到了内陆的沼泽和泉水池塘周围，因为它们依然无法离开潮湿的栖息地。莱尼燧石层就是一个绝佳的例子（见62页），这是苏格兰东部富含二氧化硅的岩石层，在4.08亿年前是一片围绕温泉的泥炭沼泽。它的化石床含有大量陆生节肢动物，包括更多的角怖蛛和其他蛛形纲动物，例如真螨和盲蛛（也称幽灵蛛）。一种蜈蚣中的掠食者（Crussollum）长着大幅度伸展的长腿，类似今天的蚰蜒（见图3），而一种粗短的倍足纲成员（Leverhulmia）有大约10条腿，以死去的植物为食。

最重要的是，莱尼燧石层也是六足节肢动物的家园，其中有第一个确认的昆虫标本莱尼虫（*Rhyniognatha*，见134页），但最常见的六足类是弹尾虫。正如它的现代亲戚，它具有一个隐藏的跳跃器官。它向后弹起，把自己抛向空中，完成不受控制的跳跃。弹尾虫生活在潮湿的落叶和土壤中，并用它的“弹簧”来逃避蜈蚣和其他捕食者的攻击。在几百万年内，六足动物配备了足够数量的腿，用于地面行走，以及其他几种适应性附属物。它们从早期陆地群落进化而来，成为陆地上占统治地位的无脊椎动物。TJ

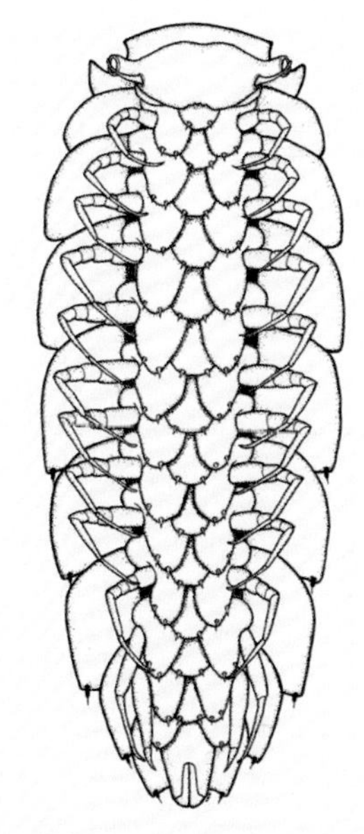

4.08亿年前	3.95亿年前	3.65亿年前	3.4亿年前	3.28亿年前	5 000万年前
最早的昆虫化石形成，即苏格兰莱尼燧石层的莱尼虫。	四足动物（四条肢体的脊椎动物）开始从水中走向陆地，它们和后来的两栖动物也有亲缘关系。	昆虫明确出现了飞行能力，不过莱尼虫和其他早期昆虫可能已经拥有了翅膀。	石炭纪的森林里活跃着有史以来最大的节肢动物——节胸属。	双尾目（尾部分叉的无翼昆虫）开始留下化石，这是四大六足动物群中的第三大类。	等足目的陆生甲壳类生物木虱遍布全球，可见陆生甲壳类早已进化出来。

节胸属

石炭纪—二叠纪

要点

1 头和口器

武装节胸虫的头部有一双简单的眼睛和一对触角。口器可能是肢体改良适应后出现的，和现生倍足纲一样，但还没有发现口器的化石标本。缺乏口器化石表明其口器不像身体其他部分一样坚硬。可见武装节胸虫没有杀戮其他动物的武器。

2 板甲

武装节胸虫化石的板甲数量和体节数量相似。不过它们并不是个个都体形庞大，较小的种只有30厘米长，类似今天的大型倍足纲动物。板甲通过骨化变硬，骨骼中的主要硬性物质甲壳素在这个过程中发生化学交联，改变性状，让板甲更加坚硬。

图片导航

种：武装节胸虫（*Arthropleura armata*）
族群：倍足纲（Diplopoda）
体长：2.8米
发现地：北美和苏格兰

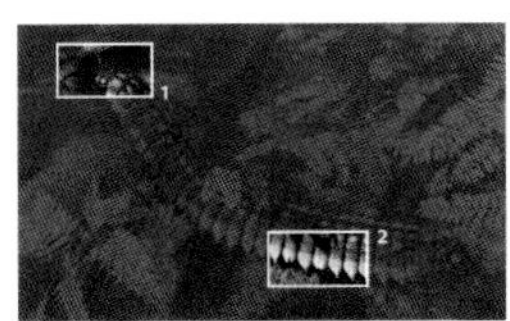

节胸属的关键数据乍一看平平无奇，它们是倍足纲节肢动物的一员，包括今天的倍足类动物。节胸属部分质量最好的化石是它们留在淤泥中的足迹，这些足迹是一排长长的平行的小脚印，它们会绕过障碍物，如树干和石头。这表明节胸类动物会伸展身体，以便在需要加速时增加步长。节胸属的决定性特征是每个身体节段都有两对腿（蜈蚣类每个节段只有一对腿）。节胸属一般有25～30个身体节段，因此共有100～120条腿。每个节段都由覆盖在身体上的弯曲硬化板甲保护，每块板甲都与后面的板甲相重叠，形成铰链式铠甲。单看板甲，会让人觉得从3.3亿年前的石炭纪之初到2.7亿年前的二叠纪之初，游走在蕨类森林中的节胸属都有了抵御攻击的利器，但我们还要考虑到它们当时的体形。据估计，武装节胸虫身长2.8米，可能是有史以来最大的节肢动物，同巨大的海蝎不相上下。这种倍足动物体重100千克，蜷缩起来都可以占满一张现代双人床。

事实证明，人们很容易认为节胸属是一种贪婪的捕食者，它们可以像眼镜蛇一样抬起身体，并将任何它们所选中的猎物击倒，然而，目前无法通过口器证明它们是肉食性动物。对其肠道分析发现了蕨类的孢子和叶片，这表明节胸属即使不是纯植食者，也至少是杂食性动物。如果植食者是以不好消化的坚韧植物为食，那它们的体形往往比较庞大，大象就是一个很好的例子。庞大的身体更有效率，单位体重所需的食物更少。但节胸属不得不频繁进食才能生存，据估计，它们每年要消耗1吨蕨叶。TJ

含氧大气

节胸属统治着石炭纪的森林和沼泽，其他陆生动物都无法对它们造成威胁。石炭纪得名于这个时期延续亿万年的遗产——煤炭。当时地球上开始出现巨大的木本植物，最古老的森林也随之出现（见133页）。大树让大气中的含氧量远高于今天的水平，这可能是节胸属和昆虫等其他节肢动物能成为庞然大物的原因。对昆虫而言，额外的氧气可以通过呼吸孔和气管自然弥散。如今节肢动物的大小受到自然限制，如果身体太大就无法获得足够的氧气。二叠纪气候变化，降雨减少，森林里的动物群落开始崩溃，节胸属和巨蜻蜓及许多其他物种随之灭绝。

莱尼虫

早泥盆世

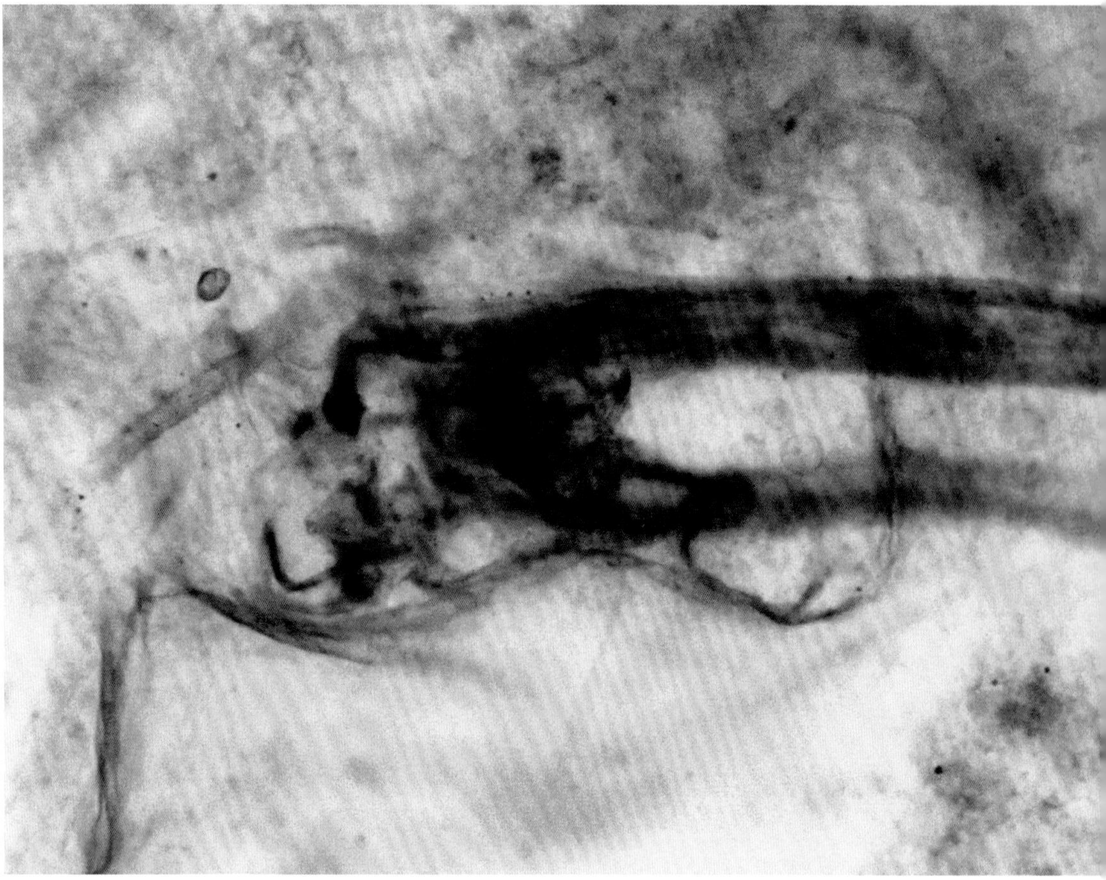

族群：昆虫纲（Insecta）
尺寸：1毫米
发现地：苏格兰

2004年，苏格兰莱尼燧石层发现的一具化石（见62页）成了头条新闻。最古老的昆虫赫氏莱尼虫（*Rhyniognatha hirsti*）的口器化石经过了重新分析，结果表明就连这种最古老的昆虫也并不是原始祖先型生物，而是已经特化的生物。赫氏莱尼虫至少有4亿年历史，诞生于早泥盆世。在发现莱尼虫之前，最古老的昆虫来自纽约州北部3.79亿年历史的岩石，它们的化石是无翼昆虫的碎片，一种归类为衣鱼（见右页图片），另一种归为蠹虫。两种都是原始类型，但因为具有外下颌（口器）而被归入昆虫纲。莱尼虫意为"莱尼的下颌"，其化石具有外口器，因此属于昆虫。莱尼虫的年代虽然远比纽约州昆虫古老，口器却要进步得多（不是早期的原始特征或有更多变化）。它的碎片在1919年出土，还在1926年被人当成昆虫幼虫的口器。但在1928年，昆虫专家罗伯特·罗宾·蒂里亚德（1881—1937）将其更名为赫氏莱尼虫。2004年对口器的进一步分析证实，它们可能是有翅膀的植食性昆虫。口器和觅食方式相似的现生昆虫都具有翅膀。我们无法只凭借一个口器确定赫氏莱尼虫有无翅膀。不过这一发现为早泥盆世昆虫已经高度多样化的理论提供了依据。一项跟踪昆虫DNA变化的研究表明，昆虫诞生于4.34亿年前的志留纪。TJ

图片导航

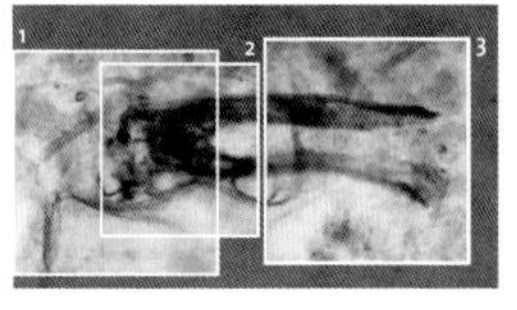

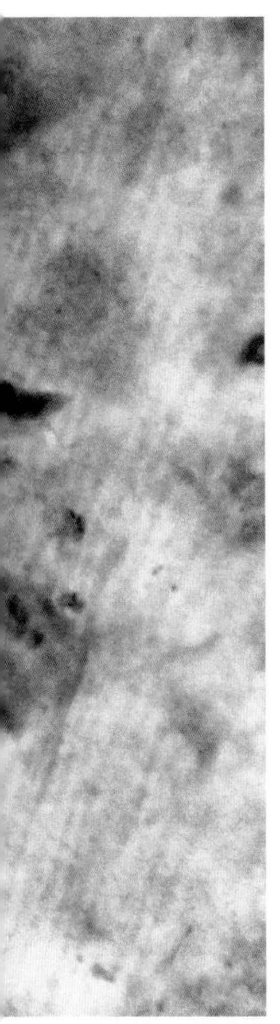

要点

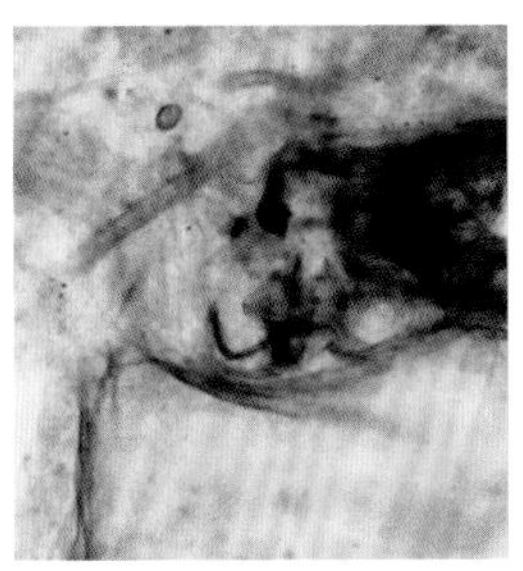

1 食性

莱尼虫的口器类似以植物为食的现代昆虫。它们的食物可能是泥盆纪蕨类植物叶片上的孢子囊（充满孢子的器官）。这应该是当时最丰富的食物来源，因为开花植物要在2.5亿年之后才进化出来。

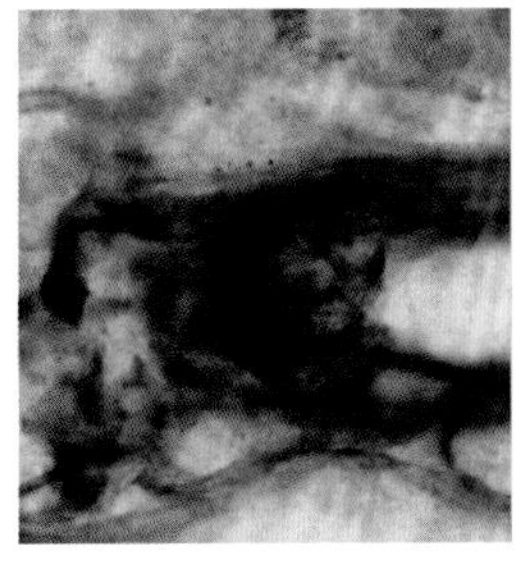

2 外口器

莱尼虫的外口器类似多功能钳子，仿佛人类合拢在一起的弯曲手指，食物从左边进入。口器很小，直径不到0.1毫米。显微镜视野里一次只能显示一部分。

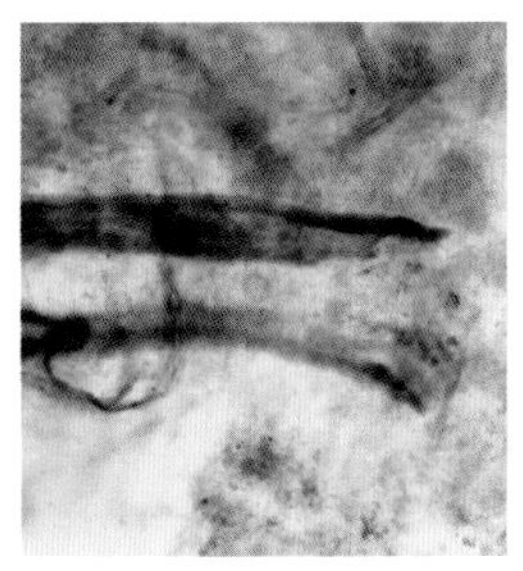

3 头部

头部有两个长条状结构，可能是表皮内突。这些是昆虫外骨骼朝头部内生长的结构，是肌肉的附着处。这具标本保存了表皮内突和头部：表皮内突向右扩展，直到头后。

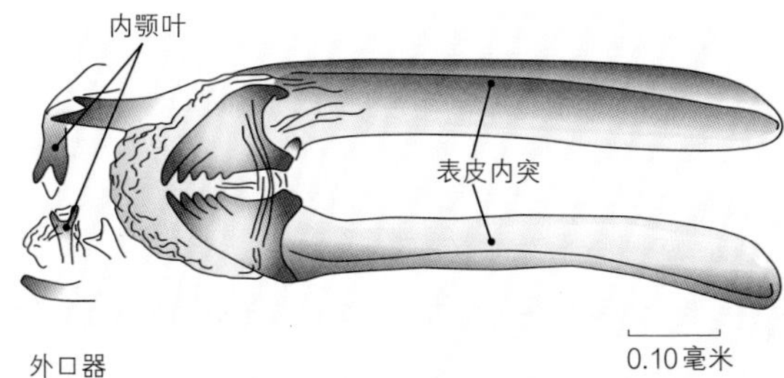

◀ 这幅莱尼虫图解比化石标本详细得多，不过参考了其他化石和现生昆虫的口器与表皮内突。

衣鱼和蠹虫

衣鱼和三尾蠹虫常被称为蠹鱼，被认为是早期的原始昆虫，其祖先可以追溯到4亿年前。它们组成了无翼昆虫中的石蛃目（*Archaeognatha*，意为“古代下颌”），主要特征为三分叉的“尾巴”。它们以小型植物为食，如苔藓和地衣。这类植物在志留纪里开始扩散，至少在3.7亿年间为蠹鱼提供着食物。衣鱼（右图）也有3条尾巴，但通常短于三尾蠹虫。它们主要依靠长触角来感知周围环境，要么没有视力，要么只在小脑袋上长了小眼睛。衣鱼（直译“银鱼”）得名于银灰色和蓝色的身体，它们主要生活在土壤中，依靠有机沉积物生活，但也有很多衣鱼进入了人类的居住区，享用剩饭、油脂以及碎屑。

海蝎

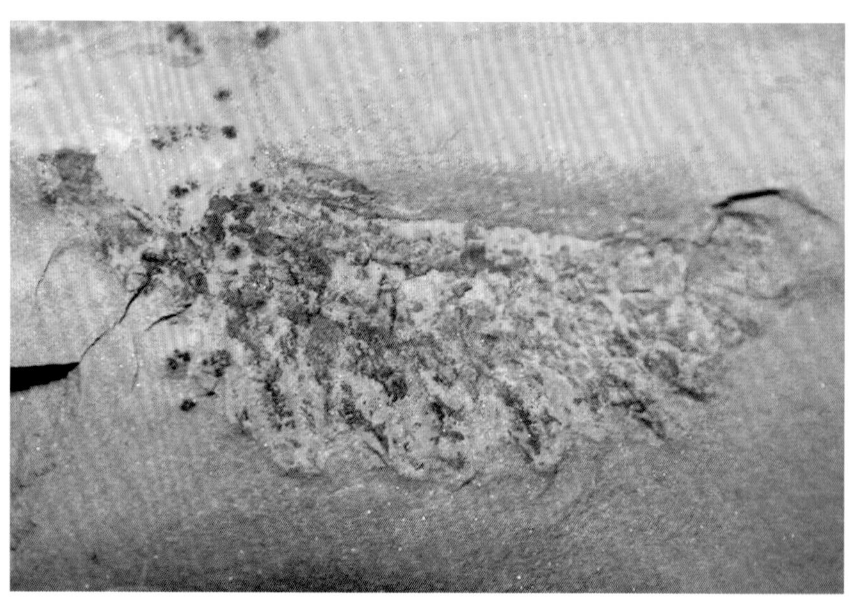

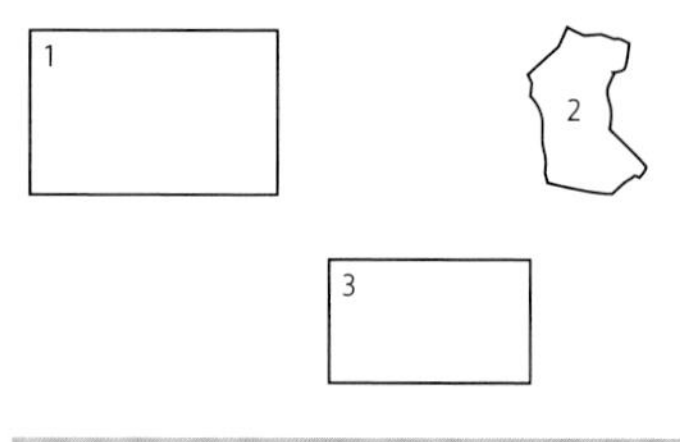

广翅鲎类属于节肢动物，其中包含志留纪的顶级海洋掠食者（4.33亿—4.19亿年前，见114页）。它们都是螯肢类的成员，这类动物如今以蛛形纲为代表（见150页），包括蜘蛛、蝎子、螨、壁虱、海蜘蛛和鲎（见140页）。由于和蝎子存在亲缘关系，广翅鲎也常被称为海蝎。它们与蝎子具有一些相似之处，例如部分广翅鲎类具有大前螯，有些具有尖尾（尾节），但它们并不是蝎子的祖先。

海蝎是最早得到确认的螯肢类，但还可能存在更原始的成员。例如耳材村海口虾就是最古老的螯肢动物之一（见图1）。它们是中国澄江页岩中2.5厘米长的小型生物，距今已有5.25亿年历史。海口虾是“巨肢”节肢动物，因为头部长有巨大的手臂。手臂末端长有爪子，这正是螯肢类的典型特征（“螯肢类”一词源自希腊语的“爪子”，所有成员的口部前方都有一对爪状附肢，即螯肢）。海口虾的螯肢是铰链式的附肢，蜘蛛的螯肢是尖牙，而蝎子的螯肢只是尖刺。

渊盾鲎在4.9亿年前的晚寒武世之前就已出现，这些小型螯肢类可能是原始的广翅鲎。它们具有一个圆形的头胸部和逐渐变窄的腹部。前肢

1 耳材村海口虾（*Haikoucaris ercaiensis*）具有巨大的头部附肢（左上）和后肢鬃毛（右下）。它们可能是广翅鲎的祖先。

2 几乎每一片大陆上都有翼肢鲎（*Pterygotus*）化石，它们形成于4.4亿—3.7亿年前的志留纪到晚泥盆世。

3 莱茵耶克尔鲎（*Jaekelopterus*）是有史以来最大的节肢动物之一，它们在3.9亿年前舞着长长的爪状螯肢，吓得原始鱼类逃之夭夭。

关键事件

5.25亿年前	5.1亿年前	5.05亿年前	4.9亿年前	4.6亿年前	4.5亿年前
2.5厘米的耳材村海口虾出现，目前看来是最古老的螯肢类。	疑似原始节肢动物的*Protichnites*在陆地上留下了痕迹化石，表明它们可以暂时离开水生活。	多须虫（*Sanctacaris*）和西德尼虫（*Sidneyia*）的祖先可能生活在这个时代。两者都是螯肢类中的主要族群。	和原始广翅鲎有亲缘关系的渊盾鲎在晚寒武世的岩石中留下了化石。	最早的广翅鲎出现，其中的巨型羽翅鲎等成员成为晚奥陶世到早泥盆世的主要掠食者。	广翅鲎的姐妹群鲎（剑尾目）诞生，如今的海洋里依然能看到它们的身影。

可以用于行走和抓握，后肢扁平可以当作桨或铲子。它们身体结构类似3 000万年后出现的广翅鲎。

巨型羽翅鲎是最古老的真广翅鲎之一，有1.2米长，是生活在晚奥陶世的捕食者。它们盾状的上甲壳覆盖头部和胸部，其中有容纳复眼的一对开口。长长的分段腹部在末端逐渐变细成尖刺状。螯肢很短，嘴巴后面有一对尖刺状肢体，用于抓握食物。它们还有一对用来抓捕猎物的附肢，上面长有诸多能刺穿身体软组织的尖刺。3对后肢负责游泳，不过痕迹化石表明它们可能也会用后肢在陆地上行动，以便交配或食用尸体。

1825年，广翅鲎（见138页）成为首个得到描述的海蝎。它们生活在4.32亿年前，身体形态一直没有变化。但当时也有其他形态的广翅鲎。例如，翼肢鲎具有细长的螯肢，末端有带齿的钳爪。它们最后面的肢体仍然呈桨状，但是其他4对腿都用于行走，不能捕捉猎物。腹部的尾节呈扁平的鳍状。翼肢鲎（见图2）及其近亲是志留纪海洋的统治者，许多种都长到了2米长。其中莱茵耶克尔鲎（见图3）拥有45厘米长的螯肢，因此总长度可能达到2.5米。鱼类在接下来的泥盆纪里经历了多样性大爆发，给广翅鲎带来了竞争压力。到大约3.2亿年前的晚石炭世时，广翅鲎大多都生活在淡水中。在杀死了90%以上水生动物的二叠纪末期灭绝中，它们也没能逃脱灭绝的命运。TJ

4.32亿年前	4.1亿年前	3.9亿年前	3.8亿年前	3.2亿年前	2.52亿年前
科学界发现的第一种海蝎——广翅鲎——成为中志留世的常见掠食者。	巨大且迅速进化的掠食性鱼类让竞争越来越激烈，广翅鲎的多样性开始下降。	莱茵耶克尔鲎统治着海洋，它们是最大的广翅鲎，可能也是最大的节肢动物。	和广翅鲎有亲缘关系的早期族群渊盾鲎在延续1亿多年后灭绝。	部分广翅鲎离开浅海，可能大多都转而在淡水中生活。	广翅鲎在二叠纪末期的大灭绝（见244页）中消失。

广翅鲎

晚志留世

种：龟甲广翅鲎
（*Eurypterus remipes*）
族群：广翅鲎科（Eurypteridae）
体长：20厘米
发现地：美国、加拿大和欧洲

广翅鲎是海蝎中最早被发现的成员，詹姆斯·埃尔斯沃思·德·凯（1792—1851）在1825年对它们进行了描述。第一具重见天日的化石是龟甲广翅鲎，这是15个种中最常见的一种。它们和整个族群的名字都来源于希腊语中的“宽大羽翼”，不过这个名字实际上是描述第一个标本用来游泳的宽阔桨状附肢的。广翅鲎的化石产生于4.32亿—4.18亿年前的志留纪。它们当时应该和其他海蝎比邻而居，广翅鲎的平均体长为20厘米，不过有些标本的尺寸超过1米。龟甲广翅鲎的解剖结构大体类似早期广翅鲎，即螯肢短、尾节尖。但它们没有其他种的抓握型附肢，因此其猎食范围可能很广泛，既会和小猎物战斗，也会在海底寻找食物。

在19世纪，世界各地出土的广翅鲎化石质量极高，让古生物学家对它们有了十分详尽的了解。例如，腹部较宽的部分（被称为中躯，朝向头部）含有鳃和生殖器官。鳃位于内部，具有可能是进化自腿部的扁平结构。这些薄薄的组织堆叠在一起，组成了书鳃。书鳃依靠水流进行气体交换，和现生鲎一样，只要空气足够湿润，这个系统就能在空气里运作。蜘蛛等陆生蛛形纲的书肺可能就是从书鳃进化而来的。广翅鲎可能会在陆地上繁殖，这也是它和鲎的相似之处。和今天不同，志留纪的土地应该很安全，没有掠食者。TJ

图片导航

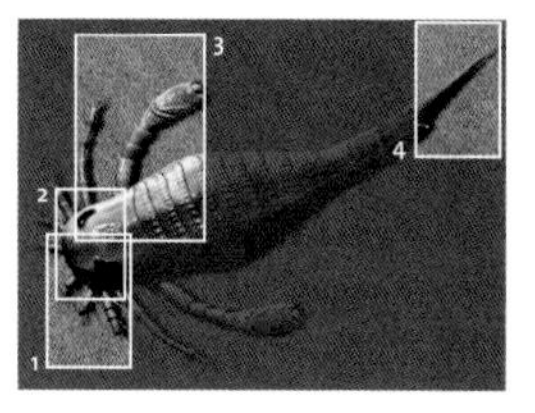

要点

1 最前方的附肢

龟甲广翅鲎有6对附肢。前4对用于觅食，第一对被称为螯肢，具有3个带小螯的节段（位于头部下方，所以复原图中没有出现）。接下来的3对附肢很短并长有尖刺，表明它们主要用于抓握食物，但也可以协助行走。

3 最后的肢体

两对后肢负责移动。龟甲广翅鲎进食的时候会在海底站立或爬行。第五对附肢是步足。第六对，也是最后一对附肢呈桨状，让龟甲广翅鲎可以依靠游泳躲避危险或前往新的觅食地。向前游动的时候，它们先倾斜扁平的桨状附肢，然后侧身回旋，推动水流，向前拉动身体。

2 眼睛

龟甲广翅鲎有两只弯曲的复眼，可见每只眼睛都由许多小眼组成，和三叶虫眼睛的结构相似（见120页）。眼睛可以看到侧面和前方。甲壳顶部有一对单眼，很多现生螯肢类都有这个特征。单眼只有光感，没有视力。

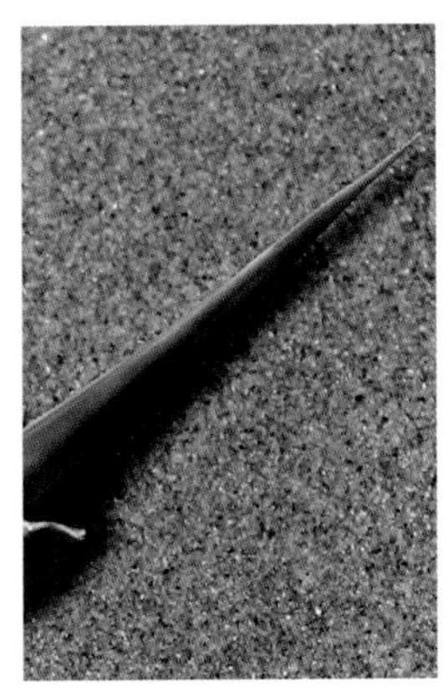

4 尾节

腹部最后的节段是尖刺状的尾节。龟甲广翅鲎的尾节约占身体长度的1/4。这个部分必然发挥着武器的作用，不过还没有发现它们能像蝎尾一样喷射毒液。海蝎或许也能将长长的尾刺插进柔软的沉积物固定身体，以防自己被水流冲走。

州化石

第一具龟甲广翅鲎化石于1818年在纽约出土。这种化石在当地非常常见，所以纽约人将它们选为州化石。最初的化石一开始被当成了鲇鱼下颌。1825年，美国动物学家詹姆斯·埃尔斯沃思·德·凯才发现该化石是节肢动物，并为它们创造了使用至今的名称。不过德·凯以为它们是甲壳类动物——如今浅湖、沼泽和盐池中小仙女虾庞大的祖先。整个19世纪里都在不断涌现质量更高的广翅鲎标本（右图）。瑞典古生物学家格哈德·霍尔姆（1853—1926）在1898年发现，它们实际上是螯肢类里一个已经灭绝的族群。

鲎

上新世至今

种：美洲鲎
（*Limulus polyphemus*）
族群：鲎科（Limulidae）
体长：60厘米
发现地：北美和中美洲的大西洋海岸
世界自然保护联盟：近危

图片导航

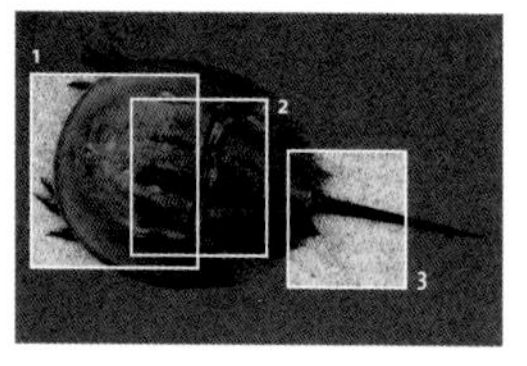

美洲鲎是自然历史上最令人惊喜的活化石之一，因为它们诞生于4.5亿年前的奥陶纪，并延续至今。鲎的4个现生种和已灭绝广翅鲎之间的相似之处一目了然。海蝎并不是蝎子，鲎（直译“马蹄蟹”）也不是螃蟹。这两类动物都是螯肢类进化的侧支，而螯肢类的主要成员是广翅鲎类和今天的蛛形纲动物。鲎具有坚硬的外壳和两个主要的身体部分。头部和身体中部组成了头胸部，其中包含主要的感觉器官、口器和10条用于行走和觅食的附肢，除了最后面的一对腿外，其余的都带着螯。身体后部是分段的腹部，最后是尾节。鲎大部分时间都停留在海床上，寻觅蠕虫和贝类。不过它们也可以翻转身体，将甲壳用作漂浮装置实现短距离游泳，还能在空气中存活一段时间。繁殖的时候，它们会爬到水面边缘，此时它们自身和埋在淤泥里的卵都很有可能成为猎物。狩猎者包括持有执照的人类，他们会为了医学研究或其他用途而从鲎身上少量采集不同寻常的血液，然后将它们安全地送回海中。TJ

要点

1 甲壳

甲壳在鲎的成长过程中必须定期更换。头胸部的马蹄铁状甲壳通过铰接结构和腹部甲壳连接，让鲎的身体中部可以前后弯曲。它们可以凭借这个动作钻进泥沙中避免攻击。

2 眼睛

鲎有一对复眼，位于圆顶甲壳两侧的脊突下方；还有一对单眼，位于甲壳顶部。它们的嘴边也有单眼，可能会在翻转身体游泳的时候发挥作用。

3 尾节

尾节是坚硬的尖刺，主要作用可能是在鲎肚子朝天的时候帮它们翻身。尾节对它们在海浪中聚集繁殖时特别重要。长时间在水外翻转身体，会让鳃变干。

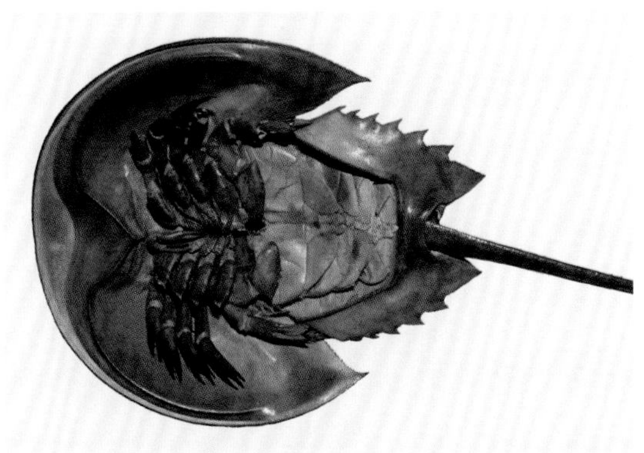

◀ 口部（中心）周围是前6条腿的基节（髋节段）。嘴周围的附肢基部长刺，可以协助咀嚼食物，广翅鲎和三叶虫也具有这样的系统。基节和尾部之间是呼吸用的鳃。

海蜘蛛

螯肢类的海蜘蛛（右图）生活在海底，用细长的腿迈着大步追踪各种猎物。大多数海蜘蛛都很小，不超过1厘米，但也有身长1米的巨型成员，例如象海蜘蛛（*Colossendeis colossea*）。大多数海蜘蛛长有8条腿，但有些成员具有10条或12条腿。这个族群和真正的蜘蛛及其他螯肢类只是远亲。现生种似乎要比最初出现于寒武纪末期的化石种简单得多。它们细长的头部连接在轮毂状的胸部上，所有腿都从腹部延伸出。这种奇怪的结构表明海蜘蛛属于节肢动物的古老进化支。

甲壳类

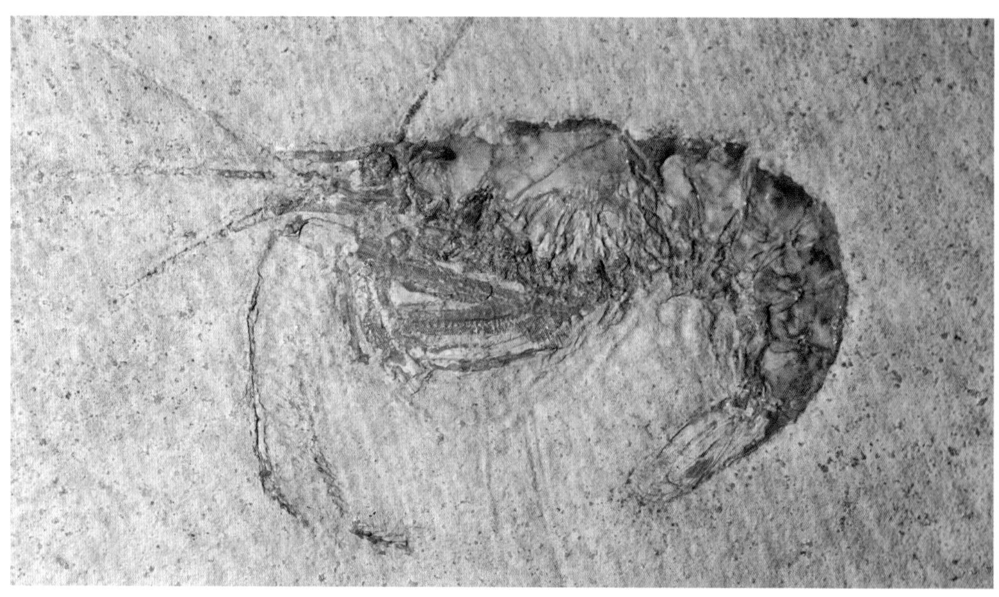

1 德国晚侏罗世的伊吉虾（*Aeger tipularius*）和现生种十分相似。

2 南极磷虾（*Euphausia superba*）在海洋生态中发挥着巨大的作用。它们以微小的浮游生物为食，又为大型海洋生物提供食物。

3 鳃足纲的背甲目也是自侏罗纪以来几乎没有变化的甲壳类之一，例如鲎虫（*Triops cancriformis*）。

甲壳类动物是一个种类繁多的节肢动物族群（见114页），至少在5亿年前就是动物世界里的重要成员。目前已经发现了近7万个种。大家最熟悉的甲壳类当数十足目，即具有10条腿的甲壳类动物，包括螃蟹、虾、对虾（见图1）和龙虾，不过也有很多甲壳类并不是能吃的海鲜。这个族群还包括藤壶、虾蛄、发光生物中的桡足类和磷虾（见图2）。磷虾会大量聚集在一起在寒冷的海洋中游弋，如今它们的数量高达万亿，但化石记录里完全没有磷虾的踪迹，这着实令人疑惑。

大多数甲壳类动物都是海洋生物，不过也有一些选择了其他栖息地。例如，丰年虾生活在盐度极高的季节性湖泊中，虾卵可以在干燥的盐滩中休眠多年，等待水的回归。木虱和球鼠妇是遍布世界的陆地甲壳类动物，至少在5 000万年前就已诞生，而最近一次率先登陆的水生物种是地蟹，距今已有2 000万年。甲壳类动物中汇聚了各类节肢动物，大多数属于软甲纲和颚足纲。上文的十足目、木虱（等足目）和磷虾属于软甲纲，藤壶和桡足类属于颚足纲。其他规模较小的族群包括鳃足纲和微观的介形虫。

关键事件

5.2亿年前	5.13亿年前	5.05亿年前	4.8亿年前	4.4亿年前	4.1亿年前
节肢动物抚仙湖虫生活在当时的海洋中，它可能是甲壳类的祖先，也可能和昆虫有亲缘关系。	双瓣壳节肢动物金臂虫目遍布全球，它们和现生介形虫类有相似之处。	锐虾和加拿大虫可能是早期软甲纲动物。当时的一种藤壶（*Priscansermarinus*）在加拿大的伯吉斯页岩中留下了化石。	最先被人发现的鳃足纲和介形虫留下了化石。	甲壳类中罕见的袋头类生活在这个时期，但在白垩纪末期灭绝。	现代丰年虾的祖先鳞虾（*Lepidocaulis*）成为率先进入淡水的甲壳类动物。

前者由仙女虾、丰年虾、蚌虫和水蚤组成（见图3），后者生活在海床的沉积物和雨林的土壤中。两者都留下了很多化石记录。

另外两个甲壳类族群桨足纲和头虾纲要神秘得多。桨足纲生活在滨海地下含水层中，没有视力。人们在1955年发现了它们3.2亿年历史的化石，而且以为它们已经灭绝了。但自1979年以来，大多数海洋的海岸上都发现了它们的踪迹，现生种总共有20多个，在印度洋和大西洋里尤其丰富。头虾纲也生活在海底的沉积物中，发现于1955年。虽然它们被称为原始甲壳类动物的活化石，但人们尚未发现它们的化石。

甲壳类动物的身体一般有三个部分：头部、胸部和腹部。这几个部分又可以进一步细分，每个节段都有自己的附肢，包括头部的两对触角和身体下方的许多其他附肢。胸部附肢用于觅食和行走，腹部附肢负责游泳或其他用途。甲壳类动物如此多样且适应性超强，因此我们很难从中拆解出核心特征来追踪它们的进化历程。抚仙湖虫（*Fuxianhuia*）可能是甲壳类和其他节肢动物的共同祖先，发现于中国的早寒武世岩层中。它们身长3厘米，头部节段不同于其他螯肢类（蜘蛛和其他蛛形纲动物，见150页）和六足类（昆虫，见166页）。约5.13亿年前的澳大利亚沉积物中的中寒武世金臂虫目让进化历程更加清晰，这些小生物具有双瓣甲壳（铰接起来的两瓣外壳）。加拿大虫（*Canadaspis*，见144页）和锐虾（*Perspicaris*）等极早期的甲壳类动物可能都有这样的双壳形态，就像身体上支起了帐篷。这两种生物都在加拿大落基山脉5.05亿年前的伯吉斯页岩组里留下了化石（见50页）。

鳃足纲（丰年虾）和介形虫诞生于4.8亿年前的晚奥陶世，而7 000多万年后的泥盆纪迎来了最古老的虾状十足目。不过当时的新生鱼类正将部分甲壳类赶出海洋，鳃足纲的成员已经在4.43亿—4.19亿年前的志留纪里进入了非海洋栖息地。5 000万年前的化石里开始出现最古老的陆生等足目，但它们的全球分布表明它们必然是在至少1.8亿年前就开始迁徙，当时世界上的所有陆地都还联合在一起，也就是盘古大陆。盘古大陆分解后，世界各地都出现了新的浅海，十足目也随之分化，在1亿年前达到鼎盛，现代龙虾、小龙虾、螃蟹、虾和对虾也在这个时期出现。TJ

3.7亿年前

虾状的古长臂虾（*Palaeopalaemon*）留下了最古老的十足目化石。

3.5亿年前

桡足类在早三叠世诞生，这个族群最终在全球的绝大多数水域中都有分布。

3.2亿年前

Tesnusocaris goldichi 留下了桨足纲最古老的化石。在1979年发现现生种之前，人们都以为桨足纲已经灭绝。

3亿年前

木虱的祖先等足类在海洋中诞生，后来在淡水栖息地中也有分布。

1亿年前

软甲纲大量进化，多个新种诞生，包括龙虾。

5 000万年前

木虱分布到全球各地，表明它们是在1.3亿年前的盘古大陆上进化而来的。

加拿大虫

中寒武世—晚寒武世

种：完美加拿大虫
(*Canadaspis perfecta*)
族群：加拿大虫科
(Canadaspididae)
尺寸：5厘米
发现地：北美（中国发现了其他种）

完美加拿大虫可能是最古老的甲壳类之一，也是伯吉斯页岩沉积层叶足层中最常见的化石。在这片有5.05亿年历史的加拿大落基山脉地层中，叶足层是最早开始挖掘的化石点之一。加拿大虫的属名意为“加拿大之盾”。虽然名字带有加拿大，但更古老的中国澄江岩层中可能也保存着它们的标本，加拿大虫的历史可以追溯到5.2亿年前。它们名字中的“盾牌”是指覆盖头部和胸部的大型甲壳。它们的腹部暴露，后方的保护较少。好在这种动物不足5厘米长，所以暴露的区域很小。它们外形笨重，可能无法游泳，因此会用10对腿在海床上笨拙地爬行，凭借坚韧的圆顶甲壳对抗寒武纪掠食者。加拿大虫前进的时候会搅动沉积物，沉积物随后会在它们的身体下浮动。这就为鳃制造出了提供氧气的水流，同时蠕虫等海床中体积较大的食物也会通过腿上的尖刺过滤出来，进入嘴里。另一种看法认为其腿部的尖刺可以刮掉岩石上的藻类和微生物，类似现生帽贝。

寒武纪生活着许多具有甲壳、节段身体和诸多附肢的节肢动物。加拿大虫的头部结构意味着它可能是最古老的甲壳类动物，不过这个看法仍有争议。它们的头部具有两对触角，这是真甲壳类的特征。触角下面的一组尖刺可能是下颌（口器）。加拿大虫因为这个特征而没有归入节肢动物的螯肢类（蜘蛛），其原因是螯肢类依靠附肢咀嚼，口腔最多仅用于吸吮液体。可见加拿大虫的口器是它们属于原始寒武纪甲壳类的最佳证明。TJ

图片导航

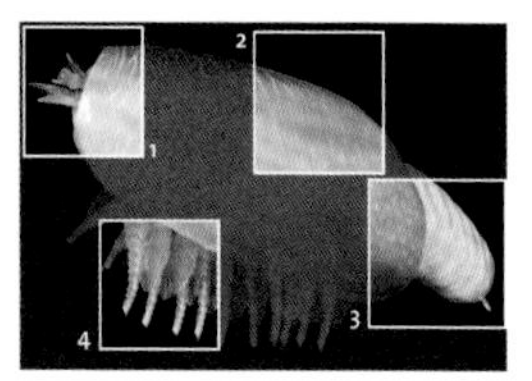

要点

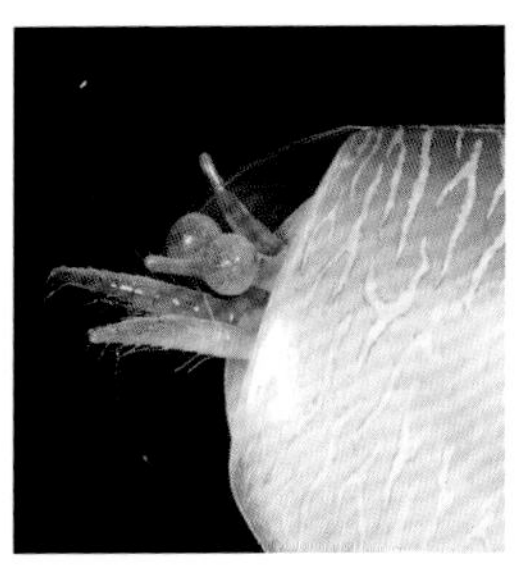

1 头部附肢

头部具有两只位于眼柄上的小眼睛，都有短刺保护。两对触角可能具有不同的作用，类似现生软甲纲，后者的一对触角为感觉器官，另一对为化学探测器。头部下方的口腔周围还有其他附肢。

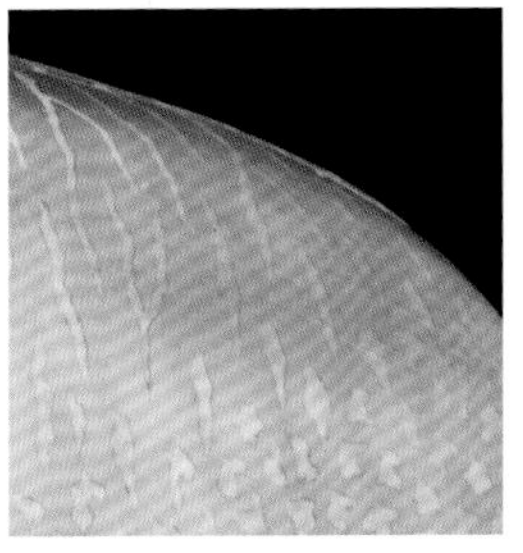

2 甲壳

圆顶甲壳是由两片铰接的甲壳瓣组成，铰链结构沿顶部长轴分布。甲壳覆盖头部和胸部，类似斜屋顶。头部和两对触角从前面开口处伸出，而腿部尖端位于甲壳下方。

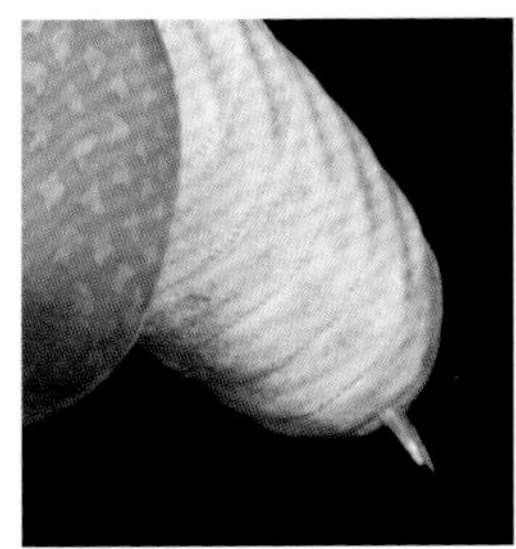

3 腹部

同依靠腹肢（游泳足）游泳的现生甲壳类不同，加拿大虫的腹部没有附肢。这表明它们是主要族系的一个分支，但腹部末端的刺状尾节不符合主流结构。

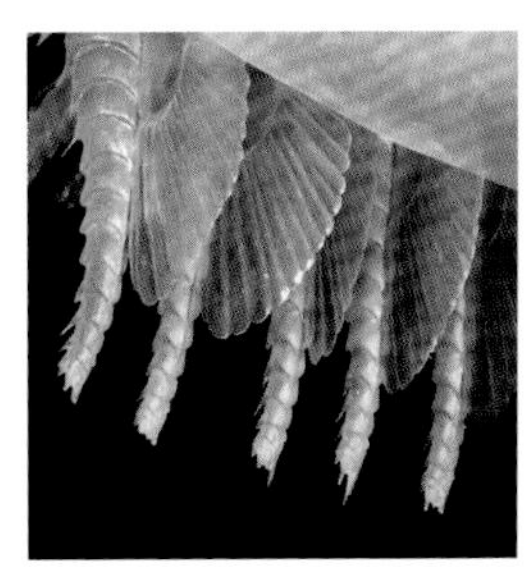

4 腿

完美加拿大虫有20条腿，均为双肢型附肢，即从身体基部分为一个主肢和一个小肢。主肢长有尖刺，负责行走和收集食物。小肢呈瓣状，可能发挥着鳃或游泳器官的作用。

叶足层

加拿大伯吉斯页岩的叶足层里已发现了4 500多个加拿大虫的化石。在当地的各个化石点中，这里不仅是第一个得到发掘的，名声也最为响亮。这个化石点现在被称为“化石岭上的沃尔科特采石场”，是不列颠哥伦比亚两座高山之间2 300米高的山脊，由查尔斯·沃尔科特命名（上图）。这位美国古生物学家在1910—1917年对当地丰富的寒武纪化石展开了开创性研究，他将一片化石特别丰富的地区命名为叶足层，因为这个化石点的很多标本都带有叶枝状附肢。沃尔科特发掘的6.5万个标本如今仍在不断为进化研究带来新视角。

▲除了图中的加拿大虫化石，中国和美国西南部也发现过加拿大虫。中国的标本更加古老，名为光滑加拿大虫。加拿大虫的争论焦点在于它们是真正的甲壳类，还是更古老群体的幸存者（甲壳类的祖先或者平行进化的族群）。

笔石类

1 正笔石类中的卷曲单笔石（*Monograptus convolutus*）呈现出没有分支的茎状形态，有的弯曲，有的笔直。

2 聚集在一起的塔形螺旋笔石（*Monograptus turriculatus*）表明，部分笔石遗骸会在化石化的时候被压成一团复杂的形状。

3 树枝状的细网笔石（*Dictyonema retiforme*）具有该族群的典型分支形态。

正笔石类是已经灭绝的海生滤食动物，古生物学家和进化生物学家为它们的归属困惑了200年。笔石（Graptolites）一名由希腊语“书写”（graptos）/“标记”和“岩石”（lithos）组成，表明它们的化石看上去像岩石上的铅笔痕迹。古生代早期的海相页岩中通常保存有大量笔石化石（超过5亿年）。和三叶虫以及菊石类一样，笔石类因为迅速分化（进化成多个种类）成为可以为全球岩石和化石定年的标准化石（见159页）。

笔石是许多带状小生物聚集在一起形成的骨骼化石（笔石体），这类生物属于半索动物门，是早期脊椎动物（见174页）。化石是蛋白质形成的管状结构，它们构成了负责保护其中长有诸多触须的软体笔石的保护层。管状结构的宽度通常不超过2毫米，长度一般不超过2厘米，但也有长达1米的例外。

笔石类有两个主要族群和一些次要族群。前者为树形笔石类（见图3）和正笔石类（见图1），后者包括腔笔石和管笔石等。树形笔石类最为

关键事件

5.2亿年前

最早的笔石化石出现。它们类似潦草的涂鸦或古老的字迹。

5亿年前

当时的大部分笔石类似乎都固定在海底或海藻等其他表面。

4.9亿年前

当时有部分笔石类成员完全是浮游生物，生长过程中不需要坚硬的表面。

4.9亿—4.85亿年前

反称笔石（*Anisograptus*）繁盛起来，在北美东部和英国北部留下了化石。

4.75亿年前

树笔石（*Dendrograptus*）在早奥陶世的斯堪的纳维亚半岛和东欧留下了化石。

4.75亿年前

笔石类中的第二大类群——正笔石，出现了分支结构。

古老，诞生于5.2亿年前的寒武纪，并于1.7亿年后的早石炭世灭绝。它们喜欢固定在海床或其他物体上，随后逐渐长成有数百甚至上千个成员的分支群落。每个分支都由3种不同的管栖笔石个体组成：较小的副胞管和较大的正胞管，两者都有外部开口，这些个体通过第三种笔石个体——茎胞管——连接。胞管的差异可能和性别有关，雌性的正胞管最大。在进化的后期阶段，一些树形笔石类进化为浮游生物。

正笔石类在整个进化过程中都是浮游生物。它们的直线形聚落也有别于树形笔石类（见图2），其中只有一种胞管具有外部开口。早期树形笔石类和后来的正笔石可能都有分为两个阶段的生命周期，例如简单生物水母和珊瑚（请参阅第104页）以及一些植物。群落里最初的胞管源自有性生殖，它会和植物一样发芽，每个芽都会在已有的群落骨架上各自产生保护性胞管，以形成一系列重叠的胞管。成熟的雌性和雄性将卵子和精子释放到海水中，产生自由游动的幼虫。幸存的幼虫又会长成一个个胞管，开始下一个循环。

早期的正笔石类群落有许多分支，但不如树形笔石类，所以笔石个体的数量也较少，从几十个到几百个不等。分支和个体数量都在进化过程中减少，直到志留纪出现单个分支的群落，其中只包含少数个体，不过后来分支数量又开始增加。树形笔石类群落看起来像植物，而正笔石类群落呈几何形状，和所有动物都不相同。

远在笔石真正的生物本质得到认识之前的19世纪晚期，研究者就已经发现笔石化石有助于地质测绘以及化石的相对定年。人们最初以为笔石类和水螅纲有关，例如水母。但针对其蛋白质骨骼的详细研究表明它们和水螅纲并无关系。笔石类在进化中的位置一直是一个谜，直到研究者发现它们和似蠕虫羽鳃类的关系（见148页）。羽鳃类的管状骨架和笔石类十分相似，也是由个体生物分泌，形成了一系列重叠的富蛋白质环。依据这些共同特征，20世纪90年代中期的研究者将笔石类归入了包括羽鳃纲的半索动物门。DP

4.5亿年前	4.43亿年前	4.4亿年前	4.19亿年前	3.8亿年前	3.4亿—3.3亿年前
通常为“V”或“Y”形的双头笔石（*Dicranograptus*）生活在北半球的各处海洋中。	奥陶纪末期的赫南特阶大灭绝大幅减少了笔石类的数量和种类。	树笔石中的网笔石属（*Dictyonema*）在很多地区的岩石中都留下了化石。它们可能诞生于寒武纪。	单笔石属（*Monograptus*）出现。后来科学家们用它来作为泥盆纪开始的标志，即洛赫柯夫期阶段。	在4 000万年都很常见的单笔石属化石逐渐减少，直至消失。	最后的笔石化石在早、中石炭世时期消失。

羽鳃纲

更新世至今

种：紧密杆壁虫
（*Rhabdopleura compacta*）
族群：杆壁虫目
（Rhabdopleurida）
体长：0.5 ~ 1毫米
栖息地：北半球海洋的大部分地区
世界自然保护联盟：尚未评估

图片导航

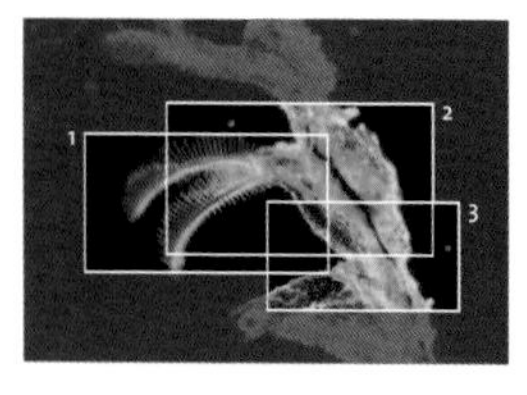

研究者在几十年前就发现已经灭绝的笔石类可能与现生羽鳃类有亲缘关系，后者是海生半索动物门下的一个小类群，也是棘皮动物（海星和海胆，见164页）的似蠕虫近亲，可能还是脊椎动物。羽鳃类下只有大约20个现生种，组成了杆壁虫属（*Rhabdopleura*）和头盘虫属（*Cephalodiscus*）等。所有羽鳃类都是固定在海底的管状结构群居动物，它们大多生活在寒冷的深海中，难以研究。20世纪60年代，人们在英国西南部海岸发现了现生羽鳃类紧密杆壁虫，它们的栖息地要比同类浅得多，可以采集到实验室研究。地中海和百慕大周边等比较温暖的地区也发现了生活在水深10米之内的羽鳃类群落，有些群落可以达到2.5 ~ 5厘米长。

半索动物门包括羽鳃纲、肠鳃纲和笔石类。羽鳃纲现生种的身体结构分为三个部分：前躯、中躯、后躯。它们的肠道具有口索结构，可能与后来进化成脊柱的脊索起源相同。但这些结构也可能只是趋同进化的结果（见19页），并没有真正的关联。半索动物门通常和棘皮动物一起归入步带动物。羽鳃类的化石记录很零散，但历史漫长，独立于笔石类之外。2011年，中国5.25亿年前的岩石中发现了著名的羽鳃纲化石 *Galeaplumosus abilus*（意为“具有羽毛和盾甲的动物”），这是最古老且保存质量最高的羽鳃类化石。其中清晰可见茎干上附着有成对手臂和触须的羽鳃类个体。它们的身体结构和生活方式在5亿多年里几乎没有变化，进化过程保守得令人惊讶。DP

要点

1 管状结构

滤食的羽鳃类动物会从管状结构开口伸出分支的触须，以捕捉水中的小颗粒有机物为食。触须上的纤毛（细丝）从海水中收集颗粒。它们盾形的肉质前躯会产生大量胶原蛋白，并以连续的环状排列，最后打造出聚落中的保护性管状共室。

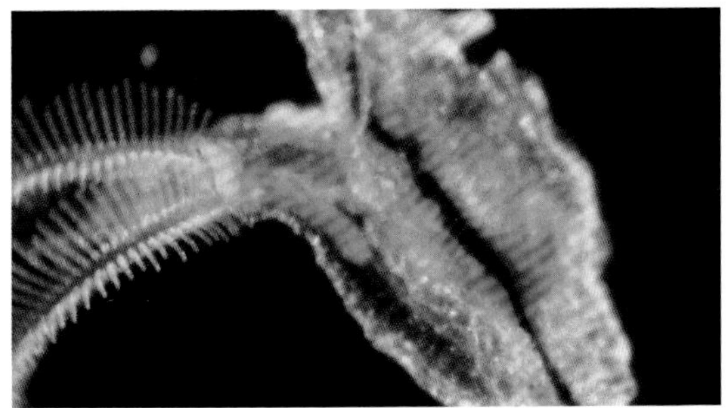

2 单独个体的身体结构

羽鳃类个体都有三个功能不同的身体部分。前躯是协助活动和分泌保护性共室的肉盾，中躯是至少有一对用于觅食的触手，而后躯则是包含生殖、消化器官以及连接其他个体的柄。

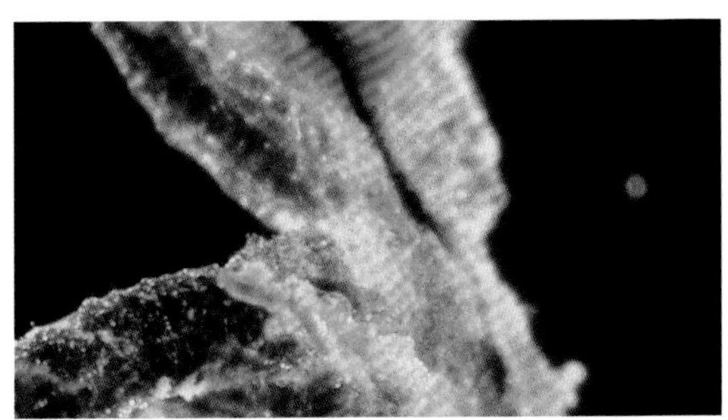

3 群落结构

大多数羽鳃类由数毫米长的个体构成，它们一起生活在一个管状物共室中，通过肉质的、可收缩的茎或匍匐茎相互联系。最初共室形成于一个坚硬的表面，如同一个空壳，随后出现了附着的单个管室以容纳动物体。

羽鳃纲的亲缘关系

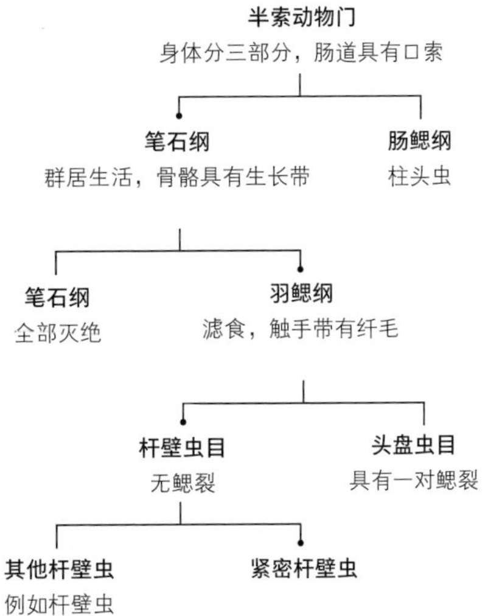

▲羽鳃纲的身体很小，非常罕见而且难以观察，因此亲缘关系仍不明确。一些研究表明头盘虫目和笔石纲的亲缘关系实际上比羽鳃纲和笔石纲的关系更近。

错误的联想

19世纪晚期刚刚发现现生羽鳃纲成员时，研究者以为它们是苔藓虫类的近亲。这两类动物的相似之处包括固定的群落、管状骨骼和许多用于觅食的触手，后来它们又因为具有会在海中释放卵细胞和精子的有性生殖个体而和肠鳃纲（见110页）扯上了关系。后来，针对羽鳃纲繁殖和发育的研究显示它们和肠鳃纲之间具有明显差异，不过两者都属于半索动物门。

蛛形纲

1 织圆形网的横纹金蛛在用腿部将丝液编织成有弹性的蛛丝。

2 来自中国的道虎沟化石床的雌性侏罗蒙古蛛（*Mongolarachne jurassica*，旧称侏罗络新妇蛛）。前肢长5.5厘米。

3 避日目蜘蛛具有强壮的大獠牙（螯肢），但是没有毒液。

即使身体不大，动物界中的一个群体也会让人类恐惧万分，那就是蛛形纲（一类八足陆生节肢动物）。它们比其他节肢动物更令人恐惧，部分原因是它们蜇咬人类的恶名。大多数蛛形纲动物都是肉食者，包括那些足够大才能被发现的成员，许多蛛形纲动物都会用毒液杀死猎物或对抗敌人。

蛛形纲里最为人所熟悉的成员当数蜘蛛，其中许多都会吐丝（见图1）。它们在蛛形纲中占了半壁江山，其次是包含螨虫和蜱虫的亚群，这类生物有的需要显微镜才能看见。较难分类的蛛形纲类群包括鞭尾蝎、避日目（见图3）和盲蛛目（英文中称“长腿老爹”）。蝎子可能是这类生物中最可怕的成员，它们以尾巴（尾节）上灵活的毒刺和触肢末端（触肢是头部前面的一对非步足附肢，几乎所有的蜘蛛纲动物都有这种结构）的一对危险大螯而闻名。它们的身体都具有两个部分：前部包括头部、胸部和腿部，后部为腹部。蝎子的腹部进一步细分出灵活的尾部，表明蛛形纲起源于有尾巴的祖先。

关键事件

5.5亿年前	4.3亿年前	4.2亿年前	4.17亿年前	4.08亿年前	3.86亿年前
多须虫和西德尼虫留下化石，它们可能是螯肢类主要类群的祖先。	蝎子留下化石，它们可能生活在浅海、池塘和河流中。	布龙度蝎子（*Brontoscorpio anglicus*）在海底四处捕猎三叶虫。它们是有史以来最大的节肢动物，几乎有1米长。	最早的陆生节肢动物 *Palaeotarbus* 诞生，它们是蛛形类中的小型掠食者。	一片火山热泉周围的沼泽栖息地形成了莱尼燧石层，其中保存着角怖目、螨虫和盲蛛目的化石。	虽然没有常见的纺器，但毒头蛛（*Attercopus*）成了第一种产生蛛丝的节肢动物。它们是最古老的蜘蛛。

蛛形纲是螯肢类中的主要现生成员，其他成员只有海蜘蛛和鲎（见140页）。同甲壳类和昆虫负责切割的下颚不同，所有螯肢类都有爪状的下颌（口器）。螯肢类的祖先可以追溯到5.4亿年前的早寒武世，但最早的螯肢类化石属于海蝎（广翅鲎），它们大约出现于4.6亿年前的中奥陶世（见136页）。现生蝎子并不是广翅鲎的直系后裔，只是从它们的共同祖先身上继承到了类似的身体结构。最早的真蝎诞生于大约4.3亿年前的中志留世，它们是水生动物，也可能过着两栖生活，可以踏足陆地。海生布龙度蝎子生活在4.2亿年前，长约1米，但绝不是当时最大的掠食者，比它们大一倍的广翅鲎会以它们为食。前往陆地生活是它们逃避天敌的手段之一，可能也是促使蝎子走向陆地的最大动力。

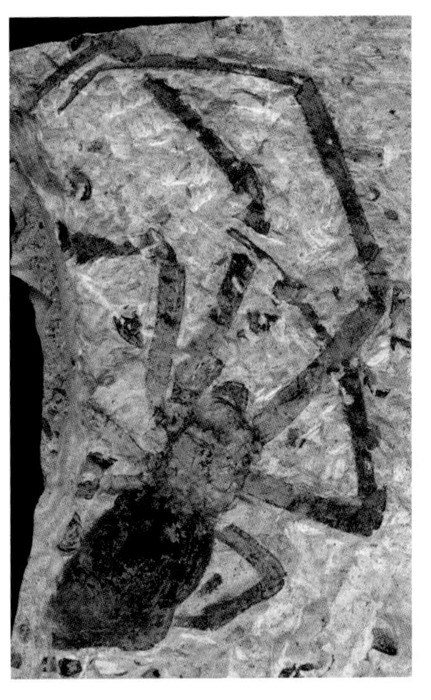

最初的真陆生蝎在3.7亿年前才留下确切的化石记录，而当时蛛形纲中的蜘蛛进化支早已来到了陆地。第一类陆生蛛形纲成员是角怖目，这些小型掠食者在大约4.17亿年前的泥盆纪诞生。角怖目的身体滚圆，类似现生大蜱虫或蜘蛛。它们利用獠牙捕捉陆生节肢动物，例如弹尾目和原始倍足纲。

角怖目的化石在莱尼燧石层里十分常见（见62页）。这片岩层里还保存着已知最早的螨虫，它们不同于身边的角怖目，因为身体前部和后部之间没有明显的分界。莱尼燧石层里也有盲蛛目化石，它们也是身体前部和后部之间没有明显分界的节肢动物，但和蝎子的关系可能比所有蜘蛛样的祖先都密切。

毒头蛛是3.86亿年前的早期真蜘蛛。它们和鞭尾蝎一样具有长长的尖尾，但能够生产蛛丝。最古老的拟蝎目大约也是在这个时期诞生的，这是具有似蝎螯钳但没有尾巴和毒刺的小型节肢动物。避日目和无鞭目在石炭纪里出现，石炭纪末期还出现了腹部下面具有纺器的织网蜘蛛，这些中突蛛亚目仍有现生近亲，例如节板蛛科或螲蟷科（见154页）。到2.5亿年前时，纺器已经移动到了腹部尖端，如今几乎所有的蜘蛛都具有这个结构。纺织复杂圆蛛网的能力可能出现于侏罗纪，当时生活着最大的化石蜘蛛侏罗蒙古蛛（见图2），它们非常接近如今的园蛛科。化石体宽2.5厘米，远小于捕鸟蛛（见152页）。如今的蛛形纲以蜘蛛为主，分为100多个科和4.3万个种。有些蜘蛛的织网技艺极为高超，例如螲蟷科。TJ

3.7亿年前	3.2亿年前	3.15亿年前	3亿年前	2.5亿年前	1.65亿年前
最古老的纯陆生蝎子留下化石，它们可能是以早期昆虫和倍足纲为食。	避日目诞生。它们没有毒液，但强壮迅猛，咬力惊人。	无鞭目诞生，最初的成员称为古鞭蝎（*Graeophonus*）。它们主要生活在森林里，以昆虫为食。	中突蛛亚目是第一类具有纺器的蜘蛛，它们的纺器位于身体下方，螲蟷科是它们的现生后裔。	纺器移动到腹部尖端。六纺蛛科是最古老的有纺器蜘蛛之一，如今的漏斗网蜘蛛就属于这个类群。	侏罗蒙古蛛是第一种会织圆网的蜘蛛。它们体宽2.5厘米，是至今发现的最大的化石蜘蛛。

捕鸟蛛

中新世至今

要点

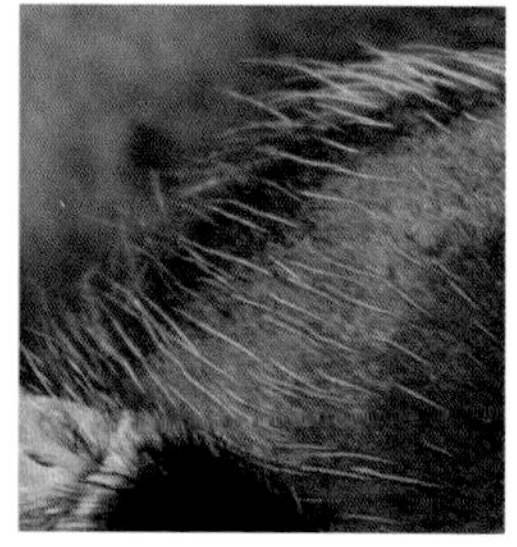

1 螫毛

捕鸟蛛臀部的鬃毛被称为螫毛，是它们的防御武器。每根螫毛的基底都很细脆，而且末端带有倒钩。在受到威胁时，墨西哥红膝捕鸟蛛会用臀部发起攻击，或踢打自己的腹部，让螫毛飘散到空中。

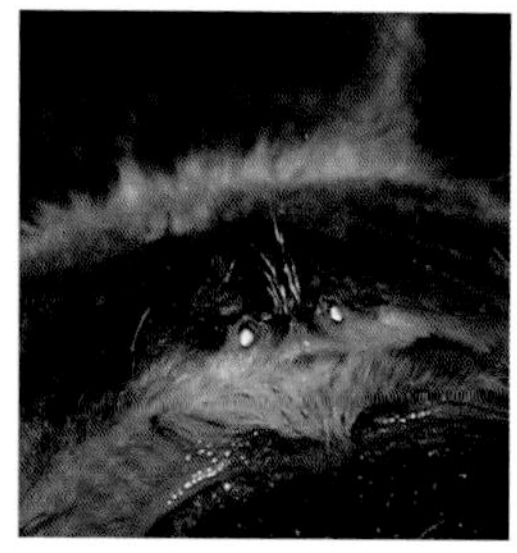

2 刚毛

墨西哥红膝捕鸟蛛有8只眼睛，但视力很差。和所有捕鸟蛛一样，它们依靠全身敏感刚毛的触觉感受外物。刚毛会将最轻微的触感传递给捕鸟蛛，例如一阵清风、振动、声音，甚至某些化学物质。

3 獠牙

毒牙稍有进化，几乎笔直向下。墨西哥红膝捕鸟蛛会在攻击时用后肢站起，同时伸出前肢，将毒液注入猎物的身体，以便制服对方。它们随后就会将消化液注入猎物体内，让对方变成容易入口的汤汁。

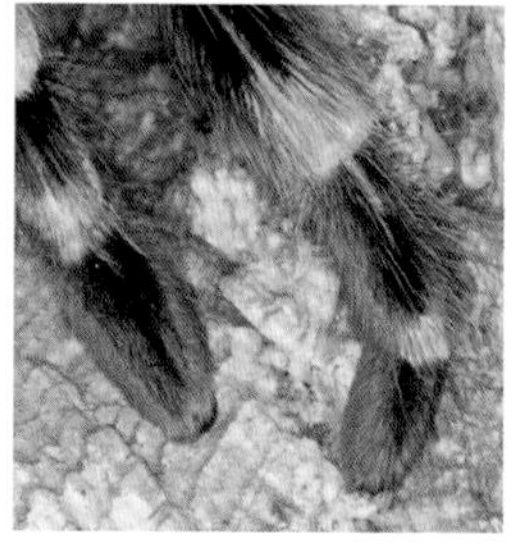

4 足部

每只脚上都有两只爪子，由一簇毛分开。每根毛的尖端都分成数千条细丝。足部接触外物的时候，细丝就会散开增加表面积和抓握力，并消除行动的声音。

直到2005年，人们都认为最大的蜘蛛是一种巨大的早期螳螠科成员，它的身体足有足球大小，腿长50厘米。研究者推测这种可怕的蜘蛛会在石炭纪森林的灌木丛中伏击小型生物。但令人失望的是，后来的研究发现这其实是一只海蝎，而且在海蝎中也算不上特别大。

现生蜘蛛实际上是蛛形纲最大的成员。巨人食鸟蛛（*Theraphosa blondi*）足展30厘米，大到几乎可以装满一个餐盘。这种令人毛骨悚然的蜘蛛被人敬畏地称为食鸟蛛或捕鸟蛛，但它们实际上主要是以南美雨林里的大型昆虫为食。墨西哥红膝捕鸟蛛不仅是身形巨大的蜘蛛，还是颇受欢迎的宠物，它们白天待在窝里，黄昏时准备觅食，同其他同类以及最古老的表亲一样，它们不会织网，但会在地洞或地面上的巢穴周围铺上蛛丝，好感知猎物的到来。大约800种捕鸟蛛和漏斗网蜘蛛都具有一些比较原始的特特征。它们属于猛蛛亚目，这个词在希腊语中意为“形似老鼠”，因为它们具有毛茸茸的圆胖身体。它们保留了石炭纪中最古老蜘蛛的原始獠牙，獠牙朝向下方，在刺穿猎物之前必须高高抬起。而包括了大部分蜘蛛的新蛛亚目具有更“进步”的獠牙，可以交叉开合或者像钳子一样水平开合。TJ

图片导航

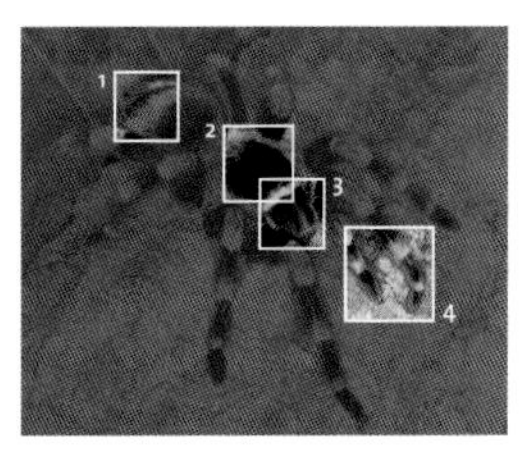

种：墨西哥红膝捕鸟蛛（*Brachypelma smithi*）
族群：捕鸟蛛科（Theraphosidae）
体长：15厘米
栖息地：墨西哥
世界自然保护联盟：近危

蛛网结构

早期的蜘蛛可能已经开始将铺在地洞里的蛛丝向上和向外延伸，制造出漏斗形的网，让蛛丝成为提醒它们有猎物经过的传感器和捕捉猎物的陷阱。这种技术也在进步，蜘蛛逐渐开始在地洞之外编织独立的蛛网，最后造就了几十种不同的蛛网形态。其中最常见的是圆网，它们呈现出几乎完美的优雅车轮形状。有证据表明圆网在大约1.5亿年前的晚侏罗世出现，专家认为其他所有蛛网都是从圆网发展而来，例如各种不太整洁但更实用的网（上图）：缠结网、圆顶网和瓶网等。

▲多种不同的蜘蛛都会编织形态相似的蛛网。例如漏斗蛛科（草蛛科和流浪汉蜘蛛）、长尾蛛科和六疣蛛科（包括致命的悉尼漏斗网蜘蛛）都会编织漏斗网。

蝰蟷

更新世至今

属：潮蝰蟷属（*Ummidia*）
族群：蝰蟷科（Ctenizidae）
尺寸：5厘米
发现地：北美、南美、欧洲、非洲和亚洲
世界自然保护联盟：尚未评估

纤细、柔韧、富有弹性而且强度极高的蛛丝并不是蛛形纲的专利，很多无脊椎动物都身怀这项技能，鳞翅目的幼虫（蝴蝶和蛾子的毛毛虫）也会用丝线来编织茧。在蜘蛛的早期进化历程中，雌蛛可能会用蛛丝包裹卵，雄蛛可能会在准备交配时织网储存精子，现生蜘蛛也有这种行为。雌蛛和雄蛛都能够织网，因此这项能力可能在蜘蛛刚开始进化时就已经出现。它们后来将蛛丝铺设在地洞里，蛛丝既可以当作传感器，也可以将活猎物包裹起来留待以后享用。

广泛分布的潮蝰蟷属是典型的蝰蟷科成员，它们和捕鸟蛛一样属于猛蛛亚目。其中的多个种都以昆虫、包括其他蜘蛛在内的蛛形纲动物、倍足纲千足虫和蜈蚣甚至蜥蜴等小型脊椎动物为食。除了用于狩猎，它们的地洞或隧道也能够在条件恶劣和遭遇掠食者的时候成为安身的庇护所，同时也是雌蛛保护蛛卵的托儿所。雌蛛也会照顾后代，如果猎物很丰富，母亲或许就会让幼蛛停留数周，直到它们更有可能独立生存。其他一些蜘蛛科还独立进化出了制作活板门的能力，例如东亚和东南亚的节板蛛科、长有茸毛的螯耙蛛科以及弓蛛科等。TJ

图片导航

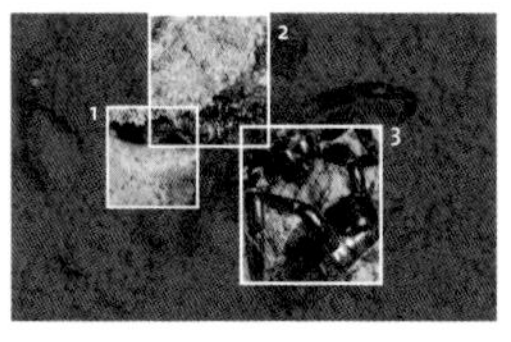

要点

1 洞穴

大多数潮蝗蟷属成员都会用獠牙和腿挖洞。獠牙上具有梳状结构，可以将松散的土壤切成小块，再用后肢踢出洞口。洞穴尺寸足够之后，它们就会用唾液加固洞壁，最后铺设蛛丝。

2 活板门

潮蝗蟷属会制作出“软木塞”一样的活板门，妥帖地堵住洞口。活板门一般和地面齐平，但也有其他形态的活门。所有会制造活板门的蜘蛛都会往门里添加树枝、叶片和其他碎片，以便妥善伪装活板门。

3 捕猎

潮蝗蟷属关闭活板门，藏在地洞里。它们可能会在铰接结构的另一边用獠牙拉下门，同时用腿撑住墙壁，以防门被打开。感受到猎物靠近时，它们就会打开门，用獠牙和前肢牙抓住受害者，然后退回洞里。

◀ 许多蝗蟷科蜘蛛都会在地洞里照料卵和幼蛛。进化造就了不织网的流浪蜘蛛，例如带豹蛛（*Pardosa amentata*），它们会将孩子驮在背上。

琥珀化石

琥珀是树脂化石，其中有些标本的历史足有2.3亿年。树脂不同于树液和其他植物液体，其中不含糖和营养素。它可以说是树木排出的废物，但也可以驱赶蛀木虫。琥珀化石十分独特，因为其他化石中的生物组织都被矿物质所取代，但琥珀包裹住了有机体，将它与外界隔离开来，创造出了同时包含坚硬组织、软组织和各种其他物质的时间胶囊。琥珀化石也会包含花粉粒、细菌、体毛、种子、水果、花朵、蛛丝和小动物，从蜘蛛（右图）到蜥蜴不一而足。一块形成于1.36亿年前的西班牙琥珀包含了蛛丝，这可能是空中的圆网，也是最古老的蜘蛛网的化石证据之一。

鹦鹉螺和菊石

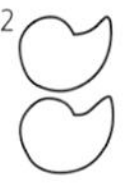

鹦鹉螺诞生于5亿年前的晚寒武世，是最先留下化石的头足类动物之一。头足类是最进步的软体动物，现生成员包括章鱼、乌贼和墨鱼。它们具有用于捕捉猎物的长触手、巨大的眼睛和其他敏锐的感官，大多数都是通过喷射推进运动，通过一个大的开口将水吸入体内，然后在压力下通过一个直接的、类似于喷嘴的虹吸管将水喷出。今天，除了明显有壳的鹦鹉螺和内壳退化了的墨鱼之外，其他头足类已经没有外壳了。最古老的鹦鹉螺壳体笔直（见图1），它们在4.85亿年前的奥陶纪里快速演变，有的成员形成了螺旋状壳体（见图2）。鹦鹉螺的壳体里有相互连通的内腔，内腔表面覆盖着珍珠层。

鹦鹉螺盘绕的体形和许多诞生于4.19亿—3.59亿年前的泥盆纪菊石十分相似。最初的菊石也有直形外壳，似乎是从直壳鹦鹉螺进化而来的。虽然菊石已在6 600万年前的白垩纪末期大灭绝中消失（见364页），但鹦鹉螺存活至今（见160页）。出现于2亿年前的箭石类也形似鱿鱼，它们可能也是从鹦鹉螺进化而来的，但最终在白垩纪末期消亡。

大多数研究者都认为鹦鹉螺和菊石是掠食者。有证据表明它们会捕食

1 图中的鹦鹉螺标本来自瑞士的侏罗山，具有早期进化中典型的直壳。

2 一种生活在侏罗纪的新生角石属鹦鹉螺（*Cenoceras pseudolineatus*）的两张图片，对比了贝壳的外观以及切开抛光的截面，壳内部具有带中央体管的螺旋状气室。

3 晚白垩世的日本菊石（*Nipponites*）具有奇特的螺旋形态，这种结构的作用引起了很大争议。

关键事件

5亿—4.9亿年前	4.8亿年前	4亿年前	3.9亿年前	3.8亿年前	3.59亿年前
鹦鹉螺诞生于奥陶纪，因此奥陶纪有时也被称为鹦鹉螺时代。	奇虾在寒武纪末期灭绝之后，鹦鹉螺成为顶级海洋掠食者。	直角石（*Orthoceras*）等鹦鹉螺开始出现分段的壳体结构，例如体管。	杆石目出现，这种直壳头足类可能是菊石的祖先。	棱菊石诞生于泥盆纪，这是最古老的菊石族群。	很多鹦鹉螺都在泥盆纪末期的大灭绝里消失。

甲壳类动物和同类，以及鱼类和其他水生猎物。它们笔直或螺旋状的外壳有保护和支撑作用，还有调节浮力的功能，可以在各种深度下补偿浮力，让它们得以悬浮在中层水域中。虽然鹦鹉螺和菊石外形相似，但也有一些明显的区别，例如体管的位置。体管是连接内部气室的管道，鹦鹉螺的体管穿过气室的中心（见图2），而在大多数菊石中，体管沿着壳的外边缘延伸。

缝合线是壳壁与壳壁交接处的线条，可以用于区分鹦鹉螺和菊石。鹦鹉螺的缝合线笔直，称为简单缝合线，而菊石的缝合线呈波浪状，分为叶部和鞍部。菊石的缝合线在进化中越来越复杂。在3.8亿年前的古生代里，具有棱菊石式缝合线（“之”字形）的菊石繁荣昌盛。在2.52亿—2亿年前的三叠纪里，棱菊石式缝合线被褶皱更明显的齿菊石式缝合线所取代，具有这种缝合线的菊石在当时最为常见。大部分菊石在三叠纪末期灭绝，但幸存者又在白垩纪里演变出了多种形态。当时的缝合线叶部和鞍部都更要比2亿年前的形态复杂得多。菊石亚纲的缝合线最为复杂，它们也是白垩纪中特别成功的一类菊石。快速进化、广泛分布且易于识别的特征让鹦鹉螺和菊石成为重要的标准化石（见159页）。

缝合线的多样性一直是古生物学家的研究重点。一项研究发现，鹦鹉螺和早期菊石的简单缝合线可以承受很大压力，但很难控制浮力，可见它们生活在深海中，不能快速移动，动作笨拙。而白垩纪菊石复杂缝合线的深水承压能力减弱，但能有效控制浮力，可能表明它们在较浅的水域下过着更活跃的生活。菊石的另一个独特之处在于外壳形状多样，虽然大多数菊石外壳都是平旋壳，但也有粗大开放的扭曲外壳（见图3）。通过计算机模型的试验和针对鹦鹉螺和蜗牛等相似现生动物的比较都表明，平旋壳可以让菊石快速活动，而更粗更开放的外壳会减慢速度。这些特征表明具有平旋壳的菊石活跃在浅水中，而外壳更宽的菊石更有可能是移动缓慢的海底居民。RS

2.52亿—2.01亿年前

齿菊石在三叠纪里取代棱菊石成为主流。

2亿—1.45亿年前

齿菊石灭绝之后，菊石亚纲开始在侏罗纪里取代它们的位置。

1.6亿—1亿年前

部分菊石在晚侏罗世和早白垩世里变得更大，泰坦菊石（*Titanites*）的直径可以超过1.2米。

7 000万年前

箭石类开始灭绝，它们是形似菊石的菊石表亲，延续了1.2亿多年。

6 600万年前

白垩纪末期大灭绝彻底消灭了有3亿年进化历史的菊石。

500万年前

大部分残存的鹦鹉螺灭绝，只剩下5～6个种生存至今。

指菊石
早侏罗世

属：指菊石属（*Dactylioceras*）
族群：菊石目（Ammonitida）
尺寸：8厘米
发现地：全球海洋

在大约1.9亿年前的侏罗纪早期，几乎所有海洋中都有许多种类的指菊石，它们有独特的窄肋壳，壳的外形随着时间和物种之间的变化而变化。它们的化石外壳往往被集中发现，因为它们通常在大规模死亡之后被水流冲到一起。例如，在产卵后就会发生这种情况，同样的现象也可以在各种活软体动物中看到。这些大量集中的化石以及它们广泛的分布使指菊石成为有用的标准化石（见159页）。

指菊石属于菊石目，是比较进步的菊石。它们的外壳由外套膜（肉质身体外层）分泌，在成长过程中，它们的肉质身体会在体腔内逐渐前移，并用身后的外套膜分泌出气室间隔。这个过程逐渐产生了一系列气室，组成闭锥，壳壁沿缝合线和壳内壁接合。指菊石和其他菊石的缝合线在进化中越来越复杂，成为一大种间区分的特征。指菊石增加气室的方式为对其生命周期的研究留下了线索，现生鹦鹉螺每个月增加一个气室，成熟的鹦鹉螺可以拥有30多个气室，可见它们会在2～3年内成熟。它们也很长寿，有时能够存活20多年。指菊石体形很小，可能1岁就已成熟，寿命不超过5年。不过一些较大的菊石科可以存活30年以上，虽然菊石亚纲在自己的时代里十分成功，但它们是唯一彻底灭绝的头足类。菊石3亿年的历史在6 600万年前的白垩纪大灭绝中戛然而止。RS

图片导航

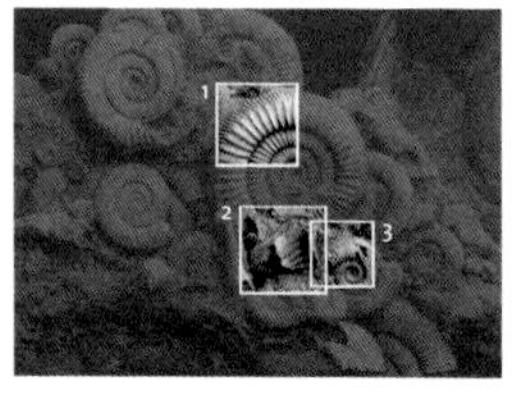

要点

1 肋

指菊石的肋让外壳更加坚固，也有助于提高在水中的速度。有些化石表明同一个种的成年体有两种尺寸。这可能是性别差异，雌性或许更大。

2 外壳

指菊石的外壳有两个部分。闭锥由多个气室组成，螺旋中最里面的气室最小，此后逐渐增大。气室中充满带来浮力的空气，而住室则容纳并保护着菊石的身体。

3 寄生虫

有些指菊石的外壳上存在孔洞。研究者曾经认为这是咬痕，但现在认为是寄生虫的痕迹。有些指菊石和其他菊石的外壳上还附着有管虫、小帽贝和贝类。

▲活体菊石的触手和喙会从外壳开口处伸出，这个开口的边缘被称为口部。指菊石可能是生活在海底附近的掠食者和腐食者，它们的大小和外壳形状表明它们不擅长游泳。

标准化石

标准化石也称标志化石、主导化石或分带化石，可以为地质时间提供线索。标准化石是指分布广泛且独特的动植物化石，能够代表一个比较短的时期。软体动物进化迅速且数量庞大，因此非常适合作为标准化石。菊石的进化尤其迅速，部分化石甚至可以确定间隔不到100万年的区域，例如普若斯菊石（*Puzosia*，右图）。珊瑚、腕足动物、三叶虫、笔菊石、海胆和海百合等棘皮动物，以及某些哺乳动物的牙齿都是标准化石。

鹦鹉螺

晚更新世至今

种：珍珠鹦鹉螺
（*Nautilus pompilius*）
族群：鹦鹉螺科（Nautilidae）
体长：25厘米
发现地：太平洋
世界自然保护联盟：尚未评估

图片导航

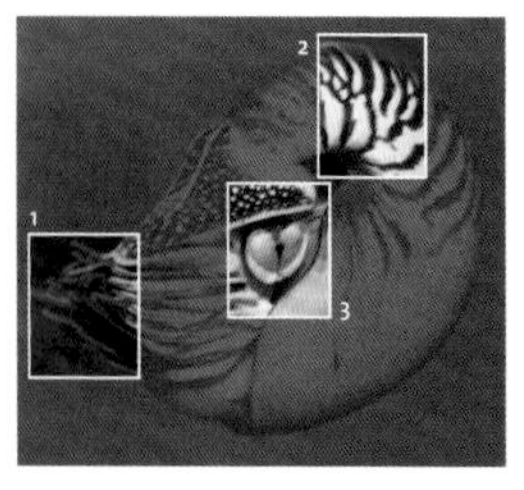

鹦鹉螺是头足类软体动物，诞生于5亿年前的寒武纪海域。其现生代表与古老的祖先略有不同，但依然生活在太平洋的温暖海水中。鹦鹉螺的鼎盛时期是5亿—4亿年前的奥陶纪和志留纪，它们当时可能是海洋中最大、最活跃的掠食者，捕食所有触手可及的生物。现在它们已经从顶级掠食者变成了弱小的猎物，而且因为觊觎其多彩外壳的人类收藏家而濒临灭绝。

少数现生鹦鹉螺都属于鹦鹉螺科，这一类群出现于大约2.15亿年前的晚三叠世。鹦鹉螺是唯一保留了外壳的头足类动物，外壳既可以提供浮力，也可以发挥保护作用。珍珠鹦鹉螺是最大的现生物种，外壳直径大约25厘米，成体外壳的内部大约分成36个独立的气室。现生鹦鹉螺会在成长过程中增加新气室，最后生活在其中最外层的气室中。以前的气室在成长中废弃，里面只有用于在水中保持浮力的气体。RS

要点

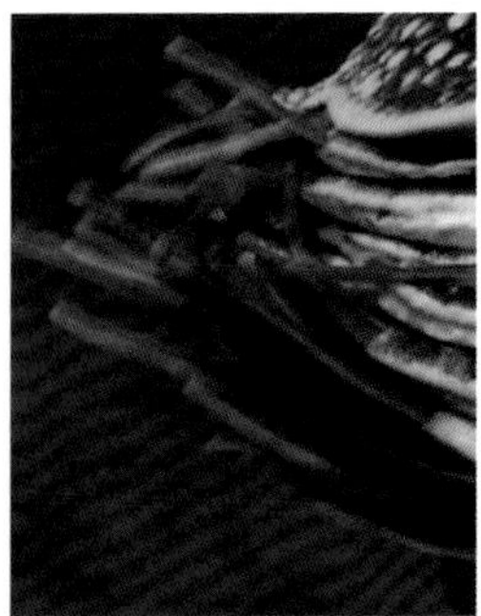

1 触须
鹦鹉螺有15～19条可以伸缩的小触须，用于探索环境和拉拽猎物，例如鱼类、蟹类、贝类和蠕虫。与其他头足类不同，鹦鹉螺的触手上没有真正的吸盘，但黏性很强，可以抓牢滑溜溜的猎物。

2 浮力“气箱”
外壳中的空腔由坚固的隔板隔开，不过依然通过体管相互连接，因此鹦鹉螺可以调节内部的气液比例，从而控制浮力，在水中浮浮沉沉或者停留。

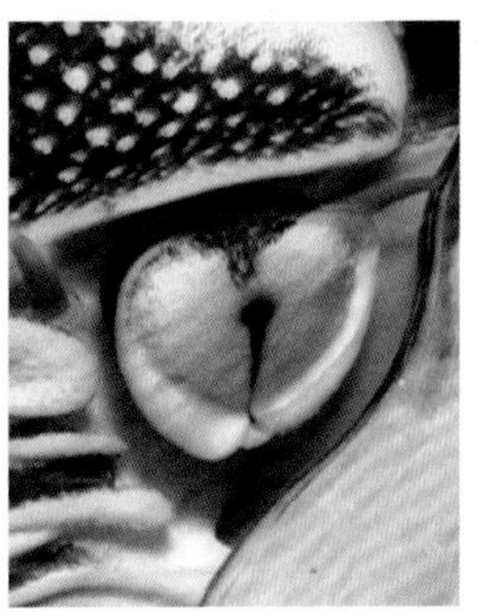

3 糟糕的视力
章鱼和乌贼等头足类具有高度进化的眼睛，但鹦鹉螺不是。它们没有晶状体，而且眼睛是开放式结构，类似针孔照相机。研究者估计鹦鹉螺的视力只有章鱼的1/16。

鹦鹉螺的亲缘关系

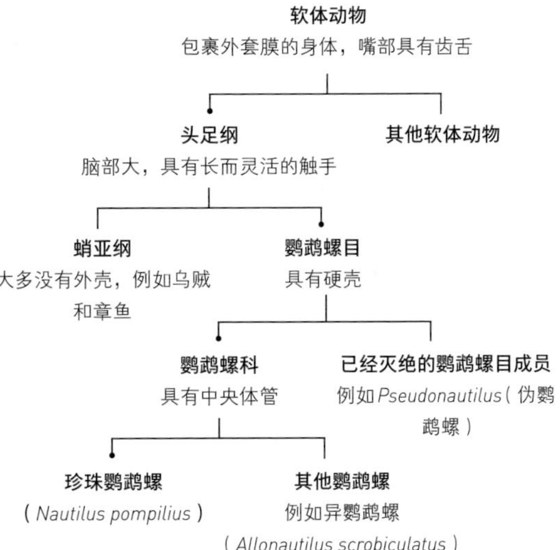

▲ 在头足类软体动物中，定义鹦鹉螺科的特征一般是壳的形状、缝合线的形态和体管的位置以及结构。现生鹦鹉螺分为鹦鹉螺属和异鹦鹉螺属。

◀ 鹦鹉螺在感觉到威胁时可以完全缩回壳里最外面的住室，然后用两根专门的触手形成一个坚韧的封闭罩。

外壳的退化

所有现生头足类中只有鹦鹉螺具有外壳，这可能是因为其他头足类动物在硬骨鱼这个海洋对手崛起时被迫进化导致的。硬骨鱼迅猛强壮，足以和头足类竞争食物，甚至以头足类为食。其他头足类可能为了应对这场竞争而丢弃了外壳，变得更快、更聪明。在所有现生无脊椎动物中，头足类具有相对身体而言最大的大脑，还有最复杂的行为模式。条纹蛸（*Amphioctopus marginatus*）用起工具来得心应手，它们会用捡来的物件掩盖自家住宅（右图）。

海星和海胆

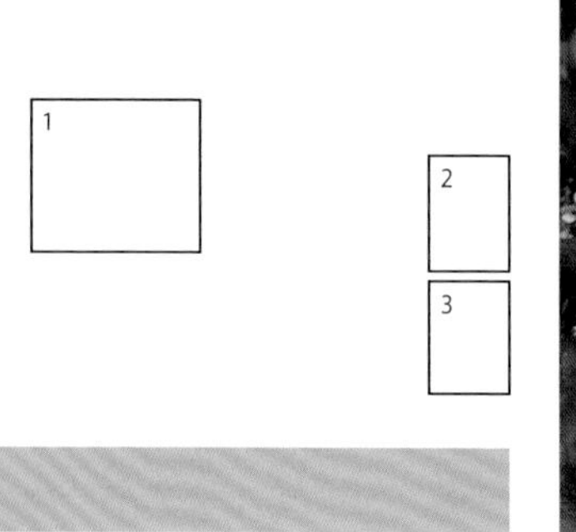

1 如图中的鸡爪海星（*Henricia leviuscula*）所示，棘皮动物的形态以五角星形状为基础，这样的身体形态在动物界里独此一家。

2 蛇尾类趴在海床上过滤能够入口的碎屑。化石表明它们的生活方式4亿年来都没有改变。

3 和现生的颗粒球海胆（*Sphaerechinus granularis*）一样，古代海胆保护性的棘刺会在死后脱落，形成蕴含进化线索的化石。

棘皮动物中的海星（见图1）算得上最具特色的海洋生物之一。棘皮动物包括7 000多个现生种、1.4万个化石种，均为海洋生物。这类动物出现在5亿年前的寒武纪，它们的化石丰富，有时堪称壮观，为它们漫长的进化历程提供了大量资料。某些化石的数量和种类都极为丰富，可以用作标准化石为岩石定年，以及推断浅海和深海的古环境。棘皮动物是同羽鳃类等半索动物（见148页）关系最密切的无脊椎动物，所以和脊索动物的关系也十分密切，人类等脊椎动物都属于后者。

和水母、海葵、珊瑚虫等刺胞动物一样（见104页），棘皮动物是极少数辐射对称族群之一，这类动物具有圆形或星形的身体，而不是左右双侧对称。海星的5条“手臂”表明它们的结构通常以5为基础，不过也有一些棘皮动物具有基于7或数量更多的辐射对称结构。但这种辐射对称结构也有误导性，因为棘皮动物在发育初期的幼虫阶段里为两侧对称，辐射对称形态是在成长过程中逐渐出现的。

关键事件

4.75亿年前

已经灭绝的体海星亚纲可能在这个时期诞生，它们可能是海星和蛇尾类的祖先。

4.7亿年前

海百合类迅速进化、扩张，适应了很多海洋栖息地。

4.5亿年前

棘皮动物中的海林檎欣欣向荣，它们类似柄海百合，但在3.59亿年前的晚泥盆世灭绝。

4.5亿年前

在4.5亿年前的奥陶纪里，海胆开始留下化石，和它们关系最近的近亲是海参。

3.8亿年前

蛇尾纲中的叉星蛇尾（*Furcaster*）广泛分布，这是现在已经灭绝的蛇尾类的一个分支。

3.3亿年前

已经灭绝的有柄棘皮动物海蕾在石炭纪里繁荣昌盛。

我们所熟悉的海星、面包海星和海雏菊（同心亚纲动物）构成了一大棘皮动物族群——海星纲（海盘车）。它们和蛇尾类关系密切，后者包括蛇形的长臂蛇尾类（见图2）和分支众多的蔓蛇尾，它们的化石记录可以追溯到4.5亿年前的奥陶纪。同大多数棘皮动物一样，海星通过充满液体的灵活管足活动。管足会轮流做出波浪形的伸缩动作，每条管足中的辐水管负责泵入、泵出液体，辐水管连接在身体中央盘的环管上。它们没有心脏和血液，只有充满全身的液体。肠道的第一部分是贲门胃，可以从口中翻出，以便消化贝类等食物，随后将营养送入10条消化腺，其中每只"手臂"中有2条。海星皮肤松散地镶嵌着方解石骨板，它们由微孔硬组织组成，有保护、支持和其他功能。骨板和微孔硬组织都是棘皮动物的特征，如果化石保存完好，研究人员就可以通过分析这些结构来阐明化石的进化途径。

棘皮动物中存活时间最长的族群是海百合类（见164页）。它们形似精致的羽状花瓣，留下了许多化石记录，甚至形成了厚厚的沉积岩。海胆纲也是众所周知的现生棘皮动物，包括浑身尖刺的海胆（见图3）、沙钱、心海胆、石笔海胆、楯海胆等。它们具有坚硬的介壳，由大骨板相互交锁而成，化石中的骨板和散落的棘刺通常都保存完好。自奥陶纪诞生以来，海胆直到3.2亿年前的晚石炭世都极为成功，种类繁多。但随后就开始衰落，在2.52亿年前的二叠纪末期大灭绝里更是近乎灭绝（见224页）。此后它们又重整旗鼓，适应了新环境，还进化出了更多棘刺和介壳形态。晚白垩世的掘洞生活的小蜡枕属留下了极为详细的化石记录。北美、欧洲、非洲和南极的深海白垩岩都发现过小蜡枕（*Micraster*）的化石，清晰显示出了它们是如何从9 000多万年持续进化到大约6 000万年前灭绝的。

和海胆关系最密切的现生近亲是海参，它们相当于海洋中的蚯蚓，用管足在海床上爬行，从淤泥和其他沉积物里寻找营养物质，与其他棘皮动物不同，海参的身体进化成了即使在成年时也是两侧对称的模样，但实际上它们是侧卧在海底的。它们具有皮革般的皮肤，虽然骨板很小，但具有独特的微孔硬组织。SP

2.52亿年前

本就已经衰落的海胆在二叠纪末期的大灭绝中进一步减少。

2.5亿年前

二叠纪末期大灭绝之后，海百合迅速恢复，又开始了一轮大进化。

2.4亿年前

历史悠久的五角海百合属（*Pentacrinites*）诞生，这个属以多种形态生存了近2亿年。

2.2亿年前

坚盾蛇尾类（*Aspiduriell*）生活在德国，研究者在1804年创造了"星状"（Asterites）一名，使之成为这类生物中最先获得科学命名的成员。

9 500万年前

小蜡枕属开始在白垩纪的白垩岩中留下化石，它们在接下来的3 000万年中进化出了众多成员。

6 500万—5 500万年前

最古老的真沙钱，卵石海胆属（*Togocyamus*）在古新世诞生。

海百合类

早侏罗世

要点

1 羽枝

海百合化石与现生海百合都具有羽枝，这是腕足上细小的分支。羽枝上有收集食物颗粒的管足，管足会给食物颗粒涂满黏液，将它们送到腕足上侧的沟槽中，最后进入口腔。

2 腕足

每条可以活动的腕足都有很多连接在一起延伸到末端的骨板，其中包含海百合的主要身体系统，例如神经和水管系统，它们共同操控着向上延伸并负责觅食的管足。

3 身体

骨板支撑保护着身体，身体下部是杯状结构，里面容纳着主要的软组织，包括消化器官、排泄器官和繁殖器官。身体上部形成腕足基底部的辐板，口部位于柄中央的上表面，而肛门在另一侧。

4 茎

茎上有一系列被称为中柱的盘状骨板，骨板之间由结实的韧带相连。柱状结构中间的孔排列成一排，形成一个供体液和神经通过的管道。在许多种类中，底部的根状结构或类似结构将动物牢牢地固定在海床上。

图片导航

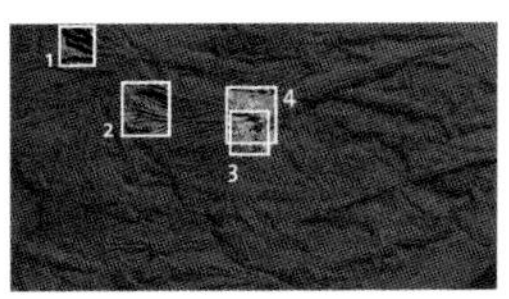

种：五角海百合（*Pentacrinus fasciculosus*）
族群：海百合纲（Crinoidea）
体长：80厘米
发现地：欧洲

海百合是棘皮动物中的一个主要群体，和它们关系最亲近的近亲是海星。它们具有覆盖黏液的羽毛状腕足，以便过滤和捕捉漂浮的营养颗粒。海百合具有由腕足组成的冠和一个固定在海床上的茎。随水流摇摆的海百合仿佛小小的海生棕榈树。而另一个海百合族群——海羊齿类的茎十分短小或根本没有，它们大多都可以自由移动。和海星相比，海百合的身体倒置，嘴位于上方。

海百合的现生种不到90种，大部分都生活在近6 000米的深海中。它们的体长很少超过80厘米，但海百合曾经是一个成员众多的族群，有些标本可以达到18米长，具有多分支的肢臂，茎的底部还有大量根状分支。海羊齿（海羽星）大约包括450个现生种，且栖息在浅海。海百合的化石数量庞大而且分布广泛。目前已经发现了6 000种海百合化石，是现生种的10倍以上。典型的海百合具有杯状中央身体，也称为萼，腕足就从这里伸出。它们通常具有5条腕足，每条腕足又二分叉，因此看似有10条手臂。与其他棘皮动物一样，海百合的身体里也有富含钙的骨板，腕足内的骨板较小，茎中的骨板呈环状。这些骨板可以占海百合重量的80%。它们形成了无数化石，既有关节完好的标本（所有结构都处在生前的位置上），也包括破碎的化石。一些沉积岩层完全是由海百合构成的，例如石灰岩。SP

灭绝的海蕾

已经灭绝的海蕾是和已灭绝的海林檎以及现生海百合关系最密切的棘皮动物，它们具有很多相似之处。它们的圆形身体会成为瘤一样的化石（右图），有时会被称为“海坚果”或“海芽”。身体位于茎的顶端，茎的长度既可能是身体的几倍，也有可能不到身体的一半。大多数海蕾的身体直径不足5厘米。弯曲的步带槽从中央的口部沿身体向下方延伸，这是棘皮动物的典型特征。步带槽中会伸出细长的腕肢收集食物。海蕾在大约4.5亿年前的奥陶纪与其他棘皮动物群体一起出现，在大约3亿年前的晚石炭世时数量庞大但种类不多，随后衰落。最后的海蕾在2.52亿年前的二叠纪末期大灭绝中消亡，当时海百合也险遭灭顶之灾。

昆虫的崛起

1 突尾蜓（*Urogomphus*）等1.5亿年前的蜻蜓还不是很擅长操纵翅膀。

2 弹尾目属于六足亚门，但不是真正的昆虫。

3 泥盆瘤状虫（*Strudiella devonica*）留下了比较完整的化石，可能是最古老的昆虫，但分类仍有争议。

在动物进化的树状图中，昆虫从其他节肢动物群体（见114页）中单独分出来。这根分支现在包括了动物界至少70%的成员，甚至有人估计这个比例达到了90%。昆虫的族群如此庞大，但它们的确切起源依然是个谜。昆虫需要呼吸空气，大多都是陆生动物。目前发现的100多万种昆虫中，只有5个成员能够在海中生存。不过很多昆虫的幼虫都生活在淡水中，也有很多成员完全适应了水中的生活。这些间接证据表明，在甲壳类节肢动物来到陆地或是进入淡水之后，昆虫才从主进化支上分化出来。在此之后，以昆虫为主的六足亚门（六足节肢动物）才出现在地球上。

虽然化石历史不长，但昆虫和其同类有可能是在大约4.34亿年前的中志留世出现的，证据有二：第一，六足类出现在4.19亿年前的泥盆纪化石记录中时，它们已经具有了广泛适应性；第二，科学家使用现生昆虫的DNA分析过它们的进化进程，这些研究着眼于各个种有多少共同的基因（数量越大，进化关系越密切），以及DNA的变化，这种变化一般会以

关键事件

4.35亿年前	4.08亿年前	3.79亿年前	3.65亿年前	3.3亿年前	3.2亿年前
现生昆虫的DNA分析表明，昆虫大约就是在这个时期出现的。	莱尼虫在苏格兰的莱尼燧石层中形成最早的昆虫化石。	纽约州吉尔博阿发现的两块化石碎片表明，无翅亚纲是蠹虫和衣鱼的近亲。	德国的泥盆瘤状虫留下化石，它们可能是草蜢的祖先。	古网翅目成为第一批留下化石的飞行昆虫（见171页），它们是已经灭绝的六翼昆虫。	最古老的新翅下纲诞生，包括原始的蟑螂、草蜢等。

标准速度发生，结果证明现生昆虫似乎都源自4.34亿年前的共同祖先，可能是鳃足甲壳类动物（见142页）。

六足类的身体分为三个部分：有一对触角和口器附肢的头部，有六条腿的胸部，以及腹部。六足类中包括昆虫和其他群体，弹尾目的规模最大（见图2），它们没有翅膀，而且口器在口腔内部（昆虫的口器在外部）。人们多年来都认为最古老的六足类是弹尾目的莱尼古跳虫，它们在有4.08亿年历史的苏格兰莱尼燧石层中留下了大量化石（见62页）。研究者曾经认为莱尼古跳虫表明弹尾目就是催生了昆虫的祖先。但莱尼燧石层也产出了莱尼虫的头部碎片，它们也是六足类的成员（见134页），莱尼虫和化石弹尾目处于同一个时代，而且有可以采食蕨类的外部口器。这表明昆虫远在4.08亿年前就和刮擦碎屑食腐的弹尾目分道扬镳，开始利用不断扩张的陆生植物生存。蕨类植物是泥盆纪中最高大的植物，为了享用它们的孢子和叶片，昆虫必须成为攀爬高手，或者进化出飞行能力。没人知道莱尼虫有无翅膀，接下来出现的两种昆虫化石也没有留下翅膀的线索。

纽约州的吉尔博阿发掘出过两块无翅亚纲的化石，它们来自一片形成于3.79亿年前的蕨类化石森林。这个小族群里的成员从未出现过翅膀。而绝大多数现生昆虫都属于有翅亚纲，包括从有翅祖先进化而来的无翅昆虫。泥盆纪的无翅亚纲和现生近亲衣鱼与蠹虫十分相似。接下来在化石记录中出现的昆虫可能是3.65亿年前晚泥盆世的泥盆瘤状虫（见图3），它可能是第一只形成完整化石的昆虫，长约8毫米，属于无翅节肢动物，具有长触角和能细致成像的复眼，以及非常适合切割咀嚼各种食物的口器。化石记录里的“六足类空白期”曾长达5 000万年，一直延续到早石炭世，而泥盆瘤状虫是唯一在这个时期留下化石的六足类成员。

昆虫化石在大约3.3亿年前再次出现，它们此时已经进化出了众多种类，在地球上第一批真正的森林栖息地中寻找着食物。翅膀碎片表明当时昆虫已经具备了飞行能力。有翅亚纲分化成了多个族群。顾名思义，古翅下纲就是原始的有翅昆虫，其中包括蜉蝣和蜻

3.1亿年前	2.7亿年前	2.2亿年前	2亿年前	1.35亿年前	6 600万年前
产生了最早关于昆虫完全变态发育的证据，这一证据来自草蛉的近亲——已灭绝的小翅目。	昆虫加快进化，鞘翅目（甲虫）和真正的双翅目出现。	黄蜂的出现标志着膜翅目诞生，这类昆虫中后来也进化出了蚂蚁和蜜蜂。	鳞翅目的蛾子和蝴蝶开始留下化石。	被子植物的繁衍使植物和昆虫出现协同进化，白蚁和螳螂诞生。	白垩纪末期的大灭绝消灭了很多物种，但昆虫依然繁荣昌盛。

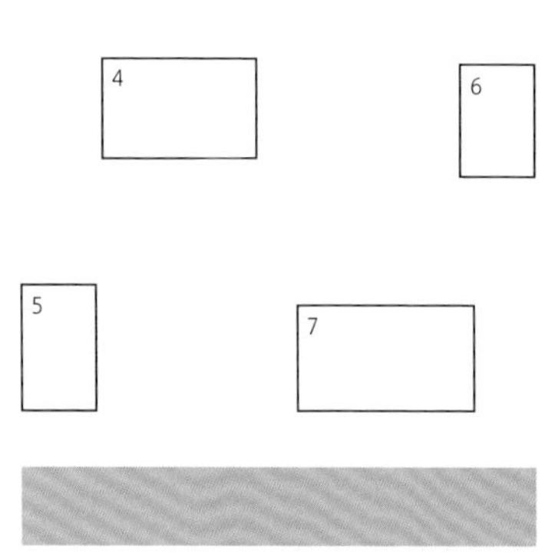

4 现生蜉蝣幼虫可能表明昆虫的翅膀是如何从鳃结构进化而来的。

5 直翅目的草蜢早在史前时代就进化出来。

6 昆虫的幼虫（例如金凤蝶的毛虫）和成虫需要不同的食物，避免了竞争。

7 甲虫的第一对翅膀变成了坚硬的外壳，因为一种覆葬甲属甲虫（*Nicrophorus Defodiens*）。

蜓（见图1），它们操纵4片翅膀的方式有别于新翅下纲的其他有翅昆虫。新翅下纲可以将翅膀上下叠覆，然后覆盖在腹部。古翅下纲的肌肉组织不足以完成这种动作，因此蜉蝣会将翅膀指向上方，蜻蜓会将翅膀侧向展开，而豆娘会让翅膀顺着身体收起。

古翅下纲是最先进化出飞行能力的动物。它们的飞行方式尚不确定，但研究者根据被称为“水仙女”的蜉蝣幼虫（稚虫或若虫，见图4）的发育方式建立了一个假说。现生蜉蝣幼虫的腹节有一对羽状鳃，胸部有两对翅芽。部分蜉蝣的鳃底会变硬，形成坚韧的鳃盖保护膜状尖端。在还不会飞行的原始昆虫中，鳃可能同时覆盖了胸部和腹部，和今天的古翅下纲昆虫一样，它们会为了繁殖而离开水栖环境，胸部的鳃就变成了透明的翅膀。催生出这种进化的压力可能是它们必须从一处食物滑翔到另一处，或依靠滑翔躲避天敌。

化石记录中最早的新翅下纲大约在3.2亿年前出现。它们当时已经分化出了多种成员，而且和如今的蟑螂与草蜢具有相似之处。类似草蜢且已经灭绝的华脉目生活在这个时代，且与瘤状虫有相似之处，例如非特化的口器和适合奔跑的长腿。华脉目还有瘤状虫所不具有的翅膀，但这也有可能意味着瘤状虫是没有翅膀的幼虫。真正的草蜢（蟋蟀）出现于石炭纪，进化出了用于跳跃的粗大后腿（见图5）。和如今的后裔一样，新翅下纲的代表性动物都是在身体外侧长出翅膀。若虫刚孵化时没有翅膀，它们会周期性蜕皮，逐渐发育出翅芽，只有成熟之后才能飞行。这种发育被称为半变态或不完全变态。

许多其他昆虫会经历完全变态。卵孵化为幼虫，例如常见的蝴蝶毛虫（见图6）、蝇蛆和甲虫蛴螬。经过一段时间的成长后，幼虫结蛹化为成虫。这种发育过程的优势在于幼虫和成虫的食物来源甚至栖息地都不相同，从而避免了父母和后代之间的竞争。虽然我们对这类生态因素十分熟悉，但还未能深入了解变态的进化历程。率先在化石记录中显现出完全变态的昆虫是大约3.1亿年前的小翅目，已经灭绝的小翅目没有太多特化特征，它们具有四片翅膀和咀嚼口器，最接近今天的草蛉，后者也是比较原始的群体。

两种新翅下纲昆虫都在3.5亿—2.5亿年前的晚石炭世和二叠纪开始分化。其中蟑螂最为成功，与它们的祖先一起占到了当时昆虫的90%。不过利用针状口器吸取树汁和其他液体的半翅目也占据了一席之地。二叠纪还见证了甲虫的诞生，它们的前翅硬化成鞘翅，保护着用于飞翔的后翅，只有前翅的双翅目昆虫也在这个时期出现，它们的后翅退化成了运动感受器，方便这些敏捷的昆虫在飞行中确定方向。

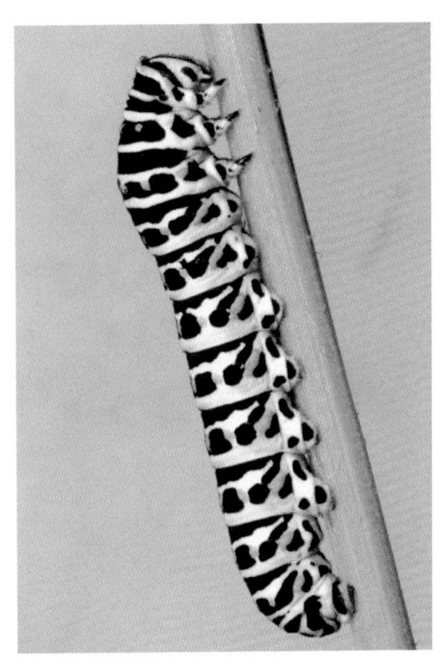

在2.52亿—2.01亿年前的三叠纪里，绝大多数原始昆虫走向灭绝，蟑螂也大幅衰退，但化石记录中依然存在其他昆虫。最古老的黄蜂和竹节虫就诞生于这个时期，而原始的蝴蝶、蛾和蠼螋出现于侏罗纪。在1.45亿—6 600万年前的白垩纪里，昆虫的进化如离弦之箭，几乎所有的主要现生群体都是在这个时期诞生的。这要归功于被子植物（开花植物）的出现和一段白热化的协同进化时期，昆虫与植物在互利互惠中协同进化。白蚁也在白垩纪出现，以倒下的枯木为食。它们是最初的社会性昆虫，由众多成员组成大家庭。白垩纪里稍晚的时候又出现了更加进化的蚂蚁和黄蜂。跳蚤诞生于白垩纪中期，以吸取哺乳动物及鸟类的血液为生。

6 600万年前的白垩纪末期大灭绝（见364页）摧毁了许多种动物，但对昆虫的影响微乎其微。地球大陆开始接近如今的布局时，昆虫物种群就开始了独立进化。最成功的当数鞘翅目，现生昆虫种里有1/3都属于这个族群（见图7），其次是蝴蝶和蛾（鳞翅目）、双翅目和蜜蜂、胡蜂以及蚂蚁（膜翅目）。在我们的认知里，黄蜂是黑黄相间的野餐破坏者，但实际上大多数黄蜂都是微小的寄生物，它们以特定的节肢类动物为宿主，目标主要是昆虫。自白垩纪以来，似乎没有哪种昆虫的多样性有所下降，有人甚至认为我们现在还生活在昆虫时代。TJ

原蜻蜓目

早二叠世

种：二叠拟巨脉蜓（*Meganeuropsis permiana*）
族群：原蜻蜓目（Meganisoptera）
体长：43厘米
发现地：北美

在至少1亿年的时间里，昆虫都曾是唯一的天空霸主，直到翼龙在2.2亿年前横空出世（见228页）。最初的飞行类昆虫不需要防御空中攻击，但好景不长，远古天空中也出现了早期飞行掠食者——原蜻蜓目。顾名思义，它们与现代蜻蜓目有相似之处。原蜻蜓目和蜻蜓目最明显的差别在于性器官的位置，现生物种的性器官更靠前。不过这两种蜻蜓的外表和捕猎方式都十分相似。原蜻蜓目成员体形十分庞大，在3亿年前的石炭纪晚期，有的原蜻蜓目成员翼展达到了66厘米，早二叠世的二叠拟巨脉蜓翼展达70厘米。那么为什么原蜻蜓目如此巨大，而现代蜻蜓如此渺小？第一个原因是当时没有其他掠食者可以与它们匹敌，而现今的飞行昆虫会受到鸟类威胁，例如鹰和猫头鹰。第二个原因更加复杂，石炭纪时大气氧含量增加，催生了第一批森林。树木般高大的蕨类植物吸收了二氧化碳，将它们储存在自己体内。植物每吸收一个二氧化碳分子，就会释放出一个氧气分子。这个过程大幅提升了大气中的氧气比例，于是昆虫也获得了更多氧气，身体越来越大，最终成为远古时代的庞然大物。TJ

图片导航

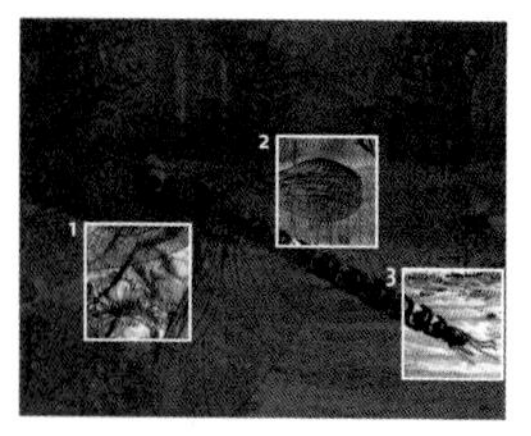

要点

1 腿

原蜻蜓目的腿部具有短刺，用于抓紧挣扎的猎物。这个结构十分重要，因为这些掠食者在飞行中捕猎，必须在咬死猎物之前将对方抓牢。它们的猎物一般包括古网翅目（见图）和蛛形纲以及小型陆栖脊椎动物。

2 翅膀

大多数中石炭世到早二叠世的原蜻蜓目化石仅为翅膀碎片。和现生蜻蜓不同，原蜻蜓目的翅膀缺少翅痣。翅痣是翅膀上充满血液的色斑，作用可能是保持平衡。

3 腹部

原蜻蜓目的翅膀很大但身体很小。它们体长43厘米，身体大部分都是腹部。雄性腹部末端具有身体，用于交配时抱持雌性。现生雄性蜻蜓的生殖器位于腹部基底，而原蜻蜓目的生殖器位于腹部末端。

▲原蜻蜓目的化石有时会保留复杂的翅膀纹路，例如图中的巨脉科成员。这些管状结构既能强化翅膀，又可以让它们在飞行和气流中柔韧地弯曲。

“六翼”昆虫——古网翅目

原蜻蜓目之所以会进化出如此庞大的体形，可能是因为要同自己的主要猎物展开“军备竞赛”，那就是已经灭绝的古网翅目（右图）。古网翅目是白垩纪常见的飞行昆虫，它们具有长而尖的口器，可能是用于吮吸植物的汁液，但也可能是为了对付猎物。古网翅目也被称为“六翼”昆虫，和蜉蝣一样，它们也有两对主翅和一对连接在前胸背板（紧邻头部的胸段）上的小翅（侧背板）。这可能证明了昆虫的翅膀是从鳃进化而来，它们的水生祖先具有沿身体纵向分布的鳃。早期滑翔昆虫可能有许多类似翅膀的附肢，但很快就在自然选择中只剩少数几对，例如古网翅目的3对。和原蜻蜓目一样，它们体形巨大，其翼展可达到50厘米，甚至更长。

后口动物超门
胚胎胚孔成为肛门（原口动物则相反，胚胎胚孔成为嘴）
其他后口动物
如棘皮动物和半索动物
脊索动物门
具有脊索（硬质杆状结构）和中空的背部神经索
被囊动物亚门
主要由分子证据判别
头索动物亚门
如皮卡虫（*Pikaia*，见 176 页）、文昌鱼
被囊动物亚门 / 尾索动物亚门
海鞘或被囊动物
有头动物
具有颅骨
盲鳗纲
没有真正的脊椎，如盲鳗（*Eptatretus*，见 182 页）
脊椎动物亚门
具有脊椎（见 174 页）
古鳃鳗亚纲
七鳃鳗（*Petromyzon*）
其他脊椎动物
鳍甲鱼纲
甲胄鱼（无颚，见 178 页），如鳍甲鱼（*Pteraspis*）和阿兰达鱼（*Arandaspis*）
其他脊椎动物
缺甲鱼纲
缺甲鱼（无颚），如长鳞鱼属（*Birkenia*，见 180 页）
其他脊椎动物
有颚下门
有颚的脊椎动物（见 184 页）
盔甲鱼亚纲
盔甲鱼（无颚），如头甲鱼属（*Cephalaspis*）
真有颚小门
真正有颚的脊椎动物
盾皮鱼纲
盾皮鱼
莱茵鲛目
如星鱼属（*Asterosteus*）
其他盾皮鱼
胴甲目
如沟鳞鱼（*Bothriolepis*）
节颈鱼目
如邓氏鱼（*Dunkleosteus*，见 188 页）和粒骨鱼（*Coccosteus*）
软骨鱼亚纲
软骨鱼（广义上）
全头类
银鲛（*Chimaera*），如叶吻银鲛和大西洋银鲛
板鳃类
鲨鱼（见 190 页）
鲛总目
鲨鱼和鳐鱼
其他板鳃类动物
如裂口鲨（*Cladoselache*）和异刺鲨（*Xenacanthus*）
新鳐目
鳐和一些原始鲨鱼
真鲨类
大部分现存或已灭绝的“现代”鲨鱼
真鲨首目
非狗鲨类鲨鱼，如巨齿鲨（见 192 页）、大青鲨和猫鲨
刺鲛首目
似狗鲨类鲨鱼，如灰六鳃鲨（*Hexanchus griseus*，见 194 页）、狗鲨和角鲨（*Squalus*）
真口鱼类
具有一对简易呼吸孔的有颚脊椎动物
棘鱼纲
刺鱼类，如栅棘鱼属（*Climatius*，见 186 页）
硬骨鱼高纲
硬骨鱼（广义上）
辐鳍鱼纲
鳍刺类鱼（见 202 页）——当今大多数鱼类的种类，如粗背蝙蝠鱼。并且包括许多已经灭绝的鳍刺类鱼，如剑射鱼（见 204 页）
肉鳍鱼纲
肉鳍鱼（见 196 页）
腔棘鱼
腔棘鱼，如矛尾鱼（*Latimeria*，见 200 页）

4 | 鱼类和两栖动物

脊柱可能源自条索状的脊索，虽然也有一些脊椎动物走入了死胡同，但这种结构的出现在动物界里掀起了卓有成效的进化。多种鱼类开始繁盛起来的同时，部分成员也进化出了颌骨，极大地推动了它们处理新食物来源的能力。同样，让鱼鳍获得肢体的作用似乎催生出了水生“四足形类”，此后四足动物中的两栖类才离开水生环境和植物以及无脊椎动物一同分享陆地。

脊柱的进化

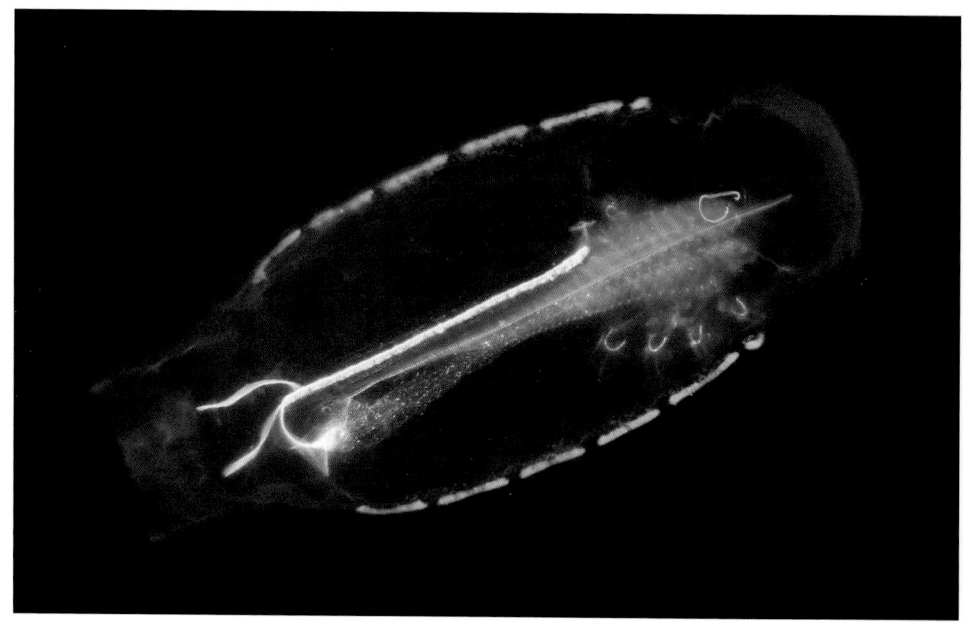

1 樽海鞘似水母但更复杂，它们遍布全球海洋，经常串在一起形成几米长的群聚体。

2 文昌鱼（*Branchiostoma*）具有脊索：这是真正脊柱的前身。

3 昆明鱼（*Myllokunmingia*）可能是早期的脊索动物，或许是脊柱进化中的过渡物种。

以有无脊椎来划分脊椎动物和无脊椎动物是动物界中重要的分类标准。脊椎动物包括鱼类、两栖动物、爬行动物、鸟类和哺乳动物。它们在所有物种中仅占5%，但包括了地球上最大、活动能力最强、智力最高的动物，包括人类。最古老的脊椎动物是诞生于4.8亿年前的鱼类。有关鱼类起源以及人类起源的研究都是以脊椎动物的前身为起点，例如脊索动物。后者拥有进化为脊椎动物的一些特征，预示着脊椎动物解剖结构的到来。它们拥有双边对称（左右镜面对称）的身体，背后有一束神经纤维，但它们没有脊椎，而是具有脊索。这是软骨形成的坚硬条索，在神经束下方，以支撑神经纤维。脊索动物有一排位于嘴后沿喉部分布的鳃孔（咽鳃裂），还有重复的肌肉节段，以及肌肉发达的尾部，身体延伸过肛门口。所有的脊索动物都会在生命中的某一阶段具有这些特征，不过许多脊椎动物（包括人类）只在胚胎时期具有鳃裂。

只有了解了脊索动物的进化史，我们才能理解脊椎动物的起源。脊索动物的等级要高于其他脊椎动物，它包含脊椎动物和其他较小的动物群

关键事件

5.55亿年前

前寒武纪的*Burykhia*可能是被囊动物海鞘的早期成员，这类动物是脊索动物中最古老的族群之一。

5.5亿年前

两侧对称动物在水中诞生，它们让人很难分清前后。

5.41亿年前

肉眼可见的硬壳动物诞生。

5.4亿年前

部分早期鱼类进化出视力，包括在昏暗处（暗视觉）和明亮处（亮视觉）视物的能力。

5.34亿年前

早期头索类动物华夏鳗（*Cathaymyrus*）生活在中国的澄江，它们具有重复的肌肉块和类似脊索的长脊。

5.25亿年前

澄江出现多种更进步的似脊索类动物，包括海口虫（*Haikouella*）和云南虫（*Yunnanozoon*）。

体，即被囊亚门和头索动物亚门。被囊亚门是海生滤食动物，包含固着的无柄群聚海鞘和自由活动的樽海鞘（见图1），这些袋状生物具有吸水和排水的双虹吸口。尽管它们看似无脊椎动物，但发育早期的幼虫阶段表明它们的确是脊索动物。它们蝌蚪一样的幼虫具有长尾巴、分段的肌肉、坚硬的脊索、神经索和发达的咽部（喉咙和颈部区域），显示出了一整套脊索动物特征，但这些特征在成体身上消失。一些化石和基因研究发现，另一类脊索动物——头索动物亚门，可能是脊椎动物的祖先，现生头索动物门成员包括文昌鱼属（见图2）。这些似鱼的小动物成年后依然保留着脊索，它们两头尖尖，而且脊索一直伸入头部，这个特征有别于被囊亚门，而且是“头索动物”一名的由来。它们经常半埋在沙土中，受到惊扰就会迅速地躲到安全地带，敏捷的动作全靠肌肉块拉动脊索两侧。鱼类也会使用同样的活动方式。

皮卡虫（见176页）生活在5.05亿年前的加拿大寒武纪礁石群落中，即伯吉斯页岩（见50页）。它们在20世纪80年代轰动一时，因为研究者根据成对的肌肉群和假定的脊索将它们重新分类为最古老的脊索动物。皮卡虫意义重大，尽管它们有许多非脊索动物的特征，但也表明寒武纪的海洋生物群落包含早期脊索动物或者相似的生物。20世纪90年代，中国云南省的突破性发现揭示了一系列意想不到的古脊索动物。5.25亿年前的著名澄江动物群和伯吉斯页岩动物群一样都是底栖生物（生活在水底或水底附近）。在种类繁多的化石中，有8种可能属于脊索动物。形似文昌鱼的海口虫身长2.5～4厘米，具有原始的脊索、消化道、尾巴和具有牙齿的咽鳃弓。一些科学家认为海口虫是形似蠕虫的半索动物，连接起了无脊椎动物和脊索动物，但也有人认为它们是最原始的脊索动物。

这种复杂动物很有可能会大幅提前脊索动物的出现时间，但这个问题仍有争议。分子钟研究（见17页）通过研究配对的基因材料，并且假设变化（变异）是以可预测的稳定速率发生，从而估计出两个族群分化的时间。不过在早期脊索动物的研究中，这类研究的结果为寒武纪或者更早的时期。这类几乎没有防御能力的无脊椎小动物很难成为化石，这势必会妨碍对它们的研究。它们要谨慎躲避可怕的奇虾（见116页），还要勇敢面对掠食性三叶虫，最终幸存下来成为脊椎动物的祖先。DG

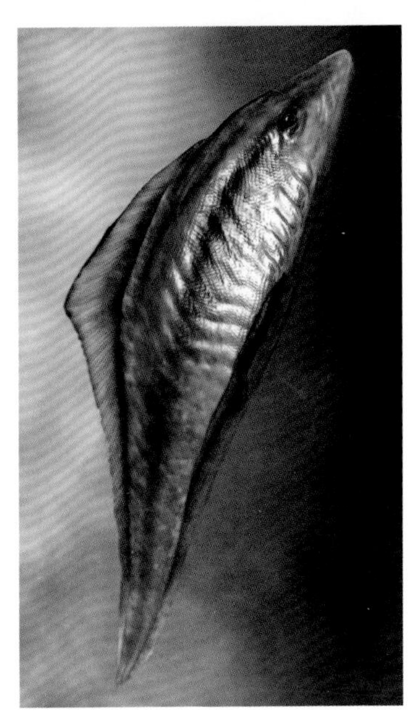

5.25亿年前	5.24亿年前	5.21亿年前	5.2亿年前	5.2亿年前	5.05亿年前
羽鳃类 *Galaeplumosus abilus* 在中国留下化石。它们可能是连接起无脊椎动物和脊椎动物的半索动物。	澄江化石点的昆明鱼（见图3）可能是早期脊索动物。	早期三叶虫出现，可能是以早期脊索动物为食。	文昌鱼类可能已经从通往脊椎动物的主进化线上分离出来。	背囊亚纲中的山口海鞘（*Shankouclava*）留下化石，它们是固着的坚韧袋状动物。	皮卡虫生活在形成伯吉斯页岩的海洋群落中，它们具有头索亚纲的所有典型特征。

皮卡虫

中寒武世—晚寒武世

种：纤细皮卡虫
（*Pikaia gracilens*）
纲：头索纲
（Cephalochordata）
体长：6厘米
发现地：加拿大

伯吉斯页岩中发现了众多古怪的生物，长得像蠕虫一样的皮卡虫便是其中之一，它们身长超过6厘米，节段清晰，在1911年得名于发现地附近的皮卡山。起初，皮卡虫被归为某种蠕虫，一直没有引起研究者的重视。但在20世纪70年代晚期，研究者重新检视了很多伯吉斯页岩化石并重新分类。结果他们发现两侧扁平、形似叶片的皮卡虫在分节方式上与蠕虫存在差异。与常见的柱状环节不同，皮卡虫具有纵向肌肉条带，并略带曲线。它们还具有类似坚硬脊索的结构，而这正是脊椎的前身。凭借这些鲜明的特征，皮卡虫被重新归入了脊索动物，而且很可能是脊椎动物的祖先。尽管这只是暂时的分类，但大多数科学家都认为皮卡虫和现代文昌鱼的解剖结构相似。目前发现的100多具标本表明，皮卡虫和现代脊索动物依然存在差别，最近的研究发现皮卡虫具有独立的进化路线。

皮卡虫的头部很小，长有一对柔软的触角。触角顶端可能有眼点，但皮卡虫的视力可能极差。头部后方两侧有一系列短附肢，可能与脊索动物用于水下呼吸的鳃裂相连。这些特征不同于现代文昌鱼，皮卡虫和伯吉斯页岩中的其他生物都生活在5.05亿年前，在水中或是海底沉积物中平静缓慢地移动，直到奔涌的泥浆将所有生物一起埋葬。DG

图片导航

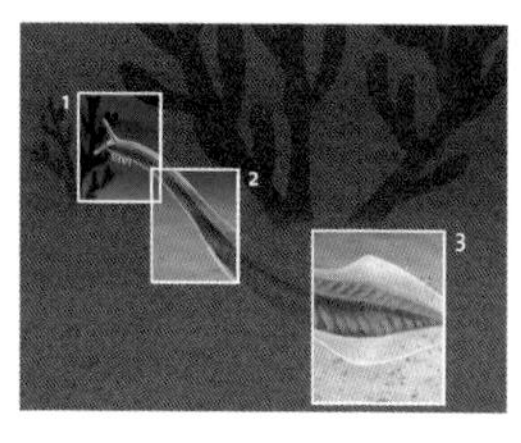

要点

1 头部和附肢

皮卡虫的头部在早期脊索动物中十分特别。它们的嘴部很小，没有颌骨和咀嚼结构，可能以沉积物或微弱水流中的小颗粒为食。附肢不能协助觅食，所以功能尚不明确，可能和原始咽部开口相连，在呼吸中发挥作用。

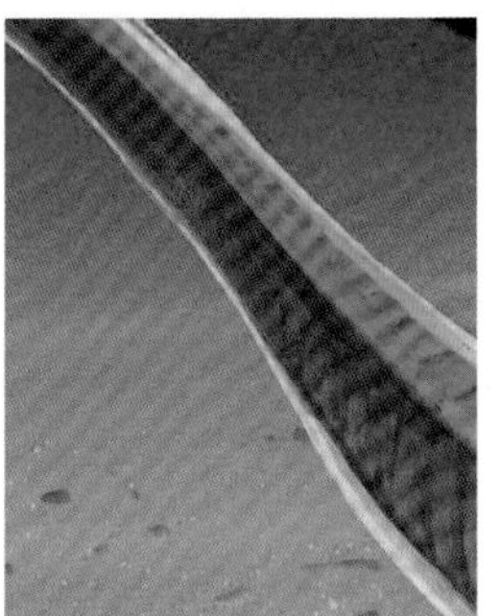

2 非脊索动物特征

皮卡虫有多个不同于脊索动物的特征，例如背部有一条贯穿躯干的腊肠状器官，可能是储存器官。头区覆盖着盾状结构，类似线虫的角质结构。在节肢动物中，这种角质结构会形成覆盖全身的坚硬外骨骼。

3 肌节

皮卡虫的肌节都很细长，边界略略弯曲，不同于现代脊椎动物的“V”形肌节。它们大约具有100条肌节，游动时会扭动身体以“S”形前进，这一点类似现代脊索动物文昌鱼。鱼类从早期脊索动物身上继承了左右扭动的前进方式。

意外还是有意为之

在《奇妙的生命》(1989)一书中，著名古生物学家斯蒂芬·古尔德(1941—2002)提出皮卡虫是伯吉斯页岩动物群中少数幸存下来并催生了脊椎动物的生物之一，并以它们为例提出了进化的“偶然性”，即进化没有方向，历史中显现出来的趋势都是偶然，甚至可以说是意外。如果进化历史从头再来，肯定会造就出截然不同的世界。为皮卡虫重新归类的古生物学家西蒙·康韦·莫里斯在《创造的熔炉》(1998)一书中抨击了这个观点。他认为趋同进化(见19页)就是有方向的进化机制，可以让不同族群中出现相似的成员，因此进化不管重新几次，最终都会朝着同一个大方向前进。

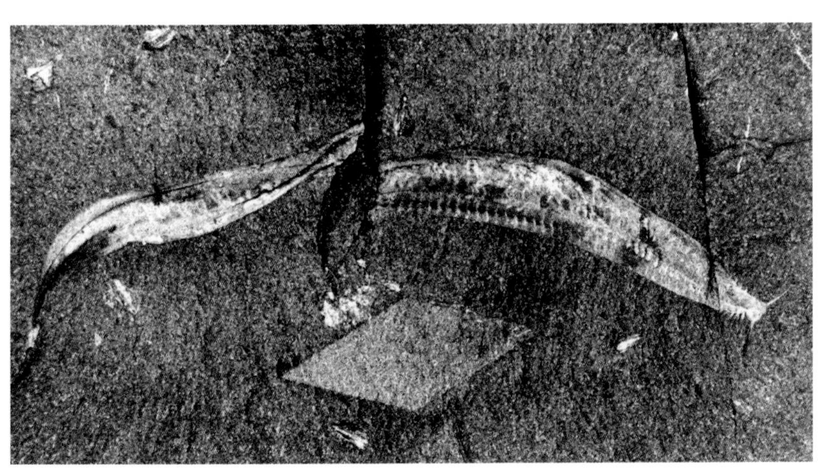

◀ 保存极好的皮卡虫化石，具有内部结构的印痕。其背部具有清晰的轴向痕迹，可能是脊索，或者是神经索。除此之外，将皮卡虫归入脊索动物的依据主要是成对的肌节。

最古老的鱼类

1 阿兰达鱼（*Arandaspis*）身长约为15厘米，没有成对的鱼鳍，依靠尾部游动。它们的身体在纵向上比较扁平。

2 鳍甲鱼（*Pteraspis*）身长20厘米，头部具有巨大的保护性盾状结构，盾的两侧有朝向后方的角，头顶上也有一只角。

3 现生海七鳃鳗（*Petromyzon marinus*），没有颌骨的吸盘状口腔中具有锉刀一样的角状牙齿。

出现具有发达感觉器官的头部是生命历史上的一桩大事。寒武纪海洋中的原始脊索动物（见174页）可能具有简单的感知器官，可以探索四周，前端感觉器官数量和敏感性的增加强化了动物寻找食物、获取领地和躲避掠食者的能力。具有头部的脊索动物被称为有头类，它们在4.8亿—4.7亿年前开辟出了一片新天地。

中国澄江化石中包括昆明鱼和海口鱼等原始鱼类，它们将有头类的历史向前推进到了5.3亿—5.2亿年前的早寒武世。这些鱼具有软骨骨骼、单背鳍和成对的体侧鳍褶，常被视为原脊椎动物。研究者最近宣称巨型斯普里格蠕虫（*Metaspriggina*）是最古老的脊椎动物之一，这是伯吉斯页岩中的一种小型有头类。率先获得真脊椎动物名号的生物是无颌类，它们具有包裹并保护神经索的脊柱。相隔万里的澳大利亚阿兰达鱼化石（见图1）和玻利维亚的萨卡班巴鱼（*Sacabambaspis*）化石表明这类鱼已经遍布全球，进一步证明它们的祖先更加古老。

奥陶纪在4.43亿年前落下帷幕时，同时见证了地球历史上五大灭绝事件中位列第二的大灭绝。随后鱼类发生了爆发式进化，它们迅速适应

关键事件

5.3亿年前	4.8亿年前	4.7亿年前	4.53亿—3.59亿年前	4.48亿年前	4.47亿—4.43亿年前
中国发现的昆明鱼和海口鱼表明有头类和原脊椎动物已经出现。	阿兰达鱼兴旺繁衍。这是最古老的无颌类之一，也是原始的脊椎动物。	萨卡班巴鱼生活在南方的冈瓦纳超大陆附近，是最著名的阿兰达鱼成员。	小瘤鱼类广泛分布于海水和淡水之中。它们最长可达到30厘米，具有独特的刺状鳞片。	冈瓦纳大陆漂过南极。地球温度下降，大冰期开始。	奥陶纪末期的赫南特阶大灭绝杀死了60%的海洋生物。

了新的生活方式，快速进化催生了30多种不同的体形——虽说后来大部分都是多余的，而且已经消亡了。无颌鱼在4.43亿—4.19亿年前的志留纪中迎来了繁盛时期，当时的地球处于轻度温室效应之中，很适合海洋生物繁衍。志留纪时期地球两极没有冰雪，因此海平面一直较高，淹没了陆地。北半球的巨神海在志留纪中消失，留下的浅海成了珊瑚礁（见104页）的乐园。身体较长的小瘤鱼类无颌鱼在世界各地都留下了刺状鳞片，昭示着它们广泛的分布和进化。

早期典型的无颌鱼都是感觉迟钝的生物，例如生活在冈瓦纳大陆南部海域的澳大利亚阿兰达鱼，以及生活在北劳伦古大陆和波罗地大陆周围北海盆地中的星甲鱼。它们形似权杖，头部扁平且带有沉重的盾甲，尾鳍强壮但没有成对的侧鳍，因此不擅长游泳。无颌类的进化造就了一系列古怪头盾和鼻刺，尤以盔甲鱼类为甚。半环鱼（*Hemicyclaspis*）等甲胄鱼类具有巨大的马蹄铁状头盾。发现于比利时和英国的异甲类鳍甲鱼（*Pteraspis*）具有向后的高大头角，形似快艇桅杆（见图2）。虽然这些附件十分笨拙，但无颌类为鱼类的进化打下了坚实的基础。不对称的歪形尾（上叶更大）可以增加水中的浮力，很多鲨鱼依然具有这种结构。更进步的鳍甲鱼进化出了成对的胸鳍和一道背鳍，以便在游泳时平衡身体，它们有成对的鼻孔、两只突出的眼睛和一只上置的中眼，它们具有嗅觉和压力等原始化学感受器，使它们能够探测运动。

没有颌骨的无颌鱼是滤食性动物，靠吸取海底的碎片中寻找营养微粒。微粒可以通过鳃进入身体。挪威的一种缺甲鱼类（*Pharyngol*epis）和现代鱼类更为相似。它们失去了头盾，身体变得更加轻盈。这些有圆形口部的敏捷游泳者很有可能是中层水域的滤食者，类似现生姥鲨。如今的无颌鱼已经和以往大不相同，它们都没有盔甲，八目鳗（见182页）和七鳃鳗都是腐食者，而海七鳃鳗是会用牙齿附着在其他鱼类身上的寄生生物（见图3）。虽然无颌鱼是志留纪的主要脊椎动物族群，但在4.2亿年前的泥盆纪（鱼类时代）之初，新进化出来的有颌鱼类开始以它们为食，给它们带来了生存压力。无颌鱼类在泥盆纪里衰落。在3.59亿年前，只有极少数成员在从晚泥盆世向石炭纪过渡时的大灭绝中幸免于难。DG

4.38亿—4.3亿年前

大陆板块漂移到一起，巨神海消失，引起了巨大的气候变化。

4.38亿—3.59亿年前

异甲鱼类生活在海洋和河口。它们具有巨大骨盾和独特“泡沫状骨性”鳞片。

4.3亿—3.9亿年前

伯肯鱼（见180页）等缺甲鱼类广泛分布。

4.3亿—3.7亿年前

盔甲鱼类生活在中国的浅海和浅淡水环境中，它们没有成对的鱼鳍，但有大量鳃孔。

4.28亿—3.59亿年前

甲胄鱼生活在北美、欧洲和俄罗斯。它们是最高等的有甲无颌鱼。

4.25亿年前

石门鱼（*Shimenolepis*）可能是最初的有颌鱼类，也是盾皮鱼纲胴甲鱼目的成员。

长鳞鱼属

志留纪—泥盆纪

种：长鳞鱼
（*Birkenia elegans*）
纲：缺甲鱼纲（Anaspida）
体长：10厘米
发现地：苏格兰

这具已灭绝的无颌鱼化石形成于4.3亿—3.9亿年前的志留纪或泥盆纪，保存它的岩层位于苏格兰拉纳克郡的莱斯马黑戈小镇附近，这里当时覆盖着内陆浅海。当地是世界著名的志留纪脊椎动物化石点，长鳞鱼就是当地页岩和砂岩中保存完好的化石之一，它属于缺甲鱼纲。这类鱼在无颌鱼化石中十分独特，它们没有进化出沉重的骨板，但具有一排排相互重叠的细长鳞片。缺甲鱼纲的化石比较罕见，而莱斯马黑戈内围层的志留纪沉积岩里保存着大量且完整的化石，十分难能可贵。

长鳞鱼是2.5 ~ 10厘米长的小鱼。它们不对称的尾部明显呈现出下叶更大的形态，这种形态也称反歪尾。虽然长鳞鱼是当时对栖息地适应性最强的生物，但它们细长的身体上没有稳定鳍，所以可能不擅长游泳。没有下颌的长鳞鱼可能是滤食者，会头向下在海底细淤泥和其他沉积物中游动，吸食可食用的颗粒。长鳞鱼等缺甲鱼类没有大骨板，很快就宣告灭绝，如同大自然短暂的早期脊椎动物试验。它们虽然分布广泛，但大多数体形不大，很多成员都可以被人一手握住。挪威的*Rhyncholepis*是个例外，体长足有25厘米。到3.59亿年前时，这个族群已经在晚泥盆世灭绝中消失。DG

图片导航

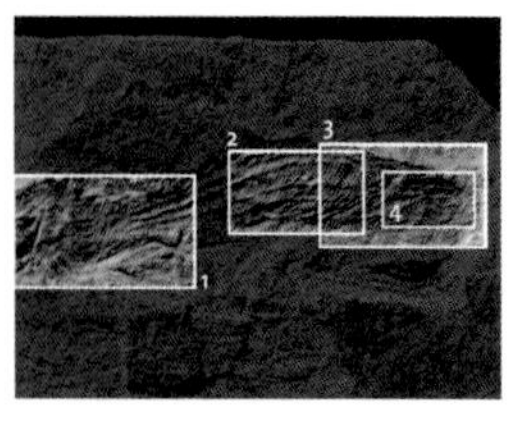

要点

1 反歪尾

长鳞鱼进化出了下叶更大的形态，也称反歪尾。正是这个原因让它们的化石在重见天日之后被颠倒错认了25年。直到挪威古生物学家约翰·夏尔（1869—1931）在1924年发现了这个错误，这才将它摆放正确。

2 鳞片

长鳞鱼身体上覆盖着一排排宽大于长的鳞片。鳞片相互重叠，向斜下方和后方延伸。背部有一排刺状鳞甲（防水的角质鱼鳞）发挥着防御作用。第五片鳞甲和相邻的鳞甲具有独特的双钩结构。

3 头部和鳃

长鳞鱼头部覆盖着小甲板，还有一个鼻孔和巨大的"Y"形松果片，松果片中含有对光敏感的松果孔。它们的眼睛结构简单，鳃和很多其他无颌鱼一样是一排孔洞，长鳞鱼有6 ~ 15个鳃孔。

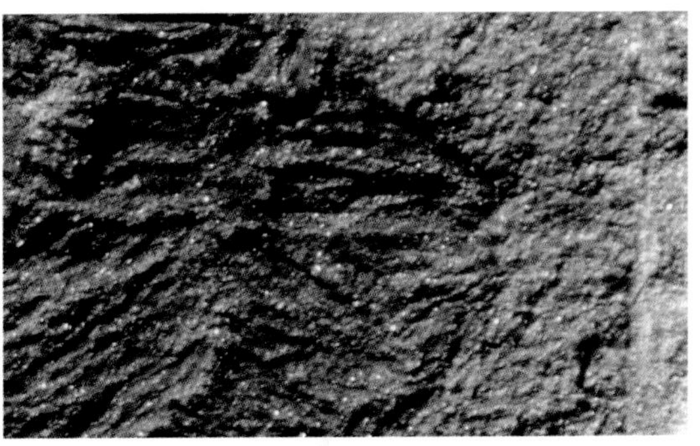

4 嘴

长鳞鱼的嘴在独特圆钝头部的末端，这是食底泥动物的特征，所以研究者最早认为无颌鱼是在海底觅食。不过它们身体细长，这也说明它们是灵活积极的游泳者，可以在各种深度觅食。

莱斯马黑戈内围层

苏格兰莱斯马黑戈周围的化石点是志留纪化石的天堂。19世纪90年代，格拉斯哥地质学会访问了这一地区，建立起了志留纪营地。在这期间，该协会的成员收集了大量原本罕见的标本，例如鱼化石（左图）和广翅鲎（海蝎）化石，很多化石都保存完好。20世纪50年代，伯克·诺伊斯（Birk Knowes）、斯洛特·伯恩（Slot Burn）、迪帕尔·伯恩（Dippal Burn）以及格伦巴克（Glenbuck）等含鱼类化石岩层被指定为英国首批具有特殊科学价值的地点。不过贪婪的收藏家们在已经过去的一个世纪里对这一小片化石点大加掠夺，将志留纪化石搜刮一空。2014年推出的化石法规规定了采集、鉴定和保护化石的要求。

盲鳗

更新世至今

种：太平洋盲鳗
（*Eptatretus stoutii*）
族群：盲鳗目（Myxiniformes）
体长：45厘米
发现地：太平洋东部和北部（加拿大、墨西哥和美国）
世界自然保护联盟：数据不足

图片导航

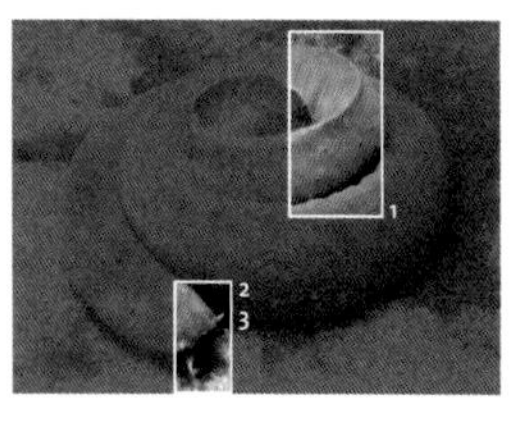

盲鳗堪称远古孑遗，它们具有多种原始特征。首先，它们可能并不是脊椎动物，因为它们具有头骨却没有脊柱。所以它们属于包括所有脊椎动物在内的有头类，但不完整的颅腔和缺乏脊柱又将它们开除出了脊椎动物的行列。它们也没有颌骨和成对的鳍，而且全身无鳞，这些原始特征——“原始”意味着出现时间更早，而不是低级或简单——被认为是（先于）脊椎动物的基础特征。盲鳗在脊椎动物出现之前就和脊索动物和有头类祖先分道扬镳。太平洋盲鳗等现代盲鳗与3亿年前的祖先几乎一模一样。

在有头类动物里，盲鳗目动物只有65 ~ 70种。它们身体细长，类似鳗鱼，光滑的皮肤比较松弛，形似宽松的袜子。最大的成员宽尾黏盲鳗（*Eptatretus goliath*）可超过1.2米，但大多数盲鳗平均身长只有50厘米。它们的外形和游泳姿态都类似鳗鱼，是生活在寒冷或凉爽深海的腐食者，会群聚在海底的尸体中觅食。盲鳗胃部内容物分析表明它们什么都吃，蠕虫、虾、螃蟹、鱿鱼、章鱼、鲨鱼、鲸，甚至鸟类。它们的新陈代谢很低，不吃不喝也可以至少存活1个月。但在找到食物之后，盲鳗就摇身变为狼吞虎咽的饕餮。它们可以说是海洋中的“秃鹫”，在尸体内部觅食，为其他海洋生物利用营养和矿物质创造条件。DG

要点

1 脊索

现生无颌类中的另一个族群——七鳃鳗——会矿化脊索，最后形成骨骼，但盲鳗一生都保持着原始的脊索。它们有不完整的颅骨，但没有脊柱，其他原始特征包括没有鳞片、身体侧面没有侧线系（感觉器官），也没有鱼鳍。尾部虽有类似尾鳍的结构，但实际上只是没有鳍条支撑的皮肤。盲鳗的肾脏也很原始，它们还具有多个静脉心脏。

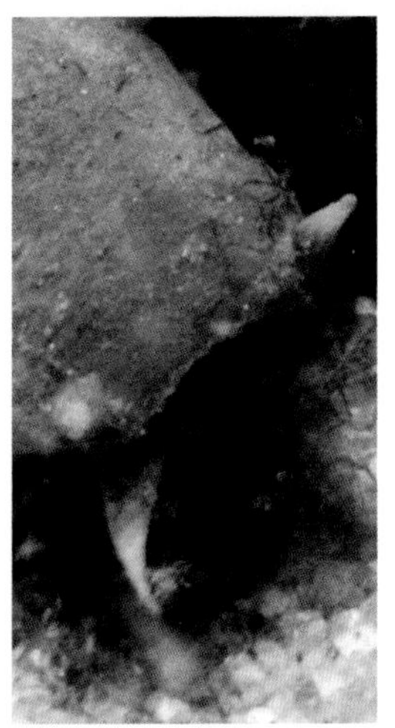

2 眼睛

太平洋盲鳗原始的眼睛位于头部两侧，上覆不透明的眼睑，这个结构为更复杂的视觉和人类视觉的进化提供了重要线索。盲鳗的眼睛是没有晶状体的原始眼点，分辨率很低，也完全没有更高级生物那种可以聚焦的眼部肌肉，在盲鳗目的几个属中，它们的眼睛甚至被肌肉发达的身体遮盖住了，这让它们几乎什么都看不见。

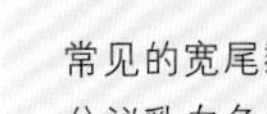

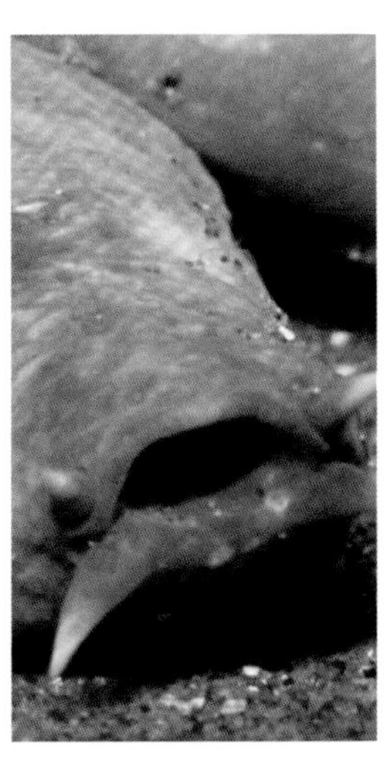

3 口鼻

太平洋盲鳗的视力非常差，只有光感，因此它们必须依靠探测水中化学物质的味道来寻找食物，裂缝状的口腔周围有8道触须，有助于增强这种能力。一个鼻孔表明它们非常原始，因为两个鼻孔的特征最初是在4.2亿年前的盾皮鱼身上出现的。呼吸用的水是通过一个单独开口吸入的，这个开口称为鼻咽管。

▲盲鳗没有颌骨，但嘴里具有水平抓握结构。它们的“舌头”是一块有两对齿状尖利突起的软骨板，用于切割食物并将食物送入肠道。它们钻进尸体或虚弱猎物体内大吃大嚼。在垂死动物或尸体的腹中时，它们甚至可以通过光滑的皮肤吸收营养。

活结把戏

常见的宽尾黏盲鳗可谓鳗如其名。盲鳗会用皮肤腺体分泌乳白色的物质，这种物质遇水之后就会变成浓稠的黏液。它们在几分钟之内就能将20升水转化为黏液。凝胶状的黏液会堵住附近鱼类的鳃。这一手防御绝技让盲鳗几乎没有天敌。要是被掠食者咬进嘴里，它们就用自己的身体打个结（下图），然后让打结的部位沿身体移动，就此脱身。打活结的能力让它们自己不会被黏液粘住，还能恢复鳃的功能。这在食腐时也很有用，可以防止不需要的食物和碎屑粘在身体上。

有颌鱼类

1 盾皮沟鳞鱼（*Bothriolepis*）属于盾皮鱼中的一类，它们分布广泛，十分常见，主要生活在淡水中。身体较小，只有30厘米，具有成对的胸鳍。

2 全颌鱼（*Entelognathus*）头部的侧视图，这是一种身披重甲的早期盾皮鱼。右侧是尖吻和宽嘴，下方是厚厚的下颌。

3 和节颈鱼类一样，粒骨鱼（*Coccosteus*）的头颈部间也具有关节，让颌骨可以大张开来吞食巨大的猎物。

4.19亿—3.59亿年前的泥盆纪也被称为鱼类时代，因为当时的鱼类进化出了众多不同的族群。无颌类（见178页）的数量和种类在晚志留世里都得到蓬勃发展，但新出现的鱼类开始进化出可以咬紧猎物的颌部和尖牙，于是无颌类的灭亡也在步步逼近。海洋生态的巨大改变催生了有颌鱼，其中包括已经灭绝的棘鱼类和盾皮鱼类，以及延续至今的软骨鱼类和硬骨鱼类。研究者认为棘鱼类最先出现，但2013年发现的全颌鱼（见图2）表明，有颌类的祖先可能实际上是盾皮鱼类。这一发现也影响了鲨鱼进化的研究（见190页）。其他新发现的化石表明，无颌类中的小瘤鱼类和有颌类的关系最为密切。

颌部是从咽部（喉和颈部区域）的前鳃弓进化而来的。前鳃弓是支撑鳃囊的框架状骨骼，它们后来进化成了一对颌骨，而后侧的骨骼向前移动，以稳定关节，鳃袋因此移位变小，成为小喷水孔，鲨鱼和鳐鱼依然保留着这个结构。颌部的出现可能是为了应对不断增强的呼吸需求，因为鱼类可以通过张合口部来提高水流过鳃的效率，从而增加吸氧量，这就是所

关键事件

4.55亿年前	4.4亿—4.2亿年前	4.2亿年前	4.19亿年前	4.19亿—3.93亿年前	3.94亿年前
鳞片和牙齿化石表明鲨鱼可能早在晚奥陶世就已经出现。	巨神海的消失改变了全球气候和洋流，也造就了很多新的栖息地。	早期有颌盾皮鱼类出现，包括体长20厘米左右的中国全颌鱼。	棘刺鲉等最古老的棘鱼类在海洋中诞生。	棘鱼类中的栅鱼在欧洲和北美留下了化石，它们是身长7.5厘米的小鱼。	有关节的鲨鱼多里奥鲨（*Doliodus*）留下了化石，它们也是最古老的鲨鱼。

谓的口腔抽吸。进食与呼吸结构的分离在一段时间大大促进了进化进程，催生了多种新的形态。

4亿年前的世界遍布内陆水道、潟湖和珊瑚礁。当时的全球气候温暖，海平面一直居高不下。巨神海的消失造就了挪威、英国和格陵兰东部的加里东山系，以及北美东部沿海的阿卡迪亚带。山体很快就受到侵蚀，河水从山上奔流而下，形成了巨大的三角洲和厚厚的老红砂岩。大陆继续汇聚，在低纬度地区相互碰撞。北美的大部分地区都淹没在温暖的浅海下，生长出了广阔的珊瑚礁。在丰富多样的潟湖中，有颌类进化出了200多个属。化石床显示当时的鱼类也迁移到了淡水环境，在湖泊变干或因缺氧而无法维系生命时大量死亡。专门用于呼吸的鳃已经进化成我们在现代鱼类中看到的精心设计的特殊结构。

颌部的进化也催生了牙齿。它们起初不过是矿化的圆形突起，但很快就变成了各类可怕的口腔利器，从锯齿状楔形牙齿到断头台似的切割板齿不一而足。鱼类掠食者出现之后，无颌鱼里就只有七鳃鳗和盲鳗（见182页）存活下来。盾皮鱼体格魁梧，具有两套装甲。一套覆盖头部，另一套覆盖身体前部。厚实的骨质盾甲最有可能是用来防御极具攻击性的广翅鲎的装备。盾皮鱼里的两大主要族群是胴甲鱼类和节颈鱼类。沟鳞鱼等胴甲鱼类（见图1）很少超过30厘米，它们具有类似蟹足的胸鳍，眼睛位于头顶，因此可能是在水底觅食的动物。节颈鱼类是可怕的掠食者，具有带关节的颈部和锋利的骨质牙齿，其中包括身长约25厘米的粒骨鱼（见图3），以及身长10米的巨大邓氏鱼（*Dunkleosteus*，见188页），它们都具有带锯齿的骨质刀齿。

虽然盾皮鱼在3.59亿年前的泥盆纪末期就已灭绝，但棘鱼类生存到了大约2.5亿年前的晚二叠世，它们是以栅鱼（*Climatius*，见186页）为代表的带刺小鲨鱼，同时具有鲨鱼和硬骨鱼的特征。前向大眼睛是掠食者的典型特征，主动狩猎需要良好的视力、速度和灵活性，此类环境压力促使鱼类形成了流线型的身体和鱼鳍。DG

3.9亿—3.8亿年前	3.85亿—3.6亿年前	3.8亿—3.6亿年前	3.75亿年前	3.6亿—3.59亿年前	2.52亿年前
有领类发生适应性大辐射（快速多样化），导致无颌类的数量和种类减少。	巨大的盾皮鱼掠食者邓氏鱼统治着海洋，它们的牙齿堪比利刃。	盾皮鱼中的沟鳞鱼属进化出了80多个种类，而且分布广泛，主要生活在淡水或海岸环境中。	提塔利克鱼（*Tiktaalik*）等早期四足动物（有四肢的脊椎动物）可能开始向陆地迁徙。	泥盆纪末期的大灭绝消灭了盾皮鱼。	棘鱼类在二叠纪末期灭绝。

栅鱼

早泥盆世

种：网纹栅鱼
（*Climatius reticulatus*）
纲：棘鱼纲（Acanthodii）
体长：7.5厘米
发现地：欧洲和北美

网纹栅鱼由瑞士生物学家和地质学家路易斯·阿加西斯（1807—1873）于1845年命名，它们是小型似鲨鱼棘鱼。已经灭绝的棘鱼纲有时也被人称为“棘鲨”，但它们并不是真正的鲨鱼，甚至算不上鲨鱼的近亲（见图）。栅鱼属有7个已知种。网纹栅鱼身长约7.5厘米，生活在4.19亿—3.93亿年前的早泥盆世。它们留下了很多化石，包括遍布欧洲和北美的完整遗骸，以及诸多零散脱落的刺和鳞甲（由角蛋白构成的防水鳞片）。和其他棘鱼类一样，网纹栅鱼具有向前的大眼睛，可见它们是依靠视觉的掠食者。它们和泰雷尔邓氏鱼等盾皮鱼一起成为第一批具有颌骨的脊椎动物。颌骨这个结构使得鱼类在泥盆纪的海洋中爆炸式发展，进化意义十分重大。从此，有颌鱼类不再是食底泥动物，而是活跃的猎人。

网纹栅鱼等鱼类的出现改变了海洋的生态平衡，继而掀起了一波让无颌类失去主导地位的大进化浪潮。擅长游泳的网纹栅鱼就是新生鱼类的典型代表。它们在开阔水域中捕食更小的鱼类，同时不会拒绝甲壳类动物，例如十足目和鳃足纲的各种动物。它们既和所有棘鱼类一样具有由骨刺支撑的成对侧鳍，又拥有两道背鳍和一道臀鳍。这些无颌类所不具备的新结构可以作为控制器为网纹栅鱼保持浮力，在水中达到精细的平衡和灵活性。在2 000万年的历史中，栅鱼属进化出了数量不同的侧鳍，以寻找最有利的形态。DG

图片导航

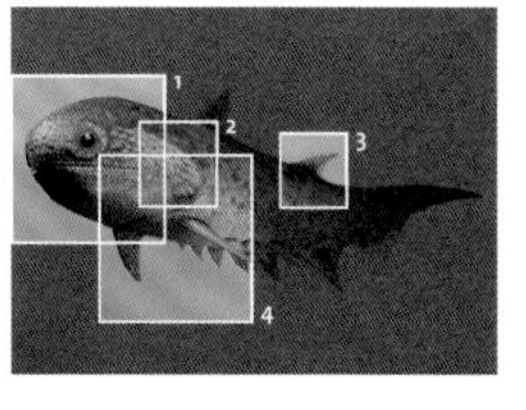

要点

1 头部
网纹栅鱼的演变大部分都集中在头部。新出现的颌部赋予了它们主动捕猎的能力，它们还有向前的大眼睛和优秀的双眼视觉。和鲨鱼一样，网纹栅鱼会持续更换牙齿，旧牙磨损之后，颌部就会长出替换的新牙。

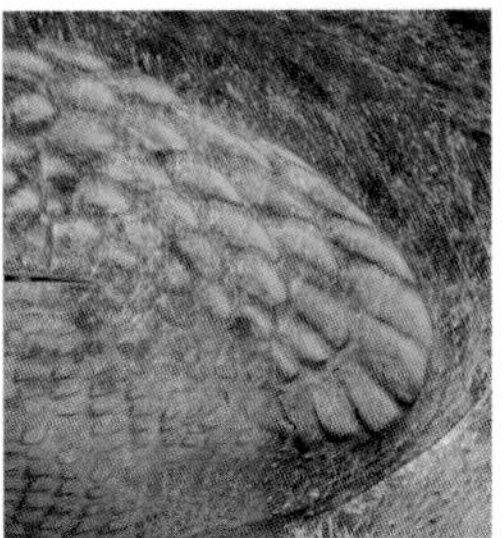

2 鳃盖
鳃盖是覆盖在鳃裂上的骨片，也是头部和身体的分界线。部分现代鱼类的鳃盖对呼吸有重要意义：口腔闭合的时候鳃盖就会打开，从而改变口腔中的压力，促使水从鳃上流过，并从鳃盖的后缘流出。

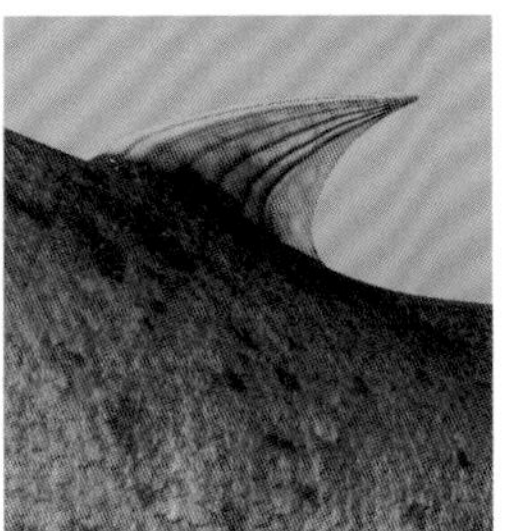

3 骨刺
锋利的骨刺是棘鱼类最关键的特征。每道鱼鳍的前缘都有后弯的棘刺，鱼鳍本身就是棘刺和身体之间的一片皮肤构成的，又尖又长的棘刺会让更大的鱼不敢将它们吞进肚子。

4 胸鳍
网纹栅鱼和其他棘鱼类率先进化出了成对的胸鳍。强有力的尾鳍会让它们变成鼻子朝下的姿态。但在棘刺的支撑下，从身体上伸展出来的胸鳍可以抵消向下的推力。

重写鱼类的进化史

虽然网纹栅鱼等棘鱼类形似鲨鱼，但研究者一直认为它们和硬骨鱼的关系比软骨鱼更密切。棘鲨是硬骨鱼公认的祖先，而真鲨的祖先还要古老得多。不过在2009年针对一种小鱼*Ptomacanthus anglicus*（上图）的重新评估改变了这些看法。这种早期棘鱼的颅腔和鲨鱼十分相似，而且和硬骨鱼几乎完全不同。因此*Ptomacanthus anglicus*可能是鲨鱼样鱼类的早期祖先，在更久远的年代里，它们甚至有可能和有颌类脊椎动物的共同祖先关系密切。科学家将它们称为“重写了进化史的小鱼”。

◀ 这个精美的网纹栅鱼标本来自苏格兰安格斯采石场的老红砂岩（下泥盆统）地层。标本具有锋利粗壮的鳍棘，以及沿身体下侧胸鳍和腹鳍之间的4对棘刺。

邓氏鱼

中泥盆世—晚泥盆世

种：泰雷尔邓氏鱼
（*Dunkleosteus terrelli*）
族群：节颈鱼目（Arthrodira）
体长：6 ~ 10米
发现地：北美和欧洲

邓氏鱼是晚泥盆世的顶级海洋掠食者，这些重达4吨的大海怪也是3.85亿—3.6亿年前的海洋霸主。泰雷尔邓氏鱼身长6 ~ 10米，理所当然是当时最大的动物。大部分现代鱼类在它们面前也只是小不点，就连大白鲨身长一般也只有6米。邓氏鱼属于盾皮鱼（见184页），属于早期的有颌类族群。它们的典型特征包括头部和身体前半部分覆盖着的沉重盾甲，而且没有鳞片。带有关节的颈部表明泰雷尔邓氏鱼是节颈鱼目盾皮鱼。它们的腹部闪耀着虹彩银色，背部呈红色（从南极化石中保存的色素推断而来）。邓氏鱼是迅猛的猎人，以无颌鱼、棘鲨、其他盾皮鱼（包括同类）和令海洋生物闻风丧胆的大海蝎为食。有了强大的歪尾（上部叶片较大），它们必然可以爆发出惊人的速度。

邓氏鱼属中有10多个不同的种。它们的化石最早来自俄亥俄州，但化石在美国和欧洲分布广泛。最初的化石在1873年被归为恐鱼，但在1956年为了纪念大卫・邓克尔（1911—1984）而改名，他是俄亥俄州克利夫兰自然博物馆脊椎古生物馆馆长。盾皮鱼的进化史璀璨但短暂。它们数量庞大，种类繁多，而且可能是第一批进入淡水的鱼类。虽然不是所有节颈鱼目的成员都和泰雷尔邓氏鱼一样庞大，但沉重的盔甲迫使它们进化出了最早的鱼鳔。它们巨大的肝脏里饱含比水还轻的油脂，有助于为沉重的身体保持浮力。但即便如此，这个延续了5 000万年的族群还是在泥盆纪末期灭绝。DG

图片导航

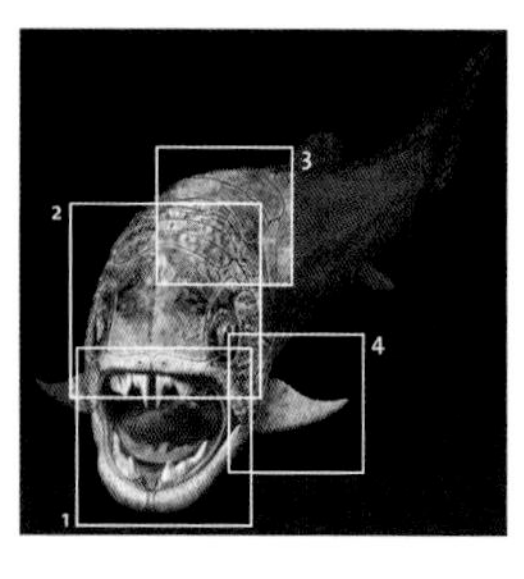

要点

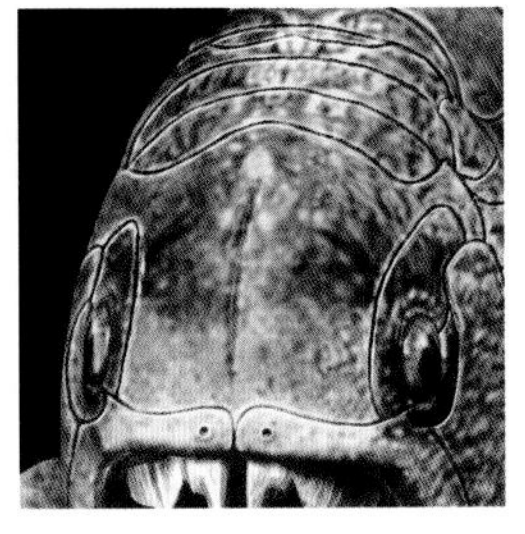

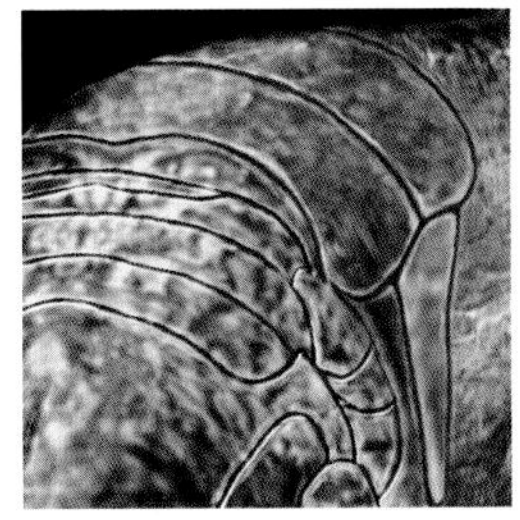

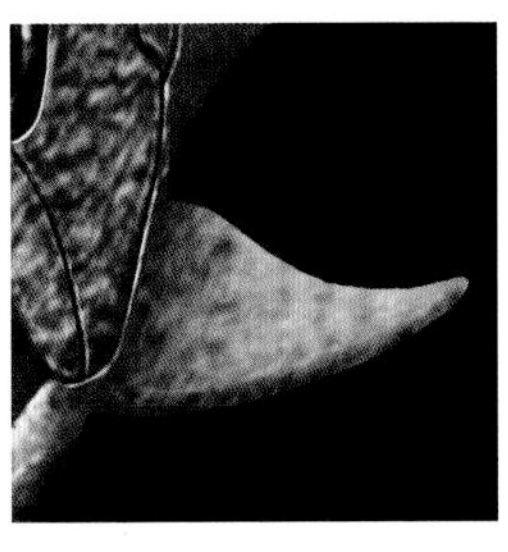

1 颌部

颌部强壮有力，尖端的咬力可以达到5吨/平方厘米，非常适合咬碎铠甲。齿列由进化自颅骨板的刀状牙齿构成，牙齿会在颌部开合时自行打磨锋利。

2 头盾

邓氏鱼的头部很大，足有130厘米，骨质甲板有5厘米厚，它们的眼眶有一圈骨骼保护。某些化石盾皮鱼的头盾上保存着和泰雷尔邓氏鱼牙齿与颌部相符的伤痕，表明它们会同类相食。

3 颈部关节

头部和身体间的铠甲关节是泰雷尔邓氏鱼和其他节颈鱼目成员所独有的特征。这个关节让它们可以在张嘴的时候后仰头部，让嘴张得更大。“颈缺”可能赋予了它们低头捕猎底栖无颌类的能力。

4 胸鳍

除了背鳍、成对的尾鳍和臀鳍，泰雷尔邓氏鱼还有发达的胸鳍。颈盾两侧的关节窝非常大，表明它们在水中十分灵活，这点不同于僵硬的棘鱼类。

◀ 邓氏鱼巨大厚实的头盾和颈盾保存完好，头部和颌部肌肉以及关节表明它们可以在毫秒之间张开大嘴，吞食猎物。

巨兽之死

3.59亿年前的泥盆纪晚期灭绝位列过去5.4亿年中的五大灭绝事件之一。这场全球大灭绝标志着泥盆纪的结束和石炭纪的开始，而且毁灭了80% ~ 85%的海洋物种。三叶虫、许多腕足动物和珊瑚都遭到沉重打击，盾皮鱼彻底消失。这是一个漫长的过程，原因尚不明确，但海洋中的氧含量减少、全球降温、海平面改变都是原因之一。邓氏鱼（右图）生存到了晚泥盆世，当时的猎物都变得更快更灵活，以逃过这位超级掠夺者的血盆大口。大灭绝延续了这个趋势，为硬骨鱼扫清了道路。

鲨鱼

1 现生大青鲨（*Prionace glauca*），身体呈流线型，完备的鲨鱼鳍和其他特征让它们行动敏捷，它们是贪婪的掠食者。

2 3.5亿年前的胸脊鲨（*Stethacanthus*），具有尖刺“帽子”和“铁砧”状背鳍，体现出了鲨鱼在石炭纪中非同寻常的进化形态。

3 鲨鱼皮肤放大图（一种常见的猫鲨）呈现出了尖利的齿状小鳞片，它们被称为皮质鳞突或盾鳞，都留下了大量化石。

包括鲨鱼、鳐鱼、魟鱼、银鲛等在内的软骨鱼类起源不明。软骨是支撑人类耳鼻和缓冲关节的组织，比骨骼更难保存，所以软骨鱼类的化石记录不多。不过很多这类生物的牙齿都会脱落并重新长出硬质牙齿，所以牙齿化石十分丰富。覆盖鲨鱼和其他鱼类体表的皮质鳞突——牙齿状的小鳞片（盾鳞，见图3）也留下了化石，可以追溯到4.55亿年前的晚奥陶世。2013年发现于中国云南省的早期盾皮鱼为鲨鱼的进化提供了线索。该标本是一种全颌鱼，属于有颌鱼类，但它的解剖学细节与硬骨鱼有关。这意味着硬骨鱼也许保留着一些远古结构，而鲨鱼进化出了新的特征。如果硬骨鱼在和鲨鱼分开进化之前就已经进化出了典型特征，那就有可能是硬骨骨骼先出现，软骨骨骼是由硬骨骨骼进化而来的，而不是像长期以来所假设的软骨骨骼是硬骨骨骼进化的基础。

鲨鱼的进化是简洁形态的胜利。虽然鲨鱼在泥盆纪和盾皮鱼以及棘鱼（棘鲨，但不是真正的鲨鱼）比邻而居，但它们繁衍得更加长久。鲨鱼的基本构造很早就已经进化完全，数亿年都几乎没有改变。它们的身体呈光滑的流线型，覆盖着可以减少摩擦力的细小皮质鳞突。一道突出的背鳍保

关键事件

4.55亿年前

最古老的鲨鱼诞生，在北美科罗拉多州留下了零散的化石。

4.2亿年前

爱伦托鲨（*Elegestolepis*）生活在这个时代，它们是最早的确凿无疑的鲨鱼，在西伯利亚的志留纪岩石中留下了皮质鳞突。

4.09亿年前

多里奥鲨生活在加拿大的新布伦瑞克省，留下了最古老的有关节鲨鱼骨架。

4亿年前

鲨鱼在海洋沉积物形成的岩石中留下了大量牙齿化石。

3.7亿年前

裂口鲨属（*Cladoselache*）诞生。它们具有巨大的前向眼睛和关节完备的颌骨，总共生存了1.5亿年。

3.6亿年前

胸脊鲨等西莫利鲨目（*Stethacanthus*）出现，生存到了2.52亿年前的二叠纪末期。

持着稳定，成对的胸鳍可以控制方向，不对称的强壮歪尾（上叶较大）提供了推进力（见图1）。

虽然软骨比硬骨骨骼更轻更柔韧，但鲨鱼还是要克服负浮力，否则就会沉没。它们进化出了两种策略：一种是让巨大的肝脏里充满比水更轻的油；另一种是加大加强胸鳍，让它们成为水中的翅膀以便提供提升力。后者的缺点是部分鲨鱼必须不断游泳，否则就会下沉，而且不能向后游。

鲨鱼在泥盆纪里完成了进化。最古老的关节关联的鲨鱼遗骸（各部位保持了生前的位置）被称为多里奥鲨（*Doliodus*），来自加拿大，形成于大约4.09亿年前的早泥盆世。第一种广泛分布的软骨鱼是3.7亿年前的裂口鲨属，它们都是适应高速捕食的小鲨鱼，但外观更像其他鱼类而不是鲨鱼。晚泥盆世大灭绝毁灭了盾皮鱼类、棘鱼类和几乎所有剩余的无颌类，将石炭纪的海洋留给了硬骨鱼和软骨鱼。在3.6亿—2.86亿年前，后者开始大幅多样化，这是软骨鱼的第一次进化辐射（见393页），鲨鱼的基本形态发生了明显变化。例如，有关节关联的雄性胸脊鲨（*Stethacanthus*，见图2）具有精巧的头饰，即头部直立的刺状鳞片，还有巨大的平顶背鳍。它们生活在覆盖着苏格兰和美国蒙大拿州的温暖浅海中。而雌性没有发现有如此惊人的改变。现生鲨鱼中没有这么明显的两性异形（雌性和雄性之间明显的身体差异）。

石炭纪是鲨鱼多样性的黄金时代，当时的鲨鱼大约有45个科（如今约有40个）。这个时期也出现了全头亚纲，这也是延续至今的软骨鱼类，其中包含银鲛和叶吻银鲛。鲨鱼、鳐鱼和魟鱼都属于板鳃亚纲。二叠纪末期的大规模灭绝（见224页）减少了鲨鱼的种类，但它们幸存下来，又在大约2亿年前开始了第二波大进化。在这次进化中诞生了鳐总目：扁平的鳐鱼和魟鱼。它们的胸鳍扩大成了“翅膀”。到1亿年前，大多数现代鲨鱼族群都已经诞生。临近白垩纪末期，形似现代鲨鱼的角鳞鲨属有多个种已在北美洲、欧洲、北非和西亚地区兴旺繁衍，最大的成员有5米长。接着发生了6 600万年前的白垩纪大灭绝（见364页）。鲨鱼和它们的表亲又一次幸存下来。锤头鲨诞生于大约5 000万年前，而滤食性的鲸鲨、姥鲨、巨口鲨和前口蝠鲼在6 000万—3 000万年前出现。DG

3.59亿—2.99亿年前

石炭纪的鲨鱼大进化催生了很多“试验”形态。

3.1亿年前

旋齿鲨（*Helicoprion*）在俄罗斯、美国、日本和澳大利亚留下了化石，它们具有古怪的螺旋齿列。

2.01亿—1.44亿年前

鲨鱼经历了“侏罗纪大爆炸”，这是软骨鱼类的第二次进化辐射，催生了六鳃鲨（见194页）。

1.55亿年前

最古老的鼠鲨目（鲭鲨）成员古噬人鲨（*Palaeocarcharias*）诞生，这个族群中也包括很多现生鲨鱼。

1.5亿年前

早期鳐鱼和魟鱼出现，犁头鳐留下了关节关联的遗骸。

1 600万年前

现今已经灭绝的巨齿鲨出现（见192页），它们形似大白鲨。

巨齿鲨

晚中新世—早更新世

种：巨齿拟噬人鲨
（*Carcharodon megalodon*）
族群：鼠鲨科（Lamnidae）
体长：16米
发现地：除南北极的全球各地

巨齿鲨的牙齿有人类手掌大小，身长可达16米。1 600万—150万年前，它们是中新世中期和更新世早期海洋中的恐怖阴影。巨齿鲨可以和现生抹香鲸、抹香鲸们1 200万年前灭绝的表亲梅尔维尔鲸（*Livyatan melvillei*），以及某些沧龙（见352页）和上龙（见282页）一争最大掠食者的头衔，而且它们无疑是最可怕的杀手。这种传说般的生物令公众遐想万分，因为它们只留下了几十块脊椎和数百颗牙齿化石。

有人认为这种史前鲨鱼实际上和大白鲨一样属于噬人鲨属（*Carcharodon*），或者拟噬人鲨属（*Carcharocles*）。以前的属名巨齿鲨（*Megalodon*）已不再使用，现在它们一般被归为噬人鲨属，因为牙齿和大白鲨十分相似，但其他特征表明它们更接近拟噬人鲨属。虽然如此，但研究者在复原巨齿鲨的身体和生活方式时是以现生大白鲨为参考的。这两种顶级掠食者共存了数百万年，但很可能并不会直接产生竞争。大白鲨体形较小，可能不得不龟缩在更寒冷的水域中，而它们体形庞大的表亲在更温暖的地方横行。欧洲、非洲、北美、南美、南亚、印度尼西亚、澳大利亚、新喀里多尼亚和新西兰都发现了巨齿鲨的牙齿化石，这表明它们偏爱热带和温带水域。上新世的全球气温转寒标志着冰期开始，不利于巨齿鲨之类的温水生物。就在200万年前，巨齿鲨延续了1 400万年的霸权宣告终结，给了大白鲨崛起的机会。DG

图片导航

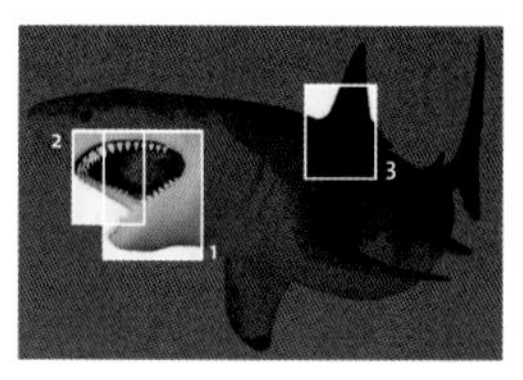

要点

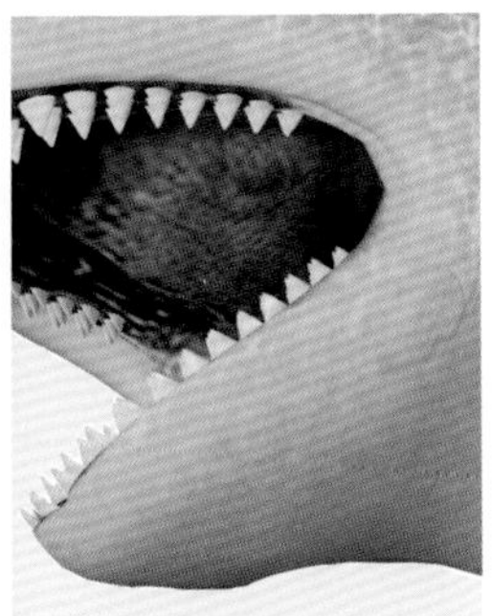

1 牙齿
最大的巨齿鲨牙齿边缘达到了18厘米，重量接近450克。光滑的牙釉质表面带有纵向条纹，牙齿边缘有众多规整的锯齿，大约每英寸50个。对称的牙齿深深扎根于颌部，而且具有两个牙根。和牙面不同，牙根十分粗糙。

2 颌部机制
巨齿鲨的牙齿有4种类型，都非常坚固，它的牙齿生长在一对超过2米宽的颌骨中。一整副化石牙齿极为少见，但化石样本表明它们共有270 ~ 280颗牙齿，呈5排横向排列，这也是典型的鲨鱼颌部形态。

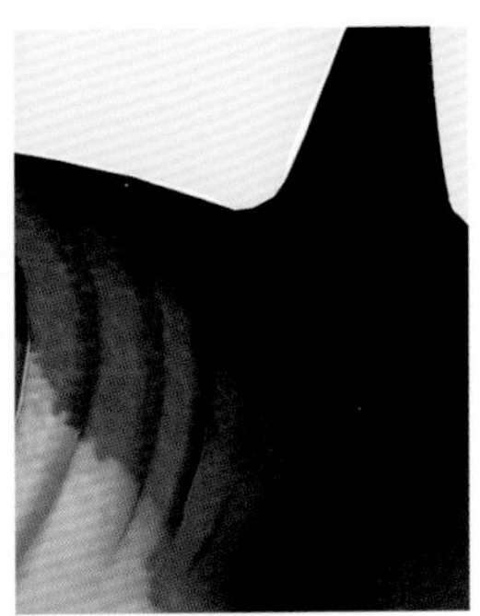

3 椎骨
软骨鱼类的椎骨包括两条包裹脊索和脊索鞘（脊柱的前身）的软骨管。比利时和丹麦的不完整脊柱化石表明，巨齿鲨的脊椎中枢有茶托大小，直径为5 ~ 23厘米。

早期复原

早期复原主要是以牙齿为依据。巨齿鲨和大白鲨的牙齿具有相似之处，因此复原者放大了后者的颌部来充当巨齿鲨颌部。复原后的颌部大约3.5米高、2.3米宽，在博物馆里很受欢迎（上图）。但近乎完整牙齿的新发现使得巨齿鲨颌骨的大小和整体外观都有了改变，针对现生鲨鱼头骨和颌部形态的研究表明，巨齿鲨比大白鲨更沉重，头部更宽，且胸鳍更大。

◀ 巨齿鲨猎物化石上的深深裂痕表明它们的攻击方式随猎物而异。面对中型海豚和类似大小的鱼类时，攻击侧重于咬碎骨骼，对重要器官造成毁灭性的伤害。但在狩猎巨大的鲸时，巨齿鲨似乎会尝试撕裂和咬下对方的鳍状肢，在进食之前让猎物失去活动能力。

六鳃鲨

中新世至今

种：灰六鳃鲨
（*Hexanchus griseus*）
科：六鳃鲨科（Hexanchidae）
体长：5.5米
发现地：太平洋、大西洋和印度洋

六鳃鲨科成员生活在黑暗寒冷的深海，大多远离人类的视线，行动隐秘。虽然大多数鲨鱼都拥有5对鳃裂，但是六鳃鲨有6对，还有两个种甚至有7对。目前只有4种鲨鱼拥有6对鳃裂：灰六鳃鲨（也称钝鼻六鳃鲨）、大眼六鳃鲨、六鳃锯鲨和皱鳃鲨。皱鳃鲨有时也被称为活化石，它们属于皱鳃鲨科。

行事隐秘的六鳃鲨只生活在海洋中，栖息地一般是距离大西洋、太平洋和印度洋大陆架超过90米的寒冷深水。人们曾在水下1 830米深的地方发现过灰六鳃鲨，它们在夜晚垂直上游，以生活在深度约15米左右浅水里丰富的鱿鱼和甲壳类为食，日出之前再潜回深海。这种鲨鱼身体粗壮，吻部圆钝，可以长到5.5米长。灰六鳃鲨是最大的六鳃鲨。鲨鱼的黄金时代里有众多族群，但如今可能只剩下六鳃鲨代表着它们的昔日荣光。

如今的海生鲨鱼大多都比较进步，但六鳃鲨在1.9亿年里几乎都没有变化。我们可以从它们身上窥见“侏罗纪大爆炸”时期的鲨鱼形态，那是鲨鱼最后一次进化大辐射。除了多一对鳃裂外，六鳃鲨的其他古老特征还包括一道臀鳍和远离尾巴的腹鳍。每道胸鳍上都有一片没有皮质鳞突的“秃斑”，位于和身体交接处的后方。DG

图片导航

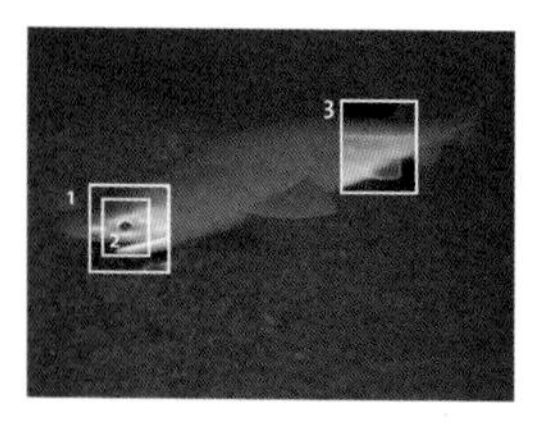

要点

1 牙齿

灰六鳃鲨有独特的牙齿。上颌牙齿朝向口腔后部，而且背面有小突起，因此具有刺状外观。下颌牙齿是扁平的锯齿。六鳃鲨不挑食，胃部内容物证明各种动物都是它们的猎物。

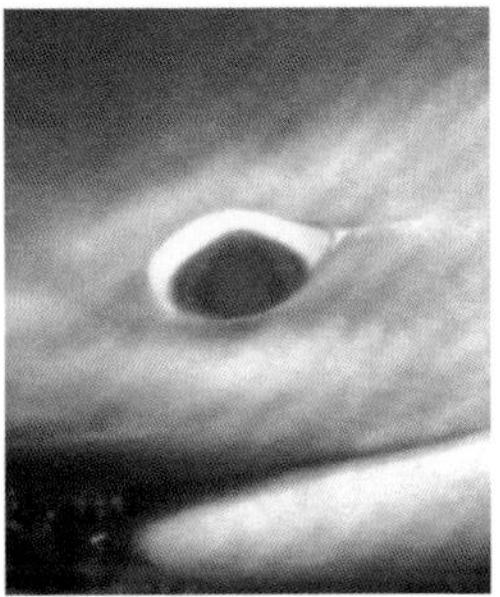

2 眼睛

感光视网膜里只含有杆状细胞。它们对短波光最为敏感，这类光线位于光谱的深蓝色区域，而且比长波红光更容易在水中传播。这种进化策略是为了最大限度地适应阴暗的深海。

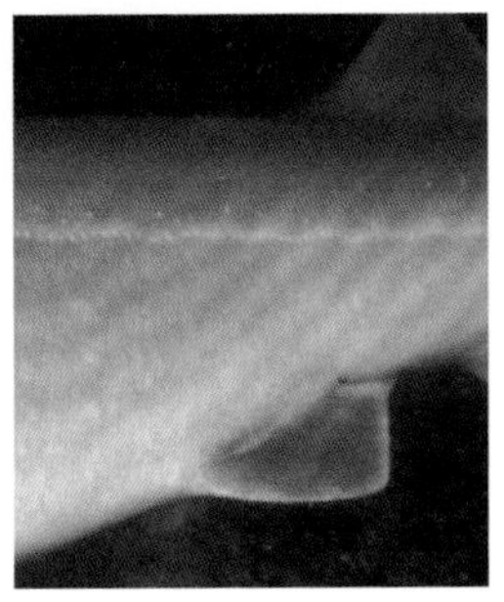

3 生殖器官

鲨鱼的生殖器官在4亿年里没有太大改变。鲨鱼卵和幼鲨通过泄殖腔排出，这是生殖系统、消化系统和排泄道共同的开口。

六鳃鲨的亲缘关系

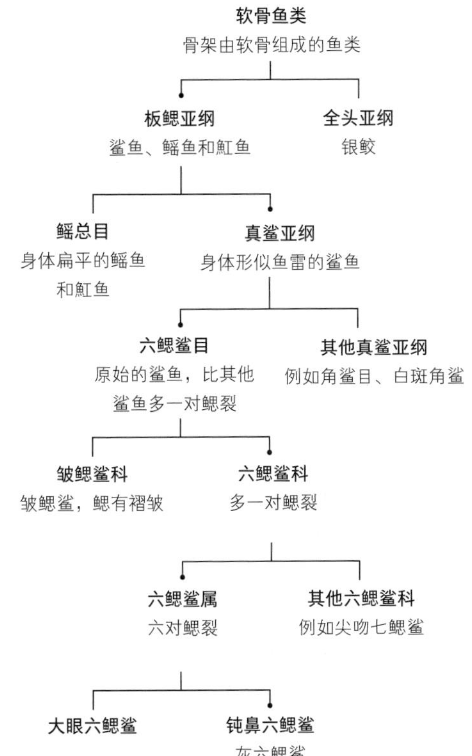

▲ 各类软骨鱼独立于硬骨鱼进化。六鳃和七鳃鲨鱼比大部分其他鲨鱼更原始，即进化时间更早。

繁殖策略

六鳃鲨是所有鲨鱼中生育能力最强的成员，一胎能产下100条幼鲨。和许多鲨鱼一样，六鳃鲨也是卵胎生动物，即卵细胞在雌性体内受精，然后在体内孵化，最后产下幼鲨（右图）。在出生之前，已经孵化出来的且身体状况良好的幼鲨会吃掉未受精的卵细胞，甚至兄弟姐妹。这种现象被称为卵食性，属于同类相食，是十分古老的种内自然选择形式。其他的鲨鱼采用了不同的繁殖方式，有的是卵生，产卵后孵化；有的是胎生，幼鲨在母体中发育成熟后才会出生。

肉鳍鱼类

1 非洲肺鱼科目前有4个种，它们和1亿年前相比几乎没有变化。

2 短体肺鱼（*Scaumenacia curta*）生活在3.6亿年前，长长的背鳍略呈扇状，让它们可以大幅加速。

3 根齿鱼属（*Rhizodus*）是巨大的掠食性淡水肉鳍鱼类，形似獠牙的长牙表明它们是以其他鱼类以及两栖动物为食。

肉鳍类是硬骨鱼中的两大族群之一，另一大族群辐鳍鱼纲（鳍呈放射状）是种类最多的脊椎动物类群。肉鳍鱼类只有少数几个现生代表，可以说是锲而不舍的旧时代遗老。这类粗壮动物中诞生出了最初的陆生脊椎动物。肉鳍类的典型特征是肉质的鱼鳍，鱼鳍的骨骼起支撑作用，它们由一根骨头连接起来形成一个关节。每一只胸鳍都相当于手臂，通过肱骨（上臂骨）与身体相连，而肱骨在肩带的关节窝中旋转。每一对腹鳍相当于腿，具有和腰带（髋部）连接的股骨（大腿骨）。现生哺乳动物依然具有这种结构，肉鳍鱼的其他特征包括牙釉质完全覆盖牙齿和“真齿鳞”（覆盖有齿鳞质的强化骨质鳞片，齿鳞质类似牙本质）包裹全身形成骨质铠甲。早期肉鳍鱼的鱼尾明显呈歪尾形态，以便在水中提供升力，但现生肉鳍鱼的代表进化出了对称的尾鳍。

如今存活下来的肉鳍鱼后裔有三类：腔棘鱼（腔棘鱼亚纲，见200页）、肺鱼（肺鱼亚纲）和四足动物（具有四肢的脊椎动物）。四足动物包括两栖类、鸟类和哺乳类动物。1938年在非洲东海岸发现的腔棘鱼引起了轰动，因为人们本来以为它们早已灭绝。6个现生肺鱼种都生活在淡水中，并利用肺呼吸。澳大利亚肺鱼生存在低氧半咸水中，需要大口呼吸

关键事件

4.2亿—3.95亿年前	4亿年前	4亿年前	3.9亿年前	3.86亿年前	3.85亿年前
肺鱼诞生，它们可能是早期四足动物的近亲，最古老的肺鱼是奇异鱼（*Diabolepis*）。	腔棘鱼诞生，它们在泥盆纪和石炭纪里进化出了多种成员。	扇鳍鱼类出现，它们是腔棘鱼的姐妹群。	孔鳞鱼目是比较原始的扇鳍鱼，它们在这个时期开始大量分化，并广泛分布到不同的栖息地里。	最初的大型根齿鱼掠食者出现，它们最终在8 600万年后灭绝。	真掌鳍鱼属（*Eusthenopteron*）出现，它们是具有很多基本四足动物特征的骨鳞鱼类肉鳍鱼。

空气，而非洲肺鱼（如图1）和南美肺鱼会将自己埋在泥土中，以便熬过旱季。

硬骨鱼诞生于泥盆纪（最有可能的祖先是盾皮鱼，见184页），辐鳍鱼和肉鳍鱼可能很快也随之出现。最古老的硬骨鱼是中国云南省的梦幻鬼鱼（*Guiyu oneiros*），它们生活在4.19亿年前的晚志留世。在被称为鱼类时代的泥盆纪里，肉鳍鱼兴旺繁盛，它们在温暖的海洋中迎来了种类最为繁多的时期，并且成为海洋中的顶级掠食者。在稍晚于4亿年前的早、中泥盆世里，肉鳍鱼分出了两个朝不同方向进化的族群，它们的祖先都是生活在河口的鱼类。扇鳍鱼类一直在靠近岸边的地方生活，还进入了淡水，最终诞生了同时具有两个肺和鳃的短体肺鱼（*Scaumenacia curta*，见图2），以及四足动物。与此同时，腔棘鱼下潜到了安全的深海。

除了肉鳍鱼类中化石记录最多的肺鱼，扇鳍鱼类原四足动物也在半咸水栖息地里开始进化。其中包括孔鳞鱼目，这是中泥盆世里一类强壮而修长的鱼，可能是伏击型掠食者，会潜伏在水草里依靠爆发速度捕捉过往猎物。现代梭子鱼也通过这种方法捕猎。根齿鱼目是泥盆纪里最大的肉鳍鱼掠食者，包括7米长的淡水怪兽根齿鱼（见图3）。肉鳍鱼中还包括骨鳞鱼目，它们是晚泥盆世四足动物的祖先，但是化石记录不多，亲缘关系也很难确定。在众多同类之中，只有肺鱼和腔棘鱼在二叠纪末期的大灭绝中幸存下来。

为陆生四足动物铺平道路的鱼类进化十分复杂。古鱼类学中的化石鱼研究揭示了人类自身的深层渊源，因此科学家们都渴望发现鱼类向四足动物进化的特征和关键过渡结构。扇鳍鱼类中至少有4个不同的族群（肺鱼、根齿鱼、三列鳍鱼和希望螈）具有四足动物特征，但相互之间似乎并无关联。由于这些结构的进化目的基本相同，都是应对可能长满了水草的低氧浅水，因此高度趋同进化。随着新化石的发现，研究者也在重新审视和解读以往的化石，这个时期的详细情况正在不断修订。

真掌鳍鱼是最著名的晚泥盆世肉鳍鱼（见图4和206页）。它们在加拿大的米瓜莎悬崖留下了2 000多具化石，而且大多完整，通常被归入三列鳍鱼科。真掌鳍鱼生活在3.85亿

3.8亿年前	3.8亿年前	3.75亿年前	3.65亿年前	2.52亿年前	8 000万年前
四足形类诞生，例如骨鳞鱼类的骨鳞鱼（*Osteolepis*）。	潘氏鱼出现，这是一种肉鳍鱼，具有类似四足动物的大脑袋。这类生物比骨鳞鱼类更接近四足动物。	肉鳍鱼类和四足动物之间的过渡形态出现，例如提塔利克鱼（见210页），它们具有带关节的腕部和“喷水孔”式鼻孔。	极早期的四足动物出现。此时的棘螈依然完全生活在水中，它们是最古老的有肢体脊椎动物之一。	二叠纪末期大灭绝消灭了除肺鱼和腔棘鱼之外的所有肉鳍鱼。	腔棘鱼最后的化石记录来源于这个时期，但人们在20世纪里发现它们尚未灭绝。

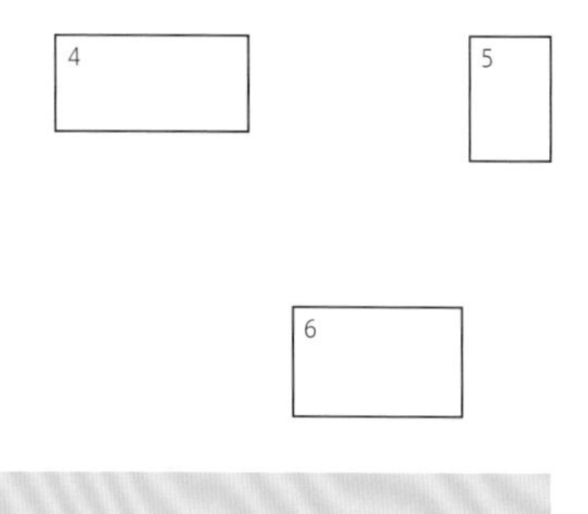

4 真掌鳍鱼属在1881年得到命名，它们是鱼类和陆生四足动物之间的过渡物种。

5 弹涂鱼可以离水生存一段时间，它们的前鳍可以发挥“腿”的作用，但骨架结构不同于四足动物。

6 粗背蝙蝠鱼（*Ogcocephalus parvus*）粗壮的胸鳍和臀鳍让它们可以支起身体，在固体表面“走路”。

年前的晚泥盆世，化石保存得极为完好，所以研究者完整复原出了它们的头骨形态，包括血管和神经的位置、肌肉的附着情况，以及大脑的形状。这些成果主要归功于专门研究真掌鳍鱼的瑞典古生物学家埃里克·贾维克（1907—1998）。贾维克最重要的一个发现是，真掌鳍鱼的鼻孔与上颌内部相连，而大多数鱼的鼻腔都是封闭结构，在微状纤毛的帮助下让水在内部表面上循环。原始四足动物的鼻腔和真掌鳍鱼十分相似，具有鼻后孔。虽然骨鳞鱼保持着肉鳍鱼中常见的灵活“颅内关节”，但真掌鳍鱼有骨骼覆盖大脑、眼睛、吻部和鼻孔，与早期四足动物十分相似。不过最令人大开眼界的特征还是它们的鳍骨，真掌鳍鱼的胸鳍里明显具有肱骨、尺骨和桡骨（下臂骨），腹鳍中具有股骨、胫骨和腓骨（小腿骨），这种结构与包括人类在内的现代四足动物相同。鼻后孔、颅顶和四肢骨骼等特征凸显出了肉鳍鱼和陆生脊椎动物之间的关系。真掌鳍鱼也被称为“米瓜莎王子”，足见其在脊椎动物进化史上的重要地位。

目前尚不清楚肺鱼呼吸空气的肺部和腔棘鱼充满脂肪的肺部是否属于独立进化。可以确定的是，它们的共同硬骨鱼祖先必然具有原始的气囊。在辐鳍鱼中，这个结构发展成了含气的鱼鳔，这让它们在几乎所有水生环境中都取得了压倒性的成功。呼吸空气的肺部是陆地生活必不可少的器官，不过这可以视为扩展适应，即最初出于某种原因出现的改变后来也具备了其他功能，所以鱼鳔的出现并不是为了直接应对环境压力。现代肺鱼的肺和人类一样位于身体前方，这种结构让它们可以将鼻子抬出水面，花费最小的力气就能充分吸入空气。在全球变暖的时候，有些鱼类并没有为了寻找新栖息地而完全放弃水环境（干涸池塘假说），而是进化出了这类结构，以便在浅沼泽湿地里生存。

鳍状肢的结构和生长方式各异，对应着浅水生活中的种种困难，鱼类似乎为了解决这个问题发生了好几次不同的进化。现生辐鳍鱼包括弹涂鱼（见图5）和某些蝙蝠鱼（见图6）。弹涂鱼的胸鳍内通常有位于鱼鳍底部的小骨骼，即桡骨，这是所有辐鳍鱼都具有的特征。但弹涂鱼的桡骨更大更长，进入了鱼鳍，它们的末端连接鳍条（鳞质鳍条），后者用于加强柔软的扇形鱼鳍组织。主骨架和桡骨的关节类似肩关节，而桡骨和鳍条之间的关节类似肘关节或腕关节，这些结构和肉鳍鱼完全不同。

肉鳍鱼没有手指一事一直让研究者倍感困扰。它们的“肢体”末端具有鳞质鳍条，即长长的骨质棘刺，而四足动物的肢体末端是手指和脚趾。尽管大多数古生物学家都认同适应浅水生活是适应陆地生活的前奏，但手指和脚趾依然是一个复杂的问题。虽然水下行走能力肯定早于陆地行走能力出现，但协调手指和脚趾的复杂神经支配依然起源不明。不过凭借由强壮内部结构支撑起来的肌肉鱼鳍，鱼类可以在半咸水河流、三角洲、沿海潟湖、遍布树叶和植物尸体的死水沼泽里繁荣发展，用强壮的鱼鳍在水草和倒下的树干间活动，或在岩石嶙峋的河床上移动。此外，呼吸空气和在体内保留空气的能力有利于应对这类栖息地。探索资源丰富的浅滩可能是催生四足动物进化的动力。

经过了泥盆纪的多样性高峰和石炭纪的繁荣之后，肉鳍鱼开始衰落。它们在3.59亿年前的泥盆纪末期大灭绝里受到沉重打击，2.52亿年前又在二叠纪末期的灭绝事件中遭受了惨重损失。但随着肉鳍鱼数量和多样性的下降，它们的后代开启了新的篇章。四足动物的历史已经试探性地踏出了第一步。DG

腔棘鱼

晚渐新世至今

种：西印度洋矛尾鱼（*Latimeria chalumnae*）
族群：矛尾鱼科（Latimeriidae）
身长：2米
发现地：西印度洋
世界自然保护联盟：极危

1938年12月23日，昂德里克·古森船长驾驶拖网渔船“涅尼雷号”捕获了一条他从未见过的鱼。他向东开普省的博物馆馆长马乔里·库特奈·拉蒂迈（1907—2004）展示了这条怪鱼，馆长随即宣称这是大家本以为早已灭绝的腔棘鱼。大学教授J. L. B. 史密斯后来也证实这个结论，并将它命名为西印度洋矛尾鱼，以纪念拉蒂迈和捕获地附近的河流。这条鱼来自印度洋，体长2米，体重80千克，在过去的7 500多万年都未曾现身。这个罕见的属现在包括两个种：西印度洋矛尾鱼和印度尼西亚矛尾鱼。

腔棘鱼的外形非常原始，名字意为“空脊柱”。它们居住在100 ~ 200米深的昏暗水域，因此眼睛对光线极为敏感。体格魁伟的腔棘鱼具有厚厚的鳞片和内部长有骨骼的肉质鱼鳍。它们的鱼鳍看似笨拙，但实际上很灵活，可以让它们优雅地往后游泳，或是翻身肚皮朝上游动。其他原始特性包括三分叶的尾鳍、充满脂肪的脊索和严重退化的鳃盖。和大多数其他脊椎动物不同，它们的脊索不会随着胚胎发育而成为骨骼脊柱。鳃盖骨上连接有一片软组织覆盖鳃部。它们还有退化的单叶肺，其中充满了脂肪，发挥着和鱼鳔一样的作用。腔棘鱼凭借聚集在口腔前部的尖刺牙齿捕食鱼类、鱿鱼和墨鱼。它们鱼鳍的动作很有意思，一侧的前部鱼鳍和对侧的后部鱼鳍同时运动，同蜥蜴以及猫的腿部运动方式相同。早期研究认为腔棘鱼是人类远古的祖先，但它们并没有直接位于脊椎动物的进化系谱中，而是一个旁系。DG

图片导航

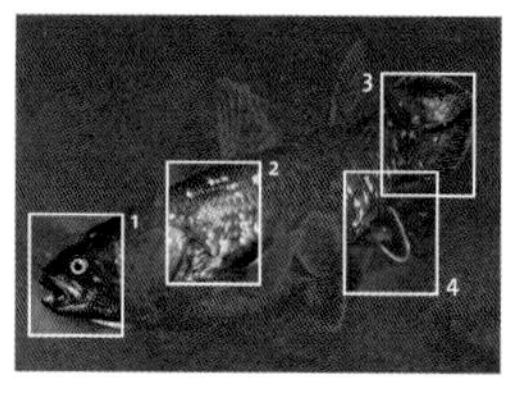

要点

1 吻部器官

腔棘鱼的吻部有一个大感觉器官，即吻部器官。这个充满胶质的空腔具有三对管道，都和外界相通：两条在眼睛前方，一条位于鼻尖。这个器官可能是电感系统的一部分，用于帮助腔棘鱼完成空间定位，并在昏暗的世界里锁定猎物。

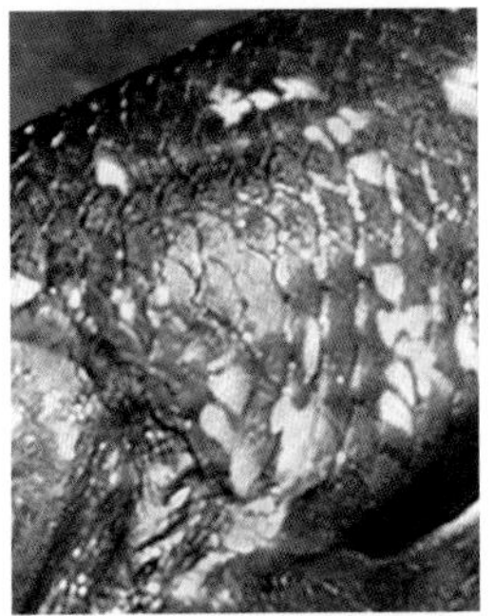

2 齿鳞质鳞片

腔棘鱼有厚重的鳞片，同古代鳍鱼化石上的鳞片相似。这些鳞片被称为改良的齿鳞质鳞片，它们由一层致密的骨芯组成，周围是一层海绵状的骨头，其表面覆盖着角蛋白。角蛋白在其他动物身上形成体毛、羽毛、蹄、爪和角。

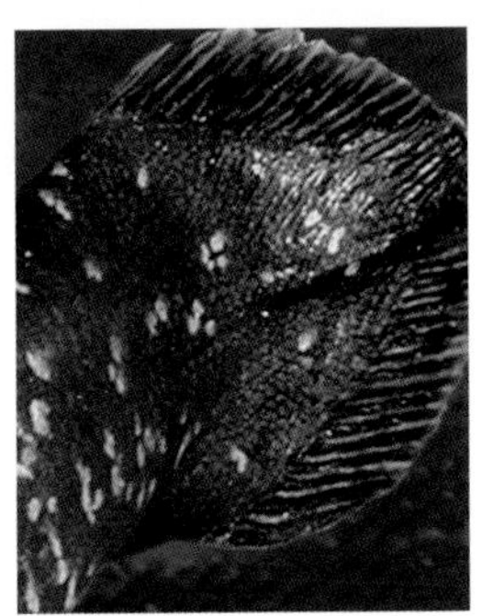

3 脊索

脊索是充满液体的中空管道，贯穿整个身体，包括脊髓。脊索液体在深处受到压力，保持脊索僵硬，所以腔棘鱼不像其他脊椎动物那样需要骨质脊柱。尾鳍分为三叶，脊索延伸进入中叶。

腔棘鱼的亲缘关系

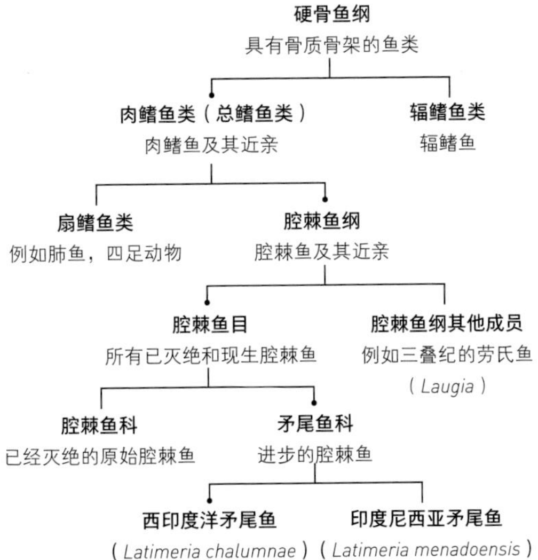

▲腔棘鱼曾经非常成功，分布广泛，种类繁多，但目前只剩下两个现生种。它们所属的肉鳍鱼类包括四足动物，例如两栖类、爬行类、鸟类和哺乳类。

4 成对的肉鳍

肢体一样的肉质鱼鳍有骨骼支撑，与早期四足动物的手臂和腿部关节骨骼十分相似。在水中，腔棘鱼只需要用鳍肢来保持稳定，但它们的运动模式类似四足动物。

寻找活标本

1938年发现的腔棘鱼在科学界引起了轰动。但第一个标本上岸时已经死亡，于是做成了填充标本，之后研究者开始搜寻内脏完好无损的标本，以便探索脊椎动物的起源。尽管展开了密集的搜寻，但第二条腔棘鱼（右图）直到1952年才在马达加斯加和非洲南部之间的科摩罗群岛现身。印度尼西亚种发现于1997年，它们可能是1 500万—3 000万年前和西印度洋种分化。腔棘鱼可能是在3.5亿年前和进化出肺鱼、四足动物和陆生脊椎动物的族群分开进化的。

辐鳍鱼

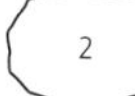

1 长吻雀鳝（*Lepisosteus osseus*）是全骨类的幸存者，这个原始的辐鳍鱼族群现在只剩下少数成员。

2 叉鳞鱼属（*Pholidophorus*）历史漫长，是全骨类和真骨类之间的过渡环节。大多数叉鳞鱼体长45厘米，具有明显的正形尾。

3 巨大的侏罗纪利兹鱼（*Leedsichthys*）在1889年得到命名，此后人们又发现了很多标本。它们表明这种分布广泛的硬骨鱼在体形上和最大的软骨鱼巨齿鲨（见192页）不相上下。

辐鳍鱼类是数量最大的鱼类族群。它们得名于自己的扇状“辐条鱼鳍”：由骨刺或鳞质鳍条支撑的皮肤。4.2亿年前志留纪的安黛鱼（*Andreolepis*）是最古老的辐鳍鱼之一，它们和肉鳍鱼类同时诞生。到2.01亿年前的三叠纪末期时，辐鳍鱼已经成为全球海洋和淡水系统中的霸主，今天依然如此。3万多种辐鳍鱼在脊椎动物中占了半壁江山。

传统的辐鳍鱼包括三个主要族群：软骨硬鳞鱼、全骨类和真骨类。每一类都代表着这个群体中的一个基本阶段或进化分支。软骨硬鳞鱼出现于早泥盆世，在2.5亿年前二叠纪之末、三叠纪之初达到顶峰。最初的成员大多是身覆厚厚鳞片的小鱼，具有大眼睛和奇形怪状的下巴（上颌和颧骨融合）。这些鱼几乎分布到了所有水域中，而且演变出了许多类型，既有食底泥动物，也有岩礁鱼类。它们几乎都在二叠纪顶峰之后衰落，并在1亿年前的白垩纪灭绝，只有两个族群幸存下来：一个是鲟形目，包括各种海洋和淡水鲟鱼以及中国和北美的食浮游生物匙吻鲟；另一个是多鳍鱼目，包括非洲淡水多鳍鱼和芦鳗。

全骨类是软骨硬鳞鱼和现代真骨类之间的过渡族群，它们没有厚实的身体鳞片，还进化出了正形尾（上下叶大小相同）。这些变化使全骨类鱼

关键事件

4.2亿年前	2.6亿—2.4亿年前	2.5亿年前	2.5亿年前	2.4亿年前	1.6亿年前
早期辐鳍鱼，包括波罗的海中15～20厘米长的安黛鱼。	辐鳍鱼中软骨硬鳞鱼（如鲟科）的多样性在晚二叠世和早三叠世里达到顶峰。	早期软骨硬鳞鱼，裂齿鱼（*Perleidus*）身长17厘米，它们延续了3 000多万年。	全骨类辐鳍鱼的鲱亚部鱼类迅速进化，但如今只剩下一个种——弓鳍鱼。	早期真骨类辐鳍鱼——叉鳞鱼（*Pholidophorus*）进化出正形尾，这也是真骨类的典型特征。	真骨类鲱科的早期成员戴廷鱼（*Daitingichthys*）出现，它们会在6 000万年后的白垩纪中期繁荣起来。

比软骨硬鳞鱼更擅长游泳。另外，全骨类的上颌没有和颧骨相融合，因此颌部的进食和呼吸效率都更高。侏罗纪和白垩纪是全骨类的鼎盛时期。少数现生全骨类包括弓鳍鱼和雀鳝的7个种（见图1），它们都生活在北美洲、中美洲和加勒比海地区。

大部分现代辐鳍鱼都是真骨类，后者诞生于2.5亿年前，祖先可能是已经灭绝的全骨类叉鳞鱼目成员。它们的正形尾进一步进化，游泳能力更加高强。2.4亿—1.4亿年前的叉鳞鱼（见图2）是游泳迅速的大眼睛掠食者，不过它们还保留着原始特征，例如部分骨骼为软骨。

真骨类辐鳍鱼迅速成为主流鱼类，例如晚白垩世的巨大剑射鱼（见204页），以及5 000万年前的类比目鱼（*Amphistium*），它们是现代比目鱼的最古老的亲戚之一。如今的真骨类包含400多个科，占鱼类的96%。它们几乎占据了所有水生栖息地，山涧溪流、热带海洋、冰冷的极地水域、深海海沟，都有它们的身影。研究者每年都会发现新物种。目前最大的辐鳍鱼——翻车鱼（*Mola mola*）就来自真骨类，它们从背鳍到最下方的鱼鳍高4.3米，体长3米。中侏罗世利兹鱼（见图3）更大，但已经灭绝。它们体长16米，是有史以来最大的鱼类。和鲸鲨一样，利兹鱼可能也是滤食者，从水中滤出浮游生物和磷虾。LG

1.5亿年前	1.4亿年前	8 700万—6 600万年前	6 000万年前	5 000万年前	5 000万年前
真骨类辐鳍鱼里的海鲢总目出现，最终进化出了多种成员，包括大海鲢、海鲢、北梭鱼和鳗鱼。	真骨类辐鳍鱼中的骨舌鱼科出现。其中进化出了体形极大的淡水鱼，例如现生巨骨舌鱼。	真骨类中的巨大掠食者剑射鱼（*Xiphactinus*）在晚白垩世出现，但在白垩纪末期的大灭绝中消失（见364页）。	鲈形目的早期成员进化出迄今为止规模最大的辐鳍鱼族群，占现生鱼类的2/5。	北美的漂木始三文鱼（*Eosalmo driftwoodensis*）是鲑鱼科的早期成员，后来进化出了鳟鱼、北极红点鲑和茴鱼。	现代鲽形目最古老的近亲比目鱼属出现，其中包括比目鱼、鲽鱼、大菱鲆和舌鳎鱼。

剑射鱼

晚白垩世

图片导航

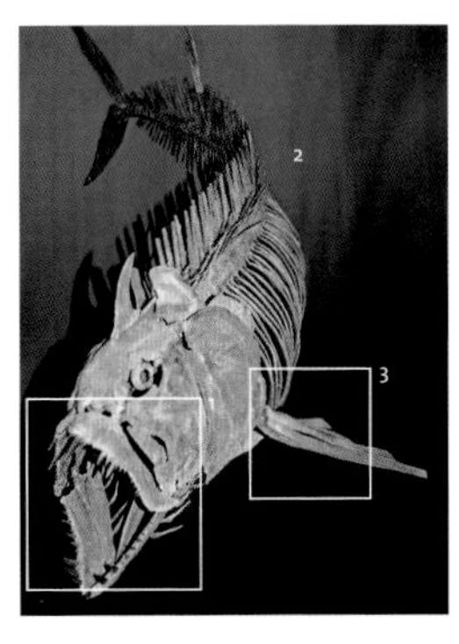

种：勇猛剑射鱼
（*Xiphactinus audax*）
族群：乞丐鱼科
（Ichthyodectidae）
体长：6米
发现地：全球海洋

19世纪50年代里，人们在堪萨斯州发现了这种巨大的掠食性海鱼，它们的化石和沧龙（见352页）、鲨鱼（见190页）以及其他生活在西部内陆水道中的生物存在于同一个化石点，此后又有更多化石在美国以及澳大利亚、欧洲、委内瑞拉和加拿大出土。从广泛的分布来看，在8 700万—6 600万年前的晚白垩世，剑射鱼可能在全球海洋里经历了一番辉煌，它们在白垩纪末大灭绝时消亡。剑射鱼体长可达6米，上翘的颌部即使在较小的成员中也超过30厘米宽，在较大的成员中可能还要大得多。一具可能是剑射鱼幼鱼的化石只有30厘米长。它们擅长游泳，肌肉发达的尾部能让它们的最高时速达到65千米。很多化石中都含有部分消化或未消化的猎物（见图）。2010年在加拿大发现的一具勇猛剑射鱼化石还含着沧龙的鳍状肢。剑射鱼可能看见什么吃什么，包括漂浮在海洋上的海鸟，如黄昏鸟（*Hesperornis*）。而它们又是白垩纪鲨鱼的猎物，例如白垩刺甲鲨（*Cretoxyrhina*）和角鳞鲨（*Squalicorax*），不过这些腐食者可能只以死亡或受伤的剑射鱼为目标。LG

要点

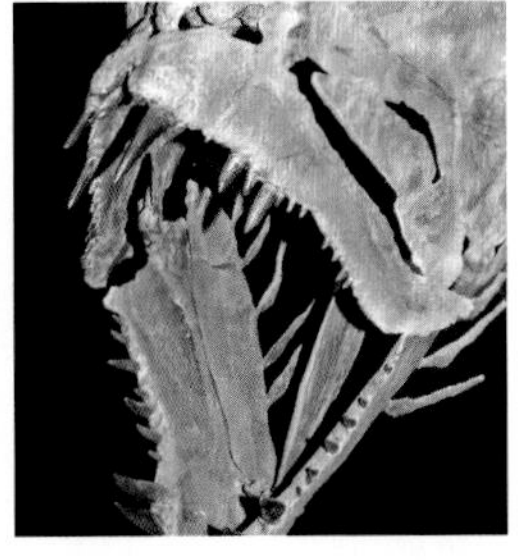

1 颌部
可以活动的颌部可以大张开来，将猎物整个吞下，嘴里长有长达5厘米的牙齿，前牙更大。它们可能会采用边咬边跑的策略，在杀死猎物之前先让对方变得虚弱。獠牙一样的牙齿可以穿透大型猎物的身体，以免它们逃跑。

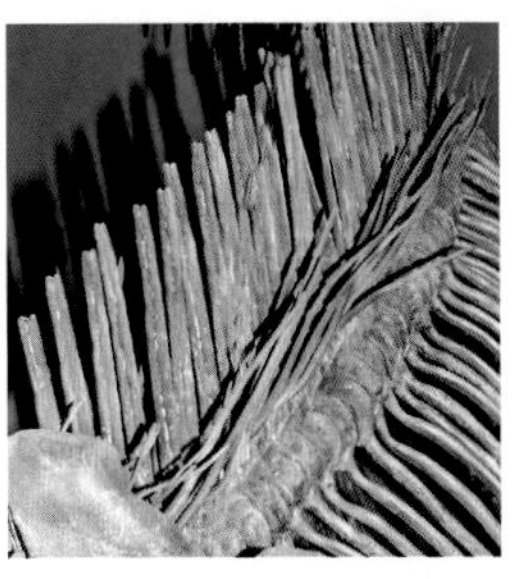

2 椎骨
勇猛剑射鱼的脊柱有100多块椎骨，每块都是扁平的椭圆形，宽2.5厘米、长4厘米。纤细的肋骨在椎骨上下延伸，造就了成体的修长身体。

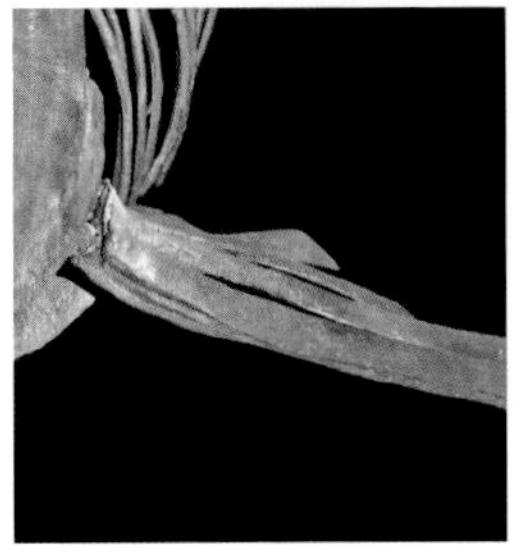

3 胸鳍
坚固的骨质鳍条让胸鳍形似翅膀，而巨大的叉状尾鳍表明勇猛剑射鱼是游泳健将。它们的时速约有65千米，可以和现代鱼类比肩，例如旗鱼和金枪鱼。

鱼中之鱼

1952年，来自化石猎人世家斯滕伯格家族的美国古生物学家乔治·斯滕伯格（1883—1969）在堪萨斯州的戈夫县发现了一具剑射鱼化石，该标本体长4米。斯滕伯格仔细检查后发现，这具化石的腹部完整保存着另一条大鱼的化石（上图）。他发现被吞食的猎物是1.8米长的鳃腺鱼（*Gillicus arcuatus*）。鳃腺鱼本身也是掠食者，和剑射鱼都属于乞丐鱼科。斯滕伯格认为剑射鱼在进食后迅速死亡，所以食物才能保存得如此完好。他提出鳃腺鱼在被吞吃时的挣扎可能损伤了掠食者的内脏。这具化石现保存于堪萨斯州海斯的斯滕伯格自然博物馆，这座博物馆就是得名于乔治·斯滕伯格。

从鱼鳍到肢体

在人们根据少量证据创造出来的想象中，大胆的史前鱼类拖着虚弱无力的肢状鳍慢慢爬出浅滩，挣扎着从空气中大口吸氧。这种浪漫的想法和现实相差确实不远，在大约始于4亿年前的泥盆纪中，各种史前鱼类开始登陆，最终进化出了两栖动物、恐龙、鸟类和哺乳动物。

四足动物是指所有具有四条腿、肢体、足和类似附肢的现生和已灭绝的脊椎动物。其中包括已经灭绝的海生爬行类，例如用四肢当作桨游泳的鱼龙（见244页）。虽然人类只用两条腿走路，但同样属于四足动物。这个族群中甚至包括没有四肢的蛇，因为蛇是从有四肢的爬行动物进化而来的。这些生物之所以都包含在四足动物中，是因为它们源自两栖动物、爬行动物、鸟类和哺乳动物的共同祖先：勇敢的史前鱼类。研究者认为最有可能的共同祖先是某种肉鳍鱼，如今的肉鳍鱼只剩下肺鱼和濒临灭绝的腔棘鱼（见204页）。腔棘鱼在1938年出现于南非海岸之前，人们一直以为它们已经灭绝了。

真掌鳍鱼等肉鳍鱼和如今极为常见的辐鳍鱼不同，因为它们的胸鳍和腹鳍成对生长，由内部的骨骼支撑，这种结构是进化出原始肢体的必要条件。鱼鳍向肢体的进化很可能主要是在水生环境中完成，因此四肢可以得到水浮力的协助，不需要肚子支撑身体的全部重量。原始的鳍肢可能首先进化出了灵活的关节，以便在浅滩爬

关键事件

4.16亿—3.95亿年前	3.97亿年前	3.85亿年前	3.8亿年前	3.75亿年前	3.74亿—3.6亿年前
肉鳍鱼分化为腔棘鱼类和扇鳍鱼类（肺鱼），后者从海洋迁徙到了浅淡水环境中。	四足动物在波兰的海洋潮汐滩上留下了足迹，表明鱼鳍向四肢的转化在此之前就已出现。	真掌鳍鱼出现，这是最早具有四足动物特征的肉鳍鱼。	潘氏鱼具备了介于肉鳍鱼和早期四足动物之间的过渡特征，例如鱼鳍中明显的桡骨。	提塔利克鱼代表了从鱼类到最早的陆生四足动物的过渡动物，后来逐渐发展为两栖动物。	原始的四足动物鱼石螈同时具有类似鱼的尾部、鳃以及四肢，它们可能会用四肢在沼泽底部一边爬行，一边寻找食物。

行或在茂密水草中活动时弯曲，产生推动力。随着原始的膝盖、脚踝、肘关节和腕关节的出现，鳍肢也变得越来越强壮，最后，原始鱼类这一四足动物获得了能够爬出水面的能力，而缺乏浮力的环境会促使四肢进化，以支持身体的重量，这又催生了更结实的内骨骼。

内骨骼的改变之一便是产生硬质脊柱，相邻的椎骨通过可以滑动且相互重叠的突起连接，确保了必要的整体灵活性。除了支撑身体，后肢也是四足动物活动的动力来源，这就需要强壮的腰带（臀部）来固定后肢连接到脊柱上。前肢负责转向，因此鱼类连接头骨的肩带从四足动物身上分离开来，让颈部能够灵活活动。伴随着这些骨骼变化的肌肉改变，促使肢体产生了强大的功能，并将腰带和肩带连接到了脊柱上。

除了能在陆地上行走的四肢，能够在陆地上呼吸也是四足动物进化的前提。早在四足动物出现之前，肉鳍鱼和辐鳍鱼就进化出了原始的气囊。辐鳍鱼的气囊是用于保持浮力的鱼鳔，而泥盆纪的肉鳍鱼已经将气囊进化成了可以呼吸空气的肺。现生肺鱼（见图2）等肉鳍鱼通过在水面上吞咽空气呼吸，潜入水中后，越来越高的水压迫使口腔内的空气进入肺部。这个过程在浮出水面时逆转，迫使废气从肺部和口腔流出，同时吸入新鲜空气。这种基本呼吸机制在泥盆纪的肉鳍鱼中就已经存在，因此最古老的四

1 来自泥盆纪晚期的角齿鱼目肺鱼化石（*Fleurantia*），有非常高大的背鳍、明显的胸鳍和“似肢体”的腹鳍，即图中的灰色部分。

2 昆士兰肺鱼（*Neoceratodus forsteri*），这是最原始的现生肺鱼。它们的近亲可以追溯到1亿年前。它们的肺部细长，与肠道分开，所以能够高效地吞入和喷出空气。

3.65亿年前

早期四足动物棘螈的肢体长有8根脚趾，牙齿也表明它们有时会在陆地上觅食。

3.6亿年前

包含肺鱼在内的肉鳍鱼中进化出原始的四足类海纳螈（*Hynerpeton*），它们可能是两栖动物的祖先或表亲。

3.6亿—3.45亿年前

柔默空缺这个时期缺乏化石记录，让研究者难以追踪四足动物的进化。

3.5亿年前

彼得普斯螈生活在这个时期，它们为陆生四足动物的早期进化提供了重要线索。

3.5亿年前

厚蛙螈（*Crassigyrinus*）是陆生四足类进化失败的代表，后肢发达，前肢残缺。

3.1亿—3亿年前

最古老的真两栖动物占领陆地，例如始螈属和引螈属。

足动物早已做好了在陆地呼吸的准备。鱼鳍变为四肢只是陆生四足动物进化的一部分，早期四足动物还需要许多其他的解剖学变化才能应对陆地生活。例如，颈部的出现增加了头部的灵活性，让它们可以叼起食物，而不是抓取水中路过的猎物。皮肤的改变有助于防止脱水，还能减轻地面行动引起的摩擦。感觉器官也需要适应新的环境，帮助鱼类检测水中振动的侧线系统让位于更敏锐的视觉、听觉和嗅觉。这些改变都在四足动物化石中留下了明显的痕迹，如前向的眼睛、鼻腔和小耳骨的出现。

没有人知道到底是什么力量促成了鱼鳍向四肢的转变，最初的四足动物可能仍然完全生活在浅水区。一些专家认为它们可能会使用原始的四肢跟踪猎物，在河底或沼泽底部的茂密水草中活动。其他人认为可能是环境压力，如越来越干燥的气候，迫使它们从水中来到陆地。浅水在高温下干涸之后，原始的肢体可能有助于最初的四足动物爬向其他池塘。另一个假说是它们被更大的掠食性鱼类赶上了陆地，可以在陆地上生存的四足动物会发现自己身处新的天堂，这里有丰富的植物和昆虫，而且没有危险的掠食者。

虽然我们对四足动物进化的认识在不断变化，但研究者已经确定了化石记录中的几个关键物种。真掌鳍鱼和潘氏鱼（见图3）在进化中更接近鱼类，它们具有沉重的纺锤形身体、尖的头部和含有原始肢体骨骼的鱼鳍。一个关键过渡物种便是类似四足动物的肉鳍鱼：提塔利克鱼（见210页）。提塔利克鱼的化石于2004年在加拿大出土，可以追溯到3.75亿年前的晚泥盆世。这种史前生物同时具有鱼的特征（鳃和鳞片）和四足动物的特征（灵活的颈部和原始的腕骨），所以也称四足形类。

鱼鳍向四肢的转变耗费了数百万年时间，四足动物在不同的地方多次进化出来。化石证据表明这个过程始于晚泥盆世，并一直持续到晚石炭世，跨度超过5 000万年。进化中的每一个小小的步骤都无疑有助于早期的四足形类从一个水生环境向陆地生活迈进，但这个过程并不是非常连续的。例如，许多早期四足动物的肢体末端都有7 ~ 8根脚趾。它们是现代五趾脊椎动物进化过程中的死胡同，因此现在还无法确定现代脊椎动物的直接祖先，只能继续研究有代表性的化石，以解开这个复杂的进化难题。

在关键的早期进化历程中，有一段时间里没有化石记录，因此进一步

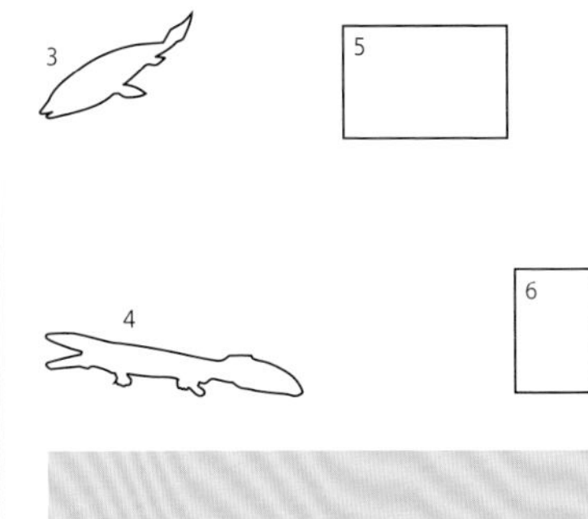

加大了研究这个过渡时期的难度。没有化石记录的柔默空缺始于3.6亿年前，结束于3.45亿年前，从晚泥盆世延续到早石炭世。柔默空缺之前的化石混合了鱼类和四足动物的特征，而此后的化石已经是各种四足动物，部分具有真两栖动物的特征。人们最近终于发现了形成于这个空缺期的新化石，尤其是彼得普斯螈（见212页），詹妮弗·克拉克（1947—）在2002年对后者进行重新分类。克拉克是四足动物进化专家，她在1987年的格陵兰岛考察中发现了几乎完整且保存完好的原始水生四足动物棘螈（见图4），因此在学术界颇有声望。这种生物生活在大约3.65亿年前，比彼得普斯螈早1 000万年，它们也结合了鱼和四足动物的特征，例如发达的肢体骨骼，但保留了侧线感觉器官。棘螈身长超过1.2米，而且是前足有8根脚趾的生物（后脚不够清晰，无法确定脚趾数量）。

另一种四足动物鱼石螈和棘螈差不多同一时间出现，也生活在格陵兰岛，并于1932年得到正式命名（见图5和6）。它们比棘螈更大，体长达到1.5米。和棘螈化石相反，鱼石螈的前足不明，但每只后足都有7根脚趾，鱼石螈的骨架表明它们不能像鳄鱼或蜥蜴一样在陆地上正常完成四足运动。不过它们的前肢和胸腔很结实，足以从水中蠕动到陆地上，也许是为了去其他池塘，或是借助阳光升高体温。LG

3 潘氏鱼，大约1米长，通过拉脱维亚的化石复原。它们体现出了数个族群中鱼鳍向肢体发展的平行进化。

4 棘螈是多种四足形类中的成员，它们都具有为了在陆地上觅食而出现的过渡特征，包括肢体、牙齿和头骨的改变。

5 鱼石螈在晚泥盆世的沼泽中爬行，部分复原图将它们描绘成身体修长的生物。

6 在最古老的四足类足迹中，这道来自爱尔兰瓦伦西亚岛的泥盆纪行迹可能是由鱼石螈类动物所留，它当时在浅水中跋涉。

提塔利克鱼

晚泥盆世

种：提塔利克鱼
（*Tiktaalik roseae*）
族群：坚头类
（Stegocephalia）
体长：3米
发现地：加拿大

四足类提塔利克鱼的化石有重要意义，它可能会揭开鱼和第一批四足动物之间的进化联系。尽管提塔利克鱼的很多身体特征都属于鱼类，例如鳞片和鳃，但它也有陆生动物的常见特征，例如类似肢体的前鳍和结实的胸腔。第一具提塔利克鱼化石发现于2004年，发现地是加拿大北部的埃尔斯米尔岛。提塔利克鱼生活在约3.75亿年前的泥盆纪，是3米长的肉鳍鱼。

埃尔斯米尔岛化石最突出的特征之一便是前鳍构造，其中具有原始的臂状骨骼结构，例如肩关节、肘关节和腕关节。提塔利克鱼可能生活在较浅的淡水溪流、沼泽和池塘中，但是可能会使用特化的鳍登上陆地冒险，就像如今的弹涂鱼。提塔利克鱼其他不同寻常之处包括：鳃部没有骨板，颈部独特，头部可以独立于躯干移动。这让提塔利克鱼能够更容易地定位猎物，以便用长满尖牙的发达下颌猛地咬住对方。头颅中较小的舌颌骨也是提塔利克鱼属于鱼类与四足动物之间过渡物种的标志。鱼类的舌颌骨较大，并且将下颌连接在颅骨上，其有助于鱼类将水泵过鳃部呼吸。而在四足动物中，舌颌骨变成了小小的镫骨，即辅助听音的中耳小骨。提塔利克鱼的舌颌骨尺寸介于这两类动物之间，表明这种古老的鱼类并不是完全依靠鳃呼吸的。LG

图片导航

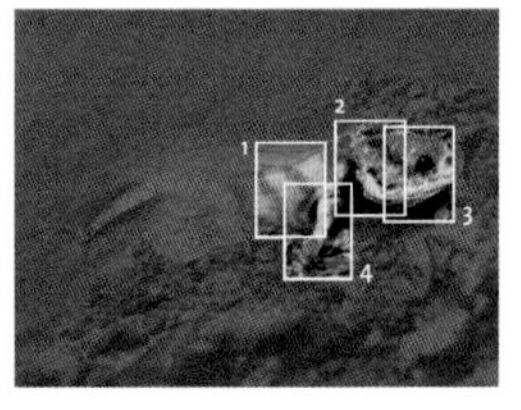

要点

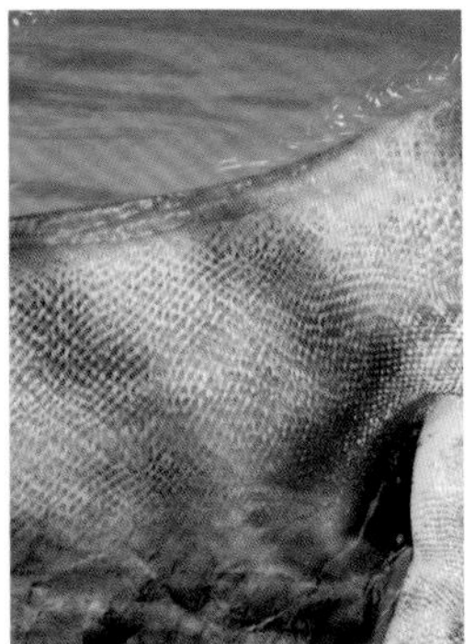

1 胸腔

提塔利克鱼具有发达的胸腔，这也是它们用肺呼吸的证据。强壮的肋骨可以帮助支撑身体离开水，没有了水的浮力，粗壮的肋骨还能保护肺和其他内脏，以免它们被自身体重压碎。

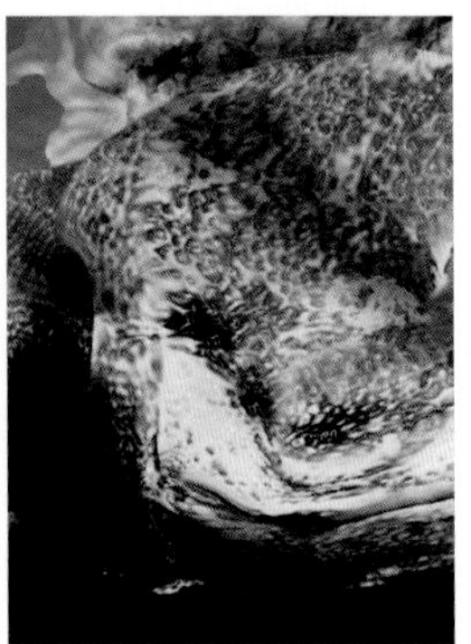

2 喷水孔

头骨顶部的喷水孔表明提塔利克鱼同时具有原始的肺和鳃。提塔利克鱼可能生活在含氧量不高的温暖浅水中，它可能会用原始的肢体支撑身体离开水面，好从空气中呼吸氧气。它们可能会短暂地彻底离开水，在陆地上呼吸。

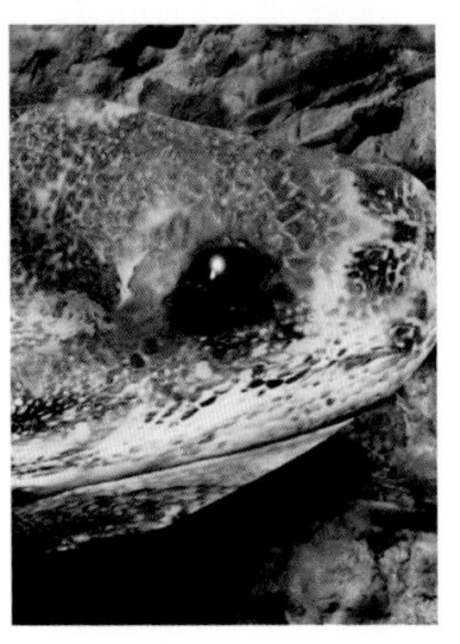

3 颅骨与眼睛

提塔利克鱼具有扁平的头骨，眼眶长在头顶，形似鳄鱼或短吻鳄。可见它们大部分时间都在看上方，而身体可能位于涧底或沼泽底部。还有一种“鱼类离水”假说：提塔利克鱼可能会观察贴近水面的飞行猎物。

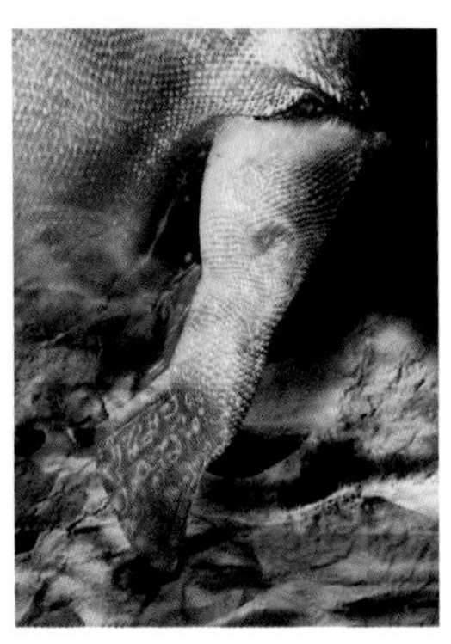

4 前鳍

提塔利克鱼的前鳍上有简单的腕骨和可以支撑躯干的大肩带。肱骨表面的肌肉疤痕表明此处曾附着有强壮的鳍部肌肉。这些结构可能有助于提塔利克鱼在急流中将身体固定在河床上，最后逐渐帮助它们彻底离开水生环境。

提塔利克鱼的亲缘关系

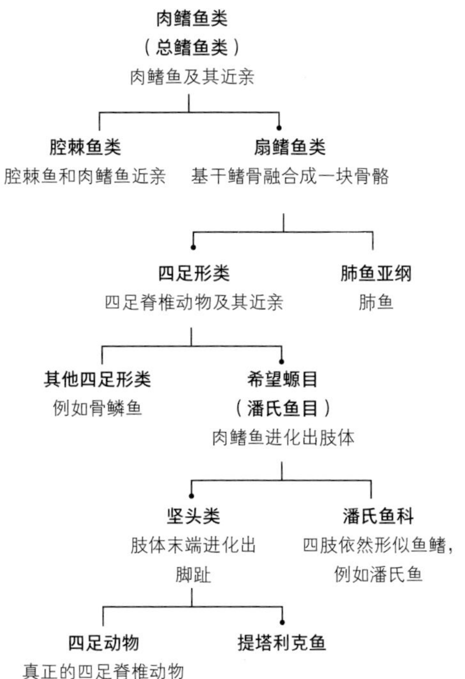

▲提塔利克鱼一般归为四足形类，其中包括四足动物（四足脊椎动物）及其近亲。但是它们的鱼鳍还没有进化成手足。这种进化需要漫长的时间。

强壮的腹鳍

研究者在2014年又发现了提塔利克鱼的一个重要特征，它们可能会在陆地上用尾鳍来拖动身体，这和特化前鳍的功能相同（见下图标注的区域）。这个发现颠覆了一个常见的理论：最初的脊椎动物是来到陆地之后才开始进化后肢的。2004年在埃尔斯米尔岛上发现的提塔利克鱼化石并不完整，只有前半部分。研究者后来又在这个化石点发现了保存完好的腰带和腹鳍。提塔利克鱼的腰带十分惊人，其大小和粗壮的肩带相当，还具有原始的髋臼。

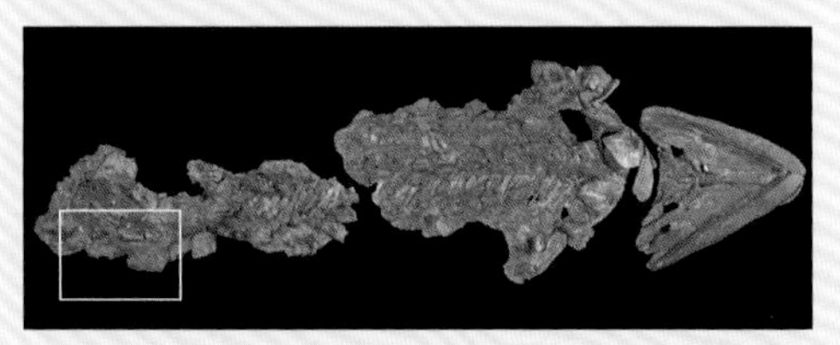

彼得普斯螈

早石炭世

种：芬氏彼得普斯螈
（*Pederpes finneyae*）
族群：瓦切螈科
（Whatcheeriidae）
体长：1米
发现地：苏格兰

挪威古生物学家彼得·阿斯彭在苏格兰敦巴顿的巴拉根（*Ballagan*）石灰岩组发现了彼得普斯螈的化石，它可以追溯到大约3.5亿年前的早石炭世。彼得普斯螈化石骨架保存完好，几乎完整，只有尾巴、部分头骨和几块肢体骨骼缺失。研究彼得普斯螈化石的时候，古生物学家曾错将它归为肉鳍鱼。40年之后，英国古生物学詹妮弗·克拉克将其重新归为原始四足动物，她把化石命名为彼得普斯螈，意为“前足”，以纪念其挪威发现者彼得。这个族群里只包括最早发现的一个种，即芬氏彼得普斯螈，其得名于克拉克的助手莎拉·芬尼，她对化石做了前期准备。克拉克对彼得普斯螈的重新分类意义重大，因为这填补了没有四足动物化石的柔默空缺（见图）。

化石表明彼得普斯螈是中等大小的四足动物，体长大约1米。头部呈三角形，和身体相比较大。后足的骨骼结构清楚显示出适应陆地运动的变化，例如具有明确的腕关节和踝关节，可以帮助它们在陆地上前进。不过化石的其他几个特征表明它们可能一半时间在水中，一半时间在陆地上，例如体侧的侧线感觉器官，以及大镫骨。尽管如此，现在大多数专家还是认为彼得普斯螈代表了化石记录中第一个真正的陆生四足类动物，因此是最早的四足类动物和后来的四足类动物之间的一个真正的过渡物种。LG

图片导航

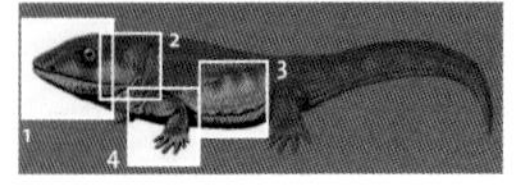

柔默空缺

彼得普斯螈因其填补了四足动物化石记录中的柔默空缺而意义非凡。这一空白时期从3.6亿年前延续到3.45亿年前，横跨1 500万年（从晚泥盆世到早石炭世）。空缺之前的化石是最原始的四足动物，和空缺后的大量标本几乎没有相同之处。柔默空缺使人很难透彻研究四足动物从水中走向陆地的过程，让研究者面临着极大的挑战。柔默空缺的概念由古生物学家阿尔弗雷德·罗默（1894—1973）提出，他整理了脊椎动物的基本分类与进化进程，并沿用至今。

要点

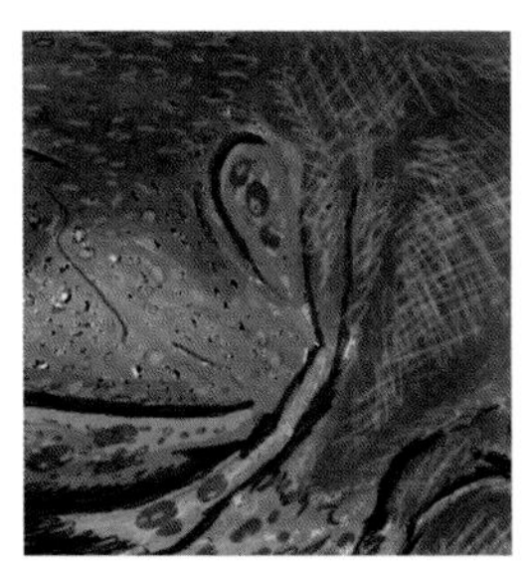

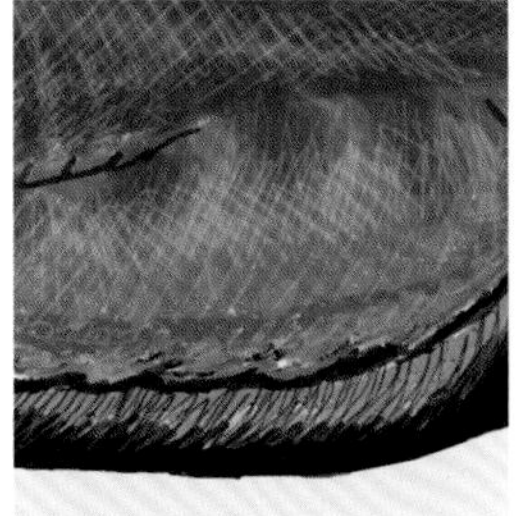

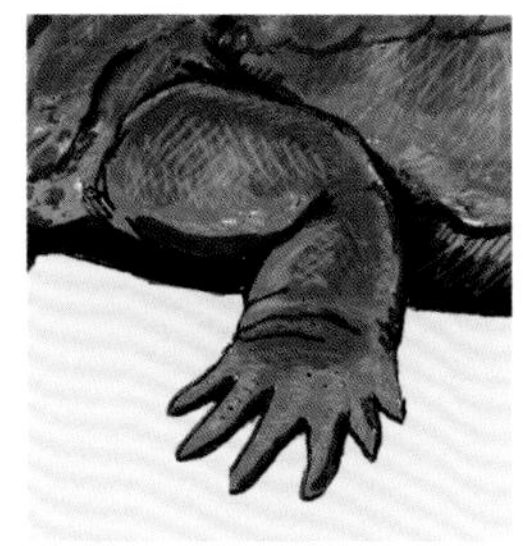

1 头骨形态

狭窄的三角形头骨表明彼得普斯螈是使用呼吸肌将空气送入肺部的。这种形状的头骨在陆生动物中十分常见，可见彼得普斯螈可能已经完全适应了陆地生活，现代两栖类使用口腔将空气压入肺部（口腔抽吸）。

2 镫骨

彼得普斯螈化石的镫骨大于现代陆生四足动物的镫骨。现生动物的镫骨负责将声音从中耳传导到鼓膜，但彼得普斯螈和棘螈等基干四足动物一样，镫骨比较大，而且不和鼓膜协同作用。

3 侧线

化石骨骼中的管状物证明彼得普斯螈具有侧线系统，这是鱼类用来感觉水流震动的感觉器官。它们的存在说明彼得普斯螈可能大部分时间都留在水中，因为现代陆生四足动物都不具有侧线系统。

4 足部

彼得普斯螈具有前向的足部，这一点可以从后足中不对称的骨骼化石看出，这种结构在陆生动物中更加常见。向外的足部更类似桨，是水中生活的证据。后足具有5根有功能的脚趾，这是所有现代四足动物的共同特征。

早期两栖动物

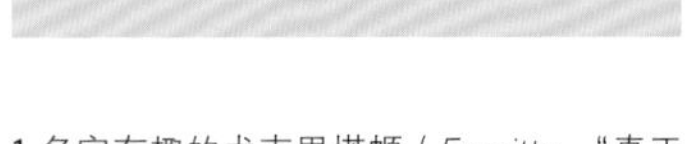

1 名字有趣的尤克里塔螈（*Eucritta*，“真正的生物”）体长25厘米，具有令人迷惑的过渡特征。

2 始螈生活在沼泽中，是巨大强壮的离片椎目成员，占据和后世鳄鱼一样的掠食者生态位。

3 超过2米长，身体强健的引螈是早二叠世最大的陆生动物。

同鱼类在鱼类时代（始于4.2亿年前的泥盆纪之初）里进化出众多族群一样，两栖类也在3.2亿—2.6亿年前的晚石炭世至二叠纪末期发生了多样性大爆发，这个时期经常被称为两栖动物时代，当时有多种两栖动物主宰着盘古超级大陆。当时的优势植物，例如苏铁等裸子植物、针叶树和银杏，以及海洋浮游植物，都在通过光合作用将二氧化碳转变为氧气和能量，为大气层输送着氧气。到二叠纪末期，大气中的含氧量已经接近当下，让陆地成为生物的乐园。

早期两栖动物的历史相当模糊。化石证据表明，大约在4亿年前，肉鳍鱼类开始用原始的肢状鳍离开了晚泥盆世的浅水（见206页），似乎正是这些早期有四肢的鱼类进化成了早期两栖动物。棘螈等晚泥盆世过渡物种产生了类似肢体的短鳍骨，但它们保留着原始的鱼类特征，例如侧线感觉器官。尤克里塔螈（见图1）等后期化石有了更加粗壮发达的鳍骨。但尚不清楚尤克里塔螈是大部分时间都待在水里的早期四足动物，还是最古老的真两栖动物。

在2.99亿年前的二叠纪之初，两栖动物就已经成为生活方式类似现代鳄鱼的强大动物，而且进化出了众多成员。这些古老的生物中有一些约5米长的巨兽，可以和鳄鱼比肩。较小的史前两栖动物以鱼和昆虫为食，

关键事件

3.6亿—3.45亿年前	3.45亿年前	3.3亿年前	3.11亿—3亿年前	3.1亿年前	3.1亿—3亿年前
类似鱼类的四足动物凭借原始的肢体从水中来到陆地。彼得普斯螈等后来的化石为这个过程提供了线索（见218页）。	尤克里塔螈诞生。这是一种小型半水生四足动物，具有发达的肢体骨骼。	形似蛇的蛇螈生活在石炭世的浅水中。	形似鳄鱼的始螈称霸晚石炭世的沼泽，它们身长4米。	引螈诞生。这种离片椎目成员身长2米，具有结实的肢体和强壮的脊柱。	具有真两栖动物特征的生物出现。

例如甲虫、石蛾和石蝇。而二叠纪湿地大型两栖类顶级掠食者以较小的两栖动物和早期爬行动物为食。

同其现代后裔一样，雌性史前两栖动物也是在水中产卵的。卵孵化成自由游动的幼体，依靠鳃在水下呼吸，它们随后逐渐通过变态发育变成成体。鳃让位于肺，因此成体可以在陆地上呼吸空气。此外，许多两栖动物都具有黏湿的皮肤，可以为血液吸收额外的氧气。完全成熟的成体通常与幼体完全不同，例如青蛙和蝌蚪毫无相似之处。确凿的证据表明，真两栖动物最早是在3.1亿—3亿年前的晚石炭世来到陆地。

始螈（见图2）和引螈（见图3）代表着一个成员众多、从石炭纪延续到二叠纪末期的族群——离片椎目（椎骨分离）。始螈是巨大细长的鳄鱼状两栖动物，体长可以达到4.5米，是典型的离片椎目成员。离片椎目两栖动物的头部很大，口腔中长有巨大的牙齿。巨大的虾蟆螈（*Mastodonsaurus*）头部大得出奇，足有2米长，几乎占整个身体长度的1/3。离片椎目是类似爬行动物的两栖动物，腿部粗短，支撑着它们长且肌肉发达的身体。同现代两栖动物潮湿的皮肤不同，始螈、引螈及其他很多早期两栖动物的皮肤干燥，且带有鳞片。这可能是为了在二叠纪干燥的气候下保持水分。

研究者还发现了小肢螈（*Microbrachis*）的化石，它们生活在石炭纪，代表另一个二叠纪族群：壳椎类（壳状/勺状椎骨）。壳椎类要比离片椎目小得多，通常体形奇特，其中许多成员都是半水生动物，而且具有和现代青蛙一样的黏湿皮肤。小肢螈体长不足15厘米，有些像现代有尾目。它们的肢体发育完备，但和身体相比很小。蛇螈（*Ophiderpeton*）也是石炭纪的壳椎类动物，这种奇特蛇形生物类似今天的蚓螈（长相类似两栖蠕虫状蜥蜴）。其他成员相当古怪，例如二叠纪的笠头螈（见218页），它们身长1米，回旋镖形状的头部可能有助于游泳。

这些古老的两栖动物族群延续到了二叠纪末期，但大多数都因为越来越严酷和干燥的气候而逐渐消亡。不断变化的生存条件将天平倾斜向了羊膜动物，如爬行动物和兽孔类（似哺乳爬行动物），它们随后成了三叠纪的陆地霸主。LG

3.05亿年前	3亿年前	2.8亿—2.7亿年前	2.75亿年前	2.52亿年前	2.5亿—2亿年前
史前两栖动物分为两大族群：巨大凶猛的离片椎目和体形古怪的壳椎类。	小肢螈在欧洲大陆出现，它们是小型半水生离片椎目成员。	西蒙螈（见216页）生活在北美和德国。它们是类似爬行类的两栖动物，具有短而强壮的肢体和长有鳞片的皮肤。	类似无尾目的笠头螈诞生，它们的头部是独特的回旋镖形状。	二叠纪末期大灭绝开始，80%以上的生物消失。	现代两栖动物的祖先诞生，即滑体类。

西蒙螈

早二叠世

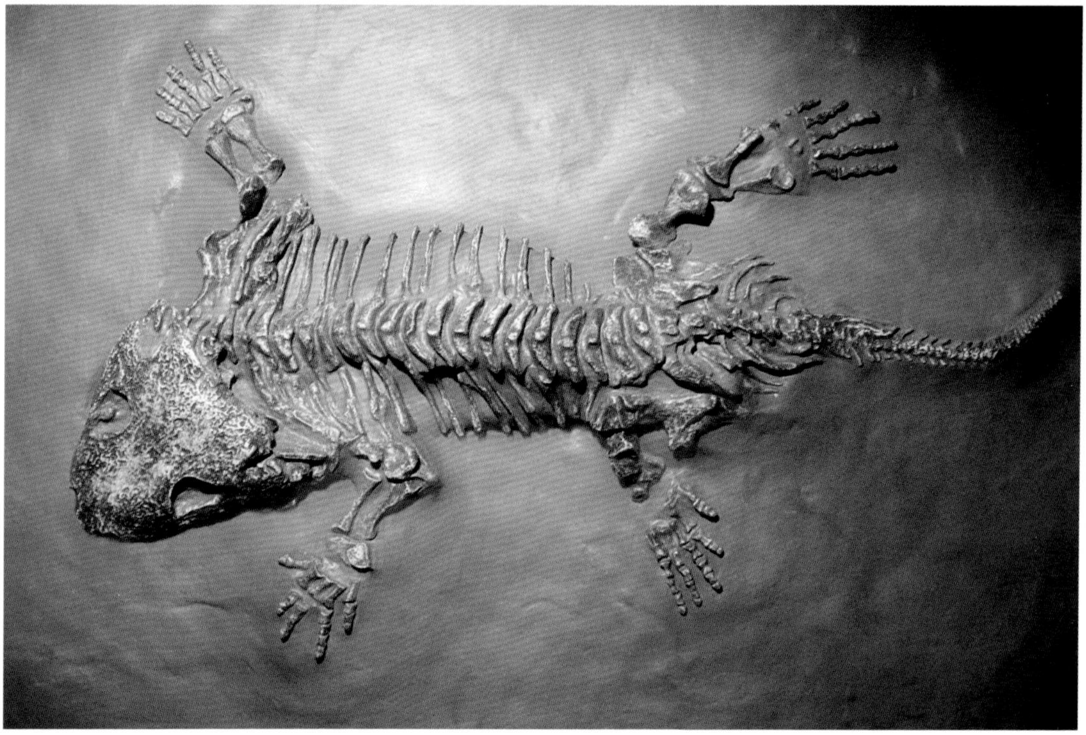

种：贝勒西蒙螈（*Seymouria baylorensis*）
族群：西蒙螈科（Seymouriidae）
体长：60厘米
发现地：北美和德国

2.8亿—2.7亿年前的早二叠世也生活着似爬行类的两栖的动物。如同所有两栖类动物一样，西蒙螈会以水生幼虫或蝌蚪状生物的身份开始生活，成年后才来到陆地。目前尚未发现西蒙螈的幼体化石，这也并不奇怪，因为它们柔软的身体极难保存，但是有很多保存完好的西蒙螈成体化石。第一具化石于1906年在得克萨斯州贝勒县的西摩镇出土，所以研究者将数量最多的种称为贝勒西蒙螈。自此之后，美国各地都发现了更多成体化石，例如新墨西哥州、俄克拉何马州和犹他州。1993年，德国中部有两具较小的标本出土，表明它们的栖息地不仅限于北美，所有成体化石中的椎骨和肢带结构都表明西蒙螈很适应陆地生活。它们体形小而紧凑，身长只有60厘米，但短短的肢体足以在陆地上支撑起身体。西蒙螈不是十分敏捷，但或许能够长时间停留在陆地上，它们在陆地上寻找猎物的时候可能会左右扭动脊柱前进。

刚开始研究新发现的化石时，研究者因为西蒙螈适应陆地生活的特征太明显而将它误认成了爬行动物。如今的研究者认为它们是两栖动物和爬行动物之间重要的进化环节。成年西蒙螈可能具有爬行动物的特征，但目前尚没有确凿的化石证据能够证明或排除这个可能性，如干燥的皮肤、长期保存体内水分的能力，以及通过鼻腺将血液中的盐分泌出去的能力。要在早二叠世干燥恶劣的气候条件下生存，这些能力都必不可少。LG

图片导航

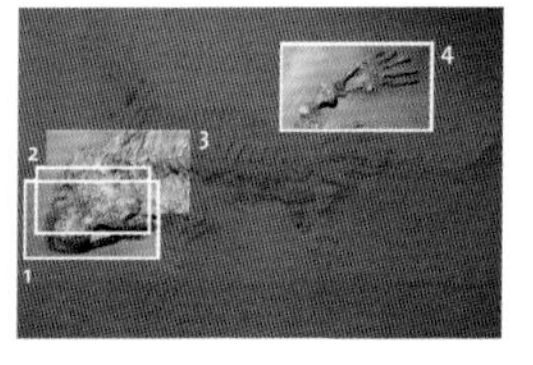

要点

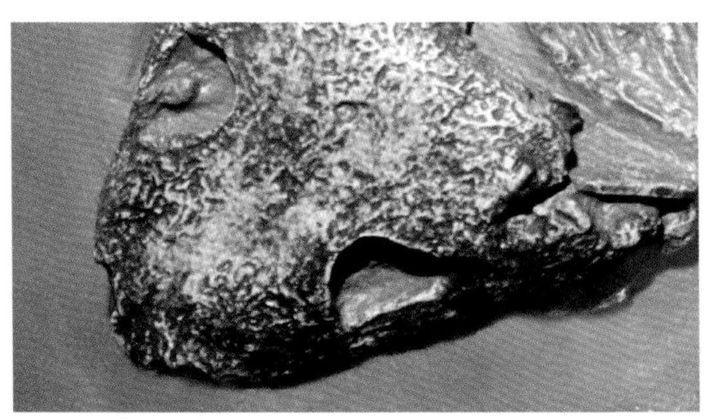

1 吻部、颌部和食物

贝勒西蒙螈的吻部前端具有两个鼻孔，下方就是巨大结实的颌部，其中长满了尖利的具有迷齿类特征的小牙齿，表明它们的牙齿具有复杂的内部褶皱结构，这也是早期四足动物的典型特征。口腔和颌部表明贝勒西蒙螈的食物多样，包括昆虫、其他两栖类，可能还有爬行类的卵。

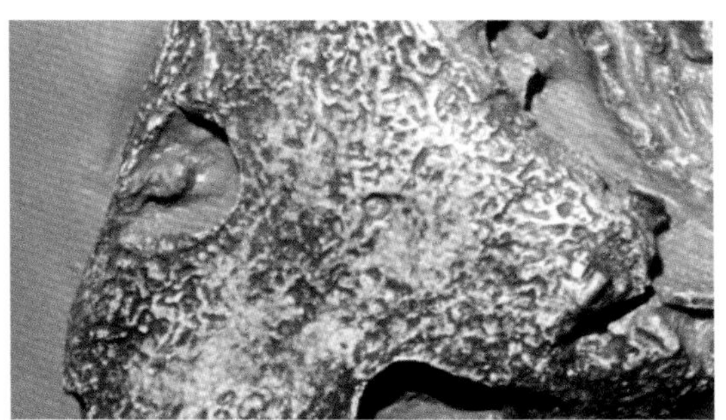

2 第三只眼

贝勒西蒙螈头顶上有一个感光器官的小开口，这个器官被称为颅顶眼或松果体眼。很多原始脊椎动物都具有这个特征，例如某些鱼类、蛙类、蜥蜴和楔齿蜥，但鸟类和哺乳动物无此结构。这只"眼睛"和脑部的松果体相连，后者控制着调节体温和每日睡眠-觉醒周期激素的产生。

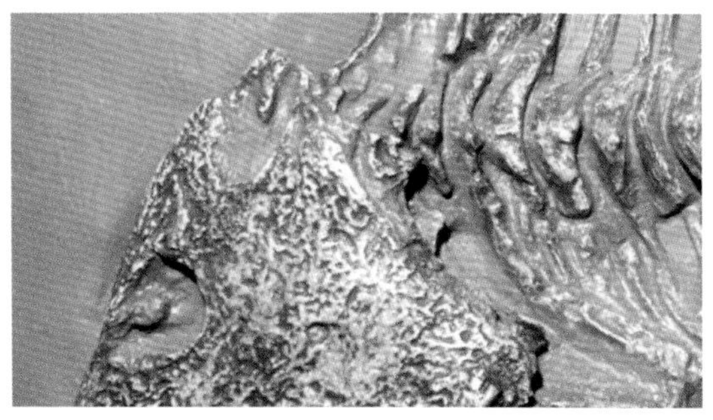

3 厚重的颅骨

贝勒西蒙螈的化石包括以三维形态完好保存的头骨，表明贝勒西蒙螈的颅腔很小，而颅骨很厚。一些古生物学家认为雄性会用恢复能力极强的头部互顶，以争夺配偶。会用头部争斗的现代哺乳动物都有厚厚的颅骨。

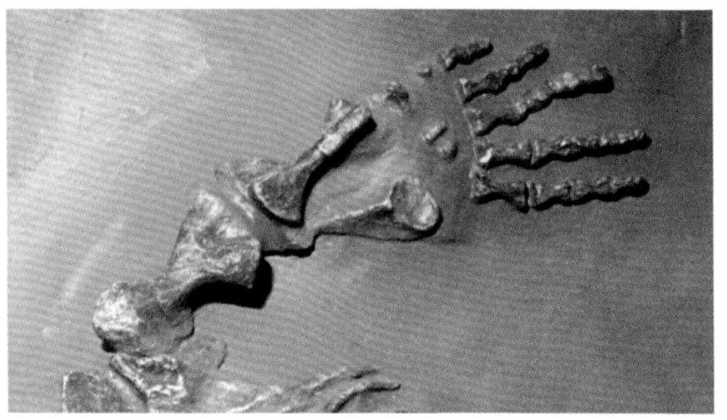

4 短四肢

化石的四肢骨表明肱骨和股骨（上图）都很结实，末端增大，以便连接肢体肌肉。肢体肌肉可能足以支撑起身体，不过腿部和身体相比比较短小。这表明贝勒西蒙螈不能快速爬行。

坦巴赫情侣

1993年，美国古生物学家大卫·伯曼（1940—）和德国同事托马斯·马顿斯（1951—）在早二叠世坦巴赫组搜寻化石，当地位于德国中部的坦巴赫迪特哈茨村附近。两人发现了两具完整的西蒙螈成体化石，它们似乎依偎在一起，其中一个标本躺在另一个标本的身上（左图）。两位古生物学家将化石戏称为"坦巴赫情侣"，因为它们似乎是在交配时死亡，随后成为化石的。这个化石点的其他化石包括欧洲的异齿龙（*Dimetrodon teutonis*）。

笠头螈
二叠纪

种：蝶形笠头螈（*Diplocaulus salamandroides*）
族群：游螈目（Nectridea）
身长：1米
发现地：北美和摩洛哥

诞生于早二叠世的笠头螈（名字意为“双柄突”）是类似有尾目的两栖动物。它们的名字源于古希腊语，是指两侧都有骨质突起的颅骨。这样的颅骨表明笠头螈具有不寻常的回旋镖状头部。据推测，宽大的头部让它们难以被吞食，可以防御异齿龙（见238页）等掠食者。这种形状的头部也可能有助于发现藏在泥里的猎物，它们的化石来自得克萨斯州的二叠系红层，摩洛哥的阿加尼亚盆地最近也发现了笠头螈的化石。

笠头螈是最大的二叠纪两栖动物之一，体长通常达到1米。成熟笠头螈的头部宽度可达到30厘米，是头部长度的6倍。短小的四肢、脊柱结构和扁平的身体都表明笠头螈大部分时间都在水中，依靠左右扭动身体在河床和沼泽底部前进。二叠纪水域中还有其他动物也具有回旋镖一样的头部，它们的近亲双锥螈（*Diploceraspis*）也有类似的长在头部两侧的骨质突起。双锥螈小于笠头螈，但“角”和身体的比例稍大。它们都属于两栖动物中的游螈目，以不同大小的颅骨突起为特点。这类动物身处现代两栖动物（蛙类、无尾目和无足目）进化之争的中心。大多数专家认为两栖动物的祖先是石炭纪和二叠纪（3.6亿—2.51亿年前）的离片椎目动物。不过2004年发表的一项研究指出，现代两栖类实际上是源自壳椎类，这是一个规模更大的族群。LG

图片导航

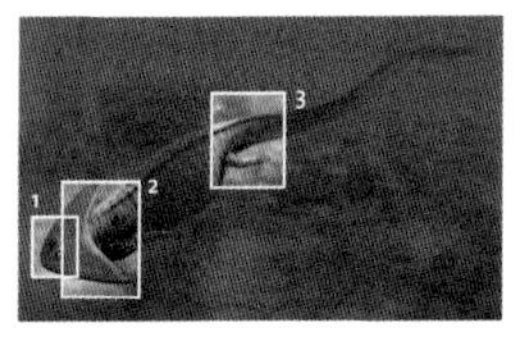

要点

1 向上的眼睛

眼眶位于头顶表明笠头螈可能生活在河流和沼泽的底部，是伏击型掠食者。它们会在混浊的深水中等待鱼类和其他小两栖类从头顶游过，然后一跃而起，用强有力的颌部咬住路过的猎物。

2 水翼状头部

笠头螈的头部可能发挥着水翼的作用，可以减少阻力，增强滑动能力。密歇根大学的古生物学家提出，它们的身体上有两片呈波浪状起伏的皮肤，也有助于提高游泳效率。

3 四肢和尾部

笠头螈的四肢细短，尾部可能和头部以及身体加起来一样长。复原图将它们描绘成游动时左右摆动尾巴的动物，但尾椎的关节表明尾部可能是上下运动，类似今天的鲸和海豚。

笠头螈的亲缘关系

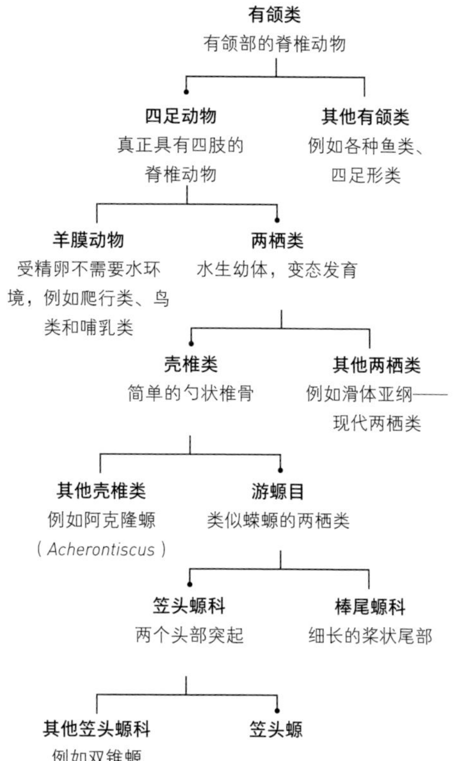

▲笠头螈属于规模较小的笠头螈科，这个科的两栖动物都具有回旋镖状头部，最终在二叠纪灭绝。规模更大的壳椎类包含多种形似蜥蜴、蛇和无尾目的两栖动物。

网骗

2004年，网上出现了一张奇特生物的照片，它长有独特的回旋镖状头部（右图）。照片的标题声称这只动物发现于马耳他。几周后，马耳他大学生物系的帕特里克·斯肯布里发表了一篇文章，表示这是笠头螈，但斯肯布里对这个结论倍感惊讶，因为这种两栖动物已经灭绝了2.7亿多年。他指出照片只是一场骗局，后来大家发现这张照片来自一位日本的模型爱好者，证实了斯肯布里教授的猜想。这位爱好者在1992年制作了笠头螈模型参加比赛，却不知道这张照片已经引起了互联网的轰动。

现代两栖类的出现

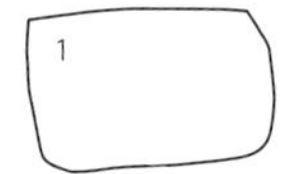

1 美国俄亥俄州的离片椎目双螈（*Amphibamus*）标本，具有宽大的头骨，这是很多两栖动物的典型特征。

2 水生蚓螈（*Typhlonectes natans*），主要通过皮肤呼吸，也可在水面呼吸。

3 所有成年两栖类、无尾目和蝾螈，例如包括图中的红土螈（*Pseudotriton rube*），都是肉食者，会捕食小生物。

7000种左右的现生两栖动物都属于滑体亚纲，其中包括蛙类和蟾蜍（无尾目）、蝾螈（有尾目）以及鲜为人知的蠕虫状蚓螈（无足目）。第一种真正的两栖动物出现在约3.1亿年前的晚石炭世，这些早期两栖动物的代表是巨型鳄鱼样生物，如离片椎目的始螈和虾蟆螈，以及更小更古怪的壳椎类，例如有回旋镖状头部的笠头螈（见218页）。

没有人能够确定这些史前两栖动物是如何进化成了现代滑体亚纲的共同祖先，这也是进化生物学中的常见难题。一些专家认为双螈（见图1）就是其中关键，这种体长20厘米的生物生活在3亿年前欧洲和北美的沼泽中。也有人认为滑体亚纲来自更晚的共同祖先，分化时间为中二叠世和早三叠世之间。可能的共同祖先包括早二叠世的两栖动物原蛙，它们身长11厘米，具有形似蛙类的头部和蝾螈般的尾巴。第一具化石于2008年在美国得克萨斯州出土之后，媒体将它戏称为“蛙螈”。这个发现在专家之间掀起了一场争论，他们本来认为蛙类和蝾螈的祖先属于离片椎目，而蚓螈的祖先是壳椎类。

关键事件

3亿年前	2.9亿年前	2.8亿—2.48亿年前	2.5亿年前	2亿年前	2亿年前
双螈生活在欧洲和北美的沼泽地中，它们可能是现代两栖动物最古老的祖先。	俗称“蛙螈”的原蛙同时具有现代青蛙和有尾目的特征。	两栖类和爬行类统治着两栖类时代，植物将大气的氧含量提升到了接近现代氧含量的水平。	类似青蛙的小型两栖动物三叠蛙在马达加斯加岛诞生。	6厘米长的前跳蟾进化出了三分叉的腰带结构，这是所有现代蛙类的共同特征。	维尔蟾诞生，这是最古老的现代蛙类祖先，具有长而有力的后肢，很适合跳跃。

三叠蛙（*Triadobatrachus*）也有可能是现代滑体亚纲的共同祖先，它们生活在2.5亿年前的早三叠世。三叠蛙和现代蛙类有所差别。例如，它有容纳长脊椎的短尾巴，而现代蛙类没有尾巴。但它们的形态的确和蛙类十分相似。

尽管有这些发现，但现代滑体亚纲的演变仍充满争议。遗憾的是，两栖动物的化石记录中有一段直到中侏罗世才结束的空白期，当时的化石表明第一批真蛙类已经开始出现，最早的化石是阿根廷的维尔蟾（*Vieraella*），它约有2亿年历史，这种小蛙类只有3厘米长，但拥有肌肉发达的长腿，适合跳跃，还有和现生种一样的短脊柱和格子状头骨。侏罗纪里还诞生了盘舌蟾科中的奈因蛙（*Enneabatrachus*），这个科中还包括俗称“产婆蟾”和“油彩蛙”的现生族群。但大多数现生蛙类都是在6 600万年前的白垩纪末期灭绝（见364页）之后才开始留下化石记录的。

目前的进化理论可能会在更多化石出土之后改变。现代有尾目（见图3）最明确的祖先是卡拉螈（*Karaurus*），它们是具有大脑袋的小型两栖动物，生活在晚侏罗世的亚洲。卡拉螈身长约20厘米，可能大部分时间都生活在淡水中，以甲壳类动物、螺类和水生昆虫为食。它们的化石在中生代里一直没有断绝，但似乎也没有发生更多的进化。实际上有尾目有时也会被称为活化石，因为它们的基本身体结构在数千万年都没有变化。和蛙类以及蟾蜍近亲一样，现代有尾目也是在6 600万年前的新生代才出现的。蚓螈（见图2）是研究最不透彻的现代两栖动物，部分原因在于它们生活在地下，而且在不断减少。这些不寻常的生物没有四肢，形似大蚯蚓，甚至是蛇。有些成员的长度可超过1.5米。蚓螈的化石极少，因此进化历史非常模糊。曙蚓螈（*Eocaecilia*）的化石可以追溯到早侏罗世，它们还保留着退化的小腿，类似史前蛇类在白垩纪经历的进化。

现代两栖动物是第一批四足动物的后代，它们经历了大规模的灭绝事件和严重的气候变化，但仍能顽强地生存下来，具有讽刺意味的是，现代两栖动物反而濒临灭绝。虽然尚不明确到底是什么原因让它们濒临灭绝，但气候变化、栖息地破坏、污染和疾病可能都参与其中。如果无法保护正在不断减少的两栖动物，它们可能就会成为第一个从地球上消失的主要脊椎动物族群。LG

1.99亿年前	1.5亿年前	1.5亿年前	1.45亿年前	6 600万年前	如今
长大约15厘米的曙蚓螈在北美的亚利桑那州诞生，它们是现代蚓螈最古老的祖先。	奈因蛙是现生产婆蟾科最古老的祖先，这个科里包括产婆蟾和油彩蛙。	卡拉螈开始留下化石，这是形似有尾目的小型两栖动物，具有三角形脑袋和向上的眼睛。	在侏罗纪末期，滑体亚纲中类似主要现生类群的成员都已经基本上完成了进化。	白垩纪末期大灭绝摧毁了恐龙等大型脊椎动物，但很多滑体亚纲成员幸存下来。	滑体亚纲动物面临着极大的威胁，其中高达50%的物种都濒临灭绝。

三叠蛙

早三叠世

种：马氏三叠蛙
（*Triadobatrachus massinoti*）
族群：原蛙科
（Protobatrachidae）
身长：10厘米
发现地：马达加斯加

图片导航

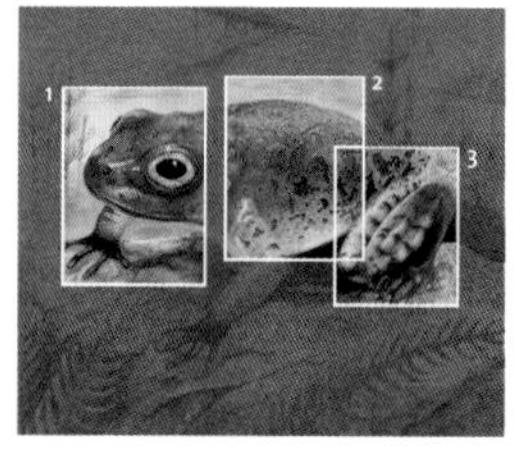

马氏三叠蛙是现代蛙类中最古老的祖先之一，这种两栖动物生活在2.5亿年前的早三叠世。在5 000万年后的早侏罗世时，三叠蛙的近亲就已经进化成了现代两栖动物滑体亚纲中的蛙类，以前跳蟾（*Prosalirus bitis*）为代表（见图）。马达加斯加北部在1930年出土过一种化石三叠蛙。六年后，法国古生物学家让·皮韦托（1899—1991）检查了标本，发现骨骼几乎完整，全部位于正确的解剖位置，只有头骨前部和肢体末端缺失。皮韦托认为这是现代青蛙的早期过渡形态，他将标本命名为马氏原蛙，以纪念化石的发现人阿德里安·马西诺（1887—1948），后来该属名改为三叠蛙。化石表明三叠蛙大约身长10厘米，会和所有其他两栖类一样在水里度过童年，并逐渐发育为成体。但和现代蛙类不同，成年三叠蛙还保留着极短的尾巴，它们具有蛙类典型的长后肢和短前肢，但不太可能像现代蛙类一样跳跃。它们大部分时间可能都在水里生活，用后肢推动身体。马西诺是在海相岩石中发现的化石，不过骨架结构显示三叠蛙也可以在陆地上生存，并呼吸空气。LG

要点

1 头骨

头骨类似现代蛙类。额骨和顶骨融合形成了狭窄的头顶，头骨上还有巨大的眼眶。细小的骨骼在颅底的颌部周围组成网格。下颌没有牙齿。三叠蛙化石头骨的前部缺失，因此无法得知确切的结构。

2 脊椎

脊椎数量减少也是三叠蛙和现代蛙类的相似之处。它们的骨骼具有14块椎骨，其中6块形成了极短的尾巴。现代蛙类最多只有9块椎骨，不过没有尾巴。

3 后肢

长长的后肢骨骼和细长的踝骨都和蛙类十分相似。三叠蛙的后肢至少和身体一样长，让它们更加接近现代蛙类。因为肢体末端缺失，所以手足结构不明。

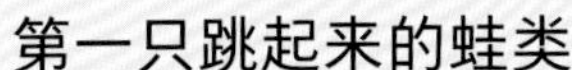

第一只跳起来的蛙类

1981年，哈佛大学的教授法里什·詹金斯（1940—2012）在亚利桑那州发现了新的化石蛙类前跳蟾（下图）。它们生活在2亿年前的早侏罗世，最明显的特征是腰带结构。腰带中最大的骨头——髂骨比三叠蛙的长，而构成三叠蛙短尾的椎骨在前跳蟾体内融合成一个整体，称为尾杆骨。髂骨和尾杆骨共同构成了三分叉的腰带结构，这也是现代蛙类素有的共同特征。这个结构非常结实，很难弯曲，可见前跳蟾和现代蛙类一样擅长跳跃，它们的名字也体现出了这个特征。

◀ 三叠蛙唯一的化石。头骨位于最右侧，较短的前肢紧邻头骨左侧，脊椎向更大的后肢延伸。最左侧的足部全部缺失。骨骼都位于生前的解剖位置，保存了关节连接。这种化石十分罕见，表明造迹者是在腐烂或被腐食动物啃食之前被迅速埋葬的。

二叠纪大灭绝

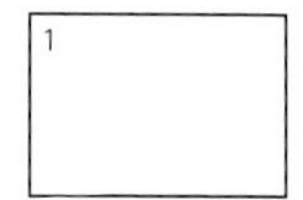

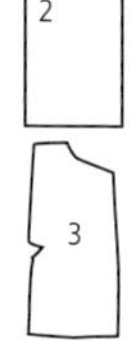

1 阿拉瓜伊尼亚陨石坑直径40千米，位于巴西中部，可能是二叠纪末期陨石撞击的遗迹。

2 雷塞兽（*Lycaenops*），在大约2.52亿年前和众多兽孔目动物一起灭绝。

3 古网翅类动物是早期飞翔昆虫，与蜻蜓相似，这一点可以从石板螳（*Lithomantis*）的翅膀化石得到证明，但都在二叠纪末期灭绝。

大灭绝事件曾在地球动荡的地质历史时期中出现，其中最大的一次灾难发生于2.52亿年前，并成为二叠纪和三叠纪的分界线。这次事件标志着漫长的古生代落下帷幕，中生代就此开启。二叠纪末期大灭绝可能是地球上对生物多样性打击最大的一次灾难。据一些研究估计，80%以上的地球物种消失，包括96%的海洋生物和70%的陆地脊椎动物。这次灭绝常被称为“大消亡”，地球生命花费了3 000万年时间才得以恢复。虽然大家更熟悉6 600万年前毁灭了非鸟恐龙和其他很多物种的白垩纪末期大灭绝，但二叠纪大灭绝要严酷得多。

没有人真正知道大灭绝的确切原因。此事件发生在2.5亿多年前，几乎比白垩纪末期的大灭绝距今时间多3倍，因此许多地质证据都已经毁灭或埋藏到了地球深处。鉴于缺乏证据，大多数专家都推测主要原因是全球性灾害，例如小行星、彗星撞击或一系列剧烈的火山爆发。这类迅速发生的灾难性事件可能会引发第二波长期事件，例如酸雨和全球变暖，它们以难以想象的力量毁灭了地球上的生命。小行星碰撞可能就是白垩纪末

关键事件

2.99亿年前	2.8亿年前	2.7亿年前	2.59亿年前	2.55亿—2.5亿年前	2.54亿—2.51亿年
陆生生命繁荣昌盛的湿暖石炭纪结束，二叠纪开始。	陆块聚集在一起，形成盘古超级大陆，周围是巨大的泛古洋。	盘古大陆腹地的气候越来越干旱严酷，奥尔森灭绝事件开始，这是一场规模比较大的早期灭绝事件。	二叠纪最后一个阶段乐平统开始，物种更迭率第一时间有所增加。	海洋栖息地中较高浓度的二氧化碳会渗透到浅滩并杀死许多生命。	大量树木死亡，可能因为剧烈的气候变后来的化石表明真菌子的浓度大幅度升高

期大灭绝的起因，毁灭性更强的二叠纪末期灭绝可能也是由类似事件引发的。专家已经发现了几个可能的撞击点，巴西的阿拉瓜伊尼亚陨石坑（见图1）的可能性最大，不过还没有得到证实。西伯利亚保留着二叠纪末期剧烈火山活动的证据，火山爆发会引起大范围的火灾，还会让大气充满有毒的火山灰和二氧化碳。这种规模的污染会带来持续多年的酸雨和全球变暖，让起初侥幸逃过一劫幸存下来的所有生物都再次遭到威胁。

二叠纪末期大灭绝对地球生物多样性的影响很难准确评估。灭绝的原因非常错综复杂，而且多样性下降似乎是分阶段发生的，可能经历了数百万年时间。海生物种的伤亡最为惨重，大气中二氧化碳的变化对各种腕足动物、珊瑚、棘皮动物和海绵的伤害最大，死亡的地衣形成了叠层石（见42页）。这些生物都要在稳定的二氧化碳水平下才能维持骨骼正常，而大气中二氧化碳的大幅增加会对它们造成毁灭性打击。这次事件也消灭了九个主要的昆虫族群，并且显著降低了其他10个族群的数量。灭绝的族群包括石板蝗（见图3）和古网翅目的所有成员，古网翅目在所有已知的古生代昆虫中占50%。专家认为物种减少与二叠纪植物群的毁灭有关，但灭绝事件对植物的总体影响尚不明确。二叠纪也被称为两栖动物时代（见214页），但在灭绝开始之前，优势两栖动物就已经开始衰落。气候越来越干燥，使依赖水的两栖动物难以生存。其他陆生脊椎动物的日子也很艰难，雷塞兽（见图2）等兽孔类（似哺乳类爬行动物）就走向了灭绝或严重衰落。这场大灭绝足以为新的恐龙时代扫清道路。

二叠纪末期大灭绝结束后，地球上的生命花费了数百万年时间才得以恢复。专家认为，在生命复苏之前，一波接一波的灭绝又在早三叠世里持续了500万年之久。中国科学家2012年的一项研究发现，早三叠世的海洋温度可能超过40℃，大多数海洋生物都很难在这种高温下繁盛起来。陆生脊椎动物也是在数百万年后才恢复生机，较小的离片椎目两栖动物（见206页）比更大的壳椎类表亲更适应环境，而兽孔类脊椎动物——现生哺乳动物的祖先（见236页），以及主龙类（见248页）——恐龙和现生鳄类的祖先，成了三叠纪的主宰。LG

2.54亿年前	2.52亿年前	2.52亿—2.5亿年前	2.52亿— 2.5亿年前	2.45亿年前	1.25亿年前
二叠纪末期火山活动急剧增加，导致本就在摧毁诸多生物的气候继续剧变。	“大消亡”爆发，二叠纪和古生代戛然而止。	兽孔类中的数千个属在100万年的灭绝事件里消失，例如掠食者恐蛇发女妖兽属。	大量火山气体的灰烬和颗粒遮天蔽日，气候开始转寒，酸雨毁灭了植物。	“大消亡”之后，生物多样性首次显示出了恢复的迹象。生物开始适应新的环境，部分植物进化出了强大的耐酸能力。	全球海洋生物恢复到晚二叠世的水平，此时距离二叠纪末期大灭绝已经过去了1.25亿年。

罗平生物群化石床

早三叠世—中三叠世

地点：中国云南罗平县
年代：2.43亿—2.4亿年前
族群：见右
化石床深度：16米

中国云南省的罗平化石点在2007年迎来了首次考察。当时有专家发现，附近居民修建房顶的石板上保存着许多化石。这些化石来自一座小山的山顶，到2010年，当地已经出土了2万多件化石。含有化石的石灰岩和类似的沉积物是中三叠世的海床，距今2.43亿—2.4亿年，即二叠纪末期大灭绝事件的1 000万年之后。

保存完好的罗平化石来自层叠整齐的平岩层，时间顺序明确，因此可以精确定年。罗平化石体现出了整个海生动植物和其他生物群体（生物群）的面貌，它们似乎已经从大灭绝中恢复过来，生物多样性几乎回到了灭绝前的水平。各族群的构成与二叠纪相似，食物链底部是植物，随后是植食性动物、一级肉食动物、二级肉食动物（以一级肉食动物为食），等等。浮游滤食生物、腐食动物和食腐屑生物在海床的覆盖物上寻找食物，此类生物大多都是新进化的物种。只有1/10的二叠纪物种战胜了大灭绝，罗平动物群包括新的有孔虫门（单细胞生物）；虾、水蚤和其他甲壳类；剑尾目（鲎，见140页）；双壳贝类、腹足类海螺、箭石、菊石和其他软体动物（见124页）；腕足类；牙形石；海百合、海星、海胆和其他棘皮动物；多种鱼类，包括腔棘鱼（见200页）；以及鱼龙等海生爬行类（见248页）。它们会在三叠纪中继续进化，在有史以来最严重的灭绝事件之后，罗平化石点详细记录了地球生命在数百万年间的复苏和进化过程，表明它们依然延续着同样的生态组织。SP

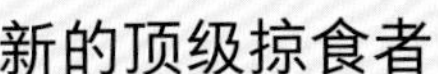

新的顶级掠食者

在三叠纪的罗平化石中，肉食动物的变化最为明显。新物种将凶猛的大型顶级掠食者推上了新的台阶，其中包括长长的硬骨龙鱼和3种新的爬行动物：身长超过2米的幻龙（*Nothosaurus*，见242页）、恐头龙（*Dinocephalosaurus*）和鱼龙类的混鱼龙（*Mixosaurus*）。它们和其他顶级掠食者在三叠纪中不断进化，争先恐后地让身体变得更大。在区区几百万年时间里，地球上就出现了比它们大得多的海生爬行类掠食者，例如幻龙类中身长5米的色雷斯龙（*Ceresiosaurus*，上图）。

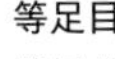

要点

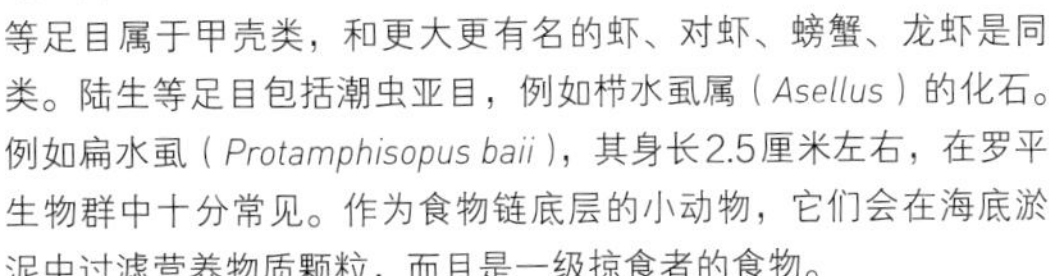

等足目

等足目属于甲壳类，和更大更有名的虾、对虾、螃蟹、龙虾是同类。陆生等足目包括潮虫亚目，例如栉水虱属（*Asellus*）的化石。例如扁水虱（*Protamphisopus baii*），其身长2.5厘米左右，在罗平生物群中十分常见。作为食物链底层的小动物，它们会在海底淤泥中过滤营养物质颗粒，而且是一级掠食者的食物。

掠食性鱼类

在首先得到分析的2万件罗平化石中，鱼类的占比不足4%。最大的鱼类是辐鳍类的云南龙鱼（*Saurichthys yunnanensis*）。它们是身体细长光滑的掠食者，体长大约1米，颌部占全部体长的1/3，背鳍和臀鳍都明显朝向后方，靠近尾部。它们可能依靠快速行动来捕食猎物，和如今的梭子鱼十分相似。

鱼龙类掠食者

混鱼龙是罗平海生鱼龙类的代表生物。它们是最快最大的新顶级掠食者之一。这个属后来分化出了许多三叠纪海洋中的漫游成员，有些体长超过2米。它们的化石分布广泛，包括北美、欧洲、东亚和东南亚。

羊膜类
四足动物，从防水且坚硬的蛋中孵化
下孔亚纲
真盘龙亚目，如异齿龙（Dimetrodon，见 238 页）、兽孔目和哺乳类（见第七章）
蜥形纲
形态类似蜥蜴
真爬行动物
真正的爬行动物（见 230 页）
无孔亚纲 / 副爬行动物
如中龙（Mesosaurus）、锯齿龙（Pareiasaurus）
大鼻龙科
如大鼻龙属（Captorhinus）、康科迪亚龙属（Concordia）和罗氏龙属（Romeria）
卢默龙类
如林蜥（Hylonomus，见 232 页）
原古蜥科
双孔亚纲
头骨两侧有两个孔洞
纤肢龙目
新双弓类
除一些早期原始类型外的所有双弓类动物
蜥类（疑似）
大多数现存的和化石四足动物
杨氏蜥形目
如杨氏蜥
鳞龙形下纲
“有鳞的蜥蜴形态”不确定的分类
主龙形下纲
主要的蜥蜴形态
其他鳞龙形下纲动物
?
位置不确定
鱼龙目
鱼龙（见 244 页），如鱼龙属（Ichthyosaurus communis，见 246 页）
龟鳖目 / 海龟目
乌龟和水龟（见 292 页），如古巨龟（Archelon ischyros，见 294 页）、啮龟、大鳄龟、真鳄龟（Macrochelys temminckii，见 296 页）
其他主龙形下纲动物
鳍龙超目
“具有鳍状肢的蜥蜴”（见 240 页）
鳞龙超目
具有层层鳞片的爬行动物
主龙形类
起源于二叠纪
喙头龙目
喙头龙和长颈龙（Tanystropheus）
有鳞目
蜥蜴、蛇和沧龙
喙头目
呈鸟喙状的头
其他主龙形类
如古鳄科、原鳄龙类
镶嵌踝类主龙
具有踝关节
楯齿龙目
如楯齿龙（Placodus）
幻龙目
如幻龙（Nothosaurus，见 242 页）
蛇颈龙目
蛇颈龙（见 282 页），如薄板龙属（Elasmosaurus platyurus，见 286 页）
楔齿蜥科
楔状的牙齿，如楔齿蜥（见 234 页）
如腹躯龙
（Pleurosaurus）
主龙类
主要的爬行动物，如鳄鱼、恐龙、鸟及其祖先
植龙目
其他蛇类和蜥蜴类
如细小矢部龙（Yabeinosaurus tenuis，见 348 页）
壁虎、蛇蜥、盲蜥和石龙子，如新石龙子（Neoseps reynoldsi，见 350 页）
伪鳄亚目
类鳄鱼的古蜥
鸟颈龙类主龙
类恐龙和鸟类的古蜥
鳄类
主要的鳄类家族（见 254 页）
鸟鳄类
如鸟鳄（Ornithosuchus）
翼龙目
翼龙（见 288 页）
恐龙总目
恐龙形态
有毒类
和有毒物质相关
蜥蜴、引螈
副鳄形类
包括三叠纪的鳄形动物
波波龙科
蛇蜥和巨蜥
巨蜥，如科莫多龙（Komodoensis）和沧龙（见 352 页），如霍夫曼沧龙（Mosasaurus hoffmanni，见 354 页）以及鬣蜥
蛇亚目
（见 358 页），如网纹蟒（Python reticulatus，见 362 页）和里奥内格罗纳哈什蛇（Najash rionegrina）
其他恐龙总目动物
如跳龙（Saltopus）、马拉鳄龙（Marasuchus lilloensis，见 250 页）兔蜥（Lagerpeton）和西里龙科（如西里龙）
鳄形总目
鳄鱼的形态
劳氏鳄科
如劳氏鳄（Rauisuchus）
真鳄类
现存的鳄鱼，如恒河鳄（Gavialis gangeticus，见 258 页）
其他鳄形总目动物
如帝鳄（Sarcosuchus imperator，见 256 页）
长爪翼龙类
具有长爪的翼龙
真双型齿翼龙科
如真双型齿翼龙
喙嘴翼龙亚目
如喙嘴龙（Rhamphorhynchus）
单窗孔类
翼手龙和达尔文翼龙（Darwinopterus）
翼手龙亚目
具有“翼手”的形态
蛙嘴龙科
鸟掌翼龙超科
如夜翼龙（Nyctosaurus）、风神翼龙（Quetzalcoatlus）和无齿翼龙（Pteranodon longiceps，见 290 页）
古翼手龙下目
如翼手龙属（Pterodactylus）

5 爬行动物

不依赖于水的卵出现之后，部分四足动物就不用再依靠水环境繁殖，干燥皮肤等新特征也进一步切断了它们对水的依赖。由此产生的爬行动物可以在干燥的陆地上生存，并进化出多种成员，不过一些鱼龙和蛇颈龙等部分族群又重新成为纯水生动物。一系列涉及姿势、骨骼形状和肌肉附着的新特征催生了成员最多、最著名的动物族群——恐龙。

早期爬行类

1 盾甲龙（*Scutosaurus*）身长大约3米，是敦实的锯齿龙科植食性动物，生活在远古时期的俄罗斯地区。

2 蛇蜥是没有腿的有鳞目动物，蜥蜴和蛇都是有鳞目的成员，但蛇蜥和蛇走上了不同的进化道路，它们非常擅长应对地下的生活。

3 腹躯龙（*Pleurosaurus*）是一种60厘米长的水生喙头目，是生活在1.5亿年前的楔齿蜥表亲。

爬行动物是主要的陆生脊椎动物之一，包括海龟、水龟、陆龟、蜥蜴、蛇、鳄类（如短吻鳄和凯门鳄）。鸟类和其他有羽恐龙以及毛茸茸的翼龙也都被称为爬行动物。在刻板印象里，爬行动物是皮肤长有鳞片、四肢张开的冷血动物。但化石表明，同蜥蜴以及鳄鱼走在同一条进化道路上的诸多已灭绝动物都具有羽毛或毛发状结构，而且具有直立在躯干下的四肢，还可以产生并储存热量。因此科学术语中的爬行动物与平常生活中所说的“爬行动物”并不相同。

最初的爬行动物是四肢外展的小动物，与哺乳动物祖先下孔类的关系很近（见424页）。两者具有共同祖先，而且都属于四足动物里的一个大类：羊膜动物。与早期四足类脊椎动物不同，羊膜动物会用羊膜囊和外壳保护它们正在发育的胚胎。它们有几个共同的解剖特征，包括手指和脚趾上的爪子、踝部的距骨，以及完全失去了其他脊椎动物（特别是鱼类）的侧线系统——这是水生动物的感觉系统。这些特征表明羊膜动物不同于鱼类和两栖动物，它们自出现起就完全生活在陆地上，而且不再需要水来繁

关键事件

3.15亿年前	3.15亿—3.12亿年前	3.05亿年前	3亿年前	2.95亿年前	2.65亿年前
最古老的羊膜动物出现，一系列解剖特征都表明它们完全生活在陆地上，不需要依靠水环境繁殖。	真爬行动物出现，发现于新斯科舍的林蜥最为著名。它们是身体轻盈的小型食虫动物，体长不足20厘米。	双孔类出现。它们身体轻巧，拥有细长的腿部，很可能是敏捷的食虫动物。油页岩蜥（*Petrolacosaurus*）是这类动物的典型代表。	副爬行动物、下孔类、早期双孔类生活在同一时期。下孔类很快就成了最重要的掠食者。	副爬行类进化出了多种新的形态和生活方式，其中包括植食动物和食虫动物，有些就具有特化的牙齿。	双孔类中的两大主要类群出现，即主龙形类和鳞龙类。它们最初都是形似蜥蜴的敏捷食虫动物。

育卵或后代。结实的下颌和牙齿让早期羊膜动物获得了竞争优势。有几种羊膜动物成了特化的掠食者，其他成员则是杂食动物或植食性动物。很多人认为早期羊膜动物的皮肤比其他四足动物更干燥、更防水，这是它们征服陆地的一大优势，不过和第一批羊膜动物亲缘关系最近的族群其实也已经进化出了厚实干燥的皮肤。

根据爬行动物和下孔类留下化石的最早时间来看，它们的共同祖先生活在3.15亿年前的晚石炭世。早期下孔类和爬行动物的外形和生活方式都很相似，所以专家们经常把它们的化石搞混。不过越接近石炭纪末期，它们的差异就越大。石炭纪晚期的爬行动物进化大爆发造就了新的食虫性、杂食性和植食性爬行类，例如副爬行类和真爬行动物。粗钝的牙齿和有锯齿的叶状牙齿表明，盾甲龙等一部分副爬行类（见图1）是植食性动物。骨质铠甲在这个群体中十分常见，可能是对抗下孔类掠食者的防御措施，例如当时的异齿龙（见238页）。部分副爬行类动物体形庞大，体长可以达到3米。

真爬行动物是占据主要地位的新爬行动物族群，它们和副爬行动物同时诞生，真爬行动物的四肢比下孔类和副爬行动物更加细长。最初的真爬行动物以昆虫为食，林蜥（见232页）就是一个典型的例子。它们是小型掠食者，和几个早期同类同为第一批具有蜥蜴形态的动物，而且直到灭绝时都没有变化。蜥蜴形态的爬行动物大多都属于双孔类，这类生物在眼睛后面的骨骼上进化了两个巨大的开口，好附着更大的闭颌肌肉。双孔类中诞生了蜥蜴、蛇、鳄鱼、恐龙、鸟类和许多其他类型的动物。它们的头骨和牙齿主要体现出了捕食昆虫的特征。

主龙形类和鳞龙类这两个最重要的双孔类族群在2.65亿年前诞生。前者包括大量形似蜥蜴的物种以及鳄鱼、恐龙所在的主龙类。主龙类是陆生脊椎动物的典范：它们进化出了巨型身体、羽毛、动力飞行能力和许多其他新特征。而鳞龙类始终保持着蜥蜴的形态，绝大多数现生成员都属于有鳞目（见图2）。鳞龙类中的喙头蜥类（见图3）在三叠纪和侏罗纪里经历了爆发式进化，很多成员都在2亿年前繁荣昌盛。它们如今只剩下两个物种，都是新西兰的楔齿蜥属（见234页）。DN

2.55亿年前

有铠甲的副爬行动物锯齿龙类分布到了盘古超级大陆的大部分地区。这些庞大的植食性动物是当时最大的陆生动物。

2.3亿年前

中三叠世的灭绝事件摧毁了很多副爬行动物，不过也有一部分成员延续到了晚三叠世。

2.25亿年前

鳞龙类的多样性增加。有鳞目的情况不明，但喙头目中诞生了楔齿蜥，它们占据着后来属于蜥蜴的生态位。

2亿年前

喙头目的多样性大幅增加，催生了食虫性成员、陆生植食性成员和海生掠食者。

1.4亿年前

喙头目衰落，但新的有鳞目开始在全球生态系统中占据重要地位，包括蛇和现代蜥蜴。

6 600万年前

一个喙头目族系从白垩纪大灭绝中幸存下来，在新西兰繁衍生息，成为适应寒冷气候的动物。

林蜥

晚石炭世

种：莱氏林蜥
（*Hylonomus lyelli*）
族群：原古蜥科
（Protorothyrididae）
体长：20厘米
发现地：加拿大

林蜥（学名意为“森林居民”）属于原古蜥科，是典型的早期爬行动物，经常被视始爬行动物的原型。它的化石由地质学家威廉·道森（1820—1899）于1852现，出土地点是加拿大新斯科舍的乔金斯化石点，保存化石的岩石形成于3.12亿年前氏林蜥得名于道森的同事查尔斯·莱伊尔。

林蜥总长不到20厘米，是一种长尾四足动物，它形似蜥蜴，但从细节上看要比原始得多。按照全身比例，林蜥身体偏长，眼后的颅骨没有开口，而真蜥蜴的头骨上大的开口。此外，林蜥及其近亲没有爬行动物后来进化出的长颈部和四肢。林蜥的颌有尖锐的小牙齿，可见它们是以具有薄甲壳的小昆虫和其他四足动物为食。在晚石炭二叠纪中，林蜥等爬行动物催生了双孔类，后者中又诞生了大量统治地球数亿年的爬物。林蜥和其他几种小型化石动物都保存在巨大木桩腐烂后留下的大洞中。有理论认们在追逐猎物的时候跌进树洞，最终饿死。树洞里除了林蜥和其他动物的化石，也保昆虫，证明这个理论可能成立。树洞也有可能是筑巢的地方，林蜥及其近亲会定期还有一种可能是这些动物为了躲避森林大火而躲进树洞，但最终死亡。石炭纪大气的量很高，因此树林经常发生火灾，小动物不得不常常设法躲避大火。DN

图片导航

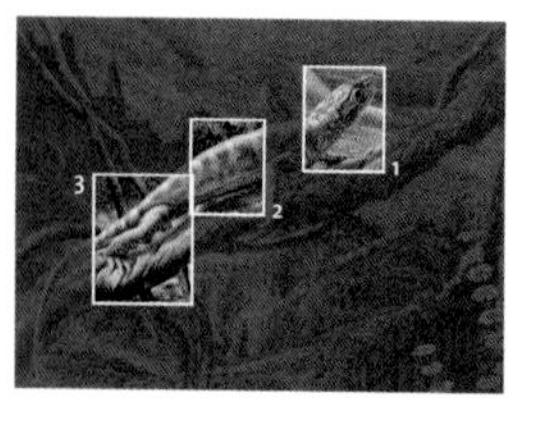

要点

1 头部
拇指大小、略呈盒状的头部在前端具有鼻孔和比较大的眼眶。除了颌齿，口腔内的骨质上颌也有牙齿，这些小而尖的颌齿是早期爬行动物和早期陆生脊椎动物的典型特征。

2 皮肤
鳞片有助于减少皮肤失水。早期生物的化石表明，林蜥虽然没有留下皮肤印痕，但它们肯定至少具有腹部鳞片。林蜥很可能全身都有鳞片，但并不是像蛇和蜥蜴身上那样相互重叠的鳞片。

3 四肢
修长的四肢表明林蜥比更早的四足脊椎动物跑得更快，而且可以爬上低矮的树枝。化石保存质量不佳模糊了解剖细节，但类似踝骨的块状物体表明林蜥的足部不如后来的爬行动物灵活。它们可能要比现代蜥蜴笨拙一些。

科学家简历

1797—1829 年
查尔斯·莱伊尔生于苏格兰，受身为植物学家父亲的影响，对自然充满兴趣。莱伊尔于1819年从牛津大学毕业并成为一名律师，但在1827年，他已经变成了全职地质学家。

1830—1840 年
莱伊尔的代表作《地质学原理》在1830—1833年出版，分为三卷。他在书中拥护均变论，即自然界里正在发生的事件从古至今都在发生。例如，火山不仅最近喷发过，而且在漫长的地质历史中也时有喷发。苏格兰地质学家詹姆斯·赫顿（1726—1797）在18世纪80年代提出了这个理论，而莱伊尔让它广为流传。

1841—1851 年
莱伊尔在1841年造访了美国和加拿大，又在1845—1846年故地重游，这次他还和威廉·道森一起展开考察。道森是个精力充沛的加拿大地质学家，也是魁北克麦吉尔大学的教育改革家和校长。

1852—1855 年
1852年，道森在乔金斯化石点发现林蜥的化石，他决定将这份荣誉献给同事和良友莱伊尔，于是将化石命名为莱氏林蜥。当时他还没有意识到这具化石作为最古老爬行动物的重大意义。后来又有其他两具化石被归入了林蜥。

1856—1859 年
莱伊尔让均变说得到了广泛认可，这个理论表明地球的历史远长于6 000年，这让达尔文相信进化有足够的时间发生。达尔文创建自然选择进化学说时也得到了莱伊尔的支持和鼓励。莱伊尔的《地质学原理》对达尔文产生了巨大影响，达尔文在发表于1859年的《物种起源》中借鉴了其中的结论。

1860—1875
莱伊尔在1864年因为学术成就而获封男爵。《地质学原理》修订到了11版，但他在1875年修订第12版时逝世。

◀ 颊齿长而尖，很适合穿透昆虫和其他节肢动物的身体。林蜥具有35 ~ 40颗牙齿，一些前部的牙齿比较长，类似獠牙，很可能是用来发起第一击，并在林蜥准备发起致命的第二击时固定猎物。

楔齿蜥

更新世至今

种：斑点楔齿蜥
（*Sphenodon punctatus*）
族群：喙头目
（Rhynchocephalia）
体长：76厘米
发现地：新西兰
世界自然保护联盟：无危

图片导航

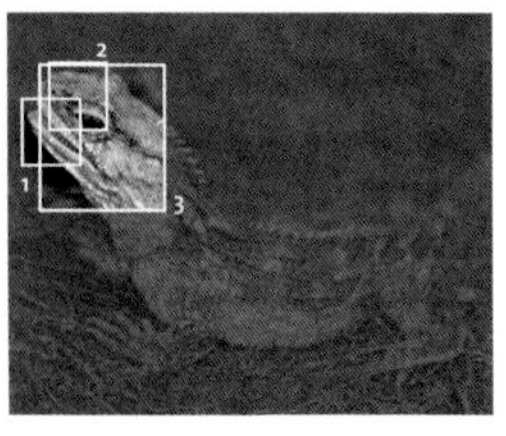

楔齿蜥有两个现生种，即斑点楔齿蜥和冈氏楔齿蜥（*S. guntheri*），都只生活在新西兰附近的离岛上。它们代表着曾经种类繁多、数量庞大的喙头蜥类，这是和蛇以及蜥蜴有亲缘关系的爬行动物族群。中生代的喙头蜥遍布世界，而且进化出了众多生活方式和身体形态。现生的喙头蜥是世界上最奇特的动物之一：它们代谢缓慢，寿命超过100年，需要成长20年才达到性成熟，卵需要两年时间才能孵化。现代喙头蜥体长76厘米，以昆虫、螺类、蛙类、蜥蜴和海鸟雏鸟为食。但一些已灭绝的喙头蜥是植食性动物、杂食动物，甚至会下海捕鱼。白垩纪里最大的喙头蜥超过1米，当时还生活着有铠甲的以海带为食的种类，这个族群在中生代里的多样性极其丰富，占据了后来属于有鳞目（蜥蜴和蛇）的生态位。有鳞目起源于中生代早期，但几乎所有早期成员都是没有特化的小动物。直到喙头蜥的多样性在白垩纪里下降之后，蛇和蜥蜴才开始进化出现代形态和生活方式。研究者本来以为喙头蜥是适应性更强的有鳞目的原始表亲，但事实并非如此。喙头蜥的头骨中有骨棒连接颧骨和颌关节，而有鳞目没有这个特征，不过早期喙头蜥也没有骨棒。这似乎是种内进化的结果，原因可能是颅骨和下颌运动以及进食造成的身体压力。DN

要点

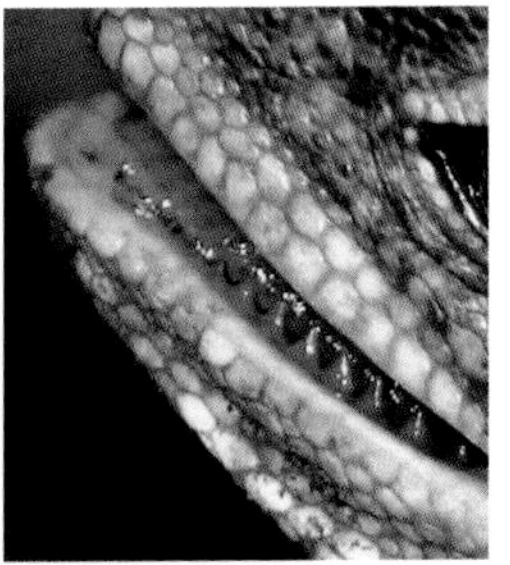

1 牙齿
楔齿蜥的牙齿十分特别。上颌尖端的两颗大切牙形成了突出的“喙”。颌部前面有类似犬齿的长牙，后部是三角形的牙齿，融合形成颌骨。下颌可以前后移动，刀刃一样的牙齿边缘可以剪切食物。

2 第三只眼
楔齿蜥头顶上有一只得名于顶骨的顶眼。其中具有晶状体、角膜和视网膜结构，但不能产生图像。这只眼睛可能与睡眠–觉醒周期激素系统有关。顶眼在刚孵化的楔齿蜥身上十分明显，因为覆盖它的皮肤在头三个月里都呈半透明状态。

3 头骨
楔齿蜥的头骨同蜥蜴、蛇相比十分原始，因为楔齿蜥的颧骨和颌关节之间有一根骨棒。这个结构让研究者一直都认为它们是1亿年来都没有变化的活化石，但化石记录表明它们的祖先并没有骨棒，这是通过再进化出现的结构。

楔齿蜥的亲缘关系

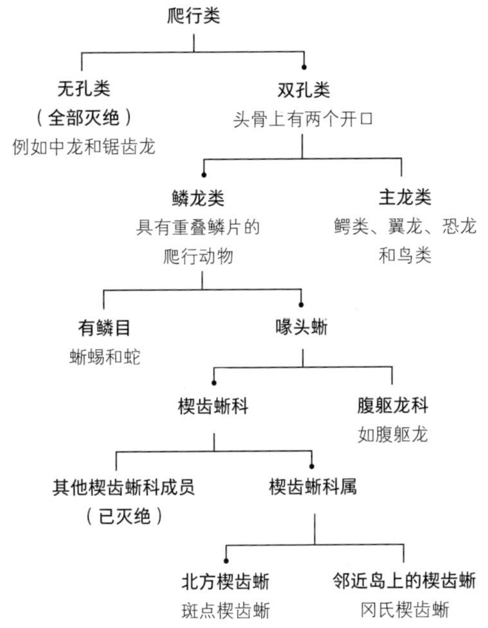

▲楔齿蜥类常被视为蜥蜴和蛇的姐妹群。楔齿蜥的姐妹群腹躯龙是蜥蜴形态的水生喙头蜥，体长约为60厘米。

化石表亲

白垩纪和侏罗纪的几种化石喙头蜥和现代楔齿蜥十分相似，例如中侏罗世墨西哥的犬楔齿蜥属。它们的下颌前部也有犬齿样牙齿，牙齿的生长方式也类似现生物种。另一个例子是萨帕塔蜥（*Zapatadon*），它们也来自墨西哥，是迄今为止最小的喙头蜥。它的头骨长只有11毫米，所以身体总长度不会超过15厘米。侏罗纪末期生活着拟始蜥（*Homoeosaurus*，右图）。它们的化石来自著名的德国巴伐利亚索伦霍芬石灰岩，骨架结构也和现生楔齿蜥十分相似。奇怪的是，尽管喙头蜥在数亿年间都保持着这样保守的解剖结构，但最近的研究表明，它们在分子水平上的进化极为迅速，几乎超过了所有其他动物。

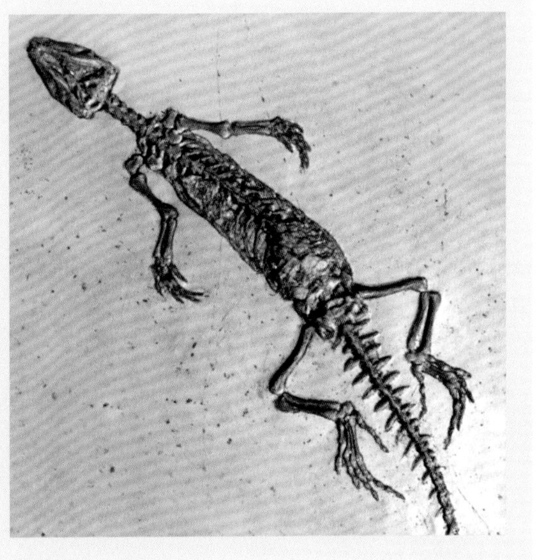

早期下孔类（合弓纲）

大约3.15亿年前，最古老的羊膜动物——用有壳蛋和羊膜保护胚胎的脊椎动物——催生了两个族系。其中一个是爬行动物，例如蜥蜴、蛇、恐龙、鸟类；另一个则进化成了哺乳动物。哺乳动物的分支为下孔类，它们拥有一系列相同的解剖特征，最重要的是眼后头骨上有一个开口。早期下孔类形似爬行动物，所以俗称“似哺乳类爬行动物”。学术界近年来认为爬行动物仅包括龟类、蜥蜴、蛇、恐龙和鳄类。因此下孔类不属于爬行动物，也不应该被称为“似哺乳类爬行动物”。

下孔类分为两大类。其中更古老、更类似爬行动物的族群是盘龙类。较晚出现的族群是兽孔类，兽孔类在外貌、解剖结构和生物学特征等方面都与早期哺乳动物非常相似。最古老的盘龙类体形很小，形似蜥蜴，牙齿和头骨的形状都表明它们是以小动物为食的，这类动物包括广泛分布的蜥代龙（又名蜥面龙）类，它们的化石曾被误认成早期爬行动物。其他成员的头骨很长，特别是蛇齿龙类（见图1），这是在浅水中捕捉鱼和其他水生动物的典型特征。卡色龙类也是早期下孔类动物，它们是最早的大型陆生植食性动物，刚开始进化时，它们身长不足1米，但最终达到了6米

关键事件

3.15亿年前	3.1亿年前	3.05亿年前	3亿年前	3亿年前	2.9亿年前
最古老的下孔类诞生。它们和爬行动物十分相似，两者的亲缘关系十分密切，但很快就走上了不同的进化道路。	蛇齿龙科的早期成员始祖单弓兽（*Archaeothyris*）生活在北美，蜥代龙科和卡色龙类也生活在这个时代。	包括异齿龙在内的楔齿龙科发生了大进化。其中的所有成员都有大犬齿，但牙齿的形态各不相同。	蛇齿龙（*Ophiacodon*）生活在北美，这是体形最大的下孔类。它们头骨很长，是体长3米的两栖掠食者。	植食性的基龙（*Edaphosaurus*）生活在欧洲和北美，也是第一批身体巨大的植食性动物，它们具有背帆。	杂食性、植食性的卡色龙出现，但它们可能在此前的石炭纪里就留下过化石。

的长度。小脑袋、肌肉发达的前肢和巨大的颌部都表明它们是挖掘者。这种生活方式非常成功，卡色龙类比很多其他早期下孔类族系都延续得更长久。

最著名的早期植食性下孔类是在欧洲和北美发现的基龙类，它们身体宽大，包括杂食和植食性动物。基龙进化出了专门用于采集和咀嚼高纤维植物的齿列。颌部外侧有和短钉一样的牙齿，上颌和部分下颌具有圆形小牙齿。基龙和掠食性的表亲异齿龙十分相似（见238页），都有巨大的背帆，但支撑背帆的骨骼形状不同，可见进化路线也不一样。这两种下孔类都是当时的巨兽，为什么它们都具有背帆还不得而知。这个结构是为了控制温度，为了求偶和社交展示，还是相互模仿的结果？具有背帆的基龙要比异齿龙早几百万年出现。

下孔类的进化中体现出了很多明显的趋势。它们的异型齿列越来越明显，即同一套牙齿具有不同的形态，它们进化出了切牙、犬齿、前磨牙和磨牙。头部和颌部的骨骼融合或退化，总体数量下降。虽然早期下孔类使用外展的四肢行动，但后来进化出了更类似哺乳类的形态和直立的四肢。化石记录很难体现出早期下孔类的行为和生活方式，不过也有迹象表明，最古老的下孔类具有很有意思的行为。例如人们曾在一个地洞中发现了5具有关节连接的蜥代龙科的沼始蜥（*Heleosaurus*）化石骨架（见图2）。其中只有一具是成体，其他都是大小相似的幼龙，几乎可以肯定是兄弟姐妹，可见它们有育幼行为。DN

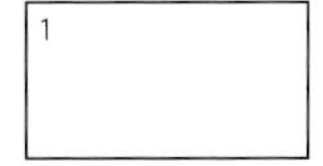

1 早二叠世蛇齿龙的头骨看似大得过分，其实很适合抓捕滑溜溜的猎物。有些标本的头骨长度超过50厘米。

2 沼始蜥发现于南非，化石形成于2.7亿年前。

2.8亿年前	2.75亿年前	2.7亿年前	2.7亿年前	2.65亿年前	2.52亿年前
欧洲和北美出现了多种掠食性异齿龙，它们是历史上第一批巨大的陆生顶级掠食者。	基龙在诞生2 500万年后灭绝，它们的延续时间在所有动物中都算得上十分长久。	多种卡色龙生活在北美、欧洲和俄罗斯。其中有些成员体形很小，而其他成员是当时最大的陆生动物。	兽孔类出现，祖先可能是楔齿龙。	大部分非兽孔类下孔类在大灭绝中消失，卡色龙和兽孔类幸存下来，后者最终进化出了哺乳动物。	大灭绝为二叠纪画上了句号（见224页），兽孔类受到了严重影响。

异齿龙

早二叠世

要点

1 牙齿

巨大异齿龙具有明显的异齿性（同一口牙齿的形态各不相同）。颌部前方是类似犬齿的长牙，而后部的牙齿更为短钝，部分牙齿的边缘具有牙尖。牙齿边缘的小锯齿可以将肌肉纤维压入锯齿之间的沟槽，提高切割效率。很多下孔类动物都独立进化出了这种锯齿牙齿。

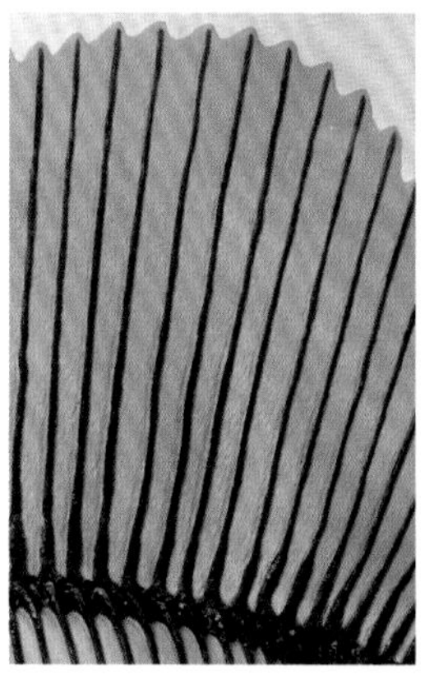

2 背帆

背帆由从脊椎向上生长出的长骨质结构支撑。巨大异齿龙的棘刺横截面是圆形，但有些异齿龙的棘刺横截面是"8"字形。棘刺之间可能是半透明的薄皮肤，由基底部的肌肉和韧带连接。化石表明背帆可能并不是非常竖直。

图片导航

种：巨大异齿龙（*Dimetrodon grandis*）
族群：楔齿龙亚科（Sphenacodontinae）
体长：1.5米
发现地：欧洲和北美

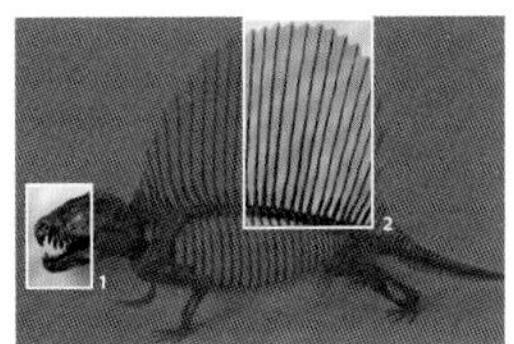

名气最大的早期下孔类是最终产生哺乳动物的非爬行动物。异齿龙体形巨大，而且是非常成功的掠食者，在欧洲和北美都留下了化石。它们种类繁多，最大的成员有3米长。这些强大的掠食者具有骨骼和皮肤组成的巨大背帆，所以很容易辨认。很久之后，部分恐龙也进化出了这种特征，包括巨型掠食者棘龙（见300页）。

异齿龙生活在2.9亿—2.7亿年前，是世界上第一种真正的大型顶级陆生捕食者，在历史上占据着重要地位。它们在掠食者中率先进化出了可以杀死大型动物的巨大体形和其他特征。此类特征包括特别结实的头骨和边缘带有锯齿的刃状牙齿。顶级掠食者的特征在脊椎动物的进化中不断出现，但异齿龙进化出奇特背帆的原因仍不明确，自19世纪70年代首次发现化石起就存在争议。比较流行的理论是背帆可以控制体温（见图），但是支撑背帆的骨骼结构与此不符，而且异齿龙的生长数据表明背帆的生长速度远远超过控制温度的需求。另一个解释认为背帆是用来吸引异性或显示社会地位的。在下孔类中，异齿龙属于规模庞大的楔齿龙科，这个科中只有部分成员具有背帆。楔齿龙科动物大多是不到1.5米的小型捕食者，还具有尖齿，所有成员的上下颌都长有特别明显的犬齿。人们常常认为异齿龙等早期下孔类的四肢外展，腹部靠近地面，尾巴拖在身后，但化石行迹表明它们实际上具有半外展姿态，肢体比较直立，身体和尾巴高于地面。DN

温度调节

异齿龙进化出高大背帆的原因引起了无休无止的争论。一个主流理论的核心是体温控制，即温度调节。天气炎热的时候，背帆就发挥着散热器的作用（右图），将多余的热量散布到空气中。天气寒冷的时候，背帆又可以作为太阳能板，吸收来自太阳的热量并将其传递到身体中。在这两种情况下，血液循环都担当起了在身体和背帆之间传递热量的重任。这意味着异齿龙可以自行改变体温，寒冷的时候就侧身晒太阳，过热的时候就到阴凉处侧身吹风。

最初的海生爬行类

3.4亿—2.5亿年前，爬行动物在陆地上繁衍，产生了众多生活在沙漠、沼泽、高地和树冠上的虫食性、肉食性和植食性族群。在这次大爆发期间，某些爬行动物很快就再次适应了海洋，过起了遥远鱼类祖先的生活。第一个回归者就是颌部细长的小型中龙（见图1）。这个神秘的族群生活在2.8亿年前。在2.52亿—2.01亿年前的三叠纪里，又有一些爬行动物完全抛弃陆地，回到了海洋。其中一些昙花一现，没有留下后代，但其他族群建立起了庞大的王国。

爬行类的体形可能很适合向海洋生活过渡，特别是当时温暖的气候有助于动物保持恒定的体温。它们在成为海洋生物的过程中发生了多次关键解剖结构改变，更长更灵活的颈部、颌骨和喉咙可以迅速抓住游动的猎物或将它们吸入口中。视觉和触觉也更加敏锐，强化了寻找和捕捉猎物的能力。此外，化石记录显示水生爬行动物的肢体变成了桨状（鳍状肢），身体和尾巴都成了能在水中高效运动的形态。

直接产下后代（胎生）的能力也是海洋爬行类的一大进化优势，但并不是非常关键，因为海龟也在海洋中生活了1亿多年，它们仍然选择到沙

关键事件

2.9亿—2.7亿年前	2.5亿年前	2.45亿年前	2.45亿年前	2.45亿年前	2.45亿年前
最初的水生爬行类中龙生活在这个年代，它们的祖先是陆生动物，但它们又回到了海里。	双孔类爬行动物中进化出了鳍龙类，但尚未发现具体的祖先。它们可能是鸟类和鳄类分支中的成员。	盾齿龙目诞生，它们和幻龙目以及蛇颈龙目具有共同祖先，早期成员的体形和大小相似。	像龟一样的盾齿龙目成员豆齿龙类（Cyamodontoids）诞生，并分布在特提斯海沿岸，它们的身体扁而宽，具有骨质甲板。	幻龙类分化出了多种成员，尝试着不同的生活方式，其中有些捕鱼者具有长长的颌部，而吸食者的颌部短而宽。	巨大的幻龙类从欧洲一直分布到了中国，在当时，它们是有史以来最大的海生爬行类。

滩上挖巢埋蛋。化石表明部分主要的水生爬行动物族群刚进化不久就具备了胎生能力。

鳍龙类是最成功和种类最多样的海洋爬行动物之一，其中具有鳍状肢的蛇颈龙类（见282页）最为著名，它们在三叠纪、侏罗纪和白垩纪里遍布全球。鳍龙类里很早就出现了两大分支，包括蛇颈龙在内的鳍龙超目里还有几个不太出名的群体：小型的肿肋龙类、较大且脖子较长的幻龙类（见242页），以及非常适应水中生活的皮氏吐龙。它们都在2亿年前的三叠纪末期灭绝浪潮中消失。这些动物都是水陆两栖的爬行类，会利用桨状四肢和细长的尾巴游泳。它们的所有关键进化事件都是在特提斯海沿岸发生的。这个巨大的海洋王国从如今的东亚一直延伸到西欧，其中有温暖的浅潟湖、广阔的海岸带，以及深海盆地。

第二个分支的成员以硬壳海洋动物为食，它们就是盾齿龙目，属于三叠纪的鳍龙类。盾齿龙得名于自己扁平的牙齿（见图2）。它们进化出了与众不同的牙齿，有的呈钉状，可以从海床上拾取食物；有的呈扁圆形，可以粉碎或打开贝壳。这些爬行动物的身体变得更宽、更扁、更重，铠甲越来越多。一部分原因是底栖猎物让掠食者逐渐变重，更重就能更高效地到达海底觅食。

早期盾齿龙目的形态和其他早期鳍龙类相似，基本上和蜥蜴一样，但它们的身体越来越宽、铠甲越来越多，最后形成了龟类的形态。无齿龙就是一个典型的例子（见图3），它们只生活在德国南部的潟湖中。无齿龙用来咬碎猎物的牙齿明显退化，似乎没有在觅食上发挥太大作用。而它们大嘴边缘上生长的小齿可以用来拾取小动物或从水下岩石上刮下海草碎屑，颌部边缘的沟槽里有浓密的毛发样鬃毛，可能是用于过滤水里的小动物或植物。无齿龙十分神秘，特征与众不同，所以专家们一直在努力厘清它们在盾齿龙目中的位置。它们不仅是最不寻常的鳍龙类，而且是最奇特的爬行动物。DN

1 最古老的水生爬行类之一——身体细长的中龙身长1米，动力主要来自长长的尾巴。它们可能是半两栖动物。

2 2.4亿年前的类盾齿龙，它们身长2米，可能会在浅水中游泳、划水、行走，以贝类为食。

3 无齿龙（*Heleosaurus*）身长1米，和龟类十分相似。它们是高度进化的神秘的盾齿龙类。

2.4亿年前	2.35亿年前	2.35亿年前	2.3亿年前	2.25亿年前	2.01亿年前
幻龙和三叠纪鳍龙类近亲分布在特提斯海北部。幻龙类现在占据了不同的环境。	发现于中国的肿肋龙类证明即使是早期鳍龙类也是胎生动物，后来的鳍龙类也都继承了胎生能力。	皮氏吐龙诞生，这是最适应海洋生活的鳍龙类，它们可能是蛇颈龙的前身。	盾齿龙目中的无齿龙出现，它们的进化几乎都是在德国的巨大潟湖中发生。	早期蛇颈龙在晚三叠世诞生，祖先是类似皮氏吐龙的生物，它们留下了化石碎片。	三叠纪末期大灭绝消灭了大多数鳍龙类，只有蛇颈龙生存到了侏罗纪。

幻龙类

中三叠世—晚三叠世

种：巨型幻龙
（*Nothosaurus giganteus*）
科：鳍龙超目（Sauropterygia）
体长：4米
位置：德国

幻龙类是最著名的三叠纪海洋爬行类，它们属于鳍龙类，生活在特提斯海沿岸。这片海域从如今的西欧一直延伸到东亚。幻龙类的种间差异非常大，在2.4亿—2.2亿年前，不同环境和不同时期分别造就了身体极小、中等和巨大的幻龙类成员。它们的头骨长而窄，可见是通过在水里左右摆动头部来抓捕猎物。它们的颌部可以迅速咬紧路过的动物。幻龙中体形较大的种类可能是栖息地中最强壮庞大的肉食动物，以其他海洋爬行类为食。其他幻龙类胃的内容物显示它们有时会吃一些小型海洋爬行类，例如盾齿龙。一部分和它们有亲缘关系的三叠纪鳍龙类也会以同样的方式捕食。幻龙类的近亲西姆龙（*Simosaurus*）具有更宽、更平、更圆的吻部和颌部，可能是吸食者，会通过迅速张开嘴来吞噬水里的猎物。

巨型幻龙的化石数量庞大，大部分都是19世纪30年代的德国标本，为相关研究提供了很多资料。较大的幻龙，例如德国的巨型幻龙，它们全身长度超过4米，头骨超过70厘米。而来自以色列的哈氏幻龙（*Nothosaurus haasi*）体形较小，头骨只有12厘米长，全身长度不足1米。小型成员和更大的成员一起进化，它们的祖先也是和巨型幻龙一样的大型动物。它们可能是为了适应新的栖息地或食物来源减少而变小。DN

图片导航

要点

1 头骨和牙齿

巨型幻龙头骨很长，窄而且浅，眼部前方的颌部有可以互相咬合的牙齿。巨型幻龙容纳闭颌肌的空腔长而大，表明它们能够迅速有力地闭合颌部，以便抓住猎物。头骨和牙齿形状表明巨型幻龙等幻龙类主要以鱼类和软体乌贼为食。

3 尾部

巨型幻龙的尾部从比例上看短于早期鳍龙类，它必然有调节游泳方向的作用，但它的重要性不如其祖先群体。很少有关于幻龙游泳行为的研究，但其桨状的四肢和游动轨迹证据表明游泳时前肢会做出划水动作。

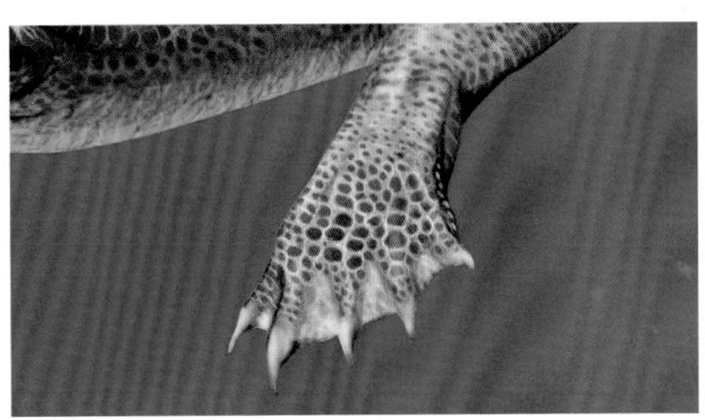

2 皮肤和鳞片

所有的鳍龙类都是双孔类爬行动物，刚开始进化时都长有鳞片。但尚不清楚它们是否始终保持着有鳞皮肤，有可能部分族群失去了鳞片，进化出了光滑的皮肤。这有助于减少水的阻力，从而提高游泳速度，节约能量。

4 桨状四肢

针对巨型幻龙四肢、肩、髋的研究表明，它们可以用爬行动物的方式在陆地上行走。但手骨和足骨表明它们的四肢更接近桨状，且没有分开的手指和脚趾。它们在中国留下了数百条在海底“拖曳”的痕迹化石，这也是桨状四肢的证明。

物种命名

这些史前生物的情况只能从化石中揣测，所以新的化石可能会表明我们本以为互不相关的物种其实是近亲。古生物学家格奥尔格·明斯特（1776—1844）在1834年发现了第一具幻龙化石，这个被称为奇异幻龙的标本也成为后续分类的参考“样本”，此后又有许多类似的生物被命名。随着更多证据的出现，专家又进行了命名，所以这个属里大约有50个种被重新归为12 ~ 14种幻龙。相关的属包括中国身长3米的贵州龙（*Keichousaurus*，右图）。

鱼龙类

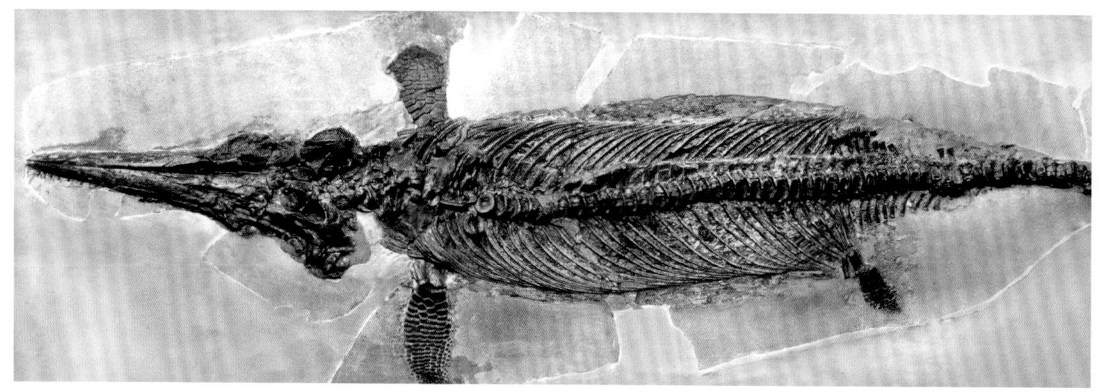

在所有海生爬行动物中，2.5亿—1亿年前的鱼龙类是特化程度最高的一个族群。德国发现过1.8亿年前的完整鱼龙化石（见图1），表明侏罗纪和白垩纪的鱼龙与现代鲨鱼或海豚形态相似。它们的身体都是流线状的鱼雷形，具有三角背鳍和一个垂直的双叶尾部，不过只有下叶有骨骼支撑。这种形态不同于其他爬行动物，因此很难确定鱼龙在爬行动物里的位置。

尽管最早的鱼龙化石显示这些爬行动物是可以游泳的鳍状肢动物，但尚不明确鱼龙的祖先到底是哪种动物，不过它们可能与中国三叠纪的湖北鳄是近亲，后者体形很小，颌部很长。如果这一点得到证实，那就表明鱼龙起源于水生祖先，并且在鱼龙本身进化之前，鱼龙祖先就已经拥有了许多适合水中生活的特点。鱼龙眼后的头骨结构表明，它具有很多高度进化的典型爬行动物特征，但早期成员似乎具有典型的双孔类头骨开口。后者是一个规模庞大的族群，包括蜥蜴和进化出恐龙以及翼龙的主龙类。

晚期的鱼龙是“鲔行式动物”，因为它们和现代海洋中的游泳健将一样拥有流线型身体，例如金枪鱼、大白鲨和海豚。鲔行式体形同掠食性生活方式以及产生并保持体内热量的能力有关。鲔行式鱼龙是最早进化出这种行为和体形的动物之一，因为它们的诞生远早于海豚、金枪鱼和鲔行式鲨鱼。但也不是所有鱼龙都是如此，在进化出鲔行式族群之前，萨斯特鱼龙和杯椎鱼龙等鱼龙类的身体和尾巴都很长，且有着钝尖、扁平或圆滑的

关键事件

2.5亿年前	2.45亿年前	2.45亿年前	2.3亿年前	2亿年前	2亿年前
最古老的鱼龙诞生，包括不列颠哥伦比亚省的侏儒泅鱼龙（*Parvinatator*）。它们具有适合游泳的鳍状肢和身体。	混鱼龙类是一群拥有钝尖或丘状牙齿的古代鱼龙，分布在欧洲和亚洲，体长不足3米。	北美的海帝鱼龙等掠食性鱼龙成为海洋中的顶级掠食者，它们具有强壮的颌部和巨大的刀状牙齿。	小鳍类鱼龙诞生，它们是第一批具有桨状后肢和退化腰带的鱼龙类，最古老的小鳍类鱼龙是哈德森希望鱼龙（*Hudsonelpidia*）。	类似泰曼鱼龙的动物中进化出了进步的鲔行式鱼龙，其中最古老的成员诞生于欧洲，例如鱼龙。	大部分鱼龙都是巨大的泰曼鱼龙类和蛇嘴鱼龙类，和此前的族群相比，它们身体的流线型程度更高，鳍状肢更纤细。

牙冠。萨斯特鱼龙和杯椎鱼龙是大型掠食者。来自不列颠哥伦比亚省的西卡尼萨斯特鱼龙（*Shastasaurus sikanniensis*）有20多米长，成了有史以来最大的动物之一，它们似乎没有牙齿，所以会用粗糙的颌部边缘来抓捕鱼类和乌贼类猎物。其他萨斯特鱼龙具有巨大的刃状牙齿，会捕食大型海洋动物。海帝鱼龙（*Thalattoarchon saurophagis*，见图2）长8.5米，拥有结实的颅骨与具有切割边缘的大牙齿，这种牙齿也被称为龙骨齿。

在2.3亿—2.2亿年前的三叠纪末期，地球上诞生了身体较短的鱼龙族群，巨大的扇形肩胛骨变得更小更细，腰带变小，后肢骨骼也更短、更小，这些鱼龙被称为小髋鱼龙类。小髋鱼龙类一开始是敏捷的小型掠食者，捕食鱼类和其他快速游动的生物。到2亿年前，小髋鱼龙类已经进化出了多种成员，而其他鱼龙族群都已灭绝。泰曼鱼龙（*Temnodontosaurus*）是体形特别大的早期长吻小髋鱼龙类，其身长超过12米，圆锥形的大牙齿和强健的下颌表明它们是顶级掠食者，取代了之前的萨斯特鱼龙。不过和以前的族群相比，泰曼鱼龙的形态更具流线型且更接近鲨鱼，一些标本表明其眼球直径超过25厘米，称得上是生物史上最大的眼睛。不过后来的鱼龙进化出了和身体相比更大的眼球。类似剑鱼的蛇嘴鱼龙类也和泰曼鱼龙一起诞生，有些成员的上颌要比下颌长好几倍。

鲔鱼龙类也在这个时期出现，它们也是最后的小髋鱼龙类。鲔鱼龙类早期成员包括大家熟悉的欧洲普通鱼龙（*Ichthyosaurus*，见246页）和体形类似但更大的狭翼鱼龙。鱼龙中只有鲔鱼龙类生存到了1.5亿年前的晚侏罗世，它们也是最能适应在开阔水域中长距离游泳和潜水的鱼龙。比例巨大的眼球显示，侏罗纪海洋中的大眼鱼龙（*Ophthalmosaurus*，见图3）等成员可以在昏暗的光线下视物，它们可能会潜入深海捕食乌贼，其他大眼鱼龙成员都是生活在水面的一般掠食者。它们的胃内容物表明它们吃鱼、龟、海鸟以及其他中等大小的猎物。在1亿年前的灭绝到来之前，它们在全球海洋的许多栖息地里都占据着重要地位。DN

1 包括鱼龙属在内的多种鱼龙都在海底淤泥和类似的沉积物中留下了化石，清晰显示出了解剖结构。

2 海帝鱼龙的刃状牙齿类似掠食性恐龙，但和其他鱼龙的差别较大，表明它们是可以对付最大型猎物的超级掠食者。

3 大眼鱼龙的大眼睛由被称为巩膜环的辐条状骨环保护和支撑。

1.75亿年前

狭翼鱼龙类中进化出了大眼鱼龙，它们具有巨大的眼睛和宽大的鳍状肢，这都是成为深潜者的关键变化。

1.6亿年前

大眼鱼龙是鱼龙类里最成功的族群，它们遍布全球所有栖息着深海鱿鱼和其他软体动物的海域。

1.45亿年前

侏罗纪末期的灭绝毁灭了很多动物，但鱼龙类安然无恙。

1.3亿年前

类似鱼龙的泅龙（*Malawania*）在伊拉克幸存下来，成为唯一不属于大眼鱼龙科的白垩纪鱼龙。

1.1亿年前

多个大眼鱼龙科成员占据了热带和温带海域，它们是全能型捕食者，具有宽大的前鳍状肢和结实的牙齿。

1亿年前

最后的鱼龙（大眼鱼龙科成员）消失，罪魁祸首可能是当时的海洋环境剧变。

鱼龙

晚三叠世—早侏罗世

种：普通鱼龙
（*Ichthyosaurus communis*）
族群：鱼龙目（Ichthyosauria）
体长：2米
发现地：欧洲，大多分布在英国、瑞士、比利时和德国

普通鱼龙发现于英国多塞特郡的侏罗纪岩石中，是世界上最著名的鱼龙之一，整个鱼龙类都得名于这种动物。它们是典型鲔行式鱼龙：形似鲨鱼，具有长而尖的颌部、巨大的眼睛、由多块骨骼支撑的前鳍状肢、短小的后鳍状肢、一道三角形背鳍和一道垂直的尾鳍。鱼龙属已有多个种得到过命名，它们的身长、体形、头骨比例和四肢的解剖结构都不相同，但都没有超过2.5米，化石历史均超过2亿年。鱼龙很早就出现在了古生物研究历史中，这也是它们天下闻名的原因之一。多塞特郡的玛丽·安宁在19世纪初就发现了第一批标本。科学家们起初以为这些化石是远古的鱼类、鳄鱼或两者之间的过渡物种。但到19世纪30年代，学术界就已经明确发现它们代表着独特的已灭绝海生爬行动物，英国西南部以及比利时和瑞士都发现了大量标本。欧洲的化石表明它们高度适应海洋生活，可见是这个区域内独有的资源或环境造就了它们。除了普通鱼龙，当时的欧洲也存在其他鱼龙类，它们的化石经常与更大、更喜爱捕猎的泰曼鱼龙一起被发现。泰曼鱼龙的嘴里和胃部有时候会保存小型鱼龙的化石，那些小型鱼龙可能就是这种大型表亲的猎物。细长的颌部和大量圆锥形的小牙齿表明普通鱼龙的食物是鱼和类似乌贼的软体动物。DN

图片导航

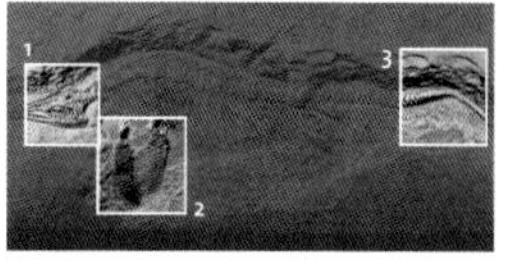

要点

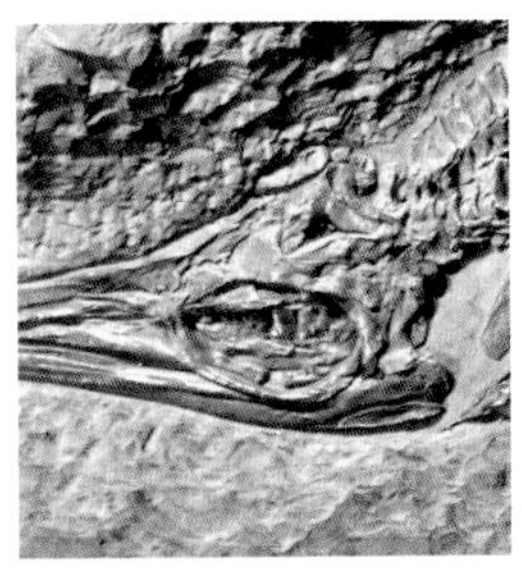

1.眼眶和耳骨

眼眶内有重叠骨板组成的巩膜环，它嵌入眼球外层，以防聚焦的肌肉收缩造成变形。耳骨的存在并不代表具有敏锐的听力，不过大鼻孔确实表明它们嗅觉灵敏。

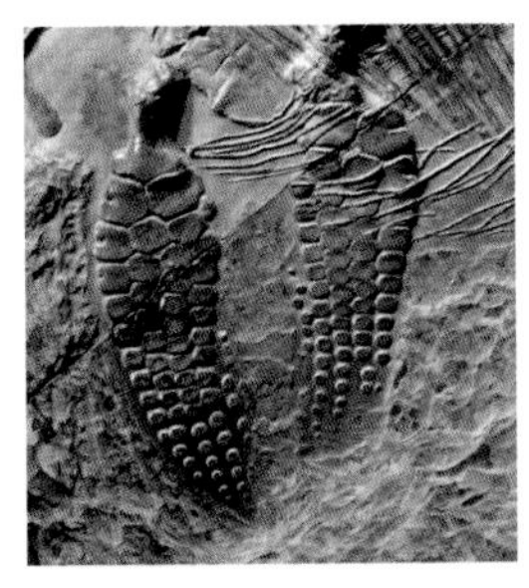

2 鳍状肢

普通鱼龙的前鳍状肢骨骼大多呈长方形，紧密排列。鳍状肢是符合水动力学的叶片状结构，可以转向和制动，对应陆地爬行动物下臂的两条骨骼大于其他骨骼，但也是扁平状结构。没有肘关节和腕关节。

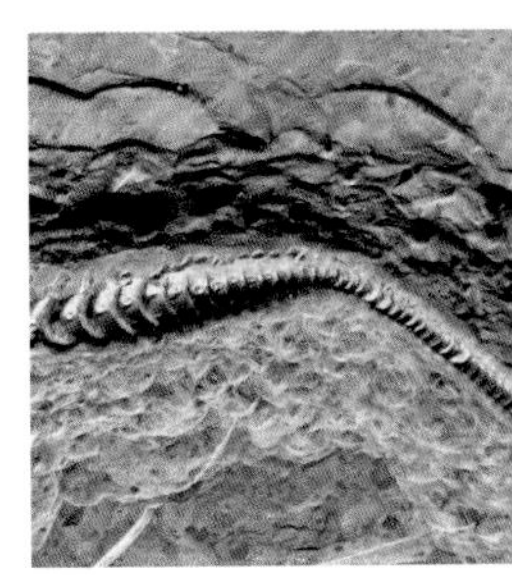

3 分叉的尾巴

在只有骨骼证据的情况下，科学家曾以为普通鱼龙等鲔行式鱼龙具有直挺挺的尾巴。但它们尾部尖端的弯曲不太寻常，德国鱼龙标本显示尾部分叉，类似鲨鱼，尾椎下弯进入下半叶。

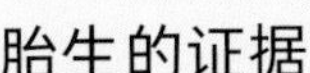

胎生的证据

鱼龙高度依赖海洋环境，所以无法像今天的海龟一样到陆地上产卵，它们似乎也不会在水中产卵，因为爬行动物的蛋壳不适合在海水中浸泡。所以有人认为它们会和哺乳动物一样产下发育完全的胎儿。19世纪50年代发现的化石证明了这种假设，其中包括同时死亡的鱼龙母亲和胎儿。2014年在中国东部发现的龟山巢湖龙（*Chaohusaurus geishanensis*）是最古老的鱼龙类之一，它和三个胎儿的化石保存在一起。其中一个胎儿仍在母亲体内，另一个正从腰带中娩出（右图），第三个已经完全离开了母体。这几具化石可以追溯到2.48亿年前，表明鱼龙具有胎生能力的时间要比之前估计的早得多。

恐龙形类

恐龙属于主龙类，主龙类也包括鳄类和翼龙在内的双孔类爬行动物。大约2.5亿年前，主龙类分成了两大类：一类中诞生了鳄形类，另一类中诞生了翼龙和恐龙。后者被称为鸟颈类主龙，特点是存在类似铰链的踝关节、特别长的小腿和从比例上看较长的颈部。翼龙——中生代的膜翅主龙类——和恐龙一样都是来自最古老的鸟颈类主龙。这类主龙类被称为恐龙形类。恐龙在2亿—6 600万年前的侏罗纪和白垩纪里称霸陆地。长期以来，有关它们祖先的研究都因缺乏化石而举步维艰。一直以来，恐龙中已知的最古老的物种都是侏罗纪典型群体中体型巨大的先进成员，但现在我们已经发现，它们的历史可以追溯到2.45亿年前的中三叠世。

早期恐龙是三叠纪众多的主龙类之一，而且恐龙和其他恐龙形类近亲在鳄系主龙类控制的生态系统中微不足道。最早的恐龙形类包括阿根廷的马拉鳄龙（见250页），它们是小型两足掠食者（两条腿行动）。美国和阿根廷生活着兔蜥科，这是类似马拉鳄龙的长腿恐龙形类族群，它们的足部不同寻常，第一和第二趾短于第三和

关键事件

2.45亿年前	2.45亿年前	2.45亿年前	2.4亿—2.35亿年前	2.3亿年前	2.3亿年前
最古老的恐龙形类出现，此时距离二叠纪末期“大消亡”已经过去了数百万年。	波兰的生物行迹表明恐龙形类和其他主龙类生活在一起，主龙类分成了鳄系和恐龙系。	阿希利龙等最古老的西里龙科成员诞生，尼亚萨龙等可能属于早期恐龙的生物也生活在这个时代。	兔蜥科和马拉鳄龙生活在阿根廷，这些小型两足掠食性恐龙形类常被视为恐龙的前身。	兽脚类、蜥脚形类和鸟臀类这三大类恐龙的早期成员都在阿根廷出现，当地也生活着西里龙。	埃雷拉龙等最初的大型恐龙在南美出现，不过鳄系主龙类依然是顶级掠食者。

第四趾，很有可能是为了奔跑和跳跃而进化出来的。在很长一段时间里，马拉鳄龙都是唯一的恐龙“祖先”候选人，人们也想当然地认为恐龙是祖传的两足肉食者，是从马拉鳄龙类动物进化而来的。然而，两足行动方式和肉食生活方式完全不是早期恐龙形类动物的典型特征。

古生物学家们在2010年发现了全新的恐龙形类——西里龙科。与马拉鳄龙相比，西里龙细长的前肢表明它们是四足动物（四条腿走路），而且没有牙齿的喙状颌部尖端以及后面的钉状牙齿都表明西里龙科不是肉食动物，而是植食动物或杂食动物。不过解剖特征表明它们和恐龙的关系比兔蜥或马拉鳄龙更密切。波兰、巴西、美国和坦桑尼亚都发现了西里龙的化石，可见它们在中三叠世里的栖息地分布于多个纬度。它们不仅分布广泛，而且延续了上千万年。其中最古老的成员生活在2.45亿年前，而最年轻的成员生活在2.12亿年前。

西里龙作为恐龙的近亲表明恐龙最初并不是两足掠食者，而是四足杂食或植食者。恐龙本身的多样性也支持这个观点，三大恐龙族系中的长颈蜥脚形类和鸟臀类都是植食者。此外，恐龙形类的数量不多，在三叠纪的大部分时间里，大型植食性动物和肉食动物的角色都是由鳄系主龙类占据（见图2），它们大多都比早期恐龙形类或恐龙更大。

最古老的恐龙可能是坦桑尼亚的尼亚萨龙（见图1），它们生活在2.45亿年前，身长3米。鉴于化石稀少，现在还不能确定它们是不是真正的恐龙。但2.31亿年前的埃雷拉龙（见252页）无疑属于恐龙，当时距离恐龙多样化并占据重要生态位还有数千万年时间。恐龙最终的成功似乎是因为2.2亿—2亿年前的大规模灭绝事件消灭了鳄系主龙类。竞争者灭绝之后，新的大型恐龙出现了。兽脚类（肉食恐龙）成为专门的掠食者，而蜥脚形类和鸟臀类成为成功的植食者。在漫长的早期历史之后，恐龙时代终于降临。DN

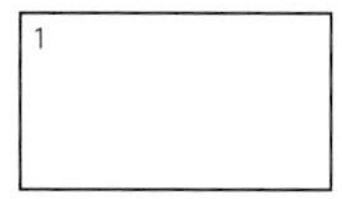

1 假设进一步的发现表明，以尼亚萨湖发现地命名的尼亚萨龙（*Nyasasaurus*）是恐龙，那恐龙的起源就可以再次往前推，比下一个著名的代表埃雷拉龙和始盗龙要早1 500万年。

2 西里龙科里的阿希利龙（*Asilisaurus*），发现于坦桑尼亚，可追溯到2.45亿年前。化石表明它有纤细的长腿，是身长3米的四足动物。西里龙科才发现不久，是恐龙的“姐妹”群。

2.2亿年前	2.2亿年前	2.12亿年前	2.1亿年前	2.04亿年前	2.01亿年前
兽脚类进化出细而浅的吻部等一系列特征，表明它们比埃雷拉龙更进步，它们被称为新兽脚类。	大灭绝毁灭了很多爬行类和下孔类，恐龙形类和早期恐龙安然无恙。	兔蜥和西里龙等非恐龙目的恐龙形类繁荣昌盛。	鳄系主龙类发展到了种类最多的时期，它们是主要的掠食者，也是恐龙形类的竞争对手。	北美、欧洲以及其他地方生活着和侏罗纪恐龙十分相似的兽脚类和蜥脚形类。	三叠纪末期大灭绝消灭了大多数鳄系主龙类，恐龙成为唯一的大型陆生动物。

马拉鳄龙

中三叠世

种：里略马拉鳄龙
（*Marasuchus lilloensis*）
族群：恐龙形类
（Dinosauromorpha）
体长：70厘米
发现地：阿根廷

很多人都认为里略马拉鳄龙是原恐龙——恐龙祖先的近亲，而且和恐龙祖先十分相似。所有的恐龙系主龙类都属于恐龙形类，这个族群诞生于2.5亿年前，当时正是二叠纪大灭绝之后生物的进化阶段。马拉鳄龙体形很小，有50 ~ 70厘米长，是身体轻盈的两足动物，可以用长而有力的后肢奔跑和行走，前肢短小，脖子呈“S”形。它们得名于南美的现生豚鼠，这种毛茸茸的小动物形似野兔，行动迅速。马拉鳄龙生活在大约2.35亿年前，它们的化石详细展示出了恐龙之前的进化情况，不过在发现众多早期恐龙之后，现在已无法确定马拉鳄龙这类生物到底是不是恐龙的祖先。它们可能起源于四足植食性动物，如西里龙。

与马拉鳄龙相比，恐龙的脖子更长，臂骨和股骨上有更大的位置供肌肉附着，而且其臀部结构更适合承受体重和运动的压力。此外，恐龙有简单的铰链样踝关节，这与鳄系主龙类中更复杂的踝关节大不相同。这些特征在身体轻盈的动物中进化，有利于体形小的动物。更重要的是，它们是恐龙进化出庞大甚至巨大体形的关键。恐龙的四肢直立在身体下面，强壮的髋关节可以把体重转移到四肢和踝关节上，防止脚部扭转，这些特征都具有重大意义，正是它们使得恐龙的体形大大超过了其他陆生动物。一些其他解剖学特征也在后来的恐龙身上登峰造极，例如极长的脖子和极小的前肢，它们都起源于马拉鳄龙等小型原恐龙。DN

图片导航

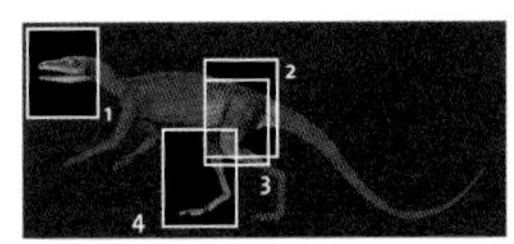

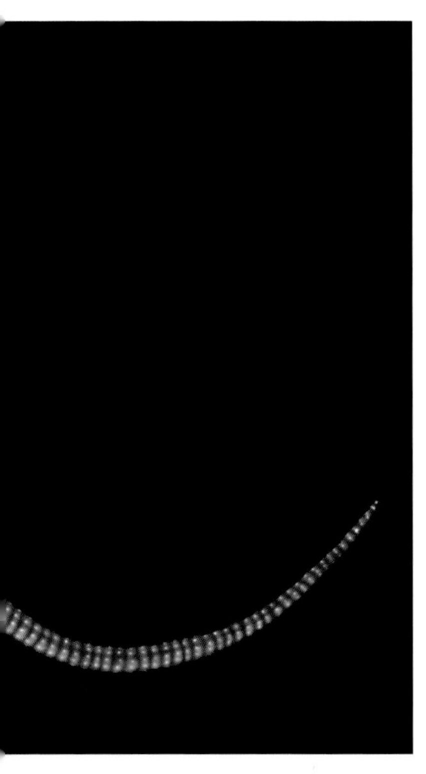

近亲

1971年命名的塔拉姆佩雅兔鳄（*Lagosuchus talampayensis*，下图）与马拉鳄龙非常相似，而且也生活在大约2.3亿年前阿根廷的同一片地区。但它们的化石不完整，因此一些专家认为它们就是马拉鳄龙。事实上在1994年，美国古生物学家保罗·塞里诺（1957—）对兔鳄的第二个种里略兔鳄（*Lagosuchus lilloensis*）进行了研究，并将其重新分为马拉鳄龙。此后，塔拉姆佩雅兔鳄就成了兔鳄属唯一的成员。在发现更多化石之前，我们都无法确定兔鳄和马拉鳄龙是不是同样的物种，以及它们和最古老的恐龙有何种程度的亲缘关系。

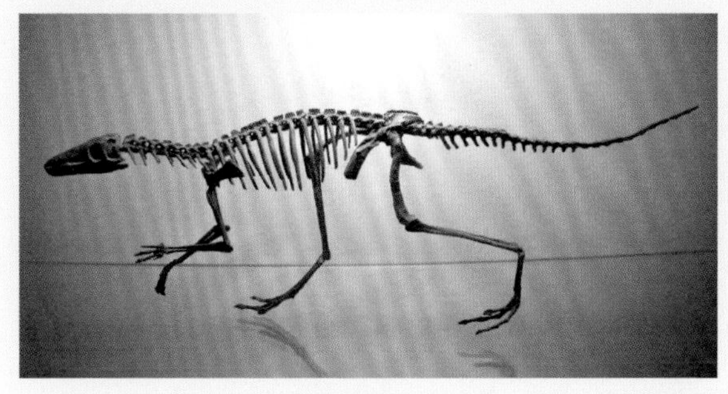

要点

1 头骨和牙齿

目前只发现了不完整的颅骨，包括颅腔（鼻孔后面的上颌区域）和几颗牙齿。微锯齿状且弯曲的牙齿保存质量不佳，不过可能最适合咬住虫子、蠕虫和类似的小猎物，而且可能还要处理更繁杂的食物。

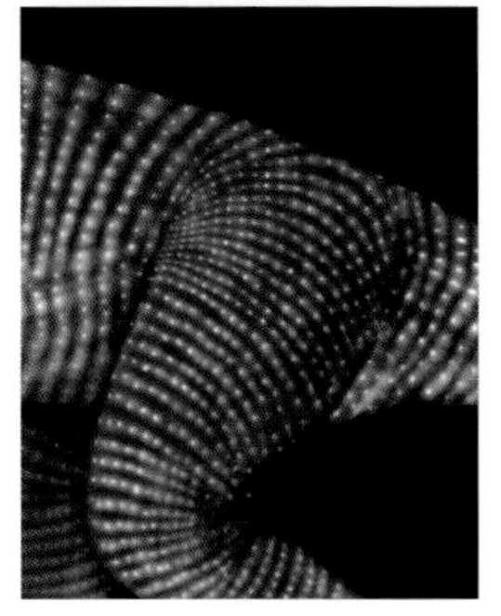

2 髋关节

腰带的一侧有椭圆形的股骨关节窝，其下半部分只有一道小小的间隙贯穿股骨。这道间隙在恐龙形类的进化过程中越来越大，最终占据了整条股骨。因此恐龙的股骨有一个大间隙，而不是浅关节窝。

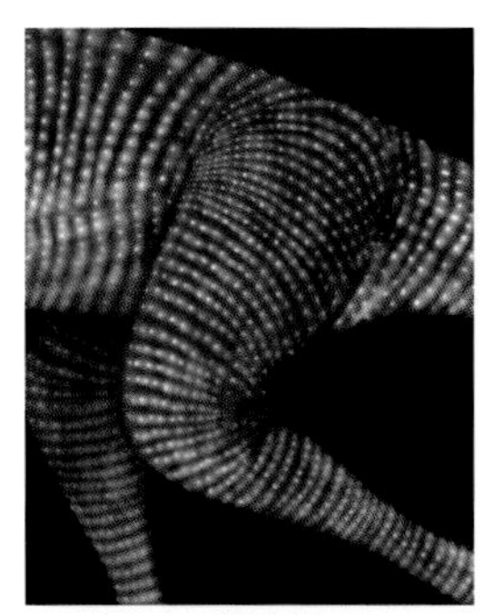

3 股骨

在恐龙中，大腿骨（股骨）的头部相对于骨轴向内翻转约90度。马拉鳄龙具有这种形态的“早期”版本：股骨头有一定程度的内旋，但没有恐龙那么明显。这种变化与骨盆中大腿骨的张开是同步发生的。

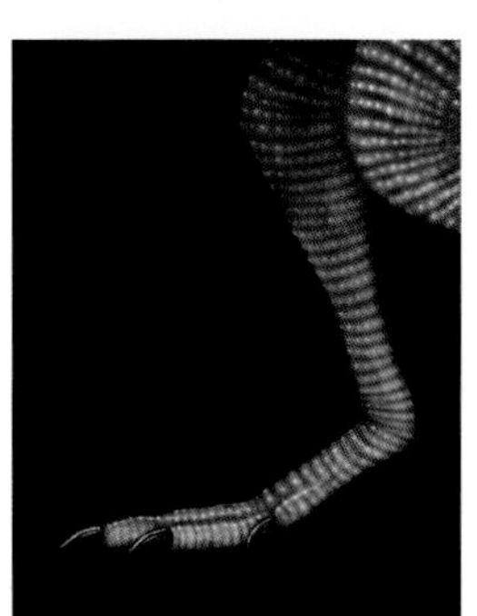

4 足部

马拉鳄龙的足部极长极窄。五根跖骨（形成脚掌的棒状骨骼）都非常细长，而且排列紧密。第五根脚趾缺失，剩下的四根又细又长，平行排列。这种长而窄的足部是为了快速奔跑和跳跃而进化出来的。

埃雷拉龙

中三叠世—晚三叠世

种：伊斯基瓜拉斯托埃雷拉龙（*Herrerasaurus ischigualastensis*）
族群：蜥臀类（Saurischia）
体长：4.3米
发现地：南美

2.3亿年前的恐龙体形小且微不足道。牙齿和下颌表明它们是杂食动物，或是以蜥蜴大小的小猎物为食的掠食者。这些恐龙先驱包括1米长的始盗龙，稍大的兽脚类曙奔龙（*Eodromaeus*，约120厘米）和大小类似的早期蜥脚形类滥食龙（*Panphagia*，意为“什么都吃”）。在三叠纪的大部分时间里，这些恐龙先驱远少于危险的大型鳄系主龙类，后者才是当时的陆地霸主。但在2.3亿年前，南美出现了新的恐龙——伊斯基瓜拉斯托埃雷拉龙。这是第一种大型恐龙，虽然与后来的种类相比并不是特别大。它们总长4.3米，只有200千克重，类似小马。埃雷拉龙也是第一种大型掠食恐龙，这也让它们显得意义重大。它们的上颌有长而弯曲的牙齿，手指尖端还有三根明显弯曲的大爪子。下颌中间的关节表明，在吞咽大块食物时，它们可以稍微使下颌加宽。

埃雷拉龙的第一具化石很不完整，无法用来准确分析它在爬行类和恐龙中的位置。很多专家提出过它们可能是原恐龙、恐龙的表亲、早期肉食性恐龙，甚至有可能是早期的植食性动物。1988年发现了更多化石，包括比较完整的头骨。根据这些化石和其他骨骼特征，埃雷拉龙现在通常归入蜥臀类（蜥蜴样臀部恐龙，见260页），其中包括掠食性的兽脚类和长脖子的蜥脚形类。长指骨和耻骨弯曲扩大的尖端表明，埃雷拉龙很可能是早期兽脚类，但不属于包含先进的、更像鸟类的兽脚类动物的群体。DN

图片导航

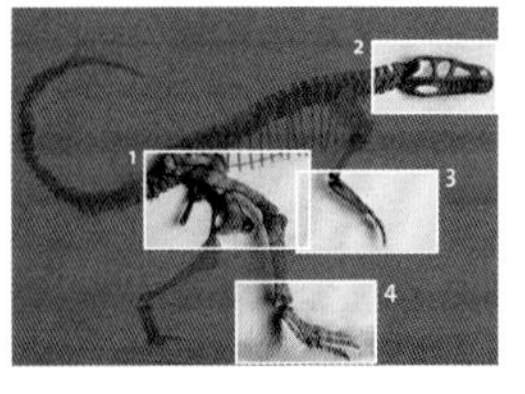

要点

1 耻骨

埃雷拉龙的耻骨不同寻常，它从髋关节窝指向下方，微微朝后；而恐龙祖先的耻骨指向前下方，恐龙之前的恐龙形类和早期蜥臀类都是如此。在兽脚类中，似鸟虚骨龙类也有这种特征，这个类群是在埃雷拉龙灭绝数百万年后才进化出来的。

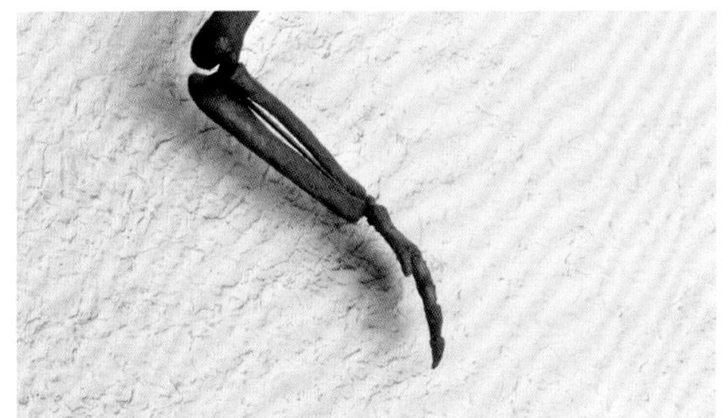

3 手指

埃雷拉龙有5根手指，内侧的3根非常大，还有巨大的爪子，而外侧的2根退化到几乎没有痕迹，只能成为进化残留。外侧手指的退化和消失是主龙类中反复出现的趋势，而埃雷拉龙就是一个很好的例子。

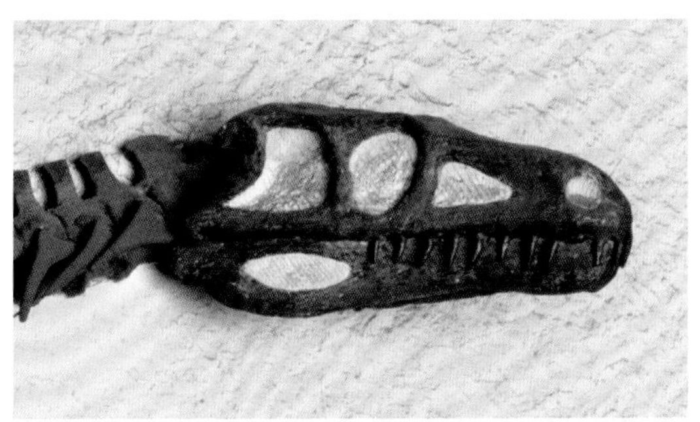

2 吻部

埃雷拉龙的吻部呈深矩形，而早期兽脚类和其他早期的恐龙具有浅而尖的吻部。类似的吻部在掠食性主龙类中有过多次进化，因为它们可以将咬力通过牙齿传递到猎物体内。埃雷拉龙具有十分独特的形态，头骨与其他早期兽脚类非常不同。

4 爪子

埃雷拉龙的爪子表明它们可能是掠食者。它们会用手上的爪抓住或扒住猎物，并用脚把猎物按在地上，随后用长长的上牙刺穿对方。和大多数大型掠食者一样，它们的猎物大多较小，不会比它们的头大多少。

本地发现

第一具埃雷拉龙化石发现于1959年，发现者是阿根廷西北部的牧民维多利诺·埃雷拉，他也是一位化石爱好者。这种恐龙在1963年以他的名字正式命名。种名来源于伊斯基瓜拉斯托-塔拉姆佩雅组，这是当地有2.37亿—2.25亿年历史的一系列岩石。当地岩石嶙峋，具有古怪的侵蚀岩石层，因此人称“月亮谷”（右图）。除了埃雷拉龙、始盗龙和其他早期恐龙外，这里还发现过喙头龙、犬齿兽、二齿兽和离片椎目，它们为三叠纪的进化提供了无与伦比的线索。

鳄类及其近亲

鳄鱼、短吻鳄和恒河鳄（见268页）的25个现生种都是生活在河流、湖泊和热带海洋里的水陆两栖掠食者。它们十分成功，适应能力极强，是众多水域的顶级掠食者。圆锥形的牙齿、迅如闪电的闭颌动作，以及绝佳的触觉、嗅觉、听觉和视觉，都让它们成为捕猎鱼类、哺乳动物和其他动物的顶级高手。现代鳄鱼及鳄目中的成员比我们想象的要成功，并且多样化，不过它们只是鳄形类的遗老，这个族群原本更加繁荣。几种已经灭绝的鳄形目成员与现生物种存在差异，它们是陆生杂食者、植食者、掠食者或具有鳍状肢和尾叶的海生掠食者。鳄形类的化石记录体现出了几个主要的进化趋势。骨质上颌变得更大，在帮助头骨抵御压力方面更加重要；脊椎骨锁在一起的方式随着时间的推移而改变，沿颈部、背部、尾部分布的甲板在形状和复杂性上也发生了变化。

最古老的鳄形类是喙头鳄类（见图3），它们最初的化石保存在2.35亿年前的岩石中。喙头鳄类具有鳄形目特有的特征，例如细长的腕骨，但又与现代鳄类大不相同，它们体形小，四肢长，是类似蜥蜴的陆地掠食者，牙齿和下颌的形状表明它们以昆虫和其他小动物为食。其他早期鳄形目虽然外形相似，但进化出了更宽更结实的头骨，更复杂的耳朵和更宽的颈部、背部以及尾部铠甲，这些动物被称为原鳄类，它们制伏大型猎物的本领应该比喙头鳄类更强，主要生活在陆地上，体长一般不超过2米。在大约2.1亿年前的晚三叠世，鳄形目爆发了大进化。

类似原鳄类的祖先产生了三大分支，它们的进化方向存在很大差异。其中的海鳄类（见图1），进化出了更

关键事件

2.35亿年前	2.3亿年前	2.1亿年前	2亿年前	1.25亿年前	8 500万年前
喙头鳄类生活在欧洲和美洲，它们是四肢修长的掠食者，也是最古老的鳄形目成员。	喙头鳄类中进化出了原鳄类，它们是小型陆生掠食者，以小动物为食。但它们的头骨类似现代鳄鱼。	鳄类大爆发中诞生了海鳄类、南方大陆的诺托鳄类和延续至今的新鳄类。	生活在海中的海鳄类具有鳍状肢、垂直的尾鳍和其他特征，它们生活在欧洲和南美。	最后的海鳄类灭绝，当时全球气候转寒，有人认为这是白垩纪冰期。	现代鳄类最古老的成员在北美诞生，它们是现生鳄鱼、短吻鳄和恒河鳄的祖先。

大更长的吻部，并且适应了海上生活。它们的铠甲退化，出现了桨状四肢，尾巴也变成了宽大的划水工具，尾部的特化程度后来又进一步增加，在尾尖形成了垂直的尾鳍。许多海鳄类都是吻部细长、以鱼类为食的掠食者，但也具有深深的头骨、更强壮的颌部和更接近刀状的牙齿，大概是为了捕获更大的猎物。

第二大鳄形类分支是诺托鳄类，其中包括各种杂食动物、肉食动物和植食性动物。许多成员都保留了祖先喙头鳄类和原鳄类的长四肢，擅长走路和奔跑。它们的牙齿和颌部很有意思。现代鳄鱼的牙齿都呈圆锥形，适合抓捕肢解猎物；但诺托鳄类具有切齿样、犬齿样和臼齿样的牙齿，可啃咬、撕裂、切割，类似哺乳动物。它们有时会被称为哺乳动物齿样鳄鱼形类。其他诺托鳄类可以向后滑动颌部，以便用咀嚼动作咬碎动物的硬壳或植物。

诺托鳄类还包括很多大型陆地掠食者：西贝鳄和波罗鳄。它们的牙齿狭窄且呈叶片状，类似兽脚类恐龙（肉食恐龙）。事实上，5 000万年前的南美西贝鳄的牙齿最初曾被误认为是恐龙化石，让人以为有恐龙从6 600万年前的大灭绝中幸存下来。很多诺托鳄类都是在南美进化的，它们在陆生动物群中占有重要地位，并与植食性、肉食性恐龙比邻而居。有几个群体在6 600万年前的灭绝中幸免于难，但还是没有延续到现代。

第三大鳄形类分支是新鳄类，其中包括多种短颌和长颌掠食者。现代鳄鱼、短吻鳄和恒河鳄的祖先就属于这个族群。早期的新鳄类不足2米长，但有一个颌部特别长的族群进化出了巨大的体形，那就是发现于非洲、欧洲和南美的特提斯鳄类。一些特提斯鳄类生活在海岸上，以贝类、海龟和鱼为食，但肌鳄（*Sarcosuchus*，见256页）是恐龙杀手。短吻鳄族群里也产生了庞大的成员，北美的恐鳄（*Deinosuchus*，见图2）也会捕食恐龙，而南美800万年前的普鲁斯鳄（*Purussaurus*）是头骨宽大的凯门鳄类，应该是以大型哺乳动物和海龟为食的。这两种鳄鱼体长都可能超过11米。DN

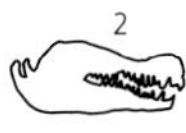

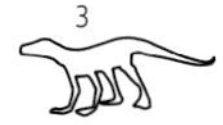

1 1.6亿年前的真蜥鳄是3米长的海鳄类，高度适应水中生活，具有类似恒河鳄的细长颌部，以及可以抓鱼的尖利小牙齿。

2 已灭绝鳄类爬行动物哈彻恐鳄的头骨化石。它们可以长到9米长，生活在大约8 000万年前的晚白垩世。

3 三叠纪陆鳄的成体大约1米长，15千克重。它们是类似蜥蜴的小动物，四肢很长。

8 000万年前	7 500万年前	6 600万年前	5 000万年前	800万年前	500万年前
多种诺托鳄类生活在南美，包括杂食性动物、植食性动物和具有深头骨的掠食者，例如波罗鳄。	大型短吻鳄恐鳄类生活在北美南部，占据了分割这片大陆的海道两岸。	大灭绝减少了鳄形目的种类，很多南美诺托鳄类消失，但特提斯鳄类得以幸存。	西贝鳄和近亲在南美延续，它们以南美新进化出来的哺乳动物为食。	南美的短吻鳄家族进化出了巨型成员，例如头骨宽大的普鲁斯鳄和“鸭脸”莫拉氏鳄（*Mourasuchus*）。	恒河鳄从南美消失，这个曾经分布广泛的族群就此偏安于南亚的热带地区。

肌鳄

早白垩世

种：帝王肌鳄
（*Sarcosuchus imperator*）
族群：大头鳄类（Pholidosauridae）
体长：12米
发现地：北非和巴西

鳄鱼的进化大多在小型成员身上发生。绝大多数早期喙头鳄类和原鳄类都不足2米，它们几个后裔中的早期成员亦是如此。但多个族群中进化出了巨型成员，且大多都是可以依靠水来支撑体重的水生生物。鳄形类有史以来最大的成员可能当数肌鳄。它们是颌部修长的水生掠食者，质量最高的化石来自北非国家1.1亿年前的岩层，例如阿尔及利亚、摩洛哥、利比亚和尼日利亚。最大的肌鳄大约有12米长，8吨重。最大的头骨大约1.5米长。因此，肌鳄的长度是现生鳄鱼2倍以上，重量是后者的8倍，包括湾鳄。肌鳄非常强大，不仅捕猎鱼类和水生动物，可能有时候还会捕猎恐龙。它们的栖息地里生活着各种恐龙，中小型恐龙有可能就是它们的目标。肌鳄属于特提斯鳄类中有长颌部的大头鳄类，但它们生活在淡水中，不同于这个属中的许多其他成员。肌鳄这个族群可能是从海洋迁徙到了淡水水域，鳄形目在进化中反复发生过很多次这样的变化。产自巴西的化石表明肌鳄并不仅仅分布于非洲，当时的非洲和南美依然连接在一起，南大西洋尚未形成，因此动物时常会分布在不同的大陆。白垩纪中期的其他几种动物也同时存在于西非和巴西，包括恐龙和淡水鱼。DN

图片导航

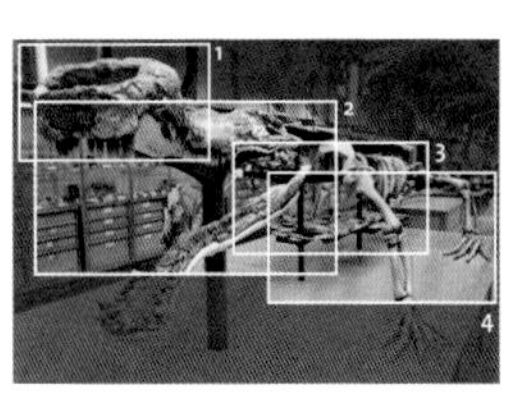

要点

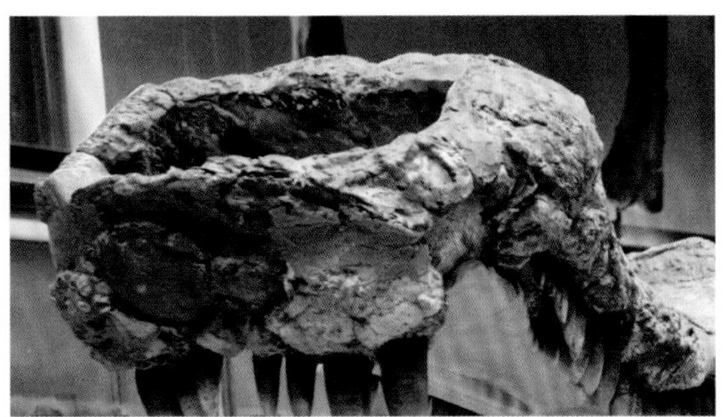

1 吻部凸起

肌鳄的上颌外缘两侧几乎平行，上颌的顶端比下颌长，明显悬于下颌之外。鼻孔上有一个巨大的中空突起，即鼓泡，形似现代恒河鳄的中空瘤。恒河鳄会用这个结构加强交配鸣叫，肌鳄可能也是如此。

2 吻部和颌部的比例

与其他族群相比，肌鳄的吻部和颌部虽长，但同整个身体的比例相比却是最短、最宽的，这表明肌鳄可以拿下强壮有力的大型猎物。其他鳄形目族群中也有这种进化特征，例如具有粗壮颌部的巨大成员，它们的祖先体形更小、颌部更细长。

3 恒河鳄

现生和已灭绝鳄鱼，以及兽脚类、翼龙、蛇颈龙类等其他爬行动物都长有细长的腹部骨质结构——腹膜肋。它们和主骨架不相连，似乎是用来附着腹部肌肉，以协助呼吸，还有一定的保护作用。

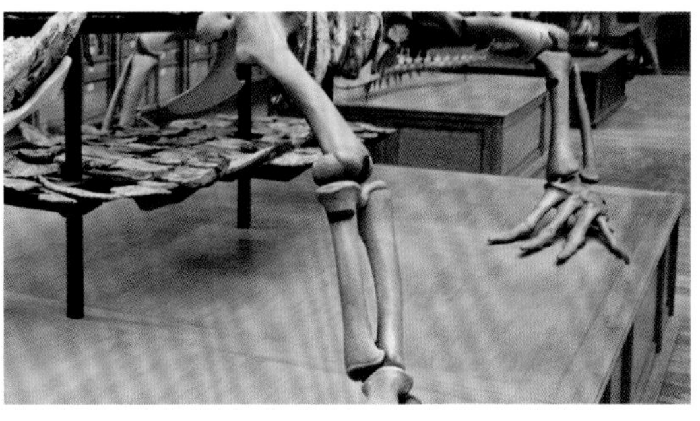

4 腿部

肌鳄的身体太大，而四肢从比例上看太小，可能无法在陆地上支起身体。大部分现代鳄鱼都可以在需要的时候走上陆地。它们可以抬高身体行走，甚至飞奔。不过肌鳄恐怕不能用这种姿势行走和奔跑。

撒哈拉的湿地

今天的撒哈拉是世界上最大的沙漠，只有少数特殊的动植物可以生存。不过在远古时代和历史上有记录的年代里，这里气候湿润，植物欣欣向荣，生活着很多动物。水生植物、鱼类和龟类化石遗迹，以及在水生环境中沉淀下来的各种岩石都表明，1亿年前的撒哈拉河流交错，遍布浅水池和沼泽湿地（左图）。肌鳄在这里徘徊，它可能会将自己伪装起来，准备用钳子一样的大嘴捕捉猎物。当时的撒哈拉也生活着很多恐龙，包括12米长、8吨重的掠食者鲨齿龙，更庞大的棘龙（见300页），以及具有背帆、身长7米的禽龙类植食性恐龙豪勇龙（*Ouranosaurus*）。

恒河鳄

新近纪至今

种：恒河鳄（*Gavialis gangeticus*）
族群：鳄总科（Crocodyloidea）
体长：6米
发现地：印度和尼泊尔
世界自然保护联盟：濒危

与大多数现生鳄鱼和短吻鳄不同，生活在南亚次大陆的恒河鳄起源自更适合水中生活而不是水陆两栖的祖先。作为专门捕鱼的掠食者，它们没有宽吻部、钝而结实的牙齿、极为强壮的颌肌，但它们的表亲为捕食大猎物进化出了这些特征，例如捕食斑马的尼罗鳄和捕食鹿的美洲短吻鳄。恒河鳄的家族可以追溯到7 000万年前晚白垩世，那时恐龙还没有灭绝。在北非发现过3 500万年前的晚始新世化石，这些保存完好的化石表明，它们的祖先长吻鳄（*Eogavalias*）已经出现了吻部细长的趋势。后来的代表性物种是来自南美洲的钩鼻鳄（*Gryposuchus*），它们的身体达到10米，体重接近2吨，令人咋舌。这两种史前类型都十分常见，分布广泛。它们的另一类近亲海滨鳄（*Aktiogavialis*）在加勒比地区的波多黎各留下了化石，表明其栖息地位于海洋。南亚的中新世喙嘴鳄（*Rhamphosuchus*）化石呈现出了像是恒河鳄的形态，它们可能有11米长。现生恒河鳄没有祖先这么大，但也有6米长，可以同湾鳄一争最大爬行动物的地位。不过它们身体苗条、四肢退化、尾部较长，因此体重很少超过200千克，而湾鳄要比它们重一倍。SP

图片导航

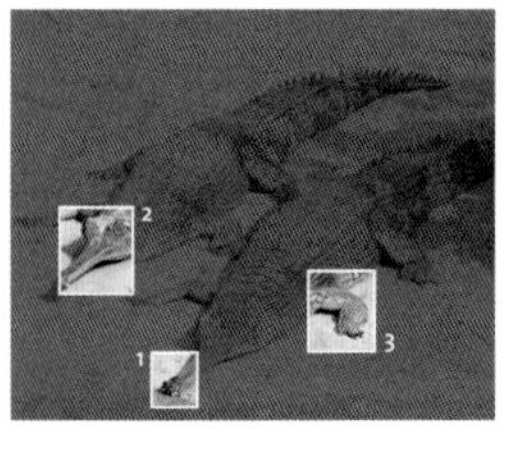

要点

1 罐子一样的鼻子

吻部末端鼓泡一样的“罐子”部分中空，在成熟的雄性身上最为明显。它似乎是性成熟的标志，也用于放大吸引雌性或保护领地时发出的嗞嗞声、嘶吼和隆隆声。肌鳄也有类似的结构。

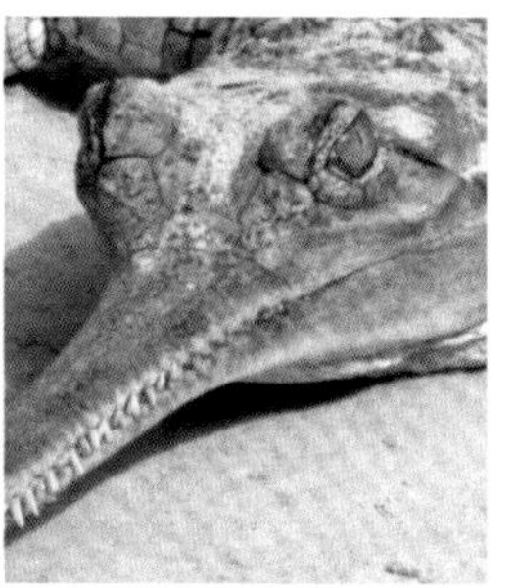

2 细长的颌部

恒河鳄继承了祖先又长又窄的颌部。轻盈、流线型的颌部让它们能够快速地摆动头部，在抓取和吞下鱼之前，将其咬伤。颌部生长着100多颗可以咬合的牙齿，适合咬紧滑溜溜的猎物。

3 退化的前肢

恒河鳄的前肢十分瘦小，这与它们身体的其他部位形成鲜明对比，例如祖传的强壮长尾巴、粗壮的后肢和有利于在水中高速扑向猎物的蹼足。恒河鳄在陆地上十分笨拙，更倾向于滑行和扭动身体，而不是行走。

恒河鳄的亲缘关系

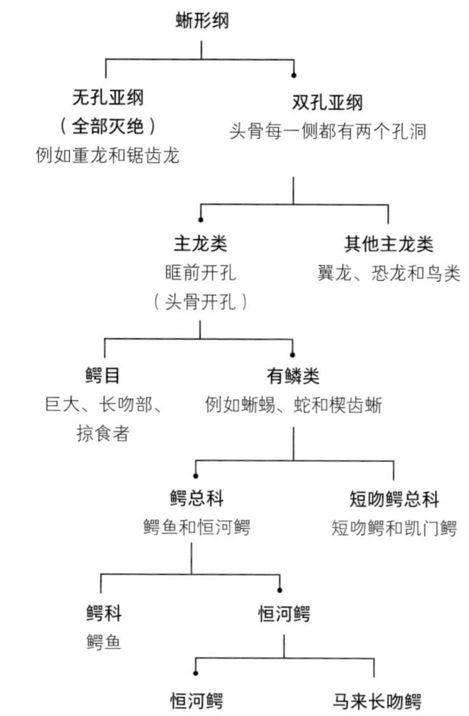

▲恒河鳄和与之相似的马来长吻鳄的进化关系尚不明确。身体特征表明马来长吻鳄更接近鳄鱼，尤其是骨头。而分子生物学研究表明它们与恒河鳄的关系更近，如图所示。

共享栖息地

恒河鳄的分布范围和其他两种鳄鱼相互重叠：湾鳄（*Crocodylus porosus*，右图）和沼泽鳄（*C. palustris*）。前者大于后者，也更加强壮，雄性可以长到7米长。它们可以捕食更大的猎物，例如水鹿和水牛。湾鳄通常生活在海岸地区，很少深入陆地。而3米长的沼泽鳄更喜欢沼泽和湿地，以多种中小猎物为食，例如龟类和猴子。这两种鳄鱼的栖息地和猎物偏好各不相同，可以和在淡水中捕鱼的恒河鳄共存。但恒河鳄数量减少95%打破了这种自然平衡，原因包括人类捡拾鳄鱼蛋、被渔网缠住，以及栖息地减少。

腰带（俗称“骨盆”）的重要性

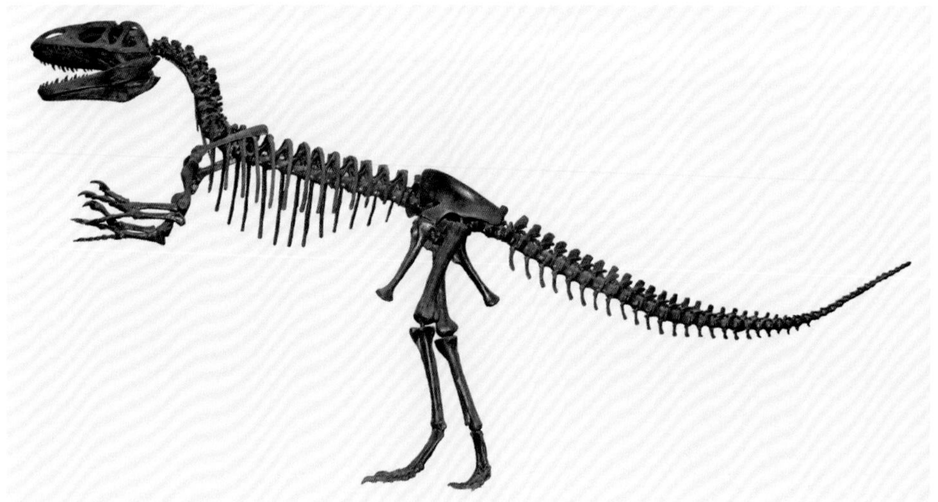

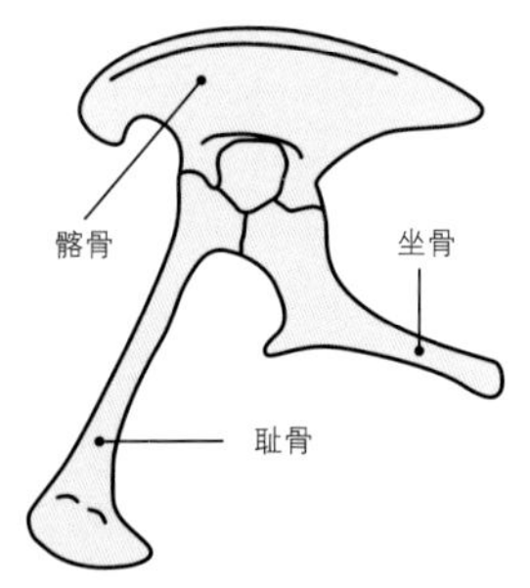

蜥臀类恐龙

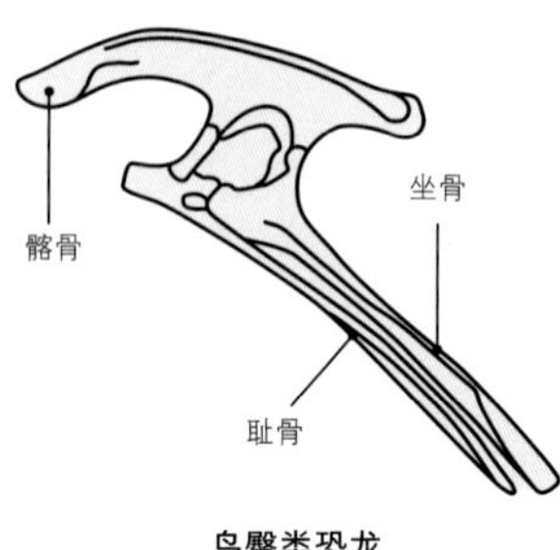

鸟臀类恐龙

恐龙诞生于2.3亿年前的晚三叠世卡尼期，只有鸟类存活至今，所有非鸟恐龙都在6 600万年前白垩纪末期大灭绝中消失（见364页）。部分早期恐龙是和鸡一般大小而且身体细长的动物，但它们后来成长为主宰地球1.5亿年的霸主，分化出了多种形态，包括有史以来最大的陆生动物。

恐龙及其直系祖先具有几个重要特征，其中大多都是某些骨骼细微的变化。科学家曾经依据与臀部（腰带）有关的两个重要特征来划分恐龙。一个是至少3块椎骨融合而成的荐椎，荐椎是形成腰带上部（后部）的脊柱，下方与腰带前部骨骼相连，后方与尾椎相连。另一个特征是腰带上出现的中心有孔的碗状关节窝，用于容纳股骨（大腿骨）。这些特征赋予了恐龙直立的能力，它们的腿直立在身体下方，而不是像蜥蜴等其他爬行动物一样向两边伸展。直立的腿部需要更强大的平衡能力，但也加快了步行和跑步速度，帮助恐龙走向成功。

但针对早期恐龙及其近亲的研究和化石表明，这些特征的出现和恐

关键事件

2.31亿年前	2.2亿年前	1.57亿—1.45亿年前	1.5亿年前	1.5亿年前	1.45亿年前
阿根廷西北部生活着始盗龙，它们是原始的鸟臀类，也是最古老的恐龙之一。	阿根廷西北部生活着非常古老的皮萨诺龙。	基米里支阶至蒂托阶的第一次恐龙大进化在侏罗纪末期达到巅峰。	德国生活着早期蜥臀类美颌龙，这是具有一些似鸟特征的小型掠食者。	始祖鸟（*Archaeopteryx*）见376页）等蜥臀类兽脚类中的早期鸟类开始进化出类似鸟类的腰带结构。	侏罗纪末期的灭绝减少了恐龙的种类，白垩纪开始。

龙的诞生时间并不相符。我们对化石记录的理解在不断加深，同时也要面对很多新出现的复杂问题：两个物种之间的空白得到填补之后，此前在它们之间观察到的差异就归到新发现的过渡物种以及过渡物种前后物种的身上。

恐龙类由两大分支组成。一支是蜥臀类，另一支是鸟臀类。两个分支的名称都来自耻骨的方向，这是腰带中最前面的骨骼。大多数蜥臀类恐龙的耻骨和其祖先一样指向前方，蜥蜴亦是如此（见图2，上）。鸟臀类恐龙的耻骨和鸟一样指向后方（见图2，下）。但这个名字会让人产生误会，鸟臀类的耻骨是因为后方部分延长和前方退化才指向后方，而鸟类的耻骨整个都向后方旋转。进化出两种结构的原因可能都是为了稳定后半身并附着大腿肌肉。

蜥臀类包括两足恐龙和兽脚类（肉食恐龙），例如美颌龙（见262页）和植食性的长颈蜥脚形类，后者包括巨型蜥脚类恐龙（见268页）。鸟臀类包括很多植食性族群：有尖刺的剑龙和有铠甲的甲龙（盾甲龙类）、有角的角龙类和头骨厚重的肿头龙类和鸟脚类（成员众多，包括鸭嘴龙）。

理查德·欧文（1804—1892）在1842年创造出“恐龙类”一词的时候，认为这个“巨大陆生鳄-蜥生物”中有三个属：兽脚类的巨齿龙（蜥臀类）、植食性的鸟臀类禽龙（见324页），以及林龙，这三种恐龙正好是恐龙形态的典型样本。古生物学家对定义恐龙所做出的努力，以及它们的一些共同特征沿用至今。如今我们依然在用腰带特征来划分进化路线不同的两大恐龙分支。鸟臀类和蜥臀类是由生于伦敦的古生物学家哈利·丝莱（1839—1909）在1877年提出的。在20世纪的大部分时间里，研究者都认为它们具有独立的起源，也就是说恐龙类是非自然族群，两种独立的臀部类型并没有密切的联系。但现在已经确定它们是进化上的姐妹群，具有共同祖先，即某种最古老的恐龙。因此蜥臀类和鸟臀类代表着恐龙进化中的早期分支点，甚至很有可能是第一个分支点。MT

1 中侏罗世欧洲巨齿龙（*Megalosaurus*）的骨架，明显具有蜥臀类的腰带结构。

2 两种恐龙腰带构造。蜥臀类的耻骨指向前下方（上图）；鸟臀类的耻骨指向后下方，和腰带中的坐骨平行（下图）。

3 最古老的蜥臀类恐龙皮萨诺龙（*Pisanosaurus*），它们生活在晚三叠世，只在阿根廷留下一副骨架。

1.26亿年前	1.24亿年前	1.1亿年前	8 400万—6 600万年前	6 600万年前	如今
在镰刀龙类的早期成员铸镰龙（*Falcarius*）中，耻骨开始从前向转向后向。	镰刀龙类中的另一个族群北票龙（*Beipiaosaurus*，见318页）虽然属于蜥臀类，但开始出现鸟臀类的腰带类型。	镰刀龙类中的阿拉善龙（*Alxasaurus*）延续着蜥臀类腰带向鸟臀类腰带进化的趋势，并且拥有了类似鸟臀类的腰带。	在白垩纪末期的坎帕阶到麦斯里希特阶时期，恐龙经历了第二个（也是最后一个）进化高峰。	所有非鸟恐龙都在白垩纪末期灭绝（见364页）。	作为现生恐龙的鸟类约有1万种，是哺乳动物的2倍。

美颌龙

晚侏罗世

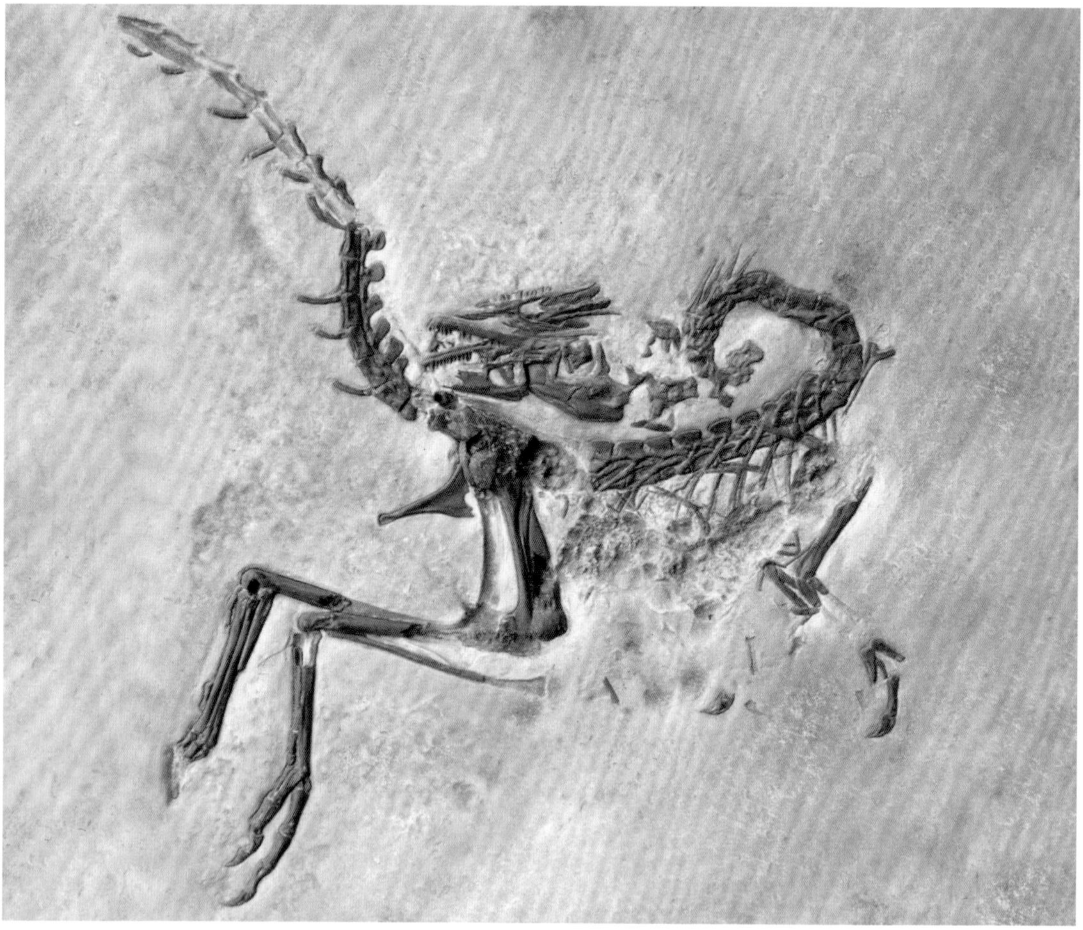

种：长足美颌龙
（*Compsognathus longipes*）
族群：美颌龙科
（Compsognathidae）
体长：120厘米
发现地：德国

图片导航

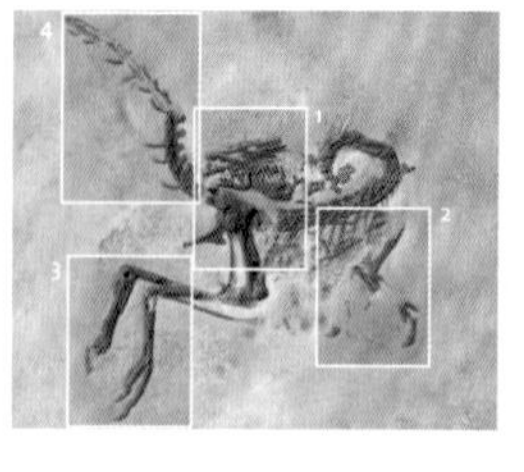

小小的美颌龙生活在1.5亿年前的晚侏罗世，它具有似鸟的特征，所以曾被研究者误以为是始祖鸟的近亲，但它们实际上是蜥臀类恐龙。美颌龙的化石发现于1859年，位于德国始祖鸟化石点附近的石灰岩矿床中。这是第一具接近完整的兽脚类化石，第二具化石于1972年在法国发现。长足美颌龙只有120厘米长，2～3千克重，是可以用后肢快速奔跑的小型掠食者。它们具有长尾巴、长脖子、狭窄的头部、大眼睛和鸟状足部。美颌龙很明显是掠食者，证据包括解剖学特征（锋利的牙齿和爪子前肢），以及保存在一具化石腹部的蜥蜴。美颌龙和鸟类十分相似，因此有人认为它们是鸟类进化中的一环，但化石里没有羽毛的证据，而且它们也无法飞翔。两具一开始归为美颌龙的化石现在归入了始祖鸟，可见它们与鸟类的确十分相似。19世纪60年代，托马斯·亨利·赫胥黎（1825—1895）发现鸟类和爬行类存在相似之处。不过美颌龙并不属于鸟类的进化谱系，因为始祖鸟和它们生活在同一时期。实际上，包括侏罗猎龙（*Juravenator*）、棒爪龙（*Scipionyx*）、美颌龙（*Compsognathus*）和诞生出鸟类的手盗龙（*Maniraptora*，见304页）是姐妹群。MW

要点

1 具有爬行类特征的头骨

美颌龙头骨修长，颌部长有锋利的牙齿，表明它们是以昆虫和小蜥蜴为食的肉食者。下颌细长，因此属名也是“优雅的下颌”的意思。大眼眶表明它们目光锐利，可能会在树林灌木丛中生活，或在黎明和黄昏时活动。

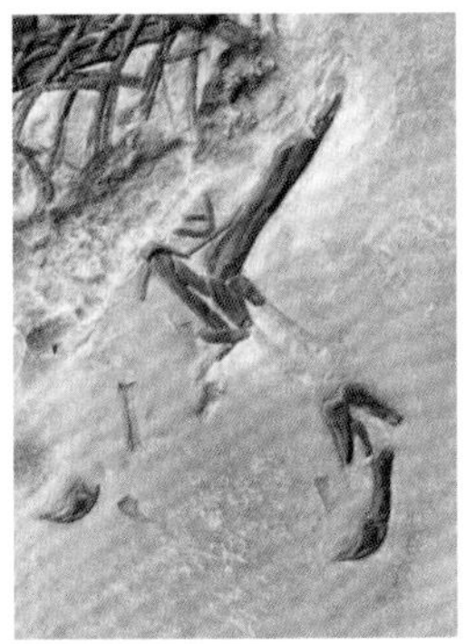

2 带爪前肢

美颌龙的前肢较小，它们主要依靠强大的后肢行走和奔跑。但三指前肢具有锋利的爪子，说明它们是掠食者。第一具标本藏于慕尼黑古生物博物馆，全球多地都有复制品展出。

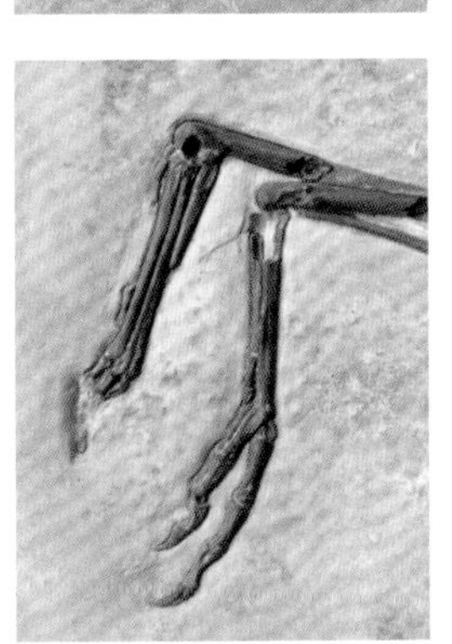

3 后肢

长而健壮的后肢赋予了美颌龙迅速奔跑的能力，既有利于追捕猎物，也能帮助它们躲避更大的掠食者。不过它们当时是栖息地里唯一的恐龙，虽然体形不大，但它们的身体结构和其他兽脚类恐龙并无不同，无论是中等大小的恐龙，还是君王暴龙这样的巨兽（见302页）。

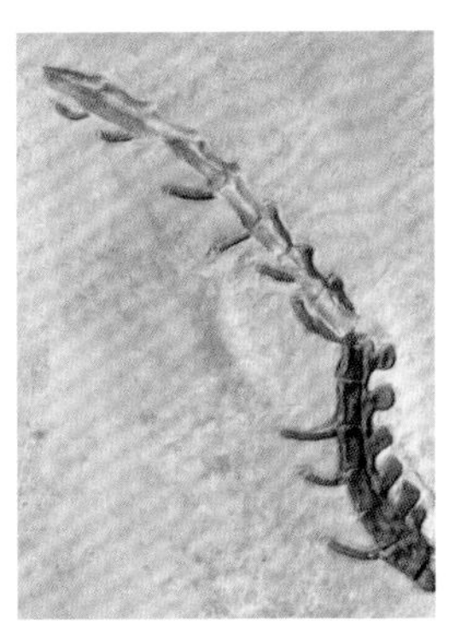

4 长尾巴

蜥蜴一样的长尾巴应该会在奔跑中发挥保持平衡的作用。美颌龙可以将它摆动到一边，就像一个配重的舵，从而给它的身体提供动力，使其转向并向相反的方向飞奔。从保留下来的尾椎（尾骨）来看，整条尾巴占美颌龙总长的一半。

美颌龙的亲缘关系

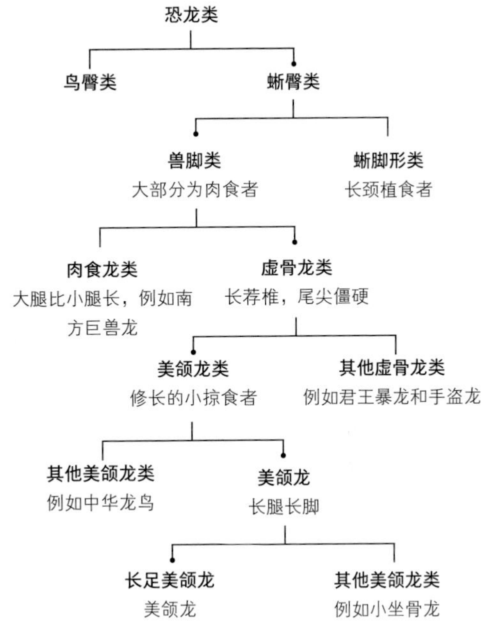

▲ 虽然美颌龙和早期鸟类有相似之处，但美颌龙类并不属于诞生出盗龙和鸟类的族群。

科学家简历

1825—1861年

托马斯·亨利·赫胥黎出生于英国的米德尔塞克斯县，只接受过两年正规教育。自1835年起，他就居住在考文垂，并根据自己对神学的理解创造了“不可知论”一词。他在1859年研究了美颌龙化石，在1861年研究了第一具始祖鸟骨架，还有其他化石以及现生爬行动物和鸟类。他发现这些动物的身体结构有相似之处，并指出鸟类的解剖结构可能来源于恐龙。最早发现的始祖鸟化石缺失了头骨，赫胥黎认为它可能具有爬行动物的颌部和牙齿，同爬行动物一样的尾巴相呼应。生物学家理查德·欧文不同意这个观点，他预测其头部应该具有鸟喙。

1862—1895年

赫胥黎撰写了有关人类进化的《人类在自然界中的位置》（1863年），出版时间比达尔文的《物种起源》晚了4年。赫胥黎支持进化论，与进化论反对者的论战让他被人称为“达尔文的斗犬”。在1868年，赫胥黎发表了鸟类进化自小型肉食性恐龙的理论。后来的化石证明了他对始祖鸟的预测，例如1875年的柏林标本。

原蜥脚类

最初的恐龙刚分化为蜥臀类（例如始盗龙，见图1）和鸟臀类的时候，蜥臀类又进一步分为两类：兽脚类（肉食性恐龙）和蜥脚类（长颈植食性恐龙）。大型蜥脚类最为著名，但蜥脚类之前的早期蜥脚形类也有多姿多彩的进化历史，它们也被非正式地称为原蜥脚类。目前发现了70多个属，原蜥脚类在各大洲都有发现，包括南极洲。在它们所在的大多数化石点里，它们都是数量最多的大型动物。

最古老的原蜥脚类发现于阿根廷西北部月亮谷伊斯基瓜拉斯托组。当地的部分化石几乎在整个三叠纪中都有分布，但含有原蜥脚类的地层形成于2.37亿—2.27亿年前的卡尼期。早期原蜥脚类的滥食龙和颜地龙（*Chromogisaurus*）都在这里留下了化石，它们很有可能和蜥臀类祖先一样是杂食动物，而且体形很小，同狗或羊差不多，一个可靠的例子是来自英国三叠纪晚期的槽齿龙（*Thecodontosaurus*，见图2）。

原蜥脚类中的一个重要进化转变是出现植食者，它们具有专门处理植物的牙齿和颌部、有利于采食高处植物的

关键事件

2.31亿年前	2.31亿年前	2.18亿—2.01亿年前	2.15亿年前	2.15亿—2.01亿年前	2.1亿年前
蜥臀类分为兽脚类和蜥脚形类，以始盗龙和滥食龙为代表。	阿根廷生活着早期蜥脚形类，例如颜地龙和滥食龙。	一种巨大的早期蜥脚形类在泰国诞生，它们具有1米长的上臂骨（肱骨）。	最古老的四足原蜥脚类出现，它们以四肢行走，而不是依靠后肢。	板龙类是当时数量庞大的原蜥脚类。	原蜥脚类成为纯植食者，抛弃了过去的杂食生活。

长脖子，以及用来消化食物的庞大身躯。这类的原蜥脚类包括晚三叠世的北欧板龙类及其近亲。板龙类身长10米、体重4吨，但依然保留着两足动物的习惯。有如此庞大的体形，它们甚至可以影响栖息地的环境。

第二个重要的转变在2.2亿—2亿年前发生。黑丘龙（*Melanorosaurus*）和里奥哈龙（*Riojasaurus*）等原蜥脚类完全成为四足动物，因为它们的前肢和后肢长度相近，前足结构也是一个证明。原蜥脚类变得更大，逐渐走向大量进食的生活方式。真正的蜥脚类恐龙正是来自这个族群，它们把四足生活方式、巨大的身体和大量进食进化到了前所未有的极致。蜥脚类起源于原蜥脚类，而且最近的研究证实，原蜥脚类在蜥脚类出现之前经历过一个重要的进化时期。

部分原蜥脚类存活到了早侏罗世的末期，当时的蜥脚类正在成为主流群体。大椎龙（*Massospondylus*，见图3）和云南龙都是典型例子。前者保存在有2.1亿—1.9亿年历史的南非艾略特组中，后者来自中国云南，有些标本的长度超过10米。原蜥脚类的大小、姿态和饮食各不相同，但也有一些共同特征。它们的脖子都很长，包含至少10块颈椎，而且每块椎骨都很修长。长脖子的脑袋显得很小，但鼻孔很大。它们还有拇指爪，以及同躯干相比很短的后肢。MT

——译注：目前学界亦有这样一种观点：原蜥脚类是蜥脚类的姊妹类群，并非蜥脚类的直接祖先。

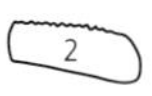

1 始盗龙生活在晚三叠世，是最古老的恐龙之一。它们是体长最多1米的小型肉食性恐龙，它们形似恐龙的共同祖先。

2 槽齿龙的颌部带有叶状锯齿，这在需要咬碎植物的动物中十分常见。

3 大椎龙生活在早侏罗世。它们体长4米，具有长脖子和与修长身体相比很小的脑袋，因此是典型的原蜥脚类。

2.1亿年前	2.03亿年前	2亿年前	2亿年前	2亿年前	1.68亿年前
德国生活着埃弗拉士龙（*Efraasia*），它们体形中等，长6米，重5吨。	英国南部生活着早期恐龙槽齿龙，它们一般身长2米。	接近蜥脚类的黑丘龙留下了几乎完整的骨架，这具化石保存在南非的晚三叠世下艾略特组。	南非生活着大椎龙，它们可能是两足植食者，拇指上具有锋利的爪子，用于觅食或防御。	最古老的真蜥脚类恐龙来自原蜥脚类，它们后来成为地球上最具生态意义的脊椎动物。	生活在中国云南的云南龙可能延续到了这个时期，它们是最后的原蜥脚类。

板龙类

晚三叠世

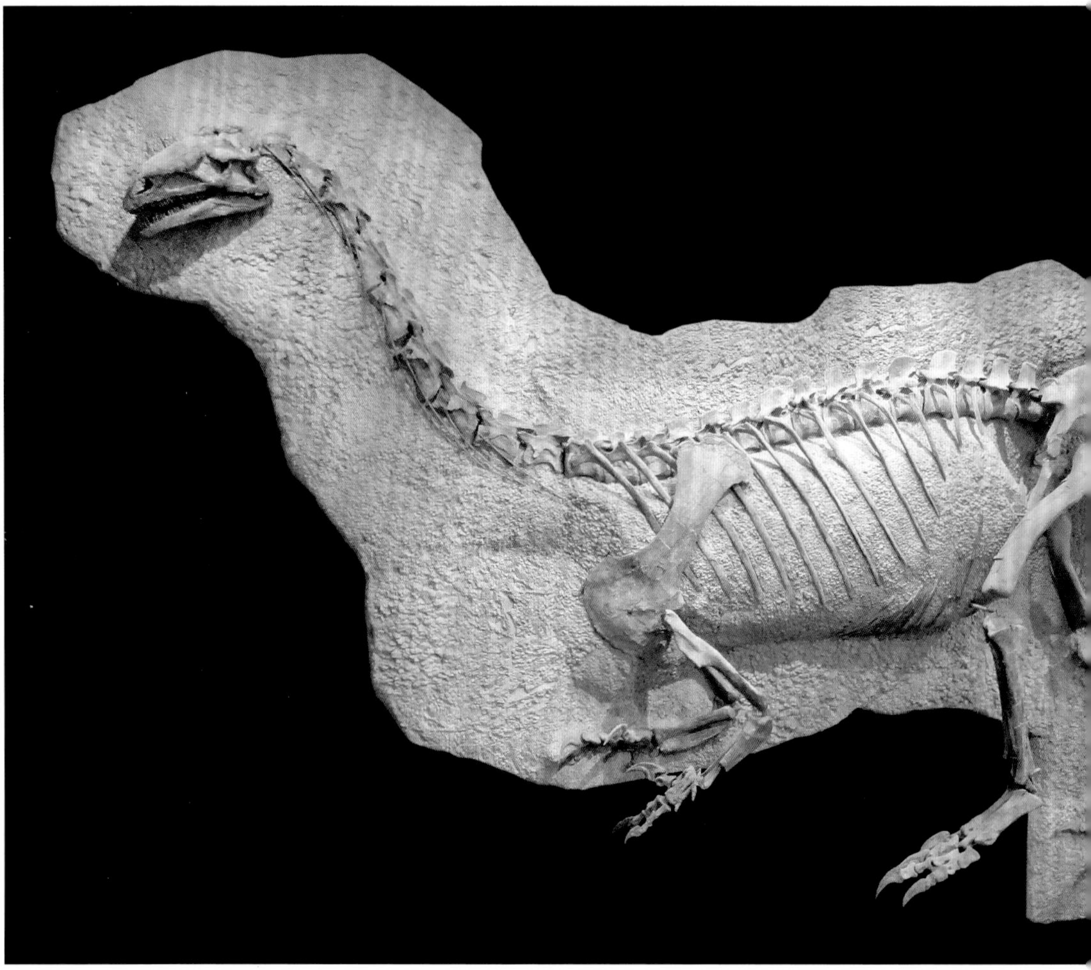

种：恩氏板龙
（*Plateosaurus engelhardti*）
族群：板龙科（Plateosauridae）
体长：8米
发现地：欧洲

板龙类是典型的原蜥脚类。它们具有小脑袋、长脖子、长尾巴和巨大的身体。后肢依然比前肢更长更强壮，但没有早期原蜥脚类那么明显，说明四肢逐渐相等的进化趋势也会在蜥脚类恐龙中继续发展。板龙类的分类很复杂：至少已有8个种获得命名，但被现代研究者普遍认可的有效物种只有恩氏板龙。一些古生物学家认为纤细鞍龙其实是板龙。过去的科学家很喜欢命名新属，因此将近10种其他恐龙都归入了板龙。除了最为人所熟悉的长颈植食性动物之外，板龙类也是最著名的恐龙之一。它们在1837年得到命名，是第六个拥有名字的非鸟恐龙，也是英国之外第二个获得命名的恐龙。它们在德国、瑞士和其他地方留下了大量完整的标本，因此解剖特征十分明确。其骨架表明它们身长8米，体重2吨。其他属于板龙或板龙近亲的破碎标本和大象差不多大，身长10米，体重4吨。综合不同尺寸、不同年龄的标本使我们可以确定不同个体在不同的年龄段停止了生长：有的12岁就停止生长，有的要接近20岁。MT

图片导航

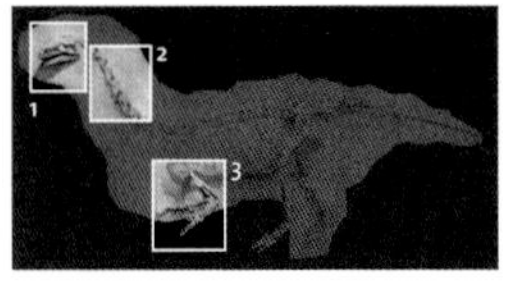

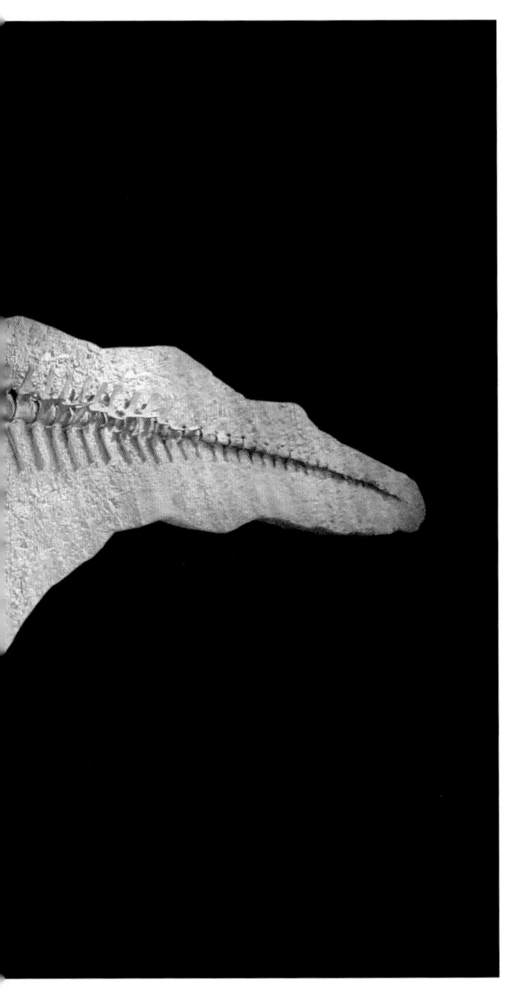

要点

1 头骨和牙齿

头骨很长，鼻孔很大，口腔前部下弯。俯视图和正面图都表明头骨狭窄，下颌关节和肌肉的排列使其咬合非常有力，牙齿最多可达到60颗，呈叶状，锋利且坚固。可见它们是主要以植物为食的杂食性动物。

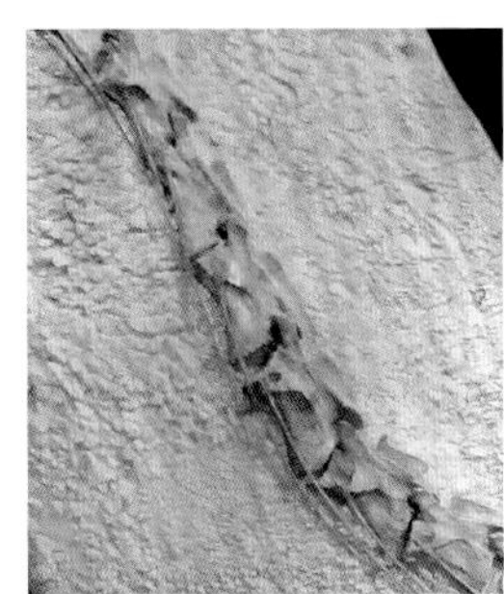

2 颈部

板龙类的脖子只有10块颈椎，而有些蜥脚类的颈椎高达19块，天鹅甚至有25块。不过每块颈椎都很长，因此脖子依然很长。脖子和前半身可以灵活地上下左右摆动，但不能扭转。

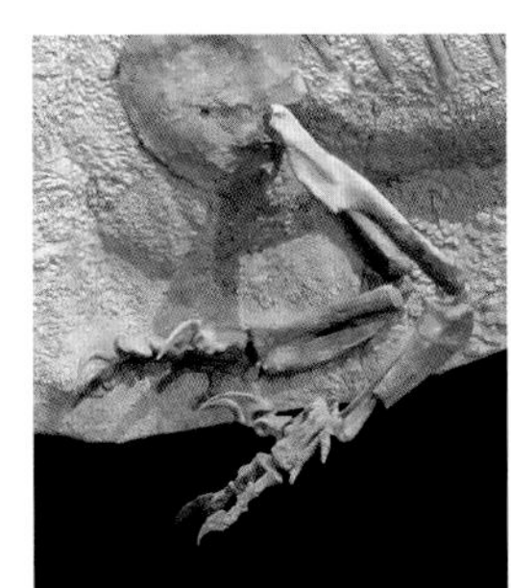

3 前肢

板龙类的前肢短小粗壮。它们的手掌朝向内侧，很适合抓握，可能也擅长挖掘。拇指比其他手指粗短，而且有强大的爪子，可以用于防御以及和同类竞争。

惯有姿态

板龙已经被研究了很多年，几乎所有的姿态都被描绘出来，包括和蜥蜴一样四肢伸展、和袋鼠一样两足坐立并用尾巴支撑身体，以及四足行走、身体和地面平行。虽然有很多高质量标本，但其惯有姿态依然存在争议。近年来的研究使用电脑建立了它们生前的姿态，虽然双手可以旋转到朝下的姿势，但板龙类不太可能是四足动物，因为前肢很短，而且双手向内。电脑模拟表明其前肢的弧形运动能力有限，因此上臂只能从垂直状态向后移动，不适合跨步。因此它们很有可能是两足动物（右图）。

巨型蜥脚类

蜥脚类曾是陆地主宰，古往今来的所有陆生动物都望尘莫及。接近完整的骨骼表明，部分蜥脚类恐龙重达30吨，甚至有体重超过100吨的证据。破碎的化石说明它们的身体可能更大：印度的巨体龙（*Bruhathkayosaurus*）足有150吨，可以和最重的蓝鲸比肩。很难想象这么庞大的生物在陆地上行走的样子，但的确有证据显示蜥脚类远重于第二大陆地动物——鸭嘴龙和副巨犀（*Paraceratherium*，见484页）等犀牛样哺乳动物。现代大象在它们面前显得很娇小。

蜥脚类恐龙不仅是巨大的植食动物，身体结构也很独特。它们的四条长腿支撑着高大且侧面平坦的躯干，身体上有长长的脖子、小脑袋和长尾巴。蜥脚类的脖子令人咋舌，超龙（*Supersaurus*）的一块颈椎就有1.5米，所以整条脖子长达15米，是现代长颈鹿颈部的6倍，也是神龙翼龙的5倍（见290页），这种翼龙是脖子最长的陆生非蜥脚类动物。有人认为环境因素在蜥脚类的进化中发挥着重要作用，例如高温或大气氧含量增加，但并没有证据支持这种理论。事实上是，蜥脚类在整个侏罗纪和白垩纪里都很庞大，无论温度、氧气水平、海平面等因素的高低。

关键事件

2.28亿年前	1.68亿年前	1.67亿年前	1.67亿年前	1.6亿年前	1.56亿—1.47亿年前
南美雷前龙（*Antetoniwtrus*）是最古老的蜥脚类。它们身长8～9米，是蜥脚类中的小个子。	真蜥脚类开始进化，例如中国四川省的蜀龙（*Shunosaurus*）。	生活在英国，有着重要历史意义的鲸龙（*Cetiosaurus*），在1888年成为第一种得到命名和科学描述的蜥脚类。	大山铺龙（*Dashanpusaurus*）可能是最古老的大鼻龙，生活在中国。	马门溪龙生活在中国的土地上，它们具有蜥脚类里从比例来看最长的脖子，占身体总长的一半。	晚侏罗世的莫里森组在美国西部形成，其中含有圆顶龙和梁龙化石。

蜥脚类有几个解剖学特征有助于它们拥有巨大的身体。首先，蜥脚类恐龙获取营养的方法不是在嘴里处理食物。大象每天的大部分时间都在咀嚼，而蜥脚类恐龙只需要采食植物，然后一口吞下，让它们在巨大的身体里慢慢消化。因此它们的进食速度快于需要咀嚼的植食性动物。其次，长脖子增加了觅食范围，让蜥脚类可以快速摄入食物，从而迅速增加体重。最后，哺乳动物的胎生策略随着身体大小而改变。大型动物的后代数量更少，例如现代大象要在妊娠近两年后才生出一个幼崽，因此种群数量崩溃后的恢复十分缓慢。而蜥脚类会产下很多龙蛋，让受灾地区的种群数量迅速恢复，因此不易灭绝。

至少4个没有太多亲缘关系的蜥脚类族群里都进化出了超过10米的颈部：马门溪龙、梁龙（见图1）、腕龙和泰坦巨龙。实际上，蜥脚类恐龙进化之初就已经出现了很多催生长脖子的改变。第一，蜥脚类具有很多颈椎，例如马门溪龙的颈椎多达19块。第二，颈椎延长，而哺乳动物里只有长颈鹿有这种长度的颈椎。第三，不咀嚼的策略让它们的牙齿、颌骨和颌肌都变得很小，因此缩小了头部，减轻了颈部压力（见图2）。第四，由四条腿支撑的庞大躯干为颈部提供了一个非常稳定的平台。第五，像现代鸟类一样有效的呼吸系统克服了用长脖子呼吸的问题。第六，充满空气的椎骨减轻了颈部重量。

蜥脚类的椎骨结构极其复杂且结构精细，因此在研究蜥脚类动物的生活方式时，它们与头骨一样有用。椎骨内充满空气的空腔让巨大的骨骼十分轻盈。例如腕龙类中的波塞东龙（*Sauroposeidon*）的中间颈椎长有1.5米，但骨骼厚度仅为几毫米，大部分都薄如蛋壳。一块椎骨的横截面显示其中85%都是空腔，只有15%是骨骼。空气通过被称为“孔”的开口进入脊椎动物的脊椎骨，这些开口由肺的分支和被称为“憩室”的气囊穿透。气孔的证据表明它们具有类似鸟类呼吸系统的结构，即肺的前后都有软性气囊。这个系统让鸟类可以获得两倍于哺乳动物的氧气，以便通过高代谢来为动力飞行提供能量。蜥脚类可能也有相似的高代谢，所以生长速度极快。微观骨骼结构的证据表明，蜥

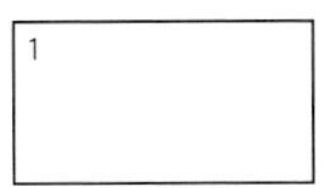

1 梁龙和人类的对比明确显示出了前者的庞大，9 ~ 18吨的梁龙是最苗条的蜥脚类之一。

2 晚侏罗世北美圆顶龙（*Camarasaurus*）的头骨，其中有20厘米的凿状牙齿，用于快速采食植物。

1.5亿年前	1.5亿年前	1.4亿年前	1亿年前	9 500万年前	6 600万年前
腕龙类的腕龙和长颈巨龙各自生活在北美和非洲，它们是最古老的腕龙类成员。	詹尼斯龙（*Janenschia*）和长颈巨龙生活在同一个时代和地区，它们有可能属于泰坦巨龙，如果的确如此，那它们就是最古老的泰坦巨龙类成员。	非洲尼日利亚生活着雷巴齐斯龙（*Rebbachisaurus*），这种18米长的恐龙是最古老的雷巴齐斯龙类成员。	阿比杜斯龙（*Abydosaurus*）是最后的腕龙类成员，它们生活在晚白垩世之初的北美。	阿根廷的雷巴齐斯龙类利迈河龙（*Limaysaurus*）是梁龙类里最后的成员，此后幸存下来的就只有大鼻龙类。	阿拉摩龙（*Alamosaurus*）等北美南部的泰坦巨龙类依然繁盛，直到白垩纪末期的大灭绝。

3 查尔斯·R.奈特（1874—1953）绘制了很多远古图画。在这幅成于1897年的图中，迷惑龙望向上方，脖子几乎竖直，而后面的梁龙在低垂脖子吃草。

4 鲸龙椎骨显示出了下方的椎体、神经弓的脊髓孔、横突和上方的神经棘。

5 长颈巨龙的骨架和人类，可见这类恐龙何等硕人。这具化石存于柏林洪堡大学的自然博物馆。

脚类动物在十几岁时就已经性成熟，在30岁时达到成年体形。

蜥脚类恐龙惯有的颈部姿势一直存在争议。早期复原图显示它们的颈部凸起、灵活，像天鹅一样，不过也有一些骨骼复原图认为它们的脖子平行于地面而且更加坚硬。美国先锋古生物画家查尔斯·R.奈特在1897年的经典之作（见图3）中采用了折中方案：前景中的迷惑龙颈部扬起，而背景中梁龙颈部平行地面。千禧年之际的计算机建模支持水平颈部的假设，但这些模型省略了椎间软骨，即椎骨之间的软骨“缓冲垫”。现生动物的X射线显示，大多数动物都习惯性地抬起颈部，甚至包括看起来没有脖子的兔子。蜥脚类可能也不能免俗，只在饮水或采食低处食物的时候才低头。向上倾斜的长脖子也会带来很多问题，我们还不清楚食物如何在食道中运动，血液又是如何循环到高处脑部的。所有脊椎动物都遗传了来自喉部的神经，神经从大血管（心脏上方的主动脉）下方绕过，连接大脑。超龙的这条神经有30米长，盘绕着布满了直线距离不到1米的路径。

在早期对蜥脚类的古生物学研究中，人们认为它们是水生动物，或者至少是两栖动物，因为很难想象这么巨大的动物会在陆地上生活。从20世纪70年代开始，多项证据都表明蜥脚类恐龙是陆生动物。它们的躯干两侧扁平，而不是像河马等水生哺乳动物一样呈桶状。它们的四肢从比例上来看很长，前足结构紧凑，进入沼泽地之后就会陷入淤泥。椎骨里的大量空腔是两栖动物所不需要的减重性适应，而且保存着蜥脚类化石的岩石都位于季节性干旱环境之中。

虽然我们对基本的蜥脚类恐龙身体结构了如指掌，但大多数蜥脚类的属没有留下完整的化石，存留下来的通常只有一小部分。有几种蜥脚类恐龙都是依靠一块骨骼得到命名的，通常是椎骨，因为复杂的空腔十分独特。巨大的动物难以化石化，尸体要成为化石，就要在腐烂、风化或腐食动物破坏骨骼之前被沙子、泥土或淤泥等沉积物覆盖。小动物很容易快速埋葬，而且可能会被完全埋没。但是蜥脚类恐龙庞大的身体更有可能只保留下部分骨骼。因此大多数蜥脚类复原的基础都是对比和参考近亲。例如，巨型阿根廷龙（见274页）只留下了少数椎骨和胫骨，但复原时参考了多种泰坦巨龙同类的形态。

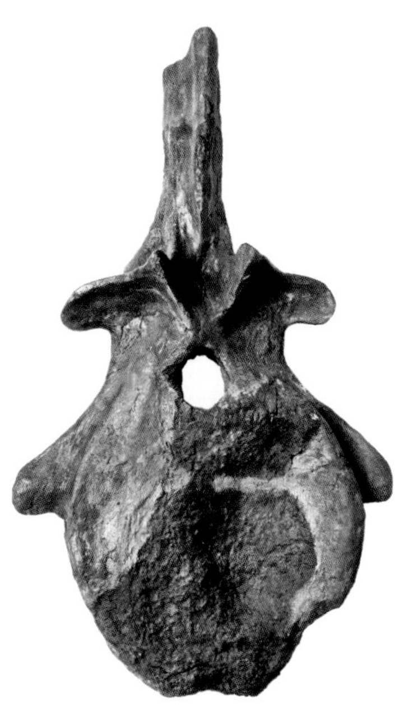

大多数蜥脚类恐龙化石都不完整，因此很难阐明它们的谱系，但研究者现在已经有了一些共识。最基础（原始）的蜥脚类恐龙类似其祖先原蜥脚类（见264页）。所有衍生的蜥脚类恐龙都属于真蜥脚类，它们的四肢和足部更接近典型的蜥脚类。这类恐龙包括中国的马门溪龙、鲸龙等几个地位不明的族群（见图4）和具有同一个共同祖先的新蜥脚类，其中大部分是最知名的族群。

新蜥脚类进化出了梁龙目和大鼻龙目。前者包括头骨古怪的雷巴齐斯龙科和它们的姐妹群梁龙科（例如梁龙、迷惑龙及其近亲），以及梁龙的姐妹群叉龙类（*Dicraeosaurus*）。叉龙是比较小的蜥脚类，椎骨里没有空腔，背部还有高高的神经棘。大鼻龙类里包括圆顶龙类，这是晚侏罗世北美最常见的恐龙，还有长手臂的腕龙类，例如腕龙、长颈巨龙（见图5和272页）及其近亲，以及泰坦巨龙。最后一类是我们了解最少的蜥脚类，其中包括多个截然不同的属。

虽然有共同特征，但蜥脚类的种间差异其实非常明显。例如，梁龙的尾部长度是颈部的两倍多，马门溪龙却刚好相反。迷惑龙的身体结构和梁龙十分相似，但要重得多，脖子也要粗得多，横截面还呈三角形。后凹尾龙（*Opisthocoelicaudia*）的四肢更加粗壮，还有不寻常的桶状躯干，表明它们在水中的时间多于其他蜥脚类。利迈河龙（*Limaysaurus*）具有高高的神经棘，可能在背部形成了背帆。奥古斯丁龙（*Agustinia*）具有尖刺（但化石不够完整，不知道尖刺位于身体的哪个部位），博妮塔龙（*Bonitasaura*）具有喙。尼日尔龙（*Nigersaurus*）头骨独特，非常轻巧，嘴巴比头骨的主要部分宽得多，它们具有宽大扁平齿列，大约有500颗牙齿，每两周更换一次。蜥脚类恐龙在1.45亿年前的侏罗纪末期迎来了多样性的顶峰。它们不仅幸存到了白垩纪，还繁荣壮大。雷巴齐斯龙、腕龙和泰坦巨龙都繁盛到了早白垩世的末期。雷巴齐斯龙类一直存续到晚白垩世，泰坦巨龙生存到了直到白垩世末期的大灭绝。此外，它们的种类繁多，很多庞大的泰坦恐龙都来自白垩纪晚期。MT

长颈巨龙

晚侏罗世

种：布氏长颈巨龙
（*Giraffatitan brancai*）
族群：巨龙形类
（Titanosauriformes）
体长：22米
发现地：非洲

长颈巨龙（意为“巨型长颈鹿”）是最大的蜥脚类恐龙之一，而且留下了相当完整的骨架，体重大约有30吨重。这个属是较为人所熟悉的北美腕龙的分支。腕龙在1903年被发现之后，立刻成为大家眼里最大的蜥脚类恐龙，也是最大的恐龙。但当时没有发现其颅骨和颈椎。1909—1912年，德国组织前往坦桑尼亚汤达鸠的考察队发现了类似而且更完整的标本（见图）。德国古生物学家沃纳·詹尼斯（1878—1969）认为这是腕龙中新的种，于是将其命名为布氏腕龙，这也是腕龙形象的重要来源。北美腕龙也在1.5亿—1.45亿年前晚侏罗世森林里游荡觅食，它们的复原图很大程度上依照的也是非洲标本。北美腕龙和非洲腕龙的骨骼明显存在许多差异。美国作家、插画家和古生物学家格雷戈里·S·保罗（1954—）发现非洲标本比北美标本更“纤细”，脊柱也不一样。进一步的研究证实虽然二者有亲缘关系，但非洲标本和北美标本的相似之处还不足以将它们归为一类。于是非洲标本在1988年重新归为长颈巨龙。英国专家麦克·泰勒（1968—）在2009年对比了两个标本的多块骨骼，结果也证明它们并不相同。

沃纳·詹尼斯曾在两次世界大战之间监督实施长颈巨龙的骨架复原工作，当时这种动物还被称为腕龙。为确保安全，骨架在“二战”期间拆除，战后再次重建，并于2007年以符合现代蜥脚类理论的姿态重新面世。它是柏林自然博物馆的重要展品，身高12.5米，是最大现生长颈鹿的两倍，体长足有22米。MT

图片导航

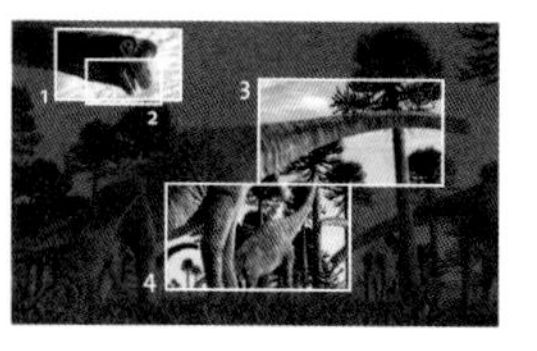

要点

1 头骨
头骨非常独特，中间一条狭窄弯曲的骨骼构成了“头盔”形状。虽然这条骨骼两侧的开口形成了骨质鼻孔，但肉质鼻孔很可能位于吻部前方。美国也发现过类似的头骨，但“头盔”形状没有那么夸张，被认为属于腕龙。

3 脖子
长颈巨龙最引人注目的特征就是颈部。它们的颈部长8.5米，比颈部最长的长颈鹿长2.5倍，但也只不过是超龙15米长颈的一半。展出于柏林的骨架的颈部高高扬起，这可能是它们的惯有姿态，此时的头部离地13米。

2 牙齿
小牙齿类似加宽的凿子。它们的牙齿同所有蜥脚类一样，只负责采集食物，在咬下植物之后就马上吞下，让食物从长长的食道滑进巨大的胃里。它们还会吞下胃石来将食物捣碎成更容易消化的浆液。

4 前肢
长颈巨龙同其近亲腕龙一样，前肢长于后肢，还有背部向上倾斜至肩膀的独特外形。虽然肱骨（上臂骨）和股骨的长度大致相等，但和所有蜥脚类恐龙一样，长颈巨龙的“手”位置较高，且“手指”竖直向下指。肩关节的位置低于腰带。

第一具化石的命名

沃纳·詹尼斯（右图）在坦桑尼亚的汤达鸠领导人规模化石搜寻科考。他发现当地最大的蜥脚类化石和北美腕龙有相似之处，并在1914年将这个新发现命名为布氏腕龙。它的化石包括几具不完整的骨骼、三颗头骨和许多较小的遗骸，如牙齿、部分头骨、椎骨和四肢。这些庞大而沉重的标本很多都还没有从原本的岩石中清理出来就被运回了柏林，詹尼斯在柏林组织人手完全重建起了骨架。为了纪念詹尼斯，人们在1991年将另一只大型蜥脚类恐龙命名为詹尼斯龙，它也是晚侏罗世坦桑尼亚的居民。

阿根廷龙

晚白垩世

种：乌因库尔阿根廷龙
（*Argentinosaurus huinculensis*）
族群：泰坦巨龙类
（Titanosauria）
体长：40米
发现地：阿根廷

乌因库尔阿根廷龙常被称为迄今为止最大的蜥脚类和陆生动物，它们留下了一些肋骨、损坏的荐椎（椎骨和腰带连接的部位）、一段小腿骨和一段可能是股骨的残缺骨骼。化石虽少，但足以证明阿根廷龙是泰坦巨龙类的成员，不过这个族群的体形差异很大，而且无法精确估计它们的尺寸。研究者一开始认为它们超过40米长，因此重量大于100吨。但后来的计算表明，60 ~ 80吨更为合理。在9 500万年前的晚白垩世中，阿根廷龙可能过着群居生活。同其他知名的泰坦巨龙一样，它们也会在走过开阔的林地时，用长脖子大范围扫荡植物。计算机的运动建模表明它们的最高时速为8千米。即使有如此庞大的身体，它可能还是要面对敌人，例如同君王暴龙（见302页）差不多大小的兽脚类（肉食性）南方巨兽龙（*Giganotosaurus*），它们化石的形成时间只比阿根廷龙晚几百万年。

其他留下高质量化石的大型蜥脚类包括非洲的长颈巨龙，以及阿根廷泰坦巨龙类的无畏龙（*Dreadnoughtus*），后者身长26米、体重60吨。更大型蜥脚类恐龙的证据很少。来自阿根廷的另一种泰坦巨龙成员普尔塔龙（*Puertasaurus*）只留下了4块椎骨，它们可能只略小于阿根廷龙。MT

图片导航

▲ 阿根廷龙化石发现于1987年，化石点位于阿根廷内乌肯省的乌因库尔组。阿根廷龙在1993年得到命名。

要点

1 头骨

蜥脚类的头骨很少见，而且很难为其指定身体。目前还没发现阿根廷龙的头骨。它们头骨和“牙齿边缘”的形态都参考了其他更完整更有名的泰坦巨龙，例如12米长的萨尔塔龙（*Saltasaurus*）。

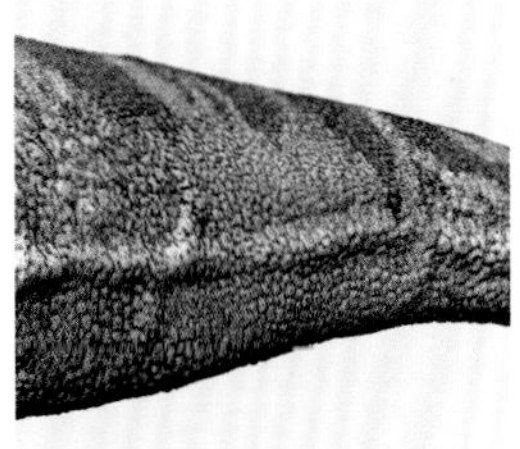

3 尾骨

图中的尾巴抬起，和身体平齐，这也是大多数当代专家的看法。不过还有一个问题：很多尾椎骨都很小，而且只发现了零散的骨骼，所以很难确定真正的姿态。

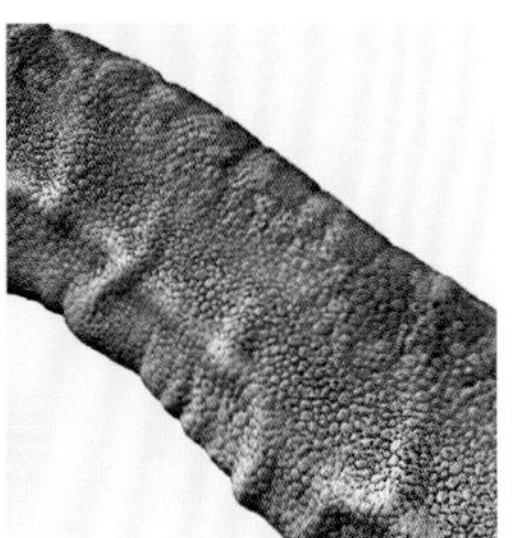

2 椎骨

阿根廷龙椎骨里复杂的气室让椎骨十分轻巧。它们有助于研究者从十分有限的遗骸中辨认出阿根廷龙，不过脆弱的薄壁很容易在化石化或挖掘过程中毁坏。

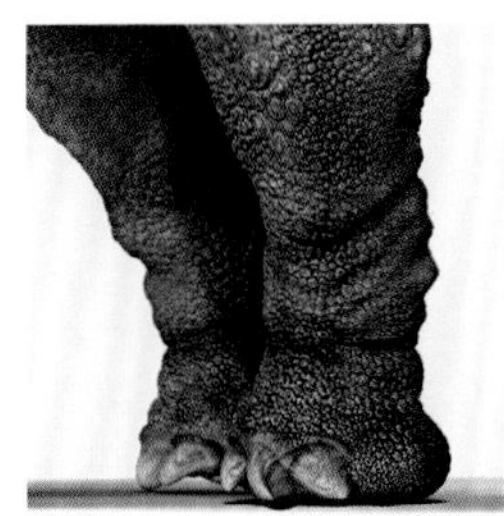

4 四肢

阿根廷龙的化石遗骸包括胫骨、胫骨后两根骨头中较大的一根以及可能来自股骨的部分。这些发现对估量它们的整体身高和重量很有价值，也为研究步态和速度提供了证据。

早期肉食性恐龙

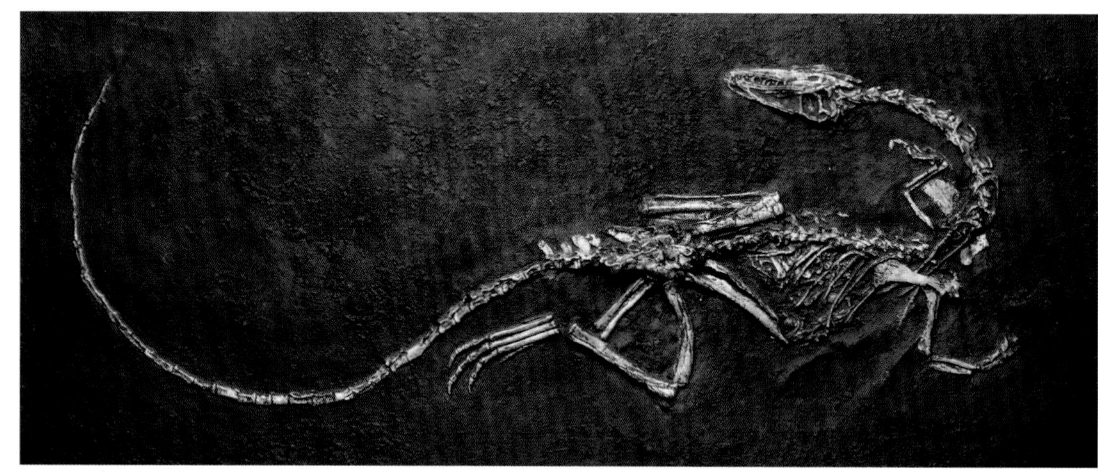

在2.25亿—6 600万年前白垩纪末期大灭绝事件之间，兽脚类（肉食性恐龙）是占据着统治地位的陆生掠食者。最古老的兽脚类动物包括以深矩形头骨而出名的埃雷拉龙和体形小得多、掠食性也更弱的曙奔龙，有一个新的族群从类似这些恐龙的祖先中进化出来，其特征是失去了第五指和第五趾，这就是新兽脚类。新兽脚类包括三大类群。第一类是腔骨龙类，它们身体纤细，头骨不深，上颌有独特的缺口，即鼻下沟。第二类是角鼻龙类，它们的身体更为粗壮庞大，很多成员都有角或头饰。第三类是坚尾龙类，这个庞大的族群具有类似鸟的手部、脊柱和后肢特征。许多常见的大型掠食恐龙，如巨齿龙、棘龙、异特龙、暴龙和鸟类都属于坚尾龙类，因此它们是迄今为止最成功的兽脚类群体。

腔骨龙类走过了整个中生代，它们大多身长2 ~ 3米。最著名的成员包括北美的腔骨龙（见图1）和主要生活在非洲的合踝龙（*Syntarsus*）。这两种恐龙非常相似，因此很多专家都认为它们属于同一个属。它们分布广泛，在欧洲和中国也有分布。腔骨龙最重要的特征之一是其颌骨结构，锥形齿位于尖且浅的吻部尖端，由鼻下沟和后方的牙齿分开。进化出整个结构的原因尚不明确，可能有助于咬紧

关键事件

2.25亿年前	2.2亿年前	2.15亿年前	2.1亿年前	2亿年前	2亿年前
兽脚类在晚三叠世中出现。它们是蜥臀类中的两足恐龙，最终进化出了现代鸟类。	新兽脚类从类似埃雷拉龙的大脚祖先中进化出来，它们的脚变得更窄，更类似鸟类。	北美早期的太阳神龙（*Tawa hallae*）具有典型的腔骨龙鼻下沟，很多早期新兽脚类可能都是它们的近亲。	北美生活着中生代的腔骨龙。新墨西哥州的幽灵牧场里有大量腔骨龙死亡，凶手可能是汹涌的洪水。	盘古超级大陆上诞生了类似腔骨龙的兽脚类，例如合踝龙。它们生活在沙漠和其他栖息地中。	双嵴龙类中诞生了最初的角鼻龙和坚尾龙，它们是中等大小的恐龙，大概和马一样大小。

和控制小猎物，例如将对方从裂缝或洞穴中拉出。锥形齿也有可能是捕鱼工具，因为这类兽脚类有可能会在浅水中觅食。

腔骨龙、角鼻龙、坚尾龙或许都有独立的进化历程，但新兽脚类也有可能是从虚骨龙形态的祖先中分化出了角鼻龙和坚尾龙。化石记录表明，有几种腔骨龙族群进化出了超过6米的大型成员，例如以两个盘状头饰而闻名的双嵴龙（*Dilophosaurus*）。许多角鼻龙和坚尾龙都远远大于双嵴龙，但它们一开始体形很小，可见这些族群各自独立进化出了大体形。兽脚类的进化中有一个永恒的主题：小型祖先催生出巨大的后代。事实上，小型物种通常只有在过去占主导地位的群体灭绝后才会进化出巨型物种。

大约2亿年前，角鼻龙类从类似双嵴龙的兽脚类中进化出来。最古老的角鼻龙生活在非洲，但明显在大陆分裂发生之前就已经广泛分布，因为世界各地都有历史较短的角鼻龙族群。角鼻龙类中吻部很深而且长有角的角鼻龙（*Ceratosaurus*，见图2）生活在北美、西欧，东非可能也有分布。角鼻龙与阿贝力龙类具有相似的解剖特征，而大部分非坚尾类兽脚类都属于阿贝力龙类，它们在全世界的岩石中都留下了化石，目前发现的种类超过25个。有些成员的化石保存得极为完好，例如马达加斯加的玛君龙（*Majungasaurus*，见图3）。角鼻龙身体庞大而且头骨较深，长而弯的牙齿表明它们会捕猎其他大型动物。阿贝力龙类也具有这种生活方式和头骨形态，例如吻部极短、头骨极深的食肉牛龙（*Carnotaurus*）。

然而，并不是所有角鼻龙类都是像角鼻龙一样的大型掠食者。阿贝力龙类中的西北阿根廷龙包括多种小型成员，居住在南美、马达加斯加和印度。浅头骨和突出的牙齿表明它们以鱼、昆虫和其他小动物为生。中国著名的角鼻龙类泥潭龙根本没有牙齿，手部退化但后肢细长，在它们的腹部中发现了小石头，这表明它们是植食性动物，所以要吞下石头来磨碎植物。西北阿根廷龙和泥潭龙表明角鼻龙的进化并不局限于捕猎、杀戮和食用大型动物。DN

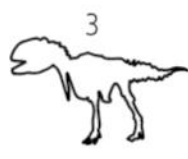

1 著名的1947年腔骨龙标本，来自幽灵牧场。研究者本以为它们会同类相食，胃部会存有同类幼龙，但腹内的骨骼其实是早期的鳄类——黄昏鳄。

2 角鼻龙体长超过6米。

3 白垩纪玛君龙留下了大量坚固、完好的化石，因此研究者估算出它们的身长超过7.3米。

1.9亿年前

中国和北美生活着双嵴龙，可能是它们亲戚的龙猎龙（*Dracovenator*）和冰脊龙（*Cryolophosaurus*）在南非和南极诞生。

1.85亿年前

摩洛哥生活着早期角鼻龙类柏柏尔龙（*Berberosaurus*）。早期的非洲角鼻龙表明它们起源于南方超大陆的中心。

1.55亿年前

北美、欧洲生活着角鼻龙，它们是第一批身体巨大粗壮的兽脚类。东非可能也有分布。

1.5亿年前

中国生活着没有牙齿的短臂长腿泥潭龙。角鼻龙类进化出了多种身体形态和生活方式。

1.2亿年前

阿根廷生活着锐颌龙（*Genyodectes*），它们可能是侏罗纪角鼻龙的近亲。角鼻龙类生存到了白垩纪。

7 500万年前

法国生活着阿贝力龙。它们可能是在海平面降低、陆桥露出来的时候从非洲迁徙而来。

双嵴龙

早侏罗世

种：魏氏双嵴龙（*Dilophosaurus wetherilli*）
族群：新兽脚类（Neotheropoda）
体长：7米
发现地：北美

双峭龙是最出名的早期兽脚类之一，它们生活在1.9亿年前的北美。受到一些科幻作品的影响，人们常常认为魏氏双嵴龙是人类大小的兽脚类，具有可以张开的颈盾，而且可以喷吐毒液。其实双嵴龙身长7米、体重达半吨，体态轻盈，头骨浅且颌部细长。双嵴龙比腔骨龙和早期兽脚类大，反映了当时所有恐龙的进化趋势——越来越大。部分原因是曾经占据着陆地生态系统顶端的主龙类已经灭绝。

双嵴龙与它的近亲腔骨龙以及合踝龙一样，也有特别的下颌形状，这表明它们经常捕食小动物，但它们也可以制服同自己大小相近的动物。它们最著名的特征是一对半圆形头冠，这是“双嵴龙”一名的由来。似虚骨龙兽脚类也有相似但较小的头冠，可见这个结构在早期兽脚类中分布广泛。头冠的作用尚不清楚，但不太可能有助于捕猎，更有可能是繁殖和社交中的信号，用以吸引配偶或者威吓对手。同身体变大一样，头部骨质结构的演变也是研究恐龙的常见议题。DN

图片导航

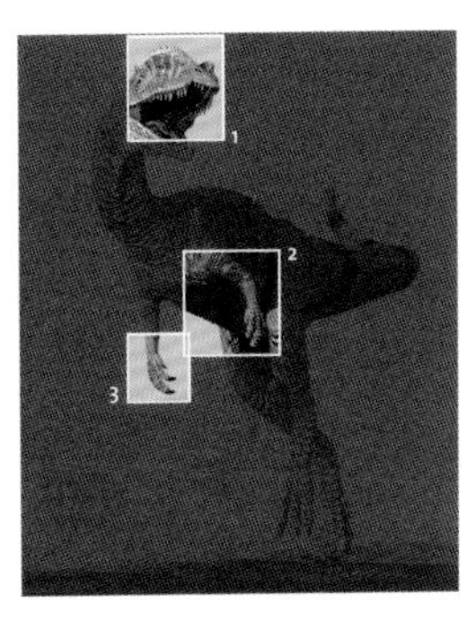

要点

1 头冠

双嵴龙醒目的双冠由头骨薄片构成，依靠垂直的柱形结构支撑。从正面看，头冠呈“V”形，后边缘长有向后延伸的细短尖刺，与头顶平行。

2 前肢

大面积的肌肉附着点和韧带证据表明，双嵴龙具有灵活的前肢和有爪的手，适合捕捉猎物。一只保存完好的手上有三根带爪手指，第四根手指也存在，但它只是一个很小的残肢，而且没有爪子，属于进化遗留。

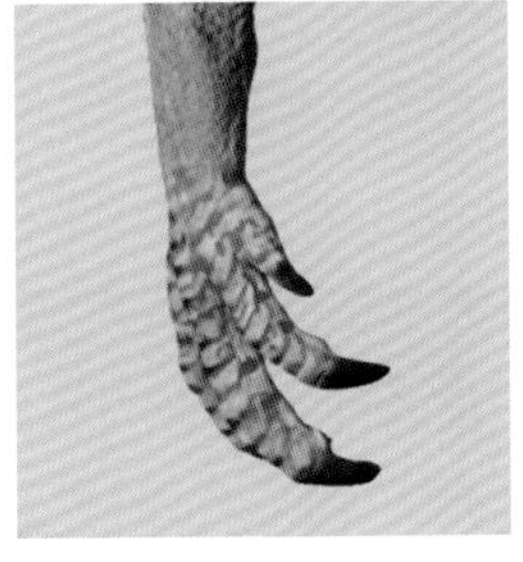

3 手

双嵴龙的手掌可能自然内旋。来自犹他州的一条行迹化石显示双嵴龙下蹲的时候，手指外侧会接触地面，这是手掌内旋的证据，也是兽脚类的常见结构，如今的鸟类依然保留着这一特征。

全球分布

双嵴龙是最古老的大型肉食性恐龙之一。有些专家认为发现于1987年的中国标本是双嵴龙的第二个种，它与美国的双嵴龙相似，因此最初被命名为中华双棘龙（*Dilophosaurus sinensis*）。但进一步的研究将它们重新命名为中国龙（*Sinosaurus*，意为“中国的爬行动物”），不过依然属于双嵴龙类。当时还有一种兽脚类也具有头饰，但生活在南极，那就是冰脊龙。冰脊龙稍小于美国的双嵴龙，两者似乎是近亲。因此，双嵴龙可能遍布全球，适应了各地不同的环境。

食肉牛龙

晚白垩世

种：萨氏食肉牛龙（*Carnotaurus sastrei*）
族群：阿贝力龙类（Abelisauridae）
体长：9米
发现地：阿根廷

掠食性的阿贝力龙类在1985年发现于阿根廷，当时的标本是巨大的钝吻掠食者阿贝力龙（*Abelisaurus*），其化石历史可以追溯到8 000万年前。此后，这个族群里的诸多其他成员也纷纷亮相。阿根廷的萨氏食肉牛龙（意为“吃肉的牛”）是最著名的阿贝力龙类，从解剖学上看，它也是典型的阿贝力龙类成员。食肉牛龙小而钝的犄角从眼睛上方伸向侧面。为了解释犄角的用途，人们提出了很多截然不同的理论，包括犄角可能会在社交和繁殖中发挥作用，而且形状适合顶头或角力。犄角并不是食肉牛龙唯一不同寻常的特点，它们还有极短极深的吻部，许多属于短吻龙类的阿贝力龙类也是如此。许多大型兽脚类的前肢都十分短小，它们可能主要以头骨为武器。这种趋势在食肉牛龙身上十分明显，它们前肢缩短的方式不同寻常：上臂骨（肱骨）长而直，但前臂却短得出奇。它们没有可以活动的肘部，而且下臂骨（桡骨和尺骨）的长度与手相似。手部也不同寻常：四只手指退化成了无爪的短桩，没有捕猎和战斗作用。DN

图片导航

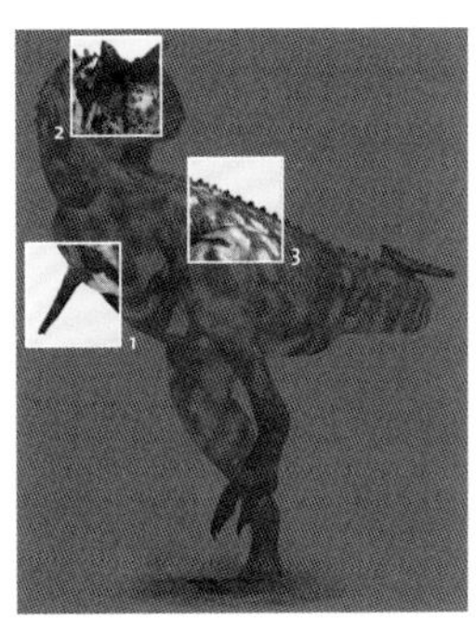

要点

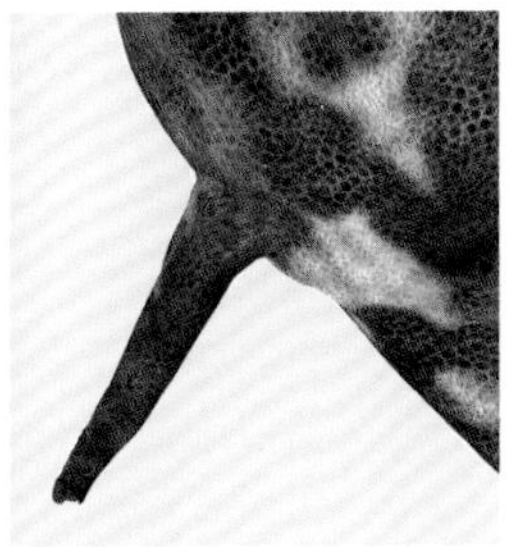

1 灵活的前臂

食肉牛龙的前肢不同寻常。长而直的肱骨具有球形肱骨头，这说明手臂极其灵活，可以旋转一圈，有一种理论认为，它们会在战斗或炫耀时抡圆手臂。

2 视力

食肉牛龙的头骨结构限制了双眼视觉，可见它们更依赖于嗅觉。大多数兽脚类都有一定的双眼视觉，即两只眼睛的视野存在重叠，从而赋予了它们深度知觉。

3 平坦的背部

食肉牛龙的神经棘很短，两侧的骨突也和神经棘一样高，所以背部特别扁平。在大多数兽脚类身上，从脊椎上生长出来的神经棘都很长，在背部形成了一道脊突。

▲ 作为探险队队长的阿根廷生物学家何塞·波拿巴（1928—）在1984年发现了食肉牛龙的骨架，并且在1985年正式为它命名。化石极为完整，甚至保留着皮肤碎片。

蛇颈龙类和上龙类

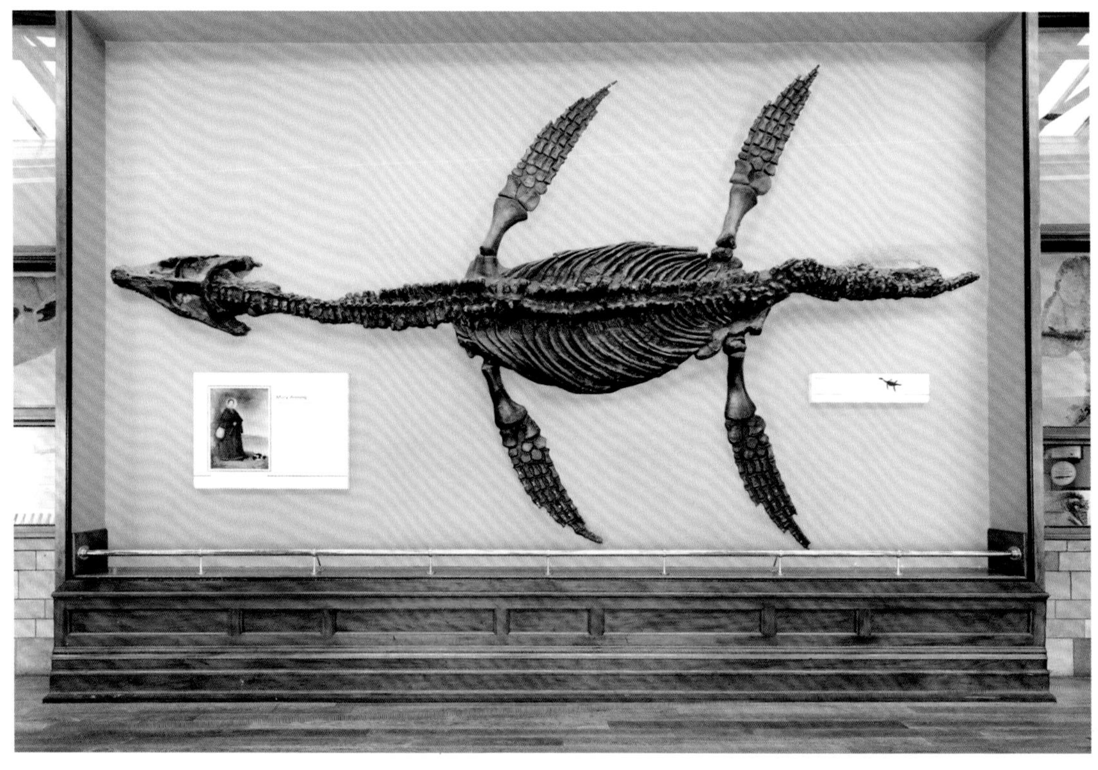

在已经灭绝的爬行动物中，最为常见且最为成功的类群之一就是蛇颈龙。这类生物的成员广布全球各大海洋，而且进化出了多种体形，从不足2米到12米以上不一而足。有些甚至进入了淡水河流和湖泊。在2.25亿到6 000万年前，全球水域中都有蛇颈龙的身影，其中还有有史以来最强大的海洋掠食者之一。蛇颈龙属于鳍龙类，而且是三叠纪幻龙类以及皮氏吐龙类的近亲，后两者都没有活过2.01亿年前的大灭绝，唯独蛇颈龙成功生存到了侏罗纪时代，这可能是因为它们只生活在开阔的海洋中，所以生活习性和行为都不再依赖于陆地上的环境和气候。蛇颈龙经历过多次灭绝事件，却一直具有强大的恢复能力，只是终究未能逃过6 600万年前的白垩纪末期大灭绝。

关键事件

2.25亿年前	2亿年前	1.95亿年前	1.8亿年前	1.6亿年前	1.6亿年前
蛇颈龙从类似皮氏吐龙的祖先中诞生，最古老的蛇颈龙是颈部细长的小型沿岸掠食者。	多种长脖子的小型蛇颈龙挺过了三叠纪大灭绝，并分化出了不同的进化道路。	欧洲海洋里生活着第一种得到科学命名的蛇颈龙，它们是长脖子泛化种。	大脑袋的菱龙类最长可达到7米，它们是最重要的大型海生掠食者，大部分成员都生活在西欧。	比较古老的菱龙类灭绝。一直和它们比邻而居的上龙类成为顶级掠食者，它们是头骨更长的小型生物。	淹没了北美和欧洲的海洋里生活着浅隐龙类，它们是中等大小的长脖子蛇颈龙成员。

几个新出现的特征使蛇颈龙成为典型的海生动物。它们从祖先身上继承了桨一样的四肢（见图2）、僵硬的身体和短尾巴，并且将这些特征发扬光大。它们的四肢从桨状变成了尖端纤细的“水下翅膀”，所以主要是上下运动，而不是前后的划船运动。它们的身体变得更硬，尾巴更短，肩膀和腰带骨骼进化成了扁平的盘状，通常位于身体下方，是四肢肌肉的附着部位。蛇颈龙有两对“翅膀”，前肢与后肢在大小和形状上几乎一模一样，所以专家仍不确定它们游泳的细节。机器模型和计算机模拟揭示了哪种游泳姿势的效率最高，研究者认为蛇颈龙会在不同情况下使用不同的姿态。

蛇颈龙进化出了极长且灵活的颈部、长吻和颌部、可收缩的鼻孔和大眼睛，因此比早期鳍龙类表亲更善于发现猎物。拥有了卵胎生能力（从早期鳍龙类身上继承来的特征）之后的蛇颈龙就不需要再走上陆地。它们越来越大，身长最终超过了10米，体重超过5吨。蛇颈龙的椎骨结构、颈部长度以及肩部、腰带、四肢形态都有明显的种间差异。蛇颈龙有几个族群颈部长度适中，因此不能严格按照短颈类和长颈类进行分类。专家认为多个短颈群体之间并没有紧密联系，因为短颈族群至少独立于长颈祖先进化了3次。

克氏菱龙（*Rhomaleosaurus cramptoni*，见图1）等短颈菱龙类是蛇颈龙进化历程中的早期顶级捕食者，但它们在1.6亿年前几乎遭到了灭顶之灾。玛丽·安宁（1799—1846，见图3）在1828年发现了第一具带关节的蛇颈龙骨架。它的奇特外形令人咋舌，所以有人怀疑这是伪造之物。穿过颈部基底的裂痕让法国解剖学家乔治·居维叶（1769—1832）声称这是用多种化石拼凑起来的赝品，但后来的分析证实了它的真实性。玛丽·安宁对古生物的发掘和研究做出了卓越的贡献。她来自英格兰西南部的沿海小镇莱姆里吉斯，她的父亲理查德·安宁是木匠，向她传授了很多化石知识。她的兄弟约瑟夫在1811年已经开始发掘并拼装鱼龙化石（见244页）。他们的母亲莫丽也投身于这项新兴事业。理查德在1811年去世后，他们家将一具鱼龙化石卖了一大笔钱。到1820年，安宁家族已经向各国出售高质量的化石。玛丽是家族生意的中流砥柱：她负责给诸多19世纪著名的古生物学家和地质学家写信，还和他们会面。她成了当地名

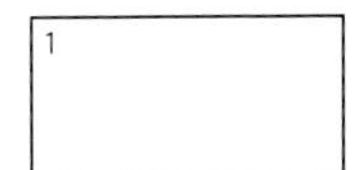

1 身长7米的克氏菱龙是1.8亿年前的早侏罗世蛇颈龙。

2 浅隐龙（*Cryptoclidus*）的右侧前肢，具有短而宽的前臂和腕骨，以及排列紧密的指骨，它们共同构成了宽大而结实的推水平面。

3 19世纪20年代，著名化石猎人玛丽·安宁发现了两具保存完好的蛇颈龙骨架，这是首次得到科学描述的蛇颈龙。

1.5亿年前

长锁龙类出现，它们具有或短或中等长度的颈部，大部分都是活动在河口、三角洲、河流和湖泊中的小型掠食者。

1.45亿年前

侏罗纪的大灭绝摧毁了大部分浅隐龙类和上龙类，蛇颈龙里只有少数成员幸存下来。

1.45亿年前

长颈蛇颈龙——薄板龙类出现，它们占据了其他长颈族群曾经的生态位，并且成为开阔海域的巨兽。

1.05亿年前

薄板龙类中的新成员极泳龙亚科出现，它们具有200多颗牙齿，形似早期的浅隐龙。

1亿年前

巨大的上龙类成为全球海洋的顶级掠食者，它们的远亲双臼椎龙类也进化成了巨大的掠食者。

6 600万年前

大灭绝杀死了最后的蛇颈龙类，由于气候的变化，受影响族群的多样性大大降低。

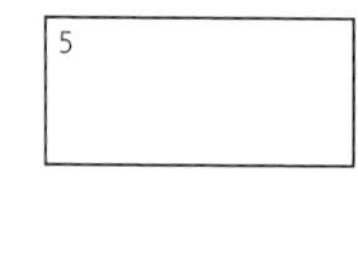

4 和所有海生爬行类一样，滑齿龙（*Liopleurodon*）也要浮上水面呼吸。它们的鼻孔移动到了更高的位置，靠近眼睛，因此只需要让上半身露出水面就可以呼吸并查看环境。

5 克柔龙（*Kronosaurus*）具有细长的颌部和尖锐的圆锥形牙齿，是可以拿下大型水生猎物的顶级掠食者，它们的捕食方式类似棘龙（见300页）和大型鳄鱼。

6 在最北端进行了8年的发掘后，"掠食者X"在2012年正式归属于上龙类，并命名为冯氏上龙（*Pliosaurus funkei*）。其体长为12米。

人，商店也成了著名的旅游景点。除了第一具有关节的蛇颈龙化石之外，她还在1818—1830年发现了早期翼龙双型齿翼龙（*Dimorphodon*）的骨架、多个关键的鱼龙标本和早期的软骨鱼似鲛（*Squaloraja*）化石。

第二个短颈龙族群上龙类和蒌龙一起生活了大约4 000万年，它们在这段时间里一直体形较小且吻部细长。蒌龙灭绝之后，上龙类很快就成为新的凶猛掠食者。欧洲侏罗纪滑齿龙类（见图4）、上龙类、澳大利亚和南美的克柔龙类（见图5），以及北美的短颈龙类都是这一超级捕食者中的强大成员。它们一直是全球海洋的终极掠食者，直到约8 000万年前才有了变化。

滑齿龙（*Liopleurodon*，意为"平滑侧边的牙齿"）在很多电影和电视节目里都担任过主角。它们是生活在1.6亿—1.5亿年前的捕食者，具有大脑袋、大嘴巴和长牙齿，以及所有适合捕获庞大猎物的特征。与君王暴龙（见302页）、肌鳄（见256页）和现生大白鲨等大型肉食动物一样，它的大小经常被人夸大。计算上龙类大小的方法之一是根据头骨和颌部的比例来估计从鼻子到尾巴的全长。因此，只要发现某个种的颌部和牙齿化石，就可以计算出它的总长度。依据这种方法，滑齿龙最大身长是15米，但现在看来这种体形实在太大了，7米似乎是一个比较合理的尺寸，这也是最大的大白鲨的长度，相当于体重2 ~ 3吨，也有一些特例达到了9米长。

克柔龙（意为"克罗诺斯的蜥蜴/爬行动物"）更大，澳大利亚和哥伦比亚都发现了其1.2亿—1亿年前的化石。它们的形态和滑齿龙基本相似，但长度可以达到10米。上龙（*Pliosaurus*，意为"超越一般的爬行动物"）也是巨大的上龙类成员，目前已发现5 ~ 10个种，很多以前发现的种都已经合并或归入其他属，可见研究者很难通过残缺的遗骸定种。第一个得

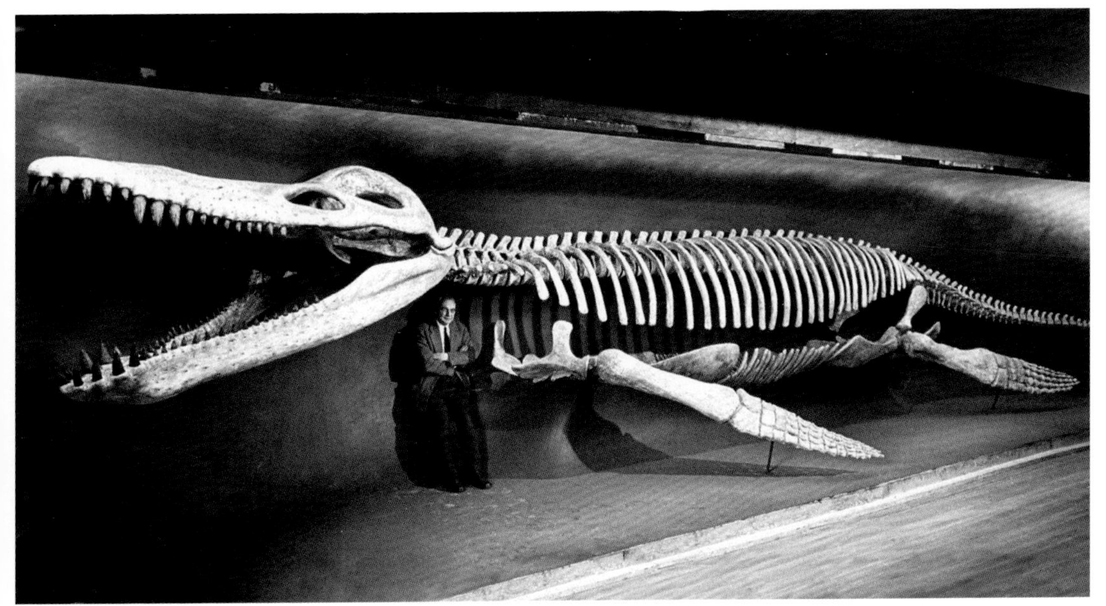

到命名的种（短颈上龙）最初在1841年由理查德·欧文命名为短颈蛇颈龙。欧文是著名的古生物学家、解剖学家和“恐龙类”一词的发明者。

最近在挪威斯瓦尔巴群岛发现的“掠食者X”（见图6）被命名为冯氏上龙。考古学家们进行了好几次考察才在2012年发掘出这具标本。这个上龙类成员的身长一开始预估为15米，但后来修正为12米。上龙的所有种都延续到了1.6亿—1.45亿年前的侏罗纪末期。专家还不能解释为什么从长颈蛇颈龙（主要以快速游动的鱼类等小型猎物为食）中诞生了这些大头短颈的后代。蛇颈龙很可能为了新的食物或其他资源而进化出新的生态特征和体形。

长颈蛇颈龙经常遭到菱龙类和上龙类近亲捕食，许多长颈蛇颈龙都是可以依靠各种猎物生存的泛化种。浅隐龙类进化出了大量的牙齿和大眼睛，可能会一口吞下大量小猎物，它们几乎都在1.45亿年前的灭绝事件中消失。大约8 000万年前，地球上出现了薄板龙（*Elasmosaurus*，见286页），它们是非凡的蛇颈龙成员。薄板龙类后来分化出了很多种成员，占据了全球海洋中的众多生态位。很多特征表明，薄板龙类是一种非常特化的蛇颈龙，因为它们的颈部最长，鳍状肢最大，还有其他不寻常的特征，例如头骨低矮，几乎呈“Y”形的尖下颌，肩部有一根骨棒来加强前鳍状肢的运动能力。DN/MT

薄板龙类

晚白垩世

种：扁尾薄板龙
（*Elasmosaurus platyurus*）
族群：薄板龙类
（Elasmosauridae）
体长：14米
发现地：北美

所有长颈蛇颈龙都有极端的生物特征，它们令人称奇的颈部让研究者对其生理、行为和生活方式演变提出了很多问题。如白垩纪的蛇颈龙类成员薄板龙类，其颈部比身体和尾巴加起来还长。最著名的薄板龙是8 000万年前的北美扁尾薄板龙，它们在1868年复原过程中出现过错误，颈部被当成了尾巴（见图）。薄板龙的颈部几乎有7米长，包括72块椎骨，是有史以来最长的颈项之一，但随后薄板龙输给了蛇颈龙中的维氏阿尔伯塔泳龙（*Albertonectes vanderveldei*）。维氏阿尔伯塔泳龙也来自北美并于2012年被命名，它们的颈椎数目比薄板龙多3 ~ 4块，颈部长度大约长出60厘米。是什么样的进化压力催生了这种惊人的结构？这个问题很难回答，因为薄板龙颈部的作用和功能仍不确定。研究表明它们的颈部相当灵活，尤其是侧向和上下运动，但可能无法弯曲成“S”形。此外，颈部太重，因此几乎不可能将它完全从水中抬起。

薄板龙牙齿的解剖结构和胃内容物表明它们会在不同深处寻觅各种猎物。它们会通过上下或左右摆动脖子来捕捉鱼类，也会到海底品尝底栖动物，例如甲壳类和软体动物。它们骨骼沉重，还会特意吞下石头（胃石），从而在一定程度上控制自身体重和浮力，以便在觅食时保持深度。不断变长的脖子可能为薄板龙在食物丰富的海洋环境中提供了得天独厚的优势。DN

图片导航

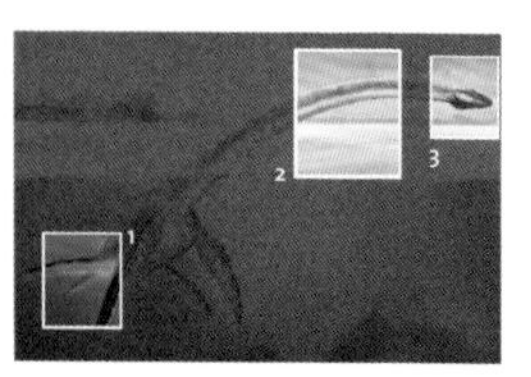

要点

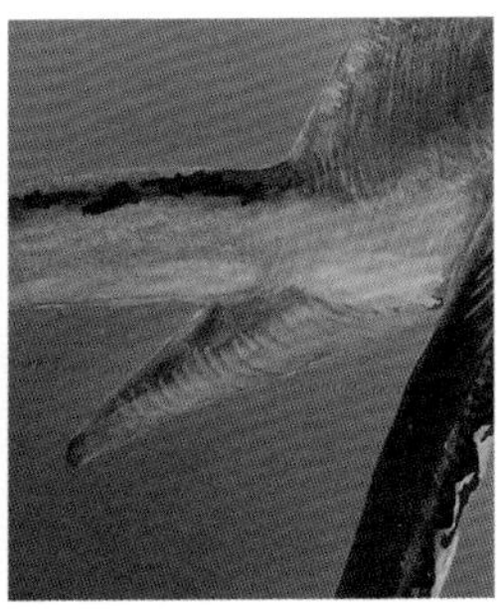

1 短尾

所有蛇颈龙都有短尾，但薄板龙的尾巴尤其短。研究者本来以为蛇颈龙的尾巴没有太大用处，但有证据表明，某些蛇颈龙的尾尖具有垂直的尾鳍，这个结构有可能负责转向或在游泳时保持稳定。

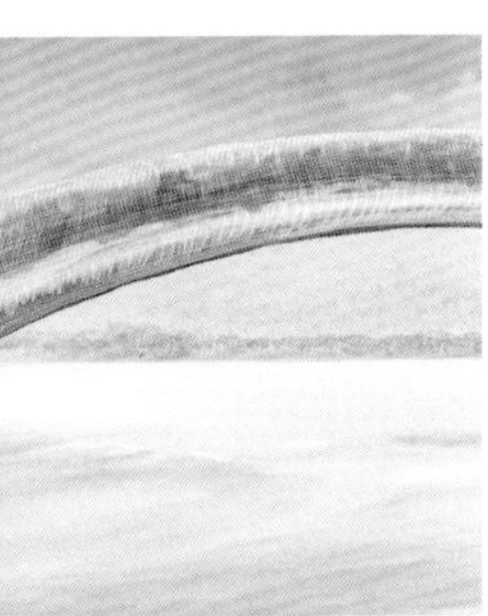

2 长脖子

薄板龙类在全球都有发现，但其中脖子特别长的成员只生活在西部内陆海道中，那是1.1亿—6 000万年前淹没了北美中部大部分地区的海洋。可能是当地独特的环境或资源催生了极长的脖子。

3 感官

薄板龙可能一直警惕着同一片栖息地中的巨型掠食者，因此敏锐的视力和嗅觉有着重要的作用。它们巨大的鳍状肢和沉重的身体适合缓慢游泳，但也会在遇到威胁时加速游走。

骨头大战

1868年，美国化石收藏家和解剖学家爱德华·德林克·柯普（1840—1897）收到了来自堪萨斯的奇怪化石。当时正值“恐龙热”升温的时期，柯普将化石复原成了脖子短于尾巴的新海生爬行动物，并将其命名为薄板龙。与他齐名的化石猎人奥斯尼尔·查尔斯·马什（1831—1899）在科考中观看了柯普的复原骨架，发现头骨被错放到了尾巴上。他在公开场合指出了这个错误，令柯普倍感尴尬。于是这两位化石猎人之间顿生龃龉，最终导致了19世纪70年代到90年代之间的“骨头大战”，两人的团队在发掘和命名恐龙以及其他史前野兽的工作中展开了激烈竞争。

◀ 薄板龙进化出长脖子的主要原因可能是具有特殊的觅食技巧。不过，这种夸张的结构也有可能与性炫耀有关，例如图中的求偶。这项动力会催生特别夸张的特征，例如已灭绝的大角鹿的巨大鹿角，以及现生极乐鸟令人印象深刻的羽毛。

翼龙

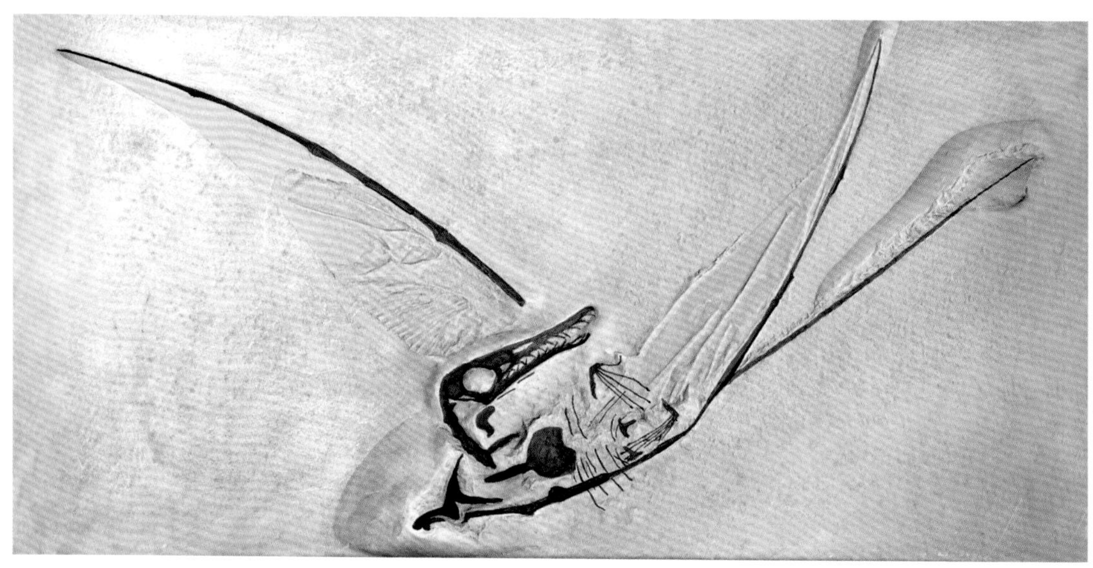

1 喙嘴翼龙（*Rhamphorhynchus*）是早期翼龙，具有翼龙典型的长尾巴。

2 喙嘴翼龙翅膀的上臂和前臂骨骼在左上方形成“V”字形，中上部的腕骨上连接着有爪的手指，支撑翼膜的第四指在右边向下弯曲。

3 过渡物种达尔文翼龙（*Darwinopterus*）具有吻突，而且吻突存在种间差异，可能会随年龄变化而变化。

翼龙（意为“有翅膀的爬行动物”）这个名字比不太准确的“翼手龙”（意为“翼指”）更常用，它们是生活在2.25亿—6 600万年前的飞行爬行动物，栖息地遍布全球。虽然翼龙身体大小不同，但都有同样的形态，大脑袋、小而紧凑的躯干、细长的后肢和进化成巨大翅膀的前肢都是它们最突出的结构。最小的翼龙不过海鸥大小，而最大的翼龙是古往今来最大的飞行动物，翼展超过10米。翼龙的祖先尚不明确，主要是因为保留着祖先特征的原始翼龙尚不为人所知。不过，翼龙的头骨和四肢表明它们同鳄鱼以及恐龙一样，属于双孔类爬行动物中的主龙形类。长长的脖子、弯曲的手爪和长长的腿表明它们同生活在2.45亿年前的恐龙拥有共同的祖先。

翼龙的翅膀很独特，关键支撑结构是由巨大的第四指及其相连的手骨构成的（见图2），翼龙的主翼膜（胸膜）连接在这根“翼指”上，形成了主要的空气动力表面。翼膜靠近身体的地方很宽，越接近尖端越窄。它们还有一片前膜从肩膀延伸到腕部，位置由腕部伸出的棒状翅骨控制。两腿之间还有一片尾膜。保存完好的化石展示出了这些翼膜的复杂结构，其

关键事件

2.25亿年前	2.1亿年前	1.8亿年前	1.6亿年前	1.6亿年前	1.52亿年前
最古老的翼龙在天空中飞翔，它们已经具有了巨大的翅膀和翼龙类的所有关键特征，成了飞行高手。	欧洲、格陵兰和北美生活着双型齿翼龙和曲颌形翼龙，其中有些成员具有多尖齿和骨质犄角。	喙嘴翼龙是新出现的一种具有细长鼻子和长齿的翼龙，它们生活在欧洲海洋和淡水环境中。	达尔文翼龙和相似的过渡翼龙出现，它们具有早期长尾。	最初的翼手龙类在亚洲出现，它们后来进化出了巨大的短尾翼龙成员。	欧洲生活着海鸥大小的喙嘴翼龙，它们在潟湖和沙滩周围生活觅食。

中含有强化纤维、血管和一层薄薄的肌肉。它们着陆或栖息的时候可以将翼膜折叠起来。化石行迹和肢体的解剖结构表明，很多翼龙都能够在陆地上行走，有些还可能会在行走中觅食，而不是依靠飞翔觅食。化石还表明翼龙身上覆盖着一层类似毛发的结构，即密集丝状物。它们全身遍布充满空气并和肺部连接的气囊，就连骨骼内部都有这种结构。很多恐龙都有这种气囊系统，而且可能在翼龙和恐龙共同祖先的身上就已经出现。气囊系统也有可能是多次独立进化的特征。发热的飞行肌肉、活跃的生活方式、隔热的外覆盖和气囊系统都表明翼龙可以在体内产生并保留热量，因此是“温血动物”。

喙嘴翼龙类得名于喙嘴翼龙（见图1），它们是生活在2.25亿—1.25亿年前的早期翼龙，具有长长的尾巴，是食虫动物或肉食动物。细长颌部前部的牙齿又长又尖，后部的牙齿比较短粗，有时还有多个牙尖。最大的喙嘴翼龙类翼展达到2.5米，但大多数成员的翼展不到这个尺寸的一半。胃部内容物表明一部分成员吃鱼，而其他成员则在陆地上觅食昆虫和小型脊椎动物。这些早期翼龙尾部末梢通常有菱形结构，或者分布着由软组织构成、沿尾巴延伸的长锯齿形裂片。一些来自德国的喙嘴翼龙类可能会在沿海飞行，从水中抓取猎物。但英国的双型齿翼龙等某些种类有深且窄的头骨和獠牙样牙齿，所以应该是在陆地上捕猎，包括在树梢上。它们巨大的钩状爪子就是攀爬能力的证明。

蛙嘴翼龙类是短脸大眼且牙齿稀疏的族群，尾巴短于其他早期翼龙，它们可能是夜行性翼龙，会在飞行中捕食昆虫，类似现代的蝙蝠。多数翼龙都属于更晚期出现的翼手龙类，均为短尾。中国的一些翼龙，特别是达尔文翼龙（见图3），在解剖结构上填补了喙嘴翼龙类等早期长尾翼龙和第一批翼手龙之间的空白。事实上，达尔文翼龙似乎是具有翼手龙类的头部和喙嘴翼龙类的身体，堪称近乎完美的进化中间体。早期的翼手龙类的翼展不足2米，而且主要生活在淡水和海洋环境中。其中部分成员进化出了数百颗小牙齿，好捉住水中的小生物。不过也有几类翼手龙没有牙，包括无齿翼龙（*Pteranodon*，见290页）。神龙翼龙是形似鹳的巨大动物，会从地面抓起猎物，而古神翼龙是类似犀鸟的深林居民，以水果、种子和小动物为食。与此同时，信天翁一样巨大的有冠无齿翼龙类正在海上猎捕。DN

1.4亿年前	1.25亿年前	1亿年前	8 500万年前	6 800万年前	6 600万年前
神龙翼龙出现，早期成员的翼展不足2米，但已经具有了典型的长脖子和细长的颌部。	最后的非翼手龙类翼龙灭绝，短脸蛙嘴翼龙类依靠夜行性存活下来。	长着长头骨的巨大翼手龙在南美、欧洲以及亚洲的湖泊和海洋中捕猎，例如类鸟掌翼龙和古魔翼龙。	新的无齿翼手龙类完全适应了海洋生活，包括巨大的无齿翼龙类和夜翼龙类，它们巨大的头冠十分奇特。	欧洲和北美生活着神龙翼龙，它们的翼展超过10米，是地球历史上最大的飞行动物。	神龙翼龙在白垩纪大灭绝中消失，翼龙就此全部灭绝。

无齿翼龙

晚白垩世

要点

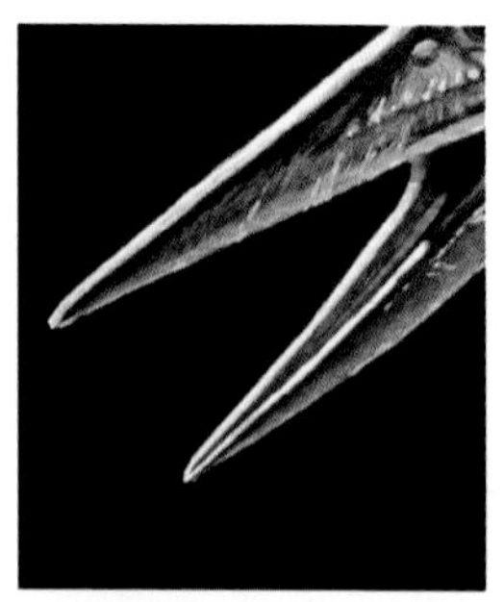

1 颌部和食物

海洋生活方式和细长的颌部表明长头无齿翼龙是以鱼类和海洋生物为食的。保存在颌部化石中的鱼骨也证明了这一点，这可能是死亡时呕吐的结果。长头无齿翼龙的捕猎方式尚不明确，可能是在飞翔或滑翔时抓住猎物，或者潜入水中捕猎。

3 眼睛

长头无齿翼龙具有巨大的眼睛和敏锐的视力。大脑的视觉中枢很大，证明视力有重要作用。和爬行动物一样，翼龙可能对颜色很敏感，它们头冠的颜色鲜艳，只是一种展示结构。

2 鼻孔

在进化过程中，翼龙的鼻开口不断向后移动，最终和头骨的另一个开口融合。这可能意味着鼻孔很小、位置靠后，甚至完全消失，被皮肤或喙部组织覆盖。此外，翼龙大脑里的嗅觉中枢很小。

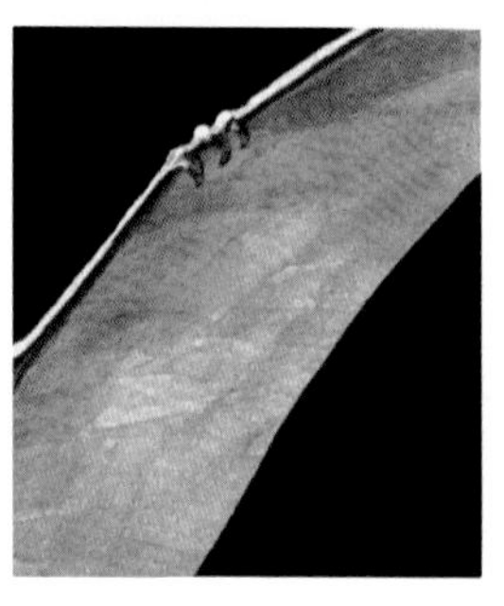

4 翅膀

翼龙的每只手上都有4根手指，包括巨大的翼指（第四指）和3根靠近翼指基底的有爪小指。行迹表明小指用于行走，可能也有攀爬和整理羽毛的用处。夜翼龙类没有小手指，可能大部分时间都在飞行。

图片导航

种：长头无齿翼龙（*Pteranodon longiceps*）
族群：翼龙类（Pterosauria）
翼展：6.5米
发现地：北美

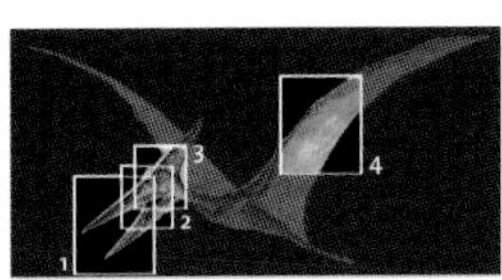

长头无齿翼龙是最著名的翼龙之一，它们属于一个巨大的长翼族群，翱翔于西部内陆海道之上，这片海域将中晚白垩世的北美一分为二。无齿翼龙不是最大的翼龙，神龙翼龙类中的罗马尼亚的哈特兹哥翼龙（*Hatzegopteryx*）和北美洲的风神翼龙（*Quetzalcoatlus*）更大，但最大的无齿翼龙翼展依旧惊人，达到了6.5米。无齿翼龙在1亿年前从有牙齿的祖先进化而来。体形较小而且更偏陆地生活的祖先进化出了多个不同族系，并都独立进化出了大型身体和海洋生活方式。这背后的原因不太可能是大气或地球气候的差异，独特的翅膀解剖结构和起飞方式可能是翼龙比其他飞行动物更大更重的原因。此外，前肢结构表明，翼龙要依靠强壮的翅膀肌肉将自己升入空中。

无齿翼龙具有形态多样的骨质头冠，有些细长，有些短圆。这似乎表明两性异形：大而长的头冠属于雄性，短小的头冠属于雌性。如果的确如此，那头冠可能就是性炫耀的工具，展示着它们的遗传特性。骨状头冠在翼龙中十分常见，可能性炫耀就是它们发展出多种头冠的动力。某些插画里的无齿翼龙常常会在君王暴龙（见302页）和三角龙（见344页）的头上飞翔，但这是不准确的。一是因为无齿翼龙生活在海上；二是因为它们生活在8 500万年前，在暴龙和三角龙出现的时候已经灭绝了1 000万年。DN

无齿的喙部

19世纪70年代初，北美的化石猎人发现了第一具无齿翼龙的标本，而欧洲也在不断发现翼龙类的标本。马什和柯普这对冤家都通过骨架化石发现并命名了几种翼龙，但一直没有发现头骨。1876年，生物学家、化石发掘者塞缪尔·温德尔·威利斯顿（1851—1918）在堪萨斯发现了翼龙的头骨。马什一眼就看出了这颗头骨的重大意义，因为与当时已知的欧洲翼龙不同，它没有牙齿（左图）。马什创造了无齿翼龙一名（意为“没有牙齿的喙”），并将此前一些自己命名为翼手龙的化石重新归入这个新属。

龟鳖类

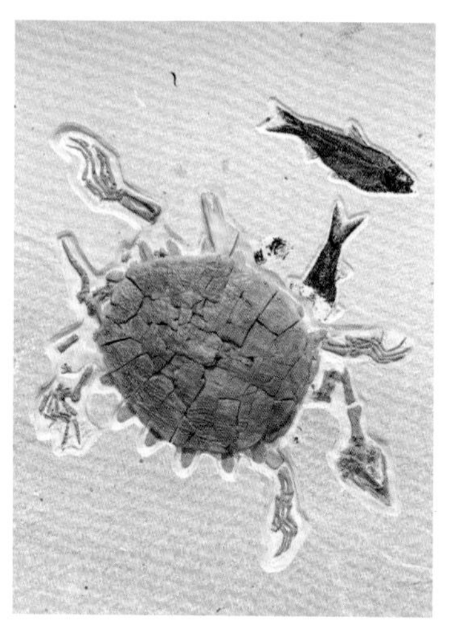

在爬行动物中，包括海龟、水龟以及陆龟在内的龟鳖类是最奇怪和最神秘的族群之一。它们的主要特征是龟壳，包括圆顶形的上半部分（龟甲）和覆盖胸腹部的下半部分（胸甲）。龟壳其实是变形的胸廓，由角质鳞甲（角蛋白构成的防水鳞片）覆盖的扩大板状肋骨组成。在龟鳖类的进化过程中，胸廓扩张包裹肩部和腰带骨骼。胚胎在生长过程中会重演这种进化事件——肋骨从脊柱长出，然后向外向下扩张，包裹肩部和腰带。龟鳖类也在进化中失去了牙齿，所有现代种都有不长牙齿的喙部。

最古老的龟类生活在2.2亿年前的晚三叠世。在很长一段时间里，我们对最古老龟类的认识都是来自德国的原颚龟（*Proganochelys*）化石标本（见图1）。它的身体很宽，尾部带刺，还有棒状尾尖，上颚长有小牙齿，四肢比例符合陆生特征。这具标本的壳已经进化完全，所以无法从中得出龟类进化之初的新信息。最近中国发现的三叠纪半甲齿龟可能代表更早的进化阶段，因为它们似乎缺乏甲壳，而且颌部边缘和上颚都有牙齿。不过认为半甲齿龟没有甲壳是有争议的，肋骨形状表明，它可能有甲壳，但没有保存下来。另外，它的水中生活方式也可能导致甲壳退化或消失。有一类长相类似原颚龟的龟类身体庞大，尾巴上长有铠甲，其存续时间远远超

关键事件

2.2亿年前	2.1亿年前	1.5亿年前	1.15亿年前	1.12亿年前	1.1亿年前
最古老的龟类半甲齿龟出现，它是小型爬行动物，四肢比例符合浅池塘的生活方式。	原颚龟和类似的三叠纪古龟生活在陆地上，具有宽大的身体和长有甲板的尾部，而且保留着上颚牙齿。	侧颈类和曲颈类在晚侏罗世之前诞生，它们也是现生龟类的两大主要类群。这两个族群都在白垩纪中进化出了多种成员。	侧颈类经历了进化大爆发，在北美和南美、非洲和欧洲发展出了新的短头骨和长头骨族群。	水生曲颈类来到了海洋，进化出了鳍状肢和流线型的甲壳，它们变成海龟，身体变大，甲壳变轻。	曲颈类中进化出了鳖类，它们很快就在淡水中繁荣壮大，尤其是在亚洲，还进化出了奇特的头骨和甲壳。

过了三叠纪，它们被称为卷角龟，栖息于南美、澳大利亚和一些西南太平洋岛屿。历史最短的卷角龟化石来自西南太平洋的瓦努阿图，距今只有3 000年。卷角龟体长超过2米，头骨后面有角和骨质领状结构，也许是用于交配展示、战斗、挖掘或自卫。

大多数龟鳖类都属于两大族群：侧颈类或曲颈类（见图2）。前者的颈部可以在甲壳下水平伸缩，而后者的颈部垂直伸缩。球窝关节赋予了颈部水平或垂直伸缩颈部的能力。现生侧颈类只生活在南美、非洲、马达加斯加和澳大利亚。它们一般不到1米长，是湖泊、河流中的两栖杂食动物。不过化石记录揭示了侧颈类更为丰富的历史。北方大陆曾有过多个侧颈类群体，其中一些生活在海洋中，多种多样的头骨形状表明它们的饮食与生活方式众多。部分侧颈类身体庞大，身长超过3米。长脖子在这个族群里至少进化过两次。

具有鳍状肢且完全水生的曲颈类是由水陆两栖的祖先进化而来的，后者生活在浅水池塘和湖泊中。曲颈类可能诞生于河口和三角洲，后来才进入了开阔海域，从而进化出了巨大的翅状鳍肢和专门的头骨用以捕食海洋生物，如海绵和游动的软体动物。两个曲颈类族群甲壳的角质大幅退化（但没有缩小），都进化成了海中巨兽，如棱皮龟（见图3）和白垩纪时代的原盖龟类古巨龟（*Archelon*，见294页）。据推测，甲壳的退化减轻了重量，提高了游泳速度。还有一个曲颈类成员从沼泽和池塘迁徙到了陆地，完全变成了陆龟。在近代地质史上，南美和非洲都有龟类占据了太平洋和印度洋的岛屿，最终成为巨龟。为了适应当地的气候和植被，龟鳖类进化出了多种甲壳形状和长度不一的脖子，催生出诸多物种，使巨大岛屿龟类成为全球热带岛屿的主要生物之一。可悲的是，这些巨龟很难逃过水手的杀戮，在过去的几百年里，已经被猎杀殆尽。

龟鳖类在爬行动物中的确切位置尚有争议。它们的头骨缺少眼后孔，所以属于无孔类，通常被归为比较古老的爬行动物，是最古老群体的近亲或后代。然而，人们也认识到，与其他爬行动物相比，龟类已经发生了很大的变化，因此它们看似原始的头骨解剖可能并不原始。其实基因研究一直将龟鳖类归为双孔类，这表明它们可能与恐龙和其他类似的主龙类是近亲。DN

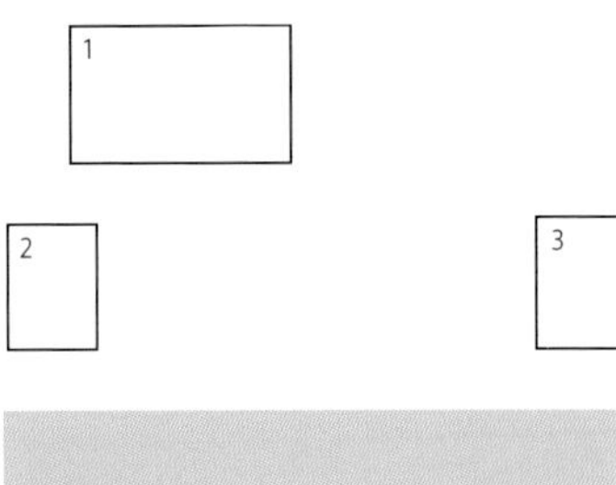

1 三叠纪原颚龟的头骨，它们身长1米，具有龟鳖类典型的无齿喙部，可用于采食植物。

2 这具鳖类化石形成于约5 000万年前的始新世。头骨和颈部位于右下方，在前肢之间。中部和右上方是和它一起保存下来的鱼类化石。

3 棱皮龟是最大的现生海龟，它们的外壳大幅度退化。

8 000万年前	6 000万年前	5 500万年前	400万年前	300万年前	3 000年前
欧洲、亚洲、北美、澳大利亚的海洋中生活着巨大的棱皮龟和原盖龟。有些体长超过4米。	四肢粗壮的陆龟出现。早期陆龟很小，生活在沼泽和湖泊附近。后来也有陆龟来到了草地和沙漠。	气候转寒，北方大陆的多种侧颈类几乎全部消失。	全球变冷让北半球的很多龟鳖类消失，欧洲的拟鳄龟和巨龟全部灭绝。	南美和非洲的陆龟分别迁徙到了加拉帕戈斯群岛和马达加斯加群岛，并进化成为长脖子的陆生巨龟。	最后的卷角龟被人类捕杀至灭绝，它们是诞生于侏罗纪的古老有角陆龟。

古巨龟

晚白垩世

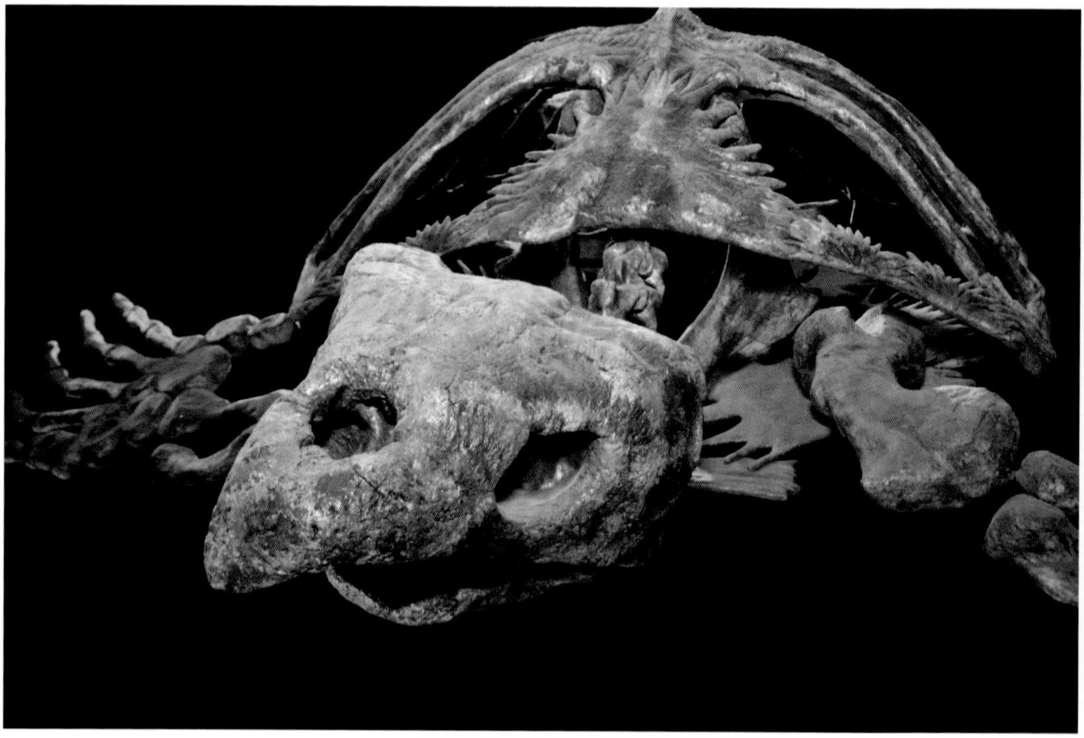

种：强大古巨龟
（*Archelon ischyros*）
族群：原盖龟类
（Protostegidae）
体长：4米
发现地：北美

古巨龟可能属于曲颈类中已经灭绝的原盖龟类，人们曾经以为棱皮龟类和它们的亲缘关系最近。这个族群也已经全部灭绝，只有棱皮龟幸存下来。但最近的研究对它们的进化位置提出了疑问，认为古巨龟和其他原盖龟类可能是单独一类起源早得多的族群。

化石记录和现生龟鳖类的多样性表明，龟鳖类祖先的平均体长约为60厘米。然而，巨型龟在陆龟、海龟以及一些两栖龟类群中多次演化，最大、最壮观的海龟是北美洲海洋中已灭绝的强大古巨龟。它们身长4米，也被称为“帝龟”，可谓名副其实。古巨龟前鳍状肢之间相隔5米，总重量超过2吨。而棱皮龟是现生龟类中的纪录保持者，从鼻子到尾部的长度有3米，具有类似的鳍状肢，重量接近1吨。古巨龟的化石主要来自北美中部，可以追溯到8 000万年前的晚白垩世。当时被称为西部内陆海道的区域覆盖着广阔的浅海和诸多潟湖。这片海域里遍布其他大型海生爬行类，例如长颈蛇颈龙类的薄板龙（见286页）、足有15米长的海王龙（*Tylosaurus*）、强大的硬骨鱼掠食者剑射鱼（见204页）以及大白鲨大小的角鳞鲨。西部内陆海道中的一些栖息地资源极其丰富，各种植物和小型生物大量繁衍，足以供养这些种类繁多的顶级掠食者。SP/DN

图片导航

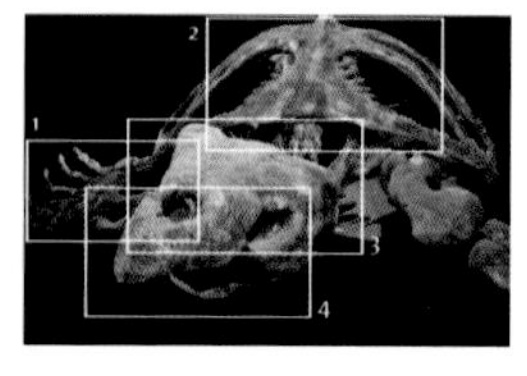

要点

1 鳍状肢

古巨龟的四肢都进化成了宽大的推水脚蹼。前肢更大，很可能像“飞翔”一样上下移动，而不是像“划船”一样前后移动。肢体骨骼遵循脊椎动物的标准形态，有五根指/趾、一个腕部或踝部，以及下肢骨和上肢骨。所有肢体都呈宽大的桨状。

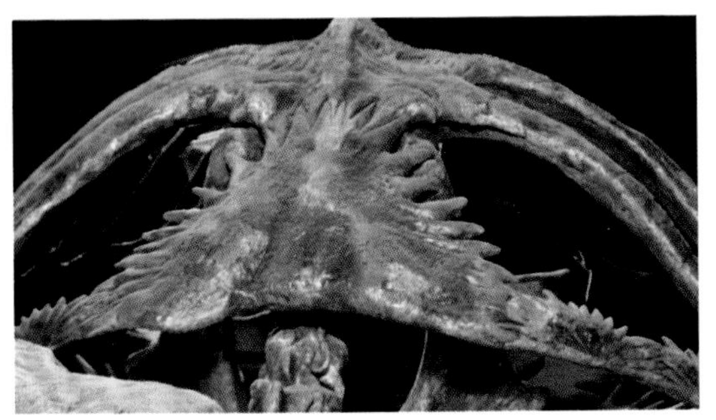

2 外壳

古巨龟进化出由骨质肋骨支柱支撑的巨大外壳，支柱上可能覆盖着极薄的甲壳或皮肤。这种轻巧的覆盖物可以减轻重量，以提高在水中的速度和灵活性，更有效地捕捉猎物或躲避掠食者，并且不断强化这种进化趋势。

3 体形

从头部和身体的比例来看，古巨龟的头部要比陆生和半水生龟类更长更大。有些种的头部足有1米长。它们的颈部较短，因此头部的活动相当有限。原盖龟类为海龟的形态奠定了基础，宽大的骨质外壳从上到下比其他族群的龟类更加扁平。

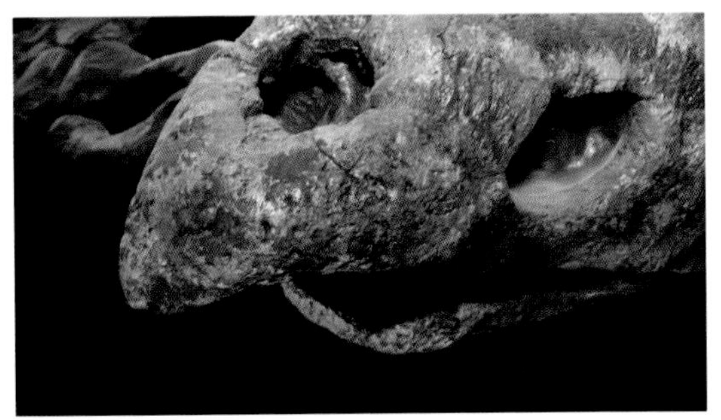

4 喙部

古巨龟的角质喙部与以水母为食的现生棱皮龟类似。从古巨龟的体形和能力来看，可供它们选择的食物可能很多，包括中小型漂浮生物和慢速游动的猎物，例如鱿鱼、樽海鞘、鱼类和菊石。它们的颌部不是非常有力，因此可能会以虚弱的动物或尸体为目标。

达尔文的巨龟

在没有哺乳动物竞争植物的小岛和群岛上出现了几种巨龟，这种情况发生在塞舌尔、马斯克林和加拉帕戈斯群岛（右图）。博物学家查尔斯·达尔文于1835年造访加拉帕戈斯群岛，发现这些偏远的岛屿上生活着陆龟，而且体形巨大。不同岛屿之间的巨龟具有不同的外壳形状和身体比例，这让他感到十分好奇。气候更干燥岛屿上的巨龟比较小，有“鞍状”外壳和更长的脖子和四肢。当地人可以通过这些特征辨别出巨龟来自哪座岛屿。和嘲鸫、雀鸟一样，巨龟在达尔文的进化论研究中发挥着关键作用。

鳄龟

新近纪至今

种：坦氏大鳄龟
（*Macrochelys temminckii*）
族群：鳄龟科（Chelydridae）
发现地：美国
世界自然保护联盟：易危

全球约有300种现生龟鳖类，鳄龟可以说是其中最独特、最强大的一类，其中拟鳄龟属（*Chelydra serpentina*）和大鳄龟属里各有3个种。所有鳄龟都是淡水中的捕食者，具有大脑袋、巨大的钩状颌部和粗长的尾巴。3个鳄龟种的尾巴表面都有一系列锯齿，它们强有力的爪子可以用于行走、游泳、以及杀死猎物。坦氏大鳄龟的背甲上有三条脊，由三角锥形突起组成，它们是现生鳄龟中最大的一类，某些标本的长度可达90厘米，重量达到100千克。

鳄龟属于曲颈类的美洲龟。遗传学研究表明，它们与小型两栖泥龟、麝龟以及海龟有密切关联。如今所有的美洲龟都仅生活在美洲，自新斯科舍到厄瓜多尔都有分布。但化石表明过去鳄龟的分布更为广泛。欧洲、亚洲甚至非洲都有许多已灭绝的种，最古老的成员可追溯到6 600多万年前。大多数现生龟鳖类都在晚白垩世诞生，随后挺过白垩纪末期大灭绝，并在接下来的新生代里迅速进化。到4 000万年前的时候，古代鳄龟已遍布北部的大部分地区，它们的多样性在3 000万—500万年前达到顶峰。除了上文幸存的6个种外，其他所有成员都在300万年前灭绝，主要是因为当时的全球降温。DN

图片导航

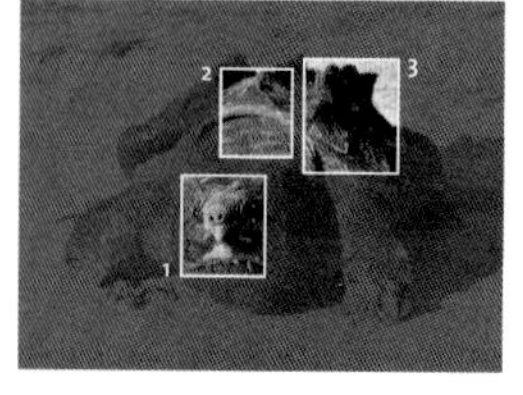

要点

1 咬力

坦氏大鳄龟的头骨适合啃咬，颌部肌肉在后方占据了很大一片区域。指状的骨质从后脊向后突出，形成了肌肉附着的区域。颌部尖端呈钩状，支撑着弯曲的喙部，可深入猎物的组织中。

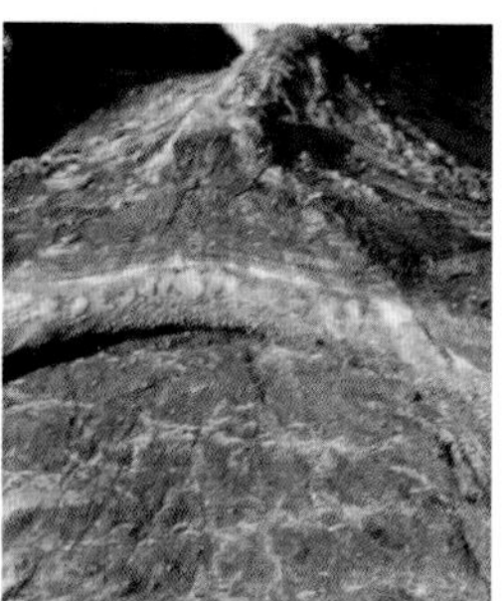

2 分泌物

拉克氏腺体（麝香腺）位于甲壳外缘，会产生气味浓烈的分泌物，可能是用于社交、吸引异性或防御。分泌物可以阻止一些小生物附着在坦氏大鳄龟的外壳上。

3 伪装

粗糙的皮肤、大鳞片、软棘刺和龟壳上的粗糙区域让大鳄龟经常身披一片片水藻和淤泥，因此在湖泊或池塘底部很难被发现。它们外貌原始，已经灭绝的祖先可能也会让自己覆盖水藻和淤泥。

▲ 蛇鳄龟等鳄龟以动物为食，包括鱼类、蛙类、水蛇、哺乳动物，甚至其他龟类，捕食方式是迅速伸出脖子伏击猎物。龟鳖类自诞生以来就以这样的方式捕猎，不过早期成员所具有的牙齿已经消失。

化石近亲

化石残骸表明鳄龟至少有6 600万年历史。最古老的成员无缘壳龟（*Emarginachelys*）化石来自美国的蒙大拿州，而北达科他州名为原鳄龟属（*Protochelydra*）化石的出现则晚了数百年，其外壳比现代表亲更高、更圆润。高高的圆顶外壳可能会吓退当时的掠食者，例如鳄鱼和短吻鳄。掠食者可能很难将嘴巴张大到可以含住鳄龟的程度，即使可以大张开嘴，它们也无法用力啃咬。5 000万年前的始新世鳄龟化石（右图）来自怀俄明州，而最近发现的原鳄龟化石将它们的分布范围延展到了北部的阿拉斯加州。

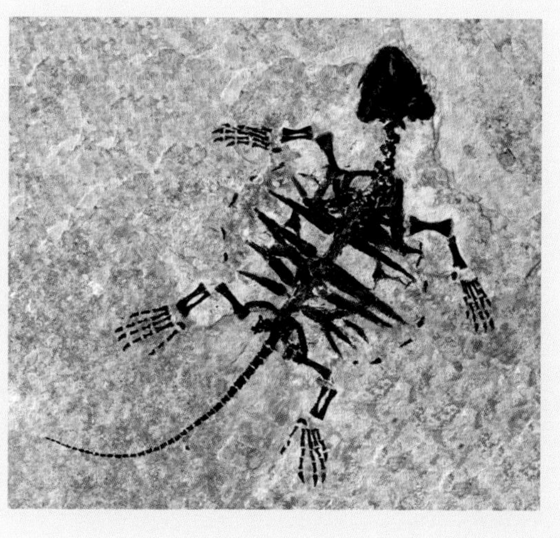

巨大的肉食性恐龙

1 阿根廷的南方巨兽龙，它们拥有恐龙中最大的头骨，长度超过1.5米。这种兽脚类生前的体重可能有7.5～8吨。

2 北非的鲨齿龙的牙齿有22厘米长，形状弯曲，边缘有锯齿。

在史上令人惊叹的生物中，巨型肉食性恐龙，例如棘龙（见300页）、君王暴龙（见302页）、异特龙及其近亲，都能够杀死并肢解大型猎物。这些巨大的兽脚类（肉食性恐龙）都是侏罗纪和白垩纪（2亿—6 600万年前）中的顶级陆生掠食者。尽管它们进化出了相似的生活方式，但实际上归属于兽脚类中没有明显亲缘关系的分支。中生代的大部分时间里，兽脚类都是100千克左右的肉食动物，虽然可以对付猎物，但还算不上能够杀死大型动物的超级掠食者。与此相反，巨型兽脚类动物则超过了数吨，并保持着纪录，例如暴龙、南方巨兽龙（见图1）、鲨齿龙和棘龙。它们身长超过10米，体重可以达到4.5吨。这些巨兽属于“坚尾龙类”，尾巴僵硬，在1.95亿年前从类似双嵴龙的祖先进化而来。直到20世纪90年代，人们还认为所有大型坚尾龙类都是肉食龙类。持这个观点的人指出，异特龙是由巨齿龙进化而来的，而短臂的两指暴龙是由手臂更大的三指异特龙进化而来的。不过最近的科学分析和新发现的化石表明，

关键事件

1.95亿年前	1.7亿年前	1.65亿年前	1.5亿年前	1.5亿年前	1.45亿年前
坚尾龙类从类似双嵴龙的祖先中诞生，分化成了巨齿龙、似鸟的异特龙以及虚骨龙。这三个族群的身体都在逐渐变大。	早期异特龙在欧洲和亚洲诞生。它们的背部具有鼻冠，高高的背部有脊突。	欧洲居住着多种巨齿龙，大多都小于后来出现的大型坚尾龙类。	北美和欧洲生活着异特龙、巨大的巨齿龙和大型非坚尾龙类掠食者，例如角鼻龙。	北美、欧洲和亚洲生活着早期暴龙。它们是小型长臂恐龙，同很久之后才出现的大型暴龙完全不同。	大多数巨齿龙都在侏罗纪末期灭绝，但在南方和北方大陆上，头部形似鳄鱼的棘龙幸存下来。

肉食龙类不是自然群体。巨齿龙和异特龙是两类动物，而暴龙的特征表明它们属于似鸟的虚骨龙类，因此和其他大型坚尾龙类不是近亲。而虚骨龙和异特龙的关系比其与巨齿龙的关系更近。这说明多种坚尾龙类的祖先并不相同。

大型掠食者都是因为大型猎物的出现而纷纷进化出巨大的身体。此外，这三个族群（巨齿龙、异特龙和暴龙）的栖息地和所在时代都不相同。大多数大型异特龙在巨齿龙灭绝后依然存在，而且和生活在亚洲的巨齿龙的联系比欧洲和北美巨齿龙密切得多。与此同时，与这两种恐龙存在于同一时代的暴龙体形较小，要等前两者消失之后才变得巨大。可见兽脚类化石中的“更替事件”大多不是种群间长期激烈对抗的结果，而是大型族群灭绝了之后，曾经的小型族群就会变大来填补这个空白。暴龙在数千万年间都是小型掠食者，在进化成巨大的超级掠食者之前还面临着成为巨齿龙和异特龙盘中餐的危险。

最古老或最“原始”的大型兽脚类是巨齿龙，有些成员具有长长的吻部、后弯的牙齿、有力的手臂和手。最大的巨齿龙身长10米，例如北美和葡萄牙的蛮龙（*Torvosaurus*），它们在1.45亿年前灭绝。不过此前有一个颌部特别长的巨齿龙族群进化出来，形似鳄鱼的颌部和圆锥形的牙齿表明它们专门以鱼类为食，这就是棘龙，唯一生存到白垩纪的巨齿龙类。

一些棘龙以及其他巨齿龙与异特龙共享同一片栖息地。其中包括亚洲和欧洲的中棘龙、北美和葡萄牙的异特龙，以及分布广泛的鲨齿龙（得名于类似大白鲨的牙齿）。南美洲和非洲的鲨齿龙变得巨大，可以和暴龙比肩，但暴龙进化出厚实巨大的头骨、尖钉状牙齿和其他结构来加强咬力的时候，鲨齿龙依然保留着异特龙典型的轻盈头骨和刀状牙齿（见图2）。这些特征表明鲨齿龙会迅速撕咬猎物，通过创伤和失血让对方变得虚弱。而暴龙可以咬下大块血肉，还能咬穿骨头。虽然这些巨兽所在的年代有所重叠，但从未共享过栖息地。巨大的暴龙生活在北方大陆，而大型鲨齿龙一直生活在南方。DN

1.35亿年前	1.25亿年前	1.1亿年前	1亿年前	9 400万年前	6 800万—6 600万年前
欧洲生活着棘龙，这是以鱼为食的巨齿龙类。重爪龙是最古老的棘龙类之一，可能在更早的年代里就已经诞生。	异特龙中的鲨齿龙在欧洲诞生。最古老的鲨齿龙包括新猎龙，后来的成员出现在非洲和美洲。	巨大的异特龙从亚洲和北美消失，但依然存在于南美。北方大陆上没有巨大的掠食者。	鲨齿龙类分布于欧洲和南美：非洲的鲨齿龙和阿根廷的南方巨兽龙。	最后的棘龙灭绝，鲨齿龙时代结束。棘龙的灭绝可能与影响了淡水鱼群的事件有关。	暴龙类成为亚洲和北美的顶级掠食者，包括吻部细长的分支龙类和君王暴龙。

棘龙

早白垩世

要点

1 牙齿

棘龙的牙齿呈圆锥形或半圆锥形，与其他兽脚类弯曲的刀状牙齿不同，这种牙齿是捕鱼动物的典型特征。棘龙的近亲重爪龙的胃内容物也表明它们会捕鱼，但可能也会捕猎其他动物。

2 颌骨

棘龙颌骨上有小小的开口，里面有丰富的压力传感器官。这表明颌部对震动和触觉十分敏感，可见它们会在捕猎时将颌部放入水中不动，静静感受鱼游泳的动静，同时定位猎物。

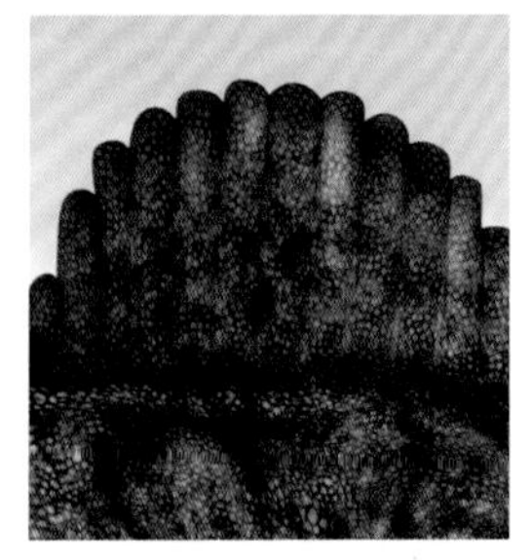

3 背部的棘

棘龙的背帆由棒状长骨突支撑，后者是从脊椎上生长出来的神经棘。最长的神经棘超过1.5米，而且几乎没有变细，从椎骨基部到神经棘末端变细的程度不高。

4 前肢

棘龙的前肢十分粗壮，肌肉发达，三指手部上有巨大的弯爪，因此有一个族群被称为重爪龙。巨大的爪可能发挥着鱼叉的作用，可以将大鱼叉到陆地上。

图片导航

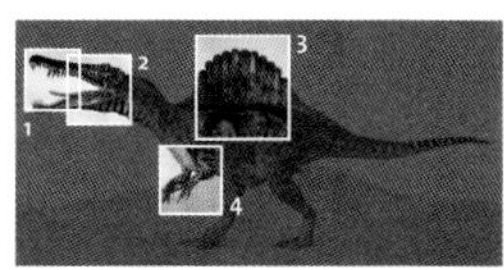

种：埃及棘龙（*Spinosaurus aegyptiacus*）
族群：棘龙科（Spinosauridae）
体长：15米
发现地：北非

1.1亿—1亿年前生活在北非的埃及棘龙，是棘龙家族中大家最熟悉的种类。背部向上生长的长长骨质棘突是它们深入人心的原因之一，这表明它们具有巨大的背帆。帆里的棘突同北美野牛等哺乳动物的有些相似，因此一些专家认为棘龙是驼背的。不过棘突可能更像背帆，因为其上部可能覆盖着皮肤和韧带。棘龙在很长一段时间里都是一个谜，因此旧复原图都将它们描绘成了长着背帆的暴龙。

多亏了发现于英国杜金的重爪龙，以及发现于北非的新的棘龙遗骸（标本原件在“二战”期间被摧毁），人们才知道，棘龙是最不寻常的肉食性恐龙。它们的前肢肌肉发达，而且头部同其他巨齿龙类相比高度特化。头骨细长，吻部和颌部类似鳄鱼，并且鼻孔和吻部尖端有一定距离。综合来看，这些特征表明，棘龙演变成了食鱼者，在涉水或游泳时从浅水区捕鱼。棘龙进化的动力似乎是大量唾手可得的大型鱼类，它们周围的化石也表明，大鱼在它们的栖息地里很常见。棘龙居住在红树林和洪泛平原中，重爪龙等其他棘龙类则生活在沼泽、巨大的湖泊和蜿蜒的河流区域，这些地方也有类似鲤鱼的大型鱼类。棘龙类的生活方式极为成功，于是越变越大。埃及棘龙是棘龙类中最后的成员之一，它们身长15米，且重量超过10吨，堪称巨兽。DN

——译注：根据最新的研究，棘龙的外形与上页复原图有着较大的区别，包括更短的后肢和一条侧扁的大尾巴。该复原图已经过时，不能代表棘龙的正确外观。

背帆的用途

背帆在大型动物中多次进化，例如下孔类的异齿龙（见238页）和基龙，以及恐龙中的棘龙和禽龙类的植食性恐龙豪勇龙。进化原因可能包括体温调节和体温控制，但这种解释忽略了一个问题：如今的爬行动物、昆虫等冷血动物会使用许多技巧来控制体温。此外，即使是与棘龙生活在同样环境甚至更炎热的环境里，巨型兽脚类也没有进化出专门的热量调节结构，例如背帆。更合理的解释是，背帆是华丽的展示结构，类似孔雀的尾巴或安乐蜥的颏部皮瓣（右图），用于繁殖季节里向同类展示，或用于威吓入侵者或其他想要抢夺食物的肉食性动物。

暴龙

晚白垩世

种：君王暴龙（*Tyrannosaurus rex*）
族群：暴龙科（Tyrannosauridae）
体长：12米
发现地：北美

君王暴龙是历史上最著名的动物之一，也是研究最深入的恐龙之一。它们身形巨大、胸膛宽阔、肌肉发达，头骨和颌骨都巨大厚实，还长有结实的钉状牙齿和长而有力的后肢。它们的总长超过12米，重量超过6吨。一些植食性恐龙的骨骼上留有君王暴龙的咬痕，证实了它可以咬透厚厚的骨头。一具三角龙（见344页）的化石标本显示，君王暴龙咬掉了它的一只角。研究表明，君王暴龙是有史以来进化出超强咬合力的物种之一，远远超过了短吻鳄等咬力强大的现生动物。

作为生活在距今约6 800万年前的整个暴龙类中最后的、也是地质学上最年轻的成员，君王暴龙（暴君蜥蜴）可以被看作是身体大小和战斗力增强趋势的“终结者”。对颌骨以及牙齿强大咬力的依赖使它们前肢退化，所有后期的君王暴龙类都具有大脑袋、短前肢这种身体结构。它们的后肢比其他大型兽脚类更长更有力，延长的纵向足骨紧密地连接在一起，提高了力量，胫骨也变得更长。巨齿龙等兽脚类利用猛冲来伏击猎物，而君王暴龙能够以更快的速度冲刺。目前还不清楚君王暴龙的最高速度，但可能会超过奔跑的人类。在捕杀大型植食性恐龙的持续进化中，这种“超级掠食者”登上了顶峰。但即使身体庞大、力量惊人、具有多种捕食方式，君王暴龙还是在6 600万年前的白垩纪大灭绝中消失了，其他所有非鸟恐龙也都未能幸免。DN

图片导航

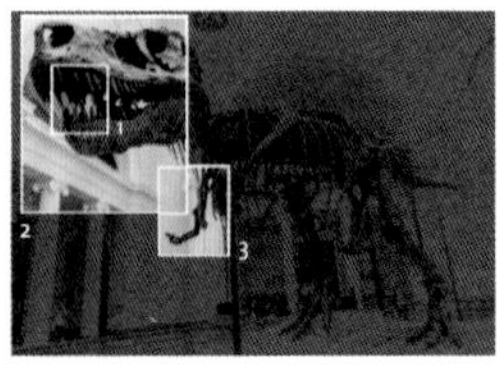

要点

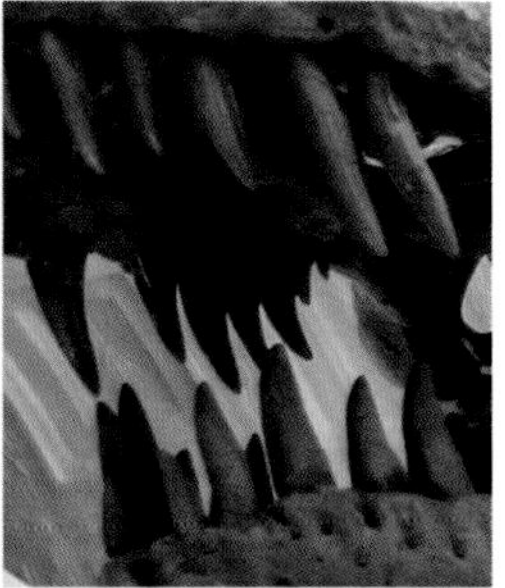

1 牙齿

上颌前部具有横截面为“D”形的短牙齿，可能具有啃咬和刮擦的作用。上颌中部是横截面更长、更圆润的牙齿，是主要的捕猎武器。颌部后方的牙齿较短较钝。

2 颅骨

君王暴龙的口鼻比其他兽脚类更宽。颧骨处也比较宽大，所以眼眶比较向前。视野的复原图像表明君王暴龙两只眼睛的视野有很大重叠，可见双眼视力和深度感知能力都很出色。

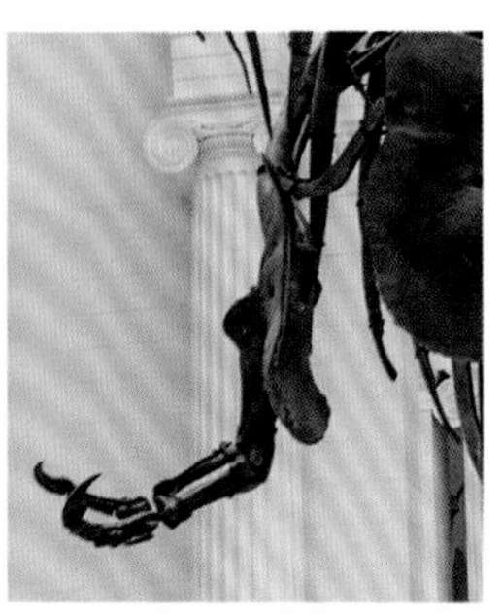

3 短手臂

手臂的作用尚不明确，但是有人认为它们是抓住猎物、搬运尸体、交配的抓手或道具，或在君王暴龙要从地面起身时发挥支撑作用。它们的手臂并非一无是处，但不太可能具有特定用途，它们是走向灭亡的遗迹结构。

暴龙的亲缘关系

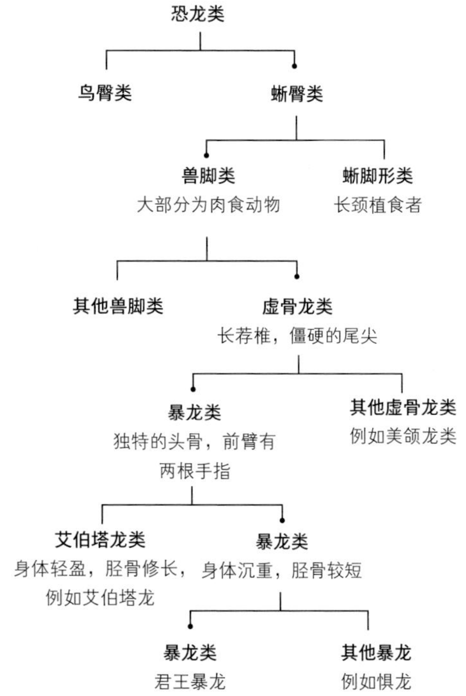

▲霸王龙代表着整个君王暴龙家族里的庞大掠食者，它们都有小小的两指手臂，但它们同南方巨兽龙和鲨齿龙等肉食龙类属于不同的分支，它属于兽脚类中的另一个分支。

主动捕猎

有人认为君王暴龙仅以腐尸为食，因为它们的眼睛太小，腿也太短，不能高效地捕猎。不过它们的眼睛和腿对这种体形的兽脚类来说并不算小，而且体形和身体比例都说明它们会主动捕猎。和现代掠食者一样，君王暴龙可能也会在有机会的时候吃现成的腐尸。CT扫描表明，君王暴龙同很多动物一样，其头部有大约10组鼻窦（右图彩色部分）。这说明它们的头部比只有简单管状呼吸道的头部要轻1/5，有助于它们在攻击猎物时迅速做出头部动作，同时又能保持骨骼结构的完整性。

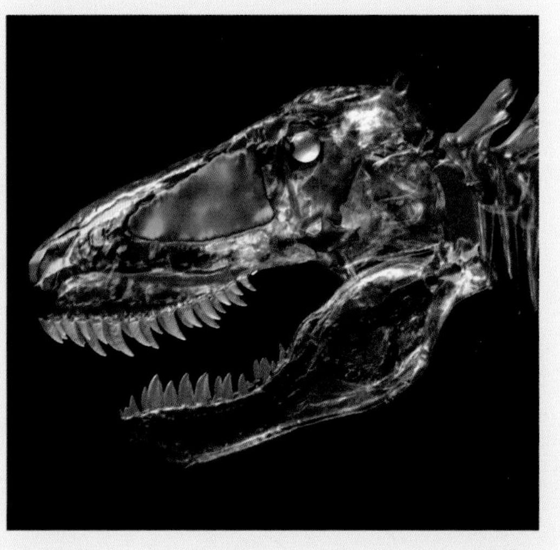

驰龙类（盗龙类）

1 在白垩纪，北美洲的犹他盗龙（*Utahraptor*）成群捕猎。它们重300千克，长5米。

2 1.23亿年前的中国鸟龙（*Sinornithosaurus*），身长大约1米，长有两种主要的羽毛。化石中保存的微小结构表明羽毛的颜色有棕红色、灰色、黄色、橙色和黑色。

如今的鸟类是一个与众不同的动物群体，但在刚刚诞生的时候，鸟类不过是几种身披羽毛的小型虚骨龙，其生活方式、外表和体形都相差不大。其中更类似鸟类的族群是手盗龙类，它们有巨大的新月形腕骨和盘状大胸骨。最著名的手盗龙也被称为驰龙类或盗龙类。这个亚群出现在1.65亿年前，一直延续到6 600万年前的白垩纪末期大灭绝。在科学界和大众了解恐龙多样性、生态学以及外表的过程中，北美的恐爪龙（见306页）、中国以及蒙古的伶盗龙（见308页）都发挥过关键的作用。最近的大量发现表明，驰龙类是从小型的似鸟祖先进化成了与狼甚至熊差不多大小的掠食者，而其他成员则变成了长吻食鱼者。

驰龙类的化石在20世纪20年代出土之后一度没有得到重视，直到20世纪60年代，人们发现了它们不同寻常的足部。第二趾可以大幅度伸缩，因此可以从地面抬起。滚轴一样的关节表明抬离地面正是第二趾的正常姿势。脚趾末端是一个巨大的镰刀状爪子。专家们一直在争论这到底是不是

关键事件

1.65亿年前	1.3亿年前	1.25亿—1.2亿年前	1.2亿年前	1.13亿—1.09亿年前	1.1亿年前
驰龙类从手盗龙的祖先演化而来，手盗龙是一种乌鸦大小、有羽毛的杂食性动物，颌部细长，后来催生出了鸟类和伤齿龙类。	驰龙类中的长吻南方盗龙在南美诞生，伶盗龙类在亚洲诞生。	北美生活着犹他盗龙。它们是从小型祖先中进化出巨大身体的驰龙类成员之一。	中国生活着乌鸦大小的驰龙类和泛化的掠食者小盗龙，以及其他小型披羽驰龙类。	恐爪龙遍布北美，从半沙漠地带到潮湿的沼泽都有它们的身影。它们是一种适应性强、中等大小的驰龙类。	大陆漂移导致北美、亚洲驰龙类和其他生物走上了异于其他地区的进化途径。

用来砍杀、撕裂或刺穿猎物的工具，甚至有人认为它们会跳到猎物身上，再用镰刀形的爪子撕开对方的肚子。但这种可能性不大，因为模拟测试已经证明这种爪子与皮肤和肌肉的相互作用方式。现生鹰的第二趾上也有类似的大爪子，其用途是把猎物钉在地上，以便用喙部发起攻击。驰龙类很有可能也会使用这种策略，把中等大小的动物按在地上，然后用牙齿攻击。这也可以解释为什么它们的后肢从比例上看比其他虚骨龙更粗短。

驰龙类的平均大小介于大公鸡和人类之间，个体差异很大。浅浅的下颌里通常长有后弯的锯齿状牙齿，修长的三指手指长有弯曲的大爪子。手掌向内，表明有特化的抓取功能，这也是典型的兽脚类特征。有羽毛的化石标本表明第二指的上表面和前臂骨上都长出了羽毛，可见前肢大部分区域都覆盖着大羽毛。小盗龙（见314页）和中国鸟龙（见图2）等保存完美的中国恐龙化石表明这些恐龙都身披羽毛，可能所有手盗龙类都是如此。

驰龙类的耻骨经常指向后方，这种特征是现代鸟类和鸟臀类的典型结构，但驰龙所属的蜥臀类（见260页）并无此特征。不过现在发现有多个似鸟的虚骨类恐龙也具有这种特征。最早最原始的驰龙在大小和形态上与最早的鸟类极为相似。驰龙类、鸟类和手盗龙类都起源于小型祖先，后者和始祖鸟有些相似（见376页）。驰龙类的部分成员一直很小，但至少有两个成员进化出了庞大的身体。乌鸦一样大小的早期驰龙类小盗龙留下的胃内容物显示出它们是以鸟类、鱼类和其他小型脊椎动物为食的泛化种。而有些成员体形庞大，例如70千克的驰龙和300千克的犹他盗龙（见图1），而且和植食性恐龙化石保存在一起，表明它们是大型动物的捕食者，或许会合作杀死大小超过自己的猎物。

主要生活在南美的驰龙（奔龙）吻部极长，有很多牙齿，这都是涉水抓鱼、蛙和类似猎物的特征。其中阿根廷南方盗龙是身长接近6米的巨兽，头骨较浅，长达80厘米。DN

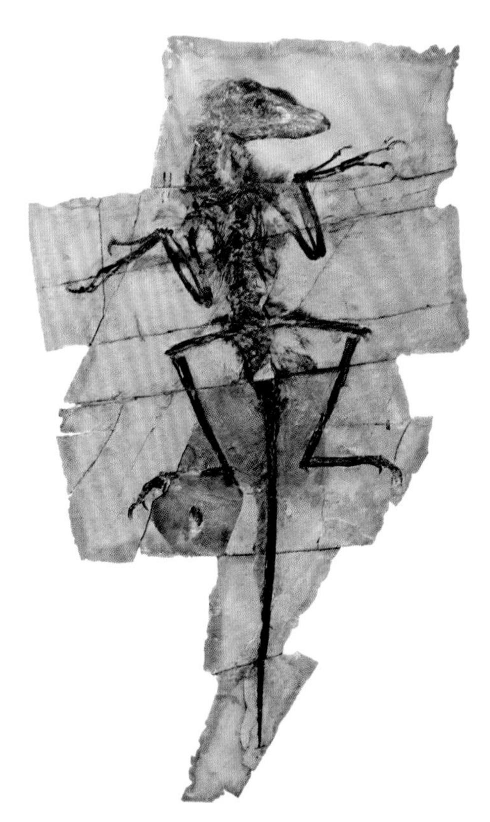

9 000万年前	7 700万年前	7 500万年前	7 500万年前	7 000万年前	6 600万年前
南美生活着多种半鸟类，细长的颌部表明它们是涉水食鱼者。	西爪龙（*Hesperonychus*）生活在加拿大的森林和沼泽中，它们是包括小盗龙在内驰龙类里最后的成员。	中国和蒙古生活着伶盗龙。它们大多栖息在沙漠中，但有的成员也会选择干燥林地和灌木林地。	北美生活着中小型驰龙类，例如驰龙（*Dromaeosaurus*）、斑比盗龙（*Bambiraptor*）和蜥鸟盗龙（*Saurornitholestes*）。	阿根廷生活着半鸟类中巨大的南方盗龙。它们独立于其他大型驰龙类进化出了巨大的身体。	北美生活着最后的驰龙类，它们都在白垩纪末期的大灭绝中消失，但它们的近亲鸟类存活下来。

恐爪龙

早白垩世

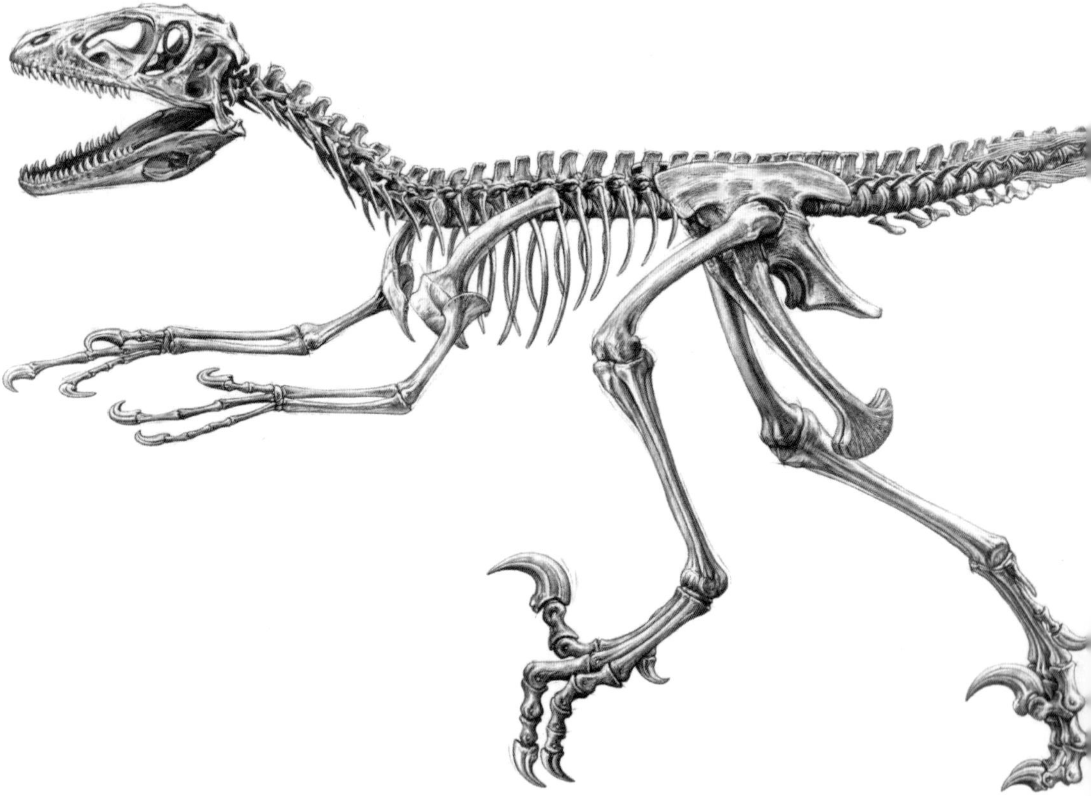

种：平衡恐爪龙（*Deinonychus antirrhopus*）
族群：驰龙科（Dromaeosauridae）
体长：3米
发现地：北美

来自北美、狼一般大小的肉食动物平衡恐爪龙是最著名的驰龙类（盗龙类）成员，虽然化石众多，但目前从中只发现一个种。从手部、腕部、脊椎及其他部位解剖结构上看，恐爪龙类似早期鸟类始祖鸟，只不过体积大了好几倍（恐爪龙约3米长，70千克重）。这一发现催生了一系列研究，美国古生物学家约翰·奥斯特罗姆（1928—2005）由此发现鸟类是兽脚类的成员，而且祖先类似恐爪龙。这个判断后来被很多似鸟恐龙标本所证实，其中很多保存下来的恐龙都有羽毛。鸟类可能是恐龙后裔的观点出现于19世纪60年代，但后来又被束之高阁。奥斯特罗姆将它从故纸堆中挖掘出来，这一判断现在得到了广泛认可。恐爪龙身手敏捷、行为活跃，这也让奥斯特罗姆认为它们及类似的恐龙在生理上更像鸟类而不是爬行类。恐爪龙第二趾上的弯爪似乎是它们的核心武器，奥斯特罗姆提出，恐爪龙只有在用一条腿保持平衡、另一条腿踢出时才能使用趾爪。因此他推断恐爪龙有闪电般的反应能力与精妙的平衡感。他重塑了人们对恐龙的看法，它们是类似鸟类的复杂生物，甚至可能是温血动物。1.15亿—1.08亿年前的恐爪龙在1969年得到命名，是恐龙界的后起之秀，1924年命名的伶盗龙也是如此，而且伶盗龙的化石十分完整，再加上奥斯特罗姆的深入研究，使人们认识到恐龙其实要比我们想象的更加敏捷，更加有活力，更类似鸟类。DN

图片导航

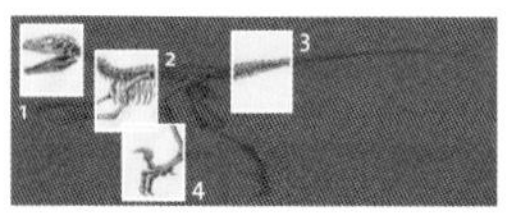

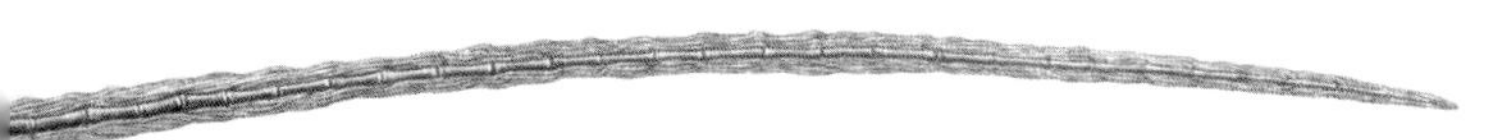

要点

1 头骨和颌部

头骨大约40厘米长，形态介于伶盗龙较浅的精致头骨和驰龙较深的矩形头骨之间。这说明恐爪龙可以捕食多种猎物。它们咬力强大，有力的颌部长有大约70颗弯曲的牙齿。

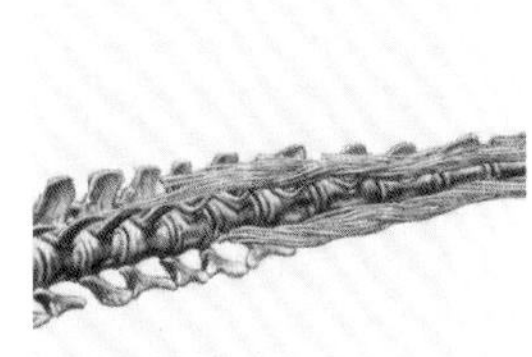

3 直尾

恐爪龙的尾部具有长而灵活的棒状结构，使尾部保持直挺。上表面的棒状结构是大幅加长的脊椎关节突，用于将两块脊椎连接在一起。下表面的棒状结构是延长的“人”字骨，沿脊椎向后下方生长。

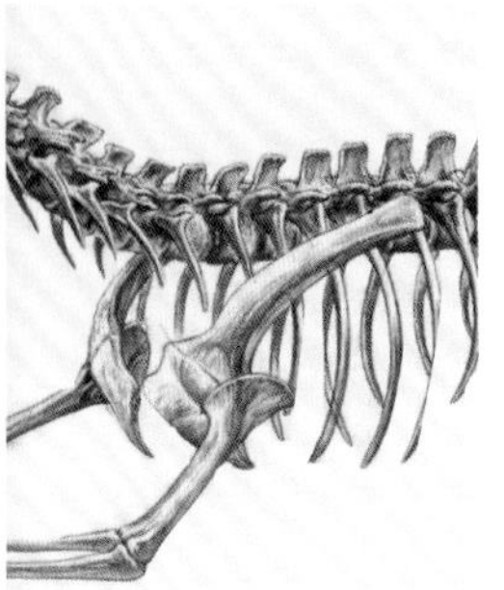

2 肩和胸

恐爪龙的肩和胸同鸟类十分相似。肩关节的位置高于一般兽脚类，胸部底部有巨大的盘状胸骨。胸廓前方有“V”形的叉骨。除了手盗龙类，最古老的兽脚类也具有叉骨。

4 镰刀爪

第二趾具有可以大幅度伸缩的关节，还有巨大的镰刀爪，这是盗龙类的标志性特征，可能有助于行走和奔跑时抬起爪子，减少磨损。脚趾和爪子或许用于将中等大小的猎物按在地上，以便恐爪龙用70多颗牙齿撕裂对方。

恐龙文艺复兴

自20世纪60年代以来，美国化石专家约翰·奥斯特罗姆（左图）就成为改变恐龙形象的关键人物。人们曾经以为恐龙笨拙懒散，过着缓慢简单的生活，但奥斯特罗姆对恐爪龙的研究颠覆了这个看法。他系统分析了恐爪龙的所有特征，以及恐爪龙为适应各种环境因素而发生的进化。结果表明恐爪龙很有智慧，可以协作完成群体捕猎。这大大激发了公众的想象力，掀起了一场恐龙复兴热潮。1993—2015年的《侏罗纪公园》系列更是将这波热潮推向了全世界，至今依然如火如荼。自此之后，奥斯特罗姆和他笔下聪明、狡猾、迅猛的恐龙形象激励着很多科学家投身于恐龙研究。

伶盗龙
晚白垩世

种：蒙古伶盗龙
（*Velociraptor mongoliensis*）
族群：驰龙科
（Dromaeosauridae）
体长：2米
发现地：中国和蒙古

图片导航

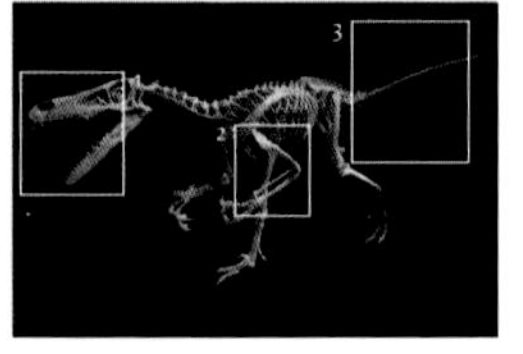

驰龙类中著名的蒙古伶盗龙生活在大约7 500万年前晚白垩世，地点位于中国和蒙古。伶盗龙很容易同其北美更大的近亲恐爪龙相混淆，不过伶盗龙并不是肌肉发达的中等大小掠食者，而是只有2米长的修长恐龙，体重和拉布拉多宠物犬相似。

伶盗龙和鸟非常像，具有鸟类的骨骼特征，比如巨大的胸骨，肋骨上伸出的弯曲的脊椎关节突以及朝后的耻骨。伶盗龙与所有驰龙类以及手盗龙类近亲一样，具有充满空气的耳部气囊、含气椎骨、巨大的叉骨、细长的三指以及可以弯曲的手腕，这都是鸟类的特征。伶盗龙的化石来自曾经位于沙丘地区的砂岩，表明它们在某个时期是沙漠居民。不过这个地区的环境并非处处都像我们想象中的那么干旱，因为大型河流、季节性降雨和植物有时会覆盖部分地区。不过伶盗龙确实非常适应炎热的沙漠环境，而且可能具有符合此类生活方式的行为特征。一些研究发现，伶盗龙与类似的亚洲驰龙关系密切，例如白魔龙（*Tsaagan*）和恶灵龙（*Adasaurus*）。这个分布有限的小型伶盗龙亚科在家族体系中被北美种团团包围。我们几乎可以肯定，亚洲种的祖先是通过陆路从北美向西迁徙而来的，但伶盗龙及其近亲的骨骼结构与生活在更寒冷、更潮湿地区的其他驰龙类没有太大差别。驰龙类的生活方式和体形似乎高度适应环境，它们既可以生活在森林中，也可以应对沼泽地、泛滥平原、半沙漠和沙漠。DN

要点

1 吻部

吻部较浅，上表面微微凸起，而且不像其他驰龙类一样明显呈矩形。伶盗龙可能是为了捕捉小动物或需要探查狭小空间而进化出了细长吻部。它们的头骨形状十分特别，而且非常轻盈。

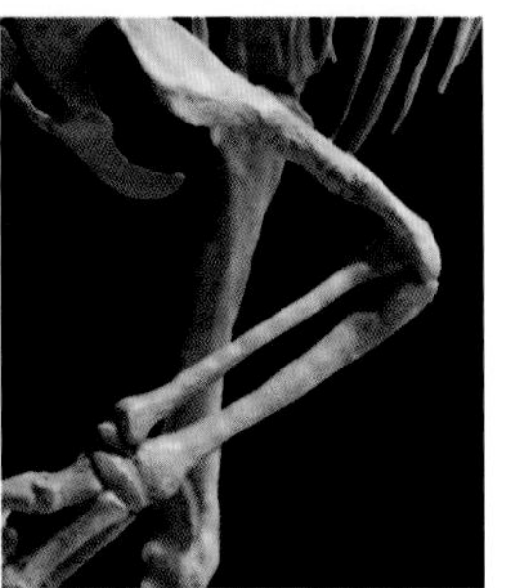

2 前臂

伶盗龙前臂（尺骨）的下缘具有规则的间隔骨质突起。它们的形态和位置都和现生鸟类的翼羽附着点相同。不过伶盗龙的化石保存在砂岩中，在这种岩石中羽毛很难保留下来。

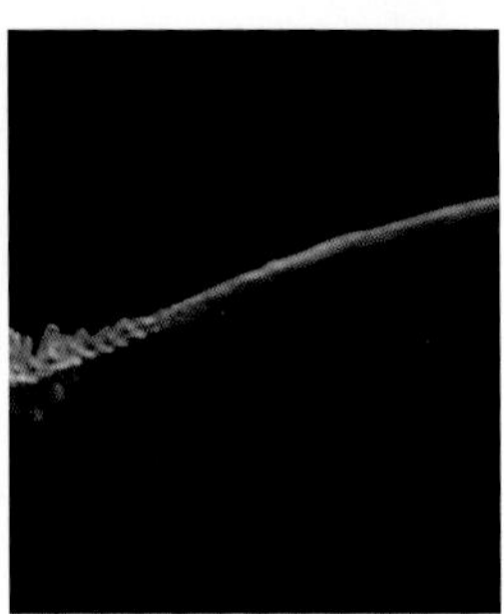

3 尾骨

尾骨上有成排的棒状突起。化石表明这种结构可能具有柔韧性，允许尾部进行活动，以便在奔跑中保持平衡。研究者本来以为伶盗龙的尾部僵硬，只能通过摇摆臀部来左右运动。

▲ 美国自然历史博物馆在20世纪20年代组织过几次由亨利・费尔菲尔德・奥斯本（1857—1935，见上图）领导的中亚科考，并发现了众多恐龙，伶盗龙就是其中之一。奥斯本是20世纪成就最高的古生物学家之一，奥斯本多次组织考察是因为他认为蒙古很有可能是人类的起源地。

凝固的战斗

最著名的伶盗龙标本是一具近乎完整的骨架，似乎正在和原角龙（右图）打斗。伶盗龙抓住了原角龙的颈盾，正在踢对方的脖子，后爪也嵌入了对方的腹部。与此同时，原角龙咬住了伶盗龙的右臂。尚不清楚伶盗龙是否会经常攻击如此庞大而危险的猎物。该化石于1971年由蒙古和波兰组成的联合科考队在蒙古发现，目前藏于乌兰巴托的蒙古科学院。

有羽毛的恐龙

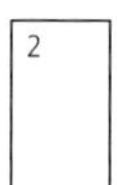

1 窃蛋龙（*Oviraptor*）常常因为进化上的亲缘关系而被视为披羽恐龙，但化石里并没有确凿的羽毛证据。

2 原始的鸟类热河鸟（*Jeholornis*），生活在1.2亿年前的中国。它们的头骨向后弯曲，越过肩部，羽毛有20厘米长。

3 小型肉食性兽脚似松鼠龙（*Sciurumimus*）具有长长的尾羽，类似松鼠的尾巴。

自19世纪60年代首次发现披羽恐龙始祖鸟（见376页）之后，人们发现现代鸟羽早在无牙短尾的现代鸟类出现之前就已经出现。但是始祖鸟到底是不是最古老的披羽恐龙，或者它们的祖先是否已经具有了结构更原始的羽毛？始祖鸟同小型主动掠食者手盗龙之间具有相似之处，因此科学家们认为非鸟恐龙可能也具有羽毛。20世纪80年代的复原骨架表明恐爪龙（见306页）具有羽毛，虽然其羽毛在当时还没有被发现。这个看法在20世纪90年代得到证实，当时在中国辽宁省白垩统岩石中发现了披羽非鸟恐龙，该地区后来又发掘出了大量披羽恐龙。北美和德国也发现过此类生物。

需要注意的是，复杂羽毛最初仅出现在手盗龙的前肢和尾巴上，这些部位分布着大型羽毛被证明是有利的。有一个理论认为，这些羽毛所形成的大面积表面有助于手盗龙在奔跑中转向、制动和加速，也有助于跳跃时控制方向。关于飞行能力的起源最终产生了两种理论。一种是“自地而上”，即快速奔跑的恐龙进化出了翅膀，以便跳得更高，特别是为了觅食

关键事件

1.65亿年前

亚洲和北美生活着早期暴龙，它们是从类似美颌龙的祖先中诞生的。中国的化石表明早期暴龙身披毛皮。

1.65亿年前

鸟类的共同祖先伤齿龙类和驰龙类诞生。从后代的解剖结构来看，它们是长满羽毛的小型杂食者。

1.3亿年前

德国生活着始祖鸟，它们后来成为科学界发现的第一种披羽恐龙。

1.3亿年前

早期的似鸟龙类在欧洲和亚洲诞生。后来加拿大发现的标本表明它们的前肢上长有大型羽毛。

1.3亿年前

北美生活着镰刀龙类。铸镰龙（*Falcarius*）等最古老的镰刀龙类和人一样大小。它们是杂食者或植食者。

1.25亿年前

小盗龙在中国诞生，延续了500万年。它们的手臂、手部、腿部和足部具有长长的飞羽。这类羽毛后来也出现在了鸟类身上。

或躲避敌人。另一种是“自树而下”，即树栖恐龙为了滑翔而进化出翅膀，随后学会了飞翔。不过与科学家当时的设想不同，早期手盗龙并不是刻意快速奔跑和跳跃的掠食者，它们大多数是杂食动物或植食性动物，几乎不会攀爬，也不需要跳跃或追逐猎物，但它们可能仍然需要快速奔跑以逃避掠食者。

另一个理论认为大型复杂羽毛的进化动力是炫耀。早期手盗龙羽毛的生长方式表明它们可能是展示结构，就像尾羽龙（见312页）和小盗龙（见314页）。长尾热河鸟（见图2）等早期鸟类的尾扇上有弯曲的羽毛，但并不符合空气动力学。孔雀等很多现生鸟类会凭借艳丽的尾羽击败对手、驱逐入侵者或吸引异性，具有这种特征的一般都是雄性。如果羽毛是为了保暖、保卫领地或展示而出现的，那它们在后来飞行中的作用就是针对其他功能的再次适应。如果某个结构因为某种功能而进化出来之后又具备了另一种功能，那这个过程就被称为扩展适应。

发现于辽宁的很多恐龙都具有复杂的羽毛，羽支和羽小支都保留下来。它们表明杂食性或植食性的窃蛋龙类（见图1）和手盗龙类里出现了真正的羽毛，包括驰龙类（见304页）。它们具有复杂的大型羽毛，而鸟类的远亲只有简单的毛发状细丝。在鸟类诞生之前，虚骨龙类就广泛进化出了羽毛，所以鸟类可能是继承了早已出现的羽毛结构。简单的丝状羽毛比复杂的羽毛更早出现，所以它们似乎并不是为了空降、滑翔或拍翼飞行而进化的，羽毛最初的作用可能是保暖。发现于辽宁的披羽恐龙生活在凉爽或温带气候中，而不是热带环境，这也支持了该理论。不过这无法解释为什么羽毛会变得越来越复杂。

决定羽毛能否保存下来的主要因素是地质条件。细粒火山灰和湖底沉积物比粗砂更适合保留细微结构，辽宁省的化石床就是由前者构成的。保存着细节的化石证明虚骨龙，例如兽脚类的似松鼠龙（见图3）身披毛发状细丝，基本上可以肯定这就是似鸟族群中羽毛的前身。丝毛在身体上形成厚厚的覆盖物。不仅小型恐龙具有这种结构，身长9米的骇人的羽暴龙（*Yutyrannus*）也浑身绒毛，长脖子的镰刀龙也保存着羽毛结构。DN

1.25亿年前	1.25亿年前	1.25亿年前	1.15亿年前	1.15亿年前	9 500万年前
中国的辽宁省生活着尾羽龙，这是第一批全身覆盖羽毛的非鸟恐龙之一，也是长腿短尾的杂食者。	中国生活着巨大的羽暴龙，表明部分暴龙具有厚厚的丝状羽毛。	多种早期鸟类在尾巴根部长出了特殊的羽毛，基本上可以确定是为了展示。	窃蛋龙类进化出多种成员。小型的似尾羽龙族群中进化出了无齿成员。人类大小的成员和大型成员（巨盗龙，*Gigantoraptor*）也进化出来。	更先进的伤齿龙类从小型祖先中诞生。它们的腿部更长更粗壮，前肢从比例上看比较短。	小型的短臂阿瓦拉慈龙类诞生。它们身覆绒毛，头骨和手臂表明它们是以蚂蚁或白蚁为食的兽脚类。

尾羽龙

早白垩世

图片导航

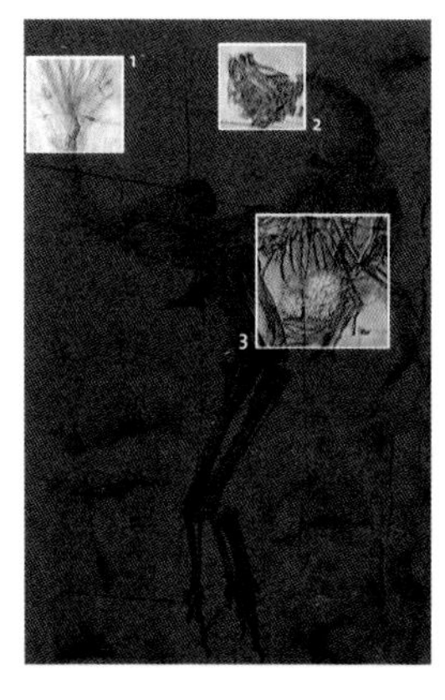

种：邹氏尾羽龙
（*Caudipteryx zoui*）
族群：窃蛋龙类
（Oviraptorosauria）
体长：60厘米
发现地：中国

尾羽龙于1998年被科学家命名，它们是最早的披羽非鸟恐龙之一，也证实了羽毛并非鸟类所独有，兽脚类恐龙也具有羽毛。尾羽龙是火鸡般大小的短尾手盗龙类，它们的后肢很长，前肢从比例上来看相对比较短，三根手指中只有两根具有爪子。较小的头骨、短而钝的吻部和钉状牙齿表明它们是以水果、叶片和种子为食的杂食动物。胃部保留的圆形小石头（胃石）也证明了这个观点，胃石在植食性动物中十分常见，用于磨碎植物以便消化。尾羽龙最著名的特征就是羽毛，与现代鸟类相似，它们除了嘴、小腿和足部之外全都覆盖羽毛。长而窄的羽毛从第二指和手部的上表面开始生长，而不是从手臂开始出现。尾部根部长有12根长羽毛，每边6根，形成扇状。幼年尾羽龙有缎带样羽毛构成的小羽扇，支持了尾扇是用于展示的理论，因为只有成体才需要炫耀用的羽扇。另一个理论是挥动羽扇可以给身体散热。细长的腿部表明尾羽龙擅长快速奔跑，前肢和脚趾比例表明它们不会攀爬、滑翔和飞行。科学家们最初认为尾羽龙是一种不会飞的鸟类，或者是鸟类的祖先，但腰带和头骨的结构表明它们属于早期窃蛋龙。早期窃蛋龙是兽脚类中的一个分支，接近人类大小，没有牙齿，长有头饰冠，生活在晚白垩世的亚洲。与尾羽龙相比，后来的大多数窃蛋龙更大、更粗壮，而且颌部和吻部更深且短。DN

要点

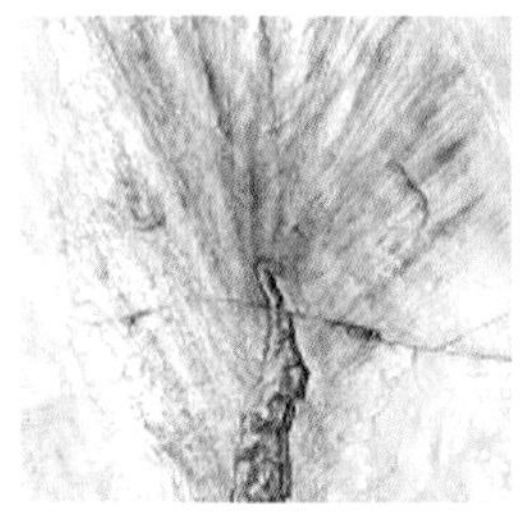

1 尾尖

形成尾尖的椎骨融合在一起，构成了僵硬的棒状结构，和现代鸟类十分相似，可能是用于支撑尾尖的羽扇。骨骼退化可以减轻重量和能耗，为控制羽毛的肌肉打下了基础。

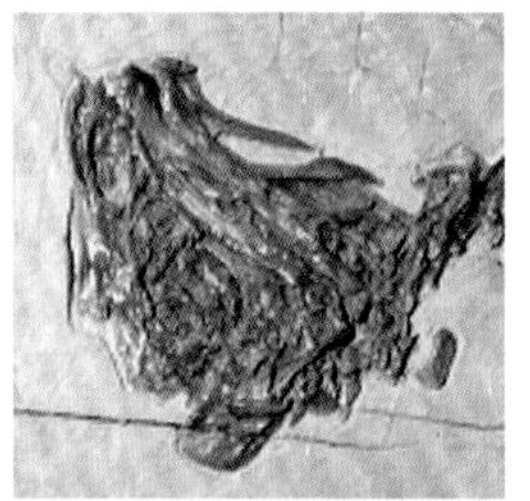

2 喙部

邹氏尾羽龙的颌部边缘表明口腔周围有喙部组织。喙部在杂食性和植食性恐龙中有过多次进化，可能是因为它们有助于使颌部更能经受啃咬植物时造成的磨损和撕扯。

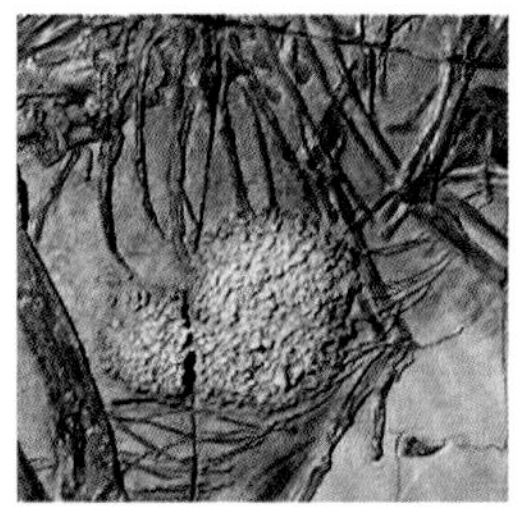

3 绒羽大衣

邹氏尾羽龙的身体上覆盖着绒羽，每根绒羽都含有从基底部长出的无分支丝毛。它们可能有助于保持体温恒定，也能为尾羽龙提供保护和伪装。

偷蛋贼

尾羽龙所属的窃蛋龙类正是得名于其中的窃蛋龙，后者在1924年得到正式描述。它的化石由美国－蒙古联合考察队发现于蒙古，这支探险队实际上是希望发现早期的人类化石。窃蛋龙身长2米，具有类似鹦鹉的无齿深喙部，可能还有头饰。化石身边有龙蛋化石（上图），因此当时的研究者认为它正在袭击其他恐龙的巢穴，还打算用强大的喙啄开龙蛋，于是将它称为窃蛋龙。但20世纪90年代针对其近亲的研究发现，窃蛋龙其实是在照顾或孵化自己的蛋。原来“偷蛋贼”实际上是在自己的巢中照顾孩子。

小盗龙

早白垩世

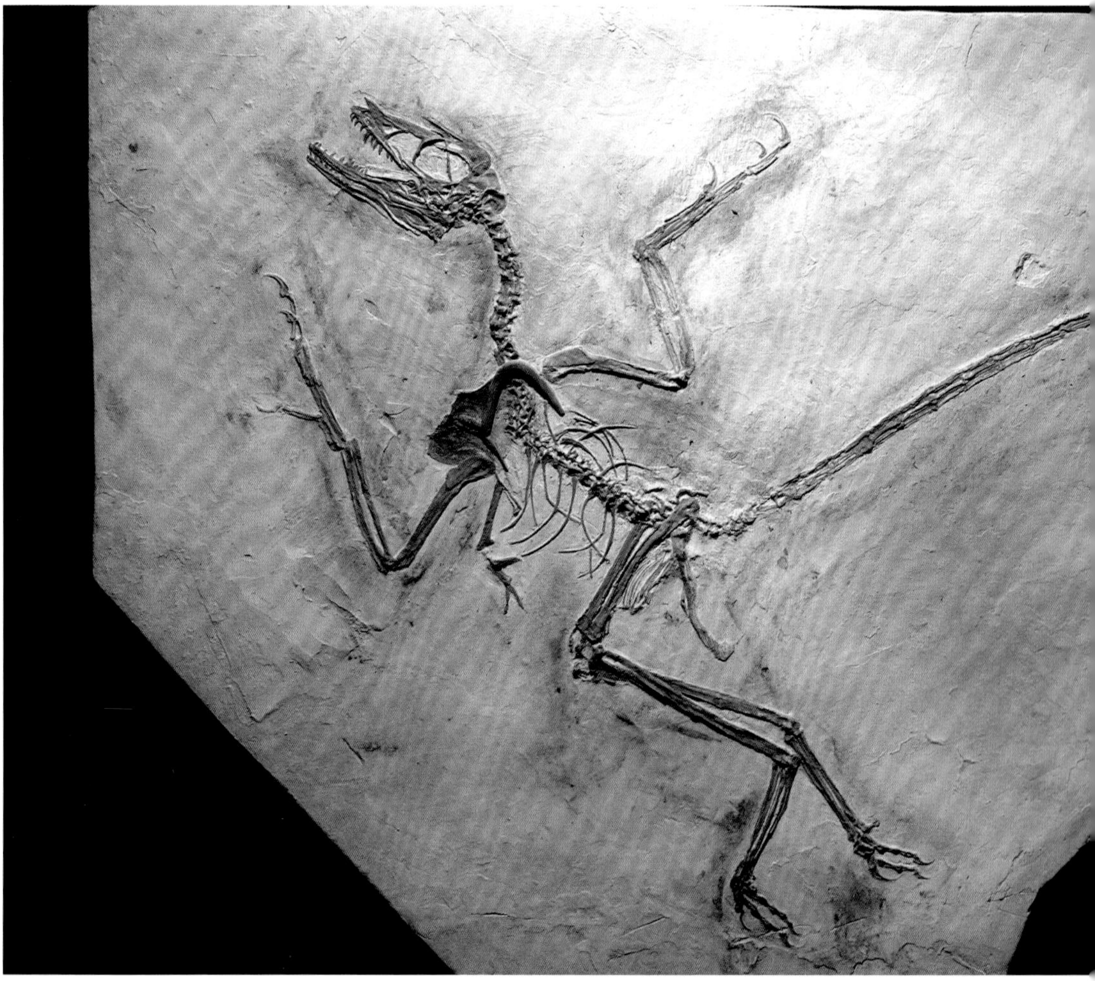

种：顾氏小盗龙
（*Microraptor gui*）
族群：驰龙科
（Dromaeosauridae）
体长：70厘米
发现地：中国

图片导航

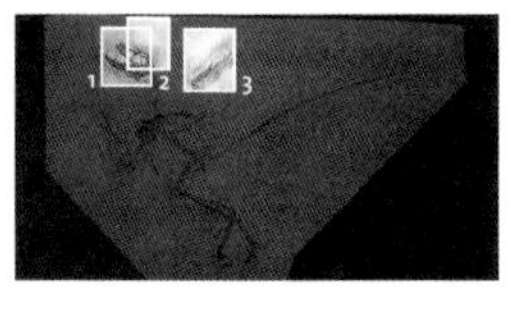

正如名字所暗示的那样，小盗龙是驰龙的小型近亲，身长只有70厘米，是已知最小的恐龙之一。这类恐龙中有3个种：赵氏小盗龙（*M. zhaoianus*）、顾氏小盗龙（*M. gui*）和汉卿小盗龙（*M. hanqingi*）。2003年命名的赵氏小盗龙在小盗龙中最惹人注目，与其他盗龙一样，赵氏小盗龙的第二趾上有凸起的大弯爪，浅浅的颌部中有锯齿状牙齿，修长的三根手指尖端都有尖锐的爪子。小盗龙不具有大多数驰龙类的典型解剖结构，因此可能是不寻常的早期分支。与后来的大型驰龙类相比，小盗龙的大小、体形和生活方式都比较原始，它们与伤齿龙和鸟类的祖先类似。小盗龙的羽毛也很惊人，手臂、手部和尾尖都有符合空气动力学的长羽毛，腿部和足部的长羽毛让它们看起来似乎有四对羽翼。这个构造让研究者认为小盗龙是专门的滑翔者，可以展开四肢，从高处跳下滑翔。不过这个理论也存在问题，因为髋关节的形状表明腿部不能伸展到一边，最多只能向外转动45度。DN

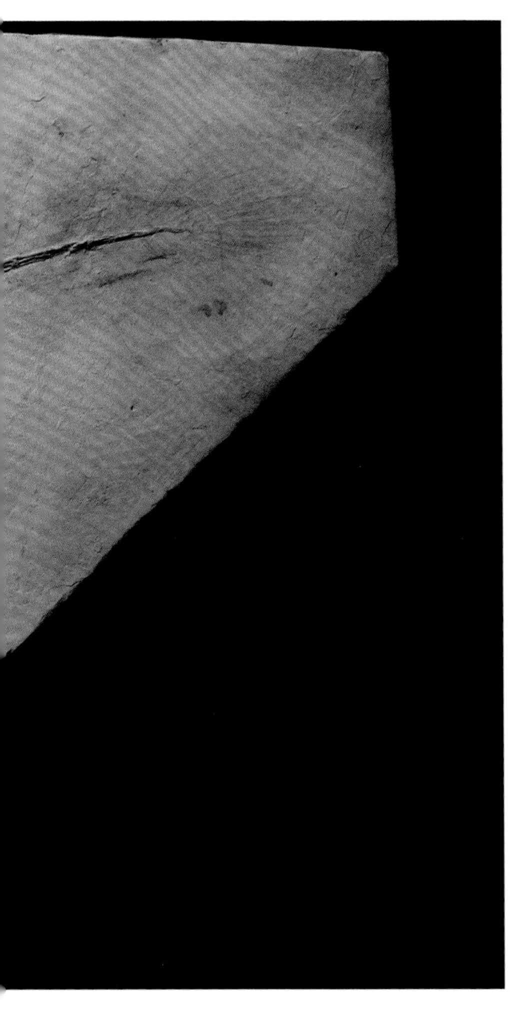

要点

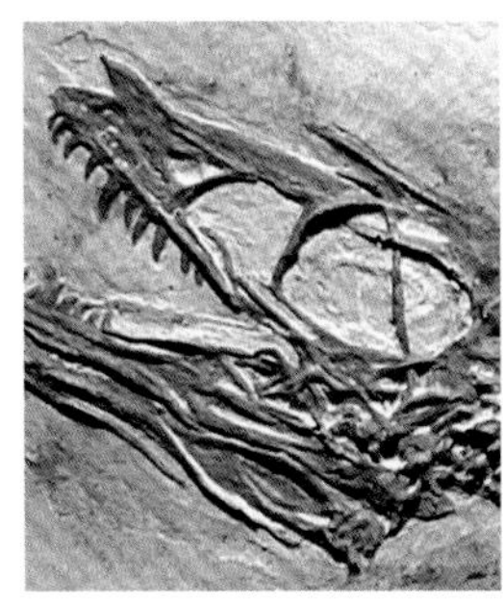

1 大眼睛

顾氏小盗龙的眼睛很大，从现生动物来看，它们可能是夜行性恐龙，但它们的彩虹色羽毛不符合这个理论，因为彩虹色在黑暗中几乎没有用处，如今有这种羽毛的鸟类都在白天活动。

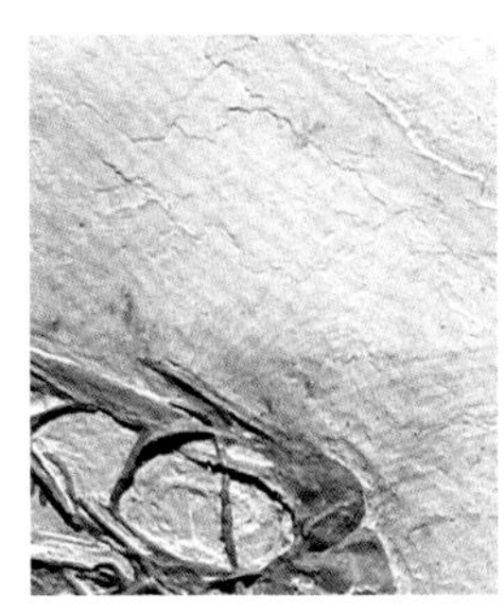

2 头饰

部分顾氏小盗龙的标本似乎具有茂密的头冠，但这些看起来像头饰的结构实际上是头羽破碎和移位的结果。化石证据显示，吻部的大部分区域和面部都有羽毛，这与无毛的鳞状脸部的早期复原形象不同。

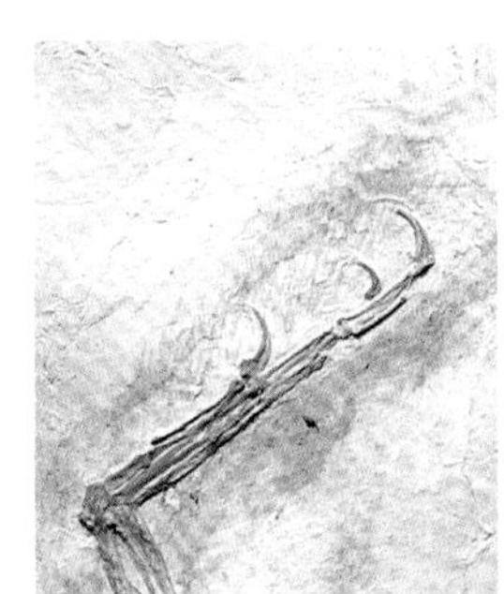

3 羽毛和颜色

中国辽宁发现了多种披羽恐龙的化石。有人认为顾氏小盗龙的羽毛中保留着黑素体，这是含色素的微小结构。黑素体的大小和形状表明它们长着具有彩虹光泽的黑色羽毛，但这个问题尚无定论。

持续飞行

有十几项科学研究都曾评估过小盗龙的飞行能力，包括是否仅能短距离滑翔还是能够长距离滑翔，是能够短距离飞行还是能够持续飞行（右图）。一些研究建立了模拟羽毛的物理模型，其他研究则在风洞实验中使用了比较简单的模型。多项研究都侧重于肩部、腰带和肢体关节的运动方式，也有研究探索过小盗龙是否能像双翼飞机一样将双翼高举过双腿。计算机空气动力学模拟对这种小恐龙进行了虚拟建模，但结果差异很大，每种飞行模式都至少得到了一项研究的支持，但总体来说，这个问题仍然没有答案。

镰刀龙

镰刀龙是最不寻常的恐龙之一，它们具有特殊的进化历史和令人惊奇的解剖特征，例如镰刀状的爪子。目前这类恐龙被归为手盗龙类（见304页），因为骨骼的详细解剖结果表明它们与窃蛋龙类、驰龙类以及鸟类有密切关系。镰刀龙外表似鸟，同时身覆羽毛状的皮毛。镰刀龙在20世纪50年代首次被发现，镰刀龙（*Therizinosaurus*，镰刀蜥蜴）的名字是根据蒙古出土的7 000万年前前肢骨化石命名的，指它的手爪是镰刀形的（见图2），最大的手爪可达70厘米，是有史以来最大的爪子。镰刀龙的早期复原形象被错误地描绘成了身体宽大的似乌龟动物，后来又有人错误地提出镰刀龙可能类似树懒。

镰刀龙在手盗龙类中的位置反映出了一个很有趣的生活方式和饮食分支。手盗龙类是兽脚类（肉食性），向来都是人们眼中的掠食者，因此科学家们曾经认为手盗龙的祖先也是掠食者。但镰刀龙很有可能是植食性动物，同时也是最古老的手盗龙类，可见手盗龙类的祖先可能也是植食性动物。这也是某些手盗龙最初的成员是植食性动物或杂食性动物的一大证据。在20世纪90年代之前，镰刀龙一直都被误认为是长颈植食性蜥脚类或植食性的鸟臀类恐龙。

关键事件

1.65亿年前

镰刀龙从所有手盗龙类的共同祖先中诞生。

1.3亿年前

北美生活着铸镰龙，这是长颈长尾的小头镰刀龙。

1.25亿年前

亚洲和北美出现了新的镰刀龙，例如北票龙（见318页），中国保存了具有完整羽毛的标本。

1.25亿年前

犹他州玛莎盗龙（*Martharaptor*）的存在，表明北美也和亚洲一样生活着早期镰刀龙。它们和巨大的犹他盗龙共享栖息地。

1.25亿年前

陆地连接着东亚和北美，镰刀龙出现在这两个地区，且相互之间进行繁殖。

1.12亿年前

中等体形的阿拉善龙出现在中国，它是介于早期种类（如北票龙）和较高级种类（恐爪龙）之间的种类。

蒙古后来又发现了更完整的镰刀龙化石，包括慢龙（*Segnosaurus*，见图3）和死神龙（*Erlikosaurus*），表明镰刀龙是腰带宽大的兽脚类。它们具有粗壮的身体、厚实的后肢、宽大的足部，头骨上有无齿的喙，以及一排排叶状小牙齿。它们不是掠食者，身体特征表明它们是移动缓慢的植食性动物，会使用长手臂和巨大的弯曲手爪拉下树枝。爪子也有可能是对抗暴龙和其他危险掠食者的武器。

现在东亚和北美也发现了大量镰刀龙，铸镰龙是其中最古老的成员之一（见图1），保存在犹他州1.3亿年前的岩石中。铸镰龙具有镰刀龙的关键特征，包括髂骨前部外扩，这是构成腰带上部的巨大盘状骨骼。铸镰龙的牙齿呈叶状，有粗糙的锯齿边缘，从现生爬行动物来看，适合处理植物。另外，下颌尖端的一对牙齿大于下颌的其他牙齿，表明镰刀龙类一开始就是植食性动物。总的来说，铸镰龙比后来的镰刀龙要轻巧纤细得多，尾巴和后肢都更修长。它们的外观与其他手盗龙族群的早期成员相似。

尽管铸镰龙的腰带构造具有镰刀龙的特征，但没有后来的成员那么宽。此外，腰带前部的长棒状耻骨指向下前方，这是典型的蜥脚类特征（见260页）。但后期镰刀龙的耻骨朝向后方。镰刀龙类的耻骨在进化过程中随着后肢变粗短、腰带变宽、尾巴变短而转向了后方。反向耻骨和变短的尾巴使身体重心前移，尾部更短的后期镰刀龙类可能腰带更重。这表明它们采用对角线式行走方式，这样可以保持头部和颈部挺直，更容易吃到高处的植物，手臂和爪子也更容易发挥自卫功能。这个趋势在白垩纪晚期的镰刀龙身上达到顶峰。它们是身长10米、站立高度达5米的巨大恐龙，身体粗壮，重量超过5吨，和暴龙相当（见302页）。DN

1 铸镰龙具有特征性的“外扩”髂骨，见左上方，肋骨后方。

2 镰刀龙的前肢上有三根爪子，每根都和人类的手臂加手一样长。

3 慢龙具有带锯齿的叶状小牙齿，适合切碎植物。

9 000万年前

大型懒爪龙（*Nothronychus*）和肃州龙（*Suzhousaurus*）遍布北美和亚洲。它们比早期的品种更重，且姿势更前倾。

9 000万年前

北美的镰刀龙不知出于什么原因灭绝了，而独一无二的亚洲镰刀龙仍有几个残留种尚存于世。

9 000万年前

后期的慢龙和死神龙生活在蒙古和中国，它们比早期的种类更大，手臂更长，爪子更大。

7 500万年前

亚洲镰刀龙消失了，只留下了两个谱系：一个进化成了巨型的镰刀龙，另一个进化成了南雄龙（*Nanshiungosaurus*）。

7 000万年前

巨型的镰刀龙是生活在蒙古的镰刀龙的最后一支，在所有镰刀龙中，它的手爪最长、最直。

6 600万年前

白垩纪末期的大灭绝事件发生。除了鸟类，所有的手盗龙类都灭绝了，镰刀龙是否生存到了恐龙时代末期目前还是个未知数。

北票龙
早白垩世

种：意外北票龙
（*Beipiaosaurus inexpectus*）
族群：镰刀龙类
（Therizinosauria）
身长：2米
发现地：中国

图片导航

意外北票龙是最古老、最出名的镰刀龙。化石来自中国辽宁省有1.25亿年历史的化石床。北票龙化石保存着浓密的毛发样细丝，表明它们有和鸸鹋一样毛茸茸的身体。出乎意料的是它们颈部的顶端、两侧以及尾巴上都具有类似棘突的长而宽的结构。这可能是早期阶段外皮（皮肤和相关结构）进化的遗留，但也有可能是独特的防御结构。与后来的镰刀龙相比，北票龙的头骨更大更长，具有浅的吻部、巨大的眼眶和细长的下颌。它们具有众多粗糙锯齿式的叶状小牙齿，这是食叶爬行动物的典型特征。在后来的进化中，颌部前方的牙齿数量减少，而喙部覆盖的区域扩大。北票龙总长2米，大于同一片栖息地中的其他手盗龙类，但后来的镰刀龙大多是它们的两倍长，也要重好几倍。DN

要点

1 四肢

北票龙的三指十分修长，比例和掠食性手盗龙的手部相同，例如恐爪龙（见306页）。后来的镰刀龙具有更粗壮的手臂和手骨，手部和爪子相对前肢的比例也更长。

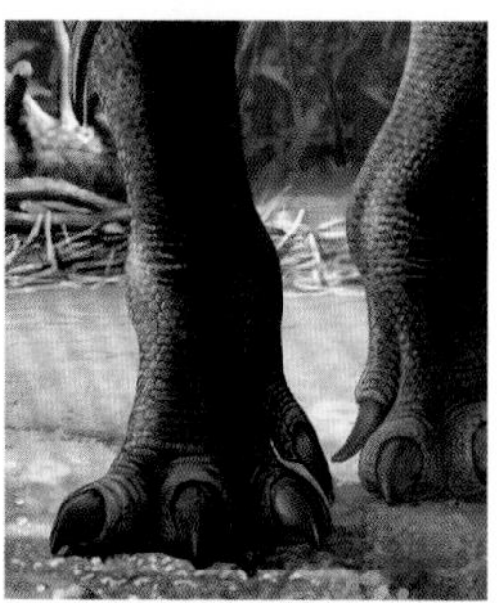

2 足部

北票龙具有更窄更长的虚骨龙类足部，这是该族群早期成员的典型特征。镰刀龙类的足部比其他虚骨龙类兽脚类更粗短。在大多数特化的镰刀龙中，第一趾与地面接触，而其他兽脚类的第一趾通常在足部侧面抬高。

3 尾尖

尾尖的五根椎骨融合成一个笔直的棒状结构。在其他手盗龙类里，类似的结构可能是为了让尾巴直挺，以便支撑由羽毛构成的扇形结构。但北票龙没有尾扇，所以尾椎融合的原因还不清楚。

北票龙的亲缘关系

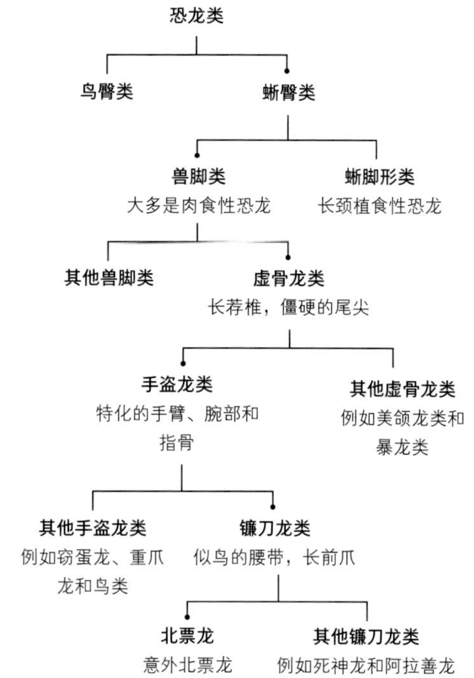

▲ 尽管它们身体圆胖，姿态笨拙，但像北票龙等镰刀龙属于手盗龙类，敏捷的掠食性盗龙和鸟类就是从这类恐龙进化而来的。

两种羽毛

现有北票龙的化石质量表明，这种恐龙皮肤上有两种羽毛结构（右图）。一种是毛茸茸的绒羽，每根羽毛都由几根从皮肤短羽轴上分出的细丝组成，与鸟类的绒羽无异。许多有羽毛恐龙都具有这种细丝羽毛。另一种羽毛的横截面呈椭圆形，不分支，呈带状，宽3毫米，最多长15厘米。它们从柔软的绒羽中长出，可能非常坚硬。出现两种羽毛的原因尚不清楚，但肯定不是用于飞行。绒羽应该有保暖作用，而带状羽毛可能是用于繁殖期展示，甚至还有保护作用。

鸟脚类

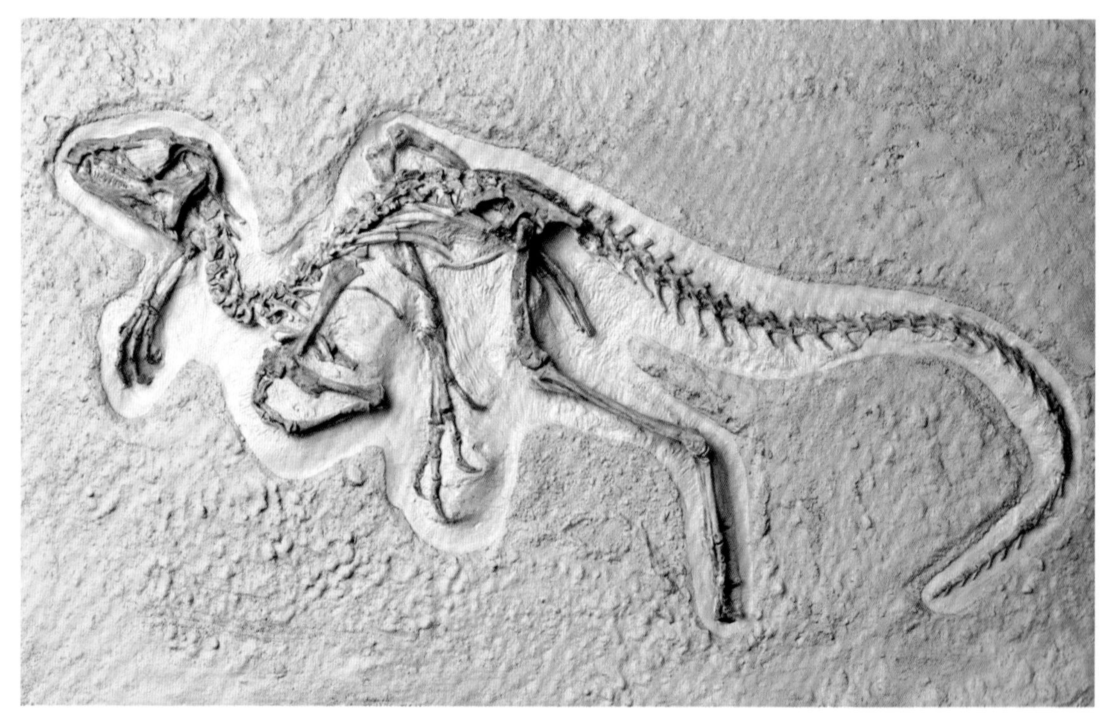

鸟脚类属于角足龙类，其中还包括角龙类，如三角龙（见344页）和肿头龙类，例如剑角龙（见342页）。装甲龙类是角足龙类的姐妹群，其中包括甲龙类和剑龙类（见328页）。角足龙类和装甲龙类都是鸟臀类恐龙，绝大多数鸟臀类成员都属于这两个群体。不过“鸟脚类”这一名称可能对人产生误导，因为兽脚类（肉食恐龙，其名称意为“兽脚”）的脚更类似鸟类，而且鸟类也是从兽脚类中诞生的，和鸟脚类无关。角龙类和鸟脚类都十分繁盛，种类繁多，直到中生代才结束。

一些早期鸟脚类不属于上述两个族群，例如异齿龙（*Heterodontosaurus*，见图1）。它们是身长1米的小型恐龙，生活在南非，名字意为“牙齿不同的蜥蜴”。大多数恐龙的牙齿只是大小不同，肉食者的牙齿都很尖锐，植食者的牙齿都是扁平的咀嚼齿或钉状的钉耙齿。但异齿龙有三种

关键事件

1.65亿年前	1.55亿年前	1.25亿年前	1.25亿年前	9 800万年前	8 400万年前
库林达奔龙（*Kulindadromeus*）是最古老的鸟脚类之一，身体和颈部覆盖着羽毛。	早期的鸟脚类更加成熟，例如英国的卡洛夫龙（*Callovosaurus*），它们只留下了一块残缺的大腿骨。	著名的禽龙在欧洲各地繁盛起来。	英国的曼特尔龙（*Mantellisaurus*，曾被误认为是某种禽龙）是最古老的鸭嘴龙形类成员，这个群体中进化出了鸭嘴龙。	北美西部生活着原赖氏龙（*Eolambia*），它们可能是最古老的鸭嘴龙的近亲。	牙克煞龙（*Jaxartosaurus*）生活在中国和哈萨克斯坦，它们是最古老的鸭嘴龙之一。

类型的牙齿，前部是切牙，用于啃咬植物；后部是宽大结实的咀嚼齿；中间是上下颌各一对獠牙，位于吻部附近，类似肉食哺乳动物的犬齿。这样的变化可能与饮食无关，它们可能是为了展示，以威胁掠食者或在繁殖期攻击对手。异齿龙的牙列更接近哺乳动物，而不是爬行动物，这在恐龙中独树一帜。

最初的鸟脚类是小型的两足奔跑者，如白垩纪早期的棱齿龙（*Hypsilophodon*），怀特岛发现的一具标本长度不足2米。虽然一些小物种一直在延续，但鸟脚类的主流进化趋势是成为大型四足动物，以及具备更精细的咀嚼结构。1.1亿年前的白垩纪中期，北美剑龙达到了8米，尾巴长得出奇。而禽龙（见324页）身长足有12米。1.2亿—1.1亿年前的非洲生活着7米长的豪勇龙（见图2），它们可能具有巨大的背帆，类似生活在同一时代和地区的肉食性棘龙（见300页）。恐龙和其他史前脊椎动物长出背帆的理由尚不明确，而且引起了很多争议。一种观点认为背帆是调节体温、艳丽的展示结构，用于同对手竞争或吸引异性；还有一种解释是，从脊柱上伸出的骨质支撑结构上其实是肉质背峰，用于储存能量。

2014年发现于西伯利亚的化石进一步揭示了恐龙羽毛的细节，也提出了更多问题（见310页），它们就是1.7亿—1.45亿年前侏罗纪晚期的库林达奔龙（得名于它的发现地和身体结构）。库林达奔龙体长约1.5米，是较小的典型鸟脚类，前肢短于后肢，尾巴很长。保存极好的化石表明，库林达奔龙的躯干和颈部上长有羽毛，但面部、下臂、小腿、尾巴上没有羽毛。它们的羽毛有好几种类别：头部和身体上是3厘米长的绒毛状细丝；上臂和大腿上是丝毛，一个毛囊中可以长出多根丝毛；大腿上部是缎带状的2厘米长羽毛。这一发现的意义在于库林达奔龙不仅是鸟脚类中的第一种全身披羽恐龙，在涵盖多种植食者的鸟臀类里也属于首次发现。其他披羽恐龙都是蜥臀类中的兽脚类，例如小小的寐龙（*Mei*）和小盗龙（见314页），以及巨大的羽暴龙和镰刀龙。库林达奔龙表明羽毛可能在鸟脚类和兽脚类中独立进化。也有人认为属于鸟脚类和鸟臀类的库林达奔龙以及属于蜥臀类的兽脚类恐龙都是从共同祖先身上继承了羽毛（或有可能进化出了羽毛），而共同祖先生活在早期恐龙分化出鸟臀类和蜥臀类之前。极端观点认为所有恐龙一开始就具有羽毛，只是程度不同，没有羽毛的种

1 1.97亿年前的异齿龙化石，颌部前方附近有巨大的獠牙，一只前臂移位到了颈部区域，右膝移位到了脊柱上方。

2 白垩纪的豪勇龙是早期的禽龙样恐龙。它们具有强壮的后肢，以两足动物的方式行走。

8 000万年前	7 700万年前	7 300万年前	7 000万年前	6 800万年前	6 600万年前
新泽西生活着鸭嘴龙（*Hadrosaurus*），它们后来成为第一批基于高质量化石而得到命名的北美恐龙，也是第一批重组起化石骨架的恐龙。	慈母龙群居筑巢，还会照顾孵化后的幼龙。	北美最大的鸭嘴龙是墨西哥的巨保罗龙（*Magnapaulia*），它们最长可以达到15米。	山东龙（*Shantungosaurus*）生活在中国，它们是有史以来最长最重的两足动物，臀部高度达到5米，高于大部分长颈鹿。	来自俄罗斯东部的扇冠大天鹅龙（*Olorotitan*），它们的荐椎处具有16块融合的椎骨，比任何恐龙都要多。	虽然大部分鸭嘴龙都生活在北美和亚洲，但欧洲也有分布，例如西班牙的艾瑞龙（*Arenysaurus*）。

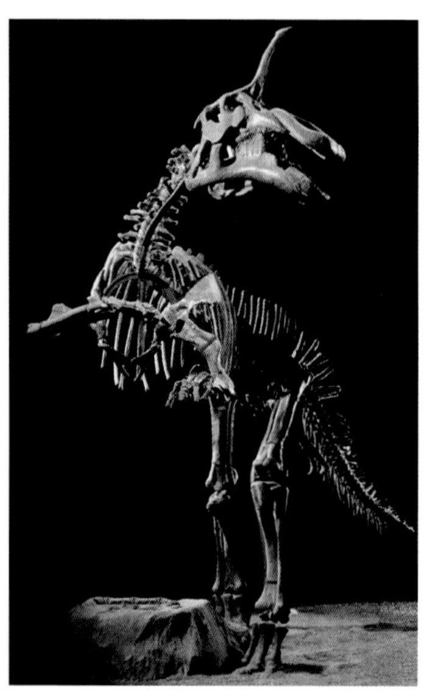

类只是在进化过程中失去了羽毛。化石记录中没有羽毛广泛存在的证据可能是因为羽毛保存困难。然而，随着时间的推移，来自不同群体更多带羽毛的恐龙被发现，专家们也在重新检视以前的标本时发现了羽毛的痕迹。所有恐龙都是有鳞的这一流行观点未来可能会被恐龙是有羽毛、有鳞片的所取代。

晚白垩世的鸭嘴龙让鸟脚类在体形、特化特征和生态优势上达到了顶峰，成为栖息地中数量最大的大型动物。典型的鸭嘴龙体形庞大，一般用四足行动，但也可以只用远大于前肢的后肢行走。鸭嘴龙的脊椎骨向躯干前部弯曲，然后向上拱入颈部。尾部粗壮，由棒状骨质软骨加固。嘴前方有宽大扁平的无牙喙部，非常适合啄食低矮植物，嘴里有复杂的研磨颊齿。鸭嘴龙分为两大类：栉龙类（有时称为鸭嘴龙类）和赖氏龙类。前者头部简单，很难区分。慈母龙（见326页）是其中的典型代表。而赖氏龙类很容易通过特征鲜明的头饰来区分，例如青岛龙（*Tsintaosaurus*）有一根独角兽一样的角（见图3），冠龙（*Corythosaurus*）有头盔状的头饰（见图4），扇冠大天鹅龙的头饰类似小斧头，赖氏龙（*Lambeosaurus*）的头饰向前倾斜（见图6），而副栉龙（*Parasaurolophus*）有巨大的后弯头饰（见图5），比头骨还长。

科学家曾经认为赖氏龙的中空头饰是水下呼吸用的通气管，但头饰顶部没有空气流通的开口，因此假设无法成立。此外，也没有证据表明鸭嘴龙类在水中花费的时间比其他恐龙更多。它们粗大的尾巴可以像鳄鱼尾巴一样在水里左右摆动，为自身提供前进动力，但这种形状的尾巴也可能是其他原因而进化出来的。人们之所以认为鸭嘴龙会在水中生活，可能只是因为它们的喙部和鸭子相似，但在其他方面，它们的解剖结构却很不适合

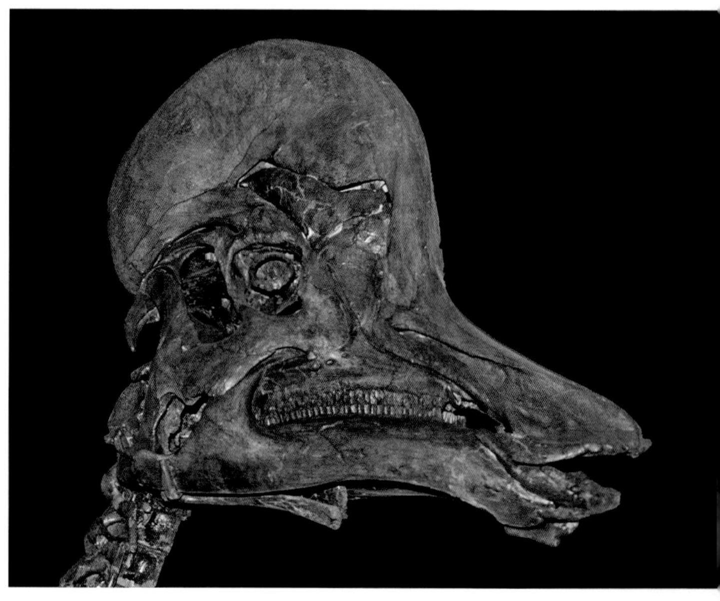

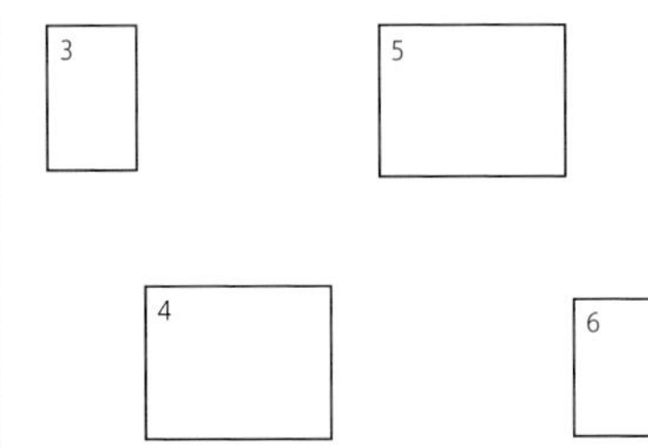

3 中国的青岛龙体长大约10米，具有50厘米长的头饰，类似独角兽的角。这也可能是大型头饰最后方的结构。

4 冠龙具有鸭嘴龙类无齿、扁平、嘴前呈喙状的结构，后面有成串的咀嚼牙齿。

5 像其他鸭嘴龙的头冠一样，副栉龙1.5米长的头冠也是中空结构，但没有让空气流通的开口。

6 具有"小斧头头冠"的鸭嘴龙科赖氏龙的许多标本曾被命名为独立的属和种，但现在被认为是来自少数物种的不同年龄和不同性别。

水中生活方式。相反，巨大的齿列有力地表明它们是以坚硬的陆生植物为食的。部分鸭嘴龙的牙齿超过1 000颗，一列列牙齿形成了盘状研磨面。上颌的研磨面朝向内下方，下颌的研磨面朝向外上方。所以口腔闭合开始咀嚼的时候，下颌被迫进入上颌向上移动，上颌也会略微被撑开。口腔两侧的上下牙列相互磨合，以所有动物中最有效的咀嚼系统将植物打磨成浆液。但鸭嘴龙的饮食细节尚不确定，对其牙齿上微小划痕的研究表明，这些鸟脚类恐龙可能会食用地面上的植物。但部分化石的胃内容物表明它们也会选择更高的灌木和树枝。毫无疑问，鸭嘴龙的觅食习惯存在种间差异，正如现代有蹄类哺乳动物的食物也是多种多样的，从高到低的食物都不拒绝。

鸭嘴龙在1858年得到命名，后来整个族群都以此为名，它们也是第一批依据高质量骨骼化石建立起来的北美恐龙族群[此前也发现过蜥脚类的星牙龙（*Astrodon*），但依据只有几颗不确切的牙齿]。10年之后，费城自然科学院复原了鸭嘴龙的骨架，该骨架成为全球第一具重建起来的恐龙骨架。但鉴于当时还有很多骨骼化石尚未发现，复原充满了天马行空的想象。

动物族群站稳脚跟之后一般都会往越来越大的方向发展。山东龙是最大的鸭嘴龙和有史以来最大的两足动物，生活在晚白垩世的中国。它们体长超过16米，身体沉重，体重可能超过了长颈的蜥脚类梁龙。MT/SP

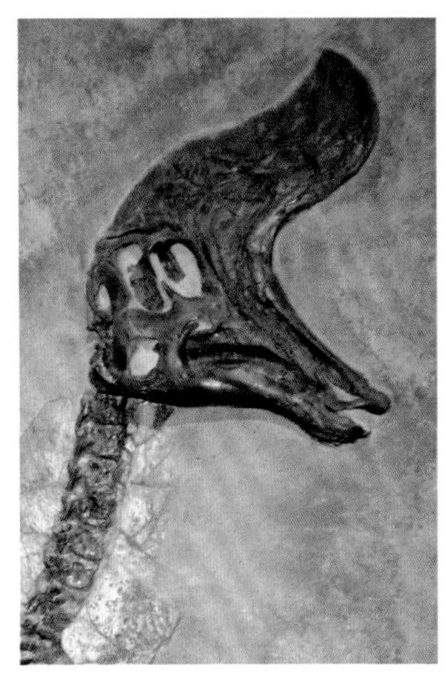

禽龙

早白垩世

种：贝尼萨尔禽龙
（*Iguanodon bernissartensis*）
族群：禽龙类（Iguanodontia）
体长：10米
发现地：比利时，可能还有欧洲的其他化石点

禽龙的历史十分复杂。巨齿龙在1824年由英国地质学家和古生物学家威廉·巴克兰（1784—1856）命名之后，禽龙就在1825年成为第二个获得正式命名的非鸟恐龙。命名者是英国的医生、地质学家吉迪恩·曼特尔（1790—1852）。该命名依据的是零落的遗骸，无法复原出禽龙的外观。曼特尔本以为禽龙只是巨大的、体长18米的有鳞鬣蜥，而在质量更高的化石被发现之后，曼特尔又提出禽龙是大象大小的犀牛状爬行动物。1854年，本杰明·沃特豪斯·霍金斯（1807—1894）根据这个观点为水晶宫公园塑造了真实大小的禽龙雕塑，它们至今仍在展出。雕塑展出将近1/4个世纪之后，能提供有用线索的禽龙化石才重见天日。比利时贝尼萨尔的煤矿发掘出了大约38具几乎完整的骨架，都埋藏在约300米深的岩层中。它们成了一个新的物种——贝尼萨尔禽龙，从此成为禽龙类的代表。涵盖更多种类的禽龙类最终也依托于贝尼萨尔禽龙建立起来，其中就包括鸭嘴龙类。

贝尼萨尔禽龙的骨骼化石证明禽龙体形庞大，长度达到10米，体重足有3吨。它们既可以用后肢站立，也可以四足行走。不过很多博物馆采用的袋鼠姿态其实不太可能出现，因为它们的尾巴太过僵硬，无法弯曲地支撑在地面上。禽龙是生活在1.25亿年前的植食者，同其他鸟脚类恐龙一样，它们也可以高效地咀嚼食物，它们的牙齿和现生食叶鬣蜥十分相似，但与通过下颌前后侧向运动的哺乳动物不同，它们采用了上颌侧向运动方式，即上颌在下颌抬起的时候向两边撑开。MT

图片导航

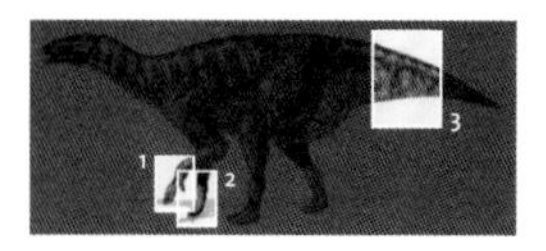

要点

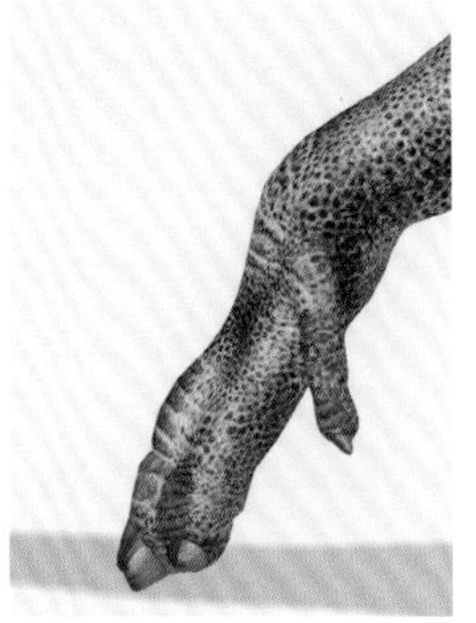

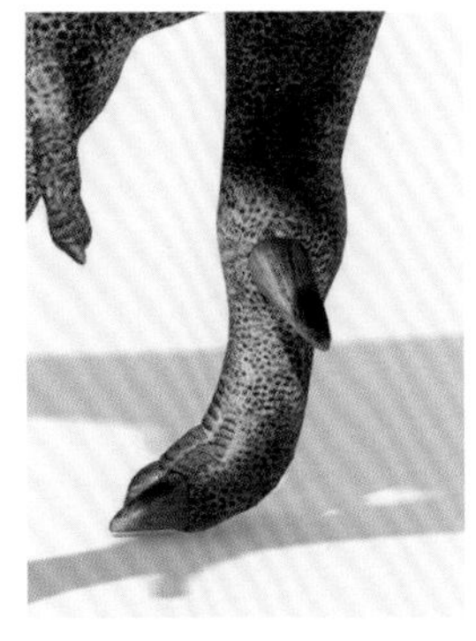

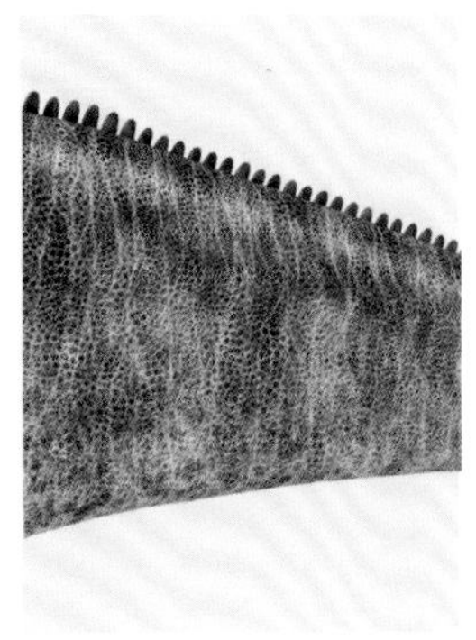

1 第五指
禽龙的第五根手指非常灵活，可以在拇指不动的情况下摆弄食物。这刚好和人类相反，也体现出了同源和同功的概念：人类的拇指和贝尼萨尔禽龙的拇指尖刺同源，但和后者的第五指同功。

2 拇指尖刺
贝尼萨尔禽龙的拇指有特殊的尖刺，可能适用于求偶、种内争斗或防御掠食者。早期的复原图因化石不完整而将它描绘成了鼻角，所以水晶宫公园的模型形似犀牛。

3 尾部
同很多鸭嘴龙一样，禽龙的尾部被许多细的骨杆（骨化肌腱）加强，并与尾巴的轴线成一定角度，形成一个复杂的格状，由此产生的不灵活性使得尾部不能在游泳中发挥作用，可见水生鸭嘴龙这个观点并不现实。

科学家简历

▲人们起初认为林龙是四足动物，但在19世纪80年代，比利时古生物学家路易斯·道罗（1857—1931）用袋鼠的姿态复原了贝尼萨尔禽龙的骨架：身体半直立、头部朝前、前肢垂下、尾部支撑身体。禽龙的现代形象被描绘成在行动中放平身体、头部与躯干成一条直线、尾部在后方用于平衡头部和躯干的样子。

1790—1819年
英国萨塞克斯的吉迪恩·曼特尔是一名医生，也是业余地质学家。他在26岁时和玛丽·伍德豪斯结婚，他同时也是伦敦林奈学会的会员。

1820—1823年
根据流行的说法，玛丽在1822年陪伴丈夫找到了禽龙的牙齿。法国解剖学家居维叶认为这不过是犀牛的遗骸，后来为巨齿龙命名的威廉·巴克兰认为这是鱼类化石，也给了曼特尔沉重打击。不过曼特尔坚持认为它们是新的物种，并在自己1822年出版的著作《南唐斯的化石》中发表了这一观点。

1824—1831年
1824年，英国博物学家塞缪尔·斯塔彻伯里（1798—1859）发现禽龙牙齿和鬣蜥牙齿十分相像。曼特尔提出了*Iguanasaurus*一名，但地质学家和博物学家威廉·科尼比尔（1787—1857）认为名字和现生鬣蜥（iguana）比较相似，于是提议改为*Iguanodon*，曼特尔在1825年采用了这个名字。

1832—1852年
1832年，曼特尔又发现了一组化石，并识别出它们来自爬行动物。他于次年提出了林龙一名（后来发现属于甲龙类）。解剖学家和古生物学家理查德·欧文在1842年创造了恐龙一词，主要依据是三个属，其中两个都是由曼特尔命名的（禽龙和林龙），第三个是巴克兰命名的巨齿龙。

慈母龙

晚白垩世

种：彼氏慈母龙
（*Maiasaura peeblesorum*）
族群：栉龙科（Saurolophinae）
体长：9米
发现地：美国蒙大拿州

慈母龙无论怎么看都是毫不出众的鸭嘴龙类：体形不大不小，没有特殊的骨质头饰，是典型的栉龙类恐龙。但化石记录让它们显得与众不同，在临近白垩纪末期的7 700万年前，它们在美国蒙大拿州西部留下一个超凡出众的化石点——蛋山。这个化石点产出了200多具处于各种成长阶段的彼氏慈母龙化石，这些化石为研究它们的生长情况、社会结构和繁殖方式的演变提供了宝贵线索。最初的发掘点里发现了孵化后停留在龙巢附近的幼年慈母龙：蛋壳被践踏过的痕迹（估计是被孵化出来的幼龙踩坏的），支撑了这一观点。大量聚集在一起的龙巢证明慈母龙会像海鸟一样群聚繁殖。相邻的龙巢距离很近，短于成年龙的长度。每个龙巢里有30～40枚龙蛋，大小与鸵鸟蛋相似，但成年慈母龙的体重大约是鸵鸟的20倍。蛋不能过大，否则胚胎就很难通过蛋壳扩散获得充足的氧气。慈母龙的幼龙大约40厘米长，出生后的第一年就能很快长到1.5米，最终达到9米。慈母龙生活在成员数以千计的大群体中。它们和暴龙生活在同一时代（见302页），而且没有特别的防御手段，所以群体生活方式是重要保护措施，这对幼龙来说尤其重要。如今的有蹄哺乳动物依然会用这种策略抵抗非洲大草原上的大型猫科动物。MT

图片导航

要点

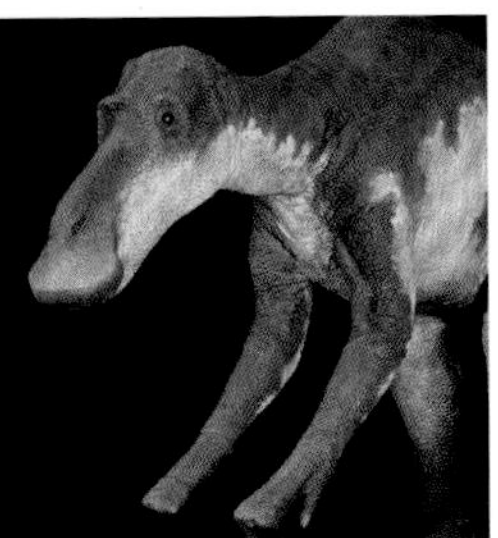

1 细心的照料者

慈母龙之所以被称为“慈母”，是因为最初发现的龙巢里保存着蛋壳和幼龙，而且幼龙体形较大，不可能是刚刚孵化的。这证明孵化之后的幼龙依然生活在龙巢附近，其成长过程中有父母的照料。

2 龙巢

龙巢是简单的土制结构，里面垫有植物，以便用植物腐烂产生的热量孵化龙蛋，因为成年慈母龙体形太大，不能孵蛋。鳄鱼和某些鸟类也有相似的孵化策略，例如类似火鸡的冢雉。

3 幼龙

一个龙巢里生活着7～8只幼龙，这可能是每窝蛋里平均幸存下来的幼龙数量。龙巢可以容纳更多龙蛋，但大量产卵的动物一般都会损失一部分后代。例如蓝冠山雀的后代一般只能存活一半。

慈母龙的亲缘关系

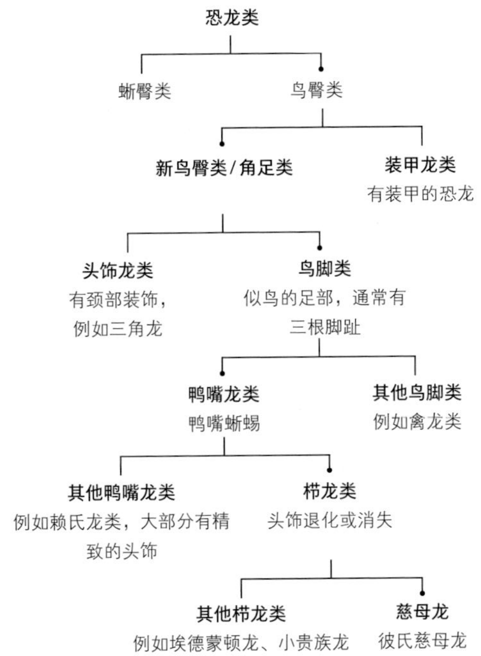

▲慈母龙是标准的鸭嘴龙科栉龙类成员，从化石中已知的鸭嘴龙有20多种，所有生活在中生代末期的鸭嘴龙都是这种情况。

科学家简历

1946—1981

约翰·杰克·霍纳生于美国的蒙大拿州，从小就热衷寻找化石，8岁便找到了人生中的第一具化石。在蒙大拿大学学习地理学和动物学后，霍纳于1973年在普林斯顿大学自然博物馆里谋得了技术员的职位。20世纪70年代中期，他在蒙大拿州发现了慈母龙的龙巢，里面藏有西半球首次发现的龙蛋。

1982年至今

霍纳自1982年开始担任蒙大拿落基山博物馆的古生物学馆长，可以接触到世界上数量最大的暴龙化石收藏（见302页），其中很多都是他本人的发现。他的研究支持暴龙是专性腐食者，而不是掠食者。他的主要研究领域是恐龙进化、生长和行为，包括骨骼和组织的组织学显微结构。霍纳也是《侏罗纪公园》（1993—2015）系列的技术指导，剧中的艾伦·格兰特博士正是以他为原型塑造的。他现在是享誉全球的古生物学家之一。

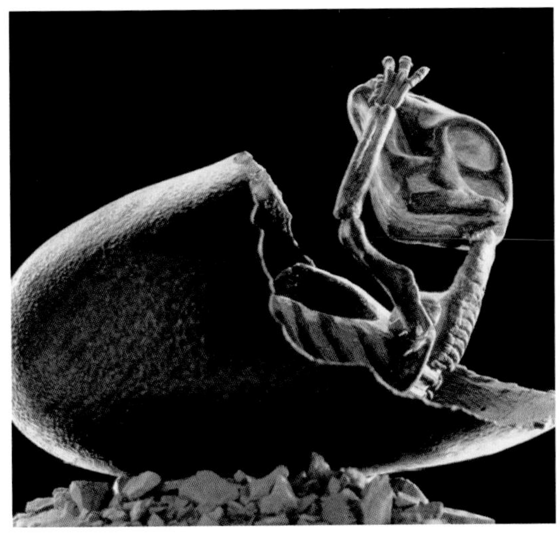

▲幼龙体形不同于成年龙，主要差别在于头骨：幼龙的头骨和眼睛较大，吻部较短。这都是幼年四足动物的常见特征，包括哺乳动物、爬行动物和鸟类。

有装甲的剑龙类

1

2

1 大名鼎鼎的剑龙在北美留下了近100具化石，图中就是一例。最近欧洲也发现了剑龙。

2 锐龙（*Dacentrurus*），生活在侏罗纪晚期的欧洲，体长7.6米。它们的背板成对生长，而不是交错排列。

鸟臀类的第一次大分化催生了装甲类和角足龙类。前者包括剑龙类（屋顶蜥蜴）和甲龙类（见332页）。角足龙类包括角龙类、肿头龙类（见338页）和鸟脚类（见320页）。在两种装甲类中，剑龙是最先广泛分布的，但也最先失去了突出性特征。化石碎片表明，部分剑龙可能存活到了白垩纪末期，但6 600万年前可能只有少量剑龙残存。最著名的早期装甲类是棱背龙（*Scelidosaurus*），它们生活在侏罗纪早期的英国，是4米长的四足植食者，背部和身侧的皮肤里有几排高度特化的骨层。

剑龙类是最知名的恐龙之一。它们的身体结构非常独特，一个由四条腿支撑的似驼峰躯干，前部脊柱向下倾斜，使小而窄的头部靠近地面，尾部较短。 基础（原始）剑龙华阳龙的前肢细长，四肢结构表明它们擅长奔跑。在后来更多的衍生剑龙中，前肢远远短于后肢，但很粗壮，而且可以用力向侧边展开，所以剑龙可以围绕后肢上方的重心旋转。剑龙类在1.45亿年前的侏罗纪晚期达到顶峰，当时的剑龙（见图1）和西龙（*Hesperosaurus*）以及梁龙、圆顶龙、弯龙（*Camptosaurus*）等其他植食

关键事件

1.65亿年前

中国四川省生活着最古老的剑龙类华阳龙。它们留下了12具化石。

1.6亿年前

和很多其他剑龙类一样，沱江龙（*Tuojiangosaurus*）的骨板逐渐从肩部的圆形变为腰带处的尖刺。

1.57亿年前

晚侏罗世之初的中国生活着巨刺龙，它们的肩刺比肩胛骨长一倍。

1.56亿年前

西龙在美国的怀俄明州诞生，并在著名的莫里森组岩石里留下了化石。科学家在2001年根据此处的化石为它们命名。

1.55亿年前

英国生活着锐龙。它是后来第一个从众多零散的遗骸中被发现的剑龙，它们曾被称为“*Omosaurus*”。

1.52亿年前

葡萄牙生活着长颈“似蜥脚类”剑龙米拉加亚龙（*Miragaia*）。它们得名于化石发现地，名字意为“神奇的地球女神”。

性恐龙一起生活在北美的西部，且被包括异特龙和角鼻龙在内的肉食恐龙所追踪。

剑龙类最惹人注目的特征是从祖先身上继承下来的鳞甲，它进化成了沿着颈部、躯干和尾部分布的骨板和骨钉。这两种结构的生长方式具有明显的种间差异。剑龙的颈部、背部和大部分尾部都点缀着骨板，尾尖有4个密集的骨钉。骨板很大，大致呈五边形。锐龙（见图2）的骨板小于剑龙，大致呈圆形，对称排列，不像剑龙左右两侧的骨板那样相互交错。肯氏龙（见330页）浑身长有骨钉，但没有骨板，只有躯干最前面的部分例外，这让它们的战斗力更加强大。很多剑龙类成员的肩部和腰带上都有额外的骨刺。肩刺在巨刺龙（*Gigantspinosaurus*）身上达到顶峰，几乎和躯干一样长。

剑龙类尖刺的功能没有太大争议：它们必然是战斗武器。著名古生物学家查尔斯·吉尔摩（1874—1954）在1914年提出它们是展示结构，但这与尖刺上常见的外部损伤相矛盾，这表明它们确实是防御武器。剑龙健壮的前肢和超强的腰带可以使致命的尾部始终朝向对手，灵活的颈部让剑龙可以回头来观察攻击者的动作。剑龙类骨板的作用争议比较大。人们一开始认为它们也是防御武器，但也有很多其他五花八门的看法，包括物种识别、性展示、威胁性展示、体温调节（体温控制），甚至有人在20世纪20年代提出它们是滑翔机翼。体温调节理论认为，剑龙在取暖时会让骨板面朝向太阳，散热时让骨板边缘正对太阳或停留在荫凉处，可能和异齿龙（见238页）以及棘龙（见300页）的背帆使用方式一样。骨板的骨骼里充满血管，血液可以在骨板中循环加热或冷却。虽然这对有着大骨板的剑龙来说可能很有效，但对肯氏龙等尖刺型剑龙来说并不现实。

现代科学界公认的是，剑龙类的骨板和骨刺——就像现生鳄鱼中小得多的皮内成骨一样，确实对它们有很大的益处。不同的剑龙采用不同的策略来优化骨板和骨刺的用处。包括剑龙在内的最大型成员都不太需要防御功能，但散热功能比较重要，这与它们因此进化出了最高、最宽、从比例上看最薄的骨板是一致的。MT

1.52亿年前

坦桑尼亚生活着尖钉肯氏龙，当地也有蜥脚类的长颈巨龙和叉龙。

1.5亿年前

美洲西部生活着剑龙，它们是剑龙类中最大的成员，体长9米，体重5吨。

1.5亿年前

在有骨板的恐龙中，怪嘴龙（*Gargoyleosaurus*）是最古老、最小型的有尾锤恐龙。它们背部有短刺。

1.25亿年前

当时可能有一种剑龙生活在阿根廷，这是唯一的南美剑龙类。

1.25亿年前

皇家龙（*Regnosaurus*）是生活在西欧林地里的骨板剑龙。

1.13亿年前

乌尔禾龙（*Wuerhosaurus*）生活在早白垩世末期的中国西部，这也是最后一种剑龙。

肯氏龙

晚侏罗世

种：埃塞俄比亚肯氏龙
（*Kentrosaurus aethiopicus*）
科：剑龙科（Stegosauridae）
体长：4.5米
发现地：非洲坦桑尼亚

肯氏龙来自1.55亿—1.5亿年前侏罗纪末期的非洲坦桑尼亚，与更为人所熟知的剑龙不同，肯氏龙的前半身长有尖刺而不是骨板。它们身长4.5米（一多半都是尾巴），只有最大型剑龙的一半长。虽然体重只有1吨，但令人胆寒的武器弥补了身材的不足，不仅背部和尾部都有尖刺，身体上还有一对额外的对称长刺。德国古生物学家沃纳·詹尼斯（1878—1969）于1925年首次重建了肯氏龙的骨架，他将长刺放在了腰带上，让它们朝向外后方。后来发现的其他剑龙标本具有肩刺，因此现在肯氏龙的骨架便将尖刺都移到了肩部。目前尚不清楚尖刺和肩部有何关系，因此先前将其放在腰带的位置可能并没有错。肯氏龙所有样本均来自20世纪初的汤达鸠考察（见图）。虽然没有完整的骨架，但考察队发现了大约50具不完整的标本，共1 200块骨骼，据此可以推测出完整骨架的外观。柏林自然博物馆复原了一具肯氏龙的精美骨架，但很多骨骼化石在第二次世界大战期间被摧毁。肯氏龙（*Kentrosaurus*）和角龙类里尖角龙（*Centrosaurus*）名字十分相似，都意为“尖刺爬行动物”。因此最初描述肯氏龙的德国古生物学家埃德温·亨尼格（1882—1977）认为应该重新命名肯氏龙。但肯氏龙和尖角龙的拼写和发音都不相同，因此最后还是保留了原始名称。MT

图片导航

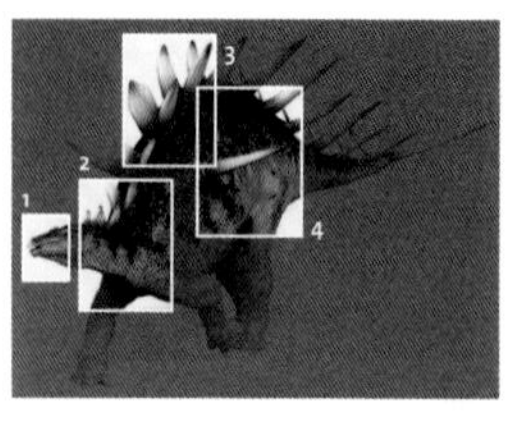

要点

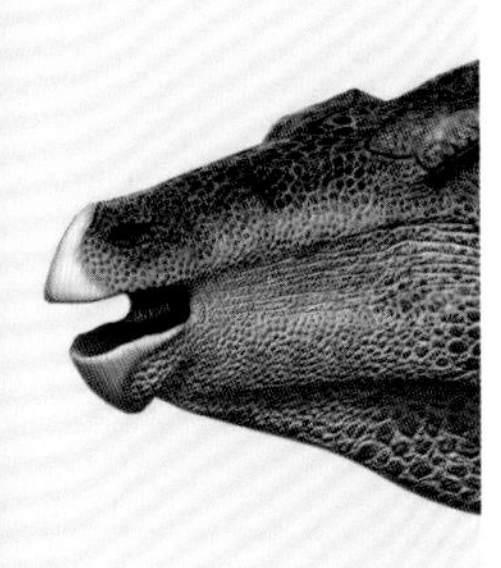

1 牙齿
牙齿小而宽，有垂直的沟和脊突，这是剑龙的典型特征。这些牙齿用于撕下植物，不经咀嚼就囫囵吞下。头骨的尺寸、灵活的脖子和短前肢表明肯氏龙以1.5～2米的中低高度植物为食。

2 颈部
肯氏龙的脖子长度中等，十分灵活。这与早期的短颈剑龙类形象不符。侏罗纪末期的葡萄牙生活着剑龙类的米拉加亚龙，它们的脖子很长，有17块椎骨，比例类似6米长的小型蜥脚类。

3 骨板
肯氏龙的骨板逐渐变为尖刺，腰带部位完全由尖刺覆盖，直到尾尖都没有太大变化。而剑龙具有一系列从颈部、背部分布到尾部大部分区域的骨板，只有尾尖才有尖刺。

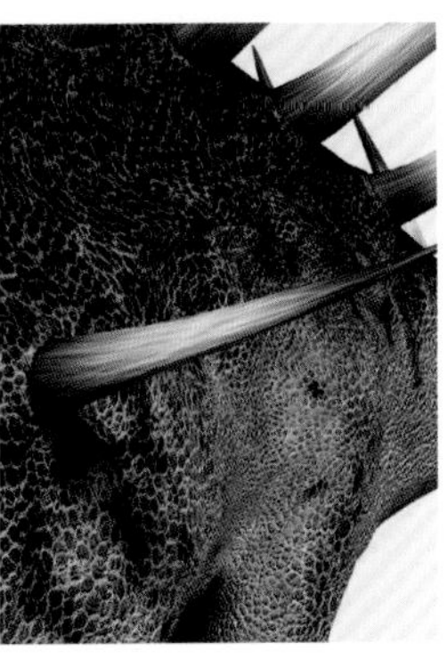

4 尖刺
肯氏龙肩部（或腰带）的尖刺很长，几乎和前肢相等，底部还有宽大的骨板发挥固定作用。不过目前还没有发现尖刺如何与肩部或腰带的骨骼相连接。尖刺的骨质尖端不是非常锐利，但外面的角质覆盖物可能十分锐利。

肯氏龙的亲缘关系

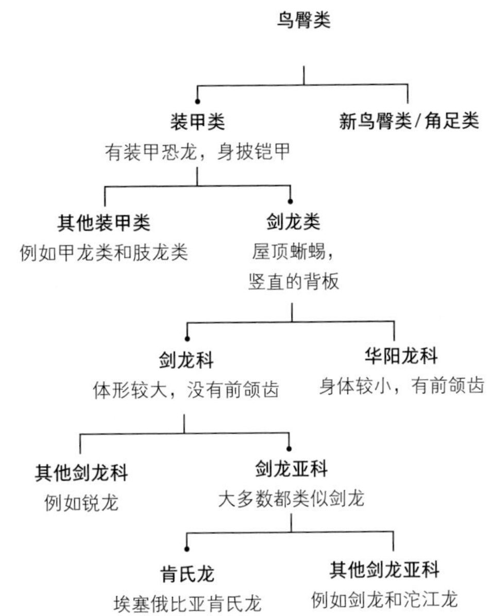

▲研究者本以为肯氏龙和早期的剑龙类相似。不过最近的研究发现它们更多是派生的或高度进化的，因此和剑龙本身的亲缘关系更近。

汤达鸠考察

1909—1912年，沃纳·詹尼斯在坦桑尼亚的汤达鸠（下图）组织了一系列科考活动。他雇用了500名当地人在发掘地工作，由受过训练的当地工头监督。波赫提南方梁龙（*Australodocus bohetii*）就是得名于一位名叫波赫提·宾·阿姆拉尼的工头。这几次科考最大的收获就是恐龙化石。除了肯氏龙，科考队还发现了长尾鸟脚类橡树龙（*Dysalotosaurus*）；两种蜥脚类，长颈巨龙（见272页）和叉龙；以及兽脚类的轻巧龙（*Elaphrosaurus*）等。

甲龙类

甲龙类（僵硬的蜥蜴）堪称恐龙中的坦克。这些巨大的植食动物为了力量和耐力牺牲了速度和敏捷性，是令人敬畏的斗士。除了巨大的身体和短而有力的四肢，它们还身披重甲。甲龙的头部包裹着骨质甲板，颈部也有厚实的骨板，背部皮肤里镶嵌着大量骨板和突起。这类结构是皮内成骨，不直接和其他骨骼相连。“装甲”外覆角质层，即形成鸟类喙部、龟类外壳和多种动物爪子、角和蹄的坚韧角蛋白，也是人类指甲的组成成分。敏迷龙（*Minmi*，见图1）等甲龙类及其表亲剑龙类都属于装甲类。

甲龙类是专性四足动物（四肢着地行走），但前肢短于后肢。它们的脖子也很短，头部离地距离不超过1米，所以只能以低处的植物为食。它们具有三角形小牙齿，可能还和长颈鹿一样

关键事件

1.65亿年前

中国的天池龙（*Tianchisaurus*）可能是最古老的甲龙类。它们生活在1.65亿—1.6亿年前的中侏罗世。

1.63亿年前

英国的窃肉龙（*Sarcolestes*）留下了一块下颌骨，表明它们属于结节龙科。如果确实如此，那么它们就是最古老的结节龙科成员。

1.27亿年前

英国南部的怀特岛上生活着早白垩世的多刺甲龙（*Polacanthus*）。

1.26亿年前

美国犹他州的雪松山组形成大面积的加斯顿龙（*Gastonia*）骨床。它们是多刺甲龙的近亲。

1.16亿年前

澳大利亚的早期甲龙类敏迷龙生活在早白垩世。

1亿年前

怀俄明州生活着身长5米的结节龙（*Nodosaurus*）。甲龙类中的一大分支也是以它们命名的。

拥有可以盘卷的长舌头，甲龙类的舌骨就是佐证——这是喉咙内固定舌部的骨骼，甲龙类通常拥有很大的舌骨。甲龙的躯干从比例上看十分宽大，可以容纳肠道的扩展，这表明甲龙需要长时间留存食物，以最大限度地摄取营养。可见甲龙和大象一样什么都吃，无论是坚韧的树根、柔软的树芽还是多汁的茎都会吞下肚子。甲龙类中最大的成员甲龙（*Ankylosaurus*）体长8米，体重可能达到5吨，生活在6 600万年前白垩纪末期的北美西部。甲龙并不是化石质量最令人满意的甲龙类，因为在甲龙被发现之后又出现了更多保存更完好的其他甲龙类成员。不过甲龙在1908年被描述和命名时，当时的恐龙研究尚处早期，于是整个族群都以它们为名。同庞大的身体相比，甲龙的脑子算不上发达，从比例上来看奇小无比，只有巨型蜥脚类恐龙落于其后。

甲龙类有两大分支：甲龙科和结节龙科。后者得名于结节龙，这也是北美的甲龙类代表，距今有1亿年历史。结节龙科中英国的林龙（见图2）是最早被发现的非鸟恐龙之一，并和巨齿龙以及禽龙一起成为生物学家理查德·欧文在1842年创造恐龙一词的依据（见324页）。而古蜴甲龙是最早得到命名的美国恐龙之一，但依据只有牙齿残骸，因此本名已经废弃。甲龙科类和结节龙科类的盔甲各不相同。前者最明显的特征是尾锤，这种结构在恐龙中可以说是独一无二的（见图3）。蜀龙等部分中国蜥脚类恐龙尾尖处具有小尾锤，马门溪龙可能也有此结构，但和甲龙类20千克重的尾锤相比微不足道。甲龙类尾锤的核心是大约10块融合的尾椎，不过两侧和尾尖的皮内成骨进一步加大了尾锤的重量，使之成为强大的武器。尾锤形状存在种间差异，似乎也会随年龄而变化，它们可能呈圆形或钝而尖的细长形。甲龙类的尾巴形成了非常适合挥动尾锤的结构，椎骨的垂直运动能力有限，但可以横扫100度左右。尾巴根部灵活，后部有硬化的肌腱（细骨棒）强化。这些特征使尾锤可以在略微高出地面的位置摆动，击打攻击者比较脆弱的跖骨（脚和脚趾骨），而不是更结实的腿骨。它们要面对的攻击者包括暴龙（见302页）等兽脚类恐龙。

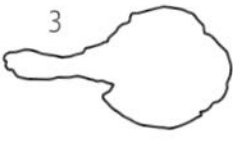

1 敏迷龙是早期的甲龙，身长2米，生活在澳大利亚昆士兰。胃肠道内容物包括叶片、种子和蕨类植物。

2 本杰明·沃特豪斯·霍金斯在1862年绘制了林龙，他采用了类似蜥蜴的蹲姿，现在已改成直立姿态。

3 甲龙的尾锤包括融合的骨骼和皮内成骨的骨板，由数块交锁在一起的尾椎支撑。

9 000万年前

身长6米的篮尾龙（*Talarurus*）是中亚最先发现的甲龙科动物。

8 400万年前

南极生活着南极甲龙（*Antarctopelta*）。它们是南极发现的第一种非鸟恐龙。

7 200万年前

蒙古的纳摩盖吐盆地生活着甲龙科的多智龙（*Tarchia*）。它们留下了多具高质量标本，包括两颗完整的头骨。

7 200万年前

北美生活着结节龙科的埃德蒙顿甲龙，它们的身体两侧有巨大的尖刺。

6 600万年前

已知最小的甲龙类成员厚甲龙（*Struthiosaurus*）在欧洲活动。它们可能不足2米长。

6 600万年前

白垩纪末期的北美生活着甲龙，它们是甲龙类末裔，也是其中最大的成员。

5

6

4

4 埃德蒙顿甲龙是典型的重甲大型甲龙，身长接近7米，体重足有2.7吨。它们得名于加拿大的埃德蒙顿群。

5 结节龙的命名者、美国的化石猎人奥斯尼尔·查尔斯·马什。

6 爱德华·德林克·柯普命名了1 000多种化石，不过其中一些没有得到认可。

甲龙科成员的颈部护甲由两条骨带组成，包裹着颈部的上半部分，而顶部是皮内成骨。结节龙科成员的颈部护甲与此不同，它们没有单独的骨带，只有更加宽大而且相互融合的皮内成骨。结节龙科也没有表亲的尾锤，并代之以躯干上结实、锋利、朝向侧边的尖刺。加拿大埃德蒙顿甲龙的尖刺特别发达（见图4），它们肩部的杀伤性尖刺可以给掠食者造成严重的伤害。

甲龙类中的第三个科有时候也有提及，即多刺甲龙科。它们的铠甲轻于其他甲龙，除了防御外还有展示作用。甲龙类非常成功，最终扩散到了全世界。部分最早的成员生活在1.65亿—1.6亿年前中侏罗世，栖息地为中国。中国著名古生物学家董枝明（1937—）在1993年命名了天池龙。它的种名是明星天池龙（*T. nedegoapeferima*），这个响当当的名字出自大导演史蒂文·斯皮尔伯格之手，包含了《侏罗纪公园》每一位主演的姓：Sam Neill（山姆·尼尔）的“ne”，Laura Dern（劳拉·邓恩）的“de”，Jeff Goldblum（杰夫·高布伦）的“go”、Richard Attenborough（理查德·阿滕伯勒）的“a”，以及Bob Peck（鲍勃·佩克）的“pe”。

进入白垩纪之后，甲龙类迁徙到了新的栖息地，此时除非洲外的所有大陆上都留下了它们的化石，就连南极也生活着南极甲龙。这是1986年在极南之地发现的第一种非鸟类恐龙化石，但直到2006年才正式命名。南极甲龙生活在大约8 400万年前，身材并不高大，长约4米，可以算是甲龙类和结节龙类的中间物种，不过通常被归入后者。从8 000万年前开

始，甲龙类一直在持续进化壮大，延续到6 600万年白垩纪末期的大灭绝杀死了所有非鸟恐龙。

结节龙是北美发现的第一种结节龙科成员，并在1889年由著名的化石猎人奥斯尼尔·查尔斯·马什（见图5）命名。当时正值北美的“恐龙热”，化石猎人们在竞争描述和命名属种最多的头衔。其中的两个杰出人物是马什和柯普（见图6），后者发表了1 400多篇论文，依然保持着发表最多科学论文的纪录。他们之间的竞争便是传奇的“骨头大战”。这两位化石猎人的背景大相径庭。马什本人的家庭并不富裕，但叔叔乔治·皮博迪富甲一方。他不仅为马什支付了学费，后来还为耶鲁大学出资建设皮博迪自然博物馆，条件是要让马什担任馆长。虽然柯普的家庭十分富裕，但他没有得到有钱人的赞助，后来也因此颇为嫉恨马什。

马什和柯普起初关系很好，甚至会用对方的名字来命名新物种。但他们最终在野心和狂妄的支配下成了死敌。柯普带马什参观产出鸭嘴龙（北美第一种得到命名的非鸟恐龙）的泥灰岩坑之后，二人的关系就开始恶化。马什偷偷贿赂了挖掘工，让他们瞒着柯普把日后所有发现的化石都寄给自己。1869年，柯普阐述并描绘了长颈蛇颈龙中的薄板龙（见286页），但是误将头骨放到了尾尖，马什趁机大肆宣扬了这个令人尴尬的错误。不久之后，马什和柯普都急于派团队在美国西部挖掘恐龙和其他生物的化石，两个团队之间的关系越发恶劣。暗地里打探最佳挖掘地点稀松平常，两人还经常挖走对方团队里最优秀的工人。马什和柯普的团队有时甚至会拳脚相加，而且都会摧毁自己没法发掘的高价值化石，以免落入对方手中。

这场冲突不仅有损职业形象，让他们失去了同行的尊重，还严重影响了科学研究，因为两人都急于命名比竞争对手更多的恐龙和脊椎动物，工作粗制滥造，标本的描述和绘制并不充分。他们为很多同一属或种创造了大量同种异名。例如研究者一直认为马什的鲁钝龙（*Morosaurus*）就是柯普描述的某种圆顶龙。尽管如此，其他研究者还是为了纪念他们而以他们的名字给恐龙命名。1990年发现的德林克龙（*Drinker*）是一种小型植食性两足恐龙，和棱齿龙有亲缘关系。奥斯尼尔龙在2007年正式重命名为奥斯尼尔洛龙（*Othnielosaurus*），这种恐龙和德林克龙十分相似。MT/SP

包头龙

晚白垩世

种：包头龙
（*Euoplocephalus tutus*）
科：甲龙科
（Anklyosauridae）
体长：6米
发现地：北美

作为最具代表性的甲龙之一，包头龙留下了十几具化石，包括近乎完整的骨架。包头龙体长6米，身高和身体宽度均为2米，体重大约2吨，同大型河马相当。宽大稳定的躯干，披挂重甲的头部、颈部和背部，以及沉重的尾锤都让包头龙变得十分强大。它们的上臂骨（肱骨）具有巨大的肌肉附着区域，有人认为这种沉重的铠甲恐龙可以像河马一样飞奔。就这种敦实宽阔的骨骼形态而言似乎不太可能，但河马更加矮壮，而且有大量软组织，却能以每小时30千米的速度奔跑——这个速度只有特别擅长奔跑的人才能达到。

包头龙生活在晚坎帕阶的北美，这个时期距今有7 500万年，是白垩纪的倒数第二个阶段。暴龙类中的蛇发女怪龙（*Gorgosaurus*）也生活在这个时期。第一具标本由加拿大古生物学家劳伦斯·赖博（1849—1934）在加拿大恐龙省立公园中发现，并于1910年命名，不过美国也发现过标本。但是目前还没有发现多具包头龙骨架保存在一起的情况，可见虽然身边有倍甲龙（*Dyoplosaurus*）和无齿甲龙（*Anodontosaurus*）等很多其他甲龙类，但包头龙过着独居生活。其他甲龙类可能更喜欢群居，正如老虎是独居动物，但它们的近亲狮子却成群生活。曾经有人认为所有的甲龙都属于包头龙，就连亚洲的多智龙也不例外。MT

图片导航

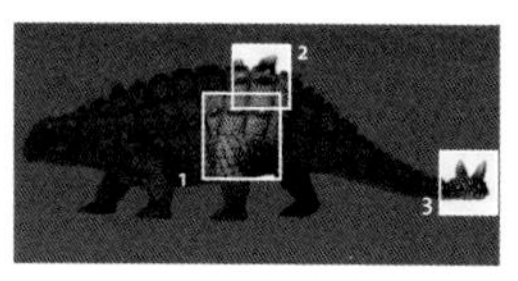

要点

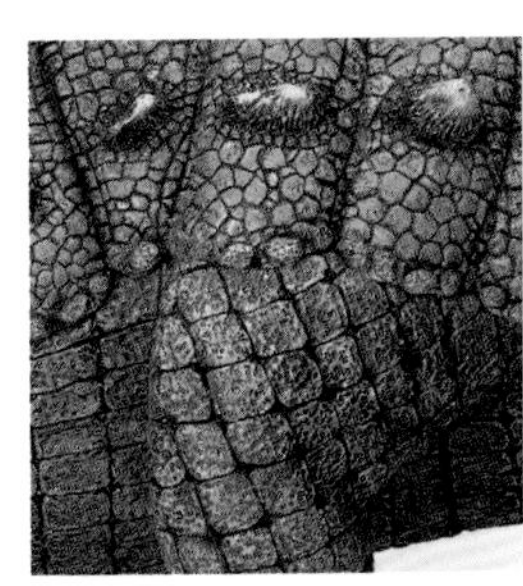

1 躯干
甲龙类的躯干比例是独有的：非常宽大，宽度和高度相同。宽大的荐椎和腰带有助于支撑躯干。肢体并没有像早期复原形象一样向外侧展开。

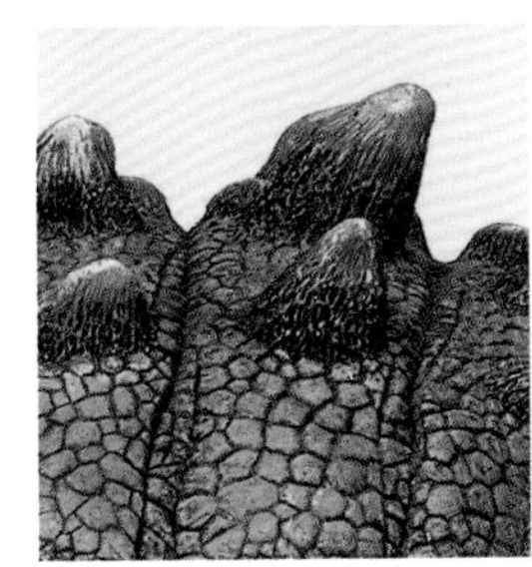

2 铠甲
骨质铠甲在背部排列成一线。每块甲板都是皮内成骨，呈椭圆形，长轴和身体平行，具有明显的中线棘突。颈部周围的铠甲特别严密，骨板在颈部上方形成了有保护作用的半环形。

3 尾锤
融合的尾椎和皮内成骨构成了骨质尾锤，这是包头龙的一大特征。尾部后半部分由骨化的肌腱强化，而前半部分没有这种结构，以便灵活地挥动尾锤打碎敌人的骨头。

扭曲的鼻腔

2008年，对包头龙头骨的CT扫描（右图）得到了出人意料的发现：从鼻孔到气管的气道十分扭曲，多出了一倍的长度，总长度是头骨的两倍。呼吸道也很宽大，总体积是大脑的10倍。其他甲龙类也有类似的气道反折，例如结节龙科的胄甲龙（*Panoplosaurus*），但没有这么极端。包头龙的气道距离穿过头骨的血管非常近，所以可能充当着血液的冷却系统。此外，声音在通过气道时也会变得更响亮更深沉，类似长号中的空气。也许这种巨大而复杂的鼻腔通道的主要作用是发出一种独特的叫声，以便让远方的同类认出自己。

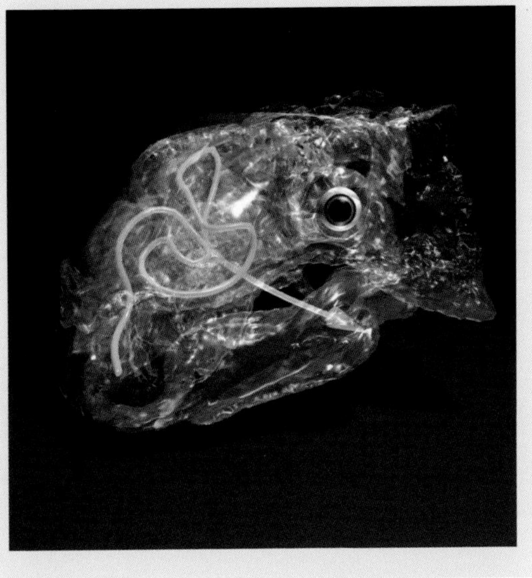

角龙类和肿头龙类

角龙类和肿头龙类属于头饰龙类，其中包括戟龙（*Styracosaurus*，见图1）和著名的三角龙（*Triceratops*，见344页）。头饰龙类是禽龙（见324页）等鸟脚类的姐妹类群，以头后的颈盾而著称。

角龙类分布广泛，十分成功，目前已经发现了70多个属，其中很多都留下了大量标本。角龙类起初是小型两足植食者，类似于它们的肿头龙表亲，它们的主要鉴别特征在于越来越大的实心头骨。鹦鹉嘴龙（*Psittacosaurus*，见340页）在进化早期就明显出现了这个特征。后来的新角龙成为更大、更沉重的四足动物。早期新角龙的代表是原角龙（*Protoceratops*，见图2），这是绵羊般大小的蒙古恐龙，化石形成于8 000万—7 000万年前。生活在同一时期和同一地区的安德萨角龙（*Udanoceratops*）和奶牛一样大，而且具有特别大的下颌。特征最明显的角龙类当数角龙科，这类四足恐龙身体沉重，大小如同犀牛或者大象，具有巨大的

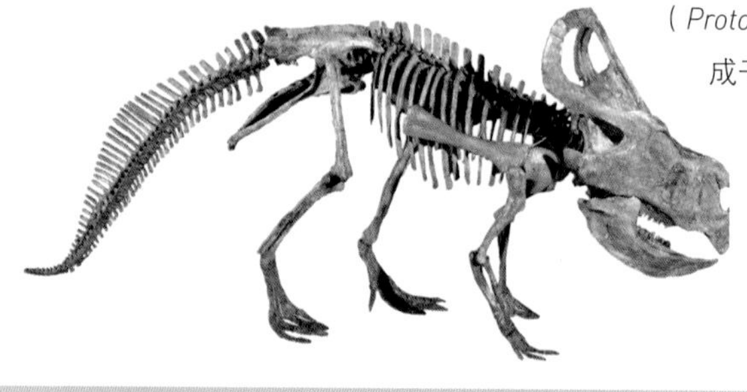

关键事件

1.6亿年前	1.13亿年前	9 000万年前	9 000万年前	8 900万年前	7 700万年前
中国新疆的隐龙（*Yinlong*）是最古老的角龙类，也是第一种头饰龙类。	古角龙（*Archaeoceratops*）是最古老的新角龙类，身长只有1米，生活在中国中北部。	阿米特头龙（*Amtocephale*）生活在远古的蒙古。它们可能是最古老的肿头龙类。	晚白垩世早期的乌兹别克斯坦生活着图兰角龙（*Turanoceratops*）。它们可能是最古老的角龙类或其近亲。	北美生活着祖尼角龙（*Zuniceratops*），这是当地最古老的角龙类，形似小型三角龙，体长3.5米，体重150千克。	大量戟龙留下化石，包括角、颈盾和下颌，后来在加拿大阿尔伯塔省的第42号骨床被发现。

骨质颈盾，头部还长有尖角、尖刺和其他头饰。角龙的头骨在陆生动物里独占鳌头，某些种的头骨连颈盾一起计算足有3米长。角龙科中包括尖角龙类和开角龙类。尖角龙类的面部和颈盾更短，口鼻更高，具有鼻角和颈盾装饰。它们的化石通常来自大量遗骸形成的骨床，可见生前过着群居生活。尖角龙类进化出了多种形态：戟龙具有7根角（1根是鼻角，6根位于颈盾边缘）；野牛龙（*Einiosaurus*）有1根朝向前下方的鼻角；厚鼻龙（*Pachyrhinosaurus*）没有角，只有厚重的鼻垫。

开角龙类的头骨和颈盾更长，而且具有眉角。三角龙拥有长而锋利的喙部，小鼻角和长长的眉角，是典型的开角龙类角龙，与它的亲戚们不同的是三角龙具有实心颈盾。牛角龙和其他开角龙类的颈盾上都有两个大洞。这个特征在开角龙类身上最为明显，它们的颈盾看起来只是由中心细骨棒、两侧骨棒和不规则边缘组成的框架。孔洞可能覆盖有皮肤。颈盾和角的作用存在争议。三角龙厚实的骨质颈盾可能是坚实的铠甲，保护着重要的颈部。但开角龙脆弱的颈盾并没有这种作用，部分角龙类的颈盾是展示结构，可能色彩艳丽。同样，也有人认为它们的角是和暴龙战斗的武器，但更常用于种内战斗。

角龙类的姐妹群肿头龙类在9 000万—6 600万年前的晚白垩世留下了高质量标本。肿头龙类化石的数量不多，目前发现的属不到20个。部分标本的头部扁平，而且可能并不是单独的种，而是肿头龙类的雌性或幼龙，例如肿头龙（见图3）和剑角龙（见342页）。如果的确如此，那么现有的属还会进一步减少。肿头龙是中小型植食性两足（用两条腿走路）恐龙，大多都有高高的圆顶头骨，由20厘米厚的骨骼加固，所以它们的绰号也被称为“骨骼头”“圆顶头”“头盔头”。它们可能会相互顶头争斗，而松质骨可以高效地吸收冲击力。也有人认为圆顶是用于展示，但显微结构表明并非如此。肿头龙的身体从比例上看比所有两足恐龙都更宽大，腰带骨骼朝外，因此肠道可以延伸到腰带之后，而其他恐龙的肠道完全位于腹部。宽大的躯干有利于更彻底地消化植物，也能在肿头龙互相用头顶撞身体侧面时保护内脏。MT

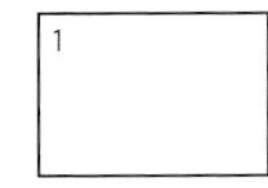

1 戟龙是一种大型的角龙，体长几乎有6米。

2 原角龙具有无齿的喙部，鼻部凸起，后者可能支撑着小角。

3 肿头龙的头骨可以达到20厘米厚，后部有圆锥状尖刺，牙齿很小。

7 600万年前

加拿大的阿尔伯塔省生活着尖角龙。希尔达大骨床留下了数千具尖角龙化石。

7 400万年前

北美生活着开角龙类的五角龙（*Pentaceratops*），它们的头骨长2.75米，是所有陆地动物中最长的。

7 300万年前

虽然蒙古原角龙的名字似乎表明它们是原始恐龙，但它们出现的时代晚于很多其他角龙类。

6 800万年前

始三角龙（*Eotriceratops*）可能是最大的角龙类，它们体长9米，体重12吨。

6 600万年前

肿头龙是最大的肿头龙类成员，体长4.5米，体重约1.5吨。

6 600万年前

三角龙是最后的开角龙之一，它们在北美生存到了白垩纪末期的大灭绝。

鹦鹉嘴龙

白垩纪早中期

种：蒙古鹦鹉嘴龙
（*Psittacosaurus mongoliensis*）
科：鹦鹉嘴龙科
（Psittacosauridae）
体长：2米
发现地：中国和蒙古

鹦鹉嘴龙是三角龙等大型角龙类早期进化历程的典型代表。它们是小型的如同狗一般大小的两足动物，具有强大的有喙头骨，与类似大小的鸟脚类植食动物相比头骨较大，但从比例上看要比其他角龙类小得多。所有鹦鹉嘴龙都生活在亚洲，主要是在中国和蒙古。体形最大的蒙古鹦鹉嘴龙体长2米，重25千克。大多数恐龙属里都只有一个有效种，例如君王暴龙（见302页），但鹦鹉嘴龙有大约10个有效种，生活年代跨越1.23亿—1亿年前的白垩纪中期。也许未来的研究发现会将部分种进行合并（同种异名），或是需要归入其他属，最终减少这个属的种数。鹦鹉嘴龙是我们最了解的恐龙之一，因为有大量的化石标本可供研究，目前已经发现了400多具化石，其中很多都是完整的。大量标本可以让科学家比较鹦鹉嘴龙不同年龄的个体，深入了解它们身体形态在不同阶段的变化情况。例如，幼龙的前肢相对于后肢要比成熟的成体长很多，这可能表明幼龙是四足动物，但在成长中变成了两足动物。

有好几处化石点都有大量鹦鹉嘴龙被保存在一起的情况。最著名的一个化石点位于中国东北的辽宁省，那里产出了34具鹦鹉嘴龙幼崽化石。另一个群体化石点产出了6具两个年龄段的化石。这些都是鹦鹉嘴龙离巢之后保持群体生活的证据。它们也是唯一直接留下被哺乳动物捕食证据的恐龙。一具爬兽（中生代最大的哺乳动物，见426页）标本的胃部保留着幼年鹦鹉嘴龙的部分骨架。MT

图片导航

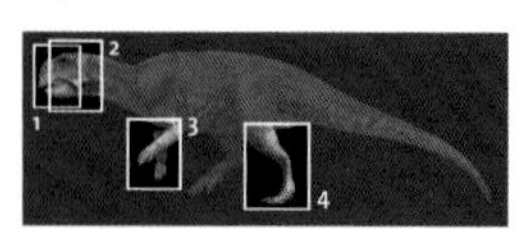

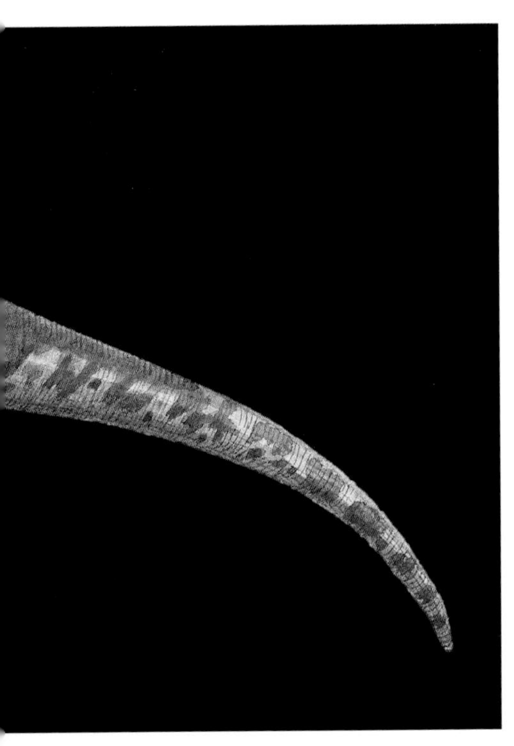

要点

1 喙部和脸颊

嘴部无齿的前端或喙可能具有角质外壳。鹦鹉嘴龙正是得名于这个形似鹦鹉嘴的结构，意思是“鹦鹉蜥蜴”。它们会用脸颊部的牙齿撕下植物并咀嚼。下颌尖端有一块额外的骨头，即前齿骨——所有鸟臀类恐龙都具有的特征。

2 头部

蒙古鹦鹉嘴龙头部的俯视图呈三角形，喙部前端较窄，脸颊大幅变宽。每块颧骨都有一块点状“角”从脸的两侧向外凸出。头骨高而结实，可以像现代鹦鹉一样有力地咬开种子。

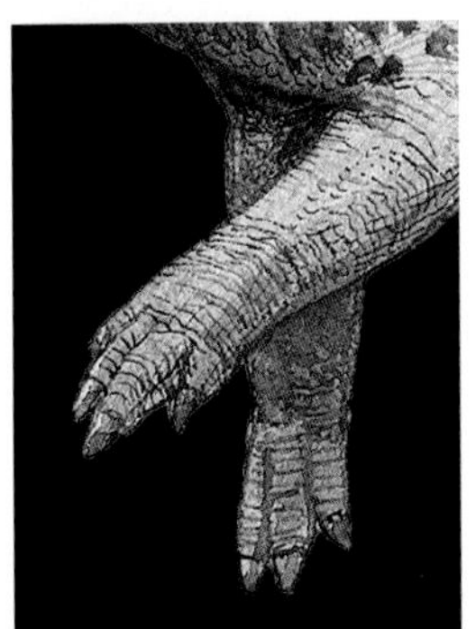

3 前肢

成年蒙古鹦鹉嘴龙的前臂和腕部无法转向下方，让手掌或指节接触地面，用四足动物的方式行走。而且前肢太短，无法伸到嘴边。前肢的功能可能包括搬运物体、与敌人打斗。

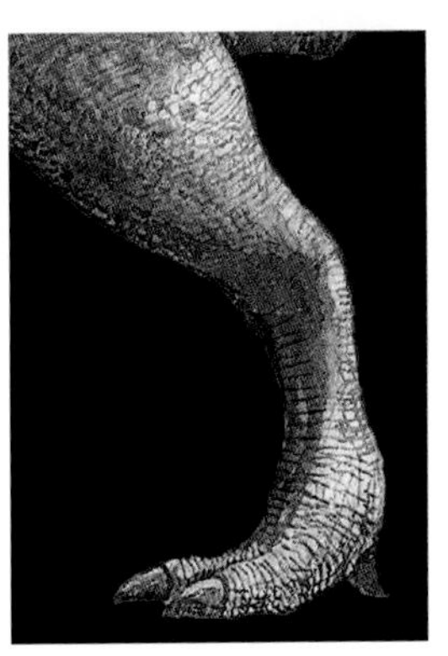

4 后肢

幼龙的前肢从比例上看长于后肢，但随着它们长至成年——6—10岁——后肢会远长于前肢，让它们成为两足动物。已发现的大量化石可供专家们深入研究蒙古鹦鹉嘴龙在生长中的大小、体形，以及身体比例变化。

披羽鹦鹉嘴龙

研究者在2002年描述了一具保存十分完好的鹦鹉嘴龙标本。令人震惊的是其尾部有一片长长的鬃毛。鬃毛牢固生长在肌肉之中，似乎是中空结构（下图）。鬃毛可能和上臂等长，这赋予了鹦鹉嘴龙形似豪猪的特殊外观。其他标本中都没有发现过鬃毛，因此尚不明确分布情况。它们极有可能只是一个种的特征，也可能是雄性的象征。但其他角龙也有可能具有相似的结构。

剑角龙

晚白垩世

要点

1 牙齿

直立剑角龙口腔前部的牙齿略微弯曲且带有锯齿，形似兽脚类恐龙的颊齿，因此一直被误以为是手盗龙中伤齿龙的化石。因为这些牙齿似乎表明它们会捕猎动物。

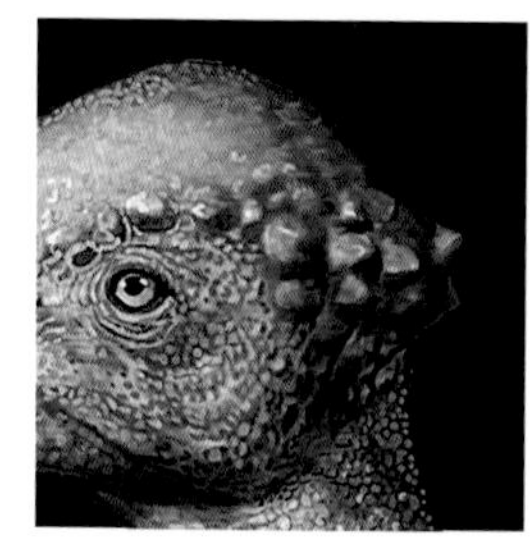

2 头骨纤维

头骨圆顶的外表面具有特殊质地，有一束束微小的夏贝氏纤维遍布骨骼。这表明头骨外部有大量软组织——厚厚的皮肤或角。

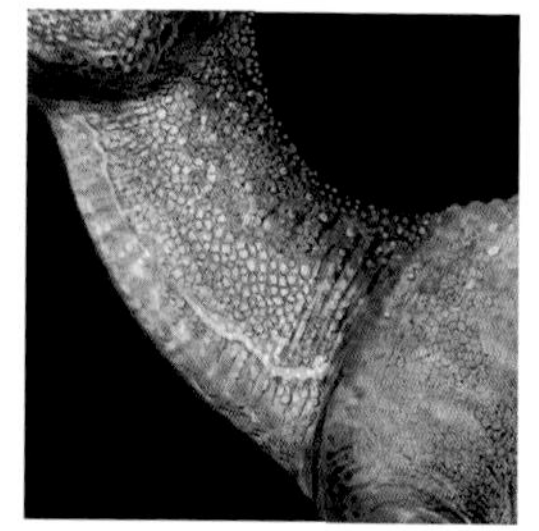

3 颈部

颈椎有自然弯曲，可以弯成“U”或“S”形。它们的颈部可能很难挺直，因此低垂的头部会和颈部以及身体成直线，类似要发起撞击的公羊，这个姿态可能有利于正面冲击。

4 足部

有证据表明，直立剑角龙的脚趾和爪子都很长，这是潮湿低地或林地动物进化的典型特征。人们最初认为直立剑角龙及其近亲生活在高地，那它们就需要小脚来攀爬布满岩石的干燥土地。

图片导航

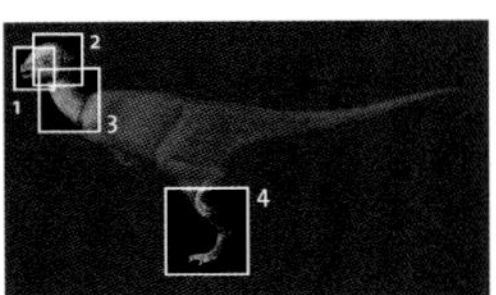

种：直立剑角龙（*Stegoceras validum*）
族群：肿头龙科（Pachycephalosauridae）
体长：2米
发现地：北美

北美洲的剑角龙是最著名的肿头龙类之一，它们生活在约7 500万年前，身长2米，是典型的肿头龙。大部分肿头龙类都小于其他恐龙，而且都具有适合采食叶片、从掠食者面前逃走和在茂密树林里觅食的泛化体形。鸟脚类恐龙将这种生活方式保持了1亿年。不过它们的头骨、腰带和尾部结构非常不典型。

剑角龙的化石头骨圆顶的大小、形状和厚度各不相同。有人认为这是性别二态性的表现，即雄性的圆顶更明显，头骨更厚。如果的确如此，那么圆顶颅骨就是用于性展示或战斗的。这可能也是性选择压力催生了圆顶头骨的证据，即头骨的大小和形状是为寻求配偶服务的，而不是觅食等其他功能。剑角龙头骨的几个特征可能都是为了视觉展示而出现的。例如，后脑有一个突出的骨架，上表面覆盖有锥形突起。骨架上有连续的弯曲棘突延伸到鼻孔，可能支撑着软组织。头骨形状的差异也有可能代表了不同物种，为此一些专家给它们命名为汉苏斯龙和结头龙，而其他人认为它们依然是剑角龙下的种。专家们对肿头龙类的一些生物学特征还有争议，例如随成长而出现的变化。圆顶的肿头龙可能是成体，而扁头标本可能是幼龙。不同年龄的剑角龙化石证明它们的头顶一开始呈扁平状态，但随着年龄的增长而鼓起。DN

撞头

剑角龙（右图）等肿头龙类的厚头骨有时呈圆形，于是有人认为它们会用头互相顶撞推搡。根据现代绵羊和山羊的行为，撞头可能是为了争夺配偶。但自20世纪90年代以来，这个想法就一直受到质疑。首先，以“保龄球”为例，圆顶形的头骨不是很好的撞头武器，除非两颗脑袋完全对准，否则一定会滑开。其次，肿头龙头骨的显微解剖学结构不支持它们可以用力撞击但不受重伤的观点。圆顶也许只用于视觉展示。不过很多化石头顶都有凹痕和其他伤痕证据。它们也许会用头撞击其他动物或物体的侧面，例如树干，以显示自己的实力。

三角龙

晚白垩世

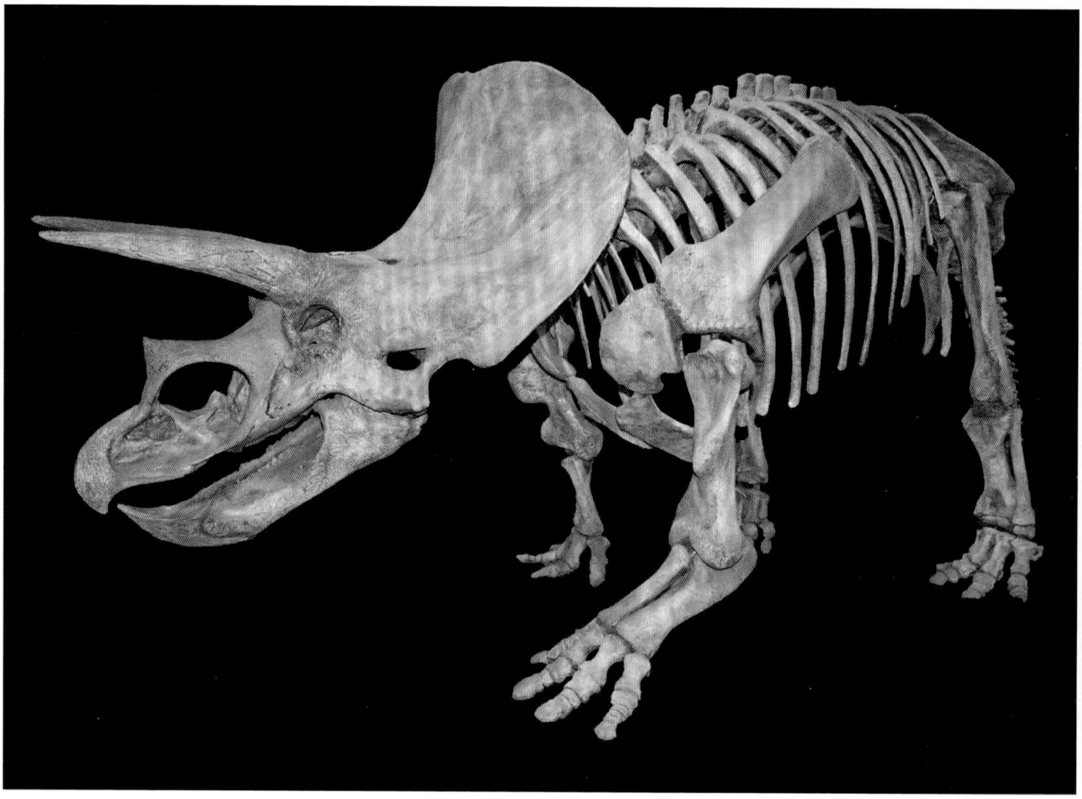

种：恐怖三角龙
（*Triceratops horridus*）
族群：开角龙科
（Chasmosaurinae）
体长：9米
发现地：北美

最著名的角龙类当数三角龙。三角龙属中可能有两个种：恐怖三角龙（*T. horridus*）和优美三角龙（*T. prorsus*）。6 600万年前的白垩纪末期，它们在北美的地狱溪组留下了大量化石。在千禧年到来之际，研究者发现了大约50颗头骨。三角龙形似犀牛，但脑袋更大，尾巴更粗壮，还有让它们得到“三角脸”之名的武器。它们是最大的角龙类成员，身体全长超过8米，最长可能会达到9米，体重为6 ~ 10吨。

三角龙是最具代表性的恐龙之一，仅次于暴龙。强壮的身体和令人生畏的武器让它们名扬天下。有证据表明暴龙会在有机会的情况下捕猎三角龙：部分三角龙的腰带骨骼上存在只可能是暴龙留下的齿痕。不过这也可能是君王暴龙享用现成三角龙尸体的结果。现在还没有证据能确凿表明它们发生过战斗，不过有些三角龙的颈盾上有部分愈合的咬痕，表明它们的确从战斗中幸存下来。不同年龄的标本表明三角龙独特的角和颈盾在其一生中会发生巨大的变化。年轻三角龙额头上的角仅仅是短角，褶边的边缘装饰着精美的颈盾缘骨突。尖角会随着年龄的增加而变得更长，同时从后弯变为前弯，最终可能会在老年个体中缩小。颈盾缘的骨突也会逐步融入颈盾并彻底消失，留下光滑的后缘。有人认为和三角龙类似的牛角龙其实是发育成熟的三角龙，这个理论被昵称为“牛角假设”，不过仍然存在争议。MT

图片导航

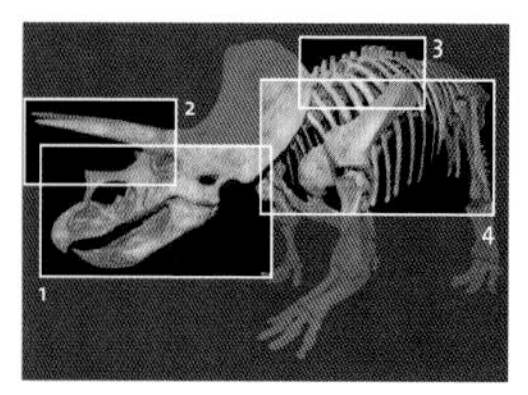

要点

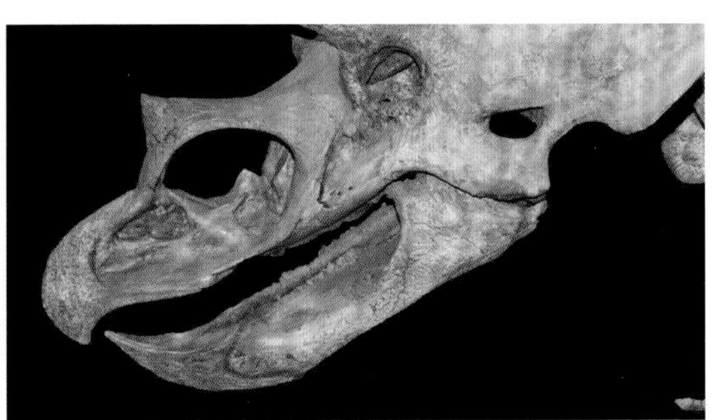

1 头骨

头骨十分结实，眼眶保护周到，正上方长有眉角。不同于大多数其他角龙类，恐怖三角龙的颈盾是实心结构，没有孔洞。头骨较长，下颌巨大，喙部末端尖锐，特别是下颌的喙部。

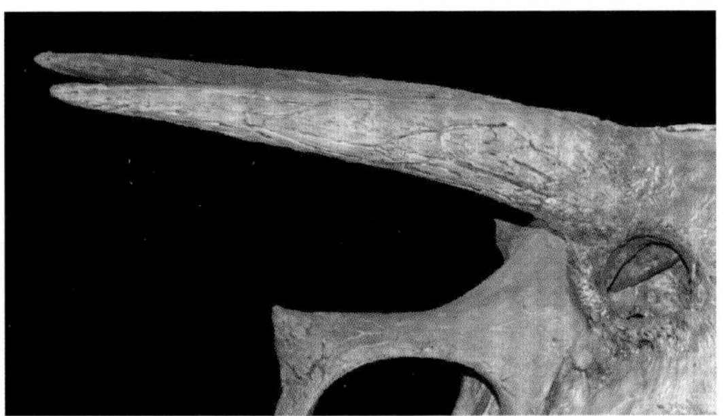

2 角

恐怖三角龙的两根主眉角可以长到1米，鼻角较短。尖角化石保留下了骨芯，生前可能覆盖着尖锐的角质外套。理论上它们的作用包括战斗、防御和为吸引配偶的视觉展示。

3 脊柱

恐怖三角龙的颈部通过将前4块颈椎融合成愈合颈椎而得以加强。大多数四足动物（四肢脊椎动物），不论是两栖动物还是哺乳动物，都具有荐椎，这是腰带后部一系列融合在一起的椎骨，但愈合颈椎是角龙类所特有的。

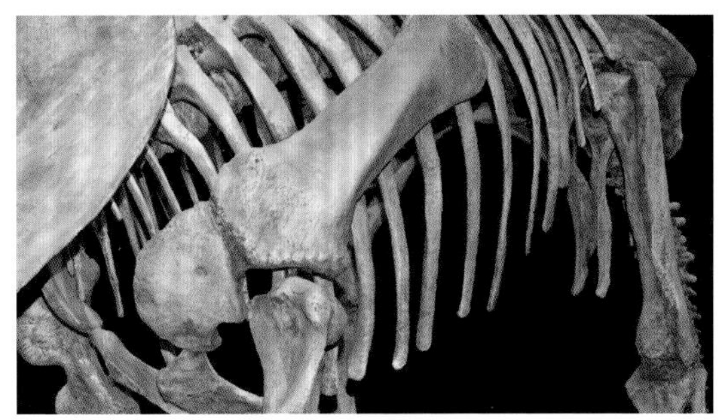

4 四肢骨骼

肱骨巨大，还具有明显凸起的胸三角嵴，即肱骨顶端朝向前方的凸起，用于附着肌肉。四肢骨骼比大象的还要结实。因此有人认为恐怖三角龙虽然体形庞大，但仍可以像犀牛一样飞奔。

发现和命名

最先得到科学描述和命名的三角龙化石是一对眉角和部分连接在角上的头骨（左图），它们在1887年获得命名。三角龙当时还不为人所知，所以美国古生物学家奥斯尼尔·查尔斯·马什（1831—1899）以为化石是来自已经灭绝的美洲野牛，还为此创造了一个新的种：长角美洲野牛。化石猎人约翰·贝尔·哈彻（1861—1904）发现更完整的头骨之后，马什才意识到这些大角属于类似角龙的动物，而且正是他在一年前命名了角龙。之后的几十年，有 18种三角龙被命名，然而其中很多标本都是基于不同生长阶段、大小不同的头骨，受到不同程度的挤压。现在很多种都已经废弃，但恐怖三角龙和优美三角龙得以保留，不过后者是否有效还有争议。

蜥蜴

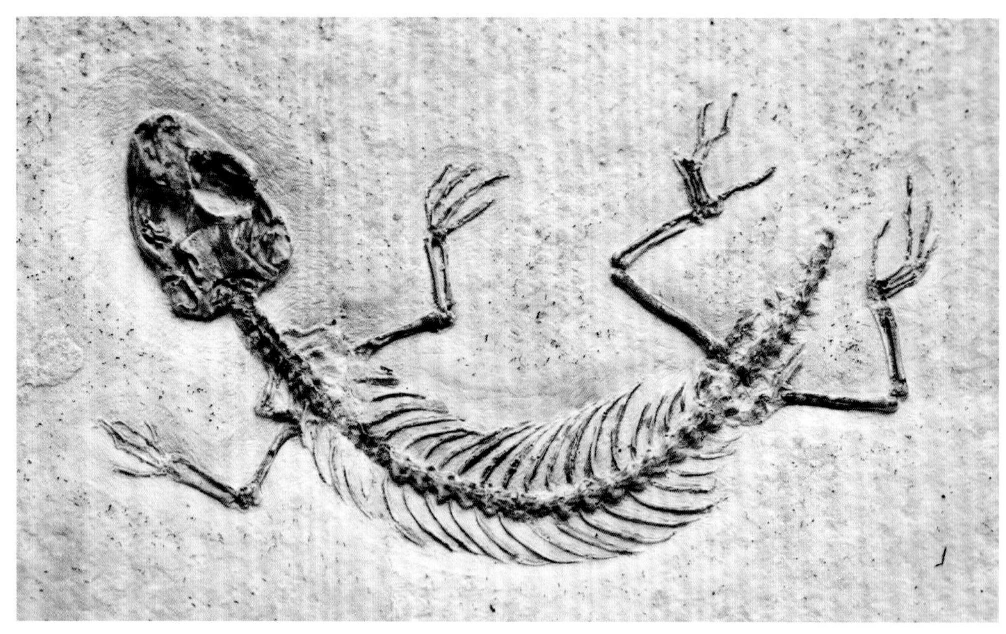

除了蛇之外，蜥蜴是最多样化、最成功的爬行动物，而蛇实际上也是高度特化的无腿蜥蜴。现存蜥蜴种类超过5 900种，它们分布在除南极洲以外的所有大陆。大部分蜥蜴都是四足动物，这种身体结构的适应性极强，同时也广泛存在于从2.5厘米到4米长的各种物种中。大部分蜥蜴都以昆虫和其他小动物为食，具有圆锥形尖牙、细长的四肢，有爪指/趾和细长的尾巴。部分族群可以通过断尾自保。蜥蜴中的不同成员进化出了三尖齿、类似獠牙的牙齿和类似臼齿的扁平牙齿，以及可以攀爬、挖掘、打洞、游泳，甚至滑翔的身体结构。无腿这个特征独立进化了60多次，主要发生于穴居族群。胎生能力也多次进化。

蜥蜴大约起源于2亿年前，同喙头蜥类（见234页）具有共同的祖先。然而，蜥蜴的历史从白垩纪中期才开始被了解，参照的是大约1亿年前的矢部龙（*Yabeinosaurus*，见348页）等化石标本。蜥蜴可以分为4大类：壁虎类（壁虎和无肢鳞足蜥蜴）、鬣蜥类、石龙子类（见350页）和

关键事件

1.52亿年前

欧洲生活着艾希斯特蜥等长腿长尾的蜥蜴，它们是壁虎类和石龙子类的近亲。

1.3亿年前

非洲、北美、欧洲和亚洲生活着早期石龙子类，其中包括犰狳蜥、石龙子、鞭尾蜥和壁蜥。

1.2亿年前

亚洲生活着霍布罗壁虎（*Hoburogecko*）等壁虎类的早期近亲。它们可能是夜行性沙漠食虫者，具有大眼睛。

1亿年前

矢部龙是原始的蜥蜴。一开始发现的化石都属于幼年矢部龙，因此人们起初以为它们体形很小。

1亿年前

缅甸的白垩壁虎（*Cretaceogekko*）化石证明复杂刚毛构成的“现代”趾垫早已出现。

1亿年前

蛇蜥类进化出了巨蜥和吉拉毒蜥。沧龙从亚洲的祖先中诞生，最终选择了海洋生活。

蛇蜥类（蛇蜥及其近亲）。这4类蜥蜴的早期成员都发现于白垩纪的沉积物岩层中（见图1）。一些壁虎类会捕食其他蜥蜴，似乎取代了掠食性蛇的生态位。壁虎的趾垫是自然界中最非凡的进化创新之一，成千上万条毛发样的“刚毛”形成一排排的结构，它们的黏性让壁虎可以紧贴墙壁、光滑的叶片，甚至玻璃。刚毛结构存在种间差异，有的简单，有的复杂，尖端要么呈匙状（扁平状），要么呈分支状。在那些拥有正常脚趾、更能适应陆地生活方式的群体中，趾垫已经退化，甚至完全消失。

鬣蜥类是最有特色的蜥蜴，其中包括鬣蜥、双冠蜥、安乐蜥 、飞蜥和变色龙。鬣蜥类曾被视为独立于蜥蜴的物种，因为它们具有巨大的肉质舌头和颅骨后上部的大开口——这些特征在其他蜥蜴族群中发生了很大变化，但遗传学研究推翻了这个看法，并且发现鬣蜥类是蜥蜴进化的主线。鬣蜥类通常都是植食性动物，可能是因为它们身体巨大，具有大舌头和强壮的头骨。化石表明鬣蜥至少在5 500万年前就进化出了适合食用植物的牙齿和颌骨，而且当时特别温暖的气候似乎有利于它们成为大个子。发现于缅甸5 300万年前岩石中的长须王蜥（*Barbaturex*）体长超过2米，是当地最大的植食性动物。

鬣蜥类中最成功的是安乐蜥，这个北美总群包括300多个种，很多都拥有类似壁虎的趾垫，但它们的趾垫是独立于壁虎进化的，有好几种安乐蜥都留下了琥珀化石。飞蜥和变色龙（见图2）因为牙齿都融合在颌骨上不能替换而被分为一个类群。变色龙是最奇特的蜥蜴之一，集钳形手足和有卷握能力的尾巴于一身，身体侧面扁平，头部有高高的骨质头饰，偶尔还有尖角。化石记录无法说明这些特征是何时出现的又是如何演变的。

第三大类蜥蜴是石龙子，其中包括大多数蜥蜴种。石龙子、鞭尾蜥、壁蜥等多种蜥蜴都属于这个族群。它们身体小巧，以昆虫为食，可以快速繁殖和进化，这意味着它们中的很多成员都可以在岛屿等偏远地区繁荣兴盛。最后的一大类群是蛇蜥类，它们起初是以昆虫和腹足类为食的小型掠食者，但进化成了捕食脊椎动物的大型掠食者。盲缺肢蜥、巨蜥、吉拉毒蜥都属于这个族群，它们大多都拥有有助于制服猎物的巨大的、刀刃般锋利的牙齿和毒腺。远洋的沧龙（见352页）可能也属于这一群体。DN

1 这种名为艾希斯特蜥（*Eichstaettisaurus*）的蜥蜴与早期鸟类始祖鸟及许多其他化石一起被保存在1.5亿年前的德国索伦霍芬细粒石灰岩中。

2 国王变色龙（*Calumma parsonii*）是马达加斯加潮湿森林的原住民。和所有变色龙一样，它们可以改变皮肤的颜色，除了可以在不同地形中伪装自己，也是对外界刺激和温度改变做出的反应。

5 000万年前	1 800万年前	1 500万年前	1 000万年前	400万年前	4 000年前
欧洲和北美生活着梅塞罗蜥，它们类似现代的双冠蜥。	非洲生活着现代变色龙。部分种是树栖动物，分布在诸多森林中。	墨西哥和多米尼加地区生活着原始安乐蜥。它们同会爬树的现代安乐蜥没有太大差别。	欧洲、亚洲、北美洲生活着多种多样的蛇蜥类，包括鳄蜥、盲缺肢蜥和脆蛇蜥。加勒比地区生活着多种长型蜥蜴。	巨蜥在澳大利亚诞生，在帝汶岛也有分布。最大的种超过5.5米。	斐济生活着1.5长的巨大斐汶巨鬣蜥（*Lapitiguana*），和它们血缘关系最近的生物生活在南美。它们被人类捕杀灭绝。

矢部龙

早白垩世

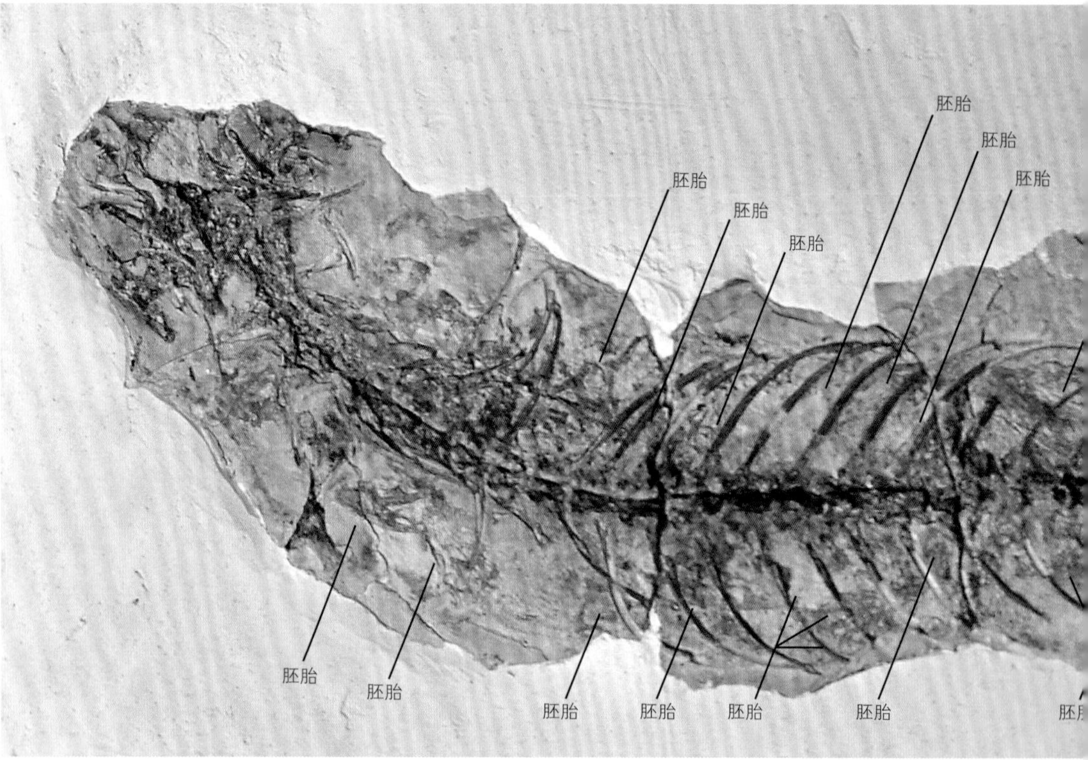

种：细小矢部龙
（*Yabeinosaurus tenuis*）
族群：有鳞目（Squamata）
尺寸：60厘米
发现地：中国东北

近年来，随着大量新恐龙的发现，大量蜥蜴化石也重见天日。细小矢部龙化石来自中国东北，发现地也保存着有羽恐龙。矢部龙属包括两个种，另一个是杨氏矢部龙（*Y. youngi*）。细小矢部龙在1942年被命名，但当时发现的标本很小且轻巧，并没有特别之处。不过，自2005年以来，出土的新化石揭示出了这种蜥蜴的几个显著特征。它们既不小也不平凡，而是结实的生物：头和身体大约一共有30厘米长，加上尾巴之后还要翻一倍。20世纪40年代的小标本似乎是幼年矢部龙。综合来看，新旧化石表明矢部龙成年后体形会有大幅增长。旧化石的骨骼仅略微骨化，表明只有一部分真正的骨骼组织，而新化石的骨骼非常强壮，特别是头骨、颌骨和椎骨。

人们一般认为蜥蜴是卵生动物，但胎生能力在这个族群里进化了100多次，可见这种转变对蜥蜴而言并不困难，而且大有裨益。一具发现于2011年的细小矢部龙化石正好怀有身孕，这是迄今为止发现的最古老的标本，证明矢部龙也是一种胎生蜥蜴。这具标本的体内保存了18个胚胎。据推测，寒冷环境中的蜥蜴最有可能进化出这个特征，生活在白垩纪寒冷地区的细小矢部龙证明了这一点。因为处在低温环境下的蛋可能需要很长时间才能孵化，或者完全不能孵化，所以在体内孵育胚胎的母亲就是移动的孵化器，可以确保正在发育的后代处于最佳温度之下。DN

图片导航

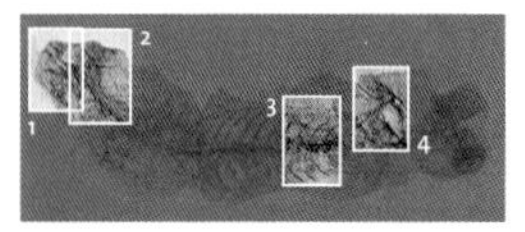

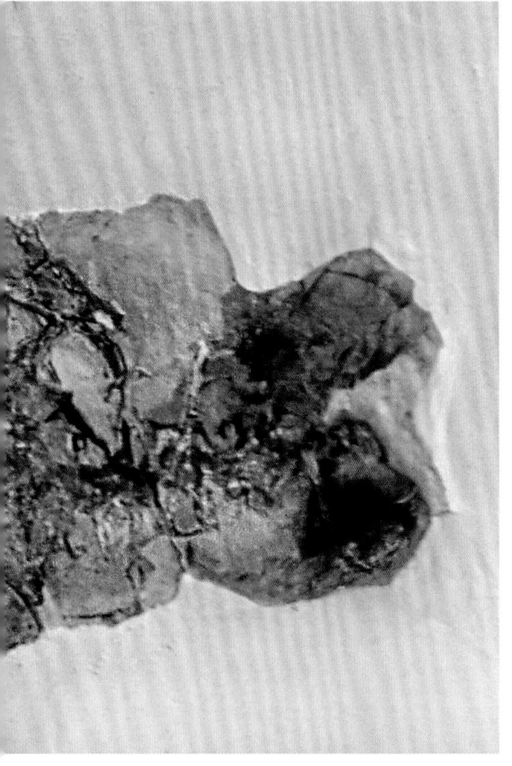

要点

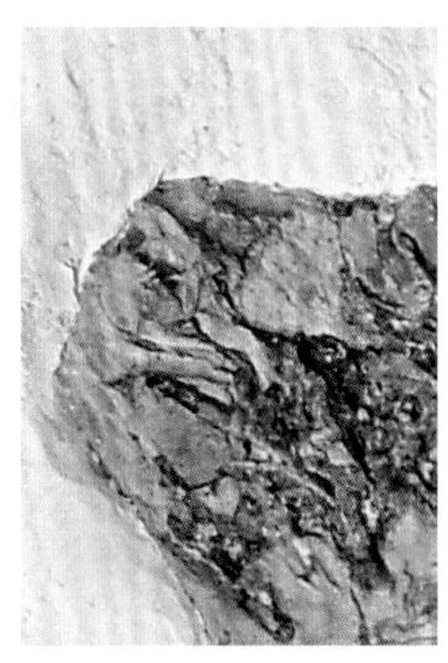

1 牙齿
细小矢部龙尖锐的圆锥形牙齿和胃内容物都表明它们会捕食鱼类，这在蜥蜴中并不常见。它们可能会游泳，经常捕获水生猎物，但骨骼上没有其他明显的水生特征。但圆鼻巨蜥等几种现生蜥蜴，也会为觅食而潜水，而且骨架上没有明显的水生特征。

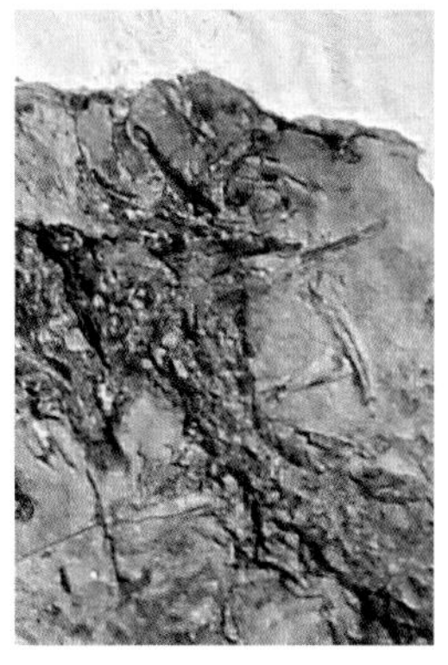

2 皮肤纹理
头骨的皮肤纹理粗糙，皮肤里分散有圆形小骨板。一些标本的鳞片形状和尺寸随身体部位而异，从小盘状到大正方形不等。综合来看，粗糙的皮肤表面会让细小矢部龙在恐龙等掠食者面前显得不是非常可口，或者有利于伪装。

残留种

专家们不确定矢部龙（下图）在蜥蜴族群中的位置。一些研究表明它们是原始的蜥蜴，不属于包括现代蜥蜴的族群。它们生活在1.2亿年前的早白垩世，当时主要蜥蜴族群的早期成员都已经进化。然而，矢部龙似乎不属于任何一个族群。因此，它们当时可能已经属于残留种——实际上，它是那个时代的活化石，是之前侏罗纪蜥蜴大进化的遗迹。

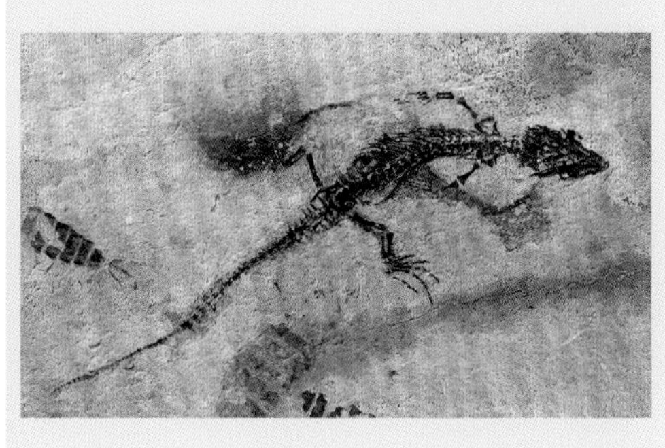

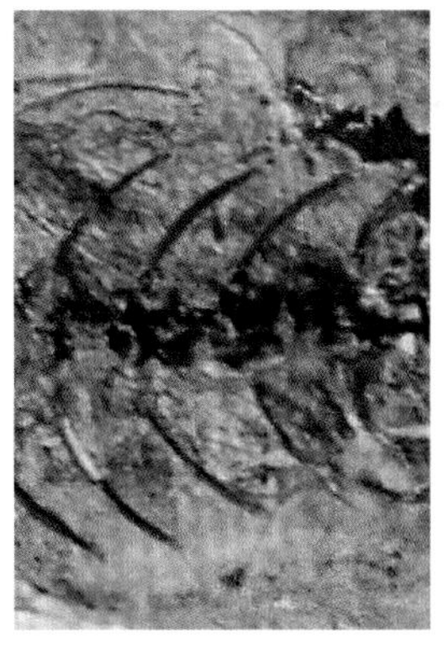

3 胚胎
这个有1.2亿年历史的雌性细小矢部龙标本包含18个发育良好且即将出生的胚胎。化石质量极高，详细显示出了胚胎头骨上的小牙齿。这具化石发现于中国东北热河群的细粒石灰岩。

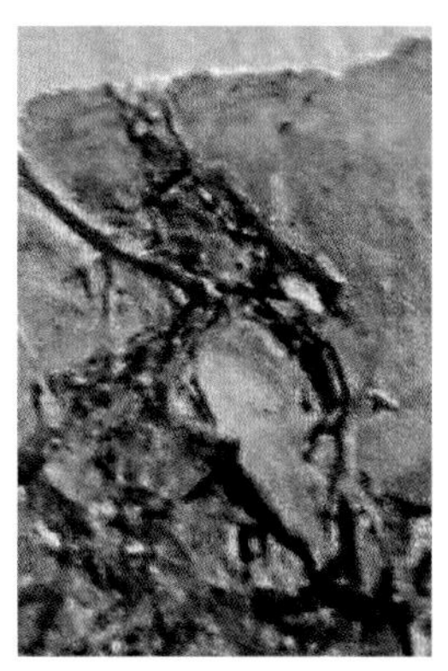

4 短四肢
细小矢部龙的四肢较短，身体窄而灵活。这些特征适合多种生活方式，但可以表明它们是地栖泛化种，而不是专门的爬树者、穴居者或奔跑者。短四肢有利于通过茂密的灌木丛，长四肢容易卡在里面。

佛罗里达新石龙子

更新世至今

要点

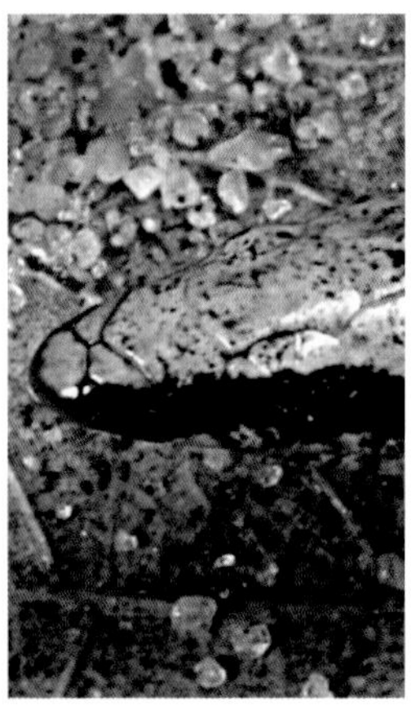

1 后缩的颌部

下颌相对上颌后缩（向后且略向上），所以上颌对下颌有一定保护作用。这是穴居石龙子的典型特征。当爬行动物强行穿过沙子或松散的土壤时，这种特征能有效防止沙子和土壤进入嘴巴。楔形的吻部比较坚固，以便推开沙土颗粒，同时也很敏感，可以找到最快捷的路径，这在躲避掠食者时十分重要。

2 残余肢体

进化过渡中出现了很多穴居石龙子，佛罗里达新石龙子就是其中之一。它的每个小前肢上都有一根手指，每个小后肢上则有两根脚趾。肢体本身属于进化残余——无用的附属物，几乎肯定会在未来的进化中消失。虽然全球有很多动物都是用四肢行走的，但佛罗里达新石龙子行走时会将四肢收起。

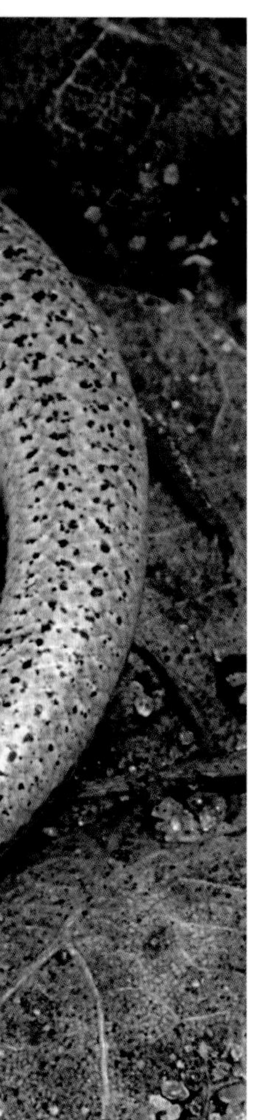

种：新石龙子（*Neoseps reynoldsi*）
族群：石龙子科（Scincidae）
体长：12厘米
发现地：佛罗里达
世界自然保护联盟：易危

图片导航

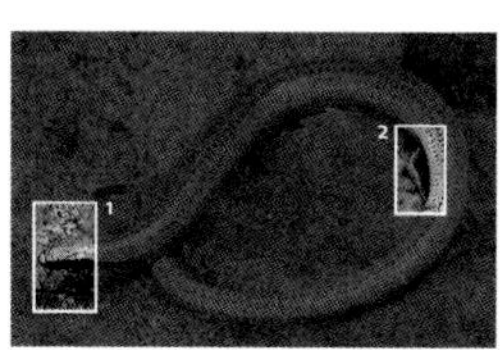

石龙子是成员最多、最成功的蜥蜴族群，有1 400多个种遍布全球。几乎所有适合蜥蜴生存的环境里都有它们的足迹。其种类包括树栖石龙子、穴居石龙子和生活在草原、沙漠、林地的石龙子等。石龙子可能在1.3亿年前的欧洲留下了化石，但没有确凿的早期历史线索。解剖学和遗传学表明，石龙子属于石龙子亚目，其中还包括南非犰狳蜥、壁蜥、鞭尾蜥及其近亲。大多数成员都是食虫动物。这个主要族群大约起源于1.65亿年前，最古老的化石成员来自北美、欧洲、亚洲和非洲。石龙子的一个关键特征是有光泽的光滑鳞片，结合流线型的体形来看，就不难明白它们为什么反复进化出挖洞的生活方式。当身处沙子、松软土壤或沉积物中的时候，佛罗里达新石龙子等石龙子可以呼吸泥沙颗粒之间的空气，因为它们的鼻孔位于吻部侧面，而且都有一个脊突，可以在呼吸时阻止沙砾落入胸廓形成的空间。

佛罗里达新石龙子和许多其他石龙子分布在除南极洲和海岛之外的所有大陆上，而且独立进化出了修长的身体和退化、消失的四肢。在很多个族群中都可以观察到它们肢体消失的各个阶段。在澳大利亚的线蜥属中有肢体短小、指/趾齐全的物种，也有肢体退化，具有3根、2根、1根指/趾或没有指/趾的物种，甚至还有无肢体的物种。这些石龙子为蛇的起源提供了线索。有人认为蛇起源于穴居的蜥蜴。这可以解释为什么栖息于地面的蛇没有眼睑，这是继承自它们的穴居蜥蜴祖先。DN

沙中泳者

有人认为佛罗里达新石龙子等石龙子进化出了“沙中游泳”的掘地技巧，例如右图的石龙子。它们通过流线型的身体和尾巴强有力地横向（左右）摆动向前推进。为此，脊椎两侧的肌肉发达，脊椎从头到尾呈“S”形曲线。身体外形更典型的蜥蜴会在挖掘时使用四肢扒拉泥土或沙砾。这种方式十分成功，但是比左右扭动要慢，且效率更低。

沧龙类

1 霍夫曼沧龙生活在浅海。它们的捕猎策略可能是伏击而不是快速出击。

2 海王龙的前肢骨骼短而宽大，能够进行有力的冲刺。

3 7 500万年前，西部内陆海道覆盖了北美中部的大部分地区，这也是很多大型水生动物的家园，例如菊石和沧龙。

大约1亿年前，全球海洋的居民都是大大小小的鱼类以及大量的软体动物，特别是有螺旋外壳的菊石（见157页），还有多种长颈或短颈的海生爬行动物蛇颈龙（见282页）。曾经数目庞大的中生代鱼龙类（见244页）当时正在逐渐灭绝，新的海生爬行类动物开始取代它们的位置，那就是沧龙类。沧龙已经在浅水中存在了一段时间，而且迅速成为巨大的优势掠食者。从北极到南极都有它们的身影，它们还进化出了各种迥异的头骨和各种形状的牙齿。到7 000万年前，沧龙类的成员已经成为有史以来最大的海栖爬行动物之一，例如柯氏倾齿龙（*Prognathodon currii*）和霍夫曼沧龙（见354页图1）。

最古老的沧龙类形似现代巨蜥，例如尼罗河巨蜥和科莫多龙（见356页），但身体更加轻盈。库尼亚蜥、伸龙和崖蜥等过渡阶段的蜥蜴身长不足2米，能够在陆地上行走、休息、觅食，也能游泳和潜水。有些蜥蜴具有可以抓鱼的尖利圆锥形牙齿，有些具有适合打开带壳猎物的球冠状牙齿，有些具有混合形态的牙齿。沧龙类的牙齿、灵活的长脖子和身体都表明它们是杂乱的近岸环境的掠食者。

关键事件

1.4亿—1亿年前	1亿年前	9 200万年前	9 000万年前	8 800万年前	8 700万年前
巨蜥的早期祖先繁荣昌盛。在1亿年前，早期蜥蜴里诞生了小型海生蜥蜴——长龙。	英国和北美生活着两栖的库尼亚蜥（*Coniasaurus*），东欧生活着崖蜥（*Aigialosaurus*），它们的栖息地都是礁石和近岸海洋环境。	北美和摩洛哥的海洋中生活着崖蜥和纯海生沧龙之间的过渡物种。它们具有带爪的脚趾。	大约3米长的特提斯龙（*Tethysaurus*）同时具有原始和高等沧龙类的特征，表明它们是过渡物种。	鳍状肢完备的沧龙诞生，它们可能是从不同的祖先中进化出来的，而且进化了好几次。它们的身体比早期成员更大，流线型程度更高。	部分沧龙进化出垂直的尾鳍。这个特征可能进化过一次，后来被众多物种继承，或者独立进化了多次。

沧龙在历史进程中变得越来越大，崖蜥有爪的手足演变成了桨状或翼形鳍状肢，身体变得顺滑，吻部更长，鼻孔远离了鼻尖。中生代里的很多其他爬行类也发生了类似的改变，每一种都重复着相似的进化模式。研究者本来以为只有沧龙发生过一次这种明显的海栖生活（而非两栖生活）进化，而其他所有海生鳍状肢生物都是同一个祖先的后裔。但是现在有些专家认为是不同的崖蜥样祖先多次进化出了鳍状肢沧龙族群，即沧龙类是包含多个族系的混合分类。化石表明包括崖蜥在内的整个族群都采取胎生的繁殖方式。

到8 800万年前时，鳍状肢进化完备的沧龙已经在海中逡巡。其中包括生活在西部内陆海道（见图3）的海王龙。胃内容物化石表明它们以软体动物、鱼类、海鸟、蛇颈龙，甚至其他沧龙为食。鉴于它们与现生大型掠食性蜥蜴的相似性，沧龙普遍以海洋生物为食，无论大小。现生蜥蜴很少高度特化，它们都是超级机会主义者，会在不同的栖息地里觅食，抓到什么吃什么。不过部分沧龙进化出了针对特定食物的特化结构。圆形或扁平的牙齿多次进化，可能是用来分解或压碎有硬壳的猎物，例如甲壳类动物或软体动物。有些沧龙具有特别细长的颌部和大量牙齿，还有一些物种拥有刀状牙齿，或者厚厚的、基部更宽的牙齿。以色列的柯氏倾齿龙厚而深的颌骨与钝齿表明它们是一个大型以骨质猎物为食的猎手，因此被称为“海洋暴龙”。大眼睛表明它们的视力很好。

沧龙的尾巴从一侧到另一侧都很细，所以专家一直认为它是“划桨”器官，在游泳时左右摆动提供主要的动力。但尾尖向下的形状、尾尖骨骼的解剖结构和保留的皮肤印痕表明许多进化的沧龙具有垂直尾鳍。可见尾尖并没有用来当作“划桨”器官，其作用是产生推力。随着时间的推移，人们对沧龙外观的公认观点发生了变化。19世纪中叶的复原图将它们描绘成了类似鳄鱼的生物，背部和尾部具有带锯齿的褶皱，皮肤纹理粗糙且有铠甲。锯齿状褶皱的观点是一个错误，源自对气管软骨环的错误认识。保存下来的皮肤印痕表明沧龙身覆紧密排布的小鳞片，每片上都具有细小的沟槽和突起。鲨鱼体表鳞片上也有类似的结构，以便引导身体周围的水，提高流线型程度。DN

8 300万年前

球齿龙似乎会用丘状牙齿打碎有壳的底栖猎物。它们生活在欧洲、非洲、北美和南美。

8 000万年前

沧龙出现在西部内陆海道，包括泛化的掠食者硬椎龙（*Clidastes*）、板踝龙和海王龙。

7 500万年前

多种具有细长颌部和众多牙齿的沧龙出现，特别是尼日尔的多齿龙（*Pluridens*），它们的牙齿数量是其他同类的2倍。

7 500万年前

沧龙属诞生，它们是有史以来最大的海生爬行动物之一，生活在欧洲、非洲和北美。

7 000万年前

北美和欧洲的三角洲、河口和大河里生活着扁掌龙（*Plioplatecarpus*）。它们具有宽大的鳍状肢。

6 600万年前

最后的沧龙在白垩纪末期大灭绝中消失。白垩纪的海生爬行类中只有龟鳖类幸存。

沧龙

晚白垩世

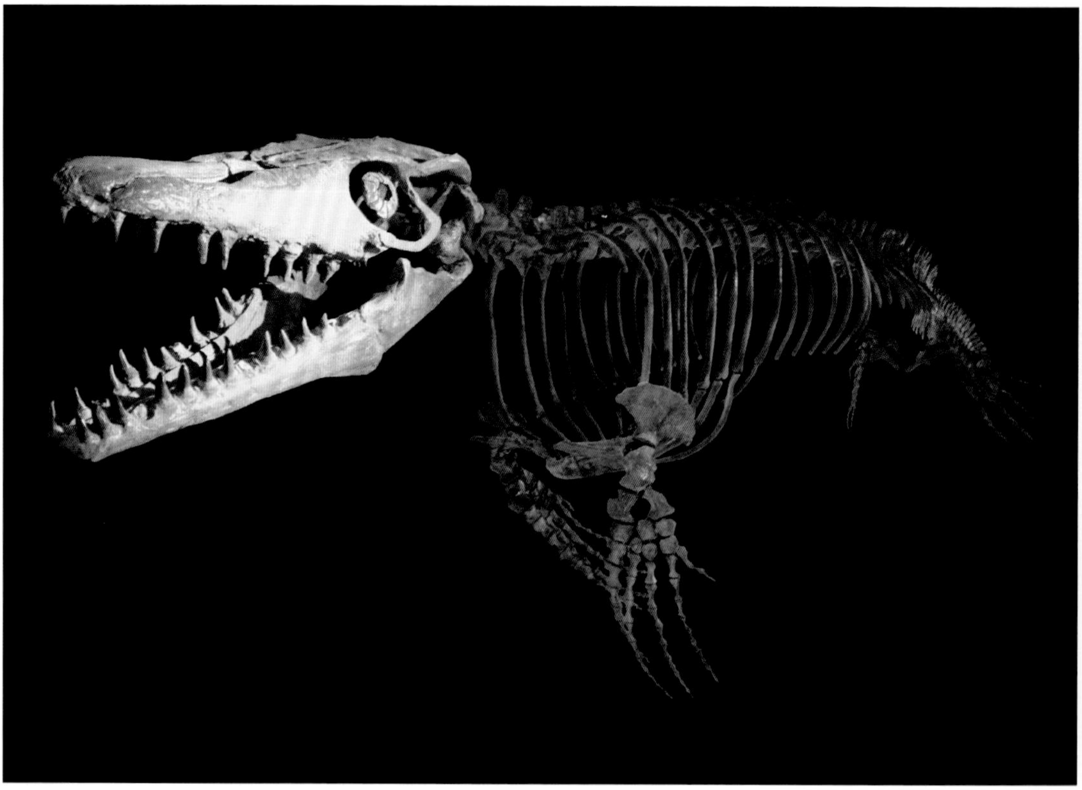

种：霍夫曼沧龙
(*Mosasaurus hoffmanni*)
族群：沧龙科（Mosasauroidea）
体长：18米
发现地：西欧和北美东部

18世纪晚期，荷兰的马斯特里赫特石灰岩中发现了一块巨大残缺的头骨，它属于古老的沧龙。当时有人认为这是鲸或鳄鱼的骨骼。1799年，科学家阿德里安·坎珀（1759—1820）认为化石属于一只巨大的蜥蜴，而且与尼罗河巨蜥和科莫多龙等现代蜥蜴非常相似。法国的比较解剖学家乔治·居维叶证实了这个看法。直到1829年，马斯特里赫特沧龙才得到正确的科学学名。当时，英国地质学家和古生物学家吉迪恩·曼特尔（见325页）将它命名为霍夫曼沧龙，意为“来自默兹河的霍夫曼蜥蜴”。曼特尔最著名的成就是他对英国恐龙的研究。

沧龙生活在7 000万—6 600万年前。后来更完整的化石表明，霍夫曼沧龙是迄今为止最大的沧龙标本，其体长可达18米，体重足有20吨。海生爬行类中只有西卡尼萨斯特鱼龙等巨型鱼龙和部分蛇颈龙体形比它更大。霍夫曼沧龙分布广泛，它们居住在晚白垩世的西欧和北美东部浅海中。2012年，马斯特里赫特又发现了一具沧龙化石，可能也是霍夫曼沧龙。化石包括部分头骨、颌骨、脊柱和尾骨，体长13米，有6 700万年历史。霍夫曼沧龙是当时的顶级掠食者之一，但其身体和四肢似乎不适合长时间追逐猎物。它们可能会悄悄潜伏起来，看准机会猛地冲出去抓住路过的猎物。鱼、乌贼和类似的生物都会成为它们的猎物。DN

图片导航

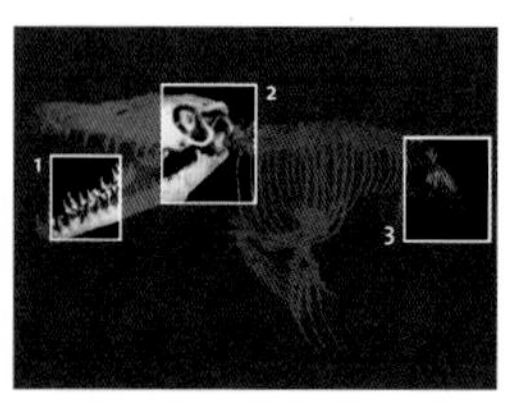

要点

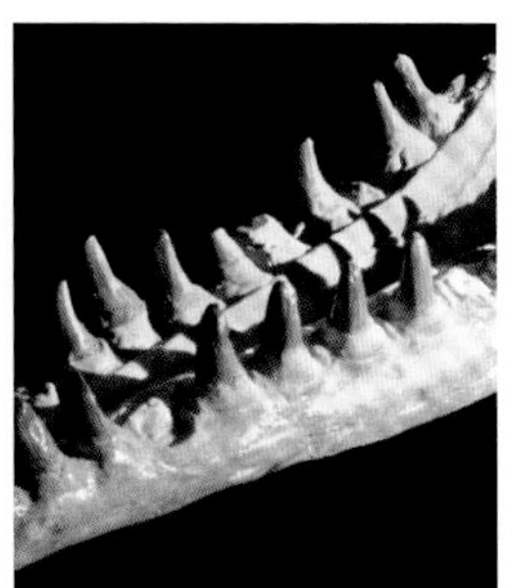

1 牙齿

霍夫曼沧龙的上颚具有巨大弯曲的牙齿，有人根据这种特征将它与蛇联系了起来。不过从进化的角度来看，这些牙齿明显是用来抓紧猎物并让它们失去活动能力的。主要的颌齿长达15厘米。

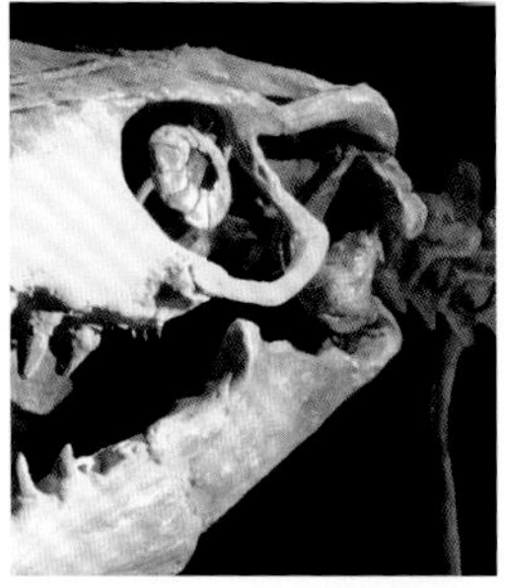

2 颌关节

霍夫曼沧龙下颌中间有一个关节，颏部也有一个关节，表明它们可以拉开下颌吞噬大型猎物。有人认为这是蛇类灵活颌部的前身，因此蛇是沧龙的表亲。也有人认为它们的颌部在细节上并不相同。

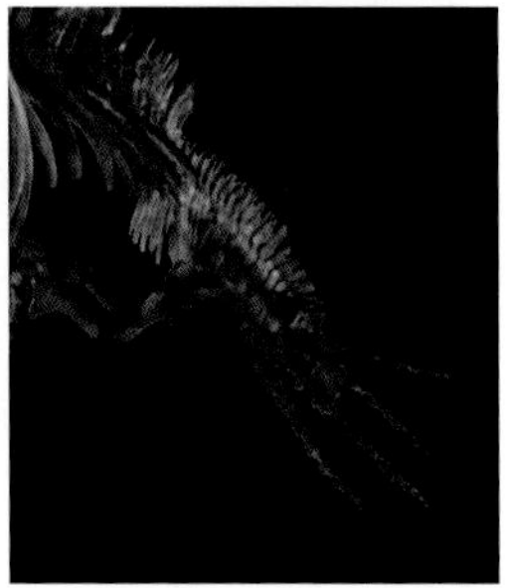

3 尾部

细长且高的尾部可以提供向前的推动力。尾部可能会以“S”形摆动，类似鳗鱼或蛇，而不是左右扇动。霍夫曼沧龙的身体比较僵硬。四肢可以在快速游动时充当方向舵，并在缓慢游动时充当桨。

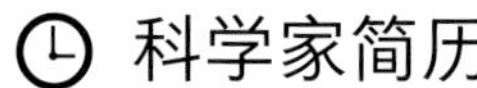

科学家简历

1769—1796

乔治·居维叶于1769年诞生于蒙贝利亚尔，该地当时属于德国。他在1795年搬到巴黎之后，成为国家自然博物馆的动物解剖学教授。作为欧洲顶尖的学术权威，他在几十年里研究了来自全球的化石标本。

1797—1798

居维叶在1797年出版了第一本著作——《动物自然史初探》，他在书中反对进化论，认为化石表明各个物种都是独立于其他物种出现的，并不是逐渐从已经存在的物种中发展而来的。

1799—1811年

发现“马斯特里赫特的伟大动物化石”之后，居维叶认为它必定来自已经灭绝的生物。但化石来自灭绝生物的观念在当时比较新奇，且存在争议。这说明上帝的造物不能永世留存。这个观点的提出是进化论科学观中一个关键事件。

1812—1813年

居维叶在《地球理论随笔》（1813）中反对法国博物学家让-巴普蒂斯特·拉马克（1744—1829）的观点，后者认为进化是基于继承已经出现的特征。而居维叶支持灾变说，即严重的自然灾难毁灭了已经存在的生命，地球随后又诞生了新的生命。

1814—1832年

1814年拿破仑退位前不久，居维叶被选入国务委员会。他的动物分类理论有别于18世纪的主流看法，也就是所有生物都属于同一个线性的系统。他将类似的动物归类，坚称器官的结构和功能取决于环境，后世的科学家进一步发展了这个理论。

◀ 柯氏倾齿龙是一种巨大的沧龙，身长达10米，生活在7 500万年前。它们在摩洛哥的胡里卜盖附近留下了头骨化石。它们具有强壮的颌部和尖利的牙齿，表明这种水生沧龙和陆地上的暴龙一样可怕。

科莫多龙

上新世至今

种：科莫多龙
（*Varanus komodoensis*）
族群：巨蜥科（Varanidae）
体长：3.5米
发现地：印度尼西亚
世界自然保护联盟：易危

巨蜥分布广泛，包括澳大利亚的巨蜥和印度尼西亚南部岛屿上的科莫多龙。巨蜥和沧龙在进化上属于近亲的理论流行了数十年。这是因为沧龙具有蜥蜴中典型的相对“开放式”的后颅骨结构。它们细长的颌部、狭缝状的鼻孔都类似巨蜥。也有人提出北美西南部的吉拉毒蜥是巨蜥的近亲，但新的研究表明，巨蜥、吉拉毒蜥和沧龙在1亿年前就已经分化了。巨蜥的历史复杂且迷人。它们从亚洲迁徙到了非洲和澳大拉西亚。化石表明科莫多龙起源于澳大利亚，随后才向西迁徙到了印度尼西亚的岛屿上。不过科莫多龙可能并不是岛屿巨怪，而是岛屿侏儒，其现代族群中的物种都是大型陆生捕食者家族中的小型幸存者。

古巨蜥（*Varanus priscus*）在大约400万年前诞生，它们是迄今为止体形最大的巨蜥。澳大利亚本土的化石表明它们身长超过3.5米，甚至可能超过6米。它们是真正的巨怪，进化出如此庞大身体，可能是为了对付新的猎物。这种巨大的蜥蜴在3万年前消失，当时也正是人类遍布澳大利亚的时期，也许这只是个巧合。DN

图片导航

要点

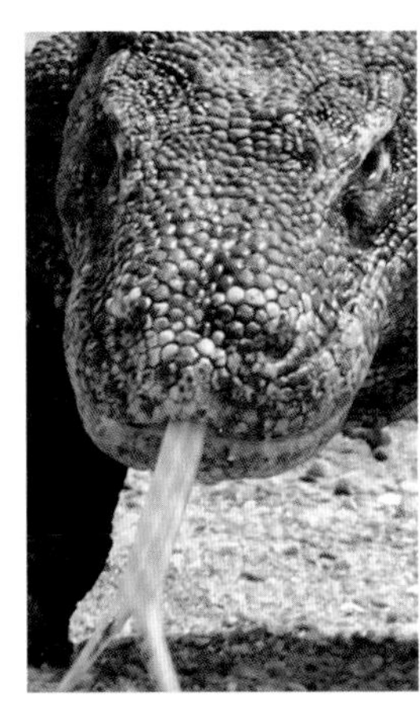

1 毒液腺

科莫多龙的毒液腺位于下颌牙齿之间，它们的毒液可以让猎物发生类似败血症（血液中毒）的症状。人们曾经以为患败血症的原因主要是来自进食后残留在牙齿间腐肉中的细菌。但目前并不确定牙齿间的腐肉和毒液在捕猎中各自发挥了多大作用。

2 四肢和尾巴

科莫多龙的四肢向外侧伸出，是蜥蜴的典型特征。它们具有5根脚趾，每根都有锋利的大弯爪。它们步态笨拙，一是因为身体要左右扭动，二是因为腿部在髋关节和肩关节的动作。尾巴和身体一样长，而且肌肉发达，是可怕的防御武器。尾巴也可以用来驱赶妄图抢走猎物的掠食者。

均衡饮食

巨蜥是陆生掠食者，擅长攀爬、挖掘和游泳。它们的牙齿和颌部适合捕食所有动物，不过有时也会吃植物。科莫多龙的适应能力极强，可以利用多种食物资源。它们的猎物包括昆虫、蛇、啮齿类、海龟蛋，甚至其他同类。它们可以闻到几千米外的腐尸（右图），也可以杀死大型哺乳动物，包括鹿、牛和人类。这种灵活性让巨蜥在7 000万年间成为一个特别成功的群体。

蛇类

1 亚马孙巨蝮蛇（*Lachesis muta*）是最长的蝮蛇，体长超过3米。颌关节可以拉伸到吞下比自己脑袋还大的猎物。

2 细盲蛇（*Threadsnakes*）是生活在地下的盲蛇，以泥土中的小型生物为食。

3 球蟒（*Python regius*）体长1.75米，属于蟒科。现生种大约有25个，化石种更多。

蛇的进化历程是爬行动物发展过程中最引人注目的，也是最复杂和最具争议的一个。最短的细盲蛇不超过10厘米，而蟒蛇中最大的成员可以达到10米长，而且能够吞下近似人类大小的哺乳动物。化石记录表明地球上曾经存在过更大的蛇。哥伦比亚6 000万年前的泰坦巨蟒（*Titanoboa*）身长13米。

蛇和蜥蜴都属于有鳞类。蛇和蜥蜴的皮肤上都生长着类似瓦片的角质层，即鳞片，不过它们与鱼类以及四足脊椎动物祖先身上可以刮下的鳞片完全不同。蛇的进化程度远远超过蜥蜴，两者之间的关系尚有争议。蛇的肉食习性与可伸缩的长舌头与巨蜥类似，因此科学家们认为它们具有共同的祖先。蛇的颌骨解剖结构也类似白垩纪巨大的海生沧龙（见352页），于是又有科学家提出它们都源自共同的海洋祖先。一些古代的有足蛇是海生动物，它们垂向扁平的尾巴支持着这一观点。蛇与部分无足有鳞类相似，例如无足石龙子、分类不明的双足蜥和蚓蜥。

蛇不仅仅是“拉长的蜥蜴”。它们的颈部和尾部从比例上来看很短，

关键事件

1.1亿年前	1亿年前	9 500万—9 200万年前	9 500万年前	9 500万年前	6 600万年前
化石碎片表明蛇类诞生于这个时代。	阿根廷生活着古老的狡蛇（见360页）。它们具有后肢和荐椎（椎骨和腰带接触的部位）。	具有后肢的厚蛇和真足蛇生活在覆盖欧洲和中东的海洋中，以鱼类为食。	形似蟒蛇的巨蛇生活在欧洲、亚洲、非洲和南美。它们可能是原始的蛇类。	游蛇科在非洲诞生，其中包括蟒蛇、蝰蛇和无毒蛇。它们在中新世之前都很少见，没有占据重要地位。	白垩纪末期的大灭绝对蛇的多样性没有太大影响。部分古代蛇类幸存下来，包括美洲的小型过渡性种类。

身体主要由极长的躯干组成。蛇有200多块椎骨，有时甚至达到400块。椎骨之间的特化关节、不寻常的肌肉组织和板状大腹鳞都是其运动结构。大多数蛇通过横向（左右）的波动在地面上前进，即将长长的身体扭成“S”形，这种运动形式明显是来自蜥蜴形态的祖先。但部分身体沉重的族群进化出了直线行进的运动方式，即前后运动腹部的大鳞片。蛇类的几个关键性改变都与上颚和颌部的骨骼移动有关。可以伸展的关节（见图1）使这些骨骼得以分开，以便吞下大型猎物。这类关节还意味着许多蛇在处理猎物时可以进行不对称的动作，例如使用颌左侧的牙齿将猎物拖到嘴里，然后分开关节，让颌右侧做出同样的动作。这就是所谓的单侧进食。捕获大型猎物和单侧进食的能力可能就是推动蛇类进化的关键因素，促使它们出现了管状体形。

蛇可以分为3大类。最少见的蛇是蠕蛇、细盲蛇（见图2）和盲蛇，它们组成了盲蛇科。这类生物都是穴居者，大多不到30厘米长，眼睛退化，嘴部下弯。它们利用灵活、或许没有牙齿的颌部吞食蚂蚁和白蚁。某些解剖结构表明，它们的祖先是以大型猎物为食并具有单侧进食能力的大型动物。第二大类是真蛇类，包括蟒（见362页）和蚺，它们是绞杀并吞食大型动物的顶级专家。最后，规模最大、成员最多的族群是游蛇科，包括有毒牙的蝰蛇和眼镜蛇，以及众多水蛇、草蛇、袜带蛇和食鼠蛇。游蛇科大约有3 000个现生种，约占现生蛇类的9/10。虽然不断深入的遗传学研究一直在改变人们对它们之间关系的认识，但游蛇科的历史很短，它们的进化大都可以同其猎物的进化联系起来，即啮齿动物和其他小型哺乳动物。

大多数蛇化石都可以归入这3类群体，但也有一些例外。几种9 500万年前的中东和东欧的海蛇具有小小的后肢。有人认为它们是主流族群之外的原始蛇类，也有人提出它们是进步的生物，同蟒蛇以及游蛇科关系密切，只是出于某种未知原因重新进化出了后肢。DN

6 000万年前	3 000万年前	2 200万年前	1 100万年前	600万年前	5万年前
哥伦比亚生活着庞大的泰坦巨蟒。它们很可能是水生的捕鱼者，生活在全球温度极高的时期。	包括眼镜蛇在内的眼镜蛇类在亚洲诞生，后来迁徙到了非洲和澳大拉西亚。早期眼镜蛇十分少见，研究者对它们没有太多了解。	早期蝰蛇在欧洲诞生，蝮蛇在北美诞生。它们和现代种十分相似，这表明早期的进化阶段还有待我们去发现。	小型蚺和类似的蛇在欧洲和其他地方分化出了多种成员。它们在游蛇科壮大起来的时候几乎灭绝。	眼镜蛇中的海蛇诞生，并且分布到了印度－太平洋地区。这个非常年轻的族群迅速进化。	澳大利亚的沃那比蛇（*Wonambi*）灭绝，这是最后的巨蛇科成员。它们体长9米，可能以大型哺乳动物为食。

狡蛇

晚白垩世

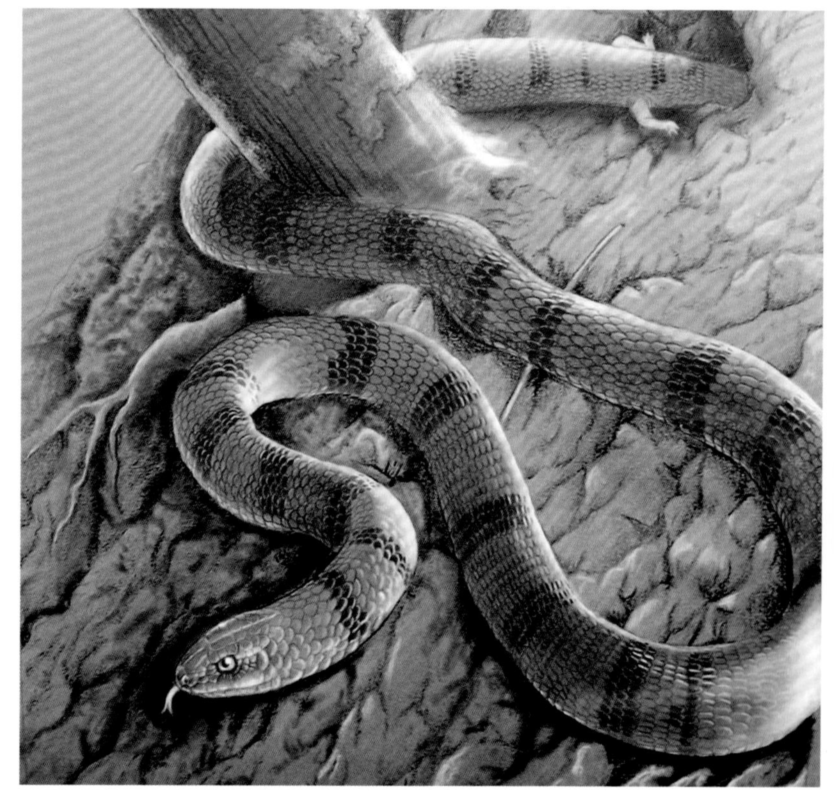

种：里奥内格罗纳哈什蛇
（*Najash rionegrina*）
族群：蛇亚目（Ophidia）
体长：1.5米
发现地：阿根廷

多年来，古代蛇的化石记录都十分稀少。即使是在今天，最古老的蛇也只有碎片遗骸。不过自2000年以来，研究者描述了几种半完整的古代蛇化石，而且它们的解剖结构和进化意义的解释都引起了争议。其中包括2006年命名的古蛇里奥内格罗纳哈什蛇，它来自阿根廷9 500万年前白垩纪岩层。狡蛇一名来源于希伯来语，意思是"《圣经》中的传奇之蛇"。它们大约有1.5米长，具有122块成关节的椎骨，完整骨架的椎骨应该更多。这种典型的长条身体表明它们显然属于蛇类。另外，椎骨和头骨的详细解剖结构都和现代蛇十分相似。

狡蛇十分有趣，与现代蛇类不同的是它们具有后肢和荐椎。这可能意味着它们是迄今为止发现的最原始的蛇之一，是依然拥有荐椎、腰带和后肢的早期成员。这些特征后来都在蛇类的进化中消失。如果狡蛇的确如此原始，那它们可能会影响我们对蛇类起源的假设。头骨和椎骨表明它们是陆生动物，甚至生活在地下。这符合主流理论，即蛇是因为生活在地下因而失去四肢的蜥蜴，但是基因研究最终可能会得出其他结论。就狡蛇的饮食和生态特征而言，它们可能会捕食小型爬行动物和其他类似的猎物。但一些白垩纪的蛇会捕猎比较大的陆生动物，例如印度的古裂口蛇，它的化石保存在满是恐龙蛋的蜥脚类恐龙巢中，身体盘绕着一只小恐龙，似乎正准备下口。DN

图片导航

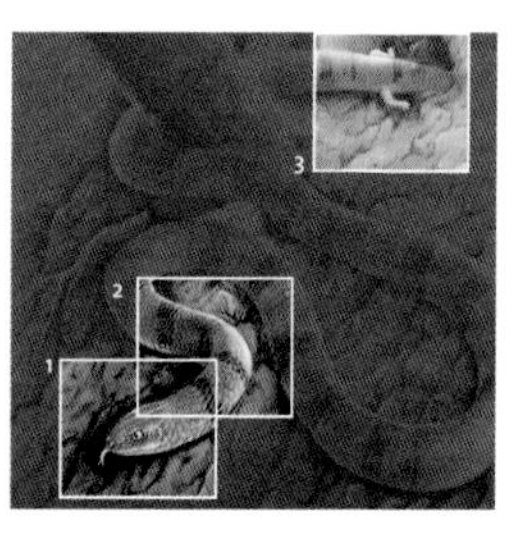

要点

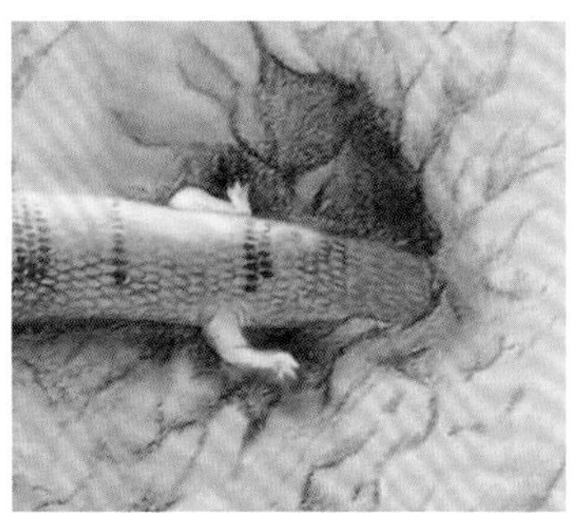

1 下颌

狡蛇的关节骨架附近发现过一副不完整的下颌，可能也是它的遗骸。下颌里没有牙齿，但牙槽表明牙齿底部宽大。大幅度弯曲且底部宽大的钩形齿是掠食性蛇类的典型特征，有助于它们抓住并吞下猎物。

2 后颅骨和脊柱

宽而低的椎骨和头骨后部的宽阔形状表明这是一种陆生蛇，可能过着穴居生活，以地下的猎物为食。这一证据可以推翻过去150年中多次提出的蛇类海洋起源说。

3 荐椎、腰带和腿

荐椎是脊柱和腰带连接的部位。多种现生蛇都具有腰带骨骼，但都没有荐椎。后肢是正在走向消失的进化残余。最初的化石描述提到了大腿和小腿骨骼，但尚不清楚有无足骨。

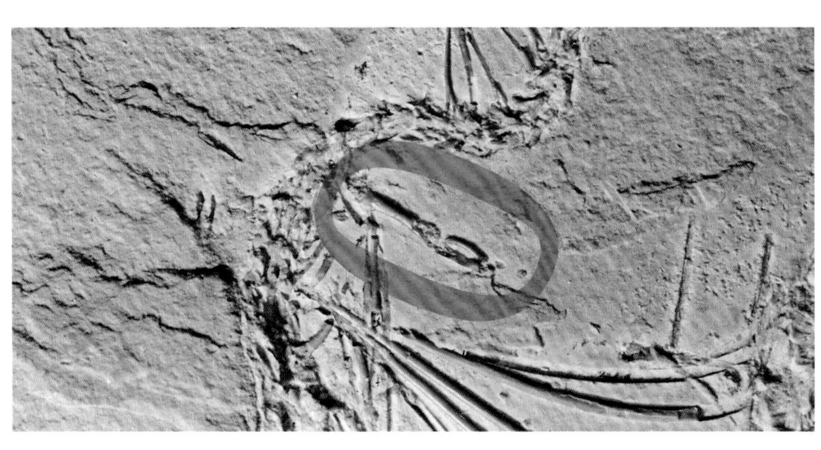

◀ 黎巴嫩的真足蛇生活在9 200万年前，略晚于狡蛇。它们体长1米，没有前肢骨骼，但有后肢骨骼（圈出的部分）。虽然体形很小，但它们具有和蜥蜴一样的腿骨，证明了蛇类肢体退化这一进化模式。

产生毒液

毒液不同于毒药，这种物质可以喷入或注入生物体内，造成伤害或死亡。很多现生蛇类都是毒蛇（右图），成员众多的海星、水母和鹦鹉也是如此。主流理论认为蜥蜴和蛇中的有毒物种都只进化了一次，这个共同祖先催生了多种多样的毒蛇，组成了有毒类。而有的毒蛇在进化过程中出现毒液量减少，或者失去了产毒能力。也有人认为毒液是在不同的蛇类里独立进化了许多次。曾经有很多专家不同意前一种理论，但最近这个观点又得到了证实，因为基因研究发现无毒蛇也具有产毒基因。

网纹蟒

更新世至今

种：网纹蟒
（*Python reticulatus*）
族群：蟒科（Pythonidae）
体长：9米
发现地：东南亚
世界自然保护联盟：尚未评估

最古老的蟒蛇化石可追溯到4 500万年前的西欧，它们是绞杀脊椎动物的猎手。现代蟒蛇大约在2 000万年前出现，而且分布广泛，欧洲、中东、非洲南部和澳大利亚都发现过它们的遗骸。网纹蟒等现代蟒蛇似乎起源于非洲，它们经常跨越水域迁徙到其他地区。不过也有一些专家认为蟒蛇起源于亚洲或者澳大利亚。网纹蟒是最大的蟒蛇之一，身长可达到9米，生活在中国南部和新几内亚群岛。蟒蛇分布在非洲、亚洲和澳大拉西亚，其中澳大利亚、新几内亚和印度尼西亚群岛生活的成员最为多样。

同规模庞大的游蛇科相比，蟒蛇和蚺等族群的解剖结构十分古老，但它们占据着重要的生态位，它们是遍布于全球的巨大掠食者，以鱼、短吻鳄、蜥蜴、鸟类和哺乳动物为食。网纹蟒可以杀死并吞吃大型哺乳动物，包括熊、猪、鹿，甚至成年人。但一般认为人类肩膀宽阔，它们很难将人吞咽下肚。蟒和蚺的解剖学结构有一个独到之处，即体壁内嵌有退化的小后肢。一块短小的大腿骨支撑着短而弯曲的爪子，从泄殖腔（肠道和生殖道的外开口）的两侧伸出。雄性会在交配过程中使用这些爪子（也称为“泄殖腔刺”）刺激雌性，或在战斗中使用。DN

图片导航

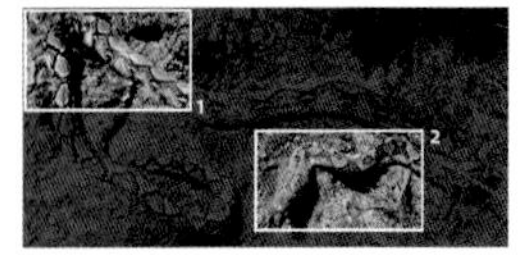

岛民

网纹蟒适应性极强，在大大小小的诸多岛屿上都有分布。它们要么从开阔的海面上游水而来，要么“乘坐”从河中冲入海中的植物堆或浮木而来，后一种情况通常是在发生洪水的条件下出现。网纹蟒的种间差异很大，部分岛屿成员进化出了不寻常特征。苏拉威西岛上的网纹蟒是“岛上巨兽”（上图），而其他岛民是“岛上侏儒”。传说它们可以长到15米长，但科学证据不多。动物园里的测量结果也不准确，因为部分测量者会把蟒蛇拉伸到不自然的长度，只为让它们创造纪录。

要点

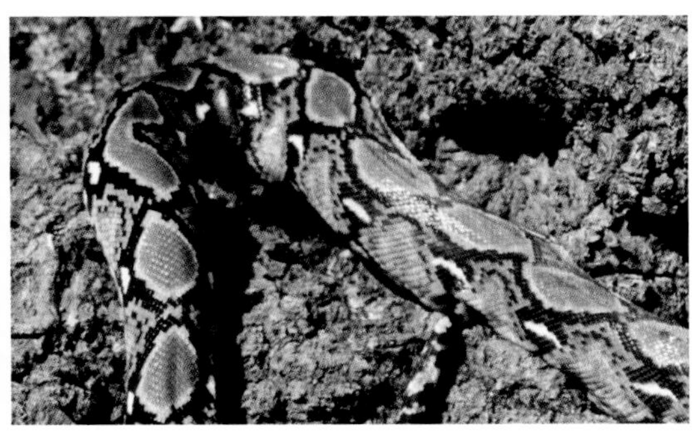

1 肌肉

网纹蟒进化出了肌肉发达的沉重身体。它们用颌部咬住猎物，然后一圈一圈地缠绕在对方身上，让受害者动弹不得。随着每一次呼吸，网纹蟒都会一点点收紧桎梏，直到猎物窒息。这种技巧使它们能够制伏大型猎物，绞杀能力可能是随着吞噬大型猎物的能力一起出现的。

2 颊窝

同其他蟒蛇一样，网纹蟒颌部边缘的唇鳞上也具有热敏感颊窝。这是一种红外探测方式，让蛇可以感知到温血猎物，并瞄准猎物脆弱的身体部位。有人认为颊窝用于感受掠食者来袭并调节体温。蚺和部分游蛇科成员（例如蝮蛇）也具有颊窝。

白垩纪大灭绝

1 厚壳蛤在白垩纪末期大灭绝中消失，它们是生活在侏罗纪和白垩纪的双壳类软体动物，是现生蛤蜊和牡蛎的近亲。它们形态各异的外壳堆积在一起，形成了广阔的礁石，同今天的珊瑚礁十分相似。

2 图中显示出了墨西哥尤卡坦半岛（海岸线与希克苏鲁伯镇用白线标记）周围微小的重力差异。最低数值位于中间，以绿色和蓝色表示。这表明比较松散的撞击碎片和沉积物取代了更重更紧密的实心岩石，后者在撞击中碎裂。

6 600万年前的白垩纪末期发生了一次大灭绝事件，大量动物从此彻底消失，例如著名的非鸟恐龙、翼龙、沧龙（见352页）和蛇颈龙（见282页）等巨型海生爬行动物。关于这场灭绝的名称有很多，包括白垩纪末期事件、白垩纪—第三纪事件（“第三纪”一名已经废弃，是指包括古近纪在内的一段时间）、白垩纪—古近纪事件。白垩纪和古近纪的地质符号是K（白垩）和Pg。因此大灭绝也称为K–Pg或KPg事件。巨型爬行动物并不是当时唯一的受害者，据估测，75%的物种都遭遇过灭顶之灾，包括大量无脊椎动物，例如游动的有壳菊石、造礁的厚壳蛤类（见图1）和一些主要的浮游生物族群。

是什么引发了这场灾变？相关理论很多，但大多没有可靠的证据。最流行的说法包括气候改变、大规模火山活动影响气候，以及天体撞击。

许多大型恐龙都灭绝了，比如地狱溪组的君王暴龙和三角龙（见368页）。然而，即使发生了如此大规模的灭绝事件，其他化石，如浮游生物，也可以提供关于这个时代气候的信息——尽管它仍然令人费解。恐龙化石记录使情况复杂化，例如北美的一些恐龙群体在灭绝事件之前就已经

关键事件

9 000万年前	7 200万年前	7 200万年前	7 200万—6 600万年前	7 200万—6 600万年前	7 200万—6 600万年
鱼形海生爬行动物鱼龙类（见244页）已经几乎全部灭绝，这比白垩纪末期大灭绝早了3 000万年。	马斯特里赫特阶开始，这是白垩纪的最后一个时期。	部分恐龙开始衰落，特别是北美种群，而其他地方的恐龙依然繁荣。	蛇颈龙和沧龙在马斯特里赫特阶中灭绝，最大的海龟亦是如此。	在马斯特里赫特阶之初，菊石只剩下9个属，最后都在白垩纪末期的大灭绝中消失。	翼龙在马斯特里赫特里进化出了15米的展，但这些巨大的动也未能在大灭绝中幸下来。

开始衰退，而亚洲恐龙等其他恐龙群体则没有。这表明气候和环境的逐渐变化在大灭绝之前就对生物多样性产生了不利影响，这意味着恐龙受到异常事件严重影响的风险比它们在正常状态下可能受到影响的风险要高。事实上，恐龙和其他爬行动物在中生代经历了几次衰退，但多样性总是在恢复。浮游生物和其他非恐龙群体的化石记录也有着类似的争议，许多群体在灭绝事件开始前数百万年就在衰退，而其他物种显然正在蓬勃发展。

科学家们一直都怀疑是地外事件导致或促发了白垩纪末期的大灭绝。几十年来，该理论的主要问题是在特定地点缺乏撞击坑存在的明显证据。事实上，墨西哥的尤卡坦地区早已经给出了线索，虽然现在已经确定当地就是撞击地点，但此前的研究者并没有将该地和大灭绝联系起来。20世纪50年代的调查已经发现了与撞击有关的地层，只是当时没人认识到这个问题。在20世纪60年代和70年代，搜寻含油岩石的地质人员发现，地球物理学数据显示当地重力异常，即地球引力的变化（见图2）。这些线索表明存在类似撞击坑的残余物。虽然这个结果在1981年公开发表，但还是没有引起重视。与此同时，人们在1980年发现意大利、丹麦和新西

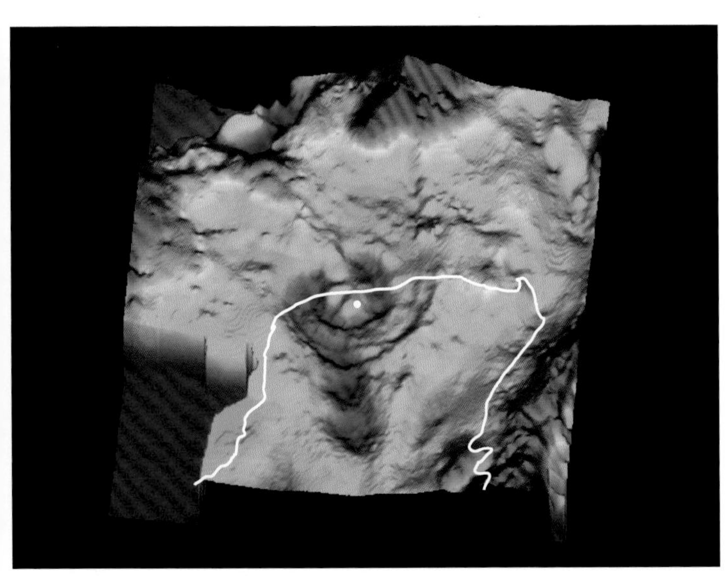

7 200万—6 600万年前	7 200万—6 600万年前	6 600万年前	6 600万年前	6 300万年前	6 000万年前
有袋类哺乳动物进化出多种成员。灭绝对它们的影响大于其他哺乳动物。	鳄类、蜥蜴、鬣蜥、蛇和蛇蜥繁荣壮大，几乎没有受到非鸟恐龙灭绝事件的影响。	白垩纪末期大灭绝发生，白垩纪结束，中生代也随之落幕。	古新世的第一个阶段达宁阶开始，这也是古近纪的第一个阶段和新生代的开端。	部分哺乳动物族群开始迅速进化出巨大的身体和更多样的形态，生活方式变得多种多样。	哺乳动物和鸟类继续进化，它们迅速取代了非鸟恐龙，成为优势陆生脊椎动物。

兰的白垩纪–古近纪界线地层存在超高浓度铱，铱是铂族金属，在地球上十分罕见，但在陨石和小行星中的浓度较高。这似乎表明有巨大的地外星体撞击地球，碎裂之后的颗粒散布全球。

最终，这些线索整合起来，研究者在1990年宣布墨西哥尤卡坦半岛及附近有一个年龄、大小都符合撞击理论的撞击坑，并以靠近其中心的一个城镇将其命名为希克苏鲁伯陨石坑（见图4）。陨石坑表明有巨大的物体——很可能是一颗直径10千米的小行星——在白垩纪末期撞击了该地区。最近，新的电脑程序建立起了重力异常的三维图像，可以详细模拟陨石坑的外观。陨石坑有15～25千米深，180千米宽，不过坑体周围的环形重力异常表明它可能达到300千米宽。

据估算，这么大的一个物体撞击地球后释放的能量比最大的人造核爆炸所产生的能量多10亿倍以上，如此规模的事件足以用来解释当时的大灭绝。此外，冲进大气层的灰尘会遮蔽阳光，造成冷却效应，致使植物死亡，食物链崩溃，即“核冬天”。地质证据表明，撞击造成的海啸冲击附近的海岸线，并摧毁了沿海环境。从理论上讲，灰烬和类似的爆炸喷发物会落回地球，并因温度过高而点燃森林，烧死动物。但当时的沉积物中没有大量木炭，可见并未发生全球火灾，而且大气过热导致生物死亡的理论也站不住脚。

希克苏鲁伯陨石坑的明显迹象已被大陆漂移、局部地球运动、侵蚀和沉积物所掩盖，在陆地和海洋中都是如此。原本的撞击区域现在深埋地下。当小行星或类似的天体撞击地球时，高压会使超热的玻璃状颗粒喷射到大气中并广泛散布，这就是所谓的玻璃陨石（见图3），海地和墨西哥都发现了白垩纪的玻陨石。轻微断裂的石英碎片也是撞击事件的结果，而

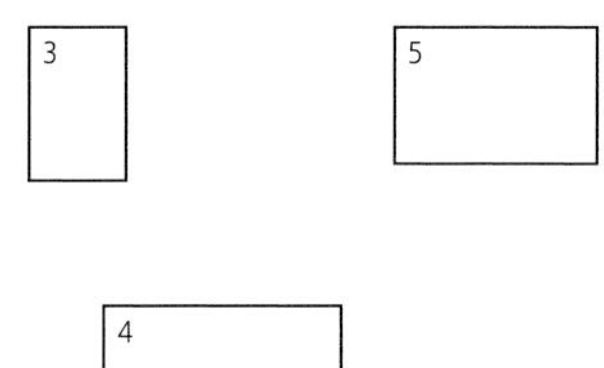

6 600万年前的许多岩石中都发现了“受震石英”。

争议主要集中在希克苏鲁伯陨石坑的形成时间能否与灭绝事件联系起来。自2009年以来，就有专家提出，撞击坑的年代和灭绝事件的时间不符。这催生了一系列详细研究，其最新的研究成果表明，火山的年代正好合适，就地质时间而言，撞击和灭绝几乎同时发生。然而，其他事件导致灭绝发生的可能性仍然存在。晚白垩世的火山活动极其猛烈，北美西部和大西洋东南部都有活火山喷发，大规模的熔岩喷发于印度德干地盾，致使超过100万立方千米的玄武岩被挤压到大片土地上。由此产生的气候变化和酸雨似乎使一些栖息地不再适合恐龙和其他动物们居住。不过依然有许多动物从大灭绝中幸存下来，小动物（见图6）似乎比大动物更容易生存。陆生哺乳动物和鸟类是最明显的幸存者，但某些两栖动物、龟鳖类（见图5）、蜥蜴、蛇和鳄类也延续下来，大量鱼类和昆虫也是如此。

2010年，一组专家投票同意是小行星撞击造成了希克苏鲁伯陨石坑，而且这就是白垩纪末期大灭绝的主要原因。不过其他地区也发现了撞击坑的证据，包括印度和乌克兰。印度的撞击坑位于孟买附近的东部海岸，被称为湿婆陨石坑，它可能是由40千米宽的物体撞击造成的。撞击事件有时是以流星雨的形式发生，因此可能有多次撞击同希克苏鲁伯撞击几乎同时发生。不过还没有确切证据能够证明其他陨石坑的形成时间和灭绝事件相符。DN

3 玻璃陨石是硬化的玻璃状矿物残骸，来自地外星体撞击地球时瞬间熔化的矿物，通常会散布到非常遥远的地方。很多玻陨石都可以同白垩纪大灭绝联系起来。

4 希克苏鲁伯撞击后的想象图，一部分位于尤卡坦半岛，一部分位于墨西哥湾。

5 原盖龟等海龟在白垩纪大灭绝中没有受到太大影响，只损失了大约1/5的物种。

6 随着大型掠食性恐龙的消失，哺乳动物在大灭绝后的几百万年内进化出了数百种新形态，例如类似松鼠的多瘤齿兽、羽齿兽和巨大牛状植食动物。

地狱溪化石床

白垩纪—古近纪

地点：美国蒙大拿州乔丹镇
时期：6 800万—6 500万年
组：地狱溪组
深度：50 ~ 100米

在白垩纪末期，一个沿海洪泛区占据了现在的美国蒙大拿州、北达科他州部分地区、南达科他州和怀俄明州。其东面是西部内陆海道，西面是一片平原，通往正在升高的落基山脉。洪泛平原上分布着三角洲、河流、小溪、湖泊、沼泽和干燥的灌木丛。植物包括苔藓、蕨类植物、常绿植物，例如苏铁、银杏和针叶树，还有许多花草树木，例如棕榈树、木兰、悬铃木、月桂和山毛榉。

许多生物都在这片丰富的栖息地里兴旺生长，例如昆虫、蛤蜊和最后的菊石，鲨鱼、白鲟、弓鳍鱼和鲟鱼等鱼类，蛙类和蝾螈等两栖动物，各种蜥蜴、蛇和龟类，巨大的神龙翼龙。多种鳄类和恐龙都在这里生活，例如巨大的暴龙和三角龙、甲龙、鸭嘴龙、肿头龙、似鸟龙和掠食性驰龙，也有棱齿龙等大家不太熟悉的恐龙。许多哺乳动物也生活在这里，大部分只有老鼠和兔子一般大小，包括多瘤齿兽、类似负鼠的早期有袋类鼠齿兽（*Didelphodon*），以及很有意思的早期灵长类加托里猴（*Purgatorius*）。大约6 600万年后，著名的化石猎人巴纳姆·布朗（1873—1963）在1902年带领团队探索了这片现在名为地狱溪的地区。他们发现的标本在1905年由亨利·费尔菲尔德·奥斯本命名为暴龙。挖掘工作如今仍在继续，地狱溪已成为世界著名的地质和古生物遗址。多个机构在蒙大拿州落基山脉博物馆共同开展的地狱溪项目（1990—2010）建立起了一个详细的数据库，并分析了意义重大的化石。DN

要点

地质

地狱溪组的岩性主要为黏土、泥岩和砂岩，形成于白垩纪末期（马斯特里赫特阶）和古近纪之初（达宁阶）。岩石表明当地曾有不断变化的丰饶栖息地，既有淡水也有半咸水，基本上属于亚热带气候，没有寒冷季节。

表面形貌

地狱溪组的大部分地区都是受到侵蚀的陡峭裸岩，可以看到暴露在地表的化石。当地有富铱沉积层存在的证据，这种全球白垩纪－古近纪交界都存在的现象正是星体撞击的证明。氩－氩法、化石法和地磁法等各种定年方法都表明该地历史接近6 600万年。

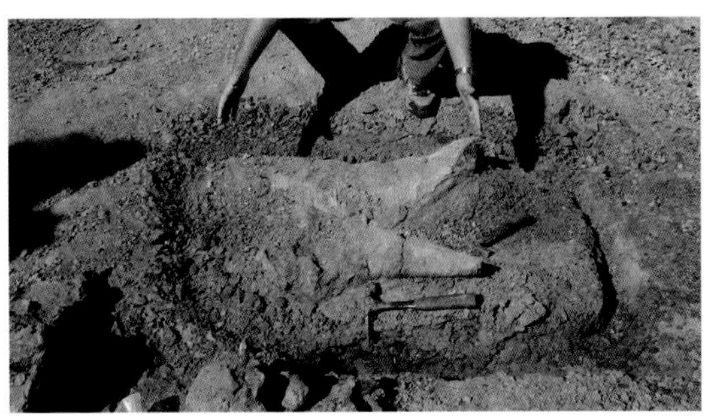

暴龙

地狱溪化石勘察中发现了大量暴龙化石（见302页），这有些出人意料。在某些层面中，暴龙化石占所有化石的1/4。暴龙这样的顶级掠食者通常要比猎物少见得多，不过大型植食性鸭嘴龙类埃德蒙顿龙的数量也十分庞大。它们的化石依然在研究之中。

三角龙

地狱溪最常见的大型恐龙是三角龙（见344页）。化石展现出了它们在100万—200万年间的变化。下部岩石的化石具有长喙和小鼻角，然后可以看到进化的中间阶段，而接近灭绝时的上部岩层化石具有短喙和大鼻角。

科学家简历

1857—1890年

亨利·费尔菲尔德·奥斯本出生在美国康涅狄格州费尔菲尔德的一个富裕家庭中，后来在普林斯顿大学学习考古学和地质学，导师是古生物学家爱德华·德林克·柯普。他后来又在伦敦和纽约学习，学成后回到普林斯顿大学担任教师。

1891—1905年

1891年，奥斯本同时担任哥伦比亚大学的动物学教授和美国自然历史博物馆脊椎动物古生物馆馆长，从此开始了漫长而杰出的古生物学研究。地狱溪标本送达美国自然历史博物馆之后，他认识到了这些化石的重大意义，并在1905年将巴纳姆·布朗发现的化石命名为暴龙。

1906—1925年

1908年，奥斯本成为美国自然历史博物馆馆长，又在第二年当选为动物学会主席，并在这两个岗位上奋斗了25年。对哺乳动物的浓厚兴趣促使他在20世纪20年代多次组织蒙古国科考，以期发现早期人类化石，但最终发现了大量恐龙和其他生物的化石，例如原角龙和伶盗龙（见308页），这两种恐龙也是由他命名的。

1926—1935年

奥斯本发表了大量有关大象化石和犀牛样动物雷兽的论文、畅销书和专著。他支持现在已经被摒弃的理论，即生物都朝着更大、更优秀的方向进化，与自然选择无关（系统发生说）。在古生物领域中，他是狂热的主分派：他几乎给类似化石中的每一个变体都命名为新物种，完全不考虑这可能是同一个物种里的自然差异。

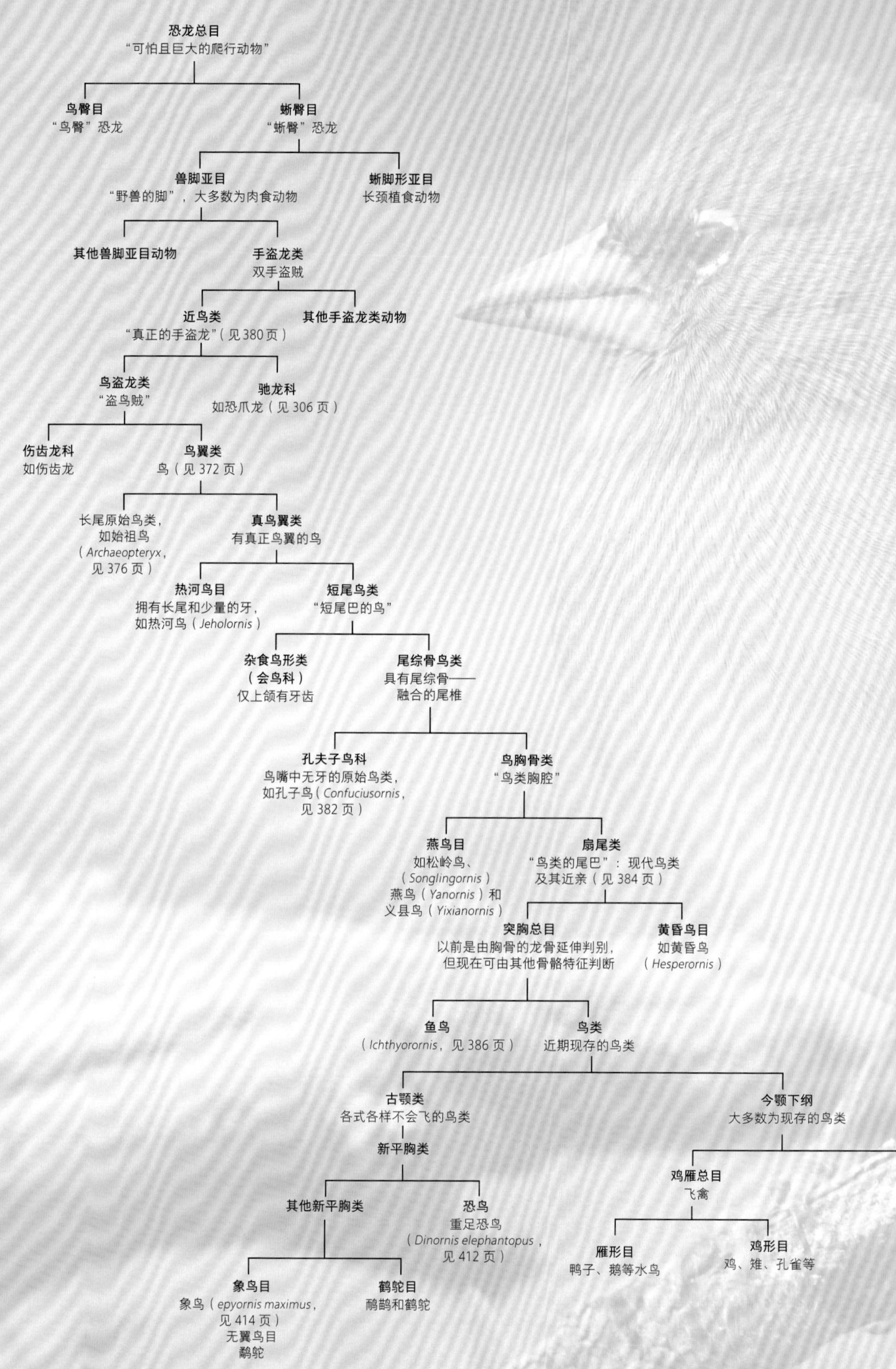
恐龙总目
“可怕且巨大的爬行动物”
鸟臀目
“鸟臀”恐龙
蜥臀目
“蜥臀”恐龙
兽脚亚目
“野兽的脚”，大多数为肉食动物
蜥脚形亚目
长颈植食动物
其他兽脚亚目动物
手盗龙类
双手盗贼
近鸟类
“真正的手盗龙”（见 380 页）
其他手盗龙类动物
鸟盗龙类
“盗鸟贼”
驰龙科
如恐爪龙（见 306 页）
伤齿龙科
如伤齿龙
鸟翼类
鸟（见 372 页）
长尾原始鸟类，
如始祖鸟
（Archaeopteryx，
见 376 页）
真鸟翼类
有真正鸟翼的鸟
热河鸟目
拥有长尾和少量的牙，
如热河鸟（Jeholornis）
短尾鸟类
“短尾巴的鸟”
杂食鸟形类
（会鸟科）
仅上颌有牙齿
尾综骨鸟类
具有尾综骨——
融合的尾椎
孔夫子鸟科
鸟嘴中无牙的原始鸟类，
如孔子鸟（Confuciusornis，
见 382 页）
鸟胸骨类
“鸟类胸腔”
燕鸟目
如松岭鸟、
（Songlingornis）
燕鸟（Yanornis）和
义县鸟（Yixianornis）
扇尾类
“鸟类的尾巴”：现代鸟类
及其近亲（见 384 页）
突胸总目
以前是由胸骨的龙骨延伸判别，
但现在可由其他骨骼特征判断
黄昏鸟目
如黄昏鸟
（Hesperornis）
鱼鸟
（Ichthyornis，见 386 页）
鸟类
近期现存的鸟类
古颚类
各式各样不会飞的鸟类
今颚下纲
大多数为现存的鸟类
新平胸类
其他新平胸类
恐鸟
重足恐鸟
（Dinornis elephantopus，
见 412 页）
鸡雁总目
飞禽
雁形目
鸭子、鹅等水鸟
鸡形目
鸡、雉、孔雀等
象鸟目
象鸟（epyornis maximus，
见 414 页）
无翼鸟目
鹬鸵
鹤鸵目
鸸鹋和鹤鸵

6 | 鸟类

一直以来，人们都认为羽毛是鸟类的专利，但在20世纪90年代，某些化石的研究表明羽毛是恐龙的遗产。恐龙可能会利用它们保暖，或者进化出鲜艳的颜色作为视觉展示，飞行是后来才出现的能力。恐龙与羽毛之间的进化联系十分紧密，所以现在认为鸟类就是现生恐龙。一万多种现生鸟类都是恐龙的近亲，新的DNA证据和其他证据都对传统的鸟类分类提出了怀疑。

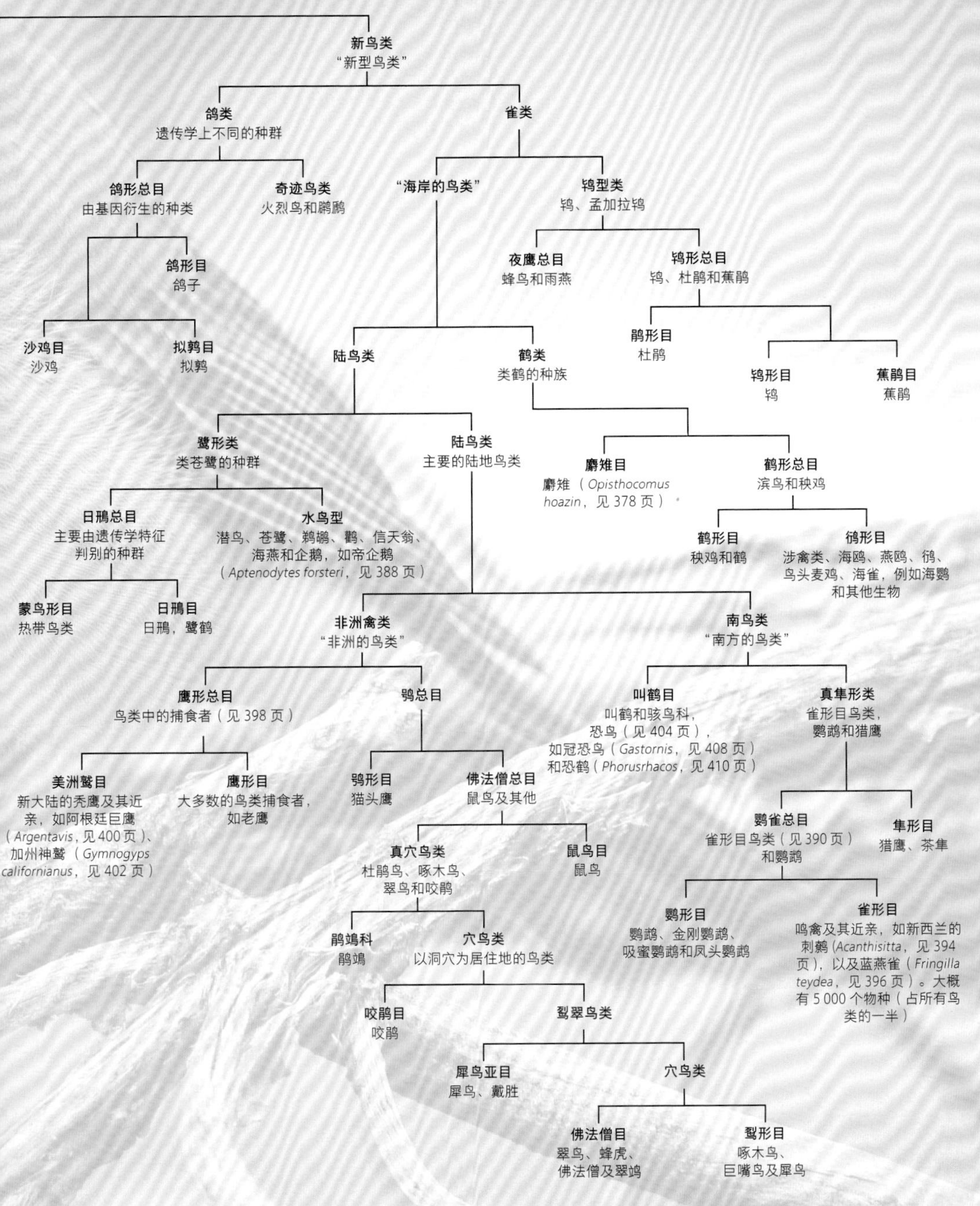

从恐龙到鸟类

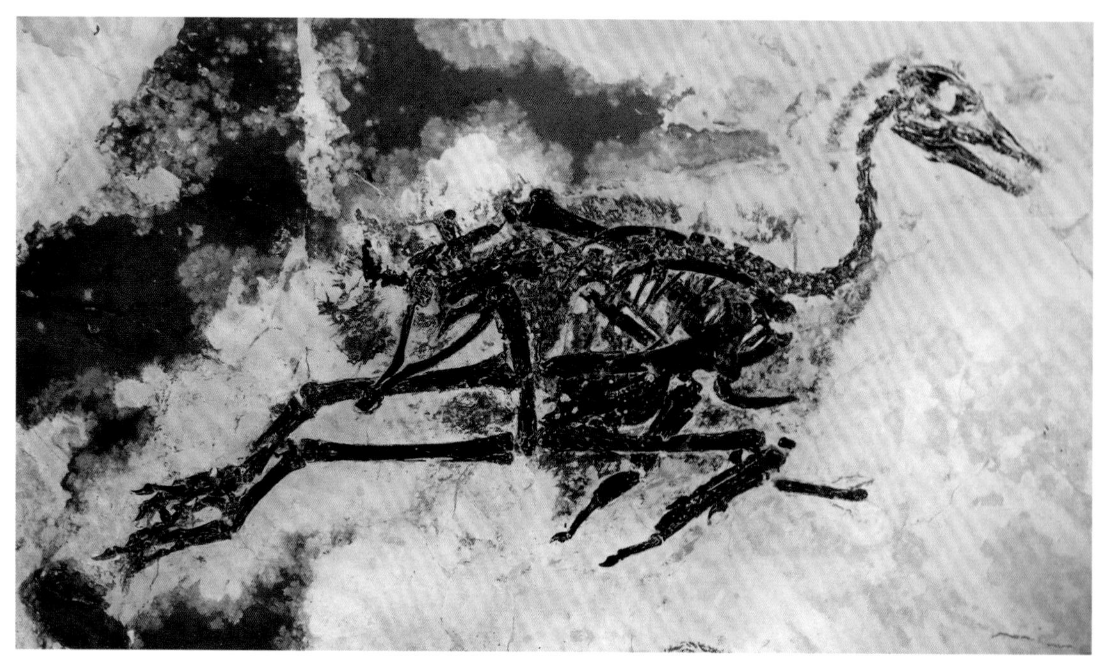

鸟类的起源一直都有争议。部分原因在于鸟类化石十分罕见，它们的骨骼纤细、轻盈、中空，很容易腐烂，也很容易被掠食者破坏，因此很少能完整保留下来。不过自20世纪80年代末起，越来越多的证据都表明鸟类起源于小型肉食性恐龙，后者的手臂、手腕和手指都为翅膀的进化做出了“预适应”。预适应是指已经存在的特征在稍加改变之后获得完全不同的新功能。新功能不是预先确定的，但在朝着新方向发展时，进化便有了一个良好的开端。

鸟类学和古生物学研究都为鸟类的进化提供了线索。研究者在1861年发现鸟类和爬行动物存在联系，这是最著名的研究成果之一。当时，德国巴伐利亚州的石灰岩矿床中发现了几个保存相当完好的鸟类化石标本，它们被命名为始祖鸟（意为“古翼”，见图3）。而就在1859年，同一片巴伐利亚石灰岩沉积物产出了另一种令人惊叹的似鸟恐龙，即美颌龙（见262页）。这些发现又激起了恐龙与鸟类有关的猜测，从那时起，人们就开始广泛探讨从爬行动物到鸟类的进化道路。

关键事件

2.3亿—2.1亿年前	2.27亿—2.06亿年前	1.95亿年前	1.6亿年前	1.5亿年前	1.5亿年前
恐龙分化为鸟臀类和蜥臀类。	蜥臀类分化为大多数为四足动物的植食性蜥脚类和两足的肉食性兽脚类。	兽脚类分化出多个分支，其中一个是暴龙及其近亲。鸟类的祖先是真手盗龙类。	近鸟龙在中国东北繁荣起来，它们通常被视为小型披羽手盗龙类，而不是真正的鸟类。	已灭绝的喙嘴翼龙是早期翼龙，也是恐龙的近亲。	小而轻盈的奔跑高手美颌龙具有似鸟羽毛。

自20世纪90年代初以来，许多重要的类鸟类化石纷纷重见天日。其中，来自1.45亿—1亿年前早白垩世中国辽宁省的化石最为著名。古生物学家很快意识到它们在科研上的价值，随后掀起了一股恐龙化石热潮。很多这类化石都对填补恐龙向鸟类发展的进化空白起了很大帮助，不过确切的进化方式仍然备受争议。近期在中国发现的似鸟恐龙化石包括赫氏近鸟龙（*Anchiornis huxleyi*，见图1），这是种体形极小的恐龙或者“龙鸟”，发表于2009年，为纪念英国生物学家托马斯·亨利·赫胥黎而命名（见263页）。它们生活在1.6亿年前，比始祖鸟还要早1 000万年，而且拥有发育健全的翅膀，后肢上也有类似翼羽的羽毛。

不过在鸟类的进化史上，最重要的化石依然是始祖鸟。它们是最古老的鸟类之一，确切而言，是介于爬行类和鸟类之间的生物。第一具始祖鸟化石是发现于1860年的羽毛（见图2），发现地位于巴伐利亚索伦霍芬附近的石灰岩。羽毛被其主人命名为印石板始祖鸟，因为化石是保存在用于平版印刷（1798年发明的印刷技术）的细粒石灰岩板中。岩石的粒度很小，有助于完整保存细节。一年之后的1861年，人们又发现了第一具比较完整的化石，它距今大约有1.47亿年。应大英博物馆自然部主管理查德·欧文的请求，这具著名的西门子始祖鸟（*A. siemensii*）化石在第二年出售给了大英博物馆，现在它是伦敦自然历史博物馆的明星展品。

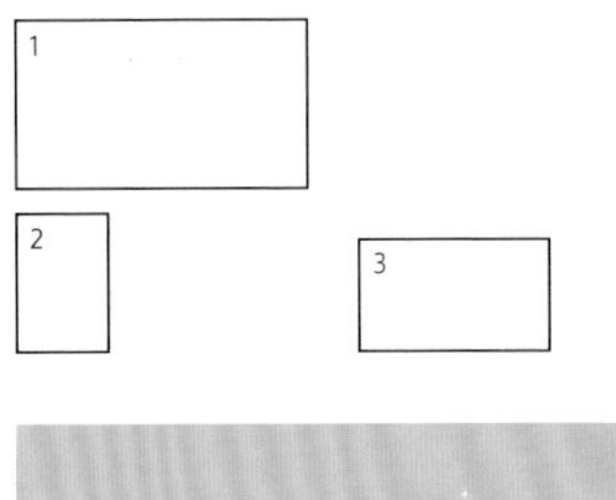

1 精细的近鸟龙化石，它是不足50厘米长的小恐龙，实际上属于非鸟恐龙。

2 始祖鸟的化石羽毛具有一根带羽片的主轴（羽轴），类似现代鸟类的飞羽。

3 始祖鸟的复原形象通常被描绘它们在追逐小动物，用有齿的颌部猛咬对方。这跟没有牙齿的现代鸟类正好相反。

1.5亿年前

最古老的鸟类身上混合了鸟类和爬行动物的特征，特别是始祖鸟，这说明鸟类的进化历史十分漫长。

1.3亿年前

中国生活着中华龙鸟（*Sinosauropteryx*）。后来的化石发现显示出了明显的羽毛证据。

1.25亿年前

发现于中国义县组的尾羽龙（*Caudipteryx*）是不能飞的鸟类，兼具爬行类和鸟类特征。

1.24亿年前

寐龙（*Mei long*）是一种小型恐龙，其特征与真正的鸟类接近。

1.22亿年前

小恐龙金凤鸟（*Jinfengopteryx*）长出了羽毛，在2005年被归为鸟类，它们后来又被重新归为手盗龙类。

7 700万年前

北美生活着伤齿龙（*Troodon*），它们所属的族群也以它们命名。伤齿龙类是小型真手盗龙，可能是鸟类的祖先。

欧文在1863年描述了始祖鸟，这具标本现在是始祖鸟的“模式种”，即科学命名的依据以及比较新发现的标准。始祖鸟化石被发现几年之后，人们又发现了一些其他化石，包括完整的骨骼，这些化石明显具有介于爬行动物和鸟类之间的特征。瑟莫波利斯的始祖鸟化石（见376页）就是一个很好的例子，这具化石在美国的怀俄明州恐龙中心展出。

保存始祖鸟化石的细粒石灰岩床是在侏罗纪晚期（约1.5亿年前）热带海洋的浅水环境中，通过堆积作用形成的。死去的动物沉入海床，逐渐被富含石灰岩的沉积物所覆盖。薄薄的细粒石灰岩和页岩中完美地保存着菊石、海百合、甲壳类、鱼类、昆虫等众多生物。

虽然始祖鸟具有羽毛，而且可能能够滑翔，但它们也具有爬行动物的特征。头骨（见图4）上具有逐渐变窄的长吻部和小牙齿，它们还具有小腰带、长尾巴和有爪的手指。现代麝雉也具有最后一个特征（见378页）。从这些方面来看，始祖鸟与当时的多种肉食性小恐龙十分相似。人们早已发现爬行动物与鸟类的解剖结构存在相似之处，而始祖鸟实实在在地证明了这两个物种有密切的进化关联。它们有明显的爬行动物特征，但身体的大部分区域都覆盖着羽毛，而且前肢和翅膀非常相似。除了羽毛，始祖鸟还拥有一些更像鸟的特征：粗壮的胸骨，被肌肉附着的凸缘；肩胛骨位于背部，靠近脊柱；肩带有融合的叉骨；小腿跖骨稍有融合；脚趾减少为三根朝前的和一根对生后趾。生物学家越来越清楚地认识到，虽然始祖鸟和爬行动物相似，但应属于鸟类，于是恐龙和鸟的分类渐渐改变。这一过程得到了支序分类学的帮助（见18页），也通过后来发现的多种恐龙和鸟类化石得到了验证。想要精确界定逐渐发生的进化过程十分困难，这也加大了确定始祖鸟和其他似鸟化石是否真属于鸟类的难度。始祖鸟及其历史更短的表亲，明确展示出了越来越像鸟类的生物向现代鸟类进化的过程。它们证实了达尔文的自然选择进化理论，同时也反映出想要确定鸟类的起源何其困难。

许多现代技术已被用于从始祖鸟化石中提取越来越多有价值的信息，研究人员使用CT（X射线计算机断层扫描）扫描仪研究了自然历史博物馆标本的头骨，得出始祖鸟的三维大脑结构和形状与现代鸟类十分相似。在位于法国格勒诺布尔的欧洲同步辐射机构中，研究者利用了使用巨型X射线机的新技术分析始祖鸟化石，得出了目前最清晰的解剖结构，包括更明显的羽毛痕迹，甚至是骨骼内血管的细节。

始祖鸟属于鸟类已经成为共识，主要原因是它们的骨骼特征。羽毛不再是鸟类的专利，许多明显不属于鸟类的恐龙也拥有羽毛（见310页）。相反，始祖鸟也具有现代鸟类所不具备的众多恐龙特征。因此它们一般被视为过渡族群：和最终进化成鸟类的恐龙关系密切，但它可能不是现生鸟类的直接祖先。进化树上通往鸟类起源的具体节点颇具争议。一些古生物学家坚信鸟类的祖先尚未被发现，但大多数人都相信鸟类源自兽脚类陆生恐龙。非鸟兽脚类诞生于距今大约2.3亿年的晚三叠世，一直延续到约6 600万年前的白垩纪末期，其中包括家喻户晓体形惊人的恐龙，例如暴龙和棘龙，以及众多小得多的恐龙，其中部分明显具有鸟类特征，例如伤齿龙（见图5）。标志着白垩纪结束的大灭绝事件见证了大约3/4的动植物走上末路，包括非鸟恐龙。但促使现代鸟类的恐龙族群幸存了下来，并成为地球上大部分地区的优势动物。

兽脚类恐龙中的鸟类祖先可能是虚骨龙类。这个分布广泛的类群包括小型美颌龙及其近亲、大型暴龙、似鸟龙（见图6），以及普遍更小、更迅捷、更灵活的真手盗龙类。真手盗龙具有长长的手臂、明显的胸骨、指向后方的腰带，这些都是鸟类的特征。一些手盗龙的肺出现了类似鸟类的变化，还具有充满空气的中空骨骼。某些化石甚至展现出了类似鸟类的筑巢行为。它们的肩膀、手腕和手骨形状，以及关节，只需要一点小小的改变，就可以变成上下扑动的翅膀，通过扭动动作来产生向前飞行的动力。用于创建谱系树的系统解剖学分析也为这种鸟类起源观点提供了支持，同比较方式更主观的传统分类方法相比，这种方式应该可以更可靠地表明真实进化路径。通过支序分类学分析，最近越来越多的化石证据都支持手盗龙是鸟类祖先的观点。MW

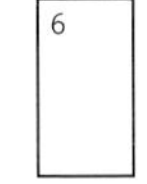

4 始祖鸟头骨，通过X线扫描复原，展示出了锋利的小牙齿、大眼睛和容纳大脑的后部颅腔，类似现代鸟类。

5 真手盗龙类里的小恐龙伤齿龙与催生出鸟类的小恐龙类似。

6 虽然似鸟龙和鸟类十分相似，但它们在虚骨龙类中并无紧密的亲缘关系。

始祖鸟

晚侏罗世

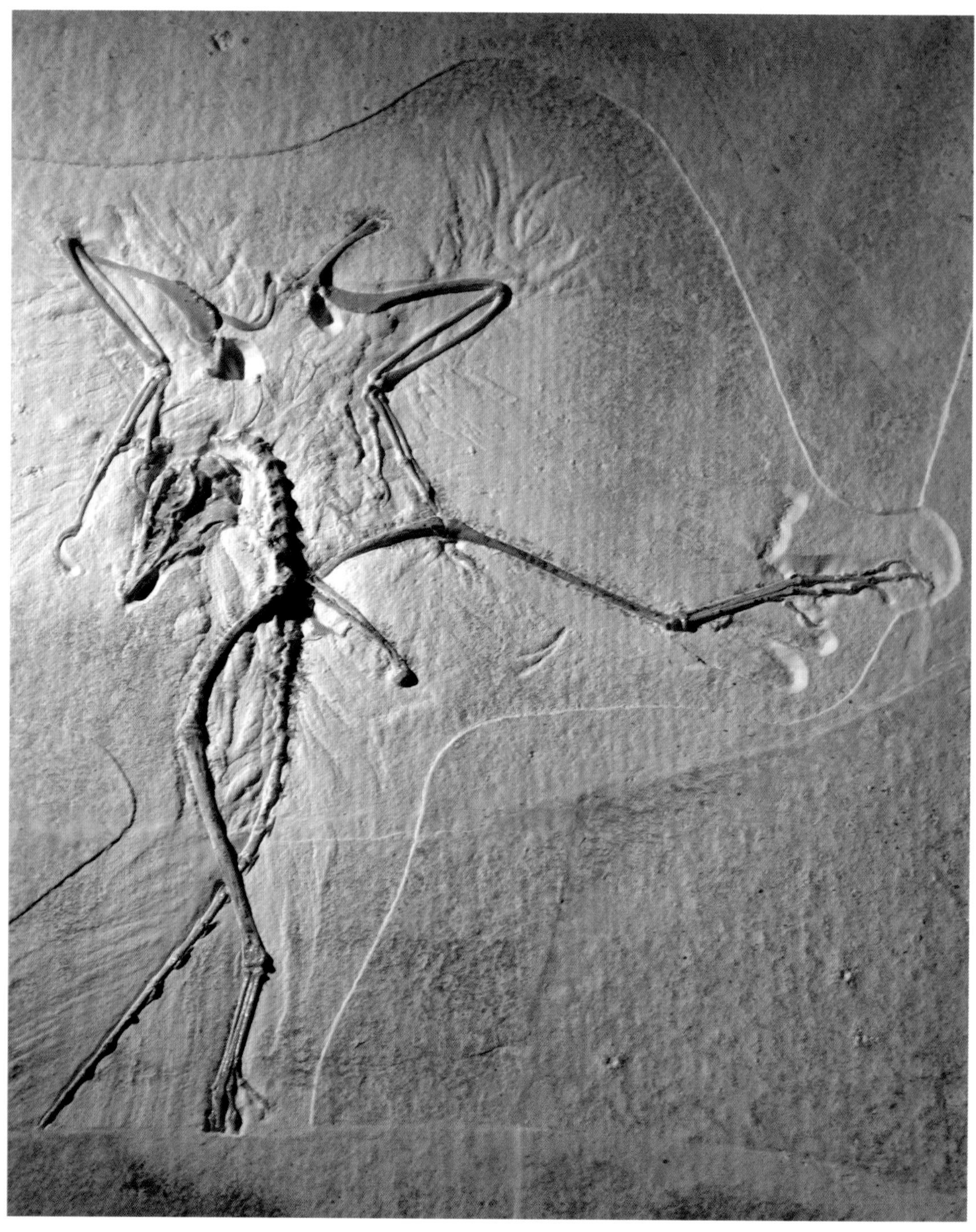

种：西门子始祖鸟(*Archaeopteryx siemensii*)
族群：始祖鸟科(Archaeopterygidae)
体长：50厘米
发现地：德国索伦霍芬

图片导航

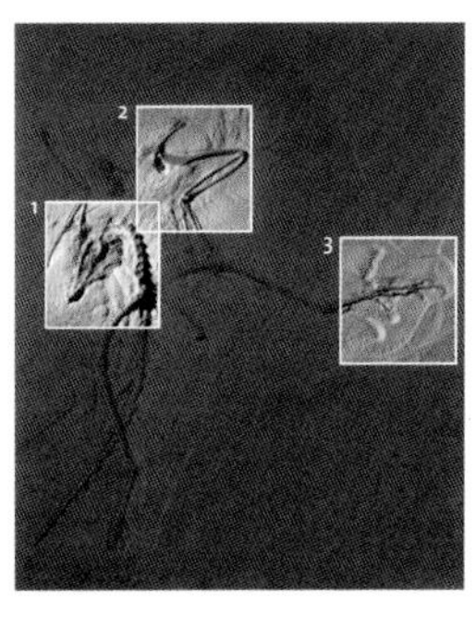

在迄今为止发现的10多具“始祖鸟”化石中，瑟莫波利斯标本与其他大多数化石一样都来自德国巴伐利亚。它在2005年被正式发表，此前属于一个瑞士的私人收藏家，后来有匿名人士将它买下来捐赠给了美国怀俄明州恐龙中心。这是保存最好、最完整的始祖鸟化石之一，因完好的头部和足部而出名。其第二趾可以大幅度伸张，而且活动范围远大于其他两根前向脚趾，这也是盗龙（驰龙类）的特征，例如伶盗龙（见308页）和恐爪龙（见306页）。胸骨粗壮，具有附着肌肉的突起；喙状骨将肩胛与胸骨连接起来，以承受运动压力，现代鸟类依然具有这种进化特征。

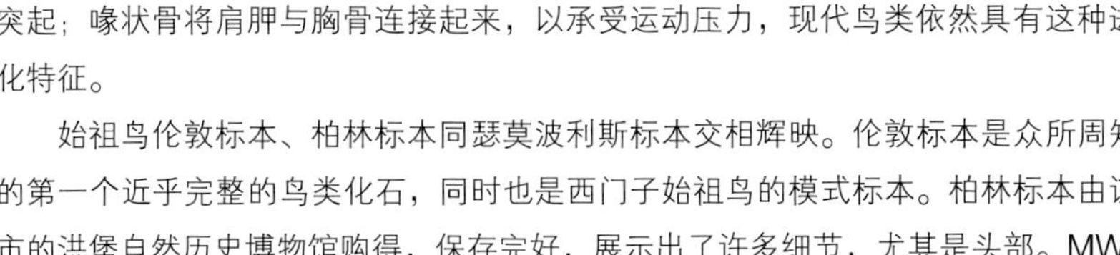

始祖鸟伦敦标本、柏林标本同瑟莫波利斯标本交相辉映。伦敦标本是众所周知的第一个近乎完整的鸟类化石，同时也是西门子始祖鸟的模式标本。柏林标本由该市的洪堡自然历史博物馆购得，保存完好，展示出了许多细节，尤其是头部。MW

要点

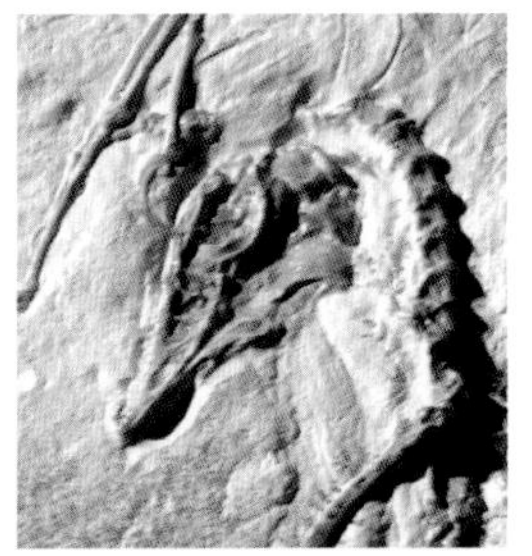

1 头骨和牙齿

X射线分析显示，头骨中脑部的大小、形状和结构与现代鸟类相当。始祖鸟有爬行动物的牙齿，小而尖，表明它们是肉食性动物，主要以昆虫为食，但也会捕食蠕虫等小动物。

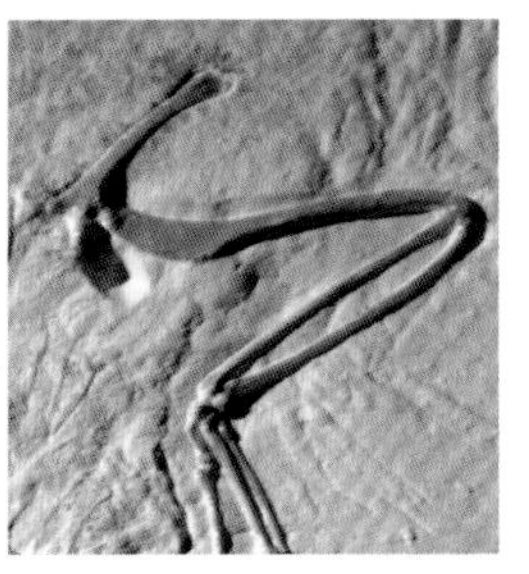

2 翅膀和羽毛

前肢进化成了有羽毛的翅膀，而且有些羽毛与现生鸟类的羽毛非常相似。始祖鸟不太可能强有力地持续飞行。它们或许只是简单地扇动翅膀，短距离滑翔。

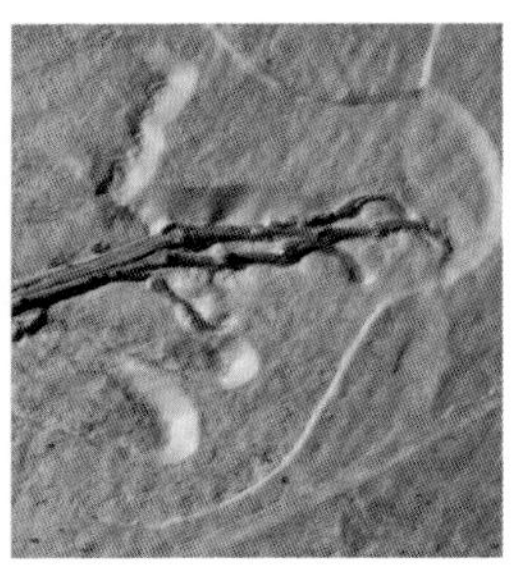

3 足部和脚趾

脚趾处于爬行动物和鸟类之间。有三根脚趾指向前方，还有一根小小的对向后趾，但还没有完全颠倒位置，不能像现生鸟类一样抓握。第二根脚趾同盗龙类一样可以大幅度伸展。

沉睡的恐龙

非鸟恐龙有时会具有类似鸟类的行为，这一点从一具几乎完全以鸟类姿态被保存下来的披羽化石中得到了充分的印证。它将脑袋埋在一只翅膀（或前肢）下面，双腿弯折在身体下面，仿佛在睡觉（上图）。这具化石于2004年在中国辽宁省发现，名为寐龙，即“沉睡的龙”。但保存它的岩石表明，它并不是在安眠，反而很有可能是被火山灰迅速吞没，所以这个姿态大概是为了尽力保护自己，它也可能是因为火山气体中毒而亡。寐龙生活在1.245亿年前，长度约为45厘米，翼展约为30厘米。它们属于伤齿龙类，与真正的鸟类是近亲。

麝雉

更新世至今

种：麝雉（*Opisthocomus hoazin*）
族群：麝雉科（Opisthocomidae）
体长：70厘米
发现地：南美北部
世界自然保护联盟：无危

图片导航

麝雉无疑是最奇特的现生鸟类之一，它在鸟类进化中的位置一直让科学家们倍感困扰。麝雉独立组成了麝雉科，它们生活在热带沼泽，主要分布在南美洲北部的亚马孙河流域与奥诺科河流域。雌鸟通常会在水面上建起乱糟糟的树枝巢，每次产2 ~ 3枚卵，雏鸟在大约4周后孵化。与当地栖息的其他鸟类相比，这些特征都很与众不同。

更奇特的是，麝雉和始祖鸟以及许多古老鸟类一样，雏鸟的翅膀上有爪子，可以用来爬树（见右下图）。成鸟虽然可以笨拙地飞行，但会花很多时间爬树并在树枝上栖息。研究者起初因为爪子而认定麝雉是恐龙的直系后裔，堪称活化石。不过现在看来这可能是返祖现象，这些不寻常特征的历史并不长，因高度特化的生活方式而出现。最近人们也发现了麝雉的化石。2011年巴西发现的湖栖古麝雉（*Hoazinavus lacstri*）化石年代为2 400万—2 200万年前。该化石和现生麝雉的形态非常相似，不过要小得多。在不同时期，麝雉曾被归为鸡形目中的雉类，以及鹃形目中杜鹃和近亲。 MW

要点

1 头部和颈部

成年麝雉的脑袋很小，面部基本没有羽毛，但有巨大的尖刺状头饰。它们小头、长脖子、长尾巴的形态在鸟类中并不多见，尤其是在主要生活在树上和需要一定敏捷性的物种中。麝雉体长60 ~ 70厘米。交流方式让它们显得更加怪异：嘶嘶声、咕噜声和尖叫声混在一起。

2 觅食和消化

麝雉摄入的叶片和果实一部分通过发酵消化，发酵的气味让它们浑身恶臭，因此得名“臭鸟”。发酵是反刍动物的普遍消化方式，但在鸟类中并不常见。发酵过程缓慢，因此麝雉必须大量摄入食物，所以它们体形庞大，身体沉重。储藏食物的嗉囊与它们用于飞行的主肌相邻，降低了它们的行动效率。

有爪的翅膀

如果说成年麝雉是世界上最奇怪的鸟类之一，那它们的雏鸟就更加奇怪。刚孵化的雏鸟浑身赤裸，但很快就会长出一层绒羽。它们不会在鸟巢里停留很长时间，反倒是会用翅膀上的爪子在树枝上爬来爬去。每只翅膀都有两只爪子，爪子位于翅膀一个弯曲的腕上（上图）。有爪翅膀同始祖鸟等鸟类的早期祖先十分相似，后者在成年后也会保留翅膀上的爪子，而麝雉雏鸟的翼爪大约2个月后就会消失，此时它们具备飞行能力，但飞行能力很弱。受到惊吓时，雏鸟就会爬上树枝或掉进鸟巢下面的水里，然后游回来抓住树枝。

飞行能力的进化

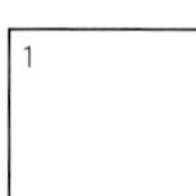

1 中华龙鸟在1996年被命名，是第一种为人所知的披羽非鸟恐龙，也是美颌龙（见262页）的近亲。它们不属于进化出真鸟的族系。

2 现生南方鼯鼠（*Glaucomys volans*），虽然是哺乳动物，但展示了真正的持续飞行是如何通过滑翔实现的。

3 美国怀俄明州绿河组的单独羽毛化石，可以追溯到5 000万年前。这根羽毛具有绒羽结构。

提到“鸟类”两个字会让人立刻联想到飞行，因为大多数现生鸟类都会飞，尽管有一些鸟类已经失去了飞行能力，例如鸵鸟、鹬鸵和许多孤立海岛上的鸟类，尤其是秧鸡。面对鸟类祖先的大量化石，包括会飞的和不会飞的，我们不禁要问：飞行是怎么进化出来的？人们为此提出了多个理论。

一些早期的似鸟恐龙具有大量羽毛，可以在奔跑时增加弹跳力和速度。“自地而上”理论或“奔跑起源说”认为，随着时间的推移，它们在羽毛的帮助下逐渐偶尔可以飞到空中进行短距离滑翔，继而又渐渐在滑翔飞行中掺杂微弱的鼓翼动作，以便延长飞行时间。由此，不难想象它们的鼓翼动作越来越熟练，于是走上飞行效率越来越高的进化道路，最终实现全动力飞行。鸟类祖先可能是为了逃避陆生掠食者而进化出了这种能力。所有旨在减少被追赶和被捕食的压力而发展起来的适应措施似乎都大获成功，即

关键事件

2.15亿年前

这个时期可能出现了最初的单根丝状“原始羽毛”。从那以后，晚侏罗世鸟臀类恐龙身上也发现了这种结构。

1.65亿年前

中国生活着足部长满羽毛的足羽龙（*Pedopenna*），它们是早期的小型真手盗龙类。

1.6亿年前

小型披羽恐龙近鸟龙的前肢和后肢上都长有飞羽，足部也有羽毛，不过可能并不擅长飞行。

1.5亿年前

始祖鸟进化出发育良好的飞羽。它们即使不能持续飞行，也肯定擅长滑翔。

1.25亿年前

在一些与暴龙有关的恐龙身上发现了多丝羽毛，它们在底部与中央的长丝相连（见302页）。

1.25亿年前

在中华龙鸟等恐龙身上发现多根类似绒羽的细丝羽毛。

使是短距离的鼓翼飞行或滑翔都很可能会增加原始鸟类的生存机会。

很多现生鸟类都因为当地没有掠食者而失去了飞行能力，例如海岛上的鸟。因此捕食压力理论有一定道理。但反对者认为从空气动力学标准来看，始祖鸟（见376页）的翅膀面积和体重并不能让它们获得起飞速度，而且地面环境一般不会宽阔平整。

也有人提出了“扑击”理论，即跃向猎物的动作因为有羽毛的前肢而越来越有效率。扑击逐渐变成了俯冲，让刚起步的飞行家可以轻松改变方向，甚至可以追踪空中的猎物，如飞虫。“自树而下”的理论认为最初的飞鸟会先爬到足够高的有利位置之后，随后利用重力起飞，类似鼯鼠的滑翔（见图2）。虽然始祖鸟的后趾因不发达而不适合攀爬，但翼爪有协助作用。这个进化过程有利于具有更大、更强壮有羽前肢的生物，让它们获得更优秀的飞翔能力。

目前已经发现了很多披羽生物，包括孔子鸟（见382页）和非鸟恐龙。可能多个族系都进化出了完备的有羽翅膀，特别是小型肉食性恐龙。其中小盗龙最为著名，它们在2003年根据发现于中国辽宁省的标本命名。小盗龙大约生活在1.25亿年前的早白垩世，属于真手盗龙类。不仅它们的前肢形似翅膀且有羽毛，就连后肢上也有一簇簇类似翼羽的小羽毛，使它们看上去形似蝴蝶。小盗龙主要生活在树上，翅膀面积（位于后肢和前肢上）足够大，即使不能完成弱动力飞行，也足以实现滑翔。这样的恐龙让人们对鸟类是如何进化出真正持续飞翔能力的，以及这种进化只发生过一次，还是在不同的早期族群中多次发生有了诸多见解。

飞行能力的起源与羽毛的起源密切相关（见图3）。这种轻盈的结构似乎在爬行动物中多次进化，特别是非鸟类恐龙。一些简单的羽状结构可能是用于保暖的（见图1）。符合空气动力学的飞羽是动力飞行的先决条件，而且和简单的羽毛完全不同。飞行还需要其他适应性变化。骨骼变得部分中空，因此在保持刚性和强度的同时，大幅度减轻了重量。胸骨形成了明显的龙骨突用来附着强壮的翅膀肌肉。具有真正牙齿的恐龙类吻部也变成了真鸟类的角质无齿喙部，结实并且轻盈。这些变化减轻了身体的整体重量，从而提高了飞行能力。MW

1.25亿年前	1.24亿年前	1.24亿—1.2亿年前	1.2亿年前	1亿年前	7 000万年前
中国的羽暴龙是暴龙的早期表亲，也是最大的有羽生物之一，体长可达9米。	廓羽变得更加常见，在窃蛋龙和多种鸟类中尤其明显。	中国的食鱼鸟类燕鸟（*Yanornis*）具有强壮的飞行肌，可能是当时最优秀的飞行者。	很多鸟类化石都具有适合飞行的不对称廓羽，这种羽毛十分适合飞行，多种化石鸟类中都有该特征。	多种羽毛类型出现，包括飞羽和更保守的体羽，这和现生鸟类的羽毛十分相似。	北美和欧洲生活着有史以来最大的飞行动物。但它们并不是鸟类，而是翼展超过10米的神龙翼龙。

孔子鸟

早白垩世

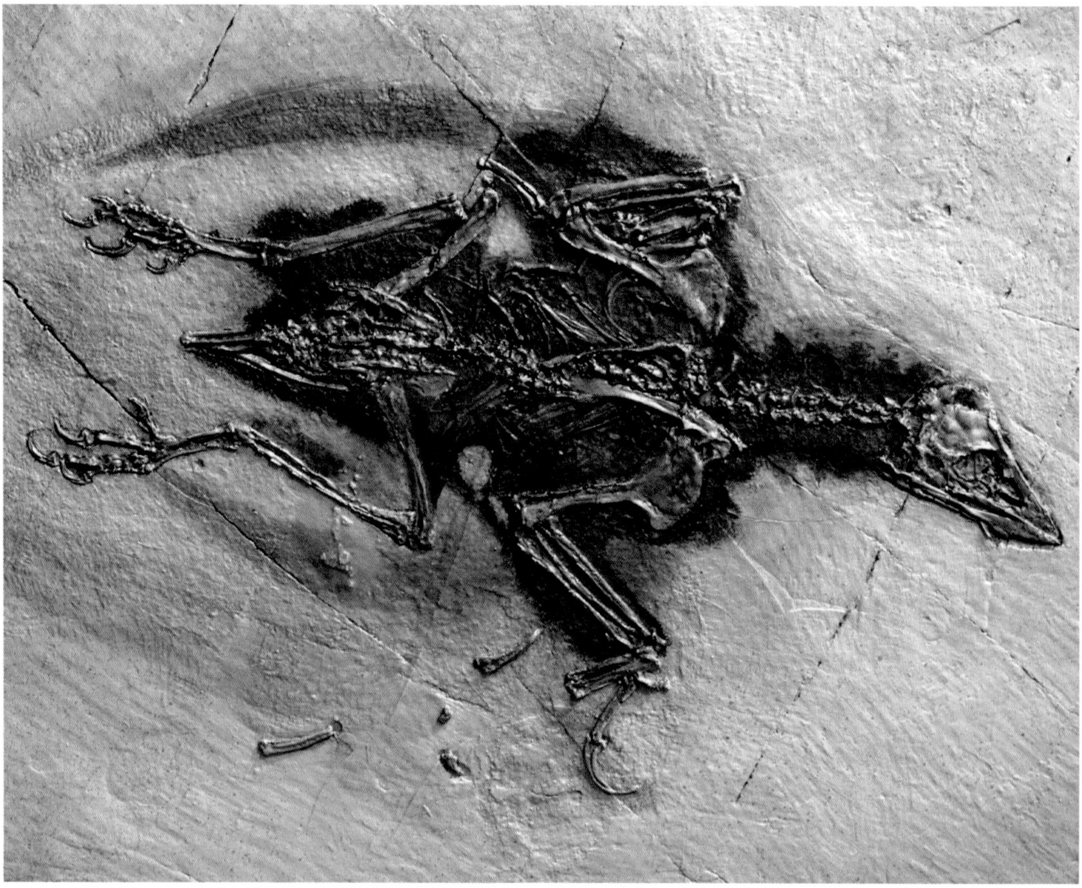

种：圣贤孔子鸟
(*Confuciusornis sanctus*)
族群：孔子鸟
(Confusciusornithidae)
体长：37厘米
发现地：中国

孔子鸟于1995年首次被描述，是中国东北辽宁省的另一个重要化石属。自发现以来，数百具保存完好的化石相继出土。这种乌鸦大小、具有爬行特征的鸟类生活在1.25亿年前，包括多个种，最著名的有圣贤孔子鸟（*C. sanctus*）、杜氏孔子鸟（*C. dui*）和建昌孔子鸟（*C. jianchangensis*）。它们体长37厘米，翼展60～70厘米，喙部同很多现生鸟类相似，末端尖锐，没有牙齿。很多标本都完好保存着羽毛，包括翼尖的长初级飞羽和内部的短次级飞羽，和现生鸟类相同。虽然体形和有羽毛的翅膀表明它们可以飞行，但孔子鸟的肩胛结构无法完成现代飞鸟的翅膀上抬动作。它们或许可以实现些许动力飞行，并穿插着短时间的滑翔。孔子鸟可能会用翼爪爬树，然后跃向空中，在树干和树枝间拍打翅膀或者滑翔。它们的尾巴很短，尾骨数量大幅度减少，变成了短钝的尾综骨，这和现生鸟类十分相似。部分化石标本保存着两条缎带样的长尾羽，会在飞行中飘曳。其他标本没有这种尾羽。这可能是雄性才具备的特征，用以吸引配偶。MW

图片导航

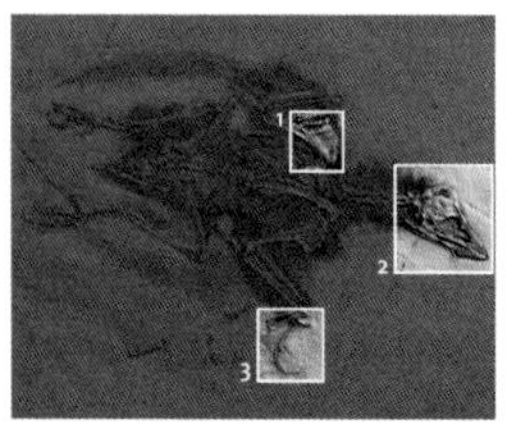

要点

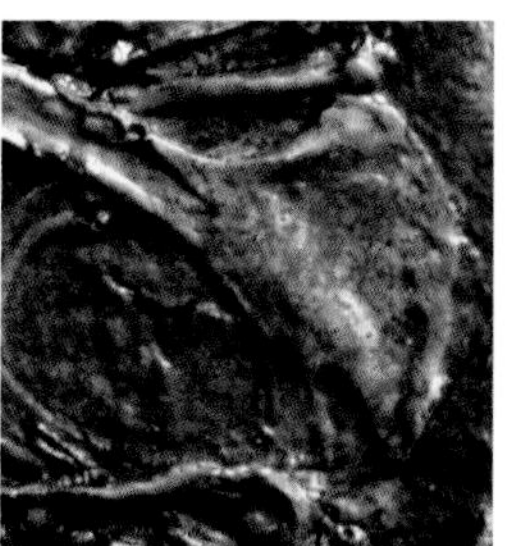

1 无力的飞行

虽然圣贤孔子鸟的翅膀上羽毛发达，但肩胛结构不能完成持续动力飞行所需的上抬动作。它们的胸骨也很小，可见飞行肌不是很发达。

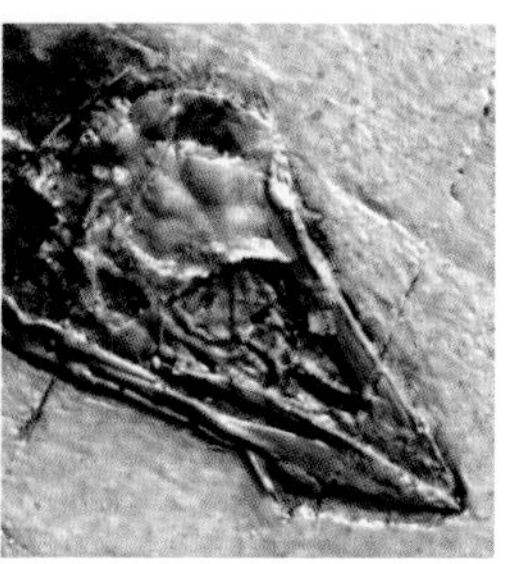

2 现代鸟喙

圣贤孔子鸟的喙部和现生鸟类十分相似，没有牙齿而且末端尖锐，似乎很适合采食植物和捕猎小动物。部分标本的胃部保留有鱼类残骸，为它们的习性和栖息地提供了线索。

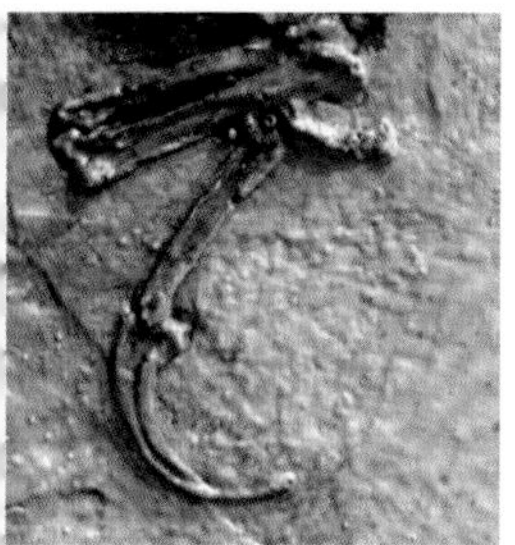

3 翼爪

除了保存完好的长而窄的翅膀，圣贤孔子鸟还具有趾爪。同始祖鸟一样，它们长有巨大的拇趾爪和两根较小的第二和第三趾爪。它们可能会用爪子爬树。

孔子鸟的亲缘关系

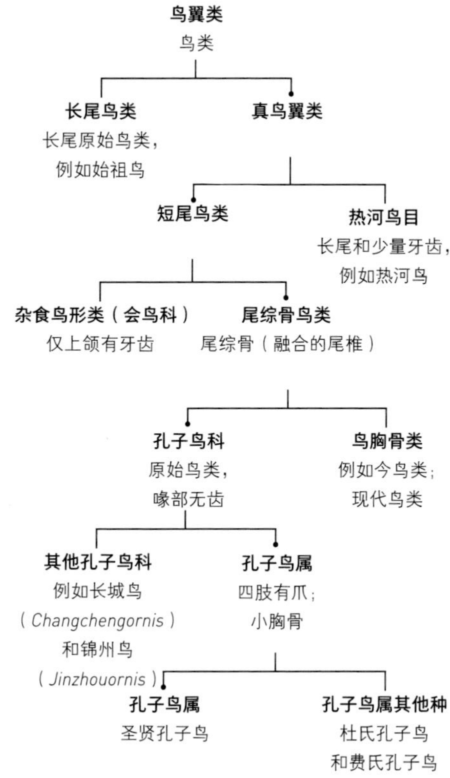

▲ 鸟类的分类方法很多，此处使用的是牙齿和尾巴。其他系统以胸骨上的龙骨突为依据。大部分系统都包括今鸟类，包括了所有现生鸟类。

伪造的辽宁古盗鸟

进化研究时不时就会受到伪造化石的误导，尤其是鸟类化石。部分伪造标本是用各种化石拼凑起来的。研究者一开始以为辽宁古盗鸟（右图）和始祖鸟一样是进化中缺失的环节，但后来发现它其实是用赵氏小盗龙（*Microraptor zhaoianus*）和马氏燕鸟（*Yanornis martini*）拼凑成的。这种赝品固然会让严肃的科学研究在怀疑者眼中颜面扫地，但我们不能因此而否定真正化石发现的巨大价值。

鸟类的多样化

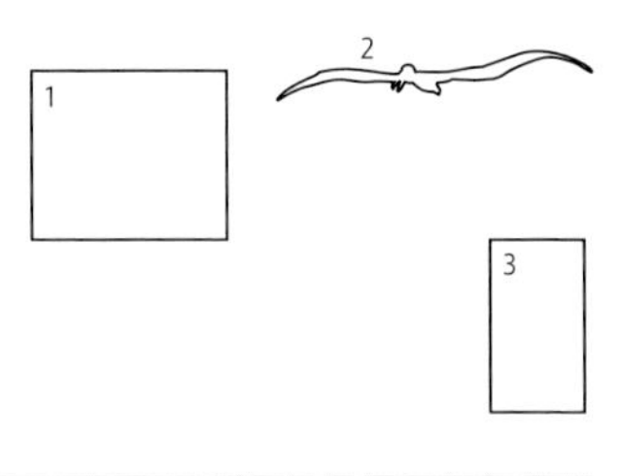

1 黄昏鸟（*Hesperornis*）高1.8米，复原形象一般都采用类似企鹅的直立姿态，它们的双足非常靠后。

2 巨大的伪齿鸟（*Pelagornis*）是有史以来最大的飞鸟，化石发现于美国南科罗拉多州查尔斯顿的机场工地。

3 北极的大海雀（*Pinguinus impennis*）高度适应海洋生活，但在19世纪50年代因为人类的猎捕和标本采集而灭绝。

鸟类的多样化在1.45亿—1亿年前的早白垩世开始加速，最终诞生了1万多个现生种。早期鸟类的祖先可能是从被称为手盗龙的小型肉食性恐龙进化而来（见304页），化石表明其中一些恐龙和其他恐龙都具有羽毛。早期羽毛是简单的丝状结构，但中侏罗世某些似鸟化石的前肢上具有翎羽样羽毛，可见它们可能拥有早期的翼状肢。部分手盗龙类具有类似飞鸟的廓羽和小翼羽，这是在飞行中防止失速的重要结构。鸟类进化中的进一步转变包括失去长长的蜥蜴般的尾骨，这些尾骨退化到只剩下携带轻量尾羽的残肢。肩部和前肢也发生了变化，让翅膀可以在飞行中上下运动。胸骨上出现了独特的龙骨突，这是发达的飞行肌的牢固附着点。早期似鸟爬行类具有镶嵌着牙齿的颌部，而在后来的化石中，类似鸟类的轻角质喙部取代了这种结构。

中国近年来发现很多重要的爬行动物/鸟类化石，曙光鸟（*Aurornis*）就是其中非常重要的标本。该化石目前估测有1.6亿年，接近侏罗纪末期，因此可能比始祖鸟（见376页）更早。曙光鸟和鸡非常相似，体长大约50

关键事件

1.45亿—1亿年前	1.25亿年前	8400万—7800万年前	8000万年前	7000万年前	6600万年前
鸟类分化开始，有的鸟类飞上天空，有的留在地面，还有的适应了海上和海中生活。	伊比利亚鸟（*Iberomesornis*）是松鼠大小的反鸟类（生活在白垩纪，口内残存牙齿的一类鸟），后者包括多种白垩纪鸟类。	黄昏鸟是北美和北亚不能飞的海鸟，类似今天的大型潜鸟。	鱼鸟（*Ichthyornis*）的翅膀发达。它们可能非常接近现生鸟类的进化谱系。	已灭绝戈壁鸟（*Gobipteryx*）的化石表明雏鸟发育良好，一孵化就能奔跑和行走。	白垩纪末期的大灭绝摧毁了有齿鸟。现代无齿鸟类开始扩张。

厘米，身体覆盖着羽毛，包括长长的翅膀状手臂。它们的牙齿小而锋利，尾巴较长。虽然它们可能无法全力飞行，但曙光鸟或许可以在树木间滑翔。它们可能代表着类似始祖鸟的进化阶段，但属于更接近鸟类起源的平行群。

多种白垩纪鸟类都选择在海边或海上生活，以鱼类和类似的生物为食，但不属于鹱形目（信天翁和海燕）等现代海鸟族群。其中有些鸟进化出了在水中游泳和捕猎的能力，而不是从空中冲入水中抓捕猎物。黄昏鸟（见图1）显然同现代潜鸟一样适合潜泳，而且可能也不擅长在陆地活动，只能拖着脚行走。它们的身体呈流线型，强壮的双腿非常靠后，脖子和喙部都很长，而且喙部逐渐变尖。翅膀非常小，可能无法飞行，这是因为高度依赖水生生活而产生的二次适应。已经灭绝的大海雀（见图3）和现生帝企鹅（见388页）都不会飞行（不过现生海雀可以飞行）。鱼鸟（见386页）类似燕鸥和海鸥等现生海鸟，黄昏鸟和鱼鸟等早期鸟类可能很接近现代鸟类（今鸟类）的进化谱系，后者是恐龙－鸟类谱系中唯一延续下来的分支。今鸟类包括所有现生鸟类和一些最近灭绝的鸟类，其中也包括了不少令人惊叹的生物，例如骇鸟（见404页）、恐鸟（见412页）和象鸟（见414页）。

伪齿鸟是近年来最引人注目的化石发现（见图2）。和大型猛禽一样，伪齿鸟的翼展极大，估计可以超过6米。它们是有史以来最大的飞鸟，可能已经接近能够飞行的最大体形。伪齿是指它们长长的颌部中锋利的、类似牙齿的骨质钉状物。伪齿鸟可能会以信天翁的方式长距离翱翔，利用海浪中偏转的上升气流托举身体。伪齿鸟可能会将下颌插入水面来捕食浅水区的鱼类或乌贼，就像如今的剪嘴鸥。最古老的鸟类具有真正的牙齿，但后来的鸟类失去了这个特征。在这些专门的食鱼者身上，伪齿似乎发挥着与真齿一样的功能，并且可以与现生秋沙鸭（也称齿喙鸟）喙中的角质突起相媲美。MW

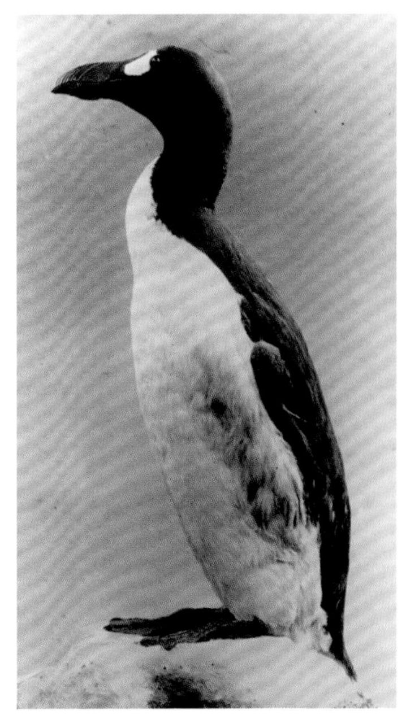

6 200万—5 800万年前	5 500万年前	3 500万年前	3 500万年前	2 500万年前	300万年前
早期企鹅威马奴企鹅（*Waimanu*）诞生于新西兰。它们有1米高，很适应水中生活。	鸟类中出现最初的鸣鸟、鹦鹉、潜鸟、雨燕和啄木鸟。	大多数现生鸟类的祖先都已出现。	一种潜水鸟（*Colymboides*）是潜鸟目中的早期成员。	生活在海上的伪齿鸟具有巨大的翼展，是现今纪录保持者漂泊信天翁的2倍多。	里德金企鹅（*Aptenodytes ridgeni*）有1米长，是现在帝企鹅和王企鹅的近亲。

鱼鸟

晚白垩世

种：古鱼鸟
（*Ichthyornis dispar*）
族群：鱼鸟科(Ichthyornithidae)
体长：30厘米
发现地：北美

第一块鱼鸟化石由美国地理学家本杰明·富兰克林·马奇（1817—1879）于19世纪70年代在美国堪萨斯州发现，它可追溯到8 000万年前的晚白垩世。亚拉巴马州、加利福尼亚州和得克萨斯州也发现了鱼鸟化石。目前的观点认为它们明确属于鸟类，而且非常接近包括现生鸟类的今鸟类。

鱼鸟体形大致与鸽子相当，一经发现就被归入了鸟类。实际上它们更类似水鸟或海鸟，最突出的特点是长而直的颌部，其中有一组嵌入上下颌骨中部的真齿。这些牙齿没有锯齿边缘，但向后突出，有利于捕捉滑溜溜的猎物，鱼鸟可能以鱼类和其他水生动物为食。它们的翼展约60厘米，腿非常短，足部可能有发达的脚蹼，外表和行为可能都类似现代的小型海鸥或剪嘴鸥，会从水中拉出猎物或者俯冲入水捕捉靠近水面的鱼。鱼鸟的翅膀和胸骨都与现生鸟类非常相似，高高的龙骨突可以牢固附着发达的飞行肌。虽然鱼鸟大约比始祖鸟晚10年发现，但后者直到1884年才得到充分描述，而鱼鸟早已出现在19世纪70年代早期的科学文献之中，这一点非常有趣。因此，在1880年左右，达尔文认为鱼鸟和其近亲黄昏鸟才是进化论的有力证据。MW

图片导航

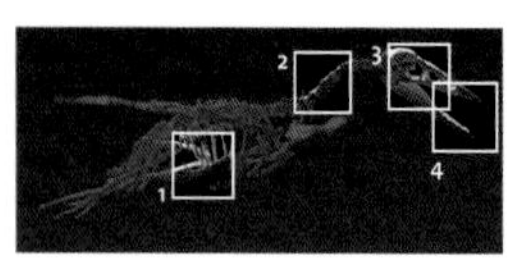

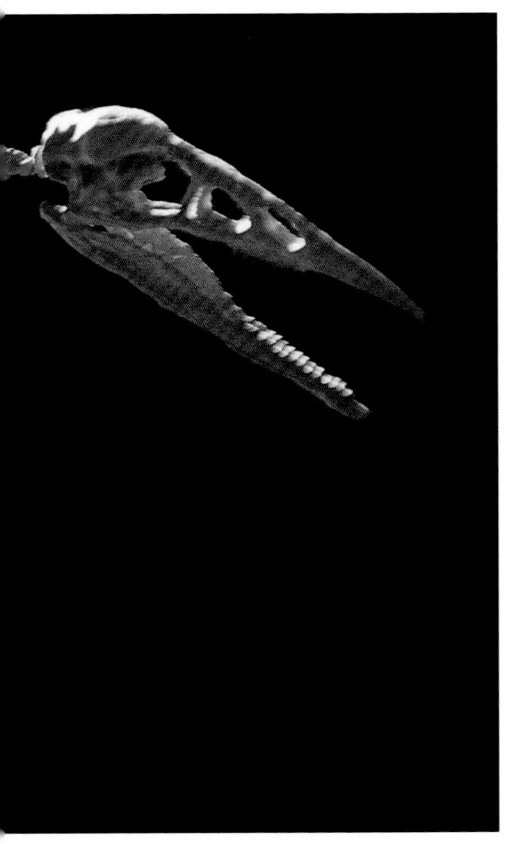

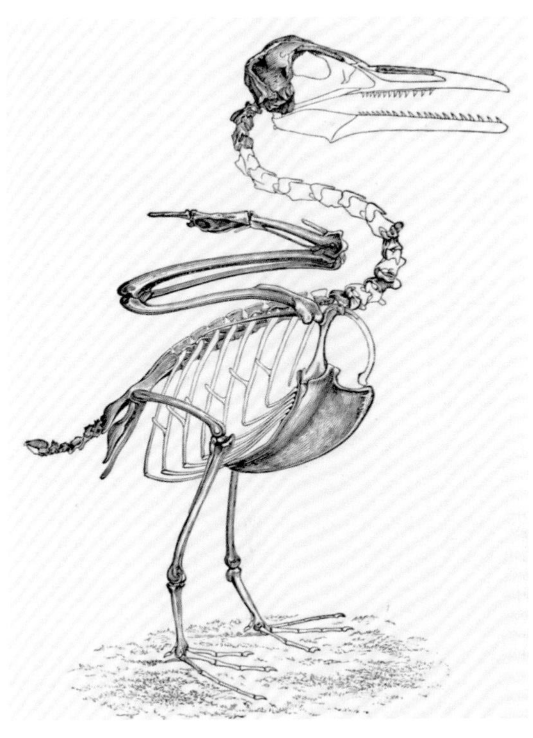

▲ 鱼鸟最初的骨骼化石复原以马奇发现的原始标本（正模标本）以及其他鱼鸟碎片为依据，包括下颌骨、后方头骨和大部分前肢（翅膀）。

要点

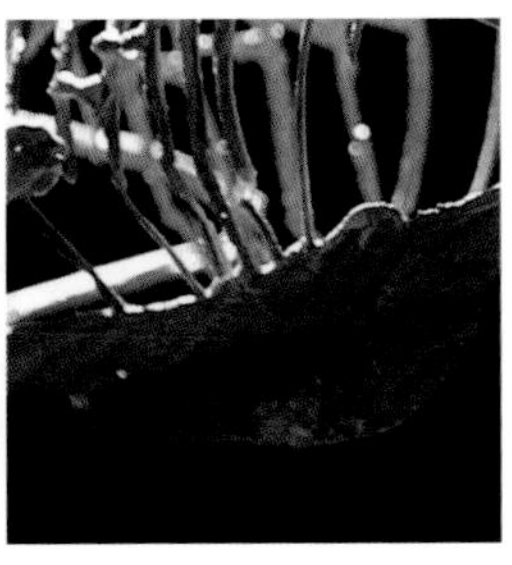

1 胸骨

胸骨很大，而且具有很深的龙骨突，指向下方，用于附着主要的飞行肌。龙骨突也是现代鸟类的特征，说明鱼鸟可以实现持续动力飞行。

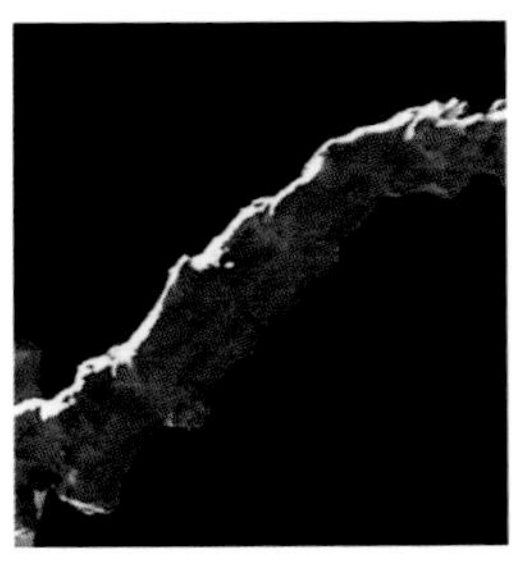

2 颈骨

鱼鸟的脖子长而灵活，颈椎的形状与众不同。脊椎前后凹陷，类似鱼的椎骨，所以美国的化石收藏家和古生物学家马什将它们命名为“鱼鸟”。

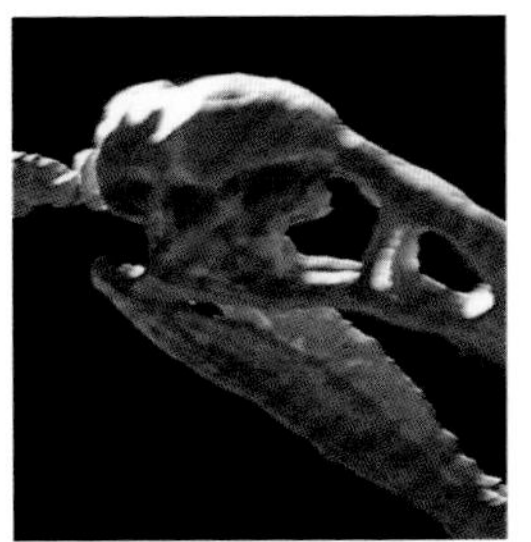

3 颌部

鱼鸟长而直的颌部里镶嵌着真齿。这种特征更接近爬行动物。牙齿向后倾斜，有利于咬紧水生动物，并将它们吞进喉咙。

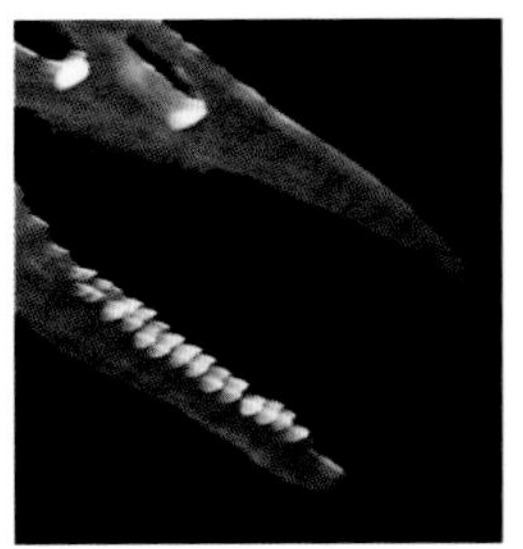

4 喙部

喙部尖端类似现生海鸟，例如信天翁和海燕，由包括多个独特的盘状结构融合而成。不过这可能是源自平行进化，因为鱼鸟并不属于现代鸟类的谱系。

帝企鹅

更新世至今

在不会飞的鸟类中，无论是现生的还是已灭绝的，由于进化的力量，其体形和生活方式都发生了一系列的变化。企鹅家族是所有现生鸟类中最特化的一种，它们的翅膀缩小为小鳍状肢，没有飞羽。它们依靠鳍状肢在水下游动，就像是在水下飞翔。帝企鹅是最大的企鹅，只生活在南极和附近的岛屿上。令人惊讶的是，它们在南极的冬季繁殖，此时的南极几乎是地球上环境最恶劣的地区。帝企鹅们成百上千地聚集在繁殖点，当雌企鹅产下一枚卵后，雄企鹅会将卵放在脚上用皮肤和羽毛遮盖住，以免被冰霜侵袭。雄企鹅就这样不吃不喝地坚持2个月，这期间雌企鹅出海觅食。很难理解进化为何促使它们在如此的极端环境中繁殖。也许很久之前在环境条件更稳定时，企鹅为躲避掠食者而不得不寻求更偏远的群栖地。随着冰期的来来去去，企鹅又被迫迁徙到了环境更严峻的地方。这就是进化竞赛的实例：企鹅为了生存进化出应对寒冷的能力，而大多数捕食者转而捕食其他猎物或被迫灭绝。MW

图片导航

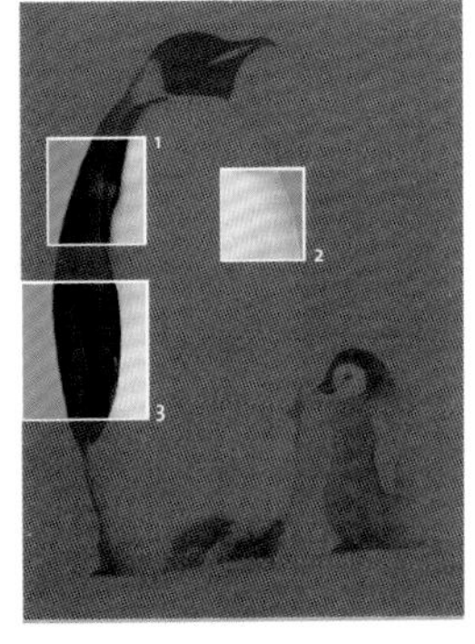

种：帝企鹅
(*Aptenodytes forsteri*)
族群：企鹅科(Spheniscidae)
体长：122厘米
栖息地：南极
世界自然保护联盟：近危

要点

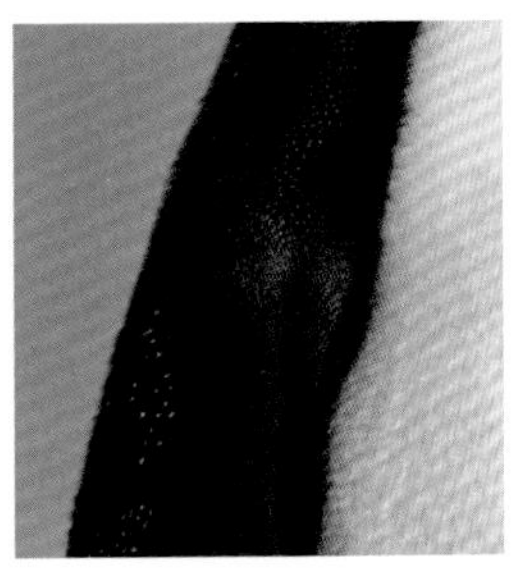

1 对比鲜明的羽毛

帝企鹅背部和腹部的羽毛颜色对比强烈：背部的羽毛是纯黑色的，下侧羽毛是白色的，胸部羽毛则为淡黄色。这种对比可以在海豹等掠食者眼前产生伪装效果，在海里的时候尤其如此：从下面看，企鹅在明亮水面的映衬下很难被发现。

2 浓密的羽毛

为了保暖，帝企鹅全身覆盖着三层短而浓密的羽毛，皮下还有一层足有3厘米厚的脂肪。很多寒冷水域中的物种都有这种结构，例如鲸和海豹。

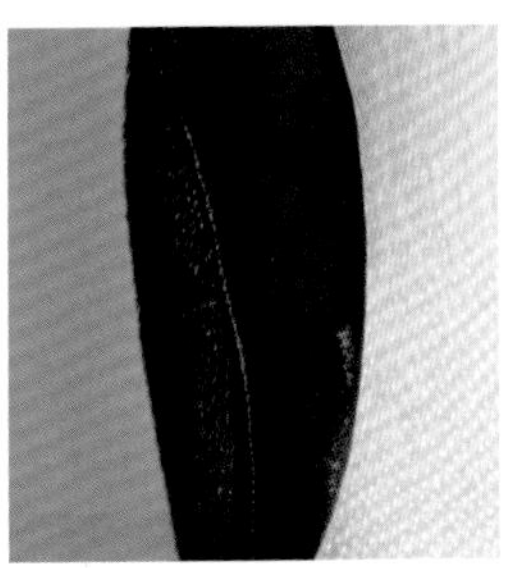

3 特化的翅膀

帝企鹅的前肢退化成了完全不能飞行的翅膀，实际上是僵硬的皮质鳍状肢。它们可以让帝企鹅的游泳时速达到22千米，一般持续游动的时速可以达到11千米。

▲ 与其他鸟类相比，企鹅拥有丰富的化石记录。它们的骨头很结实，保存得很好，因为它们不需要飞行。这具来自南美洲的厄比纳环企鹅骨架可以追溯到500万年前。

雀形目

1 雀科的植食树雀（*Platyspiza crassirostris*）是著名的加拉帕戈斯群岛雀（达尔文雀）族的一员，属于裸鼻雀科。

2 雀形目的第一趾一般都朝向后方，其余三根脚趾朝向前方。肌腱和韧带让它们的肌肉只需要轻轻用力就可以抓紧栖木。

3 早期雀形目得名于化石发现地和发现者（波兰古生物学家阿尔宾·亚姆罗兹），他为雀形目的进化提供了线索。

现生鸟类大约有1.05万种，目前发现其中大多数（约5 700种）都属于雀形目。很多其他鸟类也有能够抓握栖息物的足部，但雀形目的足部结构特别适合紧紧抓握树枝，其关键特征是后趾非常强壮灵活（见图2），配合三根前向脚趾，可以让雀形目鸟类在睡眠中也抓得稳稳当当。

现生雀形目鸟类的多样性从分出来的80多个科就明显可以看出来了。许多特征都是它们取得成功的原因，例如特化的足部；大多数成员都小而敏捷；大脑较大，很多成员智力较高；具有一个复杂的发声系统，可以通过复杂的鸣叫和歌声有效沟通；学习迅速，可以快速适应变化的环境等。

关键事件

6 000万—5 500万年前
以典型的物种起源速率估算，最初的雀形目可能诞生于这个时期，但尚未发现明确的化石证据。

2 900万年前
一种早期雀形目（*Resoviaornis jamrozi*）在波兰的土地上捕食昆虫和其他食物。

750万—575万年前
夏威夷旋蜜雀的祖先来到了夏威夷群岛，它们本是欧亚朱雀属的成员。

525万—250万年前
雀形目迅速多样化，并分布到了大部分陆地上的大多数栖息地中。

200万—300万年前
加拉帕戈斯群岛雀（达尔文雀）的祖先从南美大陆来到加拉帕戈斯群岛。

100万年前
长腿鹀（*Emberiza alcoveri*）正在走向灭绝。

雀形目分为两大类：霸鹟亚目和鸣禽亚目。第三个分支只包含刺鹩科，刺鹩（见394页）可能是雀形目进化谱系中的早期分支，这些小鸟可能也是最原始的现生鸟类。大多数雀形目科和种都属于鸣禽亚目。它们具有独特的、复杂的发声器官鸣管（相当于人类的喉部），而霸鹟亚目的发声器官比较简单，鸣管含有一层膜，其张力可以通过肌肉来改变，从而改变鸟儿鸣叫的音调。在鸣叫时空气被压过这层膜。通过操纵这种特殊的机制，很多鸣禽可以轻松高效地发出极其复杂的鸣叫声和歌唱声。慢速播放的鸣叫声通常会让人听出非常复杂的音调，甚至有一些已经超出了人耳的听力范围。鸣禽家族成员众多，包括燕子、云雀、伯劳、鸫、莺、燕雀（见图1）和鸦等等。它们都拥有复杂的发声系统，不过部分乌鸦及其近亲等部分成员只能发出简单的叫声，在人类听来一般都很刺耳。

世界上是如何进化出如此众多迷人又精妙的鸟儿？研究者直到最近都还对它们的起源和谱系知之甚少。不过，对比较解剖学的详细研究，结合一些具有启发意义的化石以及DNA杂交等技术，都为这个问题的解决带来了曙光。鸟类化石十分少见。首先，它们的骨骼很细、很轻，而且大多中空，很快就会腐烂或被腐食动物摆弄得支离破碎。其次，过去的很多雀形目都像现在一样娇小，而较小的动物腐烂速度更快，难以留下化石。再次，小动物更容易被捕食，这也不利于化石的形成。即便如此，一些研究发现非雀形目鸟类的灭绝速度远高于雀形目，其中大部分都是较大的鸟类。

目前最古老的雀形目生活在大约5 500万年前的始新世之初，但它们的历史或许可以追溯到8 000万年前的晚白垩世。早期的雀形目化石（*Resoviaornis jamrozi*，见图3），于2013年在波兰热舒夫市附近的页岩露头中被发现，可以追溯到2 900万年前的早渐新世，种名来自发现者亚姆罗兹。该化石与蓝山雀差不多大小，喙部很细，表明它们主要以昆虫为食。它的双腿很长，可见会花很多时间在地上寻找食物。有趣的是，该化石同时具有鸣禽亚目和霸鹟亚目的特征。波兰还发现了另一种渐新世雀形目化石，即加马那

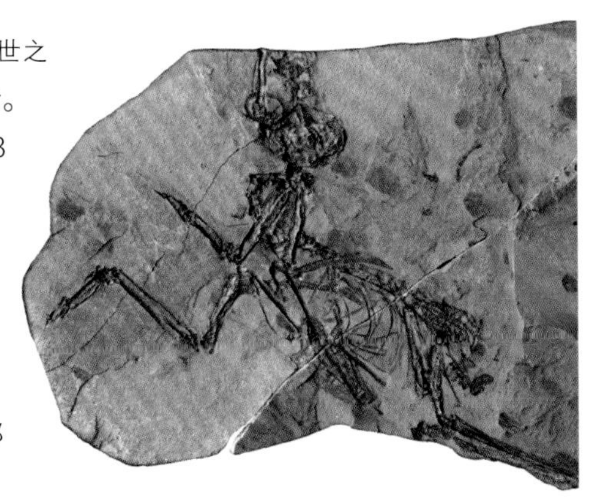

5000—500年前	1835年	1894年	1895年	1907年	1972年
太平洋岛屿上2/3的非雀形目陆生鸟类都因为人类的到来而灭绝。	达尔文造访加拉帕戈斯群岛，注意到当地鸟类的多样性，例如嘲鸫和燕雀。	夏威夷旋蜜雀中的科纳松雀（*Chloridops kona*）最后一次出现。	新西兰的斯蒂芬岛异鹩（*Traversia lyalli*）灭绝，原因包括宠物猫入侵。	夏威夷当地的黑监督吸蜜鸟（*D. funerea*）最后一次出现。现在可能已经灭绝。	新西兰丛异鹩（*Xenicus longipes*）留下了最后的记录。这种不同寻常的雀形目成员是新西兰的本地种，现在可能已经灭绝。

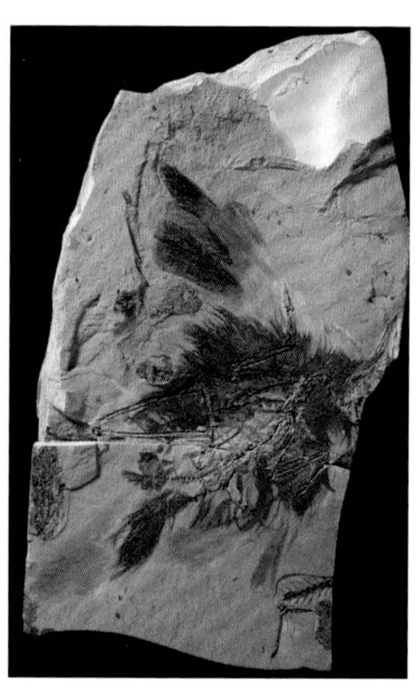

雀（*Jamna szybiaki*，见图4），其得名于波兰加马那村和它的发现者谢比亚克，这具化石保存着翅膀上的羽毛和明显的尾巴，比亚姆罗兹发现的那具化石更完整。解剖结构表明它们生活在灌木或森林里，以昆虫为食，可能也吃水果。

这类化石表明雀形目诞生于6 000万—5 600万年前的晚古新世，生活在巨大的南方冈瓦纳大陆上（这片大陆最终分裂出了澳大利亚）。因此澳大利亚现在拥有许多最原始的现生雀形目鸟类，它们可能最接近原始的祖先，这一点十分重要。其中包括前面提到的刺鹩和园丁鸟、细尾鹩莺、旋蜜鸟和琴鸟（见图5）等鸣禽。琴鸟的两个现生种闻名天下，因为它们具有不可思议的多变歌声和呼唤声，而且可以完美地模仿其他鸟类的鸣叫及其他各种声音，甚至包括车辆和护林人的链锯声。

在550万—250万年前的上新世时代，雀形目足够繁荣且多样化。自此之后，雀形目就一直是多种栖息地里的优势物种。现生科之间的对比表明整个族群的祖先可能与现生佛法僧目（翠鸟、蜂虎及其近亲）或鴷形目（啄木鸟、巨嘴鸟及其近亲）有关，但研究才刚刚起步。早已灭绝的鸟类通过化石提供了自然变化是如何在人类出现之前造成物种灭绝的线索。涉及的因素有很多，包括环境的变化和来自其他动物的竞争压力。但自人类出现以来，鸟类遭受的压力呈指数级增长。人类对它们的肉、蛋或羽毛的需求是它们数量减少的原因之一，但人类破坏栖息地所施加的间接压力可能更加严重。包括雀形目成员在内的许多鸟类都在不久的过去灭绝，而且灭绝至今仍在继续。例如1994年的时候，人们在加那利群岛的火山洞穴里发现了长腿鹀化石，它们和新西兰的斯蒂芬岛异鹩一样不会飞行，可

能是在栖息地消失和掠食者入侵的共同作用下灭绝的。它们的化石可以追溯到100万年前的中更新世到1.1万年前的早全新世。

濒危的雀形目是那些生活在孤立海岛上的鸟类，它们一般是在没有天敌的情况下进化，但后来遭到掠食者入侵。最近出现过雀形目灭绝的岛屿包括新西兰的查塔姆岛、美国的夏威夷群岛和澳大利亚的诺福克岛。例如，查塔姆吸蜜鸟在1906年最后一次现身，现在可能已经灭绝了。它们属于吸蜜鸟科，生活在查塔姆岛、芒哲雷岛和小芒哲雷岛的森林中。同样，夏威夷的燕雀科旋蜜雀是岛上特有的小型雀形目鸟类，但很多都已经消失。例如，科纳松雀最后一次出现是在1894年，夏威夷监督吸蜜鸟（见图6）和黑监督吸蜜鸟分别在1898年和1907年最后一次出现。夏威夷吸蜜鸟科有5种都在1859—1987年灭绝。这些美丽的鸣禽主要居住在森林中，因栖息地消失、掠食者入侵（尤其是黑鼠），以及入侵的蚊子带来的疾病而灭绝。

夏威夷旋蜜雀有重要的进化意义，因为它们代表著名的快速适应性辐射，类似加拉帕戈斯群岛上的达尔文雀族，但更加多样化。适应性辐射是指一种现生生物或一个小规模族群迅速进化，很快适应了多种环境，分化出了诸多物种（加那利群岛的蓝燕雀也是如此，见396页）。非凡的旋蜜雀类可能有共同祖先，并在没有其他鸟类竞争的情况下适应了夏威夷群岛不同的栖息地，进化出了多种行为模式。它们最初至少有56个种，但只有18个种幸存下来能够为过去的多样性提供线索。其中好几个种也濒临灭绝，还有一些处于灭绝的边缘。除了不同的羽毛，不同的种还具有形态和大小各异的鸟喙，以适应不同的食物。

研究者最近对夏威夷旋蜜雀亚科进行了DNA分析，发现了多个现生种起源的线索。出人意料的是，这项新研究表明欧亚朱雀属的祖先和所有现生夏威夷旋蜜雀的亲缘关系最近。这位朱雀属祖先可能在一场激剧繁殖期中来到夏威夷，当时大量鸟类都因为食物短缺而飞向远方。只要少量朱雀属鸟类到达夏威夷就可以建立起旋蜜雀王朝。据研究人员估计，朱雀属祖先在725万—575万年前到达夏威夷，说明只要环境适宜，生物就能以极其迅猛的速度进化。MW

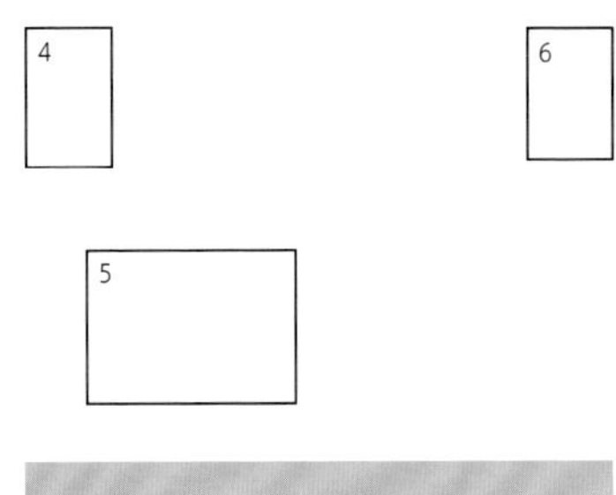

4 300万年前的加马那雀(*Jamna szybiaki*)，由波兰化石专家罗伯特·谢比亚克发现。它们是高效的飞行者，脚趾擅长在地上翻找蛴螬和蠕虫。

5 华丽琴鸟（*Menura novaehollandiae*）是古代雀形目的成员，历史至少可以追溯到1600万年前。

6 夏威夷监督吸蜜鸟之所以灭绝，不仅仅是因为栖息地减少、入侵物种的捕食和竞争，还包括当地人和欧洲移民对它们华丽羽毛的痴迷。

刺鹩

更新世至今

种：刺鹩
(*Acanthisitta chloris*)
族群：刺鹩科(Acanthisittidae)
体长：8厘米
栖息地：新西兰
世界自然保护联盟：无危

在众多的现生雀形目中，有一个成员很少的族群为雀形目的进化提供了特殊的线索，那就是刺鹩科。它们是如此与众不同，以至要将其单独划分为一个类群。事实证明，生活在新西兰的刺鹩很难被归入雀形目的两个主要分支——霸鹟亚目和鸣禽亚目——因此有分类专家认为它们应该和两大分支拥有同等的地位，称为刺鹩亚目。刺鹩可能在新西兰与世隔绝的岛屿上进化了数百万年，和不能飞的鹬鸵、鸮鹦鹉以及其他鸟类一样。它的飞行能力逐渐下降，但没有完全消失。

刺鹩科可能很早就走上了独立进化的道路，目前只有2 ~ 3个种：刺鹩、新西兰岩异鹩，以及新西兰丛异鹩。刺鹩在新西兰的岛屿和当地都很常见，不过正在因为栖息地破坏而减少。新西兰岩异鹩已经在北岛消失，入侵的鼬和老鼠的捕猎及偷蛋行为还在让它们的数量不断减少。丛异鹩可能已经在入侵肉食动物的捕食下灭绝。它们在1972年最后一次出现。刺鹩是新西兰最小、最可爱的鸟，体重只有6克，体长不过8厘米。它们主要生活在森林中，特别是高海拔森林。刺鹩生性活泼，会在树干和树冠上寻捕昆虫和其他小型无脊椎动物。MW

图片导航

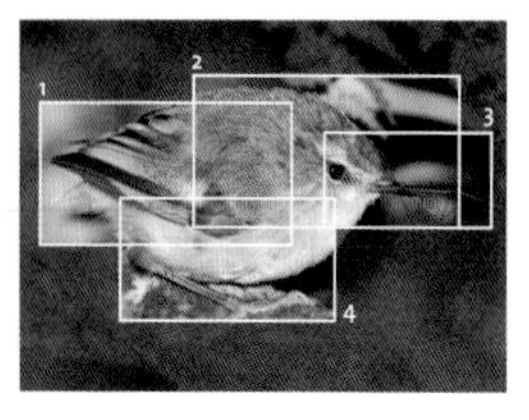

要点

1 翅膀和飞行

刺鹩具有和小巧身体成比例的粗短翅膀。但它们胸骨很小，负责拍打翅膀的肌肉也很薄弱，因此不太擅长飞行。它们可以在树冠或林下灌木里依靠快速拍打翅膀或跳跃冲过树枝、草茎和石头，但是不能长时间持续飞行。

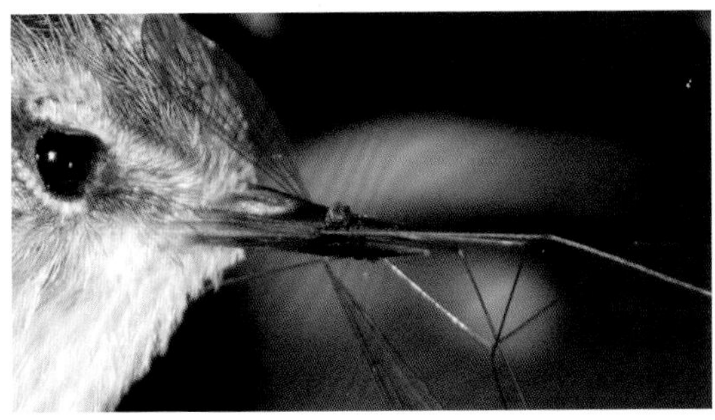

2 类似鹪鹩的头部

刺鹩和它们的表亲名字中都带有“鹩”字，因为它们的大小和外观都和鹪鹩十分相似，特别是头和喙的比例。但这是趋同进化的结果（见18页）。它们与真正的鹪鹩科没有太大关联，除了欧亚和非洲的鹪鹩，其他鹪鹩都生活在美洲。

3 细长的喙

刺鹩的喙部细长，略向上翘，适于戳进树皮的裂缝和岩缝，以便尽其所能地捕捉小昆虫和类似的猎物。细长的喙也很适合在森林地面上的落叶中探索，找出下面的食物。

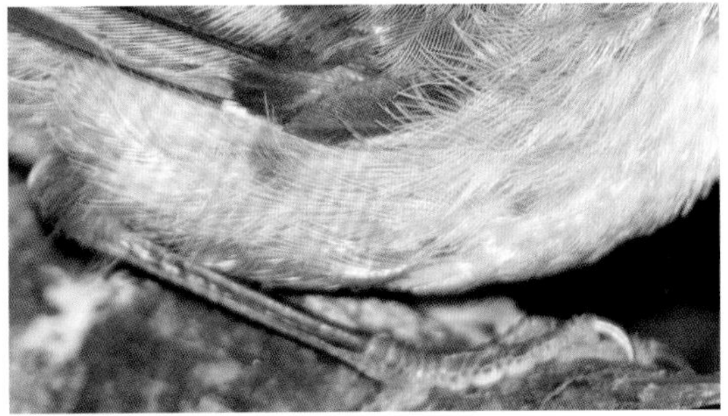

4 羽毛的颜色

刺鹩俗称“步枪兵”，因为它们羽毛的颜色与殖民时期新西兰某个军团步枪兵的制服颜色相似，雄性的背部长有亮绿色羽毛，而雌性的绿色羽毛则从有斑点的橄榄色到橄榄褐色不等。雌性和雄性的腹部都有灰白相间的羽毛。

最后一只不会飞的刺鹩

斯蒂芬岛异鹩（*Traversia lyalli*，右图）可能是近代以来唯一不会飞的雀形目鸟类。虽然它们曾经遍布新西兰，但最后只在南岛北端的斯蒂芬斯岛上存活下来。这里一直没有人类和人类带来的入侵物种，但在19世纪90年代，工人们来到岛上修建了一座灯塔。1894年，灯塔看守人的猫抓住至少一只尚存的斯蒂芬岛异鹩，斯蒂芬岛异鹩的标本被送给了英国博物学家沃尔特·罗斯柴尔德（1868—1937），他以灯塔看守人大卫·莱尔的名字命名了这个物种。到1895年的时候，猫就捉光了所有残存的斯蒂芬岛异鹩，可见特化物种在入侵的掠食者面前是多么脆弱。

蓝燕雀

全新世至今

种：蓝燕雀(*Fringilla teydea*)
族群：燕雀科(Fringillinae)
体长：17厘米
栖息地：加那利群岛
世界自然保护联盟：近危

进化在孤岛上创造出了很多令人惊叹的鸟类，其中许多都高度依赖特殊的栖息地。例如加那利群岛的蓝燕雀。这种近危的燕雀只生活在特纳利夫岛和大加那利岛上的加那利松树林里（见补充）。它们在海拔1 000 ~ 2 000米的地区繁殖，通常在树枝末端筑巢，并用大量长松针掩藏起来。雌性为暗灰色和橄榄色。但是雄性名副其实，头部、背部和腹部都是鲜艳的灰蓝色，还有黑色的尾巴。

蓝燕雀有两个亚种：特纳利夫岛蓝色苍头燕雀（*Fringilla teydea teydea*）和大加那利岛蓝色苍头燕雀（*Fringilla teydea polatzeki*）。虽然这两座岛屿的距离不远，但生殖隔离和适应性辐射催生了两个不同的种群。大加那利的亚种要小10%，喙部更小，羽毛颜色更暗淡，属于高度濒危物种，只剩下大约250只。与许多其他岛屿鸟类一样，蓝燕雀的栖息地已经自身难保，伐木和周期性的森林火灾都在威胁着当地森林，而且特纳利夫火山的中海拔山坡特别容易在夏季起火。森林火灾的爆发会严重减少特纳利夫岛蓝色苍头燕雀的数量，目前它们可能还残存2 000对，主要栖息在特纳利夫岛。人们采取了各种措施来保护蓝燕雀，包括禁止狩猎和诱捕（主要是非法的笼鸟交易）、人工饲养计划和重建火灾毁灭的森林。MW

图片导航

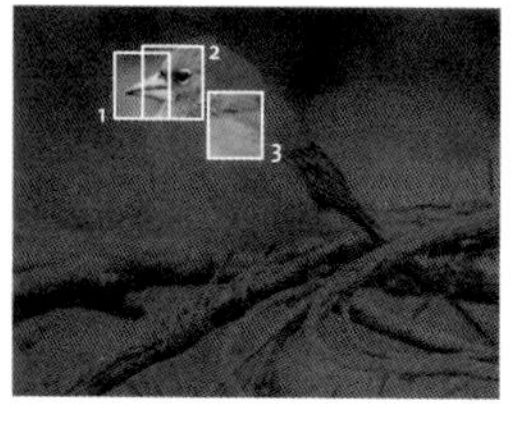

要点

1 喙尖
蓝燕雀的喙十分强壮，尖端缩窄成十分尖锐的形状，让它们可以在松树皮的裂缝里搜寻昆虫。成鸟主要以松子为食，但也吃甲虫、蛾子和其他无脊椎动物，而雏鸟则以包括毛毛虫在内的各种食物为食。

2 喙部
强壮结实的喙部明显比它的近亲欧亚苍头燕雀更重。这额外的重量是为了从加那利松树坚韧的松果中取出种子，这种松树只生长在加那利群岛上。

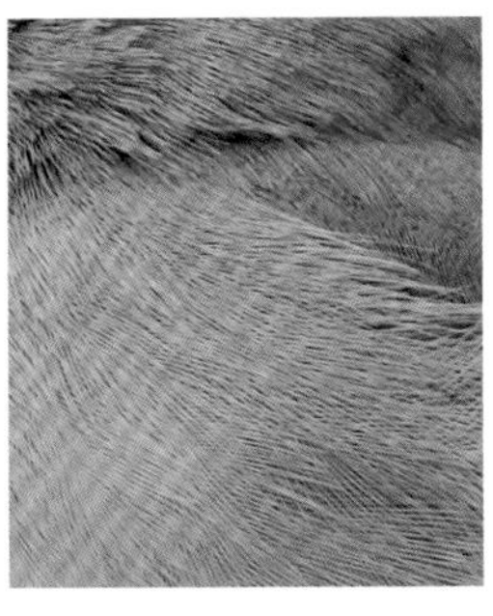

3 颜色
雄性蓝燕雀不寻常的颜色显得非常艳丽。也许岛上没有哺乳动物掠食者而让它们进化出了这种引人注目的羽毛。事实上，它们在空中的时候，或者置身于在蓝绿色的加那利松之中时，蓝灰色的色调会成为微妙的伪装。

加那利松

加那利松（下图）只生长在加那利群岛上，目前只有特纳利夫岛、大加那利岛和拉帕尔马岛上还有大片松林。这种壮观的树木在生态上和蓝燕雀联系紧密，是长期孤立共同进化的结果。在特纳利夫岛上，以松树为主的森林环绕着泰德山的山峰。岛上最高的树高达60米，笔直的树干是诸多森林遭到砍伐的原因之一。它们不寻常的特点包括蓝绿色的针叶、针叶极长，以及通常会紧闭数年的坚固松果。火山土多孔而干燥，加那利松木也非常耐旱，一丛丛细长的松针可以从潮湿的盛行风中捕捉水分，并将水输送到下方的土壤里。

◄ 一只雄性蓝燕雀栖息在加那利松树的树枝上。浓密的长针叶是当地松树的一大特点，蓝燕雀非常依赖这种松树。

猛禽

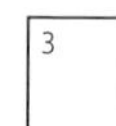

1 小爪马斯拉鹰（*Masillaraptor parvunguis*）是最古老的猛禽，喙部极长，而鹰爪较小，这也是它们名字的由来。

2 默氏泰乐通鸟类似现生秃鹫，不过喙部要大得多。

3 角雕很适合猛扑到雨林的树冠上，抓走树枝上的猴子或树懒。

猛禽在化石记录中并不常见，这有些出人意料，毕竟现代猛禽十分成功而且多样性非常高。大约有290种不同的猛禽，包括秃鹫、鹰、隼、鸢、鹗和猎鹰。留下化石的猛禽一般体形都很庞大，形似鹰或秃鹫，其中包括部分最大的飞禽。化石的历史都不长，主要来自2 300万—500万年前的中新世。

猛禽的祖先尚不清楚。目前最古老的化石是发现于德国的小爪马斯拉鹰，包括头骨和部分脊柱（见图1），它们生活在4 500万—4 000万年前的中始新世。这种有钩喙、大眼睛和长腿的小型猛禽类似现生猎鹰。马斯拉鹰化石表明诞生出现代猎鹰的族群可能在中始新世已经出现。而比起小个子的马斯拉鹰有些已经灭绝的猛禽体形庞大，特别是泰乐通鸟属成员。这些巨型猛禽生活在中新世至更新世的北美和南美，从2 000万年前延续到了数千年前，也是目前最大的猛禽。其中最著名的是默氏泰乐通鸟（*Teratornis merriami*，见图2）。这种类似秃鹫的猛禽翼展约3.6米，比今天的加州神鹫（见402页）大得多。它在1万年前灭绝。它们的近亲伍德伯恩泰乐通鸟（*T. woodburnensis*）甚至更大，化石骨骼表明它们的翼展

关键事件

6 000万年前	4 500万年前	3 600万年前	2000万—100万年前	1 200万年前	1 000万年前
贝吕鸮（*Berruornis*）和原鸮（*Ogygoptynx*）等猫头鹰的化石表明，这个群体已经和昼行性猛禽和欧夜鹰分开。	小爪马斯拉鹰是小型猎鹰状生物，也是最早发现的猛禽，化石来自德国。	化石表明，鹰群的第一批成员从鸢中分离出来，成为捕食鱼类和乌贼的海上掠食者。	泰乐通鸟在这段漫长的时间里繁荣昌盛。这种巨大的猛禽形似秃鹫，生活在南美和北美。	一块保存下来的翼骨残留被认为属于最古老的早期真鹰——布洛克鹰，它们得名于澳大利亚的一条小溪。	隼属在北美诞生。它们后来进化出了超过35个种。

至少有4.3米，其历史可以追溯到1.2万—1.1万年前。但最大的猛禽是阿根廷巨鹰（*Argentavis*，见400页），它们也是有史以来最大的飞鸟之一，是另一种生活在中新世的形似秃鹫的泰乐通鸟。

惊异迅鹫（*Aiolornis incredibilis*）是北美最大的飞鸟，翼展约为5米。从强大的喙部来看，它肯定是一个主动的掠食者。它们延续到了阿根廷巨鹰之后，大部分化石都来自美国西部和西南部，从400万年前的早上新世延续到1.2万年前的晚更新世。部分古生物学家怀疑美洲土著传说中的“雷啸鸟”是否就是这种巨大猛禽。部分泰乐通鸟确实可能和早期人类社会短暂地共存了一段时间，因而成为民间传说。某些美洲土著的文化和艺术里都有雷啸鸟的一席之地，比如它们的雕塑经常位居图腾柱顶端。

新西兰的哈斯特鹰（*Harpagornis moorei*）灭绝得更晚。它们是有史以来最大的鹰，这种强大的掠食者可能生活在森林中。同现生森林鹰一样，它们的翅膀很宽，但比较短，以便在森林中灵活穿梭。其解剖结构与今天最大的森林鹰角雕（*Harpia harpyja*，见图3）和食猿雕十分相似。前者生活在南美洲和中美洲，后者生活在菲律宾的几个岛屿上。哈斯特鹰灭绝的原因可能包括失去了主要的猎物恐鸟，以及早期人类定居者对森林的破坏。这种巨鹰可能是从小型鹰进化而来的，为了捕食更大的猎物而逐渐变大。一些恐鸟的骨骼上有完全符合哈斯特鹰利爪的穿刺痕迹。人类大约在1280年到达新西兰，而哈斯特鹰可能是在1400年左右灭绝，最晚在1600年（见401页）。

和早期人类共处过一段时间的巨型肉食鸟类会以人类为食吗？来自非洲冠雕（*Stephanoaetus coronatus*）巢下的骨骼表明的确有这种可能，这是非洲大陆上最强大的鹰，这些骨头，包括白眉猴的头骨，都显示出被鹰袭击的迹象。冠雕无法携带白眉猴这么重的猎物，所以会在将它们运回鸟巢之前将它们撕碎。被冠雕爪子抓握过的白眉猴头骨会有典型的破坏痕迹，在大约275万年前人类幼年表亲——非洲南方古猿，即所谓的“汤恩幼儿”的头骨化石中发现了类似的损伤，表明它很可能是被大型猛禽杀死的。MW

800万—600万年前	400万—2 000年前	275万年前	1.2万—1.1万年前	1万年前	600年前
庞大的泰乐通鸟阿根廷巨鹰是有史以来最大的飞鸟，翼展超过7米。	惊异迅鹫是北美最大的飞鸟，翼展达到5米。	早期类人动物汤恩幼儿的头骨上存在穿刺痕迹，同大型猛禽的爪痕相符。	北美伍德伯恩泰乐通鸟的翼展达到4.3米。乳齿象和这种鸟类生活在同一片栖息地里。	默氏泰乐通鸟是最著名的泰乐通鸟，化石来自洛杉矶的拉布雷亚沥青坑。它们很快就全部灭绝。	哈斯特鹰可能已经灭绝，但有些证据表明它们生存到了400年前。

阿根廷巨鹰

中始新世

图片导航

阿根廷巨鹰是目前发现的最大的飞鸟之一，它们堪称真正的巨人，是现代秃鹫的远亲，属于1 200万—500万年前的中新世畸鸟类。这类已灭绝大鸟的化石于1980年发现于阿根廷。遗骸显示它们是一种惊人的猛禽，翼展可能超过7米甚至更多。即使身体重达100千克，巨大的翅膀也能带它们飞上天际。虽然可能还有更大的飞翔猛禽，但经过计算和电脑模型，阿根廷巨鹰已经接近飞行的物理极限，所以继续增大体形并不是明智的策略。阿根廷巨鹰的飞行与现生秃鹫类似，主要依靠上升气流滑翔和翱翔。它们的胸骨比较小，可见飞行肌不足以完成持续鼓翼。起飞方式可能是从悬崖或高枝上跳下，尽量利用逆风。和今天的秃鹫一样，阿根廷巨鹰可能主要是以腐肉为生，而不是捕食活的猎物。在南美洲，中新世的顶级肉食动物是恐鹤（见410页）等不会飞的大鸟，而巨鹰可能依靠这些地面鸟类杀手留下的猎物为生。MW

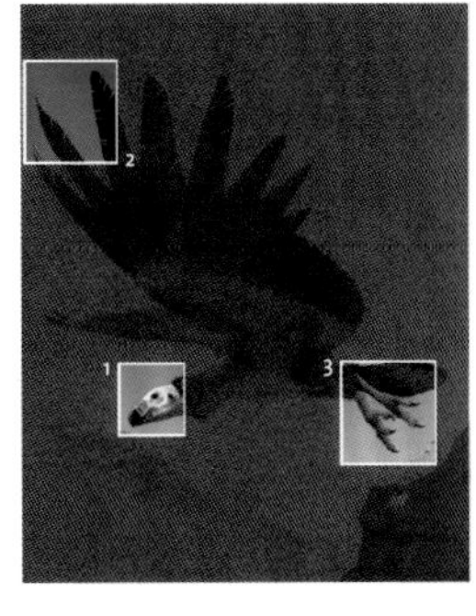

种：阿根廷巨鹰
(*Argentavis magnificens*)
族群：畸鸟科(Teratornithidae)
体长：120厘米
发现地：阿根廷

要点

1 头骨
头骨长度超过55厘米，宽15厘米。巨大的喙部尖端大幅度弯曲，可见它们是肉食动物。除了腐肉之外，它们可能也会捕食中新世阿根廷平原上的小型啮齿动物。

2 巨翼
一些专家认为阿根廷巨鹰的翼展足有8米，是有史以来最大的飞鸟之一，它们的上臂骨大约和人类整条手臂等长。世界上可能还存在过大得多的鸟类，但它们不太可能会飞。

3 腿部和足部
阿根廷巨鹰的腿很长且有力，表明它们既擅长飞行也擅长行走。足部大而强壮，在没有上升气流支撑飞行的时候，阿根廷巨鹰可能会在地上踏着大步四处寻找腐肉、小型哺乳动物和爬行动物。

最大的鹰

1871年，德国地质学家朱利叶斯·冯·哈斯特（1822—1887）在新西兰发现了已经灭绝的哈斯特鹰。后来人们又发现了几十具骨架。它们是目前最大的鹰，翼展至少2.5米，体重达到15千克。和今天的鹰一样，它们具有尖锐的钩喙、短而有力的腿和9厘米长的锋利爪子。哈斯特鹰（上图）是主动的掠食者，以较大的猎物为食，包括恐鸟大小的不飞鸟。它们可能一直存活到了17世纪。几乎可以肯定的是，人类800年前登陆新西兰的时候，哈斯特鹰在当地依然存在。

加州神鹫

更新世至今

图片导航

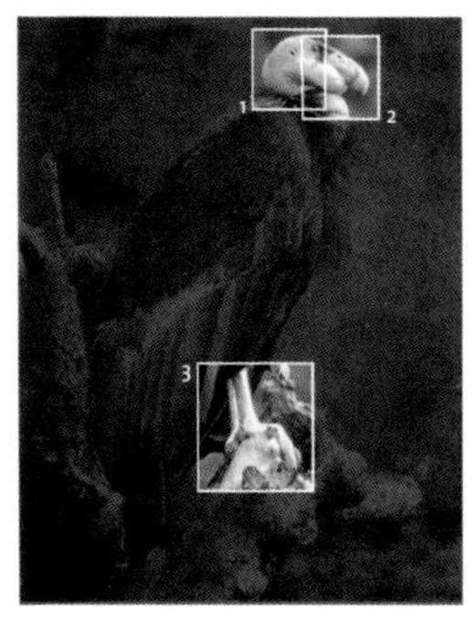

种：加州神鹫
(*Gymnogyps californianus*)
族群：新大陆秃鹫(Cathartidae)
体长：1.2米
栖息地：美国加州、亚利桑那州，墨西哥
世界自然保护联盟：极危

安第斯神鹫（*Vultur gryphus*）和加州神鹫是秃鹫中的两个现生种。安第斯神鹫在安第斯山脉的部分地区仍然比较常见，但加州神鹫已经濒临灭绝。后者依靠颇具争议且耗资巨大的人工繁育方案逃脱了灭绝的命运。到1987年，残存的27只野鸟都被捕获，随后在严密的监测下释放到合适的栖息地中，主要是加利福尼亚海岸。到2010年中期，种群数量已经增加到430只，其中约一半放归野外，包括加利福尼亚州和亚利桑那州。

这两种幸存的秃鹫都和巨大的史前祖先及其表亲一样怪异，例如泰乐通鸟。加州神鹫的翅膀面积在现生鸟类中位列第一，它们主要以腐肉为食，依靠宽大的长翅膀长距离滑翔和翱翔，充分利用上升气流和热气流来保存能量，同时寻找地面上的食物。这些秃鹫与美国秃鹫关系密切，但和古老的欧亚秃鹫没有关联，虽然外形相似（见补充）。它们可以存活50多年，主要以动物尸体为食，既包括兔子等小型哺乳动物，也包括鹿之类的大型猎物。加州神鹫也会食用搁浅的海洋哺乳动物。MW

要点

1 秃头

加州神鹫的头部几乎没有羽毛，这是为腐食生活做出的改变。腐烂猎物的血肉可能会粘在羽毛上吸引苍蝇，还会导致感染或疾病。没有羽毛的头颈部更容易保持清洁。

2 钩状喙

这种尖端呈钩状的锋利喙部能够高效撕扯大型猎物，将它们变成容易吞咽的小块。许多捕食大型猎物的鸟类也具有这种特征，因为它们无法将猎物整个吞下。强大的喙部可以将猎物处理妥当。

3 腿部和足部

加州神鹫的足爪很短，后趾不太发达，而中趾很长。同大多数猛禽不同，秃鹫不需要用爪子捕捉猎物。它们甚至不擅长栖息和支撑自己的体重。

亲缘关系研究

包括使用DNA在内的多项研究都探讨过秃鹫和其现生近亲的关系。秃鹫与5种新大陆秃鹫，包括红头美洲鹫（上图），一起被归入新域鹫科。然而，随着新信息的出现，分类也在不断演变，而最近的研究结果表明，秃鹫的祖先与鹳以及其他鹳形目鸟类的祖先十分接近。部分原因在于新大陆秃鹫依靠敏锐的嗅觉捕猎，而旧大陆秃鹫则不然。旧大陆秃鹫包括两个独立的族系：一个包括胡兀鹫和埃及秃鹫，另外一个包括兀鹫、秃鹫及其近亲。

巨鸟和恐怖鸟

1 北美的泰坦鸟（*Titanis*）的复原图，2.5米高，体重是成年人类的2倍，具有巨大的喙部和小翅膀，体现出了骇鸟的庞大身躯和力量。

2 凯乐肯恐鹤（*Kelenken*）的喙部在骇鸟中也显得硕大无比，可以同如今的鹈鹕相提并论，但威力要强大得多。

3 安达尔加拉鸟（*Andalgalornis*）的喙部可以像斧头一样劈砍猎物。

世界各地都发现过几种巨型鸟类的化石，其中一些直到几百年前才灭绝。6 600万年前非鸟恐龙的消失为其他陆生动物开辟了新天地，部分鸟类借此良机成为当地巨大的地面物种。巨大的钩状喙和足爪表明它们无疑是掠食者。其他大鸟用沉重的钝喙啄食植物，或者敲开大种子和水果。有些巨大的鸟类被称为“恐怖鸟”，这个引人注目的名字指的是一个奇异群体，主要是指骇鸟家族，其中大多数都是体形庞大不飞的肉食性鸟类，生活在6 200万—200万年前的南美洲。它们的复原形象巨大而结实，还具有大幅度弯曲的巨大喙部，遇到这种怪物着实可怕。在身材和体形上，它们类似于今天的鸵鸟，但粗脖子、大脑袋和超大的喙似乎过于庞大。

大多数骇鸟化石都来自阿根廷、巴西和乌拉圭，它们似乎在南美大部分地区都很繁盛。恐鹤（见410页）和所属的属同名。弗洛伦蒂

关键事件

6 000万—200万年前

巨大的骇鸟在这段时间里留下了化石。它们属于骇鸟，大部分化石都来自南美。

2 500万—250万年前

骇鸟在南美繁盛起来。这些凶暴强大的生物是当时无可匹敌的顶级掠食者。

1 700万年前

阿根廷的巴塔哥尼亚生活着喙部巨大的恐鹤，它们的时速可能达到50千米。

1 500万年前

凯乐肯恐鹤在阿根廷的潘帕斯草原上捕猎。它们具有鸟类里有史以来最大的头骨和喙部，站立高度达到3米。

1 000万—200万年前

阿根廷生活着中等大小的骇鸟中骇鸟（*Mesembriornis*）。它们很晚才灭绝。

550万—500万年前

史氏雷啸鸟（*Dromornis stirtoni*）在澳大利亚北部游荡。它们身体巨大，体重可以达到450千克，可能是植食性动物。

诺·阿梅吉诺（1854—1911）于1887年发表了长腿恐鹤（*P. longissimus*），其依据是阿根廷巴塔哥尼亚出土的巨大颌骨化石。这位博物学家和古生物学家基本上靠自学成才，受达尔文的影响很大。

虽然大部分化石都来自南美洲，但泰坦鸟（见图1）来自美国的得克萨斯州和佛罗里达州。它们的历史可以追溯到大约500万年的上新世到175万年前的早更新世。泰坦鸟似乎是在300万年前的美洲物种大交换中从南美洲迁徙到了北美洲，当时的火山活动和构造活动在这两片大陆之间形成了陆桥。这条陆地走廊让原本分隔在两片大陆上的动物可以迁徙并融合。但最古老的泰坦鸟化石早于这个时代，所以研究者推测它们在南美和北美连接起来之前就通过一系列岛屿迁徙到了北方。泰坦鸟站立高度2.5米，可能是能够快速奔跑的肉食动物。它们的猎物可能主要是小型哺乳动物，例如啮齿动物，以及爬行动物，可能还有腐尸。冠恐鸟（见408页，也称“不飞鸟”）也属于骇鸟家族，它们和泰坦鸟可能有亲缘关系，化石来自北美、欧洲和中国。

部分骇鸟更加可怕：它们体形更大，而且能够依靠有力的长腿高速奔跑。许多成员都有巨大的钩状喙和锋利的爪子，可以用来捕捉并撕掉猎物。于2007年得到命名的凯乐肯骇鸟（见图2）拥有鸟类中最大的头骨和喙部。这只骇鸟身高约3米，头骨长度超过70厘米，包括45厘米长的喙部。虽然只发现了颅骨和小腿，但研究者还是通过对比其他骇鸟对它们进行了复原。复原结果显示，凯乐肯骇鸟是巨大的地面鸟类捕食者。大约1 500万年前，它们漫步于阿根廷的潘帕斯草原，追逐着爬行动物和小型哺乳动物。

雷鸣鸟（*Brontornis*）也是骇鸟中的一员，它们的化石主要是发现于阿根廷圣克鲁斯省的腿骨和头骨。这个强大的生物是最重的骇鸟，达到500千克，最高的标本超过2.8米。它们理应是可以捕杀大型猎物的顶级捕食者，狩猎的时候会从藏身的森林或灌木丛中突然跃起发起突袭，用巨大的钩喙和沉重锋利的爪子杀死对方。骇鸟中的史氏安达尔加拉鸟（*Andalgalornis steulleti*，见图3）为这类凶暴掠食者的捕食方式提供了宝贵线索，它们的化石来自晚中新世和早上新世的阿根廷

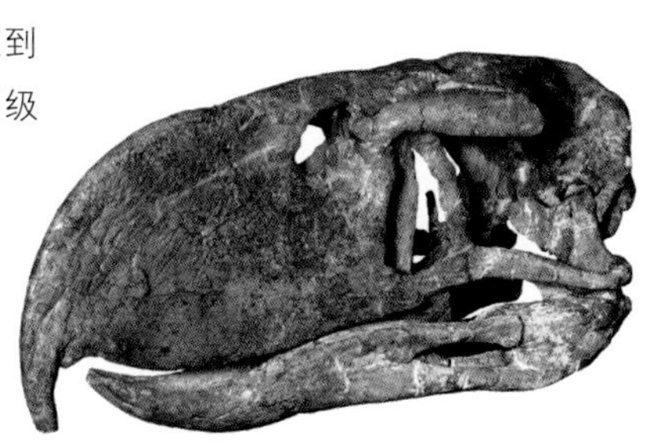

500万年前	400万—175万年前	200万—500年前	4万年前	400年前	300年前
骇鸟中的史氏安达尔加拉鸟也是可怕的掠食者。它们生活在阿根廷。	骇鸟中的泰坦鸟身高2.5米，生活在佛罗里达。	恐鸟诞生，它们遍布新西兰。这种巨大的植食性森林居民在欧洲移民到来之前就已经灭绝。	巨鸟属（*Genyornis*，巨型不飞鸟）可能在澳大利亚延续到了这个时期，它们和雷啸鸟属（*Dromornis*）有亲缘关系。	后来的研究认为新西兰的恐鸟生存到了400年前。	马达加斯加的巨型象鸟（*Aepyornis*）可能是在此时灭绝的。

岩层，虽然只有1.4米高，但喙部很大，而且上颌末端大幅度弯曲。头骨沉重、不灵活，而且相当狭窄。研究者认为史氏安达尔加拉鸟同许多其他骇鸟都是垂直移动喙部，让它们像斧头一样深深刺穿猎物。

中骇鸟也是在阿根廷发现的骇鸟化石。虽然其体形不及骇鸟家族中真正的巨人，但它们是存续时间最长的骇鸟之一，可能从1 000万年前延续到了200万年前。它们身高约1.5米，可能是奔跑高手，会在开阔的地方追捕猎物，而不是和笨重的亲戚一样选择伏击。骇鸟似乎在2 500万—250万年前的南美洲热带稀树草原里尤为繁盛，它们是当时的顶级掠食者。最后可能是大型肉食哺乳动物的竞争将它们逼上了绝路，尤其美洲物种大交换期间的北美猫科动物和犬科动物。在它们到来之前，骇鸟一直是南美大陆上没有对手的王者。气候变化可能也推动了骇鸟的灭绝。安第斯山脉不断升高，而后来的山脉地形具有雨影效应，使气候更加干燥。

在不太遥远的过去，地球上还生活着喙部更巨大的掠食者。史氏雷啸鸟（见图5）生活在晚中新世的澳大利亚北部，它们站立高度超过3米，体重可达500千克。和其他不会飞的鸟类一样，它们的胸骨没有龙骨突，翅膀也很短，但双腿非常粗壮，脚趾强壮且呈蹄状。但最显著的特征是像大鹦鹉一样的喙部，非常深且有力，可能轻松敲开坚果。在没有更多证据的情况下，研究者还不能确定喙是用来撕裂植物茎秆，打开坚硬的种子，还是用来撕裂动物。

巨鸟和雷啸鸟关系密切，而且同为驰鸟科成员。这种不会飞的大鸟身高约2米，生活在4万年前的澳大利亚。蛋壳碎片的定年研究表明它们是在短时间内突然灭绝的，可能是因为人类狩猎和栖息地的破坏。4万年前的澳大利亚土著岩画可能描绘出了这种巨鸟。令人惊讶的是，一些最令人感到印象深刻和可怕的巨鸟以及一些已知的最大种类，都一直延续到了近代。新西兰的恐鸟（见412页）和马达加斯加的象鸟（见414页）最晚诞生，也最晚灭绝。它们都利用孤岛上没有大型植食性哺乳动物的优势而占据了优势植食性动物的角色，但最终都死于人类捕猎。我们可以通过如今的大型不飞鸟类来推测骇鸟的外形和习性，例如鸵鸟（见图4）、美洲鸵、鸸鹋和食火鸡（见图6）。

恐鸟虽然表面上更像鸸鹋和食火鸡，但它和南美洲鹋形目鸟类的亲缘关系更近，尽管它们通常都被置于自己独立的族群中，即恐鸟目。巨恐鸟是有史以来最高的鸟类，身高可以达到3.6米，甚至超过2.8米高的鸵鸟。恐鸟每次只产1～2枚蛋，而且人类经常将蛋捡走食用，这可能就是恐鸟灭绝的原因之一。有趣的是，基因分析表明，来自人类聚居地的恐鸟骨骼大部分属于雌性。这可能是因为恐鸟一般都是在森林中觅食时遭到捕获，而体形较小的雄性恐鸟留在窝里孵蛋，不太容易被发现。今天的食火鸡和鸸鸵也有类似的两性体形差异，孵蛋的任务主要由体形较小的雄性承担，雄性恐鸟很可能也是如此。MW

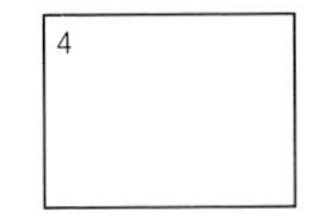

4 最大的现生鸟类鸵鸟，身高可以达到2.8米，但体重只有最大恐鸟的1/2，象鸟的1/3。

5 史氏雷啸鸟是植食性动物，具有可以敲开坚果的笔直喙部。

6 新几内亚和澳大利亚诞生了三种具有肉垂和头冠的食火鸡（*Casuarius*）。和它们亲缘关系最近的生物可能是当地另一种不会飞的巨鸟——鸸鹋（*Dromaius novaehollandiae*）。

冠恐鸟

古新世—始新世

种：巨冠恐鸟（*Gastornis giganteus*）
族群：冠恐鸟科（Gastornithidae）
体长：2米
发现地：法国、北美和中国

图片导航

冠恐鸟是发现最早的巨鸟，也是最大的鸟类之一。化石发现于巴黎附近（见补充），得名于一位年轻而热忱的法国化石猎人加斯顿·普兰特（1834—1889）。他后来成了一位知名的物理学家，并发明了铅酸蓄电池。和所有难以分类的化石一样，冠恐鸟自立门户，组成了冠恐鸟科。它们可能是诞生自鸟类的水禽族系雁形目，而不是鹤形目。目前至少发现了4种冠恐鸟，包括普兰特在欧洲发现的原始的巴黎冠恐鸟（*G.parisiensis*）以及北美的巨冠恐鸟（*G. giganteus*，以前称为巨型不飞鸟）。

和恐鹤一样，巨冠恐鸟是高大可怕的巨鸟，身高足有2米，翅膀短小，还有巨大沉重的头部和喙。但它到底是肉食性动物还是植食性动物？它们的喙尖几乎没有弯曲，和骇鸟不同，更有可能是用于敲开坚果。骨骼的钙成分检测表明它们更类似现代植食性动物，而不是肉食动物。冠恐鸟似乎会用巨大的喙采食坚韧的植物，包括坚果和种子。2009年在美国华盛顿州砂岩中发现的足迹可能属于冠恐鸟。足迹符合植食性动物的特征，因为没有肉食动物中常见的尖锐爪子。MW

要点

1 沉重的喙部

巨冠恐鸟的喙部充分证明它们是植食性动物。喙部深且窄，足以应对坚韧的植物，但并不适合穿刺和咬紧动物。

2 结实的脖子

颈椎短而沉重，所以脖子本身应该也比较粗短。这可能是为了适应啄食沉重的水果、坚果和类似的植物。同样，身体也短而不灵活，具有肌肉发达的腰带，以便冲刺。

3 短翅膀

巨冠恐鸟的翅膀在不飞习性的进化中大幅度退化。它们可能具有展示功能，在繁殖季节吸引配偶。如果的确如此，那么翅膀上的羽毛应该十分鲜艳，很多现生鸟类也是如此。

鉴别

1855年，普兰特在巴黎附近发现了冠恐鸟的遗体。冠恐鸟（右图）这个命名说明将化石归入具体种类有多困难。普兰特发现的化石非常零散，完整骨架的早期复原显示它们有类似鹳或鹤一样的长脖子，身高相当于人类的2倍。后来人们发现复原中使用了其他动物的骨骼，对解剖学产生了误导。随后发现的化石解决了这个问题，特别是由美国古生物学家爱德华·柯普于1874年在新墨西哥州和1916年在怀俄明州发现的化石。美国化石起初被命名为不飞鸟，但后来有人发现它们与冠恐鸟十分相似，于是重新归入冠恐鸟。

恐鹤

中新世

种：长腿恐鹤
（*Phorusrhacos longissimus*）
族群：恐鹤科
（Phorusrhacidae）
高度：2.5米
发现地：阿根廷

图片导航

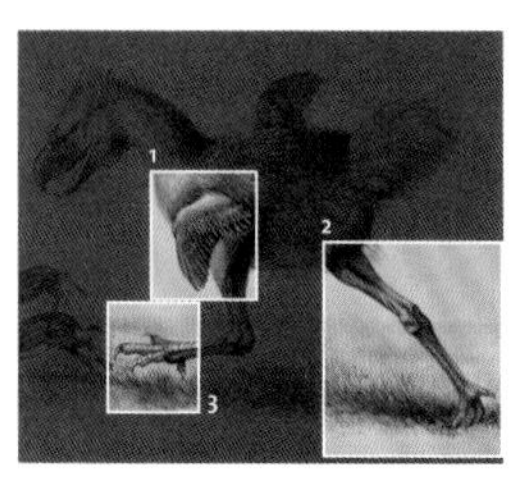

这种恐怖的鸟被用“恐鹤”一词来命名，南美洲的恐鹤高2.5米，具有有史以来最大的喙部。第一具化石来自阿根廷，可以追溯到1 700万年前的中中新世。最初的化石是圣克鲁斯省的下颌骨碎片，1887年首次发表的时候，人们认为造迹者是哺乳动物，但随着更多标本被发现，研究者认识到造迹者其实是巨大的鸟类。它们的翅膀很短，无法飞行。恐鹤的总体结构类似鸸鹋，但头部极大，还有极深且沉重的可怕喙部。它们的翅膀上也有钩爪，类似早期的鸟类祖先。

喙部的结构细节表明，喙部不太灵活且坚硬，因此咬力不强。恐鹤可能会以垂直的动作，用斧头一样的喙部猛烈下啄，同时使用强壮的有爪足部，可能还会配合翅膀上的爪子迅速放倒猎物。长而强壮的双腿让它们可以在巴塔哥尼亚的开阔大草原上追捕猎物，不过它们也可能会从浓密的灌木丛里发起伏击。有人认为恐鹤及其近亲的最高时速可以达到50千米，足以捕捉小型哺乳动物，特别是受到惊吓的猎物。MW

要点

1 小翅膀

和身体相比，翅膀极小而且不能飞翔，它们不可能将这种130千克的巨鸟带到空中。翅膀上的钩爪表明翅膀也是捕猎的武器，可能会用来同其他鸟类战斗。

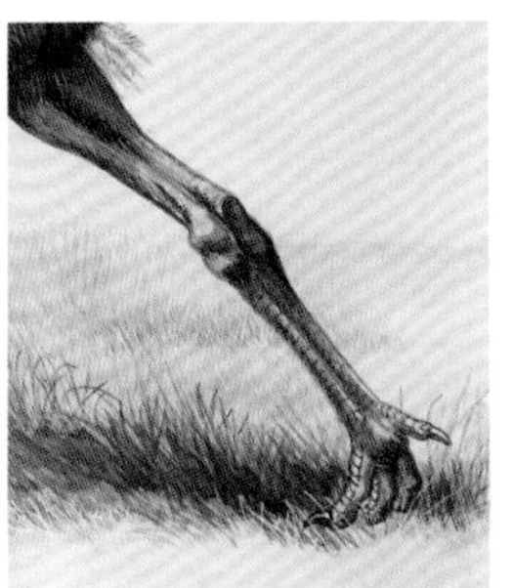

2 长腿

用粗壮的长腿站立起来时，恐鹤的身高可以达到2.5米，体形和鸵鸟十分相似。四肢结构表明它们既可以飞速奔跑，也可以长距离慢跑。身高有助于它们在草地、灌木和林地里更好地观察猎物。

3 巨爪

恐鹤强壮巨大的足部长有肌肉发达的脚趾，每根脚趾上都有尖利的爪子。它们是可怕的武器，可以猛踢并撕裂猎物，将其开膛破肚。巨爪还可以在奔跑中抓紧地面，以增加牵引力和控制力。

近亲

目前认为这类骇鸟同现代鹤及其近亲有亲缘关系，有时还被分为鹤形目。它们可能同鹤科有关，后者的现生代表是南美洲的叫鹤，但部分鸟类专家认为叫鹤应该有自己的叫鹤目。现生叫鹤有两种——黑腿叫鹤和红腿叫鹤（上图），它们都与已经灭绝的骇鸟有一些相似之处。它们的身体结构整体相似，叫鹤会将猎物按在地上，它们更大、更强壮的史前亲戚可能也会使用这种策略。

◀ 恐鹤巨大的喙部最为有名。它们的头骨有60厘米长，上颌极深，尖端具有锋利的弯钩，类似巨鹰。毫无疑问，这种可怕的鸟是肉食性动物。

巨恐鸟

更新世—全新世

恐鸟可以说是鸟类中最奇怪的一员。作为只生活在新西兰的大型陆地植食性动物，恐鸟在100万年的时间里都高枕无忧。恐鸟有十几个种，最著名的是两个巨型种，即南方巨恐鸟（*Dinornis robustus*）和北方巨恐鸟（*D. novaezealandiae*）。这些巨大的恐鸟大约有3.6米高，可能有230千克重。恐鸟完全没有翅膀，只能用结实的腿缓慢行走。胃内容物表明它们是植食性动物，以森林和灌木中的浆果、树叶和嫩枝为食。它们和澳大利亚不能飞的鸸鹋以及食火鸡一样，恐鸟在进化上更接近南美洲的鸩形目。羽毛残骸表明它们的羽毛是棕红色的丝状结构，看上去像哺乳动物的毛皮。鸸鸵、部分早期的鸟类和一些“龙鸟”也具有这种羽毛。它们的主要功能可能是保暖。

由于没有陆地哺乳动物的竞争，恐鸟一直主宰着新西兰两大主岛的森林和灌木丛。但随着毛利人在800年前来到新西兰之后，恐鸟就迅速灭绝。人类为了鸟蛋、肉、骨头和羽毛而猎杀它们，而恐鸟毫无还手之力。它们大约在1600年左右彻底灭绝。MW

图片导航

种：重足恐鸟
(*Dinornis elephantopus*)
族群：恐鸟科(Dinornithidae)
身高：1.8米
发现地：新西兰

要点

1 小头
和身体的其余部分相比，恐鸟的头部很小。头部有一个短而平的喙部，尖端略为下弯。喙部采集食物的能力很弱，因此恐鸟每天都要花很多时间不停地进食。

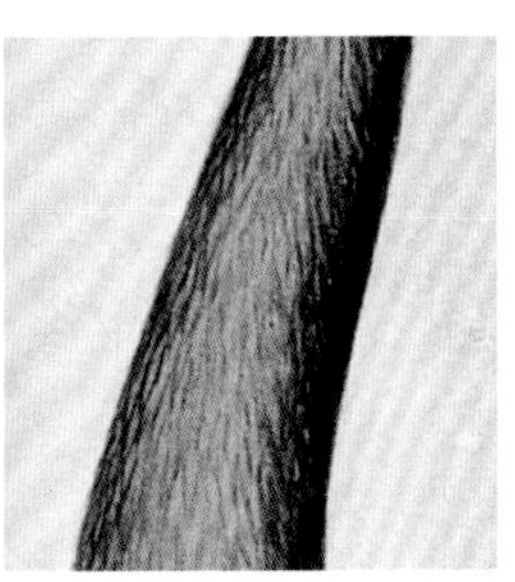

2 长颈
长脖子让恐鸟可以吃到其他陆生植食性动物够不到的叶片和其他食物，如同今天的长颈鹿。脖子也能低垂到地面觅食，因为它们和腿一样长。

3 有力的足部
恐鸟的双腿很长，占身高的一半，而支撑着双腿的足部结实稳当，长有短短的爪子。它们的双脚很适合让这些笨重的鸟儿在其栖息地的树林和灌木丛中觅食，在广大区域内游荡。

毛利人的传说

在毛利人聚居地发现的恐鸟骨骼表明毛利人会猎杀恐鸟（上图）。栖息地的丧失和人类捡拾恐鸟蛋的行为可能也是恐鸟灭绝的一大原因。它们确切的灭绝时间还不清楚。传教士詹姆士·沃特金（1805—1886）在1841年9月27日的日记里写道：“新西兰人有许多传说……曾经存在过巨大的鸟类，众多骨骼表明它们曾经十分常见，但是最年长的人也从来没有见过这种巨大的鸟，他的父亲和祖父同样如此。”沃特金认为灭绝日期是在1620年左右，这也十分符合后来发现的证据。

象鸟（也称隆鸟）

更新世—全新世

完整的骨骼、部分骨骼、亚化石、鸟蛋、可疑的羽毛和皮肤碎片都证明不会飞的象鸟是最大的鸟类。它们算不上是最高的鸟类，这个桂冠属于身高3.5米的新西兰恐鸟，或者身高3.2米的史氏雷啸鸟。雷啸鸟也非常沉重，可以达到450千克。不过象鸟的体重估计接近500千克，超过了恐鸟和雷啸鸟。隆鸟属是走禽类，生活在马达加斯加，包括4个种。其中最大的是巨型象鸟，类似更加强壮的鸵鸟（非洲最高、最大的现生鸟类），但并不是鸵鸟类的近亲，例如鸸鹋和美洲鸵。在7 000多万年前，象鸟的故乡马达加斯加岛与非洲大陆分离，它们从那时起就走上了独立的进化路线。象鸟身披毛发一样的羽毛，没有大型植食性哺乳动物的竞争，它们最终成为岛上最大的植食性动物。马达加斯加的生态条件可能只够支持少量缓慢繁殖的种群，在大约1 500年前（人类到达马达加斯加之前），象鸟一直都很繁盛。人类为了增加耕地而破坏了森林，象鸟不得不迁徙到更偏远的地区，而带着火器的欧洲水手和定居者让它们最终走向了灭绝。SP

图片导航

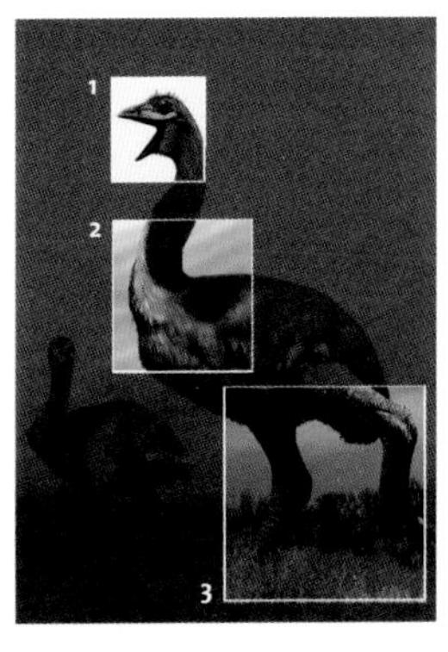

种：巨型象鸟
(Aepyornis maximus)
族群：象鸟科(Aepyornithidae)
身高：3米
发现地：马达加斯加

要点

1 锥形喙部
小头骨上的锥形长喙部可以发挥各种各样的作用，它们很适合采摘叶片和水果，也很擅长在泥土中啄食。脖子长而灵活，在垂直和水平方向上都具有很大的伸展范围。

2 胸骨和翅膀
巨型象鸟的胸骨没有向下的龙骨突用来附着强壮的鼓翼胸肌，它们虽然具有翅膀，但已经退化，不能飞行，翅膀在进化中也变得越来越小。

3 足部和腿部
足部和腿部长而有力。沉重的身体需要强壮的双腿支撑，但是骨骼的比例和粗细表明，象鸟可能无法快速奔跑。三根长脚趾上有粗壮结实的爪子，用于在泥土中刨抓可以食用的植物。

收藏家的宝物

即使是巨大的恐龙也很难产下象鸟那么大的蛋，象鸟蛋的长轴超过35厘米。马达加斯加岛上保存了很多蛋壳碎片和完整的鸟蛋，现收藏于全世界的博物馆和研究机构。在19世纪的收藏热潮中，有人将2枚象鸟蛋带到了澳大利亚，一枚在1862年由墨尔本博物馆出价160美元收购。2013年4月里，一枚非常罕见的完整鸟蛋（30厘米×21厘米）以预期价格的2倍售出，总价大约10.1万美元。照片（上图）中比较了3个物种的鸟蛋：象鸟、鸵鸟和蜂鸟。

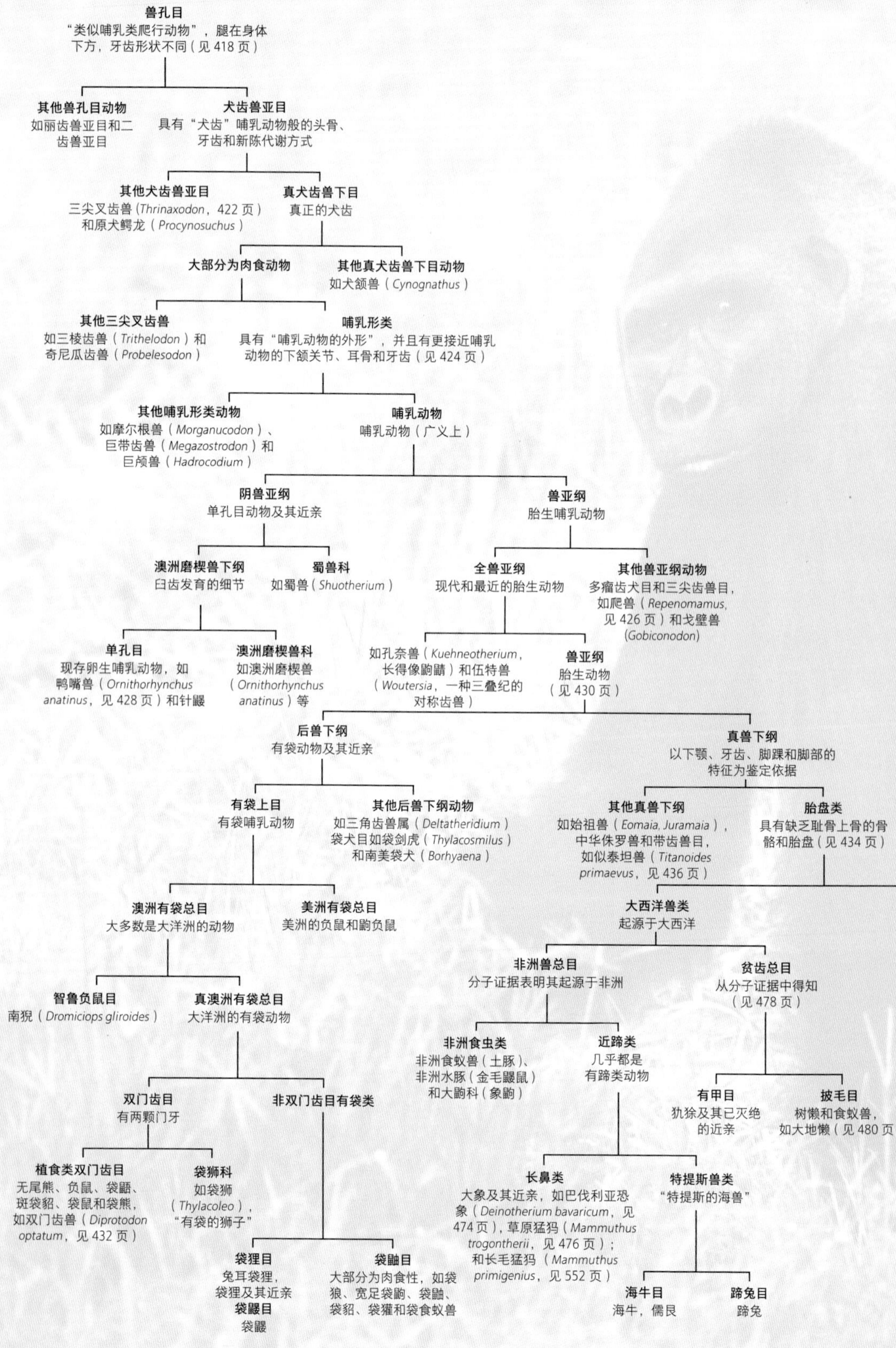
兽孔目
“类似哺乳类爬行动物”，腿在身体
下方，牙齿形状不同（见 418 页）
其他兽孔目动物
如丽齿兽亚目和二
齿兽亚目
犬齿兽亚目
具有“犬齿”哺乳动物般的头骨、
牙齿和新陈代谢方式
其他犬齿兽亚目
三尖叉齿兽(Thrinaxodon，422 页）
和原犬鳄龙（Procynosuchus）
真犬齿兽下目
真正的犬齿
大部分为肉食动物
其他真犬齿兽下目动物
如犬颌兽（Cynognathus）
其他三尖叉齿兽
如三棱齿兽（Trithelodon）和
奇尼瓜齿兽（Probelesodon）
哺乳形类
具有“哺乳动物的外形”，并且有更接近哺乳
动物的下颌关节、耳骨和牙齿（见 424 页）
其他哺乳形类动物
如摩尔根兽（Morganucodon）、
巨带齿兽（Megazostrodon）和
巨颅兽（Hadrocodium）
哺乳动物
哺乳动物（广义上）
阴兽亚纲
单孔目动物及其近亲
兽亚纲
胎生哺乳动物
澳洲磨楔兽下纲
臼齿发育的细节
蜀兽科
如蜀兽(Shuotherium）
全兽亚纲
现代和最近的胎生动物
其他兽亚纲动物
多瘤齿犬目和三尖齿兽目，
如爬兽（Repenomamus，
见 426 页）和戈壁兽
(Gobiconodon)
单孔目
现存卵生哺乳动物，如
鸭嘴兽（Ornithorhynchus
anatinus，见 428 页）和针鼹
澳洲磨楔兽科
如澳洲磨楔兽
（Ornithorhynchus
anatinus）等
如孔奈兽（Kuehneotherium，
长得像鼩鼱）和伍特兽
（Woutersia，一种三叠纪的
对称齿兽）
兽亚纲
胎生动物
（见 430 页）
后兽下纲
有袋动物及其近亲
真兽下纲
以下颚、牙齿、脚踝和脚部的
特征为鉴定依据
有袋上目
有袋哺乳动物
其他后兽下纲动物
如三角齿兽属（Deltatheridium）
袋犬目如袋剑虎（Thylacosmilus）
和南美袋犬（Borhyaena）
其他真兽下纲
如始祖兽（Eomaia, Juramaia），
中华侏罗兽和带齿兽目，
如似泰坦兽（Titanoides
primaevus，见 436 页）
胎盘类
具有缺乏耻骨上骨的骨
骼和胎盘（见 434 页）
澳洲有袋总目
大多数是大洋洲的动物
美洲有袋总目
美洲的负鼠和鼩负鼠
大西洋兽类
起源于大西洋
非洲兽总目
分子证据表明其起源于非洲
贫齿总目
从分子证据中得知
（见 478 页）
智鲁负鼠目
南猊（Dromiciops gliroides）
真澳洲有袋总目
大洋洲的有袋动物
非洲食虫类
非洲食蚁兽（土豚）、
非洲水豚（金毛鼹鼠）
和大鼩科（象鼩）
近蹄类
几乎都是
有蹄类动物
双门齿目
有两颗门牙
非双门齿目有袋类
有甲目
犰狳及其已灭绝
的近亲
披毛目
树懒和食蚁兽，
如大地懒（见 480 页）
植食类双门齿目
无尾熊、负鼠、袋鼯、
斑袋貂、袋鼠和袋熊，
如双门齿兽（Diprotodon
optatum，见 432 页）
袋狮科
如袋狮
（Thylacoleo），
“有袋的狮子”
长鼻类
大象及其近亲，如巴伐利亚恐
象（Deinotherium bavaricum，见
474 页），草原猛犸（Mammuthus
trogontherii，见 476 页）；
和长毛猛犸（Mammuthus
primigenius，见 552 页）
特提斯兽类
“特提斯的海兽”
袋狸目
兔耳袋狸，
袋狸及其近亲
袋鼹目
袋鼹
袋鼬目
大部分为肉食性，如袋
狼、宽足袋鼩、袋鼬、
袋貂、袋獾和袋食蚁兽
海牛目
海牛，儒艮
蹄兔目
蹄兔

7 | 哺乳动物

自20世纪90年代以来，研究者就开始对比基于DNA分析和其他证据的新进化支分类和已经确定的哺乳动物族群，例如产卵的单孔类、有袋类和有胎盘类（通过子宫中的胎盘供养尚未出生的后代）。对比结果在不断改变着传统哺乳动物进化理论。就人类而言，最近发现的已灭绝类人生物化石也有助于厘清人类起源中的种种问题，但同时也让科学家遭遇了新的谜题。

兽孔目

1 水龙兽的化石头骨，位于底部中间，左边和上方是3个两栖类动物的头骨。

2 2.67亿年前的冠鳄兽（*Estemmenosuchus*）化石，具有恐头兽亚目的精致骨角。

3 大约2.62亿年前，两只敌对的麝足兽（*Moschops*）在现在南非准备好进行战斗了。

早期羊膜－脊椎动物会用带壳的蛋来保护正在发育的后代，大约3.15亿年前，它们分化成了两个族群。其中一个诞生了爬行动物，另一个通过下孔类诞生了哺乳动物。下孔类得名于颅骨上的眼后单孔，早期成员形似爬行动物。大约在2.75亿年前，其中的盘龙目开始进化出其他特征，成为兽孔目（似哺乳动物爬行类），包括分布广泛的水龙兽（*Lystrosaurus*，见图1）。最终，部分兽孔目成为今天主宰陆地的哺乳动物。

保存在化石中的兽孔目特征包括多种特化的牙齿，以及非常明显的姿态改变。盘龙类的表亲保留了现代蜥蜴特有的四肢外展姿态，但兽孔目的四肢垂直位于肩膀和腰带下方，足部与身体平行，而不是向外伸展。这些特征让早期的兽孔目变得和哺乳动物越来越相似。虽然盘龙类的进化十分缓慢，不过最早的兽孔目可能是四角兽属（*Tetraceratops insignis*），这是犬只大小的6角动物（并不像名字中所说的四个角）。它们只留下了一个头骨，于1908年在得克萨斯州被发现，因此解剖结构和亲缘关系都不确定。四角兽属生活在2.75亿年前的中二叠世，在几百万年间，兽孔目取

关键事件

2.75亿年前	2.72亿—2.6亿年前	2.6亿年前	2.51亿年前	2.47亿年前	2.45亿年前
小型单孔类四角兽可能是最早的兽孔目动物，它们在得克萨斯州留下了一颗头骨。	巨大的恐头兽亚目在盘古超大陆上繁盛一时，然后宣告灭绝。	最成功的兽孔目出现，即犬齿兽亚目。	二叠纪末期的大灭绝摧毁了很多主要的兽孔目族群，幸存者也遭到了沉重打击。	小型犬齿兽卢姆库兽（*Lumkuia*）是公认的第一批新领兽类，它们是真哺乳动物的祖先。	一类幸存下来的二齿兽类进化成了优势陆生植食性动物，即水龙兽类，它们中诞生了肯氏兽。

代盘龙类成为主要的大型陆生动物。

最古老、最原始的主要兽孔目族群是恐头兽亚目。它们保留下来很多与盘龙类祖先的相似之处，但也进化出了新特征。同后来的兽孔目相比，虽然它们的姿态明显是匍匐在地上的，但身体已经离地面远了许多，特别是身体的前半部分。这类动物既有肉食性成员，也有植食性成员，最大的成员体长可以达到4.5米，体重足有2吨。麝足兽等植食性动物（见图3）保留了面部朝下的小脑袋。它们通常具有加厚的头骨，可能会在繁殖季节里和对手顶头竞争。而冠鳄兽（见图2）等其他成员可能还具有用于防御的骨质角。恐头兽亚目的肉食动物进化出了更长、更强的颌部，尽管它们没有进化出如同大象一般的身体，但它们在长度上可以与最大的植食动物相媲美。所有恐头兽亚目的一个共同特征是拥有一系列前门牙。

恐头兽亚目的统治时间并不长久。大约2.6亿年前，整个族群在短时间内灭绝，随后小得多的兽孔目动物取代了它们的位置。后者可以大致分为异齿兽类、巴莫鳄亚目和兽齿类。异齿兽类大多都是没有牙齿的植食性动物，而且成员众多，但它们同恐头兽亚目差不多同时灭绝，只有一个族群幸存，那便是二齿兽类，得名于其独特的两颗犬齿。它们迅速进化，身体大小和栖息地都各不相同，同时进化出了更大的头骨开口，以容纳更强大的颌肌（见图4）。

2.45亿年前	2.35亿年前	2.05亿年前	2.01亿年前	1.93亿年前	1.05亿年前
安第斯齿兽（*Andescynodon*）是最原始的植食性横齿兽类，这是一类将生存到侏罗纪的犬齿兽亚目成员。	最后的主要兽齿类族群兽头亚目灭绝。	威尔士和中国生活着摩尔根兽（*Morganucodon*），这是种小型的食虫类哺乳动物，是真正哺乳动物的已知近亲。	横齿兽类灭绝，新颌兽类（probainognathans，一种已灭绝的哺乳动物近亲）成为主要的兽孔目族群。	中国尖齿兽（*Sinoconodon*）是哺乳动物近亲，它们还保留着爬行类的特征。	最后的二齿兽类可能在澳大利亚南部灭绝。

4 2.52亿年前的二齿兽大约有1.2米长，它们拥有自己的同名属。

5 摩尔根兽具有类似哺乳动物的臼齿，可以咀嚼昆虫等小型猎物。

6 中国尖齿兽保留着爬行类不断换牙的特征，但它的下颌关节和哺乳动物十分相似。

肉食的巴莫鳄类是最原始的兽孔目动物，相对于它们的植食性猎物，它们的身体更加轻盈，而且保留了很多原始盘龙的特征。一旦恐头兽亚目在竞争中被淘汰，它们就开始蓬勃发展。相比之下，兽齿类是在恐头兽亚目时代后期出现的新的兽孔类动物，更加类似哺乳动物。它们的特点是下颌更沉重，以及一些其他相关变化使它们的听力更好。兽齿类迅速演变出了两个族群——丽齿兽亚目和兽头亚目，又在晚二叠世中进化出了犬齿兽亚目（见图6）。丽齿兽类是比较原始的肉食动物，最大的成员和北极熊一样大小。小一些的兽头亚目也有可能是肉食动物，它们的牙齿更加特殊，头骨也发生了变化，脑容量和智力显著增加。更类似哺乳动物的犬齿类也具有这些特征。

兽孔目动物的进化驱动力还是个谜。它们崛起之时，所有大陆正要汇聚成盘古超大陆，这使得大陆内部的大部分地区成为荒凉的沙漠。它们之所以能生存下来并超越其他下孔类，可能主要是因为能够以更坚韧的植物为食，或者可以更有效地快速追逐猎物。然而，在2.52亿年前的二叠纪末期，地球上的生命面临着历史上最大的危机，被称为“大消亡”的灭绝事件（见224页）杀死了绝大多数物种。只有少数族系幸存下来，而且主要可能是出于运气，而不是特定的进化优势。二齿兽类中只剩下几个科。其中的水龙兽类在灾难之后蓬勃发展，成为全球最成功的植食性动物。这些中等大小的似猪动物具有獠牙和喙来协助觅食，它们在几百万年里进化成了肯氏兽，并被后者取而代之。

在其他群体中，巴莫鳄类在灭绝中彻底消失了。兽齿类处境稍好一些：虽然丽齿兽亚目分支灭绝，但不少兽头亚目幸存了下来，但还是在中三叠世（大约2.35亿年前）灭绝。不过犬齿兽亚目蓬勃发展，而且和现代哺乳动物越来越相似。肉食物种变得越来越小，脑部更加特化而且相对较大，同时犬齿兽亚目似乎在三叠纪里分化出了一种中等大小的植食性动物。

早期哺乳动物进化的研究中有一个巨大的阻碍，即许多典型的哺乳动物特征都无法在化石记录中保留，例如胎生和保暖的毛发。幸运的是，现代哺乳动物也有一些可以化石化的独特骨骼结构。除了种类繁多的牙齿，所有的哺乳动物都有次生颚，其位于口腔顶部，是鼻腔和口腔的分界。这个结构使得哺乳动物可以一边进食一边呼吸，避免了窒息的危险，而且其可能在体温控制的进化中扮演了重要角色。保持恒定的体温不仅让动物更加活跃，也让它们对能量有了更高要求，它们需要更加规律地摄入食物。化石证实犬齿兽亚目和兽头亚目都存在次生颚。2.45亿年前的早三叠世三尖叉齿兽（见422页）可能是犬齿兽亚目向哺乳动物进化的关键环节。

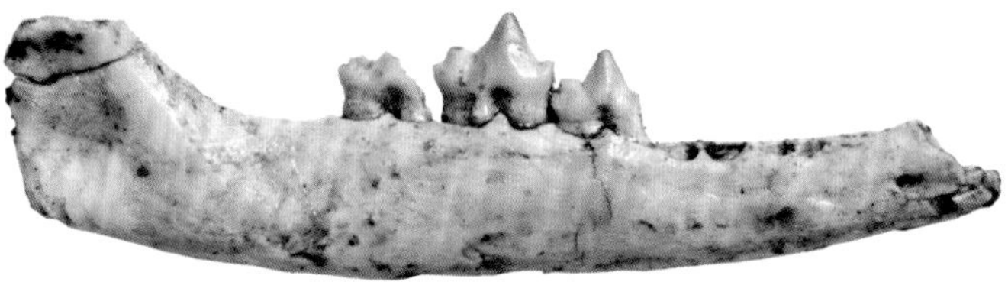

二叠纪灭绝结束之后，幸存的兽孔目要面对种种挑战，包括迅速进化的恐龙及其爬行类日益激烈的竞争。2.01亿年前的三叠纪末期，二齿兽类大多都已灭绝，许多犬齿兽亚目也面临灭绝，但它们身体较小，而且进化出了体温控制能力，它们在中生代里摸索出了独特的生存之道。最成功的群体是真犬齿兽亚目，它分为犬颌兽类和新颌兽小目。化石证据表明，面对三叠纪里的恐龙和其他动物崛起的压力，它们进化出了两种生活方式。犬颌兽类成为中小型植食性动物，一直存活到大约2.01亿年前的早侏罗世。与此同时，新颌兽小目变得更小，分化出了多个科，包括植食性动物和肉食动物。体形变小导致它们难以保留身体热量，因此催生了更快的新陈代谢和更好的保暖能力，于是这类动物变得越发毛茸茸，但还不是真正的哺乳动物，因为它们的下颌还保留着原始的爬行动物特征。

大约2.25亿年前，犬齿兽亚目中的一个族群进化出了哺乳形类。这个群体包括了所有现生哺乳动物的共同祖先和它们已灭绝的近亲——长得像鼩鼱的摩尔根兽（见图5），以及以现生鸭嘴兽（见428页）为代表的单孔目动物。在接下来的1.6亿年，它们都生活在恐龙的阴影之下，直到白垩纪末期的灭绝事件让它们重新崛起，并作为真正的哺乳动物统治世界。GS

三尖叉齿兽

早三叠世

种：平鼻三尖叉齿兽
(*Thrinaxodon liorhinus*)
族群：犬齿兽亚目
(Cynodontia)
体长：50厘米
发现地：南非和南极

兽孔目的三尖叉齿兽很可能是爬行动物向真哺乳动物进化的关键物种。它们在南非和南极都留下了化石。在2.45亿年前的早三叠世里，这两个地区在盘古超大陆上紧挨在一起。三尖叉齿兽属于兽孔目中最成功的犬齿兽亚目，它们诞生于2.6亿年前晚二叠世，在二叠纪末期的物种大灭绝中得以幸免，并在三叠纪里迅速进化。研究认为三尖叉齿兽在进化谱系上刚好位于主要的犬齿兽亚目族群真犬齿兽类之外，后者包括大多数晚期犬齿兽亚目成员，哺乳动物也是其中之一。它们可能是一个大范围进化支（有一个共同祖先的群体）外犬齿兽亚目中的原始成员。

三尖叉齿兽体长50厘米，是四足动物，依靠短腿和宽大的足部支撑着獾一样的身体，但身体离地不高。它们的体形没有高度特化，而且化石保存在地下孔道中，可见它们是穴居动物。低纬度地区的条件恶劣，迫使它们成为夏眠动物，整个夏季都在地下睡觉（见补充）。三尖叉齿兽的牙齿表明它们是肉食动物，并且复原形象中通常具有毛发。目前没有确凿的毛发证据，但吻部的小坑表明该处长有胡须，因此身体上可能也有毛发。不过现生无毛蜥蜴的头骨上也有类似的小坑。总而言之，三尖叉齿兽同时具有爬行动物和哺乳动物的特征。例如，它们拥有所有现代哺乳动物所共有的骨质次生颚，但会像爬行动物一样产卵。将三尖叉齿兽和爬行动物祖先区分开来的重要特征是肋笼，肋笼将身体分为独立的胸腔和腹腔，这两个体腔可能会由隔膜分开，这有助于提高呼吸效率并提高新陈代谢。后来的哺乳动物也具有这种特征，包括人类。GS

图片导航

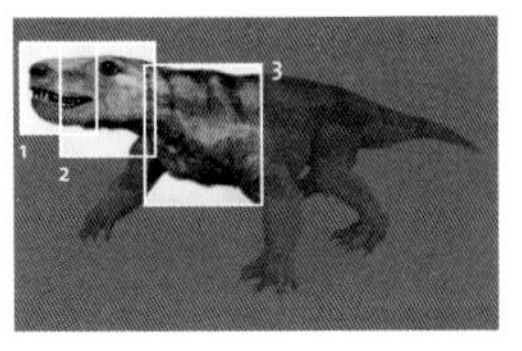

要点

1 颌部和吻部

三尖叉齿兽具有增大的下颌骨，提高了咬力。它们还有退化的次级颌骨，用于将颌部和头部连接起来。化石头骨上的小坑类似哺乳动物胡须根部的凹坑。这些敏感的毛发对一生大部分时间都在黑暗中度过的穴居动物很有用。

2 颅腔

三尖叉齿兽的化石扫描结果表明，它们的颅腔后部就比例而言大于它们的祖先，但它的大脑仅占据一小块区域，所以大脑和身体的比例低于现生哺乳动物。兽孔目的头骨包括多块进化出真哺乳动物颅腔的骨骼。

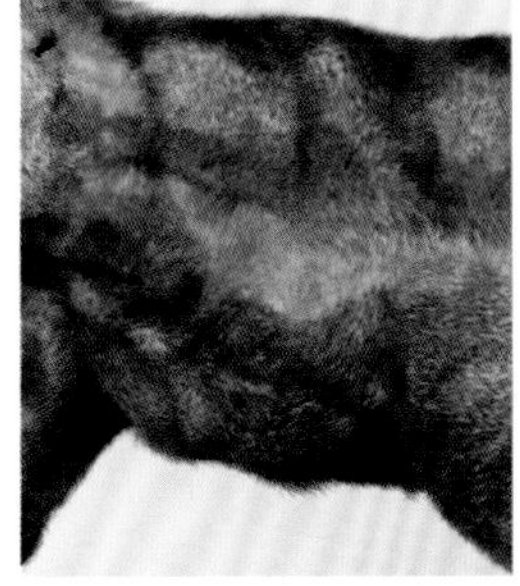

3 肋笼

三尖叉齿兽是第一种明确区分开胸腔和腹腔的动物。胸（上背部）椎上长有保护身体前部器官的肋骨，但腹部没有任何骨骼。它们具有膈肌隔开消化器官，使肺部容量得以扩大。

三尖叉齿兽的亲缘关系

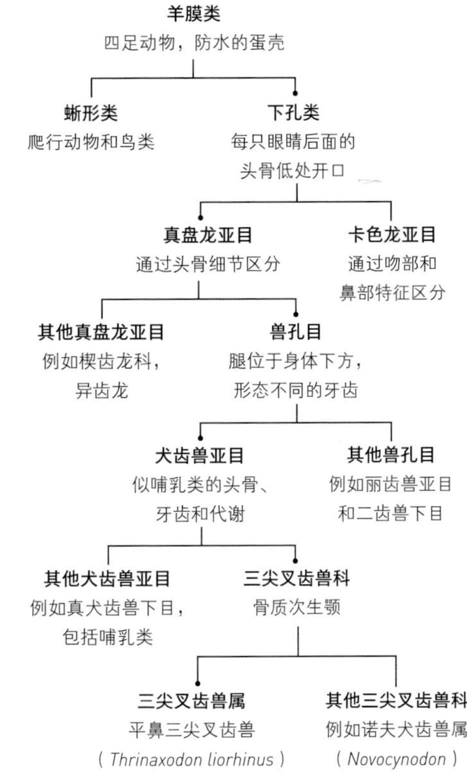

▲三尖叉齿兽是犬齿兽亚目的成员，这是一个种类繁多而且遍布南方大陆的族群。在二叠纪末期的大灭绝后，它们进化出了更新的生活方式，最终成为哺乳动物。

夏季休眠

来自南非卡鲁盆地的一项发现证明三尖叉齿兽会在洞穴中深度夏眠（如右图）。通过同步加速器扫描，法国的研究者从早三叠世岩石中观察到了罕见的地道铸模化石，其中有呈睡眠姿势的三尖齿兽，还有两栖动物普氏布氏顶螈。它们因被活埋而死。普氏布氏顶螈（*Broomistega putterilli*）似乎在死前几周已经受伤，所以不可能挖出隧道，它很可能是在洞穴中寻求庇护。掠食性的三尖叉齿兽没有攻击入侵者而是保持沉睡，这表明它正处于休眠状态，可能是为了躲避高温或食物的缺乏。

最初的哺乳动物

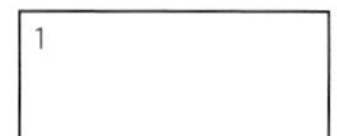

1 獭形狸尾兽（*Castorocauda*）可达50厘米长，具有半水生特征，类似现生河狸和水獭的混合体。
2 翔兽（*Volaticotherium*）和现生鼯鼠十分相似，这是不同族群因为生活方式相同而出现趋同进化的案例。
3 始祖兽（*Eomaia*）唯一的化石非常完整，甚至保留了皮毛。这种哺乳动物体长10～12厘米。

第一批真正的哺乳动物诞生于2.25亿年前的三叠纪中期，紧随最古老的恐龙。人们起初认为与恐龙共存的哺乳动物是类似鼩鼱的胆小食虫动物，在巨大爬行类的脚下卑微求生。这个观点表明，哺乳动物的延续要归功于小体形和高代谢，如果被天敌发现，它们就有机会逃到安全的地方。然而在过去的几年里，人们也发现了一些中等大小的哺乳动物样生物，它们具有明显的特化特征，而且显然与恐龙共存，至少是一些生态系统的重要组成部分。中国内蒙古和辽宁的发现最为重要，其中包括1.25亿—1.23亿年前劫掠恐龙巢穴的早白垩世似獾动物爬兽（*Repenomamus*，见426页）、1.64亿年前的中侏罗世似河狸獭形狸尾兽（见图1），以及滑行的翔兽。这些新发现揭示了早期哺乳动物出人意料的多样性，但尚不清楚它们在更大进化图景中的位置。

基因和化石证据共同表明，第一个冠群哺乳动物（所有现生哺乳动物的直系祖先，包括有胎盘类、有袋类和单孔类）出现在1.9亿年前的早侏罗世。然而，其他群体的哺乳动物更早就已经存在。以骨骼和牙齿为主的化石证据表明，多个亲缘关系紧密的族群未能像有胎盘类、有袋类和单孔类一样延续至今。在没有遗传证据和软组织化石的情况下，尚不确定其中部分族群到底是真正的哺乳动物（冠群已灭绝的后代）还是冠群“表亲”哺乳形类。

关键事件

2.05亿年前	1.95亿年前	1.93亿年前	1.7亿年前	1.64亿年前	1.6亿年前
类似鼩鼱的摩尔根兽是最古老的真哺乳动物之一。它们的脑部很小，体重不足85克。	中国禄丰盆地的吴氏巨颅兽（*Hadrocodium*）展示出了大脑和内耳的进化，它们可能是真哺乳动物的近亲。	中国尖齿兽，另一个来自中国的哺乳动物的近亲，被认为是最基干的哺乳动物且和哺乳动物的亲缘关系极近，即哺乳形类。	线粒体DNA研究表明现生单孔类、有袋类和有胎盘类可能是在这个时期分化开来的。	中国内蒙古自治区生活着獭形狸尾兽和翔兽。道虎沟化石床揭示了这一时期早期哺乳动物的多样性。	中国生活着爬树的侏罗兽（*Juramaia*）。部分研究者认为这是极早期的有胎盘类。

已灭绝种群中最重要的一类是多瘤齿兽类，其得名于臼齿上的突起。这些似啮齿类动物的化石记录跨越了1.2亿年，最后在3 000万年前的渐新世被真啮齿类动物（有胎盘类）所取代。多瘤齿兽类可能是继单孔类之后从兽亚纲（有胎盘类和有袋类）中分化出来的独立进化谱系，或者是原始冠群之外的哺乳形类，但外表具有欺骗性。新发现的中生代哺乳动物在哺乳动物进化中的位置仍有争议。

这些主要哺乳动物族群最古老的成员很难确定。最古老的单孔类是1.23亿年前的泰诺脊齿兽（*Teinolophos*），它似乎是在通往现代鸭嘴兽（见428页）的进化中出现的。泰诺脊齿兽一定是从更早、更泛化的基干（原始）单孔目动物进化来的，后者早已从其他的哺乳动物族群中分化出来。最古老的有袋类是中国袋兽（*Sinodelphys*），这是来自中国辽宁省的似负鼠动物，化石保存得非常完美。它们生活在1.25亿年前的早白垩世，不同于特化的泰诺脊齿兽，中国袋兽似乎是高度泛化（基干）的树栖动物，接近有袋动物和胎盘动物的进化分化点。近现代哺乳动物的化石表明有胎盘类和有袋类是在早白垩世分化，此类动物包括中国的始祖兽（见图3）和无冠兽（*Acristatherium*），它们都是有胎盘类。但证据相互矛盾。一些研究人员认为，始祖兽和无冠兽并非起初认为的那么进步，而且有胎盘类是在6 600万年前白垩纪末期大灭绝结束后不久才出现。但也有人认为早期的侏罗兽是有胎盘类，有可能将有袋类－有胎盘类的分化时间推后3 500万年到晚侏罗世。

矛盾的基因证据让这个问题更加复杂。基于新生哺乳动物线粒体的DNA分子钟测量表明，今天的三大主要哺乳动物族群是在1.7亿年前的中侏罗世分化的。同样的遗传学证据将几个现代哺乳动物亚群的起源追溯到了白垩纪，但支持这一点的证据很少。为了调和这些时间，一种理论认为各类现生哺乳动物的祖先很小，在化石记录中难以彼此区分，直到恐龙的突然消失为它们的进化、多样化和传播扫清了道路。另一个理论是，哺乳动物在6 600万年前的后恐龙时期经历大进化之时，分子钟也“跑得很快”，因此以缓慢稳定的基因改变为基础的检测方法无法得到正确结果。GS

1.3亿年前	1.25亿年前	1.25亿年前	1.23亿年前	6550万年前	3500万年前
三锥齿兽中的和狗差不多大小的爬兽属（*Repenomamus*）在恐龙身边繁荣昌盛。	中国辽宁省生活着类似负鼠的中国袋兽，它们是最古老的有袋类哺乳动物。	中国的始祖兽大致同中国袋兽生活在同一时期，可能是早期的有胎盘类，不过尚有争议。	澳大利亚生活着最古老的单孔类，即类似鸭嘴兽的高脊鸭颌兽（*Teinolophus*）。	非鸟恐龙突然消失，让幸存下来的哺乳动物有机会在体形和多样性上大爆发。	多瘤齿兽类灭绝。它们是似啮齿类哺乳动物的一个主要群体，与胎生真啮齿类动物有独立的血统关系。

爬兽

早白垩世

种：强壮爬兽
(*Repenomamus robustus*)
族群：戈壁锥齿兽科(Gobiconodontidae)
体长：50厘米
发现地：中国

爬兽是恐龙时代最大、最令人惊叹的哺乳动物，它们是肉食动物，与獾差不多大，因捕食恐龙幼崽而闻名。目前发现了两个种，都来自中国辽宁省的义县组，这片化石床由于保存了多种披羽恐龙化石而闻名世界。爬兽的两个种一个是长约50厘米、体重6千克的强壮爬兽；一个是体长1米、体重14千克的巨爬兽。它们的化石常常以蜷缩的姿势保存。在古生物学家看来，它们可能是在睡梦中死于附近火山爆发释放的有毒气体，随后被埋在火山灰中，这种材料完美地保存了遗骸的细节。两个种都可追溯到1.25亿—1.23亿年前的早白垩世。

牙齿分析表明爬兽是三尖齿兽类哺乳动物，臼齿有排成一列的3个突起。长期以来，三尖齿兽类一直被认为是现生哺乳动物的近亲，但不属于同一个群体，因为它们与现生哺乳动物没有共同祖先。事实上，似乎有几个与现生哺乳动物有关的不同的三齿兽类群。根据这种分类方案，爬兽属于戈壁锥齿兽科的一个小群体，这一群体中还有另一种相当大的、类似负鼠的已灭绝哺乳动物戈壁锥齿兽（*Gobiconodon*）。颌骨和牙齿特征表明爬兽是肉食动物，这一理论被一个爬兽化石胃部保存着的幼年鹦鹉嘴龙（见340页）骨骼得到了证实。爬兽强有力地证明了恐龙身边也有主动的掠食性哺乳动物，它们会以恐龙为食，甚至会和恐龙争夺食物来源。GS

图片导航

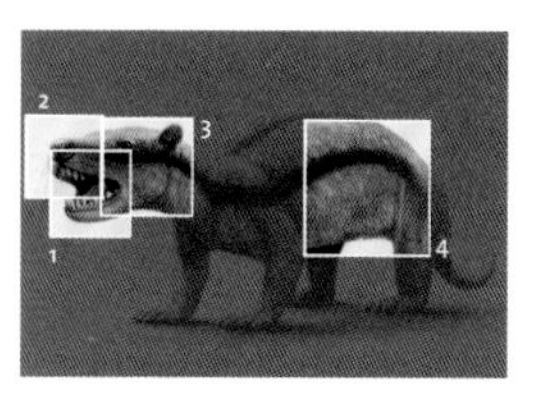

要点

1 撕咬的颌部
强壮爬兽的颌部和狐狸的颌部等长，但更厚实，有较大的表面用以附着肌肉。这有利于提高咬力，加上长而锋利的切齿和犬齿，它们可以牢牢地钳制住猎物，在吞咽之前将对方撕碎。

2 鼻子
化石的颅腔表明爬兽的大脑同后来的有袋类以及有胎盘类相比很小，最发达的区域是嗅球（嗅觉区域），表明强壮爬兽依靠嗅觉捕猎。有一些人认为该区域的增长引发了哺乳动物大脑的扩张。

3 颌部和耳朵
颌部同哺乳动物无异，齿后骨骼退化成小耳骨（听小骨），让齿骨成为主要的下颌骨。不过耳部还是不同于现代哺乳动物，听小骨由软骨连接到颌部。这会限制可以听到的声音频率。

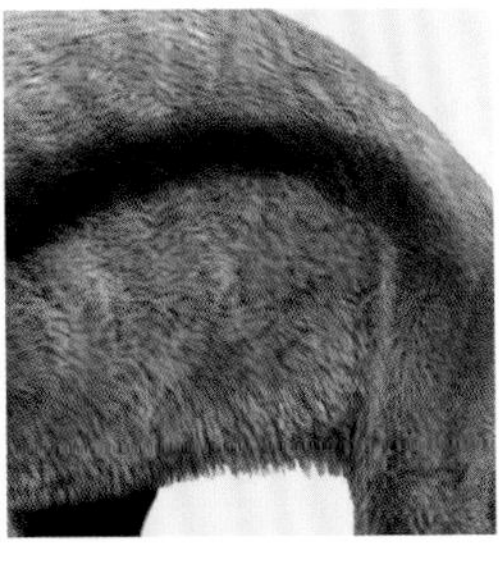

4 胃部位置
在强壮爬兽标本胃部发现的鹦鹉嘴龙骨骼，这为我们了解该动物的内脏情况提供了帮助。这顿最后的美餐位于身体的左下部，和现代哺乳动物的胃部位置相同，可见哺乳类的基本身体结构很早就进化了出来。

爬兽的亲缘关系

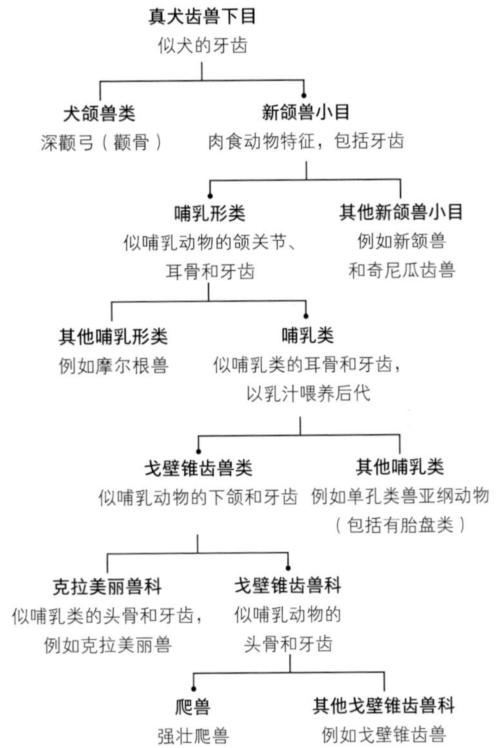

▲ 爬兽的特征不足以让它们明确归为某个哺乳动物类群。因此在发现更多证据之前，它们一般被归入更笼统的戈壁锥齿兽类，这类动物主要来自东亚。

▼ 2005年，爬兽的化石里发现了小型恐龙骨骼，这让人们开始质疑恐龙和哺乳动物的关系。爬兽体内的遗骸是鹦鹉嘴龙的幼龙，其巢穴表明它们是社会群体。目前尚不清楚爬兽是直接抓住了没有保护的幼龙还是绕开了它的父母。部分连在一起的鹦鹉嘴龙幼龙残骸表明这是一场精心策划的捕猎。

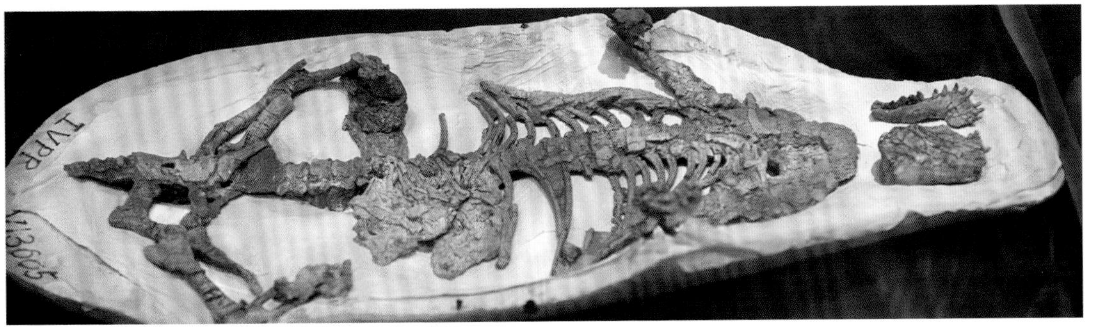

鸭嘴兽

中新世至今

种：鸭嘴兽
（*Ornithorhynchus anatinus*）
族群：单孔目
（Monotremata）
体长：50厘米
栖息地：澳大利亚
世界自然保护联盟：无危

欧洲解剖学家们在18世纪晚期首次发现鸭嘴兽的遗骸，当时大多数人都怀疑这是一场骗局。和其他地区常见的有胎盘类哺乳动物相比，这种神奇的生物具有鸭嘴、蹼足和类似河狸的身体，看起来很古怪。但鸭嘴兽完美适应了澳大利亚的环境，既不原始，也不返祖。不过它所在的鸭嘴兽科可能至少已经独自进化了6 000万年，而且还保留了兽孔目等最古老的哺乳动物的特征。

哺乳动物的三个现生亚群为有袋类、有胎盘类和包括鸭嘴兽在内的单孔类。它们可能代表了哺乳动物进化中的不同阶段。正兽类是有袋类和有胎盘类的共同祖先，而单孔类可能很早就与正兽类分离。此后，不同的进化压力使单孔类保留了其他哺乳动物表亲所摒弃的繁殖方式。它们不会胎生，而是通过单一的身体开口——泄殖腔——产下外壳类似皮质的蛋。长刺的食蚁动物针鼹也是通过这种方式繁殖的。在2亿多年前的早期哺乳动物及其直系祖先中，这种原始的类似爬行动物的繁殖方式十分常见，但现在已经相当罕见。尽管鸭嘴兽有产卵的习性，但无疑属于哺乳动物：它们身体大部分都覆盖着厚厚的皮毛，在孵化后会分泌乳汁喂养它的后代（虽然没有发达的乳头）。单孔类的代谢率极高，而且体温恒定，表明它们可以调节体温，但它们的体温不像有胎盘类和有袋类那样是温血的。冈瓦纳超大陆在1.8亿—1.5亿年前分裂之后，澳大利亚就成了一片孤立的区域，所以鸭嘴兽没有遭遇有胎盘类的竞争，因此进化出了独有的生活方式。目前发现的早期单孔目很少（见补充），包括体长120厘米的巨型鸭嘴兽塔拉科顽齿鸭嘴兽（*Obdurodon tharalkooschild*），它们生活在大约1 000万年前的中新世。GS

图片导航

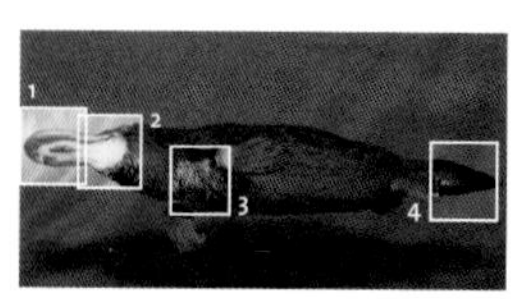

要点

1 鸭嘴

鸭嘴兽闭着眼睛在水下捕猎，用像皮革一样的吻部寻找猎物。它的喙部具有敏感的神经末梢用来感受动作引起的水压变化。它们还有一排排电感受器，能够感受到其他动物肌肉产生的电流。

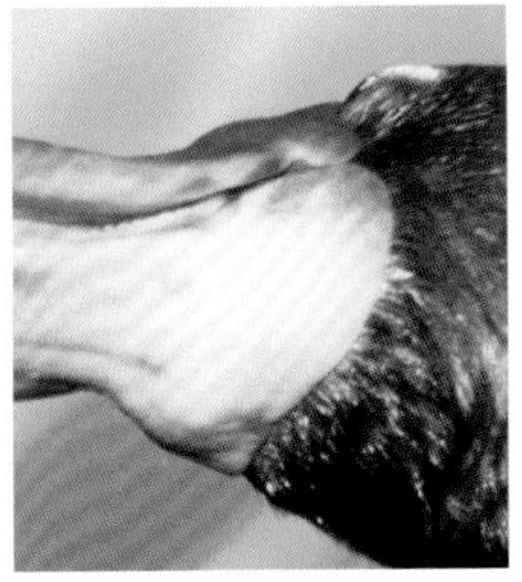

2 颌部结构

下颌全由齿骨组成，三块额外的颌骨退化成了耳骨（所有哺乳动物的共同特征），但没有移动到头部侧面，因此鸭嘴兽的外耳是颌骨后方裂缝样的开口。

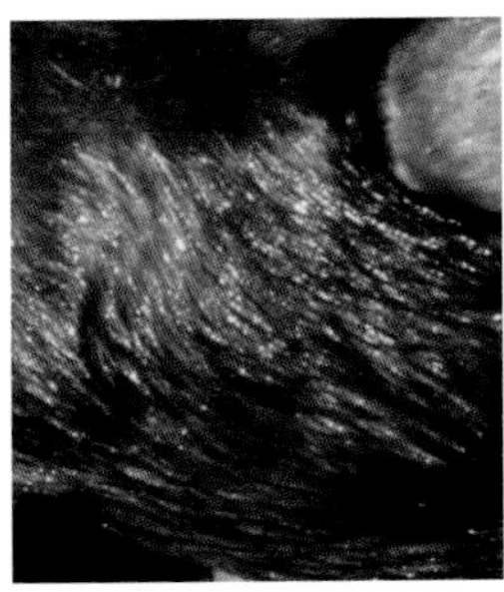

3 浓密的毛发

鸭嘴兽全身覆盖着短而浓密的棕色防水毛发，在靠近身体的地方形成一道可绝缘空气的保护层。这可以防止身体在通常要持续30秒的潜水中降温。鸭嘴兽每天都要吃下相当于体重20%的食物，因此要花半天时间捕猎。

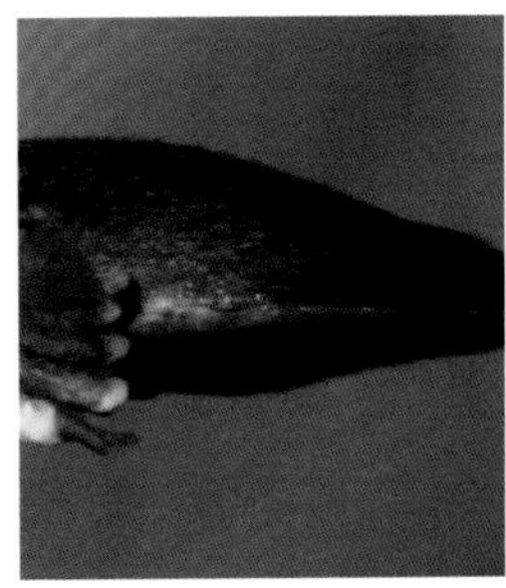

4 扁尾

鸭嘴兽宽大的尾巴类似河狸。这对游泳大有助益，而且还进化出了第二种功能：储存脂肪。这个特征和低体温似乎都是应对严酷气候的手段。

单孔类化石

单孔类留下最初的化石之后经历了一段漫长的化石空白期，直到它们与其他哺乳动物分开。少数单孔类是通过牙齿或颌骨被知道的。基于此，早期的单孔类可能类似鸭嘴兽。已知最早的单孔类化石是硬齿鸭嘴兽（下图）和高脊鸭颌兽。前者是一个生活在1.1亿年前的物种，大小和外形都类似鸭嘴兽。后者较小，只有10厘米长，历史可以追溯到1.23亿年前。

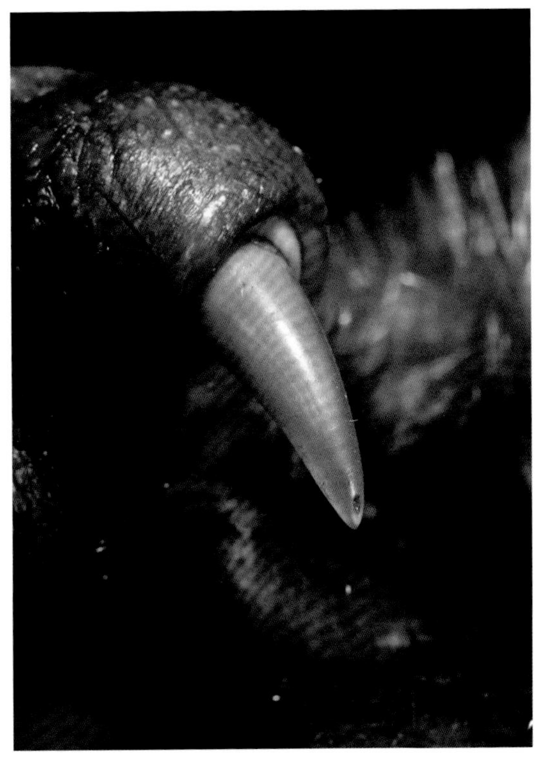

▲ 鸭嘴兽是罕见的有毒哺乳动物。雄兽的后足上有“踝刺”，可以为了自保而注射毒液，或许也是和雄性对手竞争的武器。针鼹也具有毒刺，可见它们的祖先是单孔类。

有袋类

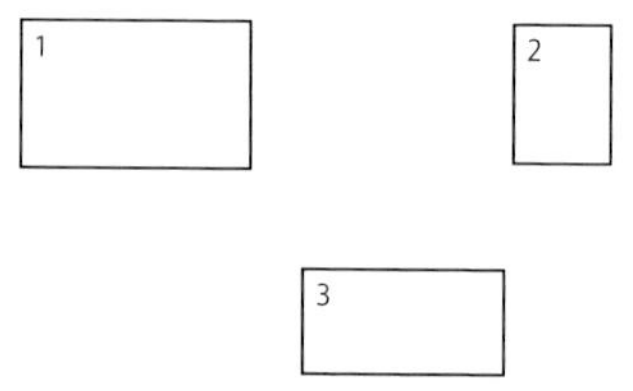

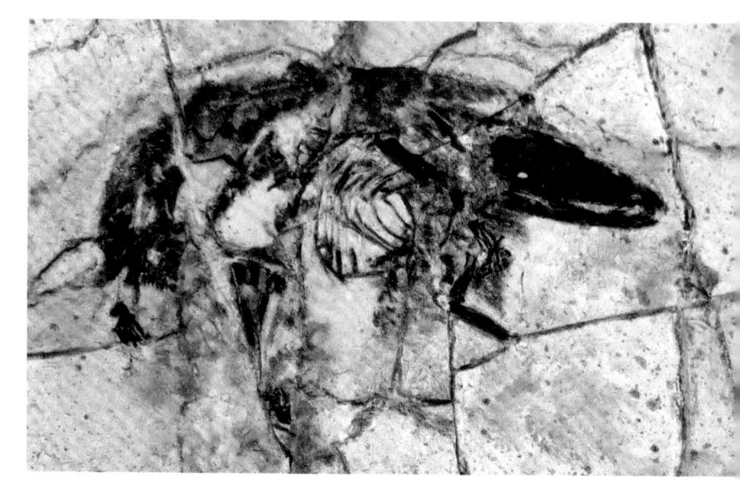

从某种意义上说，有袋类是基干卵生哺乳动物和被称为真兽类的进步有胎盘类哺乳动物之间的中间阶段。有袋类动物在短暂的妊娠期后产下部分发育的幼崽，幼崽在育儿袋里成长，完全依靠母亲生活。现代的有袋类动物都属于同一个进化支（具有共同祖先）——后兽下纲。而有袋类动物和有胎盘类哺乳动物共同组合成了更广泛的正兽亚纲。以群间基因差异程度为基础的分子时钟研究（见17页）表明，正兽亚纲在侏罗纪时期和其他远古哺乳动物分化开来，并很快就分成了有胎盘类真兽下纲和有袋类后兽下纲。在支持这个观点的化石证据中，1.6亿年前的侏罗兽和1.25亿年前的始祖兽最为古老，它们都具有最古老真兽下纲的特征。已确认的最初的后兽下纲动物是1.25亿年前的沙氏中国袋兽（见图1），它的发现表明第一批有袋类的进化更加古老而且仍然未被发现。

现代有袋类被分为7个目，大约有330个种。其中4个目只生活在大洋洲，具有共同特征；另外3个目只生活在美洲。美洲的负鼠目和鼩负鼠目是近亲。有趣的是，美洲的第三个目和大洋洲族群的亲缘关系更近，而且是这些目中最原始的一个，其中只有一个类似榛睡鼠的种——南猊（小山猴，见图2）。

1 沙氏中国袋兽（*Sinodelphys szalayi*）只留下了一具化石，包括图中右上位置的头骨和左下位置弯曲的臀部。化石保留了皮毛痕迹，表明它们是略似鼩鼱的掠食者，体长大约15厘米。

2 小小的南猊（*Dromiciops gliroides*）是唯一和澳大利亚有袋类存在亲缘关系的新世界有袋类动物，它们可能是在其他近亲都迁往澳大利亚时留在了美洲。

3 最后的袋狼（*Thylacinus cynocephalus*）个体，于1936年拍摄于塔斯马尼亚岛霍巴特市的博马里斯动物园。

关键事件

1.6亿年前

包括有袋类的后兽下纲和包括有胎盘类的真兽下纲相互分开。

1.25亿年前

中国袋兽是最古老的化石有袋类动物，发现于中国辽宁省。

7 000万年前

北美的鼠齿龙（*Didelphodon*）是中生代的大型哺乳动物。它们是一种具有水獭样身体和有力颌部的掠食性负鼠。

5 500万年前

昆士兰东南部的丁加马拉动物群包括最古老的澳大利亚有袋类和化石有胎盘类，例如蝙蝠和踝节类动物。

2 500万年前

澳大利亚的里弗斯利形成了很多化石，展示了大型有袋类在1500余万年间的进化过程。

2 000万年前

大型袋犬目哺乳动物（有袋类的表亲），例如类似熊的南美袋犬（*Borhyaena*），与有胎盘类一同在南美繁荣昌盛。

包含有袋类的后兽下纲在恐龙时代诞生于亚洲，它们遍布北方劳亚大陆并进入北美，也有少数成员进入了欧洲。化石表明，它们在白垩纪末期的大灭绝后很快就来到南美，在劳亚大陆的同类都灭绝的时候蓬勃发展。它们随后又来到澳大利亚大陆，这场迁徙很可能是在5 500万年前的早始新世完成，经由与两地相互交织的南极大陆实现。也许这类动物在到达澳大利亚大陆之前就已经开始多样化。如果的确如此，那它们很可能没有在南美洲留下任何化石痕迹，而且南猊的祖先在灭绝于澳大利亚之前就回到了南美。也有可能是一个类似南猊的族群偶然从美洲乘坐漂浮的植物来到澳大利亚，因此澳大利亚的有袋类动物都是从类似南猊的祖先进化而来。

自进入大洋洲以来，有袋类就开始沿两条不同的道路发展。南美洲的物种保留了负鼠的生活方式和外观，而北美负鼠的祖先在300万年前的美洲物种大迁徙中又回到了北美。相比之下，澳大利亚大陆的物种则在同一种环境中多样化，它们不需要应对太多有胎盘类的竞争。昆士兰的里弗斯利化石点为研究几十种可以追溯到2 500万年前的有袋类提供了深入视角。它们是袋獾、考拉、袋熊和袋鼠的近亲祖先。趋同进化让它们与其他地方的有胎盘类动物具有相似特征。在过去几百万年的冰河时代里，进化造就了一系列现在已经灭绝了的大型有袋的猫、鼹鼠、鼠、狼、虎，例如20世纪30年代才灭绝的袋狼（又称塔斯马尼亚狼或塔斯马尼亚虎，见图3）；以及在有胎盘类中没有对应生物的一些物种，例如巨大的袋熊（双门齿兽，见432页）。这类大型有袋类大多在5万年前开始灭绝，恰好是人类和澳洲野犬等其他有胎盘类到来之后。GS

400万年前

袋狼在澳大利亚出现。它们最终在20世纪30年代因为人类的侵扰而灭绝。

250万年前

最后的袋犬目在上新世末期灭绝，包括南美大型似猫有袋类。

200万年前

澳大利亚的袋狮出现，一直繁荣生存到距今4.6万年前。

200万年前

巨型短面袋鼠也是出现在澳大利亚的大型有袋类动物。

150万年前

犀牛大小的双门齿兽是有史以来最大的有袋类动物，它们是现代袋熊的亲戚。

5万年前

澳大利亚的大型动物突然开始衰落，这恰好是人类到达澳大利亚的时间。

双门齿兽

更新世

种：丽纹双门齿兽
（*Diprotodon optatum*）
族群：双门齿科
（Diprotodontidae）
体长：3.8米
发现地：澳大利亚

双门齿兽与袋熊有亲缘关系，它们是150万年至5万年前的一种大型有袋类哺乳动物，大部分时间生活在更新世的澳大利亚。不过它们有可能存活到大约2.5万年前。这是已知的一类最大的有袋类，体长可达3.8米，站立肩高2米。这种巨大的植食性动物以树叶、草和其他植物为食，栖息地很可能是开阔的林地以及半干旱平原和稀树草原。属名双门齿类意为“两颗前向的牙齿”，是头骨的主要特征。和它们亲缘关系最近的现生有袋类动物有树袋熊（考拉）以及袋熊中的三个种——塔斯马尼亚袋熊和毛吻袋熊属的两个种，但这些常见有袋类要小得多。1838年，英国生物学家理查德·欧文根据在新南威尔士发现的化石首次描述了双门齿兽。在南澳大利亚、昆士兰和维多利亚也发现了化石，主要在洞穴或沼泽地里。南澳大利亚的卡拉伯纳湖保存着数百具双门齿兽化石，它们可能是在干旱时期来这里寻求庇护。人类可能在5万年前到达澳大利亚，所以有可能遇到双门齿兽。部分双门齿兽骨头上有可能是矛造成的痕迹，而且第一批澳大利亚土著的捕杀可能就是这种惊人的哺乳动物灭绝的原因之一。这些行动比较缓慢的植食性动物很容易被捕捉。MW

图片导航

要点

1 巨大的头骨

头骨虽大，但并不沉重，因为其中含有多个气室。下颌具有两颗前向的切齿以及巨大简单的臼齿，适合咬碎植物。化石表明丽纹双门齿兽有两种尺寸，这可能代表两性而非两个种的差异。

2 小的足部

丽纹双门齿兽的足部对于它沉重的身躯来说相对较小，前足有长长的爪子。它们属于跖行动物（以脚掌行走）。多个栖息地的脚印化石都表明它们的足部长有毛发。

3 结实的四肢

四肢结实笔挺，肱骨和股骨长于尺骨、桡骨和胫骨、腓骨。和现生袋熊一样，丽纹双门齿兽也是以足内翻的步态行走。它们可能会一边缓慢行走，一边吃草。

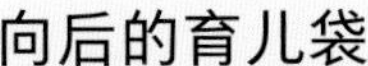

向后的育儿袋

有袋类的幼崽在育儿袋中发育，这也是它们名字的由来。这个结构显示出了相当可观的进化灵活性。和袋熊（下图）、考拉（树袋熊），以及袋鼹一样，双门齿兽的育儿袋也是向后方开口的。母亲在树丛中寻找食物的时候，这种结构可以保护发育中的幼崽。需要掘洞的袋熊和袋鼹依靠这种结构防止泥土进入育儿袋。生活在开阔地区的有袋类则有前向开口的育儿袋，例如我们熟悉的袋鼠和小袋鼠。

◀ 这条由多个足迹组成的行迹可能来自双门齿兽。留下足迹的原因一般是造迹者在柔软的基质上行走，例如泥泞的河岸或粉砂淤泥质海岸，它们留下的痕迹随后干燥变硬。随后，火山喷发时的火山灰和焦砟填满了足迹，开始化石化过程。较小的弯曲足迹代表前足，较大的足迹代表后足，有些地方两种足迹相互重叠。

现代哺乳动物

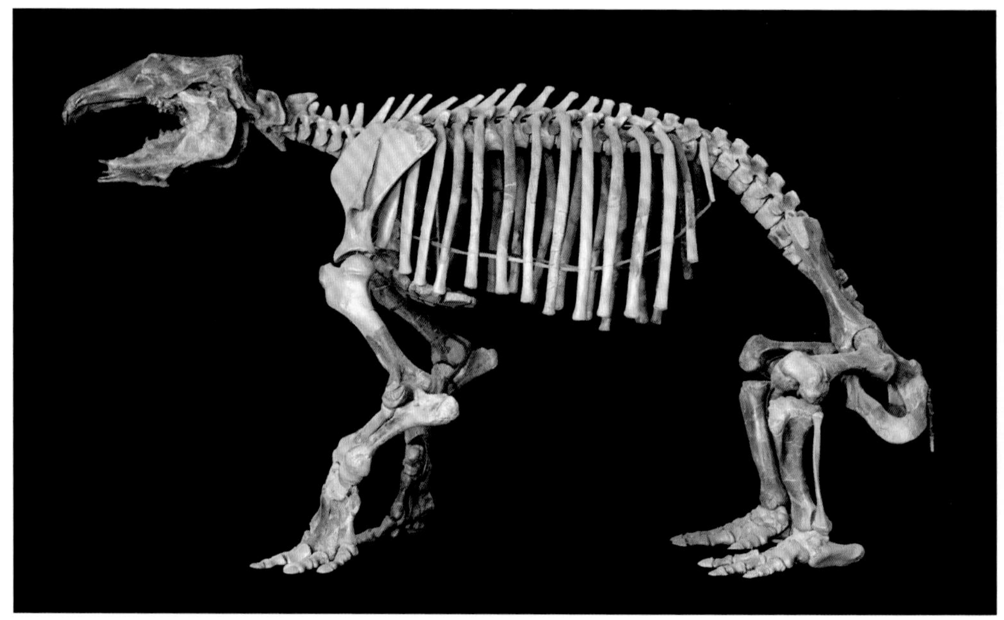

白垩纪末期的大灭绝抹去了地球上大约75%的物种，包括中生代的非鸟恐龙及海生和飞翔的爬行动物，留下一个满目疮痍的地球。然而，幸存者很快就在食物和生活方式上找到很多新机会。鸟类和哺乳动物利用这种优势迅速进化，后者在体形和多样性上的“爆发”尤为明显，似泰坦兽（见436页）就是一个实例。分子时钟研究表明，在当今世界（南极除外）占主导地位的有胎盘类哺乳动物在白垩纪时已经分化出了大多数主要的现生族群，但这个结果似乎和化石记录并不相符，很多古生物学家目前都更相信化石证据。

然而，分子和基因研究的确阐明了现生哺乳动物群体的紧密联系，以及它们在进化中的分化顺序。虽然这些研究得出的一些分类只有少量的化石记录支持，由此重新描绘的哺乳动物谱系尚有争议，但其中显露出来的基本模式似乎是准确的。因此，有关现代哺乳动物分类的探讨大多都基于现生哺乳动物的遗传学、化石和比较解剖学证据的综合。

关键事件

1.2亿年前

构造力让澳大利亚大陆（和南极洲）离开了南方大陆，后来有袋类就在这片大陆上独自进化。

6 600万年前

有胎盘类出现，但部分化石和基因研究表明它们出现的时间要早得多。

6 000万年前

植食性的全齿目已经迁徙到北美，并开始多样化。

5 600万年前

全球气温在古新世—始新世极热事件期间飙升。偶蹄类和灵长类等哺乳动物出现。

3 500万年前

多瘤齿兽目灭绝。这是一种类似啮齿类的哺乳动物，后代包括有胎盘类里的真啮齿类。

3 400万年前

全球哺乳类都受到了“大灭绝”事件的影响，特别是欧洲的哺乳动物。

根据基因研究，现生哺乳动物分为几个历史悠久的群体。异关节总目包括南美树懒、食蚁兽及其近亲。非洲兽总目包括各种非洲哺乳动物，例如大象、土豚和蹄兔。这两个群体的解剖结构几乎没有相似之处，但有人认为它们的共同祖先比它们和其他哺乳动物的共同祖先历史更短。这个理论一定程度上受到板块构造论和大陆漂移的地理证据的支持，这些证据表明非洲和南美洲是南方冈瓦纳超大陆最后分开的两个部分。进一步有证据展现出北方真兽高目里的其他关系。它们起源于当时与冈瓦纳超大陆相对应的北方劳亚超大陆（北美和欧亚大陆）。这个群体中包括劳亚兽总目和灵长总目，前者包括有蹄类、鲸、蝙蝠和食肉目，后者包括树鼩类、灵长类、兔类和啮齿类。目前尚不清楚这些群体间真正的关系。

这四大类现生有胎盘类动物也包括重要的已灭绝群体。例如，非洲兽总目曾经包含肉食性的托勒密兽目、类似食蚁兽的欧食蚁兽目、类似河马的索齿兽目（见图1）和类似犀牛的重脚兽目（见图2）。与此同时，劳亚兽总目曾包括被称为踝节目的早期有蹄哺乳动物、类似狼的中爪兽目和有角的植食性恐角目。灵长总目也失去了一个主要类群，即更猴形亚目。它们是灵长类的近亲。事实上，在四大有胎盘类动物中，只有异关节总目完整保留了所有分支。

在恐龙消失以来的6 600万年里，哺乳动物在进化中适应了多种多样的环境。大规模气候变化导致气温在大约5 600万年前的古新世和始新世飙升至峰值，随后又在始新世和渐新世逐渐下降，导致过去的几百万年都处于冰期。气候变化、昆虫进化，以及开花植物的兴起（见86页）都使哺乳动物登上了霸主宝座。曾经茂密的森林衰落，草之类的新植物扩张，这也影响了哺乳类的进化。不过在时间最长的那段时期，缓慢但不可避免的大陆重组使部分地区的种群分离和隔绝，由此进化出了新的物种；而其他地方的大陆碰撞让曾经孤立的物种彼此竞争。这在1 000万年前的南北美洲哺乳动物大迁徙中非常明显，今天的中美洲连接那时正在逐渐形成，将太平洋和大西洋分开。这些因素对哺乳动物时代的进化模式产生了巨大而起伏的影响，使部分种群达到鼎盛，其他种群慢慢灭绝。GS

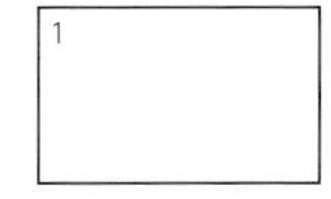

1 索齿兽目中身长2米的古索齿兽（*Paleoparadoxia*）。它们生活在1 500万年前，口腔和牙齿适合大口吞咽海草等海洋植物。

2 非洲兽总目的埃及重脚兽（*Arsinoitherium*）。它们生活在3 000万年前的埃及，身长3米，进化出了类似犀牛的大角。

3 000万年前

在“大灭绝”的余威之下，欧洲的本土哺乳动物大多都被来自亚洲的哺乳动物替代。

2 300万—525万年前

中新世全球气温普遍降低，草原扩大，植食哺乳动物崛起。

900万—300万年前

北美和南美靠近，巴拿马地峡形成，引发南北美洲曾经彼此孤立的物种的大交换。

250万年前

更新世中反复出现冰期。哺乳动物为了生存进化出了更大的体形，造就了“更新世巨型动物群”（见550页）。

5万年前

人类踏足澳大利亚大陆的时间和大型有袋类开始迅速灭绝的时间相符。

1.17万年前

在最近一次冰期结束时，大部分大型动物都走向灭绝，这也代表着全新世的开始。

似泰坦兽

古新世

种：原始似泰坦兽
（*Titanoides primaevus*）
族群：全齿目
（Pantodonta）
体长：3米
发现地：北美

在6 600万年前的白垩纪末期大灭绝之后，全齿目成为第一批占据恐龙消失后进化空缺的哺乳动物。这个族群通常归入规模庞大但已经灭绝的早期哺乳动物白垩掠兽类。全齿目与现代的狼獾和黄鼬相似，但以植物为生。最早的全齿目化石发现于中国，可以追溯到早古新世，距离白垩纪末大灭绝只有几百万年时间。6 000万年前，全齿目已经广布到北美，开始多样化进化。它们大多和现代犬只差不多大小，最小的成员是类似负鼠的树栖动物，最大的成员和熊一样大。体形可能在当时的小型哺乳动物掠食者面前有一定优势。

在这些大型植食性全齿目中，第一个广泛分布的属似乎是巨大、移动缓慢的笨脚兽，其中包括3个北美种，都生活在大约6 000万年前。它们之中可能诞生了更小但非常成功的冠齿兽（*Coryphodon*），这是5 700万—4 600万年前分布在北半球大部分地区的主要植食性动物。不过，最令人印象深刻的冠齿兽类动物可能就是似泰坦兽。虽然比笨脚兽更小更轻，但似泰坦兽属具有很多可怕的特征，包括过度发育的大犬齿和四足都具备的利爪。尽管如此惊人，但似泰坦兽也只繁荣了大约300万年，最终在大约5 700万年前灭绝。全齿目依然继续蓬勃发展了很长一段时间，最后的成员在大约3 400万年前的晚始新世的蒙古灭绝。GS

图片导航

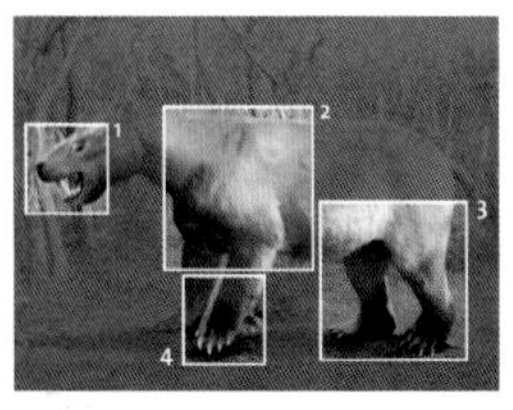

要点

1 犬齿

特化的犬齿可能扮演着两个角色：一对钩状的下犬齿可能适用于挖掘食物，而刀状的上犬齿可以撕碎植物以便臼齿咀嚼。如果上牙被用作武器，那应该也只是自卫之用。

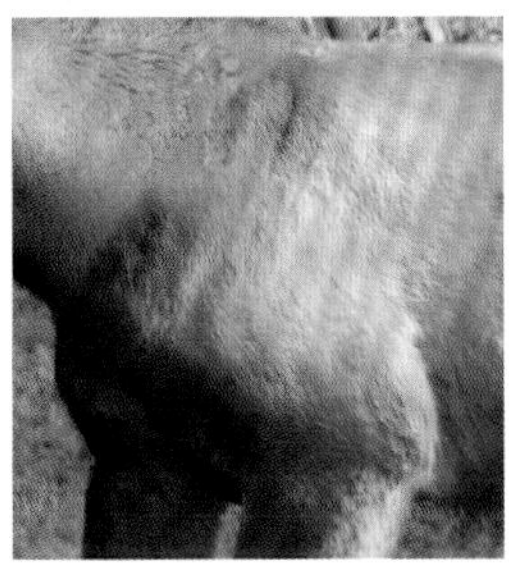

2 四肢和身体

粗壮的四肢支撑着原始似泰坦兽的巨大身体，而且使它们擅长挖掘。它们仅依靠体形就可以抵挡当时的大型掠食类哺乳动物。同一时代的亚洲全齿目比较小，可能可以爬树。

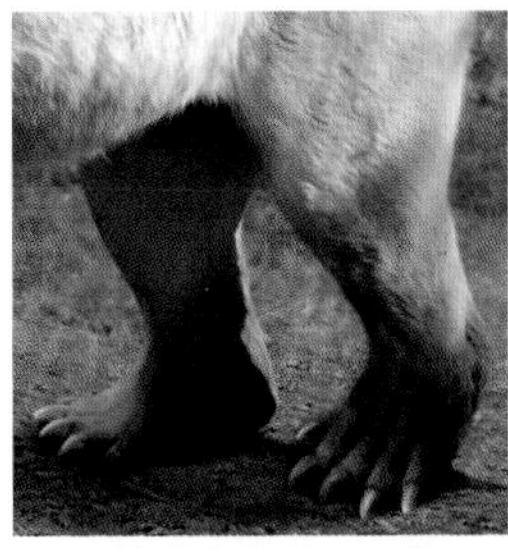

3 足部

原始似泰坦兽的足部有5根粗爪，表明它们是以足底行走的跖行动物，而不是以脚趾行走的趾行动物。它们在挪威的斯瓦尔巴群岛留下了足迹化石，表明其步态似熊，而且是从北美迁徙而来的。

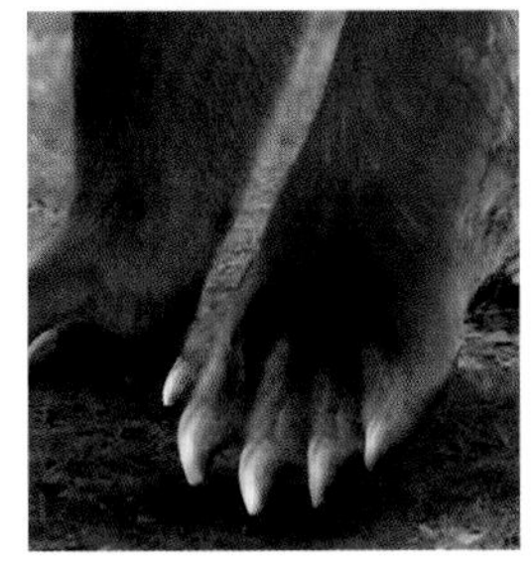

4 爪子

长爪子可能用来挖掘坚韧的根茎和块茎，但也可以用于自卫。似泰坦兽是唯一长了爪子而非蹄形脚趾的全齿目。它们生活在美国的北达科他州，这里的热带沼泽潜伏着准备袭击植食性动物的鳄鱼。

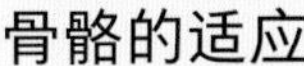

骨骼的适应

大多数似泰坦兽标本都只有牙齿和颌骨化石（下图），不过罕见的骨架遗骸表明它们体长3米，体重可达150千克。有趣的是，一系列已知物种都表明似泰坦兽越来越小，可能是为了适应气候条件变化。例如，趋向干燥的气候会使植物减少而且变硬，让似泰坦兽更难获得足够的营养来支撑庞大的身体。几个世代之后，体形更小的似泰坦兽更容易存活，于是出现了基于自然选择的进化。

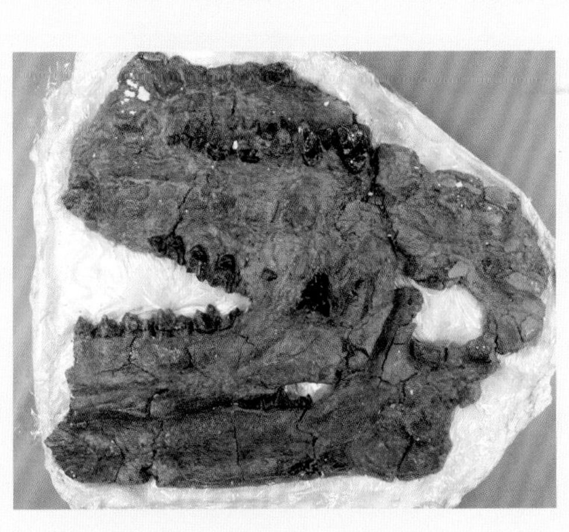

▼ 布莱恩·帕特森（1909—1979）在1942—1955年担任芝加哥菲尔德博物馆的哺乳动物负责人。他确定了似泰坦兽前足的大小和行走方式。爪子可能生长在趾骨尖端。

灵长类

2

3

1 鼠狐猴科是最小的灵长类。和所有狐猴一样，它们在马达加斯加岛上独立进化。

2 *Teilhardina magnoliana*（远古微型灵长类物种）是北美最古老的灵长类之一，但它们和亚洲德氏猴属的关系尚不明确。如能阐明两者关系，应该会为旧世界和新世界灵长类的分化提供线索。

3 唯一的阿喀琉斯基猴化石标本发现于中国，这使研究者将早期灵长类进化的研究焦点集中到了亚洲。

在传统的动物分类中，“灵长动物”（灵长目）由18世纪瑞典植物学家和分类学家卡尔·林奈命名，他建立了第一个受到现代科学认可的动物和植物分类法。林奈用拉丁语“primus”（意为“第一”）来命名灵长类，这反映了当时西方世界流行的科学思潮。当时，占主导地位的宗教正统认为人类高于其他所有生命，似人生物则是动物之首。就实际的生物学而言，灵长类是一小群主要生活在热带的哺乳动物，出现于5 500多万年前。根据部分专家的看法，它们早在9 000万—8 000万年前就已经出现。如今的灵长类包括200多个种，如果将亚种近亲也归为单独的种，则种数可以达到370个。与此相比，现生蝙蝠有1 200多个种，啮齿类有2 200多个种。

现生灵长类包括狐猴、蜂猴、婴猴、眼镜猴（见444页）、狨、猴、长臂猿、猿和人类。它们都是中小型杂食动物，既包括体长10厘米、30

关键事件

9 000万—8 000万年前	7 500万年前	6 600万年前	5 700万年前	5 600万年前	5 500万年前
灵长类及其近亲皮翼目和树鼩目可能在这个“恐龙时代”出现。	狐猴的非洲祖先可能通过漂浮植物来到了马达加斯加。	白垩纪末期大灭绝使很多大型爬行类相继消失，多种哺乳动物有机会取而代之。	摩洛哥的柯氏阿特拉斯猴（*Altiatlasius koulchii*）可能是最古老的始镜猴科成员，这个族群是类似眼镜猴的灵长类，已经灭绝。	可能属于始镜猴科的德氏猴来到美国的密西西比州，成为北美最古老的灵长类之一。	类似狐猴的兔猴型下目成员在欧洲和北美出现，例如假熊猴。

克重的鼠狐猴（见图1），也包括站立身高1.75米、体重250千克的大猩猩。灵长类已经灭绝的亲缘动物和祖先更为多样化，尤其在1 000多万年前的中新世时期，当时灵长类的地理分布已经延伸到了北美和欧亚大陆。灵长类的四肢和尾巴、增大的大脑和可以判断距离的敏锐立体视觉都适合树栖生活。灵长类的小型食虫动物祖先在进化上取得了重大进步，获得了多种特征，例如可以对掌的拇指、代替爪子的扁平指甲、缩短的吻部和间距不远的前向双眼。灵长类的脑部比例扩大，性成熟延迟，后代数量减少，母亲育幼和社会行为增加。大多数灵长类的防御能力较弱，其生存高度依赖警惕性和群体危险意识以及逃到树上躲避掠食者的能力。

除人类外，灵长类主要包括全球热带和亚热带的树栖林居动物，大洋洲和太平洋岛屿除外。不过中国和日本猕猴适应了寒冷多雪的冬季。大多数林地和森林地区都很难形成化石，因为遗骸通常会落入腐食动物之口或迅速分解。因此，灵长类的化石记录很少，主要包括牙齿和掠食者、腐食者抛弃的其他坚硬的骨头。这些零碎的化石表明旧世界和新世界灵长类早就分化开来。前者主要生活在非洲和亚洲，后者生活在美洲，例如德氏猴（*Teilhardina*，见图2）。自白垩纪开始，这些大陆就已经被海水分隔开来。

灵长类一般分为原猴亚目（狐猴、蜂猴、婴猴、眼镜猴）以及类人猿下目（猴、狨、长臂猿、猿、人类）。不过最近的分子分析提出了不同的分类：包括狐猴和蜂猴的原猴亚目，以及包括眼镜猴和类人猿的简鼻亚目。化石证据表明，这两个族群的进化分歧可以追溯到5 500万年前的始新世，但分子钟将分化时间向前推进到晚白垩世。在灵长类动物的起源和主要群体最初分化等问题上，证据也相互矛盾。

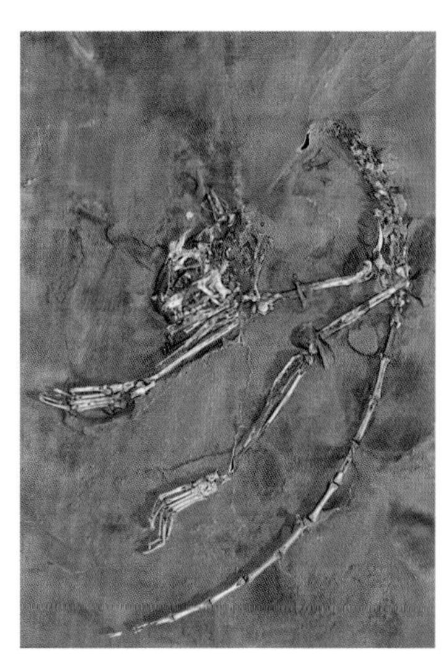

灵长类动物阿喀琉斯基猴（*Archicebus*，见图3）的化石在中国的始新世岩层中被发现，距今5 500万年。这个发现将简鼻亚目和原猴亚目的分化时间拉回了始新世。这更加支持了早期灵长类的进化中心是亚洲而不是非洲这一观点。从一具近乎完整的阿喀琉斯基猴骨架化石来看，它们是只有20 ~ 30克重的小生物，肢体细长，具有长尾。它们的牙齿、头骨和四肢骨骼混合了与眼镜猴相似的特征，而跟骨和足骨具有与类人猿相似的特征。阿喀琉斯基猴的长腿和可以抓握的足部表明它们是树栖者，在树枝间跳跃时会使用长尾平衡身体。由于眼睛不是很大，它们很有可能在白天

5 500万年前	5 000万年前	5 000万年前	4 700万年前	4 000万年前	1 500万—900万年前
中国的阿喀琉斯基猴留下化石，为分析简鼻亚目和原猴亚目的分化提供了证据。	最古老的眼镜猴化石包括始新世时期生活在北美的肖肖尼猴（*Shoshonius*）以及埃及的非洲跗猴。	马达加斯加的狐猴迅速分化成多个种，它们具有特定的食物和习性。	德国的麦塞尔达尔文猴是保存最好的始新世兔猴型下目成员。	兔猴属在欧洲的多个地区都留下了化石，兔猴型下目正是得名于这个属。	兔猴型下目中的印度瘦猴属生活在印度次大陆。

活动，觅食昆虫。详细分析了大约1 200个解剖学特征后，研究者发现阿喀琉斯基猴的进化位置与眼镜猴群体的起源接近，这表明简鼻亚目和原猴亚目的分化发生在5 500万年前。

始镜猴科是已灭绝的多个灵长类动物群体的一员。它们是类似眼镜猴的早期灵长类，有40多个属，生活在5 600万—3 400万年前的始新世，遍布北美、欧亚大陆和北非。大多数始镜猴科成员都有大眼睛，手脚可以抓握，有指甲而不是爪子，体重较轻，不足500克。它们的身体形态类似现生的鼠狐猴，几乎可以肯定是树栖的夜行性灵长类。人们普遍认为始镜猴科是现生眼镜猴的祖先。发现于1990年的柯氏阿特拉斯猴化石可能是最古老的始镜猴科成员，它们生活在5 700万年前的晚古新世摩洛哥。它们只留下了几颗牙齿和颌骨碎片，部分专家怀疑它们属于原猴下目，因此与狐猴的关系更为密切。

兔猴型下目也是已灭绝的群体之一，包括大约35个属。最早的成员是同名的兔猴属（*Adapis*，见图4）。它们在大约5 500万年前的始新世出现，部分印度瘦猴（*Indraloris*）种存活到了大约900万年前的晚中新世。兔猴型下目的地理分布与始镜猴科相似，但不同的是它们大多更类似狐猴，而且更大一些，体重可达1千克。它们的眼睛很小，有适合嚼食植物的细长吻部和颊齿（臼齿和前臼齿）。大部分兔猴型下目都是昼行性树栖者，手腕和踝关节的解剖结构更接近原猴下目。

然而，兔猴型下目没有现生原猴下目的一些特殊适应性改变，如紧密排列的"梳状"前牙，现生狐猴和蜂猴会用这种牙齿梳理皮毛。兔猴型下目的麦塞尔达尔文猴全球闻名（见图5，见442页）。近几十年来，人们在德国麦塞尔发现了它们的化石，可以追溯到4 700万年前的始新世。达尔文猴引起了广泛关注和争论：它到底属于有后期特征的早期的简鼻亚目，还是与狐猴关系更密切的早期原猴下目？ 1983年，出土的化石被分成两部分，而且卖给了不同买家；直到2007年它们才重新合二为一，完整的研究这才得以启动。这具标本昵称"艾达"，检查显示它不具有阴茎骨。人类之外的很多哺乳动物都有阴茎骨，阴茎骨有助于在交配过程中支撑雄性器官。由此可见标本为雌性，"艾达"一名十分妥帖。

灵长类起源于规模更广的真灵长大目，其依据主要是分子学研究表明树鼩目、皮翼目和灵长类之间关系密切。皮翼目是东南亚的树栖小型植食性哺乳动物，因为可以从林冠的较高区域长距离滑行到较低区域而闻名，它们的滑行工具是在四肢之间伸展的皮膜。皮翼目的化石记录很少，这表明它们过去种类更多：它们起源于古新世，有3个已经灭绝的科，在北美和欧亚大陆的地理分布更为广泛。这类生物如今只剩下2个种：菲律宾鼯猴（*Cynocephalus volans*）以及巽他鼯猴（*Galeopterus variegatus*，见图6）。

就滑翔技能来看，皮翼目的体形算是相当大，可以达到40厘米长、2千克重。它们细长的肢体和尾巴都长度适中。它们的头骨较小、吻部较长，眼睛面向前方，立体视觉和出色的距离判断能力成为滑翔和在垂直

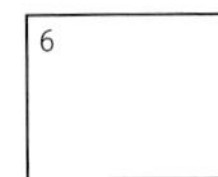

4 从兔猴的头骨上能看到大眼眶和后部比较大的颅腔，这和大多数灵长类相同。

5 达尔文猴的复原形象展示出典型爬树灵长类动物的修长四肢和长尾巴。

6 “活体降落伞”皮翼目动物的非凡滑翔技巧有很多作用，包括躲避掠食者。

7 树鼩目是灵长类的姐妹群，图为一只北方树鼩。

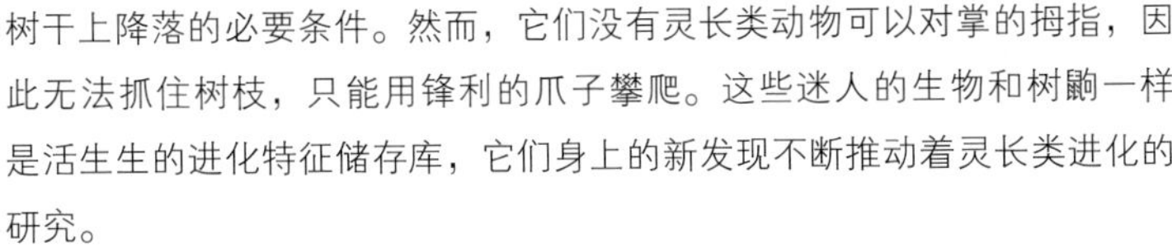

树干上降落的必要条件。然而，它们没有灵长类动物可以对掌的拇指，因此无法抓住树枝，只能用锋利的爪子攀爬。这些迷人的生物和树鼩一样是活生生的进化特征储存库，它们身上的新发现不断推动着灵长类进化的研究。

树鼩目（见图7）包括19种小型树栖杂食性哺乳动物，都栖息于东南亚森林。它们的体形略似松鼠，但头骨结构和较大的大脑与原始灵长类有相似之处，分子证据也与此相符。早在遗传和分子研究之前，19世纪的进化生物学家就认为树鼩的大小、体形和习性都和最古老的哺乳动物一致，即使它们并不是第一批哺乳动物。这些灵长类近亲（树鼩目和皮翼目）的早期化石记录甚至比灵长类本身还稀有。它们的历史不会早于晚古新世或早始新世。但分子钟研究认为它们诞生于大约8 800万年前的晚白垩世，当时仍有恐龙漫步于地球。

和灵长类、树鼩目、皮翼目等真灵长大目亲缘关系第二密切的物种当属啮齿目和兔形目（家兔、野兔和鼠兔）。在发展出杂食物种之前，灵长类似乎和植食性动物的祖先有深切的渊源。DP

达尔文猴

始新世

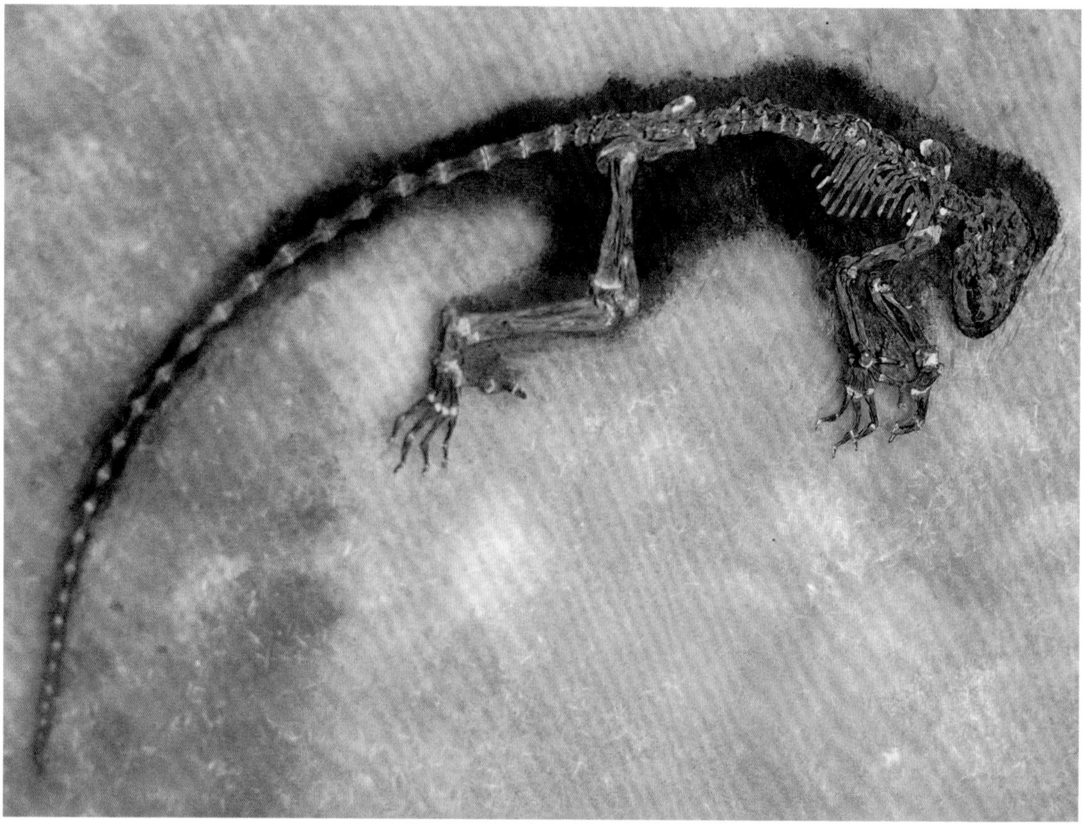

种：麦塞尔达尔文猴
（*Darwinius masillae*）
族群：
Caenopithecinae
体长：58厘米
发现地：德国

1983年，人们发现了小型灵长类麦塞尔达尔文猴的化石。在2007年的研究中，这具保存完好的化石引起了一些争议。它们的腿和尾巴很长，58厘米长的身体类似狐猴，于是归入了兔猴型下目的新猴科，这类动物已经全部灭绝。这只达尔文猴昵称“艾达”，得名于一位主要研究人员的女儿。这是来自麦塞尔（见右页）的第三种新猴科灵长类化石。

这些原始灵长类动物与现生群体的进化关系一直存在争议。最初描述和分析达尔文猴的专家认为它具有简鼻亚目（眼镜猴、猴、猿）所特有的解剖学特征，包括深颌骨（下颌支）、短吻部，以及没有梳爪。这些特征共同显示出后来进化出猿类等晚期灵长类的简鼻亚目早期的多样化。鉴于达尔文猴属于后来催生了猴、猿和人类的早期简鼻亚目，于是有人认为它们是一个基干类群，代表着原始灵长类和人类之间的重要过渡环节。研究者曾经认为已经灭绝的兔猴型下目和原猴下目的关系更为密切，后者包括狐猴、婴猴、树熊猴和蜂猴等现生灵长类。其他专家则认为对达尔文猴的分析存在问题。他们认为达尔文猴的确代表兔猴型下目和原猴下目之间的关联，因此不是人类的直接远亲。后一种解释得到了更详细分析的支持。DP

图片导航

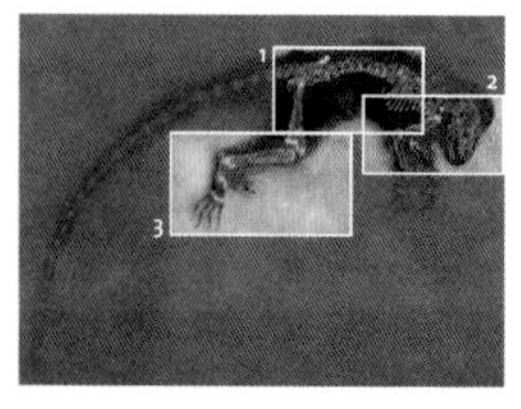

要点

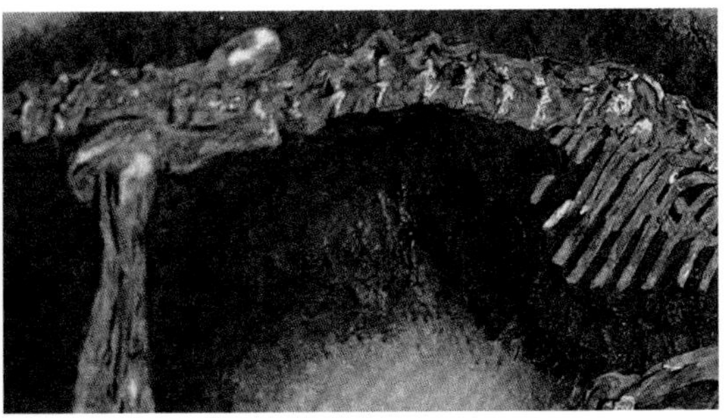

1 胃内容物

化石保留了这只达尔文猴的最后一餐，有植物、叶片和水果，还保存着毛发等软组织的痕迹。达尔文猴是麦塞尔化石点里典型的完整化石，只有左后腿缺失。标本是亚成体，体长达到了成体的80%，腿和尾巴都很长。

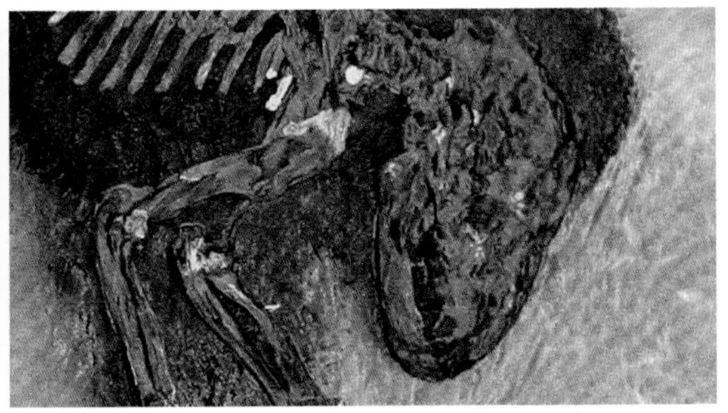

2 颌部和牙齿

其他植食性灵长类和某些哺乳动物也有尖利的臼齿突起，这是典型的植食者牙齿，可以处理叶片和种子。“艾达”的颌部还保存着尚未萌出牙龈的臼齿，表明它可能只有8～10个月大。

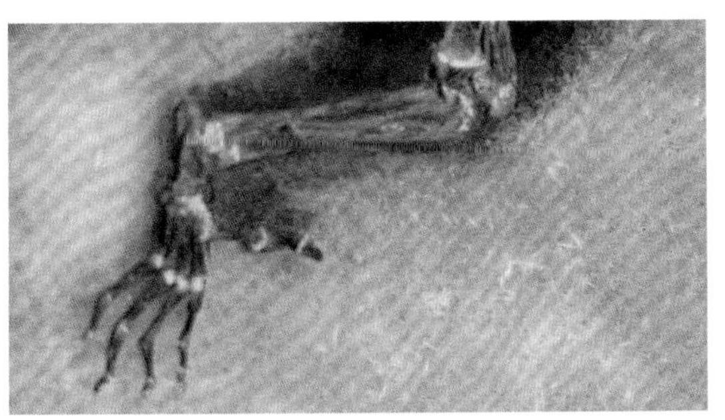

3 手足

手部和足部都有可以抓握的手指和脚趾，指甲替代了爪子，还有可以对掌的拇指和拇趾。这种结构很适合爬树和抓握摆弄植物。标本中没有梳爪，即后现代狐猴、婴猴和蜂猴足第二趾上类似长爪的指甲。

达尔文猴的亲缘关系

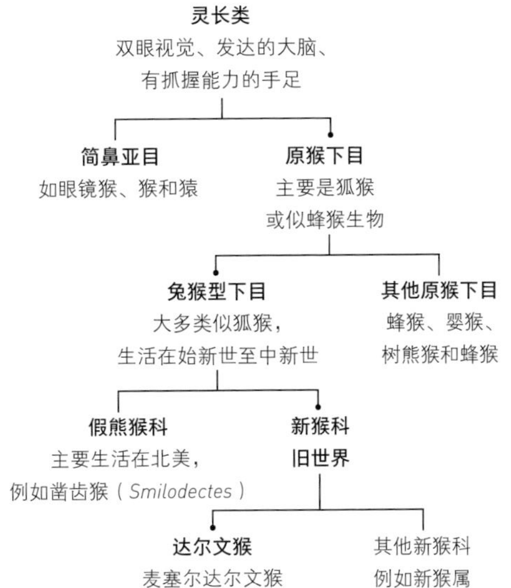

▲达尔文猴无疑令人惊叹不已。有关它们的争议主要在于：它们是基于似狐猴的原猴下目分支，还是属于诞生出猴、猿以及人类的简鼻亚目？

麦塞尔化石坑的多样性

下图的麦塞尔曾是德国的早始新世油页岩田，不过自1995年开始，该地就因为丰富的高质量化石而被认定为世界遗产。4 700万年前，这里的玛珥湖（积水的火山口）提供了很多栖息地，包括开放水域、沼泽、岸坡、潮湿的森林、比较干燥的河岸，以及覆盖松树、山毛榉、栗子树和橡树的高地。丰富的植物和温暖的气候让这里聚集了大量哺乳动物，既有犬只大小的原始马匹、食蚁兽、啮齿类，也有蝙蝠、早期灵长类，还有各种鸟类、鱼类和昆虫。

眼镜猴

上新世至今

眼镜猴的16个现生种都很小，是树栖肉食性灵长类。它们在灵长类中属于简鼻亚目，遗传学研究的证据也支持这一点。简鼻亚目的特点包括鼻子正常而不裸露（鼻片），有独特的外耳道，狒狒和大猩猩等后期的简鼻亚目成员都有这类结构。菲律宾眼镜猴等眼镜猴有又大又圆的脑袋、大眼睛、大耳朵，以及和猫头鹰一样把头扭转180度的能力，这都是为了适应热带雨林和灌木丛林里光线较暗的生活。除去尾巴，它们体长为9 ~ 15厘米，体重100 ~ 135克。它们后肢长于前肢，而且是能够精准判断距离的跳跃高手，这都多亏了它们扁平的脸、前视的双眼和立体视觉。眼镜猴大多数手指和脚趾上都长有平坦的指甲，但第二和第三趾长有梳爪。这类原始的小型灵长类动物可以追溯到始新世，但现生成员只剩下东南亚岛屿上的眼镜猴。化石的分布要比现生种广泛得多。它们在大约5 000万年前的早始新世里走出北非，埃及的非洲跗猴（*Afrotarisius*）跨越欧亚大陆到达北美，遭遇了美国蒙大拿州的肖肖尼猴。DP

图片导航

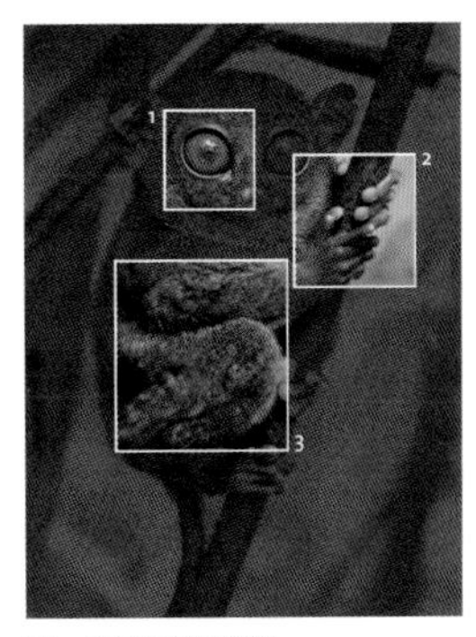

种：菲律宾眼镜猴
（*Carlito syrichta*）
族群：跗猴科
（Tarsiidae）
体长：15厘米
栖息地：菲律宾
世界自然保护联盟：未评估

要点

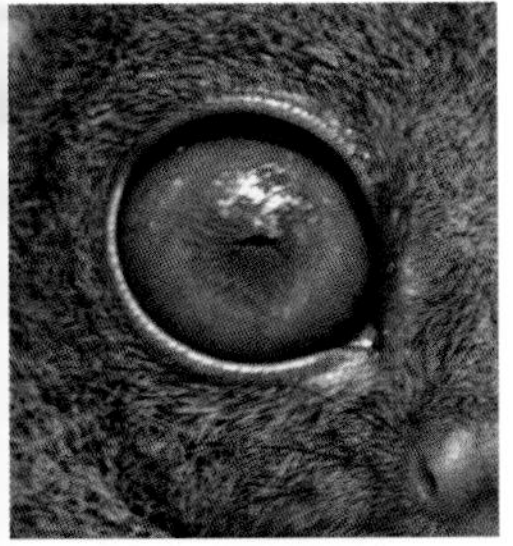

1 大眼睛

菲律宾眼镜猴眼睛的直径约16毫米，与头骨和大脑相比堪称硕大。大眼睛对这种捕猎昆虫和小动物的夜行性动物至关重要，因此它们的头骨和脑部为眼睛进化出了独特结构。

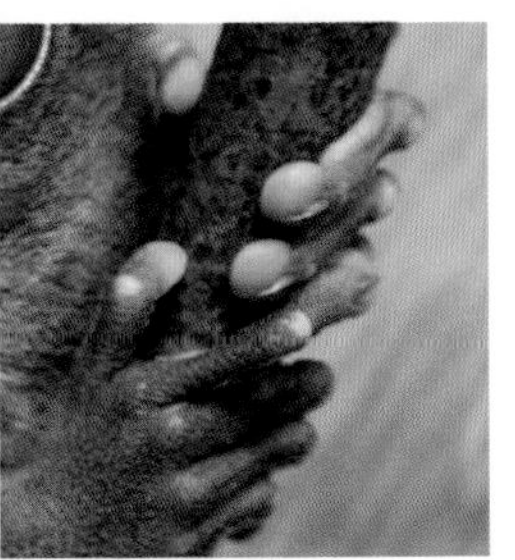

2 手足

指骨极长，第三指几乎和上臂等长。它们的腿通常蜷缩在树枝上，但伸展之后比整个身体都长。踝关节骨特别修长，小腿的胫、腓关节呈融合状态。

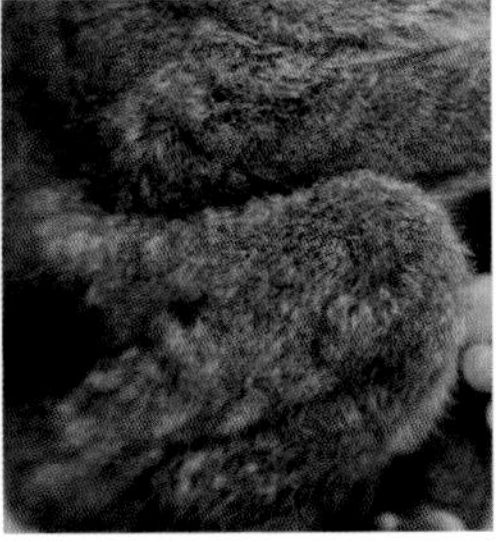

3 四肢

菲律宾眼镜猴的四肢骨骼极长且“装有弹簧”，可以紧抱树干和垂直的树枝。即使在一片漆黑的环境里，眼镜猴也能够从静止状态突然快速跳跃，抓住半空中的食物，然后安全地落下抱紧树枝。

夜行性树熊猴

原猴下目的蜂猴科中有一个非常神秘的成员——树熊猴（上图）。它们是生活在西非和中非热带雨林中的夜行性生物，体重1千克，体长35厘米，尾巴较短。长尾巴毫无必要，因为树熊猴和跳跃的眼镜猴等灵长类不同，它们已经适应了慢慢爬过枝干的生活。它们进化出不同寻常的手部：第二指几乎消失，但拇指可以对掌，所以可以抓紧枝干。它们也是极少数具有专门防御结构的灵长类。它们的颈部骨骼有突起的尖端，在受到敌人威胁时，它们会用脖子冲撞对方，有时还会抬头啃咬。

蝙蝠

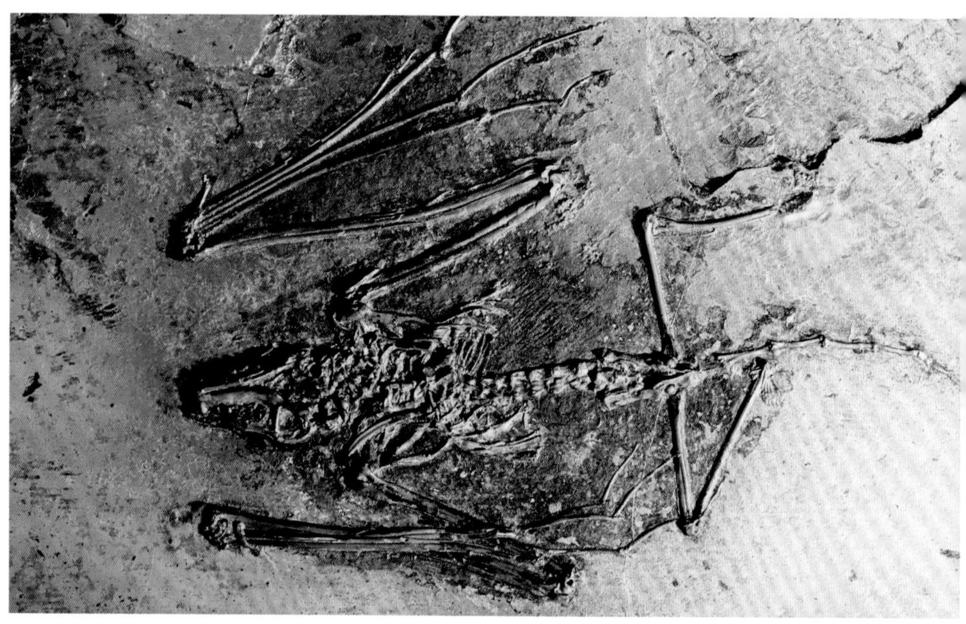

1 4 800万年前的古翼手属化石，翼展30厘米。

2 灰头狐蝠（*Pteropus poliocephalus*）是大蝙蝠的代表，面相似狗。

3 抱尾果蝠（*Rousettus amplexicaudatus*）等果蝠会通过弹舌头实现回声定位，人类也可以听到这种声音。

世界上大多数地区的蝙蝠都神秘莫测，只在黎明或者黄昏时片刻现身，但它们是仅次于啮齿类的第二大现生哺乳动物类群，已知的种就有1 200多个。它们代表着一段漫长的进化史，蝙蝠的进化可能早在8 000万年前就已经开始，穿插着大量多样化的良机。属于翼手目的蝙蝠大致分为两类。一类是小蝙蝠（小蝙蝠亚目），主要以昆虫为食，具有卓越的回声定位能力，可以夜间捕猎；另一类是没有回声定位能力的大蝙蝠（大蝙蝠亚目），主要以水果为食。尽管名字如此，大蝙蝠体形并不都大于小蝙蝠，最小的大蝙蝠体形小于最大的小蝙蝠。小蝙蝠在所有蝙蝠中约占80%，化石记录虽长但比较稀少，最古老的成员是伊神蝠属（*Icaronycteris*，见448页）和古翼手属（*Palaeochiropteryx*，见图1）。古蝠是最古老的蝙蝠之一，大约生活在4 800万年前。狐蝠（见图2）等大蝙蝠的出现时间似乎要晚得多，最古老的化石是古翼蝠（*Archaeopterus*），可追溯到3 000万年前的渐新世。不过有人认为古翼蝠具有独特的小蝙蝠特征。

关键事件

8 000万年前

南美的某种晚白垩世哺乳动物留下了牙齿化石，可能是早期蝙蝠进化的标志。

5 600万年前

古新世—始新世极热事件推动了哺乳动物的进化，很多蝙蝠都迅速进化出现。

5 450万年前

澳大利亚的南方蝠（*Australonycteris*）可能以鱼和昆虫为生，似乎具有回声定位能力。

5 250万年前

怀俄明州的绿河组地区生活着伊神蝠，它们显露出回声定位能力的迹象。后来还留下了第一具完整的蝙蝠化石。

5 250万年前

同样生活在绿河组地区的爪蝠（*Onychonycteris*）体格健壮，但似乎没有回声定位器官。

4 700万年前

来自德国麦塞尔坑的古翼手属生有粗短的翅膀，可以在茂密的森林里飞翔，可能是食虫动物。

大蝙蝠没有回声定位能力，而且翼爪、齿列、颅骨结构都不同于小蝙蝠，因此研究者多年来都在争论它们是否确实是近亲。近来的DNA分析证明大蝙蝠和小蝙蝠之间的关系比它们与其他哺乳动物的关系都要紧密。这项研究也将蝙蝠重新归类为阴翼手亚目和阳翼手亚目。前者包括大蝙蝠和3个不同的小蝙蝠科，后者包含其余所有小蝙蝠。这种分类方式的依据是：大型蝙蝠的祖先是有回声定位能力的食虫动物，但后来因为食物结构变化而丧失了这种能力。蝙蝠身上还有很多谜题，例如进化时间、谁是它们关系最紧密的化石近亲，以及应该根据基因证据将它们放在哺乳动物族系里的什么位置。研究者曾经因为解剖学上的相似性将它们归为树鼩目、灵长类和能滑翔的皮翼目的近亲，但基因研究的结果令人大跌眼镜：它们与有蹄类、肉食动物和鲸的关系最为密切，它们都属于庞大的劳亚兽总目。

从蝙蝠的精密解剖结构来看，它们只能在特殊环境中形成化石，因此目前没有发现蝙蝠和早期滑翔哺乳动物之间可能的过渡种。不过，我们可以通过化石和现代蝙蝠的解剖结构推测出早期物种的形态。蝙蝠的翅膀是特化的手臂，其中指骨大幅度延伸而且进化出了远高于普通骨骼的灵活性，以便支撑指间的翼膜。蝙蝠的骨骼也比其他哺乳动物更轻、更细，以便为飞行减少重量。可惜这种适应性改变也减少了它们成为化石的可能。

各种晚白垩世的小型哺乳动物留下了很多类似蝙蝠牙齿的牙齿化石，这也让研究者争论起蝙蝠的祖先到底属于哪个哺乳动物族群。不过即使有公认的单一起源，牙齿也并不能为蝙蝠祖先提供多少线索。如果没有更多化石发现，我们就很难确定蝙蝠祖先能否在最后的大型恐龙头上飞翔或滑翔。但间接证据催生了一个颇为流行的理论：蝙蝠的进化动力是晚白垩世的开花植物大爆发，以及随之而来的昆虫大进化。这为小型食虫类哺乳动物创造了进化机会，也让以哺乳动物为食的敏捷恐龙繁荣起来，包括可能栖息在树上的恐龙。在树木间滑翔来躲避掠食者的能力让蝙蝠祖先在栖息地中具有明显的进化优势，在飞行技巧更为娴熟之后，它们也会借此捕食。有趣的是，大蝙蝠中的果蝠属（见图3）似乎依靠舌头发出的“咔嗒”声重新进化出了回声定位能力。但它们以水果为食，因此这个能力主要用于导航而不是捕猎。GS

4 600万年前	4 100万—3 400万年前	3 700万年前	3 400万年前	3 000万年前	300万年前
坦赞蝠（*Tanzanycteris*）是生活在撒哈拉沙漠以南最古老的有胎盘动物。巨大的内耳表明它们具有先进的回声定位系统。	始新世时期生活着多种分布广泛而且成功的初蝠属成员，主要生活在欧洲。	在埃及撒哈拉沙漠中发现的巴氏异蝠（*Phasmatonycteris butleri*）是最古老的吸盘足蝙蝠化石，属于现在仅生活在马达加斯加的一个科。	现生和已灭绝的蝙蝠大约有25个科，大多都在始新世末期前出现。	意大利北部生活着长尾的古翼蝠。	晚上新世的佛罗里达生活着古吸血蝠（*Desmodus archaeodaptes*）。这是最古老的吸血蝙蝠。

伊神蝠

始新世

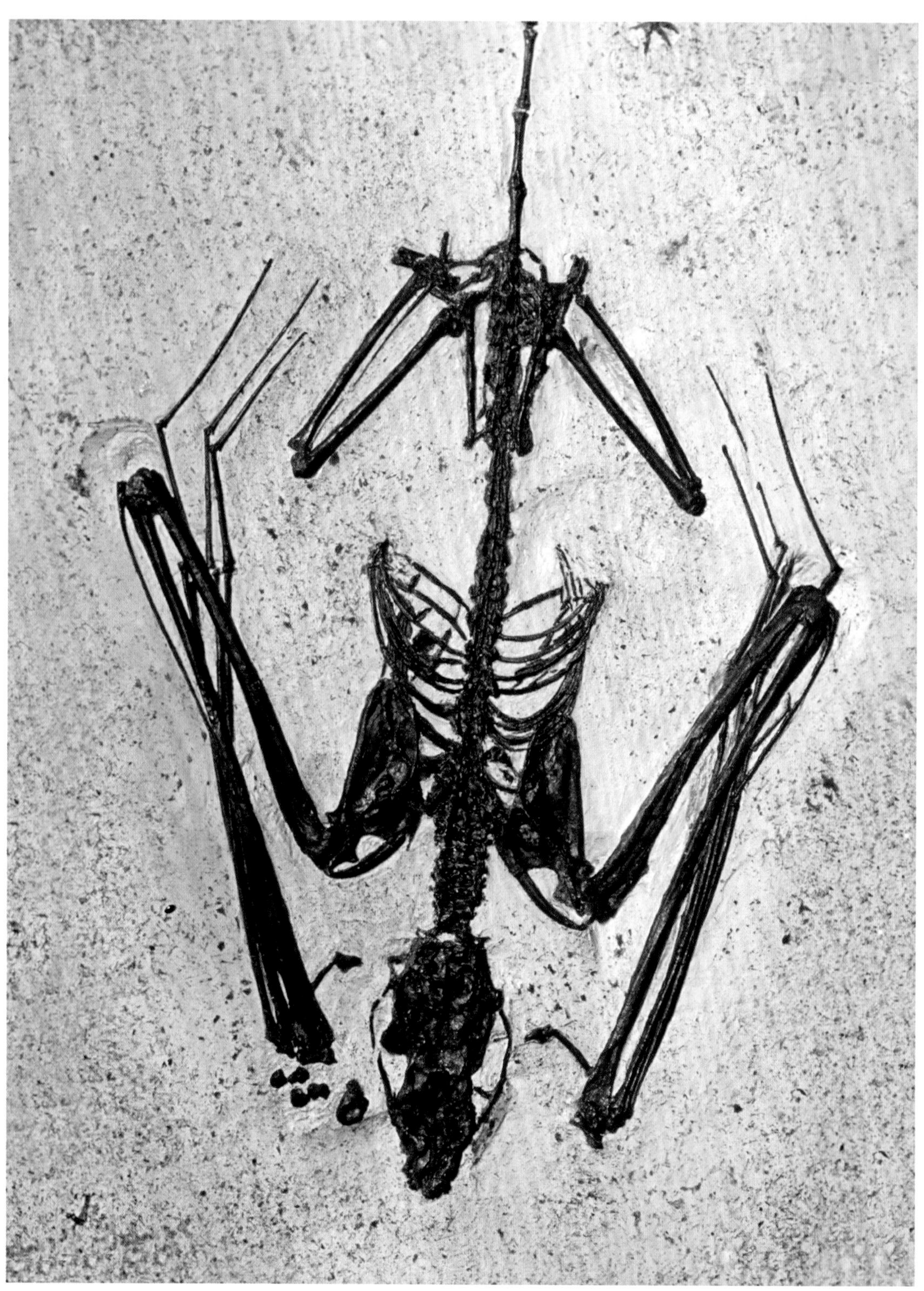

蝙蝠的骨骼非常脆弱，因此它们是最难留下化石的脊椎动物之一。最早的蝙蝠化石伊神蝠保存在有5 250万年历史的早始新世岩石中。化石点位于绿河组，这是形成于一连串湖泊底部的岩层，在今天美国的科罗拉多州、怀俄明州和犹他州交界处。在死后落入湖中的动物被灰泥迅速掩埋，留下了精致的细节。除了骨骼，皮肤等软组织也留下了痕迹。伊神蝠化石保留着翼膜轮廓。它们的身体仅有15厘米长，翼展约35厘米。在绿河组发现了4种主要的标本，似乎全部属于食指伊神蝠（在同时代法国岩石中发现的化石碎片表明还有第二个种）。一具标本的腹部保存着飞蛾鳞粉，可见食指伊神蝠已经具备了在夜间捕猎飞虫的回声定位能力。它们的身体结构总体而言比后期蝙蝠更灵活。现代翼手目具有融合的胸骨，胸骨上有附着飞行肌的龙骨突（类似鸟类），食指伊神蝠的胸骨却没有融合。不过，这也有可能是因为化石是胸骨尚未融合的幼蝠。GS

图片导航

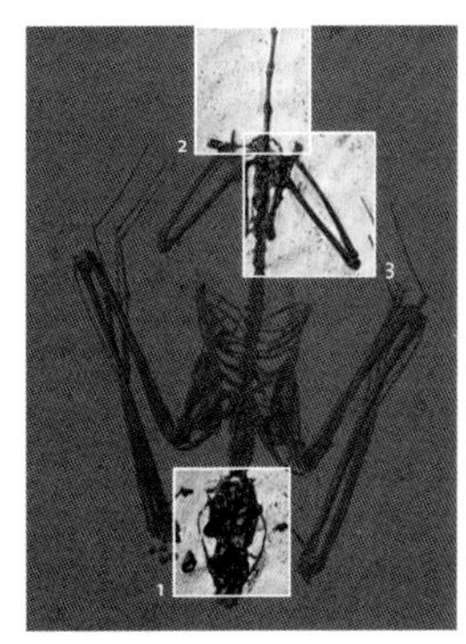

种：食指伊神蝠
（*Icaronycteris index*）
族群：伊神蝠科
（Icaronycteridae）
体长：15厘米
发现地：北美

要点

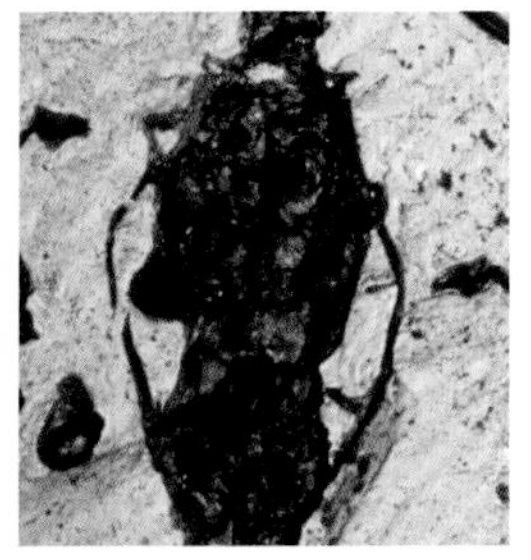

1 内耳
食指伊神蝠的耳蜗大小和现代小蝙蝠相符，表明它们已经具有发达的回声定位能力。据推测，回声定位能力最初的作用是在黑暗中导航，后来又成为利用声波悄悄接近猎物的工具。

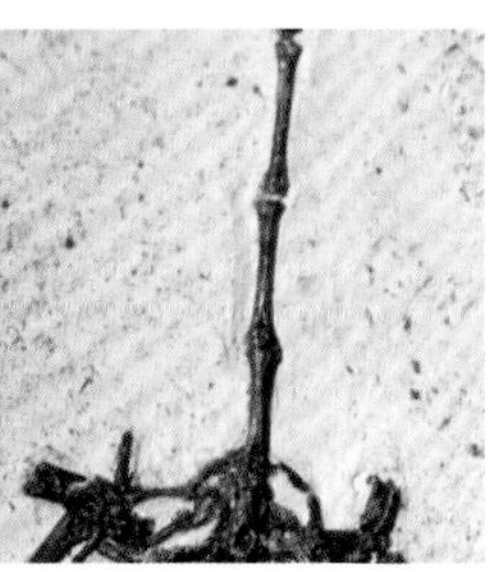

2 长尾
和身体相比，食指伊神蝠的尾巴非常长，而且类似啮齿类，现生蝙蝠的尾巴则退化成短短一截。它们也没有现生蝙蝠的尾膜，即后肢和尾巴之间用于飞行的薄膜。这可能限制了它们的飞行能力。

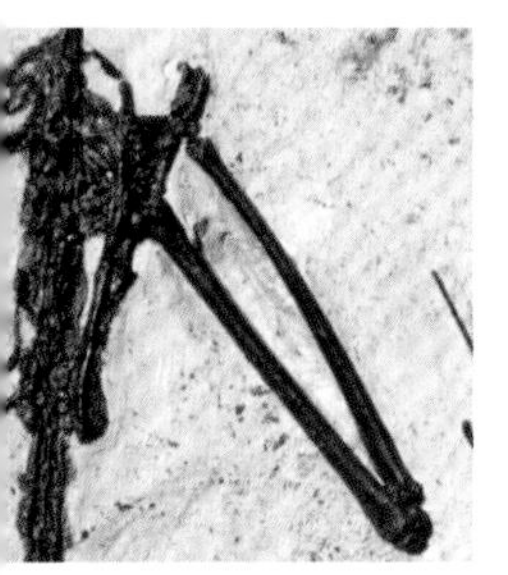

3 腿部、翅膀和栖息之道
腿部结构适合倒挂休息和睡觉，是典型的翼手目腿部。长指骨和翼膜让蝙蝠很难在地面上休息，也很难快速行走。基本上可以肯定，蝙蝠的倒挂是为了躲避掠食者的进化策略。

祖先的解剖结构

人们在2008年发现了和伊神蝠同时代的早期蝙蝠，这又为蝙蝠的进化提供了更多线索。爪蝠（上图）也保存在始新世的绿河组中，它的5根粗大的手指都有爪子，显示出了独特的原始特征，也因此得名爪蝠。它们为研究蝙蝠祖先的解剖结构提供了线索，因为所有其他现生或化石蝙蝠都是长有两或三只爪子。虽然有间接证据表明伊神蝠甚至更早期蝙蝠可以依靠声波捕食，但爪蝠的耳部结构没有和回声定位有关的特化结构。由此可见，蝙蝠在进化出回声定位能力和失去爪子之前就学会了飞翔。

大鼠尾蝠
更新世至今

种：大鼠尾蝠
（*Rhinopoma microphyllum*）
族群：鼠尾蝠科
（Rhinopomatidae）
体长：7.5厘米
栖息地：北非、中东和近东
世界自然保护联盟：无危

现代鼠尾蝠科的成员不多，最多只有1个属和6个种，但它们数量庞大、分布广泛，从北非到阿拉伯半岛再到东南亚都有它们的身影。它们喜好干旱和半干旱地区，通常栖息在洞穴和空房中，也会在近东地区广布的古代遗址中寻求庇护，包括埃及金字塔。一个鼠尾蝠群体的规模从几只到数千只不等。每逢日落时分，它们从栖息处喷涌而出的情景令人印象深刻。“扑翼和俯冲”的飞行方式让正在捕捉飞蛾和甲虫等昆虫的鼠尾蝠个体和鸟类非常相似。

蝙蝠最突出的特点是独特的长尾和退化的尾膜（后肢之间的翼膜）。这两个特征都类似极早期的伊神蝠。在比较进步的物种里，这类看似原始的身体特性可能会产生误导。不过对鼠尾蝠的遗传分析表明这类特征的确十分原始，与早期物种相比几乎没有变化，并不是因为后来进化出二级特征才形似祖先。尽管如此，鼠尾蝙蝠的其他解剖结构则十分进步，并且明显为适应沙漠生活而产生了特化结构。例如类似骆驼的狭缝状鼻孔，可防止沙尘进入呼吸通道；以及可以产生高度浓缩尿液的肾脏，以便尽量保留体内的水分。鼠尾蝠也进化出了可以避免完全冬眠的系统，它们会在寒冷的时候进入一种蛰伏状态（变得迟钝，活动减少）。GS

图片导航

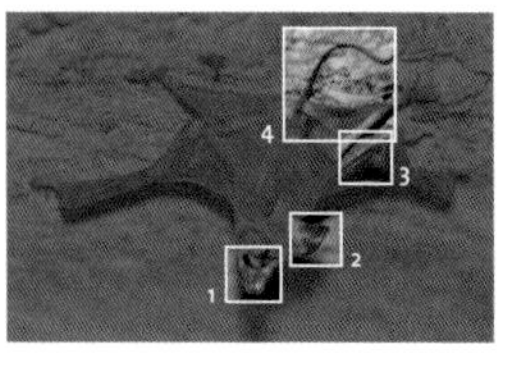

要点

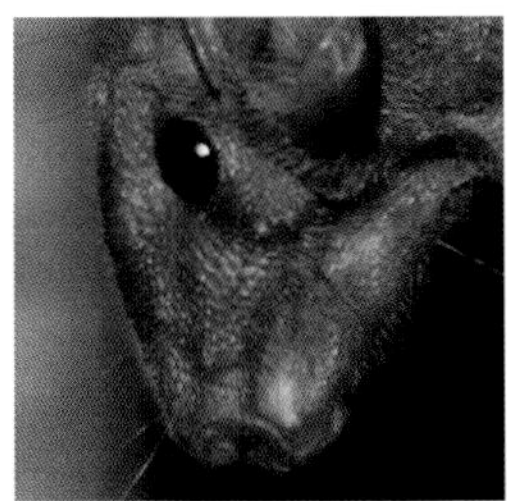

1 视力
虽然蝙蝠是依赖于回声定位和触觉的夜行性动物，但都保留着视力。不过大鼠尾蝠的视觉很弱，特别是和白天活动的大蝙蝠相比，大蝙蝠通常长有大眼睛。

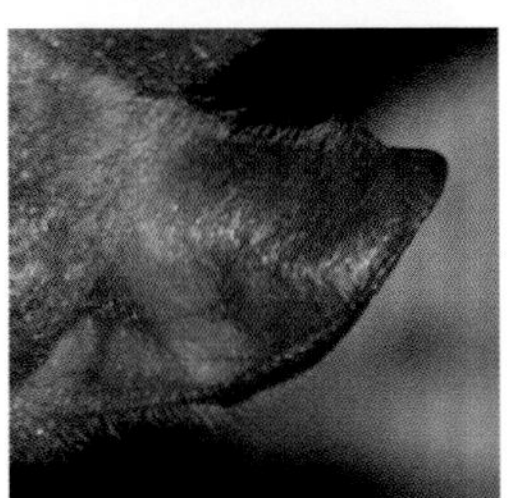

2 内耳和外耳
大鼠尾蝠的内耳很大，其形状和内耳的螺旋数目可以让它们听到特定的频率。它们的外耳大而灵活，可以将不同方向的声音传入内耳。

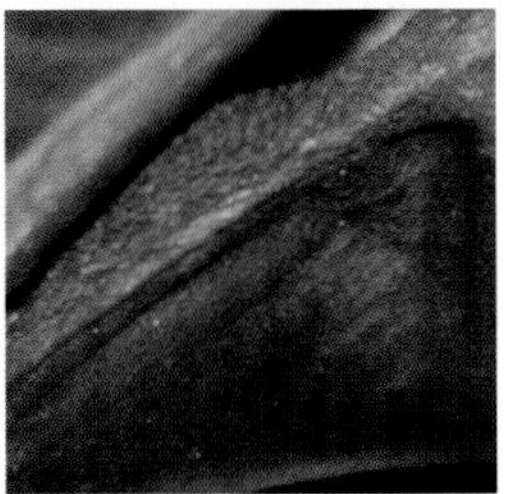

3 翼膜
指骨间的皮肤纤薄且容易撕裂，但能迅速愈合。翅膀上的小突起含有触敏小接收器（梅克尔细胞）。每个突起上都有一根毛发，用于采集空气中的信息，包括猎物飞行时的波动。

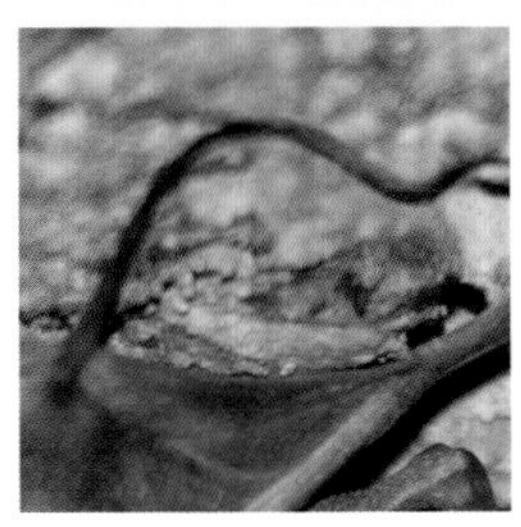

4 尾巴
大鼠尾蝠的尾巴延伸到翼膜之外，而且覆盖有细毛。尾巴根部的突起能储存脂肪，让这些小动物在体温下降、生理活动减少时通过蛰伏挺过寒冷时期。

鼠尾蝠的亲缘关系

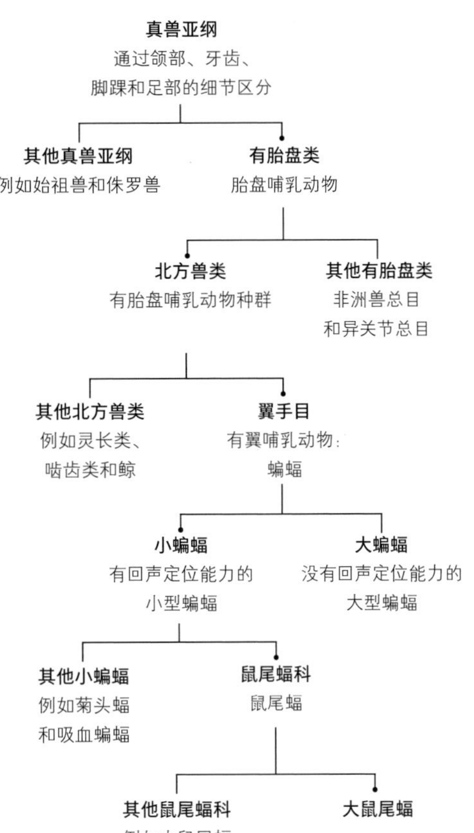

▲ 真兽亚纲哺乳动物主要是非有袋类，有胎盘类包括所有现生非有袋类，可根据基因和其他分子学证据分为三四个大类，蝙蝠属于北方兽类。

复杂的回声定位

蝙蝠、海豚、齿鲸和部分鼩鼱等哺乳动物独立演化出了回声定位能力（声呐系统）。蝙蝠的回声定位能力依赖于根据声音返回的时间计算自己和物体的距离（见右图）。这个复杂的系统一开始十分简单，与人类在悬崖上大喊并对回声计时的原理相同。鼠尾蝠在独处时发出不到1/20秒的声音脉冲，频率为32.5千赫兹（超出人耳听力范围）。成群飞行时，它们就会将频率改为30～35千赫兹，以免混淆。

有蹄类哺乳动物：鲸偶蹄目

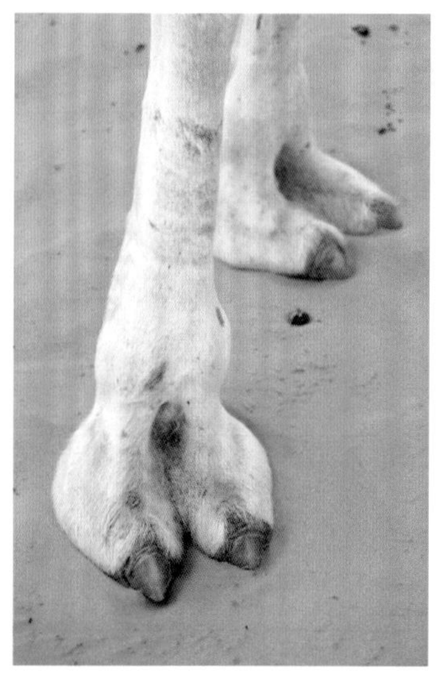

有蹄类是如今规模最大的哺乳动物群体之一。它们是用脚趾行走（趾行动物）的植食性生物，趾尖进化出了增厚的角蛋白，这也是形成其他哺乳动物的指甲和爪子的坚硬防水物质。坚硬的趾尖就是蹄（见图2），各个有蹄类的脚趾数量或大小各不相同，它们的行走方式也随之变化。人们曾经认为有蹄的哺乳动物具有共同祖先，但最近的基因研究和新化石证据表明它们的进化故事更为复杂。有蹄类的确是最古老的有化石证据的有胎盘类。美国蒙大拿州地狱溪组发现的化石表明，古中兽（*Protungulatum*，见图1）可以追溯到7 000万—6 000万年前的晚白垩世。如果它是有蹄类动物，那就说明最初的有蹄类动物曾与君王暴龙（见302页）等最后的大型恐龙共存。但只有当非鸟恐龙灭绝了，有蹄类才有进化和多样化的机会。在虫溪蚁丘（Bug creek Anthills）发现的早古新世化石表明，古中兽在6 600万年前的大灭绝中得以幸存。

现代有蹄类一般分为两大类。偶蹄目（脚趾为偶数）由第三和第四趾承受体重，而奇蹄目（脚趾为奇数，见487页）由第三趾承担大部分的体重，例如后弓兽（*Macrauchenia*）。遗传研究表明，鲸的祖先是偶蹄目动物，可见有两种延续的进化谱系：鲸偶蹄目（偶蹄动物和鲸）以及奇蹄目（其他所有有蹄类）。这两个族群都属于规模更大的真有蹄类，和劳亚兽总目中的很多动物具有共同祖先。曾有多个族群被归为有蹄类表亲，包括大象、蹄兔、海牛和土豚，但现在发现它们是因为趋同进化而出现了类似有

关键事件

6 600万年前	6 500万—6 000万年前	6 000万年前	5 500万—4 600万年前	5 400万年前	4 600万年前
古中兽是已知最古老的有蹄类祖先，和最后的恐龙生活在同一个时代。	熊犬科动物蓬勃发展。这种似熊的踝节目动物最终进化出偶蹄目和肉食性的中爪兽目。	偶蹄类的祖先很有可能在这个时代分化出来，河马形亚目很快也和反刍动物分开。	这个时代生活着似鹿的小型古偶蹄兽。虽然是偶蹄类，但它们保留着第五趾。	鲸类和河马的祖先很有可能在这个时代分开。	似鹿的异麗鹿科出现，一直繁荣到了1 350万年前。它们有原始的反刍胃。

蹄类动物的特征。

6 600万—3 400万年前的古新世和始新世时期产生了很多现已灭绝的有蹄类族群，它们在进化中的位置尚不明确。恐角目可能是有蹄类动物，长有一对巨大的角和獠牙，滑距骨目是类似骆驼的南美洲三趾动物，一直繁盛到了最近的冰期，几千年前才宣告灭绝。南方有蹄目也是南美独有的动物，成员大小各异，也生存到了几千年前。所有这些种群的祖先可能都是踝节目——一种广泛多样的原始有蹄类动物群，而且不一定有共同祖先，因此被认为是进化的一个“阶段”。

偶蹄类诞生于5 500万年前的早始新世，由踝节目中一种似熊犬科动物进化而来。它们的近亲是可怕的近似狼的中爪兽目（也是熊犬科的后代）。这是第一个主要的掠食性哺乳动物群体；在此之前，捕食中型哺乳动物的掠食者主要是鳄鱼（见254页）和不会飞的巨型恐怖鸟（见404页）。最早的化石偶蹄动物是古偶蹄兽（*Diacodexis*，见图3），体形和麝鹿等小鹿差不多，广泛分布在整个北半球。它每只脚保留五个脚趾，但第三个和第四个脚趾表现出伸长和蹄发育的迹象。

从古新世到早始新世，偶蹄类已经进化出了多种成员，并且分出了延续至今的3个大类：鲸反刍类，包括鲸、牛、绵羊和山羊的祖先；猪形亚目，包括猪和其他猪类成员；以及胼足亚目，即骆驼及其近亲。在这个时期，奇蹄类的数量远超偶蹄类，和今天刚好相反。现今只有马是唯一一种分布广泛的奇蹄动物。由于在进化中处在特定位置，偶蹄类进化出了高度特化的胃，其中有多个可以通过发酵植物提取更多营养的腔室。反刍动物、骆驼又进一步改进了这种独特的消化系统，大多为杂食性的猪类在消化系统上也有一定变化。消化系统的改变意味着偶蹄类在晚始新世和中新世中做好了在草原上爆发性进化的准备。现代偶蹄类的主导地位很大程度上归功于牛科的大爆发，包括牛、野牛、绵羊、山羊、羚羊和瞪羚，这些反刍动物伴随着草原的扩张而不断进化。GS

1 只有40厘米长的古中兽可能是早期有蹄类。不过有专家把它们与特化程度较低的早期哺乳动物熊犬类联系在一起。

2 两蹄宽足的单峰骆驼可以横跨干旱的撒哈拉沙漠。

3 古偶蹄兽显示出了正在进化的蹄部，蹄部实际上是趾尖，相当于其他哺乳动物的指甲和爪子。

4 600万—4 500万年前	4 000万年前	4 200万年前	3 500万年前	2 000万年前	1 700万年前
有角偶蹄类中的原角鹿科繁荣昌盛。虽然外表似鹿，但它们与鹿的关系并不密切。	巨大的偶蹄类安氏兽（*Andrewsarchus*，见455页）是有史以来最大的陆生肉食性哺乳动物，它们生活在蒙古地区。	犬只大小的北美原疣脚兽（*Protylopus*）是现代胼足亚目（骆驼）最古老的祖先。	似猪的岳齿兽科出现，它们是骆驼的植食近亲，在灭绝前繁荣了3 000万年。	草原因为气候改变而迅速扩张。牛科反刍动物因为新的食物来源经历了爆发式进化。	叉角羚科在北美草原上出现，但只有叉角羚一个种（见456页）延续至今。

“终结者猪”

古近纪晚期—新近纪早期

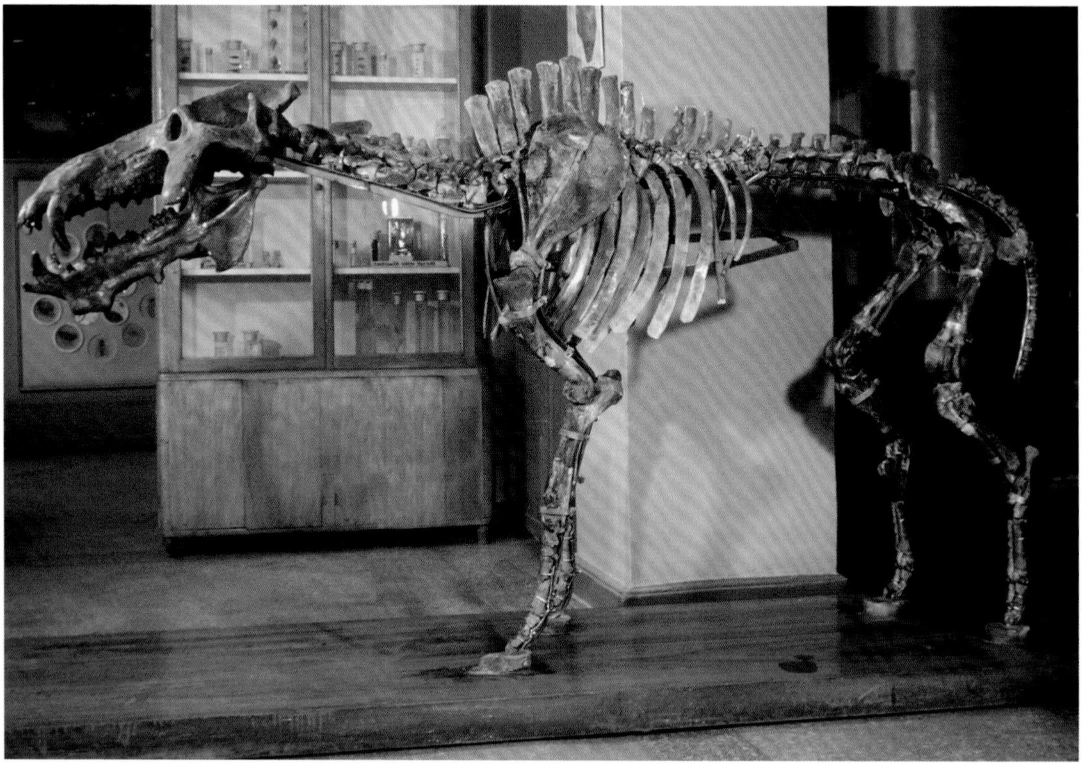

种：肖肖尼凶齿豨
（*Daeodon shoshonensis*）
族群：豨科
（Entelodontidae）
体长：3米
发现地：北美

豨科是长相似猪的偶蹄类动物，在3 700万—1 600万年前繁盛于欧洲、亚洲和北美地区。豨科中最大的种的肩高可达2米。它们长有可怖的牙齿和面部骨质突起，骇人的外表为它们赢得了“终结者猪”和“地狱猪”的绰号。豨科动物大多是杂食性腐食动物和伺机而动的掠食者。尽管形似现生疣猪，但最近的解剖特征研究表明，豨科和现生猪类的关系并不是非常密切，和它们亲缘关系最近的动物反而是河马和鲸类（鲸和海豚）。由此可见它们可能与巨大、似狼的肉食动物安氏兽（见455页）属于同类。安氏兽只留下了一颗83厘米长的巨大头骨化石和一些化石碎片。目前还不清楚豨的具体的掠食习性，但是植食性动物骨骼上有它们独特的咬痕，可见它们确实对肉有兴趣。豨的腿虽然较短，但非常纤细，能让它们在短距离内高速奔跑。

目前最大的豨科动物是北美凶齿豨和欧亚副巨豨。凶齿豨属（混合了几个其他属）在2 900万—1 900万年前繁荣发展，从晚渐新世延续到了中中新世，最大的种为肖肖尼凶齿豨。副巨豨在化石记录中的历史更长久。这一点以及各种解剖学上的相似让部分学者认为它们可能是凶齿豨的祖先，是在晚渐新世时从亚洲通过陆桥来到北美的。GS

图片导航

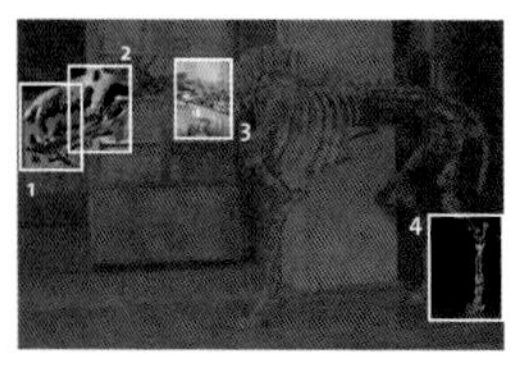

要点

1 牙齿

肖肖尼凶齿豨的颌部排列着一套完整的哺乳动物牙齿，包括前面的大门齿、大犬齿和明显的前臼齿与臼齿。这表明它们和现生猪一样是杂食动物。最前面的牙齿非常强壮，可能用于挖掘坚硬的根和块茎，也可以用来撕裂腐肉，甚至是活的猎物。

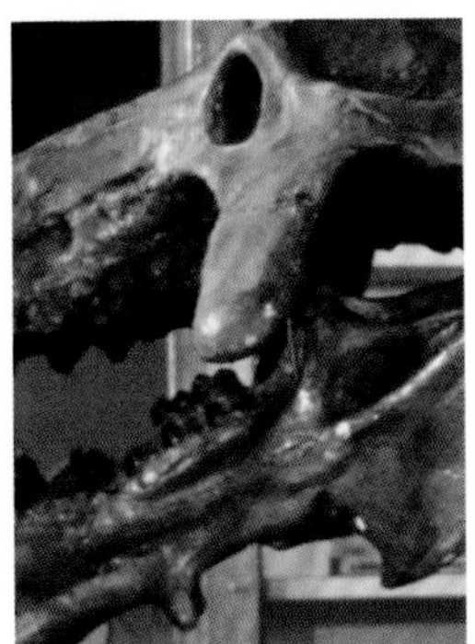

2 颧骨

肖肖尼凶齿豨的颧骨宽大，在面部两侧形成了大突起，并与其他骨突结合，看起来十分可怕。颧骨可以附着强大的颌肌，不过大小存在性别的差异，可见也有吸引配偶或打击雄性对手的功能。

3 颈部

虽然头骨巨大，但肖肖尼凶齿豨的颈椎极小，而且很轻。但和现生美洲野牛一样，它们的颈椎支撑着肌肉发达的脖子。颈部肌肉附着在脊柱胸段（胸椎）高高突起的椎骨棘突上。

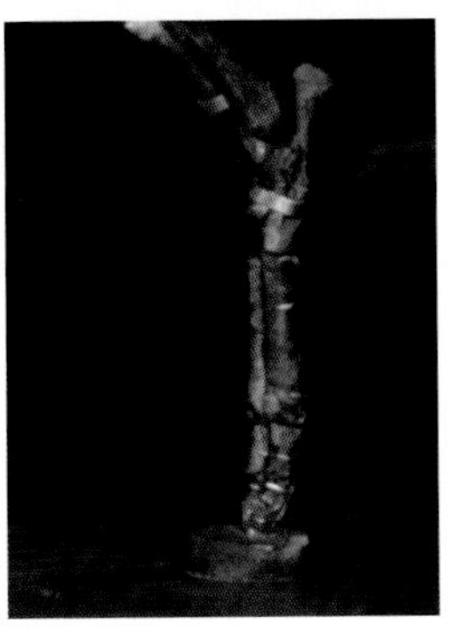

4 腿部

短而细的腿部十分强壮，非常适合高速奔跑。小腿的腓骨和胫骨融合在一起，提升了腿部力量。偶蹄类的腿部最初比较短，更适合穿过早始新世的浓密热带植物。进化出长腿是为了应对不断扩展的开阔草原。

▲ 疣猪形似现代版的小型豨，而且也是杂食动物。不过它们和豨科没有太紧密的联系，属于猪科。

有争议的野兽

安氏兽（*Andrewsarchus*，下图）是世界上最大的肉食陆生哺乳动物。据估计，它们肩高2米，不包括尾巴的体长为3.5米。不过强有力的颌部和钝牙表明它们很可能不是掠食者，而是腐食者。1923年，美国古生物学家罗伊·查普曼·安德鲁斯（1884—1960）带领科考队在蒙古国发现了化石，安氏兽因此得名。自发现之后，它们在哺乳动物家族中的地位就一直备受争议。它们最初被分入“中爪兽目”，这是一种已经灭绝的五爪肉食动物。但现在的专家更倾向于将它们归为有蹄类，更接近于鲸凹齿形类中的豨科。

叉角羚

更新世至今

生活在北美洲的叉角羚是速度仅次于猎豹的陆生动物，也被称为“草原幽灵”，因为它们能以惊人的速度无声地出现和消失。叉角羚是叉角羚科唯一的现生成员，但是它的近亲并不是羚羊，而是长颈鹿和霍加狓。这种动物的进化历程非常有趣，它们现在的特征是为了应对曾经存在但现已消失的进化压力而出现的。叉角羚的时速可以达到88千米，是非洲猎豹的3/4，但可以高速奔跑更长的距离。这种能力可能是为了逃避掠食者，但目前没有哪种北美陆生掠食者可以达到这种速度。化石记录表明，叉角羚曾经受到北美猎豹（*Miracinonyx*）的威胁。DNA证据显示，这种猫科动物是高度特化的美洲豹的表亲，因趋同进化拥有了非洲猎豹的许多进步特征，成为顶级草原掠食动物。北美猎豹在1.2万年前灭绝之后，狼、郊狼和美洲狮就成为叉角羚的天敌。叉角羚的种群在19世纪之前都繁荣兴旺，直到人类开始捕猎并破坏它们的栖息地。不过多亏了不挑食的习性，它们依然能在很多条件恶劣的地区蓬勃发展，以其他植食性动物不愿意下口的植物为食。GS

图片导航

种：美洲叉角羚
（*Antilocapra americana*）
族群：叉角羚科
（Antilocapridae）
体长：3米
发现地：北美
世界自然保护联盟：无危

要点

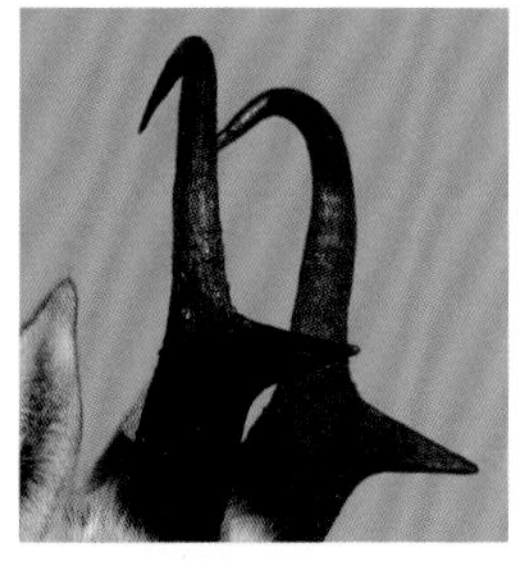

1 角
雄性的角比雌性的角更长更复杂。每只角的核心都是扁平的骨骼，直接从头骨上长出。雄性的角有一个朝前的突起。核心上有一层皮肤，硬化成了保护性的角质层，这层角质层每年都会脱落和重新生长。

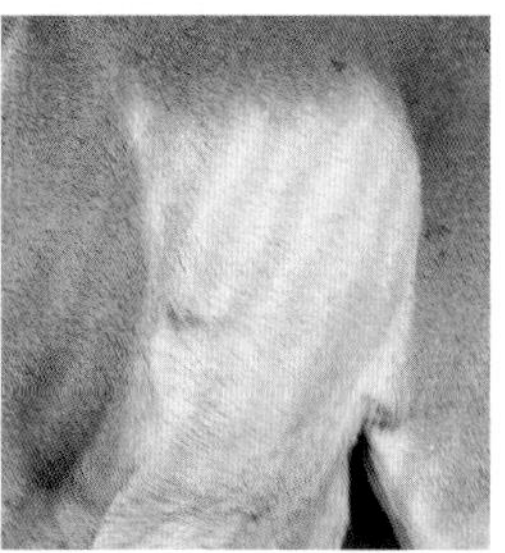

2 内部解剖
叉角羚的身体结构有助于它们突然加速，包括特别大的气管、肺和心脏，呼吸系统可以吸入大量氧气，并通过血液输送给肌肉。为了减少重量，它们的骨骼很轻，甚至连毛发都是中空的。

3 有缓冲的脚趾
细长的腿部末端都有两根尖尖的脚趾，而且有软组织作为缓冲。这可以减少蹬地对身体的冲击。叉角羚有十几种不同的步态，但和真正的羚羊不同，它们不擅长跳跃，所以姿态比较平稳。

首次发现

梅里韦瑟·刘易斯和威廉·克拉克在1804—1806年的科考让叉角羚引起了西方科学家的注意。他们一边寻找理想的跨越美国东西的通路，一边收集野生动植物的信息，并描述了200多个物种。1804年9月，他们在南达科他州发现了叉角羚。克拉克由此认识到了后来被称为“趋同进化”的现象，记录下自己射中了“比其他山羊都更像非洲羚羊或瞪羚”的鹿的过程。40年后，约翰·詹姆斯·奥杜邦出版了《北美胎生四足动物》（*The Viviparous Quadrupeds of North America*），首次公布了叉角羚的图像，它们第一次进入了公众的视野（上图）。

啮齿类的崛起

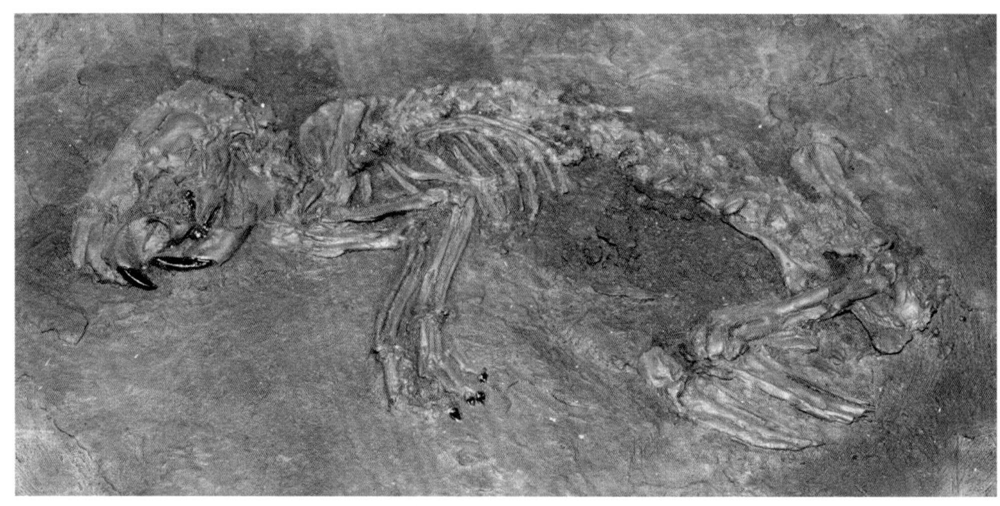

1

2

3

1 早期啮齿类麦塞尔鼠（*Masillamys*）的化石骨架已有5 000万年历史，清楚地显示出其不断生长的前切齿（黑色）。

2 豚鼠小目里的北美豪猪（*Erethizon dorsatum*），它们也具有旧世界豪猪的特征，不过两者并不是近亲。

3 水豚（*Hydrochoerus hydrochaeris*）是游泳高手，会通过潜水逃避陆生掠食者。

啮齿类是庞大的哺乳动物类群，有超过2 280个现生种。它们都是陆生动物，占所有现生哺乳动物的40%，包括松鼠、河狸、睡鼠、鼹鼠、大鼠、小鼠、田鼠、仓鼠、沙鼠、跳鼠、豪猪、豚鼠、水豚和毛丝鼠等。它们凭借多种特征成为一种成功的哺乳动物。首先，这类动物基本上都是小型生物，而且很早就开始繁殖，会产下大量生长迅速的幼崽。这些特征让它们可以迅速依靠数量优势占据生态系统，并在不断变化的环境面前迅速进化。其次，啮齿类具有泛化的解剖结构，几乎可以适应所有栖息地：大部分啮齿类都是动作迅速的杂食动物，时刻奔波不停。

将啮齿动物与其他有胎盘类区分开来的关键解剖学特征是两对不断增长的大切牙，上下颌各有一对。坚硬的牙釉质仅覆盖牙齿前面，因此牙尖形成了凿形表面，而前缘形成锋利的刀刃结构。这些牙齿具有巨大的弯曲牙根，在头骨和下颌内占据了巨大空间。啮齿类没有犬齿和部分前臼齿，因此切齿和后面的咀嚼齿之间有很大的空缺。家兔和野兔等兔形目成员也具有很多同样的牙齿和颌部特征，化石和分子数据也表明这两类动物是近亲。它们一同构成了啮形大目。有几种早期啮形大目成员的化石可以追溯到6 000万年前。

化石记录显示以北美壮鼠（见460页）为代表的早期啮齿类是地栖泛

关键事件

6 500万年前	6 000万年前	5 400万年前	5 200万年前	5 000万年前	3 200万年前
啮齿类与包括家兔和野兔的兔形目从共同祖先中分化。	最初的啮齿类出现，北美的混副鼠（*Acritoparamys*）是最古老的啮齿类动物。	鼠形亚目出现，这种规模庞大的族群包括大鼠、小鼠和诸多其他成员，以及大多数主要的现生啮齿类族系。	睡鼠和松鼠所属的族系从它们已经存在了一段时间的祖先中分化出来。	壮鼠在美洲开始多样化，这是一类没有严格划分的早期啮齿类。它们包括地栖动物，可能还有穴居者和跳跃者。	非洲啮齿类可能跨越了大西洋来到南美，导致豚鼠小目——豚鼠、水豚及其近亲出现。

化种，可以攀爬、奔跑和掘洞。这些祖先中诞生了爬树者、穴居者、游泳者和草原/沙漠栖居者。攀爬型啮齿动物中至少进化出过3种滑翔动物，小鼠和田鼠中也进化出过好几种两栖成员。高度依赖水生环境的河狸和水豚等水生动物大多都是在过去的2 500万年出现的。关于啮齿类之间的亲缘关系有很多不同观点。它们的分类依据一般是颌肌结构，但分子和遗传学证据推翻了人们认为的传统进化关系。2000年以来的最新研究表明，啮齿动物史上的第一次大分化事件催生了包括睡鼠和松鼠的松鼠形亚目以及包括所有剩余啮齿类的河狸–鼠形亚目。松鼠形亚目还包括麦塞尔鼠（见图1）和可能有点儿奇怪的山河狸（见462页）。河狸–鼠形亚目中的旧大陆豪猪（见图2）、非洲鼹鼠和豚鼠小目（豚鼠、水豚及其近亲）都属于啮齿类进化树上的同一个分支，河狸和囊鼠属于另一个分支；小鼠、田鼠、沙鼠、仓鼠及其近亲属于第三个分支。鼠形亚目，其成员最多，分布最广。

部分现生啮齿类的化石记录可以追溯到4 000万年前，包括睡鼠和河狸。但大多数数据表明，现生啮齿类是来自2 500万年前的物种多样性大爆炸，这可能要归功于草原的扩张和广泛的干旱环境。如今最大的啮齿动物是南美水豚（见图3），它们的体重可以达到90千克。但与很多已经灭绝的豚鼠小目成员相比，南美水豚相形见绌，其中一些豚鼠长到和熊或小犀牛一般大小。委内瑞拉的恐豚鼠（*Phoberomys*）可能超过700千克，而乌拉圭的国父花背豚鼠（*Josephoartigasia*）可能达到了2 500千克。这些巨大豚鼠的生存方式仍不确定，但有些进化科学家认为它们是生活在湿地和河岸上的两栖生物。

豚鼠小目抵达南美的时间和方式都有争议。有人认为是北美祖先向南迁徙，但目前还没有发现这种祖先。和豚鼠小目最相似的啮齿动物是非洲鼹鼠。更流行的理论是，它们的祖先乘坐漂浮的植物——如从大河中冲进海洋的巨大植物团——横渡大西洋，由风和洋流推过海洋（现生动物也被观察到通过这种方式穿越宽阔的海洋）。也有可能是豚鼠小目的早期成员利用亚洲、澳大利亚和南极之间的远古陆地连接来到了南美。DN

2 500万年前

鼠形亚目（小鼠、田鼠、仓鼠、沙鼠及其表亲）迅速多样化，成为可以占领全球各类栖息地的族群。

2 400万年前

鼠形亚目中新出现的棉鼠亚科从北美进入南美，成为最成功的哺乳动物族群。

1 500万年前

两栖生活的河狸在欧洲或亚洲出现，它们本是小型穴居陆生河狸，但后来的化石表明其中一些拥有了巨大的身体。

1 000万年前

穴居的啮齿动物米拉鼠生活在北美平原上。很多个种的吻部都具有成对的短角。

800万年前

与熊和犀牛一样大的豚鼠小目生活在南美的湿地和草原上。它们是有史以来最大的啮齿动物。

300万年前

南美豚鼠小目在新的岛屿和陆桥上向北迁移。北美出现了新世界豪猪和水豚。

壮鼠
始新世

种：欧文壮鼠
（*Ischyromys oweni*）
族群：壮鼠科
（Ischyromyidae）
体长：60厘米
发现地：北美

啮齿类数量庞大，拥有独特又适合保存的牙齿，而且小型残骸可以被包裹在猛禽吐出的食团中，所以留下了大量化石。不过高质量的完整骨架非常罕见，特别是早期成员。因此自19世纪50年代从美国出土以来，3 500万年前的壮鼠就为早期啮齿类进化和多样化提供了宝贵的线索。

壮鼠身材健壮，有一条长尾巴。它们是早期的平原啮齿类，大小类似土拨鼠。骨架比例表明它们可能会利用地洞和隧道（但不一定会挖掘）。壮鼠之所以具有重要意义，不仅是因为它们是“典型”早期啮齿类，还因它们留下了大量以下颌为主的化石，有4 000多具。这些化石来自数百万年历史的沉积岩，揭示了很多细微的不同。古生物学家根据此类差异命名了多个壮鼠种，并表示从中可以观察到不同的演进变化，如有些种的体形似乎随着时间推移逐渐增大。北美、欧洲和亚洲也发现过很多可能是壮鼠近亲的啮齿类，全都归入壮鼠科。它们大多是泛化的早期啮齿类成员，没有现代啮齿类的精细解剖结构。可见这些生物不一定都是亲戚，而是代表着多种远古啮齿动物祖先。DN

图片导航

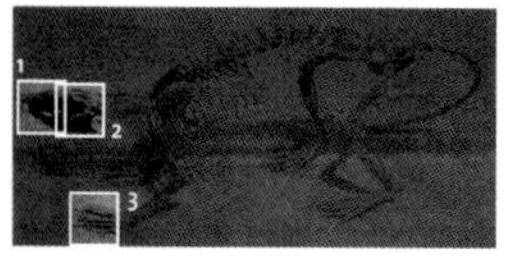

要点

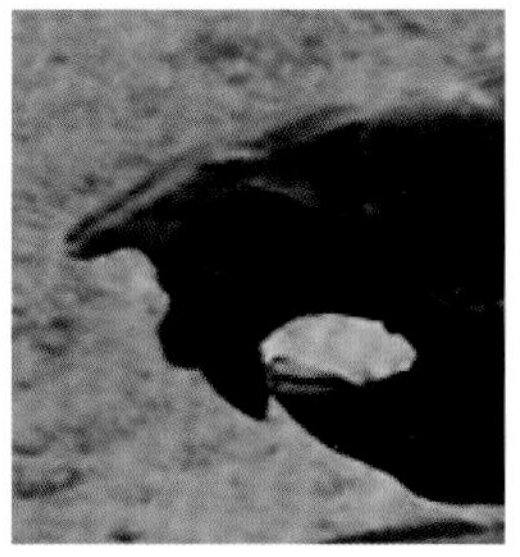

1 牙齿结构
欧文壮鼠的牙齿不多，这是啮齿类的典型特征。上颌有一对切齿、两对前臼齿和三对臼齿，没有犬齿。下颌结构与上颌类似，但通常只有一对前臼齿。

2 头骨
欧文壮鼠及其近亲的头部解剖结构比现代啮齿类更原始。吻部和颅腔较长，颅骨较浅，大致呈矩形，这个形状特征广泛分布于在陆地上奔跑、在树木上攀爬和在浅地洞里生活的啮齿类。

3 足部
欧文壮鼠等早期啮齿类的前后肢都有五趾，后肢略长于前肢，尾巴很长。后来的族群进化出了奔跑或跳跃的习性，于是脚趾的数量减少。

◀ 壮鼠和其他啮齿类的典型特征都是有不断生长的门齿。这颗15厘米长的牙齿来自巨河狸（*Castoroides ohioensis*），很少有啮齿动物的牙齿比它的更长。巨河狸几乎和小马一样大，在1万年前于北美灭绝。

高度适应性

随着时间推移，壮鼠的颊齿（臼齿和前臼齿）越来越复杂，体形和身体比例也变得多种多样。其中最大的种是北美的曼提沙壮鼠（*Manitsha*），它们比现生最大的啮齿动物之一——河狸还大；最小的成员和现生小鼠差不多大小，例如北美和欧洲的小副鼠（*Microparamys*）。这种多样化显示了迅速繁殖大量后代的生物极大的进化潜能。旅鼠（*Lemmus sibiricus*，右图）就是一个典型的例子，它们具有典型的啮齿类特征。这类动物产生进化改变的机会更多、速度更快，所以可以根据自己的需要进入新的栖息地，并掌握新的生活方式。

山河狸

更新世至今

种：山河狸
（*Aplodontia rufa*）
族群：山河狸科
（Aplodontiidae）
体长：35厘米
栖息地：北美
世界自然保护联盟：无危

山河狸是世界上最奇特和原始的啮齿类之一，它们生活在北美西北部，身体圆胖，四肢短小。虽然名叫“河狸”，但实际上它们不仅居住在山区，还分布在从近海平面到高山的各个高度，不过更偏爱湿冷的森林。它们是山河狸科唯一的成员，并不是属于河狸科的河狸。

和很多现代动物一样，山河狸也代表着一个曾经规模庞大的族群，山河狸科的化石记录可以追溯到4 000多万年前。它们生活在欧洲和亚洲，后来通过白令陆桥来到北美进化和多样化。山河狸和其他啮齿类的关系还有争议，部分原因在于它们没有现生啮齿类复杂的闭颌肌。因此，有人认为山河狸是很早就直接从壮鼠样生物中分化出来的特殊侧支。不过山河狸的齿尖形状类似松鼠，所以也有人提出它们和松鼠有共同祖先。分子和遗传学证据也支持这个观点，即睡鼠、山河狸和松鼠似是近亲，共同组成了于5 000多万年前和其他啮齿类分化的族群。山河狸没有尾巴，会用粗短的肢体和宽大的有爪手足掘洞。小眼睛、外耳和泛化的体形都符合掘洞生活方式。不过它们一般有35厘米长，需要的时候也可以娴熟地游泳和爬树。DN

图片导航

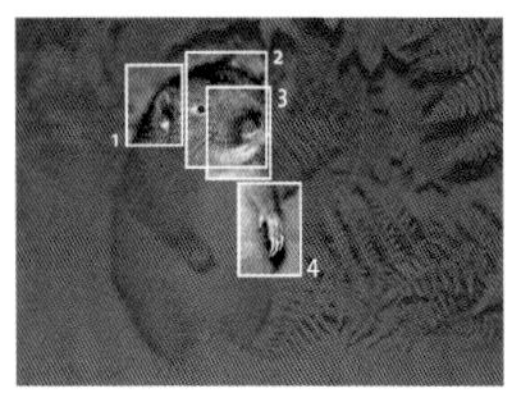

要点

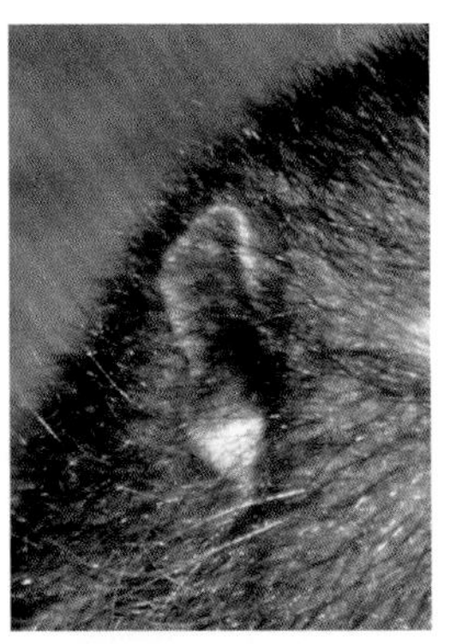

1 耳朵
山河狸的内耳和其他啮齿类大不相同，和听力有关的脑部区域也非常大。它们似乎十分擅长感知地道里的空气压力变化。不过这个特征的进化优势尚不明确，可能有助于探测入侵者和掠食者。

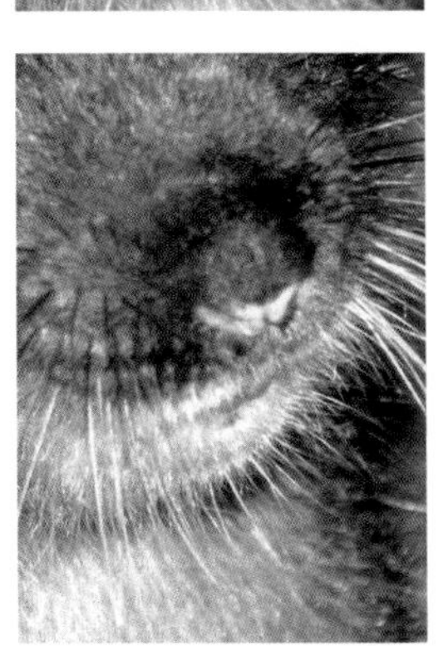

2 颊齿
与其他很多啮齿类相比，山河狸不断生长的长牙十分简单。山河狸（*Aplodontia*）一名的意思就是“简单的牙齿”。这种牙齿很适合处理树皮、嫩枝、蕨叶、树枝和树叶等食物。臼齿具有独特的刺状突起，是鉴别化石的特征，不过功能尚不清楚。

3 颌部
山河狸没有现代啮齿类的特化闭颌肌，因此被视为活化石。它们是一个古老族群最后的幸存者。不过这个说法有些误导性，山河狸本身并不是非常原始，它们的化石只能追溯到几百万年前。

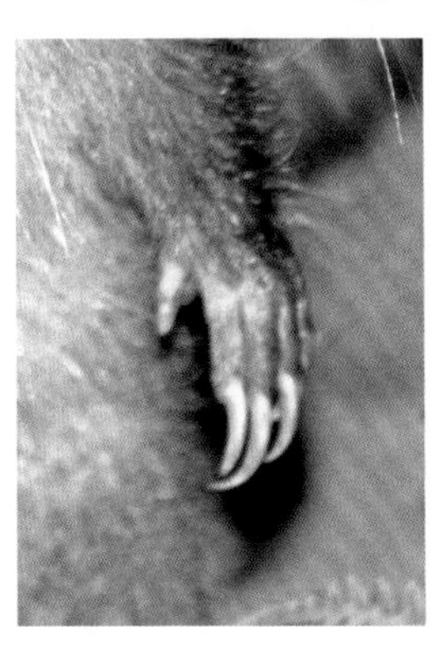

4 爪子
山河狸前趾上的弯爪长而窄，考虑到它们大量抓扒挖掘，这样的爪子算得上相当锋利。拇指爪短而钝，更类似指甲。拇指可以和其他手指对掌（和人类一样），这有助于它们抓住食物。

▲ 从骨架可看出针对频繁挖掘的适应性改变。四肢骨骼的肌肉附着点很大，形成肘部的骨突（尺骨鹰嘴）很大，可见在挖掘中负责下拉手部的肌肉十分发达。它们的化石近亲也有这些特征。

有角囊地鼠

山河狸和其他山河狸科动物都和一个已经灭绝、专精挖掘的啮齿类族群存在共同特征，这个族群便是有角囊地鼠。其中部分成员的吻部有一对特别的短角（见下图）。头骨和颈部的特征表明有角囊地鼠类会用粗短的吻部挖掘，而角有挪开泥土的重要作用。

肉齿目

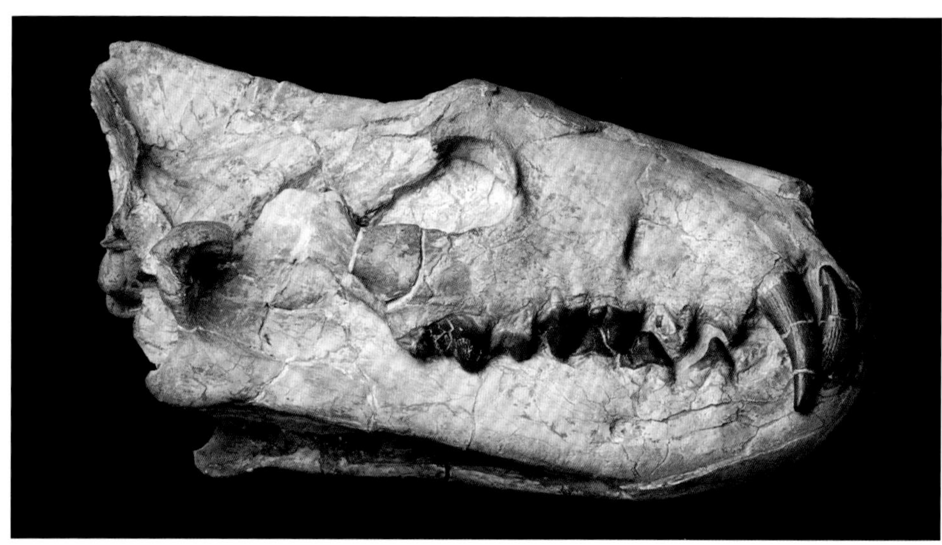

1 

2 

3 

1 恐鬣齿兽的头骨（见468页）展示出了可以撕裂和剪切的颊齿（裂齿，由臼齿和前臼齿组成），前方有结实的犬齿。

2 伟鬣兽（*Megistotherium*）具有典型的肉齿目身体比例，头部和现生食肉目相比特别大。

3 5 500万年前，身长2米的牛鬣兽（*Oxyaena*）在北美林地里捕食，它们所属的科也被称为牛鬣兽科。

食肉目是有胎盘类的主要族群，它们的早期历史与肉齿目（早期哺乳动物的肉食者）有所重叠，肉齿目是比较原始的肉食动物。肉齿目的某些特征比食肉目原始，但它们十分成功，而且解剖结构中有一些创新的变化。肉齿目部分成员类似狗、狐狸或者麝猫，其他成员则具有剑齿或形似水獭。它们具有可以剪切的特化牙齿（裂齿），还有弯曲的巨大犬齿和锋利的弯爪，证明了它们是掠食者。肉齿目的裂齿是特化的臼齿，所以位置比现代食肉目动物的裂齿在口腔的位置更靠后，现代食肉目动物的裂齿由上颌的最后一颗前臼齿和下颌的第一颗臼齿组成。肉齿类的颌关节似乎比现生食肉目动物更灵活，这更有利于杂食性生活，但不利于掠食和腐食生活，因为外力会传递到骨骼和关节上，增加下颌脱臼的风险。也许肉齿目比猫、狗等其他食肉目动物更常食用水果和其他植物。

许多肉齿目的四肢都相对较短，足部几乎全部接触地面，表明它们是适合栖息于森林的伏击型掠食者。鬣齿兽（*Hyaenodon*，见图1；见468页）等似狗的鬣齿兽科成员进化出了更细长的四肢，它们很有可能会短距离追逐猎物。与现代食肉目相比，肉齿目的大脑较小、头骨更浅，颅骨顶部的中线上有用于附着发达颌肌的大脊突。典型的肉齿目总长1～3米，

关键事件

6 500万年前	6 000万年前	5 500万年前	5 500万年前	5 500万年前	5 300万年前
肉齿目从小型长尾食虫的祖先进化而来。包括猫、狗和熊的食肉目也来自同样的祖先。	短头的牛鬣兽科和长头的鬣齿兽科已经出现。早期鬣齿兽科的体形和习性都类似狐狸。	北非生活着刀齿鬣兽（*Koholia*）等早期鬣齿兽科，可见这是它们的发源地。它们后来遍布全球。	北美生活着重颌钝齿的牛鬣兽科成员。它们的习性可能和鬣狗相似。	欧洲、亚洲和北美出现了新的鬣齿兽科成员。它们的历史非常复杂，曾经沿特提斯海海岸迁徙。	类剑齿虎亚科诞生于北美，这是一种长有剑齿的食肉目成员，很可能和牛鬣兽科有共同祖先。

不过也有不足40厘米的小型物种。有部分成员特别大，例如非洲的鬣兽科中的伟鬣兽（见图2），它们的头骨足有65厘米长。按比例推算，它们应该是体长超过6米的超级掠食者。但鬣齿兽科的头骨比例很大，最大的种也不太可能超过4米。

肉齿目与其祖先之间的关系、不同肉齿目之间的关系，以及肉齿目与现代食肉目之间的关系都很难确定，因为很多早期有胎盘类都具有泛化结构，很难确定它们和后期群体有无密切关系。不过最近的研究已经证实肉齿目与食肉目是近亲。诞生于6 500万年前身披铠甲的穿山甲也是同类祖先的后代。据推测，它们的祖先是一种小型长尾哺乳动物，擅长攀爬和捕食昆虫、小动物。基因证据显示，穿山甲和食肉目都属于劳亚兽总目。这个大类中包括鼩鼱、鼹鼠、蝙蝠（见446页）和有蹄类。

研究者曾经认为，肉齿目的早期分化催生了似狗的鬣齿兽科、短肢和短脸的牛鬣兽科。但这两类动物只有牙齿相似，因此现在认为它们具有不同起源。牛鬣兽科（见图3）通常被描绘成大猫，因为它们具有短而深的面部。虽然表面相似，但它们与猫总体上有很大差异。它们的四肢更短，腕关节和踝关节离地面更近，身体更长也更接近地面。DN

4 500万年前

非洲和欧洲生活着乏翼齿兽类，它们具有游泳和挖掘的特征。它们的祖先是长相似狐狸的鬣齿兽科成员。

4 500万年前

落基山脉走廊生活着沼犬类，这是类似鬣齿兽科的肉齿目成员。从骨架可看出它们有挖掘习性。

3 500万年前

蒙古出现了牛鬣兽科的裂肉兽（见466页）和巨大的有蹄类和植食动物。它们可能是类似鬣狗的掠食者。

2 200万年前

非洲、亚洲和欧洲生活着重鬣兽（*Hyainailourus*）和伟鬣兽，它们是巨大的鬣齿兽科掠食者。

1 500万年前

鬣齿兽在北美灭绝，这片大陆上的肉齿目消失。其他地方肉齿目依然存在。

1 300万年前

亚洲最后的肉齿目消失，结束了5 000万年的历史。它们的生态位被食肉目取代。

裂肉兽
晚始新世

种：蒙古裂肉兽
（*Sarkastodon mongoliensis*）
族群：牛鬣兽科
（Oxyaenidae）
体长：3米
发现地：蒙古国

在6 000万—3 500万年前，北美、欧洲和亚洲的林地、森林和灌木丛中生活着牛鬣兽科成员。早期牛鬣兽最多体长1米，身体比例和体形表明它们会伏击小型哺乳动物、鸟类和爬行动物。然而，至少有一个牛鬣兽科族系的体形不断增大，最年轻的成员达到了体形顶峰，进化出了一种特别巨大沉重的掠食性动物裂肉兽，身体可能达到3米。它们生活在3 500万年前的蒙古，于1930年被发现，并于1938年被命名。

蒙古裂肉兽只留下了颅骨和颌骨，相关的理论都来自较小的相关物种。与其他牛鬣兽类似，它们可能是长尾短肢掠食者，整体外观类似粗壮的熊，具有球根状的鬣狗样牙齿。牛鬣兽可能结合了猫和熊的特征，外形古怪。化石记录显示，裂肉兽和它的牛鬣兽表亲在3 500万年前灭绝，只有少数物种幸存下来。目前还不完全清楚为什么肉齿目和其他远古有胎盘类在始新世末期衰落，当时的气候在缓慢转冷之后迅速升温，这可能破坏了生态系统，导致物种灭绝。如果裂肉兽以丰富的大型植食性动物作为猎物，例如类似犀牛的雷兽，那它们就可能会因为猎物的减少而灭绝。DN

图片导航

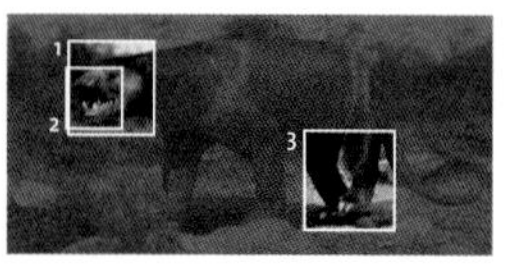

要点

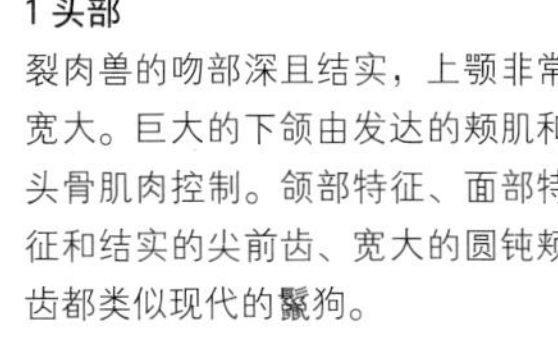

1 头部

裂肉兽的吻部深且结实，上颚非常宽大。巨大的下颌由发达的颊肌和头骨肌肉控制。颌部特征、面部特征和结实的尖前齿、宽大的圆钝颊齿都类似现代的鬣狗。

2 牙齿

不寻常的是，裂肉兽的上颌每侧只有两颗切齿，下颌每侧一颗。上颌内侧的两颗切齿较小，外侧的两颗较大。大犬齿和犬齿状切齿的排列表明它们会咬伤猎物，也可能会用嘴搬运猎物。

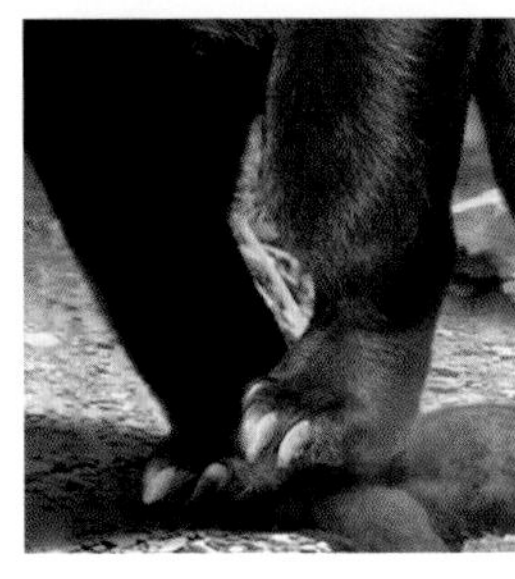

3 四肢

前肢和后肢的骨骼很短，腕关节和踝关节距离地面很近。短四肢、大体形和有力的身体比例表明，这种肉食性动物会以大型哺乳动物的尸体为食，可能还会抢夺其他掠食性哺乳动物的猎物。

超级掠食者

生态系统中出现大型猎物的时候通常也会进化出大型掠食者，掠食者的出现时间会比猎物晚数百万年。大约4 500万年前，进化大爆发催生出多种新的大型植食性哺乳动物，包括各种雷兽（奇蹄目）。它们和犀牛非常相似，而且身体更大，例如巨角犀（*Megacerops*，右图）。虽然外形与犀牛相似，但雷兽和马的关系更近。反过来，这些动物推动了以它们为食的超级掠食者的进化，包括裂肉兽等肉齿目。

鬣齿兽

晚始新世—早中新世

种：恐鬣齿兽
（*Hyaenodon horridus*）
族群：鬣齿兽科
（Hyaenodontidae）
体长：1.8米
发现地：北美

鬣齿兽是最著名的肉齿目成员，它们最初在1838年根据法国的标本被命名，后来在非洲、亚洲和北美也发现了它们的化石。人们现在已鉴别出大量鬣齿兽种类，它们的身形比例及大小各有不同。最小的只有狐狸大小，而最大的体长可达3米，类似现生最大的狮子或老虎。鬣齿兽具有长且似狗的吻部和类似狗的身材比例，因此复原形象通常类似身材健壮且有巨大牙齿的狼，皮毛一般复原成有斑块的形象，对树林栖居者来说是比较合理的选择。鬣齿兽的上下犬齿按比例都比狗大，可见它们会用嘴的前部咬紧大型猎物，这一习性也与深且结实的头骨构造相符（见464页）。其他牙齿适合切肉，可以从猎物身上咬下肉和骨头，类似现代鬣狗和狗。

鬣齿兽的四肢比较僵硬，有利于奔跑，但没有其他优势。肘部和腕部缺乏旋转能力，因此前肢不能控制猎物。它们可能是优秀的挖掘者，可以挖掘出地下藏身之所，或者挖掘出啮齿动物和其他穴居猎物。从鬣齿兽祖先的整体进化趋势可以看出，类似狐狸或麝猫的小型泛化掠食者从森林中迁移到了更开阔的栖息地，最终成为快速奔跑的大型掠食者，可以在短距离内追捕大型植食性哺乳动物。DN

图片导航

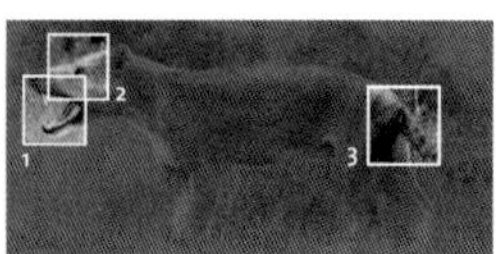

要点

1 牙齿

恐鬣齿兽的牙齿具有两性差异。一组化石中的犬齿比例大于另一组化石。可能雄性牙齿更大，以便为了争夺领地和交配权而战斗。

2 扁头

恐鬣齿兽的颅腔和吻部顶部扁平，因此头部形状和狗以及其他现代肉食动物差异很大，后者大多具有鼓起的额头。头骨形状表明恐鬣齿兽的大脑小于现代的类似动物。

3 粪便

在恐鬣齿兽是最常见的大型掠食者的地方，肉食动物的粪便都保存在植食性哺乳动物骨架旁边或骨架上。可见恐鬣齿兽用粪便来标记猎物，现代掠食者也会用这种领地行为阻止其他动物抢夺自己的食物。

多变的肉食动物

与许多哺乳动物相比，鬣齿兽属非常长寿，而且成员众多。命名于1838年的细吻鬣齿兽（*Hyaenodon leptorhynchus*，右图）是最先被描述的鬣齿兽，后来每隔一段时间都会发现新的标本。这些肉食动物大约延续了2 500万年，其间有许多物种兴起和衰落。它们的身体结构适应了时代，可以应对多种气候、环境和猎物。有些成员和猫一样大小，只有4千克；也有的成员体重300千克，可以和老虎比肩。种数随最近的分类方案而有所变化，但通常是30～40种。它们的分布范围也很广泛，化石遍及北美、欧洲、北非和中国。

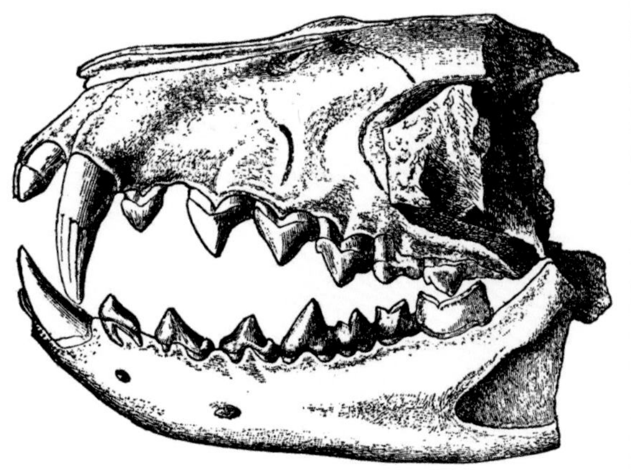

大象及其近亲：非洲兽总目

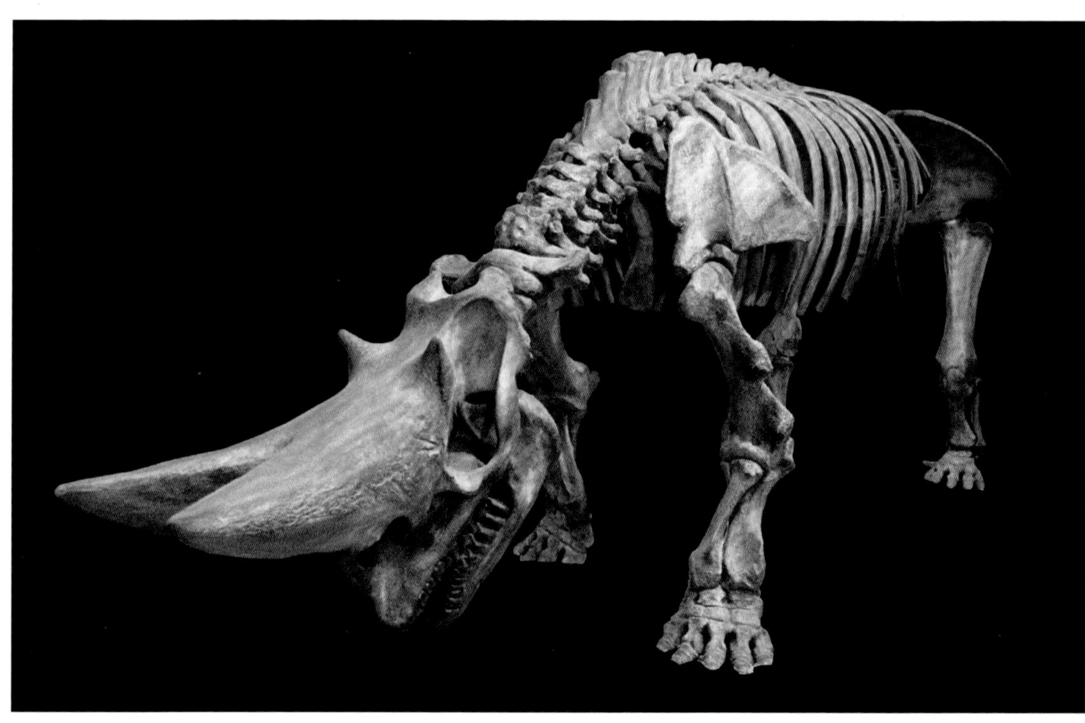

1 埃及重脚兽（*Arsinoitherium*）身长3米，属于重脚目。

2 西印度海牛(*Trichechus manatus*)是最大的现生海牛。

3 蹄兔（*Procavia*）是曾在3 500万年前分布广泛的一个族群的后代。

对包含多种非洲哺乳类的一类动物的划分是哺乳动物进化研究的最新突破之一。这个被称为非洲兽总目的进化支可能是最古老有胎盘类成员。非洲兽总目的概念于1998年首次提出，用于整合多个物种的基因信息。后来研究者又在现生物种和化石物种中发现了曾经忽视了的解剖结构共同点，进一步证明了这个分类。非洲兽总目包括部分已经灭绝的重要族群，例如索齿兽目、重脚目和托勒密兽目。现生非洲兽总目族群包括小型哺乳动物，例如金毛鼹、象鼩、马岛猬和蹄兔（见图3），以及比较大的土豚（曾经被认为是南美食蚁兽的近亲）、海牛（见图2）和长鼻目（大象）。

非洲兽总目中的一些哺乳动物曾经被分入过非常庞大的族群。例如，生物学家早就发现了大象和蹄兔具有不可思议的相似之处，于是将它们与

关键事件

6 100万年前

奥塞派兽（*Ocepeia*）是最古老的非洲兽总目成员，这类动物里诞生了大象和其他非洲哺乳动物。

5 800万年前

小而与貘相似的初兽（*Eritherium*）是最古老的长鼻目成员。

3 800万年前

著名的长鼻目动物始祖象（*Moeritherium*）显示出在水中生活的迹象，而且开始进化出象鼻。

3 400万年前

东非的小型长鼻目动物厄立特亚象（*Eritreum*）可能是象类哺乳动物的共同祖先。

3 400万年前

乳齿象科从大象主要族群中分化出来，分布到全球，在北美存活到了1万年前。

3 400万年前

嵌齿象科诞生，它们是现代大象的祖先，最后在6 000年前灭绝。

海牛一起归为近蹄类。即便如此，这些差异极大的哺乳动物具有同一个共同祖先一事依然震惊了科学界。事后想来，这其实顺理成章，毕竟自11亿年前和南美洲分开之后，非洲在很长一段时间里都是一块岛屿大陆，不断与欧亚大陆撞击。此外，这个孤立时期一直延续至6 600万年前白垩纪末期的大规模灭绝（见364页）。庞大的恐龙和其他许多物种一起消失了，为幸存的哺乳动物留下了发展和繁荣的良机。

然而，非洲兽总目与其他有胎盘类分开的时间仍有争议。分子钟分析（假设随机基因复制错误让生物具有恒定的突变率）将这类动物的起源时间定为1.05亿年前，但化石显示的时间要晚得多。明确属于非洲兽总目的遗骸在恐龙消失不久后才出现。这是不是表明分子钟偶尔会“跑得太快”？化石、遗传和板块漂流证据让部分研究者认为，南美洲的异关节总目（树懒及其近亲，见478页）可能是非洲兽总目的近亲。但也有人质疑非洲兽总目不是真正的非洲动物。有争议的化石表明，非洲兽总目的早期成员可能本来生活在劳亚超大陆北部，但后来除非洲地区的成员全部灭绝。

最早得到全面描述的非洲兽总目成员是奥塞派兽，这是一种来自摩洛哥的小型哺乳动物，生活在大约6 100万年前；根据头骨、颌部和牙齿，已知有两个种。这些遗骸表明它们和近蹄类以及非洲食虫类存在共同特征。因此，它们在进化树上很可能是位于这两个族群分支的附近。

非洲兽总目中既有已经灭绝的目，也有延续至今的目。证据的缺乏让它们之间的关系模糊不清。例如，和狼一样大小的掠食性托勒密兽因为头骨和土豚相似而被归为一类，但它们其实是在非洲孤立期间诞生的。对索齿兽目和重脚目这两种已灭绝群体的研究更为深入。对重脚目的了解主要来自零碎的化石和牙齿。它们繁盛于4 000万—2 700万年前，最终形成了形似犀牛的巨大埃及重脚兽（见图1）。它们的鼻子上有一对并排的大角，绝不可能认错。索齿兽目是巨大的两栖生活动物，外表和河马有点相似，但和现生河马不同，它们是在海边两栖生活的动物，生活在古特提斯海的海滩上，也会在海中畅游。事实上，它们和近亲海牛以及长鼻目的大象归为一类。

长鼻目是非洲兽总目最有名的成员，包括现生大象和它们已经灭绝的

2 300万年前	2 000万年前	1 150万年前	725万年前	525万年前	12 000—4 000年前
大型长鼻目动物恐象（*Deinotherium roams*）和它的象形类远亲共同生活在非洲和欧亚大陆。	有4根长牙的脊棱齿象（*Stegolophodon*）是最古老的剑齿象科动物，也是和真象亲缘关系最近的动物。	原象（*Primelephas*）是最古老的象科成员，依然保留着4根长牙，不过下面的一对已经大幅度退化。	非洲象（*Loxodonta*）从其与猛犸和亚洲象的共同祖先中分化出来。	亚洲象（*Elephas*）诞生，很有可能和猛犸有共同祖先。	猛犸和其他象科在冰河时期末期灭绝，只有非洲象和亚洲象延续至今。

多种近亲。它们的现生表亲是灵活的小型似啮齿类动物蹄兔。长鼻目诞生于古新世，已知最早的属包括初兽和磷灰兽（*Phosphatherium*），分别生活在5 800万年前和5 600万年前。它们小而矮胖，很可能类似现生的倭河马，但吻部更窄，表明即将发生进化式的改变。长鼻目进化的下一个关键阶段是始祖象（见图5），它们生活在3 800万年前的晚始新世。北非的化石表明它们大约和现代的猪或貘一样大小，而且外观十分相似，具有短腿和脚趾宽而平的有蹄足部，以便支撑庞大的身体。始祖象一部分时间生活在水中：它们的头骨特别细长，眼睛靠近前方，而鼻孔则在进化中从鼻尖移动到了头骨顶部。这些特征让它们能够在沼泽中跋涉，同时保持头部露出水面。始祖象的牙齿也有巨大变化，上下颌的第二颗切齿都大幅度增大，而其他很多牙齿消失。这可以看作向挖掘水下根茎和其他植物的象牙演变的早期阶段。

始祖象可能只是现代大象的远亲，即表亲而不是直接祖先。它们很晚才灭绝，是象形类（现代大象的直系祖先和近亲）的诸多表亲之一，因为趋同进化压力而具有类似的特征。另一位著名表亲是恐象（见474页），这是和大象一样大小的长鼻目成员，具有短象鼻和向后弯曲的下颌象牙。它们诞生于2 300万年前的早中新世，并存活到了100万年前。象形类和恐象可能诞生于3 700万年前的一次进化爆发。它们很可能是生活在非洲之角的厄立特亚象属的后代，其中诞生了4个科：乳齿象科、嵌齿象科、剑齿象科和象科（按从进化主线中分化出来的先后顺序排列）。在乳齿象科出现的时候，象鼻已经进化成了用途多样的“第五条肢体”，与现生物种相似。

乳齿象的英文名称（mammutidae）和猛犸（mammoths）有些相似，但两者并不相同。乳齿象诞生于3 400万年前的东非，因为可以剪切坚韧植物的臼齿而与众不同。其他特征包括向上弯曲的上颌门齿，以及逐渐退化的下颌象牙。乳齿象有些种已在北美有分布，美洲乳齿象（*Mammut americanum*）幸存到了1万年前，而当时欧洲的乳齿象早已灭绝。

嵌齿象虽然和现生大象的关系更密切，但和大象在体貌上的差异比乳齿象更明显。这主要是由于它们奇特的象牙。在嵌齿象（*Gomphotherium*）和铲齿象（*Platybelodon*）等种类中，上颌的一对象牙向下向外弯曲，而下颌的一对象牙形成了扁平的“铲”。人们曾经以为铲状象牙用于挖掘沼泽中的水生植物，但现在认为那是可以剥下树皮甚至可以铲断小树枝的多功能结构。嵌齿象诞生于3400万年前，并成功地跨越欧亚大陆迁徙到美洲，包括南美和中美洲。形似大象的最后一种乳齿象在美洲存活到了6 000年前。

第三个族群剑齿象科诞生于2 000万年前，是嵌齿象的后代，和现代大象的亲缘关系最近。它们的特点在于臼齿的齿冠较低，而且上表面有脊突，专家认为这是为了适应古老森林中的各种植物。目前发现了两个属：更早的具有四牙的脊棱齿象属（*Stegolophodon*）可能是二牙的剑齿象属（*Stegodon*，见图4）的祖先。二牙剑齿象属进化出了很多物种，化石大多发现于中国和东南亚各岛。它们在大陆上的代表成员包括一些最大的大象，肩高4米，甚至可以与草原猛犸（见476页）和长毛猛犸（见552页）媲美。相比之下，其他种则发生了“岛屿侏儒”现象。一个水牛大小的种与著名的“矮人族”（见544页）在印度尼西亚的佛罗里斯岛上一起生活到了至少1.2万年前。

现生象科的祖先是1 200万年前的嵌齿象科，早期的属包括弯月脊齿象属（*Stegodibelodon*）和四牙的原象属。后者可能是后来三个属的直接祖先：非洲象属（见图6）、亚洲象属和已灭绝的猛犸属。这三个属都起源于非洲，亚洲象和猛犸迁徙到了亚洲和欧洲，猛犸还来到了美洲。亚洲象和猛犸最终在非洲故乡灭绝，后者更是在最后一个冰期完全灭绝（见550页）。这三个族群之间的关系仍不确定，但遗传证据认为现生非洲象率先和其他大象分开，自此现生亚洲象和灭绝的猛犸成为关系密切的“姐妹”群。GS

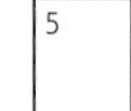

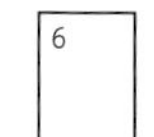

4 剑齿象适应性强，存续时间很长，既有巨大的长牙成员，也有小马一样大小的成员。

5 始祖象变大的犬齿体现出象牙变大的趋势，大象牙可以用来挖掘植物。

6 长鼻目一直以来都是大型动物。最大的现生陆生动物正是非洲草原象。

恐象

早中新世—更新世

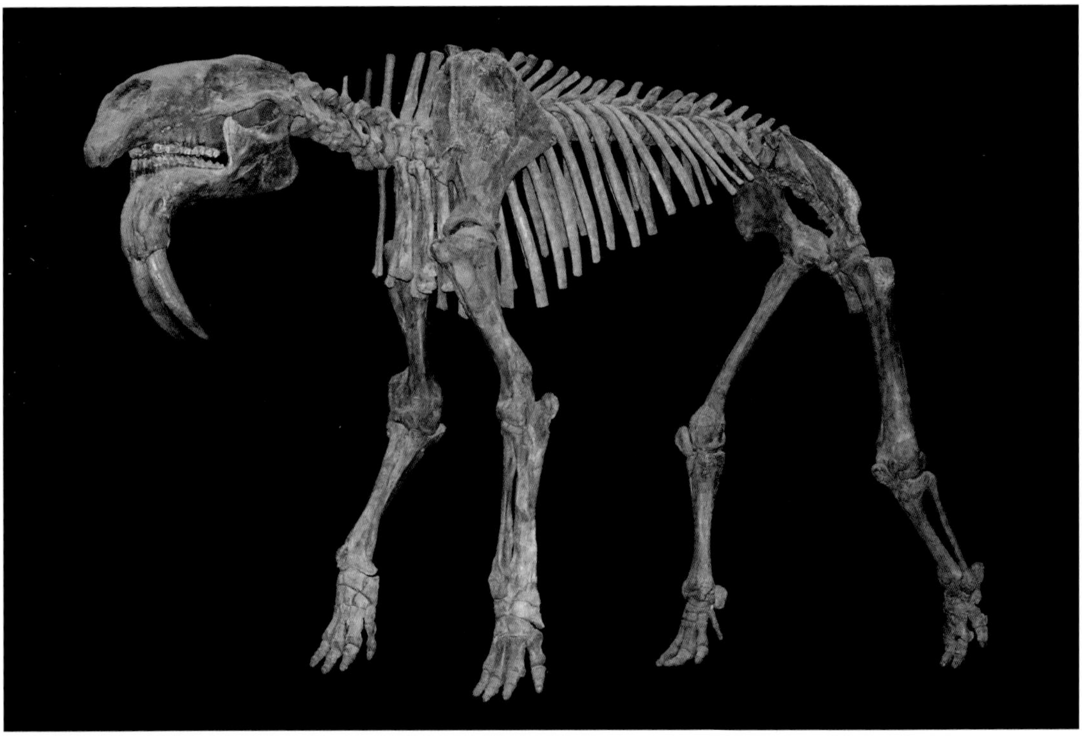

种：巴伐利亚恐象
[*Deinotherium*(*Prodeinotherium*) *bavaricum*]
族群：恐象科
(Deinotheriidae)
高度：4.5米
发现地：欧洲

在约3 700万年前的进化大爆发期间，早期长鼻目中进化产生了大量的新群体，它们生活在非洲、亚洲和欧洲，包括现代大象的直系祖先。恐象是当时最大的陆生动物，有三个属，最古老的是大小与貘相似的埃塞俄比亚奇尔加象（*Chilgatherium*），历史可以追溯到2 700万年前的晚渐新世。它们可能是更大的原恐象的直系祖先，原恐象肩高足有2.75米，生活在非洲南部和东部。从命名可看出，原恐象在大约2 300万年前的早中新世里催生了体形巨大的恐象。

成年恐象肩高至少4.5米，站立时全高可达5米，体重8 ~ 10吨。这种体形甚至可能超过了最大的猛犸和剑齿象，使恐象成为有史以来第二大的陆地哺乳动物，仅次于犀牛巨大的表亲副巨犀（见484页）。除了整体大小的增加，恐象的前肢也明显长于祖先，表明迅速扩张的草原让它们进化出了更长、更有效率的大步子。然而，这种大型长鼻目动物最引人注目的特征还是两根向后弯曲的象牙，它们由下颌切齿进化而来。目前发现了多个恐象的种。最先得到命名的巨恐象（*D. giganteum*）于1845年在欧洲发现，博氏恐象（*D. bosazi*）在非洲分布广泛，印度恐象（*D. indicum*）来自印度和巴基斯坦。博氏恐象的化石记录最为古老，表明了这些巨大的生物起源于非洲，并且延续时间最长。印度最后的恐象在大约700万年前灭绝，欧洲的恐象在300万年前灭绝，而非洲恐象直到100万年前才灭绝。GS

图片导航

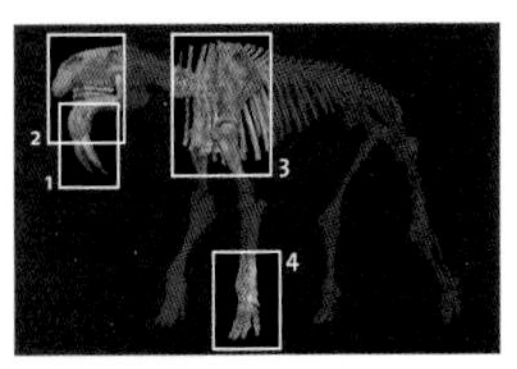

要点

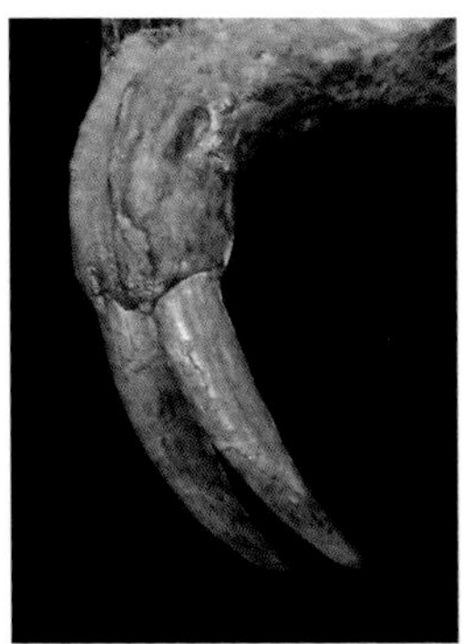

1 向后的象牙

象牙位于下颌，向后弯曲。很有可能是用于捋下枝条上的树叶和树皮，可见恐象的食物和习性和大象有很大差异。和咀嚼坚韧的草相比，以柔软的森林植物为食可以大幅度减慢颊齿的磨损速度。

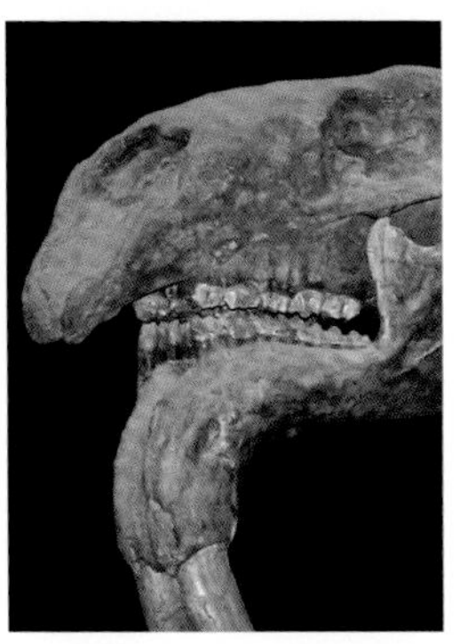

2 长鼻和头骨

虽然恐象象鼻的软组织没有直接成为化石，但是头骨高处的大鼻孔表明象鼻应该十分强壮，而且很可能会和象牙一起用于采集植物。和大部分长鼻目动物相比，恐象的头骨很小且扁平。

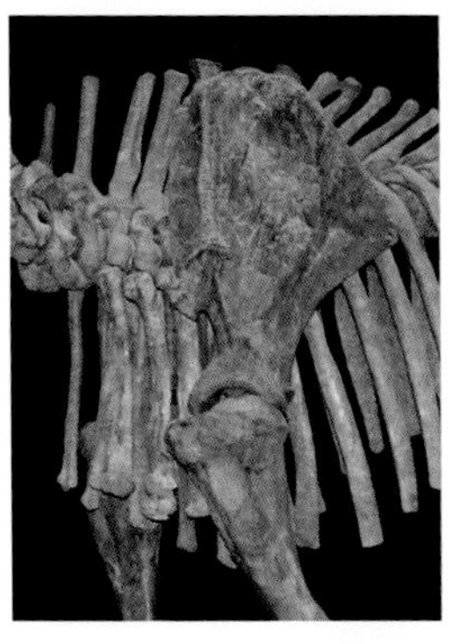

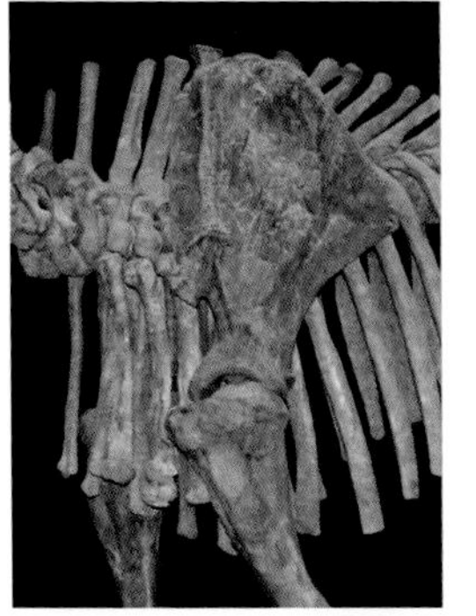

3 肩部

特别沉重的头骨、象牙、牙齿和象鼻需要发达的颈部肌肉支撑和操纵。颈肌都附着于颈椎和胸椎，尤其是高大向上的带状椎骨棘突。其他头部沉重的动物也有类似结构，例如恐龙和水牛。

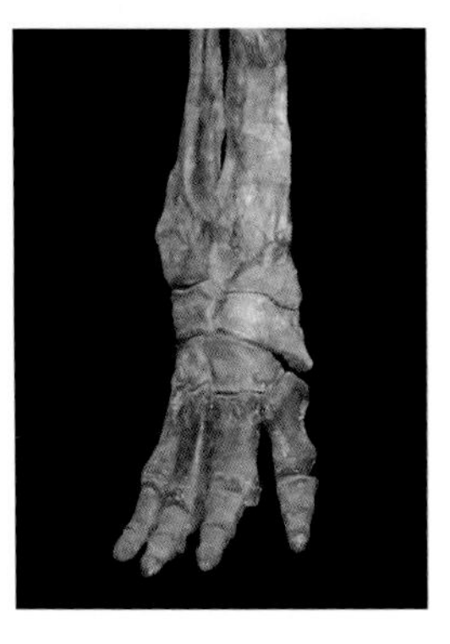

4 足部

恐象等先进的长鼻目进化出了有蹄类的趾行结构。5根脚趾全部接触地面，以分散体重，脚趾周围和脚趾之间有增大的“脂肪垫”，可以进一步分散体重。早期的长鼻目是跖行动物（以脚底行走）。

▲ 恐象标本的发掘者是古生物学家和人类学家玛丽·利基（1913—1996）。她站在照片右上角，可见这种远古长鼻目动物有多么庞大。

象鼻的起源

现代大象的象鼻（下图）极为敏感灵巧，包含超过15万块肌肉和数不清的神经末梢，成为大象的“第五根肢体”。象鼻源自鼻子和上唇的适应性进化，可能和早期的半水生阶段有关。可以抓握的鼻子可以让始祖象在水中更容易呼吸。不过从化石证据来看，象鼻是在陆生长鼻目动物中进化成了如今的模样。有种理论认为，它们的颌部和脖子会随着生长而缩短以支撑头部，因此象鼻伸长，补偿头部失去的灵活性，象牙也不断长大协助觅食。

草原猛犸

更新世

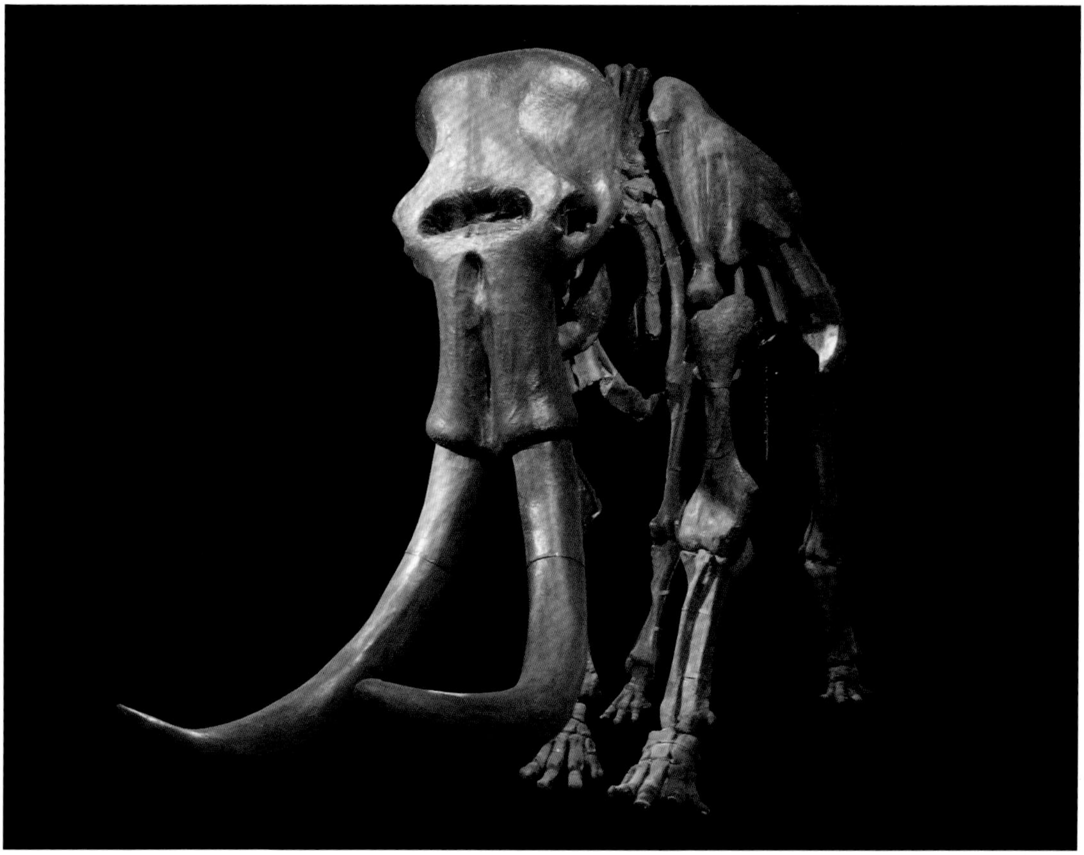

种：草原猛犸
(*Mammuthus trogontherii*)
族群：象科
(Elephantidae)
体长：8米
发现地：欧亚大陆北部

图片导航

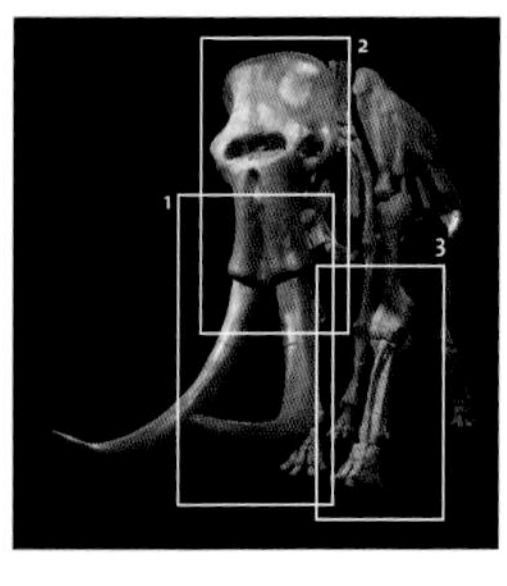

猛犸属可能起源于500万年前的非洲，与现今以亚洲象为代表的象属近亲分化。最早的猛犸是体形较小的亚平额猛犸（*M. subplanifrons*）和它的后代非洲猛犸。它们向北迁徙进入欧亚大陆后，形成了体形大得多的南方猛犸，随后在400万—300万年前灭绝。南方猛犸中诞生了欧亚地区的草原猛犸和新世界哥伦比亚猛犸。前者可能诞生于西伯利亚，而后者的祖先极有可能在175万年前穿越了冰河时代的陆桥。作为现代大象重要且曾经分布广泛的表亲，草原猛犸在70万—12.5万年前的中晚更新世时期繁荣昌盛。在最后一次冰期开始时，它们漫步于北半球的草原和苔原。草原猛犸和哥伦比亚猛犸都比它们的祖先大得多，而且是有史以来最大的长鼻目成员之一，仅次于更早的恐象。约20万年前，气候逐渐进入末次冰期的倒数第二个冰川期，也就是所谓的“利斯冰期”，此时草原猛犸中出现了长毛猛犸。长毛猛犸的体形较小，和现代非洲象相似，而且适应了冰河时代生活的极端条件。草原猛犸最终在利斯冰期结束时灭绝，但哥伦比亚猛犸和长毛后代幸存到了全新世。GS

要点

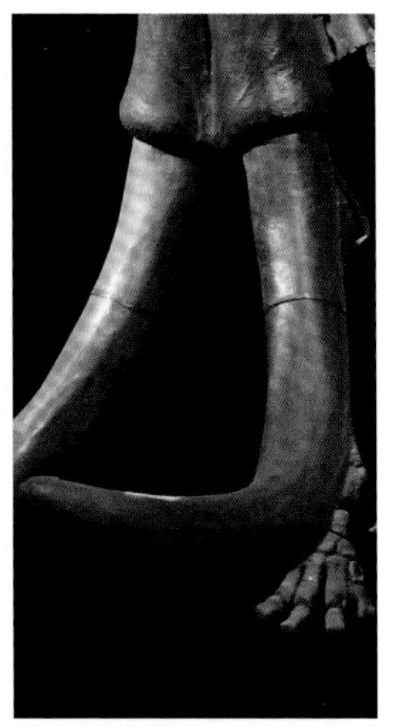

1 象牙

草原猛犸的象牙长度在长鼻目中独占鳌头，部分成体的象牙全长可达5米。象牙通常在尖端处回弯，这一点在雄性中特别明显。象牙上有类似树木的年轮，详细研究发现，年轮不仅能反映出猛犸的年龄，还解释了它们生长时的气候条件。象牙的功能很多，包括恐吓对手、吸引配偶、对抗掠食者和觅食。

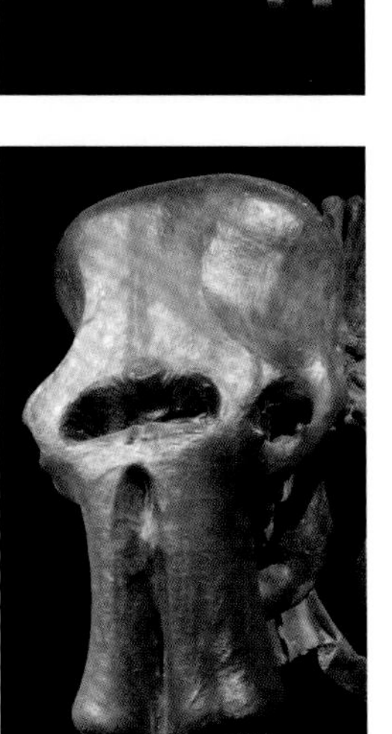

2 头骨

猛犸的头骨发生过显著变化，可能是为了容纳具有脊突的高冠齿，这种牙齿适合研磨坚韧的植物。虽然其他大象的头骨长且浅，但猛犸的头骨变得越来越短、越来越深，这让它们的脸看起来更面向前方。草原猛犸的头部比其他猛犸扁平，肌肉附着区域表明它们的耳朵可能比较小。

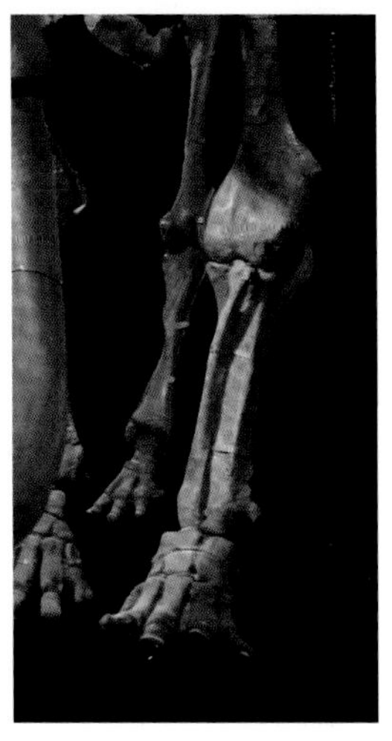

3 前肢

草原猛犸的前肢比后肢更长且更结实，以便支撑沉重的头部和肩膀，因此它们的背部向下倾斜。它们的四肢相对较长，让粗壮的身躯可以大踏步前进。最大的草原猛犸肩高4米，部分成员可能足有4.5米高。它们的步态能让它们走得更远，有利于在一处进食后转移到下一个地方。

▲ 北美的哥伦比亚猛犸和草原猛犸大小相似。它们象牙的螺旋形状更为明显，先往外下方弯曲，再向内上方走行，尖端通常交叉。它们在1.2万—1万年前灭绝。

伯格曼定律

19世纪40年代，生物学家和解剖学家卡尔·伯格曼（1814—1865）发现，在广泛分布的温血动物（哺乳动物或鸟类）属或种中，个体大小会在更寒冷的环境中变大。鹿科（驼鹿）、猫科（东北虎）、熊科（北极熊）和象科（猛犸）中都有这种现象。其原因可能是体积和表面积的关系：体形更大时，体表面积与动物体积之比更小，因此热量散失更慢，核心温度更高，所以进化更倾向于大的体形。这就是伯格曼定律，人们用它解释了很多问题，例如为什么某些已灭绝属的物种大小在冰河时期增加，在气候更温和的时期缩小。

树懒和犰狳

1 潘帕兽中植食性的荷氏兽（*Holmesina*）的体形是现代犰狳的5倍，具有部分可以移动的铠甲。

2 树懒科的白喉三趾树懒（*Bradypus tridactylus*）过着典型的树懒生活。

3 三趾大食蚁兽（*Myrmecophaga tridactyla*）非常擅长捕捉白蚁和蚂蚁，每天要吃掉2.5万只小虫。

在现生哺乳动物中，异关节总目是体形最小且地理分布最有限的一大群体：树懒、食蚁兽、犰狳及其已灭绝的近亲。它们的名字“Xenarthra”来自希腊语，意为“奇怪的关节”，因为这些动物的脊椎关节中有额外的关节。这类动物只生活在美洲。化石证据表明，它们最初于5 900万年前诞生在古新世时期的南美洲。冈瓦纳超大陆分裂之后，它们就被隔离在这片大陆上，开始多样化并成了占主导地位的陆生哺乳动物。几百万年前，陆桥的形成让一些种群进入中美洲和北美洲。直到最近，此类哺乳动物还与一些不同寻常的旧世界动物——穿山甲和土豚——一起被归为贫齿目。然而，现在人们发现新世界的异关节总目和旧世界物种来自不同谱系。

现生和已灭绝的异关节总目可以分为两类：有甲目和披毛目。有甲目的现生成员只剩下犰狳，这种小动物身披可活动的皮内成骨铠甲，还有薄薄的鳞片（角质形成的防水鳞片，和形成毛发、指甲、爪子的物质相同）。另外两种主要的有甲目动物也存活到相对不久之前，即雕齿兽和潘帕兽（见图1）。两者看起来都像是大块头的犰狳，但在解剖学上有明显的差异。潘帕兽的盔甲只有一部分可以活动，因为仅有三块可以移动的鳞甲，而雕齿兽的铠甲完全不能活动。潘帕兽身长可达1.5米，体重200千

关键事件

5 900万年前	4 700万年前	3 700万年前	2 500万年前	2 000万年前	600万年前
新的哺乳动物类群——异关节总目很有可能在此时出现。	身披重甲的潘帕兽和雕齿兽以及现生犰狳分开进化。	两趾和三趾懒兽分家，不过它们后来产生了相当相似的现代种。	食蚁兽科出现，不过它们的历史肯定更加漫长。	多种异关节总目都通过漂浮的植物来到了西印度群岛中的安的列斯群岛。	南北美洲之间形成陆桥，曾经隔离的美洲物种开始大交换。

克；而最大的雕齿兽（*Glyptodon*）身长可超过3米，体重可以达到2吨。真正的犰狳是食虫或杂食性动物，但它们小汽车一样大小的亲戚具有植食动物的牙齿和颌部，可见是在潘帕斯草原上以草为食。

披毛目包括树懒亚目（树懒）和蠕舌亚目（食蚁兽）。树栖的树懒（见图2）总共有6个现生种，但这个族群曾经成员众多、历史悠久。树懒亚目曾有5个科，大部分都是地栖动物，体形大于如今树栖的树懒。跨越中美洲的陆桥形成之后，熊一样大小的沙斯塔地懒（*Nothrotheriops shastensis*）在北美广泛分布；与此同时，大地懒（*Megatherium*，见480页）虽然分布不是很广，但身形比例已接近大象。许多地懒进化出了类似犰狳的皮内成骨，其中海懒兽属（*Thalassocnus*）进化出了水中生活方式，它们会游进海里享用海带和海藻。一系列的进化压力，如气候和植被的变化，以及来自北美有竞争性或掠食性物种的到来，让大多数地懒在更新世里消失，只留下少数幸存者。

食蚁兽具有无牙的管状吻部，还有一根灵活的长舌头，用于捕捉和食用小昆虫，例如蚂蚁和白蚁。旧世界的穿山甲和土豚也因为趋同进化而具有这些特征。目前有4个现生食蚁兽种：居住在潘帕斯草原，能用强大的爪子扒开白蚁巢穴的大食蚁兽（见图3），两种居住在森林、体形中等的小食蚁兽，以及体形较小的短脸侏食蚁兽。

遗传学和解剖学的证据表明，异关节总目是现存最原始的有胎盘类，这意味着它们的祖先率先从进化主线中分离出来，并沿一条单独的路线前进。因此这类动物没有后期有胎盘哺乳类中的许多进步特征。异关节总目的代谢率较低，雄性的睾丸位于体内，大脑相对较小。GS

500万—200万年前	200万年前	200万年前	75万年前	1.2万年前	1.2万—1万年前
南美西部（智利和秘鲁）生活着海懒兽，这是适应了海洋生活的植食性懒兽，而且十分成功。	北美南部和南美北部生活着体长可达2米的雕齿兽。	大地懒出现，标志着多种地懒的体形达到顶峰。	更新世冰期里诞生了披甲的雕齿兽里最大的一种，即4米长的星尾兽（*Doedicurus*），它们的尾尖有用于防御的“流星锤”。	更新世结束。存活了超过4 000万年的潘帕兽灭绝。	自然气候改变和来到美洲的人类导致异关节总目动物的物种数灾难性地下降，体形越大的物种受到的影响越严重。

大地懒

更新世—全新世

种：美洲大地懒 (*Megatherium americanum*)
族群：披毛目 (Pilosa)
体长：6米
发现地：南美

直到1万年前，大地懒依然繁盛于美洲各地。解剖学和遗传学证据表明，现代树懒是化石记录中5个懒兽科中的两类幸存者。绝大多数史前懒兽都居住在地面，它们长爪子不是用来摆弄树冠，而是将树枝拉下来享受最鲜嫩的叶片。最大的地懒来自大地懒科，它们诞生于2 300万年前，但过了一段时间才达到体形顶峰：最大的美洲大地懒的历史只有200万年。这种巨大的哺乳动物重达4吨，相当于大型非洲象，体长可以超过6米。它们生活在草原和不太茂密的森林里，可以双足站立，甚至可以用后腿走一小段路。大地懒没有被美洲物种大交换和北美哺乳类入侵打败，而且似乎就是在大交换中繁荣起来。泛美地懒（*Eremotherium*）和大地懒的关系极为密切，很有可能是同一个物种，它们向北迁移到了中美洲和北美洲。这两种动物都在1万年前灭绝，与此同时，更新世冰期结束，人类也来到了南美洲。人类的狩猎可能是地懒灭绝的重要原因，气候变化和栖息地消失也产生了巨大影响。GS

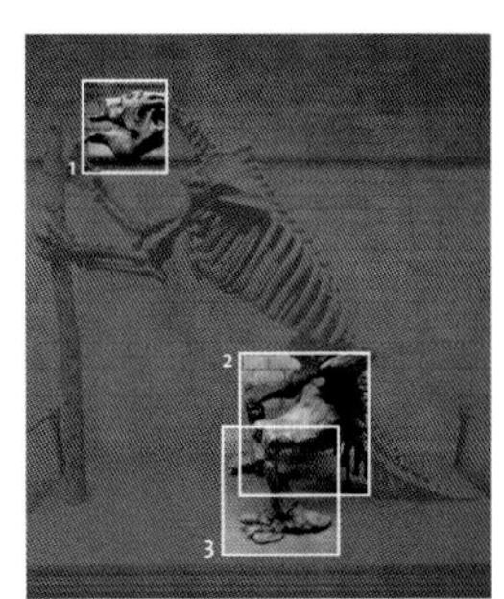

要点

1 嘴

美洲大地懒的复原形象中常有能卷握的长舌头，但这一点还有争议。对颌部化石和肌肉附着点的研究表明，大地懒的嘴唇灵活，可以卷住植物，有力的颌部可以在吞咽前研磨食物。

2 腿

柱子一样的尾巴和有力的后肢让地懒可以直立起来，用三脚架的方式支撑自己，好够到最高的树枝，或用臀部坐在地上。化石足迹也表明美洲大地懒可以双足行走，完全用后肢支撑体重。

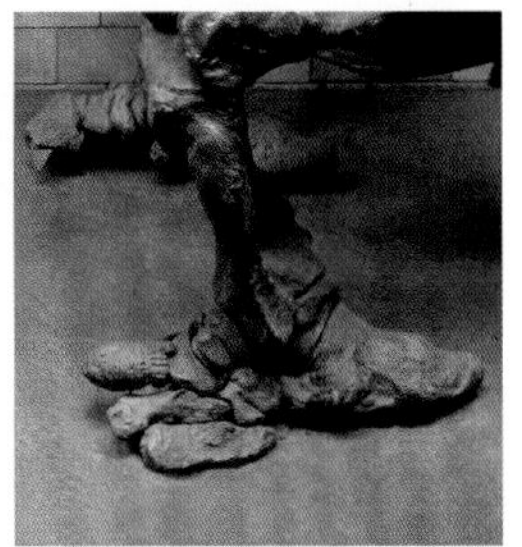

3 足

美洲大地懒的5根长爪子让它们不能跖行也不能趾行。地懒进化出了用足部侧面支撑体重的步态，它们的远亲大食蚁兽也是如此。

树懒的脚趾

现生树懒分为两个科：三趾树懒科（上图）和二趾树懒科。前者的成员都是现生树栖树懒，后者则曾经包括一种巨大的地栖种。现生的几种树懒的外貌和习性都很相似，有长长的钩状爪子，能够不费吹灰之力就牢牢抱住高处的树木。这些行动缓慢的哺乳动物凭借这身本事以营养价值较低的树叶为主食存活了下来。令人惊讶的是，两个树懒科其实是远亲。基因分析显示，它们最后的共同祖先生活在3 500多万年前的始新世。

有蹄类：奇蹄目

1 5 500万年前，欧洲和北美生活着原蹄兽（*Phenacodus*），它们是最古老的有蹄类之一。

2 后弓兽（*Macrauchenia*）的趾骨显示出它们强健的承重能力。这种有蹄类动物属于在南美独立进化的滑距骨目，现已灭绝。

3 貘的5个现生种里有4个都栖息在南美洲和中美洲，图中的中美貘（*Tapirus bairdii*）就是其中之一。还有一个种生活在东南亚。

许多偶蹄目（见452页）存活到了今天，但它们的奇蹄目表亲（见图2）就没有那么幸运了，目前只残留了3个科：貘科、犀牛科和包括马、驴、斑马等的马科。只有马科分布广泛。不过这些族群曾经都成员众多，而且诞生了有史以来最大的陆生哺乳动物，犀牛的巨型远亲——副巨犀（见484页）。

和偶蹄目一样，奇蹄目的祖先也有可能是古老的有蹄类踝节目哺乳动物，特别是伪齿兽科（Phenacodontidae）——以原蹄兽（*Phenacodus*）命名（见图1）。这些大小与狗相似的植食性动物诞生于5 700万年前，存续了大约1 500万年，灭绝于中始新世。它们有很适合奔跑的长腿，每只脚上都有5根带蹄的脚趾，不过体重基本由中间的大脚趾和与之相邻的两根脚趾支撑。最古老的真奇蹄目可能是兰氏兽（*Radinskya*），我们只能从发现于中国的5 500万年前的头骨遗骸中得知。其中一些残留的牙齿构造表明，它和后期奇蹄目完全不同，因此很可能是这个族群中极早的成员。其他专家不同意这种说法，并且认为兰氏兽只是奇蹄目的近亲。气候

关键事件

5 700万年前	5 600万—3 300万年前	5 600万年前	5 500万年前	5 500万—4 900万年前	5 500万—4 500万年前
伪齿兽科从规模更大的踝节目中诞生。这是一类小型有蹄哺乳动物，具有5根脚趾，身体适合奔跑。	雷兽科繁盛于北美和亚洲，它们是马的表亲，最后进化出了巨大的身体。	爪兽亚目和其他奇蹄目成员分开，它们的前蹄进化成了弯曲的爪子。	中国的小型哺乳动物兰氏兽可能是奇蹄目的早期成员，但没有后期族群的进步特征。	犀貘（*Heptodon*）是貘科的早期成员，和现代貘十分相似。	始祖马（*Hyracothe ium*）是非常成功的 兽科成员，它们和 一样大小，最终进 出马。

变化、食物来源（尤其是树木）和各种掠食者的变化（如更原始的肉齿目和后来的食肉目动物）让奇蹄目在始新世期间迅速进化和多样化。

在已经灭绝的族群中，Titanotheriomorpha只包含一个科，即雷兽科。这些巨大的生物形似犀牛，前足上有4根脚趾，后足上有3根脚趾，一直生存到了3 400万年前的始新世末期。尽管形似犀牛，但它们与马的关系更近，因为这些小型始新世植食性动物有一个共同祖先——古兽科。它们由最初的较小体形开始稳定生长，头骨上的骨质突起越来越复杂，变成了形似犀牛角的结构。不过犀牛角没有骨芯，仅由角质蛋白构成。爪兽亚目也是一个已经灭绝的群体，包括石爪兽（*Moropus*）等爪兽科动物。这些植食性哺乳动物都存活到几百万年前。它们和马一样大小，有细长的前肢和短小的后肢，以对角线姿势走路。此外，它们的前蹄进化成了长爪，与现代食蚁兽的爪子类似，可能用于从树上捋下叶片。有爪的足部很难行走，所以它们不得不采用现生大猩猩一样的“指关节行走”步态。

另外两大奇蹄目族群都有现生科作为代表：一是包括马（马科，见494页）的马形亚目，二是包括犀牛和貘（见图3）的角形亚目。这两个现生群体都有几个已经灭绝的表亲，而犀牛的表亲尤其多样。繁盛于4 600万—700万年前的两栖犀科生活在半水生的栖息地，形态越来越接近河马。5 600万—2 000万年前的跑犀科具有更长的四肢，而且其中诞生了有史以来最大的陆生哺乳动物——副巨犀。真正的犀科诞生于3 500万年前的晚始新世。在现代种的祖先于2 000万年前的中新世诞生在亚洲之前，它们经历了多次进化爆发。从中不仅产生了如今濒临灭绝的5个种（见486页），还产生了生存在末次冰河时期的长毛犀牛——披毛犀。板齿犀也是冰河时期的巨大犀牛，有着像刀刃一样的角，是板齿犀亚科最后的幸存者，最终在5万年前灭绝。

犀牛经历过诸多进化试验，貘则显得比较保守。它们诞生于5 600万年前的早始新世，栖息于北美。犀和貘等早期成员与现代物种非常相似。它们在时间推移中的主要创新似乎是体积增大了一倍，并通过改变上唇进化出了可以卷握的短而灵活的鼻子。GS

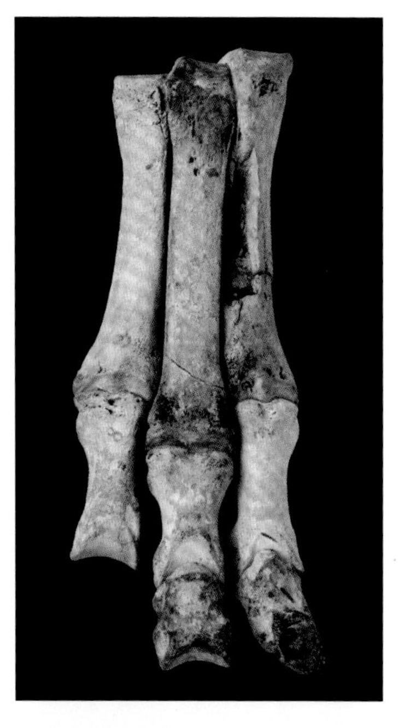

5 200万年前	4 600万—700万年前	4 000万年前	3 000万—2 200万年前	2 600万年前	35万年前
始马（*Eohippus*）是最古老的马科成员，也是现代马的祖先。	两栖犀科诞生，它们很有可能是来自跑犀科，繁盛到了700万年前。	最初的爪兽科从爪兽亚目中诞生，它们形态似马，前肢有长长的爪子。	副巨犀在中亚的雨林中漫步，它们是跑犀科中的巨型成员，也是有史以来最大的陆生哺乳动物。	现代犀牛中的三大族群最有可能是在此时分化出来。	长毛的披毛犀在末次冰期中广泛分布于欧亚大陆，并在1万年前灭绝。

副巨犀

渐新世—早中新世

种：布格提副巨犀 (*Paraceratherium bugtiense*)
族群：跑犀科 (Hyracodontidae)
体长：8米
发现地：巴基斯坦

副巨犀是有史以来最大的陆生哺乳动物，繁盛于3 000万—2 200万年前的渐新世。它们是跑犀科巨大无角犀牛的表亲，肩高可以达到4.5米，从头到尾体长足有8米，长柱状的腿部支撑着至少15吨的体重。它们的英文名“hyracodontids”与蹄兔“hyraxes”类似，但实际上只是蹄兔的远亲。跑犀科诞生于5 600万年前的早始新世，来自包括现代犀牛和貘在内的角型亚目。它们最初是小型或中型植食性动物，长有长脸和便于快速奔跑的细长的腿，繁盛于中亚地区。有些角型亚目动物进化出了犀牛和貘的矮胖形态，但巨犀科在朝另一个方向进化，后来催生出了巨大的副巨犀。随着体积的增大，它们的腿和脖子也变得更长更结实，以便在雨林中吃到高高树枝上的叶片。副巨犀的牙齿形态表明它们会用特化的切齿捋下植物。与其他跑犀科成员一样，副巨犀因为大规模气候变化而在早中新世灭绝。当时印度次大陆与亚洲大陆相撞，推高了山脉，导致气候更加干旱，同时导致了热带雨林退化。GS

图片导航

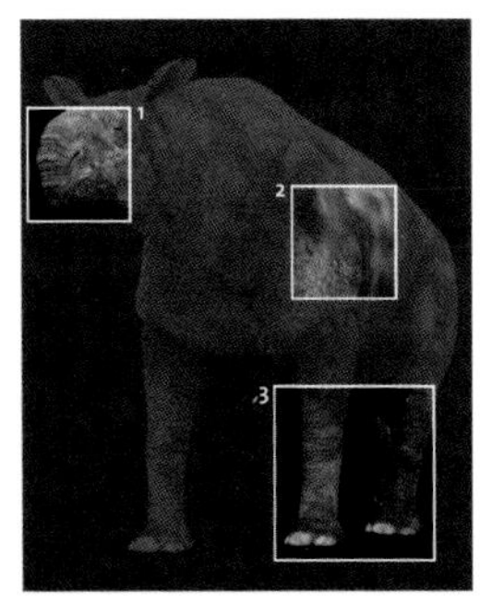

要点

1 长鼻还是嘴唇?

布格提副巨犀头骨的鼻部区域很长，中间有长长的开口，表明这些巨兽至少有能够卷握的上唇，与今天的犀牛和貘相似。它们可能有发达的长鼻，以便够到最高的树枝。

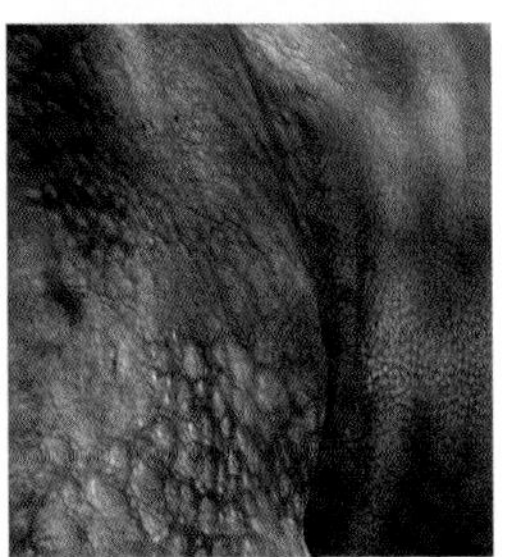

2 无毛的皮肤

布格提副巨犀可能浑身无毛，以解决过热问题。所有大型哺乳动物的散热速度都很慢，因此一般不会保留保暖的体毛。部分研究者认为副巨犀也有大象一样的招风耳，以便加速散热。

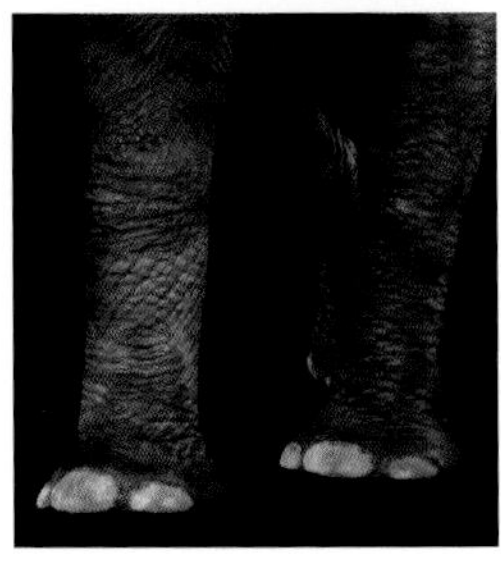

3 腿部

布格提副巨犀十分沉重，所以需要粗壮的柱状腿部支撑身体。它们的前肢较长，因此胸部很深。它们巨大的步子可以减少移动庞大身躯时的能耗，粗腿还能对掠食者发起沉重的攻击。

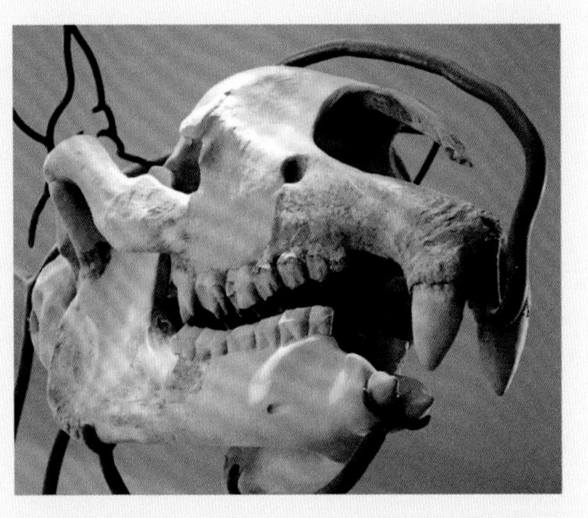

属的命名

副巨犀的遗骸（上图）有很多名字，例如俾路支兽、奇兽、咸海巨犀、准噶尔巨犀和巨犀。这是因为它们在亚洲各地都留下了破碎的化石，让人很难确定这些标本都属于同一个属。1908年发现于巴基斯坦俾路支斯坦的样本一开始被归入了无角犀属。根据其他化石，研究者在1911年建立了副巨犀属，在1913年建立了俾路支兽属，并在1915年建立了巨犀属。1989年对化石证据的回顾表明这些标本都不足以独立成属，于是都归入较早建立的副巨犀属。

苏门答腊犀

中新世至今

种：苏门答腊犀
(*Dicerorhinus sumatrensis*)
族群：犀科
(Rhinocerotidae)
体长：2.5米
栖息地：苏门答腊、婆罗洲和马来半岛
世界自然保护联盟：极危

苏门答腊犀是地球上处境最危险的动物之一，野生种大约只有200头。它们是5种现生犀牛中最小的一种，平均重量为700 ~ 850千克，从头到尾体长2.5米。它们也是古代额鼻角犀族（犀科的众多分支之一）的唯一幸存者。犀科分为两大亚科：犀亚科和已灭绝的板齿犀亚科。犀亚科包括几个现存类群：苏门答腊犀所属的额鼻角犀族，包括印度犀和爪哇犀的独角真犀族，以及包括非洲黑犀和白犀的两角非洲犀族。从地理上看，苏门答腊犀与它们的亚洲邻居关系密切，但它的两只角暗示着与非洲犀的关系。最近的研究表明，这3个族群的祖先是在2 600万年前的渐新世分开的，随后开始独立进化。和苏门答腊犀亲缘关系最近的生物可能是已经灭绝的披毛犀（见487页），而且苏门答腊犀常被视为最原始的现生犀牛，即和所有现生犀牛的共同祖先最为相似。苏门答腊犀生活在马来半岛、苏门答腊和婆罗洲的雨林、云雾森林和沼泽中，可能是在末次冰期中海平面较低时迁徙到岛屿上。它们的栖息地曾经包括缅甸和大部分印度次大陆。目前发现了3个亚种：西部亚种、北部亚种和东部种（婆罗洲亚种）。所有亚种都因为偷猎和栖息地丧失而濒危，北部亚种可能已经灭绝。GS

图片导航

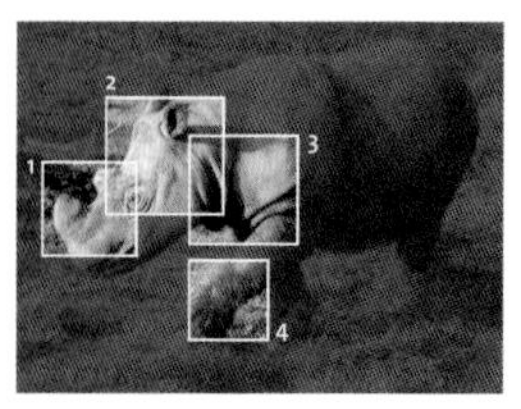

要点

1 角
苏门答腊犀有两根角，但后面的角几乎只是一个突起。鼻角长15～25厘米，但可以长得更长。和所有现生犀牛一样，苏门答腊犀的角由角质构成，没有骨芯。

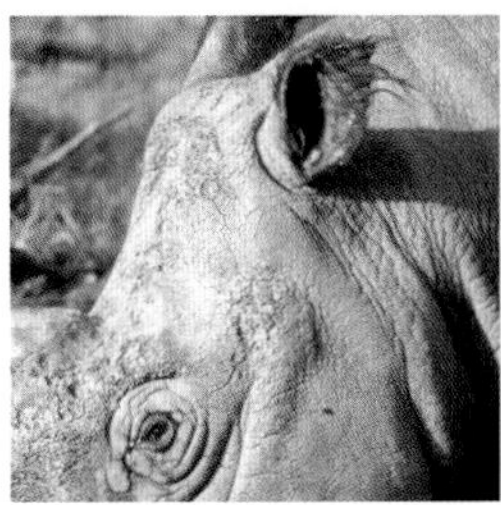

2 感觉
犀牛的视力很差，但具有雷达一样可以活动的耳朵，因此听觉敏锐。它们的鼻腔也很大，嗅觉十分发达。这两种感觉器官在视线常被灌木遮挡的密林中非常有用。

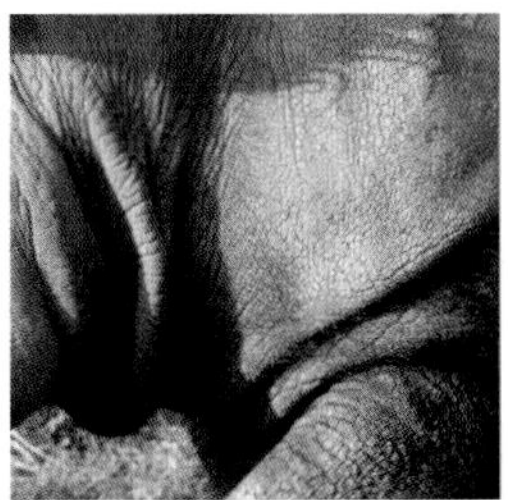

3 皮肤
犀牛的皮肤很薄，有些松垮，但里面的胶原蛋白形成了网状基质，让皮肤十分坚韧。腿部关节和颈部围绕着皮褶。松松的皮肤让它们可以轻松行走。犀牛的动作迅捷得令人咋舌。

4 毛发
苏门答腊犀有一层毛发，这在现生犀牛中独一无二。毛发呈红棕色，通常与淤泥结成一团，因为它们会在淤泥里打滚降温。耳朵和尾巴上的毛发最长，类似已经灭绝的披毛犀。

犀牛的亲缘关系

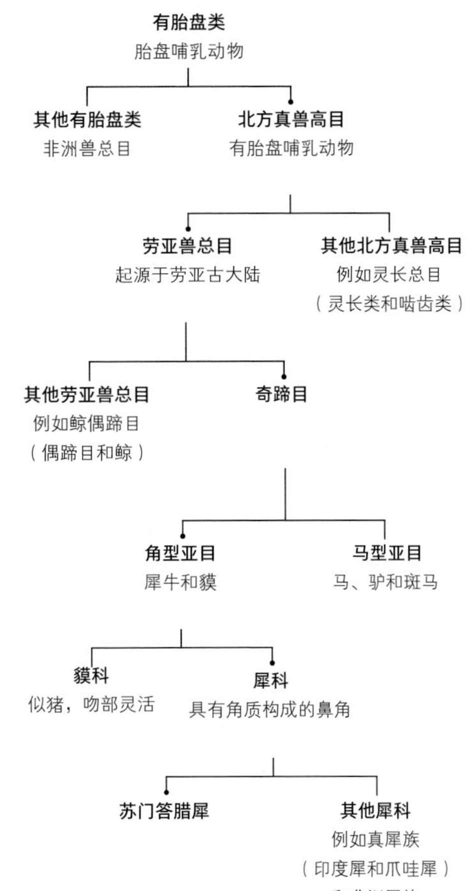

▲奇蹄目的犀牛、马和貘都属于劳亚兽总目，这个规模庞大的哺乳动物族群诞生于劳亚古大陆的北部（现在的北美、欧洲和亚洲）。

披毛犀

披毛犀（右图）是末次冰期中的代表性物种，曾在35万—1万年前广布于欧亚大陆。它们在西伯利亚永久冻土层中留下了很多化石和木乃伊化的残骸，岩画中也有它们的身影，它们的一些标本里还保存着DNA，因此是研究最透彻的史前动物之一。披毛犀非常适应寒冷环境，它们的体形比苏门答腊犀更大，肩高2米，四肢粗壮，身披厚毛。它们的两根角都比苏门答腊犀长，可能用来在雪地里开路、觅食、威吓对手或击退掠食者。

狼、犬和狐狸

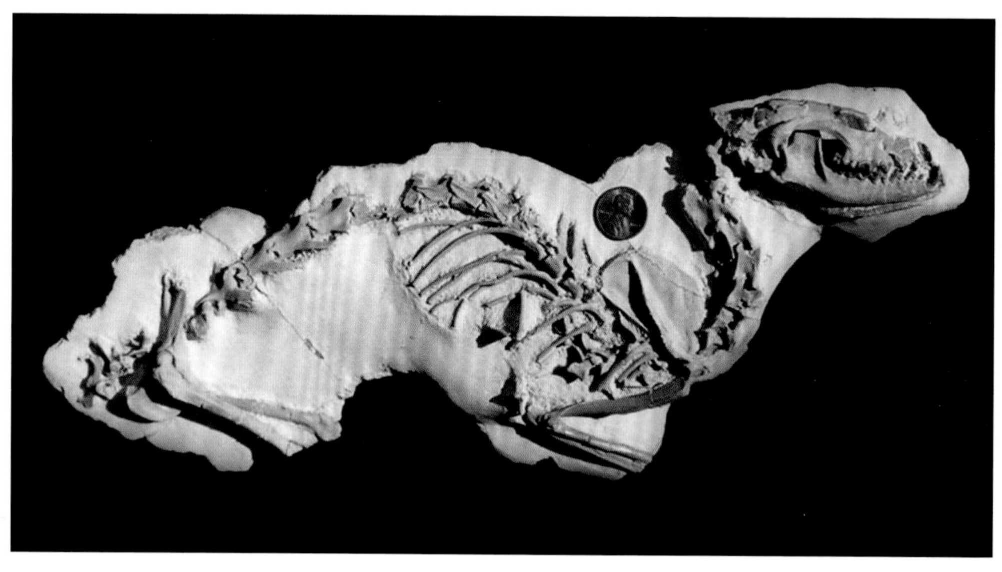

1 基本可以被认为是狗的黄昏犬（*Hesperocyon*），体长大约75厘米，生活在4 200万—3 100万年前的北美。

2 貉（*Nyctereutes procyonoides*）原产于东亚，是貉属唯一的现存种。

3 马尔维纳斯群岛狼是当地唯一的本土陆生哺乳动物。

犬科动物家族是现代食肉目中一大主要类群，其中的两大现生分支可能在1 000万—700万年前分化开，即似狼的犬类和似狐的狐类。犬科共有30多个物种，包括野生或家养的犬、狼、豺和狐狸，部分已经灭绝。现生物种中有两类与更原始的早期成员有相似之处，尤其是头骨和牙齿，因此难以将它们分为犬类或狐类。这两类就是大耳狐（*Otocyon megalotis*）和貉（见图2）。貉和浣熊没有亲缘关系，但外形类似，而且可能体现出了犬类早期泛化成员的外形。

食肉目诞生于5 800万—5 300万年前的古新世，在接下来的始新世中，犬科动物和猫科动物开始出现，最初的真犬科动物原黄昏犬（*Prohesperocyon*）在4 000万年前已经出现。它们在美国得克萨斯州西南部留下了一些化石，最初被误认成了小古猫（或古猫兽），成了整个猫科动物的祖先，但是头骨基底部细节表明它们是早期犬科动物。从外观来看，它们形似瘦小的狐狸。同样来自北美的黄昏犬比原黄昏犬更有名，是最古老的犬科动物之一，可以追溯到4 000万年前。它们结合了猫和狗的

关键事件

5 800万—5 300万年前	4 400万—4 000万年前	4 000万—3 000万年前	3 000万年前	3 000万年前	3 000万—2 000万年前
食肉目的早期成员出现。	犬熊分支出现（见490页）。	明确属于犬亚科的生物出现，即原黄昏犬和黄昏犬。	达泊恩齿犬熊（*Daphoenodon*）是早期的趾行犬熊类动物，具有长长的四肢和足部。	豪食犬亚科的根犬出现。	黄昏犬的肉食性后代中犬（*Mesocyon*）生活在北美。

特征，也许类似现代麝猫，头部小、身体细长且腿短。

黄昏犬代表着当时诞生的犬科动物三大主要族群之一，犬科包括黄昏犬亚科、豪食犬亚科和犬亚科。只有犬亚科动物延续至今。黄昏犬亚科中还包括3 000万年前的新鲁狼。它们更大、更健壮，虽然外形似狼，但鼻子比较扁平，腿也更短。它们的每只脚上都有5根脚趾，而现代犬科动物只有4根脚趾和1个悬蹄。有些专家认为黄昏犬亚科是豪食犬亚科和犬亚科的祖先。

豪食犬亚科（“暴食者”）绰号“碎骨狗”，是巨大而又成功的族群，目前已发现60多个化石种。根犬（*Rhizocyon*）等早期成员只有几千克重，但它们很快就发展成巨大有力的掠食者和腐食者，具有可以咬碎骨头的颌部和牙齿，类似如今的鬣狗（但鬣狗不是犬科动物）。北美的豪食犬是后期成员，形似身形魁梧、满脸横肉的狼。当时的北美有着大片草原，因此进化出了很多植食性动物。豪食犬之类的掠食者无疑会以它们为食，不过豪食犬也有可能是腐食者，因为它们的短腿很难冲刺追逐猎物。豪食犬亚目在距今不到500万年的时候灭绝。

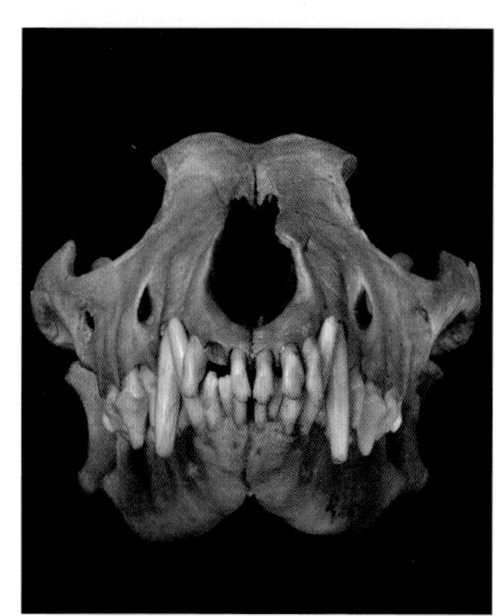

大约在1 000万年前，犬科动物的一个现代亚群——犬亚科——随着气候变化在北美广泛分布并经历了进化大辐射。在大约800万年前，犬科动物已经分化出了犬类（现代犬和狼）和狐类（狐狸）。狐类最早的成员是瑞氏狐（*Vulpes riffautae*）。它们的化石发现于非洲乍得，距今有700万年历史，是旧大陆上最古老的犬亚科成员，此前人们只在美洲发现过这类动物。瑞氏狐小而轻，类似如今的耳廓狐和稍微大一些的路氏沙狐。大约100万年前的陌狼（*Xenocyon*）代表着现代犬和狼的进化方式，它们可能类似现生非洲野狗，甚至可能就是非洲野狗的祖先。当时已有很多种狼十分常见，特别是北美，包括爱德华狼（*Canis edwardii*）、恐狼（*C. dirus*，见492页）和最大的安布鲁斯特狼（*C. armbrusteri*，在25万年前灭绝）。还有几种犬亚科成员才灭绝不久。撒丁岛的撒丁尼亚豺（*Cynotherium sardous*）大概是在2万年前随着人类的到来才灭绝。“小猎犬号”在1833年停靠马尔维纳斯群岛时，达尔文记录了马尔维纳斯群岛狼（见图3），但人们在1870年之后就再也没见过它们的身影。SP

2 500万—2 000万年前	1 000万年前	700万年前	30万—1万年前	10万年前	3万—2万年前
类似现生物种的狼和狗开始出现。	进化出裂齿之后，新的犬亚科迅速进化。	瑞氏狐出现，它们的化石是旧大陆上最古老的犬科动物化石证据。	恐狼类似灰狼，但身体更健壮。	灰狼生活在北美、欧亚大陆和北非。	人类普遍开始饲养灰狼的近亲——家犬。

半犬（犬熊）

中中新世—晚中新世

种：伟犬熊
(*Amphicyon ingens*)
族群：犬熊科
(Amphicyonidae)
体长：2.5米
发现地：欧洲、北美、亚洲和非洲

犬熊科是规模庞大、种类繁多的肉食性哺乳动物群体，包括34个不同的属。它们生活在4 000万—900万年前的北半球，从中始新世延续到了中新世。这类动物同时具有类似熊和狗的特征，但实际上跟熊和狗都没有密切的关系。此外，“它们究竟是像熊一样的独行猎人，还是像狗一样的群体掠食者？”这一问题还需要继续研究，目前都还没有确凿的证据。犬熊科的地理分布广泛：绝大多数化石都发现于欧洲和北美，但欧亚大陆和非洲也有分布。并不是所有的犬熊科成员都非常巨大。部分最古老的犬熊科可能只有2千克，和小型家猫一样大。它们直到早中新世才进化出巨大的体形，并分化出平均体重200千克的又像狼又像熊的成员。

伟犬熊是最大的犬熊之一，属于比较著名的犬熊属。它们身体强健、脖子粗大、四肢壮实，而且长达2.5米。已知最大的标本重达600千克，不过大多数成员都比较小。它们很可能是饮食结构类似现生棕熊的杂食动物。“Amphicyon”（半犬或犬熊）这个名字的意思是“模棱两可的狗”，这类动物在2 500万年前的渐新世的西欧留下了化石记录。在几百万年之后的早更新世里，这个属迁徙到了非洲，后来又通过白令陆桥迁徙到了北美。RS

图片导航

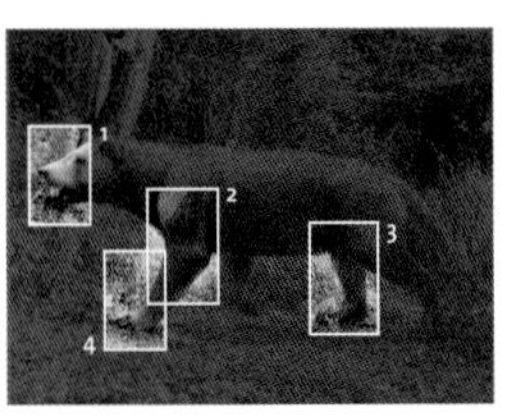

要点

1 牙齿

伟犬熊的齿列包括可怕的撕肉犬齿、可以咬穿骨头的裂齿和用于研磨的臼齿。这些极为结实的牙齿有发达的颌肌支撑，这让它们的咬力超过了大部分其他哺乳动物。伟犬熊牙齿的整体外观类似现生熊，适合杂食生活。

3 足部

伟犬熊是跖行动物，即用脚掌行走，脚掌完全接触地面。熊和人类都采用这种行动方式。而犬科动物是趾行动物，仅以脚趾接触地面。足迹化石表明，伟犬熊在行走中会交替移动左边的双腿和右边的双腿，形成"踱步"的状态。

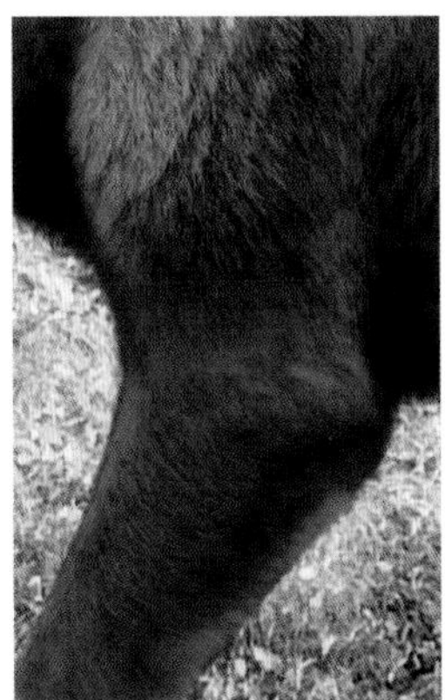

2 前肢

发达的前肢可能是用来将猎物掀翻在地。伟犬熊的进化路线可能更偏向于力量，而不是速度，这意味着它们可能会以行动缓慢的大型动物为目标，通过伏击而不是长距离追逐完成捕猎。伏击之后，伟犬熊会用前肢按倒猎物，并用有力的牙齿将其撕碎。

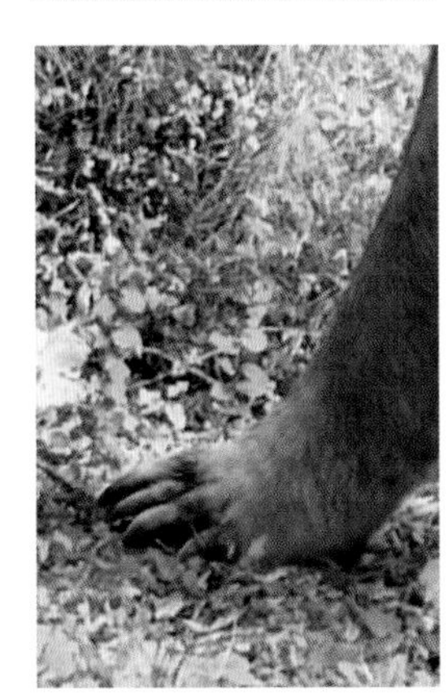

4 爪子

部分犬熊类成员的强壮前爪表明它们可能会挖掘地道，以便从洞穴中挖出猎物。较小的种可能身体轻盈，可以爬树追逐猎物或品尝野蜂蜜。伟犬熊的牙齿表明它们会以根茎、嫩芽、小动物、大型猎物和腐尸为食。

中新世的迁徙

2 300万—500万年前的中新世见证了全球气候剧变。美洲和亚洲的造山运动轰轰烈烈，造就了安第斯山脉、喀斯喀特山脉和喜马拉雅山脉，气候也随之改变，全球都变得更加干冷。这对草原和草食动物十分有利，例如鹿和羚羊，这类动物开始占据美洲和欧亚大陆东部。犬熊（右图）等掠食者很快也抓住了机会。西伯利亚和阿拉斯加之间形成了白令等陆桥，于是动物开始了非洲、欧亚大陆和北美之间的大迁徙。新栖息地和物种间不断增加的竞争催动了进化。纳米比亚的化石表明犬熊科成员在中始新世已经穿越非洲大陆来到了南方。

恐狼

更新世—全新世

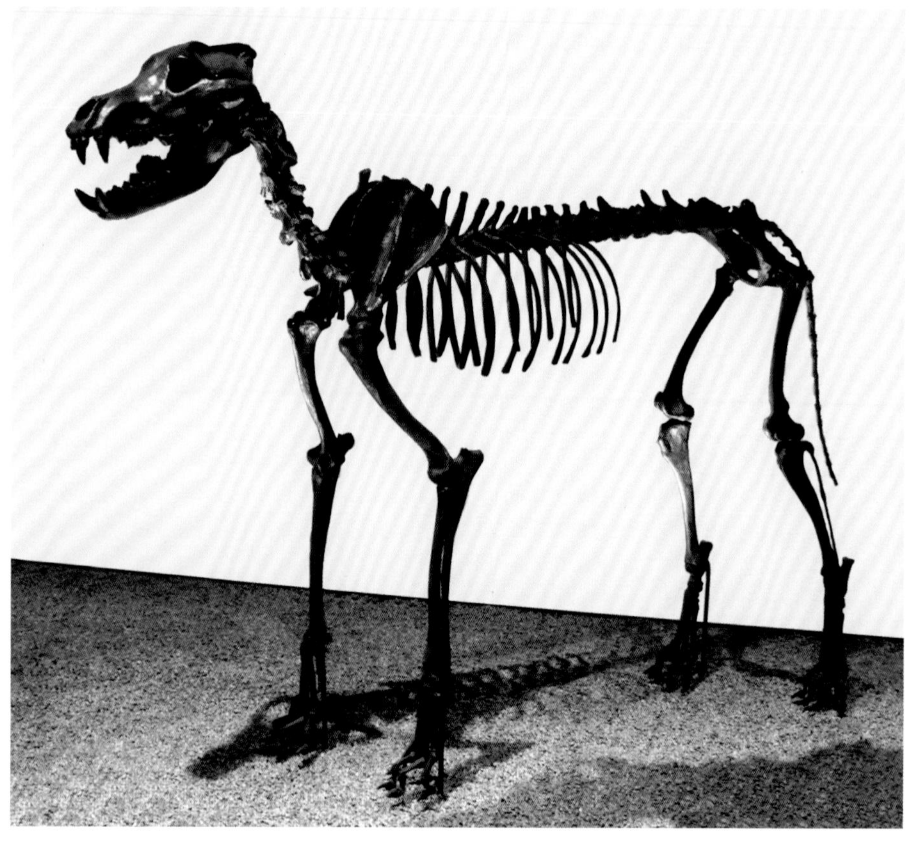

种：恐狼（*Canis dirus*）
族群：犬科（Canidae）
体长：1.5米
发现地：北美和南美

恐狼可能诞生于30万年前的更新世，栖息于美洲。它们的进化早于灰狼，不过在恐狼存在的大部分时间里，两者在北美共存。恐狼在1万年前灭绝于最后一个大冰期（见550页），而灰狼则生存了下来。恐狼成为著名的已灭绝犬科动物，部分原因是美国洛杉矶的拉布雷亚沥青坑中保存了大量标本。第一具标本由约瑟夫·诺伍德（1807—1895）发现于美国印第安纳州的俄亥俄河岸。诺伍德是当时的一位国家地质学家，他将化石送给美国费城自然科学院的古生物学家约瑟夫·莱迪（1823—1891），而莱迪确定这是一种在当时不为人知的狼，并于1855年将其命名为始狼。他后来发现这一种名已经应用于另一具标本，于是在1858年将之重新命名为恐狼。恐狼是北美最常见的化石犬科动物。与外表相似的灰狼一样，恐狼的起源可以追溯到欧亚大陆。它们很有可能是大型安布鲁斯特狼的后代。在北美的化石记录中，恐狼呈现为进化成熟的动物，表明它们是在进化完成后才迁徙到这片大陆。它们的栖息地延伸到了南美的北部和西部海岸，很可能是当时最可怕的新世界掠食者之一。它们的习性可能类似鬣狗，因为强有力的牙齿和颌部很适合处理其他捕食者丢弃的骨头，例如刃齿虎（见528页）。RS

图片导航

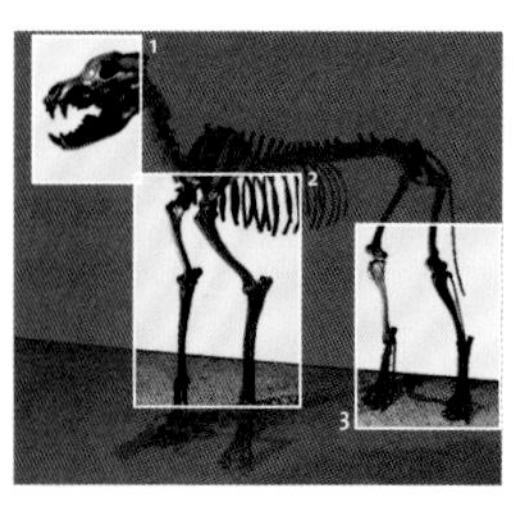

要点

1 牙齿

恐狼犬齿的弯曲程度大于现代狼。虽然下颌的第一臼齿和典型的犬类很像，但可以撕裂肌肉的上颌第四前臼齿比现代灰狼大。牙齿的磨损痕迹体现出咀嚼骨头导致的钝化，但是没有压碎骨头的证据。

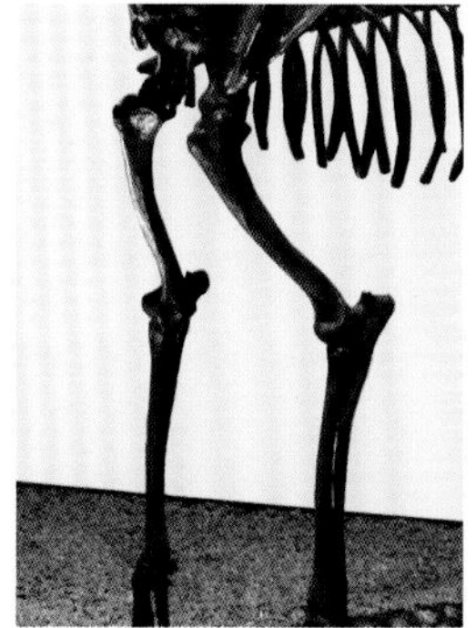

2 粗壮的四肢

恐狼粗壮的腿部和强健的体形让部分古生物学家推测它们是伏击型掠食者，而不是灰狼那样持续长距离追逐猎物的猎手。恐狼和灰狼有不同的捕食偏好，因此没有竞争关系，可以共存。

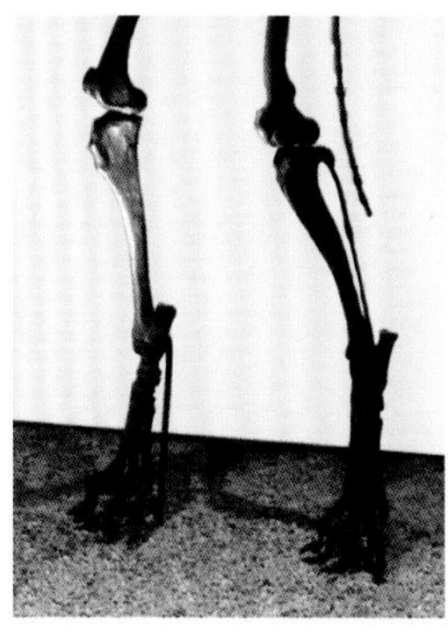

3 足部和爪子

恐狼的足部和爪子和灰狼略有不同。它们的爪子更加强健有力，可能更擅长在泥土中抓扒，而不是锋利地撕裂猎物。退化的第五趾（悬蹄）松垮地连接在脚上，并且不接触地面。它们在2000万—1000万年前的中新世里沿狼的路线进化。

科学家简历

1823—1846年

约瑟夫·莱迪生于美国费城，于1844年从医学院毕业。1846年，他成为第一位在法医鉴定中使用显微镜识别人类血液的科学家，不过一位谋杀嫌疑人声称证物是鸡血。

1847—1858年

莱迪停止医学工作，开始学习生命科学，并成为美国的显微镜学权威以及美国脊椎动物古生物学的创始人。1858年，他用来自新泽西的骨骼复原并命名了鸭嘴龙，这是世界上第一具几乎完整的大型恐龙骨架。

1859—1860年

莱迪发表了很多著作，他在其中介绍了种间差异，以及在旧种灭绝时新种的出现过程。查尔斯·达尔文在1859年提出自然选择理论之后，莱迪就成了热心的拥护者。

1861—1891年

莱迪在宾夕法尼亚大学担任解剖学教授，并花费了数年时间建立已灭绝哺乳动物的知识体系。他的化石研究表明在西班牙征服者重新带来马匹之前，美洲本地曾有马生活，但后来灭绝了。他还证明狮子、老虎、骆驼和犀牛都曾栖息于远古的北美西部。

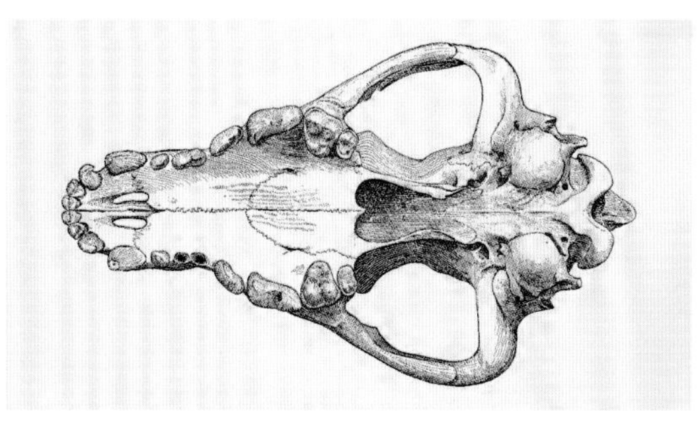

▲下颌和上颚的下视图表明，恐狼口中每侧都有3颗切齿、1颗巨大的尖犬齿、4颗前臼齿和2颗臼齿。第四前臼齿是上颌的裂齿。

身体大小的差异

恐狼（右图）的大小差异很大，有的和大个体的灰狼比例相近，而有的族群是有史以来最大的犬属动物。平均体形的恐狼从头到尾可能有1.5米长，65千克重。现生灰狼的体形也存在地区差异，在遥远的北方，最重的成员可达60千克，现代德国牧羊犬大概只有它们一半重。

马

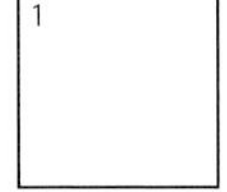

1 始祖马（*Hyracotherium*）曾经被归为真马，但现在归入了古兽科，这是一种在马科动物出现之前的植食性哺乳动物。

2 渐新马（*Mesohippus*）的头骨颌骨深且大，可以附着有力的咀嚼肌，而且颌部的每一侧都共有6颗研磨齿。

3 中新马（*Miohippus*）已经准备好要进化出马科动物典型的细长腿部、粗壮脖子和长脸。

马科包括马、斑马和驴，它们是最成功的现生奇蹄目动物。体形庞大的犀牛和貘以中间的3根蹄趾支撑重量，其中中趾扩大；而现代马以1根增大的中趾支持站立，第二和第四趾大幅度退化。远古马的化石呈现了外趾退化的过程，而且常被视为一个单一族系，但实际上很少有标本能够建立起直接的祖先和后代关系。马科的系谱十分广阔，有数十个近亲，在通向现代马的道路上进化、繁荣又走向灭绝。

与许多其他的奇蹄目族群一样，最初的马科生物也是在5 600万年前的早始新世自立门户。最早的马科祖先是始祖马（见图1），这是一种体长约60厘米的小型植食性动物，以前足的4个有蹄脚趾和后足的3根脚趾支撑体重。它们从5 600万年前繁盛到了4 500万年前，其臼齿具有后期马也存在的独特的脊。140多年来，研究者一直认为它们是早期的马

关键事件

5 600万年前	5 200万年前	5 000万年前	4 700万年前	4 000万年前	3 600万年前
始祖马是有蹄的古兽科成员，出现在直通向马的进化谱系上，诞生于北美。	始马在北美诞生，虽然形似始祖马，但它们具有细微的差异，因此属于最初的真马。	山马(*Orohippus*)是始马的后代。这种优雅的小型马科动物更擅长跳跃。	后古马（*Epihippus*）是第一种每侧颌部都有5颗研磨臼齿的马科动物。	渐新马是第一种每只脚上只有3根脚趾的马科动物，还长出了第六颗研磨臼齿和更大的大脑。	随着草原的扩张，渐新马中出现了更高、奔跑速度更快的中新马。

科成员。不过最近的研究表明，始祖马属于已灭绝的古兽科，因此始马获得了“第一种真正的马”的桂冠。始马形似始祖马，但可能更大，修长的腿非常适合奔跑，但没有后期成员的特化特征。始马遗骸遍布北美，它们也是在这里完成了大部分进化。始新世里的多样化产生了各种其他属，例如在欧洲发现的似貘的原古马（*Propalaeotherium*）。到了5 000万年前，始马已经演变成更加纤细的山马。它们用于行走的脚趾数量与始马相同，但失去了残留的脚趾。

各种中始新世马都进化出了延续至今的新特征，但接下来主要的族群是渐新马（见图2），这是生活在4 000万—3 000万年前的属，从晚始新世延续到了早渐新世。它们只比祖先略大，并且更纤细；前足和后足的行走趾都只有3根，而前面的第四趾退化成了小腿侧边的小突起。渐新马的面部更长，更类似马科动物，大脑也更大；牙齿形成了3颗前臼齿和3颗臼齿的现代结构，颌部每侧一般共有6颗臼齿。

大约3 600万年前，草原开始取代森林。马科动物中的一个成员在新栖息地上抓住了机会。渐新马中出现了新的族群中新马（见图3），中新马和它们的表亲生活了一段时间，最终在3 200万年前取而代之。中新马比以前的马科动物大得多，适合在北美大草原上奔跑和吃草。不过较小的竞争物种消失之后，进化实际上就开始逆转，部分中新马回到了林地，身体缩小，又成为前足有4根脚趾的生物，以便在柔软的地面上保持稳定。一些研究人员将居住在森林里的中新马单独归为中新马种，而其他研究人员认为它们自成一个属，即长肢马（*Kalobatippus*）。它们最终产生了类似渐新马的后裔，即安琪马（*Anchitherium*）。安琪马在2 000万年前进入欧亚大陆，催生了中国的中华马（*Sinohippus*）和欧洲的次马，它们在500万年前灭绝。马的进化主线仍在北美继续，游荡在平原上的中新马里诞生了副马（*Parahippus*），以及2 050万年前的草原古马（“反刍马”，见496页）。草原古马演变出许多物种和几个越来越大的属。恐马随后在1 025万年前出现，它们就是现代马（野马）的直接祖先。GS

2 400万年前	2 000万年前	1 500万年前	1 025万年前	350万年前	4.3万年前
一部分渐新马回到了森林，返祖成外貌原始的长肢马及其后代。	非常成功的草原古马出现，这是最古老的食草马。	进化大爆发催生了草原古马中的新种新属，例如三趾马属和真马。	恐马诞生于北美，它们是和马亲缘关系最近的生物。	克文马（*Equus simplicidens*）在北美诞生，这是最古老的现代马属。	普氏野马（见498页）从主进化线路中分离，诞生了现代马。

草原古马

中新世

种：草原古马
（*Merychippus insignis*）
族群：马科（Equidae）
体长：1.5米
发现地：北美

草原古马属是中新世最成功的马，它们繁盛于2 000万—1 000万年前的北美，而且凭借1米的肩高成为当时有史以来最大的马。它们也率先进化出了现代马的外观特征，包括长脸、宽眼距和长腿。具有特征性高冠的臼齿表明它们适合在草原上吃草，这种环境让它们进化出了全方位视力和比其他动物更长的腿，因此更容易从掠食者口下逃生。草原古马的名字“Merychippus”意为“反刍的马”，最初曾被分入反刍动物（见497页）。

草原古马的祖先是居住在平原上的中新马，中新马在3 000万年前的晚渐新世和早中新世因为环境变化而从森林迁徙到了平原上。大约1 500万年后，草原古马经历了一次进化大爆发，在几个属中产生了至少19个种。它们的后代主要包括小型三趾动物，如原马（*Protohippus*）和丽马（*Callippus*）；更大的三趾马，以非常成功的三趾马属（*Hipparion*）为代表；以及现代马的祖先“真马”，它们只有一根脚趾触地，其他脚趾大幅度退化。草原古马属的进化爆发导致了多条进化线，包括15 ~ 20个种，可见马的进化过程比以前人们认为的更复杂。草原古马中诞生了小型、有三趾的丽马，它们似乎又进化出了大得多的单趾的上新马。研究者一直认为上新马就是现代马的直接祖先，但牙齿结构和面部形状的差异已经推翻了这个理论。上新马实际上代表着另一条已经灭绝的进化线，现代马真正的祖先进化自草原古马属的另一条分支——恐马。GS

图片导航

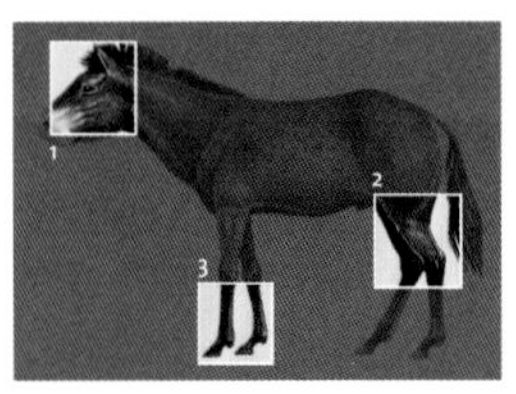

要点

1 面窝

草原古马的头部具有明显的面窝，即眼睛前面的凹陷，形成了一条长长的盘状下凹。这是厘清古代马之间关系的决定性特征。这个结构在大部分现代马身上都明显退化或消失。

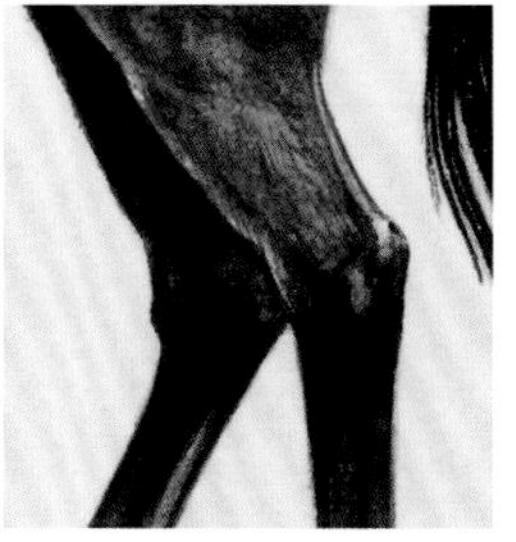

2 变化的腿

马的腿骨长度和关节在数千万年中逐渐变化。随着快速奔跑能力越来越重要，踝关节在小腿上的位置也越来越高，最后形成了现代马的后踝，而足骨和趾骨越来越长。

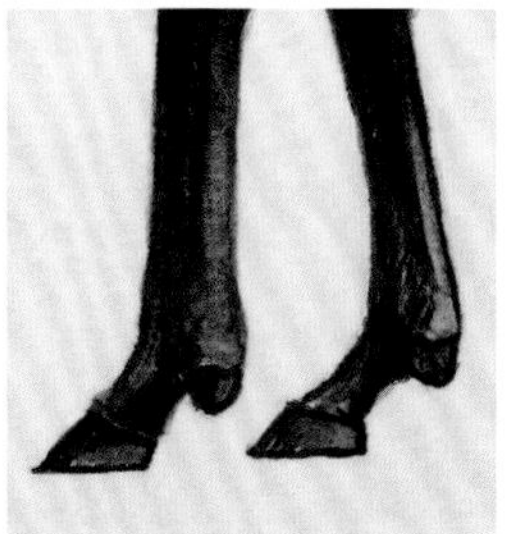

3 增大的中趾

草原古马的足骨具有巨大的中趾，而第二趾和第四趾明显退化。第一趾和第五趾早已消失。早期马的蹄后具有支持性脂肪垫，但草原古马的脂肪垫已经退化消失了，因此它们是第一种完全以趾尖行走的马。

马的亲缘关系

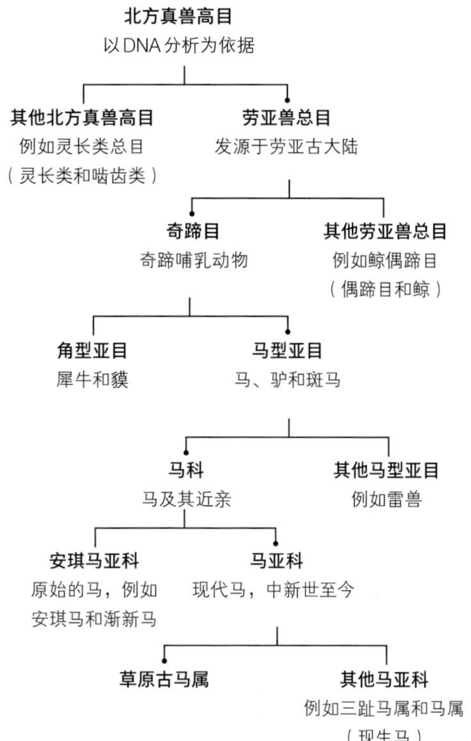

▲ 马的进化非常复杂，涉及诸多亚群和子亚群。草原古马属归为马亚科。马亚科相对现代，包括所有现生马、驴和斑马（马属）。

反刍

草原古马的名字“Merychippus”来自它们和反刍动物十分相似的牙齿，例如牛（右图）。不过几乎没有证据表明这些早期的马就是反刍动物。反刍是指在前肠（胃腔）里发酵植物，然后重新咀嚼，以提取更多营养。这个系统似乎是偶蹄目动物独有的，例如牛、绵羊和山羊。草原古马可能和现代马一样是“后肠发酵者”，在小肠中有额外的消化腔，其中具有大量可以分解纤维素释放能量的细菌。

普热瓦尔斯基马（普氏野马）

更新世至今

种：普热瓦尔斯基马
(*Equus ferus przewalskii*)
族群：马科 (Equidae)
体长：2米
发现地：蒙古国
世界自然保护联盟：濒危

普热瓦尔斯基马（普氏野马）是今天唯一真正存活的野马，它是一种短腿、矮壮的马，栖息在中亚的蒙古草原。遗传分析表明，它至少自43 000年前就开始和其他现代马分开进化，并且从未被驯化过，与其他所谓的“野马”不同，其他“野马”实际上是它们被驯养的祖先的野生后裔。其他野生马，如斑马、亚洲野驴和非洲野驴，则是更遥远的关系。普氏野马以俄罗斯探险家、军队上校尼古莱・普热瓦尔斯基命名，他于1881年将该动物引入科学界。然而，在20世纪中叶，由于严寒和人类的捕猎，这种动物数量急剧下降，最后一批真正自由迁徙的个体出现在20世纪60年代。那时只有少数在动物园和公园里幸存下来。然而，在一个由世界各地精心管理的育种计划中，普氏野马的总圈养数增加到1 500多只，估计有300只动物被放归野外。

经过多次讨论，普氏野马现在被视为野马种的普热瓦尔斯基马亚种。马属的现代马在350万年前首先在北美进化。最早的种有许多名称，包括克文马即“哈格曼马”（最初在美国爱达荷州被发现）以及“美国斑马”。正如之前在马的进化史上所发生的那样，伴随它传播到世界各地的脚步，它经历了一个快速演变的时期（见499页）。GS

图片导航

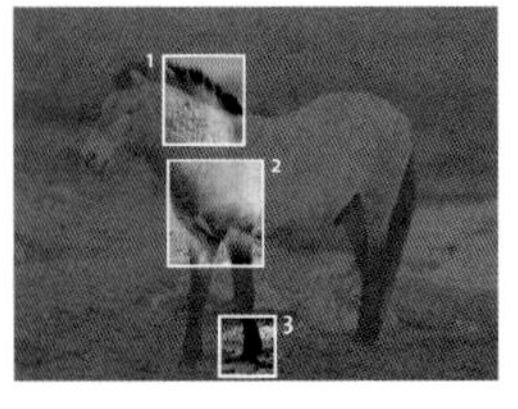

要点

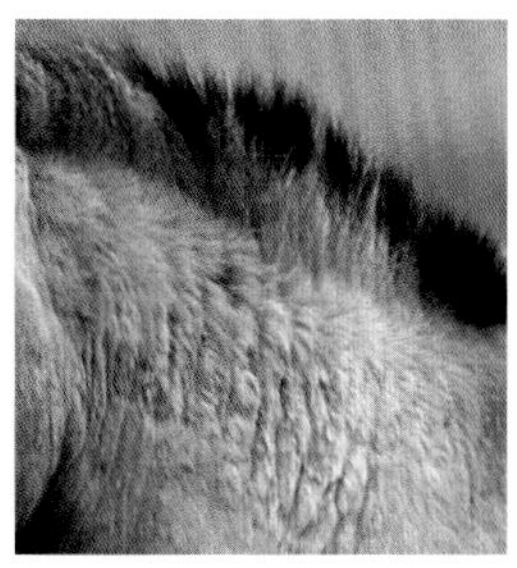

1 原始标记

普氏野马有许多独特的外部特征：深色的鬃毛、背部的“背线”和腿部的浅淡条纹。这些特征被认为是原始的标记，因为它们经常出现在几种家养马品种中，但并不是在选择性育种过程中选择的。

2 站立机制

被动停留机制是一种由肌肉和肌腱组成的系统，可以将大腿锁定在适当位置，防止马放松时的关节屈曲。这使普氏野马能够长时间站立，可以更直观地看到、听到和闻到潜在的捕食者。

3 马蹄

普氏野马的马蹄比起家马或其他野马更长更窄。它们的蹄有更厚的角质层，整体更硬更尖锐，这有助于在干旱的栖息地中刨挖沙子和松散的土壤，以获取到水或地下的多汁植物。

▲ 多亏了保护工作，普氏野马的基因组（总基因收集）已得到了详细的研究。在已知马品种中，它的染色体数量最多——66条，比驯养的马多1对。这个高数量一致性表明，普氏野马与其被驯养的表亲没有明显的杂交。然而，普氏野马和马这两个亚种能够交配并产下可存活的后代。

马是如何遍布全球的

遗传和考古证据表明，马属刚出现在北美就迅速扩张。一些野马跨越冰河时代的大陆桥进入亚洲，在那里得以多样化，诸如山斑马（右图），包括普通斑马（见558页）和细纹斑马的平原斑马，以及亚洲野驴、西藏野驴和非洲野驴，其他进入南美洲。在北美，现代野马出现在200万—100万年前，在本土灭绝之前遍布北部大陆。它已经产生了三个亚种：普氏野马、欧洲野马（1909年灭绝）和成功驯养的马。来自乌克兰和哈萨克斯坦的考古证据表明，人与马之间的关系可追溯到6 000年前。

鲸

1 体长2米的巴基鲸，可能在一定程度上过着两栖生活，虽然经常涉水，但会在陆地上休息。

2 走鲸向更适应水生环境的方向进化，时常游泳和潜水。

3 鲸须板（鲸嘴里类似牙齿的梳状结构）用于滤食，例如这头灰鲸。

6600万年前的白垩纪末期大灭绝之后，海洋中的生态慢慢恢复，沧龙（见352页）、蛇颈龙（见282页）和鱼龙（见244页）等大型海生爬行类的消失为新的大型海生动物扫清了道路。不过海洋生物在2 000万年之后才开始利用这个机会。恐龙时代的中生代哺乳动物早在侏罗纪就尝试过水中生活，但最后是一类有胎盘哺乳动物（见424页）真正征服了海洋。它们就是鲸类，包括鲸、豚和鼠海豚。

一个多世纪以来，三角形的牙齿化石似乎将最早的鲸与一类肉食性有蹄哺乳动物联系在一起，那就是已灭绝的中爪兽。但新的研究表明，所有鲸目动物都是从偶蹄目进化而来（见452页），河马可能是它们最亲近的表亲。4 800万年前似鹿的小型动物印度豕兽（*Indohyus*）可能是鲸类古老的祖先，它们的化石发现于巴基斯坦，这片地区当时是特提斯海上的孤岛。很多在鲸类进化中有重要意义的物种都发现于此。印度豕兽具有在水中觅食的特征，例如在水中对抗自然浮力的高密度骨骼。它们还有如今只有鲸才具有的特殊骨骼生长模式。不过印度豕兽归入了鲸类的姐妹群劳氏兽科。其他偶蹄类动物都是印度豕兽的近亲。最古老的真正的鲸类动物是巴基鲸科（见图1），即四足步行鲸，繁盛于5 000万年前的早始新世。它

关键事件

5 000万年前	4 900万年前	4 800万年前	4 500万年前	4 400万年前	4 400万年前
狼一样大小的长腿巴基鲸（*Pakicetus*）是最古老的真正的鲸类，它们来自巴基斯坦，可能在水中待的时间要长一些。	3米长的步行鲸具有适合水中生活的特征，双腿更擅长游泳而不是行走。	克什米尔地区生活着似鹿的印度豕兽。骨骼特征表明它们和最古老的鲸是近亲。	原鲸（*Protocetus*）具有类似鲸的特征，例如流线型的身体，水下听音的能力和向头骨上方移动的鼻孔。	大连特鲸（*Dalanistes*）等鲸豚类具有类似水獭的外观，以及表明它们以海洋生物为食的特征。	巴基斯坦的罗德侯鲸（*Rhodocetus*）是保存着短前肢和后肢的原鲸类，但“手部”增长。

们栖息在巴基斯坦北部干旱沙漠的季节性河流周围。步行鲸科旋即出现。这些掠食者的肢体更适合两栖生活方式，它们会在淡水和咸水中捕食（见图2）。头骨表明在这时典型的额隆开始出现，这个结构是用于将声音从下颌传递到耳朵；眼窝也开始向头骨侧面移动。

在4 900万—4 300万年前的中始新世里，鲸也在继续试验各种水中生活方式，并从淡水迁徙到了海洋。这在雷明顿鲸科中非常明显。它们的肢体缩短但还没有变成鳍，可能会通过扭动细长的身体在水中游动。到4 100万年前的晚始新世时，雷明顿鲸科中已经诞生了巨大的龙王鲸科（见502页）和较小的矛齿鲸科。这几个科的成员的前肢已经变成了小鳍状肢，而且开始出现尾叶。龙王鲸是第一类完全水生的鲸，眼睛位于头骨两侧，鼻孔更接近现代鲸的气孔位置。它们漫游于开阔的海洋而不是海岸和浅滩，因此化石分布比祖先更广泛。随着大脑的增长，它们发展出了后代所呈现出的智力和社交能力。矛齿鲸科的变化，特别是游泳方式的变化表明现代鲸的祖先就在其中。

在3 000万年前的早渐新世里，鲸分成了两大类。其中的齿鲸小目产生了用于捕鱼的回音定位能力，额头上巨大的发声器官额隆就是铁证。而蓝鲸（见504页）等须鲸小目（见图3）成员的嘴里出现了梳状板。因此它们可以一口吞下大量小动物，例如浮游生物，同时排出海水。这种滤食方式让须鲸科的成员成了地球上最大的生物。GS

3 700万年前	3 500万年前	3 300万—1 400万年前	2 500万年前	2 500万年前	2 000万年前
龙王鲸（*Basilosaurus*）是最古老的专性水生鲸之一，解剖结构和习性让它们完全生活在水中。	现代鲸类的直接祖先可能是矛齿鲸（*Dorudon*）的近亲，类似小型龙王鲸。	鲨齿鲸科展现出了最初的回声定位证据，它们可能是现代齿鲸的表亲，而不是祖先。	在晚渐新世中，新须鲸科进化出了鲸须板，以便滤食。	小型早期须鲸乳齿鲸（*Mammalodon*）同时具有牙齿和鲸须板，十分奇特。	部分齿鲸进化出了十分精密的回声定位能力，最终催生了现代海豚。

龙王鲸

始新世

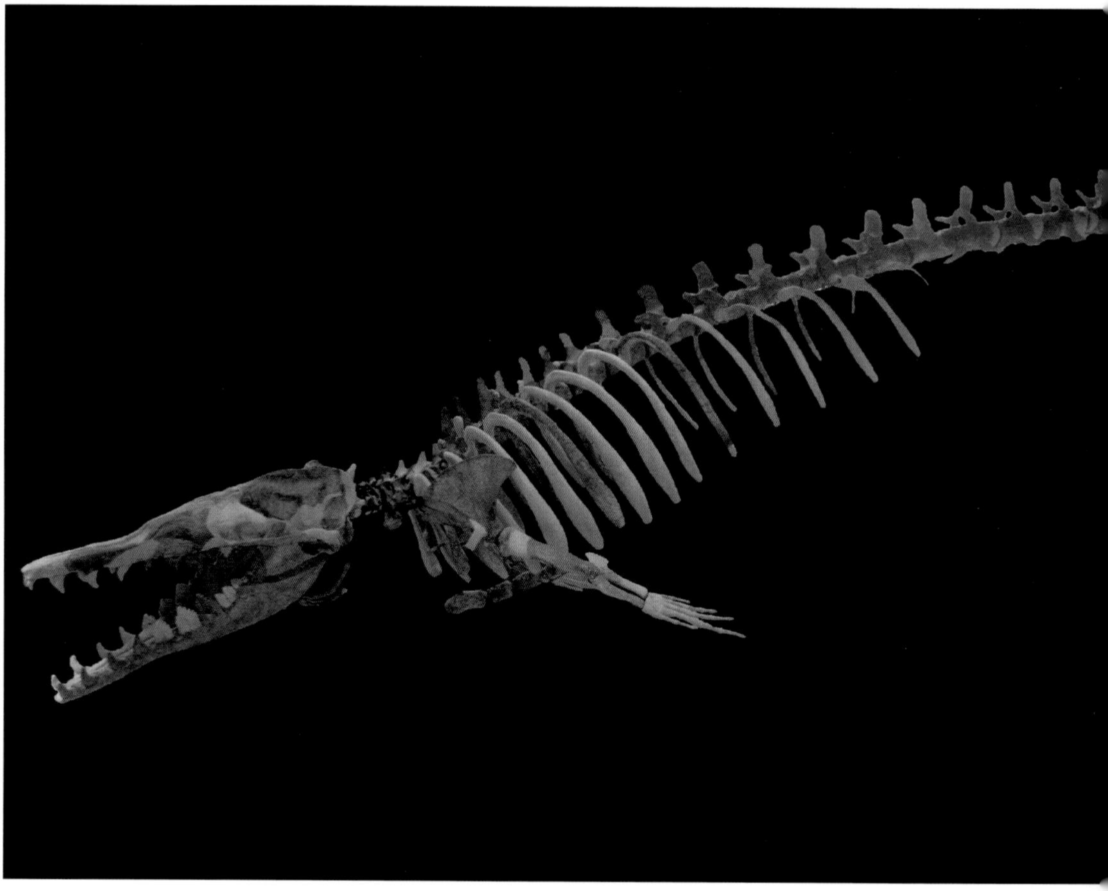

种：西陶德龙王鲸
(*Basilosaurus cetoides*)
族群：龙王鲸科
(Basilosauridae)
体长：20米
发现地：北美

龙王鲸是第一批进化出真鲸形态的鲸豚类祖先，它们有20米长，50吨重，体形可与最大的海生爬行动物、鲨鱼和现代鲸媲美。目前发现了两个种：西陶德龙王鲸（*B. cetoides*）和伊西斯龙王鲸（*B. isis*）。这两个种都通过拉长椎骨而获得了巨大的体形，会通过整个身体的起伏在水中游动。低密度的巨大骨头使它们的后半身浮力较大，于是出现了“尾巴朝上”的游泳风格。而它们的表亲矛齿鲸椎骨较短，因此动作更加有力。专家认为矛齿鲸会使用尾叶发出更有力的垂直振荡（上下运动），类似现代鲸。和所有早期鲸一样，龙王鲸也是有齿掠食者。不过它们的化石没有显示回声定位能力的特征，而海豚等现代种具有这种能力。龙王鲸的内耳类似现代鲸豚类。对陆生哺乳动物保持平衡有重要意义的半圆形耳道在龙王鲸身上退化，而且整个下颌都充满了传声脂肪垫。不对称的头骨结构可能会提高定向听力，以便龙王鲸根据三角形一条边的时间延迟来确定声音来源。与现代鲸不同，龙王鲸保留了大部分外耳，虽然这在水下几乎没有用处。它们也有残留的后肢，不过已经退化变小，没有实际用途。GS

图片导航

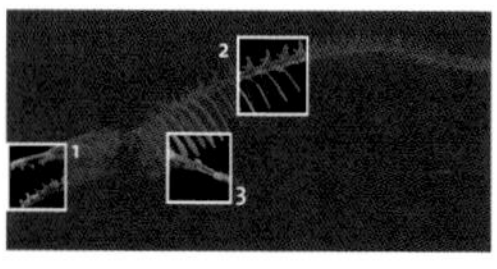

要点

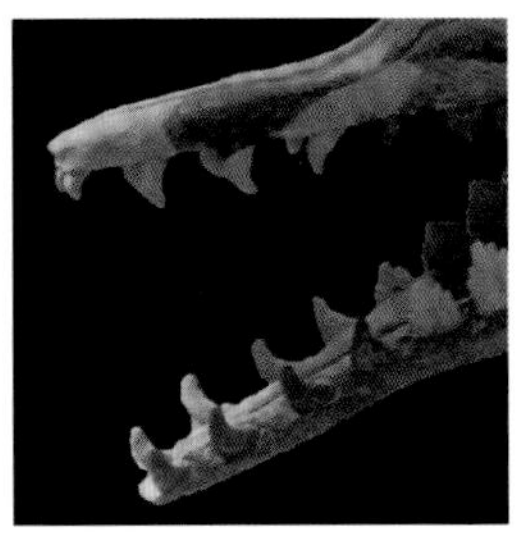

1 鼻孔

西陶德龙王鲸的鼻孔位于吻部尖端。结合尾部浮力上升的特征来看，这表明它们是在水面游泳，将头仰出水面呼吸。鲸豚类的鼻孔后来移动到了头顶，成为现代鲸的气孔。

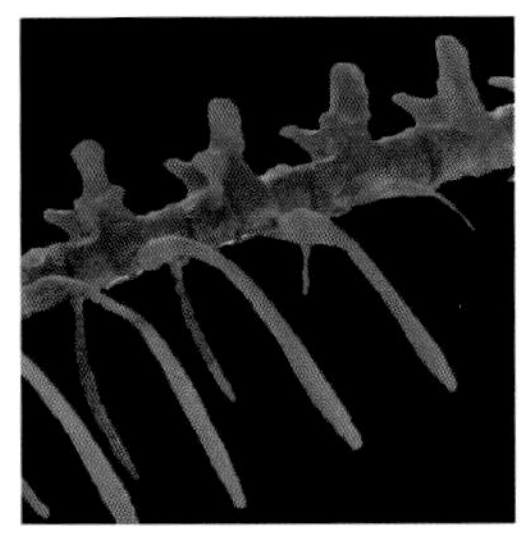

2 修长的身体

目前尚未发现完整的西陶德龙王鲸化石，尾骨通常丢失，让它们的结构难以捉摸。现代研究推测脊椎中有70块骨骼，包括20块腰椎和25块尾椎，让它们体形类似鳗鱼。

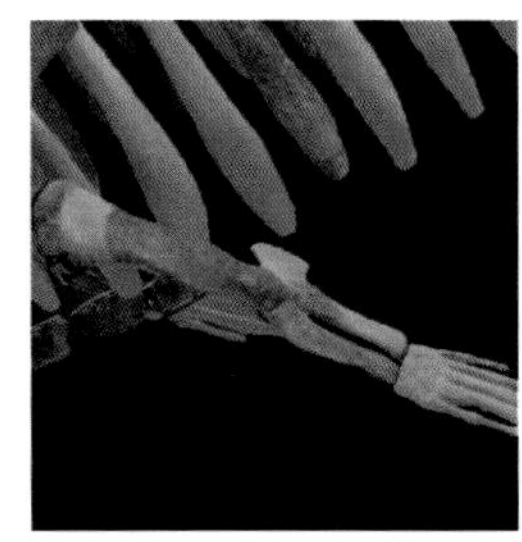

3 四肢

前肢类似其他哺乳动物，尚未进化成鳍状肢。后肢长35厘米，大幅度退化，踝骨融合，只有3根脚趾。关节活动受限，表明它们没有太大的导向作用。

▲ 1896年，龙王鲸的复原骨架悬挂在艺术与工业大厦的房顶上。复原依据是一具标本的头骨和另一具标本的骨盆以及椎骨。

误会

龙王鲸（*Basilosaurus*）又被称为“帝王蜥蜴”，可见人们曾对它产生过误解。包括椎骨在内的第一批化石（右图）于19世纪30年代在美国亚拉巴马州和阿肯色州出土，并被送到了费城的美国哲学学会。理查德·哈伦医生（1796—1843）认为它们很像海生爬行类。他提出西陶德龙王鲸一名（“类似鲸的皇帝蜥蜴”），但类似哺乳动物的牙齿让他产生了疑问。1839年，生物学家理查德·欧文验看了标本。在哈伦的支持下，他根据牙齿提出了“西陶德械齿鲸”这个名字。但根据命名法则，即使后来的名字正确，龙王鲸也依然是官方名称。自此之后，人们命名了十几种械齿鲸和龙王鲸。不过其中大部分作为依据的标本都很零散，例如一颗牙齿，因此都不被认为是有效化石。

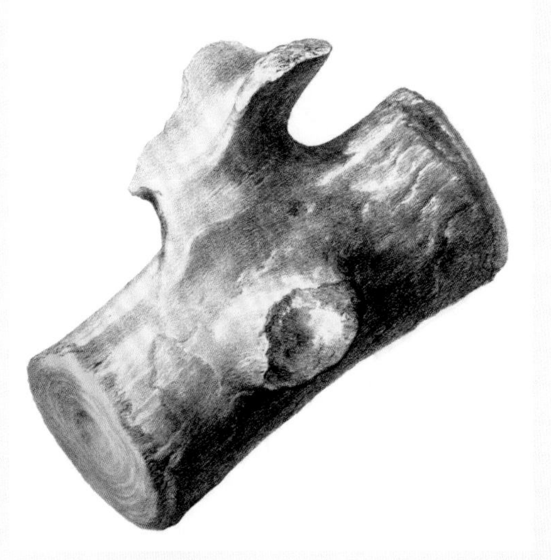

蓝鲸

更新世至今

要点

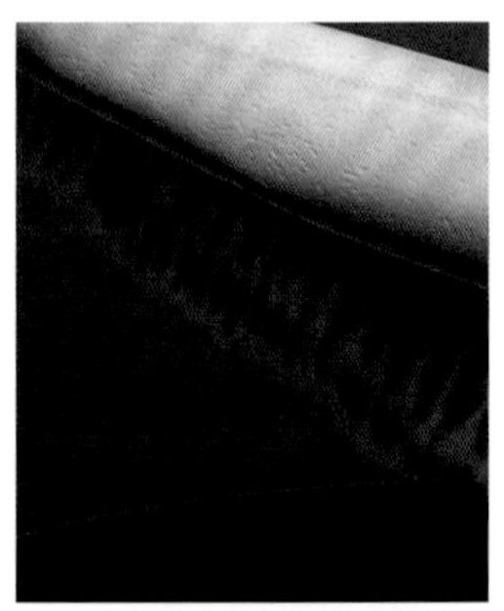

1 鲸须板

蓝鲸的鲸须是生长在口部的一种由表皮形成的巨大角质薄片，柔韧不易折断，呈梳状，从上颌垂下，可以长到1米长。有巨大内部空间的大嘴让它们可以吸入大量食物。蓝鲸有时会扑向大群磷虾，有时也会张开嘴缓慢游动，好产生吸力。

2 气孔

鼻孔在进化中越来越高，最后形成了气孔。严格来说是一对气孔，每个有55厘米宽。从嘴部向后延伸的脊突张开形成遮挡结构，保护着气孔。连接在气孔间隔上的肉质“塞子”可以在潜水前堵住气孔。

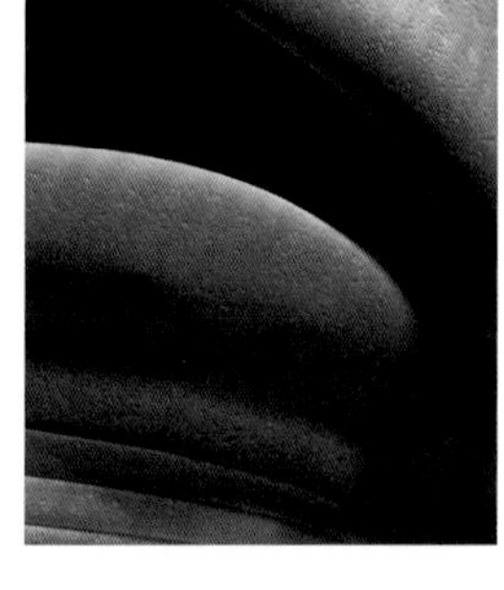

3 喉咙

虽然嘴很大，但蓝鲸的喉咙和食道让它们没法吞下几十厘米宽的食物，不过它们的食物大多都很小。在南极冰水的捕食盛宴中，一头鲸每天可以吃掉3.5吨磷虾。

4 下颌

研究者最近在须鲸目的下颌前方附近发现了一个独特的感觉器官，可能是为了配合猛扑式捕食。这个器官可以探测到下颌的扭转，并扩大喉部褶皱。它利用了“残留”在牙槽中的神经。

种：蓝鲸(*Balaenoptera musculus*)
族群：须鲸科(Balaenopteridae)
体长：30米
栖息地：全球海洋
世界自然保护联盟：濒危

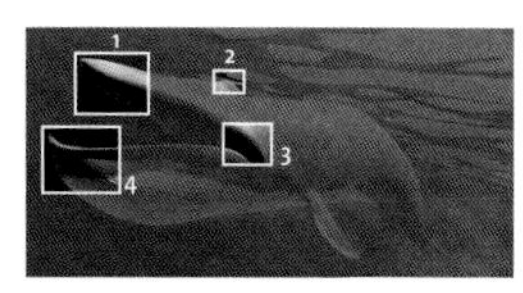

蓝鲸不仅是地球上最大的现生动物，而且从很多数据上看都是有史以来最大的动物。它们的体长可以达到30米，体重有170吨。它们是须鲸目中最大的成员，至少有3个不同的亚种，近亲包括座头鲸、鳁鲸和长须鲸。这些巨大的须鲸可能是在2 800万年前的渐新世里从须鲸小目中分离出来的。它们最显著的特征是纤细的流线型外形，从下颌开始的身体下侧的皮肤褶皱，以及独特的颌部结构。这些特征让蓝鲸可以将嘴张得很大。皮肤的褶皱能使它一口吞进几千升水，还让它们有了“深沟鲸”的昵称。舌头和褶皱的运动将水从带毛边的狭窄鲸须板中挤出，留下可以吞下的食物。鲸须代替了牙齿，其内芯是牙龈组织，外覆角蛋白。蓝鲸最喜欢的食物是个头小但数量巨大的甲壳类动物——磷虾。不过“猛扑式捕食”也可以捕捉到鱼、鱿鱼和其他动物。研究表明，蓝鲸进化出典型体形的速度远超于陆地哺乳动物。它们从狗一样大小的祖先开始，花费了大约500万个世代就拥有了现在的体形。据专家推测，水生哺乳动物之所以更容易增大体形，是因为水的浮力使它们摆脱了重力的限制，于是生长所需的结构改变更少。只要食物充足，鲸的体形就可以继续扩大。GS

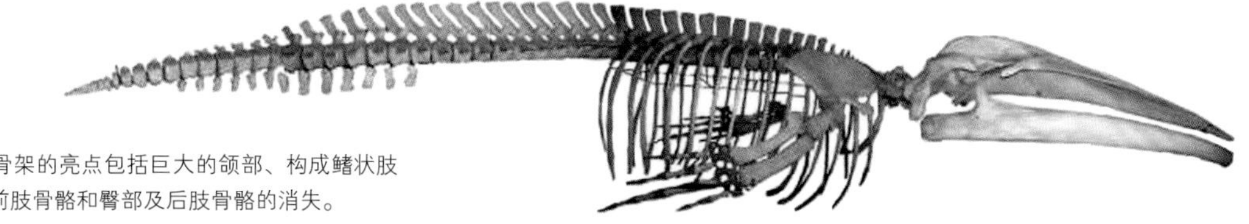

▶ 蓝鲸骨架的亮点包括巨大的颌部、构成鳍状肢的强壮前肢骨骼和臀部及后肢骨骼的消失。

鲸之歌

听觉是水生动物的重要能力，水下能见度随着深度的增加而降低，气味难以传导，但和空气相比，水的密度可以将声音的传播速度提高到水上的5倍。齿鲸会发出“咔嗒”声和哨声实现回声定位和交流，并通过主气道里的“声唇”调节声音。座头鲸和蓝鲸可以发出多种频率低于人类听力的声音，但发声机制尚不明确。须鲸没有声唇和声带，但它们的声音可以在海里传播数千米。

猴和猿

1 侏狨（*Mico humeralifera*）等狨属成员属于新世界阔鼻小目。

2 和大部分狒狒一样，东非狒狒（*Papio anubis*）从树栖生物演变成了主要在地面生活的动物。

3 长臂猿的手臂极长且有力，可以在树枝间摆荡，例如这只白掌长臂猿（*Hylobates lar*）。

猴和猿有147个现生种，包括狨猴、蜘蛛猴、狒狒、疣猴、猿等等。猿类里有亚洲的长臂猿和红毛猩猩、非洲的黑猩猩和大猩猩、人类和所有已灭绝的化石近亲。这些生物都被归入“类人猿下目”，其进化历史可以追溯到3 000多万年前的古近纪。类人猿中的两大主要进化群体是阔鼻小目和狭鼻小目。前者是包括狨猴（见图1）、蜘蛛猴和吼猴的小规模群体，所有成员都栖息在美洲。后者包括所有其他猴和猿。

猴和猿具有独特的颅骨、大脑和颌部结构。例如，它们眼窝的外缘与颅腔的连接更完整，而不是和狐猴等灵长类近亲一样有后部开口。大脑皮层的褶皱多于狐猴，颅骨顶部的额骨融合形成了更大更结实的结构和眉脊。另外，下颌的齿骨融合形成了一整块强壮的颌骨。

阔鼻小目是中小型猴类，体重约为150 ~ 750克。它们大多是中美洲和南美洲热带雨林中的树栖生物，许多成员都有鲜艳柔软的毛发，以

关键事件

3 400万年前	2 500万年前	2 000万—1 500万年前	1 700万—1 400万年前	1 200万年前	1 000万年前
埃及猿在北非出现，它们是最古老的狭鼻小目成员。	最古老的阔鼻小目（新世界猴）。	长臂猿和其他猿类分开，进化出了更加特殊的树间摆荡能力。	亚洲类人猿中的猩猩属从非洲类人猿中分离出来。	印度的中新世西瓦古猿是猩猩属的早期成员。	埃塞俄比亚生活着脉络猿（*Chororapithecus*），这可能是早期的大猩猩。不过它们只留下了稀少且不完整的化石。

及独特的毛簇、鬃毛和小胡子。所有指甲和趾甲都呈爪状，只有大拇指例外。阔鼻小目特有的特征是灵活的卷尾，可以作为“第五条肢体”卷持物体，以及大幅度分隔且朝向侧面的鼻孔（阔鼻）。阔鼻小目的头骨顶部和耳朵也有独特的骨骼结构。它们的化石记录可以追溯到2 500万年前的渐新世，例如玻利维亚的布兰塞拉猴（*Branisella*）和阿根廷孔的猴（*Tremacebus*）。

狭鼻小目的规模要大得多。其中的猴超科通常被称为旧世界猴，分布在非洲、印度、东南亚、巽他群岛和日本。其中最常见的是体形较大、主要生活在陆地上的狒狒（见图2）和猕猴，而树栖的疣猴和叶猴更加细瘦。它们具有尾巴以及独特的臼齿和膝关节。在更加进步的狭鼻小目中，鼻孔间隔很近并朝向下方。自从3 400万年前和阔鼻小目分开进化后，狭鼻小目的成员就越来越多。它们的化石记录可以追溯到3 400万年前的渐新世，例如北非利比亚和埃及的埃及猿（*Aegyptopithecus*，见510页）。它们占据了从热带森林到大草原和雪峰的多种栖息地。大多数成员都是以水果和树叶为食的植食者，但也有机会性肉食者，例如狒狒们会成群结队地捕猎小型哺乳动物。

另一个狭鼻小目的亚群是长臂猿（见图3），有4个属和大约17个种：长臂猿属（*Aegyptopithecus*）、白眉长臂猿属（*Hoolock*）、黑冠长臂猿属（*Nomascus*，有头冠的长臂猿）和体形最大的合趾猿属（*Symphalangus syndactylus*）。长臂猿栖息在季风和常绿雨林中，从印度东部一直分布到东南亚。它们一般没有尾巴，身体细长，手臂极长，进化出了被称为悬臂摆荡的特技。它们用胳膊吊起身体，交替移动双手实现摆荡，这种能力需要臂部骨骼和肌肉组织发生特殊的变化。它们从头到尾的长度为45 ~ 90厘米，体重为5 ~ 15千克。和其他猿类不同，长臂猿的体形的两性差异很小。不同的种可以根据浓密皮毛的颜色、面部花纹和复杂的鸣叫区分。它们以家庭为单位生活，寿命较长，有25 ~ 30年。可惜至今还没有发现长臂猿化石来研究它们的进化。

猩猩属（*Pongo*）也是狭鼻小目中的一个族群。虽然现在只栖息在印尼的婆罗洲和苏门答腊北部，但这个群体不久之前还有更加广泛的分布。猩猩的野外寿命很长，大约有35年。和所有猿类一样，它们也没有尾巴，

800万年前	800万年前	700万—600万年前	700万—600万年前	100万年前	10万年前
黑猩猩和人类在非洲分化。	长臂猿中分化出了黑冠长臂猿属。	乍得生活着乍得沙赫人。它们可能是黑猩猩－人类进化支上最古老的成员。	黑猩猩和人类可能在非洲完全分开、独立进化。	黑猩猩和倭黑猩猩分开，形成了有密切亲缘关系的两个种。	已经灭绝的巨猿可能依然生活在东亚和东南亚，它们是猿类中最大的成员。

但有强壮的巨大身体，雄性猩猩站立高度可达130厘米，体重可达75千克。尽管体形和体重可观，但猩猩一般都是独居的树栖生物。它们的长臂和钩状手脚有利于在树冠高处移动，寻找它们喜爱的果实和树叶。猩猩主要以植物为食，但也常常会捕猎小型脊椎动物、昆虫和蛋。两性异形也很明显，雄性的脸更大，突出的皮瓣拓宽了脸部和咽喉区域，这让它们具有巨大的双下巴和喉袋，可以发出独特的声音。虽然雌雄猩猩的面部都没有毛发，但身体其余部分都长有长而粗糙的毛发。幼崽的毛发为橙色，成体的毛发更偏红褐色。猩猩在现生猿类中与众不同，它们的化石记录可以追溯到大约1 200万年前中新世的欧亚大陆和非洲，其中包括印度的西瓦古猿（*Sivapithecus*）和中国的巨猿（*Gigantopithecus*，见512页）。分子钟研究表明，猩猩是在非洲从猿科的主要分支中分离出来的，分离时间可能是1 700万—1 400万年前。

狭鼻小目中的大猩猩（见图5）包含两个种，其中也包括最大的现生灵长类，这类生物的成年雄性身高2.3米、体重可达275千克。和许多其他猿类一样，大猩猩也有明显的两性异形。它们的手臂比腿长，而且非常有力，臂展可达2.75米。除脸部和手脚外，身体上长有一层厚厚的黑或灰黑色毛发，老年雄性银背大猩猩的背部会变为银灰色。巨大的头部进化出了发达的颌肌，附着在被称为矢状嵴的头骨突起上。眼窝的上方还有突出的眉骨。大猩猩生活在由若干雌性及其后代组成的小群体中，整个群体由一名雄性头领守护，因此两性异形十分明显。它们是植食性动物，主要以树叶为食，但也吃水果。它们体内的大部分空间由巨大的胃占据，以便缓慢消化坚硬的植物组织。虽然大猩猩一天的大部分时间用于在低矮植物中觅食，但它们也擅长攀爬，会在树上过夜。可惜和许多猿类一样，它们

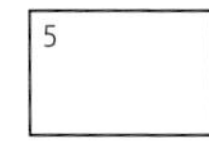

的森林栖息地很难保存化石，森林里的尸体很快就会腐烂或被吃掉，因此尚未发现大猩猩的化石。根据分子钟的估计，大猩猩是在1 000万—700万年前从黑猩猩和人类的进化路线中分离出来的。

狭鼻小目中黑猩猩（见图6）和人类的亲缘关系最近，不过它们和大猩猩都比人类多一对染色体。它们有48条染色体（人类为46条），这两条祖先染色体在人类中可能融入2号染色体内。黑猩猩体内大约1/3的物质（蛋白质）与人类完全相同，它们的全部基因（基因组）也与我们非常相似，大约有2.7%的差异。这些差异都是在过去的800万—600万年期间积累起来，也就是黑猩猩和人类在晚中新世各自走上独立进化道路之时。现生黑猩猩只有两种：黑猩猩（*Pan troglodytes*）和倭黑猩猩（*P. paniscus*）。它们都生活在中非的森林和林地中。

尽管小于大猩猩，但黑猩猩依然庞大强壮。雄性的直立高度可以达到1.7米，体重足有75千克。和大多数猿一样，黑猩猩也有明显的两性异形，特别是普通黑猩猩，而倭黑猩猩的两性异形没有那么明显。和大猩猩一样，黑猩猩除脸部、手掌、脚掌、肛门和生殖器区域外，身上也覆盖着厚厚的毛发。它们也与其他非洲猿和许多灵长类动物一样是社会性动物，生活在由10 ~ 30个成员组成的小团体中，在地面上和树上都一样活跃和敏捷。虽然主要是以植物为食且偏爱水果，但它们也会食用坚果、花朵、树叶，偶尔还会品尝昆虫。众所周知，黑猩猩也会积极地联合起来猎杀小型哺乳动物，例如猴子和假面野猪。黑猩猩的化石也相当稀少。一些专家声称，700万—600万年前的乍得沙赫人（*Sahelanthropus*）化石（见图7）是早期黑猩猩的遗骸。但其他人则认为它是人类进化分支中最古老的成员（见509页）。DP

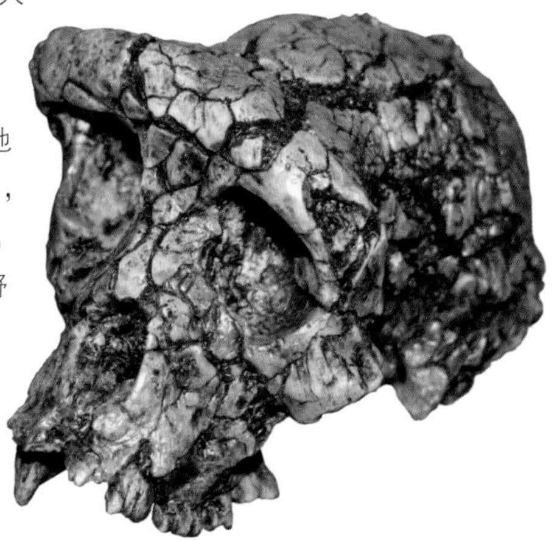

4 图中的苏门答腊猩猩（*Pongo abelii*）和婆罗洲猩猩（*P. pygmaeus*）都因为栖息地的丧失、偷猎和其他危险而濒临灭绝。

5 和大部分灵长类一样，大猩猩过着群居生活。每个小团体都由成年雄性银背大猩猩带领。

6 黑猩猩的行为非常有趣，例如钓白蚁。

7 乍得沙赫人（人猿）的争议很大，标本昵称“图迈”，意为“生命的希望”。

埃及猿

渐新世

种：古埃及猿
(*Aegyptopithecus zeuxis*)
族群：原上猿科
(Propliopithecidae)
体长：1米
发现地：埃及

发现于埃及法尤姆的埃及猿化石可以追溯到大约3 400万年前的早渐新世，它们是已经灭绝的灵长类，接近于旧世界猴与猿的祖先。埃及猿体长不足1米，具有类似狗一样的长吻部和类似猿的牙齿，包括突出的下犬齿。它们体重7千克，略小于现生美洲吼猴，但大于同时代法尤姆地区的灵长类（见补充）。这些化石有明显的性别二态性，尤其是牙齿。雄性的犬齿更大，可能是用于争夺统治权，保卫自己的领地和配偶。如今的猴子和猿依然具有这种行为。它们的雌雄个体身体差异不太可能是源自饮食，因为雄性与雌性的食物都是相同的。有证据表明，埃及猿生活在由诸多雌性及其后代组成的大型团体中，由少数雄性占据统治地位，而且等级森严。如果的确如此，那这种社会行为已经具有相当浓的现代色彩，并且体现出了猿类进化的主要特征。埃及猿和新世界猴可能起源于非洲的原始种群。此后地球上出现了布兰塞拉猴，这是南美洲最古老的化石灵长类，可以追溯到大约2 500万年前的晚渐新世。它们的颌骨化石发现于1969年，公认是进化大爆发开始时出现的阔鼻小目成员。这场爆发后来让猴类遍布整个南美洲和中美洲栖息地。DP

图片导航

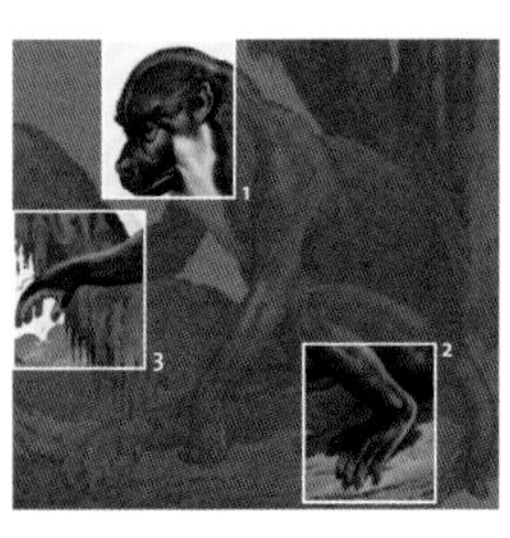

要点

1 头骨
某些比较古老的埃及猿化石具有矢状嵴，这是头顶上从前额延伸到后颈的骨质脊突。现生大猩猩也具有这个特征，用于附着颌肌上段，让头顶呈圆顶状。

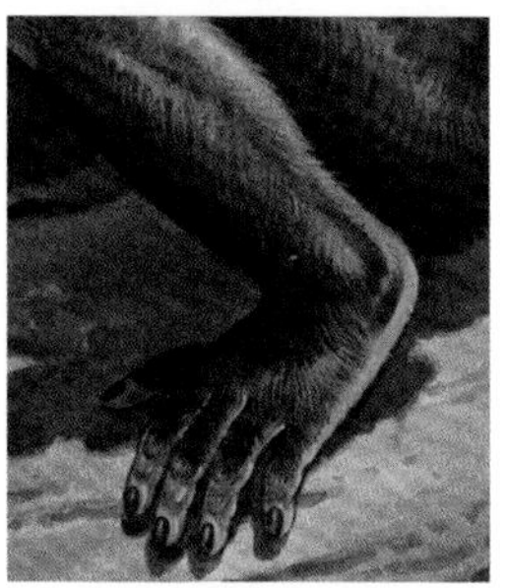

2 踝骨
埃及猿踝关节中的跗骨结构和关节的活动范围很大，有助于攀爬，让足部可以扭向各个角度，既可以抓紧树枝，也可以在抬起或移动整个身体时发力。

3 四肢
埃及猿的四肢长而有力，具有强壮弯曲的手指和灵活的长脚趾。它们在不同高度的树冠层上缓慢小心地移动时，手臂可以抓紧小树枝采摘水果。

亲缘关系

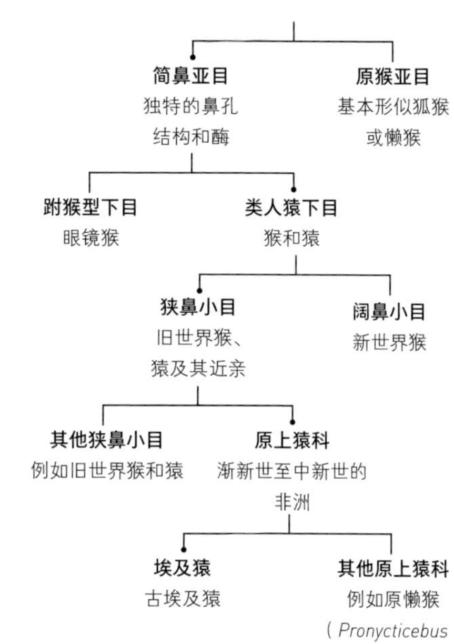

▲ 埃及猿所在的族群非常接近狭鼻小目中的猕猴类（旧世界猴）和人型总科（猿，包括人类）分界点，这个种群于3 500万—3 000万年前分离出来。

法尤姆洼地

法尤姆洼地（右图）位于埃及东北部，自20世纪60年代起，当地陆续出土了数千具4 000万—3 000万年前的化石标本。当地已经灭绝的哺乳动物群体包括大型植食性的似犀牛重脚目，以及掠食性的鬣齿兽。延续下来的哺乳动物群体包括原始的大象、龙王鲸（见502页）等鲸类、啮齿类和早期树栖灵长类。法尤姆的化石灵长类包括两类以水果为食的猴子：副猿类和原上猿类。前者小而灵活，例如亚辟猴（*Apidium*），它们可以在树冠层的树枝间跳跃。后者数量较少。有趣的是，法尤姆的猴子里似乎只有副猿（*Aegyptopithecus*）会采食树叶。它们没有下切齿，在大啖水果之余也会吃吃树叶。

巨猿

更新世

种：步氏巨猿(*Gigantopithecus blacki*)
族群：人科(Hominidae)
体长：1.8米
发现地：中国、印度尼西亚和越南

图片导航

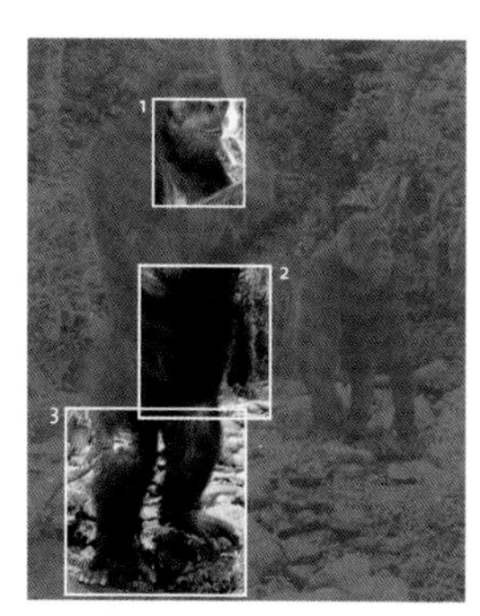

这种已灭绝的猿类只留下了非常零碎的遗骸，主要是牙齿和部分颌骨。不过我们可以从这些化石中推测出，它们是最大的猿类。目前命名了三个物种：步氏巨猿（*G. blacki*）、巨型巨猿（*G. giganteus*）和毕拉斯普巨猿（*G. bilaspurensis*）。其中步氏巨猿最为庞大。巨猿化石遗骸分布在亚洲各地，从印度（毕拉斯普巨猿）到中国和越南（步氏巨猿、巨型巨猿）都有发现。中国步氏巨猿可能生活在200万—70万年前的早至中更新世，而来自锡瓦利克山和喜马拉雅山南面的毕拉斯普巨猿可以追溯到900万—600万年前的晚中新世。有人认为雄性步氏巨猿的直立身高近3米，体重超过500千克。但实际上它们可能不足1.8米。巨型巨猿的体形更小，有些名不副实。第一具巨猿化石在1935年由地质学家和古人类学家拉尔夫・冯・孔尼毕（1902—1982）发现。他在香港的药店发现了一颗臼齿，这家药店会将牙齿和骨头研磨成药粉。孔尼毕依据这颗牙齿建立了巨猿属。后来人们又从药店、越南的洞穴、中国柳城洞穴和印度的锡瓦利克山中发现了1 000多颗牙齿。DP

要点

1 牙齿和颌骨

步氏巨猿的牙齿化石中包括巨大的低冠臼齿，它带有厚厚的牙釉质且表面严重磨损。犬齿很大，但并不锋利，是大型猿类的典型特征。切齿很小，呈钉状。

2 饮食

牙齿的显微研究表明，步氏巨猿可能是以水果、种子、树叶和大量竹子为食。牙齿和颌部具有处理富纤维植物的痕迹，这类食物必须在研磨咀嚼后才能吞咽。

3 腿和步态

有人认为步氏巨猿是两足动物，但并没有证据。它们可能具有类似大猩猩的形态和习性，但从其体形来看，应该主要是生活在地上。骨架化石的缺乏让研究者只能进行推测。

多地起源说

在20世纪30年代里，德国裔美国解剖学家和古人类学家弗朗茨・魏敦瑞（1873—1948）认为巨猿的化石具有人类特征，于是将它重新命名为巨人，但这个说法没有得到承认。魏敦瑞致力于寻找多地起源说的证据，这个理论认为人类等存在于多个地区的族群都有当地祖先，而且和其他地区族群的祖先不同。东南亚的直立人（*Homo erectus*，上图，图中也有巨猿）可能是当地人类的祖先。而现在的主流看法是所有现代人类都来自非洲祖先。

鼬科

1 身长1.5米的河川兽（*Potamotherium*）是公认的早期鼬科成员或者早期的海豹科成员。

2 丘齿獭（*Enhydriodon*）是巨大且分布广泛的水獭，非洲种迪基卡丘齿獭（*E. dikikae*）在2011年得到命名。

3 美洲貂（*Martes americana*）是典型的鼬科成员，身体细长柔韧，腿短但身手敏捷，是凶猛的掠食者。

鼬科大多都是凶猛的中小型肉食动物，腿部短小、身体细长、尾部短而弯。鼬科中大约有60个现生种，是食肉目中最大的一个科，包括黄鼬、白鼬、貂、水獭和獾，栖息地遍布全球大陆，仅南极和澳大利亚除外。鼬科的早期进化历程模糊不清，部分原因在于它们直到2 300万年前的中新世才开始留下高质量化石。这可能是由于许多成员的体积很小，骨骼也很纤细脆弱。此外，许多早期鼬科成员可能生活在森林中，这种环境里的腐烂和循环都非常迅速，难以保留化石。不过最近发现的化石中让人可以一窥鼬科的进化。最古老的标本可以追溯到3 000万年前的晚渐新世，而且明显和貂有相似之处。到500万年前的上新世时，鼬科已经进化出了各种现生成员。

巨貂（*Megalictis*）是最古老的化石鼬科成员，它们形似巨大的黄鼠狼，生活在晚渐新世和早中新世的北美洲，从2 500万年前延续到了2 000万年前，即“猫科动物空白期”（见524页）。巨貂已经灭绝，这种狗

关键事件

3 000万年前	2 500万—2 000万年前	2 300万—775万年前	2 000万年前	1 100万年前	800万—550万年前
早渐新世的北美、欧洲和亚洲生活着早期鼬科。	北美生活着巨貂。这种狗一样大小的肉食动物在“猫科动物空白期”里繁荣昌盛，因为没有猫科的竞争对手。	欧洲和北美生活着河川兽。它们一般被归入鼬科，但也有人认为它们是早期陆生鳍足目（海豹）。	美洲獾出现。	中、晚中新世里，大部分现生鼬科都已经出现，例如貂或似獾的成员。	肯尼亚图尔卡纳湖西南岸附近的洛特加姆化石点形成。这里保存着巨大的豹鼬化石。

一样大小的掠食者可能形似狼獾，相当于非洲的豹鼬（见516页）。同样已经灭绝的似水獭河川兽（*Potamotherium*，见图1）没有那么出名。它们生活在2 300万—725万年前，欧洲和北美都有分布。有人认为这种不太寻常的鼬科动物是海豹和海狮的陆生祖先，但是大多数专家都认为它是早期鼬类。近貂熊（*Plesiogulo*）是狼獾的祖先，也是最大的陆生鼬类。这种早期狼獾可能起源于亚洲，并在700万—650万年前的晚中新世来到北美。它们与现代的貂有相似之处，可能是从貂的族系进化而来。到更新世的时候，现生狼獾已经开始留下化石。

鼬科中也出现了非常适应水生环境的水獭，其中有13个现生种。健兽（*Satherium*）是北美洲一个已经灭绝的属，化石可以追溯到375万—150万年前的中上新世至早更新世。多地都发现了化石，特别是美国的爱达荷州，这种大水獭可能与濒临灭绝的南美巨獭有亲缘关系，后者是最大的现生水獭。丘齿獭（见图2）也是已经灭绝的水獭，其中的一个种迪基卡丘齿獭发现于埃塞俄比亚的阿法尔山谷。化石形成于300万年前，从非常大的头骨来看，它们似乎比巨水獭还大。丘齿獭因为体形庞大而被昵称为“熊獭”。它所在的属可能是北美太平洋沿岸海獭的祖先。欧洲、印度和北美西部也发现过丘齿獭的化石。像海獭一样，它们的牙齿适合压碎而不是剪切食物。

大多数獾被认为可能由类似貂的祖先进化而来，后者栖息于亚洲的森林。它们是肌肉发达的陆生杂食性挖掘者，以林地里所有可以吃的东西为食。两种新近灭绝的獾是奥地利和德国早更新世的霍氏獾（*Meles hollitzeri*），以及晚更新世法国的索氏獾（*M.thorali*）。它们都和现生獾非常相似，可以归为同一个属。美国的獾被认为出现在鼬类进化史的早期阶段，大概在2 000万年前。当然，美洲獾（*Taxidae taxus*）作为唯一的美洲獾代表，和欧洲及亚洲的獾有很多不同。现生鼬科的遗传研究为亲缘关系提供了一些线索，但专家还不太清楚现生族群的出现时间。最古老的族群可能类似貂（见图3），但部分成员的特征更类似獾。到大约1 100万年前的中至晚中新世时，大多数现生族群都已经出现。MW

700万—650万年前	600万年前	375万—150万年前	350万—325万年前	200万—100万年前	200—100年前
近貂熊可能是狼獾的祖先，它们是从貂类族系中进化出来的。	查米达獾（*Chamitataxus*）形似现生獾。它们的化石发现于美国的新墨西哥州。	健兽（*Satherium*）畅游于北美水域，它们可能是濒危巨水獭的近亲。	迪基卡丘齿獭（熊獭）体长超过2米，生活在埃塞俄比亚。	霍氏獾和索氏獾都和如今的欧洲獾十分相似，因此属于同一个属。	北美大西洋海岸的海貂（*Neovison macrodon*）因为人类侵扰而灭绝，没有留下高质量的样本。

豹鼬

新近纪

种：飞驰豹鼬
(*Ekorus ekakeran*)
族群：鼬科
(Mustelidae)
体长：2米
发现地：非洲

非洲的飞驰豹鼬是大型鼬科成员，生活在600万年前的晚中新世。它们的种名是当地图尔卡纳人语中的“奔跑的獾”。作为活跃的现生獾近亲，这个名字可以说是非常适合豹鼬。和獾相比，它们的外观更类似豹，站立肩高为60厘米，体长2米，体重达到50千克，而且腿部较长，和普遍腿短同类大不相同。豹鼬的四肢和足部也不符合鼬科标准，反而更类似猫或鬣狗等奔跑的掠食者。和后两者一样，豹鼬可能是以开阔平原和草原上的小型植食性动物为食。最接近豹鼬的现生非洲哺乳动物是蜜獾（*Mellivora capensis*，见补充），它们以肉为生，相当凶猛，而且是最大的非洲陆生鼬类，但腿比较短、体形较小，不过身体比豹鼬粗壮。

这种已经灭绝的鼬科留下了保存完好的完整化石，由肯尼亚的化石猎人科莫亚·柯每由（1940—）发现。化石保存在洛特加姆组的悬岩下，接近图尔卡纳湖的西南岸。洛特加姆组产出了1 000多具800万—550万年前的动物化石，包括猴子和早期人类的下颌。MW

图片导航

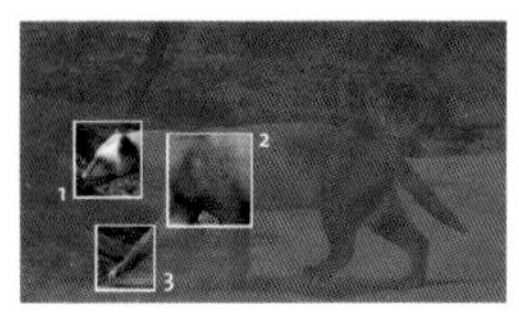

要点

1 头部

豹鼬的面部短而宽，吻部和黄鼠狼、白鼬、貂和獾等现代鼬科成员相比更钝。牙齿结合了鼬科和猫科的特征，更类似猫科。

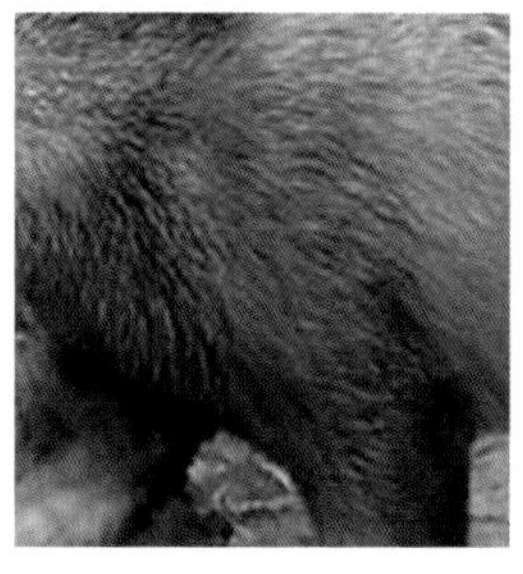

2 肩膀和腰带

骨架的胸部和腰带以及四肢骨骼都有身体直立的特征。可见它们擅长奔跑，与擅长挖掘和钻地道的普通鼬科不太一样。

3 灵活的足部

豹鼬是跖行动物还是趾行动物存在争议。化石表明其足骨比较灵活，而且动作灵活迅速，有归为趾行动物的可能。大多数现生鼬科都是跖行动物。

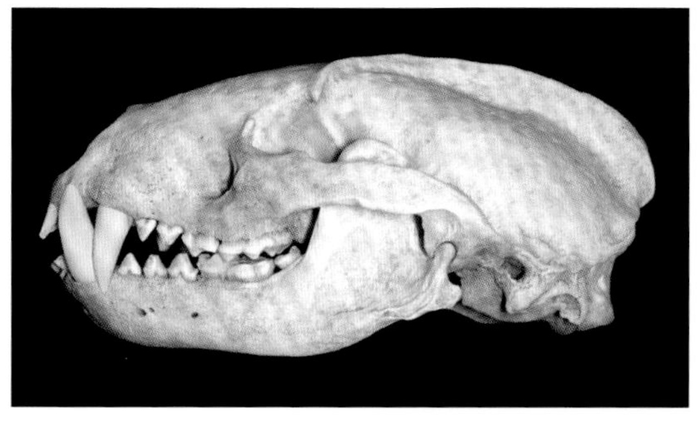

◀ 狗獾具有典型的鼬科牙齿，包括大而尖的犬齿和结实的臼齿（颊齿）。獾是杂食动物，牙齿扁平，更擅长碾压而不是像其他掠食性鼬科一样擅长剪切食物。

现生近亲

蜜獾（右图）是豹鼬的现生近亲。它们主要分布在非洲，但也向东迁徙到了尼泊尔和印度。虽然豹鼬更大、更强壮，但蜜獾的习性可能会为前者的进化和生活方式提供一些线索。这两种动物都是贪婪的掠食者，可以捕杀多种小型猎物。蜜獾是出了名的脾气暴躁、咬力强劲的凶暴动物，可以捕猎多种猎物，昆虫、幼虫、蜥蜴、啮齿类和蛇都是它们的猎物。它们也有豹鼬所不具备的专长：时常袭击野蜂巢，扒开蜂窝享受蜂蜜，这也是它们名字的由来。猎物稀少的时候，蜜獾就以植物为食，甚至会挖坑寻找坚韧的根茎、块茎、球茎之类的食物。

海豹、海狮和海象

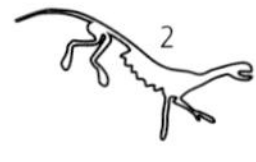

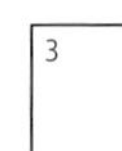

1 贝加尔海豹是唯一只生活在淡水中的鳍足类，不过它们的祖先可能生活在海水中。

2 达氏海獭豹（*Puijila darwini*）体长1米左右，具有适应陆地的四肢，但也进化出了类似海豹的头部、颌部和牙齿。

3 海象的体重超过2吨，它们的长牙可用于展示、防御和在冰上凿洞。

鳍足类——海豹、海狮、海狗和海象——是猫狗的表亲，属于食肉目。它们都相当擅长水中捕猎，但会在陆地上休息和繁殖。鳍足类有3个科，33个现生种，几乎都是海洋生物。海豹科下有18个种，是在水中最游刃有余的鳍足类，其后肢已经不能用于陆地行走。它们以鱼一样的身体侧向游泳，用短短的后鳍状肢控制方向。海豹科中只有僧海豹栖息于热带暖水域。海狮科（包括海狮和海狗）有14个种，它们会用后肢在陆地上爬动。海狮科动物游泳时会使用长于其他海豹的前鳍状肢并扭动身体前进。第三个科是海象科，其中只有海象这一个种（见图3），是最奇特的海洋哺乳动物之一。这种长着獠牙的巨大鳍足类在水里用两对鳍状肢推动身体。和海狮一样，它们也可以用后肢在陆地上拖动身体。

小头海豹属中的3个现生种有两个都生活在淡水中，因此人们对它们的进化非常感兴趣。贝加尔海豹（*P. sibirica*，见图1）只栖息于俄罗斯贝加尔湖的淡水中。这片广阔的古老淡水湖可能已有2 500万年了。环斑海

关键事件

2 900万年前	2 800万年前	2 500万年前	2 400万—2 100万年前	2 300万年前	2 200万—2 000万年前
当时的海熊兽可能是现生鳍足类的祖先。	海狮科（海狮和海狗）的族系和海象的族系开始分化。	贝加尔湖开始形成，这是世界上最大、最古老的淡水湖。现生残留种贝加尔海豹就生活在这里。	达氏海獭豹出现在早中新世湖泊中。这可能显示了陆地肉食动物和水生海豹之间的一幕。	达氏海獭豹生活在这个时代。它们是第一种得到科学描述和命名的海熊兽。	基因和分子证据表明僧海豹已在此时和其他海豹分开。

豹（*Phoca hispida*）多为海生生物，但某些亚种生活在淡水湖中，例如巴芬岛、俄罗斯的拉多加湖，以及芬兰的塞马湖。第三个种里海海豹（*P. caspica*）生活在里海中。贝加尔海豹的祖先可能是在因为冰川消退而被隔离在北极之前通过冰盖来到了贝加尔湖。这种从咸水到淡水的转变支持鳍足类的祖先是陆生肉食动物的理论。它们先进入淡水，之后来到半咸水中，最后进入大海。这类流线型的水生肉食动物的进化和起源颇有争议，尤其是它们是否都属于一个自然进化支（是否拥有共同祖先）的问题。目前基于基因研究的观点是，虽然鳍足类的3个现生科差异很大，但有可能都是源自一种似熊或似鼬的祖先。

海熊兽（*Enaliarctos*）是最古老的化石鳍足类。发现于美国加利福尼亚州和俄勒冈州的米氏海熊兽（*E. mealsi*）在1973年被发表并命名，历史可以追溯到2 300万年前的中新世之初。目前发现了5种海熊兽，最古老的标本可能距今2 900万年。和海象一样，这种原始的鳍足类可能也会用四肢游泳，而且脊柱应该非常灵活，便于在水中扭动身体前进。它们的后肢更类似腿，而不是现生海象和海狗的鳍状肢，说明它们虽然是熟练的水中猎手，但还是更倾向于待在陆地上。它们具有锋利的裂齿，更类似陆生肉食动物。现生鳍足类动物不具有裂齿，它们的牙齿呈尖锐的圆锥状，主要是用来咬住滑溜溜的猎物，以便一口吞下。

人们在2007年又发现了一具非常重要的化石，它为海豹及其近亲的进化提供了线索。这就是达氏海獭豹（见图2），一种类似水獭的小型肉食动物。海獭豹是半水生生物，四肢短小，足部大且有蹼。它们的四肢仍是腿，但明显缩小了。化石来自加拿大的湖泊沉积物，形成于2 400万—2 100万年前的早中新世。这种类似水獭的肉食动物表明海豹的祖先是从半水生生物进化出了几乎完全水生的习性。过渡物种可能包括更加类似海豹的海熊兽，它们是会同时利用前肢和后肢游泳的早期鳍足类。海獭豹更可能是生活在淡水而不是海中，而且适应淡水的能力可能发生在向海洋生物过渡之前。MW

1 800万年前	**1 700万年前**	**1 500万年前**	**1 500万—1 000万年前**	**400万年前**	**300万年前**
北美生活着翼熊兽（*Pteroarctos*）。头骨和眼眶细节表明它们和现代海豹已经十分相似。	北美生活着原新海象（*Proneotherium*），东亚生活着原海狮兽。它们都属于海象。	许多富含化石的沉积层在加州的鲨齿山骨床形成，它们保存着鲨鱼和古海豹异索兽的化石。	在太平洋中生活着海豹的近亲异索兽属（*Allodesmus*，见520页）。这种动物体形庞大，可以和现生象海豹媲美。	象海豹属（*Mirounga*）分化出两个现生种：北象海豹（*M. angustirostris*）和南象海豹（*M. leonina*）。	北美的壮海象（*Valenictus*）进化出了两根长牙，但几乎没有其他牙齿。

异索兽
中新世

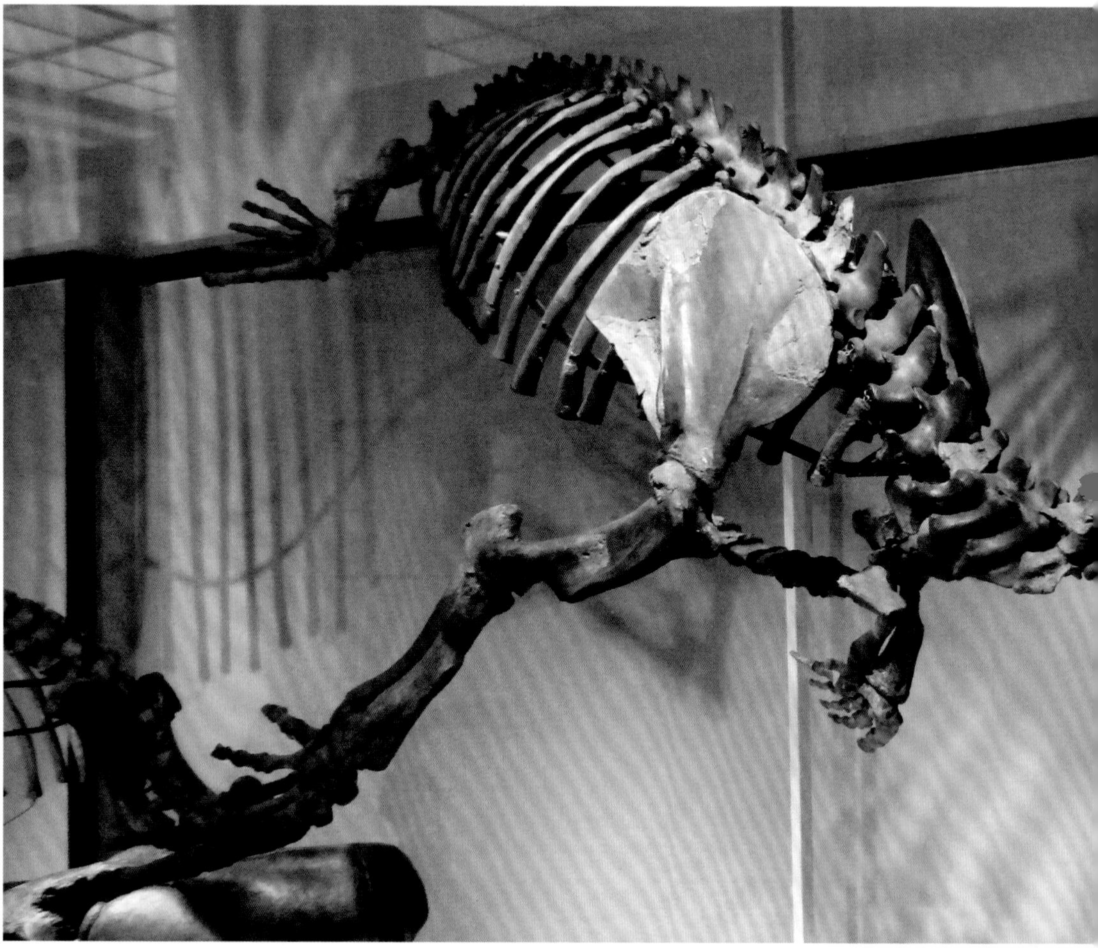

种：克氏异索兽
(*Allodesmus kelloggi*)
族群：皮海豹科
(Desmatophocidae)
体长：2.5米
发现地：北美和日本

有一种海豹和海狮的化石亲戚——异索兽——可以追溯到中新世的北太平洋。它们体长2.5米，体重大约有350千克。某些化石表明它们体长可能超过4米，可见部分异索兽几乎和象海豹一样大，后者体长5米，体重4吨，和大象一样结实。目前发现了很多异索兽化石，特别是美国加利福尼亚州南部，临近的墨西哥下加利福尼亚半岛，以及日本。根据分类特征，它们可以被分为2～6个种。很多化石都来自同一个化石点，可见异索兽和大部分现生近亲一样是群居动物。化石大小的不同表明异索兽的繁殖生物学和现生群居鳍足类一样。体形较大的雄性（沙滩霸主）在沙滩上为了体形较小的雌性组成的后宫而争斗，类似现生象海豹。雄性以强壮的大犬齿为武器。眼眶表明异索兽具有大眼睛和敏锐的视力。它们的头骨虽然大，但很窄，牙齿除了雄性的大犬齿外都很简单，只有一根牙根、呈球状且大小相似。这些早期海豹会在太平洋温暖的沿岸海水中用巨大的蹼足游泳。MW

图片导航

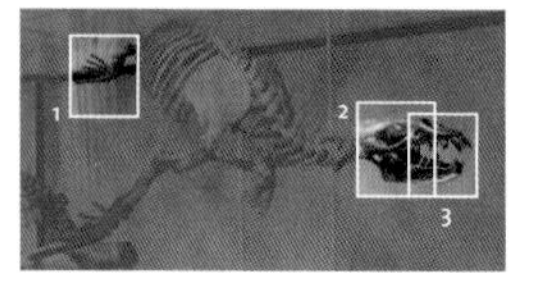

要点

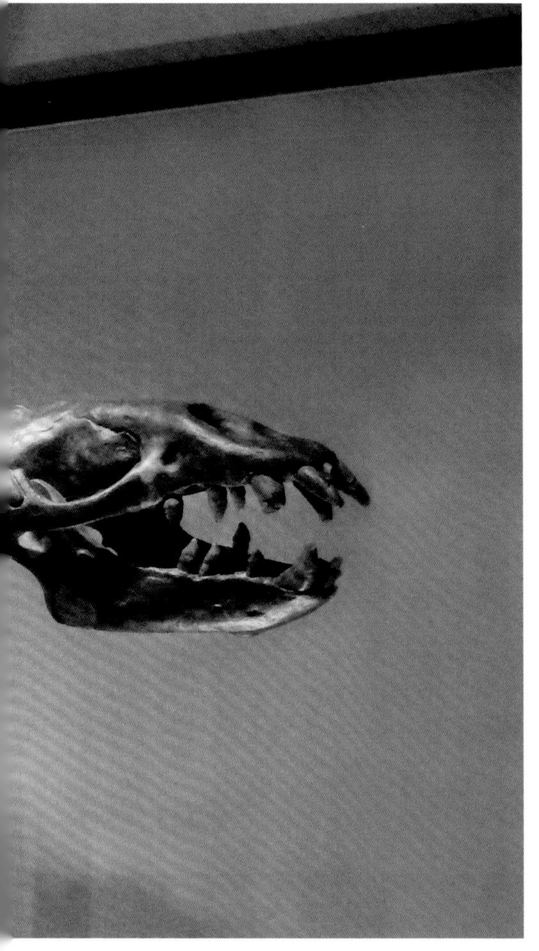

1 蹼状四肢
克氏异索兽的四肢都长有蹼，进化成了类似桨的宽大表面，以便推水游泳，类似如今的鳍足类亲戚。不过它们还保留着典型的哺乳动物骨架结构，即具有正常的上下肢骨骼以及5根趾骨。

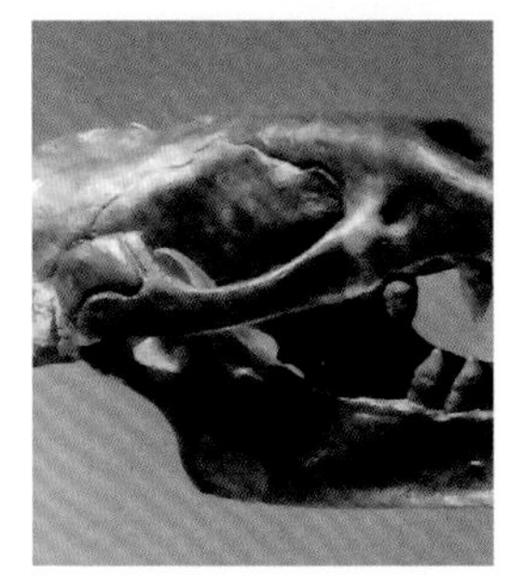

2 大眼睛
化石头骨的眼眶极大，表明克氏异索兽的视力在水下和陆地上都很敏锐。它们主要以鱼类和乌贼为食。现生象海豹的眼睛也很大，可以在幽暗的深水里视物，以便捕猎，所以克氏异索兽可能也会在深水里捕猎。

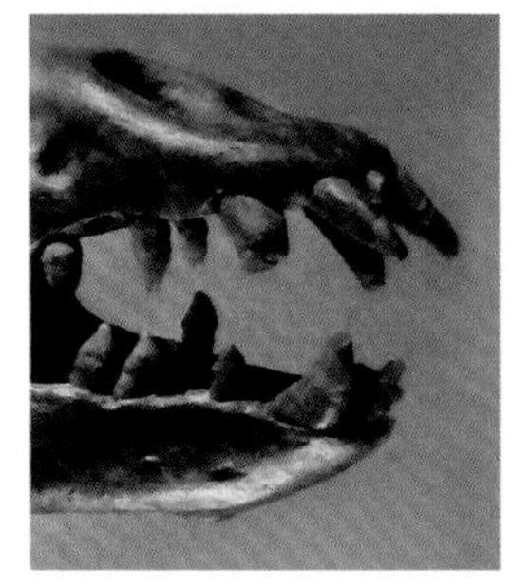

3 简单的牙齿
雄性克氏异索兽使用结实的犬齿和雄性对手战斗。大部分其他牙齿都很简单，而且大小相似。牙齿会在嘴含住猎物的时候紧闭，好让水流出。这种滤水的方法很有利于捕捉小型猎物。

鲨齿山

鲨齿山骨床（右图）位于美国的贝克尔斯菲市附近，是加州著名的化石点。当地的中新世岩石可以追溯到1 500万年前，产出了大量海洋生物和其他动物的化石，包括异索兽、鲸、鳐鱼、硬骨鱼、海龟、鸟类和已经灭绝的鲨鱼，特别是巨齿鲨（见192页）。此地发现过140多种动植物化石。化石层很薄，只有30厘米左右，但覆盖面积巨大，化石密度也很可观，大约1平方米的岩石里就有200个标本。这里曾经是三角洲入海口，覆盖了加州中部的大部分地区。河流的淤泥聚集起来，最终将海洋生物的遗骸变成了化石，而且这些化石大多保存完整。

僧海豹

更新世至今

要点

1 头和脸

圆形的头上具有大而宽的吻部，大且分开的眼睛和狭槽一样的鼻孔都很靠上。鼻孔会在下潜的时候关闭，僧海豹的水下觅食时间一般不会超过5分钟，但有些海豹可以闭气30分钟以上。

2 无外耳

夏威夷僧海豹等真海豹没有小小的外耳。所以它们也叫无耳海豹。没有外耳表明它们比有耳海豹（海狮和海狗）更加适应水中生活，因为外耳会破坏身体游泳时的流线型。

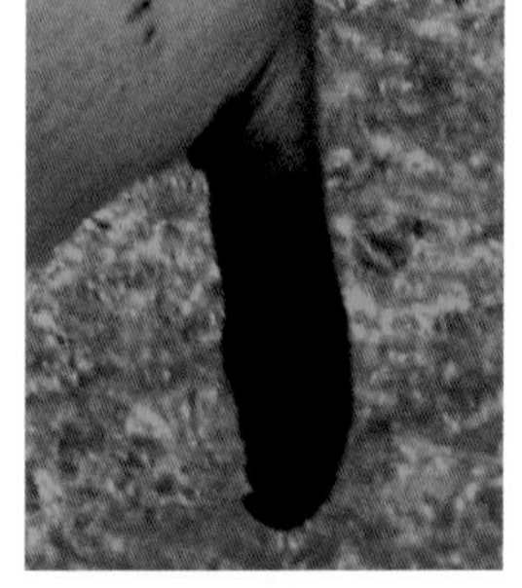

3 鳍状肢

夏威夷僧海豹的前鳍状肢比较短，而且有陆生祖先遗留下来的小爪子。后鳍状肢更长，和其他没有耳朵的真海豹一样，后鳍状肢不能在陆地上旋转扭动。

4 修长的身体

凭借修长的身体，夏威夷僧海豹成了潜水高手，它们一般是在夜里潜入深水寻找鱼、乌贼、章鱼和龙虾。雌性通常体长2.3米，体重270千克，雄性略小。

海豹科里有18个现生种，其中大部分都在冷水中生活。但有两种僧海豹（曾经是3种）生活在比较温暖的水域里，这表明它们的进化位置值得深究。一些专家认为它们是最原始的海豹和海狮，具有该群体的早期特征。也有人认为它们是在比较晚的时期才进化出了看似原始的特征。两个现存种，地中海僧海豹（*M. monachus*）和夏威夷僧海豹（*M. schauinslandi*），都处于极危状态，数量非常稀少。第三个种加勒比（西印度）僧海豹（见补充）已经灭绝，它们在1952年最后一次出现。为什么这三种温水海豹会分布在太平洋、地中海和加勒比这些相隔甚远的地区？一种假设认为它们的祖先生活在北美东部，其中有些随温暖的墨西哥湾流穿过大西洋定居在地中海。另一种理论认为它们起源于欧洲，有些向西来到加勒比，又通过曾经是海道的中美洲来到夏威夷和太平洋。基因分析表明加勒比和夏威夷僧海豹的亲缘关系最近，此结论支持后一种理论。

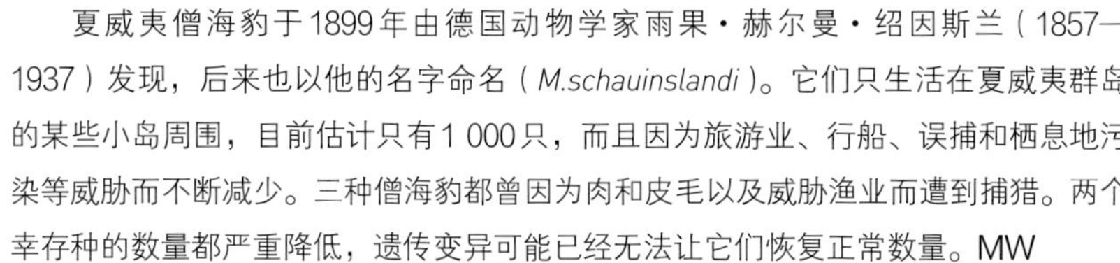

夏威夷僧海豹于1899年由德国动物学家雨果・赫尔曼・绍因斯兰（1857—1937）发现，后来也以他的名字命名（*M.schauinslandi*）。它们只生活在夏威夷群岛的某些小岛周围，目前估计只有1 000只，而且因为旅游业、行船、误捕和栖息地污染等威胁而不断减少。三种僧海豹都曾因为肉和皮毛以及威胁渔业而遭到捕猎。两个幸存种的数量都严重降低，遗传变异可能已经无法让它们恢复正常数量。MW

图片导航

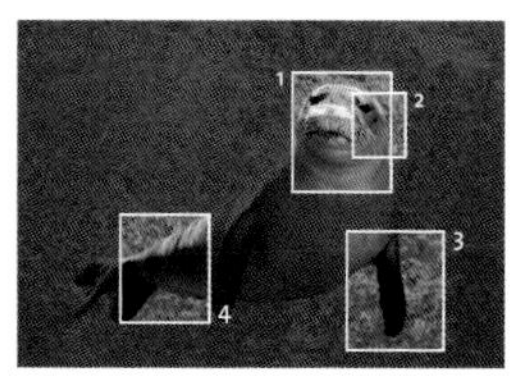

种：夏威夷僧海豹 (*Monachus schauinslandi*)
族群：海豹科(Phocidae)
体长：2.3米
栖息地：夏威夷
世界自然保护联盟：极危

▲ 日本海狮（*Zalophus japonicus*）也和僧海豹一样走上了灭绝的道路上。人类为了它们肉里的油脂而大肆捕猎，让它们的数量在20世纪初期大幅度下降，它们最终于20世纪70年代灭绝。

已经灭绝的近亲

哥伦比亚在1494年首次发现加勒比僧海豹（*M. tropicalis*，上图），当时的加勒比、墨西哥湾、巴哈马群岛、尤卡坦半岛、中美洲海岸和安的列斯群岛北部还有大量僧海豹。美国东南部还发现了化石。不过它们在1850年才得到正式命名，此后便迅速衰减，到1887年就已经十分稀少。有记录的最后一次出现是在1932年，在得克萨斯海湾附近；而最后一次明确看到加勒比僧海豹的小族群是在1952年，在洪都拉斯和牙买加之间的一个珊瑚岛群上。它们经历了几个世纪的渔业侵扰，也因为毛皮和脂肪而被人捕猎，最终不幸灭绝。

猫科动物

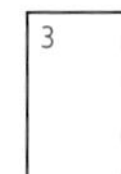

1 锯齿虎（*Homotherium*）肩高约1米，属于剑齿虎亚科。

2 恐猫（*Dinofelis*）的上犬齿大于下犬齿，适合戳刺。

3 伊比利亚猞猁（*Lynx pardinus*）是所有现生猫科动物中处境最危险的成员，已被归为极危物种。

猫科动物是非常成功的陆生食肉目，有大约40个种遍布全球，但澳大利亚、新西兰、马达加斯加和南极洲除外（除非由人类引入）。猫科动物是所有食肉目动物中最依赖于肉的物种，而且很多都是处于栖息地的食物链顶端。这个重要族系的历史可以追溯到约3 000万年前的早渐新世。最古老的猫科动物可能是始猫（*Proailurus*，见526页），它们从晚渐新世延续到了早中新世，距今大约有2 500万年。在始猫出现后，化石记录变得特别稀少，因此2 300万—1 700万年前的时期通常被称为“猫科动物空白期”。其确切原因还不清楚，但可能是因为猫科动物的祖先面对着其他新兴食肉目物种的竞争，例如熊、鬣狗和猎猫（也被称为假剑齿虎）。

在2 000万—800万年前中新世后期出现了一种化石猫科动物：假猫（*Pseudaelurus*）。它们和现代猫科动物在进化上的关系可能更近，而且可能是现生猫科动物和已灭绝的剑齿虎（见528页）的共同祖先。假猫的牙

关键事件

2 500万—1 600万年前	2 300万—1 700万年前	2 000万—800万年前	1 850万年前	1 500万年前	600万年前
始猫可能是现生猫科动物的祖先，或者是灵猫科（麝猫及其近亲）和猫科动物的祖先。	化石记录的“猫科动物空白期”。缺少猫科动物化石可能是因为其他肉食动物的竞争。	早期猫科动物假猫繁盛于欧洲、亚洲和北美洲。	诞生于欧亚大陆的假猫来到了北美。	假猫属迅速分化出了多个种。	剑齿虎（*Machairodus*）肩高1.2米，生活在北美洲、欧洲和亚洲。

齿比始猫少，而且完全是趾行动物而不是跖行动物。这都是现生猫科动物的特征，让它们有别于比较原始的始猫。假猫诞生于欧亚大陆，在大约1 850万年前来到北美。

猫科动物的身体结构一直变化不大，但颅骨和牙齿发生了明显的适应性变化，尤其是剑齿虎。到1 500万年前，假猫属里已经有了很多个种，随后的化石记录中也出现了其他猫科动物。这种进化爆发可能与气候变化对栖息地的影响有关：更开阔的灌木丛和稀树草原更切合猫科动物的捕猎技巧。锯齿虎（见图1）是和现代狮子大小相似的剑齿虎，生活在大约500万年前的美洲、欧洲、亚洲和非洲。它们曾与现代大型猫科动物共同生活在稀树大草原上，直至大约150万年前在非洲灭绝，不过北美的类群一直延续到了大约1万年前。它们肩高大约1米，对剑齿虎来说，其上犬齿较短。巨颏虎（*Megantereon*）也是生活在非洲平原上的剑齿虎，最后也在150万年前灭绝。这种豹子大小的掠食者具有极长的弯曲上犬齿，和很多也生活在现代稀树草原上的动物（例如狮子和豹子）一起捕猎。

恐猫（见图2）是中等体形的猫科动物，肩高约70厘米。牙齿没有真正的剑齿虎那么长，但比现生大型猫科动物的牙齿更大。恐猫生活在500万—125万年前的非洲、欧洲、亚洲和北美洲。它们因为可能会捕食早期人类而臭名昭著，例如非洲南方古猿（见530页）。虽然坦桑尼亚保存着大约350万年前的狮子、豹和猎豹化石，但现生大型非洲猫科动物没有太多化石记录。仅出现在化石记录中的猫科动物都是由于自然原因灭绝的，例如栖息地的变化、气候变化和其他动物的竞争。直到1万年前才灭绝的剑齿虎可能就是因为最近的冰河时代（2.5万—1.5万年前）而灭绝。

可悲的是，现在人类的压力正在将多种现生猫科动物逼上绝路，有的物种恐怕很快就会灭绝。受威胁最大的是体形较大的猫科动物，包括老虎、云豹、雪豹、猎豹；还有几个体形较小的物种也濒临灭绝，例如伊比利亚猞猁（见图3）。如果不为保护付出巨大努力，那么这些物种就很可能在几个世纪甚至几十年内灭绝。经过2 500万年的进化之后，大型猫科动物作为顶级捕食者的时代可能即将落幕。MW

500万—125万年前	500万—1万年前	350万年前	250万—1万年前	150万年前	1.2万—1万年前
非洲、欧洲、亚洲和北美洲生活着中等大小的恐猫。它们可能会以早期人类近亲为食。	美洲、欧洲、亚洲和非洲都生活着锯齿虎。它们和狮子差不多大小。	部分早期大型现代猫科动物留下了化石，例如狮子、豹子和猎豹。	刃齿虎属（*Smilodon*）生活在这个时代，标本的重量从55千克到400千克不等。	巨颏虎是豹子大小的剑齿虎亚科动物，和很多现代动物一起生活在非洲平原上。	多种大型猫科动物因为末次冰期结束的气候变化、猎物减少和人类威胁而灭绝。

始猫（原小熊猫）

晚渐新世—中中新世

要点

1 颌部和牙齿

颌部长有裂齿，即上颌特化的4颗前磨牙，和下磨牙咬合，用于撕开肉、筋和骨。始猫没有猫典型的獠牙（长犬齿），但保留了现代猫所没有的后磨牙。

2 大眼睛和扁脸

前向的大眼睛和扁脸让始猫具有良好的双目视觉，即双眼的视野重叠，加强了距离和深度感知。这是猫科动物的一大特征，让它们非常适应森林的树栖生活。

3 身体

与现代猫科动物相比，始猫的身体十分细长灵活。它们可以迅速地大幅度弯曲脊柱，正如今天的灵猫类（果子狸和麝猫），以便追逐猎物和突然在树枝上调节平衡。

4 足部和爪子

爪子只有少许伸缩能力，不能收回脚趾末端的肉垫。因此爪子可能类似猎豹。足部既可以趾行，也可以跖行，即脚趾和脚掌都能承重，这也是适应树栖生活的改变。

图片导航

种：始猫（*Proailurus lemanensis*）
族群：猫科(Felidae)
体长：1米
发现地：欧洲、蒙古国和北美

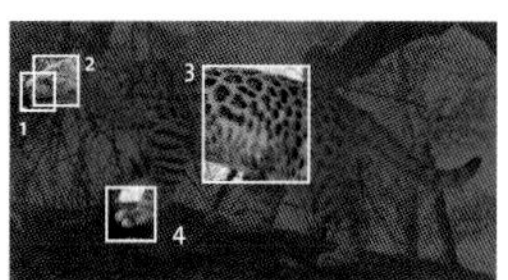

始猫从2 500万年前的晚渐新世延续到了1 600万年前的中中新世。它们形似现代家猫，不过比大多数家猫都要大，体重有10千克。它们个子很矮，具有长尾巴和锋利的牙齿，还具有类似现生灵猫科的麝猫和马岛长尾狸猫（见补充）的特征。后者是仅存于马达加斯加的纯树栖掠食者，最喜欢的猎物是当地的狐猴。始猫的牙齿多于家猫，但没有特化的长犬齿。但家猫和原小熊猫都有猫科动物典型的大裂齿（剪切齿）。始猫是活跃的攀爬者，拥有灵活的脊柱和非常柔韧的腕骨和踝骨，可能会在树上和地面上捕猎。长尾应该会在树枝间活动时发挥平衡身体作用。它们的头很小，面部扁平，眼睛很大而且朝前，因此具有敏锐的双眼视觉，非常适合在森林中捕猎小猎物。

始猫于1879年由法国博物学家和比较解剖学家亨利·菲尔霍尔（1843—1902）命名。菲尔霍尔研究了许多化石哺乳动物并整理出了它们的亲缘关系。始猫的遗骸发现于欧洲，尤其是在德国和西班牙发现较多，蒙古国和美国的内布拉斯加州也有分布。它们可能是真猫科动物系谱中最初的成员，或者是和猫科动物关系密切的进化分支。有人认为始猫是猫、灵猫、猫鼬和鬣狗的共同祖先。MW

马岛长尾狸猫

马岛长尾狸猫（*Cryptoprocta ferox*，右图）属于食蚁狸科，是马达加斯加的肉食性哺乳动物，可能也是最接近始猫的现生动物。和灵长类的狐猴一样，它们也是马达加斯加特有的物种，而且很喜欢捕猎狐猴，食物里有一多半都是狐猴。它们的其他猎物包括啮齿类、爬行类和鸟类。虽然马岛长尾狸猫擅长地面捕猎，但也经常在树上捕食，以头朝前的姿势爬上爬下。它们也会在水平的树枝上交配。在人类带来猫之前，马达加斯加没有真猫，于是马岛长尾狸猫进化出了猫的习性。它们可能也具有始猫的捕猎技巧。和猫不同，马岛长尾狸猫主要以跖行方式行动，以脚掌接触地面。这种方式非常稳定，但降低了速度。而猫具有更灵活轻盈的足部，会采用趾行方式，因此速度更快。

刃齿虎

更新世

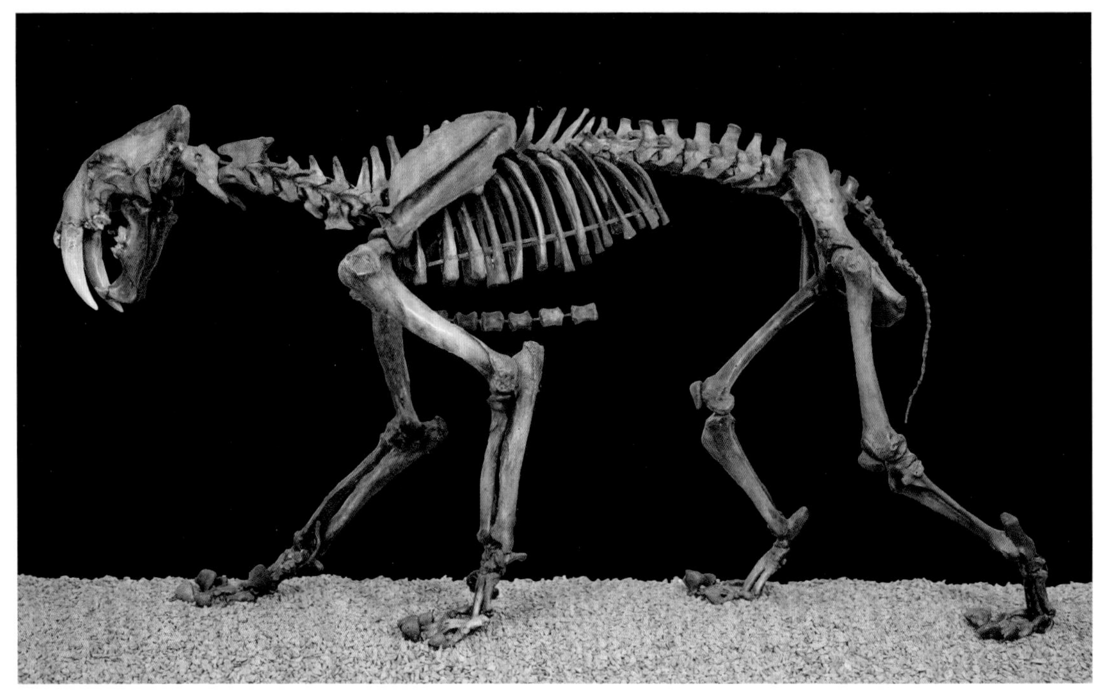

种：致命刃齿虎
(*Smilodon fatalis*)
族群：剑齿虎亚科
(Machairodontinae)
体长：2米
发现地：南美和北美

著名的刃齿虎主要发现于南美洲和北美洲，特别是拉布雷亚沥青坑较多。它们从250万前的更新世延续到了1万年前。最近才灭绝意味着早期人类可能遭遇过这种可怕的掠食者，也可能是人类让它们走向灭亡。沥青坑里发现了成千上万的刃齿虎骨骼，因此我们可以精确重建这种令人惊叹的肉食动物。刃齿虎在1842年由丹麦古生物学家彼得·隆德（1801—1880）命名，依据是来自巴西洞穴的化石。目前发现了3个种。虽然和现代猫一起被分为猫科动物，但刃齿虎和现生猫有很多不同之处，例如臼齿较少，因此建立起了自己的剑齿虎亚科。剑齿类可能很早就与现生猫的祖先分开进化了。

三个刃齿虎物种代表着身体大小和力量不断增加的进化路线。最古老且最小的物种是纤细刃齿虎（*S. gracilis*），体重为55 ~ 100千克，生活在250万—50万年前。致命刃齿虎更大，体重280千克，生活在150万—1万年之前。最大且历史最短的种是毁灭刃齿虎（*S. populator*），由隆德命名。这种剑齿虎重达400千克，站立肩高120厘米，生活在100万—1万年前。它们体形似熊，身体沉重，前肢长于后肢，尾部很短，因此可能步态笨重。它应该主要是依靠伏击捕猎而不是快速追逐，即突然从藏身处扑向猎物。它们的猎物可能包括大型哺乳动物，例如美洲野牛、骆驼和地懒。三种剑齿虎的分布范围不同，纤细刃齿虎似乎诞生于北美，然后在美洲物种大交换的时候进入了南美；致命刃齿虎的分布过程相似，但迁徙到了更偏南美西部的地方；而毁灭刃齿虎主要生活在南美东部。MW

图片导航

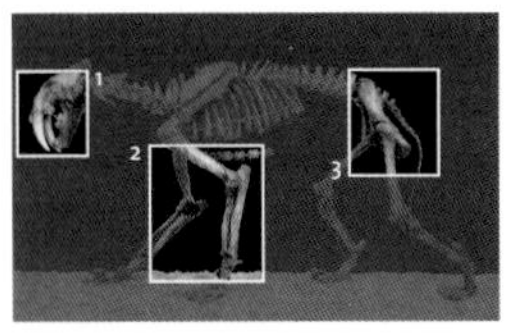

要点

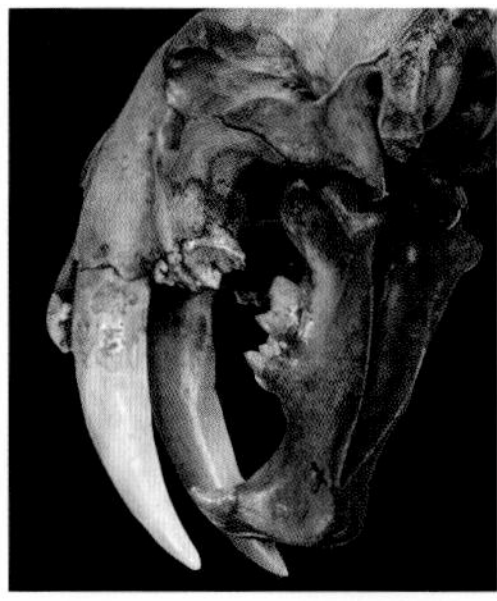

1 剑齿

致命刃齿虎最不同寻常的特征便是一对有锯齿的上犬齿，其长度可以达到23厘米。颌部很窄，结构表明其咬力弱于老虎。这种大猫可能会利用体重冲刺跳跃，压倒猎物，再用犬齿展开攻击。

2 四肢

前肢长于后肢，肩部很高。大肩胛骨给强壮的前肢肌肉提供了充分的附着点，表明前肢可以掀翻、按住并制伏猎物。老虎这种最大的现生猫科动物也有这种前半身发达的身体比例。

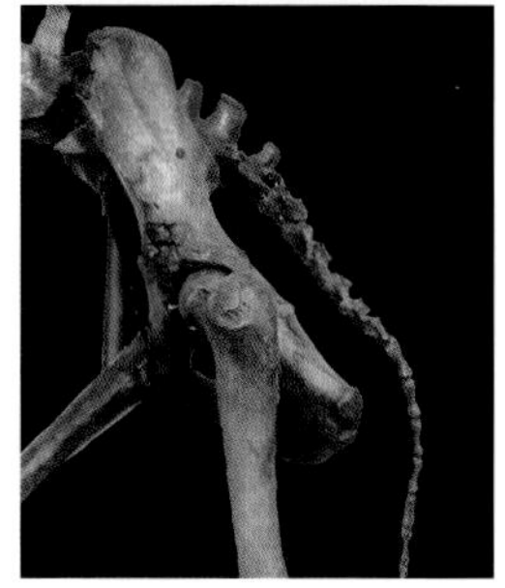

3 尾巴

和大多数现生猫科动物不同，致命刃齿虎的尾巴很短，类似猞猁和山猫。长尾巴通常表明奔跑迅速，需要尾巴来保持平衡，掌控重心。尾巴也可以在攀爬时保持平衡。因此致命刃齿虎是否有着这样的生活方式令人生疑。

剑齿虎的亲缘关系

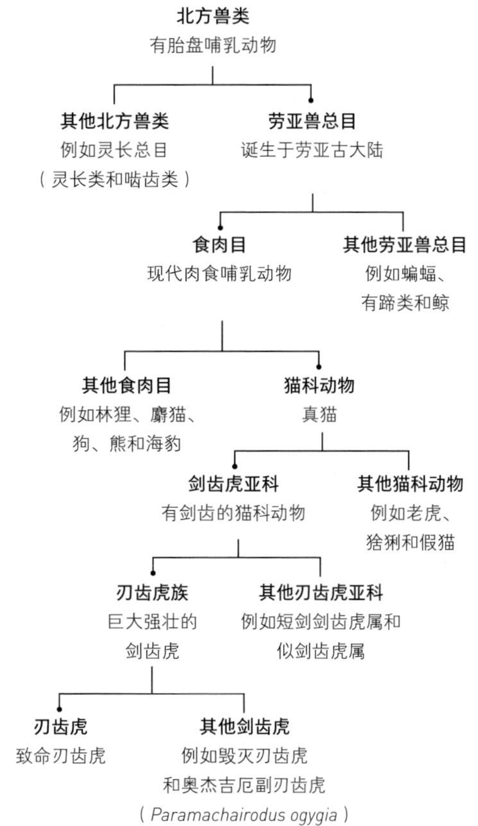

▲ 肉食类哺乳动物统称为食肉目。在猫科动物中，主要的剑齿族群是剑齿虎亚科。

剑齿

剑齿在哺乳动物中不止一次地出现。另一种剑齿虎类伪剑齿虎（*Hoplophoneus*）生活在渐新世。它们和猞猁差不多大小，小于剑齿虎。已经灭绝的鬣齿兽科和猎猫科也有长长的匕首状牙齿，就连一些已经灭绝的有袋类及其近亲都有长牙，例如袋剑虎（右图）。既然这种牙齿在没有亲缘关系的族群中多次进化，那它一定是用处极大的，但专家并不清楚它的具体用途。最有可能的假设是在猎物的喉咙或腹部造成致命伤，而不是咬紧猎物。断裂的剑齿很少见。

通往人类的道路

1 早期人类的进化趋势造就了有沉重下巴和巨大牙齿的植食者，例如鲍氏傍人。

2 推测的图根原人（*Orrorin tugenensis*）形象，根据化石大腿骨而采用了直立姿态。

3 著名的南非陶格孩童标本，是幼年阿法南方古猿，年龄3岁左右。标本保留了内部大脑的形状。

1871年，达尔文预测："我们的祖先更有可能是生活在非洲，而不是其他地方，因为那正是我们发现大猩猩和黑猩猩的地方……它们是和人类关系最密切的表亲。"这之后过了50年，研究者才发现证据支持这种进化关联，又过了20年，这个理论才得到了广泛承认。诸多化石和基因与分子学证据都表明人类和黑猩猩是在1 000万—700万年前开始独立进化的，自此之后，20多种已经灭绝的广义的人科物种都留下了化石，不过都比较零散，特别是早期化石。但它们足以表明在某个阶段里，广义上的人科是以600万年前的南方古猿及傍人（*Paranthropus*，见图1）等人类表亲为主流。

1925年，澳大利亚解剖学家雷蒙德·达特（1893—1988）在南非发现并命名了非洲南方古猿（*Australopithecus africanus*，见图3）。在南非古生物学家罗伯特·布鲁姆（1866—1951）的帮助下，他描述了一具1米高的直立行走的似猿物种和许多类似的化石。后来更多的发现和研究表明，部分非洲化石和猿十分相似，而且骨骼沉重，其他化石则不然。它们

关键事件

1 000万—700万年前	700万—600万年前	600万年前	425万年前	325万年前	300万—200万年前
黑猩猩和人类的进化路线可能在非洲分开。	乍得沙赫人留下了不完整的头骨，标本昵称"图迈"，意为"生命的希望"。它们可能是最古老的人类。	肯尼亚的图根原人可能是人类的祖先，即南方古猿旁支。	埃塞俄比亚生活着地猿，它们混杂了猿、人类的特征，显得十分神秘。	埃塞俄比亚生活着阿法南方古猿，包括著名的"露西"和"第一家庭"。	非洲南方古猿在南非多地留下了化石，包括"陶格孩童"和"普莱斯夫人"。

现在被分为两类：骨骼更重或更结实的属于傍人属，而骨骼更轻的标本依然归入南方古猿。

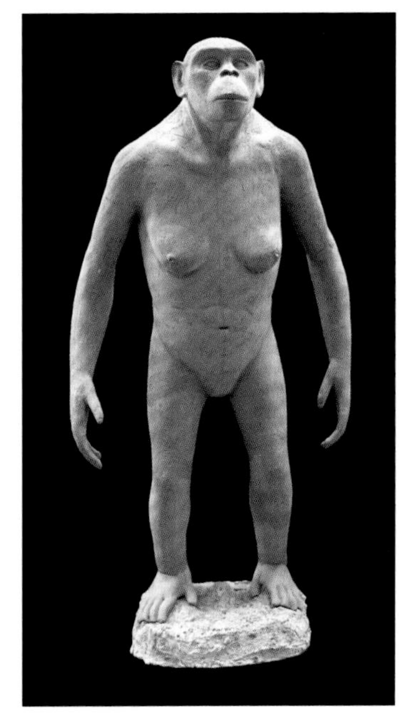

在20世纪50年代，英国人类学家和古生物学家路易斯·李基（1903—1972）曾与其家人一起考察东非大裂谷，特别是坦桑尼亚北部的奥杜威峡谷。尽管在1959年发现了现在被称为鲍氏傍人（*P. boisei*）的南方古猿，但李基最感兴趣的是人类的近期祖先（见536页）。李基于1964年在奥杜威峡谷里发现了第一具零碎的化石，并将其命名为能人（*Homo*，见536页），这具化石距今175万年。1974年，奥杜威峡谷北方远处的埃塞俄比亚出土了更古老的南方古猿，距今有325万年历史。化石被命名为阿法南方古猿（*Australopithecus afarensis*），绰号“露西”（见534页）。这具不完整的骨架显示出了直立行走的腿部骨骼，但仍然和猿非常相似，并具有了比现生黑猩猩更进步的特征。1978年，玛丽·李基在坦桑尼亚利特里发现了375万年前的足迹，为当时的似人生物会两足行走提供了证据。

在20世纪90年代，有450万年历史的埃塞俄比亚化石被命名为地猿（见532页）。2000年，一支法国队伍在肯尼亚的图根山上发现了更古老但还是很零碎的遗骸。这具600万年前的化石被命名为图根原人（*Orrorin*，见图2），化石包括大腿骨，可能具有直立行走能力。仅仅一年之后，另一支法国队伍就在乍得德乍腊沙漠里发现了一颗非常完整的头骨，而且比图根原人还要古老一些。这就是乍得沙赫人（*Sahelanthropus*），它混合了猿类特征和更进步的特征。一些专家认为它能直立行走，而其他人认为这不过是黑猩猩化石。

考虑到种间变化，这些早期人类的总体进化趋势似乎是体形和大脑变大，而脊柱、骨盆和腿足都更适合直立行走。让它们放弃爬树并改为行走的进化压力可能包括非洲越来越干燥的气候，这导致森林缩小并被零散的树林和草原取代。手臂不再用于攀爬，因此手部获得了变得更加灵巧和善于操控的机会。大脑也开始增大。鉴于常见的个体差异，露西及其近亲的脑容量基本为400 ~ 450毫升，阿法南方古猿为450 ~ 480毫升，而能人增加到了600 ~ 650毫升。能人在250万年前开始留下使用工具的早期证据，包括简单的鹅卵石刮刀、切碎机和锤子。但最近的发现又让人提出了新的疑问。DP

275万年前	250万年前	250万年前	250万年前	175万年前	125万年前
傍人身体强壮，具有巨大的颌部、牙齿和咀嚼肌，可能是南方古猿的后代。	惊奇南方古猿（*Australopithecus garhi*）在埃塞俄比亚的阿法尔三角洲游荡，它们可能是人类的直系祖先。	东非的能人是第一种人属成员。	至少3种和人类有亲缘关系的属生活在非洲：南方古猿属、傍人属和人属。	奥杜威峡谷中生活着“胡桃夹子人”，即鲍氏傍人。	罗百氏傍人（*Paranthropus robustus*）或鲍氏傍人可能是傍人属里最后的成员，这条进化线路即将终结。

地猿

晚中新世—早上新世

种：始祖地猿(*Ardipithecus ramidus*)
族群：人科(Hominidae)
身高：120厘米
发现地：埃塞俄比亚

2009年，一项长达15年的复原工作宣告完成，450万年前的始祖地猿骨架终于呈现在人们面前。这一令人惊叹的结果极大推进了早期猿类祖先的研究，还展现出了南方古猿和其他人类近亲都没有的特征。和许多最古老的人类祖先一样，“阿迪”站立高度120厘米，体重50千克，脑部大小为300 ~ 350毫升。似猿的手臂跟腿和脚相比很长。此外，其类似猿的脚趾很长而且可以对掌，所以这种灵长类动物能够爬树。它的足部也具有直立行走的特征，不过和人类不同，而且效率低得多。双手很灵活，可以抓住树枝。这些改变表明始祖地猿会爬树获取食物，并走过开阔的地面寻找新的树。同一个化石点发现的35个标本的牙齿表明，雌性和雄性大小相似，因为犬齿没有两性异形。大量化石集中在一起表明它们生活在同一个社会群体中，且遭遇了灾难。始祖地猿表明，在灵长类动物的人类分支中，我们似猿祖先的早期进化比以前想象的更多样化和复杂。DP

图片导航

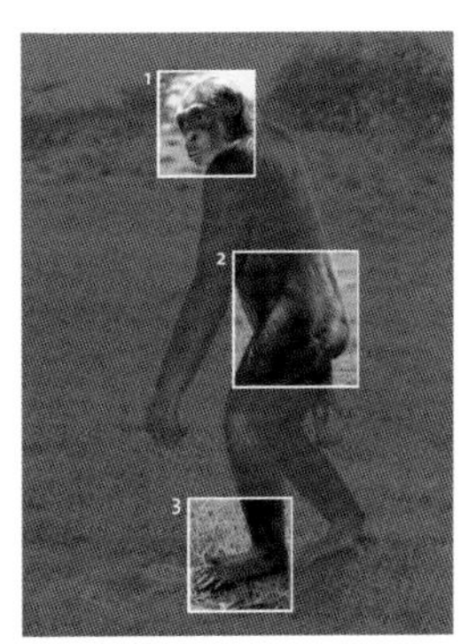

要点

1 头部

少数几个头部化石的枕骨大孔（脊髓出口）和脊柱位置表明，始祖地猿的头骨和人类一样位于脊椎顶部，而不是在脊椎前面。这是两足行动的特征。

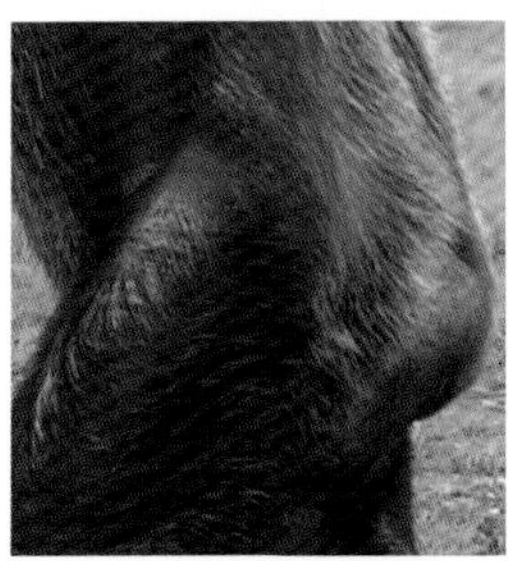

2 髋部

始祖地猿的髋部也同时显露出了爬树的四足行动方式和直立的两足行动方式。骨骼形状和肌肉附着点表明它们两种行动方式都可以采用。但行走能力可能非常原始。

3 足部

足骨显示出了向外伸展的大脚趾，这有利于在攀爬时抓紧树枝，但不利于行走。但足部结构比较僵硬，更有利于行走而不是爬树。

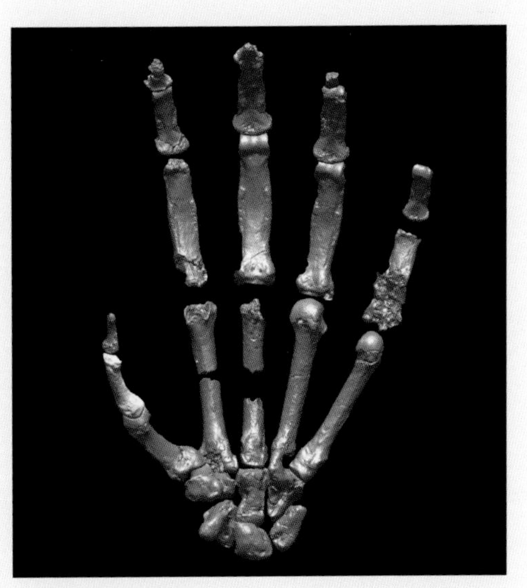

灵活的双手

上图中的指骨表明地猿的手部比很多其他猿类更灵活。虽然可以直立行走，但这可能主要是为了走过开阔的地面寻找新的林地，而地猿依然需要爬到树上寻找食物。这种早期人类近亲的手部结构有利于在树枝间活动时抓紧树枝和伸手摘水果，特别是腕掌关节。

南方古猿（露西）

上新世

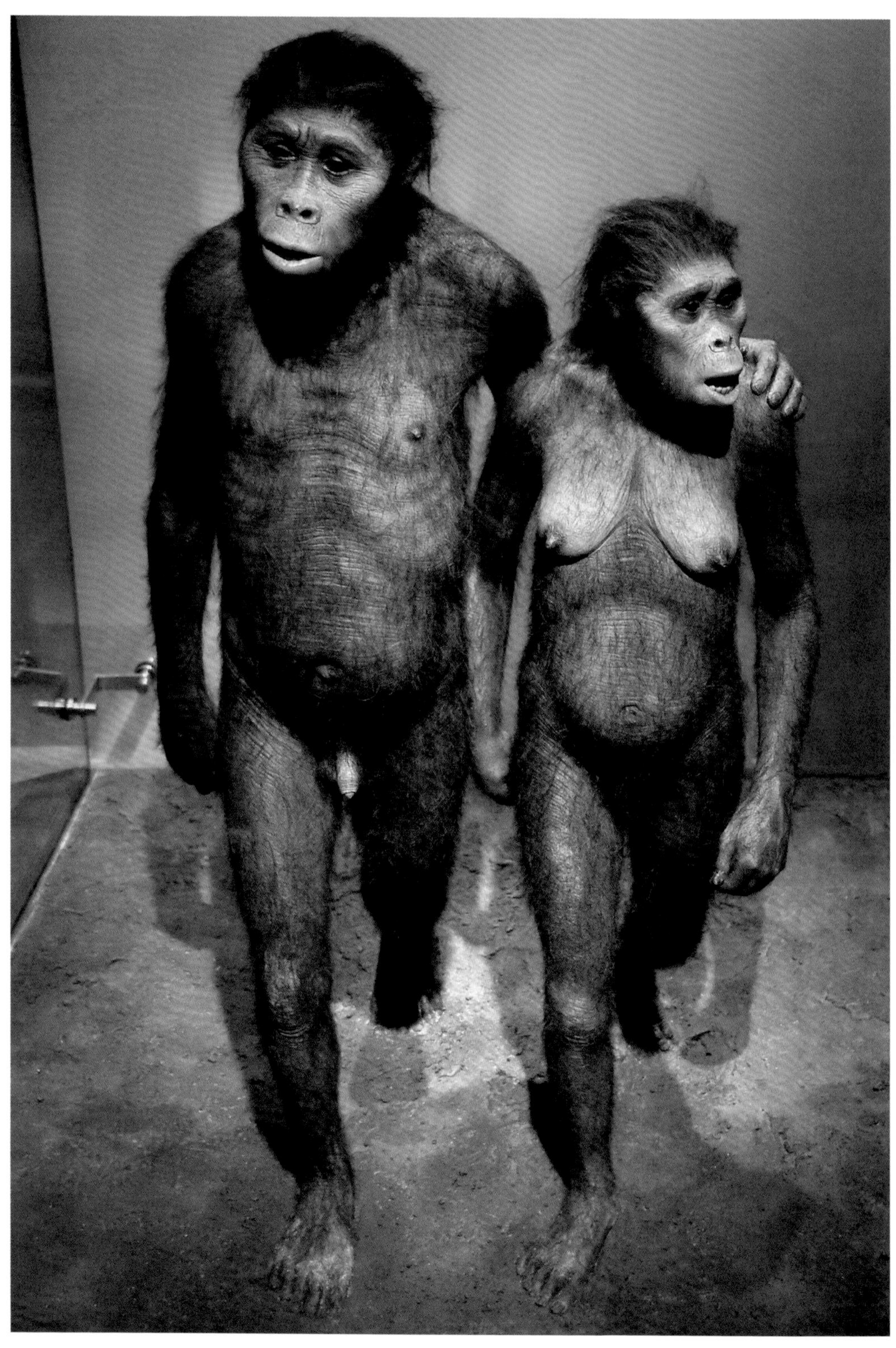

图片导航

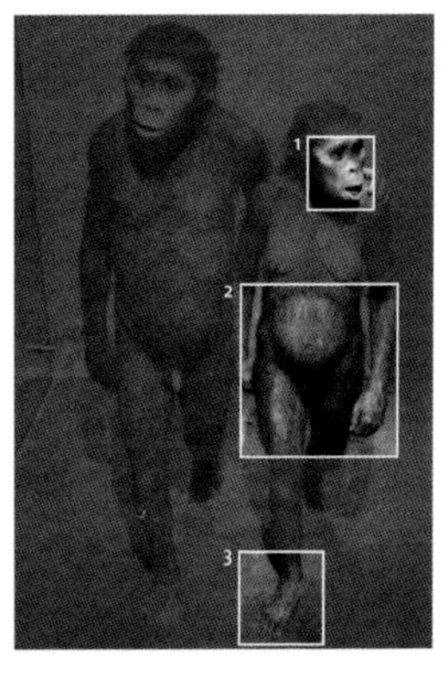

种：阿法南方古猿 (*Australopithecus afarensis*)
族群：人科(Hominidae)
身高：110厘米
发现地：埃塞俄比亚

20世纪最著名的化石之一是当时最完整的早期人类化石骨架：阿法南方古猿标本AL288-1，绰号“露西”。在它全身的207块骨头中有47块保存了下来(23%)，其中还包括颌骨和头骨碎片。露西估计生活在325万年前，站立高度只有110厘米，体重约26千克。化石在1974年发现于埃塞俄比亚阿法尔三角洲的阿瓦什河谷。一年后，这个地区又出土了200具化石，包括一颗不完整的儿童头骨和9个成年人以及4个儿童的颌骨碎片和牙齿。他们被称为“第一家庭”。1992年又发现了不完整的成年男性头骨，证实露西的脸部重建比较准确。其男性特征包括较大的犬齿和巨大的颌部，可能具有类似大猩猩般的发达肌肉。最大的南方古猿头骨表明其大脑容量接近500毫升。严重磨损的牙齿表明，它们会用前牙来剥离植物根茎的坚韧外层，这和如今的大猩猩一样。2000年，埃塞俄比亚出土了一具3岁幼儿的骨架，头骨几乎完整，其证实了阿法南方古猿同时具有猿类和人类的特征。这个标本被称为“露西的婴儿”，虽然它的形成时间比露西早10万年。DP

要点

1 牙齿

牙齿处于猿类祖先和人类水平之间。犬齿没有大猩猩那么大、那么长，但还没有退化到现代人类的水平。虽然骨架较小，但第三臼齿萌出表明骨架属于成熟的雌性。

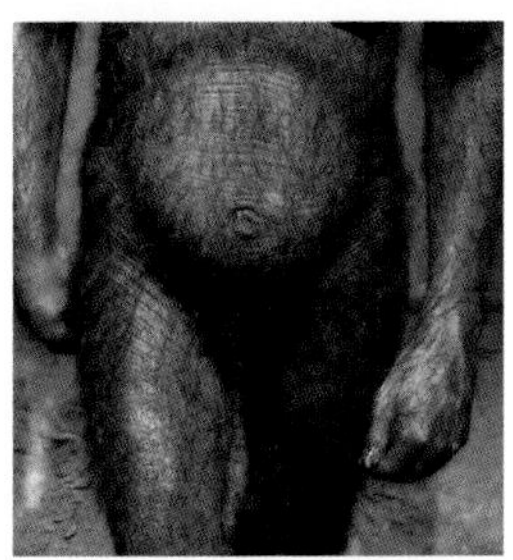

2 猿类和人类的特征

露西弯曲的指骨表明她依然擅长攀爬，扩大的胸廓可以容纳巨大的胃部，这种特征是主要以植物为食的猿类具有的。不过腿骨和骨盆表明她可以直立行走。总的来说，露西的骨架融合了人类和猿类的特征。

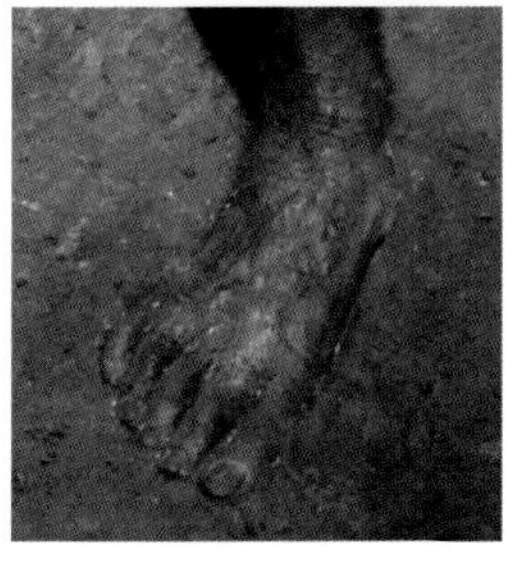

3 弓起的足部

2011年发现的阿法南方古猿足骨表明，足部具有足弓，类似智人。有弹性的韧带和其他组织会在足部触地时提供缓冲，在足部离地时反弹，这有利于舒适、省力地直立行走。

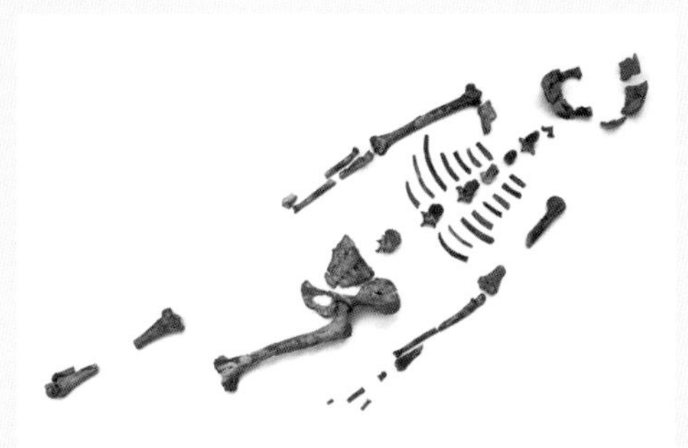

借来的颌骨

古生物学家汤姆·格雷(1952—)和唐纳德·约翰逊(1943—)对露西的原始发现(上图)进行了重建，但由于缺乏类似的化石，尤其是头骨和下颌，加上无法从之前描述的相近年代的标本中找到类似的化石，因此重建工作受到了限制。英国古生物学家玛丽·李基发表过同时代的化石，但发现地位于1 500千米以南的坦桑尼亚利特里。不过约翰逊认为这份参考相当不错，并于1978年为自己的阿法南方古猿“借鉴”了利特里的颌骨。可想而知，很多专家都强烈反对利用相隔如此遥远的标本来建立新物种，但后来的发现表明约翰逊做出了正确的选择。标本取名“露西”是为纪念满天星辰下的发掘工作，以及飘扬在发掘现场的披头士名曲《露西在缀满钻石的天空》。

早期人类

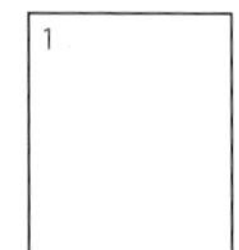

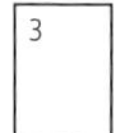

1 较大的脑部和使用石头工具的证据让能人在1964年被归入了人属。

2 海德堡人只有一块发现于1907年的颌骨，可能是现代人类的直接祖先。

3 古人类学家路易斯·李基在测量“强壮”鲍氏东非人的头骨，它们后来更名为鲍氏傍人，和能人生活在同一年代的非洲。

人类包括所有人属成员，有9～12个种，具体取决于不同专家的看法。分类存在分歧的部分原因在于现生种是根据生殖能力分类的，即同类之间要能产下有生育能力的后代，这一点显而易见；而化石种主要是根据解剖结构分类，这就会产生很多争议。现代人类智人（*Homo sapiens*，见546页）在1753年由瑞典植物学家和分类学家卡尔·林奈命名，他还做了简短的解释：“了解自己。”林奈是第一位正式将人类跟猴与猿分为一类的博物学家，并为它们取名为人形目，但后来改为灵长目。林

关键事件

250万年前	175万年前	175万年前	125万年前	60万年前	60万年前
东非能人是最先被发现的人属生物。他们延续了100万年左右。	匠人诞生于非洲，有时也会被称为“非洲直立人”，延续了60万年左右。	直立人诞生于欧亚大陆，祖先可能是匠人，延续了至少160万年。	前人生活在西班牙北部，他们类似匠人，可能延续了40万年。	海德堡人在非洲诞生并迁徙到了欧洲，最终在40万年前灭绝。	现代基因和分子证据表明，丹尼索瓦人和尼安德特人生活在这个年代。

奈的分类基本上是将相似生物归为一类的分类系统。他没有考虑到不同族群间的进化联系。不过一个世纪之后，在达尔文出版《物种起源》(1859)之时，这些生物的进化关系就已经变得非常明确。

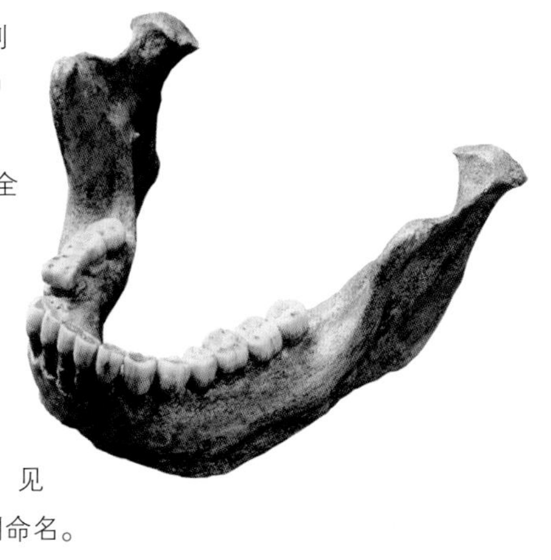

人属源自似猿的祖先，而且脑部更大，身高几乎跟猿一样，完全直立行走，因此解放了双手来使用工具。人属中最古老的物种是能人（见图1），能人从250万年前延续到了150万年前。它们具有一些类似猿的特征，例如和南方古猿（见534页）相同的解剖特征。不过能人的脑容量几乎有700毫升，再加上可以使用石头工具的能力，完全可以被归为人属。

在已灭绝的人科成员中，尼安德特人（*H. neanderthalensis*，见542页）是最早被命名的，它们在1864年根据德国的零碎化石得到命名。到19世纪90年代，人们已经开始讨论人类是像达尔文所言那样起源于非洲，还是起源于亚洲。德国生物学家恩斯特·海克尔（1834—1919）言之凿凿地支持亚洲起源说，于是年轻的荷兰解剖学家尤金·杜布瓦（1858—1940）于1887年前往印度尼西亚寻找“缺失的环节”。幸运的是，他于1891年在爪哇的特里尼尔发现了似人类化石，并将其命名为直立猿人（*Pithecanthropus erectus*），因为有腿骨证明它明显可以直立。这个标本被称为“爪哇人”。可惜当时的欧洲专家并没有认识到杜布瓦的发现何其重要，所以和同一物种的另一个亚洲标本相比，他的化石黯然失色。加拿大解剖学家戴维森·布莱克（1884—1934）于1927年描述了中国的北京猿人（*Sinanthropus pekinensis*）。印度尼西亚和中国的化石似乎可以支持人类起源于亚洲的观点。多地起源说理论认为现代人类是在各个地区独自进化出来的，祖先是当地的早期群体。到20世纪40年代，研究者都同意爪哇人和北京猿人具有基本的人类特征，于是在1950年合并成了直立人（*H. erectus*，见540页）。这个物种跟尼安德特人和海德堡人（*H. heidelbergensis*）都是重要的已灭绝的人类近亲。海德堡人只有一具下颌骨，在1907年发现于德国（见图2）。

1960年，李基家族在坦桑尼亚北部的奥杜威峡谷里发现了距今175万年的破碎化石。很明显，这些标本比先前发现的标本更进步。路易斯·李基（见图3）认为这种人类会使用工具，并将其命名为能人。这是

35万年前

著名的尼安德特人开始在欧亚大陆西部出现。

20万年前

现代智人出现，很有可能是源自非洲的海德堡人。

16万年前

埃塞俄比亚的长者智人（*Homo sapiens idaltu*）开启了智人的时代，但他们仍有古老的原始特征。

9.5万年前

佛罗里斯人（“霍比特人”）诞生于印度尼西亚的佛罗里斯岛。

4万年前

这个时代生活在西伯利亚的丹尼索瓦人，留下了破碎的化石证据和古老的基因研究材料。

3.8万年前

尼安德特人灭绝，但灭绝前和欧洲智人混血。

4 极为完整的“图尔卡纳男孩”骨架，他可能属于匠人，生活在175万年前。

5“布罗肯山头骨”在1921年发现于一座金属矿。

6 早在智人出现之前，人类就在英国诺福克的黑斯堡留下了足迹。足迹化石发现于2013年，至少有82万年历史，是非洲之外最古老的人类足迹。

当时最古老的人类标本。于是李基将人属的脑容量下限从750毫升下调到了650毫升。能人又让人看到了人类祖先来自非洲的可能。不过他们是如何以及何时走出非洲的仍是个谜题，哪个物种是智人的直接祖先也还不明朗。尼安德特人的化石可以追溯到35万—4万年前，直立人可以追溯到175万年到不足10万年前，海德堡人可以追溯到60万—20万年前，而且都是欧亚人种（混合欧洲和亚洲起源）。因此，他们的人类祖先应该是在175万年前离开非洲的。

直到1984年，直立人的化石遗骸都是主要发现于东南亚的，但非洲也发现了一具几乎完整的青少年男孩骨架，距今175万年，将大家注意力转移到了非洲。这具化石被称为“图尔卡纳男孩”（见图4），复原骨架站立高度160厘米，高于所有南方古猿。牙齿表明他的生长速度快于现代人类，死时可能只有8岁，成熟时的身高可能为178厘米，体重为65千克，类似现代男性人类。但他的大脑容量只有870毫升，是现代智人的60%～70%。他身材高大，四肢修长，臀部细瘦，十分适合远距离行走和奔跑。这具惊人的完整的标本最初暂时称为“非洲直立人”，随后改为“匠人”（*H. ergaster*）。许多专家现在都认为他是直立人的祖先，也是非洲人类近亲大规模向外迁徙的证据。1999年和2001年的其他发现包括类似直立人的格鲁吉亚人（*H. georgicus*）遗骸，来自175万年前的格鲁吉亚；以及西班牙的前人（*H. antecessor*）化石，距今125万—80万年前。他们的祖先可能是第一批离开非洲的人类。部分专家认为格鲁吉亚人是格鲁吉亚直立人的亚种。同样，前人可能是早期海德堡人。

非洲化石记录也显示出智人出现在大约20万年前，直到12万年前才离开非洲，进入欧亚大陆和更远的地方。人类在历史上似乎有两次走出非洲（见548页）：第一次使匠人/直立人遍布欧亚大陆，第二次让智人在4万年前迁徙到了澳大利亚。尽管各种发现让我们得到了这样的结论，但尚不清楚哪个物种是智人的直接祖先。智人和几乎同时代的尼安德特人没有太多解剖联系和地理联系。但他们在大约4万年前有了大量重叠。

近几十年来，人们发现只有海德堡人在解剖学、地理和年代上都符合智人的直接祖先。海德堡人的第一具化石是1907年发现的单块颌部，发现地是德国海德堡附近的毛尔。这具化石可以追溯到61万—50万年前，并在1908年由德国古生物学家奥托·萧顿萨克（1850—1912）命名为新物种。仅仅过了10多年，在20世纪20年代，在赞比亚的卡布韦（当时的北罗德西亚）发现了这颗“布罗肯山头骨”，并被命名为罗德西亚人（*H. rhodesiensis*，见图5）。随后的分析称这是原始的非洲的海德堡人。英国的博克格罗夫也发现了其他化石。英国的诺福克郡在2013年发现有5个个体留下了50多个足迹（见图6），其造迹者可能是早于海德堡人的前人，西班牙阿塔普尔卡的大量骨骼碎片可能来自前人。

有人认为可能是源自匠人的前人是海德堡人的直接祖先，而其他专家

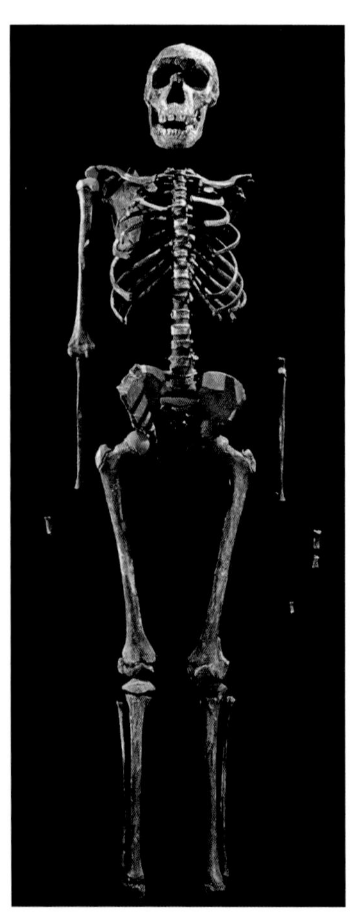

认为前人和海德堡人是同一物种。海德堡人可能是尼安德特人和智人的直接祖先。这是因为解剖结构表明海德堡人的体态和大脑容量类似现代人类。他们的面容和现代人大不相同，有突出的眉骨，但下颌骨相对不突出，类似尼安德特人和已经灭绝的更早期人类近亲。海德堡人化石附近也有石器和动物骨头，表明他们会制造工具并分解大型动物，既可能是腐食的，也可能主动捕猎。

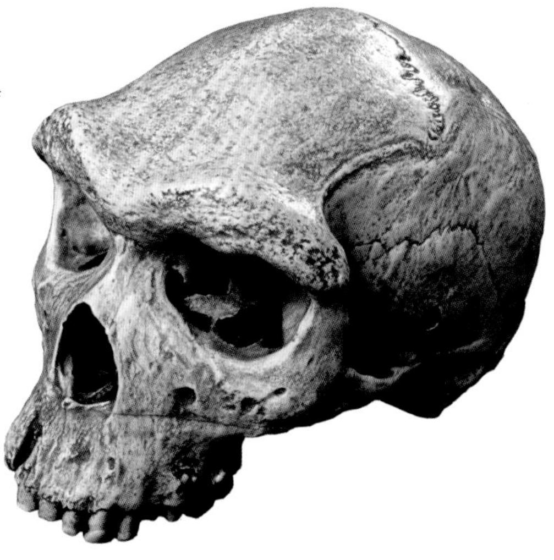

但佛罗里斯人和丹尼索瓦人等新发现又进一步扩展了人属的进化关系。佛罗里斯人生活在9.5万—1.2万年前的东南亚。丹尼索瓦人发现于西伯利亚的阿尔泰山脉，距今有4万年历史。尼安德特人和丹尼索瓦人的DNA让人类的亲缘关系更加复杂。在1987年，研究人员首次分析了现代人类DNA的全球分布，结果发现智人起源于非洲。自2010年以来，更多化石和遗传信息都表明现代欧亚智人和尼安德特人和丹尼索瓦人有一定程度的杂交，因此基因中留下了后两者的痕迹，而非洲现代人没有这样的基因。

上文的人族和其他人族身上都还有很多谜题。谁是谁的祖先？不同的物种在过去的几百万年（特别在过去的50万年）有怎样的互动？发现新的化石牙齿或遗传物质就有可能大幅度重写人类的故事。在种种不确定中，有一点无可辩驳：世界各地的人类虽然略有基因差异，但都是同样的智人，也是人属十几个成员中的唯一幸存者。DP

直立人
更新世

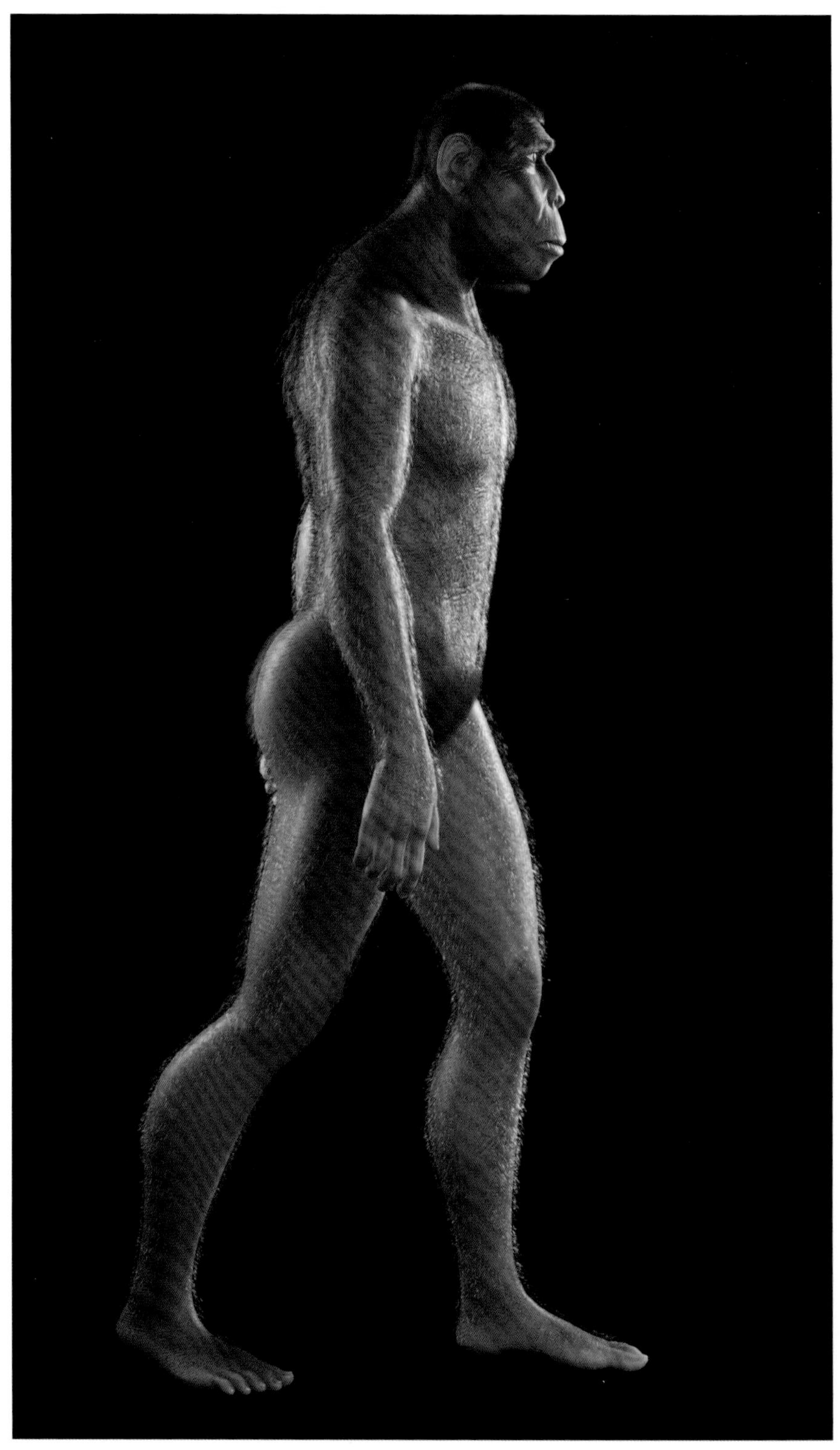

种：直立人
(*Homo erectus*)
族群：人科
(Hominidae)
身高：1.8米
发现地：欧亚大陆，
也可能分布于非洲

图片导航

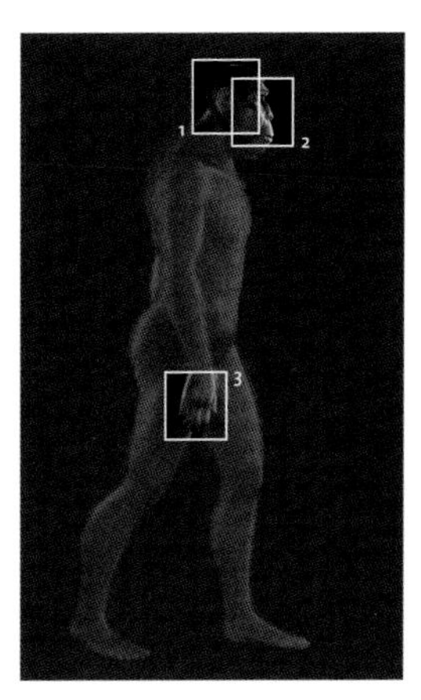

已灭绝直立人的化石表明他们主要生活在东南亚和东亚的大片地区，从中国北京到印尼爪哇岛都有分布，而且一直从175万年前延续到了大概10万年前。他们体格健壮，身高几乎达到1.8米，体重达到75千克。除了头骨外，他们的外观与现代人类十分相似。直立人可能起源于非洲或欧亚大陆。化石证据表明匠人（“非洲直立人”）可能在200万年前就生活在肯尼亚。虽然分布广泛，但大部分亚洲的直立人化石都只有孤立的骨骼和头骨碎片。20世纪20、30年代出土了40具保存完好的化石，均被命名为“北京猿人”。2001年，格鲁吉亚的德马尼西发现了多具似直立人头骨和残缺骨骼，表明古代人类中存在巨大差异，会对分类产生复杂影响。这颗175万年前的化石头骨无疑属于人类，不过脑容量只有600毫升，不足现代人类的一半，在直立人中也偏小。格鲁吉亚的化石是单独物种（格鲁吉亚人）还是直立人的亚种格鲁吉亚直立人仍有争议。DP

要点

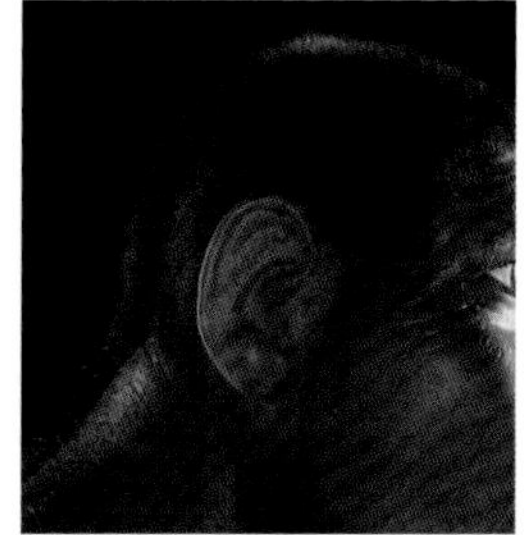

1 头骨和大脑
直立人的脑容量随地理分布和所处年代而有明显差异，从750毫升到接近智人的1 300毫升不等。不过统计数据取决于是否将前人和匠人包括在内。

2 面部
面部具有原始的特征，例如明显的眉骨和长而低的后倾头盖骨，没有智人的竖直额头。头骨结实，口部略向前突出，没有下巴。

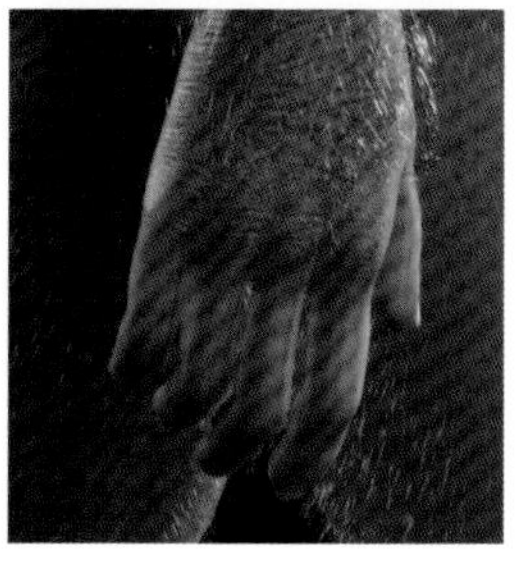

3 手和工具
手部类似智人，操控能力很强。亚洲的化石附近只有原始的砍刀和刮刀。而匠人已经制作出了阿舍利文化中复杂的手斧。直立人可能在发展出这种手艺之前就来到了亚洲，又或者亚洲环境不需要这种工具。

北京猿人

20世纪20、30年代的周口店洞穴发掘工作中发现了北京猿人的化石（上图），此地距离北京市区只有40千米。这种直立人可以追溯到75万—70万年前，留下了14颗头骨、11块颌骨、147颗牙齿，以及四肢碎片，还有17 000件石制工具和很多动物骨头。石制工具由44种岩石制成，都来自洞穴之外的地方。阿舍利文化的大部分工具都是用于切割的石英石薄片、石锤和石砍刀。动物骨骼上有鬣狗的咬痕和石制工具的划痕，可见猿人会抢走鬣狗的猎物并切下肉。他们还撬开了其他骨骼，好获取富有营养的骨髓。这些化石已经遗失，但石膏铸模仍有保留。

尼安德特人

更新世

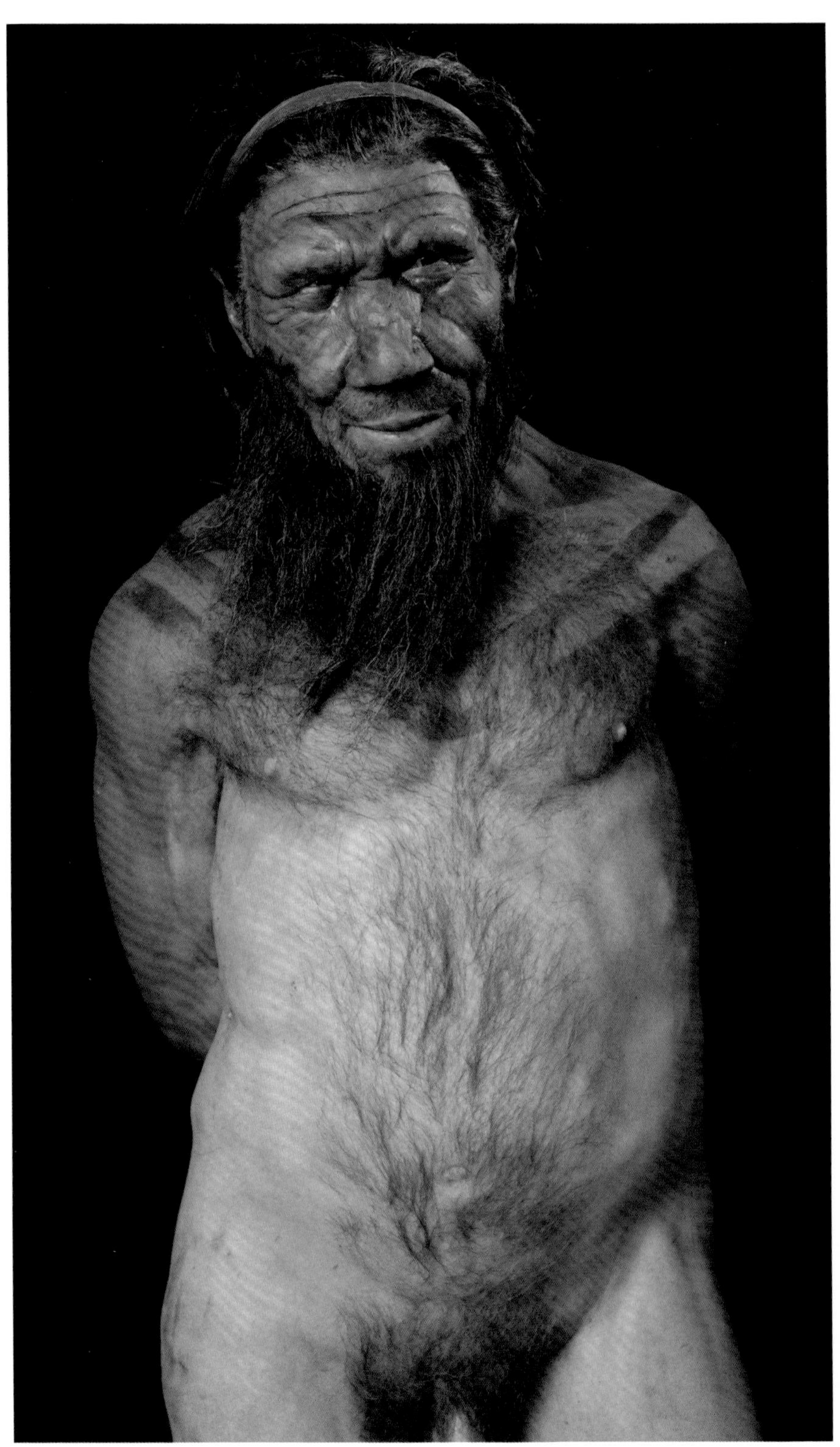

种：尼安德特人
(*Homoneanderthalensis*)
族群：人科(Hominidae)
身高：1.7米
发现地：欧洲和西南亚

图片导航

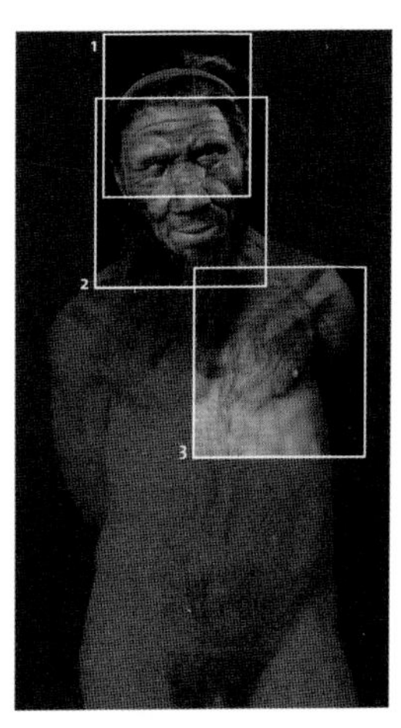

第一具尼安德特人化石于1856年在德国的洞穴中发现，但直到1864年才被命名为尼安德特人。此后欧亚大陆的很多地区都发现了化石，包括北威尔士、直布罗陀、以色列和高加索山脉。很多人都误以为他们是野兽一样没有智力而且身材矮小的生物，但尼安德特人其实脑部很大、聪明、足智多谋，会捕杀大型猎物，而且成功度过了末次冰期最惨淡的时期。研究者曾根据法国拉沙佩勒索的一具近完整的成年男性骨架复原了尼安德特人，将他们描绘成了弯腰驼背、挥着大棒的穴居原始人。这具骨架发现于1908年，年龄大约40岁，患有严重的关节炎，因此弯腰驼背。尼安德特人的现代复原形象大多是严苛环境中体格健壮的猎人。他们在欧洲与迁徙而来的现代人类智人共存了数千年。2010年获得的尼安德特人DNA表明他们是单独的物种，而不是之前认为的智人亚种。有人提出是更进步的现代人类导致尼安德特人灭绝，也许气候变化也起到了推动作用。但也有分子证据证明尼安德特人曾在4万年前与现代人类杂交。DP

要点

1 大脑

头骨很大，可以容纳1 500毫升以上的大脑，略大于现代人类，而最近的证据表明现代人类的大脑略有缩小。和常见的看法不同，尼安德特人并不是无脑之辈。

2 面容

尼安德特人的面部保留了很多原始特征，例如突出的眉骨，后倾的额头、圆形眼眶和大鼻孔。颌部大而结实，但没有智人那样棱角分明的下巴。

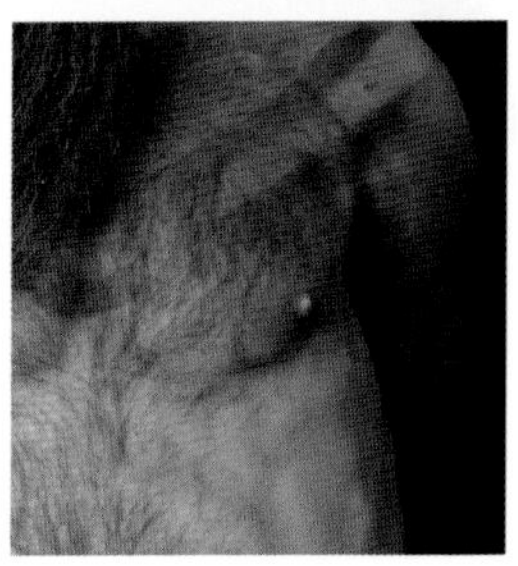

3 健壮的体格

沉重的骨骼和肌肉附着痕迹体现出了尼安德特人有力的体格。男性重达80千克，女性也有60千克。他们的手臂长而有力，手部强壮，双腿短而结实。

游猎者

尼安德特人化石点的骨骼和石制工具（下图）表明他们是生活在小团体里的游猎者，可以手持沉重的石尖木矛捕杀大型猎物。骨折愈合的骨骼化石证据表明他们的生活非常艰辛。动物骨骼显示出他们的食物既包括大型的鹿，也包括小兔子和龟类。牙齿的化学同位素分析也支持这个观点，表明尼安德特人主要以肉类为食。不过最近也发现尼安德特人的牙菌斑里含有淀粉类粮食、豆类和枣子，可见他们的食物比此前的推测更加丰富。石制工具包括莫斯特文化里的手斧和矛尖。不过他们制造的工具没有智人邻居那么丰富。

“霍比特人”

更新世

种：佛罗里斯人（*Homo floresiensis*）
族群：人科（Hominidae）
身高：1米
发现地：印度尼西亚

图片导航

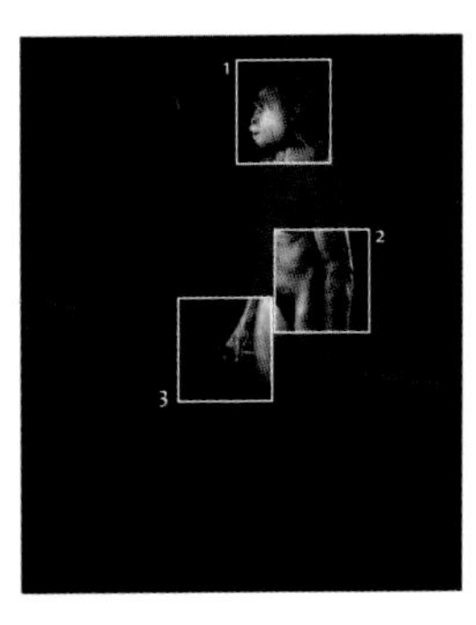

佛罗里斯人的标本发现于2003年，包括头骨和部分骨架，发现地位于印度尼西亚佛罗里斯岛上的洞穴沉积物之中。这次发现可谓出人意料。他们似乎结合了原始和进步的特征，而且身体极小。一名成年女性（芙洛）的部分骨骼和其他6名成员的部分骨架表明，佛罗里斯人不足1米高。现代人类不可能是他们的祖先，因为现代智人在大约5万年前到达佛罗里斯岛的时候，佛罗里斯人已经存在了一段时间。化石发现时上映的《指环王》让公众将这些小小的人类想象成了“霍比特人”。化石附近还有已灭绝的动物，例如剑齿象，因此佛罗里斯人的历史可以追溯到9.5万—1.2万年之前。石制工具和处理过的骨骼表明佛罗里斯人可以制造工具，会捕猎多种动物，还会生火。工具包括用石芯制造的长窄刀刃，显示出了属于人类的智力水平。刀片尚有微小的磨损痕迹，表明这一工具是用于处理富含纤维的植物和木本植物的，也可能是用于制作矛杆的。当佛罗里斯人最开始被归入人类的时候，有人认为佛罗里斯人是因为疾病而身材矮小的现代人，例如呆小症，但他们原始的解剖结构推翻了这个看法。DP

要点

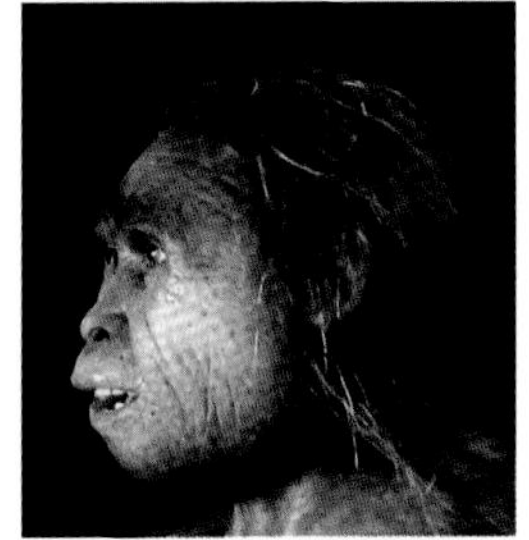

1 头骨和大脑
佛罗里斯人的大脑常被形容为“葡萄大小”，容量只有400毫升，和南方古猿相近。头骨具有突出的眉骨和后倾额头等古老特征，也有骨质下巴等进步的特征。

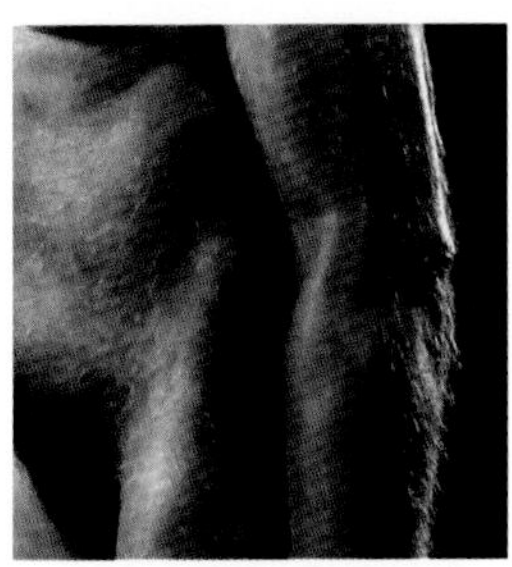

2 身体
和头骨一样，这副普通的骨架结合了古老和进步的特征。腕骨和骨盆类似猿类，但其他地方类似直立人，后者可能正是他们的祖先。体重只有25千克，远小于最轻的现生人类。

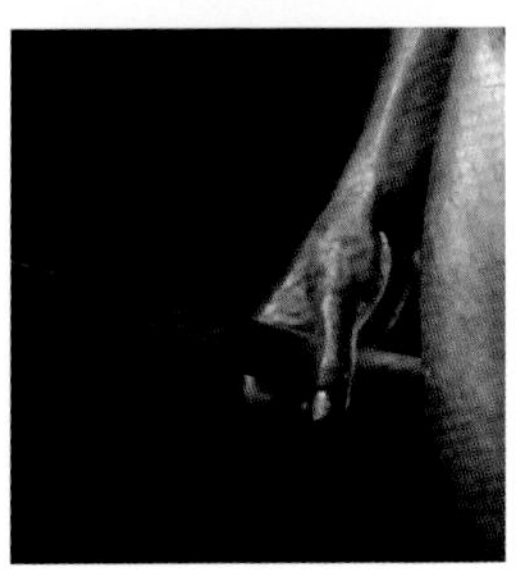

3 工具
佛罗里斯人的工具类似旧石器时代晚期（晚石器时代）的工具。这类工具在1万年前就已经在很多地区开始衰落。化石头骨的内部形状表明，虽然大脑很小，但思考和智力区域很发达。

岛屿侏儒

佛罗里斯人之所以体形矮小（左上），可能是因为进化造成的侏儒化，这种现象会在食物有限的孤岛族群中发生。大型生物要么在食物耗尽时灭绝，要么经过自然选择成为不需要那么多食物的小型动物。这个现象催生了已经灭绝的马达加斯加倭河马、马略卡岛的巴利阿里山羊、弗兰格尔岛上的侏儒长毛猛犸和佛罗里斯岛上的侏儒剑齿象。这些侏儒化的生物通常保持着幼年特征，例如短吻、短腿。这种进化趋势或许可以解释佛罗里斯人的部分特征，他们可以被视为类似儿童的直立人后裔。

现代人类

1 4万年前的非洲、东南亚、欧洲、澳大利亚和南美洞穴岩画，画工越来越精细。

2 丹尼索瓦洞穴产出了多种人类化石和其他化石，其中包括100多个脊椎动物标本。

3 智人大约在20万年前诞生于非洲。

解剖学上的现代人类智人（*Homo sapiens*，见图3）具有不同于各种早期人类和其他猿类的特征，包括始终双足行走与配合这种垂直姿势的解剖学调整，例如足、膝、骨盆，以及位于脊柱顶端而非脊柱前面的头部。现代人类的头部也有高高的圆顶状颅骨和高而光滑的额头，没有突出的眉骨。面部小而扁平，颊齿（臼齿和前臼齿）也很小，下颌也是如此，但有独特的骨质突起（下巴）。智人遗骸最初发现于19世纪早期的欧洲，笃信神学的古生物学家认为他们死于诺亚洪水。但人们很快发现这些解剖学上的现代人与末次冰期最后一段时期灭绝的动物有所联系。

洞穴壁画（见图1）和其他艺术品以及处理过的骨头都表明，智人会捕猎动物，例如已经灭绝的猛犸（见476页）。到20世纪中叶，中东、非洲和澳大利亚都发现了比欧洲智人化石更古老的智人化石，欧洲的化石大多是历史不超过4万年的海德堡人。最近针对全球人口的遗传研究表明，所有现代人都有共同祖先，可以追溯到20万年前的非洲。这些分子研究

关键事件

20万年前	16万年前	12万年前	10万年前	8万—7万年前	6万年前
现代人类智人起源于非洲，祖先可能是非洲的海德堡人。	埃塞俄比亚生活着长者智人，并留下了最古老的现代人类化石。	智人从非洲进入中东，但似乎没有在中东生活太长时间。	亚洲的直立人在智人来到之前就开始衰退，不过化石证据很模糊。	智人开始了第二波中东迁徙，然后继续进入北亚和东亚。	智人向东迁徙到南亚，并进入了东南亚。

进一步加强了考古学近几十年来在骨头和化石上取得的成果，也为达尔文的非洲起源说提供了更多证据。智人在大约12万年前暂时踏足中东地区，当时已经有尼安德特人在那里定居。但他们直到8万年前才开始大规模走出非洲（见548页）。7万年前，现代人类已经穿越阿拉伯进入西亚、印度和东南亚，在5万或4万年前到达澳大利亚。他们也在4.5万年前从西亚进入东欧和西欧，并与尼安德特人杂交。直到1.5万年前，海平面降低和冰河时代才让人类穿过白令陆桥进入美洲。公元1000年，现代人类才进入波利尼西亚和新西兰。

但发现于2008年的一根指骨化石让公认的现代人类迁徙理论受到了挑战。这具有4万年历史的化石来自西伯利亚阿尔泰山脉的丹尼索瓦洞穴（见图2）。骨骼分析和随后发现的牙齿提供了DNA片段，表明现代人和尼安德特人存在基因关联。它们也表明丹尼索瓦人与尼安德特人有生活在60万年前的共同祖先，两者是在大约20万年前分化的。丹尼索瓦洞穴的化石和人工制品表明它在不同的年代里由尼安德特人、丹尼索瓦人和现代人类占据。目前尚不确定丹尼索瓦人是不是人属中单独的一个种。

由于缺乏骨骼遗骸，丹尼索瓦人目前只能根据遗传特征分类，也因此成为第一种以DNA为代表的灭绝人类。在现代人类中寻找丹尼索瓦人遗传痕迹的研究发现，部分美拉尼西亚人和澳大利亚土著在基因上和丹尼索瓦人有3% ~ 5%的相似之处。在20万年前和尼安德特人分开之后，丹尼索瓦人似乎扩散到了诸多亚洲地区，包括东南亚岛屿。后来，现代人类在6万年前散布于东南亚时和丹尼索瓦人有过杂交，所以部分现生美拉尼西亚人和澳大利亚土著依然有其"基因指纹"。丹尼索瓦人分布如此广泛，但没有留下半点可供考古的痕迹，实在是让人觉得不可思议。这很好地体现出了化石记录并不完美，而基因分析研究人类起源和组成的能力十分强大。DP

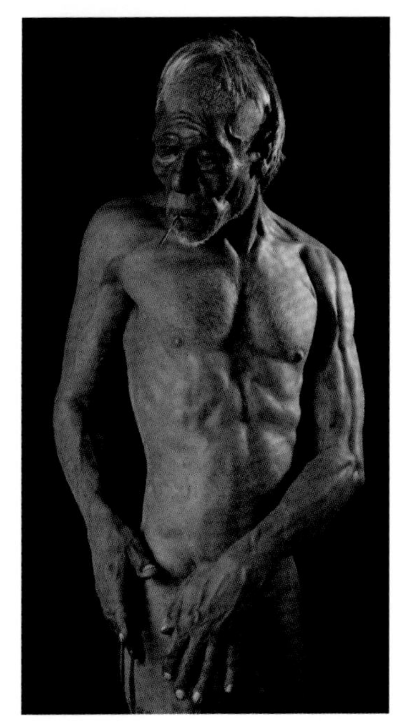

5万年前	4.5万—4万年前	4万年前	4万年前	4万年前	1.5万年前
智人来到澳大利亚，趁海平面下降之机跨过众多陆桥和狭窄的海峡。	智人抵达西欧和英国，称为克罗马侬人，并与当地尼安德特人杂交。	多地出现洞穴壁画，包括欧洲、非洲、澳大利亚等地。	最新的证据表明，欧洲的尼安德特人在这个年代灭绝。	智人在亚洲遭遇丹尼索瓦人并与之杂交。	智人通过东亚的西伯利亚和白令陆桥进入美洲的阿拉斯加。

走出非洲

更新世

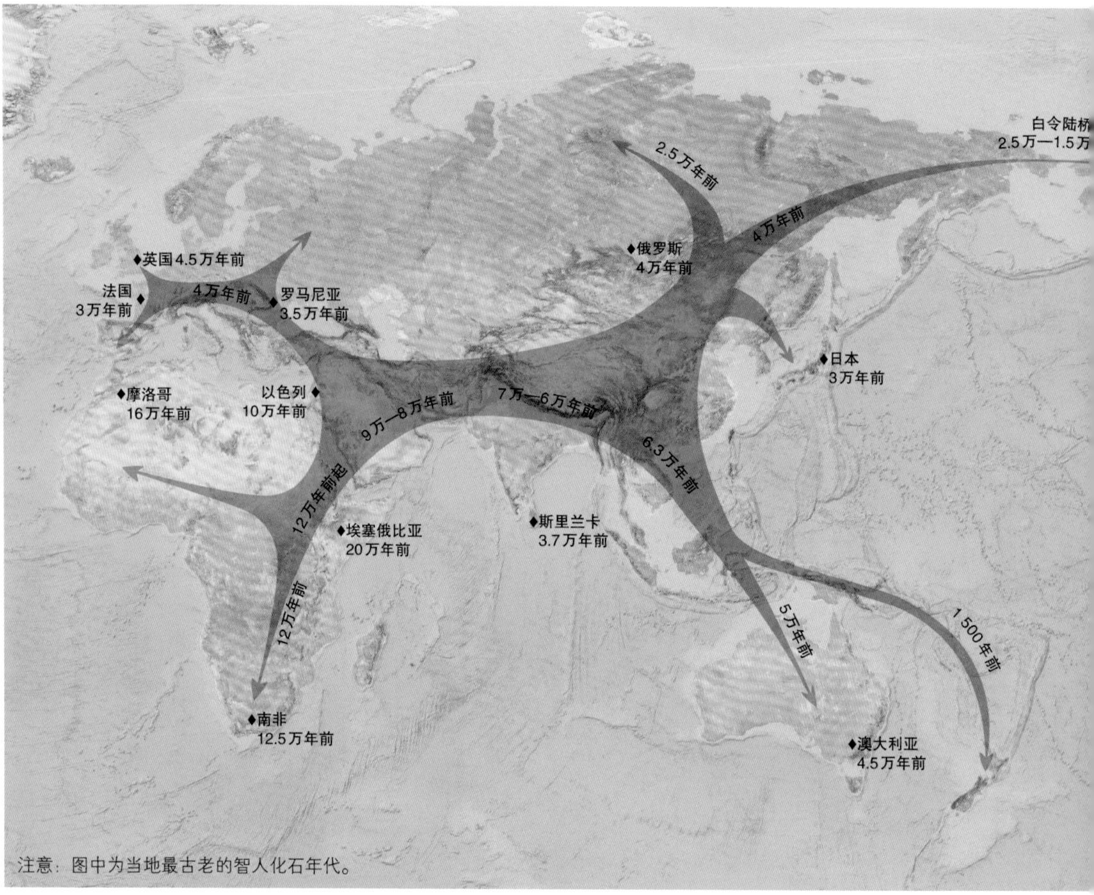

白令陆桥
2.5万—1.5万
2.5万年前
4万年前
♦俄罗斯
4万年前
♦英国4.5万年前
法国
3万年前
4万年前
♦罗马尼亚
3.5万年前
♦日本
3万年前
♦摩洛哥
16万年前
以色列♦
10万年前
9万—8万年前
7万—6万年前
6.3万年前
12万年前起
♦埃塞俄比亚
20万年前
♦斯里兰卡
3.7万年前
12万年前
5万年前
1 500年前
♦南非
12.5万年前
♦澳大利亚
4.5万年前

注意：图中为当地最古老的智人化石年代。

种：智人(*Homo sapiens*)
族群：人科(Hominidae)
身高：1.85米
栖息地：非洲，扩散至亚洲、澳大利亚、欧洲和美洲

现生人类的遗传研究表明，智人的共同祖先生活在大约20万年前的非洲，并在大约9万年前遍布非洲大陆。埃塞俄比亚发现的长者智人可能是第一批非洲人类的代表。以色列洞穴里的化石表明人类在12万—10万年前暂时进入中东，但人类大规模离开非洲的时间距今不到10万年。DNA分析和其他分子分析展示出了非洲大陆内的几个族群，其中智人的延续时间最长。在智人首次进入欧洲和亚洲的时候，他们的基因中已经具有少量当地现代人的DNA，包括尼安德特人，这很可能是在中东地区杂交的结果。一些美拉尼西亚人和澳大利亚土著具有丹尼索瓦人的DNA，后者可以追溯到大约4万年前。直立人（见540页）似乎没有影响智人的DNA。这些早期旅行者可能过着狩猎－采集的生活，逐水草而居，会在每年的某些时期将栖息地移动1千米。现代民族之间的差异就起源于这些时代。3.5万年前，智人的全球总人口估计为300万。从那以后，人口出现惊人的增长，远远超过其他物种，并在今天超过了70亿。DP

图片导航

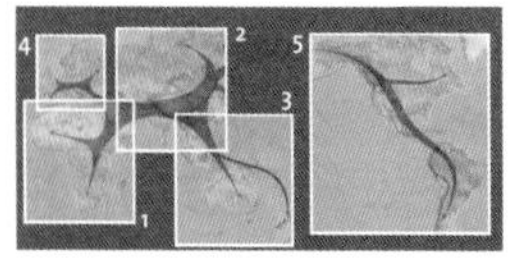

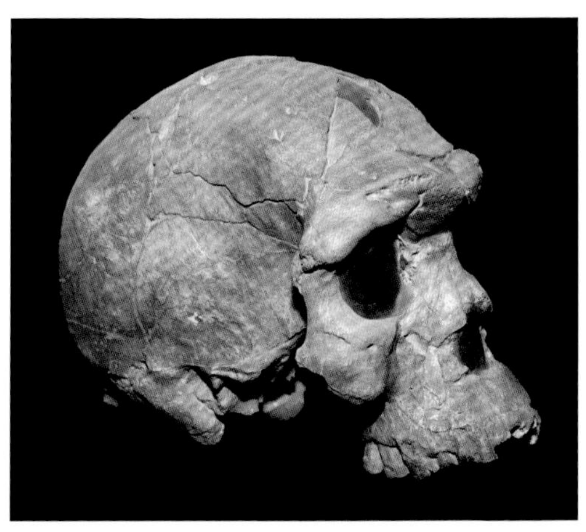

▲ 埃塞俄比亚的长者智人化石发现于1997年，发表于2003年。它有16万年的历史，保留着部分原始的头骨和鼻部特征，但也有脑部大、面部小等更现代的特征。

要点

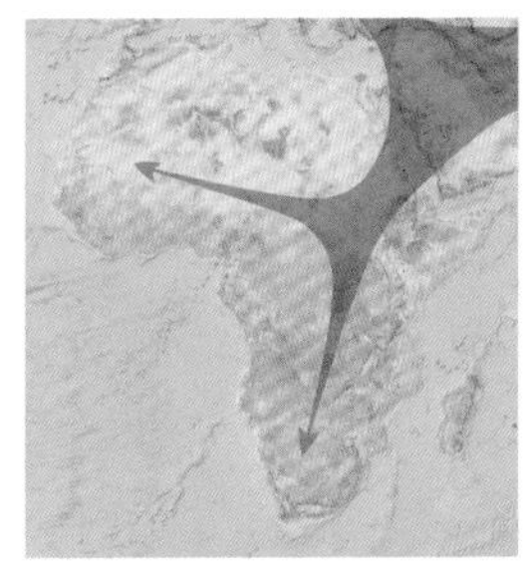

1 非洲

东非的智人化石包括埃塞俄比亚的长者智人（16万年前）、坦桑尼亚利特里的化石（12万年前）、南非东北部夸祖鲁－纳塔尔省的博德尔洞穴化石（11.5万—9万年前），以及南非东开普省的克拉西斯河口化石（9万年前）。

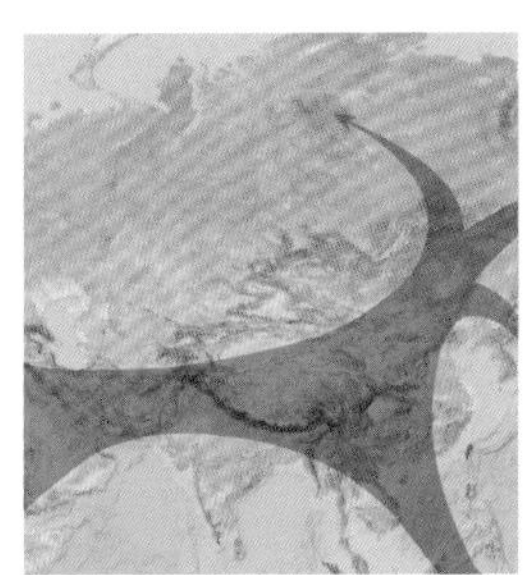

2 亚洲

从9万—8万年前起，智人就跨海分布到了南亚。老挝安南山脉的化石大约可以追溯到6.3万年前。这些地区的分布和末次冰期中期的短暂温暖时期有关，当时距今约4万—6万年。

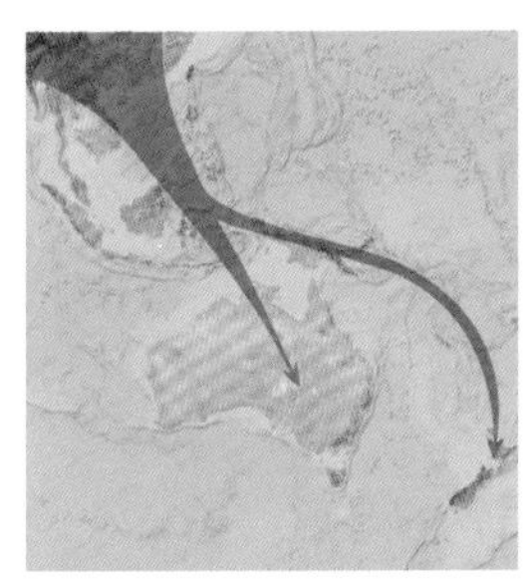

3 澳大利亚

智人抵达澳大利亚的证据大多至少有4万年历史，有些可能达到5万年，此后人类才来到欧洲。当时，巨大的澳大利亚本土动物开始消失，成为遭遇灭绝的大型动物群之一。

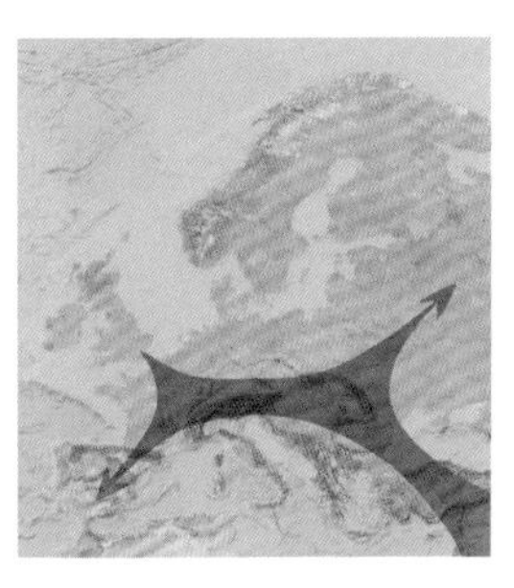

4 欧洲

第一批人类化石在1868年发现于欧洲，由路易斯·拉尔泰（1840—1899）发掘。这批化石包括5具脑部很大的骨架，被称为克罗马侬人，在2.8万年前和饰物以及石制工具一起被埋葬在浅浅的坟墓中。骨骼上有创伤痕迹。

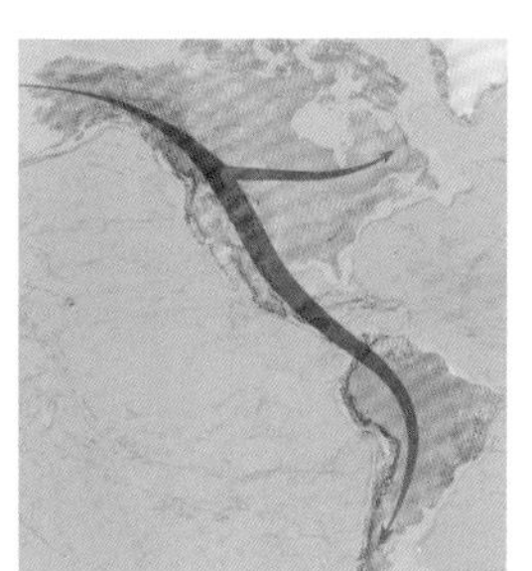

5 美洲

智利发现过1.45万年前的工具和定居点，但有人认为智人是在2万年前来到南美的。当时的人类从西伯利亚穿过白令陆桥，在很短的时间内就走过了1.75万千米，这段路途必然有一部分被冰雪覆盖。

冰河时代的巨型动物

1 2万年前的末次冰期，由瑞士地理学家和博物学家奥斯维德·希尔（1809—1883）绘制。

2 澳大利亚不会飞的巨鸟的蛋壳碎片表明它们的灭绝太过迅速，很难和环境变化联系起来。

3 南美箭齿兽的化石附近发现了武器，例如1.5万年前的箭头。

以哺乳动物为主的多种大型动物都在过去的5万年里灭绝，在过去的2万年中尤其明显。这些生物被称为冰河时代巨型动物群。“冰河时代”是指末次冰期，当时全球气候寒冷，冰盖和冰川在北半球扩展，特别是北半球冰川向南扩展，随后气候回暖，进入目前的间冰期。最后一次冰期－间冰期序列发生于更新世，处于第四纪（更新世—第四纪），大约始于250万年前。岩石、化石和从南极以及北极钻取的冰芯表明，冰川期和间冰期的周期从4万年延伸到了10万年。这样的冰期循环很可能会在未来延续。现在的间冰期是在1.4万年前到1万年前结束的冰川期之后发生的（见图1）。产生冰河时代的原因可能是漂移大陆之间的相互作用改变了海洋形态和洋流、大气组成（包括二氧化碳和氧气含量）、火山活动（例如7万年前的多巴火山喷发），以及地球绕太阳运行的轨道和倾斜角。

气候变冷和即将到来的冰川期对全球都产生了巨大影响。年复一年，针叶林等适应了寒冷气候的植物不断扩展，而阔叶温带和热带栖息地渐渐缩小。有些动物适应了气候和植被变化。其他动物则在寻找食物、躲避掠

关键事件

11万年前	7.6万—7万年前	5万年前	4.7万—4.5万年前	2.5万—1.5万年前	2万年前
地球开始降温，极地冰冻，最后一次冰川期开始。	印尼苏门答腊的多巴超级火山喷发，可能导致了全球进入持续数十年的“火山冬季”。	人类来到澳大利亚主岛。	澳大利亚的许多大型动物灭绝，但环境和气候剧变的证据很少。	末次盛冰期，大冰盖和冰川覆盖北美和欧洲北部。	科修斯科山上和周围的一小片区域覆盖冰川，这里是澳大利亚的最高点。

食者和抵御寄生虫和疾病的压力下灭绝，这些压力都在不断改变。冰盖和冰川中的冰越来越多，海平面不断下降。在2.5万—1.5万年前的末次盛冰期中，全球海平面要比今天低140米，因而暴露出了许多陆桥，让曾经分隔的物种有机会混合、竞争和捕食。

它们还要面对另一个威胁。智人在8万年前的晚更新世（见546页）里开始离开非洲，进入亚洲和澳大拉西亚，随后向北来到欧洲，最终从东北亚进入北美和南美。他们的迁徙通常和巨型动物消失有关，有时候巨型动物会在人类出现后的几千年内灭绝。人类可能是在5万—4万年前抵达澳大利亚，而袋狮、双门齿兽（见432页）、短面大袋鼠、2米高的牛顿巨鸟（见图2）和6米长的古巨蜥也正是在当时灭绝的。

在北美洲，最后的本土马（见494页）在1.2万年前灭绝，也是在人类抵达后不久。同样在这几千年消失的动物还包括刃齿虎（见528页）、恐狼（见492页）、巨爪地懒（*Megalonyx*）、美洲乳齿象。南美洲的形似骆驼的滑距骨兽、后弓兽、似犀牛的箭齿兽（*Toxodon*，见图3）、巨型“犰狳”雕齿兽和大地懒（见480页）也都消失了。这些灭绝（澳大利亚除外）都涉及气候、植被和栖息地剧变，因此很难将人类影响与环境影响区分开来。人类或家畜带来的传染病也有可能是灭绝的一环，但没有相关证据。

人类可能会为了食物、住所或减少竞争而猎杀动物。二阶捕食理论认为人类杀戮掠食者意味着被捕食种群的繁殖不受控制，导致当地食物资源过度消耗，被捕食者因生态崩溃而饿死。但许多族群已经经历了多次环境变化，所以即使人类不是主因，最后一次变化也必然有所不同。非洲的巨型动物灭绝较少，而当地的人类已经进化了数十万年，不过当地气候变化没有其他地方那么剧烈。大量巨型动物都在非洲幸存下来，并延续至今，包括最大的陆生哺乳动物大象、犀牛、长颈鹿和河马。SP

2万年前	2万—1.5万年前	1.9万—1.5万年前	1.3万年前	1.29万—1.15万年前	1.2万年前
全球平均大气温度比今天低4摄氏度。	人类从东北亚进入北美，并很快就迁徙到了北美南方和东方（但时间仍不确定）。	北亚和东北亚（西伯利亚）冰盖和冰川发育达到顶峰。	北欧和斯堪的纳维亚半岛的冰盖迅速消退。	新仙女木事件发生。这是第三次仙女木事件，即在整体变暖的趋势中出现短暂的寒冷期，形成小冰川。	末次冰期结束，当前间冰期开始。真猛犸（见552页）开始大幅度衰退。

真猛犸

更新世—全新世

种：真猛犸
（*Mammuthus primigenius*）
族群：象科（Elephantidae）
提倡：3.5米
发现地：亚洲、北欧和北美

在最近灭绝的哺乳动物中，最惊人也最著名的便是真猛犸（也叫长毛象）。自20万年前从草原猛犸（见476页）中诞生以来，这些巨大的植食者就生活在亚洲、北欧和北美的北方森林和冻原之上。北方国家发现了大量标本，其中很多都在北极的冰川和冻土中保存完好（见补充）。

真猛犸与非洲象大小相似，但身体更加沉重，象牙更结实更弯曲。它们和亚洲象的亲缘关系最为紧密，两者都与非洲象的祖先分开进化。这三个族群的共同祖先生活在800万年前的非洲，而猛犸和亚洲象在600万年前的晚中新世分化出来。与现生大象不同，真猛犸的身体覆盖厚毛。它们为了适应冰河时代的寒冷气候而做出了诸多改变，这便是其中之一。其他改变包括尾巴和耳朵缩短，身体内部出现一层约10厘米厚的皮下脂肪。作为高度社会化动物，真猛犸过着群体生活，类似现代大象，并以粗糙的草和其他坚韧的植物为食。它们的数量在1.2万—1万年前的末次冰期末期开始下降，最有可能的原因是人类狩猎和气候变化。少数侏儒猛犸幸存到了4 000年前，这点可以从远在俄罗斯东北海岸之外的北冰洋弗兰格尔岛上的化石发现中看出。MW

图片导航

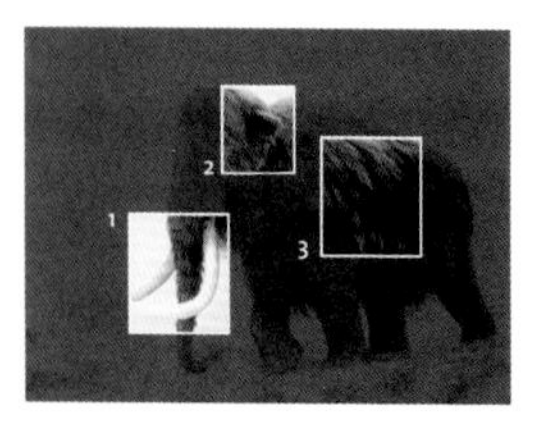

要点

1 长牙

在体形最大的雄性身上，弯曲的象牙有4米长。雌性的象牙有1.8米长。这种差别表明象牙的作用主要是让雄性进行展示和威吓，以及吸引配偶。其他用途包括挖掘树根、推翻小树、从地面植物上扫去积雪。

2 短耳朵和短尾巴

真猛犸的耳朵和尾巴都较小。尾椎为21块，而现生大象有大约30块尾椎。整条尾巴都覆盖着长毛。这都是为了减少热量散失，以免在低温环境中冻伤。

3 长毛身体

皮肤表面有一层短而浓密的保温绒毛，外面还有一层长长的散乱护毛，可以达到40厘米长，能够阻隔雨雪。史前洞穴壁画和西伯利亚冻土中冰冻的标本都证明了这一点，后者完整保存着软组织。

猛犸的亲缘关系

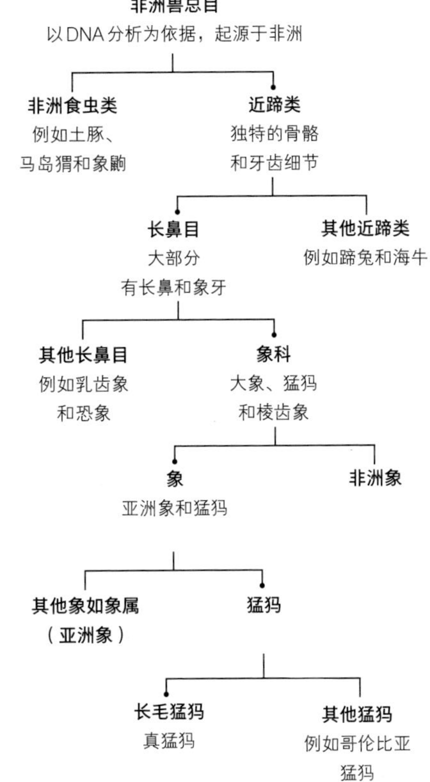

▲ 大象属于庞大的胎盘哺乳动物族群，即非洲兽总目，它们的祖先诞生于非洲。它们是长鼻类唯一的现生成员，近亲包括蹄兔、儒艮和海牛。

当代谜题

现在时不时就会有人声称真猛犸可能生存到了今天。这些巨兽可能依然在北亚广阔的针叶林中漫步的想法的确令人着迷，对隐生动物学家来说尤其如此。对大象一无所知的西伯利亚人声称自己在阴针叶林中遭遇了巨大的长毛野兽。不过这些说法都没有得到证实，目击者可能是看到了冰冻的猛犸尸体（右图）。所有可靠的证据都表明真猛犸在4 000年前灭绝。用冻土标本中的DNA复活猛犸也令人心驰神往。研究者可以将猛犸的DNA转入现生大象的卵细胞中，或者用猛犸的精子为大象授精。

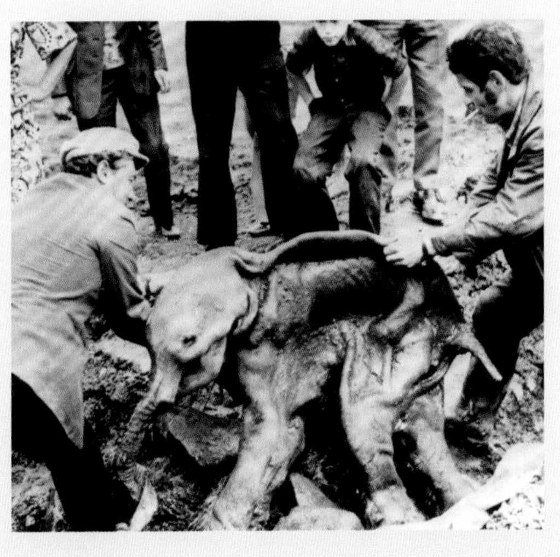

人类活动和生物进化

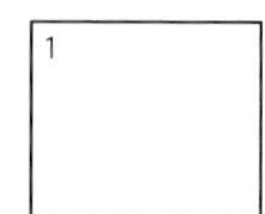

1 世界范围内物种灭绝的标志——渡渡鸟（*Raphus cucullatus*）。

2 工业地区善于伪装的桦尺蛾。

3 入侵物种海蟾蜍（*Rhinella marina*），在澳大利亚的野外造成了巨大破坏。

目前地球上出现过5次大规模灭绝事件，最严重的一次是二叠纪末期的“大消亡”（见224页）。许多生物学家和进化论者都认为第六次大灭绝——全新世灭绝——已经开始。全新世始于1.17万年前，正是我们所处的地质年代。近年来的物种数量下降有目共睹，灭绝的物种越来越多。很多项目都努力在人类造成的灭绝中力挽狂澜，例如Quagga项目（见558页）。尽管灭绝速度很快，但新物种也在不断涌现。这些物种的进化要归功于异地物种形成或生物多倍性（因为染色体数目翻倍而“瞬间”进化）。一般而言，新的动植物平均需要数万到100万年时间才能形成。每年基本上有10 ~ 100个新物种发生进化。从化石证据来看，典型的单一物种的平均延续时间一般为50万 ~ 1 000万年。哺乳动物处于该范围

关键事件

15世纪

家鼠（*Mus musculus*）通过航船来到大西洋的马德拉群岛，它们在20世纪90年代前进化出6种不同的形态。

17世纪90年代

渡渡鸟已经因为人类捕猎灭绝于印度洋里的毛里求斯岛，现在它们成了灭绝的标志。

1898年

人们在马来西亚槟榔屿上采集了最后一株毛柄秋海棠（*Begonia eiromischa*）标本。它们在2007年被宣告灭绝。

1848年

深色桦尺蛾（*Biston betularia*）首次在英国曼彻斯特的工业区出现，后来时常出现在被煤灰覆盖的树木上。

19世纪

两个物种的杂交催生了新的飞行昆虫，一种新的实蝇。

20世纪30年代

人们在法国城市地区发现了最后的野生泣堇菜（*Viola cryana*）。这种植物现在已经完全灭绝。

的下限，即50万～200万年，而无脊椎动物为500万～1 000万年。

人类只存在了20万年，地球却在过去的几百年因为智人的活动而遭受剧变。最著名的例子便是渡渡鸟（见图1），人类一踏上毛里求斯就很快将它们捕杀殆尽。人类人口从1800年的10亿增长到了2000年的60亿，可能会在2100年的达到100亿。2009年，城市人口已经超过了农村人口。地球上20%的陆地都属于人类。其中2/3用于工业、城市和农耕，1/3是牧场。工业发展带来了诸多问题，例如土地和水污染、温室气体排放增加和大面积的栖息地破坏。如此巨大的环境和生态变化正在影响自然界及其中的动物，例如白鱀豚（见556页）。我们也无法确定进化会走向何方，全新世的灭绝速率估计是其他时代平均背景速率的100～1 000倍。和过去的大灭绝相比，今天的灭绝速度要高出10～100倍。

灭绝的确为新物种的进化留出了空间（见图2）。但人类创造的环境会破坏自然栖息地，如城市、农田和牲畜地带的扩张。这限制了自然培育新物种的能力。人类所在之处就会有这些的动植物，例如家猫、狗、褐鼠、家鼠、鸽、麻雀、家蝇、稻绿蝽、荠菜、酢浆草、荨麻、蕨菜和地衣，以及众多微生物。这些生物在人类创造的环境中繁荣发展。但它们阻碍了大量本地物种，减少了生物多样性，也限制了物种形成的选择。

人类也在有意或无意间向新环境引入了入侵物种，例如兔子、紫翅椋鸟、海蟾蜍（见图3）、缅甸蟒、鲤鱼、斑马纹贻贝、白纹伊蚊、烟草粉虱、中华绒螯蟹、正颤蚓、山葛、红荆、水葫芦、仙人掌和裙带菜。以这种方式引入的物种倾向于快速生长和繁殖，擅长扩张。入侵动物高度适应当地食物来源，入侵植物生长能力强悍，而且它们都能耐受多种物理化学条件。它们可以利用新栖息地里以前未得到充分利用的食物资源，而且具有没有天敌、疾病和竞争对手的优势，于是迅速发展壮大。所以目前不仅是灭绝率上升，人类也正在减少物种形成的机会。再过几百万年后，第六次灭绝是否会成为历史上规模最大的灭绝事件，以及生物多样性在人类依然存在或灭绝的情况下需要多长时间才能恢复？这些都是很有意思的问题。SP

20世纪50代

两种新的北美婆罗门参出现，奇异婆罗门参（*Tragopogon mirus*）和小柄婆罗门参（*T. miscellus*），它们都是20世纪引入物种的杂交后代。

1971年

10条意大利壁蜥（*Podarcis sicula*）来到克罗地亚的波德马卡鲁岛。到2004年的时候，它们进化出了更大的脑袋和颌部，以及新的消化道器官（盲肠瓣）。

1979年

牛津千里光（一种菊科植物）和欧洲千里光杂交出了新的约克郡千里光（*Senecio eboracensi*），它不能与亲代产生后代。

1982年

大型地雀来到加拉帕戈斯群岛的达芙妮岛，当地的中型地雀后来进化出了比较小的喙部。

1999年

类似老鼠的阿根廷平原鼠（*Tympanoctomys*）具有几乎两倍于近亲的染色体数目。

2012年

苏格兰的小溪边发现了新的杂交沟酸浆植物异邦沟酸浆（*Mimulus peregrinus*）。

白鱀豚

早中新世—晚全新世

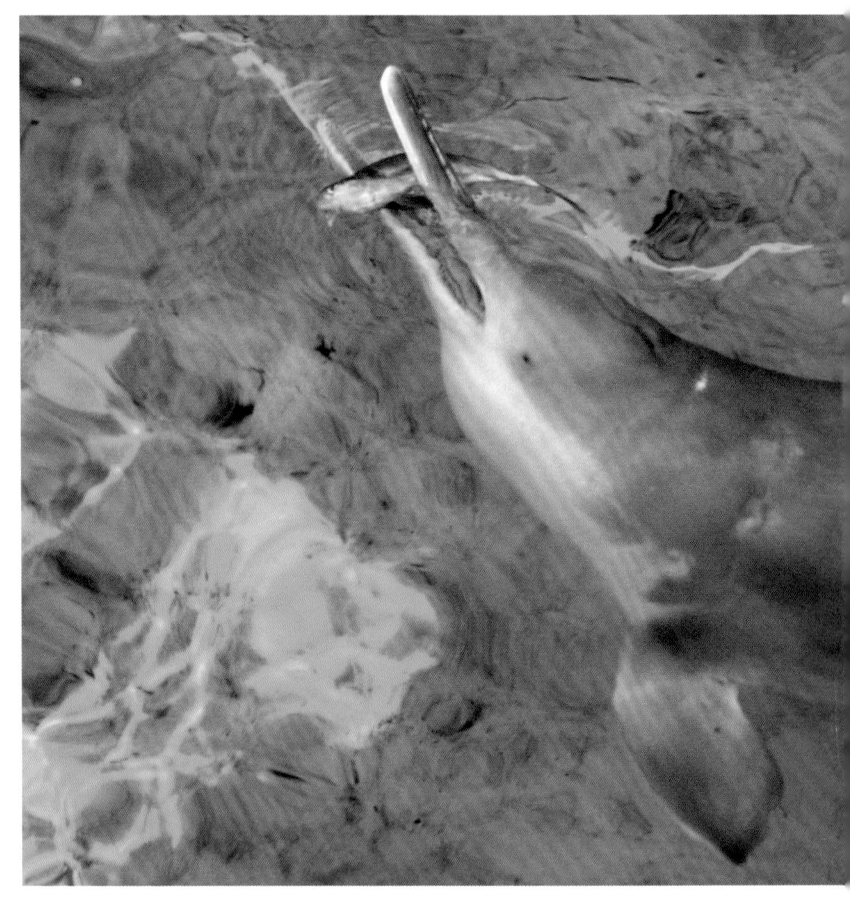

种：白鱀豚
（*Lipotes vexillifer*）
族群：白鱀豚科（Lipotidae）
体长：2.5米
发现地：中国长江
世界自然保护联盟：极危

2005—2006年，研究者针对珍稀的白鱀豚展开了紧锣密鼓的搜寻，以期发现幸存成员。这种淡水哺乳动物曾栖息在中国中部的长江中，在20世纪日渐稀少。最初的种群数量估计超过5 000头，但到20世纪中期只剩下1 000 ~ 2 000头。到了20世纪80年代只剩下不到500头，90年代的时候更是仅存50 ~ 100头。2006年的调查一无所获，它们处于“功能性灭绝”状态，也就是说即使有少数成员幸存，它们也会因为太过稀少、基因多样性过低和环境问题太多而无法恢复。这种淡水豚的消亡归咎于许多因素。渔业的发展让它们的食物减少，常见的非法电鱼和误捕都会造成伤害，内河交通量增加的同时也增加了碰撞风险，高噪声（声呐导航系统）也会干扰它们的回声定位能力。还有水质变差等因素。这场调查结束后的官方报告认为渔网和类似的渔具是伤害白鱀豚的主要因素。SP

图片导航

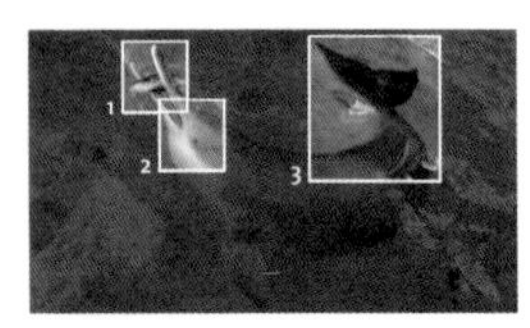

要点

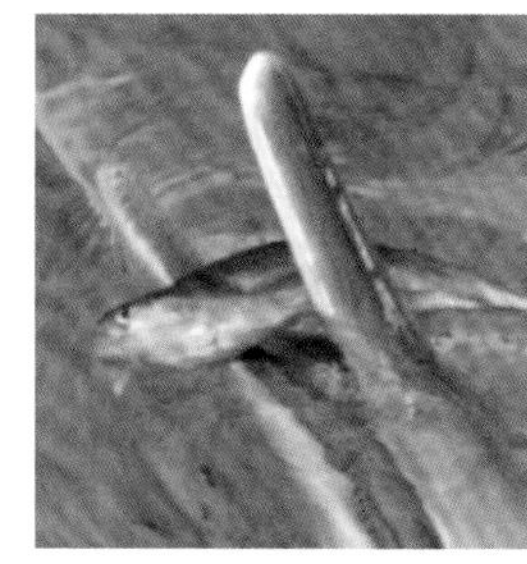

1 颌部和牙齿

白鱀豚的吻部细长，上下颌左右有30 ~ 35颗可以咬合的尖利小牙齿。它们主要在白天捕猎，用长长的喙部拨探河湾、支流和沙洲里的泥沙来捕食。

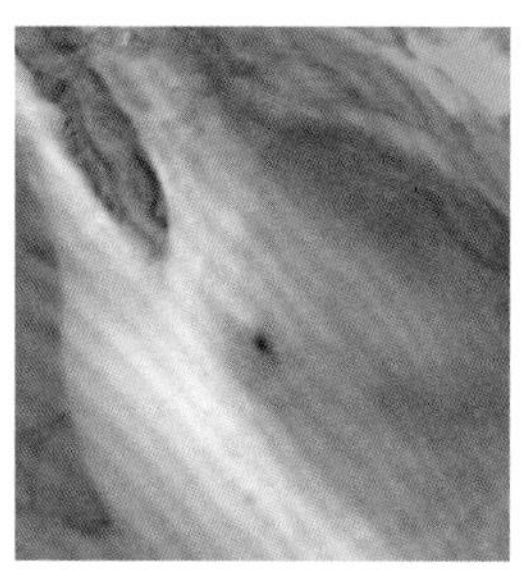

2 视力和回声定位

眼睛很小但具有视力，不过河水浑浊，主要的导航手段是发达的回声定位能力。白鱀豚会发出哨声、“咔嗒”声和长啸，这些声音由前额的额隆发出，随后聆听附近物体的回声。

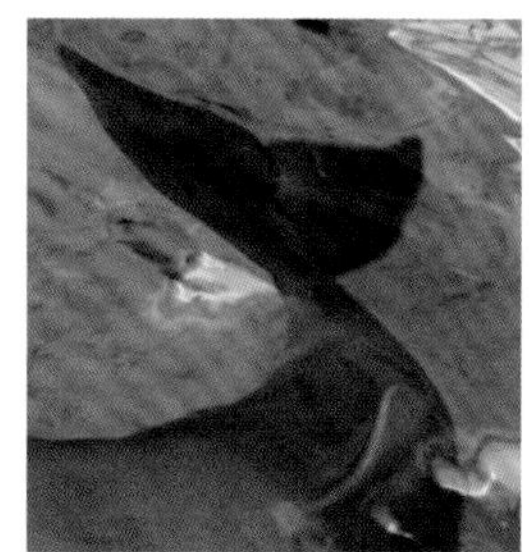

3 尾叶和鳍

尾叶粗壮且前后距离长，可以快速冲刺，而不是和海豚一样慢慢游动。白鱀豚的背鳍大幅度退化，因为不需要它来维持平衡，而海豚高高的背鳍可以在游动中维持身体稳定。

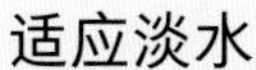

适应淡水

白鱀豚和4种其他仍在延续的江豚曾经都被归为淡水豚类，但这个分类不能反映出它们的进化起源，因为它们并没有密切的亲缘关系。每种江豚都是来自不同的海洋祖先，并通过独立的平行进化适应了江河，可能是为了避免与其他速度更快、更高效的海豚竞争。例如亚马孙河中的南美长吻海豚（*Sotalia fluviatilis*）属于海豚科，和它们亲缘关系最近的动物是同一个属里的圭亚那白海豚（*S. guianensis*）。亚马孙盆地中的另一种淡水豚亚马孙河豚（*Inia geoffrensis*，右图）自成一科，即亚河豚科，它们和生活在海岸的咸水拉普拉塔河豚（*Pontoporia blainvillei*）是近亲。

复活斑驴

上新世—全新世

亚种：斑驴
（*Equus quagga quagga*）
族群：马科（Equidae）
体长：2.5米
发现地：非洲南部
世界自然保护联盟：灭绝

1987年，南非的Quagga项目开始“重新繁育”一个多世纪前就已经灭绝的斑驴，斑驴实际上属于马属。多年以来，人们都认为它们是斑马里的一个种，通称斑驴。它们外形独特，只有头部、肩部和颈部有斑马的条纹，而身体两侧的条纹逐渐消退，后半身和四肢则几乎没有条纹。19世纪70年代晚期，欧洲移民将斑驴猎杀殆尽，以便获得肉和皮，同时减少争抢家畜食物的对手。

自20世纪80年代开始，分子、遗传和物理研究都认为斑驴是平原斑马的亚种或当地变种。但“斑驴”一名建立于1785年，早于1824年的平原斑马，因此取代了后者。研究者也分析了这个种的其他族群，结果表明可能有5～7个亚种，包括斑驴、查普曼斑马和格兰特斑马。作为亚种的斑驴应该能够和平原斑马的其他亚种繁育后代并共享同样的基因池。所以Quagga项目旨在选择最类似斑驴的平原斑马进行选择性育种，达到最终产生纯种似斑驴种群的目的，至少需要表型相似。表型是指可以观察到的特征，例如大小、外形、颜色、花纹、发育和行为。但是无法确认斑驴的基因型（基因组）能否重建，因为原始斑驴的基因组并不明确。就这个意义而言，斑驴可以被视为部分“复活”。SP

图片导航

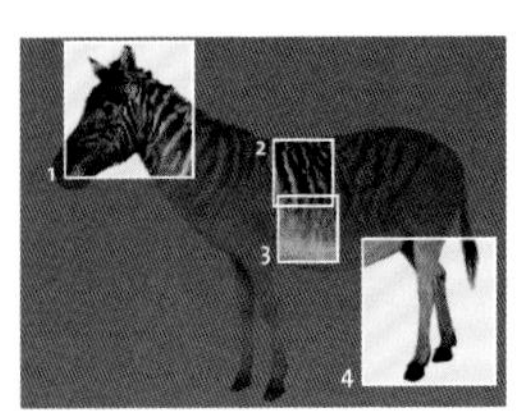

要点

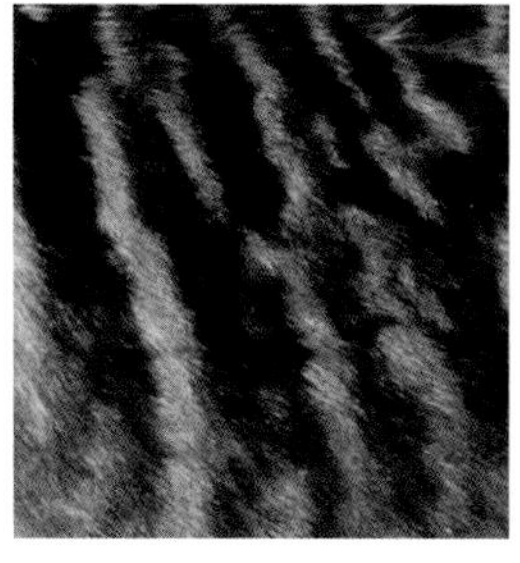

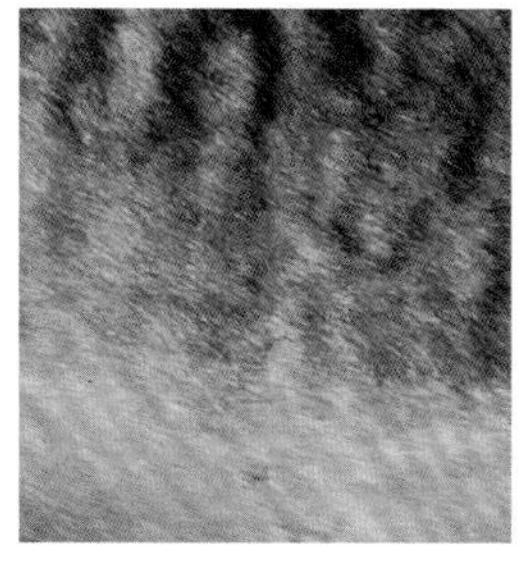

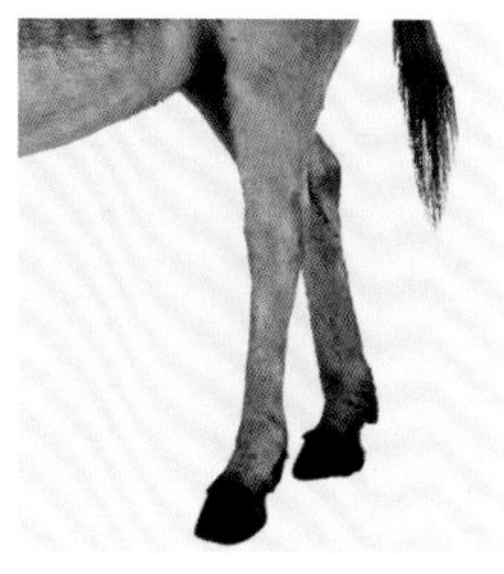

1 头和鬃毛
头部和颈部具有白色条纹，并在身体两侧逐渐变淡。大多数斑驴的鬃毛都直立而起而且有斑纹。斑驴的视力、听力和嗅觉都很敏锐。它们会用前切齿咬下植物，再用巨大的臼齿咀嚼。

2 斑纹
保留下来的皮肤显示出了各种花纹。条纹有时在肩部就已经几乎消失，有时又可以几乎延伸到后半身。

3 底色
现存的斑驴皮肤和画像表明它们的底色是棕色，在接近后半身的地方变为浅红棕。不过和斑马的底色一样，斑驴的底色也存在个体差异。

4 后半身和腿
在Quagga项目中，随着每一代培育种的繁殖，其后半身和后肢条纹数量都在稳步减少。该项目中有80多匹斑马，分布于南非和纳米比亚。

◀ 唯一的活斑驴照片，这是生活在伦敦摄政公园的母斑驴，摄于1870年。当时的人以为大自然“取之不竭”，还没人真正意识到灭绝就在身边。

蛙的复活

澳大利亚已经灭绝的胃育蛙（*Rheobatrachus*，右图）具有独特的繁殖方式。雌蛙产卵，雄蛙授精，随后雌蛙吞下受精卵，蝌蚪就在雌蛙胃中发育，在6周后，发育成熟的小蛙从雌蛙口中离开。胃育蛙灭绝于1983年，原因可能是疾病。拉扎卢斯计划希望能通过深冷冻组织中的体细胞核移植（SCNT）复活这种青蛙。研究员从解冻的组织中将含有基因信息的体细胞核转移到近亲大横斑蟾（*Mixophyes fasciolatus*）的卵细胞中。2013年，卵细胞在数日内发育成了早期胚胎，但没有进一步发育。

术语表

适应（adapt）
为适应某个时期的条件而改变，自然界的环境时常变化。

适应性辐射（adaptive radiation）
一类生物通过适应各种环境或生态位而产生多种不同族群，而且整个过程一般耗时很短。

进步（advanced）
更晚期或衍化程度更高的形态，但不一定代表着长期成功。参见原始、衍生、原初。

无颌纲（agnathan）
没有颌部的脊索或脊椎动物，通常是指一些鱼类，包括现生八目鳗和七鳃鳗，以及多种已经灭绝的动物。

水藻（algae）
某些简单的植物和似植物生物的非正式称谓，它们栖息在水中或潮湿的地方，通过光合作用获取能量，包括海藻和微生物。“水藻”一词不是正式名称或分类。

羊膜动物（amniotes）
在水外产卵或幼体在母亲体内发育的脊椎动物（爬行类、鸟类和哺乳类），和无羊膜类相反（大多为鱼类或两栖动物），后者必须在水中产卵。

原始（archaic）
早期、初始或古老的形态，但不一定代表着失败或不适应。参见进步、衍生和原初。

关节关联（articulated）
化石骨骼等残骸保留着生前原本的排列，而不是散乱变形。

基干（生物）（basal）
较早期或基本的形态，没有太多衍生（改变），例如接近进化树或进化分支图的底部的生物。

两侧对称（bilateral symmetry）
两侧对称，左右互为镜像。很多动物都具有这种形态。参见辐射对称。

两足动物（bipedal）
以两条腿行动，例如兽脚类（多为肉食恐龙）、鸟类、袋鼠和人类。

生物多样性（biodiversity）
某个地方和时期的各种生物种类（而不是每种生物的数量）。多样性的评估方法很多，通常使用物种数量。

生物群（biota）
某个时期和地方的生物总数，包括种类（生物多样性）和数量。

骨床（bone-bed）
密集存在大量化石骨骼和其他遗骸的地区。

底栖动物（bottom-dweller）
栖息在水底或水底附近的水生动物，如河底或深海。

甲壳（carapace）
甲壳动物坚硬身体外壳的上部（背部），例如螃蟹、昆虫、蛛形纲、海龟和陆龟。

碳同位素测年（carbon dating）
通过研究生物（通常已灭绝）中多种碳原子的衰变来计算它们的生存年代。参见放射性定年法。

食肉目（carnivoran）
多种肉食的哺乳动物，包括猫、狗、狐狸和熊。

肉食动物（carnivore）
主要以肉为食的动物。

软骨质（cartilaginous）
由软骨构成，轻盈、坚韧，通常有弹性。在非正式的场合也叫脆骨。

尾侧（caudal）
生物有机体的尾端，尤指动物尾巴。

甲壳素（chitin）
生物物质中的常见成分，尤其是昆虫和甲壳类的外壳，以及其他用于提供强度和弹性的身体部分。

脊索动物（chordate）
有脊索的动物，这是位于身体上部中心的坚硬条索状结构。也包括具有脊柱的动物，这是脊索的高级形式。脊索动物包括鱼类、两栖类、爬行类、鸟类、哺乳类及其近亲。参见脊椎动物。

进化支（clade）
包括祖先及其所有后代的一类生物，不包括没有亲缘关系的生物。进化支是对生物进行分组以反映其进化关系的基础。进化支的所有成员都具有进化支之外不存在的独特特征。参见共源性状。

遗传分类学（cladistics）
可以反映出进化关系的生物分类方法。参见进化支和系统分类学。

纲（class）
传统分类学的一个类别，传统的分类学（生物命名和分类系统）以界门纲目科属种划分生物。

虚骨龙类（coelurosaurian）
属于虚骨龙类的恐龙，都是肉食性恐龙。

趋同进化（convergent evolution）
不同的生物因为类似的环境或生态位而进化出类似的外表或习性，例如鲨鱼、鱼龙和海豚虽然没有亲缘关系，但都进化出了可以在水中迅速行动的相似体形。

脱氧核糖核酸（deoxyribonucleic acid, or DNA）
组成基因的化学物质，通过复制从亲代向子代传递遗传特征。生物之间相同的基因比例很高。参见基因。

衍生（derived）
生物进化出祖先所没有的“新”特征并遗传给后代。参见共源性状。

域（domain）
划分所有生物的基本分类。很多分类系统都使用细菌域、古生菌域和真核生物域三大类。部分系统会将域分为界。

背侧（dorsal）
生物背部。

背腹侧（dorsoventral）
生物背部和腹部，和体侧相对。

回声定位（echolocation）
发出高频声音并通过探测回声来定位周围的物体并确定方向，一般在夜间使用。

生态学（ecology）
生物逐渐改变的过程，即一代代传承特定的特性。

扩展适应（exaptation）
为某种功能而进化出来的特征有了新的用途。

科（family）
传统分类学——界门纲目科属种的一个类别。也可用于非正式地称呼少数近亲生物。

滤食者（filter-feeder）
从水中滤出小颗粒食物进食的生物。

有孔虫（foraminiferans）
类似阿米巴虫的单细胞生物，生活在水中，以细菌等更小的物体为食，还会制造出硬壳（介壳），介壳的形态通常十分复杂。

掘地生物（fossorial）
生活在地下，会挖掘隧道。

基因（genes）
含有遗传信息的一连串DNA（或RNA），即指导生物发育和运作的“化学指令”。

属（genus）
传统分类中——界门纲目科属种的一个类别。属是指一类有紧密亲缘关系的物种。生物正式的双名中便是属名在前，种名在后。例如，智人和尼安德特人的属是人属。

头鞍（glabella）
三叶虫介壳接近最前部的部分，约等于“额头”。

美洲物种大交换（Great American Interchange）
重要的古动物地理事件，在300万年前达到顶峰。火山活动导致巴拿马海峡突出海面并连接起以前分开的大陆之后，陆地和淡水生物通过中美洲在南北美洲之间来往。

栖息地（habitat）
生物居住的环境或地区，例如池塘、山区、沙漠、草地、岩石海岸或深海海底。

植食动物（herbivore）
主要是以植物为食的动物。

歪尾（heterocercal）
椎骨进入尾鳍的上叶，上叶通常大于下叶。

水翼（hydrofoil）
类似羽翼的形状，在水中活动的时候产生升力。

超级掠食者（hyperpredator）
超级掠食者，通常体形很大，会捕猎栖息地里的所有猎物，本身不太可能有天敌。

下叶长尾形（hypocercal）
椎骨进入尾鳍的下叶，下叶通常大于上叶。

标准化石（index fossils）
有些化石十分常见，分布广泛，而且随着时间的推移变化较快，可以用来确定其所在岩石和附近其他化石的年代。这种化石就是“标准化石”。

食虫动物（insectivore）
主要以昆虫和蜘蛛或蠕虫等其他小型无脊椎动物为食的动物。

无脊椎动物（invertebrate）
没有脊椎的动物，也包括没有脊索的动物。

界（kingdom）
传统分类学——界门纲目科属种的一个类别。参见域。

外侧（lateral）
和生物的体侧有关，一般为左侧和右侧。例如鱼的侧鳍，而不是说上（背）面或下（腹）面。

活化石（living fossil）
比较含糊的说法，是指某种生物和只有化石的远古近亲十分相似，没有太大改变。

后生动物（metazoans）
多细胞生物。

分子钟（molecular clock）
组成生物的分子会随进化而改变，而且改变速度可以估算。例如两个物种分开的时间。

多地起源（multiregional hypo-thesis）
有人提出人类是在一段漫长的时间里以半独立状态在全球各地进化出来，最终产生了现在存在差别的智人。

新世界（New World）
南北美洲和附近的岛屿。参见旧世界。

生态位（niche）
生物在环境中所扮演的角色，以及和其他生物和周围环境的相互作用。例如新西兰因为地理隔离而没有陆生哺乳动物，因此很多鸟类占据了通常由哺乳动物占据的生态位，也失去了飞行能力。

脊索（notochord）
见脊索动物。

专性（obligate）
必须某种条件才能生存。

旧世界（Old World）
欧洲、亚洲、非洲，可能也包括大洋洲和南极洲，以及附近的岛屿。

对掌拇指（opposable thumb）
可以和其他手指对捏的拇指，这会大幅度提高灵敏度和抓握能力。

目（order）
传统分类学——界门纲目科属种的一个类别。

卵生（organism）
雌性先产下产卵，胚胎在卵中发育后孵化。参见卵胎生、胎生。

食卵动物（oviparous）
以卵为食，如专门以鸟蛋为食的动物。

卵胎生（oviphagy）
胚胎在雌性动物体的卵内发育，而不是由胎盘提供营养，然后卵在母体中孵化，最后产下幼仔。参见卵生、胎生。

胎生（ovoviviparous）
雌性直接产下在体内发育完成的后代，胚胎通常由胎盘提供营养，而不是在卵内发育。

古生物学（palaeontology）
研究化石、类似遗骸和远古生物的学科。

咽（pharyngeal）动物的喉咙或颈部区域，一般和呼吸有关，有时候还涉及进食。

系统发生分类学（phylogenetic systematics）
能够反映出进化关系的生物研究和分类，尤其是进化支和有无独有的特征。参见进化支和共源性状。

门（phylum）
传统分类学——界门纲目科属种的一个类别。

盾皮鱼（placoderm）
一类早已灭绝的鱼类，以骨板为特征，它们也是最先进化出颌部和正常鱼鳍的鱼类。

原初（primitive）
某种生物最初的形态，但不一定代表着失败或适应不良。参见进步、衍生和原始。

四足动物（quadrupedal）
以四足行动，大部分哺乳动物和爬行类都是四足动物。

辐射对称（radial symmetry）
圆形或车轮状对称。这种结构的动物包括海葵、珊瑚、海星和其他棘皮动物。参见两侧对称。

放射性定年法（radiometric dating）
通过各种原子的衰变确定岩石的年代，例如原子进入岩石的时间。参见碳同位素测年。

残留种（relict）
残留种，例如曾经常见而且分布广泛的物种留下的少数成员。

种子（seeds）
某些植物的生殖器官，通常由雌细胞和雄细胞结合而产生。种子通常都很坚韧，可以抵抗严酷环境，其中含有植物胚胎和储备食物。参见孢子。

两性异形（sexual dimorphism）
同一物种中雌性和雄性的体形和功能存在差异。

特化种（specialist）
需求和生活方式相当局限的生物，例如只以某种猎物为食的掠食者。

种（species）
传统分类学——界门纲目科属种的一个类别。种的定义很多，例如同一个种的生物可以相互繁殖，产下有生育能力的后代。已经灭绝的生物通过解剖结构和其他特征决定是否归入一个种。基因和分子证据在分类中发挥的作用越来越多。

孢子囊（sporangia）
某些植物产生孢子的结构。参见孢子。

孢子（spores）
某些植物的繁殖方式，通常通过无性方式产生。孢子通常都很坚韧，可以抵抗严酷环境，通常没有食物储备。参见种子。

共同衍征（synapomorphy）
来自共同祖先的特征，可见于同一进化支（进化分类）中的所有成员，而且其他进化支不具备该特征。

痕迹化石（trace fossils）
没有保存生物身体的化石，而是它们留下的痕迹，例如足迹、咬痕、爪痕、隧道和粪便（粪化石）。

脊椎动物（vertebrate）
具有脊柱的动物，即一系列连接在一起的骨骼，从头骨一直延伸到尾部。脊椎动物是脊索动物的一个亚类。参见脊索动物。

本书撰稿者

佩特拉·布鲁克斯
（Petra Brookes，PB）
水肺潜水爱好者，水下摄影师，去过很多世界知名的景点。她是海洋无脊椎生物研究者，尤其热爱软体动物、珊瑚和海绵，拥有海洋生物学学位。佩特拉为多个海洋保护项目担任顾问，负责发布当地发展计划并协调发展计划和对海洋影响更大的问题。

里昂·格雷
（Leon Gray，LG）
里昂曾在英国伦敦大学学院学习动物学，以脊椎动物古生物学和哺乳动物繁殖为课题。他在1995年完成了动物研究所的论文，随后在伦敦的一家出版公司担任助理编辑。此后他撰写并编辑了100多本出版物，主题以科学、技术和自然界为主。

丹·格林
（Dan Green，DG）
丹是畅销科普作家。他曾在剑桥大学攻读古生物学和地球科学，并获得了自然科学硕士学位。丹时常给《神奇大自然》杂志投稿并担任顾问。他最近的作品包括《科学之书：简说大概念》（DK）和《元素》（美国学者出版公司），后者在2013年荣获美国科学教师协会优秀科普书籍奖。他的作品也入选了英国皇家学会青少年图书奖。

汤姆·杰克森
（Tom Jackson，TJ）
汤姆是一位作家和环保主义者。他参与了越南丛林考察，从非洲的干旱中拯救水牛，还让英国萨摩赛特的林地重焕生机。他20年来为科普书籍笔耕不辍，主题从蝾螈、生态、进化到索罗亚斯德教无所不包。汤姆曾在布里斯托尔大学攻读动物学。国家地理、布鲁姆斯伯里出版公司、DK和BBC杂志都出版过他的著作，他的作品还被翻译成了十几种语言。

达伦·奈什
（Darren Naish，DN）
英国南安普敦大学的古生物学家，研究课题是恐龙、翼龙和海生爬行类。2001年，他和同事命名了暴龙类的始暴龙（*Eotyrannus*），这也是他博士项目的研究重点。他还和同事共同命名了小坐骨龙（*Mirischia*）、异波塞东龙（*Xenoposeidon*）和怀特龙翼龙（*Vectidraco*）。在和翼龙专家马克·维顿的合作中，他提出巨大的神龙翼龙是“陆生追踪者”。他认为长颈蜥脚类恐龙会抬高脖子，以及恐龙和翼龙的头饰都是性展示结构。

道格拉斯·帕尔默
（Douglas Palmer，DP）
科普作家和剑桥大学继续教育学院的讲师。道格拉斯曾经是都柏林圣三一大学的古生物学讲师和研究员，独自和合作撰写了30多本著作，既包括古生物学术书籍，也包括儿童书籍。他最近的作品包括苹果平板电脑的应用《自然博物馆：进化》，以及《进化和起源：人类进化》（毕兹雷出版社）。

斯蒂夫·帕克
（Steve Parker，SP）
拥有动物学一等理学士学位，也是伦敦动物学会的高级研究员。他就职于伦敦自然博物馆，负责甲壳类进化和互动式展览。最近的作品是《灭绝：不是世界末日？》。他撰写过200多篇文章，大多都和生命科学有关，还为另外100多个项目和网站贡献过自己的力量。他最近凭借插图医学历史《杀戮还是治愈》（DK出版社）一书荣获英国医学会图书奖，也凭借《科学大疯狂》荣获学校图书馆协会的信息图书奖（QED出版社）。

罗伯特·斯奈登
（Robert Snedden，RS）
30多年来都投身于科学和出版工作，专门为青年读者打造科普书籍，主题包括环境、进化、遗传和细胞结构、太空探索、电脑和互联网。他也和赫瑞瓦特大学联手举办了一场机器人展览，并为惠康基金会发表了遗传药理学论文。

贾尔斯·斯派洛
（Giles Sparrow，GS）
拥有帝国理工学院的科学传播硕士学位。贾尔斯撰写、编辑和参与过诸多生命史书籍，包括《恐龙和史前生物大百科》《进化》《起源》和《理查德·道金斯的祖先故事》。他常年为杂志供稿，例如《运作原理》和《焦点》。

麦克·泰勒

(Mike Taylor，MT)

恐龙古生物学家,专攻蜥脚类恐龙。自世纪之交开始，他就发表了很多著作，主题包括恐龙研究历史，蜥脚类恐龙解剖结构、分类学、长颈进化过程、蜥脚类恐龙的常见颈部姿态、它们的颈椎在它们的一生中是如何变化的以及影响它们进化的选择压力。他还发表并命名了两种新的恐龙：异波塞东龙和雷脚龙（*Brontomerus*）。他是布里斯托尔大学的助理研究员。

马丁·沃尔特斯

(Martin Walters，MW)

生活在剑桥的作家、编辑和博物学家。他曾在牛津大学攻读动物学，研究课题包括鸟类、植物、自然史、环保和进化。马丁多年来都在剑桥大学出版社担任生物科学编辑，此后成了自由编辑和作家。他游历甚广，拍摄了很多照片，也出版了很多作品。他在欧洲和许多其他地区探索和记录了大量野生动物，例如冰岛、南非和中国。

图片声明

The publishers would like to thank the museums, illustrators, archives and photographers for their kind permission to reproduce the works featured in this book. Every effort has been made to trace all copyright owners but if any have been inadvertently overlooked, the publishers would be pleased to make the necessary arrangements at the first opportunity.

(Key: top = t; bottom = b; left = l; right = r; centre = c; top left = tl; top right = tr; centre left = cl; centre right = cr; bottom left = bl; bottom right = br)

2 © Cathy Keifer / Shutterstock **8** © Charles R. Belinky / Science Photo Library **9** © Mehau Kulyk / Science Photo Library **10** © Herve Conge, ISM / Science Photo Library **11** © Sue Daly / naturepl.com **12** © Martin Strmiska / Alamy **13** 3news.co.nz **14** © Javier Treuba / MSF / Science Photo Library **15** © John Phillips / UK Press via Getty Images **16** © Tui De Roy / naturepl.com **17** © Royal Geographical Society / Alamy **18** © Science Picture Co / Science Photo Library **19** © Jo Crebbin / Shutterstock

20 © Isabel Eeles **22–23** © Dr Karl Lounatmaa/Science Photo Library **24** © Frans Lanting, Mint Images / Science Photo Library **25 t** © Paul D Stewart / Science Photo Library **25 b** © myLoupe / Universal Images Group via Getty Images **26 t** © The Natural History Museum / Alamy **26 b** Omalius d'Halloy by unknown painter. Licensed under Public Domain via Wikimedia Commons **27** © SSPL / Getty Images **28** © Sinclair Stammers / Science Photo Library **29 t** © Kent and Donna Dannen / Science Photo Library **29 b** © Gary Hincks / Science Photo Library **30** © Dean Conger / Corbis **31 t** © Bettmann / Corbis **31 b** © Isabel Eeles **32** © Doug Meek / Corbis

33 tr © NPS / Alamy **33 cr** © B.A.E. Inc. / Alamy **33 b** © Tom Bean / Alamy **34** © Chris Butler / Science Photo Library **35 t** © NASA / Science Photo Library **35 b** © imageBROKER / Alamy **36 b** © E.R. Degginger / Alamy **36 t** © Dr Karl Lounatmaa / Science Photo Library **37 b** © B. Murton / Southampton Oceanography Centre / Science Photo Library **37 t** © Eye of Science / Science Photo Library **38** © AFP via AAP / David Wacey (20110821000339238573) **39 tl** Image by Nora Noffke; published in Noffke et al. (2013), Astrobiology, v. 13, p. 1–22. **39 tc** © AAP Image / University of Western Australia, David Wacey (20110820000339334370)

39 tr © Dr. Richard Roscoe/Visuals Unlimited, INC. / Science Photo Library **39 bl** © El Albani / Mazurier **39 br** © Dr. Richard Roscoe/Visuals Unlimited, Inc. / Science Photo Library © **40** © Bryan Mullennix / Getty Images **41** © Michael J Daly / Science Photo Library **42** © Jabruson / naturepl.com **43** © Corbin17 / Alamy **44** © Chase Studio / Science Photo Library **45 t** © age fotostock / Alamy **45 b** © The Natural History Museum / Alamy **46 t** http: / /ivanov–petrov.dreamwidth.org / 1669966.html **46 cl** © Sinclair Stammers / Science Photo Library **46 cr** © Ken Lucas / Visuals Unlimited / Corbis **46 br** © Natural History Museum, London / Science Photo Library **46 bl** © Museum Victoria, Melbourne **47** © Barrett & MacKay / All Canada Photos / Corbis **48** © O. Louis Mazzatenta / National Geographic / Getty Images **49 t** © www.fossilmall.com **49 b** © fossilmuseum.net **50** © T. Kitchin and V. Hurst / Getty Images **51 t** © L. Newman & A. Flowers / Science Photo Library

51 c © The Natural History Museum / Alamy **51 cl** © Ken Lucas / Visuals Unlimited / Corbis **51 bl** © O. Louis Mazzatenta / National Geographic / Getty Images **51 br** © All Canada Photos / Alamy **52** © Dorling Kindersley / Getty Images **53 c** Courtesy of Smithsonian Institution **53 b** © Pam Baldaro **54–55** © blickwinkel / Alamy **56** © John Durham / Science Photo Library **57 t** © Michael Abbey / Science Photo Library **57 b** © Mark Conlin / Alamy **58** © Sinclair Stammers / Science Photo Library. **59** © Jan Hinsch / Science Photo Library **60** Asteroxylon fossil by Ghedoghedo – Own work. Licensed under CC BY-SA 3.0 via Wikimedia Commons. **61 t** © DeAgostini / Getty Images **61 b** © Dr Keith Wheeler / Science Photo Library **62** © Sinclair Stammers / Science Photo Library **63 c** © Richard Bizley / Science Photo Library

63 b © Richard Bizley / Science Photo Library **64** © Bob Gibbons / ardea.com **65 l** © Pascal Goetgheluck / Science Photo Library **65 r** © M.I. Walker / Science Photo Library **66** © Wild Wonders of Europe / Lesniewski / naturepl.com **67 t** © Eye of Science / Science Photo Library **67 b** © Natural History Museum, London / Science Photo Library **68** © G.D. Carr **69** © Swedish Museum of Natural History, photo taken by Benjamin Bomfleur **70** © Kurkul / Shutterstock **71 t** © age fotostock / Alamy

71 b © The Natural History Museum / Alamy **72** © Look and Learn / Bernard Platman Antiquarian Collection / Bridgeman Images **73** © Biophoto Associates / Science Photo Library **74** © Walter Myers / Science Photo Library **75 t** UC Museum of Paleontology Plants Specimen 150339, Photo by Dave Strauss, © 2014, License to use: CC BY 3.0 **75 b** © Adam Hutchinson **76** © Corbin17 / Alamy **77 t** © Alan and Linda Detrick / Science Photo Library **77 b** © sunnyfrog / Shutterstock **78** © The Natural History Museum / Alamy **79** © blickwinkel / Alamy **80** © Biophoto Associates / Science Photo Library **81 t** © GAP Photos / Mark Bolton **81 b** © Nature Photographers Ltd / Alamy **82** © Edward Parker / Alamy **83 tl** © imageBROKER / Alamy **83 cl** © Rowan Isaac / Alamy **83 bl** © Steffen Hauser / botanikfoto / Alamy **83 r** © Power and Syred/Science Photo Library **84** © Alberto Perer / Alamy **85** © Images of Africa Photobank / Alamy **86** © DK Limited / Corbis **87 t** © Nigel Cattlin / Visuals Unlimited / Corbis **87 b** © Sue Bishop / Flowerphotos / ardea.com **88** © David Dilcher and Ge Sun **89** © Buiten–Beeld / Alamy **90** Amborella trichopoda (3173820625) by Scott Zona from USA – Amborella trichopoda. Uploaded by bff. Licensed under CC BY 2.0 via Wikimedia. **91 b** © Custom Life Science Images / Alamy **92** © Nick Garbutt / naturepl.com **93 t** © Steve Taylor / Science Photo Library **93 b** © Dan Tucker / Alamy **94 t** © The Trustees of the Natural History Museum, London **94 b** © Jonathan Buckley / GAP **95 t** © John Kaprielian / Science Photo Library **95 b** © Valerie Giles / Science Photo Library **96** © Zoonar GmbH / Alamy **97 tr** © The Natural History Museum / Alamy **97 b** © Susumu Nishinaga / Science Photo Library **98–99** © Michael Durham/Minden Pictures/ Corbis **100** © Martin Land / Science Photo Library **101 t** © Pete Oxford / naturepl.com **101 b** © Steve Gschmeissner / Science Photo Library **102** © Custom Life Science Images / Alamy **103 l** © MBARI 2012 **103 r** © PF–(usna1) / Alamy **104** © age fotostock Spain, S.L. / Alamy **105 t** © JonMilnes / Shutterstock **105 b** © Peter Scoones / Nature Picture Library **106** © Tom Uhlman / Alamy **107 tl** © Indiana Dept. of Natural Resources / Falls of the Ohio State Park **107 tr** © Indiana Dept. of Natural Resources / Falls of the Ohio State Park **107 cl** © Indiana Dept. of Natural Resources / Falls of the Ohio State Park **107 cr** © Indiana Dept. of Natural Resources / Falls of the Ohio State Park **107 b** © David Rumsey Map Collection **108** © Zoonar GmbH / Alamy **109 t** © Andreas Altenburger / Alamy **109 b** © O. Louis Mazzatenta / National Geographic / Getty Images **110** © C.B. Cameron, Université de Montréal **111** © Sue Daly **112** © Alex Hyde / naturepl.com **113** © Robert Schuster / Science Photo Library **114** © Adrian Bicker / Science Photo Library **115 t** © John P. Adamek / Fossilmall.com **115 b** © Kim Taylor / naturepl.com **116** © Stocktrek Images, Inc. / Alamy **117** © Alan Sirulnikoff / Science Photo Library **118 t** © Sinclair Stammers / Science Photo Library **118 b** PhacopidDevonian by Wilson44691 – Own work. Licensed under Public Domain via Wikimedia Commons. **119** © Gerald & Buff Corsi / Visuals Unlimited / Corbis **120** © Sinclair Stammers / Science Photo Library **121 t** © Brückner / Optics Express, image from Optics Express, DOI: 10.1364 / OE.18.024379

121 b © Walter Myers / Science Photo Library **122** Yunnanocephalus S CRF by Dwergenpaartje – Own work. Licensed under CC BY-SA 3.0 via Wikimedia Commons. **123 bl** fossilmall.com **123 br** fossilmall.com **124** © Matteis / Look at Sciences / Science Photo Library **125 t** © EyeOn / UIG via Getty Images **125 b** © Jeff Rotman / Science Photo Library **126** © Visuals Unlimited, Inc. / William Jorgensen **127 t** http: / /www.mcz.harvard.edu / **127 b** © The Natural History Museum / Alamy **128** © DEA / G. Cigolinil / De Agostini / Getty Images **129 t** © Adrian Davies / naturepl.com **129 b** © blickwinkel / Alamy **130** © Nigel Cattlin / Alamy **131 t** Reproduced by permission of The Royal Society of Edinburgh from *Transactions of the Royal Society of Edinburgh: Earth Sciences* volume 90 (2000, for 1999), pp 351–375 **131 b** © Viewpoint / Alamy **132** © Walter Myers / Science Photo Library **133** © Richard Bizley / Science Photo Library **134** © The Natural History Museum / Alamy **135 c** © D. Grimaldi / AMNH / Columbia University Press **135 b** © Ian Beames / ardea.com **136** © 1999–2015, The Virtual Fossil Museum Rights and Permissions **137 t** © Biophoto Associates / Science Photo Library **137 b** © Jaime Chirinos / Science Photo Library **138** © Stocktrek Images, Inc. / Alamy **139** © Sinclair Stammers / Science Photo Library **140** © John Greim / LightRocket via Getty Images **141 c** © Sabena Jane Blackbird / Alamy **141 b** © Alexander Semenov / Science Photo Library **142** © WaterFrame / Alamy **143 t** © Jean Paul Ferrero / ardea.com **143 b** © Edmund Fellows **144** © Chase Studio / Science Photo Library **145 bl** © Bygone Collection / Alamy **145 br** © DeAgostini / Getty Images **146** © DK Limited / Corbis **147 t** © Albert Lleal / Minden Pictures / Corbis **147 b** © The Natural History

Museum / Alamy **148** © Professor Billie J. Swalla **149** © David Wrobel / Visuals Unlimited, Inc. **150** © Claude Nuridsany and Marie Perennou / Science Photo Library **151 t** © Paul Selden **151 b** © Piotr Naskrecki / Getty **152 t** © SuperStock / Alamy

152 bcl © Ger Bosma / Alamy **153 l** © Gerry Bishop / Visuals Unlimited, Inc. **153 r** © blickwinkel / Alamy **154** © James H. Robinson / Science Photo Library

155 c © Steve Hopkin / ardea.com **155 b** © Francois Gohier / ardea.com **156** © Patrick Dumas / Look at Sciences / Science Photo Library **157 t** © Natural History Museum, London / Science Photo Library **157 b** © The Trustees of the Natural History Museum, London **158** © Jim Amos / Science Photo Library **159 t** Dactylioceras NT by NobuTamura www.palaeocritti.com – Own work . Licensed under CC BY– SA 3.0 via Wikimedia Commons. **159 b** © Pascal Goetgheluck / Science Photo Library

160 © Image Source / Alamy **161 t** © Reinhard Dirscherl / Visuals Unlimited / Corbis **161 b** © Mike Veitch / Alamy **162** © Alan Majchrowicz / Getty **163 t** © FLPA / Alamy **163 b** © WaterFrame / Alamy **164** © DeAgostini / Getty Images **165** © The Natural History Museum / Alamy **166** © Natural History Museum, London / Science Photo Library **167 t** © Steve Gschmeissner / Science Photo Library **167 b** Reprinted by permission from Macmillan Publishers Ltd: ‹A complete insect from the Late Devonian period› Nature 488, 82–85, copyright 2012 **168 t** © blickwinkel / Alamy **168 b** © Thomas Marent / ardea.com **169 t** © Steve Hopkin / ardea.com **169 b** © Michael Durham / Minden Pictures / Corbis **170** © Graham Cripps / Trustees of the Natural History Museum **171 t** © Thierry Hubin / Royal Belgian Institute of Natural Sciences **171 b** © Museum Victoria 2010, source: Museum Victoria, maker: Peter Roberts, photographer: Jon Augier **172–173** © Hoberman Collection/Corbis

174 © Andrey Nekrasov / Alamy **175 t** © Norbert Wu / Minden Pictures / Corbis **175 b** © Quade Paul **76** © Richard BIZLEY / Science Photo Library **177 t** © Charlie Gray / Alamy

177 b Courtesy of Smithsonian Institution **178** © Christian Darkin / Science Photo Library **179 t** © Colin Keates / Getty **179 b** © age fotostock Spain, S.L. / Alamy **180** © Martin Land / Science Photo Library **181** © Copyright The Hunterian, University of Glasgow **182** © Brandon Cole Marine Photography / Alamy **183 bl** © Pat Morris / ardea.com **183 tr** © Emory Kristof / Getty **183 br** © Christine Ortlepp **184** © Stocktrek Images, Inc. / Alamy **185 t** © Kim Kyung–Hoon / Reuters / Corbis

185 b © WaterFrame / Alamy **186** © Peer Ziegler, CG Society **187 tr** © Natural History Musem **187 b** © Roger Jones **188** © Dorling Kindersley **189 c** © Stephen J. Krasemann / Science Photo Library **189 b** © Walter Myers / Stocktrek Images / Corbis **190** © WaterFrame / Alamy **191 t** © Christian Darkin / Science Photo Library **191 b** © Alex Hyde / Science Photo Library **192** © Corey Ford / Stocktrek Images / Corbis **193 t** © American Museum of Natural History **193 b** © Jaime Chirinos / Science Photo Library **194** © Brandon Cole / naturepl.com **195** © Doug Perrine / naturepl.com **196** © Ken Lucas / Getty Images **197 t** © Scientifica, I / Visuals Unlimited / Corbis **197 b** © Corey Ford / Alamy **198** © Gerald & Buff Corsi / Visuals Unlimited / Corbis **199 t** © DK Limited / Corbis **199 b** © Steve Simonsen / Getty **200** © Hoberman Collection / Corbis **201** © Bettmann / Corbis **202** © Alex Mustard / naturepl.com **203 t** © Ingo Arndt / Minden Pictures / Corbis **203 b** © Jaime Chirinos / Science Photo Library **204** © Michael J. Everhart, Oceans of Kansas Paleontology **205** © Millard H. Sharp / Science Photo Library **206** © Ken Lucas, Visuals Unlimited / Science Photo Library **207** © Jean Paul Ferrero / ardea.com **208 t** © Luis Rey / Dorling Kindersley **208 b** © The Natural History Museum / Alamy **209 t** © Stocktrek Images, Inc. / Alamy **209 b** © Jonathan Blair / Corbis **210** © Victor Habbick Visions / Science Photo Library **211** © Shubin NH et al **212** © D. Bogdanov **213** Courtesy of the Harvard University News Service **214** Eucritta1DB by Dmitry Bogdanov. Licensed under CC BY-SA 3.0 via Wikimedia Commons. **215 b** © The Natural History Museum / Alamy

215 t © Walter Myers / Science Photo Library **216** © Kevin Schafer / Alamy **217** © Phil Degginger / Carnegie Museum / Science Photo Library **218** © Sergey Krasovskiy / Stocktrek Images **219** Courtesy of Professor Patrick Schembri **220** © Ken Lucas, Visuals Unlimited / Science Photo Library **221 t** © Chris Mattison / Alamy **221 b** © Henk Wallays / Alamy **222** © DeAgostini / Getty Images **223 r** Prosalirus BW by Nobu Tamura. Licensed under GFDL via Wikimedia Commons. **223 b** © MNHN – Denis Serrette

224 © Universal Images Group Limited / Alamy **225 t** © Raúl Martín **225 b** © Richtr Jan **226** © Tiny Adventures Tours / Lieuwe Montsma **227 bl** © Dorling Kindersley ltd **227** Michael J. Benton and Shi-xue Hu, "The Luoping biota: exceptional preservation, and new evidence on the Triassic recovery from end-Permian mass extinction", Proceedings B, 2010, DOI: 10.1098/rspb.2010.2235, by permission of the Royal Society. **228–229** © Michael Lidski / Alamy **230** Scutosaurus by p_a_h from United Kingdom. Licensed under CC BY 2.0 via Wikimedia Commons. **231 t** © National Geographic Image Collection / Alamy **231 b** © WaterFrame / Alamy **232** © John Sibbick / The Trustees of the Natural History Museum, London **233** © The Natural History Museum / Alamy **234** © Michael Lidski / Alamy **235** © blickwinkel / Alamy **236** © Corbin17 / Alamy **237** © John Sibbick **238** © Francois Gohier / ardea.com **239** © Leonello Calvetti / Science Photo Library / Corbis **240 t** © DEA / G. Cigolini / De Agostini / Getty Images **240 b** © Jaime Chirinos / Science Photo Library **241** © Natural History Museum, London / Science Photo Library **242** © Jaime Chirinos / Science Photo Library **243** © Walter Geiersperger / Corbis **244 t** © The Trustees of the Natural History Museum, London **244 b** © Raul Martin / National Geographic Creative **245** © The Natural History Museum / Alamy **246** © Jonathan Blair / Corbis **247** © Ryosuke Motani, University of California, Davis **248** © Mark Witton / The Trustees of the Natural History Museum, London **249** © University of Washington **250** © 2010 by Encyclopaedia Britannica, Inc.

251 © Ogmios **252** © Louie Psihoyos / Corbis **253** © Jaime Plaza Van Roon / ardea.com **254 t** © De Agostini Picture Library / Getty **254 b** © The Trustees of the Natural History Museum, London **255** © Dorling Kindersley ltd **256** © Sergey Skleznev / Alamy **257** © Mike Danton / Alamy **258** © NHPA / Photoshot **259** © DeAgostini / Getty Images **260 t** © Sabena Jane Blackbird / Alamy **260 b** © Collection of Publications International, Ltd. **261** © Stocktrek Images, Inc. / Alamy **262** © Natural Visions / Alamy **264 t** © Encyclopaedia Britannica / UIG / Rex **264 b** © Andy Crawford / Getty **265** © Corey Ford / Alamy **266** Courtesy of Sauriermuseum Frick, Switzerland

267 © NHPA / Photoshot **268** © Louie Psihoyos / Corbis **269** © The Natural History Museum / Alamy **270** Charles R. Knight **271 t** © DK Limited / Corbis **271 b** © Louie Psihoyos / Corbis **272** © Stocktrek Images, Inc. / Alamy **273** © Humboldt–Universität zu Berlin: Museum für Naturkunde, Buddensieg / 'Janensch' by Unknown. Licensed under Public Domain via Wikimedia. **274** © Dorling Kindersley / Getty **275** *Argentinosaurus* DSC 2943 by Eva K. Licensed under GFDL 1.2 via Wikimedia Commons. **276 t** © Louie Psihoyos / Corbis **276 b** © Elvele Images Ltd / Alamy **277** Courtesy of Luci Betti-Nash, Stony Brook University **278** © Craig Brown / Stocktrek Images / Corbis **279** © Franck Robichon / epa / Corbis **280** © Corey Ford / Stocktrek Images **281** © Louie Psihoyos / Corbis **282 t** © John Harper / Corbis **282 b** © Colin Keates / Dorling Kindersley ltd **283** © National Media Museum / Science & Society Picture Library **284** © Corey Ford / Alamy **285 t** © Walter Sanders / The LIFE Picture Collection / Getty Images) **285 b** Dr. Jørn Hurum / Naturhistorisk Museum **286** © Stocktrek Images, Inc. / Alamy **287 t** © Paul D. Stewart / Science Photo Library **287 b** © Walter Myers / Stocktrek Images / Corbis **288** © Natural History Museum, London / Science Photo Library **289 t** © Jonathan Blair / Corbis **289 b** © Mark P. Witton / Science Photo Library **290** © Joe Tucciarone / Science Photo Library **291** © Ken Lucas, Visuals Unlimited / Science Photo Library **292 t** © DK Limited / Corbis **292 b** © John Cancalosi / ardea.com **293** © Scubazoo / Alamy **294** © Kike Calvo / TopFoto **295** © Peter Oxford / Nature Picture Library **296** © Robert Hamilton / Alamy **297 tr** © John Cancalosi / Nature Picture Library **297 b** © Kim Taylor and Jane Burton / Getty **298** © leonello calvetti / Alamy **299** © Ryan M. Bolton / Alamy **300** © Kostyantyn Ivanyshen / Stocktrek Images **301** © Thomas Marent / ardea.com **302** © Richard T. Nowitz / Corbis **303** © witmerlab **304** © Stocktrek Images, Inc. / Alamy **305** © Stan Honda / Stringer **306** © John Sibbick / The Trustees of the Natural History Museum, London **307** © Louie Psihoyos / Corbis **308** © Kayte Deioma / ZUMA Press / Corbis **309 tr** Image by Yuya Tamai, licensed under Creative Commons Attribution 2.0 Generic license. **309 b** © Classic Image / Alamy **310** © Julius T. Csotonyi / Science Photo Library **311 t** © Dave Hone **311 b** © National pictures / Topfoto **312** © Pat Morris / ardea.com **313** © Drik Wiersma / Science Photo Library **314** © Chris Hellier / Corbis

315 © Michael Rosskothen / Shutterstock **316 b** Falcarius white background by Paul Fisk from Salt Lake City, UT, USA – File:Falcarius.jpg. Licensed under CC BY-SA

2.0 via Wikimedia Commons **316 b** © Q–Images / Alamy **317** © O. Louis Mazzatenta / Getty **318** © Stocktrek Images, Inc. / Alamy **319** © Jose Antonio Peñas / Science Photo Library **320** © Andy Crawford / Getty **321** © Eric Preau / Sygma / Corbis **322 t** © Louie Psihoyos / Corbis **322 b** © Albert Copley / Visuals Unlimited / Corbis **323 t** © Mervyn Rees / Alamy **323 b** © Stephen J. Krasemann / Science Photo Library **324** © Leonello Calvetti / Stocktrek Images / Corbis **325** © Natural History Museum, London / Science Photo Library **326** © The Trustees of the Natural History Museum, London **327** © Louie Psihoyos / Corbis **328** *Stegosaurus* Senckenberg by EvaK. Licensed under CC BY-SA 2.5 via Wikimedia Commons. **329** © Jose Antonio Peñas / Science Photo Library **330** © Roger Harris / Science Photo Library **331** © Natural History Museum, London / Science Photo Library **332 t** © Stocktrek Images, Inc. / Alamy **332 b** © The Natural History Museum / Alamy **333** Photo by Andy Crawford © Dorling Kindersley / Getty Images **334** © Peter Minister / Getty **335 t** © Everett Collection Historical / Alamy **335 b** © Mary Evans Picture Library / Alamy **336** © Natural History Museum, London / Science Photo Library **337** © witmerlab **338 t** © AfriPics.com / Alamy **338 b** © Phil Degginger / Carnegie Museum / Alamy **339** © Gary Ombler / Dorling Kindersley ltd **340** © Sergey Krasovskiy / Stocktrek Images **341** © Nobumichi Tamura / Stocktrek Images / Corbis **342** © Stocktrek Images, Inc. / Alamy **343** Stegoceras Hendrickx by Christophe Hendrickx – Own work. Licensed under CC BY-SA 3.0 via Wikimedia Commons. **344** © All Canada Photos / Alamy **345** Triceratops alticornis by Marsh – http://marsh.dinodb.com/marsh/. Licensed under Public Domain via Wikimedia Commons. **346** © Naturfoto Honal / Corbis **347** © Natural Visions / Alamy **348** Courtesy of the Institute of Vertebrate Palaeontology and Palaeoanthropology, Chinese Academy of Sciences **349** © The Geological Museum of China / The Trustees of the Natural History Museum, London **350** © Todd W. Pierson **351** © Tony Camacho / Science Photo Library **352** © Florian Monheim / Arcaid / Corbis

353 t © DK Limited / Corbis **353 b** © Walter Myers / Stocktrek Images **354** © Sergey Krasovskiy / Stocktrek Images / Corbis **355** © ZUMA Press, Inc. / Alamy **356** © Barry Kusuma / Getty **357** © Reinhard Dirscherl / Getty **358** © John Sullivan / Alamy **359 t** © Bill Gorum / Alamy **359 b** © John Daniels / ardea.com **360** Eupodophis descouensi Holotype hind leg by Didier Descouens – Own work. Licensed under CC BY-SA 4.0 via Wikimedia Commons. **361 c** Najash, http://www.fundacionazara.org.ar/Lafundacion/PyD_nota_26.htm **361 b** © Maria Dryfhout / Shutterstock **362** © ER Degginger / Science Photo Library **363** © Michael & Patricia Fogden / Getty Images **364** Courtesy of Smithsonian Institution. Painting by Mary Parrish **365** © Mark Pilkington / Geological Survey of Canada / Science Photo Library **366 t** © Ray Simons / Science Photo Library **366 b** © D. Van Ravenswaay / Science Photo Library **367 t** © Photo by DeAgostini / Getty Images **367 b** © Dorling Kindersley ltd

368 © Jeffrey M. Frank / Shutterstock **369 tr** © John Reddy / Alamy **369 tl** http://geologyblues.blogspot.co.uk/2010/05/accretionary-wedge.html **369 bl** © Bettmann / Corbis **369 br** © paleoworld.org 2000–2015 **370–371** © Johnny Madsen / Alamy **372 t** © ChinaFotoPress, Photoshot **372 b** © Louie Psihoyos / Corbis **373** © Stocktrek Images, Inc. / Alamy **374 t** © Natural Visions / Alamy **374 b** © De Agostini / The Trustees of the Natural History Museum, London **375** © Jose Antonio Peñas / Science Photo Library **376** © Mervyn Rees / Alamy **377** Courtesy of American Museum of Natural History **378** © Morales / Getty Images **379** © Flip de Nooyer / Minden Pictures / Corbis **380** © Julius T. Csotonyi / Science Photo Library **381 t** © Kim Taylor / naturepl.com **381 b** © Science VU / Visuals Unlimited / Corbis **382** © John Cancalosi / ardea.com **383** © 1999 National Geographic Society, photograph by Y O. Louis Mazzatenta **384** © Stocktrek Images, Inc. / Alamy **385 t** © Hulton Archive / Getty Images **385 b** © dpa picture alliance archive / Alamy **386** © Matteis / Look at Sciences / Science Photo Library **387** O.C. Marsh, 1886 **388** © Frans Lanting, Mint Images / Science Photo Library **389** © Paolo Aguilar / epa / Corbis **390** © Mary Evans / Natural History Museum **391 t** © Dorling Kindersley ltd **391 b** © Zbigniew Bochenski, Institute of Systematics and Evolution of Animals, PAS **392 t** © Dr Piotr Wojtal, Institute of Systematics and Evolution of Animals, PAS **392 b** © Craig Dingle / Getty **393** © The Natural History Museum / Alamy **394** © Brent Stephenson / naturepl.com **395** © The Natural History Museum / Alamy **396** © Johnny Madsen / Alamy **397 c** © Martin Walters **397 b** © Martin Walters **398** © Senckenberg, Messel Research Department, Frankfurt a.M. **399 t** Teratornis BW by Nobu Tamura (http://spinops.blogspot.com) – Own work. Licensed under CC BY 3.0 via Wikimedia Commons. **399 b** © MarcusVDT / Shutterstock **400** © Jaime Chirinos / Science Photo Library **401** © 2005 Public Library of Science **402** © Kenneth W. Fink / ardea.com **403** © M. Watson / ardea.com **404** © Stocktrek Images, Inc. / Alamy **405 t** © Stocktrek Images, Inc. / Alamy **405 b** © WitmerLab at Ohio University **406 t** © Gallo Images / Alamy **406 b** © Jaime Chirinos / Science Photo Library **407** © Konrad Wothe / naturepl.com **408** © Dorling Kindersley ltd **409** Courtesy of Vince Smith **410** © De Agostini Picture Library / De Agostini / Getty Images **411 tr** © Chris Humphries / Shutterstock **411 b** © Andrew Rubtsov / Alamy **412** © Natural History Museum, London / Science Photo Library **413** © Look and Learn / Bridgeman Images **414** © Jaime Chirinos / Science Photo Library **415** © Mint Images – Frans Lanting / Getty Images **416–417** © Jabruson/naturepl.com **418** © Jonathan Blair / Corbis **419 t** Estemmenosuchus Tyrrell by Roland Tanglao. Licensed under CC BY 2.0 via Wikimedia Commons **419 b** © Natural History Museum, London / Science Photo Library **420** © Sergey Krasovskiy / Stocktrek Images / Getty **421 t** © Dorling Kindersley ltd **421 b** © Dorling Kindersley ltd **422** © Dorling Kindersley ltd

423 South African Heritage Resources Agency (SAHRA) **424** © 2011 by Encyclopaedia Britannica, Inc **425 t** © IVPP, China **425 b** Carnegie Museum of Nature History **426** © Mauricio Anton **427** © Lou-Foto / Alamy **428** © Tanaka Koujo / Aflo / Corbis **429 bl** © DeAgostini / Getty Images **429 br** © Roland Seitre / Minden Pictures / Corbis **430** Muséum national d›Histoire naturelle **431 t** © STRINGER / CHILE / Reuters / Corbis **431 b** © Popperfoto / Getty Images **432** © Roman Uchytel, prehistoric-fauna.com **433 cr** © Pete Oxford / Minden Pictures / Corbis **433 b** © National Geographic Image Collection / Alamy **434** © The Trustees of the Natural History Museum, London **435** © Pascal Goetgheluck / Science Photo Library **436** © Roman Uchytel, prehistoric-fauna.com **437 bl** Courtesy of John Hoganson, North Dakota Geological Survey (NDGS), *Titanoides* sp. NDGS 1217 **437 br** © Toronto Star Archives / Toronto Star via Getty Images **438** © David Thyberg / Shutterstock **439 t** Mark A. Klingler, Carnegie Museum of Natural History **439 b** © Paul Tafforeau ESRF / Xijun Ni IVPP **440 t** © Pascal Goetgheluck / Science Photo Library **440 b** © Julius T Csotonyi / Science Photo Library **441 t** © FLPA / Alamy **441 b** © Timothy Laman / Getty Images **442** © Shaun Curry / Stringer **443** © dpa picture alliance / Alamy **444** © Andrey Zvoznikov / ardea.com **445** © Tom Uhlman / Alamy **446** © age fotostock / Alamy **447 t** © Gerry Pearce / imageBROKER / Corbis **447 b** © Steve Gettle / Minden Pictures / Corbis **448** © Ken Lucas / Visuals Unlimited / Corbis **449** © WaterFrame / Alamy **450** © Photostock-Isreal / Science Photo Library **451** © Victor Habbick Visions / Science Photo Library **452 t** © De Agostini Picture Library / Getty **452 b** © Stuart Forster / Alamy **453** © Jón Baldur Hlíðberg / www.fauna.is

454 © Ria Novosti / Science Photo Library **455 tr** © Tony Heald / naturepl.com **455 br** © Jaime Chirinos / Science Photo Library **456** © Donald M. Jones / Minden Pictures / Corbis **457 bl** © HwWobbe / Getty **457 br** © Academy of Natural Sciences of Philadelphia / Corbis **458** © Scientifica, I / Visuals Unlimited / Corbis **459 t** © M. Watson / ardea.com **459 b** © mike lane / Alamy **460** Ischyromys oweni by Claire H. from New York City, USA – Ischyrotomys oweni. Uploaded by FunkMonk. Licensed under CC BY-SA 2.0 via Wikimedia Commons. **461 c** © Ryan M. Bolton / Alamy **461 b** © Andrey Zvoznikov / ardea.com **462** © Wayne Lynch / Getty

463 tr Cliffords Photography **463 br** © Tom McHugh / Science Photo Library **464** © DK Limited / Corbis **465 t** © Natural History Museum, London / Science Photo Library **465 b** © Roman Uchytel, prehistoric-fauna.com **466** © Roman Uchytel, prehistoric-fauna.com **467** © Stocktrek Images, Inc. / Alamy **468** © Roman Uchytel, prehistoric-fauna.com **469** Courtesy the private collection of Roy Winkelman **470** © VPC Travel Photo / Alamy **471 t** © Kevin Schafer / Alamy **471 b** © Anup Shah / Nature Picture Library **472 t** © Natural Visions / Alamy **472 b** © Florilegius / Alamy **473** © Tony Heald / Nature Picture Library **474** © Franz Xaver Schmidt, Staatliches Museum für Naturkunde Stuttgart **475 tr** © Des Bartlett / Science Photo Library **475 br** © Axel Gomille / naturepl.com **476** Steppe mammoth by Davide Meloni. Licensed under CC BY-SA 2.0 via Wikimedia Commons **477 tr** Columbian mammoth by WolfmanSF – Own work. Licensed under CC BY-SA 3.0 via Wikimedia Commons

477 br © Francois Gohier / ardea.com **478** © Corbin17 / Alamy **479 t** © Staffan Widstrand / Nature Picture Library **479 b** © Fotofeeling / Westend61 / Corbis **480** © Natural History Museum, London / Science Photo Library **481** © Cuson / Shutterstock **482** copyrightexpired.com **483 t** © DK Limited / Corbis **483 b** © Frans Lanting Studio / Alamy **484** © Stocktrek Images, Inc. / Alamy **485** Courtesy of Max Braun **486** © Natural Visions / Alamy **487** © Stocktrek Images, Inc. / Alamy

488 dailyfossil.tumblr.com **489 t** © Christina Krutz / Getty **489 b** © The Trustees of the Natural History Museum, London **490** © Roman Uchytel, prehistoric-fauna.com **491** © Mauricio Anton / Science Photo Library **492** Canis dirus Skeleton 2 by Momotarou2012. Licensed under CC BY-SA 3.0 via Wikimedia Commons **493 cr** J. C. Merriam (1911) Canis dirus skull, by Merriam, John C. (John Campbell), 1869–1945 – The Fauna of Rancho La Brea (Vol. II). Licensed under Public Domain via Wikimedia Commons **493 b** © Roman Uchytel, prehistoric-fauna.com **494** © Corbin17 / Alamy **495 t** © E.R. Degginger / Alamy **495 b** © Encyclopaedia Britannica / UIG Via Getty Images **496** © Dorling Kindersley ltd **497** © Edwin Remsberg / Alamy **498** © Colin Seddon / Nature picture library **499 t** © Frans Lanting / Corbis

499 b © Jens Metschurat / Shutterstock **500** © 2010–2014 EldarZakirov **501 t** © Roman Uchytel, prehistoric-fauna.com **501 b** © Christopher Swann / Science Photo Library **502** Courtesy of the Smithsonian Institution **503 t** Courtesy of the Smithsonian Institution **503 b** Owen–*Basilosaurus*-vertebra by Richard Owen (1804–1892) – Owen, R. (1839). 'Observations on the *Basilosaurus* of Dr. Harlan (Zeuglodon cetoides, Owen)'. Transaction of the Geological Society of London 6: 69–79. Licensed under Public Domain via Wikimedia Commons. **504** © Sebastian Kaulitzki / Science Photo Library / Corbis **505 t** © WA Museum **505 b** © Hiroya Minakuchi

506 © Nick Gordon / ardea.com **507 t** © Jean Michel Labat / ardea.com **507** © Steve Bloom Images / Alamy **508 t** © Manoj Shah / Getty Images **508 b** © Jabruson / naturepl.com **509 t** © Anup Shav / naturepl.com **509 b** © Sabena Jane Blackbird / Alamy **510** Rachel Brown **511** © Egyptian Supreme Council of Antiquities / epa / Corbis

512 © Roman Uchytel, prehistoric-fauna.com **513** © Natural History Museum, London / Science Photo Library **514** imgms.recreionline.abril.com **515 t** © Tom McHugh / Science Photo Library **515 b** © Marvin Dembinsky Photo Associates / Alamy **516** © Roman Uchytel, prehistoric-fauna.com **517 c** © Nature Photographers Ltd / Alamy **517 b** © Mark Malkinson / Alamy **518** © Sergey Gabdurakhmanov, Creative Commons Licence **519 t** © Martin Lipman, Canadian Museum of Nature **519 b** © Steven Kazlowski / Getty **520** National Museum of Nature and Science, Tokyo, Japan. **521** © ZUMA Press, Inc / Alamy **522** © David Fleetham, Visuals Unlimited / Science Photo Library **523 bl** Zalophus japonicus by ja: Nkensei – ja:画像 :Nihonasika PICT0118.JPG. Licensed under CC BY-SA 3.0 via Wikimedia Commons **523 br** Courtesy of National Oceanic and Atmospheric Administration / Department of Commerce **524** © Stocktrek Images, Inc. / Alamy **525 t** © Javier Trueba / MSF / Science Photo Library **525 b** © John Cancalosi / ardea.com **526** © Roman Yevseyev **527** © Nick Garbutt / naturepl.com **528** © Natural History Museum, London / Science Photo Library **529** © Mauricio Anton / Science Photo Library **530** © Elisabeth Daynes / Science Photo Library **531 t** © Pascal Goetgheluck / Science Photo Library **531 b** © Pascal Goetgheluck / Science Photo Library **532** © Roman Uchytel, prehistoric-fauna.com **533** © HO / Reuters / Corbis **534** © Nevena Tsvetanova / Alamy **535** © John Reader / Science Photo Library **536** © S. Entressangle / E. Daynes / Science Photo Library **537 t** © John Reader / Science Photo Library **537 b** © Bettmann / Corbis

538 © Danita Delimont / Alamy **539 t** © Pascal Goetgheluck / Science Photo Library **539 b** Natural History Museum **540** © Science Picture Co. / Corbis

541 © Imaginechina / Corbis **542** © The Trustees of the Natural History Museum, London / Kennis and Kennis **543** © The Trustees of the Natural History Museum, London **544** © S. Entressangle / E. Daynes / Science Photo Library **545** © Equinox Graphics / Science Photo Library **546** © Mary Evans / J. Bedmar / Iberfoto

547 t © Ria Novosti / Science Photo Library **547 b** © The Trustees of the Natural History Museum, London/Kennis and Kennis **548** © Planetobserver / Science Photo Library **549** © age fotostock Spain, S.L. / Alamy **550** © Dr Juerg Alean / Science Photo Library **551 t** © Peter Trusler / Museum Victoria, Australia **551 b** © Harry Taylor / Dorling Kindersley ltd **552** © Arthur Hayward / ardea.com **553** © Sovfoto / UIG via Getty Images **554** © Mary Evans / Natural History Museum **555 t** © Natural History Museum, London / Science Photo Library **555 b** © Jean Paul Ferrero / ardea.com **556** © Roland Seitre / naturepl.com **557** © Kevin Schafer / Minden Pictures / Corbis

558 © Natural History Museum, London / Science Photo Library **559 c** © Frank Haes / Zoological Society of London **559 b** © Auscape, ardea.com